中外物理学精品书系

本书出版得到“国家出版基金”资助

中外物理学精品书系

前沿系列 · 18

数学物理方法专题

——复变函数与积分变换

吴崇试 编著

图书在版编目 (CIP) 数据

数学物理方法专题：复变函数与积分变换 / 吴崇试编著 . —北京 ：北京大学出版社，2013. 7

（中外物理学精品书系 · 前沿系列）

ISBN 978-7-301-22816-6

Ⅰ. ①数… Ⅱ. ①吴… Ⅲ. ①数学物理方法②复变函数③积分变换 Ⅳ. ① O411.1 ② O174.5 ③ O177.6

中国版本图书馆 CIP 数据核字 (2013) 第 153006 号

书　　　名：数学物理方法专题——复变函数与积分变换

著作责任者：吴崇试　编著

责 任 编 辑：尹照原

标 准 书 号：ISBN 978-7-301-22816-6/O · 0943

出 版 发 行：北京大学出版社

地　　　址：北京市海淀区成府路 205 号　100871

网　　　址：http://www.pup.cn　　新浪官方微博：@ 北京大学出版社

电　　　话：邮购部 62752015　发行部 62750672　编辑部 62752021
出版部 62754962

电 子 信 箱：zpup@pup.pku.edu.cn

印　刷　者：天津中印联印务有限公司

经　销　者：新华书店

730 毫米 ×980 毫米　16 开本　33.5 印张　657 千字

2013 年 7 月第 1 版　2022 年 3 月第 3 次印刷

定　　　价：86. 00 元

序　　言

物理学是研究物质、能量以及它们之间相互作用的科学。她不仅是化学、生命、材料、信息、能源和环境等相关学科的基础，同时还是许多新兴学科和交叉学科的前沿。在科技发展日新月异和国际竞争日趋激烈的今天，物理学不仅囿于基础科学和技术应用研究的范畴，而且在社会发展与人类进步的历史进程中发挥着越来越关键的作用。

我们欣喜地看到，改革开放三十多年来，随着中国政治、经济、教育、文化等领域各项事业的持续稳定发展，我国物理学取得了跨越式的进步，做出了很多为世界瞩目的研究成果。今日的中国物理正在经历一个历史上少有的黄金时代。

在我国物理学科快速发展的背景下，近年来物理学相关书籍也呈现百花齐放的良好态势，在知识传承、学术交流、人才培养等方面发挥着无可替代的作用。从另一方面看，尽管国内各出版社相继推出了一些质量很高的物理教材和图书，但系统总结物理学各门类知识和发展，深入浅出地介绍其与现代科学技术之间的渊源，并针对不同层次的读者提供有价值的教材和研究参考，仍是我国科学传播与出版界面临的一个极富挑战性的课题。

为有力推动我国物理学研究、加快相关学科的建设与发展，特别是展现近年来中国物理学者的研究水平和成果，北京大学出版社在国家出版基金的支持下推出了"中外物理学精品书系"，试图对以上难题进行大胆的尝试和探索。该书系编委会集结了数十位来自内地和香港顶尖高校及科研院所的知名专家学者。他们都是目前该领域十分活跃的专家，确保了整套丛书的权威性和前瞻性。

这套书系内容丰富，涵盖面广，可读性强，其中既有对我国传统物理学发展的梳理和总结，也有对正在蓬勃发展的物理学前沿的全面展示；既引进和介绍了世界物理学研究的发展动态，也面向国际主流领域传播中国物理的优秀专著。可以说，"中外物理学精品书系"力图完整呈现近现代世界和中国物理科学发展的全貌，是一部目前国内为数不多的兼具学术价值和阅读乐趣的经典物理丛书。

"中外物理学精品书系"另一个突出特点是，在把西方物理的精华要义"请进来"的同时，也将我国近现代物理的优秀成果"送出去"。物理学科在世界范围内的重要性不言而喻,引进和翻译世界物理的经典著作和前沿动态,可以满足当前国内物理教学和科研工作的迫切需求。另一方面,改革开放几十年来,我国的物理学研究取得了长足发展,一大批具有较高学术价值的著作相继问世。这套丛书首次将一些中国物理学者的优秀论著以英文版的形式直接推向国际相关研究的主流领域,使世界对中国物理学的过去和现状有更多的深入了解,不仅充分展示出中国物理学研究和积累的"硬实力",也向世界主动传播我国科技文化领域不断创新的"软实力",对全面提升中国科学、教育和文化领域的国际形象起到重要的促进作用。

值得一提的是,"中外物理学精品书系"还对中国近现代物理学科的经典著作进行了全面收录。20世纪以来,中国物理界诞生了很多经典作品,但当时大都分散出版,如今很多代表性的作品已经淹没在浩瀚的图书海洋中,读者们对这些论著也都是"只闻其声,未见其真"。该书系的编者们在这方面下了很大工夫,对中国物理学科不同时期、不同分支的经典著作进行了系统的整理和收录。这项工作具有非常重要的学术意义和社会价值,不仅可以很好地保护和传承我国物理学的经典文献,充分发挥其应有的传世育人的作用,更能使广大物理学人和青年学子切身体会我国物理学研究的发展脉络和优良传统,真正领悟到老一辈科学家严谨求实、追求卓越、博大精深的治学之美。

温家宝总理在2006年中国科学技术大会上指出,"加强基础研究是提升国家创新能力、积累智力资本的重要途径,是我国跻身世界科技强国的必要条件"。中国的发展在于创新,而基础研究正是一切创新的根本和源泉。我相信,这套"中外物理学精品书系"的出版,不仅可以使所有热爱和研究物理学的人们从中获取思维的启迪、智力的挑战和阅读的乐趣,也将进一步推动其他相关基础科学更好更快地发展,为我国今后的科技创新和社会进步做出应有的贡献。

"中外物理学精品书系"编委会　主任

中国科学院院士,北京大学教授

王恩哥

2010年5月于燕园

内 容 提 要

本书共十六章.内容比较独立的是第一章与第十章. 前者涉及解析函数理论中的部分基本问题,后者讨论了 Γ 函数及相关函数的幂级数展开,以及与之有关的级数与积分. 其余各章大体可分为三部分.

第二章到第五章围绕无穷级数而展开. 内容包括:一、由解析函数 Taylor 展开而演绎出的各种变型;二、将常微分方程的幂级数解法用于求解已知函数的幂级数展开;三、卷积型级数的 Möbius 反演问题.

第六章至第九章的中心是应用留数定理计算定积分,包括从一些简单的积分出发而演绎出许多新的积分. 特别是,笔者综合已有的引理,提出了一个新的引理;并在此基础上,建立了计算含三角函数无穷积分的新方法.

第十一章至第十六章讨论的是积分变换,介绍了有关 Fourier 变换和 Laplace 变换的一些理论问题,书中还介绍了 Mellin 变换,它与 Fourier 变换或 Laplace 变换密切相关,是处理某类问题的有用工具,在计算涉及柱函数的积分时尤为突出.

本书不是数学物理方法的教材,而是笔者对于传统教材内容的解读与发挥.书中还汇集了笔者自己的许多计算,例如,有超过 700 个积分及 300 多个和式(有限和或无穷级数)的计算结果.

前　　言

(一)

五十余年前，笔者就读于北京大学物理系，得到诸位前辈大师的教诲. 毕业之后，更在王竹溪与郭敦仁二位先生的指导下，从事数学物理方法课程的教学，迄今已届五十载. 笔者得到了二位先生生前的诸多教益. 在教学实践中，面对学生的各种诘问，促进了对于相关问题的深入思考；在与校内外同行的交流切磋中，更获益良多. 退休以后，笔者将这些收获与记录，汇集为《数学物理方法专题 —— 复变函数与积分变换》及《数学物理方法专题 —— 数理方程与特殊函数》二书，以此奉献给中国近代物理教育 100 年.

需要说明，这两本书都不是数学物理方法的教材，而是笔者备课与教学过程中笔记与练习的汇集. 从某种意义上说，这两本书所涉及的内容，恰恰是在传统教材之外，包括笔者对于教材中正面表述之外的解读与发挥. 笔者以一孔之见，希望能就教于国内从事数学物理方法课程教学的同行，希望能对于此门课程的教学有所裨益. 需要特别申明，这两本书均不以数学物理方法的初学者为对象. 当然，对于已经学习并掌握了数学物理方法课程基本内容的青年学子来说，这两本书或许也能成为他们进一步学习与思考的辅助读物. 他们将会发现，从已有的知识出发，只要再往前迈一小步，展现在面前的将是一片绚丽多彩的新天地.

正因为不是教材，所以这两本书的内容不受教学大纲的约束，与数学物理方法传统教材基本上不相重复，既不追求与数学物理方法教材的完全对应与覆盖，也不刻意追求理论的系统性与完整性. 书中有些内容可能是教材的补充与提高，但也有不少内容是现在教学中所不涉猎的.

正因为不是教材，所以这两本书可能存在内容前后倒置的情形. 尽管在整理书稿时，尽量希望理顺各章节乃至具体内容的前后次序，但也不排除有前面的内容需要用到后面的知识.

或许值得提到，这两本书中汇集了笔者自己的许多计算. 例如，这两本书中提供了超过 1200 个积分及超过 1200 个和式 (有限和或无穷级数) 的计算，这些结果，绝大多数都未出现在 I. S. Gradshteyn, I. M. Ryzhik 的千页巨著 *Table of Integrals, Series, and Products* (7th ed., Elsevier (Singapore) Pte Ltd., 2007) 中.

或许这就是这两本书的特点.

(二)

本书《数学物理方法专题 —— 复变函数与积分变换》，共十六章. 内容比较独立的有两章，即第一章与第十章. 第一章涉及解析函数理论中的部分基本问题，包括以问答形式讨论了数学物理方法课程教学中的若干常见而教材中又很少展开的问题. 第十章则讨论了 Γ 函数的幂级数展开，以及与 Γ 函数 (包括 B 函数与 ψ 函数) 有关的级数与积分. 在本书的其余章节中会引用到其中的部分结果.

除了这两章之外，其余各章大体上可分为三个板块：

第二章到第五章是一个板块，围绕无穷级数而展开. 在给出了几个略带技巧的展开式后，第二章与第三章进一步介绍了根据解析函数 Taylor 展开而演绎出的各种变型，包括 Lagrange 展开公式、倍乘公式以及加法公式. 这些理论公式，大部分已由前人导出. 笔者的工作是将它们系统地应用于常见的特殊函数，得到了 200 多个公式，其中只有极少数几个能在现有的文献中找到. 第四章并非直接讨论常微分方程的幂级数解法，而是讨论了它的一种特殊应用：将已知函数的幂级数展开问题转化为求常微分方程幂级数解的问题. 进一步发展这一思想，也可以将已知函数的级数展开问题转化为偏微分方程的求解问题，这方面的例子可以在《数学物理方法专题 —— 数理方程与特殊函数》一书中找到. 第五章介绍了卷积型级数的 Möbius 反演. 这一创见是由陈难先院士提出的，他称之为加性 Möbius 反演，应用于求解 Fermi 体系的逆问题. 该章讨论了各类特殊函数的 Möbius 反演，特别是涉及柱函数的级数反演，也得到了 100 多个新结果，遗憾的是未能给出在物理问题中的应用. 将卷积型级数 Möbius 反演的思想发展，由离散过渡到连续，可以建立卷积型积分变换的 Möbius 反演 (见 §5.4)，但未展开.

第六章至第九章是另一个板块，中心是应用留数定理计算定积分. 第六章按照围道分类，介绍了几种基本的围道，计算了形式各异的几十个定积分. 这里需要特别提到 §6.6，笔者综合已有的引理，提出了一个新的引理；在此基础上，建立了计算含三角函数无穷积分的新方法. 采用这一方法，原来一些较难 (或较烦) 计算的积分，现在就可以方便地计算出. 第七章是第六章的继续，但仅限于多值函数的积分，着重于介绍应用留数定理计算时，如何选择合适的复变积分，亦即被积函数与积分围道. 第八章又是前两章的发展. 通过变量代换将 Jordan 引理变换为处理本性奇点出现在有限远处 (例如坐标原点) 的情形，从而可以计算形式更为复杂的积分. 将半圆形围道加以修正，又计算了三角函数在有界区间上的瑕积分. 在应用留数定理计算定积分时，经常用到半圆形的围道. 在多数情况下，当圆弧的半径趋于 ∞ 时，沿半圆弧的积分趋于确定的极限，0 或者非零极限值. 该章 §8.3 还讨论了沿半圆弧的积分极限不存在的情形. 只要 (实的) 定积分确实存在，那么这些发散项总会互相抵消. 第九章则是从一些简单的积分出发，或是稍作变化后而重新组合，或是将积分构成的无穷级数求和，从而演绎出许多新的积分. 在这几章中出现了 500 多个积分，但多数也难以在前述 *Table of Integrals, Series, and Products* 一书中找到.

第十一章至第十六章是又一个板块，讨论的是积分变换，包括 Fourier 变换、Laplace 变换和 Mellin 变换. 第十一章和第十二章先后简要介绍了 Fourier 级数和 Fourier 积分收敛性的基本结论，并应用 Fourier 变换方法计算了一些积分，包括初等函数的积分和特殊函数的积分. 在计算这些积分时，Fourier 变换方法特别有效，而 Fourier 变换的 Parseval 公式和卷积公式更是两个重要的工具. 第十三章讨论了 Laplace 变换，也只着重于理论概念的介绍，如 Laplace 积分的收敛性、一致收敛性与解析性，以及据此定义的收敛横标、绝对收敛横标与正则横标，这都超出了数学物理方法课程的教学要求. 第十四章至第十六章集中介绍了 Mellin 变换，它与 Fourier 变换或 Laplace 变换密切相关，在数学物理方法课程中鲜有触及，然而却又是处理某类问题的有用工具，在计算涉及柱函数的积分时尤为突出. 读者在第十五章与第十六章中可以找到这方面的大量例子. 这两章中计算了 200 多个积分，半数左右也未曾收录入 *Table of Integrals, Series, and Products* 一书.

(三)

需要声明，本书成书于现在，但资料积累跨越数十年. 尽管书中的计算均为笔者所为，但也不乏某些内容，或是直接采自某书籍资料，或是受其启发而就. 现在由于笔者记录不全，原始资料也难以寻觅，以致无法一一列出文献出处. 有些计算结果，或许可能已经见诸文献，但笔者孤陋寡闻，还误以为是新结果，因此文字表述亦有不实之嫌. 笔者深致歉意之余，亦请知情者指出，本书再版时，自当补正.

最后，在此书付梓之际，笔者感谢“中外物理学精品书系”编委会诸位对于本书的支持. 在本书出版过程中，北京大学出版社提供了方便，陈小红和尹照原二位编辑为此付出了辛勤劳动，笔者一并致谢.

吴崇试

2012 年于蓝旗营

本书常用符号

数 学 符 号

$\forall$	任何；凡
$\exists$	有；存在
$\exists!$	存在唯一的
$\nexists$	不存在
$\wedge$	并且；与
$\vee$	或
$a \in A$	(元素) a 属于 (集合) A
$a \notin A$	a 不属于 A
$\cup$	并集
$\cap$	交集
$\supset$	包含
$\subset$	子集
$A \setminus B$	$\{a : a \in A, a \notin B\}$
$\overline{\lim}$	上极限
$\underline{\lim}$	下极限
$\rightrightarrows$	一致收敛
$\\| \cdot \\|$	范数
$(\alpha)_n$	$\alpha(\alpha+1)\cdots(\alpha+n-1)$
$\mathscr{F}\{f\}$	f 的 Fourier 变换
$\mathscr{M}\{f\}$	f 的 Mellin 变换
$\mathscr{L}\{f\}$	f 的 Laplace 变换
$F(p) \risingdotseq f(t)$	$F(p)=\mathscr{L}\{f(t)\}$

$\mathbb{N}$	非负整数 (自然数)
$\mathbb{Z}$	整数
$\mathbb{R}$	实数
$\mathbb{R}^+$	正数
$\mathbb{R}^-$	负数
$\mathbb{C}$	复数；复平面
$\overline{\mathbb{C}}$	复数 (包括 ∞) 扩充的复平面
$\mathscr{R}_n$	n 维实空间
$\mathscr{C}_n$	n 维复空间
$\mathscr{E}_n$	n 维 Euclid 空间
$\mathscr{C}$	连续函数空间
$\mathscr{C}^n$	$\mathscr{C}^n$ 类函数空间 (n 阶连续可微函数的集合)
$\mathscr{H}$	Hilbert 空间
$\mathscr{D}$	分段连续且只有有限个第一类间断点的函数类
$\mathscr{L}_1$	绝对可积函数类
$\mathscr{L}_2$	平方可积函数类
$\mathscr{F}^{-1}\{f\}$	f 的 Fourier 逆变换
$\mathscr{M}^{-1}\{f\}$	f 的 Mellin 逆变换
$\mathscr{L}^{-1}\{f\}$	f 的 Laplace 逆变换
$f(t) \fallingdotseq F(p)$	$f(t)=\mathscr{L}^{-1}\{F(p)\}$

特殊函数与常数符号一览表

符号	名称
$\mathrm{A}_n(z;a)$	Abel 多项式
$\mathrm{Ai}(z)$	Airy 函数
$\mathrm{B}(p,q)$	Beta 函数
$\mathrm{B}_\alpha(p,q)$	不完全 Beta 函数
$\mathrm{bei}_\nu(z)$	Kelvin 函数
$\mathrm{ber}_\nu(z)$	Kelvin 函数
$\mathrm{Bi}(z)$	Airy 函数
$\mathrm{B}_k^{(n)}$	广义 Bernoulli 数
$\mathrm{B}_k^{(n)}(x)$	广义 Bernoulli 多项式
B_n	Bernoulli 数
$\mathrm{B}_n(x)$	Bernoulli 多项式
$\mathrm{C}(z)$	Fresnel 积分
$\mathrm{ci}(z)$	余弦积分
$\mathrm{C}_\alpha^\lambda(z)$	Gegenbauer 函数
$\mathrm{C}_n^\lambda(z)$	Gegenbauer 多项式
$\mathrm{D}_\nu(z)$	抛物线柱函数 (Weber 函数)
$\mathrm{Ei}(z)$	指数积分
E_n	Euler 数
$\mathrm{E}_n(x)$	Euler 多项式
$\mathbb{E}_\nu(z)$	Weber 函数
$\mathrm{erf}(z)$	误差函数
$\mathrm{erfc}\,(z)$	余误差函数
$\mathrm{F}(\alpha,\beta;\gamma;z)$	超几何函数
$\mathrm{F}(\alpha;\gamma;z)$	合流超几何函数 (Kummer 函数)
${}_p\mathrm{F}_q(\alpha_1,\alpha_2,\cdots,\alpha_p;\gamma_1,\gamma_2,\cdots,\gamma_q;z)$	广义超几何级数
$\mathrm{G}_n(\zeta;\alpha,\beta)$	Gould 多项式

(续表)

符　　号	名　　称
γ	Euler 常数
$\gamma(\nu,z)$, $\Gamma(\nu,z)$	不完全 Gamma 函数
$\Gamma(z)$	Gamma 函数
$\mathrm{H}_n(x)$	Hermite 多项式
$\mathbb{H}_\nu(z)$	Struve 函数
$\mathrm{h}_\nu^{(1)}(z)$,　$\mathrm{h}_\nu^{(2)}(z)$	球 Hankel 函数
$\mathrm{H}_\nu^{(1)}(z)$,　$\mathrm{H}_\nu^{(1)}(z)$	第三类柱函数 (Hankel 函数)
$\mathrm{I}_\nu(z)$	虚宗量 Bessel 函数
$\mathrm{J}_\nu(z)$	第一类柱函数 (Bessel 函数)
$\mathbb{J}_\nu(z)$	Anger 函数
$\mathrm{j}_\nu(z)$	球 Bessel 函数
$\mathrm{K}_\nu(z)$	虚宗量 Bessel 函数
$\mathrm{li}(z)$	对数积分
$\mathrm{L}_n(x)$	Laguerre 多项式
$\mathrm{L}_n^{(\alpha)}(x)$	广义 Laguerre 多项式
$\mathrm{L}_n^{(n+\alpha)}(x)$	赝 Laguerre 多项式
$\mathrm{M}_{k,\mu}(z)$	Whittaker 函数
$\mathrm{M}_n(z)$	Mittag-Leffler 多项式
$\mathrm{n}_\nu(z)$	球 Neumann 函数
$\mathrm{N}_\nu(z)$	第二类柱函数 (Neumann 函数)
$\mathrm{O}_n(t)$	Neumann 多项式
$\mathrm{P}_l^m(x)$	m 阶 l 次第一类连带 Legendre 函数
$\mathrm{P}_n(z)$	Legendre 多项式
$\mathrm{P}_n^{(\alpha,\beta)}(x)$	Jacobi 多项式
$\mathrm{P}_n^\lambda(x;a,b)$	Pollaczek 多项式
$\mathrm{P}_n^\lambda(x,\phi)$	Pollaczek 多项式
$\mathrm{P}_{n-\frac{1}{2}}^m(\cosh\eta)$	圆环函数

(续表)

符　号	名　称
$\mathrm{P}_\nu(z)$	第一类 Legendre 函数
$\mathrm{P}_\nu^\mu(z)$	第一类连带 Legendre 函数
$\mathrm{P}_{\nu-\mu}^{(\mu,\mu)}(z)$	超球函数
$\mathrm{P}_{-\frac{1}{2}+\mathrm{i}p}^\mu(\cos\theta)$	圆锥函数
$\psi(z)$	Psi 函数
$\mathrm{Q}_l^m(x)$	m 阶 l 次第二类连带 Legendre 函数
$\mathrm{Q}_{n-\frac{1}{2}}^m(\cosh\eta)$	圆环函数
$\mathrm{Q}_\nu(z)$	第二类 Legendre 函数
$\mathrm{Q}_\nu^\mu(z)$	第二类连带 Legendre 函数
$\mathrm{Q}_{-\frac{1}{2}+\mathrm{i}p}^\mu(\cos\theta)$	圆锥函数
$\mathrm{Q}_{\nu-\mu}^{(\mu,\mu)}(z)$	超球函数
$\mathrm{R}_{m,\nu}(z)$	Lommel 多项式
$\mathrm{S}(z)$	Fresnel 积分
$\mathrm{Si}(z)$, $\mathrm{si}(z)$	正弦积分
$\mathrm{s}_{\mu,\nu}(z)$	Lommel 函数
$\mathrm{S}_{\mu,\nu}(z)$	Lommel 函数
$\mathrm{S}_n(t)$	Schläfli 多项式
$\mathrm{T}_n(x)$	第一类 Chebyshev 多项式
$\mathrm{U}(\alpha;\gamma;z)$	合流型超几何函数 (Kummer 函数)
$\mathrm{U}_n(x)$	第二类 Chebyshev 多项式
$\mathrm{W}_{k,\mu}(z)$	Whittaker 函数
$\mathrm{Y}_\nu(z)$	第二类 Bessel 函数 (Neumann 函数)
$\mathrm{Z}_\nu(z)$	柱函数
$\zeta(s)$	Reimann ζ 函数
$\zeta(s,a)$	广义 ζ 函数

目　　录

第一章 解 析 函 数

§1.1 关于复变函数的若干问答

1. 为什么不能比较复数的大小?

我们知道，两个实数能够比较大小. 因此，复数作为实数的推广，如果能比较大小，则其比较的规则一定不能和实数中的规则矛盾. 与之相适应的是，有关不等式的运算法则也必须与实数一致.

所谓比较两个复数的大小，完全等价于定义何谓一个复数大于 0 (“正复数”)，何谓一个复数小于 0 (“负复数”)；而且，除了复数 0 之外，不允许存在既不大于 0，又不小于 0 (即既非“正复数”又非“负复数”) 的复数. 根据这样的理解，我们不妨考察下列几种可供选择的比较规则：

(1) 按照实部的正、负定义“正复数”和“负复数”. 这个法则明显不合要求，因为这里遗漏了纯虚数 (实部为 0).

(2) 按照虚部的正、负定义“正复数”和“负复数”. 这个法则同样明显不合要求，因为这里恰恰又遗漏了实数 (虚部为 0).

(3) 规定“正复数”的实部和虚部必须同时为正，而其余的复数则必为“负复数”或 0. 这样必然导出一个荒谬的后果:“正复数”自乘可以是“负复数”，只要这个复数的辐角 (主值) 在 $\pi/4$ 与 $\pi/2$ 之间.

(4) 还可以尝试其他的比较规则，也都会导出明显的悖论.

尽管两个复数不能比较大小，但是对于两个复数的模 (它们是实数)，显然可以比较大小.

2. 关于 ∞ 的理解.

在复数中，∞ 是一个 (复) 数，其模大于任意正数. 相应地，在复平面上，无穷远点就是一个点. 之所以如此定义，依我理解，是希望在变换 $z=1/t$ 之下，保持 t 与 z 的一一对应关系，包括 $t=0$ 与 $z=\infty$ 之间 (或 $t=\infty$ 与 $z=0$ 之间) 的一一对应关系.

但是，复数 ∞ 毕竟是一个特殊的复数，其特殊性至少表现在：(1) 所谓“全平面”并不包括 ∞ 点，除非明确称为“扩充的全平面”；(2) 若函数在某一点取值为 ∞，则该点为函数的奇点，有别于函数值为有限值的情形；(3) 一些概念 (例如解析、留数等) 应用于 ∞ 点时，需要重新定义；(4) 适用于有限远处的结论 (定理、公式) 不能无条件地推广到包含有 ∞ 点的无界区域.

3. 举例说明函数可以在全平面连续而处处不可导.

在复变函数的框架内回答此问题，其实很简单：取 $f(z)=\mathrm{Re}\, z$ 即可. 也可以取 $f(z)=g(x)$，只要 $g'(x)\neq 0$. 更进一步，还可以将这类函数乘上虚单位 i 或任意复常数.

其实，在建立函数概念的过程中，正确认识函数连续与可导两概念之间的区别与联系，是具有标志性的重要一步. 本来，许多数学家都以为最多除了少数孤立点之外，连续函数总是可导的. 直到 1872 年，Weierstrass 提出了后来以他的名字命名的实值函数[①]

$$f(x)=\sum_{n=0}^{\infty}a^n\cos\left(b^n\pi x\right),\qquad 0<a<1,\ b\ 为正奇数,\ ab>1+\frac{3}{2}\pi,$$

证明了这类函数处处连续而处处不可导. Weierstrass 函数是数学上著名的反例，它的提出深化了人们对于连续函数的认识.

在谈到连续函数时，还值得提到 Canter 函数[②] $c(x)$，它的定义是：

$$c(x)=\sum_j 2^{-n_j},\qquad x\in[0,\ 1],$$

其中的 n_j 与自变量 x 的三进制表示有关：

$$x=\sum_j 2\cdot 3^{-n_j}.$$

这一定义也可描述为下列步骤：

(1) 将 x 转换为三进制；

(2) 若此三进制数中含有数字 1，去掉第 1 个 1 以后的所有数字；

(3) 将所有的数字 2 换为 1；

(4) 将得到的数字解读为二进制，此数值即为 $c(x)$ 之值.

Canter 函数 $c(x)$ 被称为魔鬼阶梯 (devil's staircase)，它是 $[0,\ 1]$ 上的单调连续函数，然而导数却几乎处处为 0，它一致连续而又不绝对连续.

4. 应该如何定义函数在 ∞ 点的导数？

这也许不应该成为问题，因为作为复变函数的核心概念，解析与解析函数的概念，对于 ∞ 点来说，与函数是否可导没有任何联系. 或许正因为如此，绝大多数教材中都未涉及函数在 ∞ 点可导的定义.

① 引自 http://en.wikipedia.org/wiki/Weierstrass_function.

② 引自 http://en.wikipedia.org/wiki/Cantor_function.

问题的症结可归结为如何定义 $f(z)=z$ 在 $z=\infty$ 点的导数. 显然, 这个函数在有限远处的任意一点均可导, 导数值为常数 1. 如果规定 $f(z)=z$ 在 $z=\infty$ 点的导数仍为 1, 这当然是一个比较自然的选择. 如此定义的结果就是尽管 $z=\infty$ 点是 $f(z)=z$ 的奇点 (一阶极点), 但函数在 ∞ 点仍可导. 这当然不是什么了不得的、不可接受的结论, 在讨论留数概念时, 我们也是面对着同样的状况: 函数在 ∞ 点的留数来自该函数的正则部分, 因此, 函数在 ∞ 点解析, 留数却可以不为 0. 而如果硬要规定函数在 ∞ 点的解析性与在该点及其邻域内的可导性挂钩, 即规定 $f(z)=z$ 在 ∞ 点不可导, 似乎并不是一个理想的解决办法.

依笔者之见, 要定义函数 $f(z)$ 在 ∞ 点的导数, 前提是该函数在 ∞ 点的 (空心) 邻域内可导 (否则 ∞ 点就是非孤立奇点, 无须再追问函数在 ∞ 点是否可导), 即 $f'(z)$ 存在, 而后就可以根据连续性的要求, 用极限 $\lim\limits_{z\to\infty} f'(z)$ 作为 $f'(\infty)$ 的定义. 这样做的实质, 也就是认为在有限远处的微商法则对于 ∞ 点仍然适用.

如此定义函数在 ∞ 点的导数的后果就是, 函数 $f(z)$ 在 $z=\infty$ 点及其邻域内可导, 但仍可不在 $z=\infty$ 点解析.

也可以尝试通过作变换 $z=1/t$ 来定义函数在 $z=\infty$ 点的导数. 在此变换下, $z=\infty$ 变为 $t=0$. 我们当然不能简单地将 $f'(\infty)$ 定义为 $\left.\dfrac{\mathrm{d}f(1/t)}{\mathrm{d}t}\right|_{t=0}$, 因为这违反了自变量变换下微商运算的变换规则. 合理的做法是将 $f'(\infty)$ 定义为 $\left.-t^2\dfrac{\mathrm{d}f(1/t)}{\mathrm{d}t}\right|_{t=0}$, 准确地说, 可以定义为 $\lim\limits_{t\to 0}\left[-t^2\dfrac{\mathrm{d}f(1/t)}{\mathrm{d}t}\right]$. 例如, 对于函数 $f(z)=z$, $f(1/t)=1/t$, $1/t$ 在 $t=0$ 并不可导, 但 $\lim\limits_{t\to 0}\left[-t^2\dfrac{\mathrm{d}f(1/t)}{\mathrm{d}t}\right]=1$ 存在.

5. 关于解析函数的中值定理.

数学分析中关于 (微分) 中值定理的叙述为: 若一元函数 f 在闭区间 $[a,b]$ 上连续, 在开区间 (a,b) 内可微, 则存在 $\xi\in(a,b)$, 使得

$$f(b)-f(a)=f'(\xi)(b-a).$$

这样表述的中值定理对复变函数不成立: 若 a,b 是两复数, 则满足要求 $f(b)-f(a)=f'(\xi)(b-a)$ 的 ξ 点不一定位于 a,b 两点的连线 $b-a$ 上. 例如对于 $f(z)=z^3+z^2$, $f'(z)=3z^2+2z$. 若取 $a=0$, $b=\mathrm{i}$, 则由

$$f(\mathrm{i})-f(0)=f'(\xi)(\mathrm{i}-0), \qquad \text{即} \qquad 3\xi^2+2\xi=-1+\mathrm{i}$$

解得的 $\xi=(-1\pm\sqrt{-2+3\mathrm{i}})/3$ 不为纯虚数, 显然不在连接 0 与 i 的线段上.

对于复变函数, 所谓 Darboux 中值定理成立, 其内容为: 若

(1) 函数 $f(z)$ 在 G 内具有连续导数;

(2) 直线段 $L \in G$，L 的端点为 a 与 b，
则存在 λ 及 ζ ($|\lambda| \leqslant 1$, $\zeta \in L$)，使得

$$f(b) - f(a) = \lambda\,|b-a|\,f'(\zeta).$$

由于额外出现的 λ 是复数，可以起着调节作用，保证了 ζ 点处在直线段 L 上.

6. 关于 l'Hôpital 法则.

l'Hôpital 法则[①] 是求 ∞/∞ 或 $0/0$ 型极限的重要法则，它将两个函数的商的极限转化为此二函数的导数的商的极限. 就实函数 $f(x)$ 与 $g(x)$ 而言，若

(1) 函数 f, g 在 (a,b) 内可微；

(2) 对所有 $x \in (a,b)$, $g'(x) \neq 0$；

(3) $\lim\limits_{x\to a+} f(x) = \lim\limits_{x\to a+} g(x) = 0$ 或 $\lim\limits_{x\to a+} f(x) = \lim\limits_{x\to a+} g(x) = +\infty$ (或$-\infty$)；

(4) 极限 $\lim\limits_{x\to a+} \dfrac{f'(x)}{g'(x)}$ 存在，

则

$$\lim_{x\to a+} \frac{f(x)}{g(x)} = \lim_{x\to a+} \frac{f'(x)}{g'(x)}.$$

类似的结论对 $x \to b-$ 或 $x \to +\infty$ (或 $-\infty$) 也成立. 而且，如果 $\lim\,[f'(x)/g'(x)]$ 仍是 $0/0$ 或 ∞/∞ 型，仍可继续使用这个法则.

l'Hôpital 法则对于解析函数仍然成立：若 $z = z_0$ 是函数 $f(z)$ 与 $g(z)$ 的零点 (或极点)，则

$$\lim_{z\to z_0} \frac{f(z)}{g(z)} = \lim_{z\to z_0} \frac{f'(z)}{g'(z)}.$$

将 $f(z)$ 与 $g(z)$ 在 $z = z_0$ 的邻域内作幂级数展开 (Taylor 展开或 Laurent 展开)，即可证明.

7. 任意解析函数的围道积分均为 0 吗？

先要明确两点共识：(1) 所谓解析函数，当然总是和一定区域相联系的；(2) 积分路径 (围道) 位于函数的解析区域内.

一般说来，解析函数的围道积分不一定为 0.

要判断解析函数的围道积分是否为 0，首先要明确区分围道所包围的是无界区域抑或有界区域. 我们知道，如果积分围道所包围的是无界区域，即使被积函数在区域内 (包含 ∞ 点) 解析，此围道积分也可以不为 0.

---

① l'Hôpital 法则是 Bernoulli Johann I 发现的，而由他的学生 Guillaume François Antoine, Marquis de l'Hôpital (以前写为 l'Hospital) 于 1696 年发表.

如果积分围道所包围的是有界区域，则又需要区分单连通区域或复连通区域.

若函数 $f(z)$ 在单连通区域内解析，且积分围道 C 为光滑或分段光滑的简单闭合曲线，则积分 $\oint_C f(z)\mathrm{d}z$ 一定为 0. 这就是单连通区域的 Cauchy 定理. 而复连通区域的 Cauchy 定理告诉我们，如果函数 $f(z)$ 在复连通区域内解析，则围道积分 $\oint_C f(z)\mathrm{d}z$ 一般不为 0. 这里所说的复连通区域，总是由单连通区域内部挖去若干个“洞”而构成，函数在“洞”内不解析，或者说，函数在“洞”内有奇点. 这些“洞”的形状，视奇点为 (单值函数的) 孤立奇点或是非孤立奇点，或是 (多值函数的) 枝点而定. 如果含有 (多值函数的) 枝点，则需要作适当的割线 (其效果也是将这些枝点挖去). 不必考虑函数本来在单连通区域内就解析、而故意挖“洞”以形成复连通区域的人为之举.

在复连通区域的情形下，如果 C 内包含的只是孤立奇点，则可用留数定理计算 $\oint_C f(z)\mathrm{d}z$，无须详述.

8. 若 $\oint_C f(z)\mathrm{d}z = 0$，则 $f(z)$ 在 C 内解析.

这个说法当然不对. 从留数定理就可以判断，即使 C 内有奇点，只要留数为 0，则仍然有 $\oint_C f(z)\mathrm{d}z = 0$.

9. 在不改变求和次序的条件下，收敛级数可以并项. 反过来说，能否将收敛级数的项 u_n 拆为几项之和 (例如 $u_n = v_n + w_n$)，使得 $\sum\limits_{n=1}^{\infty} u_n = \sum\limits_{n=1}^{\infty} v_n + \sum\limits_{n=1}^{\infty} w_n$？

当然不能，即使是绝对收敛级数或一致收敛级数也不能按照上述方式拆成两个或多个级数. 原因是，即使级数 $\sum\limits_{n=1}^{\infty} u_n$ 收敛，并不能保证级数 $\sum\limits_{n=1}^{\infty} v_n$ 与 $\sum\limits_{n=1}^{\infty} w_n$ 收敛，甚至不能保证 v_n 与 w_n 都满足级数收敛的必要条件. 极端的例子就是取 $v_n = 1/n$, $w_n = u_n - 1/n$，甚至 $v_n = 1$, $w_n = u_n - 1$.

10. 能否举出复函数级数收敛而不绝对收敛的例子？

不难举出这类级数的例子，它们其实都和实的交错级数或调和级数有关. 例如，级数

$$\sum_{n=1}^{\infty} \frac{(-1)^n}{n} \frac{1-z^n}{1+z^n} = \sum_{n=1}^{\infty} \frac{(-1)^n}{n} \left(1 - \frac{2z^n}{1+z^n}\right) = \sum_{n=1}^{\infty} \frac{(-1)^n}{n} \left(\frac{2}{1+z^n} - 1\right)$$

就是这样的例子. 此级数在单位圆内 ($|z| < 1$) 或单位圆外 ($|z| > 1$) 均收敛，但并

不绝对收敛. 这是因为, 若令 $z=r\mathrm{e}^{\mathrm{i}\theta}$, 则

$$\sum_{n=1}^{\infty}\left|\frac{(-1)^n}{n}\frac{1-z^n}{1+z^n}\right|=\sum_{n=1}^{\infty}\frac{1}{n}\sqrt{\frac{1-2r^n\cos n\theta+r^{2n}}{1+2r^n\cos n\theta+r^{2n}}}$$
$$=\sum_{n=1}^{\infty}\frac{1}{n}\sqrt{1-\frac{4r^n\cos n\theta}{1+2r^n\cos n\theta+r^{2n}}},$$

其通项

$$\frac{1}{n}\sqrt{1-\frac{4r^n\cos n\theta}{1+2r^n\cos n\theta+r^{2n}}}\sim\frac{1}{n}\left(1-\frac{2r^n\cos n\theta}{1+2r^n\cos n\theta+r^{2n}}\right).$$

由此就可以判断, 原级数在单位圆内 ($|z|<1$) 或单位圆外 ($|z|>1$) 都不绝对收敛.

收敛而不绝对收敛的级数肯定不可能是幂级数, 因为幂级数在收敛圆内一定绝对收敛.

11. 幂级数相乘后的收敛范围.

不言而喻, 应当限于收敛圆同心的两个级数相乘.

若幂级数 $\sum\limits_{n=1}^{\infty}u_n$ 在 G_1 内收敛 (因而一定绝对收敛), 幂级数 $\sum\limits_{n=1}^{\infty}v_n$ 在 G_2 内收敛 (因而也一定绝对收敛), 则它们的乘积 $\sum\limits_{m=1}^{\infty}\sum\limits_{n=1}^{\infty}u_mv_n$ 在 $G_1\bigcap G_2$ 内一定收敛. 不仅如此, $\sum\limits_{m=1}^{\infty}\sum\limits_{n=1}^{\infty}u_mv_n$ 还可以在更大的区域内收敛, 甚至可以超出 $G_1\bigcup G_2$. 准确说, 乘法是在 $G_1\bigcap G_2$ 内有效, 但乘积 $\sum\limits_{m=1}^{\infty}\sum\limits_{n=1}^{\infty}u_mv_n$ 可能在更大的区域内解析. 原因是幂级数的收敛范围是由其奇点决定的: 在收敛区域的边界上一定有奇点①, 但两幂级数相乘后奇异性有可能抵消. 例如, 如果

$$\sum_{n=0}^{\infty}u_n=1-\sum_{n=0}^{\infty}\frac{1}{2^{n+1}}z^n,\qquad\sum_{n=0}^{\infty}v_n=1+\sum_{n=0}^{\infty}z^n,$$

它们的收敛范围分别为 $|z|<2$ 与 $|z|<1$, 但它们的乘积

$$\sum_{m=0}^{\infty}\sum_{n=0}^{\infty}u_mv_n=\left(1-\sum_{n=0}^{\infty}\frac{1}{2^{n+1}}z^n\right)\left(1+\sum_{n=0}^{\infty}z^n\right)$$
$$=1-\sum_{n=0}^{\infty}\frac{1}{2^{n+1}}z^n+\sum_{n=0}^{\infty}z^n-\sum_{k=0}^{\infty}\sum_{l=0}^{\infty}\frac{1}{2^{k+1}}z^{k+l}$$

① 证明见文献: E. C. Titchmarsh. *The Theory of Functions*. Oxford University Press, 1952: §4.21.

$$
\begin{aligned}
&= 1 - \sum_{n=0}^{\infty} \frac{1}{2^{n+1}} z^n + \sum_{n=0}^{\infty} z^n - \sum_{n=0}^{\infty} \left(\sum_{k=0}^{\infty} \frac{1}{2^{k+1}} \right) z^n \\
&= 1 - \sum_{n=0}^{\infty} \frac{1}{2^{n+1}} z^n + \sum_{n=0}^{\infty} z^n - \sum_{n=0}^{\infty} \left(1 - \frac{1}{2^{n+1}} \right) z^n \\
&= 1
\end{aligned}
$$

却在全平面收敛．事实上，因为

$$
\sum_{n=0}^{\infty} u_n = 1 - \sum_{n=0}^{\infty} \frac{1}{2^{n+1}} z^n = \frac{1-z}{2-z},
$$

所以，奇点 $z=2$ 就决定了收敛半径 $R_1=2$；同样，由于

$$
\sum_{n=0}^{\infty} v_n = 1 + \sum_{n=0}^{\infty} z^n = \frac{2-z}{1-z},
$$

奇点 $z=1$ 就决定了收敛半径 $R_2=1$．它们的乘积当然在全平面收敛．

按照这样的思路，读者不难举例说明下列各种可能出现的情形：

(1) 级数 $\sum\limits_{m=0}^{\infty}\sum\limits_{n=0}^{\infty} u_m v_n$ 只在 $G_1 \bigcap G_2$ 内收敛；

(2) 级数 $\sum\limits_{m=0}^{\infty}\sum\limits_{n=0}^{\infty} u_m v_n$ 在 $G_1 \bigcup G_2$ 内收敛；

(3) 级数 $\sum\limits_{m=0}^{\infty}\sum\limits_{n=0}^{\infty} u_m v_n$的收敛范围，大于 $G_1 \bigcap G_2$，但小于 $G_1 \bigcup G_2$；

(4) 级数 $\sum\limits_{m=0}^{\infty}\sum\limits_{n=0}^{\infty} u_m v_n$ 的收敛范围超出 $G_1 \bigcup G_2$．

12．函数在扩充的全平面上的留数和为 0 吗？

这只对于全平面有有限个奇点的单值函数才成立．如果函数有无穷多个奇点 (例如 $\tan z$)，其留数和 (无穷级数) 甚至不存在 (级数不收敛)．如果是多值函数，即使是多值函数的一个单值分枝，这个结论也不成立．从根本上说，留数概念只适用于单值函数的孤立奇点．

顺便说到，如果略去“扩充的”三字，只表述为“函数在全平面上的留数和为 0”，则即使对于在全平面上有有限个奇点的单值函数，这一说法也不一定成立．

13．既然 ∞ 点是扩充的复平面上的一个点，为什么不能直接将定积分 $\int_{-\infty}^{\infty} f(x)\mathrm{d}x$ 看成围道积分？

需要从理论与实用两个角度来回答这个问题．

(1) 首先要回到定积分本身，其定义本来就是

$$\int_{-\infty}^{\infty} f(x)\mathrm{d}x = \lim_{\substack{R_1\to\infty\\R_2\to\infty}} \int_{-R_1}^{R_2} f(x)\mathrm{d}x,$$

或其主值

$$\text{v.p.}\int_{-\infty}^{\infty} f(x)\mathrm{d}x = \lim_{R\to\infty} \int_{-R}^{R} f(x)\mathrm{d}x,$$

复变函数中自然应当继承数学分析中的这个定义.

(2) 还值得讨论一下函数在 ∞ 处的性质. 如果 $z=\infty$ 是 $f(z)$ 的奇点，积分路线当然不能直接通过 ∞ 点. 如果 $f(z)$ 在 ∞ 点解析，积分路线其实也不见得能直接通过 ∞ 点，因为这涉及在 ∞ 点附近的线段 (设记为 L) 上的积分是否有定义. 事实上，作变换 $z=1/t$，有

$$\int_L f(z)\mathrm{d}z = -\int_{L'} f\Big(\frac{1}{t}\Big)\frac{\mathrm{d}t}{t^2},$$

L' 是位于 $t=0$ 附近的线段 (L 的映射). 这说明，即使 $f(z)$ 在 $z=\infty$ 点解析，即 $f(1/t)$ 在 $t=0$ 点解析，$t=0$ 仍可以是 $t^{-2}f(1/t)$ 的奇点. 因此，仍然必须绕开 $t=0$ 点. 相应地，在 z 平面上，必须绕开 ∞ 点，其效果也就是作辅助路径 C_R.

(3) 退一步说，对于这样的积分围道，留数定理并不成立，因为作为导出留数定理的理论基础，需要用到复连通区域的 Cauchy 定理，它只适用于有界区域. 因此将无穷积分看成围道积分，在实用上也没有实际意义.

14. 应用留数定理计算定积分 $\int_{-\infty}^{\infty} Q(x)\sin px\,\mathrm{d}x$ 或 $\int_{-\infty}^{\infty} Q(x)\cos px\,\mathrm{d}x$，其中 $p>0$.

对于这两种类型的积分，都需要假设 $Q(z)$ 满足一定要求，例如，$Q(z)$ 在全平面都只有有限个奇点，并且在 $0\leqslant\arg z\leqslant\pi$ 的范围内，当 $z\to\infty$ 时，$Q(z)$ 一致趋于 0；而且在实际的大量计算中，往往在 $\arg z$ 的更大范围内，甚至无论 $\arg z$ 取何值，都有 $\lim\limits_{z\to\infty} Q(z)=0$. 以下的讨论还要求 $Q(z)$ 为单值函数，且 $z=\infty$ 不是它的非孤立奇点. 如果这些附加的条件不满足，当然需要另作具体讨论.

在采用留数定理计算这两种类型的积分时，通常都是采用上半平面内的半圆形围道计算复变积分 $\oint_C Q(z)\mathrm{e}^{\mathrm{i}pz}\mathrm{d}z$，其中的关键在于：应用 Jordan 引理判断，当半径 $R\to\infty$ 时，沿半圆弧的积分 $\int_{C_R} Q(z)\mathrm{e}^{\mathrm{i}pz}\mathrm{d}z\to 0$. 具体细节无须重复. 通常教学中可能都会强调，复变积分的被积函数不应取为 $Q(z)\sin pz$ 或 $Q(z)\cos pz$. 但解释这种做法的理由，有时可能并不正确. 为了阐述这一观点，不妨将之提炼为下面两个问题：

(1) 我们之所以不直接考虑复变积分 $\oint_C Q(z)\sin pz\mathrm{d}z$ 或 $\oint_C Q(z)\cos pz\mathrm{d}z$，是因为 ∞ 点为 $\sin pz$ 和 $\cos pz$ 的本性奇点，导致 $R\to\infty$ 时极限 $\lim\limits_{R\to\infty}\int_{C_R} Q(z)\sin pz\mathrm{d}z$ 和 $\lim\limits_{R\to\infty}\int_{C_R} Q(z)\cos pz\mathrm{d}z$ 不存在. 这个说法对不对？

(2) 如果直接考虑复变积分 $\oint_C Q(z)\sin pz\mathrm{d}z$，能否算出 $\int_{-\infty}^{\infty} Q(x)\sin px\mathrm{d}x$？

对这两个问题的正确回答是：问题 (1) 中关于"∞ 是 $\sin pz$ 和 $\cos pz$ 的本性奇点"的说法当然是正确的，而且，正因为 ∞ 是本性奇点，所以当 z 按不同方式逼近 ∞ 时，$\sin pz$ 或 $\cos pz$ 可以逼近不同的值，或者说 $z\to\infty$ 时 $\sin pz$ 和 $\cos pz$ 的极限均不存在. 但是，由此并不能推出" $\lim\limits_{R\to\infty}\int_{C_R} Q(z)\sin pz\,\mathrm{d}z$ 和 $\lim\limits_{R\to\infty}\int_{C_R} Q(z)\cos pz\,\mathrm{d}z$ 不存在"的结论. 理由是：如果以 R 为半径作圆，只要 R 足够大，在圆外除 ∞ 外别无奇点，则

$$\oint_{|z|=R} Q(z)\mathrm{e}^{\mathrm{i}pz}\mathrm{d}z = -2\pi\mathrm{i}\times\left\{Q(z)\mathrm{e}^{\mathrm{i}pz}\text{ 在 }\infty\text{ 处的留数}\right\},$$

$$\oint_{|z|=R} Q(z)\mathrm{e}^{-\mathrm{i}pz}\mathrm{d}z = -2\pi\mathrm{i}\times\left\{Q(z)\mathrm{e}^{-\mathrm{i}pz}\text{ 在 }\infty\text{ 处的留数}\right\}$$

都是存在的. 再进一步，应用 Jordan 引理，就能证明下列四个积分均存在：

$$\lim_{R\to\infty}\int_{C_R} Q(z)\cos pz\,\mathrm{d}z = -\pi\mathrm{i}\times\left\{Q(z)\mathrm{e}^{-\mathrm{i}pz}\text{ 在 }\infty\text{ 处的留数}\right\},$$

$$\lim_{R\to\infty}\int_{C_R} Q(z)\sin pz\,\mathrm{d}z = \pi\times\left\{Q(z)\mathrm{e}^{-\mathrm{i}pz}\text{ 在 }\infty\text{ 处的留数}\right\},$$

$$\lim_{R\to\infty}\int_{C'_R} Q(z)\cos pz\,\mathrm{d}z = -\pi\mathrm{i}\times\left\{Q(z)\mathrm{e}^{\mathrm{i}pz}\text{ 在 }\infty\text{ 处的留数}\right\},$$

$$\lim_{R\to\infty}\int_{C'_R} Q(z)\sin pz\,\mathrm{d}z = -\pi\times\left\{Q(z)\mathrm{e}^{\mathrm{i}pz}\text{ 在 }\infty\text{ 处的留数}\right\},$$

其中 C_R 与 $C_{R'}$ 分别为位于上半平面与下半平面内的半圆弧，半径为 R. 在此基础上，自然就能回答问题 (2)：直接考虑复变积分 $\oint_C Q(z)\sin pz\,\mathrm{d}z$，也能够应用留数定理计算出定积分

$$\begin{aligned}\int_{-\infty}^{\infty} Q(x)\sin px\,\mathrm{d}x &= 2\pi\mathrm{i}\sum_{\text{上半平面}}\operatorname{res}\left\{Q(z)\sin pz\right\} - \lim_{R\to\infty}\int_{C_R} Q(z)\sin pz\,\mathrm{d}z\\ &= 2\pi\mathrm{i}\sum_{\text{上半平面}}\operatorname{res}\left\{Q(z)\sin pz\right\} - \pi\times\operatorname{res}\left\{Q(z)\mathrm{e}^{-\mathrm{i}pz}\right\}_{z=\infty}.\end{aligned}$$

例如，我们就可以通过围道积分 $\oint_C \dfrac{\sin z}{z}\mathrm{d}z$ 来计算定积分 $\int_{-\infty}^{\infty}\dfrac{\sin x}{x}\mathrm{d}x$.

至于在实际计算中，从计算的可行性与简便性来看，到底应当采用传统的围道积分 $\oint_C Q(z)\mathrm{e}^{\mathrm{i}pz}\mathrm{d}z$，还是直接计算 $\oint_C Q(z)\sin pz\,\mathrm{d}z$ 或 $\oint_C Q(z)\cos pz\,\mathrm{d}z$，应该视具体问题而定．在第六章中有更详细的讨论．

15. $1/\Gamma(z)$ **有没有奇点，∞ 点是什么点？**

函数 $1/\Gamma(z)$ 在有限远处没有奇点 (因为 $\Gamma(z)$ 在有限远处只有一阶极点，而且没有零点)，所以 $z=\infty$ 一定是奇点 (否则 $1/\Gamma(z)$ 只能是常数)，而且不可能是极点 (否则 $1/\Gamma(z)$ 就是多项式)．这样就能断定 $z=\infty$ 一定是 $1/\Gamma(z)$ 的本性奇点 (因为 $\Gamma(z)$ 是单值函数)．

16. 举例说明函数不满足 Laplace 变换存在的充分条件，其 Laplace 变换仍可存在．

$\sin\mathrm{e}^{t^2}$ 满足 Laplace 变换存在的充分条件，$\left|\sin\mathrm{e}^{t^2}\right|\leqslant 1$，其 Laplace 变换一定存在．

$\sin\mathrm{e}^{t^2}$ 的导数 $2t\,\mathrm{e}^{t^2}\cos\mathrm{e}^{t^2}$ 显然不满足 Laplace 变换存在的充分条件，即不存在使 $\left|2t\,\mathrm{e}^{t^2}\cos\mathrm{e}^{t^2}\right|<M\mathrm{e}^{s_0t}$ 成立的 s_0 值，但其 Laplace 变换存在：

$$\begin{aligned}\mathscr{L}\left\{2t\,\mathrm{e}^{t^2}\cos\mathrm{e}^{t^2}\right\}&=\int_0^\infty 2t\,\mathrm{e}^{t^2}\cos\mathrm{e}^{t^2}\cdot\mathrm{e}^{-pt}\mathrm{d}t\\&=\sin\mathrm{e}^{t^2}\cdot\mathrm{e}^{-pt}\Big|_0^\infty+p\int_0^\infty\sin\mathrm{e}^{t^2}\cdot\mathrm{e}^{-pt}\mathrm{d}t\\&=p\int_0^\infty\sin\mathrm{e}^{t^2}\cdot\mathrm{e}^{-pt}\mathrm{d}t.\end{aligned}$$

17. 间断函数的 Laplace 变换：Laplace 变换反演的唯一性问题．

对于具有第一类间断点 (函数在该点的左、右极限均存在，但不相等) 的函数，只要满足 Laplace 变换存在的充分条件，其 Laplace 变换当然存在．这种例子可以举出很多．例如，对于方形波

$$f(t)=\begin{cases}1, & 2n\pi<t<(2n+1)\pi,\\ -1, & (2n+1)\pi<t<(2n+2)\pi,\end{cases}\qquad n=0,1,2,\cdots,$$

其 Laplace 变换就是

$$\mathscr{L}\left\{f(t)\right\}=\int_0^\pi\mathrm{e}^{-pt}\mathrm{d}t-\int_\pi^{2\pi}\mathrm{e}^{-pt}\mathrm{d}t+\int_{2\pi}^{3\pi}\mathrm{e}^{-pt}\mathrm{d}t-\int_{3\pi}^{4\pi}\mathrm{e}^{-pt}\mathrm{d}t+\cdots$$

$$= \sum_{n=0}^{\infty} \int_{n\pi}^{(n+1)\pi} (-1)^n e^{-pt} dt = \frac{1}{p} \sum_{n=0}^{\infty} (-1)^n \left[e^{-n\pi p} - e^{-(n+1)\pi p} \right]$$

$$= \frac{1}{p} \frac{1 - e^{-\pi p}}{1 + e^{-\pi p}} = \frac{1}{p} \tanh \frac{\pi p}{2}.$$

$t = n\pi\,(n = 0, 1, 2, \cdots)$ 是 $f(t)$ 的间断点，上面我们甚至并没有给出函数 $f(t)$ 在这些点的取值. 例如，可以假定 $f(n\pi) = 0$，也可以假定 $f(n\pi)$ 取非零值，但这些函数值都不会影响到 $\mathscr{L}\,\{f(t)\}$ 的计算. 当然，反过来说，这也就说明了

$$\mathscr{L}^{-1} \left\{ \frac{1}{p} \tanh \frac{\pi p}{2} \right\} = \frac{1}{2\pi i} \int_{s-i\infty}^{s+i\infty} \frac{1}{p} \tanh \frac{\pi p}{2}\, e^{pt} dp, \quad s > 0$$

并不会收敛到原来的 $f(t)$. 事实上，令 $F(p) = \mathscr{L}\,\{f(t)\}$，可以证明[①]，若

(1) 对于任意 $R > 0$，$\int_0^R |f(t)|\,dt$ 收敛；

(2) 在直线 $\operatorname{Re} p = s$ 上，积分 $\int_0^R |f(t)\,e^{-pt}|\,dt$ 收敛；

(3) $f(u)$ 在 $u = t\,(t \geqslant 0)$ 的邻域内具有有限变差[②]，

则我们有

$$\lim_{\tau \to \infty} \frac{1}{2\pi i} \int_{s-i\tau}^{s+i\tau} F(p)\, e^{pt} dp = \begin{cases} \frac{1}{2} \left[f(t+) + f(t-) \right], & t > 0, \\ \frac{1}{2} f(0+), & t = 0. \end{cases}$$

18. 二阶线性齐次常微分方程有两个线性无关特解 (若存在第三个解，则一定与之线性相关)，方程的通解就可以表示为这两个特解的线性组合，因此一定含有两个叠加常数.

在经典微积分的范畴内，这个说法是正确的. 然而，在广义函数的范畴内，这个说法不一定正确. 在广义函数的意义下，二阶线性齐次常微分方程可以有三个线性无关的特解. 换言之，除了原有的两个经典解之外，还可以存在在经典意义下所不允许的广义函数解. 这出现在微分方程具有奇点的情形. 例如，方程 $xw'' = 0$ 就有三个特解：$w_1 = 1$，$w_2 = x$，$w_3 = |x|$，因此它的通解就是 $w = c_1 + c_2 x + c_3 |x|$. 注意 w_1 与 w_2 都是经典解，而 $w_3 = |x|$ 是广义函数意义下增加的新的解.

① 参见文献：D. V. Widder. *The Laplace Transform*. Princeton: Princeton University Press, 1941: 66.

② 对于区间 $[a, b]$ 上的一元函数 $f(x)$，

$$\sup \left\{ \sum_{k=1}^{n} |f(x_k) - f(x_{k-1})| \right\} \qquad (a = x_0 < x_1 < \cdots < x_n = b)$$

称为函数 $f(x)$ 在区间 $[a, b]$ 上的全变差. 若全变差有限，则 $f(x)$ 称为区间 $[a, b]$ 上的有限变差函数.

二阶线性齐次常微分方程甚至还可以有更多个线性无关的特解，例如，$x^2w''=0$ 就有四个线性无关的特解：$w_1=1$, $w_2=x$ 以及广义函数解 $w_3=|x|$, $w_4=\eta(x)$. 这里的 $\eta(x)$ 是 Heaviside 单位阶跃函数.

§1.2 函数可导的充分必要条件

关于函数 (在某点) z_0 可导的充分必要条件，有下列几种说法[①]：

(1) 如果 $f(z)=u(x,y)+\mathrm{i}v(x,y)$ 的实部 $u(x,y)$ 和虚部 $v(x,y)$ (作为实的二元函数) 均可微，且满足 Cauchy-Riemann 方程，则函数 $f(z)$ 可导.

(2) Let $f: A\subset\mathbb{C}\to\mathbb{C}$ be a given function, with A an open set. Then $f'(z_0)$ exists if and only if g is differentiable in the sense of real variables and, at $(x_0,y_0)=z_0$, u, v satify the Cauchy-Riemann equations.

(3) 函数 $f(z)$ 可导的充分必要条件是：函数 $f(z)$ 的偏导数 $\partial u/\partial x$, $\partial u/\partial y$ 和 $\partial v/\partial x$, $\partial v/\partial y$ 存在且连续，并且满足 Cauchy-Riemann 方程.

(4) 在 $u(x,y)$ 和 $v(x,y)$ 的偏导数 $\partial u/\partial x$, $\partial u/\partial y$ 和 $\partial v/\partial x$, $\partial v/\partial y$ 存在且连续的前提下，Cauchy-Riemann 方程才是函数可导的充分必要条件.

以上几种说法中，前两种是正确的. 偏导数存在并且连续是二元函数可微的充分条件而非充分必要条件，有关内容在数学分析的教材均有讨论，此处从略. 在这一方面，需要注意在实的二元函数中，“可导” (即偏导数存在) 与 “可微” (即全微分存在) 并不等价：二元函数可导并不一定可微，而可微则一定可导；在复变函数中，则可以证明，可导与可微是互相等价的.

至于上面的第四种说法，应该说，与第一、二两种说法还是有一些差别的.

与函数可导的充分必要条件相关的问题是函数解析的充分必要条件. 既然函数在区域内每一点均可导，则称函数在区域内解析，那么，函数 $f(z)=u(x,y)+\mathrm{i}v(x,y)$ 在区域 D 内解析的充分必要条件便是 $u(x,y)$ 和 $v(x,y)$ 在 D 内可微，且一阶偏导数在 D 内满足 Cauchy-Riemann 方程. 但是，可以严格证明，若函数 $f(z)$ 在区域内解析 (即 $f'(z)$ 在区域内每一点均存在)，则函数的任意阶导数均存在. 特别是，函数的二阶导数存在，故一阶导数必连续. 换言之，只要函数在区域内每一点都可导，则其一阶导数一定在区域内连续. 因此，如果说“函数 $f(z)$ 在区域 D 内解析的充分必要条件是 $u(x,y)$ 和 $v(x,y)$ 对 x 与 y 有连续偏导数，并且满足 Cauchy-Riemann 方程”，这种说法并不错，问题只是条件尚可减弱. 之所以出现“偏导数连续”这一要求，或许有它的历史原因：1814 年，Cauchy 给出解析函数的定义时，就曾要求导函数连续，并由此导出了 Cauchy 定理. 1900 年，Édouard-Jean-Baptiste Goursat

① 笔者只是收集了现有教材中的一些论述，并非针对具体文献作任何评述，因此恕不列出引文出处.

证明：若 $f=u+\mathrm{i}v$ 为复函数，实二元函数 $u(x,y)$ 和 $v(x,y)$ 均可微，则 f 在区域 D 内解析的充分必要条件是它在该区域内满足 Cauchy-Riemann 方程 (Goursat 定理). 这里并未要求 u 和 v 的导函数连续. 而且 Goursat 定理中关于实二元函数 $u(x,y)$ 和 $v(x,y)$ 均可微的要求还可以大幅度减弱为 $f=u+\mathrm{i}v$ 在 D 上连续，而 f 对于 x 和 y 的偏导数在 D 中存在 (Looman-Menchoff 定理) ①.

事实上，今天所谓的 Cauchy-Riemann 方程，最早可以追溯到 d'Alembert 关于流体理论的著作 (1752 年). 在 Euler (1777 年) 和 Lagrange 的著作中也曾出现过. 到了 1814 年，Cauchy 在讨论 (实) 二重积分换序时又一次得到这组方程. 然而他们都没有认识到它的重要性，都没有把这组方程看成 (复) 函数论的基础. Riemann 是认识到 $\mathrm{d}w/\mathrm{d}z$ 的存在性意味着对于 $z+\Delta z\to z$ 的任意方式 $\Delta w/\Delta z$ 都必须逼近于同一值的第一人. 他认识到函数 $f(z)=u+\mathrm{i}v$ 在一点及其邻域内解析，如果它连续可微并且满足 Cauchy-Riemann 方程.

函数解析的充分必要条件还有其他表述形式，例如见 Morera 定理或 Cauchy 型积分，也可见函数的 Taylor 展开. 也还可以用"变换"或"映射"的语言表述，即解析函数的保角性或"保持无穷小圆"的特性.

解析函数的性质表现在方方面面. 在漫长的历史发展中，由于从不同角度研究解析函数，因而就出现了不同的称谓. 在历史文献中就曾出现过其他术语，后来认识到了它们的等价性，所以很少再用. 作为解析的同义词，至今仍在使用的还有"全纯" (holomorphic)、"单演" (monogenic) 和"正则" (regular) 等.

§1.3 Cauchy 定理与 Cauchy 积分公式

例 1.1 证明实系数多项式必有零点，除非该多项式恒为常数 (零次多项式).

证 用反证法. 设此多项式为

$$P_n(z)=a_nz^n+a_{n-1}z^{n-1}+\cdots+a_0,\qquad a_n\neq 0,$$

$a_n,a_{n-1},\cdots,a_0$ 均为实数. 按所设，若 $P_n(z)$ 无零点，则当 z 取实数值 x 时，$P_n(x)$ 一定不为 0，且不变号，因此

$$\int_0^{2\pi}\frac{\mathrm{d}\theta}{P_n(2\cos\theta)}\neq 0.$$

令 $z=\mathrm{e}^{\mathrm{i}\theta}$，则上式化为

$$\oint_{|z|=1}\frac{1}{P_n(z+z^{-1})}\frac{\mathrm{d}z}{\mathrm{i}z}=\frac{1}{\mathrm{i}}\oint_{|z|=1}\frac{z^{n-1}}{Q_{2n}(z)}\mathrm{d}z\neq 0,\tag{1.1}$$

① 引自 http://en.wikipedia.org/wiki/Cauchy_Riemann_Equations.

其中 $Q_{2n}(z) = z^n P_n(z + z^{-1})$ 为 $2n$ 次多项式. 因为 $P_n(z) \neq 0$，所以 $z \neq 0$ 时 $P_n(z+z^{-1}) \neq 0$，即 $Q_{2n}(z) \neq 0$. 又因为 $Q_{2n}(0) = a_n$ 亦不为 0，所以 $z^{n-1}/Q_{2n}(z)$ (在全平面) 解析. 根据 Cauchy 定理，一定有

$$\oint_{|z|=1} \frac{z^{n-1}}{Q_{2n}(z)} \mathrm{d}z = 0,$$

与 (1.1) 式矛盾. 因此 $P_n(z)$ 必有零点. 命题得证. □

☞ **讨论**　此结论对于复系数多项式仍正确. 因为即使 $P_n(z) = a_n z^n + a_{n-1} z^{n-1} + \cdots + a_0$ 为复系数多项式，则可以构造一个新的实系数多项式

$$\left(a_n z^n + a_{n-1} z^{n-1} + \cdots + a_0\right) \cdot \left(a_n^* z^n + a_{n-1}^* z^{n-1} + \cdots + a_0^*\right),$$

因此上述结论仍然成立.

例 1.2　设 G 为单连通区域，C 是它的边界，若 $f(z)$ 与 $g(z)$ 均在 $\overline{G}$ 中解析，且 $g(z)$ 在 G 内只有一个一阶零点 z_0，在 C 上无零点，试证明

$$f(z_0) = \frac{1}{2\pi \mathrm{i}} \oint_C f(\zeta) \frac{g'(\zeta)}{g(\zeta)} \mathrm{d}\zeta.$$

证　令 $g(z) = (z - z_0) h(z)$，则 $h(z)$ 必在 $\overline{G}$ 中解析，且在 $\overline{G}$ 中无零点，因此

$$\frac{g'(z)}{g(z)} = \frac{\mathrm{d}\ln g(z)}{\mathrm{d}z} = \frac{1}{z - z_0} + \frac{h'(z)}{h(z)}.$$

函数 $h'(z)/h(z)$ 也在 $\overline{G}$ 中解析，于是有

$$\begin{aligned}\frac{1}{2\pi \mathrm{i}} \oint_C f(\zeta) \frac{g'(\zeta)}{g(\zeta)} \mathrm{d}\zeta &= \frac{1}{2\pi \mathrm{i}} \oint_C f(\zeta) \left[\frac{1}{z - z_0} + \frac{h'(z)}{h(z)}\right] \mathrm{d}\zeta \\ &= \frac{1}{2\pi \mathrm{i}} \left[\oint_C \frac{f(\zeta)}{z - z_0} \mathrm{d}\zeta + \oint_C f(\zeta) \frac{h'(z)}{h(z)} \mathrm{d}\zeta\right].\end{aligned}$$

但上式右端第二个积分一定为 0 (因为被积函数解析)，因而证得

$$f(z_0) = \frac{1}{2\pi \mathrm{i}} \oint_C f(\zeta) \frac{g'(\zeta)}{g(\zeta)} \mathrm{d}\zeta.$$

□

☞ **讨论**　若 z_0 为 n 阶零点，则应该有

$$f(z_0) = \frac{1}{2n\pi \mathrm{i}} \oint_C f(\zeta) \frac{g'(\zeta)}{g(\zeta)} \mathrm{d}\zeta.$$

例 1.3　设 G 为单连通区域，C 是它的边界，$P(z)$ 为 n 次多项式，其零点 $z_1, z_2, \cdots, z_n$ 均为一阶零点，且全部处于 G 内，$f(z)$ 在 $\overline{G}$ 中解析，试证明

$$Q(z)=\frac{1}{2\pi\mathrm{i}}\oint_C\frac{f(\zeta)}{P(\zeta)}\frac{P(\zeta)-P(z)}{\zeta-z}\mathrm{d}\zeta$$

是一个 $n-1$ 次多项式，且

$$Q(z_k)=f(z_k),\qquad k=1,2,\cdots,n.$$

如果 G 是复连通区域，上述结果还正确吗？

证 由题设知 $P(z)$ 为 n 次多项式：

$$P(z)=(z-z_1)(z-z_2)\cdots(z-z_n).$$

因此

$$\frac{1}{P(z)}=\frac{A_1}{z-z_1}+\frac{A_2}{z-z_2}+\cdots+\frac{A_n}{z-z_n},$$

其中 $A_i\ (i=1,2,\cdots,n)$ 为常数 (即函数 $1/P(z)$ 在奇点 $z=z_i$ 处的留数). 又因为

$$\frac{P(\zeta)-P(z)}{\zeta-z}\triangleq R_{n-1}(\zeta;z)$$

一定既是 ζ 的 $n-1$ 次多项式，也是 z 的 $n-1$ 次多项式，所以

$$Q(z)=\frac{1}{2\pi\mathrm{i}}\sum_{i=1}^{n}\oint_{C_i}\frac{f(\zeta)}{\zeta-z_i}R_{n-1}(\zeta;z)\mathrm{d}\zeta,$$

其中 C_i 为足够小的闭合围道，只包含 $P(z)$ 的一个零点 z_i. 根据 Cauchy 积分公式，就立即得到

$$Q(z)=\sum_{i=1}^{n}f(z_i)R_{n-1}(z_i,z),$$

即证得 $Q(z)$ 为 $n-1$ 次多项式.

特别是当 $z=z_k$ 时，

$$Q(z_k)=\frac{1}{2\pi\mathrm{i}}\oint_C\frac{f(\zeta)}{P(\zeta)}\frac{P(\zeta)-P(z_k)}{\zeta-z_k}\mathrm{d}\zeta.$$

因为 $P(z_k)=0$，所以

$$Q(z_k)=\frac{1}{2\pi\mathrm{i}}\oint_C\frac{f(\zeta)}{\zeta-z_k}\mathrm{d}\zeta=f(z_k).$$

显然，当 G 是复连通区域时上述结果不成立. □

例 1.4 已知 $f(z)=\left(\dfrac{z}{\mathrm{e}^z-1}\right)^{\alpha}$ 在 $|z|<1$ 内解析，设它在 $z=0$ 点的导数为 $f^{(n)}(0)=B_n(\alpha)$，试计算

$$C_n(\alpha)=\left.\frac{\mathrm{d}^n f(\ln(1+z))}{\mathrm{d}z^n}\right|_{z=0}.$$

解 由解析函数的高阶导数公式知

$$B_n(\alpha) = \frac{n!}{2\pi\mathrm{i}}\oint_C \left(\frac{z}{\mathrm{e}^z-1}\right)^\alpha \frac{\mathrm{d}z}{z^{n+1}},$$
$$C_n(\alpha) = \frac{n!}{2\pi\mathrm{i}}\oint_{C'} \left[\frac{\ln(1+z)}{z}\right]^\alpha \frac{\mathrm{d}z}{z^{n+1}}.$$

不妨取积分围道 C 与 C' 为以 $z=0$ 为圆心的圆周，其半径足够小，使在圆内除 $z=0$ 为被积函数的奇点外别无奇点. 因此，作变换 $z=\ln(1+\zeta)$，就有

$$B_n(\alpha) = \frac{n!}{2\pi\mathrm{i}}\oint_{C'} \left[\frac{\ln(1+\zeta)}{\zeta}\right]^\alpha \left[\frac{1}{\ln(1+\zeta)}\right]^{n+1} \frac{\mathrm{d}\zeta}{1+\zeta}.$$

注意到

$$\frac{\mathrm{d}}{\mathrm{d}\zeta}\frac{\left[\ln(1+\zeta)\right]^{\alpha-n}}{\zeta^\alpha} = \frac{\alpha-n}{1+\zeta}\frac{\left[\ln(1+\zeta)\right]^{\alpha-n-1}}{\zeta^\alpha} - \frac{\alpha\left[\ln(1+\zeta)\right]^{\alpha-n}}{\zeta^{\alpha+1}},$$

所以就求得

$$B_n(\alpha) = \frac{\alpha}{\alpha-n}\frac{n!}{2\pi\mathrm{i}}\oint_{C'} \left[\frac{\ln(1+\zeta)}{\zeta}\right]^{\alpha-n} \frac{\mathrm{d}\zeta}{\zeta^{n+1}} = \frac{\alpha}{\alpha-n}C_n(\alpha-n),$$

亦即

$$\frac{C_n(\alpha-n)}{\alpha-n} = \frac{B_n(\alpha)}{\alpha} \qquad \text{或} \qquad \frac{C_n(\alpha)}{\alpha} = \frac{B_n(\alpha+n)}{\alpha+n}.$$

☞ **讨论**

1. 本题实际上是讨论了函数 $f(z)$ 与 $f\big(\ln(1+z)\big)$ 的 Taylor 展开

$$f(z) = \sum_{k=0}^\infty \frac{B_k}{k!}z^k, \qquad f\big(\ln(1+z)\big) = \sum_{k=0}^\infty \frac{C_k}{k!}z^k$$

之间的关系. 在文献中，常将展开系数 $B_k(\alpha)$ 写成 $\mathrm{B}_k^{(\alpha)}$，称为广义 Bernoulli 数.

2. 在上面的计算中，我们未加证明地引用了下列结论:

(1) 在变换 $z=\ln(1+\zeta)$ 下，积分围道 C 将变为 ζ 平面上的围道 C''，C 内区域变为 C'' 内区域. 这表现为: C 内含有 $z=0$ 点，C'' 内含有 $\zeta=0$ 点; 沿边界 C 正向一周则变为沿 C'' 正向一周.

(2) 不妨假设 C' 完全处于 C'' 内，由 Cauchy 定理可知，沿 C'' 一周的积分与沿 C' 一周的积分相等.

例 1.5 已知 $f(z) = \left(\dfrac{z}{\mathrm{e}^z-1}\right)^\alpha \mathrm{e}^{tz}$ 在 $|z|<1$ 内解析，设它在 $z=0$ 点的导数为 $f^{(n)}(0) = B_n(\alpha;t)$，试计算

$$C_n(\alpha;t) = \left.\frac{\mathrm{d}^n f(\ln(1+z))}{\mathrm{d}z^n}\right|_{z=0}.$$

解 显然

$$f\big(\ln(1+z)\big)=\left[\frac{\ln(1+z)}{z}\right]^{\alpha}(1+z)^t.$$

由解析函数的高阶导数公式知

$$\begin{aligned}B_n(\alpha;t)&=\frac{n!}{2\pi\mathrm{i}}\oint_C \mathrm{e}^{tz}\Big(\frac{z}{\mathrm{e}^z-1}\Big)^{\alpha}\frac{\mathrm{d}z}{z^{n+1}},\\ C_n(\alpha;t)&=\frac{n!}{2\pi\mathrm{i}}\oint_{C'}(1+z)^t\left[\frac{\ln(1+z)}{z}\right]^{\alpha}\frac{\mathrm{d}z}{z^{n+1}}.\end{aligned}$$

同例 1.4，不妨取积分围道 C 与 C' 为以 $z=0$ 为圆心的圆周，其半径足够小，使在圆内除 $z=0$ 为被积函数的奇点外别无奇点．于是，作变换 $\zeta=\ln(1+z)$，就有

$$\begin{aligned}C_n(\alpha;t)&=\frac{n!}{2\pi\mathrm{i}}\oint_C \mathrm{e}^{t\zeta}\left(\frac{\zeta}{\mathrm{e}^{\zeta}-1}\right)^{\alpha}\frac{\mathrm{e}^{\zeta}}{\left(\mathrm{e}^{\zeta}-1\right)^{n+1}}\mathrm{d}\zeta\\ &=\frac{k!}{2\pi\mathrm{i}}\oint_C \mathrm{e}^{(1+t)\zeta}\left(\frac{\zeta}{\mathrm{e}^{\zeta}-1}\right)^{n+\alpha+1}\frac{\mathrm{d}\zeta}{\zeta^{n+1}}\\ &=B_n(n+\alpha+1;1+t).\end{aligned}$$

☞ **讨论** $B_n(\alpha;t)$ 与广义 Bernoulli 数 $\mathrm{B}_k^{(\alpha)}$ 有关，即

$$B_n(\alpha;t)=\sum_{k=0}^{n}\frac{n!}{k!\,(n-k)!}\,\frac{\alpha}{\alpha-k}\,\frac{\Gamma\,(t+1)}{\Gamma\,(t-n+k+1)}\,\mathrm{B}_k^{(k-\alpha)}.$$

而特别当 α 为整数时，$B_n(\alpha;t)$ 称为广义 Bernoulli 多项式，记为 $\mathrm{B}_n^{(\alpha)}(t)$.

$C_n(\alpha;t)$ 称为 Narumi 多项式①，记为 $\mathrm{s}_n(t;-\alpha)$.

例 1.6 无界区域的高阶微商公式.

可以模仿有界区域高阶微商公式的证明方法．我们知道②，如果 $f(\zeta)$ 在简单闭合围道 C 上及 C 外解析，则对于圆外一点 z，有

$$f(z)-f(\infty)=\frac{1}{2\pi\mathrm{i}}\oint_C\frac{f(\zeta)}{\zeta-z}\,\mathrm{d}\zeta,$$

其中 C 为顺时针方向，即绕 ∞ 点的正向．因此

① 参见文献：R. P. Boas, Jr. & R. C. Buck, *Polynomial Expansions of Analytic Functions*. Berlin: Springer-Verlag, 1958: 37.

② 参见：吴崇试．数学物理方法．第 2 版．北京：北京大学出版社，2003：29.

$$\begin{aligned}\frac{f(z+h)-f(z)}{h} &= \frac{1}{2\pi\mathrm{i}}\frac{1}{h}\oint_C\left[\frac{f(\zeta)}{\zeta-z-h}-\frac{f(\zeta)}{\zeta-z}\right]\mathrm{d}\zeta \\ &= \frac{1}{2\pi\mathrm{i}}\oint_C\frac{f(\zeta)}{(\zeta-z-h)(\zeta-z)}\mathrm{d}\zeta.\end{aligned}$$

仿照有界区域的做法，就可以证得

$$f'(z)\equiv\lim_{h\to0}\frac{f(z+h)-f(z)}{h}=\frac{1}{2\pi\mathrm{i}}\oint_C\frac{f(\zeta)}{(\zeta-z)^2}\mathrm{d}\zeta. \tag{1.2a}$$

重复以上计算，就可以推得更普遍的结果：

$$f^{(n)}(z)\equiv\lim_{h\to0}\frac{f(z+h)-f(z)}{h}=\frac{n!}{2\pi\mathrm{i}}\oint_C\frac{f(\zeta)}{(\zeta-z)^{n+1}}\mathrm{d}\zeta,\quad n=1,2,3,\cdots. \tag{1.2b}$$

成立条件与 (1.2a) 式相同.

例 1.7　证明：若 $\rho=1/\xi$，则对于解析函数 $f(z)$，有变换公式

$$\frac{\mathrm{d}^n f(\xi)}{\mathrm{d}\xi^n}=(-1)^n\rho^{n+1}\frac{\mathrm{d}^n}{\mathrm{d}\rho^n}\left[\rho^{n-1}f\left(\frac{1}{\rho}\right)\right]. \tag{1.3}$$

证　利用有界区域和无界区域的高阶微商公式即可. 对于给定的 $z=\xi$，有

$$f^{(n)}(\xi)=\frac{n!}{2\pi\mathrm{i}}\oint_{|z|=R}\frac{f(z)}{(z-\xi)^{n+1}}\,\mathrm{d}z,$$

其中 $|\xi|<R$. 作变换 $\zeta=1/z$，则 z 平面上的围道 $|z|=R$ 变换为 ζ 平面上的围道 $|\zeta|=1/R$，且积分路径的走向由逆时针 (圆内区域的边界正向) 变为顺时针 (圆外区域的边界正向)，因此

$$\begin{aligned}f^{(n)}(\xi) &= \frac{n!}{2\pi\mathrm{i}}\oint_{|\zeta|=1/R}\frac{f(1/\zeta)}{\left(\zeta^{-1}-\rho^{-1}\right)^{n+1}}\left(-\frac{\mathrm{d}\zeta}{\zeta^2}\right) \\ &= (-1)^n\rho^{n+1}\frac{n!}{2\pi\mathrm{i}}\oint_{|\zeta|=1/R}\frac{f(1/\zeta)}{(\zeta-\rho)^{n+1}}\,\zeta^{n-1}\,\mathrm{d}\zeta.\end{aligned}$$

比较 (1.2b) 式，即可证得 (1.3) 式.

第二章　无 穷 级 数

§2.1　无穷级数的收敛性

例 2.1　设 $\sum\limits_{n=1}^{\infty} a_n$ 与 $\sum\limits_{n=1}^{\infty} b_n$ 皆为正项级数，试举反例，说明下列说法不正确：

(1) 若 $\lim\limits_{n\to\infty} na_n = 0$，则 $\sum\limits_{n=1}^{\infty} a_n$ 收敛；

(2) 若 $a_{2n} < a_{2n+1}$，则 $\sum\limits_{n=1}^{\infty} a_n$ 发散；

(3) 若 $\lim\limits_{n\to\infty} \dfrac{a_{2n+1}}{a_{2n}} = \infty$，则 $\sum\limits_{n=1}^{\infty} a_n$ 发散；

(4) 若 $\sum\limits_{n=1}^{\infty} a_n$ 与 $\sum\limits_{n=1}^{\infty} b_n$ 均发散，则 $\sum\limits_{n=1}^{\infty} \sqrt{a_n b_n}$ 发散.

解　(1) 取 $a_n = \dfrac{1}{n\ln n}$，满足 $\lim\limits_{n\to\infty} na_n = 0$ 的要求，但 $\sum\limits_{n=1}^{\infty} a_n = \sum\limits_{n=1}^{\infty} \dfrac{1}{n\ln n}$ 发散.

(2) 取 $a_{2n} = 0$, $a_{2n+1} = \dfrac{1}{(2n+1)!}$，则级数 $\sum\limits_{n=1}^{\infty} a_n = \sum\limits_{n=0}^{\infty} \dfrac{1}{(2n+1)!}$ 收敛，其和为 $\sinh 1$.

也可举出 a_n 均不为 0 的例子. 例如 $a_{2n} = 3^{-n}$, $a_{2n+1} = 2^{-n}$，则 $a_{2n} < a_{2n+1}$，但级数 $\sum\limits_{n=1}^{\infty} a_n$ 收敛，其和为 $2 + 1/2 = 5/2$.

(3) 同 (2).

(4) 可取

$$a_n = \begin{cases} 1, & n \text{ 为奇数}, \\ 2^{-2n}, & n \text{ 为偶数}, \end{cases} \qquad b_n = \begin{cases} 2^{-2n}, & n \text{ 为奇数}, \\ 1, & n \text{ 为偶数}, \end{cases}$$

则级数 $\sum\limits_{n=1}^{\infty} a_n$ 与 $\sum\limits_{n=1}^{\infty} b_n$ 均不满足级数收敛的必要条件，但

$$\sqrt{a_n b_n} = 2^{-n},$$

所以 $\sum\limits_{n=1}^{\infty} \sqrt{a_n b_n}$ 收敛.

例 2.2　讨论级数 $\sum\limits_{k=1}^{\infty}\sum\limits_{l=1}^{\infty} (-1)^{k+l} \dfrac{kl}{(k+l)^2}$ 的收敛性①.

---

① 参见：吴崇试. 数学物理方法. 第 2 版. 北京：北京大学出版社，2003：39.

解 按照有关级数收敛性的定义，我们应当先求出部分和 $S_{m,n}$. 为了计算的方便，需要区分 m,n 为奇数或偶数的情况.

下面先计算 $S_{2m,2n}$，只要 $m\neq n$，就可以假设 $n<m$，

$$\begin{aligned}
S_{2m,2n}&=\sum_{k=1}^{2m}\sum_{l=1}^{2n}(-1)^{k+l}\frac{kl}{(k+l)^2}=\sum_{r=2}^{2m+2n}\frac{(-1)^r}{r^2}\left[\sum_{l=\max(1,r-2m)}^{\min(r-1,2n)}l(r-l)\right]\\
&=\sum_{r=2}^{2n+1}\frac{(-1)^r}{r^2}\left[\sum_{l=1}^{r-1}l(r-l)\right]+\sum_{r=2n+2}^{2m+1}\frac{(-1)^r}{r^2}\left[\sum_{l=1}^{2n}l(r-l)\right]\\
&\quad+\sum_{r=2m+2}^{2m+2n}\frac{(-1)^r}{r^2}\left[\sum_{l=r-2m}^{2n}l(r-l)\right]\\
&=\sum_{r=2}^{2n+1}\frac{(-1)^r}{r^2}\frac{(r-1)r(r+1)}{6}+\sum_{r=2n+2}^{2m+1}\frac{(-1)^r}{r^2}\frac{2n(2n+1)(3r-4n-1)}{6}\\
&\quad+\sum_{r=2m+2}^{2m+2n}\frac{(-1)^r}{r^2}\left[\frac{2n(2n+1)(3r-4n-1)}{6}-\frac{(r-2m-1)(r-2m)(r+4m+1)}{6}\right]\\
&=\frac{1}{6}\sum_{r=2}^{2n+1}(-1)^r\left(r-\frac{1}{r}\right)+\frac{1}{3}n(2n+1)\sum_{r=2n+2}^{2m+2n}(-1)^r\frac{3r-4n-1}{r^2}\\
&\quad-\frac{1}{6}\sum_{r=2m+2}^{2m+2n}(-1)^r\frac{r^3-(12m^2+6m+1)r+2m(2m+1)(4m+1)}{r^2}\\
&=\frac{1}{6}\sum_{r=2}^{2n+1}(-1)^r\left(r-\frac{1}{r}\right)+n(2n+1)\sum_{r=2n+2}^{2m+2n}\frac{(-1)^r}{r}\\
&\quad-\frac{1}{3}n(2n+1)(4n+1)\sum_{r=2n+2}^{2m+2n}\frac{(-1)^r}{r^2}\\
&\quad-\frac{1}{6}\sum_{r=2m+2}^{2m+2n}(-1)^r\left[r-\frac{12m^2+6m+1}{r}+\frac{2m(2m+1)(4m+1)}{r^2}\right].
\end{aligned}\tag{2.1}$$

在得到以上结果时用到了

$$\sum_{l=1}^{s}l(r-l)=r\sum_{l=1}^{s}l-\sum_{l=1}^{s}l^2=\frac{s(s+1)(3r-2s-1)}{6}.$$

因为

$$\sum_{r=2}^{2n+1}(-1)^r r=-n,$$

$$\sum_{r=2}^{2n+1}\frac{(-1)^r}{r}=\frac{1}{2}\left[\psi(n+1)-\psi\left(n+\frac{3}{2}\right)+\psi\left(\frac{3}{2}\right)-\psi(1)\right],$$

$$\sum_{r=2n+2}^{2m+2n}\frac{(-1)^r}{r}=\frac{1}{2}\left[\psi(m+n+1)-\psi\left(m+n+\frac{1}{2}\right)+\psi\left(n+\frac{3}{2}\right)-\psi(n+1)\right],$$

$$\sum_{r=2n+2}^{2m+2n}\frac{(-1)^r}{r^2}=-\frac{1}{4}\left[\psi'(m+n+1)-\psi'\left(m+n+\frac{1}{2}\right)+\psi'\left(n+\frac{3}{2}\right)-\psi'(n+1)\right],$$

$$\sum_{r=2m+2}^{2m+2n}(-1)^r r=n+2m+1,$$

$$\sum_{r=2m+2}^{2m+2n}\frac{(-1)^r}{r}=\frac{1}{2}\left[\psi(m+n+1)-\psi\left(m+n+\frac{1}{2}\right)+\psi\left(m+\frac{3}{2}\right)-\psi(m+1)\right],$$

$$\sum_{r=2m+2}^{2m+2n}\frac{(-1)^r}{r^2}=-\frac{1}{4}\left[\psi'(m+n+1)-\psi'\left(m+n+\frac{1}{2}\right)+\psi'\left(m+\frac{3}{2}\right)-\psi'(m+1)\right],$$

代入即得

$$\begin{aligned}S_{2m,2n}=&-\frac{n}{6}-\frac{1}{12}\left[\psi(n+1)-\psi\left(n+\frac{3}{2}\right)+\psi\left(\frac{3}{2}\right)-\psi(1)\right]\\&+\left[\frac{n(2n+1)}{2}+\frac{12m^2+6m+1}{12}\right]\left[\psi(m+n+1)-\psi\left(m+n+\frac{1}{2}\right)\right]\\&+\left[\frac{n(2n+1)(4n+1)}{12}+\frac{2m(2m+1)(4m+1)}{24}\right]\left[\psi'(m+n+1)-\psi'\left(m+n+\frac{1}{2}\right)\right]\\&+\frac{n(2n+1)}{2}\left[\psi\left(n+\frac{3}{2}\right)-\psi(n+1)\right]+\frac{12m^2+6m+1}{12}\left[\psi\left(m+\frac{3}{2}\right)-\psi(m+1)\right]\\&+\frac{n(2n+1)(4n+1)}{12}\left[\psi'\left(n+\frac{3}{2}\right)-\psi'(n+1)\right]\\&+\frac{2m(2m+1)(4m+1)}{24}\left[\psi'\left(m+\frac{3}{2}\right)-\psi'(m+1)\right]-\frac{1}{6}(n+2m+1).\end{aligned}\tag{2.2}$$

事实上，直接计算部分和 $S_{2m,2m}$，就会发现 (2.2) 式也适用于 $m=n$ 的情形. 利用 $\psi(z)$ 在 $z\to\infty$ 时的渐近展开

$$\psi(z)\sim\ln z-\frac{1}{2z}-\frac{1}{12z^2}-\cdots,\qquad \psi'(z)\sim\frac{1}{z}+\frac{1}{2z^2}+\frac{1}{6z^3}+\cdots,$$

能够导出

$$\psi\left(z+\frac{1}{2}\right)-\psi(z)\sim\ln\left(1+\frac{1}{2z}\right)+\left(\frac{1}{2z}-\frac{1}{2z+1}\right)+\frac{1}{3}\left[\frac{1}{(2z)^2}-\frac{1}{(2z+1)^2}\right]+\cdots,$$

因此

$$\psi\left(z+\frac{1}{2}\right)-\psi(z)=\frac{1}{2}\frac{1}{z}+\frac{1}{8}\frac{1}{z^2}+O\left(\frac{1}{z^4}\right),$$

$$\psi'\Big(z+\frac{1}{2}\Big)-\psi'(z)=-\frac{1}{2}\frac{1}{z^2}-\frac{1}{4}\frac{1}{z^3}+O\Big(\frac{1}{z^5}\Big).$$

由此得到

$$\begin{aligned}\psi\Big(z+\frac{3}{2}\Big)-\psi(z+1)&=\frac{1}{2}\frac{1}{z+1}+\frac{1}{8}\frac{1}{(z+1)^2}+O\Big(\frac{1}{z^4}\Big)\\&=\frac{1}{2}\frac{1}{z}-\frac{3}{8}\frac{1}{z^2}+O\Big(\frac{1}{z^3}\Big),\end{aligned}\tag{2.3a}$$

$$\psi'\Big(z+\frac{3}{2}\Big)-\psi'(z+1)=-\frac{1}{2}\frac{1}{z^2}+\frac{3}{4}\frac{1}{z^3}+O\Big(\frac{1}{z^4}\Big),\tag{2.3b}$$

并且代入 $\psi(z)$ 的特殊值

$$\psi(1)=-\gamma,\qquad \psi\Big(\frac{3}{2}\Big)=2-\gamma-2\ln 2,\tag{2.4}$$

就能将 (2.2) 式化为

$$\begin{aligned}S_{2m,2n}=&-\frac{2m+2n+1}{6}+\frac{1}{6}(\ln 2-1)\\&+\frac{n(2n+1)}{2}\left[\frac{1}{2}\frac{1}{m+n}-\frac{1}{8}\frac{1}{(m+n)^2}+\frac{1}{2n}-\frac{3}{8}\frac{1}{n^2}\right]\\&-\frac{n(2n+1)(4n+1)}{12}\left[\frac{1}{2}\frac{1}{(m+n)^2}-\frac{1}{4}\frac{1}{(m+n)^3}+\frac{1}{2}\frac{1}{n^2}-\frac{3}{4}\frac{1}{n^3}\right]\\&+\frac{12m^2+6m+1}{12}\left[\frac{1}{2}\frac{1}{m+n}-\frac{1}{8}\frac{1}{(m+n)^2}+\frac{1}{2m}-\frac{3}{8}\frac{1}{m^2}\right]\\&-\frac{m(2m+1)(4m+1)}{12}\left[\frac{1}{2}\frac{1}{(m+n)^2}-\frac{1}{4}\frac{1}{(m+n)^3}+\frac{1}{2}\frac{1}{m^2}-\frac{3}{4}\frac{1}{m^3}\right]+\cdots\\=&-\frac{2m+2n+1}{6}+\frac{1}{6}(\ln 2-1)+\frac{2n+1}{4}-\frac{(2n+1)(4n+1)}{24n}\\&+\frac{12m^2+6m+1}{24m}-\frac{(2m+1)(4m+1)}{24m}-\frac{3}{16}\frac{2n+1}{n}\\&+\frac{1}{16}\frac{(2n+1)(4n+1)}{n^2}-\frac{12m^2+6m+1}{32m^2}+\frac{1}{16}\frac{(2m+1)(4m+1)}{m^2}\\&+\frac{1}{m+n}\left[\frac{n(2n+1)}{4}+\frac{12m^2+6m+1}{24}\right]\\&-\frac{1}{(m+n)^2}\left[\frac{n(2n+1)(8n+5)}{48}+\frac{m(2m+1)(8m+5)}{48}+\frac{1}{96}\right]\\&+\frac{1}{(m+n)^3}\left[\frac{n(2n+1)(4n+1)}{48}+\frac{m(2m+1)(4m+1)}{48}\right]+\cdots,\end{aligned}$$

这里已经略去而未明确写出的均为无穷小量 $O\Big(\frac{1}{n}\Big),O\Big(\frac{1}{m}\Big)$ 或 $O\Big(\frac{1}{m+n}\Big)$. 如此继续化简，并注意到

$$\frac{1}{2}\frac{m^2+n^2}{m+n}-\frac{1}{3}\frac{m^3+n^3}{(m+n)^2}=\frac{1}{2}\frac{m^2+n^2}{m+n}-\frac{1}{3}\frac{m^2-mn+n^2}{m+n}=\frac{m+n}{6},$$

就能得到

$$\begin{aligned}S_{2m,2n} &= -\frac{m+n}{6}+\frac{1}{6}\left(\ln 2-\frac{1}{2}\right)+\frac{1}{m+n}\left(\frac{m^2+n^2}{2}+\frac{m+n}{4}\right)\\ &\quad -\frac{1}{(m+n)^2}\left[\frac{m^3+n^3}{3}+\frac{3}{8}(m^2+n^2)\right]+\frac{1}{6}\frac{m^3+n^3}{(m+n)^3}+\cdots\\ &= \frac{1}{6}\left(\ln 2-\frac{1}{2}\right)+\frac{1}{4}-\frac{3}{8}\frac{m^2+n^2}{(m+n)^2}+\frac{1}{6}\frac{m^2-mn+n^2}{(m+n)^2}+\cdots\\ &= \frac{1}{6}(\ln 2+1)-\frac{1}{24}\frac{5m^2+4mn+5n^2}{(m+n)^2}+\cdots.\end{aligned}\tag{2.5a}$$

类似地，还能计算另外几种部分和：

$$S_{2m,2n+1}=\sum_{k=1}^{2m}\sum_{l=1}^{2n+1}(-1)^{k+l}\frac{kl}{(k+l)^2}=S_{2m,2n}+(2n+1)\sum_{k=1}^{2m}\frac{(-1)^{k+1}k}{(2n+k+1)^2},$$

$$S_{2m+1,2n}=\sum_{k=1}^{2m+1}\sum_{l=1}^{2n}(-1)^{k+l}\frac{kl}{(k+l)^2}=S_{2m,2n}+(2m+1)\sum_{l=1}^{2n}\frac{(-1)^{l+1}l}{(2m+l+1)^2},$$

$$\begin{aligned}S_{2m+1,2n+1} &= \sum_{k=1}^{2m+1}\sum_{l=1}^{2n+1}(-1)^{k+l}\frac{kl}{(k+l)^2}\\ &= S_{2m,2n}+(2m+1)\sum_{l=1}^{2n}\frac{(-1)^{l+1}l}{(2m+l+1)^2}+(2n+1)\sum_{k=1}^{2m}\frac{(-1)^{k+1}k}{(2n+k+1)^2}\\ &\quad +\frac{(2m+1)(2n+1)}{(2m+2n+2)^2}.\end{aligned}$$

重复上面的计算，可以得到

$$(2n+1)\sum_{k=1}^{2m}\frac{(-1)^{k+1}k}{(2n+k+1)^2}=-\frac{1}{4}\frac{2n+1}{m+n}+\frac{1}{8}\left(\frac{2n+1}{m+n}\right)^2+\cdots=-\frac{1}{2}\frac{mn}{(m+n)^2}+\cdots,$$

$$(2m+1)\sum_{l=1}^{2n}\frac{(-1)^{l+1}l}{(2m+l+1)^2}=-\frac{1}{4}\frac{2m+1}{m+n}+\frac{1}{8}\left(\frac{2m+1}{m+n}\right)^2+\cdots=-\frac{1}{2}\frac{mn}{(m+n)^2}+\cdots,$$

所以

$$S_{2m,2n+1}=\frac{1}{6}(\ln 2+1)-\frac{1}{24}\frac{5m^2+16mn+5n^2}{(m+n)^2}+\cdots,\tag{2.5b}$$

$$S_{2m+1,2n}=\frac{1}{6}(\ln 2+1)-\frac{1}{24}\frac{5m^2+16mn+5n^2}{(m+n)^2}+\cdots,\tag{2.5c}$$

$$S_{2m+1,2n+1}=\frac{1}{6}(\ln 2+1)-\frac{1}{24}\frac{5m^2+4mn+5n^2}{(m+n)^2}+\cdots.\tag{2.5d}$$

以上结果说明，当 m, n 同时而又独立地趋于 ∞ 时，部分和序列 $\{S_{m,n}\}$ 并不收敛. 换言之，二重级数 $\sum\limits_{k=1}^{\infty}\sum\limits_{l=1}^{\infty}(-1)^{k+l}\dfrac{kl}{(k+l)^2}$ 不收敛. 事实上，作为 $m\to\infty, n\to\infty$ 的特殊方式，如果 m 与 n 并不独立，例如取 $n=\alpha m$，则

$$\frac{5m^2+4mn+5n^2}{(m+n)^2}=\frac{5+4\alpha+5\alpha^2}{(1+\alpha)^2},\qquad \frac{5m^2+16mn+5n^2}{(m+n)^2}=\frac{5+16\alpha+5\alpha^2}{(1+\alpha)^2},$$

于是

$$\lim_{\substack{n=\alpha m\\ m\to\infty}} S_{2m,2n}=\lim_{\substack{n=\alpha m\\ m\to\infty}} S_{2m+1,2n+1}=\frac{1}{6}(\ln 2+1)-\frac{1}{24}\frac{5+4\alpha+5\alpha^2}{(1+\alpha)^2}, \tag{2.6a}$$

$$\lim_{\substack{n=\alpha m\\ m\to\infty}} S_{2m+1,2n}=\lim_{\substack{n=\alpha m\\ m\to\infty}} S_{2m,2n+1}=\frac{1}{6}(\ln 2+1)-\frac{1}{24}\frac{5+16\alpha+5\alpha^2}{(1+\alpha)^2}. \tag{2.6b}$$

特别是，当 $\alpha=1$ 时，有

$$\lim_{m=n\to\infty} S_{2m,2n}=\lim_{m=n\to\infty} S_{2m+1,2n+1}=\frac{1}{6}\left(\ln 2+\frac{1}{8}\right), \tag{2.7a}$$

$$\lim_{m=n\to\infty} S_{2m+1,2n}=\lim_{m=n\to\infty} S_{2m,2n+1}=\frac{1}{6}\left(\ln 2-\frac{5}{8}\right). \tag{2.7b}$$

部分和序列正是在这两个数值之间震荡.

如果将上述二重级数先按行求和，而后再将各行之和相加 (即“逐行求和”)，则有

$$\sum_{l=1}^{\infty}\left[\sum_{k=1}^{\infty}(-1)^{k+l}\frac{kl}{(k+l)^2}\right]=\lim_{n\to\infty}\left(\lim_{m\to\infty}S_{mn}\right)=\frac{1}{6}\left(\ln 2-\frac{1}{4}\right). \tag{2.8a}$$

这相当于在 (2.6) 式中代入 $\alpha=0$. 由于级数对于 k, l 对称，所以，如果先按列求和，而后再将各列之和相加 (即“逐列求和”)，也应当得到同样的结果：

$$\sum_{k=1}^{\infty}\left[\sum_{l=1}^{\infty}(-1)^{k+l}\frac{kl}{(k+l)^2}\right]=\lim_{m\to\infty}\left(\lim_{n\to\infty}S_{mn}\right)=\frac{1}{6}\left(\ln 2-\frac{1}{4}\right). \tag{2.8b}$$

这相当于在 (2.6) 式中令 $\alpha\to\infty$.

另一种求和方式是“按对角线求和”. 对于本题而言，这样的和

$$\sum_{r=2}^{\infty}\left[\sum_{k+l=r}(-1)^{k+l}\frac{kl}{(k+l)^2}\right]=\sum_{r=2}^{\infty}\frac{(-)r}{r^2}\left[\sum_{l=1}^{r-1}l(r-l)\right]=\frac{1}{6}\sum_{r=2}^{\infty}(-1)^r\left(r-\frac{1}{r}\right)$$

并不存在.

§2.2 幂级数的收敛半径

求幂级数 $\sum\limits_{n=0}^{\infty} c_n(z-a)^n$ 的收敛半径，有两个公式：

(1) Cauchy-Hadamard 公式 (基于 Cauchy 判别法)：

$$R=\frac{1}{\overline{\lim\limits_{n\to\infty}}\left|c_n\right|^{1/n}}=\varliminf_{n\to\infty}\left|\frac{1}{c_n}\right|^{1/n}. \tag{2.9}$$

(2) 基于 d'Alembert 判别法：如果

$$\lim_{n\to\infty}\left|\frac{c_{n+1}(z-a)^{n+1}}{c_n(z-a)^n}\right|=|z-a|\lim_{n\to\infty}\left|\frac{c_{n+1}}{c_n}\right|$$

存在，则

$$R=\lim_{n\to\infty}\left|\frac{c_n}{c_{n+1}}\right|. \tag{2.10}$$

在应用这两个公式时，请记住 c_n 是幂级数中 z^n 项的系数.

这两个求收敛半径的公式各有优缺点. Cauchy-Hadamard 公式普遍成立，而公式 (2.10) 则是有条件的 (要求极限 $\lim\limits_{n\to\infty}|c_n/c_{n+1}|$ 存在). 作为相关概念的讨论，以使用 Cauchy-Hadamard 公式为宜；而在求收敛半径的具体计算中，多使用公式 (2.10)，前提是满足该公式的适用条件，即要求极限 $\lim\limits_{n\to\infty}|c_n/c_{n+1}|$ 存在.

不难举出 $\lim\limits_{n\to\infty}|c_n/c_{n+1}|$ 不存在的例子. 例如，对于级数 $\sum\limits_{n=1}^{\infty}2^{2n}z^{2n}$，

$$c_n=\begin{cases}0, & n=1,3,5,\cdots,\\ 2^n, & n=2,4,6,\cdots,\end{cases}$$

则有

$$\frac{c_{2n}}{c_{2n+1}}=\infty, \qquad \frac{c_{2n+1}}{c_{2n+2}}=0,$$

因此 $\lim\limits_{n\to\infty}|c_n/c_{n+1}|$ 并不存在. 然而，因为

$$\overline{\lim_{n\to\infty}}\left|c_n\right|^{1/n}=2,$$

立即就得到 $R=1/2$.

读者可能会想出变通的解决办法，即作变换 $\zeta=z^2$，因而上述级数即变为 $\sum\limits_{n=1}^{\infty}2^{2n}\zeta^n$，于是，作为 ζ 的幂级数，由公式 (2.10) 可以求出收敛半径 (即 ζ 平面上

收敛圆的半径) 为 1/4，从而也导出作为 z 的幂级数，收敛半径为 1/2. 但这种办法无法从根本上克服 $\lim\limits_{n\to\infty}|c_n/c_{n+1}|$ 不存在的困难. 例如，对于

$$c_n=\begin{cases}3^n, & n=1,3,5,\cdots,\\ 2^n, & n=2,4,6,\cdots,\end{cases}$$

由 Cauchy-Hadamard 公式即能求出 $R=1/3$，但却难以直接应用公式 (2.10). 尽管我们可以由级数收敛的必要条件判断 $|z|>1/3$ 时级数发散，而用比较判别法判断 $|z|<1/3$ 时级数收敛，显然这样不如应用 Cauchy-Hadamard 公式来得直截了当.

在极限 $\lim\limits_{n\to\infty}|c_n/c_{n+1}|$ 存在的条件下，应用公式 (2.10) 求收敛半径往往比较简单，原因是在系数比 c_n/c_{n+1} 中往往会有一些因子被消去，而 Cauchy-Hadamard 公式中关于 $|c_n|^{1/n}$ 的计算却可能比较复杂. 级数 $\sum\limits_{n=0}^{\infty}\dfrac{1}{n!}z^n$ 就是一个很好的例子.

若已知幂级数 $\sum\limits_{n=1}^{\infty}a_nz^n$ 和 $\sum\limits_{n=1}^{\infty}b_nz^n$ 的收敛半径分别为 R_1 和 R_2，则根据 Cauchy-Hadamard 公式，可以得出下列结论：

(1) $\sum\limits_{n=1}^{\infty}a_nb_nz^n$ 的收敛半径 $R\geqslant R_1R_2$. 原因是

$$\varlimsup_{n\to\infty}|a_nb_n|^{1/n}\leqslant\varlimsup_{n\to\infty}|a_n|^{1/n}\cdot\varlimsup_{n\to\infty}|b_n|^{1/n}.$$

例如

$$a_n=\begin{cases}2^n, & n=1,3,5,\cdots,\\ 0, & n=2,4,6,\cdots\end{cases}\qquad 与\qquad b_n=\begin{cases}0, & n=1,3,5,\cdots,\\ 3^n, & n=2,4,6,\cdots.\end{cases}$$

这时就有

$$\varlimsup_{n\to\infty}|a_n|^{1/n}=2,\quad \varlimsup_{n\to\infty}|b_n|^{1/n}=3,$$

但

$$\varlimsup_{n\to\infty}|a_nb_n|^{1/n}=0.$$

(2) $\sum\limits_{n=1}^{\infty}\dfrac{a_n}{b_n}z^n$ 的收敛半径 $R\leqslant\dfrac{R_1}{R_2}$. 这其实只是 (1) 的特殊变型：只需将级数 $\sum\limits_{n=1}^{\infty}a_nz^n$ 看成 $\sum\limits_{n=1}^{\infty}\left(\dfrac{a_n}{b_n}\cdot b_n\right)z^n$ 即可.

作为这种情形的特例，又应当有

$$\sum_{n=1}^{\infty}\frac{1}{b_n}z^n\ 的收敛半径\ R\leqslant\frac{1}{R_2}.$$

(3) 幂级数 $\sum\limits_{n=1}^{\infty}(a_n+b_n)z^n$ 的收敛半径 $R\geqslant\min(R_1,R_2)$. 这是因为，幂级数的收敛半径是由其和函数的奇点决定的：幂级数收敛圆的圆周上，一定有 (其和函数的) 奇点. 如果 $R_1\neq R_2$，或是尽管 $R_1=R_2$ 但级数 $\sum\limits_{n=1}^{\infty}a_nz^n$ 与 $\sum\limits_{n=1}^{\infty}b_nz^n$ 的奇点并不重合，则幂级数 $\sum\limits_{n=1}^{\infty}(a_n+b_n)z^n$ 的收敛半径 $R=\min(R_1,R_2)$. 但当 $R_1=R_2$ 且级数 $\sum\limits_{n=1}^{\infty}a_nz^n$ 与 $\sum\limits_{n=1}^{\infty}b_nz^n$ 在收敛圆圆周上的奇点也完全重合时，它们的奇异性可能彼此抵消，而使得这些点成为级数 $\sum\limits_{n=1}^{\infty}(a_n+b_n)z^n$ 的可去奇点，这样就会有 $R>\min(R_1,R_2)$. 从计算公式上说，因为当 $\overline{\lim\limits_{n\to\infty}}|a_n|^{1/n}\neq\overline{\lim\limits_{n\to\infty}}|b_n|^{1/n}$ 时，有

$$\overline{\lim_{n\to\infty}}|a_n+b_n|^{1/n}=\max\left\{\overline{\lim_{n\to\infty}}|a_n|^{1/n},\overline{\lim_{n\to\infty}}|b_n|^{1/n}\right\}.$$

而当 $\overline{\lim\limits_{n\to\infty}}|a_n|^{1/n}=\overline{\lim\limits_{n\to\infty}}|b_n|^{1/n}$ 时，则应有

$$\overline{\lim_{n\to\infty}}|a_n+b_n|^{1/n}\leqslant\overline{\lim_{n\to\infty}}|a_n|^{1/n}\text{ 或 }\overline{\lim_{n\to\infty}}|b_n|^{1/n}.$$

读者不难按照奇点的可能分布以及函数在各奇点处的不同具体行为，适当选取函数 $f(z)=\sum\limits_{n=1}^{\infty}a_nz^n$ 与 $g(z)=\sum\limits_{n=1}^{\infty}b_nz^n$，验证上面所列举的结论.

§2.3 无穷级数的 Cesàro 和与 Abel 和

先看一个数项级数

$$1-1+1-1+1-1+\cdots,\tag{2.11}$$

它的部分和序列为 $1,0,1,0,1,0,1,\cdots$，因此，按照定义，此级数发散. 然而，如果我们引进“级数和”的其他定义 (或者说，引进求级数和的其他计算方法)，按照这些定义，可以求出上面的级数和为 1/2.

任给定一个级数

$$u_1+u_2+u_3+\cdots,\tag{2.12}$$

其部分和为

$$s_n=u_1+u_2+u_3+\cdots+u_n.\tag{2.13}$$

将部分和求算术平均，即

$$\sigma_n=\frac{1}{n}\big(s_1+s_2+s_3+\cdots+s_n\big).\tag{2.14}$$

如果序列 $\{\sigma_n\}$ 收敛到 σ，则称级数 (2.12) 的 Cesàro 和为 σ. 不难求出级数 (2.11) 部分和的算术平均序列

$$1,\ \frac{1}{2},\ \frac{2}{3},\ \frac{1}{2},\ \frac{3}{5},\ \frac{1}{2},\ \frac{4}{7},\ \frac{1}{2},\ \cdots,$$

所以级数 (2.11) 的 Cesàro 和为 $\sigma = 1/2$. 这种求级数和的方法称为 Cesàro 法 (算术平均法).

也可以将上述求和方法应用于三角级数

$$\frac{1}{2} + \cos x + \cos 2x + \cos 3x + \cdots. \tag{2.15}$$

我们知道，这个级数是发散的 (因为其通项不满足级数收敛的必要条件)，这同样表现在它的部分和

$$s_n = \frac{1}{2} + \sum_{k=1}^{n} \cos kx = \frac{\sin[(2n+1)x/2]}{2\,\sin(x/2)} \tag{2.16}$$

的极限不存在. 但是，如果求它的算术平均 (称为级数的 n 次算术平均)

$$\begin{aligned}\sigma_n(x) &= \frac{s_0 + s_1 + s_2 + \cdots + s_{n-1}}{n} = \frac{1}{n}\sum_{k=0}^{n} \frac{\sin[(2n+1)x/2]}{2\,\sin(x/2)} \\ &= \frac{1}{2n}\,\frac{1}{\sin(x/2)}\sum_{k=0}^{n} \sin\frac{2n+1}{2}x = \frac{1}{2n}\,\frac{\sin^2(nx/2)}{\sin^2(x/2)},\end{aligned}$$

则对于 $x \in (-\pi, 0)$ 或 $(0, \pi)$，就能求得级数 (2.15) 的 Cesàro 和 $\sigma = 0$. 可是，如果 $x = 0$，则 $\sigma_n(0) = n/2$. 故 Cesàro 和不存在.

根据 Cesàro 和的定义，可以直接证明如下结论:

(1) 若 $\sum\limits_{n=1}^{\infty} a_n$ 与 $\sum\limits_{n=1}^{\infty} b_n$ 分别有 Cesàro 和 s 与 t，则 $\sum\limits_{n=1}^{\infty}(a_n+b_n)$ 有 Cesàro 和 $s+t$;

(2) 若 $\sum\limits_{n=1}^{\infty} a_n$ 有 Cesàro 和 s，则 $\sum\limits_{n=1}^{\infty} ka_n$ 有 Cesàro 和 ks;

(3) 若 $\sum\limits_{n=1}^{\infty} a_n$ 有 Cesàro 和为 s，则 $\sum\limits_{n=2}^{\infty} a_n$ 有 Cesàro 和 $s - a_1$;

(4) 若 $\sum\limits_{n=1}^{\infty} a_n$ 收敛，即其和 A 存在，则其 Cesàro 和也是 A.

求级数和的另一种方法是 Abel 法 (收敛因子法)，即针对数项级数

$$u_0 + u_1 + u_2 + u_3 + \cdots, \tag{2.17a}$$

引进幂级数

$$u_0 + u_1 r + u_2 r^2 + u_3 r^3 + \cdots, \tag{2.17b}$$

如果级数 (2.17b) 在区间 $0 \leqslant r < 1$ 上收敛，且当 $r \to 1$ 时趋于有限值，我们就把这个数值称为级数 (2.17a) 的 Abel 和. Abel 求和法的理论基础是 Abel 第二定理.

回顾刚刚举过的两个例子. 对于级数 (2.11)，我们可以构造幂级数

$$1 - r + r^2 - r^3 + \cdots, \tag{2.11$'$}$$

它在区间 $(-1, 1)$ 上收敛到 $1/(1+r)$. 尽管级数 (2.11′) 在 $r = 1$ 处并不收敛，但是 $\lim\limits_{r\to 1}\left[1/(1+r)\right] = 1/2$，因此级数 (2.11) 的 Abel 和为 1/2.

再看级数 (2.15). 按照 Abel 求和法，引进幂级数

$$\frac{1}{2} + \sum_{n=1}^{\infty} r^n \cos nx = \frac{1}{2}\left(1 + \sum_{n=-\infty}^{\infty} r^n \mathrm{e}^{\mathrm{i}nx}\right), \tag{2.15$'$}$$

它在区间 $0 \leqslant r < 1$ 上的和函数为

$$\frac{1}{2}\,\frac{1 - r^2}{1 - 2r\cos x + r^2}.$$

在 $-\pi \leqslant x < 0$ 或 $0 < x \leqslant \pi$ 的条件下，当 $r \to 1$ 时，此和函数趋于 0，因此级数 (2.15) 的 Abel 和为0；而在 $x = 0$ 的条件下，当 $r \to 1$ 时，和函数的极限不存在，因此级数 (2.15) 没有 Abel 和.

Abel 和也具有与 Cesàro 和类似的运算性质，即

(1) 若 $\sum\limits_{n=1}^{\infty} a_n$ 与 $\sum\limits_{n=1}^{\infty} b_n$ 分别有 Abel 和 s 与 t，则 $\sum\limits_{n=1}^{\infty}(a_n+b_n)$ 有 Abel 和 $s+t$；

(2) 若 $\sum\limits_{n=1}^{\infty} a_n$ 有 Abel 和 s，则 $\sum\limits_{n=1}^{\infty} ka_n$ 有 Abel 和 ks；

(3) 若 $\sum\limits_{n=1}^{\infty} a_n$ 有 Abel 和为 s，则 $\sum\limits_{n=2}^{\infty} a_n$ 有 Abel 和 $s - a_1$；

(4) 若 $\sum\limits_{n=1}^{\infty} a_n$ 收敛，即其和 A 存在，则其 Abel 和也是 A.

§2.4　解析函数的幂级数展开

例 2.3　求 $\left(\dfrac{1+\mathrm{i}z}{1-\mathrm{i}z}\right)^{\alpha}$ 在 $z = 0$ 处的 Taylor 展开.

解　直接利用二项式展开公式，可得

$$\begin{aligned}\left(\frac{1+\mathrm{i}z}{1-\mathrm{i}z}\right)^{\alpha} &= \sum_{k=0}^{\infty}\binom{\alpha}{k}(\mathrm{i}z)^k \sum_{l=0}^{\infty}\binom{-\alpha}{l}(-\mathrm{i}z)^l = \sum_{k=0}^{\infty}\sum_{l=0}^{\infty}\binom{\alpha}{k}\binom{-\alpha}{l}\mathrm{i}^{k-l}z^{k+l}\\ &= \sum_{n=0}^{\infty}\mathrm{i}^{-n}\left[\sum_{k=0}^{n}(-1)^k\binom{\alpha}{k}\binom{-\alpha}{n-k}\right]z^n, \qquad |z| < 1.\end{aligned}$$

因为

$$\binom{\alpha}{k}=\frac{\alpha(\alpha-1)\cdots(\alpha-k+1)}{k!}=\frac{\Gamma(\alpha+1)}{k!\,\Gamma(\alpha-k+1)}=(-1)^k\frac{\Gamma(k-\alpha)}{k!\,\Gamma(-\alpha)},$$

所以

$$\begin{aligned}\left(\frac{1+\mathrm{i}z}{1-\mathrm{i}z}\right)^{\alpha}&=\sum_{n=0}^{\infty}\frac{\mathrm{i}^{-n}}{n!}\left[\sum_{k=0}^{n}\frac{n!}{k!(n-k)!}\frac{\Gamma(k-\alpha)}{\Gamma(-\alpha)}\frac{\Gamma(1-\alpha)}{\Gamma(1-\alpha+k-n)}\right]z^n\\&=1+\alpha\sum_{n=1}^{\infty}\frac{\mathrm{i}^{n}}{n!}\left[\sum_{k=0}^{n}\frac{n!}{k!(n-k)!}\underbrace{(\alpha+1-k)(\alpha+2-k)\cdots(\alpha+n-1-k)}_{n-1\text{个因子相乘}}\right]z^n\\&=1+\alpha\sum_{n=1}^{\infty}\frac{\mathrm{i}^{n}}{n!}\left.\frac{\mathrm{d}^{n-1}\left[z^{\alpha-1}(1+z)^n\right]}{\mathrm{d}z^{n-1}}\right|_{z=1}z^n \qquad (2.18)\\&=1+\sum_{n=1}^{\infty}\mathrm{M}_n(\alpha)\,(\mathrm{i}z)^n, \qquad (2.19)\end{aligned}$$

其中的 $\mathrm{M}_n(\alpha)$ 称为 Mittag-Leffler 多项式①：

$$\begin{aligned}\mathrm{M}_0(\alpha)&=1, &(2.20\text{a})\\ \mathrm{M}_n(\alpha)&=\frac{\alpha}{n!}\frac{\mathrm{d}^{n-1}}{\mathrm{d}z^{n-1}}\left[z^{\alpha-1}(1+z)^n\right]\Big|_{z=1} &(2.20\text{b})\\&=\frac{(\alpha)_n}{n!}\mathrm{F}(-n,-\alpha;1-n-\alpha;-1) &(2.20\text{c})\\&=2\alpha\mathrm{F}(1-n,1-\alpha;2;2),\qquad n=1,2,3,\cdots. &(2.20\text{d})\end{aligned}$$

例如，对于前几个 n，有

$$\begin{aligned}n=1:&\quad \mathrm{M}_1(\alpha)=\alpha z^{\alpha-1}(1+z)\big|_{z=1}=2\alpha,\\ n=2:&\quad \mathrm{M}_2(\alpha)=\frac{\alpha}{2!}\frac{\mathrm{d}}{\mathrm{d}z}\left[z^{\alpha-1}(1+z)^2\right]\Big|_{z=1}=\frac{4\alpha^2}{2!},\\ n=3:&\quad \mathrm{M}_3(\alpha)=\frac{\alpha}{3!}\frac{\mathrm{d}^2}{\mathrm{d}z^2}\left[z^{\alpha-1}(1+z)^3\right]\Big|_{z=1}=\frac{\alpha(8\alpha^2+4)}{3!},\\ n=4:&\quad \mathrm{M}_4(\alpha)=\frac{\alpha}{4!}\frac{\mathrm{d}^3}{\mathrm{d}z^3}\left[z^{\alpha-1}(1+z)^4\right]\Big|_{z=1}=\frac{\alpha^2(16\alpha^2+32)}{4!},\\ n=5:&\quad \mathrm{M}_5(\alpha)=\frac{\alpha}{5!}\frac{\mathrm{d}^4}{\mathrm{d}z^4}\left[z^{\alpha-1}(1+z)^5\right]\Big|_{z=1}=\frac{\alpha(32\alpha^4+160\alpha^2+48)}{5!},\\ n=6:&\quad \mathrm{M}_6(\alpha)=\frac{\alpha}{6!}\frac{\mathrm{d}^5}{\mathrm{d}z^5}\left[z^{\alpha-1}(1+z)^6\right]\Big|_{z=1}=\frac{\alpha^2(64\alpha^4+640\alpha^2+736)}{6!},\end{aligned}$$

① 参见文献：A. Erdélyi, et al. *Higher Transcendental Functions*. Vol. Ⅲ. New York: McGraw-Hill, 1953: 248.

因此

$$\left(\frac{1+\mathrm{i}z}{1-\mathrm{i}z}\right)^{\alpha}=1+2\alpha(\mathrm{i}z)+\frac{4\alpha^2}{2!}(\mathrm{i}z)^2+\frac{\alpha(8\alpha^2+4)}{3!}(\mathrm{i}z)^3+\frac{\alpha^2(16\alpha^2+32)}{4!}(\mathrm{i}z)^4$$
$$+\frac{\alpha(32\alpha^4+160\alpha^2+48)}{5!}(\mathrm{i}z)^5+\frac{\alpha^2(64\alpha^4+640\alpha^2+736)}{6!}(\mathrm{i}z)^6+\cdots. \tag{2.21}$$

特别是，因为 $\arctan z=\dfrac{1}{2\mathrm{i}}\ln\dfrac{1+\mathrm{i}z}{1-\mathrm{i}z}$，所以，当 $\alpha=\dfrac{t}{2\mathrm{i}}=-\dfrac{\mathrm{i}t}{2}$ 时，

$$\begin{aligned}\mathrm{e}^{t\arctan z}&=\left(\frac{1+\mathrm{i}z}{1-\mathrm{i}z}\right)^{-\mathrm{i}t/2}\\&=1+tz+\frac{t^2}{2!}z^2+\frac{t(t^2-2)}{3!}z^3+\frac{t^2(t^2-8)}{4!}z^4\\&\quad+\frac{t(t^4-20t^2+24)}{5!}z^5+\frac{t^2(t^4-40t^2+184)}{6!}z^6+\cdots \qquad (2.22)\\&=1+\sum_{n=1}^{\infty}\mathrm{M}_n\left(-\frac{\mathrm{i}t}{2}\right)(\mathrm{i}z)^n. \qquad (2.23)\end{aligned}$$

例 2.4 求 $\cos(\nu\arccos z)$ 在 $z=0$ 处的 Taylor 展开，规定 $\arccos z\big|_{z=0}=\pi/2$.

解 对于这个函数，难以直接求得它的 Taylor 展开. 我们可以转而先求 $f(z)=\mathrm{e}^{\mathrm{i}\nu\arccos z}$ 的幂级数展开. 直接微商可得 $f(z)$ 满足的微分方程

$$\frac{f'(z)}{f(z)}=-\frac{\mathrm{i}\nu}{\sqrt{1-z^2}},\qquad 即\qquad \sqrt{1-z^2}f'(z)=-\mathrm{i}\nu f(z), \tag{2.24}$$

令

$$f(z)=\sum_{n=0}^{\infty}c_nz^n,\qquad |z|<1,$$

且 $c_0=f(0)=\mathrm{e}^{\mathrm{i}\nu\pi/2}$，并且注意到

$$\sqrt{1-z^2}=\sum_{n=0}^{\infty}\binom{1/2}{n}(-z^2)^n=\sum_{n=0}^{\infty}\frac{1}{n!}\frac{\Gamma(n-1/2)}{\Gamma(-1/2)}z^{2n},\qquad |z|<1,$$

代入方程 (2.24)，即得

$$\begin{aligned}-\mathrm{i}\nu\sum_{n=0}^{\infty}c_nz^n&=\sum_{k=0}^{\infty}\sum_{l=0}^{\infty}\frac{1}{k!}\frac{\Gamma(k-1/2)}{\Gamma(-1/2)}c_{l+1}(l+1)z^{2k+l}\\&=\sum_{n=0}^{\infty}\left[\sum_{k=0}^{[n/2]}\frac{n-2k+1}{k!}\frac{\Gamma(k-1/2)}{\Gamma(-1/2)}c_{n-2k+1}\right]z^n.\end{aligned}$$

比较系数，就能够得到展开系数之间的递推关系

$$-\mathrm{i}\nu c_n=\sum_{k=0}^{[n/2]}\frac{n-2k+1}{k!}\frac{\Gamma(k-1/2)}{\Gamma(-1/2)}c_{n-2k+1}.$$

逐次代入 $n=0,1,2,\cdots$，就能求出展开系数：

$$\begin{aligned}
&n=0: && -\mathrm{i}\nu c_0=c_1, && c_1=-\mathrm{i}\nu\mathrm{e}^{\mathrm{i}\nu\pi/2};\\
&n=1: && -\mathrm{i}\nu c_1=2c_2, && c_2=\frac{1}{2!}(\mathrm{i}\nu)^2\mathrm{e}^{\mathrm{i}\nu\pi/2};\\
&n=2: && -\mathrm{i}\nu c_2=3c_3-\frac{1}{2}c_1, && c_3=-\frac{1}{3!}\Big[(\mathrm{i}\nu)^3+\mathrm{i}\nu\Big]\mathrm{e}^{\mathrm{i}\nu\pi/2};\\
&n=3: && -\mathrm{i}\nu c_3=4c_4-c_2, && c_4=\frac{1}{4!}\Big[(\mathrm{i}\nu)^4+4(\mathrm{i}\nu)^2\Big]\mathrm{e}^{\mathrm{i}\nu\pi/2};\\
&n=4: && -\mathrm{i}\nu c_4=5c_5-\frac{3}{2}c_3-\frac{1}{8}c_1, && c_5=-\frac{1}{5!}\Big[(\mathrm{i}\nu)^5+10(\mathrm{i}\nu)^3+9(\mathrm{i}\nu)\Big]\mathrm{e}^{\mathrm{i}\nu\pi/2};\\
&\cdots\cdots.
\end{aligned}$$

因此

$$\begin{aligned}
\mathrm{e}^{\mathrm{i}\nu\arccos z}&=\mathrm{e}^{\mathrm{i}\nu\pi/2}\bigg[1-\mathrm{i}\nu z+\frac{\nu^2}{2}z^2-\frac{\mathrm{i}\nu(\nu^2-1)}{3!}z^3\\
&\qquad+\frac{\nu^2(\nu^2-4)}{4!}z^4-\frac{\mathrm{i}\nu(\nu^2-1)(\nu^2-9)}{5!}z^5+\cdots\bigg].
\end{aligned}\tag{2.25a}$$

将 ν 换成 $-\nu$，上式变为

$$\begin{aligned}
\mathrm{e}^{-\mathrm{i}\nu\arccos z}&=\mathrm{e}^{-\mathrm{i}\nu\pi/2}\bigg[1+\mathrm{i}\nu z+\frac{\nu^2}{2}z^2+\frac{\mathrm{i}\nu(\nu^2-1)}{3!}z^3\\
&\qquad+\frac{\nu^2(\nu^2-4)}{4!}z^4+\frac{\mathrm{i}\nu(\nu^2-1)(\nu^2-9)}{5!}z^5+\cdots\bigg].
\end{aligned}\tag{2.25b}$$

两式相加减，最后就得到

$$\begin{aligned}
\cos(\nu\arccos z)&=\cos\frac{\nu\pi}{2}\left[1+\frac{\nu^2}{2!}z^2+\frac{\nu^2(\nu^2-4)}{4!}z^4+\cdots\right]\\
&\qquad+\sin\frac{\nu\pi}{2}\left[\nu z+\frac{\nu(\nu^2-1)}{3!}z^3+\frac{\nu(\nu^2-1)(\nu^2-9)}{5!}z^5+\cdots\right],
\end{aligned}\tag{2.26a}$$

$$\begin{aligned}
\sin(\nu\arccos z)&=\sin\frac{\nu\pi}{2}\left[1+\frac{\nu^2}{2!}z^2+\frac{\nu^2(\nu^2-4)}{4!}z^4+\cdots\right]\\
&\qquad-\cos\frac{\nu\pi}{2}\left[\nu z+\frac{\nu(\nu^2-1)}{3!}z^3+\frac{\nu(\nu^2-1)(\nu^2-9)}{5!}z^5+\cdots\right].
\end{aligned}\tag{2.26b}$$

现在反过来写出

$$\begin{aligned}\cos(\nu\arccos z) &= \cos\left(\frac{\nu\pi}{2}-\nu\arcsin z\right)\\ &= \cos\frac{\nu\pi}{2}\cos(\nu\arcsin z)+\sin\frac{\nu\pi}{2}\sin(\nu\arcsin z),\end{aligned}$$

和上面已经得到的展开比较，又能导出

$$\cos(\nu\arcsin z) = 1+\frac{\nu^2}{2!}z^2+\frac{\nu^2(\nu^2-4)}{4!}z^4+\cdots, \tag{2.27a}$$

$$\sin(\nu\arcsin z) = \nu z+\frac{\nu(\nu^2-1)}{3!}z^3+\frac{\nu(\nu^2-1)(\nu^2-9)}{5!}z^5+\cdots. \tag{2.27b}$$

在以上得到的这些结果中，不难猜测出展开系数的规律性，但要证实这种猜测的正确性，当然还必须要给出证明．可以尝试用数学归纳法来证明．

例 2.5 已知 $\psi(z)$ 在 $z=0$ 点的 Taylor 展开：

$$\psi(z)=\sum_{n=0}^{\infty}\alpha_n z^n,$$

讨论 $\mathrm{e}^z\psi(tz)$ 型函数的展开①．

解 直接作展开即可：

$$\mathrm{e}^z\psi(tz)=\sum_{k=0}^{\infty}\frac{1}{k!}z^k\sum_{l=0}^{\infty}\alpha_l t^l z^l=\sum_{n=0}^{\infty}\left[\sum_{l=0}^{n}\frac{\alpha_l}{(n-l)!}t^l\right]z^n,$$

所以

$$\mathrm{e}^z\psi(tz)=\sum_{n=0}^{\infty}\sigma_n(t)z^n,\qquad \sigma_n(t)=\sum_{l=0}^{n}\frac{\alpha_l}{(n-l)!}t^l. \tag{2.28}$$

☞ **讨论**

1. (2.28) 式表明 $\sigma_n(t)$ 是 t 的 n 次多项式，而 $\mathrm{e}^z\psi(tz)$ 则是 $\sigma_n(t)$ 的生成函数．
2. 可以进一步导出多项式 $\sigma_n(t)$ 的递推关系．直接计算可得

$$\frac{\partial}{\partial z}\left[\mathrm{e}^z\psi(tz)\right]=\mathrm{e}^z\psi(tz)+t\mathrm{e}^z\psi'(tz),\qquad \frac{\partial}{\partial t}\left[\mathrm{e}^z\psi(tz)\right]=z\mathrm{e}^z\psi'(tz),$$

所以

$$z\frac{\partial}{\partial z}\left[\mathrm{e}^z\psi(tz)\right]-t\frac{\partial}{\partial t}\left[\mathrm{e}^z\psi(tz)\right]=z\,\mathrm{e}^z\psi(tz),$$

即

$$\sum_{n=1}^{\infty}n\sigma_n(t)z^n-\sum_{n=0}^{\infty}t\sigma_n'(t)z^n=\sum_{n=1}^{\infty}\sigma_{n-1}(t)z^n.$$

① 参见文献：E. D. Rainville. *Special Functions*. New York: Macmillan Co., 1960: Chap. 8.

比较系数，就得到递推关系

$$\sigma_0'(t)=0, \qquad t\sigma_n'(t)-n\sigma_n(t)=-\sigma_{n-1}(t), \quad n=1,2,3,\cdots.$$

3. 作为本题的特殊情形，取

$$\psi(z)=z^{-\nu/2}\mathrm{J}_\nu\big(2\sqrt{z}\big)=\sum_{n=0}^{\infty}\frac{(-1)^n}{n!\,\Gamma(n+\nu+1)}z^n,$$

于是就有

$$\sigma_n(t)=\sum_{l=0}^{\infty}\frac{1}{(n-l)!}\frac{(-1)^l}{l!\,\Gamma(l+\nu+1)}t^l=\frac{1}{\Gamma(n+\nu+1)}\mathrm{L}_n^{(\nu)}(t),$$

亦即

$$\mathrm{e}^z(tz)^{-\nu/2}\mathrm{J}_\nu\big(2\sqrt{tz}\big)=\sum_{n=0}^{\infty}\frac{1}{\Gamma(n+\nu+1)}\mathrm{L}_n^{(\nu)}(t)z^n. \tag{2.29a}$$

这正是广义 Laguerre 多项式

$$\mathrm{L}_n^{(\nu)}(x)=\frac{(\nu+1)_n}{n!}\sum_{l=0}^{n}\frac{(-n)_l}{l!\,(\nu+1)_l}x^l=\sum_{l=0}^{\infty}\frac{(-1)^l}{l!\,(n-l)!}\frac{\Gamma(n+\nu+1)}{\Gamma(l+\nu+1)}x^l \tag{2.29b}$$

的生成函数展开式之一.

例 2.6 仍假设 $\psi(z)$ 在 $z=0$ 点的 Taylor 展开为

$$\psi(z)=\sum_{n=0}^{\infty}\alpha_n z^n,$$

于是就有

$$(1-z)^{-c}\psi\Big(\frac{tz}{1-z}\Big)=\sum_{l=0}^{\infty}\alpha_l\Big(\frac{tz}{1-z}\Big)^l(1-z)^{-c}=\sum_{l=0}^{\infty}\alpha_l t^l z^l(1-z)^{-l-c}.$$

在上式中代入

$$(1-z)^{-l-c}=\sum_{k=0}^{\infty}\frac{1}{k!}\frac{\Gamma(c+l+k)}{\Gamma(c+l)}z^k=\sum_{k=0}^{\infty}\frac{(c)_{l+k}}{k!\,(c)_l}z^k,$$

就得到

$$(1-z)^{-c}\psi\Big(\frac{tz}{1-z}\Big)=\sum_{l=0}^{\infty}\alpha_l t^l z^l\sum_{k=0}^{\infty}\frac{(c)_{l+k}}{k!\,(c)_l}z^k=\sum_{n=0}^{\infty}\left[\sum_{l=0}^{n}\frac{(c)_n}{(n-l)!\,(c)_l}\alpha_l t^l\right]z^n.$$

所以，函数

$$(1-z)^{-c}\psi\Big(\frac{tz}{1-z}\Big)=\sum_{n=0}^{\infty}\beta_n z^n \tag{2.30a}$$

的展开系数即为

$$\beta_n = \frac{(c)_n}{n!}\sum_{l=0}^{n}\frac{n!}{(n-l)!\,(c)_l}\alpha_l t^l = \frac{(c)_n}{n!}\sum_{l=0}^{n}(-1)^l\frac{(-n)_l}{(c)_l}\alpha_l t^l. \tag{2.30b}$$

例如，取 $\alpha_n = (-1)^n/n!$，即 $\psi(z) = \mathrm{e}^{-z}$，则将得到广义 Laguerre 多项式的另一个生成函数展开式

$$(1-z)^{-c-1}\exp\left\{-\frac{tz}{1-z}\right\} = \sum_{n=0}^{\infty}\mathrm{L}_n^{(c)}(t)z^n. \tag{2.30c}$$

例 2.7 完全仿照例 2.6，也能得到

$$\begin{aligned}(1-z)^{-c}\psi\left(-\frac{4tz}{(1-z)^2}\right) &= \sum_{l=0}^{\infty}\alpha_l\left[-\frac{4tz}{(1-z)^2}\right]^l(1-z)^{-c} \\ &= \sum_{l=0}^{\infty}(-1)^l 2^{2l}\alpha_l t^l z^l(1-z)^{-2l-c}.\end{aligned}$$

因为

$$(1-z)^{-2l-c} = \sum_{k=0}^{\infty}\frac{1}{k!}\frac{\Gamma(2l+c+k)}{\Gamma(2l+c)}z^k = \sum_{k=0}^{\infty}\frac{(c)_{2l+k}}{k!\,(c)_{2l}}z^k$$

及

$$(c)_{2l} = \frac{\Gamma(c+2l)}{\Gamma(c)} = 2^{2l}\frac{\Gamma\left(\dfrac{c}{2}+l\right)\Gamma\left(\dfrac{c+1}{2}+l\right)}{\Gamma\left(\dfrac{c}{2}\right)\Gamma\left(\dfrac{c+1}{2}\right)} = 2^{2l}\left(\frac{c}{2}\right)_l\left(\frac{c+1}{2}\right)_l,$$

故可将上述结果化为

$$\begin{aligned}(1-z)^{-c}\psi\left(-\frac{4tz}{(1-z)^2}\right) &= \sum_{l=0}^{\infty}(-1)^l 2^{2l}\alpha_l t^l z^l\sum_{k=0}^{\infty}\frac{1}{k!}\frac{(c)_{2l+k}}{(c)_{2l}}z^k \\ &= \sum_{n=0}^{\infty}\left[\sum_{l=0}^{n}\alpha_l\frac{(-1)^l}{(n-l)!}\frac{(c)_{n+l}}{(c/2)_l((c+1)/2)_l}t^l\right]z^n. \end{aligned}\tag{2.31a}$$

这样就得到了函数 $(1-z)^{-c}\psi\left(-\dfrac{4tz}{(1-z)^2}\right)$ 的 Taylor 展开，其展开系数为

$$\beta_n(t) = \sum_{l=0}^{n}\alpha_l\frac{(-1)^l}{(n-l)!}\frac{(c)_{n+l}}{(c/2)_l((c+1)/2)_l}t^l = \frac{(c)_n}{n!}\sum_{l=0}^{n}\alpha_l\frac{(-n)_l\,(c+n)_l}{(c/2)_l((c+1)/2)_l}t^l. \tag{2.31b}$$

同样，若 $\psi(z) = \mathrm{e}^z$，则 $\alpha_n = 1/n!$，从而有

$$(1-z)^{-c}\exp\left\{-\frac{4tz}{(1-z)^2}\right\} = \sum_{n=0}^{\infty}\frac{(c)_n}{n!}\left[\sum_{l=0}^{n}\frac{1}{l!}\frac{(-n)_l\,(c+n)_l}{(c/2)_l((c+1)/2)_l}t^l\right]z^n. \tag{2.32a}$$

这里的展开系数中出现了广义超几何级数

$$
{}_2\mathrm{F}_2(\alpha,\beta;\gamma,\delta;z)=\sum_{l=0}^{\infty}\frac{1}{l!}\frac{(\alpha)_l\,(\beta)_l}{(\gamma)_l\,(\delta)_l}z^n. \tag{2.32b}
$$

例 2.8　若在 (2.31) 式中取

$$
\alpha_l=\frac{\delta_{n-l}}{l!}\left(\frac{c}{2}\right)_l\left(\frac{1+c}{2}\right)_l,\qquad \text{即}\qquad \beta_n(t)=\sum_{l=0}^{n}\frac{(-1)^l(c)_{n+l}}{l!\,(n-l)!}\delta_{n-l}t^l,
$$

还可以进一步讨论级数

$$
\begin{aligned}
\sum_{n=0}^{\infty}\frac{\beta_n(t)}{(c)_n}z^n&=\sum_{n=0}^{\infty}\frac{1}{(c)_n}\left[\sum_{l=0}^{n}\frac{(-1)^l(c)_{n+l}}{l!\,(n-l)!}\delta_{n-l}t^l\right]z^n\\
&=\sum_{k=0}^{\infty}\sum_{l=0}^{\infty}\frac{(-1)^l}{k!\,l!}\frac{(c)_{k+2l}}{(c)_{k+l}}\delta_k t^l z^{k+l}\\
&=\sum_{k=0}^{\infty}\frac{1}{k!}\left[\sum_{l=0}^{\infty}\frac{(-1)^l}{l!}\frac{(c)_{k+2l}}{(c)_{k+l}}(tz)^l\right]\delta_k z^k.
\end{aligned}
$$

因为

$$
\begin{aligned}
\frac{(c)_{k+2l}}{(c)_{k+l}}&=\frac{\Gamma(c+k+2l)}{\Gamma(c+k+l)}=\frac{2^{c+k+2l-1}}{\sqrt{\pi}\,\Gamma(c+k+l)}\Gamma\left(\frac{c+k}{2}+l\right)\Gamma\left(\frac{c+k+1}{2}+l\right)\\
&=\frac{2^{c+k+2l-1}}{\sqrt{\pi}\,(c+k)_l}\left(\frac{c+k}{2}\right)_l\left(\frac{c+k+1}{2}\right)_l\frac{1}{\Gamma(c+k)}\Gamma\left(\frac{c+k}{2}\right)\Gamma\left(\frac{c+k+1}{2}\right)\\
&=2^{2l}\frac{1}{(c+k)_l}\left(\frac{c+k}{2}\right)_l\left(\frac{c+k+1}{2}\right)_l,
\end{aligned}
$$

所以

$$
\begin{aligned}
\sum_{l=0}^{\infty}\frac{(-1)^l}{l!}\frac{(c)_{k+2l}}{(c)_{k+l}}(tz)^l&=\sum_{l=0}^{\infty}\frac{(-1)^l}{l!}\frac{1}{(c+k)_l}\left(\frac{c+k}{2}\right)_l\left(\frac{c+k+1}{2}\right)_l(4tz)^l\\
&=\mathrm{F}\left(\frac{c+k}{2},\frac{c+k+1}{2};c+k;-4tz\right).
\end{aligned}
$$

再利用参量取特殊值 $\beta=\alpha+1/2,\ \gamma=2\alpha$ 时的超几何函数 $\mathrm{F}(\alpha,\beta;\gamma;z)$，有

$$
2^{-2\alpha}\mathrm{F}(\alpha+1/2,\alpha+1;2\alpha+1;z)=(1-z)^{-1/2}(1+\sqrt{1-z})^{-2\alpha},
$$

就导出关系式

$$
\begin{aligned}
&\sum_{n=0}^{\infty}\frac{1}{(c)_n}\left[\sum_{l=0}^{n}\frac{(-1)^l(c)_{n+l}}{l!\,(n-l)!}\delta_{n-l}t^l\right]z^n\\
&\quad=(1+4tz)^{-1/2}\left(\frac{1+\sqrt{1+4tz}}{2}\right)^{1-c}\sum_{k=0}^{\infty}\frac{\delta_k}{k!}\left(\frac{2z}{1+\sqrt{1+4tz}}\right)^k.
\end{aligned}\tag{2.33}
$$

取定特殊的 δ_k，就可能将上式右端的级数求和. 例如，取 $\delta_k=1$，则有

$$\sum_{n=0}^{\infty}\frac{1}{(c)_n}\left[\sum_{l=0}^{n}\frac{(-1)^l(c)_{n+l}}{l!\,(n-l)!}t^l\right]z^n=\frac{1}{\sqrt{1+4tz}}\left(\frac{1+\sqrt{1+4tz}}{2}\right)^{1-c}\exp\left\{\frac{2z}{1+\sqrt{1+4tz}}\right\},$$

或者写成

$$\begin{aligned}\sum_{n=0}^{\infty}\frac{1}{n!}\,{}_2\mathrm{F}_0(-n,c+n;t)z^n&=\sum_{n=0}^{\infty}\frac{1}{n!}\left[\sum_{l=0}^{n}\frac{(-1)^l\,n!}{l!\,(n-l)!}\frac{\Gamma\,(c+n+l)}{\Gamma\,(c+n)}t^l\right]z^n\\&=\frac{1}{\sqrt{1+4tz}}\left(\frac{1+\sqrt{1+4tz}}{2}\right)^{1-c}\exp\left\{\frac{2z}{1+\sqrt{1+4tz}}\right\}.\end{aligned}\tag{2.34}$$

可以预料，采用其他形式的 δ_k，将会得到新的和式.

例 2.9 求级数和

$$\sum_{n=0}^{\infty}\frac{\Gamma\,(a+2n)}{n!\,\Gamma\,(a+n)}\left[\sum_{l=0}^{n}\frac{(-n)_l}{l!\,(a+n)_l}\,t^l\right]z^n.$$

解 仿照例 2.8，先考虑二重级数

$$\begin{aligned}\sum_{n=0}^{\infty}\frac{\Gamma\,(a+2n)}{n!\,\Gamma\,(a+n)}\left[\sum_{l=0}^{n}\frac{(-n)_l}{l!\,(a+n)_l}\,\delta_l\,t^l\right]z^n&=\sum_{n=0}^{\infty}\left[\sum_{l=0}^{n}\frac{(-1)^l}{l!\,(n-l)!}\frac{\Gamma\,(a+2n)}{\Gamma\,(a+n+l)}\,\delta_l\,t^l\right]z^n\\&=\sum_{k=0}^{\infty}\sum_{l=0}^{\infty}\frac{(-1)^l}{k!\,l!}\frac{\Gamma\,(a+2k+2l)}{\Gamma\,(a+k+2l)}\,\delta_l\,t^l\,z^{k+l}=\sum_{l=0}^{\infty}\frac{(-1)^l}{l!}\left[\sum_{k=0}^{\infty}\frac{1}{k!}\frac{(a+l)_{l+2k}}{(a+l)_{l+k}}z^k\right]\delta_l\,(tz)^l\\&=\sum_{l=0}^{\infty}\frac{(-1)^l}{l!}\mathrm{F}\left(\frac{a}{2}+l,\frac{1+a}{2}+l;a+2l;4z\right)\delta_l\,(tz)^l\\&=(1-4z)^{-1/2}\left(\frac{1+\sqrt{1-4z}}{2}\right)^{1-a}\sum_{l=0}^{\infty}\frac{\delta_l}{l!}\left[-\frac{4zt}{\left(1+\sqrt{1-4z}\right)^2}\right]^l.\end{aligned}$$

原题相当于 $\delta_l=1$，故得到

$$\begin{aligned}&\sum_{n=0}^{\infty}\frac{\Gamma\,(a+2n)}{n!\,\Gamma\,(a+n)}\left[\sum_{l=0}^{n}\frac{(-n)_l}{l!\,(a+n)_l}\,t^l\right]z^n\\&\qquad=(1-4z)^{-1/2}\left(\frac{1+\sqrt{1-4z}}{2}\right)^{1-a}\exp\left\{-\frac{4zt}{\left(1+\sqrt{1-4z}\right)^2}\right\}.\end{aligned}$$

而等式左端还可化为

$$\sum_{n=0}^{\infty}\left[\sum_{l=0}^{n}\frac{(-1)^l}{l!\,(n-l)!}\frac{\Gamma\,(a+2n)}{\Gamma\,(a+n+l)}t^l\right]z^n=\sum_{n=0}^{\infty}\frac{(a)_{2n}}{n!\,(a)_n}\mathrm{F}(-n;a+n;t)\,z^n,$$

其中展开系数 $\dfrac{(a)_{2n}}{n!\,(a)_n}\mathrm{F}(-n;a+n;t)$ 称为赝 Laguerre 多项式 (pseudo-Laguerre polynomials)①：

$$\frac{(a)_{2n}}{n!\,(a)_n}\mathrm{F}(-n;a+n;t)=\mathrm{L}_n^{(a+n-1)}(t),$$

因此，上面的和式又可以写成

$$\sum_{n=0}^{\infty}\mathrm{L}_n^{(a+n-1)}(t)\,z^n=(1-4z)^{-1/2}\left(\frac{1+\sqrt{1-4z}}{2}\right)^{1-a}\exp\left\{-\frac{4zt}{\left(1+\sqrt{1-4z}\right)^2}\right\}. \quad (2.35)$$

§2.5 几个级数的和

例 2.10 证明：

$$\sum_{k=0}^{n}\frac{(-n)_k(\beta)_k}{k!\,(\gamma)_k}=\frac{\Gamma(\gamma)\,\Gamma(\gamma+n-\beta)}{\Gamma(\gamma+n)\,\Gamma(\gamma-\beta)},\qquad n=0,1,2,\cdots. \quad (2.36)$$

证 这个结果可以看成超几何函数 $\mathrm{F}(\alpha,\beta;\gamma;z)$ 在 $z=1$ 的值

$$\mathrm{F}(\alpha,\beta;\gamma;1)=\frac{\Gamma(\gamma)\,\Gamma(\gamma-\alpha-\beta)}{\Gamma(\gamma-\alpha)\,\Gamma(\gamma-\beta)},\qquad \mathrm{Re}\,(\gamma-\alpha-\beta)>0$$

的特例 $(\alpha=-n)$，但不同的是，本题作为有限和而成立，对于 β,γ 并无任何限制.

采用数学归纳法证明. 首先 $n=0$ 时显然成立. 设 $n=l$ 时成立，即

$$\sum_{k=0}^{l}\frac{(-l)_k(\beta)_k}{k!\,(\gamma)_k}=\frac{\Gamma(\gamma)\,\Gamma(\gamma+l-\beta)}{\Gamma(\gamma+l)\,\Gamma(\gamma-\beta)},$$

于是，当 $n=l+1$ 时，

$$\begin{aligned}\sum_{k=0}^{l+1}\frac{(-l-1)_k(\beta)_k}{k!\,(\gamma)_k}&=\sum_{k=0}^{l+1}\frac{(-l-1)_k(\beta)_k}{k!\,(\gamma)_k}-\sum_{k=0}^{l}\frac{(-l)_k(\beta)_k}{k!\,(\gamma)_k}+\sum_{k=0}^{l}\frac{(-l)_k(\beta)_k}{k!\,(\gamma)_k}\\&=\sum_{k=0}^{l}\frac{(\beta)_k}{k!\,(\gamma)_k}\big[(-l-1)_k-(-l)_k\big]+\frac{(-l-1)_{l+1}(\beta)_{l+1}}{(l+1)!\,(\gamma)_{l+1}}+\frac{\Gamma(\gamma)\,\Gamma(\gamma+l-\beta)}{\Gamma(\gamma+l)\,\Gamma(\gamma-\beta)}.\end{aligned}$$

因为

$$(-l-1)_k-(-l)_k=(-l-1)(-l)_{k-1}-(-l+k-1)(-l)_{k-1}=-k(-l)_{k-1},$$
$$(\beta)_k=\beta(\beta+1)_{k-1},\qquad (\gamma)_k=\gamma(\gamma+1)_{k-1},$$

① 参见文献：E. D. Rainville. *Special Functions*. New York: Macmillan Co., 1960: 298. 这类多项式不具有正交性：在任何一个区间上都无法找到正交权函数.

所以

$$
\begin{aligned}
&\sum_{k=0}^{l+1}\frac{(-l-1)_k(\beta)_k}{k!\,(\gamma)_k}\\
&=-\frac{\beta}{\gamma}\sum_{k=1}^{l}\frac{(-l)_{k-1}(\beta+1)_{k-1}}{(k-1)!\,(\gamma+1)_{k-1}}-\frac{\beta}{\gamma}\frac{(-l)_l(\beta+1)_l}{l!\,(\gamma+1)_l}+\frac{\Gamma(\gamma)\,\Gamma(\gamma+l-\beta)}{\Gamma(\gamma+l)\,\Gamma(\gamma-\beta)}\\
&=-\frac{\beta}{\gamma}\sum_{k=0}^{l}\frac{(-l)_k(\beta+1)_k}{k!\,(\gamma+1)_k}+\frac{\Gamma(\gamma)\,\Gamma(\gamma+l-\beta)}{\Gamma(\gamma+l)\,\Gamma(\gamma-\beta)}\\
&=-\frac{\beta}{\gamma}\frac{\Gamma(\gamma+1)\,\Gamma(\gamma+l-\beta)}{\Gamma(\gamma+l+1)\,\Gamma(\gamma-\beta)}+\frac{\Gamma(\gamma)\,\Gamma(\gamma+l-\beta)}{\Gamma(\gamma+l)\,\Gamma(\gamma-\beta)}\\
&=\frac{\Gamma(\gamma)\,\Gamma(\gamma+l-\beta+1)}{\Gamma(\gamma+l+1)\,\Gamma(\gamma-\beta)}.
\end{aligned}
$$

命题得证. □

例 2.11 Pollaczek 多项式 [①] $\mathrm{P}_k^\lambda(x;a,b)$ 可用递推关系

$$\mathrm{P}_{-1}^\lambda(x;a,b)=0, \tag{2.37a}$$

$$\mathrm{P}_0^\lambda(x;a,b)=1, \tag{2.37b}$$

$$
\begin{aligned}
&k\,\mathrm{P}_k^\lambda(x;a,b)-2\left[(k-1+\lambda+a)x+b\right]\mathrm{P}_{k-1}^\lambda(x;a,b)\\
&\qquad+(k+2\lambda-2)\mathrm{P}_{k-2}^\lambda(x;a,b)=0,\quad k=1,2,3,\cdots
\end{aligned}\tag{2.37c}
$$

定义，其中 a,b,λ 均为实数，$x=\cos\theta$, $a\geqslant|b|$, $0<\theta<\pi$. 为了求得 $\mathrm{P}_k^\lambda(x;a,b)$ 的表达式，下面先求出 $\mathrm{P}_k^\lambda(x;a,b)$ 的生成函数

$$f(z)=\sum_{k=0}^{\infty}\mathrm{P}_k^\lambda(x;a,b)z^k.$$

为此，将上述递推关系 (2.37c) 乘以 z^{k-1}，并求和，得

$$
\begin{aligned}
&\sum_{k=1}^{\infty}k\mathrm{P}_k^\lambda(x;a,b)z^{k-1}-2\sum_{k=1}^{\infty}\big[(k-1+\lambda+a)x+b\big]\mathrm{P}_{k-1}^\lambda(x;a,b)z^{k-1}\\
&\qquad+\sum_{k=1}^{\infty}(k+2\lambda-2)\mathrm{P}_{k-2}^\lambda(x;a,b)z^{k-1}=0.
\end{aligned}
$$

注意到

① 参见文献：A. Erdélyi, et al. *Higher Transcendental Functions.* Vol. II. New York: McGraw-Hill, 1953: 219. 该处的限制条件 $\lambda>-1$ 似无必要.

$$\sum_{k=1}^{\infty} k\mathrm{P}_k^{\lambda}(x;a,b)z^{k-1} = f'(z),$$

$$\sum_{k=1}^{\infty}(k-1)\mathrm{P}_{k-1}^{\lambda}(x;a,b)z^{k-1} = \sum_{k=0}^{\infty} k\mathrm{P}_k^{\lambda}(x;a,b)z^k = zf'(z),$$

$$\sum_{k=1}^{\infty}\mathrm{P}_{k-1}^{\lambda}(x;a,b)z^{k-1} = \sum_{k=0}^{\infty}\mathrm{P}_k^{\lambda}(x;a,b)z^k = f(z),$$

$$\sum_{k=1}^{\infty}(k-2)\mathrm{P}_{k-2}^{\lambda}(x;a,b)z^{k-1} = -\mathrm{P}_{-1}^{\lambda}(x;a,b) + \sum_{k=0}^{\infty} k\mathrm{P}_k^{\lambda}(x;a,b)z^{k+1} = z^2 f'(z),$$

$$\sum_{k=1}^{\infty}\mathrm{P}_{k-2}^{\lambda}(x;a,b)z^{k-1} = \mathrm{P}_{-1}^{\lambda}(x;a,b) + \sum_{k=0}^{\infty}\mathrm{P}_k^{\lambda}(x;a,b)z^{k+1} = zf(z),$$

因而得到微分方程

$$\left(1-2xz+z^2\right)f'(z) - 2\Big\{\big[(\lambda+a)x+b\big]-\lambda z\Big\}f(z) = 0,$$

即

$$\frac{f'(z)}{f(z)} = \frac{2(\lambda+a)x+2b-2\lambda z}{1-2xz+z^2} = -\frac{\lambda+\mathrm{i}\xi}{z-\mathrm{e}^{\mathrm{i}\theta}} - \frac{\lambda-\mathrm{i}\xi}{z-\mathrm{e}^{-\mathrm{i}\theta}},$$

其中 $\xi=(a\cos\theta+b)/\sin\theta$. 解此微分方程，并注意到 $f(0)=\mathrm{P}_0^{\lambda}(x;a,b)=1$，即得

$$f(z) \equiv \sum_{k=0}^{\infty}\mathrm{P}_k^{\lambda}(x;a,b)z^k = \left(1-z\mathrm{e}^{-\mathrm{i}\theta}\right)^{-\lambda-\mathrm{i}\xi}\left(1-z\mathrm{e}^{\mathrm{i}\theta}\right)^{-\lambda+\mathrm{i}\xi}, \qquad |z|<1. \tag{2.38}$$

现在来求出 $\mathrm{P}_k^{\lambda}(x;a,b)$ 的表达式. 为此，将上式右端作展开，得

$$\left(1-z\mathrm{e}^{\pm\mathrm{i}\theta}\right)^{-\lambda\pm\mathrm{i}\xi} = \sum_{l=0}^{\infty}\frac{1}{l!}\frac{\Gamma(\lambda\mp\mathrm{i}\xi+l)}{\Gamma(\lambda\mp\mathrm{i}\xi)}\left(z\mathrm{e}^{\pm\mathrm{i}\theta}\right)^l,$$

因此

$$\begin{aligned}
&\left(1-z\mathrm{e}^{-\mathrm{i}\theta}\right)^{-\lambda-\mathrm{i}\xi}\left(1-z\mathrm{e}^{\mathrm{i}\theta}\right)^{-\lambda+\mathrm{i}\xi} \\
&\quad= \sum_{l=0}^{\infty}\sum_{m=0}^{\infty}\frac{1}{l!\,m!}\frac{\Gamma(\lambda+\mathrm{i}\xi+l)}{\Gamma(\lambda+\mathrm{i}\xi)}\frac{\Gamma(\lambda-\mathrm{i}\xi+m)}{\Gamma(\lambda-\mathrm{i}\xi)}z^{l+m}\mathrm{e}^{-\mathrm{i}\theta(l-m)} \\
&\quad= \sum_{k=0}^{\infty}\frac{\mathrm{e}^{\mathrm{i}k\theta}}{k!}\left[\sum_{l=0}^{k}\frac{k!}{l!\,(k-l)!}\frac{\Gamma(\lambda+\mathrm{i}\xi+l)}{\Gamma(\lambda+\mathrm{i}\xi)}\frac{\Gamma(\lambda-\mathrm{i}\xi+k-l)}{\Gamma(\lambda-\mathrm{i}\xi)}\mathrm{e}^{-\mathrm{i}2l\theta}\right]z^k \\
&\quad= \sum_{k=0}^{\infty}\frac{(-1)^k\,\mathrm{e}^{\mathrm{i}k\theta}}{k!}\left[\sum_{l=0}^{k}\frac{(-1)^l\,k!}{l!\,(k-l)!}\frac{\Gamma(\lambda+\mathrm{i}\xi+l)}{\Gamma(\lambda+\mathrm{i}\xi)}\frac{\Gamma(1-\lambda+\mathrm{i}\xi)}{\Gamma(1-\lambda+\mathrm{i}\xi-k+l)}\mathrm{e}^{-\mathrm{i}2l\theta}\right]z^k
\end{aligned}$$

$$
\begin{aligned}
&=\sum_{k=0}^{\infty}\frac{(-1)^k\,\mathrm{e}^{\mathrm{i}k\theta}}{k!}\frac{\Gamma(1-\lambda+\mathrm{i}\xi)}{\Gamma(1-\lambda+\mathrm{i}\xi-k)}\left[\sum_{l=0}^{k}\frac{(-k)_l}{l!}\frac{(\lambda+\mathrm{i}\xi)_l}{(1-\lambda+\mathrm{i}\xi-k)_l}\mathrm{e}^{-\mathrm{i}2l\theta}\right]z^k\\
&=\sum_{k=0}^{\infty}\frac{(-1)^k}{k!}\frac{\Gamma(1-\lambda+\mathrm{i}\xi)}{\Gamma(1-\lambda+\mathrm{i}\xi-k)}\,\mathrm{e}^{\mathrm{i}k\theta}\,\mathrm{F}(-k,\lambda+\mathrm{i}\xi;1-\lambda+\mathrm{i}\xi-k;\mathrm{e}^{-\mathrm{i}2\theta})z^k\\
&=\sum_{k=0}^{\infty}\frac{1}{k!}\frac{\Gamma(\lambda-\mathrm{i}\xi+k)}{\Gamma(\lambda-\mathrm{i}\xi)}\mathrm{e}^{\mathrm{i}k\theta}\,\mathrm{F}(-k,\lambda+\mathrm{i}\xi;1-\lambda+\mathrm{i}\xi-k;\mathrm{e}^{-\mathrm{i}2\theta})z^k. \qquad (2.39)
\end{aligned}
$$

这样就求得了

$$
\mathrm{P}_k^{\lambda}(x;a,b)=\frac{(-1)^k}{k!}\frac{\Gamma(1-\lambda+\mathrm{i}\xi)}{\Gamma(1-\lambda+\mathrm{i}\xi-k)}\,\mathrm{e}^{\mathrm{i}k\theta}\,\mathrm{F}(-k,\lambda+\mathrm{i}\xi;1-\lambda+\mathrm{i}\xi-k;\mathrm{e}^{-\mathrm{i}2\theta}) \qquad (2.40\mathrm{a})
$$

$$
=\frac{1}{k!}\frac{\Gamma(\lambda-\mathrm{i}\xi+k)}{\Gamma(\lambda-\mathrm{i}\xi)}\,\mathrm{e}^{\mathrm{i}k\theta}\,\mathrm{F}(-k,\lambda+\mathrm{i}\xi;1-\lambda+\mathrm{i}\xi-k;\mathrm{e}^{-\mathrm{i}2\theta}). \qquad (2.40\mathrm{b})
$$

还可以利用超几何函数 $\mathrm{F}(\alpha,\beta;\gamma;z)$ 的变换公式

$$
\begin{aligned}
\mathrm{F}(\alpha,\beta;\gamma;z)=&\frac{\Gamma(\gamma)\Gamma(\gamma-\alpha-\beta)}{\Gamma(\gamma-\alpha)\Gamma(\gamma-\beta)}\mathrm{F}(\alpha,\beta;\alpha+\beta-\gamma+1;1-z)\\
&+\frac{\Gamma(\gamma)\Gamma(\alpha+\beta-\gamma)}{\Gamma(\alpha)\Gamma(\beta)}(1-z)^{\gamma-\alpha-\beta}\,\mathrm{F}(\gamma-\alpha,\gamma-\beta;\gamma-\alpha-\beta+1;1-z)
\end{aligned}
$$

导出 $\mathrm{P}_k^{\lambda}(x;a,b)$ 的另一表达式. 当 $\alpha=-k,\ k=0,1,2,\cdots$ 时，上述变换关系简化为

$$
\mathrm{F}(-k,\beta;\gamma;z)=\frac{\Gamma(\gamma)\Gamma(\gamma+k-\beta)}{\Gamma(\gamma+k)\Gamma(\gamma-\beta)}\mathrm{F}(-k,\beta;\alpha+\beta-\gamma+1;1-z),
$$

因此

$$
\begin{aligned}
\mathrm{P}_k^{\lambda}(x;a,b)&=\frac{(-1)^k}{k!}\frac{\Gamma(1-2\lambda)}{\Gamma(1-2\lambda-k)}\,\mathrm{e}^{\mathrm{i}k\theta}\,\mathrm{F}(-k,\lambda+\mathrm{i}\xi;2\lambda;1-\mathrm{e}^{-\mathrm{i}2\theta})\\
&=\frac{1}{k!}\frac{\Gamma(2\lambda+k)}{\Gamma(2\lambda)}\,\mathrm{e}^{\mathrm{i}k\theta}\,\mathrm{F}(-k,\lambda+\mathrm{i}\xi;2\lambda;1-\mathrm{e}^{-\mathrm{i}2\theta}). \qquad (2.41)
\end{aligned}
$$

☞ **讨论** 显然 Legendre 多项式和 Gegenbauer 多项式都是 Pollaczek 多项式的特殊情形:

$$
\mathrm{P}_n(x)=\mathrm{P}_n^{1/2}(x;0,0), \qquad \mathrm{C}_n^{\lambda}(x)=\mathrm{P}_n^{\lambda}(x;0,0).
$$

例 2.12 Pollaczek 还定义了多项式 $\mathrm{P}_k^{\lambda}(x,\phi)$ ①：

① 参见文献：A. Erdélyi, et al. *Higher Transcendental Functions.* Vol. Ⅱ. New York: McGraw-Hill, 1953: 220 – 221. 该处的限制条件 $\lambda>0$ 似无必要.

$$\mathrm{P}_{-1}^{\lambda}(x,\phi)=0, \tag{2.42a}$$

$$\mathrm{P}_{0}^{\lambda}(x,\phi)=1, \tag{2.42b}$$

$$\begin{aligned}&k\,\mathrm{P}_{k}^{\lambda}(x,\phi)-2\left[(k-1+\lambda)\cos\phi+x\sin\phi\right]\mathrm{P}_{k-1}^{\lambda}(x,\phi)\\&\qquad+(k+2\lambda-2)\mathrm{P}_{k-2}^{\lambda}(x,\phi)=0,\quad n=1,2,3,\cdots,\end{aligned} \tag{2.42c}$$

其中 λ 为实数，$-\infty<x<\infty$，$0<\phi<\pi$. $\mathrm{P}_{k}^{\lambda}(x,\phi)$ 亦称为 Pollaczek 多项式.

重复例 2.11 的步骤，设 $\mathrm{P}_{k}^{\lambda}(x,\phi)$ 的生成函数为

$$f(z)=\sum_{k=0}^{\infty}\mathrm{P}_{k}^{\lambda}(x,\phi)z^{k}.$$

由递推关系 (2.42c) 可得

$$\begin{aligned}&\sum_{k=1}^{\infty}k\mathrm{P}_{k}^{\lambda}(x,\phi)z^{k-1}-2\sum_{k=1}^{\infty}\big[(k-1+\lambda)\cos\phi+x\sin\phi\big]\mathrm{P}_{k-1}^{\lambda}(x,\phi)z^{k-1}\\&\qquad+\sum_{k=1}^{\infty}(k+2\lambda-2)\mathrm{P}_{k-2}^{\lambda}(x,\phi)z^{k-1}=0,\end{aligned}$$

因而就导出了微分方程

$$\big(1-2z\cos\phi+z^{2}\big)f'(z)-2\big[(\lambda\cos\phi+x\sin\phi)-\lambda z\big]f(z)=0,$$

即

$$\frac{f'(z)}{f(z)}=\frac{2\lambda\cos\phi+2x\sin\phi-2\lambda z}{1-2z\cos\phi+z^{2}}=-\frac{\lambda+\mathrm{i}x}{x-\mathrm{e}^{\mathrm{i}\phi}}-\frac{\lambda-\mathrm{i}x}{x-\mathrm{e}^{-\mathrm{i}\phi}}.$$

解此微分方程，并注意到 $f(0)=1$，即能得到

$$f(z)\equiv\sum_{k=0}^{\infty}\mathrm{P}_{k}^{\lambda}(x,\phi)z^{k}=\big(1-z\mathrm{e}^{-\mathrm{i}\phi}\big)^{-\lambda-\mathrm{i}x}\big(1-z\mathrm{e}^{\mathrm{i}\phi}\big)^{-\lambda+\mathrm{i}x},\qquad |z|<1. \tag{2.43}$$

将上式右端作展开 (其效果就是将例 2.11 相应计算中的 θ 换成 ϕ，ξ 换成 x)，即可导出 $\mathrm{P}_{k}^{\lambda}(x,\phi)$ 的表达式

$$\mathrm{P}_{k}^{\lambda}(x;\phi)=\frac{(-1)^{k}}{k!}\frac{\Gamma(1-\lambda+\mathrm{i}x)}{\Gamma(1-\lambda+\mathrm{i}x-k)}\,\mathrm{e}^{\mathrm{i}k\phi}\,\mathrm{F}(-k,\lambda+\mathrm{i}x;1-\lambda+\mathrm{i}x-k;\mathrm{e}^{-\mathrm{i}2\phi}) \tag{2.44a}$$

$$=\frac{1}{k!}\frac{\Gamma(\lambda-\mathrm{i}x+k)}{\Gamma(\lambda-\mathrm{i}x)}\,\mathrm{e}^{\mathrm{i}k\phi}\,\mathrm{F}(-k,\lambda+\mathrm{i}x;1-\lambda+\mathrm{i}x-k;\mathrm{e}^{-\mathrm{i}2\phi}) \tag{2.44b}$$

$$=\frac{1}{k!}\frac{\Gamma(2\lambda+k)}{\Gamma(2\lambda)}\,\mathrm{e}^{\mathrm{i}k\phi}\,\mathrm{F}(-k,\lambda+\mathrm{i}x;2\lambda;1-\mathrm{e}^{-\mathrm{i}2\phi}). \tag{2.44c}$$

§2.6 Lagrange 展开公式

设 $f(z)$ 及 $\phi(z)$ 均在 $\overline{G}$ 上解析，C 为 G 的边界. 若参数 t 满足

$$|t\,\phi(\zeta)| < |\zeta - a|, \qquad \zeta \in C,\ a \in G,$$

则可以证明 (证明从略) 方程 $z = a + t\,\phi(z)$ 在 C 内有且只有一个根 (显然，当 $t \to 0$ 时，此根一定趋于 a)，或者说，函数

$$g(\zeta) = \zeta - a - t\,\phi(\zeta)$$

在 C 内只有一个零点 (记为 z). 因此，按照 Cauchy 积分公式，有

$$\begin{aligned}
f(z) &= \frac{1}{2\pi \mathrm{i}} \oint_C f(\zeta)\, \frac{g'(\zeta)}{g(\zeta)}\, \mathrm{d}\zeta = \frac{1}{2\pi \mathrm{i}} \oint_C f(\zeta)\, \frac{1 - t\,\phi'(\zeta)}{\zeta - a - t\,\phi(\zeta)}\, \mathrm{d}\zeta \\
&= \frac{1}{2\pi \mathrm{i}} \oint_C f(\zeta)\, \big[1 - t\,\phi'(\zeta)\big] \sum_{n=0}^{\infty} \frac{\big[t\,\phi(\zeta)\big]^n}{(\zeta - a)^{n+1}}\, \mathrm{d}\zeta \\
&= \sum_{n=0}^{\infty} \alpha_n t^n - \sum_{n=0}^{\infty} \beta_n t^{n+1},
\end{aligned}$$

其中

$$\begin{aligned}
\alpha_n &= \frac{1}{2\pi \mathrm{i}} \oint_C f(\zeta)\, \frac{\big[\phi(\zeta)\big]^n}{(\zeta - a)^{n+1}}\, \mathrm{d}\zeta = \frac{1}{n!} \frac{\mathrm{d}^n}{\mathrm{d}\zeta^n} \left\{ f(\zeta)\, \big[\phi(\zeta)\big]^n \right\}_{\zeta = a} \\
&= \frac{1}{n!} \frac{\mathrm{d}^n}{\mathrm{d}a^n} \left\{ f(a)\, \big[\phi(a)\big]^n \right\}, \\
\beta_n &= \frac{1}{2\pi \mathrm{i}} \oint_C f(\zeta)\, \frac{\big[\phi(\zeta)\big]^n \phi'(\zeta)}{(\zeta - a)^{n+1}}\, \mathrm{d}\zeta = \frac{1}{n!} \frac{\mathrm{d}^n}{\mathrm{d}\zeta^n} \left\{ f(\zeta)\, \big[\phi(\zeta)\big]^n \phi'(\zeta) \right\}_{\zeta = a} \\
&= \frac{1}{(n+1)!} \frac{\mathrm{d}^n}{\mathrm{d}\zeta^n} \left\{ \frac{\mathrm{d}}{\mathrm{d}\zeta} \big[\phi(\zeta)\big]^{n+1} - f'(\zeta) \big[\phi(\zeta)\big]^{n+1} \right\}_{\zeta = a} \\
&= \frac{1}{(n+1)!} \frac{\mathrm{d}^{n+1}}{\mathrm{d}a^{n+1}} \left\{ f(a) \big[\phi(a)\big]^{n+1} \right\} - \frac{1}{(n+1)!} \frac{\mathrm{d}^n}{\mathrm{d}a^n} \left\{ f'(a) \big[\phi(a)\big]^{n+1} \right\}.
\end{aligned}$$

代入即得

$$\begin{aligned}
f(z) &= \sum_{n=0}^{\infty} \frac{1}{n!} \frac{\mathrm{d}^n}{\mathrm{d}a^n} \left\{ f(a)\, \big[\phi(a)\big]^n \right\} t^n - \sum_{n=0}^{\infty} \frac{1}{(n+1)!} \frac{\mathrm{d}^{n+1}}{\mathrm{d}a^{n+1}} \left\{ f(a) \big[\phi(a)\big]^{n+1} \right\} t^{n+1} \\
&\quad + \sum_{n=0}^{\infty} \frac{1}{(n+1)!} \frac{\mathrm{d}^n}{\mathrm{d}a^n} \left\{ f'(a) \big[\phi(a)\big]^{n+1} \right\} t^{n+1} \\
&= f(a) + \sum_{n=1}^{\infty} \frac{1}{n!} \frac{\mathrm{d}^{n-1}}{\mathrm{d}a^{n-1}} \left\{ f'(a) \big[\phi(a)\big]^n \right\} t^n. \qquad (2.45)
\end{aligned}$$

此即为 Lagrange 展开公式，它将 $f(z) \equiv f(a+t\,\phi(z))$ 展开为参数 t 的幂级数.

例 2.13 令 $\phi(z)=\left(z^2-1\right)/2$，则 $z=a+t\,\phi(z)$ 的根为

$$z=\frac{1}{t}\left(1-\sqrt{1-2at+t^2}\right).$$

显然，当 $t\to 0$ 时，$z\to a$. 于是，按照 Lagrange 展开公式，取 $f(z)=z$，则有

$$\frac{1}{t}\left(1-\sqrt{1-2at+t^2}\right)=a+\sum_{n=1}^{\infty}\frac{1}{n!}\frac{\mathrm{d}^{n-1}}{\mathrm{d}a^{n-1}}\left(\frac{a^2-1}{2}\right)^n t^n,$$

或者将 a 改写成 x，即

$$\frac{1}{t}\left(1-\sqrt{1-2xt+t^2}\right)=x+\sum_{n=1}^{\infty}\frac{1}{n!}\frac{\mathrm{d}^{n-1}}{\mathrm{d}x^{n-1}}\left(\frac{x^2-1}{2}\right)^n t^n.$$

两端对 x 微商，就得到

$$\frac{1}{\sqrt{1-2xt+t^2}}=\sum_{n=0}^{\infty}\frac{1}{2^n\,n!}\frac{\mathrm{d}^n\left(x^2-1\right)^n}{\mathrm{d}x^n}\,t^n. \tag{2.46}$$

上式左端是 Legendre 多项式的生成函数，右端的展开系数就是 Legendre 多项式

$$\mathrm{P}_n(x)=\frac{1}{2^n\,n!}\frac{\mathrm{d}^n\left(x^2-1\right)^n}{\mathrm{d}x^n}. \tag{2.47}$$

这又是 Legendre 多项式的微分表示.

例 2.14 求超越方程 $t=\mathrm{e}^{\alpha z}\left(\mathrm{e}^{\beta z}-1\right)$ 的解 $z=z(t)$.

解 这是超越方程的求解问题，也可以看成求超越函数的反函数问题. 由于无法直接解超越方程 $t=\mathrm{e}^{\alpha z}\left(\mathrm{e}^{\beta z}-1\right)$ 从而求得 $z=z(t)$，所以只得求出 $z=z(t)$ 的 Taylor 展开式. 为此，取 $\phi(z)=z\,\mathrm{e}^{-\alpha z}\left(\mathrm{e}^{\beta z}-1\right)^{-1}$，则在

$$|t|<\frac{|z|}{|z-a|}\left|\mathrm{e}^{\alpha z}\left(\mathrm{e}^{\beta z}-1\right)\right|$$

的条件下，方程 $z=a+t\,\phi(z)$ 只有一个根 (当 $t\to 0$ 时，此根 $z\to a$)；而且，若 $a=0$，此根即为本题要求的 $z=z(t)$. 因此，取 $f(z)=z$，则由 Lagrange 展开公式，有

$$\begin{aligned}z&=\sum_{n=1}^{\infty}\frac{1}{n!}\left\{\frac{\mathrm{d}^{n-1}}{\mathrm{d}z^{n-1}}\left[z\,\mathrm{e}^{-\alpha z}\left(\mathrm{e}^{\beta z}-1\right)^{-1}\right]^n\right\}_{z=0}t^n\\&=\frac{1}{\beta}\sum_{n=1}^{\infty}\frac{1}{n!}\left[\frac{\mathrm{d}^{n-1}}{\mathrm{d}z^{n-1}}\mathrm{e}^{-n\alpha z/\beta}\left(\frac{z}{\mathrm{e}^z-1}\right)^n\right]_{z=0}t^n.\end{aligned}$$

因为[①]

$$\left(\frac{z}{\mathrm{e}^z-1}\right)^n \mathrm{e}^{\gamma z}=\sum_{k=0}^{\infty}\frac{1}{k!}\,\mathrm{B}_k^{(n)}(\gamma)\,z^k,$$

其中 $\mathrm{B}_k^{(n)}(x)$ 称为广义 Bernoulli 多项式，

$$\mathrm{B}_k^{(n)}(x)=\frac{(n-1)!}{k!}\frac{\mathrm{d}^{n-k-1}}{\mathrm{d}x^{n-k-1}}\big[(x-1)(x-2)\cdots(x-n+1)\big],\quad k<n,$$

所以

$$\begin{aligned}\mathrm{B}_{n-1}^{(n)}\left(-\frac{n\alpha}{\beta}\right)&=\left[\frac{\mathrm{d}^{n-1}}{\mathrm{d}z^{n-1}}\mathrm{e}^{-n\alpha z/\beta}\left(\frac{z}{\mathrm{e}^z-1}\right)^n\right]_{z=0}\\&=\left(-\frac{n\alpha}{\beta}-1\right)\left(-\frac{n\alpha}{\beta}-2\right)\cdots\left(-\frac{n\alpha}{\beta}-n+1\right)\\&=(-1)^{n-1}\left(\frac{n\alpha}{\beta}+1\right)_{n-1}=\frac{(-1)^{n-1}}{n}\frac{\beta}{\alpha}\left(\frac{n\alpha}{\beta}\right)_n.\end{aligned}$$

最后就求得 $t=\mathrm{e}^{\alpha z}\big(\mathrm{e}^{\beta z}-1\big)$ 的解

$$z=\sum_{n=1}^{\infty}\frac{(-1)^{n-1}}{n!}\frac{1}{n\alpha}\left(\frac{n\alpha}{\beta}\right)_n t^n.\tag{2.48}$$

如果取 $f(z)=\mathrm{e}^{\zeta z}$，则有

$$\begin{aligned}\mathrm{e}^{\zeta z}&=1+\sum_{n=1}^{\infty}\frac{1}{n!}\left\{\frac{\mathrm{d}^{n-1}}{\mathrm{d}z^{n-1}}\left(\mathrm{e}^{\zeta z}\right)'\left[z\,\mathrm{e}^{-\alpha z}\left(\mathrm{e}^{\beta z}-1\right)^{-1}\right]^n\right\}_{z=0}t^n\\&=1+\frac{\zeta}{\beta}\sum_{n=1}^{\infty}\frac{1}{n!}\left[\frac{\mathrm{d}^{n-1}}{\mathrm{d}z^{n-1}}\mathrm{e}^{(\zeta-n\alpha)z/\beta}\left(\frac{z}{\mathrm{e}^z-1}\right)^n\right]_{z=0}t^n\\&=1+\frac{\zeta}{\beta}\sum_{n=1}^{\infty}\frac{1}{n!}\frac{\Gamma\left((\zeta-n\alpha)/\beta\right)}{\Gamma\left(1-n+(\zeta-n\alpha)/\beta\right)}t^n\\&=\sum_{n=0}^{\infty}\frac{(-1)^n}{n!}\frac{\zeta}{\zeta-n\alpha}\left(\frac{n\alpha-\zeta}{\beta}\right)_n t^n.\end{aligned}\tag{2.49}$$

这里出现的展开系数

$$\mathrm{G}_n(\zeta;\alpha,\beta)\equiv\frac{\zeta}{\beta}\frac{\Gamma\left((\zeta-n\alpha)/\beta\right)}{\Gamma\left(1-n+(\zeta-n\alpha)/\beta\right)}\equiv(-1)^n\frac{\zeta}{\zeta-n\alpha}\left(\frac{n\alpha-\zeta}{\beta}\right)_n\tag{2.50}$$

称为 Gould 多项式[②].

---

① 参见文献：A. Erdélyi, et al. *Higher Transcendental Functions*. Vol. Ⅲ. New York: McGraw-Hill, 1953: 252, 253.

② 参见 http://mathworld.wolfram.com/GouldPolynomial.html. 但请注意该处的 Pochhammer 记号 $(\alpha)_n$ 为递降阶乘 (descending factorial 或 falling factorial)，有别于本书一直采用的递增阶乘 (ascending factorial 或 upper factorial).

例 2.15 求超越方程 $t = z\mathrm{e}^z$ 的解 $z = z(t)$，并进而计算 $\mathrm{e}^{\zeta z(at)/a}$.

解 同上例，取 $\phi(z) = \mathrm{e}^{-z}$, $f(z) = z$，即可求得

$$z = \sum_{n=1}^{\infty} \frac{1}{n!}\left(\frac{\mathrm{d}^{n-1}}{\mathrm{d}z^{n-1}}\mathrm{e}^{-nz}\right)_{z=0} t^n = \sum_{n=1}^{\infty} \frac{(-1)^{n-1}}{n!}\, n^{n-1}\, t^n, \quad |t| < \frac{1}{\mathrm{e}}. \tag{2.51a}$$

这就是 Lambert 定义的 W 函数 (或 Ω 函数) W(t)①. 又，若取 $f(z) = z^k$, $k = 1, 2, 3, \cdots$, 则

$$\mathrm{W}^k(t) = \sum_{n=1}^{\infty} \frac{1}{n!}\left[\frac{\mathrm{d}^{n-1}}{\mathrm{d}z^{n-1}}\left(kz^{k-1}\mathrm{e}^{-nz}\right)\right]_{z=0} t^n.$$

注意到

$$\frac{\mathrm{d}^{n-1}}{\mathrm{d}z^{n-1}}\left[kz^{k-1}\mathrm{e}^{-nz}\right]\bigg|_{z=0} = \begin{cases} 0, & n < k, \\ \dfrac{(n-1)!}{(k-1)!(n-k)!}k!(-n)^{n-k}, & n \geqslant k, \end{cases}$$

因此

$$\mathrm{W}^k(t) = k\sum_{n=k}^{\infty} \frac{(-1)^{n-k}}{(n-k)!} n^{n-k-1} t^n = k\sum_{n=0}^{\infty} \frac{(-1)^n}{n!}(n+k)^{n-1} t^{n+k}. \tag{2.51b}$$

按照定义，$\mathrm{e}^{-\mathrm{W}(t)} = t\,\mathrm{W}(t)$，所以又有

$$\mathrm{e}^{-k\mathrm{W}(t)} = k\sum_{n=0}^{\infty} \frac{(-1)^n}{n!}(n+k)^{n-1} t^n. \tag{2.51c}$$

再取 $f(z) = \mathrm{e}^{\zeta z}$，则有

$$\mathrm{e}^{\zeta z} = 1 + \sum_{n=1}^{\infty} \frac{\zeta}{n!}\left[\frac{\mathrm{d}^{n-1}}{\mathrm{d}z^{n-1}}\mathrm{e}^{(\zeta-n)z}\right]_{z=0} t^n = 1 + \sum_{n=1}^{\infty} \frac{\zeta}{n!}(\zeta-n)^{n-1} t^n.$$

作变换 $t \to at$, $\zeta \to \zeta/a$，就得到

$$\mathrm{e}^{\zeta z(at)/a} = 1 + \sum_{n=1}^{\infty} \frac{\zeta}{n!}\,(\zeta - na)^{n-1}\, t^n. \tag{2.52}$$

这里的展开系数

$$\mathrm{A}_0(\zeta; a) = 1, \qquad \mathrm{A}_n(\zeta; a) = \zeta\,(\zeta - na)^{n-1} \tag{2.53}$$

称为 Abel 多项式②.

---

① 准确地说，是 W(t) 的主值分枝. 参见 http://en.wikipedia.org/wiki/Lambert_W_function.

② 引自 http://mathworld.wolfram.com/AbelPolynomial.html.

§2.7 Taylor 展开的倍乘公式

在 Lagrange 展开公式 (2.45) 中代入 $\phi(z)=z$，且将 a 写成 x，于是 $z=x+t\,\phi(z)$ 的根为 $z=x/(1-t)$. 按照 Lagrange 展开公式，就有

$$\begin{aligned}
f\Big(\frac{x}{1-t}\Big) &= f(x)+\sum_{n=1}^{\infty}\frac{1}{n!}\frac{\mathrm{d}^{n-1}\big[x^n f'(x)\big]}{\mathrm{d}x^{n-1}}t^n \\
&= f(x)+\sum_{n=1}^{\infty}\frac{1}{n!}\frac{\mathrm{d}^{n-1}}{\mathrm{d}x^{n-1}}\left\{\frac{\mathrm{d}\big[x^n f(x)\big]}{\mathrm{d}x}-nx^{n-1}f(x)\right\}t^n \\
&= \sum_{n=0}^{\infty}\frac{1}{n!}\frac{\mathrm{d}^{n}\big[x^n f(x)\big]}{\mathrm{d}x^{n}}t^n-\sum_{n=1}^{\infty}\frac{1}{(n-1)!}\frac{\mathrm{d}^{n-1}\big[x^{n-1} f(x)\big]}{\mathrm{d}x^{n-1}}t^n \\
&= \sum_{n=0}^{\infty}\frac{1}{n!}\frac{\mathrm{d}^{n}\big[x^n f(x)\big]}{\mathrm{d}x^{n}}(1-t)t^n.
\end{aligned}$$

这说明函数 $\dfrac{1}{1-t}f\Big(\dfrac{x}{1-t}\Big)$ 就是 $\dfrac{\mathrm{d}^{n}\big[x^n f(x)\big]}{\mathrm{d}x^{n}}$ 的生成函数：

$$\frac{1}{1-t}f\Big(\frac{x}{1-t}\Big)=\sum_{n=0}^{\infty}\frac{1}{n!}\frac{\mathrm{d}^{n}\big[x^n f(x)\big]}{\mathrm{d}x^{n}}t^n. \tag{2.54}$$

将 (2.54) 式略加变形，例如，用 $x^{-1-c}f(x)$ 取代 $f(x)$，就得到

$$(1-t)^c f\Big(\frac{x}{1-t}\Big)=\sum_{n=0}^{\infty}\frac{x^{1+c}}{n!}\frac{\mathrm{d}^{n}\big[x^{n-1-c} f(x)\big]}{\mathrm{d}x^{n}}t^n.$$

此式可以用来求某些函数的 Taylor 展开：

$$(1-t)^c\mathrm{e}^{\pm x/(1-t)}=\sum_{n=0}^{\infty}\frac{1}{n!}\left[x^{c+1}\frac{\mathrm{d}^n}{\mathrm{d}x^n}\left(x^{n-1-c}\mathrm{e}^{\pm x}\right)\right]t^n, \tag{2.55}$$

$$(1-t)^c\mathrm{e}^{\pm x^2/(1-t)^2}=\sum_{n=0}^{\infty}\frac{1}{n!}\left[x^{c+1}\frac{\mathrm{d}^n}{\mathrm{d}x^n}\left(x^{n-1-c}\mathrm{e}^{\pm x^2}\right)\right]t^n, \tag{2.56}$$

$$\left(1-t^2\right)^c\mathrm{e}^{\pm x^2/(1-t^2)}=\sum_{n=0}^{\infty}\frac{1}{2^n n!}\left[x^{2c+2}\left(\frac{1}{x}\frac{\mathrm{d}}{\mathrm{d}x}\right)^n x^{2n-2-2c}\mathrm{e}^{\pm x^2}\right]t^{2n}, \tag{2.57}$$

$$(1-t)^c\mathrm{e}^{\pm x/\sqrt{1-t}}=\sum_{n=0}^{\infty}\frac{1}{2^n n!}\left[x^{2c+2}\left(\frac{1}{x}\frac{\mathrm{d}}{\mathrm{d}x}\right)^n x^{2n-2-2c}\mathrm{e}^{\pm x}\right]t^{n}. \tag{2.58}$$

稍作改变后也能得到

$$(1-2xt)^c\exp\left\{\pm\frac{\sqrt{1-2xt}}{x}\right\}=\sum_{n=0}^{\infty}\frac{1}{n!}\left[x^{n+2c+2}\left(\frac{1}{x}\frac{\mathrm{d}}{\mathrm{d}x}\right)^n x^{2n-2-2c}\mathrm{e}^{\pm 1/x}\right]t^{n}. \tag{2.59}$$

如果令 $\lambda=1/(1-t)$，则 (2.54) 式又可改写成所谓 Taylor 展开的倍乘公式：

$$\lambda f(\lambda x)=\sum_{n=0}^{\infty}\frac{1}{n!}\left(1-\frac{1}{\lambda}\right)^{n}\frac{\mathrm{d}^{n}\big[x^{n}f(x)\big]}{\mathrm{d}x^{n}}.\tag{2.60}$$

可以将公式 (2.60) 应用于超几何函数 $\mathrm{F}(\alpha,\beta;\gamma;z)$. 因为

$$\frac{\mathrm{d}^{n}}{\mathrm{d}z^{n}}\big[z^{\alpha+n-1}\mathrm{F}(\alpha,\beta;\gamma;z)\big]=(\alpha)_{n}z^{\alpha-1}\mathrm{F}(\alpha+n,\beta;\gamma;z),$$

所以，取 $f(z)=z^{\alpha-1}\mathrm{F}(\alpha,\beta;\gamma;z)$，由 (2.60) 式可得

$$\lambda(\lambda z)^{\alpha-1}\mathrm{F}(\alpha,\beta;\gamma;\lambda z)=\sum_{n=0}^{\infty}\frac{(\alpha)_{n}}{n!}\left(1-\frac{1}{\lambda}\right)^{n}z^{\alpha-1}\mathrm{F}(\alpha+n,\beta;\gamma;z).$$

消去 $z^{\alpha-1}$，就得到

$$\lambda^{\alpha}\mathrm{F}(\alpha,\beta;\gamma;\lambda z)=\sum_{n=0}^{\infty}\frac{(\alpha)_{n}}{n!}\left(1-\frac{1}{\lambda}\right)^{n}\mathrm{F}(\alpha+n,\beta;\gamma;z).\tag{2.61}$$

再进一步将 (2.60) 式改写成

$$\lambda f(\lambda(1-x))=\sum_{n=0}^{\infty}\frac{(-1)^{n}}{n!}\left(1-\frac{1}{\lambda}\right)^{n}\frac{\mathrm{d}^{n}\big[(1-x)^{n}f(1-x)\big]}{\mathrm{d}x^{n}},\tag{2.60$'$}$$

则根据

$$\frac{\mathrm{d}^{n}}{\mathrm{d}z^{n}}\big[(1-z)^{\alpha+n-1}\mathrm{F}(\alpha,\beta;\gamma;z)\big]=(-1)^{n}\frac{(\alpha)_{n}\,(\gamma-\beta)_{n}}{(\gamma)_{n}}(1-z)^{\alpha-1}\mathrm{F}(\alpha+n,\beta;\gamma+n;z),$$

也可得到

$$\lambda^{\alpha}\mathrm{F}(\alpha,\beta;\gamma;1-\lambda+\lambda z)=\sum_{n=0}^{\infty}\frac{1}{n!}\frac{(\alpha)_{n}\,(\gamma-\beta)_{n}}{(\gamma)_{n}}\left(1-\frac{1}{\lambda}\right)^{n}\mathrm{F}(\alpha+n,\beta;\gamma+n;z).\tag{2.62}$$

类似地，根据 $\mathrm{F}(\alpha,\beta;\gamma;z)$ 的另外两个递推关系

$$\begin{aligned}&\frac{\mathrm{d}^{n}}{\mathrm{d}z^{n}}\big[z^{\gamma-\alpha+n-1}(1-z)^{\alpha+\beta-\gamma}\mathrm{F}(\alpha,\beta;\gamma;z)\big]\\&\qquad=(\gamma-\alpha)_{n}z^{\gamma-\alpha-1}(1-z)^{\alpha+\beta-\gamma-n}\mathrm{F}(\alpha-n,\beta;\gamma;z),\\&\frac{\mathrm{d}^{n}}{\mathrm{d}z^{n}}\big[z^{\gamma-1}(1-z)^{\beta-\gamma+n}\mathrm{F}(\alpha,\beta;\gamma;z)\big]\\&\qquad=(-1)^{n}\frac{\Gamma\,(1-\gamma+n)}{\Gamma\,(1-\gamma)}z^{\gamma-n-1}(1-z)^{\beta-\gamma}\mathrm{F}(\alpha-n,\beta;\gamma-n;z),\end{aligned}$$

又可以得到

$$\lambda^{\gamma-\alpha}(1-\lambda z)^{\alpha+\beta-\gamma}\mathrm{F}(\alpha,\beta;\gamma;\lambda z) = \sum_{n=0}^{\infty}\frac{(\gamma-\alpha)_n}{n!}\left(1-\frac{1}{\lambda}\right)^n(1-z)^{\alpha+\beta-\gamma-n}\,\mathrm{F}(\alpha-n,\beta;\gamma;z), \tag{2.63}$$

$$\lambda^{\beta-\gamma+1}\Big(\frac{1-\lambda+\lambda z}{z}\Big)^{\gamma-1}\mathrm{F}(\alpha,\beta;\gamma;1-\lambda+\lambda z) = \sum_{n=0}^{\infty}\frac{(1-\gamma)_n}{n!}\left(1-\frac{1}{\lambda}\right)^n z^{-n}\,\mathrm{F}(\alpha-n,\beta;\gamma-n;z). \tag{2.64}$$

也可以将公式 (2.60) 应用于合流超几何函数 $\mathrm{F}(\alpha;\gamma;z)$ 及 $\mathrm{U}(\alpha;\gamma;z)$ ①．根据

$$\frac{\mathrm{d}^n}{\mathrm{d}z^n}\big[z^{\alpha+n-1}\mathrm{F}(\alpha;\gamma;z)\big]=(\alpha)_n z^{\alpha-1}\mathrm{F}(\alpha+n;\gamma;z),$$
$$\frac{\mathrm{d}^n}{\mathrm{d}z^n}\big[\mathrm{e}^{-z}z^{\gamma-\alpha+n-1}\mathrm{F}(\alpha;\gamma;z)\big]=(\gamma-\alpha)_n\mathrm{e}^{-z}z^{\gamma-\alpha-1}\mathrm{F}(\alpha-n;\gamma;z),$$
$$\frac{\mathrm{d}^n}{\mathrm{d}z^n}\big[z^{\alpha+n-1}\mathrm{U}(\alpha;\gamma;z)\big]=(\alpha)_n(\alpha-\gamma-1)_n z^{\alpha-1}\mathrm{U}(\alpha+n;\gamma;z),$$
$$\frac{\mathrm{d}^n}{\mathrm{d}z^n}\big[\mathrm{e}^{-z}z^{\gamma-\alpha+n-1}\mathrm{U}(\alpha;\gamma;z)\big]=(-1)^n\mathrm{e}^{-z}z^{\gamma-\alpha-1}\mathrm{U}(\alpha-n;\gamma;z),$$

就能导出

$$\lambda^{\alpha}\mathrm{F}(\alpha;\gamma;\lambda z)=\sum_{n=0}^{\infty}\frac{(\alpha)_n}{n!}\left(1-\frac{1}{\lambda}\right)^n\mathrm{F}(\alpha+n;\gamma;z), \tag{2.65}$$

$$\lambda^{\gamma-\alpha}\mathrm{e}^{-\lambda z}\mathrm{F}(\alpha;\gamma;\lambda z)=\sum_{n=0}^{\infty}\frac{(\gamma-\alpha)_n}{n!}\left(1-\frac{1}{\lambda}\right)^n\mathrm{e}^{-z}\mathrm{F}(\alpha-n;\gamma;z), \tag{2.66}$$

$$\lambda^{\alpha}\mathrm{U}(\alpha;\gamma;\lambda z)=\sum_{n=0}^{\infty}\frac{(\alpha)_n(\alpha-\gamma-1)_n}{n!}\left(1-\frac{1}{\lambda}\right)^n\mathrm{U}(\alpha+n;\gamma;z), \tag{2.67}$$

$$\lambda^{\gamma-\alpha}\mathrm{e}^{-\lambda z}\mathrm{U}(\alpha;\gamma;\lambda z)=\sum_{n=0}^{\infty}\frac{(-1)^n}{n!}\left(1-\frac{1}{\lambda}\right)^n\mathrm{e}^{-z}\mathrm{U}(\alpha-n;\gamma;z). \tag{2.68}$$

对于与合流超几何函数 $\mathrm{F}(\alpha;\gamma;z)$ 有关的 Whittaker 函数，则根据它们的递推关系

$$\frac{\mathrm{d}^n}{\mathrm{d}z^n}\big[\mathrm{e}^{\pm z/2}z^{n\mp k-1}\,\mathrm{M}_{k,\,\mu}(z)\big]=\Big(\mu\mp k+\frac{1}{2}\Big)_n\mathrm{e}^{\pm z/2}z^{\mp k-1}\,\mathrm{M}_{k\mp n,\,\mu}(z),$$
$$\frac{\mathrm{d}^n}{\mathrm{d}z^n}\big[\mathrm{e}^{z/2}z^{n-k-1}\,\mathrm{W}_{k,\,\mu}(z)\big]=\Big(\mu-k+\frac{1}{2}\Big)_n\Big(-\mu-k+\frac{1}{2}\Big)_n\mathrm{e}^{z/2}z^{-k-1}\,\mathrm{W}_{k-n,\,\mu}(z),$$

① $\mathrm{F}(\alpha;\gamma;z)$ 和 $\mathrm{U}(\alpha;\gamma;z)$ 又分别称为 Kummer 函数和 Tricomi 函数．它们构成合流超几何方程的基本解．

$$\frac{\mathrm{d}^n}{\mathrm{d}z^n}\left[\mathrm{e}^{-z/2}z^{n+k-1}\,\mathrm{W}_{k,\,\mu}(z)\right]=(-1)^n\mathrm{e}^{-z/2}z^{k-1}\,\mathrm{W}_{k+n,\,\mu}(z),$$

也能写出

$$\lambda^{\mp k}\mathrm{e}^{\pm\lambda z/2}\,\mathrm{M}_{k,\,\mu}(\lambda z)=\sum_{n=0}^{\infty}\frac{1}{n!}\Big(\mu\mp k+\frac{1}{2}\Big)_n\left(1-\frac{1}{\lambda}\right)^n\mathrm{e}^{\pm z/2}\,\mathrm{M}_{k\mp n,\,\mu}(z),\tag{2.69}$$

$$\begin{aligned}&\lambda^{-k}\mathrm{e}^{\lambda z/2}\,\mathrm{W}_{k,\,\mu}(\lambda z)\\&\quad=\sum_{n=0}^{\infty}\frac{1}{n!}\Big(\mu-k+\frac{1}{2}\Big)_n\Big(-\mu-k+\frac{1}{2}\Big)_n\left(1-\frac{1}{\lambda}\right)^n\mathrm{e}^{z/2}\,\mathrm{W}_{k-n,\,\mu}(z),\end{aligned}\tag{2.70}$$

$$\lambda^{k}\mathrm{e}^{-\lambda z/2}\,\mathrm{W}_{k,\,\mu}(\lambda z)=\sum_{n=0}^{\infty}\frac{(-1)^n}{n!}\left(1-\frac{1}{\lambda}\right)^n\mathrm{e}^{-z/2}\,\mathrm{W}_{k+n,\,\mu}(z).\tag{2.71}$$

不完全 Γ 函数与合流超几何函数有关:

$$\gamma(a,z)=\frac{1}{a}\,z^a\,\mathrm{e}^{-z}\,\mathrm{F}(1;a+1;z),\qquad \Gamma(a,z)=z^a\,\mathrm{e}^{-z}\,\mathrm{U}(1;a+1;z),$$

它们有递推关系

$$\begin{aligned}\frac{\mathrm{d}^n}{\mathrm{d}z^n}\left[\mathrm{e}^z z^{n-a}\,\gamma(a,z)\right]&=\frac{n!}{a}\,\mathrm{F}(n+1;a+1;z),\\\frac{\mathrm{d}^n}{\mathrm{d}z^n}\left[\mathrm{e}^z z^{n-a}\,\Gamma(a,z)\right]&=n!\,(1-a)_n\,\mathrm{F}(n+1;a+1;z),\end{aligned}$$

因此也应该有

$$\lambda^{1-a}\,\mathrm{e}^{-\lambda z}\,z^{-a}\,\gamma(a,\lambda z)=\frac{1}{a}\sum_{n=0}^{\infty}\left(1-\frac{1}{\lambda}\right)^n\mathrm{F}(n+1;a+1;z),\tag{2.72}$$

$$\lambda^{1-a}\,\mathrm{e}^{-\lambda z}\,z^{-a}\,\Gamma(a,\lambda z)=\sum_{n=0}^{\infty}\left(1-\frac{1}{\lambda}\right)^n(1-a)_n\,\mathrm{U}(n+1;a+1;z).\tag{2.73}$$

最后还要指出，如果将 (2.61) — (2.73) 诸式中的 $1-1/\lambda$ 改写成 t，这些公式又可以看成定义了相应特殊函数的生成函数.

第三章　Taylor 展开公式新认识

Taylor 展开公式是复变函数中的基本公式之一，也是读者熟悉的公式之一. 在理论上，Taylor 展开公式可以用来定义函数解析性；在实用上，则是求解变系数常微分方程的重要手段之一. 在教材中，常常将函数 $f(z)$ 在任意一点 z 的数值用该函数在 $z=0$ 点的各阶导数表示出来. 但应该说，Taylor 展开公式绝不只有这样一种形式的应用 (尽管是重要的应用). Taylor 展开公式，可以改写成许多我们可能并不太熟悉的形式，包括函数的倍乘公式及加法公式.

本章的内容是对 Taylor 展开公式认识的深化. 下面的讨论中涉及许多特殊函数，得到了一系列有意义的公式. 部分公式 (基本上限于合流超几何函数及与之相关的柱函数) 在相关文献中可以查到，但也不乏现有文献中没有出现的结果 (至少是没有出现过以这种形式表述的结果). 有些公式，例如 Bessel 函数的倍乘公式 (见 §3.7)，过去推导的方法比较麻烦，现在却十分简捷. 因此，从这样一个角度，集中地、系统地讨论特殊函数，或许也是一件有意义的工作.

§3.1　Taylor 展开公式的一个特殊形式

考虑 Taylor 展开公式的一个特殊情形：若函数 $f(z)$ 在 G 内解析，则对于 G 内任意一点 z，可以展开为

$$f(\zeta)=\sum_{n=0}^{\infty}\frac{1}{n!}\frac{\mathrm{d}^n f(z)}{\mathrm{d}z^n}(\zeta-z)^n,\qquad |\zeta-z|<R. \tag{3.1}$$

我们现在关心的是，如果在上式中代入 ζ 的某一固定值，例如 $\zeta=a$，则可得到

$$f(a)=\sum_{n=0}^{\infty}\frac{(-1)^n}{n!}\frac{\mathrm{d}^n f(z)}{\mathrm{d}z^n}(z-a)^n. \tag{3.2a}$$

特别是如果 $a=0$，则上式变为

$$f(0)=\sum_{n=0}^{\infty}\frac{(-1)^n}{n!}\frac{\mathrm{d}^n f(z)}{\mathrm{d}z^n}z^n. \tag{3.2b}$$

这里我们看到，和平常我们应用 Taylor 展开公式的方式不同，(3.2b) 式是用函数在 z 点的各阶导数表示该函数在 $z=0$ 点的值. 例如，对于 $f(z)=(1+z)^{\alpha}$，由 (3.2b) 式就能得到

$$(1+z)^{\alpha}\sum_{n=0}^{\infty}\frac{(-\alpha)_n}{n!}\left(\frac{z}{1+z}\right)^n=1,\qquad \left|\frac{z}{1+z}\right|<1,\ 即\ \mathrm{Re}\,z>-\frac{1}{2}. \tag{3.3}$$

对于对数函数 $f(z)=\ln(1+z)$，则有

$$\ln(1+z)=\sum_{n=1}^{\infty}\frac{1}{n}\Big(\frac{z}{1+z}\Big)^n,\qquad \mathrm{Re}\,z>-\frac{1}{2}. \tag{3.4}$$

由于 (3.2) 式本来就只是 Taylor 展开公式的一个特殊情形，其正确性毋庸置疑．直接将无穷级数求和，也可以验证 (3.3) 和 (3.4) 式的正确性．应该说，对于常见的初等函数，并不会得到任何出人意料的新结果．

但是对于我们并不熟悉的特殊函数，情况或许会有所不同．(3.2b)式的右端并不是幂级数．我们有可能以一种独特的方式导出某些特殊函数的等式，至少是以我们所不熟悉的形式表述的等式．而且，在推导过程中，只用到关系式 (3.2)，并不需要经过复杂的计算，唯一需要计算的只是 $f^{(n)}(z)$ 的解析表达式．

作为第一个例子，考察函数 $f(z)=\Gamma(1+z)$．因为有 Taylor 展开式

$$\Gamma(1+\zeta)=\sum_{n=0}^{\infty}\frac{1}{n!}\Gamma^{(n)}(1+z)\,(\zeta-z)^n,\qquad \mathrm{Re}\,(1+z)>0,\,|\zeta-z|<|1+z|,$$

其中

$$\begin{aligned}
\Gamma'(1+z)&=\Gamma(1+z)\,\psi(1+z),\\
\Gamma''(1+z)&=\frac{\mathrm{d}}{\mathrm{d}z}\big[\Gamma(1+z)\,\psi(1+z)\big]=\Gamma(1+z)\big[\psi^2(1+z)+\psi'(1+z)\big],\\
\Gamma'''(1+z)&=\frac{\mathrm{d}^2}{\mathrm{d}z^2}\big[\Gamma(1+z)\,\psi(1+z)\big]\\
&=\Gamma(1+z)\big[\psi^3(1+z)+3\psi(1+z)\psi'(1+z)+\psi''(1+z)\big],\\
&\cdots\cdots\cdots\cdots.
\end{aligned}$$

因此，令 $\zeta=0$，则得

$$\sum_{n=0}^{\infty}\frac{(-1)^n}{n!}\Gamma^{(n)}(1+z)\,z^n=1,\qquad \mathrm{Re}\,z>-\frac{1}{2}. \tag{3.5}$$

同样，对于 $\ln\Gamma(1+z)$，因为

$$\frac{1}{n!}\frac{\mathrm{d}^n}{\mathrm{d}z^n}\ln\Gamma(1+z)=\frac{1}{n!}\psi^{(n-1)}(1+z)=\frac{(-1)^n}{n}\,\zeta(n,z+1),$$

其中 $\zeta(n,z)$ 为广义 Riemann ζ 函数，代入 (3.2) 式，就得到

$$\ln\Gamma(1+z)-\psi(1+z)z+\sum_{n=2}^{\infty}\frac{1}{n}\,\zeta(n,z+1)\,z^n=0,\qquad \mathrm{Re}\,z>-\frac{1}{2}. \tag{3.6}$$

而在 (3.2) 式中代入 $f(z)=\psi(1+z)$，又能推出

$$\psi(1+z)-\sum_{n=1}^{\infty}\zeta(n+1,z+1)\,z^n=-\gamma,\qquad \mathrm{Re}\,z>-\frac{1}{2},\tag{3.7}$$

其中 γ 为 Euler 常数，$\gamma=-\psi(1)=-\Gamma'(1)$.

我们在上面还回避了一个问题，即级数 (3.2b) 的收敛范围. 注意 (3.2b) 式并不是幂级数，它的收敛区域也不见得是圆形区域，需要针对具体函数而具体分析讨论. 这个收敛区域，可能只是级数 (3.1) 的收敛圆的子域. 我们的计算就是在这个子域内进行的. 但也不排除级数 (3.2b) 事实上是在更大的范围内收敛，而解析延拓理论保证了结论的正确性. 例如前面给出的级数 (3.3) 和 (3.4)，根据它们的具体表达式，就容易定出收敛区域为半平面 $\mathrm{Re}\,z>-1/2$. 要求得级数 (3.5) 的收敛范围，需要应用级数的收敛判别法，例如 Cauchy 判别法或 d'Alembert 判别法. 对于级数 (3.6) 与 (3.7)，也应当如此处理. 总之，(3.2b) 式的确切收敛范围，从原则上说，就可以由不等式

$$\lim_{n\to\infty}\left|\frac{z}{n}\frac{f^{(n)}(z)}{f^{(n-1)}(z)}\right|<1$$

决定. 在超几何函数的情形下，就需要用到它们的微商递推关系及其在 $n\to\infty$ 时的渐近表达式.

§3.2 超几何函数

对于超几何函数

$$\mathrm{F}(\alpha,\beta;\gamma;z)=\sum_{n=0}^{\infty}\frac{1}{n!}\frac{(\alpha)_n(\beta)_n}{(\gamma)_n}z^n,\qquad |z|<1,\tag{3.8}$$

根据 (3.2b) 式，有

$$\sum_{n=0}^{\infty}\frac{(-1)^n}{n!}\frac{\mathrm{d}^n\mathrm{F}(\alpha,\beta;\gamma;z)}{\mathrm{d}z^n}\,z^n=1.$$

利用超几何函数的微商递推关系

$$\frac{\mathrm{d}^n\mathrm{F}(\alpha,\beta;\gamma;z)}{\mathrm{d}z^n}=\frac{(\alpha)_n(\beta)_n}{(\gamma)_n}\,\mathrm{F}(\alpha+n,\beta+n;\gamma+n;z),\tag{3.9}$$

就能得出

$$\sum_{n=0}^{\infty}\frac{(-1)^n}{n!}\frac{(\alpha)_n(\beta)_n}{(\gamma)_n}\,z^n\,\mathrm{F}(\alpha+n,\beta+n;\gamma+n;z)=1,\qquad |z|<\frac{1}{2}.\tag{3.10}$$

类似地，考虑到超几何函数的另一微商递推关系

$$\begin{aligned}&\frac{\mathrm{d}^n}{\mathrm{d}z^n}\left[(1-z)^{\alpha+\beta-\gamma}\mathrm{F}(\alpha,\beta;\gamma;z)\right]\\&\qquad=\frac{(\gamma-\alpha)_n(\gamma-\beta)_n}{(\gamma)_n}(1-z)^{\alpha+\beta-\gamma-n}\,\mathrm{F}(\alpha,\beta;\gamma+n;z),\end{aligned}\tag{3.11}$$

因此，根据 (3.1) 式，有

$$\begin{aligned}&(1-\zeta)^{\alpha+\beta-\gamma}\mathrm{F}(\alpha,\beta;\gamma;\zeta)\\&\qquad=\sum_{n=0}^{\infty}\frac{1}{n!}\frac{(\gamma-\alpha)_n(\gamma-\beta)_n}{(\gamma)_n}(1-z)^{\alpha+\beta-\gamma-n}\,\mathrm{F}(\alpha,\beta;\gamma+n;z)\,(\zeta-z)^n.\end{aligned}$$

置 $\zeta=0$，即得

$$(1-z)^{\alpha+\beta-\gamma}\sum_{n=0}^{\infty}\frac{(-1)^n}{n!}\frac{(\gamma-\alpha)_n(\gamma-\beta)_n}{(\gamma)_n}\left(\frac{z}{1-z}\right)^n\mathrm{F}(\alpha,\beta;\gamma+n;z)=1,\quad \mathrm{Re}\,z<\frac{1}{2}.\tag{3.12}$$

事实上，根据超几何函数的恒等式

$$\mathrm{F}(\alpha,\beta;\gamma;z)=(1-z)^{\gamma-\alpha-\beta}\mathrm{F}(\gamma-\alpha,\gamma-\beta;\gamma;z),\qquad |z|<1,\tag{3.13}$$

就能够将 (3.10) 式化为 (3.12) 式，而后根据解析延拓原理，扩大 (3.12) 式的收敛区域.

超几何函数还具有微商递推关系

$$\frac{\mathrm{d}^n}{\mathrm{d}z^n}\left[z^{\gamma-1}\mathrm{F}(\alpha,\beta;\gamma;z)\right]=(-1)^n(1-\gamma)_n\,z^{\gamma-1-n}\,\mathrm{F}(\alpha,\beta;\gamma-n;z),\tag{3.14}$$

所以，由 (3.1) 式可得

$$\begin{aligned}\zeta^{\gamma-1}\mathrm{F}(\alpha,\beta;\gamma;\zeta)&=\sum_{n=0}^{\infty}\frac{1}{n!}\frac{\mathrm{d}^n}{\mathrm{d}z^n}\left[z^{\gamma-1}\mathrm{F}(\alpha,\beta;\gamma;z)\right](\zeta-z)^n\\&=\sum_{n=0}^{\infty}\frac{(-1)^n}{n!}(1-\gamma)_n\,z^{\gamma-1-n}\,\mathrm{F}(\alpha,\beta;\gamma-n;z)\,(\zeta-z)^n,\end{aligned}$$

当 $\mathrm{Re}\,\gamma>1$ 且 γ 不为整数时，可取 $\zeta=0$，从而得到

$$\sum_{n=0}^{\infty}\frac{(1-\gamma)_n}{n!}\,\mathrm{F}(\alpha,\beta;\gamma-n;z)=0,\qquad \mathrm{Re}\,\gamma>1.\tag{3.15}$$

最后，由递推关系

$$\begin{aligned}&\frac{\mathrm{d}^n}{\mathrm{d}z^n}\left[z^{\gamma-1}(1-z)^{\alpha+\beta-\gamma}\mathrm{F}(\alpha,\beta;\gamma;z)\right]\\&\qquad=(\gamma-n)_n z^{\gamma-1-n}\,(1-z)^{\alpha+\beta-\gamma-n}\,\mathrm{F}(\alpha-n,\beta-n;\gamma-n;z),\end{aligned}\tag{3.16}$$

可以写出

$$\zeta^{\gamma-1}(1-\zeta)^{\alpha+\beta-\gamma}\mathrm{F}(\alpha,\beta;\gamma;\zeta)$$
$$=\sum_{n=0}^{\infty}\frac{1}{n!}(\gamma-n)_n z^{\gamma-1-n}\,(1-z)^{\alpha+\beta-\gamma-n}\,\mathrm{F}(\alpha-n,\beta-n;\gamma-n;z)\,(\zeta-z)^n,$$

于是又能得到

$$\sum_{n=0}^{\infty}\frac{(1-\gamma)_n}{n!}\,(1-z)^{-n}\mathrm{F}(\alpha-n,\beta-n;\gamma-n;z)=0,\qquad \mathrm{Re}\,\gamma>1. \tag{3.17}$$

同样，利用 (3.13) 式，可以证明 (3.17) 式能够化为 (3.15) 式.

§3.3 特殊的超几何函数

作为特殊的超几何函数，有 Legendre 函数、连带 Legendre 函数、Gegenbauer 函数以及 Jacobi 多项式等等，它们各自对应于超几何函数中的参数 α,β,γ 取特定值或满足特定关系，例如 Legendre 函数即对应于 $\alpha+\beta=1$, $\gamma=1$. 因此，这些特殊函数，作为超几何函数，当然都满足上一节中得到的关系式 (3.10)，(3.12)，(3.15) 与 (3.17). 但这时可能出现两种情况：一种是这四个关系式并不互相独立. 突出的例子是 Legendre 函数. 因为 $\alpha+\beta-\gamma=0$，且 $\gamma-1=0$，可以预料，这四个关系式应当完全可以互相导出. 另一种情况是由于这些关系式中，或三个参数 α,β,γ 同时改变，或只是 γ 值改变，从而出现新的函数. 所以，如果要求将 (3.2b) 式应用于这些特殊函数，并且限制在级数中只出现同一类函数的话，则上面的四个关系式中就有可能 (部分) 不符合这个要求. 下面就在这种限制条件下，分别讨论 Legendre 函数、连带 Legendre 函数、Gegenbauer 函数以及 Jacobi 多项式.

3.3.1 Legendre 函数

先讨论定义在复平面上的 Legendre 函数

$$\mathrm{P}_\nu(z)=\mathrm{F}\Big(-\nu,\nu+1;1;\frac{1-z}{2}\Big),\quad 即\quad \mathrm{P}_\nu(1-2z)=\mathrm{F}(-\nu,\nu+1;1;z).$$

由于在 $\mathrm{P}_\nu(z)$ 中限定了 $\gamma=1$，因此关系式 (3.10)，(3.12)，(3.15) 与 (3.17) 中都必然出现 Legendre 函数之外的特殊函数. 这里我们稍稍放松一下限制，即在连带 Legendre 函数的范围内考察 Legendre 函数.

将 (3.10) 式应用于$\mathrm{F}(-\nu,\nu+1;1;z)$，即得

$$\sum_{n=0}^{\infty}\frac{(-1)^n}{n!\,n!}\,\frac{\Gamma\,(-\nu+n)}{\Gamma\,(-\nu)}\frac{\Gamma\,(1+\nu+n)}{\Gamma\,(1+\nu)}\,z^n\mathrm{F}(-\nu+n,\nu+n+1;n+1;z)=1,\quad \mathrm{Re}\,z<\frac{1}{2}.$$

根据 Γ 函数的互余宗量定理，上式可化为

$$\sum_{n=0}^{\infty}\frac{1}{n!\,n!}\,\frac{\Gamma(\nu+n+1)}{\Gamma(\nu-n+1)}\,z^n\mathrm{F}(-\nu+n,\nu+n+1;n+1;z)=1.$$

再将 z 改写成 $(1-z)/2$，得

$$\sum_{n=0}^{\infty}\frac{1}{n!\,n!}\,\frac{\Gamma(\nu+n+1)}{\Gamma(\nu-n+1)}\,\mathrm{F}\Big(n-\nu,n+\nu+1;n+1;\frac{1-z}{2}\Big)\Big(\frac{1-z}{2}\Big)^n=1,\quad \mathrm{Re}\,z>0.$$

利用 $\mathrm{P}_\nu^n(z)$ 的定义：

$$\begin{aligned}\mathrm{P}_\nu^n(z)&=\left(z^2-1\right)^{n/2}\frac{\mathrm{d}^n\mathrm{P}_\nu(z)}{\mathrm{d}z^n}\\&=\frac{1}{2^n n!}\,\frac{\Gamma(\nu+n+1)}{\Gamma(\nu-n+1)}\left(z^2-1\right)^{n/2}\mathrm{F}\Big(n-\nu,n+\nu+1;n+1;\frac{1-z}{2}\Big),\end{aligned}$$

所以就得到公式

$$\sum_{n=0}^{\infty}\frac{(-1)^n}{n!}\left(\frac{z-1}{z+1}\right)^{n/2}\mathrm{P}_\nu^n(z)=1,\quad \mathrm{Re}\,z>0. \tag{3.18a}$$

但对于割线 $-1<x<1$ 上的点 x，$\mathrm{P}_\nu^n(x)$ 的定义是

$$\mathrm{P}_\nu^n(x)=(-1)^n\left(1-x^2\right)^{n/2}\frac{\mathrm{d}^n\mathrm{P}_\nu(x)}{\mathrm{d}x^n},$$

所以有

$$\sum_{n=0}^{\infty}\frac{(-1)^n}{n!}\left(\frac{1-x}{1+x}\right)^{n/2}\mathrm{P}_\nu^n(x)=1,\quad 0<x<1. \tag{3.18b}$$

(3.18a) 和 (3.18b) 式也适用于 ν 为整数的情形，此时无穷级数退化为有限和.

类似地，可以讨论连带 Legendre 函数

$$\mathrm{P}_\nu^\mu(z)=\frac{1}{\Gamma(1-\mu)}\Big(\frac{z+1}{z-1}\Big)^{\mu/2}\mathrm{F}\Big(-\nu,\nu+1;1-\mu;\frac{1-z}{2}\Big).$$

这时需先将 (3.2b) 式应用于 $\mathrm{F}(-\nu,\nu+1;1-\mu;z)$，即

$$\sum_{n=0}^{\infty}\frac{(-1)^n}{n!}\,\frac{\mathrm{d}^n\mathrm{F}(-\nu,\nu+1;1-\mu;z)}{\mathrm{d}z^n}\,z^n=1.$$

再将 z 换成 $(1-z)/2$，变为

$$\sum_{n=0}^{\infty}\frac{(-1)^n}{n!}\,\mathrm{F}^{(n)}\Big(-\nu,\nu+1;1-\mu;\frac{1-z}{2}\Big)\Big(\frac{1-z}{2}\Big)^n=1,$$

而后将 $\mathrm{F}(-\nu,\nu+1;1-\mu;(1-z)/2)$ 替换成连带 Legendre 函数，从而得到

$$\Gamma(1-\mu)\sum_{n=0}^{\infty}\frac{1}{n!}\frac{\mathrm{d}^n}{\mathrm{d}z^n}\left[\left(\frac{z+1}{z-1}\right)^{-\mu/2}\mathrm{P}_\nu^\mu(z)\right](1-z)^n=1,\quad \mathrm{Re}\,z>0. \tag{3.19a}$$

而对于处于割线 $-1\leqslant x\leqslant 1$ 上的连带 Legendre 函数

$$\mathrm{P}_\nu^\mu(x)=\frac{1}{\Gamma(1-\mu)}\left(\frac{1+x}{1-x}\right)^{\mu/2}\mathrm{F}\left(-\nu,\nu+1;1-\mu;\frac{1-x}{2}\right),$$

则可得到

$$\Gamma(1-\mu)\sum_{n=0}^{\infty}\frac{1}{n!}\frac{\mathrm{d}^n}{\mathrm{d}x^n}\left[\left(\frac{1+x}{1-x}\right)^{-\mu/2}\mathrm{P}_\nu^\mu(x)\right](1-x)^n=1,\quad 0<x<1. \tag{3.19b}$$

特别地，当 μ 为自然数 m 时，

$$\begin{aligned}\mathrm{P}_\nu^m(z)&=\left(z^2-1\right)^{m/2}\frac{\mathrm{d}^m\mathrm{P}_\nu(z)}{\mathrm{d}z^m}\\&=\frac{1}{2^m m!}\frac{\Gamma(\nu+m+1)}{\Gamma(\nu-m+1)}\left(z^2-1\right)^{m/2}\mathrm{F}\left(m-\nu,m+\nu+1;m+1;\frac{1-z}{2}\right),\\\mathrm{P}_\nu^m(x)&=(-1)^m\left(1-x^2\right)^{m/2}\frac{\mathrm{d}^m\mathrm{P}_\nu(x)}{\mathrm{d}x^m}\\&=\frac{(-1)^m}{2^m m!}\frac{\Gamma(\nu+m+1)}{\Gamma(\nu-m+1)}\left(1-x^2\right)^{m/2}\mathrm{F}\left(m-\nu,m+\nu+1;m+1;\frac{1-x}{2}\right).\end{aligned}$$

仿照上面的做法也能得到

$$\sum_{n=0}^{\infty}\frac{(-1)^n}{n!}\mathrm{P}_\nu^{m+n}(z)\,(z-1)^{(n-m)/2}(z+1)^{-(n+m)/2}=\frac{1}{2^m\,m!}\frac{\Gamma(\nu+m+1)}{\Gamma(\nu-m+1)} \tag{3.20}$$

和

$$\sum_{n=0}^{\infty}\frac{(-1)^n}{n!}\mathrm{P}_\nu^{m+n}(x)\,(1-x)^{(n-m)/2}\,(1+x)^{-(n+m)/2}=\frac{1}{2^m\,m!}\frac{\Gamma(\nu+m+1)}{\Gamma(\nu-m+1)}, \tag{3.21}$$

它们的成立条件也分别是 $\mathrm{Re}\,z>0$ 与 $0<x<1$. 显然，(3.18a) 和 (3.18b) 两式是它们的特殊情形 $(m=0)$.

3.3.2 Gegenbauer 函数

Gegenbauer 函数 $\mathrm{C}_\alpha^\nu(z)$ 的定义是

$$\mathrm{C}_\alpha^\nu(z)=\frac{\Gamma(\alpha+2\nu)}{\Gamma(\alpha+1)\,\Gamma(2\nu)}\mathrm{F}\left(-\alpha,\alpha+2\nu;\nu+\frac{1}{2};\frac{1-z}{2}\right).$$

由于函数中的三个参数并不独立，所以只讨论 (3.10) 与 (3.17) 型的两个关系式.

首先将 (3.10) 式改写为

$$\sum_{n=0}^{\infty}\frac{(-1)^n}{n!}\frac{(-\alpha)_n(\alpha+2\nu)_n}{(\nu+1/2)_n}z^n\mathrm{F}(-\alpha+n,\alpha+n+2\nu;\nu+n+1/2;z)=1,\quad \mathrm{Re}\,z<\frac{1}{2}.$$

再将 z 换成 $(1-z)/2$，即可写成 Gegenbauer 函数：

$$\sum_{n=0}^{\infty}\frac{(-1)^n}{n!}\frac{(-\alpha)_n(\alpha+2\nu)_n}{(\nu+1/2)_n}\left(\frac{1-z}{2}\right)^n\frac{\Gamma(\alpha-n+1)\,\Gamma(2\nu+2n)}{\Gamma(\alpha+2n+2\nu)}\mathrm{C}_{\alpha-n}^{\nu+n}(z)=1,\quad \mathrm{Re}\,z>0.$$

利用 Γ 函数的倍乘公式及互余宗量定理加以化简，就得到

$$\sum_{n=0}^{\infty}\frac{(\nu)_n}{n!}\mathrm{C}_{\alpha-n}^{\nu+n}(z)\,2^n\,(1-z)^n=\frac{\Gamma(\alpha+2\nu)}{\Gamma(\alpha+1)\,\Gamma(2\nu)},\qquad \mathrm{Re}\,z>0.\tag{3.22}$$

类似地，由 (3.17) 式可得

$$\sum_{n=0}^{\infty}\frac{(-\nu+1/2)_n}{n!}\,\mathrm{F}(-\alpha-n,\alpha-n+2\nu;\nu-n+1/2;z)\,(1-z)^{-n}=0,\quad \mathrm{Re}\,\nu>\frac{1}{2}.$$

将 z 换成 $(1-z)/2$，再将超几何函数改写成 Gegenbauer 函数，就有

$$\sum_{n=0}^{\infty}\frac{(-\nu+1/2)_n}{n!}\,\frac{\Gamma(\alpha+n+1)\,\Gamma(2\nu-2n)}{\Gamma(\alpha+2\nu-n)}\mathrm{C}_{\alpha+n}^{\nu-n}(z)\left(\frac{1+z}{2}\right)^{-n}=0,\quad \mathrm{Re}\,\nu>\frac{1}{2},$$

或者进一步化简成

$$\sum_{n=0}^{\infty}\frac{(-1)^n}{2^n\,n!}\,\frac{\Gamma(\alpha+n+1)\,\Gamma(\nu-n)}{\Gamma(\alpha+2\nu-n)}\mathrm{C}_{\alpha+n}^{\nu-n}(z)\,(1+z)^{-n}=0,\qquad \mathrm{Re}\,\nu>\frac{1}{2}.\tag{3.23}$$

3.3.3 Jacobi 多项式

作为特殊的超几何函数，还有 Jacobi 多项式

$$\mathrm{P}_n^{(\alpha,\beta)}(z)=\frac{\Gamma(\alpha+n+1)}{n!\,\Gamma(\alpha+1)}\mathrm{F}\Big(-n,n+\alpha+\beta+1;\alpha+1;\frac{1-z}{2}\Big).$$

在超几何函数中有三个独立参数，因此，原则上，会指望存在 (3.10)，(3.12)，(3.15) 和 (3.17) 型的四个关系式.

首先，将 (3.10) 式应用于 $\mathrm{F}(-\nu,\nu+\alpha+\beta+1;\alpha+1;z)$，得

$$\sum_{k=0}^{\infty}\frac{(-1)^k}{k!}\frac{(-\nu)_k(\nu+\alpha+\beta+1)_k}{(\alpha+1)_k}\,z^k\,\mathrm{F}(-\nu+k,\nu+\alpha+\beta+k+1;\alpha+k+1;z)=1.$$

将 z 代换成 $(1-z)/2$，于是有

$$\sum_{k=0}^{\infty}\frac{(-1)^k}{k!}\frac{(-\nu)_k(\nu+\alpha+\beta+1)_k}{(\alpha+1)_k}\left(\frac{1-z}{2}\right)^k \mathrm{F}\left(-\nu+k,\nu+\alpha+\beta+k+1;\alpha+k+1;\frac{1-z}{2}\right)=1.$$

在 ν 是自然数 n 的情况下，无穷级数截断为有限和：

$$\sum_{k=0}^{n}\frac{(-1)^k}{k!}\frac{(-n)_k(n+\alpha+\beta+1)_k}{(\alpha+1)_k}\left(\frac{1-z}{2}\right)^k \mathrm{F}\left(-n+k,n+\alpha+\beta+k+1;\alpha+k+1;\frac{1-z}{2}\right)=1.$$

再将超几何函数改写为 Jacobi 多项式，从而得到

$$\sum_{k=0}^{n}\frac{(-1)^k(-n)_k}{k!}\frac{\Gamma(n+\alpha+\beta+k+1)}{\Gamma(n+\alpha+\beta+1)}\frac{\Gamma(\alpha+1)}{\Gamma(\alpha+k+1)}\left(\frac{1-z}{2}\right)^k \times\frac{(n-k)!\,\Gamma(\alpha+k+1)}{\Gamma(\alpha+2k-n+1)}\mathrm{P}_{n-k}^{(\alpha+k,\beta+k)}(z)=1.$$

因为 $(-1)^k(-n)_k=n!/(n-k)!$，所以最后有结果

$$\sum_{k=0}^{n}\frac{1}{k!}\frac{\Gamma(n+\alpha+\beta+k+1)}{\Gamma(\alpha+2k-n+1)}\left(\frac{1-z}{2}\right)^k\mathrm{P}_{n-k}^{(\alpha+k,\beta+k)}(z)=\frac{\Gamma(n+\alpha+\beta+1)}{n!\,\Gamma(\alpha+1)}. \tag{3.24}$$

再根据 (3.12) 式，有

$$\left(\frac{1+z}{2}\right)^{\beta}\sum_{k=0}^{n}\frac{(-1)^k}{k!}\frac{(n+\alpha+1)_k(-n-\beta)_k}{(\alpha+1)_k}\left(\frac{1-z}{1+z}\right)^k\mathrm{F}\left(-n,n+\alpha+\beta+1;\alpha+k+1;\frac{1-z}{2}\right)=1.$$

经过简单的化简，就得到

$$\sum_{k=0}^{n}\frac{1}{k!}\frac{1}{\Gamma(n-k+\beta+1)}\left(\frac{1-z}{1+z}\right)^k\mathrm{P}_{n}^{(\alpha+k,\beta-k)}(z)=\frac{1}{n!}\frac{\Gamma(n+\alpha+1)}{\Gamma(\alpha+1)\,\Gamma(n+\beta+1)}\left(\frac{1+z}{2}\right)^{-\beta}. \tag{3.25}$$

同样，将 (3.15) 式应用于 $\mathrm{F}(-n,n+\alpha+\beta+1;\alpha+1;(1-z)/2)$，有

$$\sum_{k=0}^{n}\frac{(-\alpha)_k}{k!}\mathrm{F}\left(-n,n+\alpha+\beta+1;\alpha-k+1;\frac{1-z}{2}\right)=0,\qquad \mathrm{Re}\,\alpha>0.$$

再改写成 Jacobi 多项式，即

$$\sum_{k=0}^{n}\frac{(-1)^k}{k!}\frac{\Gamma(\alpha+1)}{\Gamma(\alpha-k+1)}\frac{n!\,\Gamma(\alpha-k+1)}{\Gamma(\alpha+n-k+1)}\mathrm{P}_{n}^{(\alpha-k,\beta+k)}(z)=0,$$

于是就得到

$$\sum_{k=0}^{n}\frac{(-1)^k}{k!}\frac{1}{\Gamma(\alpha+n-k+1)}\mathrm{P}_{n}^{(\alpha-k,\beta+k)}(z)=0,\qquad \mathrm{Re}\,\alpha>0. \tag{3.26}$$

最后,由 (3.17) 式可得

$$\sum_{k=0}^{n}\frac{(-\alpha)_k}{k!}\left(\frac{1+z}{2}\right)^{-k}\mathrm{F}\Big(-n-k, n-k+\alpha+\beta+1; \alpha-k+1; \frac{1-z}{2}\Big)=0, \qquad \mathrm{Re}\,\alpha>0.$$

改写成 Jacobi 多项式后，又能导出

$$\sum_{k=0}^{n}(-1)^k\frac{(n+k)!}{k!}\left(\frac{1+z}{2}\right)^{-k}\mathrm{P}_{n+k}^{(\alpha-k,\beta-k)}(z)=0, \qquad \mathrm{Re}\,\alpha>0. \tag{3.27}$$

根据上一节的讨论，可以预料，(3.24) 与 (3.25) 两式并不互相独立；同样，(3.24) 与 (3.25) 两式也不是互相独立的.

除了上面讨论过的几类特殊函数外，与超几何函数有关的特殊函数还有 Chebyshev (Чебышев) 多项式，包括 $\mathrm{T}_n(z)$ 和 $\mathrm{U}_n(z)$：

$$\mathrm{T}_n(z)=\mathrm{F}\Big(-n, n; \frac{1}{2}; \frac{1-z}{2}\Big), \qquad \mathrm{U}_n(z)=(n+1)\,\mathrm{F}\Big(-n, n+2; \frac{3}{2}; z\Big).$$

它们分别对应于超几何函数中的参数 $\alpha+\beta$ 及 γ 均取固定值，因而无法应用 §3.2 中的 (3.10)，(3.12)，(3.15) 及 (3.17) 等关系式.

§3.4 合流超几何函数

3.4.1 合流超几何函数 $\mathrm{F}(\alpha;\gamma;z)$

对于合流超几何函数

$$\mathrm{F}(\alpha;\gamma;z)=\sum_{n=0}^{\infty}\frac{1}{n!}\frac{(\alpha)_n}{(\gamma)_n}z^n,$$

首先可以写出

$$\mathrm{F}(\alpha;\gamma;\zeta)=\sum_{n=0}^{\infty}\frac{1}{n!}\frac{\mathrm{d}^n\mathrm{F}(\alpha;\gamma;z)}{\mathrm{d}z^n}(\zeta-z)^n, \qquad |\zeta-z|<\infty.$$

因为合流超几何函数 $\mathrm{F}(\alpha;\gamma;\zeta)$ 有微商递推关系

$$\frac{\mathrm{d}^n\mathrm{F}(\alpha;\gamma;\zeta)}{\mathrm{d}z^n}=\frac{(\alpha)_n}{(\gamma)_n}\mathrm{F}(\alpha+n;\gamma+n;z),$$

所以有

$$\mathrm{F}(\alpha;\gamma;\zeta)=\sum_{n=0}^{\infty}\frac{1}{n!}\frac{(\alpha)_n}{(\gamma)_n}\mathrm{F}(\alpha+n;\gamma+n;z)(\zeta-z)^n, \qquad |\zeta-z|<\infty.$$

特别取 $\zeta=0$，得

$$\sum_{n=0}^{\infty}\frac{(-1)^n}{n!}\,\frac{(\alpha)_n}{(\gamma)_n}\,\mathrm{F}(\alpha+n;\gamma+n;z)z^n=1,\qquad |z|<\infty.\tag{3.28}$$

这正是 (3.2b) 式在合流超几何函数 $\mathrm{F}(\alpha;\gamma;z)$上的体现.

如果将 (3.1) 式应用于 $z^{\gamma-1}\mathrm{F}(\alpha;\gamma;z)$，则有

$$\zeta^{\gamma-1}\mathrm{F}(\alpha;\gamma;\zeta)=\sum_{n=0}^{\infty}\frac{1}{n!}\left\{\frac{\mathrm{d}^n}{\mathrm{d}z^n}\big[z^{\gamma-1}\mathrm{F}(\alpha;\gamma;z)\big]\right\}(\zeta-z)^n.$$

但因为

$$\frac{\mathrm{d}^n}{\mathrm{d}z^n}\big[z^{\gamma-1}\mathrm{F}(\alpha;\gamma;z)\big]=(-1)^n(1-\gamma)_n z^{\gamma-1-n}\mathrm{F}(\alpha;\gamma-n;z),$$

所以上式即化为

$$\zeta^{\gamma-1}\mathrm{F}(\alpha;\gamma;\zeta)=\sum_{n=0}^{\infty}\frac{(-1)^n}{n!}\,(1-\gamma)_n\,z^{\gamma-1-n}\,\mathrm{F}(\alpha;\gamma-n;z)(\zeta-z)^n.$$

令 $\zeta=0$，有

$$\sum_{n=0}^{\infty}\frac{(1-\gamma)_n}{n!}\,z^{\gamma-1}\,\mathrm{F}(\alpha;\gamma-n;z)=0,\qquad \mathrm{Re}\,\gamma>1,\ |z|<\infty,$$

亦即

$$\sum_{n=0}^{\infty}\frac{(1-\gamma)_n}{n!}\,\mathrm{F}(\alpha;\gamma-n;z)=0,\qquad \mathrm{Re}\,\gamma>1,\ |z|<\infty.\tag{3.29}$$

根据合流超几何函数 $\mathrm{F}(\alpha;\gamma;z)$ 的另一个微商递推关系

$$\frac{\mathrm{d}^n}{\mathrm{d}z^n}\big[\mathrm{e}^{-z}\mathrm{F}(\alpha;\gamma;z)\big]=(-1)^n\frac{(\gamma-\alpha)_n}{(\gamma)_n}\,\mathrm{e}^{-z}\mathrm{F}(\alpha;\gamma+n;z),$$

又能得到

$$\begin{aligned}\mathrm{e}^{-\zeta}\,\mathrm{F}(\alpha;\gamma;\zeta)&=\sum_{n=0}^{\infty}\frac{1}{n!}\left\{\frac{\mathrm{d}^n}{\mathrm{d}z^n}\big[\mathrm{e}^{-z}\mathrm{F}(\alpha;\gamma;z)\big]\right\}(\zeta-z)^n\\&=\sum_{n=0}^{\infty}\frac{(-1)^n}{n!}\,\frac{(\gamma-\alpha)_n}{(\gamma)_n}\,\mathrm{e}^{-z}\mathrm{F}(\alpha;\gamma+n;z)(\zeta-z)^n,\end{aligned}$$

令 $\zeta=0$，即得

$$\sum_{n=0}^{\infty}\frac{1}{n!}\,\frac{(\gamma-\alpha)_n}{(\gamma)_n}\,\mathrm{e}^{-z}\mathrm{F}(\alpha;\gamma+n;z)\,z^n=1,\qquad |z|<\infty,\tag{3.30a}$$

或者写成

$$\sum_{n=0}^{\infty}\frac{1}{n!}\,\frac{(\gamma-\alpha)_n}{(\gamma)_n}\,\mathrm{F}(\alpha;\gamma+n;z)\,z^n=\mathrm{e}^z,\qquad |z|<\infty.\tag{3.30b}$$

合流超几何函数 $\mathrm{F}(\alpha;\gamma;z)$ 还有第四个微商递推关系

$$\frac{\mathrm{d}^n}{\mathrm{d}z^n}\left[\mathrm{e}^{-z}z^{\gamma-1}\mathrm{F}(\alpha;\gamma;z)\right]=(-1)^n(1-\gamma)_n\,\mathrm{e}^{-z}\,z^{\gamma-n-1}\mathrm{F}(\alpha-n;\gamma-n;z),$$

由此可以推得

$$\mathrm{e}^{-z}\sum_{n=0}^{\infty}\frac{(1-\gamma)_n}{n!}\mathrm{F}(\alpha-n;\gamma-n;z)=0,\qquad \mathrm{Re}\,\gamma>1.$$

但利用合流超几何函数的 Kummer 公式：$\mathrm{e}^{-z}\mathrm{F}(\alpha;\gamma;z)=\mathrm{F}(\gamma-\alpha;\gamma;-z)$，它实际上就化成为 (3.29) 式的形式.

3.4.2 合流超几何函数 $\mathrm{U}(\alpha;\gamma;z)$

合流超几何方程的另一解为

$$\mathrm{U}(\alpha;\gamma;z)=\frac{\Gamma(1-\gamma)}{\Gamma(\alpha-\gamma+1)}\mathrm{F}(\alpha;\gamma;z)+\frac{\Gamma(\gamma-1)}{\Gamma(\alpha)}z^{1-\gamma}\,\mathrm{F}(\alpha-\gamma+1;2-\gamma;z),$$

$$-\pi<\arg z\leqslant\pi.$$

根据 $\mathrm{U}(\alpha;\gamma;z)$ 的微商递推关系

$$\frac{\mathrm{d}^n\mathrm{U}(\alpha;\gamma;z)}{\mathrm{d}z^n}=(-1)^n\,(\alpha)_n\,\mathrm{U}(\alpha+n;\gamma+n;z),$$

可得

$$\begin{aligned}\mathrm{U}(\alpha;\gamma;\zeta)&=\sum_{n=0}^{\infty}\frac{1}{n!}\,\frac{\mathrm{d}^n\mathrm{U}(\alpha;\gamma;z)}{\mathrm{d}z^n}\,(\zeta-z)^n\\&=\sum_{n=0}^{\infty}\frac{(-1)^n}{n!}\,(\alpha)_n\,\mathrm{U}(\alpha+n;\gamma+n;z)\,(\zeta-z)^n,\qquad |\zeta-z|<\infty.\end{aligned}$$

令 $\zeta=0$ (因此必须要求 $-\pi/2\leqslant\arg z\leqslant\pi/2$)，即得

$$\sum_{n=0}^{\infty}\frac{(\alpha)_n}{n!}\,\mathrm{U}(\alpha+n;\gamma+n;z)\,z^n=\frac{\Gamma(1-\gamma)}{\Gamma(\alpha-\gamma+1)},\qquad \mathrm{Re}\,\gamma<1,\ |z|<\infty.\tag{3.31}$$

完全类似地，根据 $\mathrm{U}(\alpha;\gamma;z)$ 的另一个微商递推关系

$$\frac{\mathrm{d}^n}{\mathrm{d}z^n}\left[z^{\gamma-1}\mathrm{U}(\alpha;\gamma;z)\right]=(-1)^n\,(\alpha-\gamma+1)_n\,z^{\gamma-n-1}\,\mathrm{U}(\alpha;\gamma-n;z),$$

可以得到

$$\begin{aligned}\zeta^{\gamma-1}\,\mathrm{U}(\alpha;\gamma;\zeta)&=\sum_{n=0}^{\infty}\frac{1}{n!}\left\{\frac{\mathrm{d}^n}{\mathrm{d}z^n}\left[z^{\gamma-1}\mathrm{U}(\alpha;\gamma;z)\right]\right\}(\zeta-z)^n\\&=\sum_{n=0}^{\infty}\frac{(-1)^n}{n!}\,(\alpha-\gamma+1)_n)\,z^{\gamma-n-1}\,\mathrm{U}(\alpha;\gamma-n;z)\,(\zeta-z)^n.\end{aligned}$$

令 $\zeta=0$，可得

$$\sum_{n=0}^{\infty}\frac{(\alpha-\gamma+1)_n}{n!}\,z^{\gamma-1}\,\mathrm{U}(\alpha;\gamma-n;z)=\frac{\Gamma(\gamma-1)}{\Gamma(\alpha)},\quad \mathrm{Re}\,\gamma>1,\ |z|<\infty, \tag{3.32a}$$

或记为

$$\sum_{n=0}^{\infty}\frac{(\alpha-\gamma+1)_n}{n!}\,\mathrm{U}(\alpha;\gamma-n;z)=\frac{\Gamma(\gamma-1)}{\Gamma(\alpha)}z^{1-\gamma},\quad \mathrm{Re}\,\gamma>1,\ |z|<\infty. \tag{3.32b}$$

最后，利用递推关系

$$\frac{\mathrm{d}^n}{\mathrm{d}z^n}\left[\mathrm{e}^{-z}\mathrm{U}(\alpha;\gamma;z)\right]=(-1)^n\,\mathrm{e}^{-z}\,\mathrm{U}(\alpha;\gamma+n;z),$$

又能导出

$$\sum_{n=0}^{\infty}\frac{1}{n!}\,\mathrm{e}^{-z}\,\mathrm{U}(\alpha;\gamma+n;z)\,z^n=\frac{\Gamma(1-\gamma)}{\Gamma(\alpha-\gamma-1)},\qquad \mathrm{Re}\,\gamma<1,\ |z|<\infty, \tag{3.33a}$$

或记为

$$\sum_{n=0}^{\infty}\frac{1}{n!}\,\mathrm{U}(\alpha;\gamma+n;z)\,z^n=\frac{\Gamma(1-\gamma)}{\Gamma(\alpha-\gamma-1)}\,\mathrm{e}^{z},\qquad \mathrm{Re}\,\gamma<1,\ |z|<\infty. \tag{3.33b}$$

3.4.3 广义 Laguerre 函数

关于特殊的合流超几何函数，首先应当提到广义 Laguerre 函数

$$\mathrm{L}_\nu^{(\alpha)}(z)=\frac{\Gamma(\nu+\alpha+1)}{\Gamma(\nu+1)\,\Gamma(\alpha+1)}\mathrm{F}(-\nu;\alpha+1;z).$$

由 $\mathrm{F}(\alpha;\gamma;z)$ 的递推关系，可以导出

$$\begin{aligned}
&\frac{\mathrm{d}^n}{\mathrm{d}z^n}\left[\mathrm{L}_\nu^{(\alpha)}(z)\right]=(-1)^n\mathrm{L}_{\nu-n}^{(\alpha+n)}(z),\\
&\frac{\mathrm{d}^n}{\mathrm{d}z^n}\left[\mathrm{e}^{-z}\mathrm{L}_\nu^{(\alpha)}(z)\right]=(-1)^n\mathrm{e}^{-z}\mathrm{L}_\nu^{(\alpha+n)}(z),\\
&\frac{\mathrm{d}^n}{\mathrm{d}z^n}\left[z^\alpha\mathrm{L}_\nu^{(\alpha)}(z)\right]=\frac{\Gamma(\alpha+\nu+1)}{\Gamma(\alpha+\nu-n+1)}z^{\alpha-n}\mathrm{L}_\nu^{(\alpha-n)}(z),\\
&\frac{\mathrm{d}^n}{\mathrm{d}z^n}\left[\mathrm{e}^{-z}z^\alpha\mathrm{L}_\nu^{(\alpha)}(z)\right]=\frac{\Gamma(\nu+n+1)}{\Gamma(\nu+1)}\mathrm{e}^{-z}z^{\alpha-n}\mathrm{L}_{\nu+n}^{(\alpha-n)}(z),
\end{aligned}$$

因此，根据 (3.1) 式，有

$$\sum_{n=0}^{\infty}\frac{(-1)^n}{n!}\,\mathrm{L}_{\nu-n}^{(\alpha+n)}(z)(\zeta-z)^n=\mathrm{L}_\nu^{(\alpha)}(\zeta),$$

$$\sum_{n=0}^{\infty}\frac{(-1)^n}{n!}\,\mathrm{e}^{-z}\mathrm{L}_{\nu}^{(\alpha+n)}(z)(\zeta-z)^n=\mathrm{e}^{-\zeta}\mathrm{L}_{\nu}^{(\alpha)}(\zeta),$$

$$\sum_{n=0}^{\infty}\frac{1}{n!}\,\frac{\Gamma(\nu+\alpha+1)}{\Gamma(\nu+\alpha-n+1)}z^{\alpha-n}\,\mathrm{L}_{\nu}^{(\alpha-n)}(z)\,(\zeta-z)^n=\zeta^{\alpha}\mathrm{L}_{\nu}^{(\alpha)}(\zeta),$$

$$\sum_{n=0}^{\infty}\frac{1}{n!}\,\frac{\Gamma(\nu+n+1)}{\Gamma(\nu+1)}\mathrm{e}^{-z}z^{\alpha-n}\mathrm{L}_{\nu+n}^{(\alpha-n)}(z)(\zeta-z)^n=\mathrm{e}^{-\zeta}\zeta^{\alpha}\mathrm{L}_{\nu}^{(\alpha)}(\zeta).$$

令 $\zeta=0$，则得

$$\sum_{n=0}^{\infty}\frac{1}{n!}\,\mathrm{L}_{\nu-n}^{(\alpha+n)}(z)z^n=\frac{\Gamma(\nu+\alpha+1)}{\Gamma(\nu+1)\,\Gamma(\alpha+1)},\qquad |z|<\infty,\tag{3.34}$$

$$\mathrm{e}^{-z}\sum_{n=0}^{\infty}\frac{1}{n!}\,\mathrm{L}_{\nu}^{(\alpha+n)}(z)z^n=\frac{\Gamma(\nu+\alpha+1)}{\Gamma(\nu+1)\,\Gamma(\alpha+1)},\qquad |z|<\infty\tag{3.35}$$

以及

$$z^{\alpha}\sum_{n=0}^{\infty}\frac{(-1)^n}{n!}\,\frac{\Gamma(\nu+\alpha+1)}{\Gamma(\nu+\alpha-n+1)}\mathrm{L}_{\nu}^{(\alpha-n)}(z)=0,\qquad \mathrm{Re}\,\alpha>0,\ |z|<\infty,\tag{3.36}$$

$$\mathrm{e}^{-z}z^{\alpha}\sum_{n=0}^{\infty}\frac{(-1)^n}{n!}\,\frac{\Gamma(\nu+n+1)}{\Gamma(\nu+1)}\mathrm{L}_{\nu+n}^{(\alpha-n)}(z)=0,\qquad \mathrm{Re}\,\alpha>0,\ |z|<\infty.\tag{3.37}$$

这些结果当然适用于 Laguerre 多项式以及广义 Laguerre 多项式，只是式中的无穷级数自然截断为有限项和.

3.4.4 其他特殊的合流超几何函数

作为特殊的合流超几何函数，还可以提到不完全 Γ 函数和抛物线柱函数

$$\gamma(a,z)=\frac{1}{a}\,z^a\,\mathrm{e}^{-z}\,\mathrm{F}(1;a+1;z),\qquad \Gamma(a,z)=z^a\,\mathrm{e}^{-z}\,\mathrm{U}(1;a+1;z),$$
$$\mathrm{D}_{\nu}(z)=2^{(\nu-1)/2}\,\mathrm{e}^{-z^2/4}z\,\mathrm{U}\left(\frac{1-\nu}{2};\frac{3}{2};\frac{z^2}{2}\right),$$

它们的递推关系是

$$\frac{\mathrm{d}^n}{\mathrm{d}z^n}\left[z^{-a}\,\gamma(a,z)\right]=(-1)^n\,z^{-n-a}\,\gamma(a+n,z),$$
$$\frac{\mathrm{d}^n}{\mathrm{d}z^n}\left[\mathrm{e}^{z}\,\gamma(a,z)\right]=(-1)^n\,(1-a)_n\,\mathrm{e}^{z}\,\gamma(a-n,z),$$
$$\frac{\mathrm{d}^n}{\mathrm{d}z^n}\left[z^{-a}\,\Gamma(a,z)\right]=(-1)^n\,z^{-n-a}\,\Gamma(a+n,z),$$
$$\frac{\mathrm{d}^n}{\mathrm{d}z^n}\left[\mathrm{e}^{z}\,\Gamma(a,z)\right]=(-1)^n\,(1-a)_n\,\mathrm{e}^{z}\,\Gamma(a-n,z),$$

$$\frac{\mathrm{d}^n}{\mathrm{d}z^n}\left[\mathrm{e}^{z^2/4}\mathrm{D}_\nu(z)\right]=(-1)^n(-\nu)_n\mathrm{e}^{z^2/4}\mathrm{D}_{\nu-n}(z),$$

$$\frac{\mathrm{d}^n}{\mathrm{d}z^n}\left[\mathrm{e}^{-z^2/4}\mathrm{D}_\nu(z)\right]=(-1)^n\mathrm{e}^{z^2/4}\mathrm{D}_{\nu-n}(z),$$

因此有 Taylor 展开

$$\zeta^{-a}\gamma(a,\zeta)=\sum_{n=0}^{\infty}\frac{(-1)^n}{n!}\,z^{-n-a}\,\gamma(a+n,z)\,(\zeta-z)^n,$$

$$\mathrm{e}^{\zeta}\,\gamma(a,\zeta)=\sum_{n=0}^{\infty}\frac{(-1)^n(1-a)_n}{n!}\,\mathrm{e}^{z}\,\gamma(a-n,z)\,(\zeta-z)^n,$$

$$\zeta^{-a}\Gamma(a,\zeta)=\sum_{n=0}^{\infty}\frac{(-1)^n}{n!}\,z^{-n-a}\,\Gamma(a+n,z)\,(\zeta-z)^n,$$

$$\mathrm{e}^{\zeta}\,\Gamma(a,\zeta)=\sum_{n=0}^{\infty}\frac{(-1)^n(1-a)_n}{n!}\,\mathrm{e}^{z}\,\Gamma(a-n,z)\,(\zeta-z)^n,$$

$$\mathrm{e}^{\zeta^2/4}\mathrm{D}_\nu(\zeta)=\sum_{n=0}^{\infty}\frac{(-1)^n(-\nu)_n}{n!}\,\mathrm{e}^{z^2/4}\mathrm{D}_{\nu-n}(z)\,(\zeta-z)^n,$$

$$\mathrm{e}^{-\zeta^2/4}\mathrm{D}_\nu(\zeta)=\sum_{n=0}^{\infty}\frac{(-1)^n}{n!}\,\mathrm{e}^{-z^2/4}\mathrm{D}_{\nu+n}(z)\,(\zeta-z)^n.$$

在这些展开式中代入 $\zeta=0$，从而可以得到

$$\sum_{n=0}^{\infty}\frac{1}{n!}\,\gamma(a+n,z)=\frac{1}{a}\,z^a,\qquad a\neq 0,\ |z|<\infty,\tag{3.38}$$

$$\sum_{n=0}^{\infty}\frac{(1-a)_n}{n!}\,z^n\,\gamma(a-n,z)=0,\qquad \mathrm{Re}\,a>0,\ |z|<\infty,\tag{3.39}$$

$$\sum_{n=0}^{\infty}\frac{1}{n!}\,\Gamma(a+n,z)=-\frac{1}{a}\,z^a,\qquad \mathrm{Re}\,a<0,\ |z|<\infty,\tag{3.40}$$

$$\sum_{n=0}^{\infty}\frac{(1-a)_n}{n!}\,z^n\,\Gamma(a-n,z)=\mathrm{e}^{-z}\Gamma(a),\qquad \mathrm{Re}\,a>0,\ |z|<\infty,\tag{3.41}$$

$$\sum_{n=0}^{\infty}\frac{(-\nu)_n}{n!}\,z^n\,\mathrm{D}_{\nu-n}(z)=\frac{2^{\nu/2}}{\sqrt{\pi}}\cos\frac{\nu\pi}{2}\,\mathrm{e}^{-z^2/4}\Gamma\Big(\frac{1+\nu}{2}\Big),\qquad |z|<\infty,\tag{3.42}$$

$$\sum_{n=0}^{\infty}\frac{1}{n!}\,z^n\,\mathrm{D}_{\nu+n}(z)=\frac{2^{\nu/2}}{\sqrt{\pi}}\cos\frac{\nu\pi}{2}\,\mathrm{e}^{z^2/4}\Gamma\Big(\frac{1+\nu}{2}\Big),\qquad |z|<\infty.\tag{3.43}$$

由抛物线柱函数又可以定义 Hermite 函数

$$\mathrm{H}_\nu(z)=2^{\nu/2}\,\mathrm{e}^{z^2/2}\mathrm{D}_\nu(\sqrt{2}\,z),$$

所以

$$\sum_{n=0}^{\infty}\frac{(-\nu)_n}{n!}(2z)^n\,\mathrm{H}_{\nu-n}(z)=\frac{2^{\nu}}{\sqrt{\pi}}\cos\frac{\nu\pi}{2}\,\Gamma\Big(\frac{1+\nu}{2}\Big),\qquad |z|<\infty,\tag{3.44}$$

$$\sum_{n=0}^{\infty}\frac{1}{n!}\,z^n\,\mathrm{H}_{\nu+n}(z)=\frac{2^{\nu}}{\sqrt{\pi}}\cos\frac{\nu\pi}{2}\,\Gamma\Big(\frac{1+\nu}{2}\Big),\qquad |z|<\infty.\tag{3.45}$$

§3.5 Whittaker 函数

3.5.1 Whittaker 函数 $\mathrm{M}_{k,\,\mu}(z)$

Whittaker 函数 $\mathrm{M}_{k,\,\mu}(z)$

$$\mathrm{M}_{k,\,\mu}(z)=z^{\mu+1/2}\,\mathrm{e}^{-z/2}\,\mathrm{F}(\mu-k+1/2;2\mu+1;z)$$

是 Whittaker 方程的解，它有微分递推关系

$$\frac{\mathrm{d}^n}{\mathrm{d}z^n}\big[\mathrm{e}^{z/2}\,z^{-\mu-1/2}\,\mathrm{M}_{k,\,\mu}(z)\big]=\frac{(\mu-k+1/2)_n}{(2\mu+1)_n}\,\mathrm{e}^{z/2}\,z^{-\mu-1/2}\,z^{-n/2}\,\mathrm{M}_{k-n/2,\,\mu+n/2}(z),$$

所以

$$\begin{aligned}\mathrm{e}^{\zeta/2}\,\zeta^{-\mu-1/2}\,\mathrm{M}_{k,\,\mu}(\zeta)&=\sum_{n=0}^{\infty}\frac{1}{n!}\left\{\frac{\mathrm{d}^n}{\mathrm{d}z^n}\big[\mathrm{e}^{z/2}z^{-\mu-1/2}\,\mathrm{M}_{k,\,\mu}(z)\big]\right\}(\zeta-z)^n\\&=\sum_{n=0}^{\infty}\frac{1}{n!}\frac{(\mu-k+1/2)_n}{(2\mu+1)_n}\,\mathrm{e}^{z/2}\,z^{-\mu-1/2}\,z^{-n/2}\,\mathrm{M}_{k-n/2,\,\mu+n/2}(z)(\zeta-z)^n.\end{aligned}$$

当 $\zeta=0$ 时，就有

$$\mathrm{e}^{z/2}\,z^{-\mu-1/2}\sum_{n=0}^{\infty}\frac{(-1)^n}{n!}\,\frac{(\mu-k+1/2)_n}{(2\mu+1)_n}\,z^{n/2}\,\mathrm{M}_{k-n/2,\,\mu+n/2}(z)=1.\tag{3.46}$$

根据 $\mathrm{M}_{k,\,\mu}(z)$ 的另一个微分递推关系

$$\frac{\mathrm{d}^n}{\mathrm{d}z^n}\big[\mathrm{e}^{z/2}z^{\mu-1/2}\,\mathrm{M}_{k,\,\mu}(z)\big]=(-1)^n(-2\mu)_n\,\mathrm{e}^{z/2}\,z^{\mu-1/2}\,z^{-n/2}\,\mathrm{M}_{k-n/2,\,\mu-n/2}(z),$$

又能得到

$$\begin{aligned}\mathrm{e}^{\zeta/2}\,\zeta^{\mu-1/2}\,\mathrm{M}_{k,\,\mu}(\zeta)&=\sum_{n=0}^{\infty}\frac{1}{n!}\left\{\frac{\mathrm{d}^n}{\mathrm{d}z^n}\big[\mathrm{e}^{z/2}\,z^{\mu-1/2}\,\mathrm{M}_{k,\,\mu}(z)\big]\right\}(\zeta-z)^n\\&=\sum_{n=0}^{\infty}\frac{(-1)^n}{n!}(-2\mu)_n\,\mathrm{e}^{z/2}\,z^{\mu-1/2}\,z^{-n/2}\,\mathrm{M}_{k-n/2,\,\mu-n/2}(z)(\zeta-z)^n.\end{aligned}$$

代入 $\zeta=0$，即得

$$\mathrm{e}^{z/2}\,z^{\mu-1/2}\sum_{n=0}^{\infty}\frac{(-2\mu)_n}{n!}\,z^{n/2}\,\mathrm{M}_{k-n/2,\,\mu-n/2}(z)=0,\quad \mathrm{Re}\,\mu>0,\ |z|<\infty. \tag{3.47}$$

$\mathrm{M}_{k,\,\mu}(z)$ 的第三个递推关系是

$$\frac{\mathrm{d}^n}{\mathrm{d}z^n}\big[\mathrm{e}^{-z/2}\,z^{\mu-1/2}\,\mathrm{M}_{k,\,\mu}(z)\big]=(-1)^n(-2\mu)_n\,\mathrm{e}^{-z/2}\,z^{\mu-1/2}\,z^{-n/2}\,\mathrm{M}_{k+n/2,\,\mu-n/2}(z),$$

由此也能得到

$$\begin{aligned}\mathrm{e}^{-\zeta/2}\,\zeta^{\mu-1/2}\,\mathrm{M}_{k,\,\mu}(\zeta)&=\sum_{n=0}^{\infty}\frac{1}{n!}\left\{\frac{\mathrm{d}^n}{\mathrm{d}z^n}\big[\mathrm{e}^{-z/2}\,z^{\mu-1/2}\,\mathrm{M}_{k,\,\mu}(z)\big]\right\}(\zeta-z)^n\\&=\sum_{n=0}^{\infty}\frac{(-1)^n}{n!}\,(-2\mu)_n\,\mathrm{e}^{-z/2}\,z^{\mu-1/2}\,z^{-n/2}\,\mathrm{M}_{k+n/2,\,\mu-n/2}(z)(\zeta-z)^n.\end{aligned}$$

作为特殊情形：$\zeta=0$，即有

$$\mathrm{e}^{-z/2}\,z^{\mu-1/2}\sum_{n=0}^{\infty}\frac{(-2\mu)_n}{n!}\,z^{n/2}\,\mathrm{M}_{k+n/2,\,\mu-n/2}(z)=0,\quad \mathrm{Re}\,\mu>0,\ |z|<\infty. \tag{3.48}$$

最后，根据递推关系

$$\begin{aligned}&\frac{\mathrm{d}^n}{\mathrm{d}z^n}\big[\mathrm{e}^{-z/2}\,z^{-\mu-1/2}\,\mathrm{M}_{k,\,\mu}(z)\big]\\&\qquad=(-1)^n\frac{(\mu+k+1/2)_n}{(2\mu+1)_n}\,\mathrm{e}^{-z/2}\,z^{-\mu-1/2}\,z^{-n/2}\,\mathrm{M}_{k+n/2,\,\mu+n/2}(z),\end{aligned}$$

即可导出

$$\begin{aligned}\mathrm{e}^{-\zeta/2}\,\zeta^{-\mu-1/2}\,\mathrm{M}_{k,\,\mu}(\zeta)&=\sum_{n=0}^{\infty}\frac{1}{n!}\left\{\frac{\mathrm{d}^n}{\mathrm{d}z^n}\big[\mathrm{e}^{-z/2}\,z^{-\mu-1/2}\,\mathrm{M}_{k,\,\mu}(z)\big]\right\}(\zeta-z)^n\\&=\sum_{n=0}^{\infty}\frac{(-1)^n}{n!}\,\frac{(\mu+k+1/2)_n}{(2\mu+1)_n}\,\mathrm{e}^{-z/2}\,z^{-\mu-1/2}\,z^{-n/2}\,\mathrm{M}_{k+n/2,\,\mu+n/2}(z)(\zeta-z)^n.\end{aligned}$$

由此得到

$$\mathrm{e}^{-z/2}\,z^{-\mu-1/2}\sum_{n=0}^{\infty}\frac{1}{n!}\,\frac{(\mu+k+1/2)_n}{(2\mu+1)_n}\,z^{n/2}\,\mathrm{M}_{k+n/2,\,\mu+n/2}(z)=1,\quad |z|<\infty. \tag{3.49}$$

3.5.2 Whittaker 函数 $\mathrm{W}_{k,\,\mu}(z)$

另一类 Whittaker 函数是

$$\begin{aligned}\mathrm{W}_{k,\,\mu}(z) &= \frac{\Gamma(2\mu)}{\Gamma(\mu-k+1/2)}\mathrm{M}_{k,\,-\mu}(z)+\frac{\Gamma(-2\mu)}{\Gamma(-\mu-k+1/2)}\mathrm{M}_{k,\,-\mu}(z)\\ &= \frac{\Gamma(2\mu)}{\Gamma(\mu-k+1/2)}\mathrm{e}^{-z/2}\,z^{-\mu+1/2}\,\mathrm{F}(-\mu-k+1/2;1-2\mu;z)\\ &\quad+\frac{\Gamma(-2\mu)}{\Gamma(-\mu-k+1/2)}\mathrm{e}^{-z/2}\,z^{\mu+1/2}\,\mathrm{F}(\mu-k+1/2;1+2\mu;z).\end{aligned}$$

将 $\mathrm{W}_{k,\,\mu}(z)$ 的四个递推关系

$$\frac{\mathrm{d}^n\big[\mathrm{e}^{z/2}z^{\mu-1/2}\,\mathrm{W}_{k,\,\mu}(z)\big]}{\mathrm{d}z^n}=(-1)^n\Big(-\mu-k+\frac{1}{2}\Big)_n\mathrm{e}^{z/2}\,z^{\mu-1/2}\,z^{-n/2}\,\mathrm{W}_{k-n/2,\,\mu-n/2}(z),$$

$$\frac{\mathrm{d}^n\big[\mathrm{e}^{z/2}\,z^{-\mu-1/2}\,\mathrm{W}_{k,\,\mu}(z)\big]}{\mathrm{d}z^n}=(-1)^n\Big(\mu-k+\frac{1}{2}\Big)_n\mathrm{e}^{z/2}\,z^{-\mu-1/2}\,z^{-n/2}\,\mathrm{W}_{k-n/2,\,\mu+n/2}(z),$$

$$\frac{\mathrm{d}^n\big[\mathrm{e}^{-z/2}\,z^{\mu-1/2}\,\mathrm{W}_{k,\,\mu}(z)\big]}{\mathrm{d}z^n}=(-1)^n\,\mathrm{e}^{-z/2}\,z^{\mu-1/2}\,z^{-n/2}\,\mathrm{W}_{k+n/2,\,\mu-n/2}(z),$$

$$\frac{\mathrm{d}^n\big[\mathrm{e}^{-z/2}z^{-\mu-1/2}\,\mathrm{W}_{k,\,\mu}(z)\big]}{\mathrm{d}z^n}=(-1)^n\,\mathrm{e}^{-z/2}\,z^{-\mu-1/2}\,z^{-n/2}\,\mathrm{W}_{k+n/2,\,\mu+n/2}(z)$$

和 Taylor 展开公式结合起来，有

$$\begin{aligned}&\mathrm{e}^{\zeta/2}\,\zeta^{\mu-1/2}\,\mathrm{W}_{k,\,\mu}(\zeta)\\ &\quad=\sum_{n=0}^{\infty}\frac{(-1)^n}{n!}\Big(-\mu-k+\frac{1}{2}\Big)_n\mathrm{e}^{z/2}\,z^{\mu-1/2}\,z^{-n/2}\,\mathrm{W}_{k-n/2,\,\mu-n/2}(z)\,(\zeta-z)^n,\\ &\mathrm{e}^{\zeta/2}\,\zeta^{-\mu-1/2}\,\mathrm{W}_{k,\,\mu}(\zeta)\\ &\quad=\sum_{n=0}^{\infty}\frac{(-1)^n}{n!}\Big(\mu-k+\frac{1}{2}\Big)_n\mathrm{e}^{z/2}\,z^{-\mu-1/2}\,z^{-n/2}\,\mathrm{W}_{k-n/2,\,\mu+n/2}(z)\,(\zeta-z)^n,\\ &\mathrm{e}^{-\zeta/2}\,\zeta^{\mu-1/2}\,\mathrm{W}_{k,\,\mu}(\zeta)\\ &\quad=\sum_{n=0}^{\infty}\frac{(-1)^n}{n!}\mathrm{e}^{-z/2}\,z^{\mu-1/2}\,z^{-n/2}\,\mathrm{W}_{k+n/2,\,\mu-n/2}(z)\,(\zeta-z)^n,\\ &\mathrm{e}^{-\zeta/2}\,\zeta^{-\mu-1/2}\,\mathrm{W}_{k,\,\mu}(\zeta)\\ &\quad=\sum_{n=0}^{\infty}\frac{(-1)^n}{n!}\mathrm{e}^{-z/2}\,z^{-\mu-1/2}\,z^{-n/2}\,\mathrm{W}_{k+n/2,\,\mu+n/2}(z)\,(\zeta-z)^n.\end{aligned}$$

代入 $\zeta=0$，在 $\mathrm{Re}\,\mu>0$, $|z|<\infty$ 的条件下就得到

$$\mathrm{e}^{z/2}\,z^{\mu-1/2}\sum_{n=0}^{\infty}\frac{1}{n!}\Big(-\mu-k+\frac{1}{2}\Big)_n z^{n/2}\,\mathrm{W}_{k-n/2,\,\mu-n/2}(z)=\frac{\Gamma(2\mu)}{\Gamma(\mu-k+1/2)},\tag{3.50}$$

$$\mathrm{e}^{-z/2}\, z^{\mu-1/2} \sum_{n=0}^{\infty} \frac{1}{n!}\, z^{n/2}\, \mathrm{W}_{k+n/2,\,\mu-n/2}(z) = \frac{\Gamma\,(2\mu)}{\Gamma\,(\mu-k+1/2)}, \tag{3.51}$$

而在 $\operatorname{Re}\mu<0$, $|z|<\infty$ 的条件下则有

$$\mathrm{e}^{z/2}\, z^{-\mu-1/2} \sum_{n=0}^{\infty} \frac{1}{n!} \Big(\mu-k+\frac{1}{2}\Big)_n z^{n/2}\, \mathrm{W}_{k-n/2,\,\mu+n/2}(z) = \frac{\Gamma\,(-2\mu)}{\Gamma\,(-\mu-k+1/2)}, \tag{3.52}$$

$$\mathrm{e}^{-z/2}\, z^{-\mu-1/2} \sum_{n=0}^{\infty} \frac{1}{n!}\, z^{n/2}\, \mathrm{W}_{k+n/2,\,\mu+n/2}(z) = \frac{\Gamma\,(-2\mu)}{\Gamma\,(-\mu-k+1/2)}. \tag{3.53}$$

§3.6 Taylor 展开公式的变型

如果在 (3.1) 式中取 $\zeta = \lambda z$，则得到 Taylor 展开公式的一种变型：

$$f(\lambda z) = \sum_{n=0}^{\infty} \frac{(\lambda-1)^n}{n!} \frac{\mathrm{d}^n f(z)}{\mathrm{d}z^n}\, z^n. \tag{3.54}$$

(3.2b) 式相当于 (3.54) 式的特殊情形 ($\lambda = 0$). 在一定意义上，也可以把 (3.54) 式称为 Taylor 展开的倍乘公式.

对于$(1+z)^\alpha$, $\ln(1+z)$ 以及 $\ln\Gamma(1+z)$, $\psi(1+z)$ 等函数，§3.1 中已经给出了它们的 n 阶导数，因此，由 (3.54) 式即可得到

$$\Big(\frac{1+\lambda z}{1+z}\Big)^\alpha = \sum_{n=0}^{\infty} \frac{(-\alpha)_n}{n!}\, (1-\lambda)^n \Big(\frac{z}{1+z}\Big)^n, \tag{3.55}$$

$$\ln\frac{1+\lambda z}{1+z} = -\sum_{n=1}^{\infty} \frac{1}{n}\, (1-\lambda)^n \Big(\frac{z}{1+z}\Big)^n, \tag{3.56}$$

$$\ln\frac{\Gamma(1+\lambda z)}{\Gamma(1+z)} = (\lambda-1)\psi(1+z)z + \sum_{n=2}^{\infty} \frac{1}{n}\, (1-\lambda)^n\, \zeta(n, z+1)\, z^n, \tag{3.57}$$

$$\psi(1+\lambda z) = \psi(1+z) - \sum_{n=1}^{\infty} (1-\lambda)^n\, \zeta(n+1, z+1)\, z^n. \tag{3.58}$$

它们的收敛范围都是 $\left|\dfrac{z}{1+z}\right| < \dfrac{1}{|1-\lambda|}$.

图 3.1 和图 3.2 给出了级数 (3.55) — (3.58) 的收敛区域 $|z/(1+z)| < 1/\,|1-\lambda|$ 随 $k \equiv |1-\lambda|$ 值的变化. 当 $k=1$ 时，收敛区域为半平面 $|z| > -1/2$. 随着 k 值的增大，收敛区域逐渐减小，$k \to \infty$ 时收缩为一点 $z=0$; 反之，随着 k 值的减小，收敛区域逐渐增大，$k \to 0$ 时则扩大到全平面.

我们知道，$(1+z)^{\alpha}$, $\ln(1+z)$ 以及 $\ln\Gamma(1+z)$, $\psi(1+z)$ 等函数都可以在 $z=0$ 点作 Taylor 展开. 作为对照，在图 3.1 和图 3.2 中也用虚线画出了它们的收敛区域 ($|z|<1$).

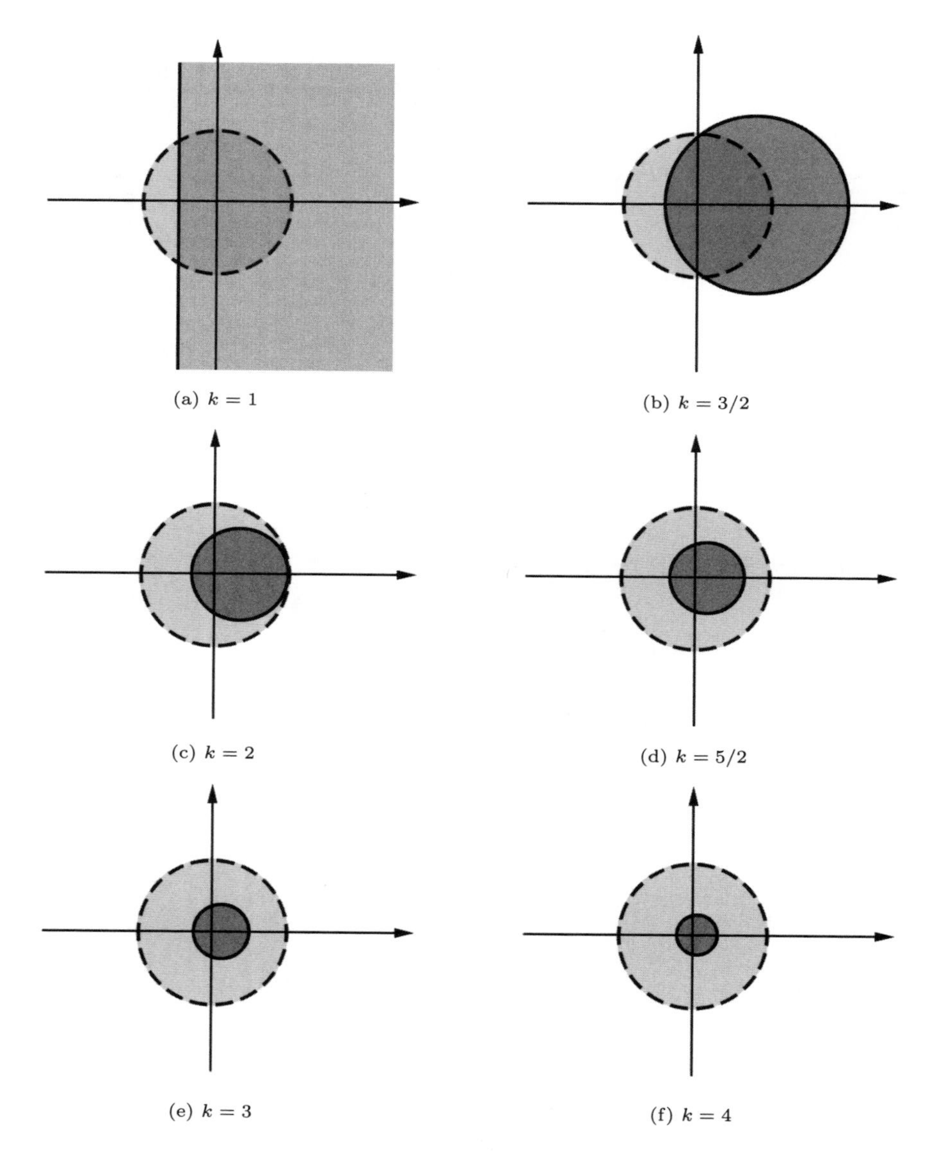

图 3.1　收敛区域 $|z/(1+z)|<1/k$ 随 k 值的变化. $k\geqslant 1$.

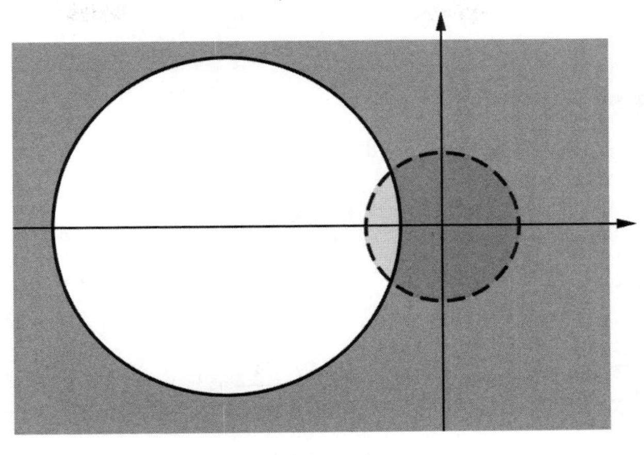

(a) $k = 4/5$

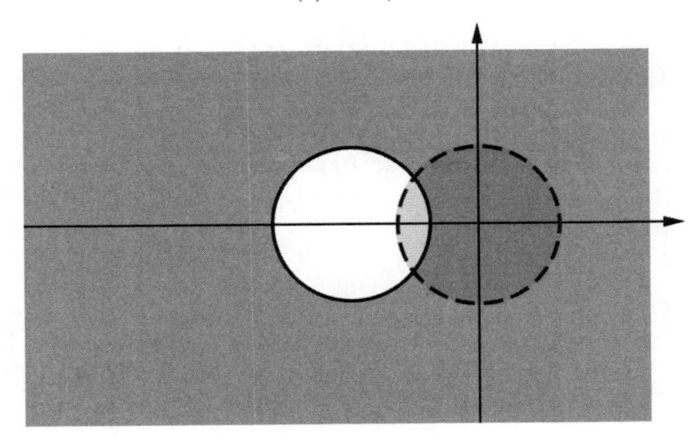

(b) $k = 3/5$

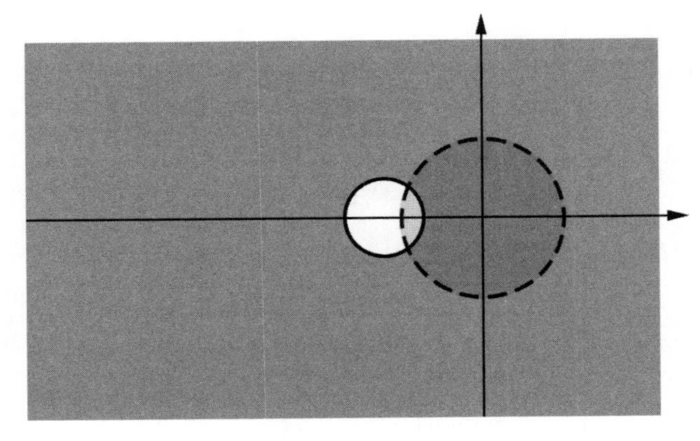

(c) $k = 2/5$

图 3.2 收敛区域 $|z/(1+z)|<1/k$ 随 k 值的变化. $k < 1$.

下面给出 (3.54) 式对于超几何函数及合流超几何函数等的应用. 为节省篇幅，这里只列出最后结果.

3.6.1 超几何函数

关于超几何函数的倍乘公式，可以先列出:

$$\mathrm{F}(\alpha,\beta;\gamma;\lambda z)=\sum_{n=0}^{\infty}\frac{(\lambda-1)^n}{n!}\,\frac{(\alpha)_n(\beta)_n}{(\gamma)_n}\,z^n\,\mathrm{F}(\alpha+n,\beta+n;\gamma+n;z),\tag{3.59}$$

$$\left(\frac{1-\lambda z}{1-z}\right)^{\alpha+\beta-\gamma}\mathrm{F}(\alpha,\beta;\gamma;\lambda z)=\sum_{n=0}^{\infty}\frac{(\lambda-1)^n}{n!}\,\frac{(\gamma-\alpha)_n(\gamma-\beta)_n}{(\gamma)_n}\left(\frac{z}{1-z}\right)^n\mathrm{F}(\alpha,\beta;\gamma+n;z).\tag{3.60}$$

根据超几何函数 $\mathrm{F}(\alpha,\beta;\gamma;z)$ 在 $|\gamma|$ 大时的渐近展开以及超几何函数的变换关系 (3.13)，就可以断定，上述二式的收敛范围是 $|z/(1-z)|<1/|1-\lambda|$.

其他结果还有

$$\lambda^{\gamma-1}\mathrm{F}(\alpha,\beta;\gamma;\lambda z)=\sum_{n=0}^{\infty}\frac{(1-\gamma)_n}{n!}\,(1-\lambda)^n\,\mathrm{F}(\alpha,\beta;\gamma-n;z),\quad |1-\lambda|<1,\tag{3.61}$$

$$\lambda^{\gamma-1}\left(\frac{1-\lambda z}{1-z}\right)^{\alpha+\beta-\gamma}\mathrm{F}(\alpha,\beta;\gamma;\lambda z)=\sum_{n=0}^{\infty}\frac{(1-\gamma)_n}{n!}\left(\frac{1-\lambda}{1-z}\right)^n\mathrm{F}(\alpha-n,\beta-n;\gamma-n;z),\qquad |1-\lambda|<1;\tag{3.62}$$

$$\mathrm{F}\left(\alpha,\beta;\gamma;\frac{1-\lambda z}{2}\right)=\sum_{n=0}^{\infty}\frac{(-1)^n}{n!}\,\frac{(\alpha)_n(\beta)_n}{(\gamma)_n}\left(\frac{\lambda-1}{2}\right)^n z^n\,\mathrm{F}\left(\alpha+n,\beta+n;\gamma+n;\frac{1-z}{2}\right),\tag{3.63}$$

$$\left(\frac{1+\lambda z}{1+z}\right)^{\alpha+\beta-\gamma}\mathrm{F}\left(\alpha,\beta;\gamma;\frac{1-\lambda z}{2}\right)=\sum_{n=0}^{\infty}\frac{(1-\lambda)^n}{n!}\,\frac{(\gamma-\alpha)_n(\gamma-\beta)_n}{(\gamma)_n}\left(\frac{z}{1+z}\right)^n\mathrm{F}\left(\alpha,\beta;\gamma+n;\frac{1-z}{2}\right),\tag{3.64}$$

$$\left(\frac{1-\lambda z}{1-z}\right)^{\gamma-1}\mathrm{F}\left(\alpha,\beta;\gamma;\frac{1-\lambda z}{2}\right)=\sum_{n=0}^{\infty}\frac{(\lambda-1)^n(1-\gamma)_n}{n!}\left(\frac{z}{1-z}\right)^n\mathrm{F}\left(\alpha,\beta;\gamma-n;\frac{1-z}{2}\right),\tag{3.65}$$

$$\left(\frac{1-\lambda z}{1-z}\right)^{\gamma-1}\left(\frac{1+\lambda z}{1+z}\right)^{\alpha+\beta-\gamma}\mathrm{F}\left(\alpha,\beta;\gamma;\frac{1-\lambda z}{2}\right)=\sum_{n=0}^{\infty}\frac{(1-\gamma)_n(\lambda-1)^n}{n!}\left(\frac{2z}{1-z^2}\right)^n\mathrm{F}\left(\alpha-n,\beta-n;\gamma-n;\frac{1-z}{2}\right).\tag{3.66}$$

3.6.2 Legendre 函数、Gegenbauer 函数及 Jacobi 多项式

将 (3.54) 式应用于这些函数，可以得到如下倍乘公式：

$$\mathrm{P}_\nu(\lambda z)=\sum_{n=0}^{\infty}\frac{(\lambda-1)^n}{n!}\,z^n\big(z^2-1\big)^{-n/2}\,\mathrm{P}_\nu^n(z),\quad |z/(1+z)|<1/|1-\lambda|, \tag{3.67}$$

$$\left(\frac{\lambda^2z^2-1}{z^2-1}\right)^{-m/2}\mathrm{P}_\nu^m(\lambda z)=\sum_{n=0}^{\infty}\frac{(\lambda-1)^n}{n!}\,z^n\big(z^2-1\big)^{-n/2}\,\mathrm{P}_\nu^{m+n}(z),$$
$$|z/(1+z)|<1/|1-\lambda|, \tag{3.68}$$

$$\mathrm{P}_\nu(\lambda x)=\sum_{n=0}^{\infty}\frac{(1-\lambda)^n}{n!}\,x^n\big(1-x^2\big)^{-n/2}\,\mathrm{P}_\nu^n(x),\quad 1/2<x/(1+x)<1/|1-\lambda|, \tag{3.69}$$

$$\left(\frac{1-\lambda^2x^2}{1-x^2}\right)^{-m/2}\mathrm{P}_\nu^m(\lambda x)=\sum_{n=0}^{\infty}\frac{(\lambda-1)^n}{n!}\,x^n\big(1-x^2\big)^{-n/2}\,\mathrm{P}_\nu^{m+n}(x),$$
$$1/2<x/(1+x)<1/|1-\lambda|, \tag{3.70}$$

$$\mathrm{C}_\alpha^\nu(\lambda z)=\sum_{n=0}^{\infty}\frac{(\nu)_n}{n!}\,(\lambda-1)^n(2z)^n\,\mathrm{C}_{\alpha-n}^{\nu+n}(z),\qquad |z/(1+z)|<1/|1-\lambda|, \tag{3.71}$$

$$\left(\frac{\lambda^2z^2-1}{z^2-1}\right)^{\nu-1/2}\mathrm{C}_\alpha^\nu(\lambda z)$$
$$=\sum_{n=0}^{\infty}\frac{(\lambda-1)^n}{2^n n!}\,\frac{(\alpha+1)_n(1-\alpha-2\nu)_n}{(1-\nu)_n}\left(\frac{z}{z^2-1}\right)^n\mathrm{C}_{\alpha+n}^{\nu-n}(z),$$
$$|z/(1+z)|<1/|1-\lambda|, \tag{3.72}$$

$$\mathrm{P}_k^{(\alpha,\beta)}(\lambda z)=\sum_{n=0}^{k}\frac{(\lambda-1)^n}{n!}\,\frac{\Gamma(k+\alpha+\beta+n+1)}{\Gamma(k+\alpha+\beta+1)}\left(\frac{z}{2}\right)^n\mathrm{P}_k^{(\alpha+n,\beta-n)}(z), \tag{3.73}$$

$$\left(\frac{\lambda z-1}{z-1}\right)^\alpha\mathrm{P}_k^{(\alpha,\beta)}(\lambda z)=\sum_{n=0}^{k}\frac{(\lambda-1)^n}{n!}\,\frac{\Gamma(k+\alpha+1)}{\Gamma(k+\alpha-n+1)}\left(\frac{z}{z-1}\right)^n\mathrm{P}_k^{(\alpha-n,\beta+n)}(z), \tag{3.74}$$

$$\left(\frac{\lambda z+1}{z+1}\right)^\beta\mathrm{P}_k^{(\alpha,\beta)}(\lambda z)=\sum_{n=0}^{k}\frac{(\lambda-1)^n}{n!}\,\frac{\Gamma(k+\beta)}{\Gamma(k+\beta-n)}\left(\frac{z}{1+z}\right)^n\mathrm{P}_k^{(\alpha+n,\beta-n)}(z), \tag{3.75}$$

$$\left(\frac{\lambda z-1}{z-1}\right)^\alpha\left(\frac{\lambda z+1}{z+1}\right)^\beta\mathrm{P}_k^{(\alpha,\beta)}(\lambda z)=\sum_{n=0}^{k}\frac{(\lambda-1)^n}{n!}\,\frac{(k+n)!}{k!}\left(\frac{2z}{z^2-1}\right)^n\mathrm{P}_{k+n}^{(\alpha-n,\beta-n)}(z). \tag{3.76}$$

以上 (3.67) — (3.76) 各式也可以等价地改写成

$$\mathrm{P}_\nu(1-\lambda+\lambda z)=\sum_{n=0}^{\infty}\frac{(\lambda-1)^n}{n!}\left(\frac{z-1}{z+1}\right)^{n/2}\mathrm{P}_\nu^n(z),\qquad \left|\frac{z-1}{z\;+1}\right|<\frac{1}{|\lambda-1|}, \tag{3.67$'$}$$

$$\lambda^{-m/2}\Big(\frac{z+1}{2-\lambda+\lambda z}\Big)^{m/2}\mathrm{P}_\nu^m(1-\lambda+\lambda z)=\sum_{n=0}^\infty\frac{(\lambda-1)^n}{n!}\Big(\frac{z-1}{z+1}\Big)^{n/2}\mathrm{P}_\nu^{m+n}(z),$$

$$\Big|\frac{z-1}{z+1}\Big|<\frac{1}{|\lambda-1|},\tag{3.68$'$}$$

$$\mathrm{P}_\nu(1-\lambda+\lambda x)=\sum_{n=0}^\infty\frac{(\lambda-1)^n}{n!}\Big(\frac{1-x}{1+x}\Big)^{n/2}\mathrm{P}_\nu^n(x),\qquad\frac{|\lambda-1|-1}{|\lambda-1|+1}<x<1,\tag{3.69$'$}$$

$$\lambda^{-m/2}\Big(\frac{1+x}{2-\lambda+\lambda x}\Big)^{m/2}\mathrm{P}_\nu^m(1-\lambda+\lambda x)=\sum_{n=0}^\infty\frac{(\lambda-1)^n}{n!}\Big(\frac{1-x}{1+x}\Big)^{n/2}\mathrm{P}_\nu^{m+n}(x),$$

$$\frac{|\lambda-1|-1}{|\lambda-1|+1}<x<1,\tag{3.70$'$}$$

$$\mathrm{C}_\alpha^\nu(1-\lambda+\lambda z)=\sum_{n=0}^\infty\frac{(1-\lambda)^n}{n!}\frac{\Gamma(\nu+n)}{\Gamma(\nu)}\big[2(1-z)\big]^n\,\mathrm{C}_{\alpha-n}^{\nu+n}(z),$$

$$\Big|\frac{1-z}{1+z}\Big|<\frac{1}{|\lambda-1|},\tag{3.71$'$}$$

$$\lambda^{\nu-1/2}\Big(\frac{1-\lambda+\lambda z}{1+z}\Big)^{\nu-1/2}\mathrm{C}_\alpha^\nu(1-\lambda-\lambda z)$$

$$=\sum_{n=0}^\infty\frac{(1-\lambda)^n}{n!}\frac{\Gamma(\alpha+n+1)}{\Gamma(\alpha+1)}\frac{\Gamma(\nu-n)}{\Gamma(\nu)}\frac{\Gamma(\alpha+2\nu)}{\Gamma(\alpha+2\nu-n)}\big[2(1+z)\big]^{-n}\,\mathrm{C}_{\alpha+n}^{\nu-n}(z),$$

$$|1-\lambda|<1,\tag{3.72$'$}$$

$$\mathrm{P}_k^{(\alpha,\beta)}(1-\lambda+\lambda z)=\sum_{n=0}^k\frac{(1-\lambda)^n}{n!}\frac{\Gamma(k+\alpha+\beta+n+1)}{\Gamma(k+\alpha+\beta+1)}\Big(\frac{1-z}{2}\Big)^n\mathrm{P}_k^{(\alpha+n,\beta-n)}(z),\tag{3.73$'$}$$

$$\lambda^\alpha\,\mathrm{P}_k^{(\alpha,\beta)}(1-\lambda+\lambda z)=\sum_{n=0}^k\frac{(\lambda-1)^n}{n!}\frac{\Gamma(k+\alpha+1)}{\Gamma(k+\alpha-n+1)}\mathrm{P}_k^{(\alpha-n,\beta+n)}(z),\tag{3.74$'$}$$

$$\Big(\frac{2-\lambda+\lambda z}{1+z}\Big)^\beta\mathrm{P}_k^{(\alpha,\beta)}(1-\lambda+\lambda z)=\sum_{n=0}^k\frac{(1-\lambda)^n}{n!}\frac{\Gamma(k+\beta)}{\Gamma(k+\beta-n)}\Big(\frac{1-z}{1+z}\Big)^n\mathrm{P}_k^{(\alpha+n,\beta-n)}(z),\tag{3.75$'$}$$

$$\lambda^\alpha\Big(\frac{2-\lambda+\lambda z}{1+z}\Big)^\beta\mathrm{P}_k^{(\alpha,\beta)}(1-\lambda+\lambda z)=\sum_{n=0}^k\frac{(\lambda-1)^n}{n!}\frac{(k+n)!}{k!}\Big(\frac{1+z}{2}\Big)^{-n}\mathrm{P}_{k+n}^{(\alpha-n,\beta-n)}(z).\tag{3.76$'$}$$

3.6.3 合流超几何函数①

合流超几何函数的倍乘公式有

① (3.77)—(3.83) 式可参见文献: W. Magnus, F. Oberhettinger, R. P. Soni. *Formulas and Theorems for the Special Functions of Mathematical Physics*. Berlin: Springer-Verlag, 1966: 273 – 274.

(3.77), (3.78), (3.81) 及 (3.82) 四式亦可参见文献: A. Erdélyi et al. *Higher Transcendental Functions*. Vol. I. New York: McGraw-Hill, 1953: 282 – 283.

$$\mathrm{F}(\alpha;\gamma;\lambda z)=\sum_{n=0}^{\infty}\frac{(\lambda-1)^n}{n!}\frac{(\alpha)_n}{(\gamma)_n}z^n\,\mathrm{F}(\alpha+n;\gamma+n;z), \tag{3.77}$$

$$\lambda^{\gamma-1}\mathrm{F}(\alpha;\gamma;\lambda z)=\sum_{n=0}^{\infty}\frac{(1-\lambda)^n}{n!}(1-\gamma)_n\,\mathrm{F}(\alpha;\gamma-n;z), \tag{3.78}$$

$$\mathrm{e}^{-\lambda z}\mathrm{F}(\alpha;\gamma;\lambda z)=\sum_{n=0}^{\infty}\frac{(1-\lambda)^n}{n!}\frac{(\gamma-\alpha)_n}{(\gamma)_n}\mathrm{e}^{-z}z^n\,\mathrm{F}(\alpha;\gamma+n;z), \tag{3.79}$$

$$\lambda^{\gamma-1}\mathrm{e}^{-\lambda z}\mathrm{F}(\alpha;\gamma;\lambda z)=\sum_{n=0}^{\infty}\frac{(1-\lambda)^n}{n!}(1-\gamma)_n\,\mathrm{e}^{-z}\,\mathrm{F}(\alpha-n;\gamma-n;z), \tag{3.80}$$

$$\mathrm{U}(\alpha;\gamma;\lambda z)=\sum_{n=0}^{\infty}\frac{(1-\lambda)^n}{n!}(\alpha)_n\,z^n\,\mathrm{U}(\alpha+n;\gamma+n;z), \tag{3.81}$$

$$\lambda^{\gamma-1}\mathrm{U}(\alpha;\gamma;\lambda z)=\sum_{n=0}^{\infty}\frac{(1-\lambda)^n}{n!}(\alpha-\gamma+1)_n\,z^n\,\mathrm{U}(\alpha;\gamma-n;z), \tag{3.82}$$

$$\mathrm{e}^{-\lambda z}\mathrm{U}(\alpha;\gamma;\lambda z)=\sum_{n=0}^{\infty}\frac{(1-\lambda)^n}{n!}\mathrm{e}^{-z}\,z^n\,\mathrm{U}(\alpha;\gamma+n;z). \tag{3.83}$$

3.6.4 特殊的合流超几何函数

作为特殊的合流超几何函数，有广义 Laguerre 函数 $\mathrm{L}_\nu^{(\alpha)}(\lambda z)$，不完全 Γ 函数 $\gamma(a,z)$, $\Gamma(a,z)$，指数积分 $\mathrm{E}_1(z)$，抛物线柱函数 $\mathrm{D}_\nu(z)$ 及 Hermite 函数 $\mathrm{H}_\nu(z)$ 等. 它们的倍乘公式有

$$\mathrm{L}_\nu^{(\alpha)}(\lambda z)=\sum_{n=0}^{\infty}\frac{(1-\lambda)^n}{n!}z^n\,\mathrm{L}_{\nu-n}^{(\alpha+n)}(z), \tag{3.84}$$

$$\mathrm{e}^{-\lambda z}\,\mathrm{L}_\nu^{(\alpha)}(\lambda z)=\sum_{n=0}^{\infty}\frac{(1-\lambda)^n}{n!}\mathrm{e}^{-z}\,z^n\,\mathrm{L}_\nu^{(\alpha+n)}(z), \tag{3.85}$$

$$\lambda^\alpha\,\mathrm{L}_\nu^{(\alpha)}(\lambda z)=\sum_{n=0}^{\infty}\frac{(\lambda-1)^n}{n!}\frac{\Gamma(\nu+\alpha+1)}{\Gamma(\nu+\alpha-n+1)}\mathrm{L}_{\nu-n}^{(\alpha-n)}(z), \tag{3.86}$$

$$\lambda^\alpha\,\mathrm{e}^{-\lambda z}\,\mathrm{L}_\nu^{(\alpha)}(\lambda z)=\sum_{n=0}^{\infty}\frac{(\lambda-1)^n}{n!}\frac{\Gamma(\nu+n+1)}{\Gamma(\nu+1)}\mathrm{e}^{-z}\,\mathrm{L}_{\nu+n}^{(\alpha-n)}(z); \tag{3.87}$$

$$\lambda^{-a}\,\gamma(a,\lambda z)=\sum_{n=0}^{\infty}\frac{(1-\lambda)^n}{n!}\gamma(a+n,z), \tag{3.88}$$

$$\mathrm{e}^{\lambda z}\,\gamma(a,\lambda z)=\sum_{n=0}^{\infty}\frac{(1-a)_n}{n!}(1-\lambda)^n\,\mathrm{e}^z\,z^n\,\gamma(a-n,z), \tag{3.89}$$

$$\lambda^{-a}\,\Gamma(a,\lambda z)=\sum_{n=0}^{\infty}\frac{(1-\lambda)^n}{n!}\Gamma(a+n,z), \tag{3.90}$$

$$\mathrm{e}^{\lambda z}\,\Gamma(a,\lambda z)=\sum_{n=0}^{\infty}\frac{(1-a)_n}{n!}\,(1-\lambda)^n\,\mathrm{e}^z\,z^n\,\Gamma(a-n,z), \tag{3.91}$$

$$\mathrm{E}_1(\lambda z)\equiv-\mathrm{Ei}(-\lambda z)=\sum_{n=0}^{\infty}\frac{(1-\lambda)^n}{n!}\,\mathrm{e}^{-z}\,z^n\,\mathrm{U}(1;n+1;z); \tag{3.92}$$

$$\mathrm{e}^{\lambda^2z^2/4}\,\mathrm{D}_\nu(\lambda z)=\sum_{n=0}^{\infty}\frac{(-\nu)_n}{n!}\,(1-\lambda)^n\,\mathrm{e}^{z^2/4}\,z^n\,\mathrm{D}_{\nu-n}(z), \tag{3.93}$$

$$\mathrm{e}^{-\lambda^2z^2/4}\,\mathrm{D}_\nu(\lambda z)=\sum_{n=0}^{\infty}\frac{(1-\lambda)^n}{n!}\,\mathrm{e}^{-z^2/4}\,z^n\,\mathrm{D}_{\nu+n}(z), \tag{3.94}$$

$$\mathrm{H}_\nu(\lambda z)=\sum_{n=0}^{\infty}\frac{(-\nu)_n}{n!}\,(1-\lambda)^n\,(2z)^n\,\mathrm{H}_{\nu-n}(z), \tag{3.95}$$

$$\mathrm{H}_\nu(\lambda z)=\sum_{n=0}^{\infty}\frac{(1-\lambda)^n}{n!}\,z^n\,\mathrm{H}_{\nu+n}(z). \tag{3.96}$$

3.6.5 Whittaker 函数①

(3.54) 式也可以应用于 Whittaker 函数 $\mathrm{M}_{k,\mu}(z)$ 和 $\mathrm{W}_{k,\mu}(z)$，从而得到它们的倍乘公式：

$$\lambda^{-\mu-1/2}\,\mathrm{e}^{\lambda z/2}\,\mathrm{M}_{k,\mu}(\lambda z)=\sum_{n=0}^{\infty}\frac{(\lambda-1)^n}{n!}\,\frac{(\mu-k+1/2)_n}{(2\mu+1)_n}\mathrm{e}^{z/2}\,z^{n/2}\,\mathrm{M}_{k-n/2,\mu+n/2}(z), \tag{3.97}$$

$$\lambda^{\mu-1/2}\,\mathrm{e}^{\lambda z/2}\,\mathrm{M}_{k,\mu}(\lambda z)=\sum_{n=0}^{\infty}\frac{(1-\lambda)^n}{n!}\,(-2\mu)_n\,\mathrm{e}^{z/2}\,z^{n/2}\,\mathrm{M}_{k-n/2,\mu-n/2}(z), \tag{3.98}$$

$$\lambda^{\mu-1/2}\,\mathrm{e}^{-\lambda z/2}\,\mathrm{M}_{k,\mu}(\lambda z)=\sum_{n=0}^{\infty}\frac{(1-\lambda)^n}{n!}\,(-2\mu)_n\,\mathrm{e}^{-z/2}\,z^{n/2}\,\mathrm{M}_{k+n/2,\mu-n/2}(z), \tag{3.99}$$

$$\lambda^{-\mu-1/2}\,\mathrm{e}^{-\lambda z/2}\,\mathrm{M}_{k,\mu}(\lambda z)=\sum_{n=0}^{\infty}\frac{(1-\lambda)^n}{n!}\,\frac{(\mu+k+1/2)_n}{(2\mu+1)_n}\mathrm{e}^{-z/2}\,z^{n/2}\,\mathrm{M}_{k+n/2,\mu+n/2}(z); \tag{3.100}$$

$$\lambda^{\mu-1/2}\,\mathrm{e}^{\lambda z/2}\,\mathrm{W}_{k,\mu}(\lambda z)=\sum_{n=0}^{\infty}\frac{(1-\lambda)^n}{n!}\,(-\mu-k+1/2)_n\,\mathrm{e}^{z/2}\,z^{n/2}\,\mathrm{W}_{k-n/2,\mu-n/2}(z), \tag{3.101}$$

① (3.97) — (3.104) 诸式可参见文献：W. Magnus, F. Oberhettinger, R. P. Soni. *Formulas and Theorems for the Special Functions of Mathematical Physics*. Berlin: Springer-Verlag, 1966: 309 – 311.

$$\lambda^{-\mu-1/2}\,\mathrm{e}^{\lambda z/2}\,\mathrm{W}_{k,\mu}(\lambda z)=\sum_{n=0}^{\infty}\frac{(1-\lambda)^n}{n!}\,(\mu-k+1/2)_n\,\mathrm{e}^{z/2}\,z^{n/2}\,\mathrm{W}_{k-n/2,\mu+n/2}(z),\tag{3.102}$$

$$\lambda^{\mu-1/2}\,\mathrm{e}^{-\lambda z/2}\,\mathrm{W}_{k,\mu}(\lambda z)=\sum_{n=0}^{\infty}\frac{(1-\lambda)^n}{n!}\,\mathrm{e}^{-z/2}\,z^{n/2}\,\mathrm{W}_{k+n/2,\mu-n/2}(z),\tag{3.103}$$

$$\lambda^{-\mu-1/2}\,\mathrm{e}^{-\lambda z/2}\,\mathrm{W}_{k,\mu}(\lambda z)=\sum_{n=0}^{\infty}\frac{(1-\lambda)^n}{n!}\,\mathrm{e}^{-z/2}\,z^{n/2}\,\mathrm{W}_{k+n/2,\mu+n/2}(z).\tag{3.104}$$

§3.7 柱 函 数

作为定义方式之一，所有的柱函数都满足递推关系

$$\left(\frac{1}{z}\frac{\mathrm{d}}{\mathrm{d}z}\right)^n\left[z^{\nu}C_{\nu}(z)\right]=z^{\nu-n}C_{\nu-n}(z),$$
$$\left(\frac{1}{z}\frac{\mathrm{d}}{\mathrm{d}z}\right)^n\left[z^{-\nu}C_{\nu}(z)\right]=(-1)^n z^{-(\nu+n)}C_{\nu+n}(z),$$

或者令 $\zeta=z^2$，从而写成

$$\frac{\mathrm{d}^n}{\mathrm{d}\zeta^n}\left[\zeta^{\nu/2}C_{\nu}(\sqrt{\zeta})\right]=\left(\frac{1}{2}\right)^n\zeta^{(\nu-n)/2}C_{\nu-n}(\sqrt{\zeta}),$$
$$\frac{\mathrm{d}^n}{\mathrm{d}\zeta^n}\left[\zeta^{-\nu/2}C_{\nu}(\sqrt{\zeta})\right]=\left(-\frac{1}{2}\right)^n\zeta^{-(\nu+n)/2}C_{\nu+n}(\sqrt{\zeta}).$$

这样就能应用 (3.1)，(3.2b) 与 (3.54) 三式. 例如，对照 (3.1) 式，能够写出

$$\zeta^{\nu/2}C_{\nu}(\sqrt{\zeta})=\sum_{n=0}^{\infty}\frac{1}{n!}\left(\frac{1}{2}\right)^n z^{(\nu-n)/2}C_{\nu-n}(\sqrt{z})\,(\zeta-z)^n,\tag{3.105a}$$

$$\zeta^{-\nu/2}C_{\nu}(\sqrt{\zeta})=\sum_{n=0}^{\infty}\frac{(-1)^n}{n!}\left(\frac{1}{2}\right)^n z^{-(\nu+n)/2}C_{\nu+n}(\sqrt{z})\,(\zeta-z)^n.\tag{3.105b}$$

如果能令 $\zeta=0$，则可得到

$$\sum_{n=0}^{\infty}\frac{(-1)^n}{n!}\left(\frac{1}{2}\right)^n z^{\nu+n}\,C_{\nu-n}(z)=z^{\nu}C_{\nu}(z)\big|_{z=0},$$
$$\sum_{n=0}^{\infty}\frac{1}{n!}\left(\frac{1}{2}\right)^n z^{-\nu+n}\,C_{\nu+n}(z)=z^{-\nu}C_{\nu}(z)\big|_{z=0}.$$

这样，应用到 Bessel 函数与 Neumann 函数上，就有

$$\sum_{n=0}^{\infty}\frac{(-1)^n}{n!}\left(\frac{z}{2}\right)^n\mathrm{J}_{\nu-n}(z)=\begin{cases}0, & \mathrm{Re}\,\nu>0,\\ 1, & \nu=0,\end{cases}\tag{3.106}$$

$$\sum_{n=0}^{\infty}\frac{1}{n!}\Big(\frac{z}{2}\Big)^n \mathrm{J}_{\nu+n}(z)=\frac{1}{\Gamma(\nu+1)}\Big(\frac{z}{2}\Big)^{\nu}, \tag{3.107}$$

$$\sum_{n=0}^{\infty}\frac{(-1)^n}{n!}\Big(\frac{z}{2}\Big)^n \mathrm{N}_{\nu-n}(z)=-\frac{\Gamma(\nu)}{\pi}\Big(\frac{z}{2}\Big)^{-\nu}, \qquad \mathrm{Re}\,\nu>0, \tag{3.108}$$

$$\sum_{n=0}^{\infty}\frac{1}{n!}\Big(\frac{z}{2}\Big)^n \mathrm{N}_{\nu+n}(z)=\frac{\Gamma(-\nu)}{\pi}\Big(\frac{z}{2}\Big)^{\nu}\cos\pi\nu, \qquad \mathrm{Re}\,\nu<0. \tag{3.109}$$

同样，对于虚宗量 Bessel 函数，由递推关系

$$\Big(\frac{1}{z}\frac{\mathrm{d}}{\mathrm{d}z}\Big)^n\big[z^{\pm\nu}\mathrm{I}_{\nu}(z)\big]=z^{\pm\nu-n}\mathrm{I}_{\nu\mp n}(z),$$
$$\Big(\frac{1}{z}\frac{\mathrm{d}}{\mathrm{d}z}\Big)^n\big[z^{\pm\nu}\mathrm{K}_{\nu}(z)\big]=(-1)^n z^{\pm\nu-n}\mathrm{K}_{\nu\mp n}(z),$$

也可以根据 (3.2b) 式导出

$$\sum_{n=0}^{\infty}\frac{(-1)^n}{n!}\Big(\frac{z}{2}\Big)^n \mathrm{I}_{\nu-n}(z)=\begin{cases}0, & \mathrm{Re}\,\nu>0,\\ 1, & \nu=0,\end{cases} \tag{3.110}$$

$$\sum_{n=0}^{\infty}\frac{(-1)^n}{n!}\Big(\frac{z}{2}\Big)^n \mathrm{I}_{\nu+n}(z)=\frac{1}{\Gamma(\nu+1)}\Big(\frac{z}{2}\Big)^{\nu}, \tag{3.111}$$

$$\sum_{n=0}^{\infty}\frac{1}{n!}\Big(\frac{z}{2}\Big)^n \mathrm{K}_{\nu-n}(z)=\frac{\Gamma(\nu)}{2}\Big(\frac{z}{2}\Big)^{-\nu}, \qquad \mathrm{Re}\,\nu>0, \tag{3.112}$$

$$\sum_{n=0}^{\infty}\frac{1}{n!}\Big(\frac{z}{2}\Big)^n \mathrm{K}_{\nu+n}(z)=\frac{\Gamma(-\nu)}{2}\Big(\frac{z}{2}\Big)^{\nu}, \qquad \mathrm{Re}\,\nu<0. \tag{3.113}$$

注意 $\mathrm{K}_{\nu}(z)=\mathrm{K}_{-\nu}(z)$，所以 (3.112) 与 (3.113) 两式可以互化.

类似地，将 (3.54) 式应用于 Bessel 函数及虚宗量 Bessel 函数，也能得到倍乘公式①

$$\lambda^{\nu}\,\mathrm{J}_{\nu}(\lambda z)=\sum_{n=0}^{\infty}\frac{(\lambda^2-1)^n}{n!}\Big(\frac{z}{2}\Big)^n \mathrm{J}_{\nu-n}(z), \tag{3.114}$$

---

① (3.114) — (3.121) 诸式可参见文献：M. Abramowitz, I. A. Stegun. *Handbook of Mathematical Functions with Formulas, Graphs, and Mathematical Tables.* New York: Dover Publications, Inc., 1970: 363, 377.

(3.115) 及 (3.117) 两式亦可参见文献：I. S. Gradshteyn, I. M. Ryzhik. *Table of Integrals, Series, and Products.* 7th edition. Elsevier (Singapore) Pte Ltd., 2007: 941.

(3.115) 式还可参见文献：A. Erdélyi et al. *Higher Transcendental Functions.* Vol. Ⅱ. New York: McGraw-Hill, 1953: p. 66. 或参见文献：W. Magnus, F. Oberhettinger, R. P. Soni. *Formulas and Theorems for the Special Functions of Mathematical Physics.* Berlin: Springer-Verlag, 1966: 125.

$$\lambda^{-\nu}\,\mathrm{J}_\nu(\lambda z)=\sum_{n=0}^{\infty}\frac{\left(1-\lambda^2\right)^n}{n!}\left(\frac{z}{2}\right)^n\mathrm{J}_{\nu+n}(z), \tag{3.115}$$

$$\lambda^{\nu}\,\mathrm{N}_\nu(\lambda z)=\sum_{n=0}^{\infty}\frac{\left(\lambda^2-1\right)^n}{n!}\left(\frac{z}{2}\right)^n\mathrm{N}_{\nu-n}(z), \tag{3.116}$$

$$\lambda^{-\nu}\,\mathrm{N}_\nu(\lambda z)=\sum_{n=0}^{\infty}\frac{\left(1-\lambda^2\right)^n}{n!}\left(\frac{z}{2}\right)^n\mathrm{N}_{\nu+n}(z), \tag{3.117}$$

$$\lambda^{\nu}\,\mathrm{I}_\nu(\lambda z)=\sum_{n=0}^{\infty}\frac{\left(\lambda^2-1\right)^n}{n!}\left(\frac{z}{2}\right)^n\mathrm{I}_{\nu-n}(z), \tag{3.118}$$

$$\lambda^{-\nu}\,\mathrm{I}_\nu(\lambda z)=\sum_{n=0}^{\infty}\frac{\left(\lambda^2-1\right)^n}{n!}\left(\frac{z}{2}\right)^n\mathrm{I}_{\nu+n}(z), \tag{3.119}$$

$$\lambda^{\nu}\,\mathrm{K}_\nu(\lambda z)=\sum_{n=0}^{\infty}\frac{\left(1-\lambda^2\right)^n}{n!}\left(\frac{z}{2}\right)^n\mathrm{K}_{\nu-n}(z), \tag{3.120}$$

$$\lambda^{-\nu}\,\mathrm{K}_\nu(\lambda z)=\sum_{n=0}^{\infty}\frac{\left(1-\lambda^2\right)^n}{n!}\left(\frac{z}{2}\right)^n\mathrm{K}_{\nu+n}(z). \tag{3.121}$$

§3.8 特殊函数的加法公式

在 (3.1) 式中令 $\zeta=z+z'$，则得到加法公式

$$f(z+z')=\sum_{n=0}^{\infty}\frac{1}{n!}\,\frac{\mathrm{d}^n f(z)}{\mathrm{d}z^n}\left(z'\right)^n. \tag{3.122}$$

将这个公式应用于上面讨论过的特殊函数，(3.59) — (3.104) 诸式就将变为

$$\mathrm{F}(\alpha,\beta;\gamma;z+z')=\sum_{n=0}^{\infty}\frac{1}{n!}\,\frac{(\alpha)_n(\beta)_n}{(\gamma)_n}\left(z'\right)^n\mathrm{F}(\alpha+n,\beta+n;\gamma+n;z),$$
$$|z'|<|1-z|, \tag{3.123}$$

$$\left(1-\frac{z'}{1-z}\right)^{\alpha+\beta-\gamma}\mathrm{F}(\alpha,\beta;\gamma;z+z')$$
$$=\sum_{n=0}^{\infty}\frac{1}{n!}\,\frac{(\gamma-\alpha)_n(\gamma-\beta)_n}{(\gamma)_n}\left(\frac{z'}{1-z}\right)^n\mathrm{F}(\alpha,\beta;\gamma+n;z),\quad |z'|<|1-z|, \tag{3.124}$$

$$\left(1+\frac{z'}{z}\right)^{\gamma-1}\mathrm{F}(\alpha,\beta;\gamma;z+z')=\sum_{n=0}^{\infty}\frac{(-1)^n(1-\gamma)_n}{n!}\left(\frac{z'}{z}\right)^n\mathrm{F}(\alpha,\beta;\gamma-n;z),\quad |z'|<|z|, \tag{3.125}$$

$$\left(1+\frac{z'}{z}\right)^{\gamma-1}\left(1-\frac{z'}{1-z}\right)^{\alpha+\beta-\gamma}\mathrm{F}(\alpha,\beta;\gamma;z+z')$$
$$=\sum_{n=0}^{\infty}\frac{(-1)^n(1-\gamma)_n}{n!}\left(\frac{z'}{z}\right)^n(1-z)^{-n}\,\mathrm{F}(\alpha-n,\beta-n;\gamma-n;z),$$
$$|z'|<|z|, \tag{3.126}$$

$$\mathrm{F}\left(\alpha,\beta;\gamma;\frac{1-z-z'}{2}\right)=\sum_{n=0}^{\infty}\frac{(-1)^n}{n!}\frac{(\alpha)_n(\beta)_n}{(\gamma)_n}\left(\frac{z'}{2}\right)^n\mathrm{F}\left(\alpha+n,\beta+n;\gamma+n;\frac{1-z}{2}\right),$$
$$|z'|<|1+z|, \tag{3.127}$$

$$\left(1+\frac{z'}{1+z}\right)^{\alpha+\beta-\gamma}\mathrm{F}\left(\alpha,\beta;\gamma;\frac{1-z-z'}{2}\right)$$
$$=\sum_{n=0}^{\infty}\frac{(-1)^n}{n!}\frac{(\gamma-\alpha)_n(\gamma-\beta)_n}{(\gamma)_n}\left(\frac{z'}{1+z}\right)^n\mathrm{F}\left(\alpha,\beta;\gamma+n;\frac{1-z}{2}\right),$$
$$|z'|<|1+z|, \tag{3.128}$$

$$\left(1-\frac{z'}{1-z}\right)^{\gamma-1}\mathrm{F}\left(\alpha,\beta;\gamma;\frac{1-z-z'}{2}\right)=\sum_{n=0}^{\infty}\frac{(1-\gamma)_n}{n!}\left(\frac{z'}{1-z}\right)^n\mathrm{F}\left(\alpha,\beta;\gamma-n;\frac{1-z}{2}\right),$$
$$|z'|<|1-z|, \tag{3.129}$$

$$\left(1-\frac{z'}{1-z}\right)^{\gamma-1}\left(1+\frac{z'}{1+z}\right)^{\alpha+\beta-\gamma}\mathrm{F}\left(\alpha,\beta;\gamma;\frac{1-z-z'}{2}\right)$$
$$=\sum_{n=0}^{\infty}\frac{(1-\gamma)_n}{n!}\left(\frac{2z'}{1-z^2}\right)^n\mathrm{F}\left(\alpha-n,\beta-n;\gamma-n;\frac{1-z}{2}\right),\qquad |z'|<|1-z|, \tag{3.130}$$

$$\mathrm{P}_\nu(z+z')=\sum_{n=0}^{\infty}\frac{1}{n!}\,(z')^n\left(z^2-1\right)^{-n/2}\mathrm{P}_\nu^n(z),\qquad |z'|<|1+z|, \tag{3.131}$$

$$\left[\frac{(z+z')^2-1}{z^2-1}\right]^{-m/2}\mathrm{P}_\nu^m(z+z')=\sum_{n=0}^{\infty}\frac{1}{n!}\,(z')^n\left(z^2-1\right)^{-n/2}\mathrm{P}_\nu^{m+n}(z),$$
$$|z'|<|1+z|, \tag{3.132}$$

$$\mathrm{P}_\nu(x+x')=\sum_{n=0}^{\infty}\frac{(-1)^n}{n!}\,(x')^n\left(1-x^2\right)^{-n/2}\mathrm{P}_\nu^n(x),$$
$$-1<x,x'<1,\ -1<\frac{x'}{1+x}<1, \tag{3.133}$$

$$\left[\frac{1-(x+x')^2}{1-x^2}\right]^{-m/2}\mathrm{P}_\nu^m(x+x')=\sum_{n=0}^{\infty}\frac{1}{n!}\,(x')^n\left(1-x^2\right)^{-n/2}\mathrm{P}_\nu^{m+n}(x),$$
$$-1<x,x'<1,\ -1<\frac{x'}{1+x}<1, \tag{3.134}$$

$$\mathrm{C}_{\alpha}^{\nu}(z+z')=\sum_{n=0}^{\infty}\frac{(\nu)_n}{n!}\left(2z'\right)^n\mathrm{C}_{\alpha-n}^{\nu+n}(z),\qquad |z'|<|1+z|,\tag{3.135}$$

$$\left[\frac{(z+z')^2-1}{z^2-1}\right]^{\nu-1/2}\mathrm{C}_{\alpha}^{\nu}(z+z')$$
$$=\sum_{n=0}^{\infty}\frac{(\alpha+1)_n(1-\alpha-2\nu)_n}{n!\,(1-\nu)_n}\left(\frac{z'}{2}\right)^n\left(z^2-1\right)^{-n}\mathrm{C}_{\alpha+n}^{\nu-n}(z),\quad |z'|<|1-z|,\tag{3.136}$$

$$\mathrm{P}_k^{(\alpha,\beta)}(z+z')=\sum_{n=0}^{k}\frac{1}{n!}\frac{\Gamma(k+\alpha+\beta+n+1)}{\Gamma(k+\alpha+\beta+1)}\left(\frac{z'}{2}\right)^n\mathrm{P}_k^{(\alpha+n,\beta-n)}(z),\tag{3.137}$$

$$\left(1+\frac{z'}{z-1}\right)^{\alpha}\mathrm{P}_k^{(\alpha,\beta)}(z+z')=\sum_{n=0}^{k}\frac{1}{n!}\frac{\Gamma(k+\alpha+1)}{\Gamma(k+\alpha-n+1)}\left(\frac{z'}{z-1}\right)^n\mathrm{P}_k^{(\alpha-n,\beta+n)}(z),\tag{3.138}$$

$$\left(1+\frac{z'}{z+1}\right)^{\beta}\mathrm{P}_k^{(\alpha,\beta)}(z+z')=\sum_{n=0}^{k}\frac{1}{n!}\frac{\Gamma(k+\beta)}{\Gamma(k+\beta-n)}\left(\frac{z'}{1+z}\right)^n\mathrm{P}_k^{(\alpha+n,\beta-n)}(z),\tag{3.139}$$

$$\left(1+\frac{z'}{z-1}\right)^{\alpha}\left(\frac{\lambda z+1}{z+1}\right)^{\beta}\mathrm{P}_k^{(\alpha,\beta)}(z+z')$$
$$=\sum_{n=0}^{k}\frac{(k+n)!}{k!\,n!}\left(2z'\right)^n\left(z^2-1\right)^{-n}\mathrm{P}_{k+n}^{(\alpha-n,\beta-n)}(z),\tag{3.140}$$

$$\mathrm{F}(\alpha;\gamma;z+z')=\sum_{n=0}^{\infty}\frac{1}{n!}\frac{(\alpha)_n}{(\gamma)_n}\left(z'\right)^n\mathrm{F}(\alpha+n;\gamma+n;z),\tag{3.141}$$

$$\left(1+\frac{z'}{z}\right)^{\gamma-1}\mathrm{F}(\alpha;\gamma;z+z')=\sum_{n=0}^{\infty}\frac{(-1)^n\,(1-\gamma)_n}{n!}\left(\frac{z'}{z}\right)^n\mathrm{F}(\alpha;\gamma-n;z),\tag{3.142}$$

$$\mathrm{e}^{-z'}\mathrm{F}(\alpha;\gamma;z+z')=\sum_{n=0}^{\infty}\frac{(-1)^n}{n!}\frac{(\gamma-\alpha)_n}{(\gamma)_n}\left(z'\right)^n\mathrm{F}(\alpha;\gamma+n;z),\tag{3.143}$$

$$\left(1+\frac{z'}{z}\right)^{\gamma-1}\mathrm{e}^{-z'}\mathrm{F}(\alpha;\gamma;z+z')=\sum_{n=0}^{\infty}\frac{(-1)^n\,(1-\gamma)_n}{n!}\left(\frac{z'}{z}\right)^n\mathrm{F}(\alpha-n;\gamma-n;z),\tag{3.144}$$

$$\mathrm{U}(\alpha;\gamma;z+z')=\sum_{n=0}^{\infty}\frac{(-1)^n\,(\alpha)_n}{n!}\left(z'\right)^n\mathrm{U}(\alpha+n;\gamma+n;z),\tag{3.145}$$

$$\left(1+\frac{z'}{z}\right)^{\gamma-1}\mathrm{U}(\alpha;\gamma;z+z')=\sum_{n=0}^{\infty}\frac{(-1)^n\,(\alpha-\gamma+1)_n}{n!}\left(z'\right)^n\mathrm{U}(\alpha;\gamma-n;z),\tag{3.146}$$

$$\mathrm{e}^{-z'}\mathrm{U}(\alpha;\gamma;z+z')=\sum_{n=0}^{\infty}\frac{(-1)^n}{n!}\left(z'\right)^n\mathrm{U}(\alpha;\gamma+n;z),\tag{3.147}$$

$$\mathrm{L}_{\nu}^{(\alpha)}(z+z')=\sum_{n=0}^{\infty}\frac{(-1)^n}{n!}\left(z'\right)^n\mathrm{L}_{\nu-n}^{(\alpha+n)}(z),\tag{3.148}$$

$$\mathrm{e}^{-z'}\,\mathrm{L}_\nu^{(\alpha)}(z+z')=\sum_{n=0}^{\infty}\frac{(-1)^n}{n!}\left(z'\right)^n\mathrm{L}_\nu^{(\alpha+n)}(z),\tag{3.149}$$

$$\left(1+\frac{z'}{z}\right)^{\alpha}\mathrm{L}_\nu^{(\alpha)}(z+z')=\sum_{n=0}^{\infty}\frac{1}{n!}\,\frac{\Gamma\left(\nu+\alpha+1\right)}{\Gamma\left(\nu+\alpha-n+1\right)}\left(\frac{z'}{z}\right)^n\mathrm{L}_{\nu-n}^{(\alpha-n)}(z),\tag{3.150}$$

$$\left(1+\frac{z'}{z}\right)^{\alpha}\mathrm{e}^{-z'}\,\mathrm{L}_\nu^{(\alpha)}(z+z')=\sum_{n=0}^{\infty}\frac{1}{n!}\,\frac{\Gamma\left(\nu+n+1\right)}{\Gamma\left(\nu+1\right)}\left(\frac{z'}{z}\right)^n\mathrm{L}_{\nu+n}^{(\alpha-n)}(z),\tag{3.151}$$

$$\left(1+\frac{z'}{z}\right)^{-a}\gamma(a,z+z')=\sum_{n=0}^{\infty}\frac{(-1)^n}{n!}\left(\frac{z'}{z}\right)^n\gamma(a+n,z),\tag{3.152}$$

$$\mathrm{e}^{z+z'}\,\gamma(a,z+z')=\sum_{n=0}^{\infty}\frac{(-1)^n(1-a)_n}{n!}\mathrm{e}^{z}\left(z'\right)^n\gamma(a-n,z),\tag{3.153}$$

$$\left(1+\frac{z'}{z}\right)^{-a}\Gamma(a,z+z')=\sum_{n=0}^{\infty}\frac{(-1)^n}{n!}\left(\frac{z'}{z}\right)^n\Gamma(a+n,z),\tag{3.154}$$

$$\mathrm{e}^{z+z'}\,\Gamma(a,z+z')=\sum_{n=0}^{\infty}\frac{(-1)^n(1-a)_n}{n!}\mathrm{e}^{z}\left(z'\right)^n\Gamma(a-n,z),\tag{3.155}$$

$$\mathrm{e}^{(z+z')^2/4}\,\mathrm{D}_\nu(z+z')=\sum_{n=0}^{\infty}\frac{(-1)^n(-\nu)_n}{n!}\,\mathrm{e}^{z^2/4}\left(z'\right)^n\mathrm{D}_{\nu-n}(z),\tag{3.156}$$

$$\mathrm{e}^{-(z+z')^2/4}\,\mathrm{D}_\nu(z+z')=\sum_{n=0}^{\infty}\frac{(-1)^n}{n!}\,\mathrm{e}^{-z^2/4}\left(z'\right)^n\mathrm{D}_{\nu+n}(z),\tag{3.157}$$

$$\mathrm{H}_\nu(z+z')=\sum_{n=0}^{\infty}\frac{(-1)^n(-\nu)_n}{n!}\left(2z'\right)^n\mathrm{H}_{\nu-n}(z),\tag{3.158}$$

$$\mathrm{H}_\nu(z+z)=\sum_{n=0}^{\infty}\frac{(-1)^n}{n!}\left(z'\right)^n\mathrm{H}_{\nu+n}(z),\tag{3.159}$$

$$\mathrm{E}_1(z+z)\equiv-\mathrm{Ei}(-z-z)=\sum_{n=0}^{\infty}\frac{(-1)^n}{n!}\,\mathrm{e}^{-z}\left(z'\right)^n\mathrm{U}(1;n+1;z),\tag{3.160}$$

$$\left(1+\frac{z'}{z}\right)^{-\mu-1/2}\mathrm{e}^{z'/2}\,\mathrm{M}_{k,\mu}(z+z')=\sum_{n=0}^{\infty}\frac{1}{n!}\,\frac{(\mu-k+1/2)_n}{(2\mu+1)_n}\,\frac{\left(z'\right)^n}{z^{n/2}}\,\mathrm{M}_{k-n/2,\mu+n/2}(z),\tag{3.161}$$

$$\left(1+\frac{z'}{z}\right)^{\mu-1/2}\mathrm{e}^{z'/2}\,\mathrm{M}_{k,\mu}(z+z')=\sum_{n=0}^{\infty}\frac{(-1)^n(-2\mu)_n}{n!}\,\frac{\left(z'\right)^n}{z^{n/2}}\,\mathrm{M}_{k-n/2,\mu-n/2}(z),\tag{3.162}$$

$$\left(1+\frac{z'}{z}\right)^{\mu-1/2}\mathrm{e}^{-z'/2}\,\mathrm{M}_{k,\mu}(z+z')=\sum_{n=0}^{\infty}\frac{(-1)^n\,(-2\mu)_n}{n!}\,\frac{\left(z'\right)^n}{z^{n/2}}\,\mathrm{M}_{k+n/2,\mu-n/2}(z),\tag{3.163}$$

$$\left(1+\frac{z'}{z}\right)^{-\mu-1/2}\mathrm{e}^{-z'/2}\,\mathrm{M}_{k,\mu}(z+z')=\sum_{n=0}^{\infty}\frac{(-1)^n}{n!}\frac{(\mu+k+1/2)_n}{(2\mu+1)_n}\frac{(z')^n}{z^{n/2}}\mathrm{M}_{k+n/2,\mu+n/2}(z),\tag{3.164}$$

$$\left(1+\frac{z'}{z}\right)^{\mu-1/2}\mathrm{e}^{z'/2}\,\mathrm{W}_{k,\mu}(z+z')=\sum_{n=0}^{\infty}\frac{(-1)^n\,(-\mu-k+1/2)_n}{n!}\frac{(z')^n}{z^{n/2}}\mathrm{W}_{k-n/2,\mu-n/2}(z),\tag{3.165}$$

$$\left(1+\frac{z'}{z}\right)^{-\mu-1/2}\mathrm{e}^{z'/2}\,\mathrm{W}_{k,\mu}(z+z')=\sum_{n=0}^{\infty}\frac{(-1)^n\,(\mu-k+1/2)_n}{n!}\frac{(z')^n}{z^{n/2}}\mathrm{W}_{k-n/2,\mu+n/2}(z),\tag{3.166}$$

$$\left(1+\frac{z'}{z}\right)^{\mu-1/2}\mathrm{e}^{-z'/2}\,\mathrm{W}_{k,\mu}(z+z')=\sum_{n=0}^{\infty}\frac{(-1)^n}{n!}\frac{(z')^n}{z^{n/2}}\mathrm{W}_{k+n/2,\mu-n/2}(z),\tag{3.167}$$

$$\left(1+\frac{z'}{z}\right)^{-\mu-1/2}\mathrm{e}^{-z'/2}\,\mathrm{W}_{k,\mu}(z+z')=\sum_{n=0}^{\infty}\frac{(-1)^n}{n!}\frac{(z')^n}{z^{n/2}}\mathrm{W}_{k+n/2,\mu+n/2}(z).\tag{3.168}$$

以上的 (3.161) — (3.168) 诸式可见文献：W. Magnus, F. Oberhettinger, R. P. Soni. *Formulas and Theorems for the Special Functions of Mathematical Physics.* Berlin: Springer-Verlag, 1966: 306 – 308.

同样，对于 Bessel 函数及虚宗量 Bessel 函数，也能得到①

$$\left(1+\frac{z'}{z}\right)^{\nu}\mathrm{J}_\nu(z+z')=\sum_{n=0}^{\infty}\frac{1}{n!}\left(2+\frac{z'}{z}\right)^n\left(\frac{z'}{2}\right)^n\mathrm{J}_{\nu-n}(z),\tag{3.169}$$

$$\left(1+\frac{z'}{z}\right)^{-\nu}\mathrm{J}_\nu(z+z')=\sum_{n=0}^{\infty}\frac{(-1)^n}{n!}\left(2+\frac{z'}{z}\right)^n\left(\frac{z'}{2}\right)^n\mathrm{J}_{\nu+n}(z),\tag{3.170}$$

$$\left(1+\frac{z'}{z}\right)^{\nu}\mathrm{N}_\nu(z+z')=\sum_{n=0}^{\infty}\frac{1}{n!}\left(2+\frac{z'}{z}\right)^n\left(\frac{z'}{2}\right)^n\mathrm{N}_{\nu-n}(z),\tag{3.171}$$

$$\left(1+\frac{z'}{z}\right)^{-\nu}\mathrm{N}_\nu(z+z')=\sum_{n=0}^{\infty}\frac{(-1)^n}{n!}\left(2+\frac{z'}{z}\right)^n\left(\frac{z'}{2}\right)^n\mathrm{N}_{\nu+n}(z),\tag{3.172}$$

$$\left(1+\frac{z'}{z}\right)^{\nu}\mathrm{I}_\nu(z+z')=\sum_{n=0}^{\infty}\frac{1}{n!}\left(2+\frac{z'}{z}\right)^n\left(\frac{z'}{2}\right)^n\mathrm{I}_{\nu-n}(z),\tag{3.173}$$

$$\left(1+\frac{z'}{z}\right)^{-\nu}\mathrm{I}_\nu(z+z')=\sum_{n=0}^{\infty}\frac{1}{n!}\left(2+\frac{z'}{z}\right)^n\left(\frac{z'}{2}\right)^n\mathrm{I}_{\nu+n}(z),\tag{3.174}$$

$$\left(1+\frac{z'}{z}\right)^{\nu}\mathrm{K}_\nu(z+z')=\sum_{n=0}^{\infty}\frac{(-1)^n}{n!}\left(2+\frac{z'}{z}\right)^n\left(\frac{z'}{2}\right)^n\mathrm{K}_{\nu-n}(z),\tag{3.175}$$

① 这相当于在 (3.114) — (3.121) 式中代入 $\lambda=1+z'/z$.

$$\left(1+\frac{z'}{z}\right)^{-\nu}\mathrm{K}_\nu(z+z')=\sum_{n=0}^{\infty}\frac{(-1)^n}{n!}\left(2+\frac{z'}{z}\right)^n\left(\frac{z'}{2}\right)^n\mathrm{K}_{\nu+n}(z). \tag{3.176}$$

若直接在 (3.105a) 和 (3.105b) 两式中代入 $\zeta=z+z'$，则有①

$$\left(1+\frac{z'}{z}\right)^{\nu/2}\mathrm{J}_\nu(\sqrt{z+z'})=\sum_{n=0}^{\infty}\frac{1}{n!}\left(\frac{z'}{2}\right)^n z^{-n/2}\,\mathrm{J}_{\nu-n}(\sqrt{z}), \tag{3.177}$$

$$\left(1+\frac{z'}{z}\right)^{-\nu/2}\mathrm{J}_\nu(\sqrt{z+z'})=\sum_{n=0}^{\infty}\frac{(-1)^n}{n!}\left(\frac{z'}{2}\right)^n z^{-n/2}\,\mathrm{J}_{\nu+n}(\sqrt{z}), \tag{3.178}$$

$$\left(1+\frac{z'}{z}\right)^{\nu/2}\mathrm{N}_\nu(\sqrt{z+z'})=\sum_{n=0}^{\infty}\frac{1}{n!}\left(\frac{z'}{2}\right)^n z^{-n/2}\,\mathrm{N}_{\nu-n}(\sqrt{z}), \tag{3.179}$$

$$\left(1+\frac{z'}{z}\right)^{-\nu/2}\mathrm{N}_\nu(\sqrt{z+z'})=\sum_{n=0}^{\infty}\frac{(-1)^n}{n!}\left(\frac{z'}{2}\right)^n z^{-n/2}\,\mathrm{N}_{\nu+n}(\sqrt{z}), \tag{3.180}$$

$$\left(1+\frac{z'}{z}\right)^{\nu/2}\mathrm{I}_\nu(\sqrt{z+z'})=\sum_{n=0}^{\infty}\frac{1}{n!}\left(\frac{z'}{2}\right)^n z^{-n/2}\,\mathrm{I}_{\nu-n}(\sqrt{z}), \tag{3.181}$$

$$\left(1+\frac{z'}{z}\right)^{-\nu/2}\mathrm{I}_\nu(\sqrt{z+z'})=\sum_{n=0}^{\infty}\frac{1}{n!}\left(\frac{z'}{2}\right)^n z^{-n/2}\,\mathrm{I}_{\nu+n}(\sqrt{z}), \tag{3.182}$$

$$\left(1+\frac{z'}{z}\right)^{\nu/2}\mathrm{K}_\nu(\sqrt{z+z'})=\sum_{n=0}^{\infty}\frac{(-1)^n}{n!}\left(\frac{z'}{2}\right)^n z^{-n/2}\,\mathrm{K}_{\nu-n}(\sqrt{z}), \tag{3.183}$$

$$\left(1+\frac{z'}{z}\right)^{-\nu/2}\mathrm{K}_\nu(\sqrt{z+z'})=\sum_{n=0}^{\infty}\frac{(-1)^n}{n!}\left(\frac{z'}{2}\right)^n z^{-n/2}\,\mathrm{K}_{\nu+n}(\sqrt{z}). \tag{3.184}$$

同样，(3.175) 式与 (3.176) 式，以及 (3.183) 式与 (3.184) 式均可以互化.

还可以设想，如果将 (3.54) 式中的 λz 作其他代换，例如，$\lambda z=z^2$，又将得到许多新的特殊函数公式. 此处恕不一一列举了.

① (3.177) — (3.180) 诸式 (称为 Neumann 型级数) 可参见文献：W. Magnus, F. Oberhettinger, R. P. Soni. *Formulas and Theorems for the Special Functions of Mathematical Physics.* Berlin: Springer-Verlag, 1966: 129. 或参见文献：A. Erdélyi et al. *Higher Transcendental Functions.* Vol. Ⅱ. New York: McGraw-Hill, 1953: 100.

第四章　常微分方程的幂级数解法

§4.1　二阶线性常微分方程按奇点分类

关于常微分方程常点与奇点的定义，以及方程在常点或 (正则) 奇点邻域内的求解问题，在数学物理方法的相关教材中均有讲述，这里不再重复. 笔者认为，在求解常微分方程时，重要的是需要先判断方程有无奇点，有几个正则奇点，几个非正则奇点，无穷远点是不是奇点，是正则奇点还是非正则奇点，包括方程在每个正则奇点处的指标. 这样做的好处是，使得我们对于所要求解的方程，有一个全局性的了解，也便于我们将方程尽可能地变换为相关的标准形式，甚至直接写出解式.

按照正则奇点和非正则奇点的数目，常见的典型方程见表 4.1.

表 4.1　典型的二阶线性常微分方程

正则奇点数	非正则奇点数	方　　程
4	0	Lamé 方程
3	0	超几何方程 Legendre 方程 连带 Legendre 方程
2	1	Mathieu 方程
1	1	合流超几何方程 Bessel 方程 Weber 方程
0	1	Stokes 方程

例 4.1　全部奇点均为正则奇点的方程称为 Fuchs 型方程. 在 (扩充的) 全平面上有两个正则奇点 a, b 的 Fuchs 型方程的普遍形式是

$$\frac{\mathrm{d}^2u}{\mathrm{d}z^2}+\left(\frac{1-\alpha-\alpha'}{z-a}+\frac{1+\alpha+\alpha'}{z-b}\right)\frac{\mathrm{d}u}{\mathrm{d}z}+\frac{\alpha-\alpha'(a-b)^2}{(z-a)^2(z-b)^2}=0. \tag{4.1}$$

此方程在 $z=a$ 点的指标为 α 与 α'，在 $z=b$ 点的指标为 $-\alpha$ 与 $-\alpha'$. 按照常微分方程幂级数解法的标准步骤，可以求得方程 (4.1) 的通解为初等函数

$$u=A\left(\frac{z-a}{z-b}\right)^{\alpha}+B\left(\frac{z-a}{z-b}\right)^{\alpha'}, \tag{4.2}$$

其中 A 和 B 为任意常数.

☞ **讨论**　读者可能注意到，这个方程的四个指标之和为 0. 这不是一个偶然的现象. 事实上，可以证明①，对于有 n 个奇点的 Fuchs 型方程，有

$$\text{全部指标之和} = n-2.$$

例 4.2　具有三个奇点的 Fuchs 型方程的原型是

$$z(1-z)\frac{\mathrm{d}^2w}{\mathrm{d}z^2}+\big[\gamma-(\alpha+\beta+1)z\big]\frac{\mathrm{d}w}{\mathrm{d}z}-\alpha\beta w=0, \tag{4.3}$$

称为超几何方程，奇点为 $z=0,\,1,\,\infty$，相应的指标为 $(0,1-\gamma)$, $(0,\,\gamma-\alpha-\beta)$, $(\alpha,\,\beta)$. 当 γ 不为整数时，方程 (4.3) 的线性无关解为超几何函数

$$\mathrm{F}(\alpha,\beta;\gamma;z)\equiv\sum_{n=0}^{\infty}\frac{(\alpha)_n(\beta)_n}{n!\,(\gamma)_n}z^n,\qquad |z|<1 \tag{4.4a}$$

与 $z^{1-\gamma}\,\mathrm{F}(\alpha-\gamma+1,\beta-\gamma+1;2-\gamma;z)$. 当 γ 是整数时，原则上有一解应含对数函数项. 特别是，若 $\gamma=1$，则方程 (4.3) 的第一解为 $\mathrm{F}(\alpha,\beta;1;z)$，而第二解则为

$$\mathrm{F}(\alpha,\beta;1;z)\ln z+\sum_{n=0}^{\infty}\bigg\{\frac{(\alpha)_n(\beta)_n}{n!\,n!}\times\big[\psi(\alpha+n)+\psi(\beta+n)-\psi(\alpha)-\psi(\beta)-2\psi(n+1)-2\psi(1)\big]z^n\bigg\}. \tag{4.4b}$$

例 4.3　Legendre 方程

$$\frac{\mathrm{d}}{\mathrm{d}x}\Big[(1-x^2)\frac{\mathrm{d}y}{\mathrm{d}x}\Big]+\nu(\nu+1)y(x)=0 \tag{4.5}$$

是超几何方程的特例，它的奇点为 $x=\pm1$ 与 $x=\infty$. 作变换 $z=(1-x)/2$，$y(x)=w(z)$，则方程变为

$$\frac{\mathrm{d}}{\mathrm{d}z}\bigg[z(1-z)\frac{\mathrm{d}w}{\mathrm{d}z}\bigg]+\nu(\nu+1)w(z)=0. \tag{4.6}$$

奇点与超几何方程完全相同，而且，对照方程 (4.3)，若

$$\gamma-(\alpha+\beta+1)z=1-2z,\qquad \alpha\beta=-\nu(\nu+1),$$

则可定出

$$\alpha=-\nu,\quad \beta=\nu+1,\quad \gamma=1.$$

① 参见文献：王竹溪，郭敦仁. 特殊函数概论. 北京：北京大学出版社，2000：63. 注意此处的表述形式与该书不同，差异在于是否将 ∞ 点 (如果也是奇点的话) 计算在内.

换言之，方程 (4.5) 的第一解即为 $\mathrm{F}\left(-\nu,\nu+1;1;\dfrac{1-x}{2}\right)$，而第二解则如 (4.4b) 式.

类似地，还有连带 Legendre 方程

$$\frac{\mathrm{d}}{\mathrm{d}x}\left[(1-x^2)\frac{\mathrm{d}y}{\mathrm{d}x}\right]+\left[\nu(\nu+1)-\frac{\mu^2}{1-x^2}\right]y(x)=0, \tag{4.7}$$

它同样是具有三个奇点的 Fuchs 型方程. 但是我们发现它无法通过直接对比的办法化为超几何方程，原因是需要用到因变量的变换.

§4.2 二阶线性常微分方程的不变式

为了找到适当的因变量变换，实现两个常微分方程之间的互化，最好的办法是将它们共同化为另一个特殊形式的微分方程，即使得二阶微分方程中一阶导数项的系数为 0.

设有二阶常微分方程

$$\frac{\mathrm{d}^2w}{\mathrm{d}x^2}+p(x)\frac{\mathrm{d}w}{\mathrm{d}x}+q(x)w(x)=0. \tag{4.8}$$

作变换 $w(x)=f(x)\mathscr{W}(x)$，则

$$\begin{aligned}\frac{\mathrm{d}w}{\mathrm{d}x}&=f'(x)\mathscr{W}(x)+f(x)\mathscr{W}'(x),\\ \frac{\mathrm{d}^2w}{\mathrm{d}x^2}&=f''(x)\mathscr{W}(x)+2f'(x)\mathscr{W}'(x)+f(x)\mathscr{W}''(x).\end{aligned}$$

于是，方程 (4.8) 就化为

$$\begin{aligned}&f(x)\mathscr{W}''(x)+\big[2f'(x)+p(x)f(x)\big]\mathscr{W}'(x)\\&\qquad+\big[f''(x)+p(x)f'(x)+q(x)f(x)\big]\mathscr{W}(x)=0.\end{aligned}$$

因此，只需取

$$2f'(x)+p(x)f(x)=0, \qquad \text{即} \qquad f(x)=\exp\left\{-\frac{1}{2}\int^x p(\xi)\mathrm{d}\xi\right\}, \tag{4.9}$$

则方程 (4.8) 就变成

$$\mathscr{W}''(x)+C(x)\mathscr{W}(x)=0, \tag{4.10a}$$

其中

$$\begin{aligned}C(x)&=q(x)+p(x)\frac{f'(x)}{f(x)}+\frac{f''(x)}{f(x)}\\&=q(x)-\frac{1}{2}p'(x)-\frac{1}{4}p^2(x)\end{aligned} \tag{4.10b}$$

称为方程 (4.8) 的不变式.

如果两个常微分方程

$$\frac{\mathrm{d}^2 w_1}{\mathrm{d}x^2}+p_1(x)\frac{\mathrm{d}w_1}{\mathrm{d}x}+q_1(x)w_1(x)=0,$$
$$\frac{\mathrm{d}^2 w_2}{\mathrm{d}x^2}+p_2(x)\frac{\mathrm{d}w_2}{\mathrm{d}x}+q_2(x)w_2(x)=0$$

有相同的不变式，则此二方程一定可以通过因变量变换

$$w_1(x)\,\exp\left\{\frac{1}{2}\int^x p_1(\xi)\mathrm{d}\xi\right\}=w_2(x)\,\exp\left\{\frac{1}{2}\int^x p_2(\xi)\mathrm{d}\xi\right\} \tag{4.11}$$

互化.

例 4.4 求连带 Legendre 方程 (4.7) 在 $x=1$ 点邻域内的解.

解 同例 4.3，首先作变换 $z=(1-x)/2,\ y(x)=w(z)$，将方程变为

$$\frac{\mathrm{d}}{\mathrm{d}z}\left[z(1-z)\frac{\mathrm{d}w}{\mathrm{d}z}\right]+\left[\nu(\nu+1)-\frac{\mu^2}{4z(1-z)}\right]w(z)=0. \tag{4.12}$$

其系数为

$$\begin{aligned}
p(z)&=\frac{1-2z}{z(1-z)}=\frac{1}{z}-\frac{1}{1-z},\\
q(z)&=\frac{\nu(\nu+1)}{z(1-z)}-\frac{\mu^2}{4z^2(1-z)^2}\\
&=\frac{1}{z}\left[\nu(\nu+1)-\frac{\mu^2}{2}\right]+\frac{1}{1-z}\left[\nu(\nu+1)-\frac{\mu^2}{2}\right]-\frac{\mu^2}{4}\frac{1}{z^2}-\frac{\mu^2}{4}\frac{1}{(1-z)^2},
\end{aligned}$$

由此可以写出连带 Legendre 方程 (4.12) 的不变式

$$\begin{aligned}
C(z)&=\frac{1}{z}\left[\nu(\nu+1)-\frac{\mu^2}{2}\right]+\frac{1}{1-z}\left[\nu(\nu+1)-\frac{\mu^2}{2}\right]-\frac{\mu^2}{4}\frac{1}{z^2}-\frac{\mu^2}{4}\frac{1}{(1-z)^2}\\
&\quad+\frac{1}{2}\left[\frac{1}{z^2}+\frac{1}{(1-z)^2}\right]-\frac{1}{4}\left[\frac{1}{z^2}+\frac{1}{(1-z)^2}-\frac{2}{z}-\frac{2}{1-z}\right]\\
&=\frac{1}{z}\left[\nu(\nu+1)-\frac{\mu^2-1}{2}\right]+\frac{1}{1-z}\left[\nu(\nu+1)-\frac{\mu^2-1}{2}\right]\\
&\quad+\frac{1-\mu^2}{4}\frac{1}{z^2}+\frac{1-\mu^2}{4}\frac{1}{(1-z)^2}.
\end{aligned}$$

另一方面，超几何方程

$$z(1-z)\frac{\mathrm{d}^2\mathscr{W}}{\mathrm{d}z^2}+\left[\gamma-(\alpha+\beta+1)z\right]\frac{\mathrm{d}\mathscr{W}}{\mathrm{d}z}-\alpha\beta\mathscr{W}\,(z)=0$$

的不变式为

$$C(z)=\frac{1}{z}\Big\{-\alpha\beta-\frac{\gamma}{2}\big[\gamma-(\alpha+\beta+1)\big]\Big\}+\frac{1}{1-z}\Big\{-\alpha\beta-\frac{\gamma}{2}\big[\gamma-(\alpha+\beta+1)\big]\Big\}$$
$$+\frac{\gamma(2-\gamma)}{4}\frac{1}{z^2}-\frac{(\gamma-\alpha-\beta)^2-1}{4}\frac{1}{(1-z)^2}.$$

两相对照，可以发现，当

$$\alpha=-\nu,\qquad \beta=\nu+1,\qquad \gamma=1+\mu$$

时，两个方程具有相同的不变式. 此时联系二方程的因变量变换是

$$w(z)\exp\left\{\frac{1}{2}\int^z\left[\frac{\gamma}{\zeta}+\frac{\gamma-(\alpha+\beta+1)}{1-\zeta}\right]\mathrm{d}\zeta\right\}=\mathscr{W}(z)\exp\left\{\frac{1}{2}\int^z\left(\frac{1}{\zeta}-\frac{1}{1-\zeta}\right)\mathrm{d}\zeta\right\}.$$

代入刚刚定出的 α, β, γ 值，就得到

$$w(z)=\Big(\frac{z}{1-z}\Big)^{\mu/2}\mathscr{W}(z).$$

再回到原来的连带 Legendre 方程 (4.7)，就是

$$y(x)=\Big(\frac{1-x}{1+x}\Big)^{\mu/2}\mathscr{W}\Big(\frac{1-x}{2}\Big).\tag{4.13}$$

因此，当 μ 不为整数时，连带 Legendre 方程 (4.7) 的两个线性无关解即为

$$y_1(x)=\Big(\frac{1-x}{1+x}\Big)^{\mu/2}\mathrm{F}\Big(-\nu,1+\nu;1+\mu;\frac{1-x}{2}\Big),\tag{4.14a}$$

$$y_2(x)=\big(1-x^2\big)^{-\mu/2}\mathrm{F}\Big(-\nu-\mu,\nu-\mu+1;1-\mu;\frac{1-x}{2}\Big).\tag{4.14b}$$

当 μ 为整数时，也可以利用超几何方程的相关结果，写出连带 Legendre 方程 (4.7) 的两个线性无关解. 读者可以找到这两个解式和我们熟悉的 $\mathrm{P}_\nu^\mu(x)$, $\mathrm{Q}_\nu^\mu(x)$ 之间的关系，只是要注意有关辐角的规定，并且还要区分 x 是实数或复数.

例 4.5　合流超几何方程

$$z\frac{\mathrm{d}^2\mathscr{W}}{\mathrm{d}z^2}+(\gamma-z)\frac{\mathrm{d}\mathscr{W}}{\mathrm{d}z}-\alpha\mathscr{W}(z)=0\tag{4.15}$$

是另一类方程的代表，它们的共同特点是都有两个奇点，并且一个是正则奇点 ($z=0$)，另一个是非正则奇点 ($z=\infty$). 用常微分方程的幂级数解法，可以求出它的两个线性无关解. 当 γ 不为整数时，它们是

$$\mathscr{W}_1(z)=\mathrm{F}(\alpha;\gamma;z)\equiv\sum_{n=0}^{\infty}\frac{1}{n!}\frac{(\alpha)_n}{(\gamma)_n}z^n,\tag{4.16a}$$

$$\mathscr{W}_2(z) = z^{1-\gamma}\mathrm{F}(\alpha-\gamma+1; 2-\gamma; z). \tag{4.16b}$$

$\mathrm{F}(\alpha;\gamma;z)$ 称为合流超几何函数.

Bessel 方程

$$\frac{\mathrm{d}^2y}{\mathrm{d}x^2}+\frac{1}{x}\frac{\mathrm{d}y}{\mathrm{d}x}+\left(1-\frac{\nu^2}{x^2}\right)y(x)=0 \tag{4.17}$$

也具有相同的奇点分布. 试将 Bessel 方程的解用合流超几何函数表示出来.

解 先分别写出这两个方程的不变式:

合流超几何方程: $$C(z)=-\frac{1}{4}+\frac{\gamma-2\alpha}{2}\frac{1}{z}-\frac{\gamma(\gamma-2)}{4}\frac{1}{z^2}, \tag{4.18a}$$

Bessel 方程: $$C(x)=1+\frac{1-4\nu^2}{4}\frac{1}{x^2}. \tag{4.18b}$$

两者有相似的结构, 但又有数值上的差异. 这个差异, 我们可以归之于 Bessel 方程中的 $q(x)$ 项. 因此需要先对 Bessel 方程作自变量变换: $z=\lambda x$, $y(x)=w(z)$, 从而将方程化为

$$\frac{\mathrm{d}^2w}{\mathrm{d}z^2}+\frac{1}{z}\frac{\mathrm{d}w}{\mathrm{d}z}+\left(\frac{1}{\lambda^2}-\frac{\nu^2}{z^2}\right)w(z)=0. \tag{4.17$'$}$$

它的不变式是

$$C(z)=\frac{1}{\lambda^2}+\frac{1-4\nu^2}{4}\frac{1}{z^2}. \tag{4.18c}$$

因此, 如果取

$$\frac{1}{\lambda^2}=-\frac{1}{4}, \qquad \gamma-2\alpha=0, \qquad \gamma(\gamma-2)=4\nu^2-1,$$

亦即

$$\lambda=2\mathrm{i}, \qquad \gamma=2\nu+1, \qquad \alpha=\nu+1/2,$$

则方程 (4.15) 与方程 (4.17$'$) 有相同的不变式. 此二方程之间的变换关系是

$$w(z)\exp\left\{\frac{1}{2}\int^z\frac{\mathrm{d}\zeta}{\zeta}\right\}=\mathscr{W}(z)\exp\left\{\frac{1}{2}\int^z\left(\frac{\gamma}{\zeta}-1\right)\mathrm{d}\zeta\right\},$$

亦即

$$w(z)=\mathrm{e}^{-z/2}z^{(\gamma-1)/2}\mathscr{W}(z)=\mathrm{e}^{-z/2}z^{\nu}\mathscr{W}(z),$$

因此, 方程 (4.17$'$) 在 2ν 不为整数时的线性无关解为

$$\begin{aligned}w_1(z)&=\mathrm{e}^{-z/2}z^{\nu}\mathrm{F}(\nu+1/2;2\nu+1;z),\\ w_2(z)&=\mathrm{e}^{-z/2}z^{-\nu}\mathrm{F}(-\nu+1/2;-2\nu+1;z).\end{aligned}$$

再回到 Bessel 方程 (4.17)，它的线性无关解就是

$$y_1(x) = \mathrm{e}^{-\mathrm{i}x}x^{\nu}\mathrm{F}(\nu+1/2;2\nu+1;2\mathrm{i}x), \tag{4.19a}$$

$$y_2(x) = \mathrm{e}^{-\mathrm{i}x}x^{-\nu}\mathrm{F}(-\nu+1/2;-2\nu+1;2\mathrm{i}x). \tag{4.19b}$$

事实上，它们就是 $\mathrm{J}_{\pm\nu}(x)$ (差常数倍).

例 4.6　求解常微分方程本征值问题

$$\frac{1}{r^2}\frac{\mathrm{d}}{\mathrm{d}r}\left(r^2\frac{\mathrm{d}R}{\mathrm{d}r}\right)+\left[\frac{2\mu E}{\hbar^2}+\frac{2\mu}{\hbar^2}\frac{e^2}{4\pi\varepsilon_0}\frac{1}{r}-\frac{l(l+1)}{r^2}\right]R=0, \tag{4.20a}$$

$$R(0)\text{ 有界，}\qquad \int_0^\infty |R(r)|^2\, r^2\mathrm{d}r\text{ 收敛.} \tag{4.20b}$$

解　此问题来自量子力学中的氢原子问题，其中 E 为待求的本征值，μ 是电子与氢核 (质子) 的折合质量，e 为电子电荷，$\hbar$ 是 Planck 常数，ε_0 是真空电容率，$l=0,1,2,\cdots$. 在量子力学教材中，都会介绍到此问题的解法，多从波函数的渐近行为考虑，逐次变换而求解. 但从微分方程的不变式来看，有关的变换却是自然之举.

容易判断，方程 (4.20a) 有两个奇点：$r=0$ (正则奇点) 与 $r=\infty$ (非正则奇点)，与合流超几何方程相同. 因此我们可以将方程 (4.20a) 化为合流超几何方程，从而写出它的解. 为此，只需要写出方程 (4.20a) 的不变式

$$C(r)=q(r)-\frac{1}{2}p'(r)-\frac{1}{4}p^2(r)=\frac{2\mu E}{\hbar^2}+\frac{2\mu}{\hbar^2}\frac{e^2}{4\pi\varepsilon_0}\frac{1}{r}-\frac{l(l+1)}{r^2}.$$

现在似乎已经可以与合流超几何方程的不变式 (4.18a) 比较，从而令 $2\mu E/\hbar^2=-1/4$，但这样做的结果，将导致 E 取唯一确定值 $E=-\hbar^2/(8\mu)$，而相应的函数 $R(r)$ 并不满足平方可积的要求. 正确的做法是引进自变量变换 $z=\kappa r$，将方程变为

$$\frac{\mathrm{d}^2R}{\mathrm{d}z^2}+\frac{2}{z}\frac{\mathrm{d}R}{\mathrm{d}z}+\left[\frac{2\mu E}{\hbar^2\kappa^2}+\frac{2}{\kappa a_0}\frac{1}{z}-\frac{l(l+1)}{z^2}\right]R=0,$$

其中

$$a_0=\frac{4\pi\varepsilon_0\hbar^2}{\mu e^2}=0.529\times10^{-8}\mathrm{cm}$$

就是 Bohr 半径. 相应地，不变式则变为

$$C(z)=\frac{2\mu E}{\hbar^2\kappa^2}+\frac{k}{z}-\frac{l(l+1)}{z^2},\qquad \text{其中 } k=\frac{2}{\kappa a_0}.$$

现在就可以令

$$\frac{2\mu E}{\hbar^2\kappa^2}=-\frac{1}{4},\qquad \text{即}\qquad \kappa=\frac{2}{ka_0}=\sqrt{-\frac{8\mu E}{\hbar^2}}, \tag{4.21a}$$

$$l(l+1) = \frac{\gamma(\gamma-2)}{4}, \qquad \text{即} \qquad \gamma = 2l+2, \tag{4.21b}$$

$$k = \frac{\gamma - 2\alpha}{2}, \qquad \text{即} \qquad \alpha = l-k+1, \tag{4.21c}$$

则方程 (4.20a) 即化为合流超几何方程 (4.15). 此时联系二方程之间的变换为

$$R(r)\exp\left\{\int^{\kappa r}\frac{\mathrm{d}\zeta}{\zeta}\right\} = \mathscr{W}(\kappa r)\exp\left\{\frac{1}{2}\int^{\kappa r}\left(\frac{\gamma}{\zeta}-1\right)\mathrm{d}\zeta\right\},$$

亦即

$$R(r) = \mathrm{e}^{-\kappa r}r^l\mathscr{W}(\kappa r).$$

于是，满足方程 (4.20a) 并且 $R(0)$ 有界的解就是

$$R(r) = N\mathrm{e}^{-\kappa r/2}r^l\mathrm{F}(l-k+1;2l+2;\kappa r), \tag{4.22}$$

其中 N 为 (归一化) 常数. 由 $\mathrm{F}(\alpha;\gamma;z)$ 的渐近展开① 可知，当 $r\to\infty$ 时，

$$R(r) \sim N'\mathrm{e}^{\alpha r/2}r^{-k-1}\frac{\Gamma(2l+2)}{\Gamma(l-k+1)},$$

因此，作为无穷级数，$R(r)$ 指数地趋于 ∞，因而不可能满足平方可积的要求，除非

$$l-k+1 = -n_r, \qquad n_r = 0,1,2,\cdots, \tag{4.23a}$$

即

$$k = n_r+l+1 = n, \qquad n=1,2,3,\cdots,\ \ l=0,1,\cdots,n-1, \tag{4.23b}$$

从而使解 (4.22) 截断为多项式

$$R_{nl}(r) = N_{nl}\mathrm{e}^{-r/(na_0)}r^l\mathrm{F}\left(-n+l+1;\ 2l+2;\ \frac{2r}{na_0}\right). \tag{4.24}$$

相应地，将 (4.23) 式代入 (4.21a) 式，即得氢原子的能量本征值

$$E_n = -\frac{\hbar^2}{2\mu a_0^2}\frac{1}{n^2} = -\frac{e^2}{8\pi\varepsilon_0 a_0}\frac{1}{n^2} = -\frac{\mu e^4}{32\pi^2\varepsilon_0^2\hbar^2}\frac{1}{n^2}, \quad n=1,2,3,\cdots, \tag{4.25a}$$

其中

$$\frac{\mu e^4}{32\pi^2\varepsilon_0^2\hbar^2} = 13.605\,692\,3(12)\ \mathrm{eV} \tag{4.25b}$$

是氢原子的电离能.

更进一步的讨论，包括归一化常数的计算以及结果的物理分析，本书从略.

---

① 例如，参见文献：王竹溪，郭敦仁. 特殊函数概论. 北京：北京大学出版社，2000：306.

§4.3 由解反求常微分方程

二阶线性齐次常微分方程的标准形式是

$$w'' + p(z)w' + q(z)w = 0. \tag{4.26}$$

所谓求解此方程，即要求求得函数 $w(z)$，使方程 (4.26) 成为恒等式. 而且，如果已经知道了方程 (4.26) 的一个解 $w_1(z)$，我们也能通过积分的办法求出 (与之线性无关的) 第二解：

$$w_2(z) = Aw_1(z)\int^z \frac{1}{[w_1(z)]^2}\exp\left\{-\int^z p(\zeta)\mathrm{d}\zeta\right\}\mathrm{d}z.$$

反之，如果已知两个函数 $w_1(z)$ 与 $w_2(z)$，也能求出它们所满足的微分方程，即方程 (4.26) 中的系数 $p(z)$ 与 $q(z)$. 这是因为，函数 $w_1(z)$ 与 $w_2(z)$ 作为方程 (4.26) 的解，一定满足

$$w_1'' + p(z)w_1' + q(z)w_1 = 0, \tag{4.27a}$$

$$w_2'' + p(z)w_2' + q(z)w_2 = 0. \tag{4.27b}$$

这可以看成关于 $p(z)$ 和 $q(z)$ 的代数方程组：

$$p(z)w_1' + q(z)w_1 = -w_1'', \tag{4.27a$'$}$$

$$p(z)w_2' + q(z)w_2 = -w_2'',. \tag{4.27b$'$}$$

只要 $w_1(z)$ 与 $w_2(z)$ 线性无关，即$w_1(z)$ 与 $w_2(z)$ 之间的 Wroński 行列式

$$W[w_1(z),\ w_2(z)] \equiv \begin{vmatrix} w_1(z) & w_2(z) \\ w_1'(z) & w_2'(z) \end{vmatrix} \neq 0, \tag{4.28a}$$

就一定可以求得

$$p(z) = -\frac{W'[w_1(z),\ w_2(z)]}{W[w_1(z),\ w_2(z)]}, \tag{4.29a}$$

$$q(z) = \frac{W[w_1'(z),\ w_2'(z)]}{W[w_1(z),\ w_2(z)]}, \tag{4.29b}$$

其中

$$W'[w_1(z),\ w_2(z)] = \frac{\mathrm{d}}{\mathrm{d}z}W[w_1(z),\ w_2(z)] \equiv \begin{vmatrix} w_1(z) & w_1''(z) \\ w_2(z) & w_2''(z) \end{vmatrix}. \tag{4.29b$'$}$$

§4.4 解析函数的幂级数展开

有时我们难以直接求得函数的幂级数展开，但是，可以转化为常微分方程的求解问题.

例 4.7 求函数 $f(z)=\left(\dfrac{\sqrt{1+4z}+1}{2}\right)^{\nu}$ 在 $z=0$ 点的 Taylor 展开，规定 $f(0)=1$.

解 为了方便，我们再引进另一个函数 $g(z)=\left(\dfrac{\sqrt{1+4z}-1}{2}\right)^{\nu}$，并规定 $g(0)=0$. 容易求得

$$\begin{aligned}
f'(z)&=\nu\left(\frac{\sqrt{1+4z}+1}{2}\right)^{\nu-1}(1+4z)^{-1/2},\\
f''(z)&=-2\nu\left(\frac{\sqrt{1+4z}+1}{2}\right)^{\nu-1}(1+4z)^{-3/2}+\nu(\nu-1)\left(\frac{\sqrt{1+4z}+1}{2}\right)^{\nu-2}(1+4z)^{-1},\\
g'(z)&=\nu\left(\frac{\sqrt{1+4z}-1}{2}\right)^{\nu-1}(1+4z)^{-1/2},\\
g''(z)&=-2\nu\left(\frac{\sqrt{1+4z}-1}{2}\right)^{\nu-1}(1+4z)^{-3/2}+\nu(\nu-1)\left(\frac{\sqrt{1+4z}-1}{2}\right)^{\nu-2}(1+4z)^{-1},
\end{aligned}$$

因此

$$W[f(z),\ g(z)]\equiv\begin{vmatrix}f(z) & g(z)\\ f'(z) & g'(z)\end{vmatrix}=\frac{\nu}{\sqrt{1+4z}}z^{\nu-1},$$

$$W'[f(z),\ g(z)]\equiv\begin{vmatrix}f(z) & g(z)\\ f''(z) & g''(z)\end{vmatrix}=-2\nu z^{\nu-1}(1+4z)^{-3/2}+\nu(\nu-1)z^{\nu-2}(1+4z)^{-1/2},$$

$$W[f'(z),\ g'(z)]\equiv\begin{vmatrix}f'(z) & g'(z)\\ f''(z) & g''(z)\end{vmatrix}=\nu^2(\nu-1)z^{\nu-2}(1+4z)^{-3/2}.$$

根据 §4.3 中的讨论，我们可以求出 $f(z)$ 与 $g(z)$ 满足的常微分方程

$$w''+p(z)w'+q(z)w=0$$

的系数

$$\begin{aligned}
p(z)&=-\frac{W'[f(z),\ g(z)]}{W[f(z),\ g(z)]}=\frac{2}{1+4z}-\frac{\nu-1}{z},\\
q(z)&=\frac{W[f'(z),\ g'(z)]}{W[f(z),\ g(z)]}=\frac{\nu(\nu-1)}{z(1+4z)},
\end{aligned}$$

换言之，$f(z)$ 与 $g(z)$ 是常微分方程

$$z(1+4z)w''+\big[(6-4\nu)z-(\nu-1)\big]w'+\nu(\nu-1)w=0 \tag{4.30}$$

的线性无关解. 方程 (4.30) 在有限远处有两个正则奇点：$z=0$ 与 $z=-1/4$. 于是，在环域 $0<|z|<1/4$ 内，方程有正则解

$$w(z)=\sum_{n=0}^{\infty}c_n z^{n+\rho}.$$

代入方程，有

$$\begin{aligned}&z(1+4z)\sum_{n=0}^{\infty}c_n(n+\rho)(n+\rho-1)z^{n+\rho-2}\\&\qquad+\big[(6-4\nu)z-(\nu-1)\big]\sum_{n=0}^{\infty}c_n(n+\rho)z^{n+\rho-1}+\nu(\nu-1)\sum_{n=0}^{\infty}c_n z^{n+\rho}=0,\end{aligned}$$

化简即得

$$\sum_{n=0}^{\infty}c_n(n+\rho)(n+\rho-\nu)z^n+\sum_{n=0}^{\infty}c_n(2n+2\rho-\nu)(2n+2\rho-\nu+1)z^{n+1}=0.$$

比较系数，由最低次幂 z^0 项得指标方程

$$\rho(\rho-\nu)=0,$$

因此求得指标

$$\rho=0,\ \nu.$$

再比较 z^n 项的系数，可得递推关系

$$c_n(n+\rho)(n+\rho-\nu)+c_{n-1}(2n+2\rho-\nu-2)(2n+2\rho-\nu-1)=0,$$

即

$$\begin{aligned}c_n&=-\frac{(2n+2\rho-\nu-2)(2n+2\rho-\nu-1)}{(n+\rho)(n+\rho-\nu)}c_{n-1}\\&=\frac{(\nu+2-2n-2\rho)(\nu+1-2n-2\rho)}{(n+\rho)(\nu-n-\rho)}c_{n-1}.\end{aligned}$$

反复利用递推关系，就可以得到系数

$$\begin{aligned}c_n&=(-1)^n\frac{\Gamma(2n+2\rho-\nu)}{\Gamma(2\rho-\nu)}\frac{\Gamma(\rho+1)}{\Gamma(n+\rho+1)}\frac{\Gamma(\rho-\nu+1)}{\Gamma(n+\rho-\nu+1)}c_0\\&=\frac{\Gamma(\nu-2\rho+1)}{\Gamma(\nu-2\rho-2n+1)}\frac{\Gamma(\rho+1)}{\Gamma(n+\rho+1)}\frac{\Gamma(\nu-n-\rho)}{\Gamma(\nu-\rho)}c_0.\end{aligned}$$

方程的解即为

$$w(z)=c_0\sum_{n=0}^{\infty}(-1)^n\frac{\Gamma(2n+2\rho-\nu)}{\Gamma(2\rho-\nu)}\frac{\Gamma(\rho+1)}{\Gamma(n+\rho+1)}\frac{\Gamma(\rho-\nu+1)}{\Gamma(n+\rho-\nu+1)}z^{n+\rho} \tag{4.31a}$$

$$=c_0\sum_{n=0}^{\infty}\frac{\Gamma(\nu-2\rho+1)}{\Gamma(\nu-2\rho-2n+1)}\frac{\Gamma(\rho+1)}{\Gamma(n+\rho+1)}\frac{\Gamma(\nu-n-\rho)}{\Gamma(\nu-\rho)}z^{n+\rho}. \tag{4.31b}$$

对于 $f(x)$，因为已经规定 $f(0)=1$，所以一定是对应于 $\rho=0$ 的解，且 $c_0=1$，

$$\left(\frac{\sqrt{1+4z}+1}{2}\right)^{\nu}=\sum_{n=0}^{\infty}\frac{(-1)^n}{n!}\frac{\Gamma(2n-\nu)}{\Gamma(-\nu)}\frac{\Gamma(-\nu+1)}{\Gamma(n-\nu+1)}z^n$$

$$=\sum_{n=0}^{\infty}\frac{(-1)^{n-1}}{n!}\frac{\nu\Gamma(2n-\nu)}{\Gamma(n-\nu+1)}z^n \tag{4.32a}$$

$$=\sum_{n=0}^{\infty}\frac{1}{n!}\frac{\Gamma(\nu+1)}{\Gamma(\nu-2n+1)}\frac{\Gamma(\nu-n)}{\Gamma(\nu)}z^n$$

$$=\sum_{n=0}^{\infty}\frac{1}{n!}\frac{\nu\Gamma(\nu-n)}{\Gamma(\nu-2n+1)}z^n. \tag{4.32b}$$

而 $\rho=\nu$ 的解则对应于 $g(z)$，即

$$\left(\frac{\sqrt{1+4z}-1}{2}\right)^{\nu}=\sum_{n=0}^{\infty}\frac{(-1)^n}{n!}\frac{\Gamma(2n+\nu)}{\Gamma(\nu)}\frac{\Gamma(\nu+1)}{\Gamma(n+\nu+1)}z^{n+\nu} \tag{4.33a}$$

$$=\sum_{n=0}^{\infty}\frac{(-1)^n}{n!}\frac{\nu\Gamma(2n+\nu)}{\Gamma(n+\nu+1)}z^{n+\nu}, \tag{4.33b}$$

或者记为

$$\left(\frac{\sqrt{1+4z}+1}{2}\right)^{-\nu}=\sum_{n=0}^{\infty}\frac{(-1)^n}{n!}\frac{\nu\Gamma(2n+\nu)}{\Gamma(n+\nu+1)}z^n. \tag{4.33c}$$

因为

$$\left(\frac{\sqrt{1+4z}-1}{2z}\right)^{\nu}=\left(\frac{\sqrt{1+4z}+1}{2}\right)^{-\nu},$$

所以将 (4.32a) 式中的 ν 换成 $-\nu$，就能得到 (4.33c) 式.

☞ 评述

1. 简言之，本题的做法是将函数的幂级数展开问题 (Taylor 展开或 Lauremt 展开) 转化为求常微分方程的幂级数解. 问题的关键在于寻找 $f(x)$ 的“共轭”函数 $g(z)$，使得此二函数满足的常微分方程形式简单，便于求解. 可以理解，在通常情况下，如果选取的函数 $g(z)$，其数学结构与 $f(z)$ 相似，得到的常微分方程就可

能比较简单. 在一般情况下, 我们倒不必指望、也不应当要求采用特别简单的 $g(z)$ (例如为常数或幂函数).

2. 换一个角度讨论 $g(z)$ 的选取问题. 在本题中, $f(z)$ 是多值函数, 准确地说, 是多值函数 $\left[(\sqrt{1+4z}+1)/2\right]^{\nu}$ 的一个单值分枝, 即规定 $\sqrt{1+4z}\big|_{z=0}=1$. 这样, 如果我们希望方程的系数为单值函数的话, 则多值函数 $\left[(\sqrt{1+4z}-1)/2\right]^{\nu}$ 的另一个单值分枝 (即规定 $\sqrt{1+4z}\big|_{z=0}=-1$) 也必然是方程的解[①]. 这也正是本题中所取的 $g(z)$.

3. 正因为我们不是直接作函数的幂级数展开, 而是转化为求解常微分方程的问题, 所以, 在解题之初, 我们并没有对函数作奇点分析. 一旦列出常微分方程后, 函数奇点的可能位置也就完全确定了.

4. 容易判断, $z=\infty$ 也是方程 (4.30) 的正则奇点, 因此, 可以预料, 通过变换 $\zeta=-4z, w(z)=\mathscr{W}(\zeta)$, 方程 (4.30) 的正则奇点 $z=0,-1/4,\infty$ 就变为 $\zeta=0,1,\infty$, 与超几何方程相同. 事实上, 在此变换下, $\mathscr{W}(\zeta)$ 所满足的方程是

$$\zeta(1-\zeta)\frac{\mathrm{d}^2\mathscr{W}}{\mathrm{d}\zeta^2}+\left[(1-\nu)-\left(\frac{3}{2}-\nu\right)\zeta\right]\frac{\mathrm{d}\mathscr{W}}{\mathrm{d}\zeta}-\frac{\nu(\nu-1)}{4}\mathscr{W}(\zeta)=0. \tag{4.34}$$

直接和方程 (4.3) 相比较, 就能定出

$$\alpha=-\frac{\nu}{2},\qquad \beta=\frac{1-\nu}{2},\qquad \gamma=1-\nu.$$

由此就能写出

$$\left(\frac{\sqrt{1+4z}+1}{2}\right)^{\nu}=\mathrm{F}\Big(-\frac{\nu}{2},\frac{1-\nu}{2};1-\nu;-4z\Big), \tag{4.35a}$$

$$\left(\frac{\sqrt{1+4z}-1}{2}\right)^{\nu}=z^{\nu}\mathrm{F}\Big(\frac{\nu}{2},\frac{1+\nu}{2},1+\nu;-4z\Big). \tag{4.35b}$$

写出这个结果时, 需要用到

$$\left(\frac{\sqrt{1+4z}+1}{2}\right)^{\nu}\bigg|_{z=0}=1,\qquad z^{-\nu}\left(\frac{\sqrt{1+4z}-1}{2}\right)^{\nu}\bigg|_{z=0}=1.$$

类似的例子还有:

例 4.8 将函数 $f(z)=\dfrac{1}{\sqrt{1+z^2}}\left(\sqrt{1+z^2}+z\right)^{2\nu}$ 在 $z=0$ 点作 Taylor 展开, 规定 $f(0)=1$.

---

① 参见文献: 王竹溪, 郭敦仁. 特殊函数概论. 北京: 北京大学出版社, 2000: 50.

解　可以引进函数 $g(z)=\dfrac{1}{\sqrt{1+z^2}}\left(\sqrt{1+z^2}+z\right)^{-2\nu}$，并规定 $g(0)=1$. 直接微商可得

$$\begin{aligned}
f'(z) &= \left[-\frac{z}{\left(1+z^2\right)^{3/2}}+\frac{2\nu}{1+z^2}\right]\left(\sqrt{1+z^2}+z\right)^{2\nu},\\
f''(z) &= \left[\frac{2z^2-1}{\left(1+z^2\right)^{5/2}}-\frac{6\nu z}{\left(1+z^2\right)^{2}}+\frac{4\nu^2}{\left(1+z^2\right)^{3/2}}\right]\left(\sqrt{1+z^2}+z\right)^{2\nu},\\
g'(z) &= \left[-\frac{z}{\left(1+z^2\right)^{3/2}}-\frac{2\nu}{1+z^2}\right]\left(\sqrt{1+z^2}+z\right)^{-2\nu},\\
g''(z) &= \left[\frac{2z^2-1}{\left(1+z^2\right)^{5/2}}+\frac{6\nu z}{\left(1+z^2\right)^{2}}+\frac{4\nu^2}{\left(1+z^2\right)^{3/2}}\right]\left(\sqrt{1+z^2}+z\right)^{-2\nu},
\end{aligned}$$

因此

$$\begin{aligned}
W[f(z),\,g(z)] &= -\frac{4\nu}{\left(1+z^2\right)^{3/2}},\\
W'[f(z),\,g(z)] &= \frac{12\nu z}{(1+z^2)^{5/2}},\\
W[f'(z),\,g'(z)] &= -\frac{4\nu\left(1-4\nu^2\right)}{(1+z^2)^{5/2}}.
\end{aligned}$$

这样就得到 $f(z)$ 和 $g(z)$ 所满足的二阶线性常微分方程

$$\left(1+z^2\right)\frac{\mathrm{d}^2w}{\mathrm{d}z^2}+3z\frac{\mathrm{d}w}{\mathrm{d}z}+(1-4\nu^2)w=0. \tag{4.36}$$

显然 $z=0$ 点为方程的常点，而 $z=\pm\mathrm{i}$ 是正则奇点，故可设

$$w(z)=\sum_{n=0}^{\infty}c_nz^n,\qquad |z|<1.$$

代入方程，整理得

$$\sum_{n=0}^{\infty}\Big\{c_{n+2}(n+2)(n+1)+c_n\big[(n+1)^2-4\nu^2\big]\Big\}z^n=0.$$

比较系数，就得到递推关系

$$c_n=-\frac{(n-1)^2-4\nu^2}{n(n-1)}c_{n-2},$$

再反复利用递推关系，从而导出系数公式

$$c_{2n}=\frac{(-1)^n 2^{2n}}{(2n)!}\frac{\Gamma(n+\nu+1/2)}{\Gamma(\nu+1/2)}\frac{\Gamma(n-\nu+1/2)}{\Gamma(-\nu+1)/2)}c_0=\frac{2^{2n}}{(2n)!}\frac{\Gamma(n+\nu+1/2)}{\Gamma(-n+\nu+1/2)}c_0,$$

$$c_{2n+1}=\frac{(-1)^n 2^{2n}}{(2n+1)!}\frac{\Gamma(n+1+\nu)}{\Gamma(1+\nu)}\frac{\Gamma(n+1-\nu)}{\Gamma(1-\nu)}c_1=\frac{2^{2n+1}}{(2n+1)!}\frac{\Gamma(n+1+\nu)}{\Gamma(-n+\nu)}\frac{c_1}{2\nu}.$$

分别取 $c_0=1, c_1=0$ $c_0=0, c_1=1$，就得到方程 (4.36) 的两个线性无关解：

$$w_1(z)=\sum_{n=0}^{\infty}\frac{1}{(2n)!}\frac{\Gamma(n+\nu+1/2)}{\Gamma(-n+\nu+1/2)}(2z)^{2n}, \tag{4.37a}$$

$$w_2(z)=\sum_{n=0}^{\infty}\frac{1}{(2n+1)!}\frac{\Gamma(n+1+\nu)}{\Gamma(-n+\nu)}(2z)^{2n+1}. \tag{4.37b}$$

☞ **评述** 请读者验证，方程 (4.36) 也是有三个奇点，并且全都是正则奇点. 进一步作变换 $\zeta=-z^2$，则 $\mathscr{W}(\zeta)\equiv w(z)$ 满足超几何方程

$$\zeta(1-\zeta)\frac{\mathrm{d}^2\mathscr{W}}{\mathrm{d}\zeta^2}+\left(\frac{1}{2}-2\zeta\right)\frac{\mathrm{d}\mathscr{W}}{\mathrm{d}\zeta}+\left(\frac{1}{4}-\nu^2\right)\mathscr{W}(\zeta)=0, \tag{4.36$'$}$$

因而也可以求得

$$w_1(z)=\mathrm{F}(-\nu+1/2,\nu+1/2;1/2;-z^2),$$

$$w_2(z)=2z\,\mathrm{F}(-\nu+1,\nu+1;1/2;-z^2).$$

它们就正好对应于 (4.37a) 与 (4.37b) 二式.

切不可误以为这样得到的 $w_1(z)$ 与 $w_2(z)$ 就直接对应于 $f(z)$ 与 $g(z)$. 事实上，$w_1(z)$ 与 $w_2(z)$ 明显具有奇偶性，而 $f(z)$ 与 $g(z)$ 则否. 然而，无论如何，这两组函数作为同一个微分方程 (4.36) 的解，必然线性相关. 也就是说，一定有

$$f(z)=\alpha w_1(z)+\beta w_2(z),\qquad g(z)=\gamma w_1(z)+\delta w_2(z).$$

但因为

$$f(0)=1,\quad f'(0)=2\nu,\quad g(0)=1,\quad g'(0)=-2\nu$$

以及

$$w_1(0)=1,\quad w_1'(0)=0,\quad w_2(0)=0,\quad w_2'(0)=2,$$

所以就能定出叠加系数

$$\alpha=1,\qquad \beta=\nu,\qquad \gamma=1,\qquad \delta=-\nu.$$

最后就求得

$$\begin{aligned}\frac{1}{\sqrt{1+z^2}}\left(\sqrt{1+z^2}+z\right)^{2\nu} &= \sum_{n=0}^{\infty}\frac{1}{(2n)!}\frac{\Gamma(n+\nu+1/2)}{\Gamma(-n+\nu+1/2)}(2z)^{2n} \\ &\quad+\sum_{n=0}^{\infty}\frac{1}{(2n+1)!}\frac{\Gamma(n+1+\nu)}{\Gamma(-n+\nu)}(2z)^{2n+1} \\ &= \sum_{n=0}^{\infty}\frac{1}{n!}\frac{\Gamma(\nu+(1+n)/2)}{\Gamma(\nu+(1-n)/2)}(2z)^n, \end{aligned}\tag{4.38a}$$

$$\begin{aligned}\frac{1}{\sqrt{1+z^2}}\left(\sqrt{1+z^2}+z\right)^{-2\nu} &= \sum_{n=0}^{\infty}\frac{1}{(2n)!}\frac{\Gamma(n+\nu+1/2)}{\Gamma(-n+\nu+1/2)}(2z)^{2n} \\ &\quad-\sum_{n=0}^{\infty}\frac{1}{(2n+1)!}\frac{\Gamma(n+1+\nu)}{\Gamma(-n+\nu)}(2z)^{2n+1} \\ &= \sum_{n=0}^{\infty}\frac{(-1)^n}{n!}\frac{\Gamma(\nu+(1+n)/2)}{\Gamma(\nu+(1-n)/2)}(2z)^n. \end{aligned}\tag{4.38b}$$

☞ **评述** 作为比较，我们也可以尝试直接将 $f(z)=\dfrac{1}{\sqrt{1+z^2}}\left(\sqrt{1+z^2}+z\right)^{2\nu}$ 在 $z=0$ 点作 Taylor 展开：

$$\begin{aligned}\frac{1}{\sqrt{1+z^2}}\left(\sqrt{1+z^2}+z\right)^{2\nu} &= \left(1+z^2\right)^{\nu-1/2}\left(1+\frac{z}{\sqrt{1+z^2}}\right)^{2\nu} \\ &= \left(1+z^2\right)^{\nu-1/2}\sum_{k=0}^{\infty}\frac{\Gamma(2\nu+1)}{k!\,\Gamma(2\nu-k+1)}z^k\left(1+z^2\right)^{-k} \\ &= \sum_{k=0}^{\infty}\sum_{l=0}^{\infty}\frac{\Gamma(2\nu+1)}{k!\,\Gamma(2\nu-k+1)}\,\frac{\Gamma(\nu-(k-1)/2)}{l!\,\Gamma(\nu-l-(k-1)/2)}z^{2l+k} \\ &= \frac{\Gamma(2\nu+1)\sqrt{\pi}}{2^{2\nu}}\sum_{k=0}^{\infty}\sum_{l=0}^{\infty}\frac{1}{k!\,l!}\frac{2^k}{\Gamma(\nu+1-k/2)\,\Gamma(\nu-l-(k-1)/2)}z^{2l+k}.\end{aligned}$$

当然难以直接将此式化为 (4.38a) 式的最简形式，然而我们却可以通过与 (4.38a) 式相比较，反过来得到两个和式：

$$\sum_{k=0}^{n}\frac{1}{(2k)!\,(n-k)!}\frac{2^{2k}}{\Gamma(\nu-k+1)}=\frac{2^{2n+2\nu}}{(2n)!}\,\frac{\Gamma(\nu+n+1/2)}{\Gamma(2\nu+1)\sqrt{\pi}},\tag{4.39a}$$

$$\sum_{k=0}^{n}\frac{1}{(2k+1)!\,(n-k)!}\frac{2^{2k+1}}{\Gamma(\nu-k+1/2)}=\frac{2^{2n+2\nu+1}}{(2n+1)!}\,\frac{\Gamma(\nu+n+1)}{\Gamma(2\nu+1)\sqrt{\pi}}.\tag{4.39b}$$

例 4.9 在上一个例子中，我们通过求解微分方程 (4.36) 得到了函数

$$f(z)=\frac{1}{\sqrt{1+z^2}}\left(\sqrt{1+z^2}+z\right)^{2\nu} \quad 与 \quad g(z)=\frac{1}{\sqrt{1+z^2}}\left(\sqrt{1+z^2}+z\right)^{-2\nu}$$

在 $|z|<1$ 内的 Taylor 展开. 但显然, 函数 $f(z)$ 与 $g(z)$ 作为微分方程 (4.36) 的解, 绝不仅存在于单位圆内. 可以预料, 通过解析延拓, 或是求方程 (4.36) 在其他区域内的幂级数解, 也应当能得到 $f(z)$ 与 $g(z)$ 在其他区域内的展开式. 作为一个例子, 下面讨论 $f(z)$ 与 $g(z)$ 在 $z=\infty$ 点的幂级数展开①. 为此, 作变换 $t=1/z$, 则方程 (4.36) 变为

$$t^2(1+t^2)\frac{\mathrm{d}^2w}{\mathrm{d}t^2}-t(1-2t^2)\frac{\mathrm{d}w}{\mathrm{d}t}+(1-4\nu^2)w=0. \tag{4.36$''$}$$

因为 $t=0$ 是方程的正则奇点, 故可令

$$w(t)=t^{\rho}\sum_{n=0}^{\infty}c_nt^n,\qquad |t|<1.$$

代入方程, 整理得

$$\sum_{n=0}^{\infty}c_n\big[(n+\rho-1)^2-4\nu^2\big]t^n+\sum_{n=0}^{\infty}c_n(n+\rho)(n+\rho-1)t^{n+2}=0.$$

比较 t^0 项的系数, 即可得到指标方程

$$(\rho-1)^2-4\nu^2=0,$$

由此求出指标

$$\rho_1=1+2\nu,\qquad \rho_2=1-2\nu.$$

再比较 t^1 项的系数, 又有

$$c_1\big(\rho^2-4\nu^2\big)=0,$$

从而定出

$$c_1=0.$$

再比较 t^n 项的系数, 得到递推关系

$$c_n=-\frac{(n+\rho-1)(n+\rho-2)}{(n+\rho-1+2\nu)(n+\rho-1-2\nu)}c_{n-2},$$

---

① 因为 $f(z)$ 与 $g(z)$ 都是多值函数, 而且, 无论如何, $z=\infty$ 点还是这两个函数的枝点, 所以, 严格地说来, 我们并不能在 $z=\infty$ 的邻域内作级数展开 (原因是根本不存在一个环域 $R<|z|<\infty$, 使 $f(z)$ 与 $g(z)$ 在此环域内解析). 作为一个变通办法, 我们不妨理解为讨论 $z^{1-2\nu}f(z)$ 与 $z^{1+2\nu}g(z)$ 在 $|z|>1$ 内的幂级数展开, 亦即 $t^{-1+2\nu}f(1/t)$ 与 $t^{-1-2\nu}g(1/t)$ 在 $|t|<1$ 内的幂级数展开. 相对于 $t=0$ 点, 这是 Taylor 展开. 至于 $f(1/t)$ 与 $g(1/t)$, 就是方程 (4.36) 经变换 $z=1/t$ 后 (即方程 (4.36$''$)) 在 $t=0$ 点的两个正则解, 指标分别为 $1-2\nu$ 与 $1+2\nu$.

需要注意, 在现在的约定下, 本例题中的 $f(z)$ 与 $g(z)$ 已不同于例 4.8, 尽管用了同一个函数符号. 它们对应于不同的割线作法: 割线位于单位圆外或单位圆内.

从而求出系数

$$c_{2n}=(-1)^n\frac{\Gamma\left(\nu+(1+\rho)/2\right)}{\Gamma\left(n+\nu+(1+\rho)/2\right)}\frac{\Gamma\left(-\nu+(1+\rho)/2\right)}{\Gamma\left(n-\nu+(1+\rho)/2\right)}\frac{\Gamma\left(2n+\rho\right)}{\Gamma\left(\rho\right)}\frac{c_0}{2^{2n}},$$

$$c_{2n+1}=(-1)^n\frac{\Gamma\left(\nu+\rho/2\right)}{\Gamma\left(n+1+\nu+\rho/2\right)}\frac{\Gamma\left(1-\nu+\rho/2\right)}{\Gamma\left(n+1-\nu+\rho/2\right)}\frac{\Gamma\left(2n+1+\rho\right)}{\Gamma\left(1+\rho\right)}\frac{c_1}{2^{2n}}=0.$$

由 $\rho_1=1+2\nu$，并令 $c_0=1$，则得到方程 (4.36″) 的第一解

$$w_1(t)=t^{1+2\nu}\sum_{n=0}^{\infty}\frac{(-1)^n}{n!}\frac{\Gamma\left(2n+2\nu+1\right)}{\Gamma\left(n+2\nu+1\right)}\left(\frac{t}{2}\right)^{2n};$$

再由 $\rho_1=1-2\nu$，并令 $c_0=1$，又得到方程 (4.36″) 的第二解

$$w_2(t)=t^{1-2\nu}\sum_{n=0}^{\infty}\frac{(-1)^n}{n!}\frac{\Gamma\left(2n-2\nu+1\right)}{\Gamma\left(n-2\nu+1\right)}\left(\frac{t}{2}\right)^{2n}.$$

注意到在变换 $t=1/z$ 下有

$$\frac{1}{\sqrt{1+z^2}}\left(\sqrt{1+z^2}+z\right)^{2\nu}=\frac{t^{1-2\nu}}{\sqrt{1+t^2}}\left(\sqrt{1+t^2}+1\right)^{2\nu},$$

$$\frac{1}{\sqrt{1+z^2}}\left(\sqrt{1+z^2}+z\right)^{-2\nu}=\frac{t^{1+2\nu}}{\sqrt{1+t^2}}\left(\sqrt{1+t^2}+1\right)^{-2\nu},$$

所以，当 $|z|>1$ 时，

$$\frac{1}{\sqrt{1+z^2}}\left(\sqrt{1+z^2}+z\right)^{2\nu}=2\sum_{n=0}^{\infty}\frac{(-1)^n}{n!}\frac{\Gamma\left(2n-2\nu+1\right)}{\Gamma\left(n-2\nu+1\right)}\left(\frac{1}{2z}\right)^{2n+1-2\nu},\tag{4.40a}$$

$$\frac{1}{\sqrt{1+z^2}}\left(\sqrt{1+z^2}+z\right)^{-2\nu}=2\sum_{n=0}^{\infty}\frac{(-1)^n}{n!}\frac{\Gamma\left(2n+2\nu+1\right)}{\Gamma\left(n+2\nu+1\right)}\left(\frac{1}{2z}\right)^{2n+1+2\nu}.\tag{4.40b}$$

在《数学物理方法专题 —— 数理方程与特殊函数》一书中第十四章的例 14.5 要用到这个结果.

例 4.10　求函数 $f(z)=\left(\sqrt{1+z^2}+z\right)^{2\nu}$ 在 $z=0$ 点的 Taylor 展开，规定 $f(0)=1$.

解　本题非常类似于例 4.8. 我们可以引进 $g(z)=\left(\sqrt{1+z^2}-z\right)^{2\nu}$，且同样规定 $g(0)=1$. 因为

$$f'(z)=\frac{2\nu}{\sqrt{1+z^2}}\left(\sqrt{1+z^2}+z\right)^{2\nu},$$

$$f''(z)=\frac{4\nu^2}{1+z^2}\left(\sqrt{1+z^2}+z\right)^{2\nu}-\frac{2\nu z}{(1+z^2)^{3/2}}\left(\sqrt{1+z^2}+z\right)^{2\nu},$$

$$g'(z) = -\frac{2\nu}{\sqrt{1+z^2}}\left(\sqrt{1+z^2}-z\right)^{2\nu},$$

$$g''(z) = \frac{4\nu^2}{1+z^2}\left(\sqrt{1+z^2}+z\right)^{2\nu} + \frac{2\nu z}{(1+z^2)^{3/2}}\left(\sqrt{1+z^2}+z\right)^{2\nu}.$$

所以

$$W[f(z),\ g(z)] = -\frac{4\nu}{\sqrt{1+z^2}},$$
$$W'[f(z),\ g(z)] = \frac{4\nu z}{(1+z^2)^{3/2}},$$
$$W[f'(z),\ g'(z)] = \frac{16\nu^3}{(1+z^2)^{3/2}}.$$

这样就得到 $f(z)$ 与 $g(z)$ 满足的二阶线性常微分方程

$$w'' + \frac{z}{1+z^2}w' - \frac{4\nu^2}{1+z^2}w = 0, \quad 即 \quad (1+z^2)w'' + zw' - 4\nu^2 w = 0. \tag{4.41}$$

显然 $z=0$ 是方程的常点，而 $z=\pm\mathrm{i}$ 是方程的正则奇点，在单位圆 $|z|<1$ 内方程的解可以作 Taylor 展开：

$$w(z) = \sum_{n=0}^{\infty} c_n z^n.$$

代入方程，整理即得

$$\sum_{n=0}^{\infty} c_{n+2}(n+2)(n+1)z^n + \sum_{n=0}^{\infty} c_n(n^2-4\nu^2)z^n = 0.$$

由此可得到递推关系

$$c_n = \frac{4\nu^2-(n-2)^2}{n(n-1)}c_{n-2},$$

并进而导出系数公式

$$c_{2n} = \frac{\left[\nu^2-(n-1)^2\right]\left[\nu^2-(n-2)^2\right]\cdots(\nu^2-1^2)\nu^2}{(2n)!}2^{2n}c_0 = \frac{2^{2n}}{(2n)!}\frac{\nu\,\Gamma(\nu+n)}{\Gamma(\nu-n+1)}c_0,$$

$$c_{2n+1} = \frac{\left[\nu^2-(n-1/2)^2\right]\left[\nu^2-(n-3/2)^2\right]\cdots\left[\nu^2-(3/2)^2\right]\left[\nu^2-(1/2)^2\right]}{(2n+1)!}2^{2n}c_1$$
$$= \frac{2^{2n}}{(2n+1)!}\frac{\Gamma(\nu+n+1/2)}{\Gamma(\nu-n+1/2)}c_1.$$

于是，方程 (4.41) 的两个线性无关解便是

$$w_1(z) = \sum_{n=0}^{\infty}\frac{1}{(2n)!}\frac{\nu\,\Gamma(\nu+n)}{\Gamma(\nu-n+1)}(2z)^{2n}, \tag{4.42a}$$

$$w_2(z) = \sum_{n=0}^{\infty} \frac{1}{(2n+1)!} \frac{\Gamma(\nu+n+1/2)}{\Gamma(\nu-n+1/2)} (2z)^{2n+1}. \tag{4.42b}$$

☞ **评述**　读者同样可以验证，方程 (4.41) 也是有三个奇点，并且全都是正则奇点. 如果进一步作变换 $\zeta = -z^2$，则 $\mathscr{W}(\zeta) \equiv w(z)$ 满足超几何方程

$$\zeta(1-\zeta)\frac{\mathrm{d}^2\mathscr{W}}{\mathrm{d}\zeta^2} + \left(\frac{1}{2} - \zeta\right)\frac{\mathrm{d}\mathscr{W}}{\mathrm{d}\zeta} + \nu^2\mathscr{W}(\zeta) = 0, \tag{4.41$'$}$$

因而也可以求得

$$w_1(z) = \mathrm{F}(-\nu, \nu; 1/2; -z^2),$$

$$w_2(z) = 2z\,\mathrm{F}(-\nu+1/2, \nu+1/2; 3/2; -z^2).$$

类似于例 4.8，这里得到的 $w_1(z)$, $w_2(z)$ 并不直接对应于 $f(z)$, $g(z)$. 考虑到

$$f(0) = 1, \quad f'(0) = 2\nu, \quad g(0) = 1, \quad g'(0) = -2\nu$$

以及

$$w_1(0) = 1, \quad w_1'(0) = 0, \quad w_2(0) = 0, \quad w_2'(0) = 2,$$

所以必然有

$$f(z) = w_1(z) + \nu\, w_2(z), \qquad g(z) = w_1(z) - \nu\, w_2(z).$$

这样，最后就得到

$$\begin{aligned}\left(\sqrt{1+z^2}+z\right)^{2\nu} &= \sum_{n=0}^{\infty} \frac{1}{(2n)!} \frac{\nu\,\Gamma(\nu+n)}{\Gamma(\nu-n+1)} (2z)^{2n} \\ &\quad + \nu \sum_{n=0}^{\infty} \frac{1}{(2n+1)!} \frac{\Gamma(\nu+n+1/2)}{\Gamma(\nu-n+1/2)} (2z)^{2n+1} \\ &= \nu \sum_{n=0}^{\infty} \frac{1}{n!} \frac{\Gamma(\nu+n/2)}{\Gamma(\nu+1-n/2)} (2z)^n, \end{aligned} \tag{4.43}$$

$$\begin{aligned}\left(\sqrt{1+z^2}-z\right)^{2\nu} &= \sum_{n=0}^{\infty} \frac{1}{(2n)!} \frac{\nu\,\Gamma(\nu+n)}{\Gamma(\nu-n+1)} (2z)^{2n} \\ &\quad - \nu \sum_{n=0}^{\infty} \frac{1}{(2n+1)!} \frac{\Gamma(\nu+n+1/2)}{\Gamma(\nu-n+1/2)} (2z)^{2n+1} \\ &= \nu \sum_{n=0}^{\infty} \frac{(-1)^n}{n!} \frac{\Gamma(\nu+n/2)}{\Gamma(\nu+1-n/2)} (2z)^n. \end{aligned} \tag{4.44}$$

事实上，因为

$$(\sqrt{1+z^2}-z)^{2\nu}=(\sqrt{1+z^2}+z)^{-2\nu},$$

所以，也还有

$$(\sqrt{1+z^2}-z)^{2\nu}=-\nu\sum_{n=0}^{\infty}\frac{1}{n!}\frac{\Gamma(-\nu+n/2)}{\Gamma(-\nu+1-n/2)}(2z)^n. \tag{4.44$'$}$$

这里出现的恒等式

$$(-1)^n\frac{\Gamma(\nu+n/2)}{\Gamma(\nu+1-n/2)}=-\frac{\Gamma(-\nu+n/2)}{\Gamma(-\nu+1-n/2)},$$

只不过是

$$\Gamma\Big(\nu+\frac{n}{2}\Big)\Gamma\Big(-\nu+1-\frac{n}{2}\Big)=\frac{\pi}{\sin(\nu+n/2)\pi},$$
$$\Gamma\Big(-\nu+\frac{n}{2}\Big)\Gamma\Big(\nu+1-\frac{n}{2}\Big)=\frac{\pi}{\sin(-\nu+n/2)\pi}$$

以及

$$\sin(-\nu+n/2)\pi=-\sin(\nu-n/2)\pi=(-1)^{n+1}\sin(\nu+n/2)\pi$$

的反映.

☞ **评述**　类似于例 4.8，我们也可以直接将 $f(z)$ 在 $z=0$ 点作 Taylor 展开：

$$\begin{aligned}(\sqrt{1+z^2}+z)^{2\nu}&=(1+z^2)^{\nu}\left(1+\frac{z}{\sqrt{1+z^2}}\right)^{2\nu}\\&=(1+z^2)^{\nu}\sum_{k=0}^{\infty}\frac{\Gamma(2\nu+1)}{k!\Gamma(2\nu-k+1)}z^k(1+z^2)^{-k/2}\\&=\sum_{k=0}^{\infty}\sum_{l=0}^{\infty}\frac{\Gamma(2\nu+1)}{k!\,\Gamma(2\nu-k+1)}\,\frac{\Gamma(\nu+1-k/2)}{l!\,\Gamma(\nu-l+1-k/2)}z^{k+2l}\\&=\frac{\Gamma(2\nu+1)\sqrt{\pi}}{2^{2\nu}}\left\{\sum_{n=0}^{\infty}\frac{1}{\Gamma(\nu-n+1)}\left[\sum_{k=0}^{n}\frac{1}{(2k)!\,(n-k)!}\frac{2^{2k}}{\Gamma(\nu-k+1/2)}\right]z^{2n}\right.\\&\quad\left.+\sum_{n=0}^{\infty}\frac{1}{\Gamma(\nu-n+1/2)}\left[\sum_{k=0}^{n}\frac{1}{(2k+1)!\,(n-k)!}\frac{2^{2k+1}}{\Gamma(\nu-k)}\right]z^{2n+1}\right\}.\end{aligned}$$

由此也可以导出两个求和公式：

$$\sum_{k=0}^{n}\frac{1}{(2k)!\,(n-k)!}\frac{2^{2k}}{\Gamma(\nu-k+1/2)}=\frac{2^{2n+2\nu-1}}{(2n)!}\,\frac{\Gamma(\nu+n)}{\Gamma(2\nu)\sqrt{\pi}}, \tag{4.45a}$$

$$\sum_{k=0}^{n}\frac{1}{(2k+1)!\,(n-k)!}\frac{2^{2k+1}}{\Gamma(\nu-k)}=\frac{2^{2n+2\nu}}{(2n+1)!}\,\frac{\Gamma(\nu+n+1/2)}{\Gamma(2\nu)\sqrt{\pi}}. \tag{4.45b}$$

其实，它们与 (4.39) 式完全相同，只是将 ν 换成了 $\nu-1/2$.

类似于例 4.9，也可以求得 $f(z)$ 与 $g(z)$ 在 $z=\infty$ 点的展开式. 为此需对方程 (4.41) 作变换 $t=1/z$，从而得到

$$t^2(1+t^2)\frac{\mathrm{d}^2w}{\mathrm{d}t^2}+t(1+2t^2)\frac{\mathrm{d}w}{\mathrm{d}t}-4\nu^2w=0. \tag{4.41''}$$

因为 $t=0$ 是方程 (4.41″) 的正则奇点，故应当设

$$w(t)=t^\rho\sum_{n=0}^{\infty}c_nt^n.$$

代入方程，整理得

$$\sum_{n=0}^{\infty}c_n\big[(n+\rho)^2-4\nu^2\big]t^n+\sum_{n=2}^{\infty}c_{n-2}(n+\rho-2)(n+\rho-1)t^n=0.$$

比较等式两端 t^0 项的系数，得到指标方程

$$\rho^2-4\nu^2=0,$$

因此

$$\rho_1=2\nu,\qquad \rho_2=-2\nu.$$

同样，比较 t^1 项的系数，又得到

$$\big[(1+\rho)^2-4\nu^2\big]c_1=(1+2\rho)c_1=0,$$

从而有

$$c_1=0\quad(\text{即使 }2\rho+1=0).$$

再比较 t^n 项的系数，得到递推关系

$$c_n=-\frac{(n+\rho-2)(n+\rho-1)}{(n+\rho+2\nu)(n+\rho-2\nu)}c_{n-2}.$$

反复利用这个递推关系，就能导出系数

$$c_{2n}=(-1)^n\frac{\Gamma(1+\nu+\rho/2)}{\Gamma(n+1+\nu+\rho/2)}\frac{\Gamma(1-\nu+\rho/2)}{\Gamma(n+1-\nu+\rho/2)}\frac{\Gamma(2n+\rho)}{\Gamma(\rho)}\frac{c_0}{2^{2n}},$$

$$c_{2n+1}=(-1)^n\frac{\Gamma(\nu+(3+\rho)/2)}{\Gamma(n+\nu+(3+\rho)/2)}\frac{\Gamma(-\nu+(3+\rho)/2)}{\Gamma(n-\nu+(3+\rho)/2)}\frac{\Gamma(2n+1+\rho)}{\Gamma(1+\rho)}\frac{c_1}{2^{2n}}=0.$$

代入 $\rho_1=2\nu$，并取 $c_0=2^{-2\nu}$，则得到第一解

$$w_1(t)=2\nu\sum_{n=0}^{\infty}\frac{(-1)^n}{n!}\frac{\Gamma(2n+2\nu)}{\Gamma(n+2\nu+1)}\left(\frac{t}{2}\right)^{2n+2\nu}.$$

代入 $\rho_2=-2\nu$，并取 $c_0=2^{2\nu}$，又得到第二解

$$w_2(t)=-2\nu\sum_{n=0}^{\infty}\frac{(-1)^n}{n!}\frac{\Gamma(2n-2\nu)}{\Gamma(n-2\nu+1)}\left(\frac{t}{2}\right)^{2n-2\nu}.$$

对照本例题对于 $f(z)$ 及 $g(z)$ 的规定，最后就得到

$$\left(\sqrt{1+z^2}+z\right)^{-2\nu}=2\nu\sum_{n=0}^{\infty}\frac{(-1)^n}{n!}\frac{\Gamma(2n+2\nu)}{\Gamma(n+2\nu+1)}\left(\frac{1}{2z}\right)^{2n+2\nu}, \tag{4.46a}$$

$$\left(\sqrt{1+z^2}+z\right)^{2\nu}=-2\nu\sum_{n=0}^{\infty}\frac{(-1)^n}{n!}\frac{\Gamma(2n-2\nu)}{\Gamma(n-2\nu+1)}\left(\frac{1}{2z}\right)^{2n-2\nu}. \tag{4.46b}$$

☞ **评述**

1. 作变换 $z=1/t$，则

$$\left(\sqrt{1+z^2}+z\right)^{2\nu}=\left(\frac{t}{2}\right)^{-2\nu}\left(\frac{\sqrt{1+t^2}+1}{2}\right)^{2\nu}.$$

援引例 4.7 中的结果，亦可导出 (4.46b) 式.

2. 也可以直接从方程 (4.41′)出发，按照超几何方程的普遍结论，写出它在 $\zeta=\infty$ 点邻域内的解. 这时得到的结果将是

$$w_1^{(\infty)}(z)=\begin{cases}(ze^{i\pi})^{2\nu}F\left(-\nu,-\nu+\dfrac{1}{2};-2\nu+1;-\dfrac{1}{z^2}\right), & -\pi<\arg z<-\dfrac{\pi}{2},\\ z^{2\nu}F\left(-\nu,-\nu+\dfrac{1}{2};-2\nu+1;-\dfrac{1}{z^2}\right), & -\dfrac{\pi}{2}<\arg z<\dfrac{\pi}{2},\\ (ze^{-i\pi})^{2\nu}F\left(-\nu,-\nu+\dfrac{1}{2};-2\nu+1;-\dfrac{1}{z^2}\right), & \dfrac{\pi}{2}<\arg z<\pi,\end{cases}$$

$$w_2^{(\infty)}(z)=\begin{cases}(ze^{i\pi})^{-2\nu}F\left(\nu,\nu+\dfrac{1}{2};2\nu+1;-\dfrac{1}{z^2}\right), & -\pi<\arg z<-\dfrac{\pi}{2},\\ z^{-2\nu}F\left(\nu,\nu+\dfrac{1}{2};2\nu+1;-\dfrac{1}{z^2}\right), & -\dfrac{\pi}{2}<\arg z<\dfrac{\pi}{2},\\ (ze^{-i\pi})^{-2\nu}F\left(\nu,\nu+\dfrac{1}{2};2\nu+1;-\dfrac{1}{z^2}\right), & \dfrac{\pi}{2}<\arg z<\pi.\end{cases}$$

它们和 (4.46a) 及 (4.46b) 两式并不完全相同，差别在于相因子的规定.

例 4.11 将例 4.10 中的 z 换成 iz，就有

$$\begin{aligned}&\left(\sqrt{1-z^2}+iz\right)^{2\nu}\\ &\quad=\sum_{n=0}^{\infty}\frac{(-1)^n}{(2n)!}\frac{\nu\,\Gamma(\nu+n)}{\Gamma(\nu-n+1)}(2z)^{2n}+i\nu\sum_{n=0}^{\infty}\frac{(-1)^n}{(2n+1)!}\frac{\Gamma(\nu+n+1/2)}{\Gamma(\nu-n+1/2)}(2z)^{2n+1}\\ &\quad=\nu\sum_{n=0}^{\infty}\frac{i^n}{n!}\frac{\Gamma(\nu+n/2)}{\Gamma(\nu+1-n/2)}(2z)^n.\end{aligned}$$

但由于

$$\ln\left(\sqrt{1-z^2}+\mathrm{i}z\right)=\mathrm{i}\ \arcsin z,$$

所以上式又能改写成

$$\mathrm{e}^{2\nu\mathrm{i}\arcsin z}=\nu\sum_{n=0}^{\infty}\frac{\mathrm{i}^n}{n!}\frac{\Gamma(\nu+n/2)}{\Gamma(\nu+1-n/2)}(2z)^n. \tag{4.47a}$$

同时还有

$$\mathrm{e}^{-2\nu\mathrm{i}\arcsin z}=\nu\sum_{n=0}^{\infty}\frac{(-\mathrm{i})^n}{n!}\frac{\Gamma(\nu+n/2)}{\Gamma(\nu+1-n/2)}(2z)^n. \tag{4.47b}$$

将它们组合起来，就得到

$$\cos\left(2\nu\arcsin z\right)=\nu\sum_{n=0}^{\infty}\frac{(-1)^n}{(2n)!}\frac{\Gamma(\nu+n)}{\Gamma(\nu-n+1)}(2z)^{2n}, \tag{4.48a}$$

$$\sin\left(2\nu\arcsin z\right)=\nu\sum_{n=0}^{\infty}\frac{(-1)^n}{(2n+1)!}\frac{\Gamma(\nu+n+1/2)}{\Gamma(\nu-n+1/2)}(2z)^{2n+1}. \tag{4.48b}$$

在例 2.4 中也曾经得到过这个结果.

例 4.12　将 (4.47a) 式中的 $2\nu\mathrm{i}$ 改写成 t，又有

$$\mathrm{e}^{t\arcsin z}=-\frac{\mathrm{i}t}{2}\sum_{n=0}^{\infty}\frac{\mathrm{i}^n}{n!}\frac{\Gamma((n-\mathrm{i}t)/2)}{\Gamma(1-(n+\mathrm{i}t)/2)}(2z)^n.$$

注意到当 n 为偶数 $2m$ 时，

$$\begin{aligned}-\frac{\mathrm{i}t}{2}\frac{\Gamma((n-\mathrm{i}t)/2)}{\Gamma(1-(n+\mathrm{i}t)/2)}(2\mathrm{i})^n&=(-1)^{m+1}\frac{\mathrm{i}t}{2}\frac{\Gamma(m-\mathrm{i}t/2)}{\Gamma(1-m-\mathrm{i}t/2)}2^{2m}\\&=(-1)^{m+1}\frac{\mathrm{i}t}{2}\underbrace{\left(m-\frac{\mathrm{i}t}{2}-1\right)\left(m-\frac{\mathrm{i}t}{2}-2\right)\cdots\left(-m-\frac{\mathrm{i}t}{2}+1\right)}_{2m-1\text{个因子相乘}}2^{2m}\\&=t^2\left(t^2+2^2\right)\left(t^2+4^2\right)\cdots\left[t^2+(2m-4)^2\right]\left[t^2+(2m-2)^2\right],\end{aligned}$$

当 n 为奇数 $2m+1$ 时，

$$\begin{aligned}-\frac{\mathrm{i}t}{2}\frac{\Gamma((n-\mathrm{i}t)/2)}{\Gamma(1-(n+\mathrm{i}t)/2)}(2\mathrm{i})^n&=(-1)^m\frac{t}{2}\frac{\Gamma(m+(1-\mathrm{i}t)/2)}{\Gamma(-m+(1-\mathrm{i}t)/2)}2^{2m+1}\\&=(-1)^m\frac{t}{2}\underbrace{\left(m-\frac{\mathrm{i}t}{2}-\frac{1}{2}\right)\left(m-\frac{\mathrm{i}t}{2}-\frac{3}{2}\right)\cdots\left(-m-\frac{\mathrm{i}t}{2}+\frac{1}{2}\right)}_{2m\text{个因子相乘}}2^{2m+1}\\&=t\left(t^2+1^2\right)\left(t^2+3^2\right)\cdots\left[t^2+(2m-3)^2\right]\left[t^2+(2m-1)^2\right],\end{aligned}$$

所以

$$\mathrm{e}^{t\arcsin z}=\sum_{n=0}^{\infty}\frac{t^2\left(t^2+2^2\right)\left(t^2+4^2\right)\cdots\left[t^2+(2n-4)^2\right]\left[t^2+(2n-2)^2\right]}{(2n)!}z^{2n}$$
$$+t\sum_{n=0}^{\infty}\frac{\left(t^2+1^2\right)\left(t^2+3^2\right)\cdots\left[t^2+(2n-3)^2\right]\left[t^2+(2n-1)^2\right]}{(2n+1)!}z^{2n+1}. \tag{4.49}$$

约定两级数中 $n=0$ 项的系数均为 1.

例 4.13 利用

$$\operatorname{arcsinh} z=\ln\left(z+\sqrt{z^2+1}\right),$$

又能由 (4.43) 和 (4.44) 两式导出

$$\begin{aligned}
\cosh(2\nu\operatorname{arcsinh} z) &=\frac{1}{2}\left[(\sqrt{1+z^2}+z)^{2\nu}+(\sqrt{1+z^2}+z)^{-2\nu}\right]\\
&=\frac{1}{2}\left[(\sqrt{1+z^2}+z)^{2\nu}+(\sqrt{1+z^2}-z)^{2\nu}\right]\\
&=\sum_{n=0}^{\infty}\frac{1}{(2n)!}\frac{\nu\,\Gamma(\nu+n)}{\Gamma(\nu-n+1)}(2z)^{2n},
\end{aligned} \tag{4.50}$$

$$\begin{aligned}
\sinh(2\nu\operatorname{arcsinh} z) &=\frac{1}{2}\left[(\sqrt{1+z^2}+z)^{2\nu}-(\sqrt{1+z^2}+z)^{-2\nu}\right]\\
&=\frac{1}{2}\left[(\sqrt{1+z^2}+z)^{2\nu}-(\sqrt{1+z^2}-z)^{2\nu}\right]\\
&=\nu\sum_{n=0}^{\infty}\frac{1}{(2n+1)!}\frac{\Gamma(\nu+n+1/2)}{\Gamma(\nu-n+1/2)}(2z)^{2n+1}.
\end{aligned} \tag{4.51}$$

再将 2ν 改写为 $\mathrm{i}\nu$，即得

$$\cos(\nu\operatorname{arcsinh} z)=\cosh(\mathrm{i}\nu\operatorname{arcsinh} z)$$

$$=\frac{\mathrm{i}\nu}{2}\sum_{n=0}^{\infty}\frac{1}{(2n)!}\frac{\Gamma(n+\mathrm{i}\nu/2)}{\Gamma(-n+1+\mathrm{i}\nu/2)}(2z)^{2n} \tag{4.52a}$$

$$=\sum_{n=0}^{\infty}\frac{(-1)^n}{(2n)!}\nu^2\left(\nu^2+2^2\right)\cdots\left[\nu^2+(2n-4)^2\right]\left[\nu^2+(2n-2)^2\right]z^{2n}, \tag{4.52b}$$

$$\sin(\nu \operatorname{arcsinh} z) = -\mathrm{i}\sinh(\mathrm{i}\nu \operatorname{arcsinh} z)$$

$$= \frac{\nu}{2}\sum_{n=0}^{\infty}\frac{1}{(2n+1)!}\frac{\Gamma\left(n+(1+\mathrm{i}\nu)/2\right)}{\Gamma\left(-n+(1+\mathrm{i}\nu)/2\right)}(2z)^{2n+1} \tag{4.53a}$$

$$= \nu\sum_{n=0}^{\infty}\frac{(-1)^n}{(2n+1)!}\left(\nu^2+1^2\right)\left(\nu^2+3^2\right)\cdots\left[\nu^2+(2n-3)^2\right]\left[\nu^2+(2n-1)^2\right]z^{2n+1}. \tag{4.53b}$$

例 4.14　将函数 $f(z)=\mathrm{e}^{\arctan z}$ 在 $z=0$ 点作 Taylor 展开.

解　第二章中已经讨论过这个函数的 Taylor 展开. 现在仿照例 4.7 和例 4.8 的做法，再取 $g(z)=\mathrm{e}^{-\arctan z}$，求出 $f(z)$ 与 $g(z)$ 共同满足的常微分方程，而后求方程的幂级数解，从而导出 $f(z)=\mathrm{e}^{\arctan z}$ 在 $z=0$ 点的 Taylor 展开.

事实上，因为 $\mathrm{e}^{\pm t}$ 是方程

$$\frac{\mathrm{d}^2w}{\mathrm{d}t^2}-w=0$$

的解，若令 $t=\arctan z$，则

$$\frac{\mathrm{d}w}{\mathrm{d}z}=\frac{\mathrm{d}w}{\mathrm{d}t}\frac{\mathrm{d}t}{\mathrm{d}z}=\frac{1}{1+z^2}\frac{\mathrm{d}w}{\mathrm{d}t},\qquad \text{即}\qquad \frac{\mathrm{d}w}{\mathrm{d}t}=(1+z^2)\frac{\mathrm{d}w}{\mathrm{d}z}.$$

更进一步，有

$$\frac{\mathrm{d}^2w}{\mathrm{d}t^2}=(1+z^2)\frac{\mathrm{d}}{\mathrm{d}z}\left[(1+z^2)\frac{\mathrm{d}w}{\mathrm{d}z}\right]=(1+z^2)^2\frac{\mathrm{d}^2w}{\mathrm{d}z^2}+2z(1+z^2)\frac{\mathrm{d}w}{\mathrm{d}z},$$

所以 $f(z)$ 与 $g(z)$ 共同满足的常微分方程就是

$$(1+z^2)^2\frac{\mathrm{d}^2w}{\mathrm{d}z^2}+2z(1+z^2)\frac{\mathrm{d}w}{\mathrm{d}z}-w=0. \tag{4.54}$$

因为 $z=0$ 是方程的常点，故可设

$$w(z)=\sum_{n=0}^{\infty}c_nz^n,\qquad |z|<1.$$

代入方程 (4.54)，整理即得

$$\sum_{n=0}^{\infty}c_{n+2}(n+2)(n+1)z^n+\sum_{n=0}^{\infty}c_n(2n^2-1)z^n+\sum_{n=2}^{\infty}c_{n-2}(n-2)(n-1)z^n=0.$$

比较系数：对于 z^0 项的系数，有

$$2\cdot1\cdot c_2+(-1)c_0=0,\qquad c_2=\frac{1}{2\cdot1}c_0,;$$

对于z^1项的系数，有

$$3\cdot 2\cdot c_3+c_1=0,\qquad c_3=-\frac{1}{3\cdot 2}c_1.$$

比较 z^n $(n\geqslant 2)$ 的系数，有

$$c_{n+2}(n+2)(n+1)+c_n(2n^2-1)+c_{n-2}(n-2)(n-1)=0,$$

即得到递推关系

$$c_n=-\frac{2(n-2)^2-1}{n(n-1)}c_{n-2}-\frac{(n-3)(n-4)}{n(n-1)}c_{n-4}.$$

由此即可导出全部系数. 例如，

$$c_4=-\frac{7}{4\cdot 3}c_2=-\frac{7}{4!}c_0,\qquad c_5=-\frac{17}{5\cdot 4}c_3-\frac{2\cdot 1}{5\cdot 4}c_1=\frac{5}{5!}c_1,$$
$$c_6=-\frac{31}{6\cdot 5}c_4-\frac{3\cdot 2}{6\cdot 5}c_2=\frac{145}{6!}c_0,\qquad c_7=-\frac{49}{7\cdot 6}c_5-\frac{4\cdot 3}{7\cdot 6}c_3=-\frac{5}{7!}c_1,$$
$$c_8=-\frac{71}{8\cdot 7}c_6-\frac{5\cdot 4}{8\cdot 7}c_4=-\frac{6095}{8!}c_0,\qquad c_9=-\frac{97}{9\cdot 8}c_7-\frac{6\cdot 5}{9\cdot 8}c_5=-\frac{5815}{9!}c_1.$$

方程 (4.54) 的两个线性无关解便是

$$\begin{aligned}w_1(z)&=\sum_{n=0}^{\infty}\frac{c_{2n}}{c_0}z^{2n}=1+\frac{1}{2!}z^2-\frac{7}{4!}z^4+\frac{145}{6!}z^6-\frac{6095}{8!}z^8+\cdots,\\ w_2(z)&=\sum_{n=0}^{\infty}\frac{c_{2n+1}}{c_1}z^{2n+1}=z-\frac{1}{3!}z^3+\frac{5}{5!}z^5-\frac{5}{7!}z^7-\frac{5815}{9!}z^9+\cdots.\end{aligned}$$

对于 $f(z)=\mathrm{e}^{\arctan z}$，有

$$f(0)=1,\qquad f'(0)=1,$$

所以

$$\begin{aligned}\mathrm{e}^{\arctan z}&=w_1(z)+w_2(z)\\ &=1+z+\frac{1}{2!}z^2-\frac{1}{3!}z^3-\frac{7}{4!}z^4+\frac{5}{5!}z^5+\frac{145}{6!}z^6\\ &\quad-\frac{5}{7!}z^7-\frac{6095}{8!}z^8-\frac{5815}{9!}z^9+\cdots.\end{aligned}\tag{4.55}$$

遗憾的是未能导出展开系数的通项公式.

☞ **评述** 也可以对方程 (4.54) 作变换 $\zeta=-z^2$, $\mathscr{W}(\zeta)\equiv w(z)$，从而化为具有三个正则奇点 $0,1,\infty$ 的 Fuchs 型方程

$$\frac{\mathrm{d}^2\mathscr{W}}{\mathrm{d}\zeta^2}+\frac{1}{2}\left(\frac{1}{\zeta}+\frac{2}{\zeta-1}\right)\frac{\mathrm{d}\mathscr{W}}{\mathrm{d}\zeta}+\frac{1}{4}\frac{1}{\zeta-1}\frac{\mathscr{W}(\zeta)}{\zeta(\zeta-1)}=0.\tag{4.54$'$}$$

与它的标准形式

$$\frac{\mathrm{d}^2\mathscr{W}}{\mathrm{d}\zeta^2}+\left(\frac{1-\alpha_1-\alpha_2}{\zeta}+\frac{1-\beta_1-\beta_2}{\zeta-1}\right)\frac{\mathrm{d}\mathscr{W}}{\mathrm{d}\zeta}+\left(-\frac{\alpha_1\alpha_2}{\zeta}+\frac{\beta_1\beta_2}{\zeta-1}+\gamma_1\gamma_2\right)\frac{\mathscr{W}(\zeta)}{\zeta(\zeta-1)}=0$$

相比较，就能定出方程 (4.54′) 在奇点 $0,1,\infty$ 处的指标对

$$(\alpha_1,\alpha_2)=(0,1/2),\qquad(\beta_1,\beta_2)=(\mathrm{i}/2,-\mathrm{i}/2),\qquad(\gamma_1,\gamma_2)=(0,1/2),$$

进一步就可以采用 Riemann $P-$方程[①] 的形式写出方程 (4.54) 的解

$$P\begin{Bmatrix}0 & 1 & \infty & \\ 0 & \mathrm{i}/2 & 0\,; & -z^2\\ 1/2 & -\mathrm{i}/2 & 1/2 & \end{Bmatrix}=P\begin{Bmatrix}0 & 1 & \infty & \\ 0 & 0 & \mathrm{i}/2\,; & \dfrac{z^2}{z^2+1}\\ 1/2 & 1/2 & -\mathrm{i}/2 & \end{Bmatrix}.$$

因此

$$\begin{aligned}w_1(z)&=\mathrm{F}\left(\frac{\mathrm{i}}{2},-\frac{\mathrm{i}}{2};\frac{1}{2};\frac{z^2}{z^2+1}\right)=(z^2+1)^{\mathrm{i}/2}\mathrm{F}\left(\frac{\mathrm{i}}{2},\frac{1+\mathrm{i}}{2};\frac{1}{2};-z^2\right),\\ w_2(z)&=z(z^2+1)^{\mathrm{i}/2}\mathrm{F}\left(\frac{1+\mathrm{i}}{2},1+\frac{\mathrm{i}}{2};\frac{3}{2};-z^2\right),\end{aligned}$$

从而给出

$$\mathrm{e}^{\arctan z}=(z^2+1)^{\mathrm{i}/2}\left[\mathrm{F}\left(\frac{\mathrm{i}}{2},\frac{1+\mathrm{i}}{2};\frac{1}{2};-z^2\right)+z\,\mathrm{F}\left(\frac{1+\mathrm{i}}{2},1+\frac{\mathrm{i}}{2};\frac{3}{2};-z^2\right)\right].\tag{4.56}$$

以上诸式中均约定

$$(z^2+1)^{\mathrm{i}/2}\Big|_{z=0}=1.$$

可以预料，将 (4.56) 式右端作展开，也无法得到展开系数的简单表达式. 但是，我们却可以得到

$$\left(z^2+1\right)^{-\mathrm{i}/2}\cosh(\arctan z)=\mathrm{F}\left(\frac{\mathrm{i}}{2},\frac{1+\mathrm{i}}{2};\frac{1}{2};-z^2\right),\tag{4.57}$$

$$\left(z^2+1\right)^{-\mathrm{i}/2}\sinh(\arctan z)=z\,\mathrm{F}\left(\frac{1+\mathrm{i}}{2},1+\frac{\mathrm{i}}{2};\frac{3}{2};-z^2\right).\tag{4.58}$$

① 参见文献：王竹溪，郭敦仁. 特殊函数概论. 北京：北京大学出版社，2000：67.

第五章　卷积型级数的 Möbius 反演

§5.1　定　　义

5.1.1　卷积型级数及其 Möbius 反演 ①

设有卷积型级数

$$P_m(x)=\sum_{n=0}^{\infty}A(n)\,Q_{n+m}(x), \tag{5.1}$$

若 $A(0)\neq 0$，且能找到另一组展开系数 $A^{-1}(n)$，它与 $A(n)$ 的 (离散型) 卷积为

$$\sum_{m=0}^{n}A(m)A^{-1}(n-m)=\delta_{n0}, \tag{5.2}$$

则有 Möbius 反演公式 (也就是级数 (5.1) 的逆或解)

$$Q_m(x)=\sum_{n=0}^{\infty}A^{-1}(n)P_{n+m}(x). \tag{5.3}$$

$A^{-1}(n)$ 就称为 ($A(n)$ 对应的) Möbius 反演系数. 注意，这里理论上并未要求展开式 (5.1) 或 (5.3) 具有唯一性. 只要 (5.2) 式成立，则由 (5.1) 式即可推出 (5.3) 式；反之亦然. 计算中唯一的要求是允许将二重级数改变求和次序，

$$\sum_{n=0}^{\infty}\sum_{m=0}^{\infty}A(n)A^{-1}(m)P_{n+m+k}(x)=\sum_{l=0}^{\infty}\left[\sum_{n=0}^{l}A(n)A^{-1}(l-n)\right]P_{l+k}(x), \tag{5.4a}$$

$$\sum_{n=0}^{\infty}\sum_{m=0}^{\infty}A(n)A^{-1}(m)Q_{n+m+k}(x)=\sum_{l=0}^{\infty}\left[\sum_{n=0}^{l}A(n)A^{-1}(l-n)\right]Q_{l+k}(x), \tag{5.4b}$$

其充分条件是上述二重级数均绝对收敛.

5.1.2　分析

求卷积型级数的 Möbius 反演，关键是要找出满足 (5.2) 式的反演系数. 其数学依据是：若 $f(z)$ 在 G 内解析，G 为包含 $z=0$ 在内的某一单连通区域，且 $f(0)\neq 0$，则可将 $f(z)$ 展开为

$$f(z)=\sum_{k=0}^{\infty}A(k)z^k, \tag{5.5a}$$

---

① 参见文献：陈难先，刘刚. Fermi 体系逆问题的一种新解法. 自然科学进展，2003，13(5)：473.

同样，$1/f(z)$ 也可以展开为

$$\frac{1}{f(z)}=\sum_{k=0}^{\infty}A^{-1}(k)z^k; \tag{5.5b}$$

于是

$$1=\sum_{k=0}^{\infty}\sum_{m=0}^{\infty}A(m)A^{-1}(k)z^{m+k}=\sum_{n=0}^{\infty}\left[\sum_{m=0}^{n}A(m)A^{-1}(n-m)\right]z^n,$$

比较等式两端的系数，即可得到 (5.2) 式. 这也就为寻找卷积型级数 Möbius 反演系数提供了可行的途径.

例 5.1 因为

$$\mathrm{e}^{z}=\sum_{k=0}^{\infty}\frac{1}{k!}z^k,\qquad \mathrm{e}^{-z}=\sum_{k=0}^{\infty}\frac{(-1)^k}{k!}z^k, \tag{5.6}$$

所以就有卷积型级数的展开系数及其 Möbius 反演系数

$$A(k)=\frac{1}{k!},\qquad A^{-1}(k)=\frac{(-1)^k}{k!}.$$

例 5.2 因为

$$(1+z)^{\alpha}=\sum_{k=0}^{\infty}\frac{(-1)^k}{k!}(-\alpha)_k z^k,\qquad (1+z)^{-\alpha}=\sum_{k=0}^{\infty}\frac{(-1)^k}{k!}(\alpha)_k z^k, \tag{5.7}$$

所以有

$$A(k)=\frac{(-\alpha)_k}{k!},\qquad A^{-1}(k)=\frac{(\alpha)_k}{k!},$$

其中 $(\alpha)_0=1$, $(\alpha)_k=\Gamma(\alpha+k)/\Gamma(\alpha)$. 另外，(5.7) 式中出现的系数

$$\mathrm{N}_k(x)=\frac{(-1)^k}{k!}(-x)_k=\frac{1}{k!}\frac{\Gamma(x+1)}{\Gamma(x-k+1)} \tag{5.8}$$

称为 Newton 多项式.

例 5.3 因为

$$\frac{\mathrm{e}^{z}-1}{z}=\sum_{k=0}^{\infty}\frac{1}{(k+1)!}z^k,\qquad \frac{z}{\mathrm{e}^{z}-1}=\sum_{k=0}^{\infty}\frac{\mathrm{B}_k}{k!}z^k, \tag{5.9}$$

其中 B_k 为 Bernoulli 数①，所以

$$A(k)=\frac{1}{(k+1)!},\qquad A^{-1}(k)=\frac{\mathrm{B}_k}{k!}.$$

① 这里定义的 Bernoulli 数为

$$\mathrm{B}_0=1,\quad \mathrm{B}_1=-\frac{1}{2},\quad \mathrm{B}_2=\frac{1}{6},\quad \mathrm{B}_3=0,\quad \mathrm{B}_4=-\frac{1}{30},\quad \mathrm{B}_5=0,$$

$$\mathrm{B}_6=\frac{1}{42},\quad \mathrm{B}_7=0,\quad \mathrm{B}_8=-\frac{1}{30},\quad \mathrm{B}_9=0,\quad \mathrm{B}_{10}=\frac{5}{66},\quad \cdots.$$

更多的例子见表 5.1. 表中除了出现 Bernoulli 数 B_k 之外，还有 Bernoulli 多项式 $\mathrm{B}_k(t)$，Euler 数 E_k 以及 Euler 多项式 $\mathrm{E}_k(t)$，它们的定义以及相关的展开式都可以在特殊函数的专著[①]中找到. 此外，最后三行所涉及的展开式，可见本书第四章，例 4.7，例 4.8 及例 4.10.

表 5.1 卷积型级数的展开系数及其 Möbius 反演系数

$f(x)$	$A(k)$	$A^{-1}(k)$
$\dfrac{x}{\sin x}$	$-\dfrac{2(2^{2k-1}-1)}{(2k)!}\mathrm{B}_{2k}$	$\dfrac{1}{(2k+1)!}$
$\dfrac{\tan x}{x}$	$\dfrac{2^2(2^{2k+2}-1)}{(2k+2)!}\mathrm{B}_{2k+2}$	$\dfrac{\mathrm{B}_{2k}}{(2k)!}$
$\cosh x$	$\dfrac{1}{(2k)!}$	$\dfrac{\mathrm{E}_k}{(2k)!}$
$\dfrac{\mathrm{e}^x+1}{2}\mathrm{e}^{-xt}$	$\dfrac{1}{k!}\dfrac{(1-t)^k+(-t)^k}{2}$	$\dfrac{\mathrm{E}_k(t)}{k!}$
$\mathrm{e}^{xt}\dfrac{\alpha x}{\sinh \alpha x}$	$\dfrac{(2\alpha)^k}{k!}\mathrm{B}_k\left(\dfrac{\alpha+t}{2\alpha}\right)$	$\dfrac{(-1)^k}{(k+1)!}\dfrac{(t+\alpha)^{k+1}-(t-\alpha)^{k+1}}{2\alpha}$
$\dfrac{\mathrm{e}^{xt}-1}{\mathrm{e}^x-1}$	$\dfrac{\mathrm{B}_{k+1}(t)-\mathrm{B}_{k+1}(0)}{(k+1)!}$	$\dfrac{t^k}{(k+1)!}\left[\mathrm{B}_{k+1}\left(\dfrac{1}{t}\right)-\mathrm{B}_{k+1}(0)\right]$
$\dfrac{\sinh xt}{\sinh x}$	$\dfrac{2}{(2k+1)!}\mathrm{B}_{2k+1}\left(\dfrac{1+t}{2}\right)$	$\dfrac{2x^{2k}}{(2k+1)!}\mathrm{B}_{2k+1}\left(\dfrac{1+t}{2t}\right)$
$\dfrac{\cosh xt}{\cosh x}$	$\dfrac{1}{(2k)!}\mathrm{E}_{2k}\left(\dfrac{1+x}{2}\right)$	$\dfrac{x^{2k}}{(2k)!}\mathrm{E}_{2k}\left(\dfrac{1+x}{2x}\right)$
$\left(\dfrac{1+\sqrt{1+4z}}{2}\right)^\nu$	$\dfrac{\nu}{k!}\dfrac{\Gamma(\nu-k+1)}{\Gamma(\nu-2k+1)}$	$-\dfrac{\nu}{k!}\dfrac{\Gamma(-\nu-k+1)}{\Gamma(-\nu-2k+1)}$
$\left(z+\sqrt{1+z^2}\right)^{2\nu}$	$\dfrac{\nu}{k!}\dfrac{\Gamma(\nu+k/2)}{\Gamma(1+\nu-k/2)}$	$-\dfrac{\nu}{k!}\dfrac{\Gamma(-\nu+k/2)}{\Gamma(1-\nu-k/2)}$
$\mathrm{e}^{2it\arcsin(z/2)}$	$\dfrac{t}{k!}\dfrac{\Gamma(t+k/2)}{\Gamma(1+t-k/2)}$	$-\dfrac{t}{k!}\dfrac{\Gamma(-t+k/2)}{\Gamma(1-t-k/2)}$

5.1.3 Möbius 反演系数的性质

从以上讨论可以看出，Möbius 反演系数具有下列基本性质:

① 例如，参见文献：A. Erdélyi, et al. *Higher Transcendental Functions.* Vol. Ⅲ. New York: McGraw-Hill, 1953: Chap. XIX. 但该处部分公式有误.

(1) $A(n)$ 和 $A^{-1}(n)$ 互为 Möbius 反演系数，即

$$\left[A^{-1}(m)\right]^{-1} = A(m). \tag{5.10}$$

所以，以后就将 $A(n)$ 和 $A^{-1}(n)$ 称为卷积型级数的一对 Möbius 反演系数，简称 Möbius 反演系数对.

(2) 若 α 为任意非零常数或函数，则

$$[\alpha A(m)]^{-1} = \frac{1}{\alpha} A^{-1}(m). \tag{5.11}$$

(3) 若 α 为任意非零常数或函数，则

$$[\alpha^m A(m)]^{-1} = \alpha^m A^{-1}(m). \tag{5.12}$$

(4) 特别地，当 $\alpha = -1$ 时，有

$$[(-1)^m A(m)]^{-1} = (-1)^m A^{-1}(m). \tag{5.13}$$

§5.2 应 用

例 5.4 球 Bessel 函数.

直接将球 Bessel 函数的级数表达式

$$\mathrm{j}_m(x) = \frac{\sqrt{\pi}}{2}\sum_{n=0}^{\infty}\frac{(-1)^n}{n!}\frac{1}{\Gamma(n+m+3/2)}\left(\frac{x}{2}\right)^{2n+m} \tag{5.14}$$

与 (5.1) 式相比较，可以看出，若取

$$P_m(x) = \mathrm{j}_m(x), \qquad Q_m(x) = \frac{\sqrt{\pi}}{2}\frac{1}{\Gamma(m+3/2)}\left(\frac{x}{2}\right)^m,$$

则有下列反演系数对：

$$A(m) = \frac{(-1)^m}{m!}\left(\frac{x}{2}\right)^m, \qquad A^{-1}(m) = \frac{1}{m!}\left(\frac{x}{2}\right)^m.$$

这样就推出了反演公式

$$\frac{\sqrt{\pi}}{2}\frac{1}{\Gamma(m+3/2)}\left(\frac{x}{2}\right)^m = \sum_{n=0}^{\infty}\frac{1}{n!}\left(\frac{x}{2}\right)^n \mathrm{j}_{n+m}(x),$$

或者写成

$$\sum_{n=0}^{\infty}\frac{1}{n!}\left(\frac{x}{2}\right)^{n-m}\mathrm{j}_{n+m}(x) = \frac{\sqrt{\pi}}{2}\frac{1}{\Gamma(m+3/2)}. \tag{5.15}$$

例 5.5 Laguerre 多项式.

由公式①

$$\sum_{n=0}^{\infty}\frac{(n+k)!}{n!\,k!}\mathrm{L}_{n+k}(x)t^n=\exp\left\{-\frac{xt}{1-t}\right\}\mathrm{L}_k\left(\frac{x}{1-t}\right)(1-t)^{-1-k}, \tag{5.16}$$

将 k 改写为 $m+k$，得

$$\sum_{n=0}^{\infty}\frac{(n+m+k)!}{n!}\mathrm{L}_{n+m+k}(x)t^n=\frac{(m+k)!}{(1-t)^{m+k+1}}\exp\left\{-\frac{xt}{1-t}\right\}\mathrm{L}_{m+k}\left(\frac{x}{1-t}\right),$$

取 $A(n)=t^n/n!$，则有相应的 Möbius 反演系数

$$A^{-1}(n)=\frac{(-1)^n}{n!}t^n,$$

因而就可以写出反演公式

$$\sum_{n=0}^{\infty}\frac{(-1)^n}{n!}\frac{(n+m+k)!}{(1-t)^{n+m+k+1}}\exp\left\{-\frac{xt}{1-t}\right\}\mathrm{L}_{m+n+k}\left(\frac{x}{1-t}\right)t^n=(m+k)!\,\mathrm{L}_{m+k}(x).$$

再将 $k+m$ 写成 k，即得

$$\frac{1}{(1-t)^{k+1}}\exp\left\{-\frac{xt}{1-t}\right\}\sum_{n=0}^{\infty}(-1)^n\frac{(n+k)!}{n!\,k!}\mathrm{L}_{k+n}\left(\frac{x}{1-t}\right)\left(\frac{t}{1-t}\right)^n=\mathrm{L}_k(x)t^k. \tag{5.17}$$

例 5.6 Γ 函数.

由公式②

$$(1-2^{-x})\Gamma(x)\,\zeta(x)=\sum_{n=0}^{\infty}\frac{1}{n!}2^{-x-n}\Gamma(x+n)\,\zeta(x+n), \tag{5.18}$$

将 x 替换成 $x+m$，得

$$(1-2^{-x-m})\Gamma(x+m)\,\zeta(x+m)=\sum_{n=0}^{\infty}\frac{1}{n!}2^{-x-m-n}\Gamma(x+m+n)\,\zeta(x+m+n).$$

取

$$P_m(x)=(1-2^{-x-m})\Gamma(x+m)\,\zeta(x+m),\quad Q_m(x)=2^{-x-m}\Gamma(x+m)\,\zeta(x+m),$$

① 参见文献：E. D. Rainville. *Special Functions.* New York: Macmillan Co.,1960: 215.

② 参见文献：W. Magnus, et al. *Formulas and Theorems for the Special Functions of Mathematical Physics.* Berlin: Springer-Verlag, 1966: 22.

同时展开系数为

$$A(n)=\frac{1}{n!},$$

所以就有反演公式

$$2^{-x-m}\Gamma(x+m)\,\zeta(x+m)=\sum_{n=0}^{\infty}\frac{(-1)^n}{n!}(1-2^{-x-m-n})\Gamma(x+m+n)\,\zeta(x+m+n).$$

再将 $x+m$ 写成 x，即得

$$2^{-x}\Gamma(x)\,\zeta(x)=\sum_{n=0}^{\infty}\frac{(-1)^n}{n!}(1-2^{-x-n})\Gamma(x+n)\,\zeta(x+n). \tag{5.19}$$

还可以将 (5.18) 式和 (5.19) 式相加，从而得到公式

$$\Gamma(x)\,\zeta(x)=\sum_{n=0}^{\infty}\frac{(-1)^n}{n!}\Gamma(x+n)\,\zeta(x+n)+\sum_{n=0}^{\infty}\frac{2^{-x-2n}}{(2n+1)!}\Gamma(x+2n+1)\,\zeta(x+2n+1)$$

或

$$\sum_{n=1}^{\infty}\frac{(-1)^{n-1}}{n!}\Gamma(x+n)\,\zeta(x+n)=\sum_{n=0}^{\infty}\frac{2^{-x-2n}}{(2n+1)!}\Gamma(x+2n+1)\,\zeta(x+2n+1). \tag{5.20}$$

将 (5.18) 式和 (5.19) 式相减，又能得到

$$\begin{aligned}&(1-2^{-x+1})\Gamma(x)\,\zeta(x)\\&\quad=-\sum_{n=0}^{\infty}\frac{(-1)^n}{n!}\Gamma(x+n)\,\zeta(x+n)+\sum_{n=0}^{\infty}\frac{2^{-x-2n+1}}{(2n)!}\Gamma(x+2n)\,\zeta(x+2n).\end{aligned} \tag{5.21}$$

上面的例 5.5 与例 5.6 实际上提供了如何求级数

$$P_\alpha(x)=\sum_{n=0}^{\infty}A(n)Q_{\alpha+n}(x)\quad(\alpha\text{ 可以不是自然数}) \tag{5.22a}$$

反演的方法. 将 α 改写为 $\alpha+m$：

$$P_{\alpha+m}(x)=\sum_{n=0}^{\infty}A(n)Q_{\alpha+m+n}(x),$$

于是就能写出

$$Q_{\alpha+m}(x)=\sum_{n=0}^{\infty}A^{-1}(n)P_{\alpha+m+n}(x).$$

再将 $\alpha+m$ 写成 α (或者说，令 $m=0$)，就得到级数 (5.22a) 的反演

$$Q_\alpha(x)=\sum_{n=0}^{\infty}A^{-1}(n)P_{\alpha+n}(x). \tag{5.22b}$$

同样也能求得级数

$$P_\alpha(x)=\sum_{n=0}^{\infty}A(n)Q_{\alpha-n}(x) \tag{5.23a}$$

的反演是

$$Q_\alpha(x)=\sum_{n=0}^{\infty}A^{-1}(n)P_{\alpha-n}(x). \tag{5.23b}$$

直接引用这里的公式 (5.22) 与 (5.23)，就能很容易地写出下列结果：

例 5.7 连带 Legendre 函数.

由公式[①]

$$\left(1-t^2-\frac{2xt}{\sqrt{1-x^2}}\right)^{-\mu/2}\mathrm{P}_\nu^\mu(x+t\sqrt{1-x^2})=\sum_{n=0}^{\infty}\frac{1}{n!}\mathrm{P}_\nu^{n+\mu}(x)t^n, \tag{5.24}$$

这里的 μ 就相当于(5.22) 式中的 α，取

$$P_\mu(x)=\left(1-t^2-\frac{2xt}{\sqrt{1-x^2}}\right)^{-\mu/2}\mathrm{P}_\nu^\mu(x+t\sqrt{1-x^2}),\quad Q_\mu(x)=\mathrm{P}_\nu^\mu(x),$$

而展开系数为

$$A(n)=\frac{1}{n!}t^n,$$

因此，我们就能立即有 Möbius 反演公式

$$\mathrm{P}_\nu^\mu(x)=\sum_{n=0}^{\infty}\frac{(-1)^n}{n!}\left(1-t^2-\frac{2xt}{\sqrt{1-x^2}}\right)^{-(n+\mu)/2}\mathrm{P}_\nu^{n+\mu}(x+t\sqrt{1-x^2})t^n. \tag{5.25}$$

注意 (5.22) 或 (5.23) 式中的 α 可以是一组参数，例如，我们完全可以类似地讨论级数

$$P_{\alpha,\beta,\gamma,\cdots}(x)=\sum_{n=0}^{\infty}A(n)Q_{\alpha\pm n,\beta\pm n,\gamma\pm n,\cdots}(x), \tag{5.26a}$$

它的 Möbius 反演就是

$$Q_{\alpha,\beta,\gamma,\cdots}(x)=\sum_{n=0}^{\infty}A^{-1}(n)P_{\alpha\pm n,\beta\pm n,\gamma\pm n,\cdots}(x). \tag{5.26b}$$

---

① 参见文献: A. Erdélyi, et al. *Higher Transcendental Functions.* Vol. Ⅲ. New York: McGraw-Hill, 1953: 266.

此结果可以直接应用于超几何函数与合流超几何函数.

例 5.8 超几何函数 I.

超几何函数的定义为

$$\mathrm{F}(\alpha,\beta;\gamma;z)=\sum_{n=0}^{\infty}\frac{1}{n!}\frac{(\alpha)_n(\beta)_n}{(\gamma)_n}z^n, \tag{5.27}$$

或者记为

$$\frac{\Gamma(\alpha)\Gamma(\beta)}{\Gamma(\gamma)}\mathrm{F}(\alpha,\beta;\gamma;z)=\sum_{n=0}^{\infty}\frac{1}{n!}\frac{\Gamma(\alpha+n)\Gamma(\beta+n)}{\Gamma(\gamma+n)}z^n. \tag{5.27$'$}$$

对照 (5.26) 式，取 $A(n)=z^n/n!$，就能写出反演公式

$$\frac{\Gamma(\alpha)\Gamma(\beta)}{\Gamma(\gamma)}=\sum_{n=0}^{\infty}\frac{(-1)^n}{n!}\frac{\Gamma(\alpha+n)\Gamma(\beta+n)}{\Gamma(\gamma+n)}z^n\mathrm{F}(\alpha+n,\beta+n;\gamma+n;z),$$

或者写成

$$\sum_{n=0}^{\infty}\frac{(-1)^n}{n!}\frac{(\alpha)_n(\beta)_n}{(\gamma)_n}z^n\,\mathrm{F}(\alpha+n,\beta+n;\gamma+n;z)=1. \tag{5.28a}$$

这个结果其实在第三章已经得到过. 该处还讨论了它对于 (与超几何函数有关的) 一些特殊函数的应用，这里不再重复. 现在不妨讨论 $\beta-\gamma$ (或 $\alpha-\gamma$) 为整数的情形. 例如 $\beta-\gamma=1$，这时因为

$$\frac{(\beta)_n}{(\gamma)_n}=\frac{(\gamma+1)_n}{(\gamma)_n}=\frac{\Gamma(\gamma+n+1)}{\Gamma(\gamma+1)}\frac{\Gamma(\gamma)}{\Gamma(\gamma+n)}=\frac{\gamma+n}{\gamma},$$

所以 (5.28a) 式变为

$$\sum_{n=0}^{\infty}\frac{(-1)^n}{n!}\frac{\gamma+n}{\gamma}(\alpha)_n\,z^n\,\mathrm{F}(\alpha+n,\gamma+n+1;\gamma+n;z)=1; \tag{5.28b}$$

又如 $\beta-\gamma=-1$时，也有

$$\sum_{n=0}^{\infty}\frac{(-1)^n}{n!}\frac{\beta}{\beta+n}(\alpha)_n\,z^n\,\mathrm{F}(\alpha+n,\beta+n;\beta+n+1;z)=1. \tag{5.28c}$$

例 5.9 超几何函数 II.

由公式[1]

$$(1+s)^{\lambda}\mathrm{F}\Big(-\lambda,b;c;\frac{z}{1+s}\Big)=\sum_{n=0}^{\infty}\frac{(-1)^n}{n!}\frac{\Gamma(n-\lambda)}{\Gamma(-\lambda)}s^n\mathrm{F}(n-\lambda,b;c;z) \tag{5.29}$$

---

① 参见文献: A. Erdélyi, et al. *Higher Transcendental Functions.* Vol. I. New York: McGraw-Hill, 1953: 88.

出发，注意这里的 λ 就相当于 (5.23) 式中的 α，直接引用该处的结果，我们就能有

$$\mathrm{F}(-\lambda, b; c; z) = (1+s)^{\lambda} \sum_{n=0}^{\infty} \frac{\Gamma(n-\lambda)}{\Gamma(-\lambda)} \left(\frac{s}{1+s}\right)^n \mathrm{F}\Big(n-\lambda, b; c; \frac{z}{1+s}\Big). \tag{5.30}$$

例 5.10 合流超几何函数 I.

模仿超几何函数的讨论，由合流超几何函数的定义

$$\mathrm{F}(\alpha, \gamma, z) = \sum_{n=0}^{\infty} \frac{1}{n!} \frac{(\alpha)_n}{(\gamma)_n} z^n, \tag{5.31}$$

也可以推出

$$\sum_{n=0}^{\infty} \frac{(-1)^n}{n!} \frac{(\alpha)_n}{(\gamma)_n} z^n \, \mathrm{F}(\alpha+n; \gamma+n; z) = 1, \tag{5.32a}$$

或者写成

$$\sum_{n=0}^{\infty} \frac{(-1)^n}{n!} \frac{\mathrm{d}^n \mathrm{F}(\alpha; \gamma; z)}{\mathrm{d}z^n} z^n = 1. \tag{5.32b}$$

这个结果在第三章也已经得到过，而且也已经给出了它应用于与合流超几何函数有关的一些特殊函数而得到的结果. 这里仍只讨论一下 $\alpha-\gamma$ 为整数的情形，例如 $\alpha-\gamma=1$，就有

$$\sum_{n=0}^{\infty} \frac{(-1)^n}{n!} \frac{\gamma+n}{\gamma} z^n \, \mathrm{F}(\gamma+n+1; \gamma+n; z) = 1. \tag{5.32c}$$

例 5.11 合流超几何函数 II.

对于合流超几何函数 $\mathrm{F}(\alpha; \gamma; z)$，如果写成

$$\frac{1}{\Gamma(\gamma)} \mathrm{F}(\alpha; \gamma; z) = \sum_{n=0}^{\infty} \frac{(\alpha)_n}{n!} \frac{1}{\Gamma(\gamma+n)} z^n,$$

并取叠加系数

$$A(n) = \frac{(\alpha)_n}{n!} z^n,$$

则又有 Möbius 反演公式

$$\frac{1}{\Gamma(\gamma)} = \sum_{n=0}^{\infty} \frac{(-\alpha)_n}{n!} \frac{1}{\Gamma(\gamma+n)} z^n \mathrm{F}(\alpha; \gamma+n; z). \tag{5.33a}$$

这个结果又可以写成

$$\sum_{n=0}^{\infty} \frac{1}{n!} \frac{(-\alpha)_n}{(\gamma)_n} z^n \, \mathrm{F}(\alpha; \gamma+n; z) = 1. \tag{5.33b}$$

例 5.12　合流超几何函数 III.

公式[①]

$$\frac{\Gamma(c)}{\Gamma(c')\Gamma(c-c')}(1-t)^{c'-c}z^{1-c}\int_0^z u^{c'-1}(z-u)^{c-c'-1}\mathrm{F}(a;c';u)\exp\left\{-\frac{(z-u)t}{1-t}\right\}\mathrm{d}u$$
$$=\sum_{n=0}^{\infty}\frac{(c-c')_n}{n!}t^n\mathrm{F}(a-n;c;z),\quad \mathrm{Re}\,c>\mathrm{Re}\,c'>0,\ |t|<1,\ |\arg z|<\frac{3\pi}{4} \tag{5.34}$$

中的参数 a 相当于 (5.23) 式中的 α，将其左端视为 $P_a(z)$，而 $Q_a(z)=\mathrm{F}(a;c;z)$，$A(n)=\dfrac{(c-c')_n}{n!}t^n$，于是得反演

$$\mathrm{F}(a;c;z)=\frac{\Gamma(c)}{\Gamma(c')\Gamma(c-c')}(1-t)^{c'-c}z^{1-c}$$
$$\times\sum_{n=0}^{\infty}\frac{(c'-c)_n}{n!}t^n\int_0^z u^{c'-1}(z-u)^{c-c'-1}\mathrm{F}(a-n;c';u)\exp\left\{-\frac{(z-u)t}{1-t}\right\}\mathrm{d}u.$$
$$\mathrm{Re}\,c>\mathrm{Re}\,c'>0,\ |t|<1,\ |\arg z|<\frac{3\pi}{4}. \tag{5.35}$$

这可以看成合流超几何函数的又一个积分表示.

例 5.13　Lommel 函数.

由 Lommel 函数的级数表达式

$$\mathrm{s}_{\mu,\nu}(z)=z^{\mu-1}\sum_{n=0}^{\infty}(-1)^n\frac{\Gamma\left(\dfrac{\mu-\nu+1}{2}\right)}{\Gamma\left(\dfrac{\mu-\nu+1}{2}+n\right)}\frac{\Gamma\left(\dfrac{\mu+\nu+3}{2}\right)}{\Gamma\left(\dfrac{\mu+\nu+3}{2}+n\right)}\left(\frac{z}{2}\right)^{2n+2}, \tag{5.36}$$

其中 $\mu\pm\nu\neq-1,-2,-3,\cdots$，当 $\mu=\nu+1$ 时，有

$$\mathrm{s}_{\nu+1,\nu}(z)=z^{\nu}\sum_{n=0}^{\infty}\frac{(-1)^n}{(n+1)!}\frac{\Gamma(\nu+1)}{\Gamma(n+\nu+2)}\left(\frac{z}{2}\right)^{2n+2},$$

所以

$$\frac{z^{-\nu}\mathrm{s}_{\nu+1,\nu}(z)}{\Gamma(\nu+1)}=\sum_{n=0}^{\infty}\frac{(-1)^n}{(n+1)!}\frac{1}{\Gamma(n+\nu+2)}\left(\frac{z}{2}\right)^{2n+2}.$$

如果取

$$P_\nu(z)=\frac{z^{-\nu}\mathrm{s}_{\nu+1,\nu}(z)}{\Gamma(\nu+1)},\qquad Q_\nu(z)=\frac{1}{\Gamma(\nu+2)}\left(\frac{z}{2}\right)^2,$$

---

① 参见文献: A. Erdélyi, et al. *Higher Transcendental Functions.* Vol. I. New York: McGraw-Hill, 1953: 280.

则有 Möbius 反演系数对

$$A(m)=\frac{(-1)^m}{(m+1)!}\Big(\frac{z}{2}\Big)^{2m},\qquad A^{-1}(m)=\frac{(-1)^m\,\mathrm{B}_m}{m!}\Big(\frac{z}{2}\Big)^{2m},$$

这样就得到反演公式

$$\frac{1}{\Gamma(\nu+2)}\Big(\frac{z}{2}\Big)^2=\sum_{n=0}^{\infty}\frac{(-1)^n}{n!}\frac{\mathrm{B}_n}{\Gamma(n+\nu+1)}z^{n-\nu}\,\mathrm{s}_{n+\nu+1,n+\nu}(z).\tag{5.37a}$$

特别地，当 ν 为正整数 m 时，有

$$\Big(\frac{z}{2}\Big)^2=\sum_{n=0}^{\infty}(-1)^n\frac{\mathrm{B}_n}{n!}\frac{(m+1)!}{(m+n)!}\,z^{n-m}\,\mathrm{s}_{n+m+1,n+m}(z).\tag{5.37b}$$

例 5.14　倍乘公式与加法公式的 Möbius 反演.

作为 Taylor 公式的应用之一，第三章讨论了特殊函数的倍乘公式与加法公式，并得到了一系列有意思的结果. 对于它们中的大多数，也可以应用上面描述的步骤，从而写出相应的“反演”形式. 例如，对于超几何函数的倍乘公式 (见 (3.59) — (3.66) 式)，可以写出它们的反演公式：

$$\mathrm{F}(\alpha,\beta;\gamma;z)=\sum_{n=0}^{\infty}\frac{(1-\lambda)^n}{n!}\frac{(\alpha)_n(\beta)_n}{(\gamma)_n}z^n\mathrm{F}(\alpha+n,\beta+n;\gamma+n;\lambda z),\tag{5.38}$$

$$\begin{aligned}&(1-z)^{\alpha+\beta-\gamma}\mathrm{F}(\alpha,\beta;\gamma;z)\\&\quad=(1-\lambda z)^{\alpha+\beta-\gamma}\sum_{n=0}^{\infty}\frac{(1-\lambda)^n}{n!}\frac{(\gamma-\alpha)_n(\gamma-\beta)_n}{(\gamma)_n}\Big(\frac{z}{1-\lambda z}\Big)^n\mathrm{F}(\alpha,\beta;\gamma+n;\lambda z),\end{aligned}\tag{5.39}$$

$$\mathrm{F}(\alpha,\beta;\gamma;z)=\lambda^{\gamma-1}\sum_{n=0}^{\infty}\frac{(1-\gamma)_n}{n!}\Big(1-\frac{1}{\lambda}\Big)^n\mathrm{F}(\alpha,\beta;\gamma-n;\lambda z),\tag{5.40}$$

$$\begin{aligned}&(1-z)^{\alpha+\beta-\gamma}\mathrm{F}(\alpha,\beta;\gamma;z)\\&\quad=\lambda^{\gamma-1}(1-\lambda z)^{\alpha+\beta-\gamma}\sum_{n=0}^{\infty}\frac{(1-\gamma)_n}{n!}\Big(1-\frac{1}{\lambda}\Big)^n(1-\lambda z)^{-n}\mathrm{F}(\alpha-n,\beta-n;\gamma-n;\lambda z),\end{aligned}\tag{5.41}$$

$$\mathrm{F}\Big(\alpha,\beta;\gamma;\frac{1-z}{2}\Big)=\sum_{n=0}^{\infty}\frac{1}{n!}\frac{(\alpha)_n(\beta)_n}{(\gamma)_n}\Big(\frac{\lambda-1}{2}\Big)^n z^n\mathrm{F}\Big(\alpha+n,\beta+n;\gamma+n;\frac{1-\lambda z}{2}\Big),\tag{5.42}$$

$$\begin{aligned}&(1+z)^{\alpha+\beta-\gamma}\mathrm{F}\Big(\alpha,\beta;\gamma;\frac{1-z}{2}\Big)\\&\quad=(1+\lambda z)^{\alpha+\beta-\gamma}\sum_{n=0}^{\infty}\frac{(\lambda-1)^n}{n!}\frac{(\gamma-\alpha)_n(\gamma-\beta)_n}{(\gamma)_n}\Big(\frac{z}{1+\lambda z}\Big)^n\mathrm{F}\Big(\alpha,\beta;\gamma+n;\frac{1-\lambda z}{2}\Big),\end{aligned}\tag{5.43}$$

$$
\begin{aligned}
&(1-z)^{\gamma-1}\mathrm{F}\Big(\alpha,\beta;\gamma;\frac{1-z}{2}\Big)\\
&\quad=(1-\lambda z)^{\gamma-1}\sum_{n=0}^{\infty}\frac{(1-\lambda)^n}{n!}(1-\gamma)_n\Big(\frac{z}{1-\lambda z}\Big)^n\mathrm{F}\Big(\alpha,\beta;\gamma-n;\frac{1-\lambda z}{2}\Big),
\end{aligned}\tag{5.44}
$$

$$
\begin{aligned}
&(1-z)^{\gamma-1}(1+z)^{\alpha+\beta-\gamma}\mathrm{F}\Big(\alpha,\beta;\gamma;\frac{1-z}{2}\Big)\\
&\quad=(1-\lambda z)^{\gamma-1}(1+\lambda z)^{\alpha+\beta-\gamma}\\
&\qquad\times\sum_{n=0}^{\infty}\frac{(1-\gamma)_n}{n!}(1-\lambda)^n\Big(\frac{2z}{\lambda^2z^2-1}\Big)^n\mathrm{F}\Big(\alpha-n,\beta-n;\gamma-n;\frac{1-\lambda z}{2}\Big).
\end{aligned}\tag{5.45}
$$

但这样得到的结果，其实还就是 (3.59) — (3.66) 各式本身. 这不仅是因为它们可以由 (3.59) — (3.66) 各式通过简单的级数反演而得到，而且，只要对 (3.59) — (3.66) 各式作代换 $\lambda z=\zeta$, $\lambda=1/\mu$，就可以直接得到 (5.38) — (5.45) 各式.

对于第三章中给出的其他一些特殊函数 (包括 Legendre 函数、Gegenbauer 函数、Jacobi 多项式、合流超几何函数以及各种特殊的合流超几何函数) 的倍乘公式，也有类似的结论.

应用同样的 Möbius 反演技术，我们也可以写出超几何函数的加法公式 (见 (3.123) — (3.130) 式) 和合流超几何函数的加法公式 (见 (3.141) — (3.147) 式) 的反演形式. 读者也将会发现，这些结果都可以由加法公式通过代换 $z+z'=\zeta$, $z'=-\zeta'$ 而直接得到.

§5.3　卷积型级数 Möbius 反演与柱函数

本节集中讨论涉及柱函数的 Möbius 反演，可以得到许多有意义的结果.

例 5.15　由 Bessel 函数的级数表达式

$$
\mathrm{J}_\nu(x)=\sum_{n=0}^{\infty}\frac{(-1)^n}{n!}\frac{1}{\Gamma(n+\nu+1)}\Big(\frac{x}{2}\Big)^{2n+\nu},
$$

取

$$
P_\nu(x)=\mathrm{J}_\nu(x),\qquad Q_\nu(x)=\frac{1}{\Gamma(\nu+1)}\Big(\frac{x}{2}\Big)^\nu,
$$

则展开系数为

$$
A(n)=\frac{(-1)^n}{n!}\Big(\frac{x}{2}\Big)^n.
$$

所以反演公式为

$$
\frac{1}{\Gamma(\nu+1)}\Big(\frac{x}{2}\Big)^\nu=\sum_{n=0}^{\infty}\frac{1}{n!}\Big(\frac{x}{2}\Big)^n\mathrm{J}_{n+\nu}(x),\tag{5.46a}
$$

或者写成

$$\sum_{n=0}^{\infty}\frac{1}{n!}\left(\frac{x}{2}\right)^{n-\nu}\mathrm{J}_{n+\nu}(x)=\frac{1}{\Gamma(\nu+1)}.\tag{5.46b}$$

特别是 ν 为正整数 m 时，有

$$\sum_{n=0}^{\infty}\frac{1}{n!}\left(\frac{x}{2}\right)^{n-m}\mathrm{J}_{n+m}(x)=\frac{1}{m!}.\tag{5.46c}$$

例 5.16 将 (5.46a) 式改写成

$$\frac{1}{\Gamma(\alpha+1)}\left(\frac{x}{2}\right)^{2\alpha}=\sum_{n=0}^{\infty}\frac{1}{n!}\left(\frac{x}{2}\right)^{n+\alpha}\mathrm{J}_{n+\alpha}(x).\tag{5.46d}$$

作 Laplace 变换，就有

$$\frac{1}{\Gamma(\alpha+1)}\frac{1}{2^{2\alpha}}\frac{\Gamma(2\alpha+1)}{p^{2\alpha+1}}=\sum_{n=0}^{\infty}\frac{1}{n!}\frac{\Gamma(n+\alpha+1/2)}{\sqrt{\pi}(1+p^2)^{n+\alpha+1/2}},\qquad \mathrm{Re}\,p>1.$$

再利用 Γ 函数的倍乘公式化简，即得

$$\frac{\Gamma(\alpha+1/2)}{p^{2\alpha+1}}=\sum_{n=0}^{\infty}\frac{1}{n!}\frac{\Gamma(n+\alpha+1/2)}{(1+p^2)^{n+\alpha+1/2}},\qquad \mathrm{Re}\,p>1.\tag{5.47a}$$

这个结果本身可以延拓到 $\left|1+p^2\right|>1$，它其实只不过是级数展开

$$\frac{1}{(1+p^2)^{\alpha}}=\sum_{n=0}^{\infty}\frac{(-1)^n}{n!}\frac{\Gamma(\alpha+n)}{\Gamma(\alpha)}\frac{1}{p^{2n+2\alpha}},\qquad |p|>1\tag{5.47b}$$

的反演.

例 5.17 由 (5.46d) 式还可以计算

$$\frac{1}{\Gamma(\alpha+1)}\frac{1}{2^{2\alpha}}\int_0^{\infty}x^{2\alpha-1}\mathrm{e}^{-\kappa x^2}\mathrm{d}x=\sum_{n=0}^{\infty}\frac{1}{n!}\frac{1}{x^{n+\alpha}}\int_0^{\infty}x^{n+\alpha-1}\mathrm{J}_{n+\alpha}(x)\mathrm{e}^{-\kappa x^2}\mathrm{d}x.$$

上式左端的积分可以化为 Γ 函数，而右端的积分则可利用公式

$$\int_0^{\infty}x^{\nu-1}\mathrm{J}_{\nu}(x)\mathrm{e}^{-\kappa x^2}\mathrm{d}x=2^{\nu-1}\gamma\left(\nu,\frac{1}{4\kappa}\right),\qquad \mathrm{Re}\,\nu>0,\ \ \mathrm{Re}\,\kappa>0$$

求出，其中的 $\gamma(\nu,z)$ 为不完全 γ 函数. 这样得到的结果便是

$$\frac{1}{\alpha}\frac{1}{(4\kappa)^{\alpha}}=\sum_{n=0}^{\infty}\frac{1}{n!}\gamma\left(n+\alpha,\frac{1}{4\kappa}\right).$$

或者令 $1/4\kappa=z$，则

$$\frac{1}{\alpha}z^{\alpha}=\sum_{n=0}^{\infty}\frac{1}{n!}\gamma(n+\alpha,z). \tag{5.48a}$$

它其实也只不过是

$$\gamma(\alpha,z)=\sum_{n=0}^{\infty}\frac{(-1)^n}{n!}\frac{1}{n+\alpha}z^{n+\alpha} \tag{5.48b}$$

的反演.

例 5.18 还可以从 (5.46d) 式出发，计算相关的变上限积分. 例如：

$$\begin{aligned}&\frac{1}{\Gamma(\alpha+1)}\frac{1}{2^{2\alpha}}\int_0^z x^{2\alpha}\cos x\,\mathrm{d}x\\&\quad=\sum_{n=0}^{\infty}\frac{1}{n!}\frac{1}{n+\alpha+1/2}\left(\frac{z}{2}\right)^{n+\alpha+1}\left[\mathrm{J}_{n+\alpha}(z)\cos z+\mathrm{J}_{n+\alpha+1}(z)\sin z\right],\end{aligned} \tag{5.49a}$$

$$\begin{aligned}&\frac{1}{\Gamma(\alpha+1)}\frac{1}{2^{2\alpha}}\int_0^z x^{2\alpha}\sin x\,\mathrm{d}x\\&\quad=\sum_{n=0}^{\infty}\frac{1}{n!}\frac{1}{n+\alpha+1/2}\left(\frac{z}{2}\right)^{n+\alpha+1}\left[\mathrm{J}_{n+\alpha}(z)\sin z-\mathrm{J}_{n+\alpha+1}(z)\cos z\right],\end{aligned} \tag{5.49b}$$

在上面的计算过程中，用到了积分

$$\begin{aligned}\int_0^z x^{\nu}\mathrm{J}_\nu(x)\,\cos x\,\mathrm{d}x&=\int_0^z x^{2\nu}\cdot x^{-\nu}\mathrm{J}_\nu(x)\,\cos x\,\mathrm{d}x\\&=\frac{1}{2\nu+1}z^{2\nu+1}\cdot z^{-\nu}\mathrm{J}_\nu(z)\cos z-\frac{1}{2\nu+1}\int_0^z x^{2\nu+1}\big[x^{-\nu}\mathrm{J}_\nu(x)\,\cos x\big]'\mathrm{d}x\\&=\frac{1}{2\nu+1}z^{\nu+1}\mathrm{J}_\nu(z)\cos z+\frac{1}{2\nu+1}\int_0^z\big[x^{\nu+1}\mathrm{J}_{\nu+1}(x)\,\sin x\big]'\mathrm{d}x\\&=\frac{1}{2\nu+1}z^{\nu+1}\big[\mathrm{J}_\nu(z)\,\cos z+\mathrm{J}_{\nu+1}(z)\,\sin z\big],\end{aligned} \tag{5.50a}$$

$$\begin{aligned}\int_0^z x^{\nu}\mathrm{J}_\nu(x)\,\sin x\,\mathrm{d}x&=\int_0^z x^{2\nu}\cdot x^{-\nu}\mathrm{J}_\nu(x)\,\sin x\,\mathrm{d}x\\&=\frac{1}{2\nu+1}z^{2\nu+1}\cdot z^{-\nu}\mathrm{J}_\nu(z)\sin z-\frac{1}{2\nu+1}\int_0^z x^{2\nu+1}\big[x^{-\nu}\mathrm{J}_\nu(x)\,\sin x\big]'\mathrm{d}x\\&=\frac{1}{2\nu+1}z^{\nu+1}\mathrm{J}_\nu(z)\sin z-\frac{1}{2\nu+1}\int_0^z\big[x^{\nu+1}\mathrm{J}_{\nu+1}(x)\,\cos x\big]'\mathrm{d}x\\&=\frac{1}{2\nu+1}z^{\nu+1}\big[\mathrm{J}_\nu(z)\,\sin z-\mathrm{J}_{\nu+1}(z)\,\cos z\big].\end{aligned} \tag{5.50b}$$

将 (5.49a) 式与 (5.49b) 式重新组合，还可以得到

$$\frac{1}{\Gamma(\alpha+1)}\frac{1}{2^{2\alpha}}\int_0^z x^{2\alpha}\cos(z-x)\,\mathrm{d}x=\sum_{n=0}^{\infty}\frac{1}{n!}\frac{1}{2^{n+\alpha}}\frac{1}{2(n+\alpha)+1}z^{n+\alpha+1}\mathrm{J}_{n+\alpha}(z), \tag{5.49c}$$

$$\frac{1}{\Gamma(\alpha+1)}\frac{1}{2^{2\alpha}}\int_0^z x^{2\alpha}\sin(z-x)\,\mathrm{d}x = \sum_{n=0}^{\infty}\frac{1}{n!}\frac{1}{2^{n+\alpha}}\frac{1}{2(n+\alpha)+1}z^{n+\alpha+1}\mathrm{J}_{n+\alpha+1}(z). \tag{5.49d}$$

例如，取 $\alpha=0$，求出 (5.49a) — (5.49d) 式左端的积分，即得

$$\sin z = \sum_{n=0}^{\infty}\frac{1}{n!}\frac{1}{n+1/2}\left(\frac{z}{2}\right)^{n+1}\left[\mathrm{J}_n(z)\cos z + \mathrm{J}_{n+1}(z)\sin z\right], \tag{5.51a}$$

$$1-\cos z = \sum_{n=0}^{\infty}\frac{1}{n!}\frac{1}{n+1/2}\left(\frac{z}{2}\right)^{n+1}\left[\mathrm{J}_n(z)\sin z - \mathrm{J}_{n+1}(z)\cos z\right] \tag{5.51b}$$

和

$$\sin z = \sum_{n=0}^{\infty}\frac{1}{n!}\frac{1}{n+1/2}\left(\frac{z}{2}\right)^{n+1}\mathrm{J}_n(z), \tag{5.51c}$$

$$1-\cos z = \sum_{n=0}^{\infty}\frac{1}{n!}\frac{1}{n+1/2}\left(\frac{z}{2}\right)^{n+1}\mathrm{J}_{n+1}(z). \tag{5.51d}$$

同样，取 $\alpha=1/2$，又得到

$$z\sin z+\cos z-1 = \sum_{n=0}^{\infty}\frac{\sqrt{\pi}}{(n+1)!}\left(\frac{z}{2}\right)^{n+3/2}\left[\mathrm{J}_{n+1/2}(z)\cos z + \mathrm{J}_{n+3/2}(z)\sin z\right], \tag{5.52a}$$

$$-z\cos z+\sin z = \sum_{n=0}^{\infty}\frac{\sqrt{\pi}}{(n+1)!}\left(\frac{z}{2}\right)^{n+3/2}\left[\mathrm{J}_{n+1/2}(z)\sin z - \mathrm{J}_{n+3/2}(z)\cos z\right] \tag{5.52b}$$

以及

$$1-\cos z = \sum_{n=0}^{\infty}\frac{\sqrt{\pi}}{(n+1)!}\left(\frac{z}{2}\right)^{n+3/2}\mathrm{J}_{n+1/2}(z), \tag{5.52c}$$

$$z-\sin z = \sum_{n=0}^{\infty}\frac{\sqrt{\pi}}{(n+1)!}\left(\frac{z}{2}\right)^{n+3/2}\mathrm{J}_{n+3/2}(z). \tag{5.52d}$$

取 $\alpha=1$，还能得到

$$\begin{aligned}&\frac{1}{4}\left[\left(z^2-2\right)\sin z + 2z\cos z\right]\\ &\qquad = \sum_{n=0}^{\infty}\frac{1}{n!}\frac{1}{n+3/2}\left(\frac{z}{2}\right)^{n+2}\left[\mathrm{J}_{n+1}(z)\cos z + \mathrm{J}_{n+2}(z)\sin z\right],\end{aligned} \tag{5.53a}$$

$$\begin{aligned}&\frac{1}{4}\left[\left(2-z^2\right)\cos z + 2z\sin z - 2\right]\\ &\qquad = \sum_{n=0}^{\infty}\frac{1}{n!}\frac{1}{n+3/2}\left(\frac{z}{2}\right)^{n+2}\left[\mathrm{J}_{n+1}(z)\sin z - \mathrm{J}_{n+2}(z)\cos z\right]\end{aligned} \tag{5.53b}$$

以及

$$\frac{1}{2}(z-\sin z)=\sum_{n=0}^{\infty}\frac{1}{n!}\frac{1}{n+3/2}\Big(\frac{z}{2}\Big)^{n+2}\mathrm{J}_{n+1}(z), \tag{5.53c}$$

$$\frac{1}{4}\big[(z^2-2)+2\cos z\big]=\sum_{n=0}^{\infty}\frac{1}{n!}\frac{1}{n+3/2}\Big(\frac{z}{2}\Big)^{n+2}\mathrm{J}_{n+2}(z). \tag{5.53d}$$

例 5.19 还可以讨论展开式①

$$\big[t(t-2x)\big]^{-\alpha/2}\mathrm{J}_\alpha\big(\sqrt{t(t-2x)}\big)=\sum_{n=0}^{\infty}\frac{1}{n!}t^{-\alpha}\mathrm{J}_{\alpha+n}(t)x^n \tag{5.54a}$$

的 Möbius 反演. 为此，只需取

$$P_\alpha(x)=\Big(\frac{t}{t-2x}\Big)^{\alpha/2}\mathrm{J}_\alpha\big(\sqrt{t(t-2x)}\big),\quad Q_\alpha(x)=\mathrm{J}_\alpha(t),\quad A(n)=\frac{1}{n!}x^n,$$

因而就能写出反演公式

$$\mathrm{J}_\alpha(t)=\sum_{n=0}^{\infty}\frac{(-1)^n}{n!}\Big(\frac{t}{t-2x}\Big)^{(\alpha+n)/2}\mathrm{J}_{\alpha+n}\big(\sqrt{t(t-2x)}\big)x^n. \tag{5.54b}$$

作为 (5.54) 式的特例，取 $t=x$，就有

$$\sum_{n=0}^{\infty}\frac{1}{n!}\mathrm{J}_{\alpha+n}(x)x^n=\mathrm{I}_\alpha(x), \tag{5.55a}$$

$$\sum_{n=0}^{\infty}\frac{(-1)^n}{n!}\mathrm{I}_{\alpha+n}(x)x^n=\mathrm{J}_\alpha(x). \tag{5.55b}$$

它们其实也就是所谓 Bessel 函数的倍乘公式 (见第三章 §3.7) 的特殊情形 ($\lambda=\mathrm{i}$).

例 5.20 柱函数 $C_\nu(z)$ 的递推关系是

$$\Big(\frac{1}{z}\frac{\mathrm{d}}{\mathrm{d}z}\Big)^n\big[z^\nu C_\nu(z)\big]=z^{\nu-n}C_{\nu-n}(z),$$
$$\Big(\frac{1}{z}\frac{\mathrm{d}}{\mathrm{d}z}\Big)^n\big[z^{-\nu} C_\nu(z)\big]=(-1)^n z^{-(\nu+n)}C_{\nu+n}(z),$$

令 $\zeta=z^2$，从而写成

$$\frac{\mathrm{d}^n}{\mathrm{d}\zeta^n}\big[\zeta^{\nu/2}C_\nu(\sqrt{\zeta})\big]=\Big(\frac{1}{2}\Big)^n\zeta^{(\nu-n)/2}C_{\nu-n}(\sqrt{\zeta}),$$
$$\frac{\mathrm{d}^n}{\mathrm{d}\zeta^n}\big[\zeta^{-\nu/2}C_\nu(\sqrt{\zeta})\big]=\Big(-\frac{1}{2}\Big)^n\zeta^{-(\nu+n)/2}C_{\nu+n}(\sqrt{\zeta}).$$

应用倍乘公式 (3.54)，则得

① 参见文献：E. D. Rainville. *Special Functions.* New York: Macmillan Co., 1960: 112. 直接将 (5.54a) 式左端的函数作 Taylor 展开即可证明.

$$\lambda^{\nu/2}C_\nu(\sqrt{\lambda\zeta})=\sum_{n=0}^{\infty}\frac{1}{n!}\Big(\frac{\lambda-1}{2}\Big)^n\zeta^{n/2}C_{\nu-n}(\sqrt{\zeta}),$$

$$\lambda^{-\nu/2}C_\nu(\sqrt{\lambda\zeta})=\sum_{n=0}^{\infty}\frac{(-1)^n}{n!}\Big(\frac{\lambda-1}{2}\Big)^n\zeta^{n/2}C_{\nu+n}(\sqrt{\zeta})$$

亦即

$$\lambda^{\nu}C_\nu(\lambda z)=\sum_{n=0}^{\infty}\frac{1}{n!}\Big(\frac{\lambda^2-1}{2}\Big)^n z^n C_{\nu-n}(z),\tag{5.56}$$

$$\lambda^{-\nu}C_\nu(\lambda z)=\sum_{n=0}^{\infty}\frac{(-1)^n}{n!}\Big(\frac{\lambda^2-1}{2}\Big)^n z^n C_{\nu+n}(z).\tag{5.57}$$

这实际上就是第三章中的 (3.114) — (3.117) 式. 模仿前几题的做法，就能够得到它们的反演公式

$$\lambda^{-\nu}C_\nu(z)=\sum_{n=0}^{\infty}\frac{(-1)^n}{n!}\Big(\frac{\lambda^2-1}{2\lambda}z\Big)^n C_{\nu-n}(\lambda z),\tag{5.58}$$

$$\lambda^{\nu}C_\nu(z)=\sum_{n=0}^{\infty}\frac{1}{n!}\Big(\frac{\lambda^2-1}{2\lambda}z\Big)^n C_{\nu+n}(\lambda z).\tag{5.59}$$

分别用 Bessel 函数 $\mathrm{J}_\nu(z)$ 或 Neumann 函数 $\mathrm{N}_\nu(z)$ 取代上面的 $C_\nu(z)$，得到的就将是 (3.114) — (3.117) 式的反演公式.

☞ **讨论** 不妨讨论 λ 的几种特殊形式，例如 $\lambda=\cosh t$，则有

$$\cosh^{\nu}t\,C_\nu(z\cosh t)=\sum_{n=0}^{\infty}\frac{1}{n!}\left(\frac{z\sinh^2 t}{2}\right)^n C_{\nu-n}(z),\tag{5.60}$$

$$\cosh^{-\nu}t\,C_\nu(z\cosh t)=\sum_{n=0}^{\infty}\frac{(-1)^n}{n!}\left(\frac{z\sinh^2 t}{2}\right)^n C_{\nu+n}(z);\tag{5.61}$$

$$\cosh^{-\nu}t\,C_\nu(z)=\sum_{n=0}^{\infty}\frac{(-1)^n}{n!}\left(\frac{z\sinh^2 t}{2\cosh t}\right)^n C_{\nu-n}(z\cosh t),\tag{5.62}$$

$$\cosh^{\nu}t\,C_\nu(z)=\sum_{n=0}^{\infty}\frac{1}{n!}\left(\frac{z\sinh^2 t}{2\cosh t}\right)^n C_{\nu+n}(z\cosh t).\tag{5.63}$$

或者令 $\lambda=\cos\theta$:

$$\cos^{\nu}\theta\,C_\nu(z\cos\theta)=\sum_{n=0}^{\infty}\frac{(-1)^n}{n!}\left(\frac{z\sin^2\theta}{2}\right)^n C_{\nu-n}(z),\qquad |\theta|<\pi/2,\tag{5.64}$$

$$\cos^{-\nu}\theta\,C_\nu(z\cos\theta)=\sum_{n=0}^{\infty}\frac{1}{n!}\left(\frac{z\sin^2\theta}{2}\right)^n C_{\nu+n}(z),\qquad |\theta|<\pi/2;\tag{5.65}$$

$$\cos^{-\nu}\theta\, C_\nu(z)=\sum_{n=0}^{\infty}\frac{1}{n!}\left(\frac{z\sin^2\theta}{2\cos\theta}\right)^n C_{\nu-n}(z\cos\theta),\qquad |\theta|<\pi/2,\tag{5.66}$$

$$\cos^{\nu}\theta\, C_\nu(z)=\sum_{n=0}^{\infty}\frac{(-1)^n}{n!}\left(\frac{z\sin^2\theta}{2\cos\theta}\right)^n C_{\nu+n}(z\cos\theta),\qquad |\theta|<\pi/2.\tag{5.67}$$

甚至还可以令 $\lambda=\mathrm{e}^{\mathrm{i}\theta}$:

$$\mathrm{e}^{\mathrm{i}\nu\theta}\, C_\nu(z\mathrm{e}^{\mathrm{i}\theta})=\sum_{n=0}^{\infty}\frac{\mathrm{i}^n}{n!}\big(z\mathrm{e}^{\mathrm{i}\theta}\sin\theta\big)^n C_{\nu-n}(z),\tag{5.68}$$

$$\mathrm{e}^{\mathrm{i}\nu\theta}\, C_\nu(z\mathrm{e}^{\mathrm{i}\theta})=\sum_{n=0}^{\infty}\frac{(-\mathrm{i})^n}{n!}\big(z\mathrm{e}^{\mathrm{i}\theta}\sin\theta\big)^n C_{\nu+n}(z);\tag{5.69}$$

$$\mathrm{e}^{-\mathrm{i}\nu\theta}\, C_\nu(z)=\sum_{n=0}^{\infty}\frac{(-\mathrm{i})^n}{n!}(z\sin\theta)^n C_{\nu-n}(z\mathrm{e}^{\mathrm{i}\theta}),\tag{5.70}$$

$$\mathrm{e}^{\mathrm{i}\nu\theta}\, C_\nu(z)=\sum_{n=0}^{\infty}\frac{\mathrm{i}^n}{n!}(z\sin\theta)^n C_{\nu+n}(z\mathrm{e}^{\mathrm{i}\theta}).\tag{5.71}$$

例 5.21　第三章中还给出了柱函数的加法公式 (3.105a) 与 (3.105b):

$$\zeta^{\nu/2}C_\nu(\sqrt{\zeta})=\sum_{n=0}^{\infty}\frac{1}{n!}\left(\frac{1}{2}\right)^n z^{(\nu-n)/2}C_{\nu-n}(\sqrt{z})\,(\zeta-z)^n,$$

$$\zeta^{-\nu/2}C_\nu(\sqrt{\zeta})=\sum_{n=0}^{\infty}\frac{(-1)^n}{n!}\left(\frac{1}{2}\right)^n z^{-(\nu+n)/2}C_{\nu+n}(\sqrt{z})\,(\zeta-z)^n.$$

令 $\zeta=z+z'$, 则有

$$\left(\frac{z+z'}{z}\right)^{\nu/2}C_\nu(\sqrt{z+z'})=\sum_{n=0}^{\infty}\frac{1}{n!}\left(\frac{z'}{2}\right)^n z^{-n/2}C_{\nu-n}(\sqrt{z}),\tag{5.72}$$

$$\left(\frac{z+z'}{z}\right)^{-\nu/2}C_\nu(\sqrt{z+z'})=\sum_{n=0}^{\infty}\frac{(-1)^n}{n!}\left(\frac{z'}{2}\right)^n z^{-n/2}C_{\nu+n}(\sqrt{z}).\tag{5.73}$$

它们覆盖了第三章中的 (3.177) — (3.180) 式. 采用 Möbius 级数反演的标准步骤, 同样也能导出它们的反演公式:

$$\left(\frac{z+z'}{z}\right)^{-\nu/2}C_\nu(\sqrt{z})=\sum_{n=0}^{\infty}\frac{(-1)^n}{n!}\left(\frac{z'}{2}\right)^n (z+z')^{-n/2}C_{\nu-n}(\sqrt{z+z'}),\tag{5.74}$$

$$\left(\frac{z+z'}{z}\right)^{\nu/2}C_\nu(\sqrt{z})=\sum_{n=0}^{\infty}\frac{1}{n!}\left(\frac{z'}{2}\right)^n (z+z')^{-n/2}C_{\nu+n}(\sqrt{z+z'}).\tag{5.75}$$

☞ **讨论**　作为 (5.72) 与 (5.73) 两式的另一种形式, 可令 $z=(\alpha\zeta)^2$, $z'=-(\beta\zeta)^2$, 并且将 ζ 重新写为 z, 则有

$$\left(\frac{\alpha^2-\beta^2}{\alpha^2}\right)^{\nu/2} C_\nu(\sqrt{\alpha^2-\beta^2}\, z) = \sum_{n=0}^{\infty} \frac{(-1)^n}{n!}\left(\frac{\beta^2 z}{2\alpha}\right)^n C_{\nu-n}(\alpha z), \tag{5.76}$$

$$\left(\frac{\alpha^2-\beta^2}{\alpha^2}\right)^{-\nu/2} C_\nu(\sqrt{\alpha^2-\beta^2}\, z) = \sum_{n=0}^{\infty} \frac{1}{n!}\left(\frac{\beta^2 z}{2\alpha}\right)^n C_{\nu+n}(\alpha z). \tag{5.77}$$

它们的反演公式就是

$$\left(\frac{\alpha^2-\beta^2}{\alpha^2}\right)^{-\nu/2} C_\nu(\alpha z) = \sum_{=0}^{\infty} \frac{1}{n!}\left(\frac{\beta^2 z}{2\sqrt{\alpha^2-\beta^2}}\right)^n C_{\nu-n}(\sqrt{\alpha^2-\beta^2}\, z), \tag{5.78}$$

$$\left(\frac{\alpha^2-\beta^2}{\alpha^2}\right)^{\nu/2} C_\nu(\alpha z) = \sum_{=0}^{\infty} \frac{(-1)^n}{n!}\left(\frac{\beta^2 z}{2\sqrt{\alpha^2-\beta^2}}\right)^n C_{\nu+n}(\sqrt{\alpha^2-\beta^2}\, z). \tag{5.79}$$

例 5.22 从虚宗量柱函数的倍乘公式 (即 (3.118) — (3.121) 式)

$$\lambda^\nu \mathrm{I}_\nu(\lambda z) = \sum_{n=0}^{\infty} \frac{1}{n!}\left(\frac{\lambda^2-1}{2} z\right)^n \mathrm{I}_{\nu-n}(z), \tag{5.80}$$

$$\lambda^{-\nu} \mathrm{I}_\nu(\lambda z) = \sum_{n=0}^{\infty} \frac{1}{n!}\left(\frac{\lambda^2-1}{2} z\right)^n \mathrm{I}_{\nu+n}(z), \tag{5.81}$$

$$\lambda^\nu \mathrm{K}_\nu(\lambda z) = \sum_{n=0}^{\infty} \frac{(-1)^n}{n!}\left(\frac{\lambda^2-1}{2} z\right)^n \mathrm{K}_{\nu-n}(z), \tag{5.82}$$

$$\lambda^{-\nu} \mathrm{K}_\nu(\lambda z) = \sum_{n=0}^{\infty} \frac{(-1)^n}{n!}\left(\frac{\lambda^2-1}{2} z\right)^n \mathrm{K}_{\nu+n}(z) \tag{5.83}$$

以及加法公式 (即 (3.181) — (3.184) 式)

$$\left(\frac{z+z'}{z}\right)^{\nu/2} \mathrm{I}_\nu(\sqrt{z+z'}) = \sum_{n=0}^{\infty} \frac{1}{n!}\left(\frac{z'}{2}\right)^n z^{-n/2} \mathrm{I}_{\nu-n}(\sqrt{z}), \tag{5.84}$$

$$\left(\frac{z+z'}{z}\right)^{-\nu/2} \mathrm{I}_\nu(\sqrt{z+z'}) = \sum_{n=0}^{\infty} \frac{1}{n!}\left(\frac{z'}{2}\right)^n z^{-n/2} \mathrm{I}_{\nu+n}(\sqrt{z}), \tag{5.85}$$

$$\left(\frac{z+z'}{z}\right)^{\nu/2} \mathrm{K}_\nu(\sqrt{z+z'}) = \sum_{n=0}^{\infty} \frac{(-1)^n}{n!}\left(\frac{z'}{2}\right)^n z^{-n/2} \mathrm{K}_{\nu-n}(\sqrt{z}), \tag{5.86}$$

$$\left(\frac{z+z'}{z}\right)^{-\nu/2} \mathrm{K}_\nu(\sqrt{z+z'}) = \sum_{n=0}^{\infty} \frac{(-1)^n}{n!}\left(\frac{z'}{2}\right)^n z^{-n/2} \mathrm{K}_{\nu+n}(\sqrt{z}) \tag{5.87}$$

出发，重复例 5.20 与例 5.21 中的做法，也能得到它们的反演公式：

$$\lambda^{-\nu} \mathrm{I}_\nu(z) = \sum_{n=0}^{\infty} \frac{(-1)^n}{n!}\left(\frac{\lambda^2-1}{2\lambda} z\right)^n \mathrm{I}_{\nu-n}(\lambda z), \tag{5.88}$$

$$\lambda^{\nu}\mathrm{I}_{\nu}(z)=\sum_{n=0}^{\infty}\frac{(-1)^n}{n!}\Big(\frac{\lambda^2-1}{2\lambda}z\Big)^n\mathrm{I}_{\nu+n}(\lambda z), \tag{5.89}$$

$$\lambda^{-\nu}\mathrm{K}_{\nu}(z)=\sum_{n=0}^{\infty}\frac{1}{n!}\Big(\frac{\lambda^2-1}{2\lambda}z\Big)^n\mathrm{K}_{\nu-n}(\lambda z), \tag{5.90}$$

$$\lambda^{\nu}\mathrm{K}_{\nu}(z)=\sum_{n=0}^{\infty}\frac{1}{n!}\Big(\frac{\lambda^2-1}{2\lambda}z\Big)^n\mathrm{K}_{\nu+n}(\lambda z) \tag{5.91}$$

以及

$$\Big(\frac{z+z'}{z}\Big)^{-\nu/2}\mathrm{I}_{\nu}(\sqrt{z})=\sum_{n=0}^{\infty}\frac{(-1)^n}{n!}\Big(\frac{z'}{2}\Big)^n(z+z')^{-n/2}\mathrm{I}_{\nu-n}(\sqrt{z+z'}), \tag{5.92}$$

$$\Big(\frac{z+z'}{z}\Big)^{\nu/2}\mathrm{I}_{\nu}(\sqrt{z})=\sum_{n=0}^{\infty}\frac{(-1)^n}{n!}\Big(\frac{z'}{2}\Big)^n(z+z')^{-n/2}\mathrm{I}_{\nu+n}(\sqrt{z+z'}), \tag{5.93}$$

$$\Big(\frac{z+z'}{z}\Big)^{-\nu/2}\mathrm{K}_{\nu}(\sqrt{z})=\sum_{n=0}^{\infty}\frac{1}{n!}\Big(\frac{z'}{2}\Big)^n(z+z')^{-n/2}\mathrm{K}_{\nu-n}(\sqrt{z+z'}), \tag{5.94}$$

$$\Big(\frac{z+z'}{z}\Big)^{\nu/2}\mathrm{K}_{\nu}(\sqrt{z})=\sum_{n=0}^{\infty}\frac{1}{n!}\Big(\frac{z'}{2}\Big)^n(z+z')^{-n/2}\mathrm{K}_{\nu+n}(\sqrt{z+z'}). \tag{5.95}$$

☞ **讨论**　完全类似于例 5.20 的讨论，在 (5.80) — (5.83) 式中，也可以代入特殊形式的 λ 值，从而得到

$$\cosh^{\nu}t\,\mathrm{I}_{\nu}(z\cosh t)=\sum_{n=0}^{\infty}\frac{1}{n!}\Big(\frac{z\,\sinh^2 t}{2\cosh t}\Big)^n\mathrm{I}_{\nu-n}(z), \tag{5.96}$$

$$\cosh^{-\nu}t\,\mathrm{I}_{\nu}(z\cosh t)=\sum_{n=0}^{\infty}\frac{1}{n!}\Big(\frac{z\,\sinh^2 t}{2\cosh t}\Big)^n\mathrm{I}_{\nu+n}(z), \tag{5.97}$$

$$\cosh^{\nu}t\,\mathrm{K}_{\nu}(z\cosh t)=\sum_{n=0}^{\infty}\frac{(-1)^n}{n!}\Big(\frac{z\,\sinh^2 t}{2\cosh t}\Big)^n\mathrm{K}_{\nu-n}(z), \tag{5.98}$$

$$\cosh^{-\nu}t\,\mathrm{K}_{\nu}(z\cosh t)=\sum_{n=0}^{\infty}\frac{(-1)^n}{n!}\Big(\frac{z\,\sinh^2 t}{2\cosh t}\Big)^n\mathrm{K}_{\nu+n}(z); \tag{5.99}$$

$$\cos^{\nu}\theta\,\mathrm{I}_{\nu}(z\cos\theta)=\sum_{n=0}^{\infty}\frac{(-1)^n}{n!}\Big(\frac{z\sin^2\theta}{2\cos\theta}\Big)^n\mathrm{I}_{\nu-n}(z), \tag{5.100}$$

$$\cos^{-\nu}\theta\,\mathrm{I}_{\nu}(z\cos\theta)=\sum_{n=0}^{\infty}\frac{(-1)^n}{n!}\Big(\frac{z\sin^2\theta}{2\cos\theta}\Big)^n\mathrm{I}_{\nu+n}(z), \tag{5.101}$$

$$\cos^{\nu}\theta\,\mathrm{K}_{\nu}(z\cos\theta)=\sum_{n=0}^{\infty}\frac{1}{n!}\Big(\frac{z\sin^2\theta}{2\cos\theta}\Big)^n\mathrm{K}_{\nu-n}(z), \tag{5.102}$$

$$\cos^{-\nu}\theta\,\mathrm{K}_\nu(z\cos\theta)=\sum_{n=0}^{\infty}\frac{1}{n!}\Big(\frac{z\sin^2\theta}{2\cos\theta}\Big)^n\mathrm{K}_{\nu+n}(z);\tag{5.103}$$

$$\mathrm{e}^{\mathrm{i}\nu\theta}\mathrm{I}_\nu(z\mathrm{e}^{\mathrm{i}\theta})=\sum_{n=0}^{\infty}\frac{\mathrm{i}^n}{n!}z^n\sin^n\theta\,\mathrm{K}_{\nu-n}(z),\tag{5.104}$$

$$\mathrm{e}^{-\mathrm{i}\nu\theta}\mathrm{I}_\nu(z\mathrm{e}^{\mathrm{i}\theta})=\sum_{n=0}^{\infty}\frac{\mathrm{i}^n}{n!}z^n\sin^n\theta\,\mathrm{K}_{\nu+n}(z),\tag{5.105}$$

$$\mathrm{e}^{\mathrm{i}\nu\theta}\mathrm{K}_\nu(z\mathrm{e}^{\mathrm{i}\theta})=\sum_{n=0}^{\infty}\frac{(-\mathrm{i})^n}{n!}z^n\sin^n\theta\,\mathrm{K}_{\nu-n}(z),\tag{5.106}$$

$$\mathrm{e}^{-\mathrm{i}\nu\theta}\mathrm{K}_\nu(z\mathrm{e}^{\mathrm{i}\theta})=\sum_{n=0}^{\infty}\frac{(-\mathrm{i})^n}{n!}z^n\sin^n\theta\,\mathrm{K}_{\nu+n}(z).\tag{5.107}$$

相应地，在 (5.88) — (5.91) 式中作同样的代换，得到的也就是 (5.96) — (5.107) 式的 Möbius 反演：

$$\cosh^{-\nu}t\,\mathrm{I}_\nu(z)=\sum_{n=0}^{\infty}\frac{(-1)^n}{n!}\Big(\frac{z\sinh^2t}{2\cosh t}\Big)^n\mathrm{I}_{\nu-n}(z\cosh t),\tag{5.108}$$

$$\cosh^{\nu}t\,\mathrm{I}_\nu(z)=\sum_{n=0}^{\infty}\frac{(-1)^n}{n!}\Big(\frac{z\sinh^2t}{2\cosh t}\Big)^n\mathrm{I}_{\nu+n}(z\cosh t),\tag{5.109}$$

$$\cosh^{-\nu}t\,\mathrm{K}_\nu(z)=\sum_{n=0}^{\infty}\frac{1}{n!}\Big(\frac{z\sinh^2t}{2\cosh t}\Big)^n\mathrm{K}_{\nu-n}(z\cosh t),\tag{5.110}$$

$$\cosh^{\nu}t\,\mathrm{K}_\nu(z)=\sum_{n=0}^{\infty}\frac{1}{n!}\Big(\frac{z\sinh^2t}{2\cosh t}\Big)^n\mathrm{K}_{\nu+n}(z\cosh t);\tag{5.111}$$

$$\cos^{-\nu}\theta\,\mathrm{I}_\nu(z)=\sum_{n=0}^{\infty}\frac{1}{n!}\Big(\frac{z\sin^2\theta}{2\cos\theta}\Big)^n\mathrm{I}_{\nu-n}(z\cos\theta),\tag{5.112}$$

$$\cos^{\nu}\theta\,\mathrm{I}_\nu(z\cos\theta)=\sum_{n=0}^{\infty}\frac{1}{n!}\Big(\frac{z\sin^2\theta}{2\cos\theta}\Big)^n\mathrm{I}_{\nu+n}(z\cos\theta),\tag{5.113}$$

$$\cos^{-\nu}\theta\,\mathrm{K}_\nu(z\cos\theta)=\sum_{n=0}^{\infty}\frac{(-1)^n}{n!}\Big(\frac{z\sin^2\theta}{2\cos\theta}\Big)^n\mathrm{K}_{\nu-n}(z\cos\theta),\tag{5.114}$$

$$\cos^{\nu}\theta\,\mathrm{K}_\nu(z\cos\theta)=\sum_{n=0}^{\infty}\frac{(-1)^n}{n!}\Big(\frac{z\sin^2\theta}{2\cos\theta}\Big)^n\mathrm{K}_{\nu+n}(z\cos\theta);\tag{5.115}$$

$$\mathrm{e}^{-\mathrm{i}\nu\theta}\mathrm{I}_\nu(z)=\sum_{n=0}^{\infty}\frac{(-\mathrm{i})^n}{n!}z^n\sin^n\theta\,\mathrm{I}_{\nu-n}(z\mathrm{e}^{\mathrm{i}\theta}),\tag{5.116}$$

$$\mathrm{e}^{\mathrm{i}\nu\theta}\mathrm{I}_\nu(z)=\sum_{n=0}^{\infty}\frac{(-\mathrm{i})^n}{n!}z^n\sin^n\theta\,\mathrm{I}_{\nu+n}(z\mathrm{e}^{\mathrm{i}\theta}),\tag{5.117}$$

$$\mathrm{e}^{-\mathrm{i}\nu\theta}\mathrm{K}_\nu(z)=\sum_{n=0}^{\infty}\frac{\mathrm{i}^n}{n!}z^n\sin^n\theta\,\mathrm{K}_{\nu-n}(z\mathrm{e}^{\mathrm{i}\theta}),\tag{5.118}$$

$$\mathrm{e}^{\mathrm{i}\nu\theta}\mathrm{K}_\nu(z)=\sum_{n=0}^{\infty}\frac{\mathrm{i}^n}{n!}z^n\sin^n\theta\,\mathrm{K}_{\nu+n}(z\mathrm{e}^{\mathrm{i}\theta}).\tag{5.119}$$

同理，也可以给出 (5.84) — (5.87) 式及 (5.92) — (5.95) 式的特殊形式：

$$\left(\frac{\alpha^2-\beta^2}{\alpha^2}\right)^{\nu/2}\mathrm{I}_\nu(\sqrt{\alpha^2-\beta^2}\,z)=\sum_{n=0}^{\infty}\frac{(-1)^n}{n!}\left(\frac{\beta^2z}{2\alpha}\right)^n\mathrm{I}_{\nu-n}(\alpha z),\tag{5.120}$$

$$\left(\frac{\alpha^2-\beta^2}{\alpha^2}\right)^{-\nu/2}\mathrm{I}_\nu(\sqrt{\alpha^2-\beta^2}\,z)=\sum_{n=0}^{\infty}\frac{(-1)^n}{n!}\left(\frac{\beta^2z}{2\alpha}\right)^n\mathrm{I}_{\nu+n}(\alpha z),\tag{5.121}$$

$$\left(\frac{\alpha^2-\beta^2}{\alpha^2}\right)^{\nu/2}\mathrm{K}_\nu(\sqrt{\alpha^2-\beta^2}\,z)=\sum_{n=0}^{\infty}\frac{1}{n!}\left(\frac{\beta^2z}{2\alpha}\right)^n\mathrm{K}_{\nu-n}(\alpha z),\tag{5.122}$$

$$\left(\frac{\alpha^2-\beta^2}{\alpha^2}\right)^{-\nu/2}\mathrm{K}_\nu(\sqrt{\alpha^2-\beta^2}\,z)=\sum_{n=0}^{\infty}\frac{1}{n!}\left(\frac{\beta^2z}{2\alpha}\right)^n\mathrm{K}_{\nu+n}(\alpha z)\tag{5.123}$$

以及

$$\left(\frac{\alpha^2-\beta^2}{\alpha^2}\right)^{-\nu/2}\mathrm{I}_\nu(\alpha z)=\sum_{n=0}^{\infty}\frac{1}{n!}\left(\frac{\beta^2z}{2\sqrt{\alpha^2-\beta^2}}\right)^n\mathrm{I}_{\nu-n}(\sqrt{\alpha^2-\beta^2}\,z),\tag{5.124}$$

$$\left(\frac{\alpha^2-\beta^2}{\alpha^2}\right)^{\nu/2}\mathrm{I}_\nu(\alpha z)=\sum_{n=0}^{\infty}\frac{1}{n!}\left(\frac{\beta^2z}{2\sqrt{\alpha^2-\beta^2}}\right)^n\mathrm{I}_{\nu+n}(\sqrt{\alpha^2-\beta^2}\,z),\tag{5.125}$$

$$\left(\frac{\alpha^2-\beta^2}{\alpha^2}\right)^{-\nu/2}\mathrm{K}_\nu(\alpha z)=\sum_{n=0}^{\infty}\frac{(-1)^n}{n!}\left(\frac{\beta^2z}{2\sqrt{\alpha^2-\beta^2}}\right)^n\mathrm{K}_{\nu-n}(\sqrt{\alpha^2-\beta^2}\,z),\tag{5.126}$$

$$\left(\frac{\alpha^2-\beta^2}{\alpha^2}\right)^{\nu/2}\mathrm{K}_\nu(\alpha z)=\sum_{n=0}^{\infty}\frac{(-1)^n}{n!}\left(\frac{\beta^2z}{2\sqrt{\alpha^2-\beta^2}}\right)^n\mathrm{K}_{\nu+n}(\sqrt{\alpha^2-\beta^2}\,z).\tag{5.127}$$

§5.4 卷积型积分变换的 Möbius 反演

作为 §5.1 中级数序列及其反演的推广，由卷积型级数过渡到卷积型积分，可以定义积分变换

$$P(x)=\int_{-\infty}^{\infty}K(t-x)\,Q(t)\,\mathrm{d}t=\int_{-\infty}^{\infty}K(y)\,Q(x+y)\,\mathrm{d}y,\tag{5.128}$$

其中积分变换核 $K(y)$ 就相当于叠加系数 $A(n)$. 如果存在反演核，记为 $K^{-1}(y)$，满足

$$\int_{-\infty}^{\infty}K(t)\,K^{-1}(s-t)\,\mathrm{d}t=\delta(s),\tag{5.129}$$

则有

$$\begin{aligned}
Q(x) &= \int_{-\infty}^{\infty} Q(y)\,\delta(y-x)\mathrm{d}y = \int_{-\infty}^{\infty} Q(y)\left[\int_{-\infty}^{\infty} K(t)\,K^{-1}(y-x-t)\,\mathrm{d}t\right]\mathrm{d}y \\
&= \int_{-\infty}^{\infty} Q(y)\left[\int_{-\infty}^{\infty} K(y-\tau)\,K^{-1}(\tau-x)\,\mathrm{d}\tau\right]\mathrm{d}y \\
&= \int_{-\infty}^{\infty} K^{-1}(\tau-x)\left[\int_{-\infty}^{\infty} Q(y)\,K(y-\tau)\,\mathrm{d}y\right]\mathrm{d}\tau \\
&= \int_{-\infty}^{\infty} K^{-1}(\tau-x)\,P(\tau)\,\mathrm{d}\tau = \int_{-\infty}^{\infty} K^{-1}(t)\,P(x+t)\,\mathrm{d}t.
\end{aligned} \tag{5.130}$$

这正是 (5.128) 式的反演. 反之，由 (5.130) 式亦可推出 (5.128) 式，只要条件 (5.129) 成立. 这也就证明了 $K(y)$ 与 $K^{-1}(y)$ 互为反演：

$$K(y) = \left[K^{-1}(y)\right]^{-1}. \tag{5.131}$$

类似地，也可以定义积分变换

$$P(x) = \int_{-\infty}^{\infty} K(t+x)\,Q(t)\,\mathrm{d}t = \int_{-\infty}^{\infty} K(y)\,Q(y-x)\,\mathrm{d}y. \tag{5.132}$$

在 (5.129) 式的条件下，也能导出

$$Q(x) = \int_{-\infty}^{\infty} K^{-1}(t+x)\,P(t)\,\mathrm{d}t = \int_{-\infty}^{\infty} K^{-1}(y)\,P(y-x)\,\mathrm{d}y. \tag{5.133}$$

反之，由 (5.133) 式亦可推出 (5.132) 式.

由于这类积分变换是由卷积型级数的 Möbius 反演推广而来，也由于积分变换核的具体特点，因此不妨称之为卷积型积分变换.

(5.129) 式不单是判定变换核的唯一标准，而且也提供了寻找变换核的可能途径. 例如，如果 $K(x)$ 与 $K^{-1}(x)$ 的 Fourier 变换均存在：

$$k(t) = \frac{1}{\sqrt{2\pi}}\int_{-\infty}^{\infty} K(x)\,\mathrm{e}^{\mathrm{i}xt}\,\mathrm{d}x, \qquad \overline{k}(t) = \frac{1}{\sqrt{2\pi}}\int_{-\infty}^{\infty} K^{-1}(x)\,\mathrm{e}^{\mathrm{i}xt}\,\mathrm{d}x,$$

则根据 Fourier 变换的卷积公式 (见第十二章中的 (12.41) 式)，一定有

$$\int_{-\infty}^{\infty} k(t)\,\overline{k}(t)\,\mathrm{e}^{-\mathrm{i}xt}\,\mathrm{d}t = \delta(x).$$

由此就可以得到

$$k(t)\,\overline{k}(t) = \frac{1}{2\pi}.$$

直接计算可以验证：

$$K(x) = \sqrt{\frac{\alpha}{\pi}}\,\mathrm{e}^{\mathrm{i}\alpha x^2}, \qquad K^{-1}(x) = \sqrt{\frac{\alpha}{\pi}}\,\mathrm{e}^{-\mathrm{i}\alpha x^2} \tag{5.134}$$

就是这样的积分变换核.

第六章　应用留数定理计算定积分

§6.1　几 个 引 理

下面先列出几个引理，在应用留数定理计算定积分时，常常要用到它们.

引理 6.1　设 $f(z)$ 在 ∞ 点的邻域内连续，当 $\theta_1 \leqslant \arg z \leqslant \theta_2$，$z \to \infty$ 时，$zf(z)$ 一致地趋近于 K，则

$$\lim_{R\to\infty}\int_{C_R} f(z)\,\mathrm{d}z = \mathrm{i}K(\theta_2-\theta_1), \tag{6.1}$$

其中 C_R 是以原点为圆心，R 为半径，夹角为 $\theta_2-\theta_1$ 的圆弧，$|z|=R,\ \theta_1\leqslant\arg z\leqslant\theta_2$ (见图 6.1).

为了叙述方便，以后就将此引理简称为大圆弧引理.

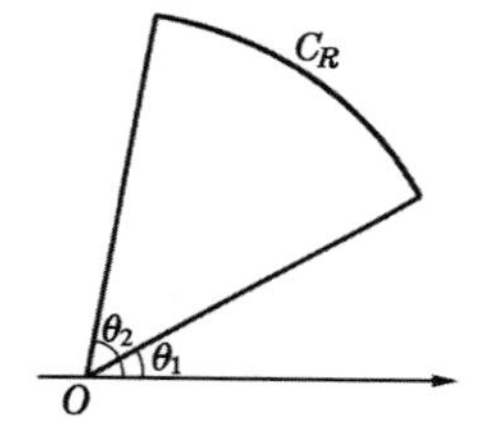

图 6.1　大圆弧引理

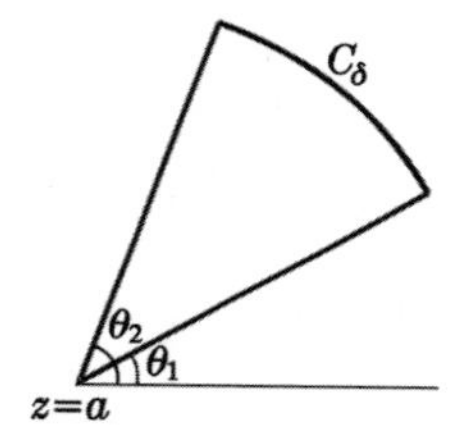

图 6.2　小圆弧引理

引理 6.2　若函数 $f(z)$ 在 $z=a$ 点的 (空心) 邻域内连续，且当 $\theta_1 \leqslant \arg(z-a) \leqslant \theta_2$，$|z-a| \to 0$ 时，$(z-a)f(z)$ 一致地趋近于 k，则

$$\lim_{\delta\to 0}\int_{C_\delta} f(z)\mathrm{d}z = \mathrm{i}k(\theta_2-\theta_1), \tag{6.2}$$

其中 C_δ 是以 $z=a$ 为圆心，δ 为半径，夹角为 $\theta_2-\theta_1$ 的圆弧，$|z-a|=\delta,\ \theta_1 \leqslant \arg(z-a) \leqslant \theta_2$ (见图 6.2).

以后称此引理为小圆弧引理.

在计算三角函数的无穷积分时，常常用到 Jordan 引理，例如适用于上半平面的 Jordan 引理：

引理 6.3a　设在 $0 \leqslant \arg z \leqslant \pi$ 的范围内，当 $|z| \to \infty$ 时，$Q(z)$ 一致地趋近于 0，则

$$\lim_{R\to\infty}\int_{C_R} Q(z)\mathrm{e}^{\mathrm{i}pz}\mathrm{d}z = 0, \tag{6.3}$$

其中 $p>0$，C_R 是以原点为圆心，R 为半径的半圆弧 (见图 6.3).

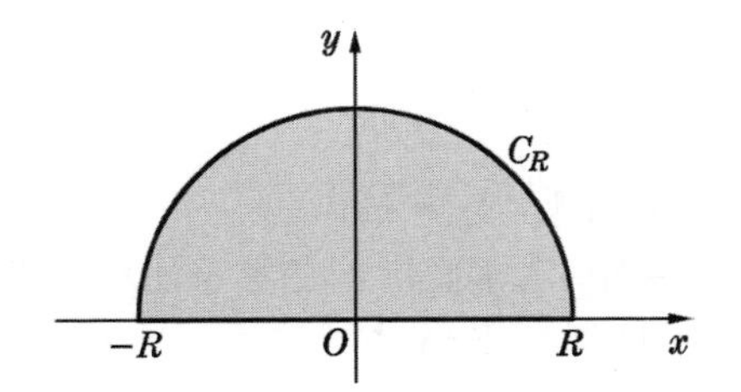

图 6.3 Jordan 引理应用于上半平面

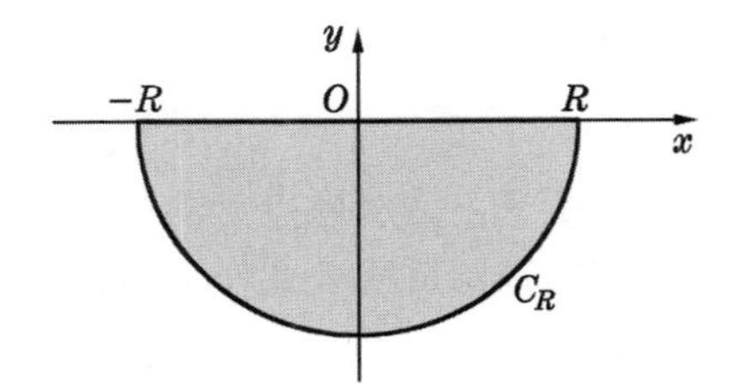

图 6.4 Jordan 引理应用于下半平面

作适当的旋转变换，可以得到适用于其他半平面的 Jordan 引理. 例如，将上面 (6.3) 式中的 z 改写为 $-z$，但将这样出现的 $Q(-z)$ 仍写成 $Q(z)$，则得到适用于下半平面的 Jordan 引理：

引理 6.3b 设在 $\pi \leqslant \arg z \leqslant 2\pi$ 的范围内，当 $|z| \to \infty$ 时，$Q(z)$ 一致地趋近于 0，则

$$\lim_{R\to\infty}\int_{C_R} Q(z)\mathrm{e}^{-\mathrm{i}pz}\mathrm{d}z = 0, \tag{6.4}$$

其中 $p>0$，C_R 是以原点为圆心，R 为半径的半圆弧 (见图 6.4).

类似地，作变换 $z \to \pm\mathrm{i}z$，即得到适用于左半平面或右半平面的 Jordan 引理：

引理 6.3c 设在 $\pi/2 \leqslant \arg z \leqslant 3\pi/2$ 的范围内，当$|z| \to \infty$ 时，$Q(z)$ 一致地趋近于 0，则

$$\lim_{R\to\infty}\int_{C_R} Q(z)\mathrm{e}^{pz}\mathrm{d}z = 0, \tag{6.5}$$

其中 $p>0$，C_R 是以原点为圆心，R 为半径的半圆弧 (见图 6.5).

引理 6.3d 设在 $-\pi/2 \leqslant \arg z \leqslant \pi/2$ 的范围内，当 $|z| \to \infty$ 时，$Q(z)$ 一致地趋

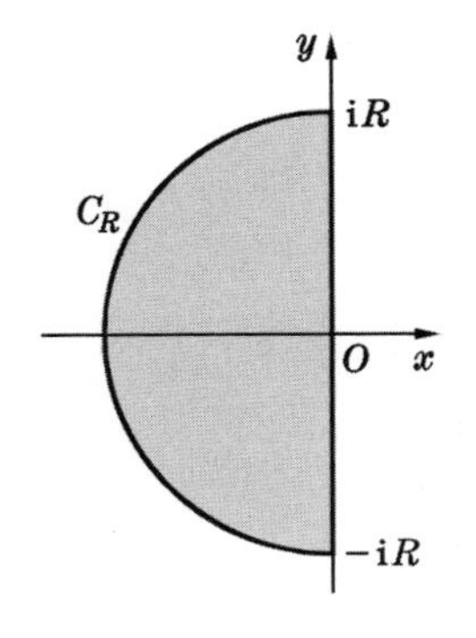

图 6.5 Jordan 引理应用于左半平面

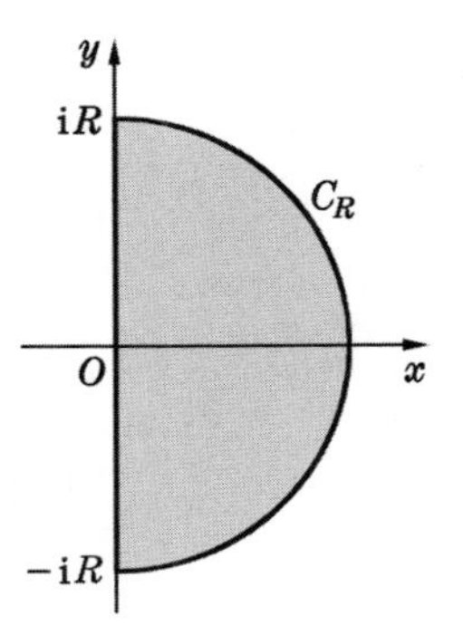

图 6.6 Jordan 引理应用于右半平面

近于 0，则

$$\lim_{R\to\infty}\int_{C_R} Q(z)\mathrm{e}^{-pz}\mathrm{d}z = 0, \tag{6.6}$$

其中 $p>0$，C_R 是以原点为圆心，R 为半径的半圆弧 (见图 6.6)。

在应用普遍反演公式作 Laplace 变换的反演时，常常要用到左半平面和右半平面的 Jordan 引理. 在作 Mellin 变换的反演时，同样要用到它们.

以上讨论的 Jordan 引理，涉及的都是半圆形的积分路径. 当然，从证明中可以看出，Jordan 引理也适用于积分路径是张角小于 π 的圆弧. 另外，Jordan 引理还可以推广到张角大于 π 的情形. 例如，上半平面的 Jordan 引理，可以推广到圆弧在下半平面有恒定截距的情形. 在求 Laplace 变换反演时，要用到这个结论.

Jordan 引理还可以应用于其他形式的积分路径. 例如，对于矩形围道，也可用到下列引理：

引理 6.4 设在 $0\leqslant \arg z\leqslant\pi$ 的范围内，当 $|z|\to\infty$ 时，$Q(z)$ 一致地趋近于 0，则

$$\lim_{R\to\infty}\int_L Q(z)\mathrm{e}^{\mathrm{i}pz}\mathrm{d}z = 0, \tag{6.7}$$

其中 $p>0$，L 如图 6.7 所示，是由 C_1, C_2 和 C_3 组成的折线.

证 直接估计三条线段上的积分值. 在 C_1 上，$z=R+\mathrm{i}y$，所以

$$\begin{aligned}\left|\int_{C_1} Q(z)\mathrm{e}^{\mathrm{i}pz}\mathrm{d}z\right| &= \left|\int_0^R Q(R+\mathrm{i}y)\mathrm{e}^{\mathrm{i}p(R+\mathrm{i}y)}\mathrm{i}\mathrm{d}y\right| \\ &\leqslant \max\{Q(R+\mathrm{i}y)\}\int_0^R \mathrm{e}^{-py}\mathrm{d}y = \max\{Q(R+\mathrm{i}y)\}\cdot\frac{1}{p}\left(1-\mathrm{e}^{-pR}\right),\end{aligned}$$

其中 $\max\{Q(R+\mathrm{i}y)\}$ 是 $|Q(z)|$ 在 C_1 上的最大值. 根据题设，当 $R\to\infty$ 时，应该有

$$\lim_{R\to\infty}\max\{Q(R+\mathrm{i}y)\} = 0.$$

所以

$$\lim_{R\to\infty}\left|\int_{C_1} Q(z)\mathrm{e}^{\mathrm{i}pz}\mathrm{d}z\right| = 0.$$

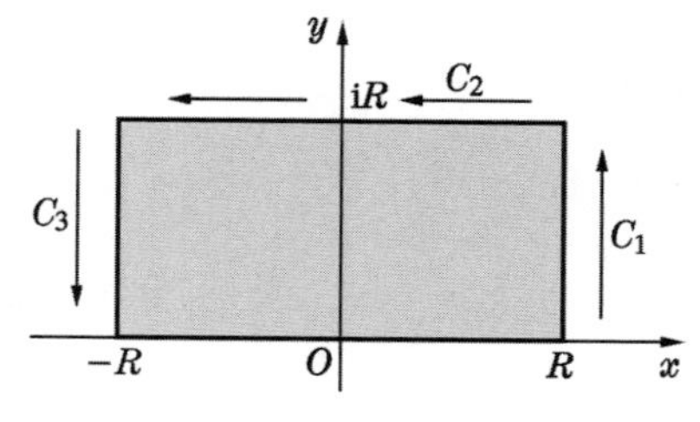

图 6.7 Jordan 引理应用于矩形路径

同理，在 C_3 上，$z=-R+\mathrm{i}y$，有

$$\begin{aligned}\left|\int_{C_3} Q(z)\mathrm{e}^{\mathrm{i}pz}\mathrm{d}z\right| &= \left|\int_R^0 Q(-R+\mathrm{i}y)\mathrm{e}^{\mathrm{i}p(-R+\mathrm{i}y)}\mathrm{i}\mathrm{d}y\right| \\ &\leqslant \max\{Q(-R+\mathrm{i}y)\}\int_0^R \mathrm{e}^{-py}\mathrm{d}y \\ &= \max\{Q(-R+\mathrm{i}y)\}\cdot\frac{1}{p}\left(1-\mathrm{e}^{-pR}\right)\to 0, \qquad R\to\infty.\end{aligned}$$

在 C_2 上，$z=x+\mathrm{i}R$，有

$$\begin{aligned}\left|\int_{C_2} Q(z)\mathrm{e}^{\mathrm{i}pz}\mathrm{d}z\right| &= \left|\int_R^{-R} Q(x+\mathrm{i}R)\mathrm{e}^{\mathrm{i}p(x+\mathrm{i}R)}\mathrm{d}x\right| \\ &\leqslant \max\{Q(x+\mathrm{i}R)\}\cdot 2R\mathrm{e}^{-pR}\to 0, \qquad R\to\infty.\end{aligned}$$

综合以上结果，就证得

$$\lim_{R\to\infty}\int_L Q(z)\mathrm{e}^{\mathrm{i}pz}\mathrm{d}z=0. \qquad \square$$

从以上过程可以看出，矩形围道时 Jordan 引理的证明比半圆弧情形下来得简单，这时并不需要寻找特殊的不等式.

完全类似于半圆弧时的做法，通过适当的变换，也可以将引理 6.4 变换为适用于不同辐角范围的半平面.

也可以从引理 6.3a 来推出引理 6.4. 这时可在矩形内再作半圆弧，如图 6.8 所示，考虑由 $L=C_1+C_2+C_3$ 及$C_R^{(-)}$ 构成的围道 (准确地说是两个闭合围道). 因为被积函数在围道内无奇点，故

$$\int_L Q(z)\mathrm{e}^{\mathrm{i}pz}\mathrm{d}z-\int_{C_R} Q(z)\mathrm{e}^{\mathrm{i}pz}\mathrm{d}z=0.$$

所以就能由

$$\lim_{R\to\infty}\int_{C_R} Q(z)\mathrm{e}^{\mathrm{i}pz}\mathrm{d}z=0$$

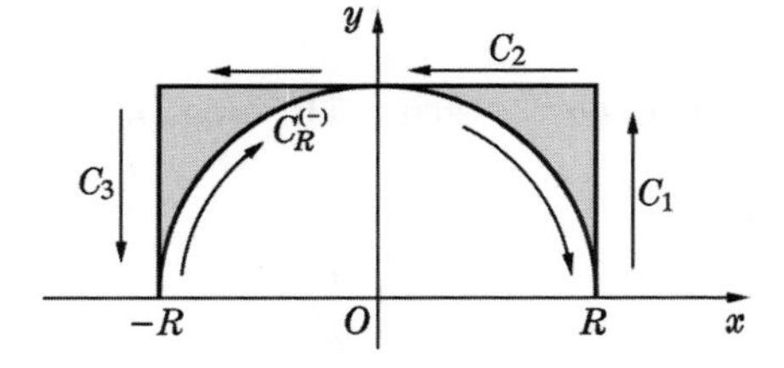

图 6.8　两种路径下 Jordan 引理的联系

推出

$$\lim_{R\to\infty}\int_L Q(z)\mathrm{e}^{\mathrm{i}pz}\mathrm{d}z=0,$$

反之亦然.

下面介绍一些应用留数定理计算定积分的例子. 和教材不同, 这里将按照围道的形状分类, 希望或许能从另一个侧面了解这些定积分的共同特点.

§6.2 圆形围道

使用圆形围道时, 因为圆周上的变点 $z=r\mathrm{e}^{\mathrm{i}\theta}$, $0\leqslant\theta\leqslant 2\pi$ (或 $-\pi\leqslant\theta\leqslant\pi$), 所以这种围道多用于计算积分限为 0 与 2π (或 $-\pi$ 与 π) 的定积分.

例 6.1 计算积分 $\displaystyle\int_0^{\pi}\frac{\cos n\theta}{1-2r\cos\theta+r^2}\,\mathrm{d}\theta$, 其中 $r\neq 1$ 为实数, n 为自然数.

解 这个积分的上、下限分别是 0 和 π, 但因为被积函数是偶函数, 故可化为从 $-\pi$ 到 π 的积分. 因此, 按照标准做法, 作变换 $z=\mathrm{e}^{\mathrm{i}\theta}$, 即可将积分路径化为 z 平面上的单位圆. 此时, 应当考虑围道积分

$$\oint_{|z|=1}\frac{z^n}{(z-r)(1-rz)}\,\mathrm{d}z=\int_{-\pi}^{\pi}\frac{\mathrm{e}^{\mathrm{i}n\theta}}{(\mathrm{e}^{\mathrm{i}\theta}-r)(1-r\mathrm{e}^{\mathrm{i}\theta})}\mathrm{e}^{\mathrm{i}\theta}\mathrm{i}\mathrm{d}\theta=\int_{-\pi}^{\pi}\frac{\mathrm{e}^{\mathrm{i}n\theta}}{1-2r\cos\theta+r^2}\,\mathrm{i}\mathrm{d}\theta.$$

当 $r^2<1$ 时, 围道内有唯一一个奇点 $z=r$, 所以, 根据留数定理, 有

$$\int_{-\pi}^{\pi}\frac{\mathrm{e}^{\mathrm{i}n\theta}}{1-2r\cos\theta+r^2}\,\mathrm{i}\mathrm{d}\theta=2\pi\mathrm{i}\times\frac{r^n}{1-r^2}.$$

比较虚部, 即得

$$\int_{-\pi}^{\pi}\frac{\cos n\theta}{1-2r\cos\theta+r^2}\,\mathrm{d}\theta=\frac{2\pi r^n}{1-r^2},\quad 即\quad \int_0^{\pi}\frac{\cos n\theta}{1-2r\cos\theta+r^2}\,\mathrm{d}\theta=\frac{\pi r^n}{1-r^2}.\tag{6.8a}$$

当 $r^2>1$ 时, 围道内的唯一一个奇点位于 $z=1/r$ 处. 重复上面的计算步骤, 也可得到

$$\int_0^{\pi}\frac{\cos n\theta}{1-2r\cos\theta+r^2}\,\mathrm{d}\theta=\frac{\pi r^{-n}}{r^2-1}.\tag{6.8b}$$

☞ **讨论**

1. 因为

$$2\sin\theta\,\sin n\theta=\cos(n-1)\theta-\cos(n+1)\theta,$$

所以根据 (6.8) 式还能导出

$$\int_0^{\pi}\frac{\sin\theta\,\sin n\theta}{1-2r\cos\theta+r^2}\,\mathrm{d}\theta=\begin{cases}\dfrac{\pi}{2}r^{n-1}, & r^2<1,\\ -\dfrac{\pi}{2}r^{-n-1}, & r^2>1.\end{cases}\tag{6.9}$$

2. 因为

$$\int_0^\pi \frac{\sin\theta}{1-2r\cos\theta+r^2}\,\tan\frac{\theta}{2}\,\mathrm{d}\theta=\int_0^\pi \frac{2\sin^2(\theta/2)}{1-2r\cos\theta+r^2}\,\mathrm{d}\theta=\int_0^\pi \frac{1-\cos\theta}{1-2r\cos\theta+r^2}\,\mathrm{d}\theta,$$

而当 $z=\mathrm{e}^{\mathrm{i}\theta}$ 时，

$$1-\cos\theta=-\frac{(z-1)^2}{2z},$$

所以计算围道积分 $\oint_{|z|=1}\frac{(1-z)^2}{(z-r)(1-rz)}\frac{\mathrm{d}z}{z}$，就可以计算得

$$\int_0^\pi \frac{\sin\theta}{1-2r\cos\theta+r^2}\,\tan\frac{\theta}{2}\,\mathrm{d}\theta=\begin{cases}\dfrac{\pi}{1+r}, & r^2<1,\\[2mm] \dfrac{\pi}{r(1+r)}, & r^2>1.\end{cases}\tag{6.10}$$

3. 完全类似地，读者可以计算围道积分 $\oint_{|z|=1}\frac{z^n}{rz^2+2z+r}\,\mathrm{d}z$，从而证明

$$\int_0^\pi \frac{\cos n\theta}{1+r\cos\theta}\,\mathrm{d}\theta=\frac{\pi}{\sqrt{1-r^2}}\left(\frac{-1+\sqrt{1-r^2}}{r}\right)^n,\quad r^2<1,\ \ n=0,1,2,\cdots.\tag{6.11a}$$

或者令 $r=\sin\alpha$，$-\pi/2<\alpha<\pi/2$，则有

$$\int_0^\pi \frac{\cos n\theta}{1+\sin\alpha\,\cos\theta}\,\mathrm{d}\theta=\frac{(-1)^n\pi}{\cos\alpha}\,\tan^n\frac{\alpha}{2},\quad -\frac{\pi}{2}<\alpha<\frac{\pi}{2},\ \ n=0,1,2,\cdots.\tag{6.11b}$$

例 6.2 计算积分 $\int_0^\pi \frac{\cos n\theta}{a-\mathrm{i}b\cos\theta}\,\mathrm{d}\theta$，$a>0$，$b>0$.

解 本题与例 6.1 相似，故有

$$\begin{aligned}\int_0^\pi \frac{\cos n\theta}{a-\mathrm{i}b\cos\theta}\,\mathrm{d}\theta&=\frac{1}{2}\int_{-\pi}^\pi \frac{\cos n\theta}{a-\mathrm{i}b\cos\theta}\,\mathrm{d}\theta=\frac{1}{2}\oint_{|z|=1}\frac{z^n+z^{-n}}{bz^2+2\mathrm{i}az+b}\,\mathrm{d}z\\&=\pi\mathrm{i}\times\sum_{\text{单位圆内}}\mathrm{res}\left\{\frac{z^n+z^{-n}}{bz^2+2\mathrm{i}az+b}\right\}.\end{aligned}$$

在积分围道内有两个奇点：$z=0$ 及 $z=\mathrm{i}\left(\sqrt{a^2+b^2}-a\right)/b$，求出被积函数在这两点的留数，即算出所求积分.

但是本题还有更简便的办法，原因是积分 $\int_{-\pi}^\pi \frac{\sin n\theta}{a-\mathrm{i}b\cos\theta}\,\mathrm{d}\theta=0$，因此

$$\int_0^\pi \frac{\cos n\theta}{a-\mathrm{i}b\cos\theta}\,\mathrm{d}\theta=\frac{1}{2}\oint_{|z|=1}\frac{z^n}{bz^2+2\mathrm{i}az+b}\,\mathrm{d}z,$$

即只需要计算复变积分 $\oint_{|z|=1}\dfrac{z^n}{bz^2+2\mathrm{i}az+b}\mathrm{d}z$. 这样，被积函数在单位圆内只有一个奇点 $z=\mathrm{i}\left(\sqrt{a^2+b^2}-a\right)/b$，因此

$$\oint_{|z|=1}\frac{z^n}{bz^2+2\mathrm{i}az+b}\mathrm{d}z=2\pi\mathrm{i}\left.\frac{z^n}{(bz^2+2\mathrm{i}az+b)'}\right|_{z=\mathrm{i}\left(\sqrt{a^2+b^2}-a\right)/b}$$
$$=\frac{\pi}{\sqrt{a^2+b^2}}\left(\frac{\mathrm{i}}{b}\right)^n\left(\sqrt{a^2+b^2}-a\right)^n,$$

从而就求得

$$\int_0^{\pi}\frac{\cos n\theta}{a-\mathrm{i}b\cos\theta}\mathrm{d}\theta=\frac{\pi}{\sqrt{a^2+b^2}}\left(\frac{\mathrm{i}}{b}\right)^n\left(\sqrt{a^2+b^2}-a\right)^n. \tag{6.12}$$

☞ **讨论** 进一步比较 (6.12) 式的实部和虚部，还能得到

$$\int_0^{\pi}\frac{\cos 2n\theta}{a^2+b^2\cos^2\theta}\mathrm{d}\theta=\frac{(-1)^n\pi}{a\,b^{2n}}\frac{\left(\sqrt{a^2+b^2}-a\right)^{2n}}{\sqrt{a^2+b^2}}, \tag{6.13a}$$
$$\int_0^{\pi}\frac{\cos\theta\,\cos 2n\theta}{a^2+b^2\cos^2\theta}\mathrm{d}\theta=0, \tag{6.14a}$$
$$\int_0^{\pi}\frac{\cos(2n+1)\theta}{a^2+b^2\cos^2\theta}\mathrm{d}\theta=0, \tag{6.15a}$$
$$\int_0^{\pi}\frac{\cos\theta\,\cos(2n+1)\theta}{a^2+b^2\cos^2\theta}\mathrm{d}\theta=\frac{(-1)^n\pi}{b^{2n+2}}\frac{\left(\sqrt{a^2+b^2}-a\right)^{2n+1}}{\sqrt{a^2+b^2}}. \tag{6.16a}$$

令 $a=r\cos\alpha$, $b=r\sin\alpha$, $0<\alpha<\pi/2$，又能将上述结果改写为

$$\int_0^{\pi}\frac{\cos 2n\theta}{\cos^2\alpha+\sin^2\alpha\,\cos^2\theta}\mathrm{d}\theta=\frac{(-1)^n\pi}{\cos\alpha}\tan^{2n}\frac{\alpha}{2}, \tag{6.13b}$$
$$\int_0^{\pi}\frac{\cos\theta\,\cos 2n\theta}{\cos^2\alpha+\sin^2\alpha\,\cos^2\theta}\mathrm{d}\theta=0, \tag{6.14b}$$
$$\int_0^{\pi}\frac{\cos(2n+1)\theta}{\cos^2\alpha+\sin^2\alpha\,\cos^2\theta}\mathrm{d}\theta=0, \tag{6.15b}$$
$$\int_0^{\pi}\frac{\cos\theta\,\cos(2n+1)\theta}{\cos^2\alpha+\sin^2\alpha\,\cos^2\theta}\mathrm{d}\theta=\frac{(-1)^n\pi}{\sin\alpha}\tan^{2n+1}\frac{\alpha}{2}. \tag{6.16b}$$

例 6.3 计算积分 $\mathrm{v.p.}\displaystyle\int_0^{\pi}\frac{\mathrm{e}^{r\cos\theta}\cos(r\sin\theta)}{\cos\theta}\mathrm{d}\theta$.

解 本题仍可化为沿单位圆的积分，而被积函数为 $\mathrm{e}^{rz}/(z^2+1)$. 因为奇点 $z=\pm\mathrm{i}$ 正好位于单位圆上，故需将积分围道稍作调整，例如，分别从 $z=\mathrm{i}$ 的下方及 $z=-\mathrm{i}$ 的上方绕过 (见图 6.9). 于是，根据留数定理，有

$$\oint_C\frac{\mathrm{e}^{rz}}{z^2+1}\mathrm{d}z=0.$$

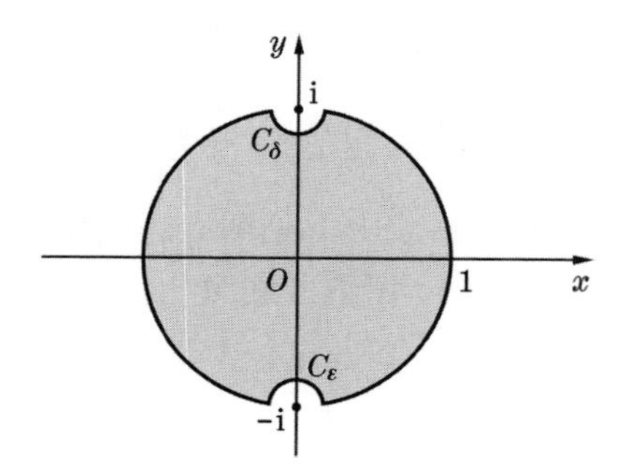

图 6.9 绕过奇点的单位圆

直接根据小圆弧引理能够证明

$$\lim_{\delta\to 0}\int_{C_\delta}\frac{e^{rz}}{z^2+1}dz=-\pi i\times\frac{e^{ir}}{2i}=-\frac{\pi}{2}e^{ir},\quad \lim_{\varepsilon\to 0}\int_{C_\varepsilon}\frac{e^{rz}}{z^2+1}dz=-\pi i\times\frac{e^{-ir}}{-2i}=\frac{\pi}{2}e^{-ir},$$

因此，在取极限 $\delta\to 0$, $\varepsilon\to 0$ 后，就有

$$\text{v.p.}\int_{-\pi}^{\pi}\frac{e^{r\cos\theta}\,e^{ir\sin\theta}}{e^{i2\theta}+1}e^{i\theta}id\theta-\frac{\pi}{2}\left(e^{ir}-e^{-ir}\right)=0.$$

比较虚部，即得

$$\text{v.p.}\int_{-\pi}^{\pi}\frac{e^{r\cos\theta}\,\cos(r\sin\theta)}{\cos\theta}d\theta=2\pi\sin r. \tag{6.17a}$$

因为被积函数是偶函数，所以

$$\text{v.p.}\int_{0}^{\pi}\frac{e^{r\cos\theta}\,\cos(r\sin\theta)}{\cos\theta}d\theta=\pi\sin r. \tag{6.17b}$$

☞ **讨论** 如果将上面的结果作代换 $r\to -r$，而后即可重新组合成

$$\int_{0}^{\pi}\frac{\sinh(r\cos\theta)\,\cos(r\sin\theta)}{\cos\theta}\,d\theta=\pi\sin r. \tag{6.18a}$$

而且，还可以进一步化为

$$\int_{0}^{\pi/2}\frac{\sinh(r\cos\theta)\,\cos(r\sin\theta)}{\cos\theta}\,d\theta=\frac{\pi}{2}\sin r. \tag{6.18b}$$

例 6.4 计算积分 $\int_0^\pi\cot(x-\alpha)\,dx$，$\text{Im}\,\alpha\neq 0$.

解 因为 $\cot z$ 的周期为 π，所以

$$\int_0^\pi\cot(x-\alpha)\,dx=\frac{1}{2}\int_0^{2\pi}\cot(x-\alpha)\,dx=\frac{i}{2}\int_0^{2\pi}\frac{e^{2i(x-\alpha)}+1}{e^{2i(x-\alpha)}-1}\,dx.$$

作变换 $z=\mathrm{e}^{\mathrm{i}(x-\alpha)}$，则上述积分变为复平面上的围道积分

$$\frac{\mathrm{i}}{2}\int_0^{2\pi}\frac{\mathrm{e}^{2\mathrm{i}(x-\alpha)}+1}{\mathrm{e}^{2\mathrm{i}(x-\alpha)}-1}\mathrm{d}x=\frac{1}{2}\oint_C\frac{z^2+1}{z^2-1}\frac{\mathrm{d}z}{z},$$

其中积分围道为 $C:|z|=|\mathrm{e}^{\mathrm{i}(x-\alpha)}|=\mathrm{e}^{\mathrm{Im}\,\alpha}$，见图 6.10. 因此，当 $\mathrm{Im}\,\alpha>0$ 时，被积函数在围道内有三个奇点：$z=0,\pm1$. 留数分别为

$$\mathrm{res}\left\{\frac{z^2+1}{z^2-1}\frac{1}{z}\right\}_{z=0}=-1,\quad \mathrm{res}\left\{\frac{z^2+1}{z^2-1}\frac{1}{z}\right\}_{z=1}=1,\quad \mathrm{res}\left\{\frac{z^2+1}{z^2-1}\frac{1}{z}\right\}_{z=-1}=1.$$

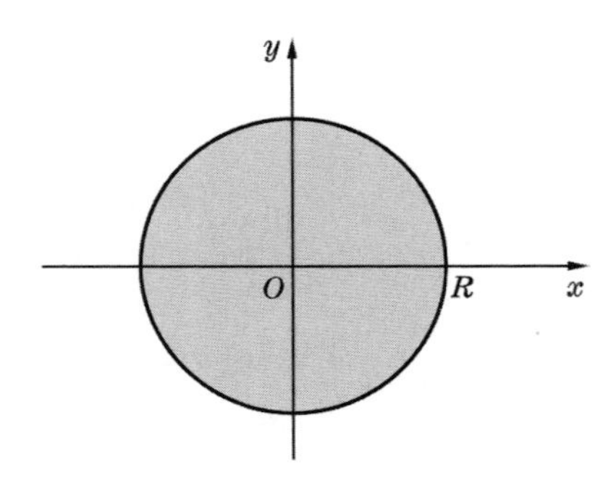

图 6.10　积分围道 $R=\mathrm{e}^{\mathrm{Im}\,\alpha}$

根据留数定理就有

$$\int_0^{\pi}\cot(x-\alpha)\mathrm{d}x=\frac{1}{2}\oint_C\frac{z^2+1}{z^2-1}\frac{\mathrm{d}z}{z}=2\pi\mathrm{i}\cdot\frac{1}{2}(-1+1+1)=\pi\mathrm{i}.$$

当 $\mathrm{Im}\,\alpha<0$ 时，围道内只有一个奇点 $z=0$，所以

$$\int_0^{\pi}\cot(x-\alpha)\mathrm{d}x=\frac{1}{2}\oint_C\frac{z^2+1}{z^2-1}\frac{\mathrm{d}z}{z}=2\pi\mathrm{i}\cdot\frac{1}{2}\times(-1)=-\pi\mathrm{i}.$$

把两个结果合并起来，就可写成

$$\int_0^{\pi}\cot(x-\alpha)\mathrm{d}x=\begin{cases}\pi\mathrm{i}, & \mathrm{Im}\,\alpha>0,\\ -\pi\mathrm{i}, & \mathrm{Im}\,\alpha<0.\end{cases}\tag{6.19}$$

§6.3　半圆形围道和扇形围道

标准的半圆形围道见图 6.11. 这种围道多用于计算无穷积分，包括有理函数的无穷积分以及含有三角函数的无穷积分，也包括含有双曲函数的无穷积分. 在采用

这种围道时，通常要求 (复变积分的) 被积函数在上半平面只有有限个奇点，只要半圆的半径足够大，就可以将全部奇点包含在内，应用留数定理，而后令半圆的半径趋于 ∞，只要能够准确求出沿半圆弧的积分的极限值 (例如，根据大圆弧引理或 Jordan 引理判断出此极限值为 0)，即可计算出所求的定积分. 另一种情况是被积函数在上半平面有无穷个奇点，此时仍可 (有条件地) 应用留数定理①，但需令半圆的半径按照离散值 (避开奇点) 趋于 ∞，并且需要求出留数和 (无穷级数).

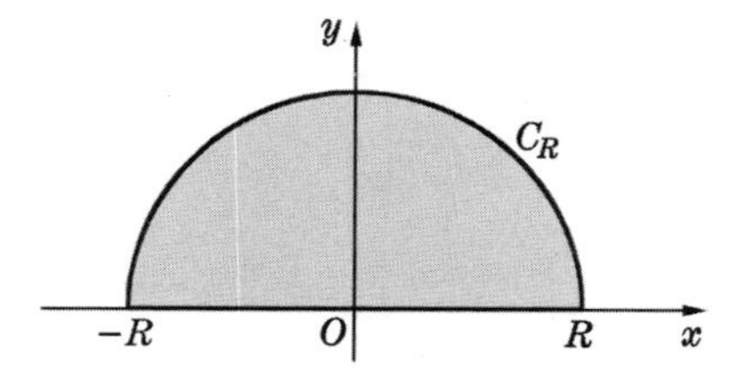

图 6.11　半圆形积分围道

例 6.5　采用半圆形的积分围道 (见图 6.11)，选择适当的被积函数，计算下列积分：

$$\int_0^\infty \frac{(1+x^2)\cos\alpha x}{1+x^2+x^4}\mathrm{d}x, \quad \int_0^\infty \frac{x\sin\alpha x}{1+x^2+x^4}\mathrm{d}x, \qquad \alpha>0.$$

解　考虑复变积分

$$\oint_C \frac{\mathrm{e}^{\mathrm{i}\alpha z}}{1+z+z^2}\mathrm{d}z.$$

在积分围道内有奇点 $z_0=\mathrm{e}^{\mathrm{i}2\pi/3}=-\dfrac{1}{2}+\mathrm{i}\dfrac{\sqrt{3}}{2}$，被积函数在该点的留数为

$$\left.\frac{\mathrm{e}^{\mathrm{i}\alpha z}}{1+2z}\right|_{z=z_0}=\frac{1}{\mathrm{i}\sqrt{3}}\mathrm{e}^{-\sqrt{3}\alpha/2}\mathrm{e}^{-\mathrm{i}\alpha/2}.$$

根据留数定理就有

$$\oint_C \frac{\mathrm{e}^{\mathrm{i}\alpha z}}{1+z+z^2}\mathrm{d}z=\int_{-R}^R \frac{\mathrm{e}^{\mathrm{i}\alpha z}}{1+z+z^2}\mathrm{d}z+\int_{C_R} \frac{\mathrm{e}^{\mathrm{i}\alpha z}}{1+z+z^2}\mathrm{d}z=\frac{2\pi}{\sqrt{3}}\mathrm{e}^{-\sqrt{3}\alpha/2}\mathrm{e}^{-\mathrm{i}\alpha/2}.$$

因为

$$\lim_{z\to\infty}\frac{1}{1+z+z^2}=0,$$

所以

$$\lim_{R\to\infty}\int_{C_R}\frac{\mathrm{e}^{\mathrm{i}\alpha z}}{1+z+z^2}\mathrm{d}z=0.$$

① 参见：吴崇试. 数学物理方法. 第 2 版. 北京：北京大学出版社，2003：90.

取极限 $R \to \infty$，就得到

$$\begin{aligned}\int_{-\infty}^{\infty} \frac{\mathrm{e}^{\mathrm{i}\alpha x}}{1+x+x^2}\mathrm{d}x &= \int_{-\infty}^{\infty} \frac{\cos\alpha x + \mathrm{i}\sin\alpha x}{1+x+x^2}\mathrm{d}x \\ &= \int_{-\infty}^{\infty} \frac{(\cos\alpha x + \mathrm{i}\sin\alpha x)(1-x+x^2)}{(1+x+x^2)(1-x+x^2)}\mathrm{d}x \\ &= \int_{-\infty}^{\infty} \frac{(1+x^2)\cos\alpha x - \mathrm{i}x\sin\alpha x}{1+x^2+x^4}\mathrm{d}x + \int_{-\infty}^{\infty} \frac{\mathrm{i}(1+x^2)\sin\alpha x - x\cos\alpha x}{1+x^2+x^4}\mathrm{d}x \\ &= 2\int_0^{\infty} \frac{(1+x^2)\cos\alpha x - \mathrm{i}x\sin\alpha x}{1+x^2+x^4}\mathrm{d}x = \frac{2\pi}{\sqrt{3}}\mathrm{e}^{-\sqrt{3}\alpha/2}\mathrm{e}^{-\mathrm{i}\alpha/2}.\end{aligned}$$

分别比较实部和虚部，就得到

$$\int_0^{\infty} \frac{(1+x^2)\cos\alpha x}{1+x^2+x^4}\mathrm{d}x = \frac{\pi}{\sqrt{3}}\mathrm{e}^{-\sqrt{3}\alpha/2}\cos\frac{\alpha}{2}, \tag{6.20a}$$

$$\int_0^{\infty} \frac{x\sin\alpha x}{1+x^2+x^4}\mathrm{d}x = \frac{\pi}{\sqrt{3}}\mathrm{e}^{-\sqrt{3}\alpha/2}\sin\frac{\alpha}{2}. \tag{6.20b}$$

例 6.6 计算积分 $\displaystyle\int_0^{\infty} \frac{\cos x}{\cosh x}\mathrm{d}x$.

解 令 $f(z) = \dfrac{\mathrm{e}^{\mathrm{i}z}}{\cosh z}$，计算复变积分 $\displaystyle\oint_C f(z)\mathrm{d}z$，积分围道 C 仍如图 6.11 所示，其中 C_R 不通过 $f(z)$ 的奇点，即半径 $R \neq (2n+1)\pi/2,\ n = 0, 1, 2, \cdots$. 根据留数定理，有

$$\begin{aligned}\oint_C f(z)\mathrm{d}z &= \int_{-R}^{R} \frac{\mathrm{e}^{\mathrm{i}x}}{\cosh x}\mathrm{d}x + \int_{C_R} \frac{\mathrm{e}^{\mathrm{i}z}}{\cosh z}\mathrm{d}z \\ &= 2\pi\mathrm{i}\sum_{n=0}^{N} \mathrm{res}\left\{\frac{\mathrm{e}^{\mathrm{i}z}}{\cosh z}\right\}_{z=(2n+1)\pi\mathrm{i}/2} \\ &= 2\pi\sum_{n=0}^{N}(-1)^n\mathrm{e}^{-(2n+1)\pi/2}.\end{aligned}$$

为了判断沿半圆弧 C_R 积分的极限值，需要将 C_R 分拆为三段：$0 < \theta < (\pi/2) - \delta$ (记为 $C_R^{(1)}$)，$(\pi/2) - \delta < \theta < (\pi/2) + \delta$ (记为 $C_R^{(2)}$) 及 $(\pi/2) + \delta < \theta < \pi$ (记为 $C_R^{(3)}$)，其中 $0 < \delta < \pi/2$ 为任意常数. 在 $C_R^{(1)}$ 与 $C_R^{(3)}$ 段上，直接有

$$\frac{1}{|\cosh z|} = \frac{1}{\sqrt{\cosh^2(R\cos\theta) - \sin^2(R\sin\theta)}} \to 0;$$

而在$C_R^{(2)}$ 段，则因 $|\cosh z| \geqslant 1$，故当序列 $\{C_R\}$ 的半径 R 趋于 ∞ 时，有

$$\lim_{z\to\infty} \frac{\mathrm{e}^{\mathrm{i}z/2}}{\cosh z} = 0.$$

三段相加，根据 Jordan 引理，就有

$$\lim_{R\to\infty}\int_{C_R}\frac{\mathrm{e}^{\mathrm{i}z}}{\cosh z}\mathrm{d}z=\lim_{R\to\infty}\int_{C_R}\mathrm{e}^{\mathrm{i}z/2}\cdot\frac{\mathrm{e}^{\mathrm{i}z/2}}{\cosh z}\mathrm{d}z=0,$$

所以取极限 $R\to\infty$，即得

$$\int_{-\infty}^{\infty}\frac{\mathrm{e}^{\mathrm{i}x}}{\cosh x}\mathrm{d}x=2\pi\sum_{n=0}^{\infty}(-1)^n\mathrm{e}^{-(2n+1)\pi/2}=\frac{2\pi\,\mathrm{e}^{-\pi/2}}{1+\mathrm{e}^{-\pi}}=\frac{\pi}{\cosh\pi/2}.$$

比较上式两端的实部，就得到

$$\int_{-\infty}^{\infty}\frac{\cos x}{\cosh x}\mathrm{d}x=\frac{\pi}{\cosh\pi/2},\qquad 即\qquad \int_0^{\infty}\frac{\cos x}{\cosh x}\mathrm{d}x=\frac{\pi}{2}\frac{1}{\cosh\pi/2}.\tag{6.21}$$

☞ **讨论** 亦可见下一节中的例 6.12. 本题是该例题的特殊情形.

例 6.7 计算积分 $\displaystyle\int_0^{\infty}\frac{\sin(a+2n)x-\sin ax}{\sin x}\frac{\mathrm{d}x}{1+x^2}$，其中 $a>-1$, n 为正整数.

解 表面上看来，本题中被积函数的分母上出现了 $\sin x$，似乎不好处理. 其实，仔细分析一下，可以发现

$$\begin{aligned}\frac{\sin(a+2n)x-\sin ax}{\sin x}&=\mathrm{Im}\left\{\frac{\mathrm{e}^{\mathrm{i}(a+2n)x}-\mathrm{e}^{\mathrm{i}ax}}{\sin x}\right\}=\mathrm{Im}\left\{2\mathrm{i}\,\frac{\mathrm{e}^{\mathrm{i}(a+2n)x}-\mathrm{e}^{\mathrm{i}ax}}{\mathrm{e}^{\mathrm{i}x}-\mathrm{e}^{-\mathrm{i}x}}\right\}\\&=\mathrm{Re}\left\{2\mathrm{e}^{\mathrm{i}(a+1)x}\frac{\mathrm{e}^{\mathrm{i}2nx}-1}{\mathrm{e}^{\mathrm{i}2x}-1}\right\}=\mathrm{Re}\left\{2\mathrm{e}^{\mathrm{i}(a+1)x}\sum_{k=0}^{n-1}\mathrm{e}^{\mathrm{i}2kx}\right\},\end{aligned}$$

所以本积分还是属于三角函数无穷积分. 因此，还是应当采用半圆形围道，计算复变积分

$$\oint_C\mathrm{e}^{\mathrm{i}(a+1)z}\frac{\mathrm{e}^{\mathrm{i}2nz}-1}{\mathrm{e}^{\mathrm{i}2z}-1}\frac{\mathrm{d}z}{1+z^2}.$$

被积函数在围道内只有一个奇点：$z=\mathrm{i}$，所以，根据留数定理，有

$$\int_{-R}^{R}\mathrm{e}^{\mathrm{i}(a+1)x}\frac{\mathrm{e}^{\mathrm{i}2nx}-1}{\mathrm{e}^{\mathrm{i}2x}-1}\frac{\mathrm{d}x}{1+x^2}+\int_{C_R}\mathrm{e}^{\mathrm{i}(a+1)z}\frac{\mathrm{e}^{\mathrm{i}2nz}-1}{\mathrm{e}^{\mathrm{i}2z}-1}\frac{\mathrm{d}z}{1+z^2}=2\pi\mathrm{i}\times\mathrm{e}^{-(a+1)}\frac{\mathrm{e}^{-2n}-1}{\mathrm{e}^{-2}-1}\frac{1}{2\mathrm{i}}.$$

由 Jordan 引理，可以判断

$$\lim_{R\to\infty}\int_{C_R}\mathrm{e}^{\mathrm{i}(a+1)z}\frac{\mathrm{e}^{\mathrm{i}2nz}-1}{\mathrm{e}^{\mathrm{i}2z}-1}\frac{\mathrm{d}z}{1+z^2}=0,$$

因此，令 $R\to\infty$，就得到

$$\int_{-\infty}^{\infty}\mathrm{e}^{\mathrm{i}(a+1)x}\frac{\mathrm{e}^{\mathrm{i}2nx}-1}{\mathrm{e}^{\mathrm{i}2x}-1}\frac{\mathrm{d}x}{1+x^2}=\pi\,\mathrm{e}^{-(a+1)}\frac{1-\mathrm{e}^{-2n}}{1-\mathrm{e}^{-2}},$$

即

$$\int_0^{\infty} \frac{\sin(a+2n)x - \sin ax}{\sin x} \frac{\mathrm{d}x}{1+x^2} = \pi\,\mathrm{e}^{-(a+1)} \frac{1-\mathrm{e}^{-2n}}{1-\mathrm{e}^{-2}}. \tag{6.22}$$

例 6.8 计算积分 $\displaystyle\int_0^{\infty} \frac{\cos ax}{\cos bx} \frac{\mathrm{d}x}{1+x^2}$，其中 a, b 均为非零实数.

解 不妨设 $a > 0$, $b > 0$. 取积分围道为由下列几部分组成的闭合曲线:

(1) 以原点为圆心，$n\pi/b$ 为半径的半圆弧 C_{R_n}，位于上半平面.

(2) 以 $z = (k+1/2)\pi/b$ 为圆心，ε_k 为半径的半圆弧 C_{ε_k}，$k = -n, -n+1, \cdots, n-2, n-1$，也全都位于上半平面；半径 ε_k 足够小，因此这 $2n$ 个半圆弧不相交.

(3) 实轴上的 $2n+1$ 个线段，连接上述诸圆弧.

相应地，取被积函数为 $\displaystyle\frac{\mathrm{e}^{\mathrm{i}az}}{\cos bz} \frac{1}{1+z^2}$. 于是，按照留数定理，有

$$\oint_C \frac{\mathrm{e}^{\mathrm{i}az}}{\cos bz} \frac{\mathrm{d}z}{1+z^2} = 2\pi\mathrm{i} \times \operatorname{res}\left\{\frac{\mathrm{e}^{\mathrm{i}az}}{\cos bz} \frac{1}{1+z^2}\right\}_{z=\mathrm{i}} = \frac{\pi\,\mathrm{e}^{-a}}{\cosh b}.$$

下面分别估计沿半圆弧 C_{R_n} 以及 C_{ε_k} 的积分值. 首先，对于沿 C_{R_n} 的积分，因为 $\cos(n\pi\mathrm{e}^{\mathrm{i}\theta}) \neq 0$，且

$$\left|\cos(n\pi\,\mathrm{e}^{\mathrm{i}\theta})\right| = \sqrt{\cosh^2(n\pi\sin\theta) - \sin^2(n\pi\cos\theta)},$$

所以 $1 \leqslant \cosh(n\pi\mathrm{e}^{\mathrm{i}\theta}) \leqslant \cosh(n\pi)$，从而有

$$\lim_{z\to\infty} \frac{1}{\cos bz} \frac{1}{1+z^2} = 0.$$

因此

$$\lim_{R_n\to\infty} \int_{C_{R_n}} \frac{\mathrm{e}^{\mathrm{i}az}}{\cos bz} \frac{\mathrm{d}z}{1+z^2} = 0.$$

至于沿 C_{ε_k} 的积分，则因为 $z = (2k+1)\pi/(2b)$ 是一阶极点，留数为

$$\begin{aligned}
\operatorname{res}\left\{\frac{\mathrm{e}^{\mathrm{i}az}}{\cos bz} \frac{1}{1+z^2}\right\}_{z=(2k+1)\pi/(2b)} &= \frac{\mathrm{e}^{\mathrm{i}az}}{(\cos bz)'} \frac{1}{1+z^2}\bigg|_{z=(2k+1)\pi/(2b)} \\
&= \frac{(-1)^{k+1}}{b} \frac{1}{1+[(2k+1)\pi/(2b)]^2}\,\mathrm{e}^{\mathrm{i}(2k+1)\pi a/(2b)} \\
&= (-1)^{k+1} \frac{4b}{4b^2+(2k+1)^2\pi^2}\,\mathrm{e}^{\mathrm{i}(2k+1)\pi a/(2b)},
\end{aligned}$$

因此

$$\begin{aligned}
\lim_{\varepsilon_k\to 0} \int_{C_{\varepsilon_k}} \frac{\mathrm{e}^{\mathrm{i}az}}{\cos bz} \frac{\mathrm{d}z}{1+z^2} &= -\pi\mathrm{i} \times (-1)^{k+1} \frac{4b}{4b^2+(2k+1)^2\pi^2}\,\mathrm{e}^{\mathrm{i}(2k+1)\pi a/(2b)} \\
&= (-1)^k \frac{4b\pi\mathrm{i}}{4b^2+(2k+1)^2\pi^2}\,\mathrm{e}^{\mathrm{i}(2k+1)\pi a/(2b)}.
\end{aligned}$$

取极限 $R_n \to \infty$, $\varepsilon_k \to 0$，就得到

$$\int_{-\infty}^{\infty} \frac{\mathrm{e}^{\mathrm{i}ax}}{\cos bx}\frac{\mathrm{d}x}{1+x^2} = \frac{\pi\,\mathrm{e}^{-a}}{\cosh b} + \sum_{k=-\infty}^{\infty}(-1)^{k+1}\frac{4b\pi\mathrm{i}}{4b^2+(2k+1)^2\pi^2}\mathrm{e}^{\mathrm{i}(2k+1)\pi a/(2b)}$$

$$= \frac{\pi\,\mathrm{e}^{-a}}{\cosh b} + \sum_{k=0}^{\infty}(-1)^{k+1}\frac{4b\pi\mathrm{i}}{4b^2+(2k+1)^2\pi^2}\left[\mathrm{e}^{\mathrm{i}(2k+1)\pi a/(2b)} - \mathrm{e}^{\mathrm{i}(2k+1)\pi a/(2b)}\right]$$

$$= \frac{\pi\,\mathrm{e}^{-a}}{\cosh b} + \sum_{k=0}^{\infty}(-1)^{k}\frac{8b\pi}{4b^2+(2k+1)^2\pi^2}\sin\frac{2k+1}{2b}\pi a.$$

比较实部，得

$$\int_{-\infty}^{\infty} \frac{\cos ax}{\cos bx}\frac{\mathrm{d}x}{1+x^2} = \frac{\pi\,\mathrm{e}^{-a}}{\cosh b} + \sum_{k=0}^{\infty}(-1)^{k}\frac{8b\pi}{4b^2+(2k+1)^2\pi^2}\sin\frac{2k+1}{2b}\pi a.$$

这里出现的和式正是 $\sinh x$ 按正交完备函数组 $\left\{\sin\frac{2k+1}{2b}\pi x\right\}$ 的展开式：

$$\sinh x = \sum_{k=1}^{\infty} C_k \sin\frac{2k+1}{2b}\pi x, \qquad 0 \leqslant x < b,$$

其展开系数为

$$C_k = \frac{2}{b}\int_0^b \sinh x\,\sin\frac{2k+1}{2b}\pi x\,\mathrm{d}x = \frac{1}{b}\int_0^b\left(\mathrm{e}^{x}+\mathrm{e}^{-x}\right)\sin\frac{2k+1}{2b}\pi x\,\mathrm{d}x$$
$$= \frac{2}{b}\frac{(-1)^k}{1+[(2k+1)\pi/(2b)]^2}\cosh b = \frac{(-1)^k\,8b}{(2k+1)^2\pi^2+4b^2}\cosh b,$$

所以，如果 $0 \leqslant a < b$，就有

$$\int_{-\infty}^{\infty} \frac{\cos ax}{\cos bx}\frac{\mathrm{d}x}{1+x^2} = \pi\left(\frac{\mathrm{e}^{-a}}{\cosh b} + \frac{\sinh a}{\cosh b}\right) = \frac{\pi\,\cosh a}{\cosh b}.$$

因此，

$$\int_0^{\infty} \frac{\cos ax}{\cos bx}\frac{\mathrm{d}x}{1+x^2} = \frac{\pi}{2}\frac{\cosh a}{\cosh b}. \tag{6.23}$$

☞ **讨论**

1. 如果 $-b < a \leqslant 0$，上述结果显然仍然成立.
2. 上面用到的展开式，实际上应当理解为周期函数 $f(x) = f(x+2b)$:

$$f(x) = \sinh x, \qquad -b < x < b$$

按周期函数 $\sin\frac{2k+1}{2b}\pi x$ 的 Fourier 展开，所以，如果 $a \notin (-b,\ b)$，原则上应当按照周期函数的约定求出和函数.

3. 用类似的方法，也能计算得

$$\int_0^\infty \frac{\sin ax}{\sin bx}\,\frac{\mathrm{d}x}{1+x^2} = \frac{\pi}{2}\,\frac{\sinh a}{\sinh b}, \qquad 0 \leqslant a < b, \tag{6.24}$$

$$\text{v.p.}\int_0^\infty \frac{\cos ax}{\cos bx}\,\frac{\mathrm{d}x}{1-x^2} = 0, \qquad 0 \leqslant a < b, \tag{6.25}$$

$$\text{v.p.}\int_0^\infty \frac{\sin ax}{\sin bx}\,\frac{\mathrm{d}x}{1-x^2} = 0, \qquad 0 \leqslant a < b. \tag{6.26}$$

再结合例 6.7，又能导出

$$\int_0^\infty \frac{\sin(a+2n)x}{\sin x}\,\frac{\mathrm{d}x}{1+x^2} = \frac{\pi}{2\sinh 1}\left(\cosh a - \mathrm{e}^{-a-2n}\right), \qquad 0\leqslant a<1. \tag{6.27}$$

例 6.9 应用留数定理计算积分 $\displaystyle\int_0^\infty \frac{\cos ax - \mathrm{e}^{-ax}}{x^4+b^4}\,\frac{\mathrm{d}x}{x}$，其中 $a>0,\ b>0$.

解 取积分围道如图 6.12 所示，计算复变积分 $\displaystyle\oint_C \frac{\mathrm{e}^{\mathrm{i}az}}{z^4+b^4}\,\frac{\mathrm{d}z}{z}$. 因为被积函数在围道内只有一个奇点，即一阶极点 $z = b\mathrm{e}^{\mathrm{i}\pi/4} = b(1+\mathrm{i})/\sqrt{2}$，留数为

$$-\frac{1}{4b^4}\mathrm{e}^{\mathrm{i}ab(1+\mathrm{i})/\sqrt{2}} = -\frac{1}{4b^4}\,\mathrm{e}^{-ab/\sqrt{2}}\,\mathrm{e}^{\mathrm{i}ab/\sqrt{2}}.$$

所以，按照留数定理，有

$$\int_\delta^R \frac{\mathrm{e}^{\mathrm{i}ax}}{x^4+b^4}\,\frac{\mathrm{d}x}{x} + \int_{C_R}\frac{\mathrm{e}^{\mathrm{i}az}}{z^4+b^4}\,\frac{\mathrm{d}z}{z} + \int_R^\delta \frac{\mathrm{e}^{-ax}}{x^4+b^4}\,\frac{\mathrm{d}x}{x} + \int_{C_\delta}\frac{\mathrm{e}^{\mathrm{i}az}}{z^4+b^4}\,\frac{\mathrm{d}z}{z}$$
$$= 2\pi\mathrm{i}\times\left(-\frac{1}{4b^4}\,\mathrm{e}^{-ab/\sqrt{2}}\,\mathrm{e}^{\mathrm{i}ab/\sqrt{2}}\right) = -\frac{\pi\mathrm{i}}{2}\,\frac{1}{b^4}\,\mathrm{e}^{-ab/\sqrt{2}}\,\mathrm{e}^{\mathrm{i}ab/\sqrt{2}}.$$

因为

$$\lim_{z\to\infty}\frac{1}{z^4+b^4}\,\frac{1}{z} = 0, \qquad \lim_{z\to0} z\cdot\frac{\mathrm{e}^{\mathrm{i}az}}{z^4+b^4}\,\frac{1}{z} = \frac{1}{b^4},$$

所以，分别按照 Jordan 引理及小圆弧引理，有

$$\lim_{R\to\infty}\int_{C_R}\frac{\mathrm{e}^{\mathrm{i}az}}{z^4+b^4}\,\frac{\mathrm{d}z}{z} = 0, \qquad \lim_{\delta\to0}\int_{C_\delta}\frac{\mathrm{e}^{\mathrm{i}az}}{z^4+b^4}\,\frac{\mathrm{d}z}{z} = -\frac{\mathrm{i}\pi}{2}\,\frac{1}{b^4}.$$

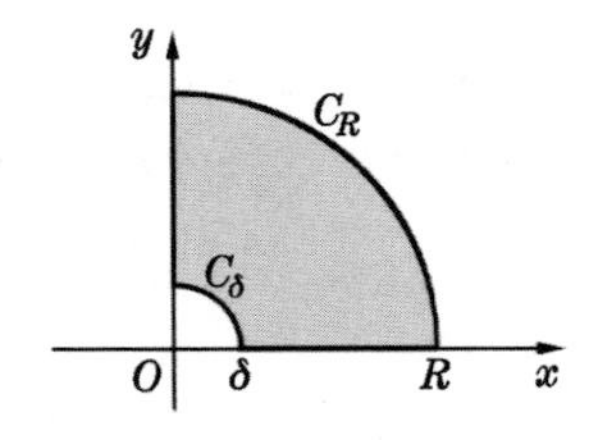

图 6.12 应用于例 6.9 的积分围道

综合以上结果，并取极限 $R\to\infty$, $\delta\to 0$，就能得到

$$\int_0^\infty \frac{\mathrm{e}^{\mathrm{i}ax}-\mathrm{e}^{-ax}}{x^4+b^4}\frac{\mathrm{d}x}{x}=\frac{\mathrm{i}\pi}{2}\frac{1}{b^4}\left(1-\mathrm{e}^{-ab/\sqrt{2}}\,\mathrm{e}^{\mathrm{i}ab/\sqrt{2}}\right).$$

比较实部，即得

$$\int_0^\infty \frac{\cos ax-\mathrm{e}^{-ax}}{x^4+b^4}\frac{\mathrm{d}x}{x}=\frac{\pi}{2}\frac{1}{b^4}\,\mathrm{e}^{-ab/\sqrt{2}}\sin\frac{ab}{\sqrt{2}}. \tag{6.28a}$$

与此同时，比较虚部还能得到

$$\int_0^\infty \frac{\sin ax}{x^4+b^4}\frac{\mathrm{d}x}{x}=\frac{\pi}{2}\frac{1}{b^4}\left(1-\mathrm{e}^{-ab/\sqrt{2}}\cos\frac{ab}{\sqrt{2}}\right). \tag{6.28b}$$

例 6.10 应用留数定理计算积分 $\displaystyle\int_0^\infty \frac{\cos(ax^2+bx)-\mathrm{e}^{-bx}\cos ax^2}{x}\frac{x^4+d^4}{x^4+c^4}\mathrm{d}x$ 与 $\displaystyle\int_0^\infty \frac{\sin(ax^2+bx)+\mathrm{e}^{-bx}\sin ax^2}{x}\frac{x^4+d^4}{x^4+c^4}\mathrm{d}x$，其中 a,b,c,d 均为正数.

解 仍取积分围道如图 6.12 所示，计算复变积分 $\displaystyle\oint_C \mathrm{e}^{\mathrm{i}az^2+\mathrm{i}bz}\frac{z^4+d^4}{z^4+c^4}\frac{\mathrm{d}z}{z}$. 因为被积函数在围道内只有一个奇点，即一阶极点 $z=c\,\mathrm{e}^{\mathrm{i}\pi/4}=c\,(1+\mathrm{i})/\sqrt{2}$，留数为

$$\exp\left\{-ac^2+\frac{\mathrm{i}bc}{\sqrt{2}}(1+\mathrm{i})\right\}\times\left(-\frac{d^4-c^4}{4c^4}\right),$$

所以，按照留数定理，有

$$\begin{aligned}&\int_\delta^R \mathrm{e}^{\mathrm{i}ax^2+\mathrm{i}bx}\frac{x^4+d^4}{x^4+c^4}\frac{\mathrm{d}x}{x}+\int_{C_R}\mathrm{e}^{\mathrm{i}az^2+\mathrm{i}bz}\frac{z^4+d^4}{z^4+c^4}\frac{\mathrm{d}z}{z}\\&\quad+\int_R^\delta \mathrm{e}^{\mathrm{i}a(\mathrm{i}x)^2+\mathrm{i}b(\mathrm{i}x)}\frac{x^4+d^4}{x^4+c^4}\frac{\mathrm{d}x}{x}+\int_{C_\delta}\mathrm{e}^{\mathrm{i}az^2+\mathrm{i}bz}\frac{z^4+d^4}{z^4+c^4}\frac{\mathrm{d}z}{z}\\&=2\pi\mathrm{i}\times\mathrm{e}^{-ac^2+\mathrm{i}bc(1+\mathrm{i})/\sqrt{2}}\times\left(-\frac{d^4-c^4}{4c^4}\right)\\&=-2\pi\mathrm{i}\times\frac{d^4-c^4}{4c^4}\times\mathrm{e}^{-ac^2-bc/\sqrt{2}}\,\mathrm{e}^{\mathrm{i}bc/\sqrt{2}}.\end{aligned}$$

对于 C_R 上的点 $z=R\mathrm{e}^{\mathrm{i}\theta}$，当 $0\leqslant\theta\leqslant\pi/2$ 而 R 足够大时，有

$$\left|\frac{\mathrm{e}^{\mathrm{i}az^2}}{z}\frac{z^4+d^4}{z^4+c^4}\right|=\frac{\mathrm{e}^{-R^2\sin 2\theta}}{R}\left|\frac{z^4+d^4}{z^4+c^4}\right|\leqslant\frac{1}{R}\frac{R^4+d^4}{R^4-c^4},$$

所以，根据 Jordan 引理，有

$$\lim_{R\to\infty}\int_{C_R}\mathrm{e}^{\mathrm{i}az^2+\mathrm{i}bz}\frac{z^4+d^4}{z^4+c^4}\frac{\mathrm{d}z}{z}=0.$$

又因为

$$\lim_{z\to 0} z\cdot \frac{\mathrm{e}^{\mathrm{i}az^2+\mathrm{i}bz}}{z}\,\frac{z^4+d^4}{z^4+c^4}=\frac{d^4}{c^4},$$

因此

$$\lim_{\delta\to 0}\int_{C_\delta}\mathrm{e}^{\mathrm{i}az^2+\mathrm{i}bz}\,\frac{z^4+d^4}{z^4+c^4}\,\frac{\mathrm{d}z}{z}=-\frac{\mathrm{i}\pi}{2}\,\frac{d^4}{c^4}.$$

于是，取极限 $\delta\to 0$, $R\to\infty$，就得到

$$\int_0^\infty\left(\mathrm{e}^{\mathrm{i}ax^2+\mathrm{i}bx}-\mathrm{e}^{-\mathrm{i}ax^2-bx}\right)\frac{x^4+d^4}{x^4+c^4}\,\frac{\mathrm{d}x}{x}=\frac{\mathrm{i}\pi d^4}{2c^4}-\frac{\mathrm{i}\pi}{2}\,\frac{d^4-c^4}{c^4}\,\mathrm{e}^{-ac^2-bc/\sqrt{2}}\cdot\mathrm{e}^{\mathrm{i}bc/\sqrt{2}}.$$

再分别比较实部与虚部，即求得

$$\int_0^\infty\frac{\cos(ax^2+bx)-\mathrm{e}^{-bx}\cos ax^2}{x}\,\frac{x^4+d^4}{x^4+c^4}\,\mathrm{d}x=\frac{\pi}{2}\,\frac{d^4-c^4}{c^4}\,\mathrm{e}^{-ac^2-bc/\sqrt{2}}\sin\frac{bc}{\sqrt{2}},\tag{6.29a}$$

$$\int_0^\infty\frac{\sin(ax^2+bx)+\mathrm{e}^{-bx}\sin ax^2}{x}\,\frac{x^4+d^4}{x^4+c^4}\,\mathrm{d}x=\frac{\pi}{2}\,\frac{d^4}{c^4}-\frac{\pi}{2}\,\frac{d^4-c^4}{c^4}\,\mathrm{e}^{-ac^2-bc/\sqrt{2}}\cos\frac{bc}{\sqrt{2}}.\tag{6.29b}$$

§6.4 矩 形 围 道

在应用留数定理计算定积分时，如果能将复变积分的被积函数写成分式，分母具有周期性，且周期为纯虚数，就可以考虑采用矩形围道. 若矩形的底边长为 $2R$ (实轴上 $x=-R$ 到 $x=R$)，高度正好是一个周期 (在特殊情形下也可以是半周期)，令 $R\to\infty$ 就可能算出要求的积分.

例 6.11 采用矩形围道计算积分 $\displaystyle\int_{-\infty}^{\infty}\frac{\mathrm{e}^{\alpha x}}{1+\mathrm{e}^x}\,\mathrm{d}x$，其中 $0<\alpha<1$.

解 选取被积函数为 $f(z)=\dfrac{P(z)}{Q(z)}=\dfrac{\mathrm{e}^{\alpha z}}{1+\mathrm{e}^z}$. 显然分母 $Q(z)=1+\mathrm{e}^z$ 为周期函数，$Q(z+2\pi\mathrm{i})=Q(z)$，同时分子 $P(z)=\mathrm{e}^{\alpha z}$ 也具有良好的变换性质：$P(z+2\pi\mathrm{i})=\mathrm{e}^{2\pi\alpha\mathrm{i}}P(z)$，适合于采用矩形围道 (见图 6.13)，且矩形的高度为 2π. 函数 $f(z)$ 在此围道内只有一个奇点 $z=\pi\mathrm{i}$，留数为 $-\mathrm{e}^{\alpha\pi\mathrm{i}}$. 因此，根据留数定理，有

$$\begin{aligned}&\int_{-R}^{R}\frac{\mathrm{e}^{\alpha x}}{1+\mathrm{e}^x}\,\mathrm{d}x+\int_0^{2\pi}\frac{\mathrm{e}^{\alpha(R+\mathrm{i}y)}}{1+\mathrm{e}^{R+\mathrm{i}y}}\,\mathrm{i}\mathrm{d}y\\&\quad+\int_R^{-R}\frac{\mathrm{e}^{\alpha(x+2\pi\mathrm{i})}}{1+\mathrm{e}^x}\,\mathrm{d}x+\int_{2\pi}^{0}\frac{\mathrm{e}^{\alpha(-R+\mathrm{i}y)}}{1+\mathrm{e}^{-R+\mathrm{i}y}}\,\mathrm{i}\mathrm{d}y=-2\pi\mathrm{i}\,\mathrm{e}^{\alpha\pi\mathrm{i}}.\end{aligned}$$

现在分别估计沿矩形两条侧边上的积分值. 因为

$$\left|\int_0^{2\pi}\frac{\mathrm{e}^{\alpha(R+\mathrm{i}y)}}{1+\mathrm{e}^{R+\mathrm{i}y}}\,\mathrm{i}\mathrm{d}y\right|\leqslant\frac{\mathrm{e}^{\alpha R}}{\mathrm{e}^R-1}\int_0^{2\pi}\mathrm{d}y=\frac{2\pi\,\mathrm{e}^{\alpha R}}{\mathrm{e}^R-1},$$

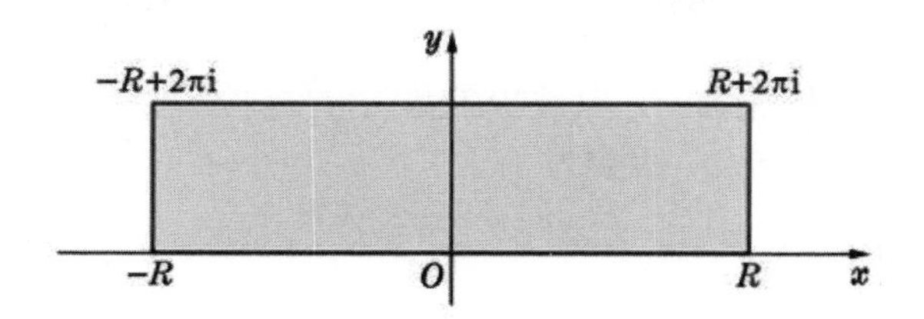

图 6.13 应用于例 6.11 的矩形积分围道

$$\left|\int_{2\pi}^{0} \frac{\mathrm{e}^{\alpha(-R+\mathrm{i}y)}}{1+\mathrm{e}^{-R+\mathrm{i}y}}\,\mathrm{i}\mathrm{d}y\right| \leqslant \mathrm{e}^{-\alpha R}\int_{0}^{2\pi}\mathrm{d}y = 2\pi\,\mathrm{e}^{-\alpha R},$$

所以

$$\lim_{R\to\infty}\int_{0}^{2\pi} \frac{\mathrm{e}^{\alpha(R+\mathrm{i}y)}}{1+\mathrm{e}^{R+\mathrm{i}y}}\,\mathrm{i}\mathrm{d}y = 0, \qquad \lim_{R\to\infty}\int_{2\pi}^{0} \frac{\mathrm{e}^{\alpha(-R+\mathrm{i}y)}}{1+\mathrm{e}^{-R+\mathrm{i}y}}\,\mathrm{i}\mathrm{d}y = 0.$$

因此就得到

$$\left(1-\mathrm{e}^{2\pi\alpha\mathrm{i}}\right)\int_{-\infty}^{\infty} \frac{\mathrm{e}^{\alpha x}}{1+\mathrm{e}^{x}}\,\mathrm{d}x = -2\pi\mathrm{i}\,\mathrm{e}^{\pi\alpha\mathrm{i}},$$

$$\int_{-\infty}^{\infty} \frac{\mathrm{e}^{\alpha x}}{1+\mathrm{e}^{x}}\,\mathrm{d}x = \frac{\pi}{\sin\pi\alpha}, \qquad 0<\alpha<1. \tag{6.30}$$

☞ **讨论**

1. 矩形围道的高度也可以取为 4π, 甚至 2π 的更高倍, 这时读者可以看到, 除了徒然在围道内出现更多个奇点外, 并不会给计算带来方便, 所以矩形的高度还是以 2π 为宜.

2. 如果作变换 $t=\mathrm{e}^{x}$, 则 $\displaystyle\int_{-\infty}^{\infty} \frac{\mathrm{e}^{\alpha x}}{1+\mathrm{e}^{x}}\,\mathrm{d}x = \int_{0}^{\infty} \frac{t^{\alpha-1}}{1+t}\,\mathrm{d}t$. 后者在一般教材中都有计算[①].

3. 作为练习, 读者可计算积分

$$\int_{-\infty}^{\infty} \frac{\mathrm{e}^{\alpha x}}{\cosh x}\,\mathrm{d}x = \frac{\pi}{\cos(\pi\alpha/2)}, \qquad -1<\mathrm{Re}\,\alpha<1 \tag{6.31}$$

以及

$$\int_{-\infty}^{\infty} \frac{\cosh\alpha x}{\cosh x}\,\mathrm{d}x = \frac{\pi}{\cos(\pi\alpha/2)}, \qquad -1<\mathrm{Re}\,\alpha<1. \tag{6.32}$$

例 6.12 计算积分 $\displaystyle\int_{-\infty}^{\infty} \frac{\cos 2\alpha x}{\cosh x}\,\mathrm{d}x$，其中 $\alpha>0$.

---

① 例如，可参见：吴崇试. 数学物理方法. 第 2 版. 北京：北京大学出版社，2003：94.

解　本题与例 6.6 相似，亦可仿照该题的办法计算．现在改用矩形围道，仍如图 6.13 所示，只是高度变为 π．取被积函数为 $f(z)=\dfrac{\mathrm{e}^{-\mathrm{i}2\alpha z}}{\cosh z}$，此时围道内只有一个奇点 (一阶极点) $z=\mathrm{i}\pi/2$，留数为

$$\operatorname{res} f\left(\frac{\mathrm{i}\pi}{2}\right)=\left.\frac{\mathrm{e}^{-\mathrm{i}2\alpha z}}{(\cosh z)'}\right|_{z=\mathrm{i}\pi/2}=\frac{\mathrm{e}^{-\pi\alpha}}{\sinh \mathrm{i}\pi/2}=-\mathrm{i}\,\mathrm{e}^{-\pi\alpha},$$

所以，根据留数定理，有

$$\begin{aligned}\oint_C \frac{\mathrm{e}^{\mathrm{i}2\alpha z}}{\cosh z}\,\mathrm{d}z &=\int_{-R}^{R}\frac{\mathrm{e}^{\mathrm{i}2\alpha x}}{\cosh x}\mathrm{d}x+\int_0^{\pi}\frac{\mathrm{e}^{\mathrm{i}2\alpha(R+\mathrm{i}y)}}{\cosh(R+\mathrm{i}y)}\,\mathrm{i}\mathrm{d}y\\ &\quad+\int_R^{-R}\frac{\mathrm{e}^{\mathrm{i}2\alpha(x+\mathrm{i}\pi)}}{\cosh(x+\mathrm{i}\pi)}\,\mathrm{d}x+\int_{\pi}^{0}\frac{\mathrm{e}^{\mathrm{i}2\alpha(R+\mathrm{i}y)}}{\cosh(R+\mathrm{i}y)}\,\mathrm{i}\mathrm{d}y\\ &=2\pi\mathrm{i}\times\left(-\mathrm{i}\,\mathrm{e}^{-\pi\alpha}\right)=2\pi\,\mathrm{e}^{-\pi\alpha}.\end{aligned}$$

而因为

$$\left|\int_0^{\pi}\frac{\mathrm{e}^{\mathrm{i}2\alpha(R+\mathrm{i}y)}}{\cosh(R+\mathrm{i}y)}\,\mathrm{i}\mathrm{d}y\right|<\frac{2\pi}{\mathrm{e}^R-1},\qquad \left|\int_{\pi}^{0}\frac{\mathrm{e}^{\mathrm{i}2\alpha(R+\mathrm{i}y)}}{\cosh(R+\mathrm{i}y)}\,\mathrm{i}\mathrm{d}y\right|<\frac{2\pi}{\mathrm{e}^R-1},$$

令 $R\to\infty$，就得到

$$\left(1+\mathrm{e}^{-2\pi\alpha}\right)\int_{-\infty}^{\infty}\frac{\mathrm{e}^{\mathrm{i}2\alpha x}}{\cosh x}\mathrm{d}x=2\pi\,\mathrm{e}^{-\pi\alpha},$$

因此

$$\int_{-\infty}^{\infty}\frac{\mathrm{e}^{\mathrm{i}2\alpha x}}{\cosh x}\mathrm{d}x=\frac{\pi}{\cosh\pi\alpha}.\tag{6.33}$$

再比较实部，即得

$$\int_{-\infty}^{\infty}\frac{\cos 2\alpha x}{\cosh x}\mathrm{d}x=\frac{\pi}{\cosh\pi\alpha}.\tag{6.34}$$

☞ **讨论**

1. 采用同样的办法可以证明

$$\int_{-\infty}^{\infty}\frac{\mathrm{e}^{\mathrm{i}2\alpha x}}{\cosh^n x}\mathrm{d}x=\frac{2\pi\mathrm{i}}{1-(-1)^n\mathrm{e}^{-2\pi\alpha}}\cdot\operatorname{res}\left\{\frac{\mathrm{e}^{\mathrm{i}2\alpha z}}{\cosh^n z}\right\}_{z=\pi\mathrm{i}/2},\qquad n=1,2,3,\cdots.\tag{6.35}$$

例如：

$$n=2:\qquad \int_{-\infty}^{\infty}\frac{\mathrm{e}^{\mathrm{i}2\alpha x}}{\cosh^2 x}\mathrm{d}x=\frac{2\pi\alpha}{\sinh\pi\alpha};$$

$$n=3:\qquad \int_{-\infty}^{\infty}\frac{\mathrm{e}^{\mathrm{i}2\alpha x}}{\cosh^3 x}\mathrm{d}x=\frac{\pi}{2}\,\frac{1+4\alpha^2}{\cosh\pi\alpha};$$

$$n=4: \qquad \int_{-\infty}^{\infty} \frac{e^{i2\alpha x}}{\cosh^4 x}dx = \frac{4\pi}{3}\,\frac{\alpha+\alpha^3}{\sinh\pi\alpha};$$

$$n=5: \qquad \int_{-\infty}^{\infty} \frac{e^{i2\alpha x}}{\cosh^5 x}dx = \frac{\pi}{24}\,\frac{(1+4\alpha^2)(9+4\alpha^2)}{\cosh\pi\alpha}.$$

再比较实部，即得

$$\int_{-\infty}^{\infty} \frac{\cos 2\alpha x}{\cosh^2 x}dx = \frac{2\pi\alpha}{\sinh\pi\alpha}, \tag{6.36}$$

$$\int_{-\infty}^{\infty} \frac{\cos 2\alpha x}{\cosh^3 x}dx = \frac{\pi}{2}\,\frac{1+4\alpha^2}{\cosh\pi\alpha}, \tag{6.37}$$

$$\int_{-\infty}^{\infty} \frac{\cos 2\alpha x}{\cosh^4 x}dx = \frac{4\pi}{3}\,\frac{\alpha+\alpha^3}{\sinh\pi\alpha}, \tag{6.38}$$

$$\int_{-\infty}^{\infty} \frac{\cos 2\alpha x}{\cosh^5 x}dx = \frac{\pi}{24}\,\frac{(1+4\alpha^2)(9+4\alpha^2)}{\cosh\pi\alpha}. \tag{6.39}$$

2. 将 (6.35) 式对 α 求导，又能得到

$$\begin{aligned}\int_{-\infty}^{\infty} \frac{x\,e^{i2\alpha x}}{\cosh^n x}dx &= \frac{1}{2i}\frac{d}{d\alpha}\int_{-\infty}^{\infty} \frac{e^{i2\alpha x}}{\cosh^n x}dx \\ &= \frac{d}{d\alpha}\left[\frac{\pi}{1-(-1)^n e^{-2\pi\alpha}}\cdot \mathrm{res}\left\{\frac{e^{i2\alpha z}}{\cosh^n z}\right\}_{z=\pi i/2}\right], \qquad n=1,2,3,\cdots,\end{aligned} \tag{6.40}$$

从而就可以计算出 $\displaystyle\int_{-\infty}^{\infty} \frac{x\,\sin 2\alpha x}{\cosh^n x}dx$ 型的积分:

$$\int_{-\infty}^{\infty} \frac{x\,\sin 2\alpha x}{\cosh x}dx = \frac{\pi^2}{2}\,\frac{\sinh\pi\alpha}{\cosh^2\pi\alpha}, \tag{6.41}$$

$$\int_{-\infty}^{\infty} \frac{x\,\sin 2\alpha x}{\cosh^2 x}dx = \pi\left(\frac{\pi\alpha\,\cosh\pi\alpha}{\sinh^2\pi\alpha} - \frac{1}{\sinh\pi\alpha}\right), \tag{6.42}$$

$$\int_{-\infty}^{\infty} \frac{x\,\sin 2\alpha x}{\cosh^3 x}dx = \frac{1+4\alpha^2}{4}\,\frac{\pi^2\sinh\pi\alpha}{\cosh^2\pi\alpha} - \frac{2\pi\alpha}{\cosh\pi\alpha}, \tag{6.43}$$

$$\int_{-\infty}^{\infty} \frac{x\,\sin 2\alpha x}{\cosh^4 x}dx = \frac{2\pi}{3}\left[(\alpha+\alpha^3)\frac{\pi\cosh\pi\alpha}{\sinh^2\pi\alpha} - \frac{1+3\alpha^2}{\sinh\pi\alpha}\right], \tag{6.44}$$

$$\int_{-\infty}^{\infty} \frac{x\,\sin 2\alpha x}{\cosh^5 x}dx = \frac{\pi}{2}\left[\frac{(1+4\alpha^2)(9+4\alpha^2)}{24}\,\frac{\pi\sinh\pi\alpha}{\cosh^2\alpha\pi} - \frac{10\alpha+8\alpha^3}{3\cosh\pi\alpha}\right]. \tag{6.45}$$

例 6.13 仿照例 6.12 的做法，还能计算得

$$\int_{-\infty}^{\infty} e^{i2\alpha x}\frac{\sinh x}{\cosh^n x}\,dx = \frac{2\pi i}{1+(-1)^n e^{-2\pi\alpha}}\cdot \mathrm{res}\left\{e^{i2\alpha z}\frac{\sinh z}{\cosh^n z}\right\}_{z=\pi i/2}, \tag{6.46}$$

其中 $\alpha>0$, $n=2,3,4,\cdots$. 例如:

$$\int_{-\infty}^{\infty} e^{i2\alpha x}\frac{\sinh x}{\cosh^2 x}\,dx = \frac{2\pi\alpha i}{\cosh\pi\alpha}, \tag{6.47}$$

$$\int_{-\infty}^{\infty} \mathrm{e}^{\mathrm{i}2\alpha x} \frac{\sinh x}{\cosh^3 x} \mathrm{d}x = \frac{2\pi\alpha^2 \mathrm{i}}{\sinh \pi\alpha}, \tag{6.48}$$

$$\int_{-\infty}^{\infty} \mathrm{e}^{\mathrm{i}2\alpha x} \frac{\sinh x}{\cosh^4 x} \mathrm{d}x = \frac{\pi \mathrm{i}}{3} \frac{\alpha + 4\alpha^3}{\cosh \pi\alpha}, \tag{6.49}$$

$$\int_{-\infty}^{\infty} \mathrm{e}^{\mathrm{i}2\alpha x} \frac{\sinh x}{\cosh^5 x} \mathrm{d}x = \frac{2\pi \mathrm{i}}{3} \frac{\alpha^2 + \alpha^4}{\sinh \pi\alpha}. \tag{6.50}$$

比较上述诸式两端的虚部，即得

$$\int_{-\infty}^{\infty} \frac{\sin 2\alpha x \sinh x}{\cosh^2 x} \mathrm{d}x = \frac{2\pi\alpha}{\cosh \pi\alpha}, \tag{6.51}$$

$$\int_{-\infty}^{\infty} \frac{\sin 2\alpha x \sinh x}{\cosh^3 x} \mathrm{d}x = \frac{2\pi\alpha^2}{\sinh \pi\alpha}, \tag{6.52}$$

$$\int_{-\infty}^{\infty} \frac{\sin 2\alpha x \sinh x}{\cosh^4 x} \mathrm{d}x = \frac{\pi}{3} \frac{\alpha + 4\alpha^3}{\cosh \pi\alpha}, \tag{6.53}$$

$$\int_{-\infty}^{\infty} \frac{\sin 2\alpha x \sinh x}{\cosh^5 x} \mathrm{d}x = \frac{2\pi}{3} \frac{\alpha^2 + \alpha^4}{\sinh \pi\alpha}. \tag{6.54}$$

同样，将 (6.46) 式两端对 α 微商，又能得到

$$\int_{-\infty}^{\infty} \mathrm{e}^{\mathrm{i}2\alpha x} \frac{x \sinh x}{\cosh^n x} \mathrm{d}x = \frac{\mathrm{d}}{\mathrm{d}\alpha} \left[\frac{2\pi \mathrm{i}}{1+(-1)^n \mathrm{e}^{-2\pi\alpha}} \cdot \mathrm{res} \left\{ \mathrm{e}^{\mathrm{i}2\alpha z} \frac{\sinh z}{\cosh^n z} \right\}_{z=\pi \mathrm{i}/2} \right],$$

因而又能进一步算出 $\displaystyle\int_{-\infty}^{\infty} \frac{x \cos 2\alpha x \sinh x}{\cosh^n x} \mathrm{d}x$ 型的积分. 例如，根据 (6.47) — (6.50) 诸式的结果，就有

$$\int_{-\infty}^{\infty} \frac{x \cos 2\alpha x \sinh x}{\cosh^2 x} \mathrm{d}x = \pi \left(\frac{1}{\cosh \pi\alpha} - \frac{\pi\alpha \sinh \pi\alpha}{\cosh^2 \pi\alpha} \right), \tag{6.55}$$

$$\int_{-\infty}^{\infty} \frac{x \cos 2\alpha x \sinh x}{\cosh^3 x} \mathrm{d}x = \pi \left(\frac{2\alpha}{\sinh \pi\alpha} - \frac{\pi\alpha^2 \cosh \pi\alpha}{\sinh^2 \pi\alpha} \right), \tag{6.56}$$

$$\int_{-\infty}^{\infty} \frac{x \cos 2\alpha x \sinh x}{\cosh^4 x} \mathrm{d}x = \frac{\pi}{6} \left[\frac{1 + 12\alpha^2}{\cosh \pi\alpha} - \frac{\pi \sinh \pi\alpha}{\cosh^2 \pi\alpha} (\alpha + 4\alpha^3) \right], \tag{6.57}$$

$$\int_{-\infty}^{\infty} \frac{x \cos 2\alpha x \sinh x}{\cosh^5 x} \mathrm{d}x = \frac{\pi}{3} \left[\frac{2\alpha + 4\alpha^3}{\sinh \pi\alpha} - \frac{\pi \cosh \pi\alpha}{\sinh^2 \pi\alpha} (\alpha^2 + \alpha^4) \right]. \tag{6.58}$$

例 6.14　计算积分 $\displaystyle\int_{-\infty}^{\infty} \frac{\mathrm{e}^{-px}}{\cosh x \cosh(x+a) \cosh(x+b)} \mathrm{d}x$，其中 a 和 b 为不相等的非零实数，$-3 < p < 3$.

解　如例 6.12，取被积函数为 $f(z) = \dfrac{\mathrm{e}^{-pz}}{\cosh z \cosh(z+a) \cosh(x+b)}$，矩形围道的高度仍为 π. 此时围道内有奇点 (均为一阶极点) $z = \mathrm{i}\pi/2$, $-a+\mathrm{i}\pi/2$ 及 $-b+\mathrm{i}\pi/2$,

留数分别为

$$
\begin{aligned}
\operatorname{res}\left\{f\left(\frac{\mathrm{i}\pi}{2}\right)\right\} &= \frac{\mathrm{e}^{-pz}}{(\cosh z)'\,\cosh(z+a)\,\cosh(x+b)}\bigg|_{z=\mathrm{i}\pi/2} \\
&= \frac{\mathrm{e}^{-\mathrm{i}\pi p/2}}{\cosh(a+\mathrm{i}\pi/2)\,\cosh(b+\mathrm{i}\pi/2)} = -\frac{1}{\mathrm{i}}\,\frac{\mathrm{e}^{-\mathrm{i}\pi p/2}}{\sinh a\,\sinh b}, \\
\operatorname{res}\left\{f\left(-a+\frac{\mathrm{i}\pi}{2}\right)\right\} &= \frac{\mathrm{e}^{-pz}}{\cosh z\,[\cosh(z+a)]'\,\cosh(x+b)}\bigg|_{z=-a+\mathrm{i}\pi/2} \\
&= \frac{\mathrm{e}^{(a-\mathrm{i}\pi)p/2}}{\cosh(-a+\mathrm{i}\pi/2)\,\cosh(b-a+\mathrm{i}\pi/2)} = \frac{1}{\mathrm{i}}\,\frac{\mathrm{e}^{ap}\mathrm{e}^{-\mathrm{i}\pi p/2}}{\sinh a\,\sinh(b-a)}, \\
\operatorname{res}\left\{f\left(-b+\frac{\mathrm{i}\pi}{2}\right)\right\} &= \frac{\mathrm{e}^{-pz}}{\cosh z\,\cosh(z+a)\,[\cosh(x+b)]'}\bigg|_{z=-b+\mathrm{i}\pi/2} \\
&= \frac{\mathrm{e}^{(-a+\mathrm{i}\pi)p/2}}{\cosh(a-b+\mathrm{i}\pi/2)\,\cosh(-b+\mathrm{i}\pi/2)} = \frac{1}{\mathrm{i}}\,\frac{\mathrm{e}^{bp}\mathrm{e}^{-\mathrm{i}\pi p/2}}{\sinh(a-b)\,\sinh b}.
\end{aligned}
$$

根据留数定理，有

$$
\begin{aligned}
&\int_{-R}^{R}\frac{\mathrm{e}^{-px}}{\cosh x\,\cosh(x+a)\,\cosh(x+b)}\,\mathrm{d}x \\
&\quad+\int_0^{\pi}\frac{\mathrm{e}^{-pR-\mathrm{i}py}}{\cosh(R+\mathrm{i}y)\,\cosh(a+R+\mathrm{i}y)\,\cosh(b+R+\mathrm{i}y)}\,\mathrm{i}\mathrm{d}y \\
&\quad+\int_R^{-R}\frac{\mathrm{e}^{-p(x+\mathrm{i}\pi)}}{\cosh(x+\mathrm{i}\pi)\,\cosh(x+a+\mathrm{i}\pi)\,\cosh(x+b+\mathrm{i}\pi)}\,\mathrm{d}x \\
&\quad+\int_{\pi}^{0}\frac{\mathrm{e}^{pR-\mathrm{i}py}}{\cosh(-R+\mathrm{i}y)\,\cosh(a-R+\mathrm{i}y)\,\cosh(b-R+\mathrm{i}y)}\,\mathrm{i}\mathrm{d}y \\
&=2\pi\mathrm{i}\times\frac{\mathrm{e}^{-\mathrm{i}\pi p/2}}{\mathrm{i}}\left[-\frac{1}{\sinh a\,\sinh b}+\frac{\mathrm{e}^{ap}}{\sinh a\,\sinh(b-a)}+\frac{\mathrm{e}^{bp}}{\sinh(a-b)\,\sinh b}\right].
\end{aligned}
$$

取极限 $R\to\infty$，因为

$$
\begin{aligned}
&\lim_{R\to\infty}\int_0^{\pi}\frac{\mathrm{e}^{-pR-\mathrm{i}py}}{\cosh(R+\mathrm{i}y)\,\cosh(a+R+\mathrm{i}y)\,\cosh(b+R+\mathrm{i}y)}\,\mathrm{i}\mathrm{d}y=0, \\
&\lim_{R\to\infty}\int_{\pi}^{0}\frac{\mathrm{e}^{pR-\mathrm{i}py}}{\cosh(-R+\mathrm{i}y)\,\cosh(a-R+\mathrm{i}y)\,\cosh(b-R+\mathrm{i}y)}\,\mathrm{i}\mathrm{d}y=0,
\end{aligned}
$$

所以

$$\left(1+\mathrm{e}^{-\mathrm{i}\pi p}\right)\int_{-\infty}^{\infty}\frac{\mathrm{e}^{-px}}{\cosh x\,\cosh(x+a)\,\cosh(x+b)}\,\mathrm{d}x$$
$$=2\pi\times\mathrm{e}^{-\mathrm{i}\pi p/2}\left[-\frac{1}{\sinh a\,\sinh b}+\frac{\mathrm{e}^{ap}}{\sinh a\,\sinh(b-a)}+\frac{\mathrm{e}^{bp}}{\sinh(a-b)\,\sinh b}\right].$$

化简即得

$$\int_{-\infty}^{\infty}\frac{\mathrm{e}^{-px}}{\cosh x\,\cosh(x+a)\,\cosh(x+b)}\,\mathrm{d}x$$
$$=\frac{\pi}{\cos(\pi p/2)}\left[-\frac{1}{\sinh a\,\sinh b}+\frac{\mathrm{e}^{ap}}{\sinh a\,\sinh(b-a)}+\frac{\mathrm{e}^{bp}}{\sinh(a-b)\,\sinh b}\right].\tag{6.59}$$

例 6.15　计算积分 $\displaystyle\int_{-\infty}^{\infty}\frac{\mathrm{e}^{x}}{\mathrm{e}^{2x}+\mathrm{e}^{2a}}\frac{\mathrm{d}x}{x^2+\pi^2}$，其中 a 为实数.

解　本题中的被积函数是周期函数 $\dfrac{\mathrm{e}^{x}}{\mathrm{e}^{2x}+\mathrm{e}^{2a}}$ 与

$$\frac{1}{x^2+\pi^2}=\frac{1}{2\pi\mathrm{i}}\left(\frac{1}{x-\pi\mathrm{i}}-\frac{1}{x+\pi\mathrm{i}}\right)$$

的乘积，即

$$\int_{-\infty}^{\infty}\frac{\mathrm{e}^{x}}{\mathrm{e}^{2x}+\mathrm{e}^{2a}}\frac{\mathrm{d}x}{x^2+\pi^2}=\frac{1}{2\pi\mathrm{i}}\left(\int_{-\infty}^{\infty}\frac{\mathrm{e}^{x}}{\mathrm{e}^{2x}+\mathrm{e}^{2a}}\frac{\mathrm{d}x}{x-\pi\mathrm{i}}-\int_{-\infty}^{\infty}\frac{\mathrm{e}^{x}}{\mathrm{e}^{2x}+\mathrm{e}^{2a}}\frac{\mathrm{d}x}{x+\pi\mathrm{i}}\right),$$

所以仍可采用图 6.13 中的矩形围道，只是被积函数应当取为

$$f(z)=\frac{\mathrm{e}^{z}}{\mathrm{e}^{2z}+\mathrm{e}^{2a}}\frac{1}{z-\pi\mathrm{i}}.$$

这时围道内有三个奇点：$z=\pi\mathrm{i}$, $z=a+\pi\mathrm{i}/2$ 和 $z=\ln a+3\pi\mathrm{i}/2$，留数分别为

$$\operatorname{res}f(\pi\mathrm{i})=\frac{\mathrm{e}^{z}}{\mathrm{e}^{2z}+\mathrm{e}^{2a}}\bigg|_{z=\pi\mathrm{i}}=-\frac{1}{1+\mathrm{e}^{2a}},$$
$$\operatorname{res}f\left(a+\frac{\pi\mathrm{i}}{2}\right)=\frac{1}{2}\frac{\mathrm{e}^{-z}}{z-\pi\mathrm{i}}\bigg|_{z=a+\pi\mathrm{i}/2}=-\frac{\mathrm{i}}{2}\frac{\mathrm{e}^{-a}}{a-\pi\mathrm{i}/2},$$
$$\operatorname{res}f\left(a+\frac{3\pi\mathrm{i}}{2}\right)=\frac{1}{2}\frac{\mathrm{e}^{-z}}{z-\pi\mathrm{i}}\bigg|_{z=a+3\pi\mathrm{i}/2}=\frac{\mathrm{i}}{2}\frac{\mathrm{e}^{-a}}{a+\pi\mathrm{i}/2},$$

因此，由留数定理，有

$$\int_{-R}^{R}\frac{\mathrm{e}^{x}}{\mathrm{e}^{2x}+\mathrm{e}^{2a}}\frac{\mathrm{d}x}{x-\pi\mathrm{i}}+\int_{0}^{2\pi}\frac{\mathrm{e}^{R+\mathrm{i}y}}{\mathrm{e}^{2(R+\mathrm{i}y)}+\mathrm{e}^{2a}}\frac{\mathrm{i}\mathrm{d}y}{R+\mathrm{i}y-\pi\mathrm{i}}$$
$$+\int_{R}^{-R}\frac{\mathrm{e}^{x}}{\mathrm{e}^{2x}+\mathrm{e}^{2a}}\frac{\mathrm{d}x}{x+\pi\mathrm{i}}+\int_{2\pi}^{0}\frac{\mathrm{e}^{-R+\mathrm{i}y}}{\mathrm{e}^{2(-R+\mathrm{i}y)}+\mathrm{e}^{2a}}\frac{\mathrm{i}\mathrm{d}y}{-R+\mathrm{i}y-\pi\mathrm{i}}$$
$$=2\pi\mathrm{i}\left(-\frac{1}{1+\mathrm{e}^{2a}}-\frac{\mathrm{i}}{2}\frac{\mathrm{e}^{-a}}{a-\pi\mathrm{i}/2}+\frac{\mathrm{i}}{2}\frac{\mathrm{e}^{-a}}{a+\pi\mathrm{i}/2}\right).$$

取极限 $R\to\infty$，因为

$$\lim_{R\to\infty}\int_0^{2\pi}\frac{\mathrm{e}^{R+\mathrm{i}y}}{\mathrm{e}^{2(R+\mathrm{i}y)}+\mathrm{e}^{2a}}\,\frac{\mathrm{i}\mathrm{d}y}{R+\mathrm{i}y-\pi\mathrm{i}}=0,$$

$$\lim_{R\to\infty}\int_{2\pi}^{0}\frac{\mathrm{e}^{-R+\mathrm{i}y}}{\mathrm{e}^{2(-R+\mathrm{i}y)}+\mathrm{e}^{2a}}\,\frac{\mathrm{i}\mathrm{d}y}{-R+\mathrm{i}y-\pi\mathrm{i}}=0,$$

所以

$$\int_{-\infty}^{\infty}\frac{\mathrm{e}^{x}}{\mathrm{e}^{2x}+\mathrm{e}^{2a}}\left(\frac{1}{x-\pi\mathrm{i}}-\frac{1}{x+\pi\mathrm{i}}\right)\mathrm{d}x=2\pi\mathrm{i}\left(-\frac{1}{1+\mathrm{e}^{2a}}+\frac{2\pi\,\mathrm{e}^{-a}}{4a^2+\pi^2}\right),$$

亦即

$$\int_{-\infty}^{\infty}\frac{\mathrm{e}^{x}}{\mathrm{e}^{2x}+\mathrm{e}^{2a}}\,\frac{\mathrm{d}x}{x^2+\pi^2}=\frac{2\pi\,\mathrm{e}^{-a}}{4a^2+\pi^2}-\frac{1}{1+\mathrm{e}^{2a}}.\tag{6.60a}$$

☞ **讨论**

1. 若 a 为复数，$-\pi/2<\operatorname{Im}a<\pi/2$，本题的结果仍然成立.

2. 作变换 $\mathrm{e}^x=t$, $\mathrm{e}^a=b$，则本题的积分即化为 $\displaystyle\int_0^{\infty}\frac{1}{t^2+b^2}\,\frac{\mathrm{d}t}{\ln^2 t+\pi^2}$，因而有

$$\int_0^{\infty}\frac{1}{x^2+b^2}\,\frac{\mathrm{d}x}{\ln^2 x+\pi^2}=\frac{2\pi}{b}\,\frac{1}{4\ln^2 b+\pi^2}-\frac{1}{1+b^2},\qquad |\arg b|<\frac{\pi}{2}.\tag{6.60b}$$

是否也可直接采用留数定理计算此积分?

3. 在 (6.60b) 式中代入 $b=1$，即得

$$\int_0^{\infty}\frac{1}{x^2+1}\,\frac{\mathrm{d}x}{\ln^2 x+\pi^2}=\frac{2}{\pi}-\frac{1}{2}.\tag{6.60c}$$

更进一步，还能导出

$$\int_0^{1}\frac{1}{x^2+1}\,\frac{\mathrm{d}x}{\ln^2 x+\pi^2}=\int_1^{\infty}\frac{1}{x^2+1}\,\frac{\mathrm{d}x}{\ln^2 x+\pi^2}=\frac{1}{\pi}-\frac{1}{4}.\tag{6.60d}$$

例 6.16 计算积分 $\displaystyle\int_{-\infty}^{\infty}\frac{x}{\sinh x}\,\mathrm{d}x$.

解 本题和例 6.11 相似，故取被积函数为 $f(z)=z/\sinh z$，仍采用矩形围道，矩形的高为 π；由于 $z=0$ 是 $f(z)$ 的可去奇点，无须特殊考虑，但 $z=\pi\mathrm{i}$ 是 $f(z)$ 的奇点 (一阶极点)，故围道应稍作修改，见图 6.14. 根据留数定理，有

$$\int_{-R}^{R}\frac{x}{\sinh x}\,\mathrm{d}x+\int_0^{\pi}\frac{R+\mathrm{i}y}{\sinh(R+\mathrm{i}y)}\,\mathrm{i}\,\mathrm{d}y+\int_R^{R-\delta}\frac{x+\mathrm{i}\pi}{\sinh(x+\mathrm{i}\pi)}\,\mathrm{d}x$$
$$+\int_{C_\delta}\frac{z}{\sinh z}\,\mathrm{d}z+\int_{-\delta}^{-R}\frac{x+\mathrm{i}\pi}{\sinh(x+\mathrm{i}\pi)}\,\mathrm{d}x+\int_\pi^0\frac{-R+\mathrm{i}y}{\sinh(-R+\mathrm{i}y)}\,\mathrm{i}\,\mathrm{d}y=0.$$

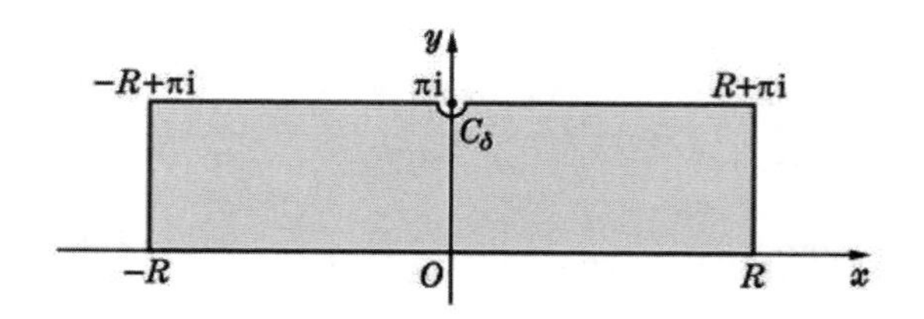

图 6.14 应用于例 6.16 的矩形积分围道

因为

$$\lim_{z\to\pi i}(z-\pi i)\cdot\frac{z}{\sinh z}=-\pi i,$$

所以

$$\lim_{\delta\to 0}\int_{C_\delta}\frac{z}{\sinh z}\,dz=-\pi i\times(-\pi i)=-\pi^2.$$

同时由于 $R\to\infty$ 时，有

$$\left|\int_0^\pi\frac{R+iy}{\sinh(R+iy)}\,i\,dy\right|\leqslant\int_0^\pi\left|\frac{R+iy}{\sinh(R+iy)}\right|dy\leqslant\int_0^\pi\frac{2R}{\sinh R}\,dy=\frac{2\pi R}{\sinh R}\to 0,$$

$$\left|\int_\pi^0\frac{-R+iy}{\sinh(-R+iy)}\,i\,dy\right|\leqslant\int_0^\pi\left|\frac{-R+iy}{\sinh(-R+iy)}\right|dy\leqslant\int_0^\pi\frac{2R}{\sinh R}\,dy=\frac{2\pi R}{\sinh R}\to 0,$$

所以，取极限 $R\to\infty$，$\delta\to 0$，就得到

$$\int_{-\infty}^{\infty}\frac{x}{\sinh x}\,dx+\int_{-\infty}^{\infty}\frac{x+\pi i}{\sinh x}-\pi^2=0.$$

因此

$$\int_{-\infty}^{\infty}\frac{x}{\sinh x}\,dx=\frac{1}{2}\pi^2. \tag{6.61}$$

☞ **讨论** 可否采用半圆形围道计算此积分？你能预料会遇到什么困难？

例 6.17 计算积分 $\displaystyle\int_{-\infty}^{\infty}\frac{\sin\alpha x}{\sinh x}\,dx$，其中 $\alpha>0$.

解 仍采用图 6.14 中的积分围道，计算复变积分 $\displaystyle\oint_C\frac{\sin\alpha z}{\sinh z}\,dz$：

$$\int_{-R}^{R}\frac{\sin\alpha x}{\sinh x}\,dx+\int_0^\pi\frac{\sin\alpha(R+iy)}{\sinh(R+iy)}\,i\,dy+\int_R^{R-\delta}\frac{\sin\alpha(x+i\pi)}{\sinh(x+i\pi)}\,dx$$
$$+\int_{C_\delta}\frac{\sin\alpha z}{\sinh z}\,dz+\int_{-\delta}^{-R}\frac{\sin\alpha(x+i\pi)}{\sinh(x+i\pi)}\,dx\int_\pi^0\frac{\sin\alpha(-R+iy)}{\sinh(-R+iy)}\,i\,dy=0.$$

类似于上题的计算，因为

$$\lim_{z\to\pi i}(z-\pi i)\cdot\frac{\sin\alpha z}{\sinh z}=-i\,\sinh\pi\alpha,$$

所以

$$\lim_{\delta\to 0}\int_{C_\delta}\frac{\sin\alpha z}{\sinh z}\,\mathrm{d}z = -\mathrm{i}\pi\times(-\mathrm{i}\,\sinh\pi\alpha) = -\pi\,\sinh\pi\alpha.$$

同时由于

$$\begin{aligned}\left|\int_0^\pi\frac{\sin\alpha(R+\mathrm{i}y)}{\sinh(R+\mathrm{i}y)}\,\mathrm{i}\,\mathrm{d}y\right| &\leqslant \int_0^\pi\left|\frac{\sin\alpha(R+\mathrm{i}y)}{\sinh(R+\mathrm{i}y)}\right|\mathrm{d}y\\ &\leqslant \int_0^\pi\frac{\cosh\alpha R}{\sinh R}\,\mathrm{d}y = \frac{\pi\,\cosh\alpha R}{\sinh R}\to 0, \qquad R\to\infty,\\ \left|\int_\pi^0\frac{\sin\alpha(-R+\mathrm{i}y)}{\sinh(-R+\mathrm{i}y)}\,\mathrm{i}\,\mathrm{d}y\right| &\leqslant \int_0^\pi\left|\int_\pi^0\frac{\sin\alpha(-R+\mathrm{i}y)}{\sinh(-R+\mathrm{i}y)}\right|\mathrm{d}y\\ &\leqslant \int_0^\pi\frac{\cosh\alpha R}{\sinh R}\,\mathrm{d}y = \frac{\pi\,\cosh\alpha R}{\sinh R}\to 0, \qquad R\to\infty,\end{aligned}$$

所以取极限 $R\to\infty$, $\delta\to 0$，就得到

$$\int_{-\infty}^{\infty}\frac{\sin\alpha x}{\sinh x}\,\mathrm{d}x + \int_{-\infty}^{\infty}\frac{\sin\alpha(x+\pi\mathrm{i})}{\sinh x}\,\mathrm{d}x - \pi\,\sinh\pi\alpha = 0.$$

注意到 $\sin\alpha(x+\pi\mathrm{i}) = \sin\alpha x\,\cosh\pi\alpha + \mathrm{i}\,\cos\alpha x\,\sin\pi\alpha$，所以

$$\int_{-\infty}^{\infty}\frac{\sin\alpha(x+\pi\mathrm{i})}{\sinh x}\,\mathrm{d}x = \cosh\pi\alpha\int_{-\infty}^{\infty}\frac{\sin\alpha x}{\sinh x}\,\mathrm{d}x.$$

于是最后就得到

$$\int_{-\infty}^{\infty}\frac{\sin\alpha x}{\sinh x}\,\mathrm{d}x = \frac{\pi\,\sinh\pi\alpha}{1+\cosh\pi\alpha} = \pi\,\tanh\frac{\pi\alpha}{2}. \tag{6.62}$$

☞ **讨论**

1. (6.62) 式在 $\alpha = 0$ 时亦成立.
2. 被积函数也可取为 $\mathrm{e}^{\mathrm{i}\alpha z}/\sinh z$，但积分围道需稍作修改.
3. 可否采用半圆形围道计算此积分？是否也会遇到什么困难？
4. 作为练习，请读者证明

$$\int_{-\infty}^{\infty}\frac{x\,\cos\alpha x}{\sinh x}\,\mathrm{d}x = \frac{2\pi^2\,\mathrm{e}^{\pi\alpha}}{(1+\mathrm{e}^{\pi\alpha})^2}, \qquad \alpha\geqslant 0. \tag{6.63}$$

例 6.18 计算积分 $\displaystyle\int_0^\pi\frac{x\,\sin x}{1-2r\cos x+r^2}\,\mathrm{d}x$，其中 $r>0$，且 $r\neq 1$.

解 这是采用矩形围道计算定积分的一个特例，特殊之处在于矩形的宽度有限 (为 2π) 而高度趋于 ∞，见图 6.15. 计算的复变积分是

$$\oint_C f(z)\,\mathrm{d}z = \oint_C\frac{z}{r-\mathrm{e}^{-\mathrm{i}z}}\,\mathrm{d}z.$$

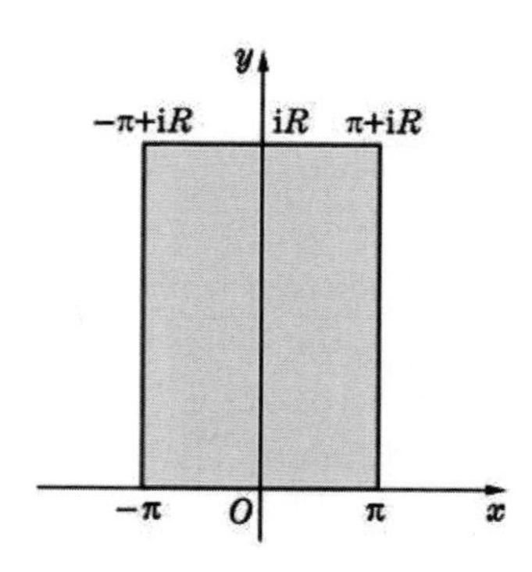

图 6.15 应用于例 6.18 的矩形积分围道

这时被积函数的奇点为 $z=\mathrm{i}\ln r+2k\pi,\ k=0,\pm1,\pm2,\cdots$. 当 $0<r<1$ 时，这些奇点全都位于围道之外；而当 $r>1$ 时，围道内只有唯一一个奇点 (一阶极点) $z=\mathrm{i}\ln r$. 下面就分别讨论这两种情形.

当 $0<r<1$ 时，按照留数定理，有

$$\int_{-\pi}^{\pi}\frac{x}{r-\mathrm{e}^{-\mathrm{i}x}}\,\mathrm{d}x+\int_0^R\frac{\pi+\mathrm{i}y}{r+\mathrm{e}^y}\,\mathrm{i}\,\mathrm{d}y+\int_{\pi}^{-\pi}\frac{x+\mathrm{i}R}{r-\mathrm{e}^{R-\mathrm{i}x}}\,\mathrm{d}x+\int_R^0\frac{-\pi+\mathrm{i}y}{r+\mathrm{e}^y}\,\mathrm{i}\,\mathrm{d}y=0.$$

令 $R\to\infty$，因为

$$\lim_{R\to\infty}\left\{\int_0^R\frac{\pi+\mathrm{i}y}{r+\mathrm{e}^y}\,\mathrm{i}\,\mathrm{d}y+\int_R^0\frac{-\pi+\mathrm{i}y}{r+\mathrm{e}^y}\,\mathrm{i}\,\mathrm{d}y\right\}=2\pi\mathrm{i}\int_0^{\infty}\frac{\mathrm{d}y}{r+\mathrm{e}^y}=\frac{2\pi\mathrm{i}}{r}\,\ln(1+r),$$

同时，当 $R\to\infty$ 时，有

$$\left|\int_{\pi}^{-\pi}\frac{x+\mathrm{i}R}{r-\mathrm{e}^{R-\mathrm{i}x}}\,\mathrm{d}x\right|\leqslant\int_{-\pi}^{\pi}\frac{2R}{\mathrm{e}^R-\pi}\mathrm{d}x\to0,$$

所以

$$\int_{-\pi}^{\pi}\frac{x}{r-\mathrm{e}^{-\mathrm{i}x}}\,\mathrm{d}x=-\frac{2\pi\mathrm{i}}{r}\,\ln(1+r).$$

另一方面，

$$\begin{aligned}\int_{-\pi}^{\pi}\frac{x}{r-\mathrm{e}^{-\mathrm{i}x}}\,\mathrm{d}x&=\int_{-\pi}^{0}\frac{x}{r-\mathrm{e}^{-\mathrm{i}x}}\,\mathrm{d}x+\int_0^{\pi}\frac{x}{r-\mathrm{e}^{-\mathrm{i}x}}\,\mathrm{d}x\\&=-\int_0^{\pi}\frac{x}{r-\mathrm{e}^{\mathrm{i}x}}\,\mathrm{d}x+\int_0^{\pi}\frac{x}{r-\mathrm{e}^{-\mathrm{i}x}}\,\mathrm{d}x\\&=-2\mathrm{i}\int_0^{\pi}\frac{x\sin x}{1-2r\cos x+r^2}\,\mathrm{d}x,\end{aligned}$$

由此即得

$$\int_0^{\pi} \frac{x\,\sin x}{1-2r\cos x+r^2}\,\mathrm{d}x = \frac{\pi}{r}\,\ln(1+r), \qquad 0<r<1. \tag{6.64a}$$

当 $r>1$ 时，需要计入被积函数在奇点 $z=\mathrm{i}\,\ln r$ 处的留数

$$\operatorname{res}\left\{\frac{z}{r-\mathrm{e}^{-\mathrm{i}z}}\right\}_{z=\mathrm{i}\,\ln r} = \left.\frac{z}{\mathrm{i}\,\mathrm{e}^{-\mathrm{i}z}}\right|_{z=\mathrm{i}\,\ln r} = \frac{\ln r}{r}.$$

重复上面的计算，又可得到

$$-2\mathrm{i}\int_0^{\pi} \frac{x\,\sin x}{1-2r\cos x+r^2}\,\mathrm{d}x = \frac{2\pi\mathrm{i}}{r}\ln r - \frac{2\pi\mathrm{i}}{r}\,\ln(1+r),$$

即

$$\int_0^{\pi} \frac{x\,\sin x}{1-2r\cos x+r^2}\,\mathrm{d}x = \frac{\pi}{r}\big[\ln(1+r)-\ln r\big] = \frac{\pi}{r}\ln\Big(1+\frac{1}{r}\Big), \quad r>1. \tag{6.64b}$$

§6.5 实轴上有奇点的情形

例 6.19 计算积分 $\mathrm{v.p.}\displaystyle\int_0^{\infty}\frac{x\,\sin ax}{x^2-r^2}\mathrm{d}x$ 及 $\mathrm{v.p.}\displaystyle\int_0^{\infty}\frac{r\,\cos ax}{x^2-r^2}\mathrm{d}x$，其中 $a>0,\ r>0$.

解 本题的特殊之处是在实轴上有奇点：$z=\pm r$，积分围道应避开这些奇点；同时希望使得计算尽可能简单，能一次就同时算出这两个积分，因此采用的复变积分为 $\displaystyle\oint_C \frac{\mathrm{e}^{\mathrm{i}az}}{z-r}\,\mathrm{d}z$，而积分围道如图 6.16 所示．根据留数定理，就能写出：

$$\int_{-R}^{r-\delta}\frac{\mathrm{e}^{\mathrm{i}ax}}{x-r}\,\mathrm{d}x + \int_{C_\delta}\frac{\mathrm{e}^{\mathrm{i}az}}{z-r}\,\mathrm{d}z + \int_{r+\delta}^{R}\frac{\mathrm{e}^{\mathrm{i}ax}}{x-r}\,\mathrm{d}x + \int_{C_R}\frac{\mathrm{e}^{\mathrm{i}az}}{z-r}\,\mathrm{d}z = 0.$$

因为

$$\lim_{z\to r}(z-r)\cdot\frac{\mathrm{e}^{\mathrm{i}az}}{z-r} = \mathrm{e}^{\mathrm{i}ar}, \qquad \lim_{z\to\infty}\frac{1}{z-r} = 0,$$

所以分别根据小圆弧引理及 Jordan 引理，有

$$\lim_{\delta\to 0}\int_{C_\delta}\frac{\mathrm{e}^{\mathrm{i}az}}{z-r}\,\mathrm{d}z = -\mathrm{i}\pi\,\mathrm{e}^{\mathrm{i}ar}, \qquad \lim_{R\to\infty}\int_{C_R}\frac{\mathrm{e}^{\mathrm{i}az}}{z-r}\,\mathrm{d}z = 0.$$

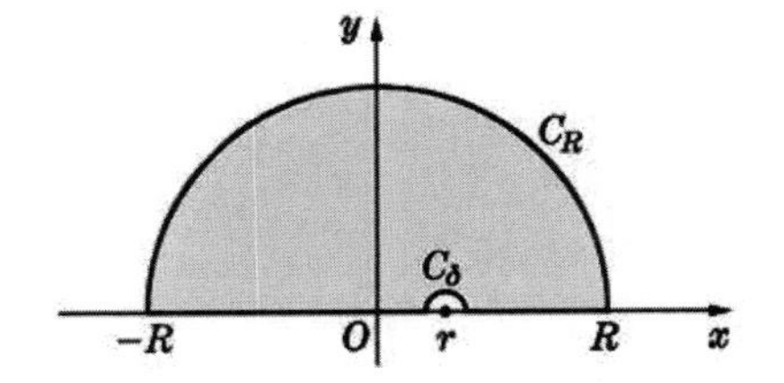

图 6.16 应用于例 6.19 的积分围道

因此，取极限 $R\to\infty$，$\delta\to 0$，就得到

$$\begin{aligned}\text{v.p.}\int_{-\infty}^{\infty}\frac{\mathrm{e}^{\mathrm{i}ax}}{x-r}\,\mathrm{d}x &= \text{v.p.}\int_{-\infty}^{\infty}\frac{(x+r)\mathrm{e}^{\mathrm{i}ax}}{x^2-r^2}\,\mathrm{d}x\\ &= \text{v.p.}\int_{-\infty}^{\infty}\frac{r\,\cos ax+\mathrm{i}\,x\,\sin ax}{x^2-r^2}\,\mathrm{d}x=\mathrm{i}\pi\,\mathrm{e}^{\mathrm{i}ar}.\end{aligned}$$

比较实部和虚部，即得

$$\text{v.p.}\int_{0}^{\infty}\frac{r\,\cos ax}{x^2-r^2}\,\mathrm{d}x=-\frac{\pi}{2}\,\sin ar, \tag{6.65a}$$

$$\text{v.p.}\int_{0}^{\infty}\frac{x\,\sin ax}{x^2-r^2}\,\mathrm{d}x=\frac{\pi}{2}\,\cos ar. \tag{6.65b}$$

例 6.20 计算积分 $\displaystyle\int_0^{\infty}\frac{\sin(x+a)\sin(x-a)}{x^2-a^2}\mathrm{d}x$，其中 $a>0$.

解 因为

$$\int_0^{\infty}\frac{\sin(x+a)\sin(x-a)}{x^2-a^2}\mathrm{d}x=\frac{1}{4}\int_{-\infty}^{\infty}\frac{\cos 2a-\cos 2x}{x^2-a^2}\mathrm{d}x,$$

所以考虑复变积分

$$\oint_C f(z)\mathrm{d}z=\oint_C\frac{\mathrm{e}^{2\mathrm{i}a}-\mathrm{e}^{2\mathrm{i}z}}{z^2-a^2}\mathrm{d}z,$$

其中积分围道 C 见图 6.17. $f(z)$ 在积分围道内无奇点，故

$$\begin{aligned}&\int_{-R}^{-a-\varepsilon}\frac{\mathrm{e}^{2\mathrm{i}a}-\mathrm{e}^{2\mathrm{i}x}}{x^2-a^2}\mathrm{d}x+\int_{C_\varepsilon}\frac{\mathrm{e}^{2\mathrm{i}a}-\mathrm{e}^{2\mathrm{i}z}}{z^2-a^2}\mathrm{d}z\\ &\quad+\int_{-a+\varepsilon}^{R}\frac{\mathrm{e}^{2\mathrm{i}a}-\mathrm{e}^{2\mathrm{i}x}}{x^2-a^2}\mathrm{d}x+\int_{C_R}\frac{\mathrm{e}^{2\mathrm{i}a}-\mathrm{e}^{2\mathrm{i}z}}{z^2-a^2}\mathrm{d}z=0.\end{aligned}$$

因为

$$\lim_{z\to -a}(z+a)\frac{\mathrm{e}^{2\mathrm{i}a}-\mathrm{e}^{2\mathrm{i}z}}{z^2-a^2}=\frac{-\mathrm{i}\,\sin 2a}{a},\quad \lim_{z\to\infty}z\cdot\frac{1}{z^2-a^2}=0,\quad \lim_{z\to\infty}\frac{1}{z^2-a^2}=0,$$

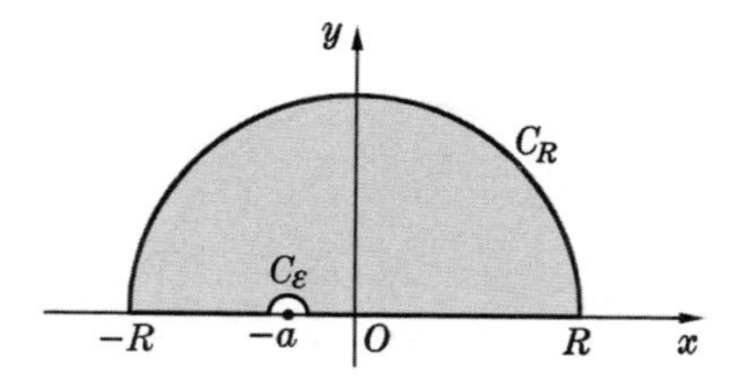

图 6.17　应用于例 6.20 的积分围道

所以有

$$\lim_{z\to -a}\int_{C_\varepsilon}\frac{\mathrm{e}^{2\mathrm{i}a}-\mathrm{e}^{2\mathrm{i}z}}{z^2-a^2}\mathrm{d}z=-\frac{\pi}{a}\sin 2a,$$

$$\lim_{R\to\infty}\int_{C_R}\frac{\mathrm{e}^{2\mathrm{i}a}}{z^2-a^2}\mathrm{d}z=0,\qquad \lim_{R\to\infty}\int_{C_R}\frac{\mathrm{e}^{2\mathrm{i}z}}{z^2-a^2}\mathrm{d}z=0.$$

因此，取极限 $\varepsilon\to 0$, $R\to\infty$，得到

$$\int_{-\infty}^{\infty}\frac{\mathrm{e}^{2\mathrm{i}a}-\mathrm{e}^{2\mathrm{i}x}}{x^2-a^2}\mathrm{d}x=\frac{\pi}{a}\sin 2a.$$

比较实部，就给出

$$\int_{-\infty}^{\infty}\frac{\cos 2a-\cos 2x}{x^2-a^2}\mathrm{d}x=\frac{\pi}{a}\sin 2a, \tag{6.66}$$

$$\int_{0}^{\infty}\frac{\sin(x+a)\sin(x-a)}{x^2-a^2}\mathrm{d}x=\frac{\pi}{4a}\sin 2a. \tag{6.67}$$

例 6.21 计算积分 $\displaystyle\int_{-\infty}^{\infty}\frac{\mathrm{e}^{px}-\mathrm{e}^{qx}}{1-\mathrm{e}^x}\mathrm{d}x$, $0<p<1$，其中 $0<q<1$.

解 应该先计算 v.p. $\displaystyle\int_{-\infty}^{\infty}\frac{\mathrm{e}^{px}}{1-\mathrm{e}^x}\mathrm{d}x$. 为此，考虑积分 $\displaystyle\oint_C f(z)\mathrm{d}z=\oint_C\frac{\mathrm{e}^{pz}}{1-\mathrm{e}^z}\mathrm{d}z$，其中积分围道 C 如图 6.18 所示. 根据留数定理，有

$$\begin{aligned}\oint_C\frac{\mathrm{e}^{pz}}{1-\mathrm{e}^z}\mathrm{d}z=&\int_{-R}^{-\delta}\frac{\mathrm{e}^{px}}{1-\mathrm{e}^x}\mathrm{d}x+\int_{C_\delta}\frac{\mathrm{e}^{pz}}{1-\mathrm{e}^z}\mathrm{d}z+\int_{\delta}^{R}\frac{\mathrm{e}^{px}}{1-\mathrm{e}^x}\mathrm{d}x\\&+\int_0^{2\pi}\frac{\mathrm{e}^{p(R+\mathrm{i}y)}}{1-\mathrm{e}^{R+\mathrm{i}y}}\mathrm{i}\mathrm{d}y+\int_R^{\varepsilon}\frac{\mathrm{e}^{p(x+2\pi\mathrm{i})}}{1-\mathrm{e}^x}\mathrm{d}x+\int_{C_\varepsilon}\frac{\mathrm{e}^{pz}}{1-\mathrm{e}^z}\mathrm{d}z\\&+\int_{-\varepsilon}^{-R}\frac{\mathrm{e}^{p(x+2\pi\mathrm{i})}}{1-\mathrm{e}^x}\mathrm{d}x+\int_{2\pi}^{0}\frac{\mathrm{e}^{p(-R+\mathrm{i}y)}}{1-\mathrm{e}^{-R+\mathrm{i}y}}\mathrm{i}\mathrm{d}y=0.\end{aligned}$$

因为

$$\lim_{z\to 0}z\cdot\frac{\mathrm{e}^{pz}}{1-\mathrm{e}^z}=-1,\qquad \lim_{z\to 2\pi\mathrm{i}}(z-2\pi\mathrm{i})\cdot\frac{\mathrm{e}^{pz}}{1-\mathrm{e}^z}=-\mathrm{e}^{\mathrm{i}2\pi p},$$

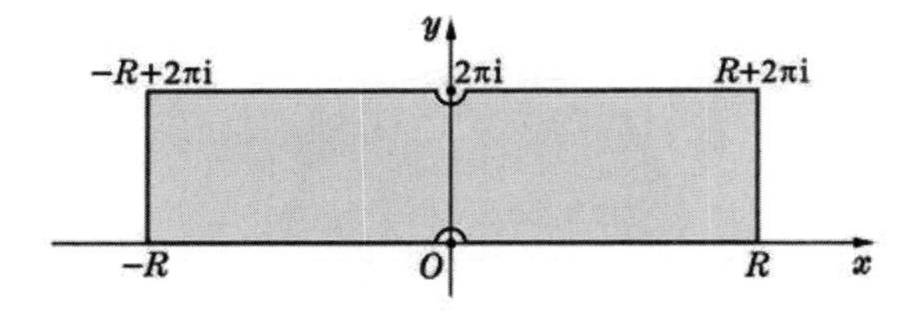

图 6.18 应用于例 6.21 的积分围道

所以

$$\lim_{\delta\to 0}\int_{C_\delta}\frac{\mathrm{e}^{pz}}{1-\mathrm{e}^z}\mathrm{d}z=\pi\mathrm{i},\qquad \lim_{\varepsilon\to 0}\int_{C_\varepsilon}\frac{\mathrm{e}^{pz}}{1-\mathrm{e}^z}\mathrm{d}z=\pi\mathrm{i}\mathrm{e}^{\mathrm{i}2\pi p}.$$

同时考虑到

$$\begin{aligned}\left|\int_0^{2\pi}\frac{\mathrm{e}^{p(R+\mathrm{i}y)}}{1-\mathrm{e}^{R+\mathrm{i}y}}\mathrm{i}\mathrm{d}y\right| &\leqslant \int_0^{2\pi}\left|\frac{\mathrm{e}^{p(R+\mathrm{i}y)}}{1-\mathrm{e}^{R+\mathrm{i}y}}\right|\mathrm{d}y\\ &\leqslant \int_0^{2\pi}\frac{\mathrm{e}^{pR}}{\mathrm{e}^R-1}\mathrm{d}y=2\pi\cdot\frac{\mathrm{e}^{pR}}{\mathrm{e}^R-1}\ \to 0,\\ \left|\int_{2\pi}^{0}\frac{\mathrm{e}^{p(-R+\mathrm{i}y)}}{1-\mathrm{e}^{-R+\mathrm{i}y}}\mathrm{i}\mathrm{d}y\right| &\leqslant \int_{2\pi}^{0}\left|\frac{\mathrm{e}^{p(-R+\mathrm{i}y)}}{1-\mathrm{e}^{-R+\mathrm{i}y}}\right|\mathrm{d}y\\ &\leqslant \int_0^{2\pi}\frac{\mathrm{e}^{-pR}}{1-\mathrm{e}^{-R}}\mathrm{d}y=2\pi\cdot\frac{\mathrm{e}^{-pR}}{1-\mathrm{e}^{-R}}\ \to 0,\end{aligned}$$

所以就得到

$$\left(1-\mathrm{e}^{\mathrm{i}2\pi p}\right)\times \text{v.p.}\int_{-\infty}^{\infty}\frac{\mathrm{e}^{px}}{1-\mathrm{e}^x}\mathrm{d}x=-\pi\mathrm{i}\left(1+\mathrm{e}^{\mathrm{i}2\pi p}\right),$$

即

$$\text{v.p.}\int_{-\infty}^{\infty}\frac{\mathrm{e}^{px}}{1-\mathrm{e}^x}\mathrm{d}x=-\pi\mathrm{i}\,\frac{1+\mathrm{e}^{\mathrm{i}2\pi p}}{1-\mathrm{e}^{\mathrm{i}2\pi p}}=\pi\cot\pi p. \tag{6.68}$$

由此就求出了

$$\int_{-\infty}^{\infty}\frac{\mathrm{e}^{px}-\mathrm{e}^{qx}}{1-\mathrm{e}^x}\mathrm{d}x=\pi\left(\cot\pi p-\cot\pi q\right). \tag{6.69}$$

例 6.22 计算积分 $\text{v.p.}\displaystyle\int_{-\infty}^{\infty}\frac{x\cos x}{x^2-5x-6}\mathrm{d}x$.

解 考虑复变积分 $\displaystyle\oint_C f(z)\mathrm{d}z=\oint_C\frac{z\mathrm{e}^{\mathrm{i}z}}{z^2-5z-6}\mathrm{d}z$，其中积分围道 C 如图 6.19 所示. 根据留数定理，有

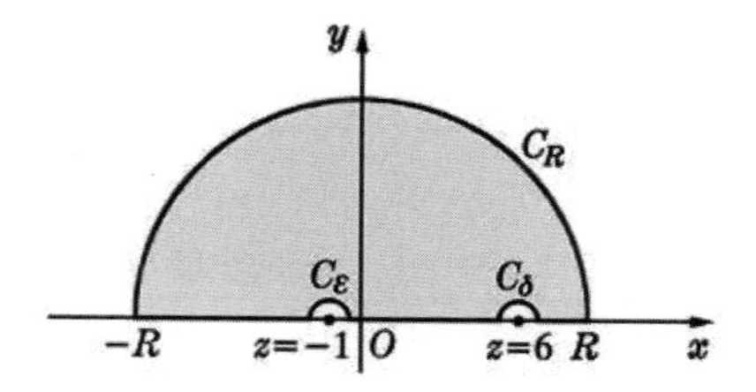

图 6.19 应用于例 6.22 的积分围道

$$\oint_C \frac{z\mathrm{e}^{\mathrm{i}z}}{z^2-5z-6}\mathrm{d}z = \int_{-R}^{-1-\varepsilon} \frac{x\mathrm{e}^{\mathrm{i}x}}{x^2-5x-6}\mathrm{d}x + \int_{C_\varepsilon} \frac{z\mathrm{e}^{\mathrm{i}z}}{z^2-5z-6}\mathrm{d}z + \int_{-1+\varepsilon}^{6-\delta} \frac{x\mathrm{e}^{\mathrm{i}x}}{x^2-5x-6}\mathrm{d}x + \int_{C_\delta} \frac{z\mathrm{e}^{\mathrm{i}z}}{z^2-5z-6}\mathrm{d}z + \int_{6+\delta}^{R} \frac{x\mathrm{e}^{\mathrm{i}x}}{x^2-5x-6}\mathrm{d}x + \int_{C_R} \frac{z\mathrm{e}^{\mathrm{i}z}}{z^2-5z-6}\mathrm{d}z = 0.$$

现在分别计算沿半圆弧 C_ε, C_δ 以及 C_R 积分的极限值. 因为

$$\lim_{z\to-1}(z+1)\cdot\frac{z\mathrm{e}^{\mathrm{i}z}}{z^2-5z-6} = \frac{1}{7}\mathrm{e}^{-\mathrm{i}}, \qquad \lim_{z\to6}(z-6)\cdot\frac{z\mathrm{e}^{\mathrm{i}z}}{z^2-5z-6} = \frac{6}{7}\mathrm{e}^{6\mathrm{i}},$$

所以

$$\lim_{\varepsilon\to0}\int_{C_\varepsilon} \frac{z\mathrm{e}^{\mathrm{i}z}}{z^2-5z-6}\mathrm{d}z = -\frac{\pi\mathrm{i}}{7}\mathrm{e}^{-\mathrm{i}}, \qquad \lim_{\delta\to0}\int_{C_\delta} \frac{z\mathrm{e}^{\mathrm{i}z}}{z^2-5z-6}\mathrm{d}z = -\frac{6\pi\mathrm{i}}{7}\mathrm{e}^{-6\mathrm{i}}.$$

又因为

$$\lim_{z\to\infty}\frac{z}{z^2-5z-6} = 0,$$

由 Jordan 引理又有

$$\lim_{R\to\infty}\int_{C_R}\frac{z\mathrm{e}^{\mathrm{i}z}}{z^2-5z-6}\mathrm{d}z = 0.$$

取极限 $\varepsilon\to0$, $\delta\to0$, $R\to\infty$，综合以上结果就有

$$\mathrm{v.p.}\int_{-\infty}^{\infty}\frac{x\mathrm{e}^{\mathrm{i}x}}{x^2-5x-6}\mathrm{d}x = \frac{\pi\mathrm{i}}{7}\left(\mathrm{e}^{-\mathrm{i}}+6\mathrm{e}^{-6\mathrm{i}}\right).$$

取实部，就有

$$\mathrm{v.p.}\int_{-\infty}^{\infty}\frac{x\cos x}{x^2-5x-6}\mathrm{d}x = \frac{\pi}{7}(\sin1-6\sin6). \tag{6.70a}$$

如果取虚部，还可得到另外一个结果：

$$\mathrm{v.p.}\int_{-\infty}^{\infty}\frac{x\sin x}{x^2-5x-6}\mathrm{d}x = \frac{\pi}{7}(\cos1+6\cos6). \tag{6.70b}$$

例 6.23 计算积分 $\displaystyle\int_0^\infty \frac{\sin^3 x}{x^3}\mathrm{d}x$.

解 因为

$$\sin^3 x = \left(\frac{\mathrm{e}^{\mathrm{i}x}-\mathrm{e}^{-\mathrm{i}x}}{2\mathrm{i}}\right)^3 = -\frac{\mathrm{e}^{\mathrm{i}3x}-3\mathrm{e}^{\mathrm{i}x}+3\mathrm{e}^{-\mathrm{i}x}-\mathrm{e}^{-\mathrm{i}3x}}{8\mathrm{i}} = -\frac{\sin3x-3\sin x}{4},$$

所以应考虑复变积分 $\displaystyle\oint_C f(z)\mathrm{d}z = \oint_C \frac{\mathrm{e}^{\mathrm{i}3z}-3\mathrm{e}^{\mathrm{i}z}+2}{z^3}\mathrm{d}z$，其中积分围道 C 如图 6.20 所示. 选择这样的被积函数，是考虑到它的虚部就给出所要求的积分，同时 $z=0$

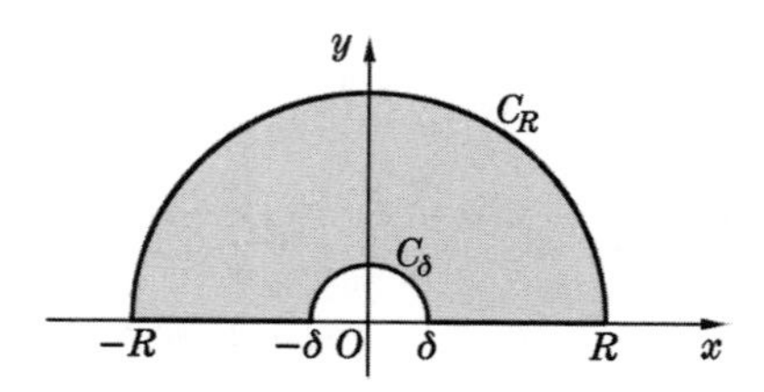

图 6.20 应用于例 6.23 的积分围道

又只是一阶极点；而若简单地取被积函数为 $(\mathrm{e}^{\mathrm{i}3z}-3\mathrm{e}^{\mathrm{i}z})/z^3$ 的话，则 $z=0$ 为二阶极点，因而沿 C_δ 的积分的极限不存在. 于是，根据留数定理，就有

$$\begin{aligned}\oint_C \frac{\mathrm{e}^{\mathrm{i}3z}-3\mathrm{e}^{\mathrm{i}z}+2}{z^3}\mathrm{d}z = & \int_{-R}^{-\delta}\frac{\mathrm{e}^{\mathrm{i}3x}-3\mathrm{e}^{\mathrm{i}x}+2}{x^3}\mathrm{d}x+\int_{C_\delta}\frac{\mathrm{e}^{\mathrm{i}3z}-3\mathrm{e}^{\mathrm{i}z}+2}{z^3}\mathrm{d}z \\ & +\int_{\delta}^{R}\frac{\mathrm{e}^{\mathrm{i}3x}-3\mathrm{e}^{\mathrm{i}x}+2}{x^3}\mathrm{d}x+\int_{C_R}\frac{\mathrm{e}^{\mathrm{i}3z}-3\mathrm{e}^{\mathrm{i}z}+2}{z^3}\mathrm{d}z=0.\end{aligned}$$

因为

$$\lim_{z\to 0} z\cdot\frac{\mathrm{e}^{\mathrm{i}3z}-3\mathrm{e}^{\mathrm{i}z}+2}{z^3}=-3,\qquad \lim_{z\to\infty} z\cdot\frac{1}{z^3}=0,\qquad \lim_{z\to\infty}\frac{1}{z^3}=0,$$

所以

$$\lim_{\delta\to 0}\int_{C_\delta}\frac{\mathrm{e}^{\mathrm{i}3z}-3\mathrm{e}^{\mathrm{i}z}+2}{z^3}\mathrm{d}z=3\pi\mathrm{i},\qquad \lim_{R\to\infty}\int_{C_R}\frac{2}{z^3}\mathrm{d}z=0,$$

$$\lim_{R\to\infty}\int_{C_R}\frac{\mathrm{e}^{\mathrm{i}3z}}{z^3}\mathrm{d}z=0,\qquad \lim_{R\to\infty}\int_{C_R}\frac{\mathrm{e}^{\mathrm{i}z}}{z^3}\mathrm{d}z=0.$$

取极限 $\delta\to 0,\ R\to\infty$，就得到

$$\int_{-\infty}^{\infty}\frac{\mathrm{e}^{\mathrm{i}3x}-3\mathrm{e}^{\mathrm{i}x}+2}{x^3}\mathrm{d}x=-3\pi\mathrm{i}.$$

比较两边的虚部，有

$$\int_{-\infty}^{\infty}\frac{\sin 3x-3\sin x}{x^3}\mathrm{d}x=-3\pi.$$

所以

$$\int_0^{\infty}\frac{\sin^3 x}{x^3}\mathrm{d}x=\frac{3\pi}{8}.\tag{6.71}$$

例 6.24 计算积分 $\displaystyle\int_{-\infty}^{\infty}\frac{\sin^{2n+1}x}{x^{2n+1}}\mathrm{d}x.$

解 根据 Euler 公式，有

$$\begin{aligned}\sin^{2n+1}x&=\left(\frac{\mathrm{e}^{\mathrm{i}x}-\mathrm{e}^{-\mathrm{i}x}}{2\mathrm{i}}\right)^{2n+1}=\left(\frac{1}{2\mathrm{i}}\right)^{2n+1}\sum_{k=0}^{2n+1}\binom{2n+1}{k}\left(\mathrm{e}^{\mathrm{i}x}\right)^{2n+1-k}\left(-\mathrm{e}^{-\mathrm{i}x}\right)^k\\&=\left(\frac{1}{2\mathrm{i}}\right)^{2n+1}\sum_{k=0}^{2n+1}(-1)^k\binom{2n+1}{k}\mathrm{e}^{\mathrm{i}(2n+1-2k)x}\\&=\frac{(-1)^n}{2^{2n}}\sum_{k=0}^{n}(-1)^k\binom{2n+1}{k}\sin(2n+1-2k)x.\end{aligned}\tag{6.72}$$

因此，考虑复变积分 $\oint_C\frac{f(z)}{z^{2n+1}}\mathrm{d}z$，其中积分围道 C 仍如图 6.20 所示，而

$$f(z)=\sum_{k=0}^{n}(-1)^k\binom{2n+1}{k}\mathrm{e}^{\mathrm{i}(2n+1-2k)z}-Q_{2n-1}(z),$$

其中 $Q_{2n-1}(z)$ 是不超过 $2n-1$ 次的多项式，使 $z=0$ 为被积函数 $f(z)/z^{2n+1}$ 的一阶极点，即 $z=0$ 为 $f(z)$ 的 $2n$ 阶零点，则

$$\sum_{k=0}^{n}(-1)^k\binom{2n+1}{k}\big[\mathrm{i}(2n+1-2k)\big]^l-Q_{2n-1}^{(l)}(0)=0,\quad l=0,1,2,\cdots,2n-1.$$

注意到 (6.72) 式以及 $x=0$ 是 $\sin^{2n+1}x$ 的 $2n+1$ 阶零点，于是就有

$$\begin{aligned}&Q_{2n-1}(0)=\sum_{k=0}^{n}(-1)^k\binom{2n+1}{k},\\&Q'_{2n-1}(0)=\mathrm{i}\sum_{k=0}^{n}(-1)^k\binom{2n+1}{k}(2n+1-2k)=0,\\&Q''_{2n-1}(0)=-\sum_{k=0}^{n}(-1)^k\binom{2n+1}{k}(2n+1-2k)^2,\\&\cdots\cdots\cdots\cdots\cdots\cdots\cdots\cdots\cdots\cdots\cdots\cdots\\&Q_{2n-1}^{(2n-2)}(0)=(-1)^{n-1}\sum_{k=0}^{n}(-1)^k\binom{2n+1}{k}(2n+1-2k)^{2n-2},\\&Q_{2n-1}^{(2n-1)}(0)=(-1)^{n-1}\mathrm{i}\sum_{k=0}^{n}(-1)^k\binom{2n+1}{k}(2n+1-2k)^{2n-1}=0.\end{aligned}$$

由此即可定出

$$Q_{2n-1}(z)=\sum_{l=0}^{n-1}\frac{(-1)^l}{(2l)!}\left[\sum_{k=0}^{n}(-1)^k\binom{2n+1}{k}(2n+1-2k)^{2l}\right]z^{2l},$$

即 $Q_{2n-1}(z)$ 是 $2n-2$ 次的偶次多项式，系数为实数．根据留数定理，有

$$\int_{-R}^{-\delta}\frac{f(x)}{x^{2n+1}}\,\mathrm{d}x+\int_{C_\delta}\frac{f(x)}{z^{2n+1}}\,\mathrm{d}z+\int_{\delta}^{R}\frac{f(x)}{x^{2n+!}}\,\mathrm{d}x+\int_{C_R}\frac{f(x)}{z^{2n+1}}\,\mathrm{d}z=0.$$

因为

$$\lim_{z\to\infty}\frac{1}{z^{2n+1}}=0,\qquad \lim_{z\to\infty}z\cdot\frac{Q_{2n-1}(z)}{z^{2n+1}}=0,$$

所以

$$\lim_{R\to\infty}\int_{C_R}\frac{\mathrm{e}^{\mathrm{i}(2n+1-2k)z}}{z^{2n+1}}\,\mathrm{d}z=0,\qquad \lim_{R\to\infty}\int_{C_R}\frac{Q_{2n-1}(z)}{z^{2n+1}}\,\mathrm{d}z=0.$$

将这两部分合并起来就得到

$$\lim_{R\to\infty}\int_{C_R}\frac{f(z)}{z^{2n+1}}\,\mathrm{d}z=0.$$

另一方面，因为

$$\begin{aligned}\lim_{z\to0}z\cdot\frac{f(z)}{z^{2n+1}}&=\lim_{z\to0}\frac{1}{z^{2n}}\left[\sum_{k=0}^{n}(-1)^k\binom{2n+1}{k}\mathrm{e}^{\mathrm{i}(2n+1-2k)z}-Q_{2n-1}(z)\right]\\&=\frac{1}{(2n)!}\sum_{k=0}^{n}(-1)^k\binom{2n+1}{k}[\mathrm{i}(2n+1-2k)]^{2n},\end{aligned}$$

所以

$$\lim_{\delta\to0}\int_{C_\delta}\frac{f(z)}{z^{2n+1}}\,\mathrm{d}z=-\pi\mathrm{i}\times\frac{(-1)^n}{(2n)!}\sum_{k=0}^{n}(-1)^k\binom{2n+1}{k}(2n+1-2k)^{2n}.$$

取极限 $\delta\to0$, $R\to\infty$，即得

$$\int_{-\infty}^{\infty}\frac{f(z)}{x^{2n+1}}\,\mathrm{d}x=\frac{(-1)^n}{(2n)!}\pi\mathrm{i}\sum_{k=0}^{n}(-1)^k\binom{2n+1}{k}(2n+1-2k)^{2n}.$$

比较虚部，并注意到 $Q_{2n-1}(x)$ 的系数为实数，就得到

$$\begin{aligned}&\int_{-\infty}^{\infty}\frac{1}{x^{2n+1}}\left[\sum_{k=0}^{n}(-1)^k\binom{2n+1}{k}\sin(2n+1-2k)x\right]\mathrm{d}x\\&\quad=(-1)^n2^{2n}\int_{-\infty}^{\infty}\frac{\sin^{2n+1}x}{x^{2n+1}}\mathrm{d}x\\&\quad=\frac{(-1)^n\pi}{(2n)!}\sum_{k=0}^{n}(-1)^k\binom{2n+1}{k}(2n+1-2k)^{2n}.\end{aligned}$$

最后就求出了

$$\int_{-\infty}^{\infty}\frac{\sin^{2n+1}x}{x^{2n+1}}\mathrm{d}x=\frac{\pi}{(2n)!}\sum_{k=0}^{n}(-1)^k\binom{2n+1}{k}\left(\frac{2n+1}{2}-k\right)^{2n}. \tag{6.73}$$

例 6.25 计算积分 $\displaystyle\int_{-\infty}^{\infty}\frac{\sin^{2n}x}{x^{2n}}\mathrm{d}x$.

解 根据 Euler 公式，有

$$\begin{aligned}\sin^{2n}x&=\left(\frac{\mathrm{e}^{\mathrm{i}x}-\mathrm{e}^{-\mathrm{i}x}}{2\mathrm{i}}\right)^{2n}=\frac{(-1)^n}{2^{2n}}\sum_{k=0}^{2n}(-1)^k\binom{2n}{k}\mathrm{e}^{\mathrm{i}(2n-2k)x}\\&=\frac{(-1)^n}{2^{2n}}\left[2\sum_{k=0}^{n-1}(-1)^k\binom{2n}{k}\cos(2n-2k)x+(-1)^n\binom{2n}{n}\right].\end{aligned}\tag{6.74}$$

因此，考虑复变积分 $\displaystyle\oint_C\frac{f(z)}{z^{2n}}\,\mathrm{d}z$，其中积分围道 C 亦如图 6.20 所示，而

$$f(z)=\sum_{k=0}^{n-1}(-1)^k\binom{2n}{k}\mathrm{e}^{\mathrm{i}(2n-2k)z}+\frac{(-1)^n}{2}\binom{2n}{n}-Q_{2n-2}(z),$$

其中 $Q_{2n-2}(z)$ 是不超过 $2n-2$ 次的多项式，使 $z=0$ 为被积函数 $f(z)/z^{2n}$ 的一阶极点，即 $z=0$ 为 $f(z)$ 的 $2n-1$ 阶零点，则

$$\sum_{k=0}^{n-1}(-1)^k\binom{2n}{k}+\frac{(-1)^n}{2}\binom{2n}{n}-Q_{2n-2}(0)=0,$$

$$\sum_{k=0}^{n-1}(-1)^k\binom{2n}{k}\left[\mathrm{i}(2n-2k)\right]^l-Q_{2n-2}^{(l)}(0)=0,\qquad l=1,2,\cdots,2n-2.$$

注意到 (6.74) 式以及 $x=0$ 是 $\sin^{2n}x$ 的 $2n$ 阶零点，于是就有

$$Q_{2n-2}(0)=\sum_{k=0}^{n-1}(-1)^k\binom{2n}{k}+\frac{(-1)^n}{2}\binom{2n}{n}=0,$$

$$Q'_{2n-2}(0)=\mathrm{i}\sum_{k=0}^{n-1}(-1)^k\binom{2n}{k}(2m-2k),$$

$$Q''_{2n-2}(0)=-\sum_{k=0}^{n-1}(-1)^k\binom{2n}{k}(2m-2k)^2=0,$$

$$\cdots\cdots\cdots\cdots\cdots\cdots\cdots\cdots\cdots\cdots\cdots\cdots$$

$$Q_{2n-2}^{(2n-3)}(0)=(-1)^n\mathrm{i}\sum_{k=0}^{n-1}(-1)^k\binom{2n}{k}(2m-2k)^{2n-3},$$

$$Q_{2n-2}^{(2n-2)}(0)=(-1)^{n+1}\sum_{k=0}^{n-1}(-1)^k\binom{2n}{k}(2m-2k)^{2n-2}=0.$$

由此即可定出

$$Q_{2n-2}(z)=\mathrm{i}\sum_{l=0}^{n-2}\frac{(-1)^l}{(2l+1)!}\left[\sum_{k=0}^{n-1}(-1)^k\binom{2n}{k}(2n-2k)^{2l+1}\right]z^{2l+1},$$

即 $Q_{2n-2}(z)$ 是 $2n-3$ 次的奇次多项式，系数为纯虚数．根据留数定理，有

$$\int_{-R}^{-\delta}\frac{f(z)}{x^{2n}}\mathrm{d}x+\int_{C_\delta}\frac{f(z)}{z^{2n}}\mathrm{d}z+\int_{\delta}^{R}\frac{f(z)}{x^{2n}}\mathrm{d}x+\int_{C_R}\frac{f(z)}{z^{2n}}\mathrm{d}z=0.$$

因为

$$\lim_{z\to\infty}\frac{1}{z^{2n}}=0,\qquad \lim_{z\to\infty}z\cdot\frac{1}{z^{2n}}=0,\qquad \lim_{z\to\infty}z\cdot\frac{Q_{2n-2}(z)}{z^{2n}}=0,$$

所以

$$\lim_{R\to\infty}\int_{C_R}\frac{\mathrm{e}^{\mathrm{i}(2n-2k)z}}{z^{2n}}\mathrm{d}z=0,\quad \lim_{R\to\infty}\int_{C_R}\frac{\mathrm{d}z}{z^{2n}}=0,\quad \lim_{R\to\infty}\int_{C_R}\frac{Q_{2n-2}(z)}{z^{2n}}\mathrm{d}z=0.$$

这几部分合并起来就有

$$\lim_{R\to\infty}\int_{C_R}\frac{f(z)}{z^{2n}}\mathrm{d}z=0.$$

另一方面，有

$$\begin{aligned}\lim_{z\to 0}z\cdot\frac{f(z)}{z^{2n}}&=\lim_{z\to 0}\frac{1}{z^{2n-1}}\left[\sum_{k=0}^{n-1}(-1)^k\binom{2n}{k}\mathrm{e}^{\mathrm{i}(2n-2k)z}+\frac{(-1)^n}{2}\binom{2n}{n}-Q_{2n-2}(z)\right]\\&=\frac{1}{(2n-1)!}\sum_{k=0}^{n-1}(-1)^k\binom{2n}{k}[\mathrm{i}(2n-2k)]^{2n-1},\end{aligned}$$

所以

$$\begin{aligned}\lim_{\delta\to 0}\int_{C_\delta}\frac{f(z)}{z^{2n}}\mathrm{d}z&=-\pi\mathrm{i}\times\frac{\mathrm{i}^{2n-1}}{(2n-1)!}\sum_{k=0}^{n-1}(-1)^k\binom{2n}{k}(2n-2k)^{2n-1}\\&=(-1)^{n+1}\frac{\pi}{(2n-1)!}\sum_{k=0}^{n-1}(-1)^k\binom{2n}{k}(2n-2k)^{2n-1}.\end{aligned}$$

取极限 $\delta\to 0,\ R\to\infty$，即得

$$\int_{-\infty}^{\infty}\frac{f(z)}{x^{2n}}\mathrm{d}x=(-1)^n\frac{\pi}{(2n-1)!}\sum_{k=0}^{n-1}(-1)^k\binom{2n}{k}(2n-2k)^{2n-1}.$$

比较实部，并注意到 $Q_{2n-2}(x)$ 的系数为纯虚数，就得到

$$\begin{aligned}&\int_{-\infty}^{\infty}\left[\sum_{k=0}^{n-1}(-1)^k\binom{2n}{k}\cos(2n-2k)x+\frac{(-1)^n}{2}\binom{2n}{n}\right]\frac{\mathrm{d}x}{x^{2n}}\\&=(-1)^n2^{2n-1}\int_{-\infty}^{\infty}\frac{\sin^{2n}x}{x^{2n}}\mathrm{d}x\\&=(-1)^n\frac{\pi}{(2n-1)!}\sum_{k=0}^{n-1}(-1)^k\binom{2n}{k}(2n-2k)^{2n-1}.\end{aligned}$$

最后就求出了

$$\begin{aligned}\int_{-\infty}^{\infty}\frac{\sin^{2n}x}{x^{2n}}\mathrm{d}x&=\frac{\pi}{(2n-1)!}\sum_{k=0}^{n-1}(-1)^k\binom{2n}{k}(n-k)^{2n-1}\\&=\frac{\pi}{(2n-1)!}\sum_{k=0}^{n}(-1)^k\binom{2n}{k}(n-k)^{2n-1}.\end{aligned}\tag{6.75}$$

§6.6 计算含三角函数无穷积分的新方法

上一节的例 6.24 与例 6.25，甚至包括例 6.23，讨论的都是 $\displaystyle\int_{-\infty}^{\infty}\left(\frac{\sin x}{x}\right)^n\mathrm{d}x$ 型积分的计算. 在应用留数定理计算这几个积分时，关键，或者说难点，在于通过适当的演绎，寻找出合适的复变积分. 更仔细地说，这几个积分，都属于 $\displaystyle\int_{-\infty}^{\infty}Q(x)\sin px\,\mathrm{d}x$ 或 $\displaystyle\int_{-\infty}^{\infty}Q(x)\cos px\,\mathrm{d}x$ 型积分 $(p>0)$. 按照传统的做法，为了应用留数定理计算这类积分，核心是在构造复变积分时，不是简单地将 $Q(x)\sin px$ 或 $Q(x)\cos px$ 延拓为 $Q(z)\sin pz$ 或 $Q(z)\cos pz$，而是需要将原被积函数中的三角函数改换为指数函数，即应用留数定理计算围道积分 $\displaystyle\oint_C Q(z)\mathrm{e}^{\mathrm{i}pz}\mathrm{d}z$，并且在积分围道上只许可出现一阶极点. 本章前面几节中，也多次出现这种类型的无穷积分，我们也是这样处理的，无一例外. 之所以采用这样的办法，是因为在函数 $\sin pz$ 与 $\cos pz$ 中都含有 $\mathrm{e}^{-\mathrm{i}pz}$，其模在上半平面的范围内趋于 ∞ 而非趋于 0，因而为处理沿上半圆弧的积分带来一些困难. 选择围道积分 $\displaystyle\oint_C Q(z)\mathrm{e}^{\mathrm{i}pz}\mathrm{d}z$ 而非 $\displaystyle\oint_C Q(z)\sin pz\mathrm{d}z$ 或 $\displaystyle\oint_C Q(z)\cos pz\mathrm{d}z$，其用心所在，正是为了避开这一困难. 但正如在第一章中就已经指出的，我们绝不可以将这一困难绝对化，更不应该把它看成不可克服的困难. 特别是对于例 6.24 与 6.25 中的积分，与其要通过一定的演绎才能找出合适的复变积分，还不如直接计算围道积分 $\displaystyle\oint_C Q(z)\sin pz\mathrm{d}z$ 与 $\displaystyle\oint_C Q(z)\cos pz\mathrm{d}z$. 本节就遵循这一思路，探讨这一新方法的切实可行性. 不仅如此，我们还将看到，应用这一新方法，在处理某些积分时可能更为简单.

为此需要建立一个新的引理，它是留数定理与 Jordan 引理相结合的产物.

补充引理 设函数 $Q(z)$ 只有有限个奇点，且在下半平面 $(-\pi \leqslant \arg z \leqslant 0)$ 的范围内，当 $|z| \to \infty$ 时，$Q(z)$ 一致地趋近于 0，则

$$\lim_{R\to\infty}\int_{C_R} Q(z)\mathrm{e}^{-\mathrm{i}pz}\mathrm{d}z = 2\pi\mathrm{i}\sum_{\text{全平面}}\mathrm{res}\left\{Q(z)\mathrm{e}^{-\mathrm{i}pz}\right\}, \tag{6.76}$$

其中 $p>0$，C_R 是以原点为圆心，R 为半径的半圆弧，位于上半平面内.

证 以原点为圆心，R 为半径作圆 $|z|=R$. 按照题设，只要 R 足够大，则有

$$\oint_{|z|=R} Q(z)\mathrm{e}^{-\mathrm{i}pz}\mathrm{d}z = 2\pi\mathrm{i}\sum_{\text{全平面}}\mathrm{res}\left\{Q(z)\mathrm{e}^{-\mathrm{i}pz}\right\}.$$

因此，同样也有

$$\lim_{R\to\infty}\int_{|z|=R} Q(z)\mathrm{e}^{-\mathrm{i}pz}\mathrm{d}z = 2\pi\mathrm{i}\sum_{\text{全平面}}\mathrm{res}\left\{Q(z)\mathrm{e}^{-\mathrm{i}pz}\right\}.$$

另一方面，如果将此圆周位于上半平面内的半圆弧与位于下半平面内的半圆弧分别记为 C_R 与 C'_R，则由 Jordan 引理有

$$\lim_{R\to\infty}\int_{C'_R} Q(z)\mathrm{e}^{-\mathrm{i}pz}\mathrm{d}z = 0.$$

两式相减，即可证得

$$\lim_{R\to\infty}\int_{C_R} Q(z)\mathrm{e}^{-\mathrm{i}pz}\mathrm{d}z = 2\pi\mathrm{i}\sum_{\text{全平面}}\mathrm{res}\left\{Q(z)\mathrm{e}^{-\mathrm{i}pz}\right\}.$$ □

☞ **讨论** 关于这个补充引理的内容，有几点值得注意：

1. 从实用性来讲，本引理主要适用于 C_R 为半圆弧的情形. 如果 C_R 超出上半平面，引理仍成立. 如果 C_R 位于上半平面，但当 $R\to\infty$ 时，其张角 $<\pi$，则本引理不成立.

2. 对于函数 $Q(z)$，只要求它在下半平面的范围内一致地趋于 0，至于它在上半平面范围内的行为，没有任何要求.

3. 沿半圆弧 C_R 积分的极限值，不只涉及上半平面内的奇点，也涉及下半平面内的奇点.

4. 本引理也可表述为

$$\int_{C_R} Q(z)\mathrm{e}^{-\mathrm{i}pz}\mathrm{d}z = -2\pi\mathrm{i}\,\mathrm{res}\left\{Q(z)\mathrm{e}^{-\mathrm{i}pz}\right\}_{z=\infty}.$$

现在就可以应用此补充引理重新讨论例 6.23 – 例 6.25. 为了计算 $\int_0^{\infty}\frac{\sin^3 x}{x^3}\mathrm{d}x$，可以直接考虑复变积分 $\oint_C\frac{\sin^3 z}{z^3}\mathrm{d}z$，其中积分围道 C 为如图 6.11 所示的半圆形围道. 要特别注意，因为对于现在选取的被积函数，$z=0$ 为可去奇点，所以积分围道无须绕过 $z=0$ 点. 此时，在积分围道内无奇点，故根据留数定理 (或 Cauchy 定理)，有

$$\oint_C\frac{\sin^3 z}{z^3}\mathrm{d}z=\int_{-R}^{R}\frac{\sin^3 x}{x^3}\mathrm{d}x+\int_{C_R}\frac{\sin^3 z}{z^3}\mathrm{d}z=0.$$

令 $R\to\infty$，则有

$$\begin{aligned}\int_{-\infty}^{\infty}\frac{\sin^3 x}{x^3}\mathrm{d}x&=-\lim_{R\to\infty}\int_{C_R}\frac{\sin^3 z}{z^3}\mathrm{d}z=-\lim_{R\to\infty}\frac{1}{(2\mathrm{i})^3}\int_{C_R}\frac{(\mathrm{e}^{\mathrm{i}z}-\mathrm{e}^{-\mathrm{i}z})^3}{z^3}\mathrm{d}z\\&=\lim_{R\to\infty}\frac{1}{8\mathrm{i}}\int_{C_R}\frac{\mathrm{e}^{\mathrm{i}3z}-3\mathrm{e}^{\mathrm{i}z}+3\mathrm{e}^{-\mathrm{i}z}-\mathrm{e}^{-\mathrm{i}3z}}{z^3}\mathrm{d}z.\end{aligned}$$

根据 Jordan 引理，有

$$\lim_{R\to\infty}\int_{C_R}\frac{\mathrm{e}^{\mathrm{i}3z}}{z^3}\mathrm{d}z=0,\qquad\lim_{R\to\infty}\int_{C_R}\frac{\mathrm{e}^{\mathrm{i}z}}{z^3}\mathrm{d}z=0.$$

同时，根据上面证明的补充引理，又有

$$\begin{aligned}\lim_{R\to\infty}\int_{C_R}\frac{\mathrm{e}^{-\mathrm{i}z}}{z^3}\mathrm{d}z&=2\pi\mathrm{i}\times\operatorname{res}\left\{\frac{\mathrm{e}^{-\mathrm{i}z}}{z^3}\right\}_{z=0}=2\pi\mathrm{i}\cdot\frac{(-\mathrm{i})^2}{2}=-\pi\mathrm{i},\\\lim_{R\to\infty}\int_{C_R}\frac{\mathrm{e}^{-\mathrm{i}3z}}{z^3}\mathrm{d}z&=2\pi\mathrm{i}\times\operatorname{res}\left\{\frac{\mathrm{e}^{-\mathrm{i}3z}}{z^3}\right\}_{z=0}=2\pi\mathrm{i}\cdot\frac{(-3\mathrm{i})^2}{2}=-9\pi\mathrm{i}.\end{aligned}$$

由此即可求得

$$\int_{-\infty}^{\infty}\frac{\sin^3 x}{x^3}\mathrm{d}x=\frac{1}{8\mathrm{i}}\big(0+0-3\pi\mathrm{i}+9\pi\mathrm{i}\big)=\frac{3\pi}{4},$$

亦即

$$\int_0^{\infty}\frac{\sin^3 x}{x^3}\mathrm{d}x=\frac{3\pi}{8}.$$

同样可以计算例 6.24 及例 6.25 中的积分. 我们甚至无须区分 n 为偶数或奇数，而可以直接计算 $\int_{-\infty}^{\infty}\frac{\sin^n x}{x^n}\mathrm{d}x$. 为此考虑复变积分 $\oint_C\frac{\sin^n z}{z^n}\mathrm{d}z$，其中 C 仍为上半平面上的半圆形围道. 我们有

$$\oint_C\frac{\sin^n z}{z^n}\mathrm{d}z=\int_{-R}^{R}\frac{\sin^n x}{x^n}\mathrm{d}x+\int_{C_R}\frac{\sin^n z}{z^n}\mathrm{d}z=0.$$

令 $R\to\infty$，则有

$$\begin{aligned}\int_{-\infty}^{\infty}\frac{\sin^n x}{x^n}\,\mathrm{d}x &= -\lim_{R\to\infty}\int_{C_R}\frac{\sin^n z}{z^n}\mathrm{d}z\\ &= -\lim_{R\to\infty}\frac{1}{(2\mathrm{i})^n}\int_{C_R}\frac{(\mathrm{e}^{\mathrm{i}z}-\mathrm{e}^{-\mathrm{i}z})^n}{z^n}\,\mathrm{d}z\\ &= -\lim_{R\to\infty}\frac{1}{(2\mathrm{i})^n}\sum_{k=0}^{n}(-1)^{n-k}\binom{n}{k}\int_{C_R}\frac{\mathrm{e}^{\mathrm{i}(2k-n)z}}{z^n}\mathrm{d}z.\end{aligned}$$

当 $2k-n\geqslant 0$，即 $k\geqslant[(n+1)/2]$ 时，根据 Jordan 引理，有

$$\lim_{R\to\infty}\int_{C_R}\frac{\mathrm{e}^{\mathrm{i}(2k-n)z}}{z^n}\,\mathrm{d}z=0.$$

当 $2k-n<0$，即 $k\leqslant[n/2]$ 时，按照上述补充引理，又有

$$\begin{aligned}\lim_{R\to\infty}\int_{C_R}\frac{\mathrm{e}^{\mathrm{i}(2k-n)z}}{z^n}\,\mathrm{d}z &= 2\pi\mathrm{i}\times\operatorname{res}\left\{\frac{\mathrm{e}^{-\mathrm{i}(n-2k)z}}{z^n}\right\}_{z=0}\\ &= 2\pi\mathrm{i}\times\frac{1}{(n-1)!}\big[-\mathrm{i}(n-2k)\big]^{n-1}.\end{aligned}$$

于是就得到最后结果

$$\begin{aligned}\int_{-\infty}^{\infty}\frac{\sin^n x}{x^n}\,\mathrm{d}x &= \frac{1}{(2\mathrm{i})^n}\sum_{k=0}^{[n/2]}(-1)^k\binom{n}{k}\frac{2\pi\,\mathrm{i}^n}{(n-1)!}(n-2k)^{n-1}\\ &= \frac{\pi}{(n-1)!}\sum_{k=0}^{[n/2]}(-1)^k\binom{n}{k}\left(\frac{n}{2}-k\right)^{n-1}.\end{aligned}\tag{6.77}$$

回顾一下例 6.24 与例 6.25 中的计算，读者可以看到计算简繁程度上的明显差异.

用同样的方法甚至可以计算 $\displaystyle\int_{-\infty}^{\infty}\frac{\sin^{n+2m}x}{x^n}\mathrm{d}x$：

$$\begin{aligned}\int_{-\infty}^{\infty}\frac{\sin^{n+2m}x}{x^n}\,\mathrm{d}x &= -\lim_{R\to\infty}\int_{C_R}\frac{\sin^{n+2m}z}{z^n}\mathrm{d}z\\ &= -\lim_{R\to\infty}\frac{1}{(2\mathrm{i})^{n+2m}}\int_{C_R}\frac{(\mathrm{e}^{\mathrm{i}z}-\mathrm{e}^{-\mathrm{i}z})^{n+2m}}{z^n}\,\mathrm{d}z\\ &= -\lim_{R\to\infty}\frac{1}{(2\mathrm{i})^{n+2m}}\sum_{k=0}^{n+2m}(-1)^{n-k}\binom{n+2m}{k}\int_{C_R}\frac{\mathrm{e}^{\mathrm{i}(2k-n-2m)z}}{z^n}\mathrm{d}z\\ &= -\lim_{R\to\infty}\frac{1}{(2\mathrm{i})^{n+2m}}\sum_{k=0}^{[n/2]+m}(-1)^{n-k}\binom{n+2m}{k}\int_{C_R}\frac{\mathrm{e}^{\mathrm{i}(2k-n-2m)z}}{z^n}\mathrm{d}z\\ &= \frac{\pi}{(n-1)!}\frac{1}{2^{2m}}\sum_{k=0}^{[n/2]+m}(-1)^{m-k}\binom{n+2m}{k}\left(\frac{n}{2}+m-k\right)^{n-1}.\end{aligned}\tag{6.78}$$

还可以计算本章中讨论过的其他积分，例如例 6.7 中的定积分

$$\int_0^\infty \frac{\sin(a+2n)x - \sin ax}{\sin x}\frac{\mathrm{d}x}{1+x^2}, \qquad a > -1,\ n\ \text{为正整数}.$$

为此计算围道积分 $\oint_C \frac{\sin(a+2n)z - \sin az}{\sin z}\frac{\mathrm{d}z}{1+z^2}$，其中积分围道 C 仍为上半平面内的半圆形围道. 我们注意到，函数

$$\begin{aligned}\frac{\sin(a+2n)z - \sin az}{\sin z} &= \frac{\left[\mathrm{e}^{\mathrm{i}(a+2n)z} - \mathrm{e}^{-\mathrm{i}(a+2n)z}\right] - \left[\mathrm{e}^{\mathrm{i}az} - \mathrm{e}^{-\mathrm{i}az}\right]}{\mathrm{e}^{\mathrm{i}z} - \mathrm{e}^{-\mathrm{i}z}} \\ &= \mathrm{e}^{\mathrm{i}(a+1)z}\frac{\mathrm{e}^{\mathrm{i}2nz}-1}{\mathrm{e}^{\mathrm{i}2z}-1} + \mathrm{e}^{-\mathrm{i}(a+1)z}\frac{\mathrm{e}^{-\mathrm{i}2nz}-1}{\mathrm{e}^{-\mathrm{i}2z}-1}\end{aligned}$$

在全平面无奇点 (特别是在实轴上无奇点)，因此积分围道无须绕过 $\sin z$ 的零点 $z = k\pi,\ k = 0, \pm1, \pm2, \cdots$. 根据留数定理，我们有

$$\begin{aligned}&\oint_C \frac{\sin(a+2n)z - \sin az}{\sin z}\frac{\mathrm{d}z}{1+z^2} \\ &= \int_{-R}^{R} \frac{\sin(a+2n)x - \sin ax}{\sin x}\frac{\mathrm{d}x}{1+x^2} + \int_{C_R} \frac{\sin(a+2n)z - \sin az}{\sin z}\frac{\mathrm{d}z}{1+z^2} \\ &= 2\pi\mathrm{i} \times \mathrm{res}\left\{\frac{\sin(a+2n)z - \sin az}{\sin z}\frac{1}{1+z^2}\right\}_{z=\mathrm{i}} \\ &= \pi\left[\mathrm{e}^{-(a+1)}\frac{1-\mathrm{e}^{-2n}}{1-\mathrm{e}^{-2}} + \mathrm{e}^{a+1}\frac{1-\mathrm{e}^{2n}}{1-\mathrm{e}^{2}}\right].\end{aligned}$$

令 $R \to \infty$，则有

$$\begin{aligned}&\int_{-\infty}^{\infty} \frac{\sin(a+2n)x - \sin ax}{\sin x}\frac{\mathrm{d}x}{1+x^2} \\ &= \pi\left[\mathrm{e}^{-(a+1)}\frac{1-\mathrm{e}^{-2n}}{1-\mathrm{e}^{-2}} + \mathrm{e}^{a+1}\frac{1-\mathrm{e}^{2n}}{1-\mathrm{e}^{2}}\right] - \lim_{R\to\infty}\int_{C_R} \frac{\sin(a+2n)z - \sin az}{\sin z}\frac{\mathrm{d}z}{1+z^2} \\ &= \pi\left[\mathrm{e}^{-(a+1)}\frac{1-\mathrm{e}^{-2n}}{1-\mathrm{e}^{-2}} + \mathrm{e}^{a+1}\frac{1-\mathrm{e}^{2n}}{1-\mathrm{e}^{2}}\right] \\ &\quad - \lim_{R\to\infty}\int_{C_R}\left[\mathrm{e}^{\mathrm{i}(a+1)z}\frac{\mathrm{e}^{\mathrm{i}2nz}-1}{\mathrm{e}^{\mathrm{i}2z}-1} + \mathrm{e}^{-\mathrm{i}(a+1)z}\frac{\mathrm{e}^{-\mathrm{i}2nz}-1}{\mathrm{e}^{-\mathrm{i}2z}-1}\right]\frac{\mathrm{d}z}{1+z^2}.\end{aligned}$$

在 $a > -1$, n 为正整数的条件下，根据 Jordan 引理，有

$$\lim_{R\to\infty}\int_{C_R} \mathrm{e}^{\mathrm{i}(a+1)z}\frac{\mathrm{e}^{\mathrm{i}2nz}-1}{\mathrm{e}^{\mathrm{i}2z}-1}\frac{\mathrm{d}z}{1+z^2} = 0.$$

同时，根据上面的补充引理，又有

$$\begin{aligned}\lim_{R\to\infty}\int_{C_R} \mathrm{e}^{-\mathrm{i}(a+1)z}\frac{\mathrm{e}^{-\mathrm{i}2nz}-1}{\mathrm{e}^{-\mathrm{i}2z}-1}\frac{\mathrm{d}z}{1+z^2} &= 2\pi\mathrm{i}\sum_{z=\pm\mathrm{i}}\mathrm{res}\left\{\frac{\mathrm{e}^{-\mathrm{i}(a+1)z}}{1+z^2}\frac{\mathrm{e}^{-\mathrm{i}2nz}-1}{\mathrm{e}^{-\mathrm{i}2z}-1}\right\} \\ &= \pi\left[\mathrm{e}^{a+1}\frac{1-\mathrm{e}^{2n}}{1-\mathrm{e}^{2}} - \mathrm{e}^{-(a+1)}\frac{1-\mathrm{e}^{-2n}}{1-\mathrm{e}^{-2}}\right].\end{aligned}$$

代入即得

$$\int_{-\infty}^{\infty}\frac{\sin(a+2n)x-\sin ax}{\sin x}\frac{\mathrm{d}x}{1+x^2}=2\pi\,\mathrm{e}^{-(a+1)}\frac{1-\mathrm{e}^{-2n}}{1-\mathrm{e}^{-2}},$$

因此

$$\int_{0}^{\infty}\frac{\sin(a+2n)x-\sin ax}{\sin x}\frac{\mathrm{d}x}{1+x^2}=\pi\,\mathrm{e}^{-(a+1)}\frac{1-\mathrm{e}^{-2n}}{1-\mathrm{e}^{-2}}.$$

也可以重新讨论例 6.20. 这时仍然只需要计算积分 $\oint_C\frac{\cos 2a-\cos 2z}{z^2-a^2}\mathrm{d}z$，而积分围道 C 仍为上半平面内的半圆形围道. 重复上面的计算过程，就能得到

$$\begin{aligned}\int_{-\infty}^{\infty}\frac{\cos 2a-\cos 2x}{x^2-a^2}\mathrm{d}x&=-\lim_{R\to\infty}\int_{C_R}\frac{\cos 2a-\cos 2z}{z^2-a^2}\mathrm{d}z\\&=-\lim_{R\to\infty}\int_{C_R}\frac{\cos 2a}{z^2-a^2}\mathrm{d}z+\lim_{R\to\infty}\int_{C_R}\frac{\cos 2z}{z^2-a^2}\mathrm{d}z\\&=-\lim_{R\to\infty}\int_{C_R}\frac{\cos 2a}{z^2-a^2}\mathrm{d}z+\lim_{R\to\infty}\frac{1}{2}\int_{C_R}\frac{\mathrm{e}^{\mathrm{i}2z}+\mathrm{e}^{-\mathrm{i}2z}}{z^2-a^2}\mathrm{d}z.\end{aligned}$$

根据大圆弧引理、Jordan 引理及补充引理，我们分别有

$$\begin{aligned}&\lim_{R\to\infty}\int_{C_R}\frac{1}{z^2-a^2}\mathrm{d}z=0,\\&\lim_{R\to\infty}\int_{C_R}\frac{\mathrm{e}^{\mathrm{i}2z}}{z^2-a^2}\mathrm{d}z=0,\\&\lim_{R\to\infty}\int_{C_R}\frac{\mathrm{e}^{-\mathrm{i}2z}}{z^2-a^2}\mathrm{d}z=2\pi\mathrm{i}\sum_{z=\pm a}\mathrm{res}\left\{\frac{\mathrm{e}^{-2z}}{z^2-a^2}\right\}=\frac{2\pi}{a}\sin 2a.\end{aligned}$$

于是就求得

$$\int_{-\infty}^{\infty}\frac{\cos 2a-\cos 2x}{x^2-a^2}\mathrm{d}x=\frac{\pi}{a}\sin 2a,$$

亦即

$$\int_{0}^{\infty}\frac{\sin(x+a)\sin(x-a)}{x^2-a^2}\mathrm{d}x=\frac{\pi}{4a}\sin 2a.$$

☞ **讨论** 对于本节中建立的补充引理，也绝不可夸大它的作用. 除了上面指出的补充引理适用条件的限制外，有些积分，特别是要求“成对”计算含三角函数的无穷积分 (例如例 6.5)，尽管原则上仍然可以应用补充引理计算，但因为要独立计算两个围道积分，因而失去了计算的简便性. 在某些情况下，将本节的做法与原有做法 (即将三角函数更改为指数函数) 结合起来，更可能是最佳选择.

例 6.26 计算积分 $\int_{-\infty}^{\infty}\frac{\sin^n x}{x^n}\cos mx\,\mathrm{d}x$，其中 $n,\ m$ 均为正整数.

解　仍采用上半平面内的半圆形围道 C，计算积分 $\oint_C \frac{\sin^n z}{z^n}\mathrm{e}^{\mathrm{i}mz}\mathrm{d}z$. 因为在积分围道内无奇点，所以

$$\oint_C \frac{\sin^n z}{z^n}\,\mathrm{e}^{\mathrm{i}mz}\,\mathrm{d}z = \int_{-R}^{R} \frac{\sin^n x}{x^n}\,\mathrm{e}^{\mathrm{i}mx}\mathrm{d}x + \int_{C_R} \frac{\sin^n z}{z^n}\,\mathrm{e}^{\mathrm{i}mz}\mathrm{d}z = 0.$$

令 $R\to\infty$，即得

$$\begin{aligned}\int_{-\infty}^{\infty} \frac{\sin^n x}{x^n}\,\mathrm{e}^{\mathrm{i}mx}\mathrm{d}x &= -\lim_{R\to\infty}\int_{C_R} \frac{\sin^n z}{z^n}\,\mathrm{e}^{\mathrm{i}mz}\mathrm{d}z \\ &= -\lim_{R\to\infty}\frac{1}{(2\mathrm{i})^n}\sum_{k=0}^{n}(-1)^{n-k}\binom{n}{k}\int_{C_R}\frac{\mathrm{e}^{\mathrm{i}(2k-n+m)z}}{z^n}\mathrm{d}z. \end{aligned}\tag{6.79}$$

下面需要区分三种情况：

(1) $m=n=1$. 此时 (6.79) 式中的 $k=0$ 项不为 0，也容易计算出积分值. 但是，在这种情况下，还不如从头计算：

$$\int_{-\infty}^{\infty}\frac{\sin x}{x}\,\cos x\,\mathrm{d}x = \frac{1}{2}\int_{-\infty}^{\infty}\frac{\sin 2x}{x}\,\mathrm{d}x = \frac{1}{2}\int_{-\infty}^{\infty}\frac{\sin x}{x}\,\mathrm{d}x = \frac{\pi}{2}.\tag{6.80a}$$

(2) $m\geqslant n\geqslant 2$. 此时恒有 $2k-n+m\geqslant 0$，根据 Jordan 引理 ($2k-n+m>0$ 时) 或大圆弧引理 ($2k-n+m=0$ 时)，一定有

$$\int_{-\infty}^{\infty}\frac{\sin^n x}{x^n}\,\mathrm{e}^{\mathrm{i}mx}\,\mathrm{d}x = 0.$$

取实部，即得

$$\int_{-\infty}^{\infty}\frac{\sin^n x}{x^n}\,\cos mx\mathrm{d}x = 0.\tag{6.80b}$$

(3) $0<m<n$. 此时 (6.79) 式中 $2k-n+m\geqslant 0$ 的项仍无贡献，因此

$$\begin{aligned}\int_{-\infty}^{\infty} \frac{\sin^n x}{x^n}\,\mathrm{e}^{\mathrm{i}mx}\mathrm{d}x &= \lim_{R\to\infty}\int_{C_R} \frac{\sin^n z}{z^n}\,\mathrm{e}^{\mathrm{i}mz}\mathrm{d}z \\ &= -\lim_{R\to\infty}\frac{1}{(2\mathrm{i})^n}\sum_{k=0}^{[(n-m)/2]}(-1)^{n-k}\binom{n}{k}\int_{C_R}\frac{\mathrm{e}^{\mathrm{i}(2k-n+m)z}}{z^n}\mathrm{d}z \\ &= -\frac{2\pi\mathrm{i}}{(2\mathrm{i})^n}\sum_{k=0}^{[(n-m)/2]}\frac{(-1)^{n-k}}{(n-1)!}\binom{n}{k}\big[-\mathrm{i}(n-m-2k)\big]^{n-1} \\ &= \frac{\pi}{(n-1)!}\sum_{k=0}^{[(n-m)/2]}(-1)^k\binom{n}{k}\Big(\frac{n-m}{2}-k\Big)^{n-1}. \end{aligned}$$

比较实部，又可得到

$$\int_{-\infty}^{\infty}\frac{\sin^n x}{x^n}\,\cos mx\,\mathrm{d}x = \frac{\pi}{(n-1)!}\sum_{k=0}^{[(n-m)/2]}(-1)^k\binom{n}{k}\Big(\frac{n-m}{2}-k\Big)^{n-1}.\tag{6.80c}$$

第七章　多值函数的积分

在应用留数定理计算定积分时，如果涉及多值函数，需要特别注意的是有关单值分支 (亦即有关宗量辐角) 的规定．在某些问题中，也还存在关于如何选择围道积分的技巧．

为了节省篇幅，从本章开始，凡是涉及沿大圆弧或小圆弧上积分极限值的计算，均将直接给出结果而不叙述理由，当然，需要特别讨论的除外．

§7.1　含根式函数的积分

例 7.1　计算积分 $\displaystyle\int_0^{\infty}\frac{x^{\alpha}}{x^2+x+1}\,\mathrm{d}x$，其中 $-1<\alpha<1$．

解　被积函数可取为 $z^{\alpha}/(z^2+z+1)$；积分围道如图 7.1 所示，其形如玉玦 (见图 7.2)，故可称为玦形围道．若规定在割线上岸 $\arg z=0$，则由留数定理有

$$\int_0^R\frac{x^{\alpha}}{1+x+x^2}\,\mathrm{d}x+\int_{C_R}\frac{z^{\alpha}}{1+z+z^2}\,\mathrm{d}z+\int_R^0\frac{\left(x\mathrm{e}^{\mathrm{i}2\pi}\right)^{\alpha}}{1+x+x^2}\,\mathrm{d}x+\int_{C_\delta}\frac{z^{\alpha}}{1+z+z^2}\,\mathrm{d}z$$
$$=2\pi\mathrm{i}\left(\frac{z^{\alpha}}{2z+1}\bigg|_{z=\mathrm{e}^{2\pi\mathrm{i}/3}}+\frac{z^{\alpha}}{2z+1}\bigg|_{z=\mathrm{e}^{4\pi\mathrm{i}/3}}\right).$$

因为在 $-1<\alpha<1$ 的条件下，有

$$\lim_{\delta\to0}\int_{C_\delta}\frac{z^{\alpha}}{1+z+z^2}\,\mathrm{d}z=0,\qquad \lim_{R\to\infty}\int_{C_R}\frac{z^{\alpha}}{1+z+z^2}\,\mathrm{d}z=0,$$

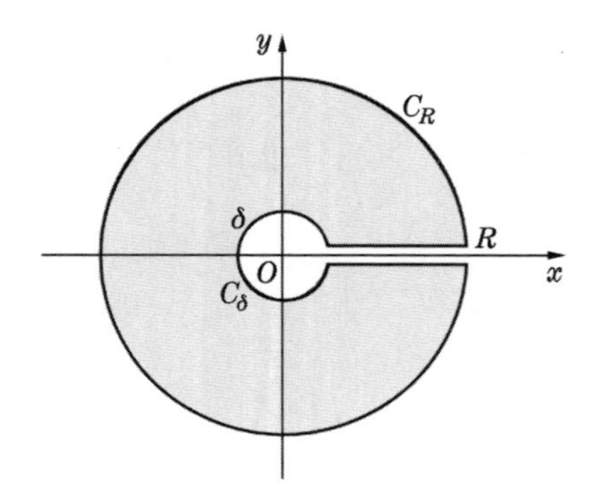

图 7.1　应用于例 7.1 的玦形积分围道

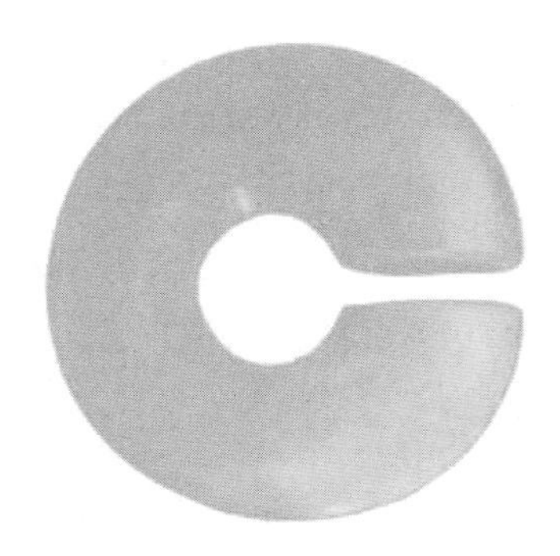
图 7.2　玉玦

所以，取极限 $R\to\infty$, $\delta\to 0$，就得到

$$\int_0^\infty \frac{x^\alpha}{1+x+x^2}\,\mathrm{d}x=\frac{2\pi}{\sqrt{3}}\frac{\mathrm{e}^{\mathrm{i}2\pi\alpha/3}-\mathrm{e}^{\mathrm{i}4\pi\alpha/3}}{1-\mathrm{e}^{\mathrm{i}2\pi\alpha}}=\frac{2\pi}{\sqrt{3}}\,\frac{\sin(\pi\alpha/3)}{\sin\pi\alpha}. \tag{7.1}$$

另一种办法是取被积函数为 $z^\alpha\ln z/(1+z+z^2)$，而积分围道仍如图 7.1 所示. 经过类似的计算，可以得到

$$\begin{aligned}
&\int_0^\infty \frac{x^\alpha\ln x}{1+x+x^2}\,\mathrm{d}x-\int_0^\infty \frac{\left(x\mathrm{e}^{\mathrm{i}2\pi}\right)^\alpha(\ln x+\mathrm{i}2\pi)}{1+x+x^2}\,\mathrm{d}x\\
&=\int_0^\infty \frac{x^\alpha(1-\cos 2\pi\alpha)\ln x+x^\alpha 2\pi\sin 2\pi\alpha}{1+x+x^2}\,\mathrm{d}x\\
&\quad-\mathrm{i}\int_0^\infty \frac{x^\alpha 2\pi\cos 2\pi\alpha+x^\alpha\sin 2\pi\alpha\ln x}{1+x+x^2}\,\mathrm{d}x\\
&=2\pi\mathrm{i}\left(\frac{z^\alpha\ln z}{1+2z}\bigg|_{z=\mathrm{e}^{2\pi\mathrm{i}/3}}+\frac{z^\alpha\ln z}{1+2z}\bigg|_{z=\mathrm{e}^{2\pi\mathrm{i}/3}}\right)=\frac{2\pi\mathrm{i}}{\sqrt{3}}\left(\frac{2\pi}{3}\,\mathrm{e}^{\mathrm{i}2\pi\alpha/3}-\frac{4\pi}{3}\,\mathrm{e}^{\mathrm{i}4\pi\alpha/3}\right).
\end{aligned}$$

分别比较实部和虚部，得

$$\begin{aligned}
\int_0^\infty \frac{x^\alpha(1-\cos 2\pi\alpha)\ln x+x^\alpha 2\pi\sin 2\pi\alpha}{1+x+x^2}\,\mathrm{d}x&=\frac{4\pi^2}{3\sqrt{3}}\left(2\sin\frac{4\pi\alpha}{3}-\sin\frac{2\pi\alpha}{3}\right),\\
\int_0^\infty \frac{x^\alpha 2\pi\cos 2\pi\alpha+x^\alpha\sin 2\pi\alpha\ln x}{1+x+x^2}\,\mathrm{d}x&=\frac{4\pi^2}{3\sqrt{3}}\left(2\cos\frac{4\pi\alpha}{3}-\cos\frac{2\pi\alpha}{3}\right),
\end{aligned}$$

这正是关于

$$I=\int_0^\infty \frac{x^\alpha}{1+x+x^2}\,\mathrm{d}x \quad 和 \quad J=\int_0^\infty \frac{x^\alpha\ln x}{1+x+x^2}\,\mathrm{d}x$$

的代数方程组：

$$\begin{aligned}
(1-\cos 2\pi\alpha)\cdot I+2\pi\,\sin 2\pi\alpha\cdot J&=\frac{4\pi^2}{3\sqrt{3}}\left(2\sin\frac{4\pi\alpha}{3}-\sin\frac{2\pi\alpha}{3}\right),\\
\sin 2\pi\alpha\cdot I+2\pi\,\cos 2\pi\alpha\cdot J&=\frac{4\pi^2}{3\sqrt{3}}\left(2\cos\frac{4\pi\alpha}{3}-\cos\frac{2\pi\alpha}{3}\right).
\end{aligned}$$

解出 I，即可得到 (7.1) 式. 与此同时，还能额外求得

$$\int_0^\infty \frac{x^\alpha\ln x}{1+x+x^2}\,\mathrm{d}x=\frac{16\pi^2}{3\sqrt{3}}\frac{\sin^3(\pi\alpha/3)\,\cos(\pi\alpha/3)}{\sin^2\pi\alpha}. \tag{7.2}$$

☞ **讨论** 这里得到的结果，其实正是证明了

$$\int_0^\infty \frac{x^\alpha\ln x}{1+x+x^2}\,\mathrm{d}x=\frac{\partial}{\partial\alpha}\int_0^\infty \frac{x^\alpha}{1+x+x^2}\,\mathrm{d}x$$

的合法性.

例 7.2 采用适当围道，应用留数定理计算 $\oint_C \frac{(1+r)z^2+(1-r)}{(1+r)^2z^2+(1-r)^2}\frac{z^\alpha}{1+z^2}\,\mathrm{d}z$，从而导出 $\int_0^{\pi/2}\frac{1-r\cos 2\theta}{1-2r\cos 2\theta+r^2}\tan^\alpha\theta\,\mathrm{d}\theta$，其中 r 为实数，$-1<\alpha<1$.

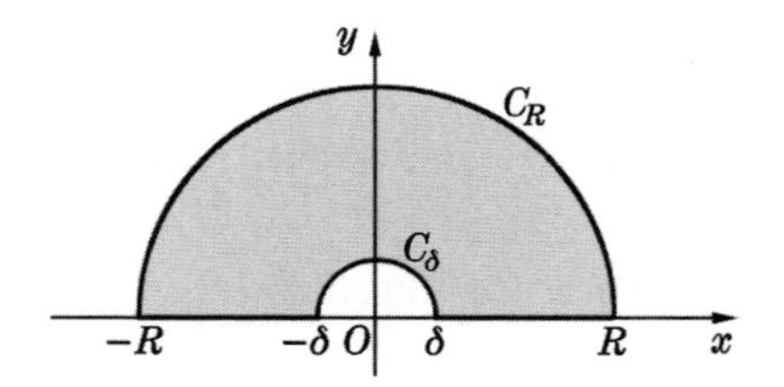

图 7.3 应用于例 7.2 的积分围道

解 取积分围道如图 7.3 所示. 规定在正实轴上 $\arg z=0$. 根据留数定理，有

$$\begin{aligned}&\int_R^\delta \frac{(1+r)x^2+(1-r)}{(1+r)^2x^2+(1-r)^2}\frac{(x\mathrm{e}^{\mathrm{i}\pi})^\alpha}{1+x^2}(-\mathrm{d}x)+\int_{C_\delta}\frac{(1+r)z^2+(1-r)}{(1+r)^2z^2+(1-r)^2}\frac{z^\alpha}{1+z^2}\,\mathrm{d}z\\&\quad+\int_\delta^R \frac{(1+r)x^2+(1-r)}{(1+r)^2x^2+(1-r)^2}\frac{x^\alpha}{1+x^2}\,\mathrm{d}x+\int_{C_R}\frac{(1+r)z^2+(1-r)}{(1+r)^2z^2+(1-r)^2}\frac{z^\alpha}{1+z^2}\,\mathrm{d}z\\&\quad=2\pi\mathrm{i}\sum_{\text{上半平面}}\mathrm{res}\left\{\frac{(1+r)z^2+(1-r)}{(1+r)^2z^2+(1-r)^2}\frac{z^\alpha}{1+z^2}\right\}.\end{aligned}$$

应用小圆弧引理与大圆弧引理，可以证明

$$\begin{aligned}\lim_{\delta\to 0}\int_{C_\delta}\frac{(1+r)z^2+(1-r)}{(1+r)^2z^2+(1-r)^2}\frac{z^\alpha}{1+z^2}\,\mathrm{d}z=0,\\\lim_{R\to 0}\int_{C_R}\frac{(1+r)z^2+(1-r)}{(1+r)^2z^2+(1-r)^2}\frac{z^\alpha}{1+z^2}\,\mathrm{d}z=0.\end{aligned}$$

因此

$$\begin{aligned}&\left(1+\mathrm{e}^{\mathrm{i}\pi\alpha}\right)\int_0^\infty \frac{(1+r)x^2+(1-r)}{(1+r)^2x^2+(1-r)^2}\frac{x^\alpha}{1+x^2}\mathrm{d}x\\&\quad=2\pi\mathrm{i}\sum_{\text{上半平面}}\mathrm{res}\left\{\frac{(1+r)z^2+(1-r)}{(1+r)^2z^2+(1-r)^2}\frac{z^\alpha}{1+z^2}\right\}.\end{aligned}$$

下面先分别讨论 $r^2<1$ 及 $r^2>1$ 的两种情形. 当 $r^2<1$ 时，被积函数在积分围道内有两个奇点，即 $z=\mathrm{e}^{\mathrm{i}\pi/2}$ 与 $z=\mathrm{e}^{\mathrm{i}\pi/2}(1-r)/(1+r)$，留数分别为

$$\mathrm{res}\left\{\frac{(1+r)z^2+(1-r)}{(1+r)^2z^2+(1-r)^2}\frac{z^\alpha}{1+z^2}\right\}_{z=\mathrm{e}^{\mathrm{i}\pi/2}}=\frac{1}{4\mathrm{i}}\mathrm{e}^{\mathrm{i}\pi\alpha/2}$$

$$\text{res}\left\{\frac{(1+r)z^2+(1-r)}{(1+r)^2z^2+(1-r)^2}\frac{z^\alpha}{1+z^2}\right\}_{z=\mathrm{e}^{\mathrm{i}\pi/2}(1-r)/(1+r)}=\frac{1}{4\mathrm{i}}\left(\frac{1-r}{1+r}\right)^\alpha\mathrm{e}^{\mathrm{i}\pi\alpha/2}.$$

因此

$$\begin{aligned}\int_0^\infty\frac{(1+r)x^2+(1-r)}{(1+r)^2x^2+(1-r)^2}\frac{x^\alpha}{1+x^2}\mathrm{d}x&=\frac{\pi}{2}\frac{\mathrm{e}^{\mathrm{i}\pi\alpha/2}}{1+\mathrm{e}^{\mathrm{i}\pi\alpha}}\left[1+\left(\frac{1-r}{1+r}\right)^\alpha\right]\\&=\frac{\pi}{4\cos(\pi\alpha/2)}\left[1+\left(\frac{1-r}{1+r}\right)^\alpha\right].\end{aligned}\tag{7.3a}$$

当 $r^2>1$ 时，被积函数在积分围道内的奇点为 $z=\mathrm{e}^{\mathrm{i}\pi/2}$ 与 $z=\mathrm{e}^{\mathrm{i}\pi/2}(r-1)/(1+r)$，在 $z=\mathrm{e}^{\mathrm{i}\pi/2}$ 处的留数同上，而 $z=\mathrm{e}^{\mathrm{i}\pi/2}(r-1)/(1+r)$ 处的留数为

$$\text{res}\left\{\frac{(1+r)z^2+(1-r)}{(1+r)^2z^2+(1-r)^2}\frac{z^\alpha}{1+z^2}\right\}_{z=\mathrm{e}^{\mathrm{i}\pi/2}(r-1)/(r+1)}=-\frac{1}{4\mathrm{i}}\left(\frac{r-1}{1+r}\right)^\alpha\mathrm{e}^{\mathrm{i}\pi\alpha/2},$$

因此，

$$\begin{aligned}\int_0^\infty\frac{(1+r)x^2+(1-r)}{(1+r)^2x^2+(1-r)^2}\frac{x^\alpha}{1+x^2}\mathrm{d}x&=\frac{\pi}{2}\frac{\mathrm{e}^{\mathrm{i}\pi\alpha/2}}{1+\mathrm{e}^{\mathrm{i}\pi\alpha}}\left[1-\left(\frac{r-1}{r+1}\right)^\alpha\right]\\&=\frac{\pi}{4\cos(\pi\alpha/2)}\left[1-\left(\frac{r-1}{r+1}\right)^\alpha\right].\end{aligned}\tag{7.3b}$$

当 $r^2=1$ 即 $r=\pm1$ 时特别简单，这时的复变积分就是 $\dfrac{1}{2}\oint_C\dfrac{z^\alpha}{1+z^2}\mathrm{d}z$. 由于在积分围道内只有一个奇点 $z=\mathrm{e}^{\mathrm{i}\pi/2}$，应用留数定理就能计算得

$$\frac{1}{2}\int_0^\infty\frac{x^\alpha}{1+x^2}\mathrm{d}x=\frac{\pi}{4\cos(\pi\alpha/2)}.\tag{7.3c}$$

总结以上结果，并作变换 $x=\tan\theta$，就得到

$$\int_0^{\pi/2}\frac{1-r\cos2\theta}{1-2r\cos2\theta+r^2}\tan^\alpha\theta\,\mathrm{d}\theta=\begin{cases}\dfrac{\pi}{4\cos(\pi\alpha/2)}\left[1+\left(\dfrac{1-r}{1+r}\right)^\alpha\right], & r^2<1,\\ \dfrac{\pi}{4\cos(\pi\alpha/2)}, & r^2=1,\\ \dfrac{\pi}{4\cos(\pi\alpha/2)}\left[1-\left(\dfrac{r-1}{r+1}\right)^\alpha\right], & r^2>1.\end{cases}\tag{7.4a}$$

如果作变换 $x=\cot\theta$，也可以得到

$$\int_0^{\pi/2}\frac{1+r\cos2\theta}{1+2r\cos2\theta+r^2}\cot^\alpha\theta\,\mathrm{d}\theta=\begin{cases}\dfrac{\pi}{4\cos(\pi\alpha/2)}\left[1+\left(\dfrac{1-r}{1+r}\right)^\alpha\right], & r^2<1,\\ \dfrac{\pi}{4\cos(\pi\alpha/2)}, & r^2=1,\\ \dfrac{\pi}{4\cos(\pi\alpha/2)}\left[1-\left(\dfrac{r-1}{r+1}\right)^\alpha\right], & r^2>1.\end{cases}\tag{7.4b}$$

例 7.3　采用图 7.3 中的围道，应用留数定理计算复变积分 $\int_C z^{\alpha-1}\mathrm{e}^{\mathrm{i}bz}\frac{\mathrm{d}z}{z^2+1}$，从而导出 $\int_0^\infty x^{\alpha-1}\sin\left(bx-\frac{\pi\alpha}{2}\right)\frac{\mathrm{d}x}{x^2+1}$，其中 $b>0,\ 0<\alpha<2$.

解　如上题，规定在正实轴上 $\arg z=0$. 在积分围道内只有一个奇点 $z=\mathrm{e}^{\mathrm{i}\pi/2}$，故根据留数定理，有

$$\int_R^\delta \left(x\mathrm{e}^{\mathrm{i}\pi}\right)^{\alpha-1}\mathrm{e}^{-\mathrm{i}bx}\frac{-\mathrm{d}x}{x^2+1}+\int_{C_\delta} z^{\alpha-1}\mathrm{e}^{\mathrm{i}bz}\frac{\mathrm{d}z}{z^2+1}$$
$$+\int_\delta^R x^{\alpha-1}\mathrm{e}^{\mathrm{i}bx}\frac{\mathrm{d}x}{x^2+1}+\int_{C_R} z^{\alpha-1}\mathrm{e}^{\mathrm{i}bz}\frac{\mathrm{d}z}{z^2+1}=2\pi\mathrm{i}\times\frac{1}{2}\mathrm{e}^{\mathrm{i}\pi(\alpha-2)/2}\mathrm{e}^{-b}.$$

取极限 $\delta\to 0,\ R\to\infty$，因为

$$\lim_{\delta\to 0}\int_{C_\delta} z^{\alpha-1}\mathrm{e}^{\mathrm{i}bz}\frac{\mathrm{d}z}{z^2+1}=0,\qquad \lim_{R\to\infty}\int_{C_R} z^{\alpha-1}\mathrm{e}^{\mathrm{i}bz}\frac{\mathrm{d}z}{z^2+1}=0,$$

所以就有

$$\int_0^\infty x^{\alpha-1}\left(\mathrm{e}^{\mathrm{i}bx}-\mathrm{e}^{\mathrm{i}\pi\alpha}\mathrm{e}^{-\mathrm{i}bx}\right)\frac{\mathrm{d}x}{x^2+1}=-\pi\mathrm{i}\,\mathrm{e}^{\mathrm{i}\pi\alpha/2}\mathrm{e}^{-b},$$

即

$$\int_0^\infty x^{\alpha-1}\left[\mathrm{e}^{\mathrm{i}(bx-\alpha\pi/2)}-\mathrm{e}^{-\mathrm{i}(bx-\alpha\pi/2)}\right]\frac{\mathrm{d}x}{x^2+1}=\frac{\pi}{2}\mathrm{e}^{-b}.$$

这样就得到

$$\int_0^\infty \frac{x^{\alpha-1}}{x^2+1}\sin\left(bx-\frac{\alpha\pi}{2}\right)\mathrm{d}x=-\frac{\pi}{2}\mathrm{e}^{-b}.\tag{7.5a}$$

☞ **讨论：**

1. 作为本题的特殊情形，可以列出：

$$\alpha=1:\qquad \int_0^\infty \frac{\cos bx}{x^2+1}\,\mathrm{d}x=\frac{\pi}{2}\,\mathrm{e}^{-b}\qquad (b>0);\tag{7.5b}$$

$$\alpha=2:\qquad \int_0^\infty \frac{x\,\sin bx}{x^2+1}\,\mathrm{d}x=\frac{\pi}{2}\,\mathrm{e}^{-b}\qquad (b>0);\tag{7.5c}$$

$$b=0:\qquad \int_0^\infty \frac{x^{\alpha-1}}{x^2+1}\,\mathrm{d}x=\frac{\pi}{2\sin(\alpha\pi/2)}\qquad (0<\alpha<2).\tag{7.5d}$$

2. 取被积函数为 $f(z)=z^{\alpha-1}\mathrm{e}^{\mathrm{i}bz}/(z^2-1)$，也可以计算出

$$\text{v.p.}\int_0^\infty x^{\alpha-1}\sin\left(\frac{\pi\alpha}{2}-bx\right)\frac{\mathrm{d}x}{x^2-1}=\frac{\pi}{2}\cos\left(\frac{\pi\alpha}{2}-b\right),\tag{7.6}$$

但因为在实轴上的 $z=\pm1$ 也是奇点，故积分围道需稍作调整.

3. 取被积函数为 $f(z)=z^{\alpha-1}\mathrm{e}^{\mathrm{e}^{\mathrm{i}bz}}/(z^2+1)$，还可以计算出

$$\int_0^\infty x^{\alpha-1}\mathrm{e}^{\cos bx}\sin\left(\frac{\pi\alpha}{2}-\sin bx\right)\frac{\mathrm{d}x}{x^2+1}=\frac{\pi}{2}\mathrm{e}^{\mathrm{e}^{-b}},\quad 0<\alpha<2. \tag{7.7}$$

例 7.4 指定积分围道如图 7.4 所示，选择适当的被积函数，计算积分

$$\int_0^1\frac{\sqrt[4]{x(1-x)^3}}{(1+x)^3}\mathrm{d}x.$$

图 7.4 应用于例 7.4 的积分围道

解 考虑复变积分 $\oint_C f(z)\mathrm{d}z=\oint_C\frac{\sqrt[4]{z(1-z)^3}}{(1+z)^3}\mathrm{d}z$，并规定在割线上岸 $\arg z=0$, $\arg(1-z)=0$. 相应地，在割线下岸就应有 $\arg z=0$, $\arg(1-z)=-2\pi$. 除 $z=\mathrm{e}^{\mathrm{i}\pi}$ 点外，被积函数 $f(z)$ 在围道外单值解析，所以

$$\begin{aligned}\oint_C\frac{\sqrt[4]{z(1-z)^3}}{(1+z)^3}\mathrm{d}z &= \int_\delta^{1-\varepsilon}\frac{\sqrt[4]{x(1-x)^3}}{(1+x)^3}\mathrm{d}x+\int_{C_\varepsilon}\frac{\sqrt[4]{z(1-z)^3}}{(1+z)^3}\mathrm{d}z\\ &\quad+\int_{1-\varepsilon}^{\delta}\frac{\sqrt[4]{x\left[(1-x)\mathrm{e}^{-\mathrm{i}2\pi}\right]^3}}{(1+x)^3}\mathrm{d}x+\int_{C_\delta}\frac{\sqrt[4]{z(1-z)^3}}{(1+z)^3}\mathrm{d}z\\ &= 2\pi\mathrm{i}\left[\mathrm{res}f(\mathrm{e}^{\mathrm{i}\pi})+\mathrm{res}f(\infty)\right].\end{aligned}$$

由于

$$\lim_{\delta\to0}\int_{C_\delta}\frac{\sqrt[4]{z(1-z)^3}}{(1+z)^3}\mathrm{d}z=0,\qquad \lim_{\varepsilon\to0}\int_{C_\varepsilon}\frac{\sqrt[4]{z(1-z)^3}}{(1+z)^3}\mathrm{d}z=0,$$

令 $\delta\to0,\varepsilon\to0$，就得到

$$\left(1-\mathrm{e}^{-\mathrm{i}3\pi/2}\right)\int_0^1\frac{\sqrt[4]{x(1-x)^3}}{(1+x)^3}\mathrm{d}x=2\pi\mathrm{i}\left[\,\mathrm{res}f(\mathrm{e}^{\mathrm{i}\pi})+\mathrm{res}f(\infty)\,\right].$$

现在就来求这两个留数. 对于 $\mathrm{res}f(\mathrm{e}^{\mathrm{i}\pi})$，有

$$\mathrm{res}\,f(\mathrm{e}^{\mathrm{i}\pi})=\frac{1}{2!}\frac{\mathrm{d}^2}{\mathrm{d}z^2}\left[(z+1)^3\cdot\frac{\sqrt[4]{z(1-z)^3}}{(1+z)^3}\right]_{z=\mathrm{e}^{\mathrm{i}\pi}}=-\frac{3}{128}2^{3/4}\mathrm{e}^{\mathrm{i}\pi/4}.$$

为了求 $\mathrm{res}f(\infty)$，只需注意

$$\sqrt[4]{z(1-z)^3}=O(z),\qquad \frac{\sqrt[4]{z(1-z)^3}}{(1+z)^3}=O\left(z^{-2}\right),$$

这说明 $f(z)$ 在 $z=\infty$ 点的幂级数展开中不可能含有 z^{-1} 项，因而 $\mathrm{res}f(\infty)=0$.

将求得的 $\mathrm{res}f(\mathrm{e}^{\mathrm{i}\pi})$ 和 $\mathrm{res}f(\infty)$ 代入，并注意 $\mathrm{e}^{-\mathrm{i}3\pi/2}=\mathrm{e}^{\mathrm{i}\pi/2}$，最后就得到

$$\int_0^1 \frac{\sqrt[4]{x(1-x)^3}}{(1+x)^3}\mathrm{d}x = -\frac{3\pi\mathrm{i}}{64}2^{3/4}\frac{\mathrm{e}^{\mathrm{i}\pi/4}}{1-\mathrm{e}^{\mathrm{i}\pi/2}} = \frac{3\pi}{64}\frac{2^{-1/4}}{\sin\pi/4} = \frac{3\sqrt[4]{2}}{64}\pi. \tag{7.8a}$$

☞ **讨论**

1. 本题用的是无界区域的留数定理. 函数在围道 C 外只有一个奇点 $z=\mathrm{e}^{\mathrm{i}\pi}$. 注意: 即使函数在 ∞ 点解析, 其留数也可以不为 0.

2. 本题还可通过化为 B 函数而直接计算出积分, 见第十章例 10.11.

3. 作变换 $x=1/t$, 则可证明

$$\int_0^1 \frac{\sqrt[4]{x(1-x)^3}}{(1+x)^3}\mathrm{d}x = \int_1^\infty \frac{\sqrt[4]{t(t-1)^3}}{(1+t)^3}\mathrm{d}t = \frac{3\sqrt[4]{2}}{64}\pi. \tag{7.8b}$$

因此有

$$\int_0^\infty \sqrt[4]{x\,|1-x|^3}\,\frac{\mathrm{d}x}{(1+x)^3} = \frac{3\sqrt[4]{2}}{32}\pi. \tag{7.8c}$$

例 7.5 计算积分

$$\int_0^{\pi/2} \cos^{a+b-2}\theta\cos(b-a)\theta\,\mathrm{d}\theta, \qquad 0<a<1,\ 0<b<1,\ a+b>1.$$

解 介绍两种略为不同的解法:

解法一 考虑复变积分 $\displaystyle\int_C (1+z)^{\alpha-1}z^{\beta-1}\mathrm{d}z$，其中积分围道如图 7.5 所示，并规定在割线上岸$\arg z=\pi$，$\arg(1+z)=0$，则根据留数定理，有

$$\int_{C_R}(1+z)^{\alpha-1}z^{\beta-1}\mathrm{d}z + \int_{C_\varepsilon}(1+z)^{\alpha-1}z^{\beta-1}\mathrm{d}z + \int_{\mathrm{I}}(1+z)^{\alpha-1}z^{\beta-1}\mathrm{d}z$$
$$+\int_{C_\delta}(1+z)^{\alpha-1}z^{\beta-1}\mathrm{d}z + \int_{\mathrm{II}}(1+z)^{\alpha-1}z^{\beta-1}\mathrm{d}z + \int_{C'_\varepsilon}(1+z)^{\alpha-1}z^{\beta-1}\mathrm{d}z = 0.$$

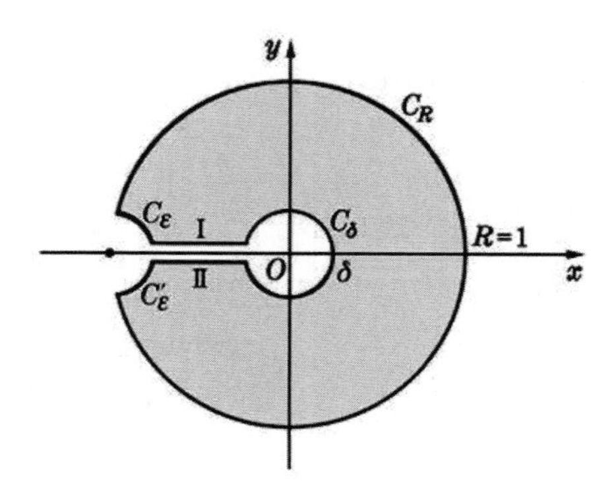

图 7.5 应用于例 7.5 的积分围道

因为 $\beta>0$，所以

$$\lim_{\delta\to 0}\int_{C_\delta}(1+z)^{\alpha-1}z^{\beta-1}\mathrm{d}z=0;$$

又因为 $\alpha>0$，也有

$$\lim_{\varepsilon\to 0}\int_{C_\varepsilon}(1+z)^{\alpha-1}z^{\beta-1}\mathrm{d}z=0,\qquad \lim_{\varepsilon\to 0}\int_{C'_\varepsilon}(1+z)^{\alpha-1}z^{\beta-1}\mathrm{d}z=0.$$

所以就得到

$$\begin{aligned}\int_{-\pi}^{\pi}\left(1+\mathrm{e}^{\mathrm{i}\theta}\right)^{\alpha-1}\mathrm{e}^{\mathrm{i}\beta\theta}\mathrm{i}\,\mathrm{d}\theta&+\int_1^0(1-x)^{\alpha-1}\left(x\mathrm{e}^{\mathrm{i}\pi}\right)^{\beta-1}\mathrm{e}^{\mathrm{i}\pi}\mathrm{d}x\\&+\int_0^1(1-x)^{\alpha-1}\left(x\mathrm{e}^{-\mathrm{i}\pi}\right)^{\beta-1}\mathrm{e}^{-\mathrm{i}\pi}\mathrm{d}x=0,\end{aligned}$$

即

$$\int_{-\pi}^{\pi}\left(2\mathrm{e}^{\mathrm{i}\theta/2}\cos\frac{\theta}{2}\right)^{\alpha-1}\mathrm{e}^{\mathrm{i}\beta\theta}\mathrm{i}\,\mathrm{d}\theta=\left(\mathrm{e}^{\mathrm{i}\pi\beta}-\mathrm{e}^{-\mathrm{i}\pi\beta}\right)\int_0^1(1-x)^{\alpha-1}x^{\beta-1}\mathrm{d}x.$$

而等式左端为

$$\begin{aligned}2^{\alpha-1}\mathrm{i}\int_{-\pi}^{\pi}\left(\cos\frac{\theta}{2}\right)^{\alpha-1}\mathrm{e}^{\mathrm{i}(2\beta+\alpha-1)\theta/2}&=2^{\alpha}\mathrm{i}\int_{-\pi/2}^{\pi/2}\cos^{\alpha-1}\theta\,\mathrm{e}^{\mathrm{i}(2\beta+\alpha-1)\theta}\mathrm{d}\theta\\&=2^{\alpha+1}\mathrm{i}\int_0^{\pi/2}\cos^{\alpha-1}\theta\,\cos(2\beta+\alpha-1)\theta\,\mathrm{d}\theta,\end{aligned}$$

等式右端为

$$2\mathrm{i}\sin\pi\beta\,\frac{\Gamma(\alpha)\,\Gamma(\beta)}{\Gamma(\alpha+\beta)}=2\pi\mathrm{i}\,\frac{\Gamma(\alpha)}{\Gamma(1-\beta)\,\Gamma(\alpha+\beta)},$$

所以

$$\int_0^{\pi/2}\cos^{\alpha-1}\theta\,\cos(2\beta+\alpha-1)\theta\,\mathrm{d}\theta=\frac{\pi}{2^\alpha}\frac{\Gamma(\alpha)}{\Gamma(1-\beta)\,\Gamma(\alpha+\beta)}.$$

取 $\alpha-1=a+b-2$, $2\beta+\alpha-1=b-a$，即

$$\alpha=a+b-1,\qquad \beta=1-\alpha,$$

代入即得

$$\int_0^{\pi/2}\cos^{a+b-2}\theta\cos(b-a)\theta\,\mathrm{d}\theta=\frac{\pi}{2^{a+b-1}}\frac{\Gamma(a+b-1)}{\Gamma(a)\,\Gamma(b)}.\tag{7.9}$$

解法二　考虑复变积分 $\oint_C\dfrac{\mathrm{d}z}{(1+\mathrm{i}z)^a(1-\mathrm{i}z)^b}$，其中积分围道如图 7.6 所示，并规定在割线右岸 I 处 $\arg(1+\mathrm{i}z)=\pi$，$\arg(1-\mathrm{i}z)=0$，于是根据留数定理有

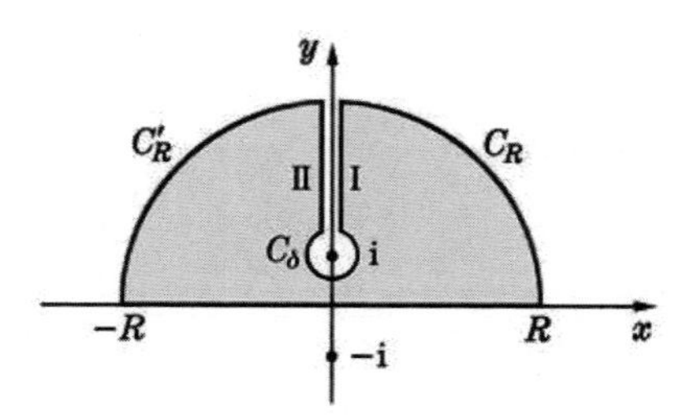

图 7.6　应用于例 7.5 的另一种积分围道

$$\int_{-R}^{R}\frac{dx}{(1+ix)^a(1-ix)^b}+\int_{C_R}\frac{dz}{(1+iz)^a(1-iz)^b}+\int_{I}\frac{dz}{(1+iz)^a(1-iz)^b}$$
$$+\int_{C_\delta}\frac{dz}{(1+iz)^a(1-iz)^b}+\int_{II}\frac{dz}{(1+iz)^a(1-iz)^b}+\int_{C'_R}\frac{dz}{(1+iz)^a(1-iz)^b}=0.$$

当 $a<1,\ a+b>1$ 时，对于沿小圆弧 C_δ 及大圆弧 C_R, C'_R 的积分，极限值为

$$\lim_{\delta\to 0}\int_{C_\delta}\frac{dz}{(1+iz)^a(1-iz)^b}=0,$$
$$\lim_{R\to\infty}\int_{C_R}\frac{dz}{(1+iz)^a(1-iz)^b}=0,$$
$$\lim_{R\to\infty}\int_{C'_R}\frac{dz}{(1+iz)^a(1-iz)^b}=0.$$

这样，在取极限 $R\to\infty, \delta\to 0$ 之后，就得到

$$\int_{-\infty}^{\infty}\frac{dx}{(1+ix)^a(1-ix)^b}=-\int_{\infty}^{1}\frac{idx}{[(x-1)e^{i\pi}]^a(1+x)^b}-\int_{1}^{\infty}\frac{idx}{[(x-1)e^{-i\pi}]^a(1+x)^b}$$
$$=i\left(e^{-i\pi}-e^{i\pi}\right)\int_{1}^{\infty}\frac{dx}{(x-1)^a(1+x)^b}=2\sin\pi a\int_{1}^{\infty}\frac{dx}{(x-1)^a(1+x)^b}.$$

在等式右端作变换 $t=2/(x+1)$，就可以化得

$$\int_{-\infty}^{\infty}\frac{dx}{(1+ix)^a(1-ix)^b}=\frac{\sin\pi a}{2^{a+b-2}}\int_{0}^{1}t^{a+b-2}(1-t)^{-a}dt$$
$$=\frac{\sin\pi a}{2^{a+b-2}}\frac{\Gamma(a+b-1)\,\Gamma(1-a)}{\Gamma(b)}=\frac{\pi}{2^{a+b-2}}\frac{\Gamma(a+b-1)}{\Gamma(a)\,\Gamma(b)}.$$

再在等式左端作变换 $x=\tan\theta$，则

$$1+ix=\frac{\cos\theta+i\sin\theta}{\cos\theta},\qquad 1-ix=\frac{\cos\theta-i\sin\theta}{\cos\theta},$$

于是

$$\int_{-\infty}^{\infty}\frac{\mathrm{d}x}{(1+\mathrm{i}x)^a(1-\mathrm{i}x)^b}=\int_{-\pi/2}^{\pi/2}\left(\mathrm{e}^{-\mathrm{i}\theta}\cos\theta\right)^a\left(\mathrm{e}^{\mathrm{i}\theta}\cos\theta\right)^b\frac{\mathrm{d}\theta}{\cos^2\theta}$$
$$=\int_{-\pi/2}^{\pi/2}\cos^{a+b-2}\theta\,\mathrm{e}^{\mathrm{i}(b-a)\theta}\mathrm{d}\theta=2\int_0^{\pi/2}\cos^{a+b-2}\theta\,\cos(b-a)\theta\,\mathrm{d}\theta.$$

所以最后就得到 (7.9) 式.

§7.2　含对数函数的积分

例 7.6　计算积分 $\displaystyle\int_0^{\infty}\frac{\mathrm{d}x}{x\left[\ln^2 x+\pi^2\right]}$.

解　取积分围道如图 7.7 所示，计算复变积分 $\displaystyle\oint_C\frac{\mathrm{d}z}{z\ln z}$. 规定在正实轴上 $\arg z=0$，所以在图中割线的上、下岸 $\arg z=\pm\pi$. 由于在围道内只有一个奇点 $z=\mathrm{e}^{\mathrm{i}0}$，被积函数在该点的留数为 1，因此，根据留数定理，有

$$\int_{C_R}\frac{\mathrm{d}z}{z\ln z}+\int_R^{\delta}\frac{\mathrm{d}x}{x\big(\ln x+\mathrm{i}\pi\big)}+\int_{C_\delta}\frac{\mathrm{d}z}{z\ln z}+\int_{\delta}^{R}\frac{\mathrm{d}x}{x\big(\ln x-\mathrm{i}\pi\big)}=2\pi\mathrm{i}.$$

取极限 $\delta\to 0,\ R\to\infty$，因为

$$\lim_{\delta\to 0}\int_{C_\delta}\frac{\mathrm{d}z}{z\ln z}=0,\qquad \lim_{R\to\infty}\int_{C_R}\frac{\mathrm{d}z}{z\ln z}=0,$$

所以就得到

$$\int_0^{\infty}\Big(-\frac{1}{\ln x+\mathrm{i}\pi}+\frac{1}{\ln x-\mathrm{i}\pi}\Big)\frac{\mathrm{d}x}{x}=\int_0^{\infty}\frac{2\pi\mathrm{i}}{\ln^2 x+\pi^2}\,\frac{\mathrm{d}x}{x}=2\pi\mathrm{i},$$

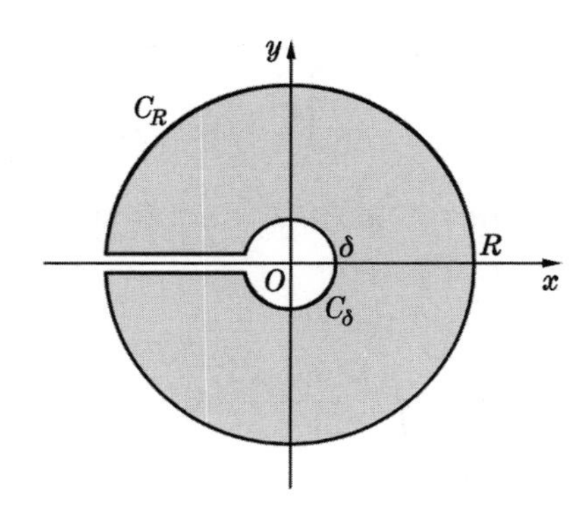

图 7.7　应用于例 7.6 的积分围道

即

$$\int_0^\infty \frac{1}{\ln^2 x+\pi^2}\,\frac{\mathrm{d}x}{x}=1. \tag{7.10a}$$

☞ **讨论** 还可以将上面的结果改写为

$$\int_0^1 \frac{1}{\ln^2 x+\pi^2}\,\frac{\mathrm{d}x}{x}+\int_1^\infty \frac{1}{\ln^2 x+\pi^2}\,\frac{\mathrm{d}x}{x}=1.$$

在第二个积分中作变换 $t=1/x$，就能证明

$$\int_0^1 \frac{1}{\ln^2 x+\pi^2}\,\frac{\mathrm{d}x}{x}=\int_0^1 \frac{1}{\ln^2 t+\pi^2}\,\frac{\mathrm{d}t}{t},$$

所以

$$\int_0^1 \frac{1}{\ln^2 x+\pi^2}\,\frac{\mathrm{d}x}{x}=\int_1^\infty \frac{1}{\ln^2 x+\pi^2}\,\frac{\mathrm{d}x}{x}=\frac{1}{2}. \tag{7.10b}$$

例 7.7 计算积分 $\displaystyle\int_0^\infty \frac{\ln(1+x^2)}{1+x^2}\mathrm{d}x$.

解 首先面临的问题是如何选择复变积分中的被积函数. 如果取被积函数为 $\ln(1+z^2)/(1+z^2)$，则在上下平面均有枝点，因此积分围道必须作相应的变化；但若取被积函数为 $\ln(z+\mathrm{i})/(1+z^2)$，则在上半平面没有枝点，积分围道就可以取为半圆形 (见图 7.8)，因而有

$$\int_{-R}^R \frac{\ln(x+\mathrm{i})}{1+x^2}\,\mathrm{d}x+\int_{C_R} \frac{\ln(z+\mathrm{i})}{1+z^2}\,\mathrm{d}z=2\pi\mathrm{i}\times\frac{\ln 2+\mathrm{i}\pi/2}{2\mathrm{i}}.$$

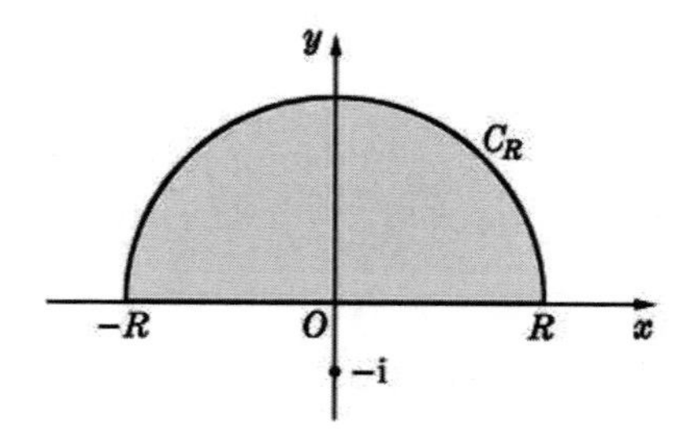

图 7.8　最简单的半圆形围道

根据大圆弧引理，有

$$\lim_{R\to\infty}\int_{C_R} \frac{\ln(z+\mathrm{i})}{1+z^2}\,\mathrm{d}z=0.$$

因此就得到

$$\int_{-\infty}^\infty \frac{\ln(x+\mathrm{i})}{1+x^2}\,\mathrm{d}x=\pi\Big(\ln 2+\frac{\mathrm{i}\pi}{2}\Big).$$

利用

$$\ln(x+\mathrm{i})=\frac{1}{2}\ln(1+x^2)+\mathrm{i}\Big(\frac{\pi}{2}-\arctan x\Big),$$

比较实部，就有

$$\frac{1}{2}\int_{-\infty}^{\infty}\frac{\ln(1+x^2)}{1+x^2}\,\mathrm{d}x=\pi\ln 2,$$

即

$$\int_0^{\infty}\frac{\ln(1+x^2)}{1+x^2}\,\mathrm{d}x=\pi\ln 2. \tag{7.11}$$

讨论　仿照上题的办法，也能导出

$$\int_0^{1}\ln\Big(x+\frac{1}{x}\Big)\frac{\mathrm{d}x}{1+x^2}=\frac{\pi}{2}\ln 2. \tag{7.12}$$

例 7.8　计算积分 $\displaystyle\int_0^{\infty}\frac{\pi(1-\cos ax)-2\ln x\,\sin ax}{\ln^2 x+\pi^2/4}\frac{\mathrm{d}x}{x}$，其中 $a>0$.

解　取复变积分的被积函数为 $f(z)=\dfrac{1-\mathrm{e}^{\mathrm{i}az}}{z\big(\ln z-\mathrm{i}\pi/2\big)}$. 由于 $z=0$ 是枝点，所以仍需取积分围道如图 7.3 所示. 在积分围道内只有一个奇点 $z=\mathrm{e}^{\mathrm{i}\pi/2}$，留数为

$$\operatorname{res}\left\{\frac{1-\mathrm{e}^{\mathrm{i}az}}{z\big(\ln z-\mathrm{i}\pi/2\big)}\right\}_{z=\mathrm{e}^{\mathrm{i}\pi/2}}=\big(1-\mathrm{e}^{\mathrm{i}az}\big)_{z=\mathrm{e}^{\mathrm{i}\pi/2}}=1-\mathrm{e}^{-a},$$

所以，根据留数定理，有

$$\int_R^{\delta}\frac{1-\mathrm{e}^{-\mathrm{i}ax}}{\ln x+\mathrm{i}\pi/2}\frac{\mathrm{d}x}{x}+\int_{C_\delta}\frac{1-\mathrm{e}^{\mathrm{i}az}}{\ln z-\mathrm{i}\pi/2}\frac{\mathrm{d}z}{z}+\int_{\delta}^{R}\frac{1-\mathrm{e}^{\mathrm{i}ax}}{\ln x-\mathrm{i}\pi/2}\frac{\mathrm{d}x}{x}$$
$$+\int_{C_R}\frac{1-\mathrm{e}^{\mathrm{i}az}}{\ln z-\mathrm{i}\pi/2}\frac{\mathrm{d}z}{z}=2\pi\mathrm{i}\big(1-\mathrm{e}^{-a}\big).$$

按照小圆弧引理，有

$$\lim_{\delta\to 0}\int_{C_\delta}\frac{\mathrm{e}^{\mathrm{i}az}}{\ln z-\mathrm{i}\pi/2}\frac{\mathrm{d}z}{z}=0.$$

又按照 Jordan 引理及大圆弧引理，有

$$\lim_{R\to\infty}\int_{C_R}\frac{\mathrm{e}^{\mathrm{i}az}}{\ln z-\mathrm{i}\pi/2}\frac{\mathrm{d}z}{z}=0,\qquad \lim_{R\to\infty}\int_{C_R}\frac{1}{\ln z-\mathrm{i}\pi/2}\frac{\mathrm{d}z}{z}=0.$$

这样就得出

$$\int_0^{\infty}\left(-\frac{1-\mathrm{e}^{-\mathrm{i}ax}}{\ln x+\mathrm{i}\pi/2}+\frac{1-\mathrm{e}^{\mathrm{i}ax}}{\ln x-\mathrm{i}\pi/2}\right)\frac{\mathrm{d}x}{x}$$
$$=\int_0^{\infty}\frac{-\big(1-\mathrm{e}^{-\mathrm{i}ax}\big)\big(\ln x-\mathrm{i}\pi/2\big)+\big(1-\mathrm{e}^{\mathrm{i}ax}\big)\big(\ln x+\mathrm{i}\pi/2\big)}{\ln^2 x+\pi^2/4}\frac{\mathrm{d}x}{x}$$

$$= \int_0^\infty \frac{\left(\mathrm{e}^{-\mathrm{i}ax} - \mathrm{e}^{\mathrm{i}ax}\right)\ln x + \mathrm{i}\pi\left(2 - \mathrm{e}^{-\mathrm{i}ax} - \mathrm{e}^{\mathrm{i}ax}\right)/2}{\ln^2 x + \pi^2/4}\frac{\mathrm{d}x}{x}$$

$$= \int_0^\infty \frac{-2\mathrm{i}\sin ax\,\ln x + \mathrm{i}\pi(1-\cos ax)}{\ln^2 x + \pi^2/4}\frac{\mathrm{d}x}{x} = 2\pi\mathrm{i}\left(1 - \mathrm{e}^{-a}\right),$$

即

$$\int_0^\infty \frac{\pi\left(1-\cos ax\right) - 2\sin ax\ln x}{\ln^2 x + \pi^2/4}\frac{\mathrm{d}x}{x} = 2\pi\left(1-\mathrm{e}^{-a}\right). \tag{7.13}$$

再代入例 7.6 的结果，还能进一步得到

$$\int_0^\infty \frac{\pi\cos ax + 2\sin ax\ln x}{\ln^2 x + \pi^2/4}\frac{\mathrm{d}x}{x} = 2\pi\,\mathrm{e}^{-a}. \tag{7.14}$$

例 7.9 计算积分 $\displaystyle\int_0^\infty \frac{\ln x}{\sqrt{x}(x^2+a^2)^2}\mathrm{d}x$，$a>0$.

解 在复平面上计算围道积分 $\displaystyle\oint_C f(z)\mathrm{d}z = \oint_C \frac{\ln z}{\sqrt{z}(z^2+a^2)^2}\mathrm{d}z$, 其中积分围道 C 如图 7.3 所示，并规定在正实轴上 $\arg z = 0$. 在积分围道内，被积函数只有一个奇点 $z = a\mathrm{e}^{\mathrm{i}\pi/2}$，留数为

$$\begin{aligned}
&\operatorname{res}\frac{\ln z}{\sqrt{z}(z^2+a^2)^2}\bigg|_{z=a\mathrm{e}^{\mathrm{i}\pi/2}}\\
&= \frac{\mathrm{d}}{\mathrm{d}z}\left[(z-a\mathrm{i})^2\cdot\frac{\ln z}{\sqrt{z}(z^2+a^2)^2}\right]_{z=a\mathrm{e}^{\mathrm{i}\pi/2}} = \frac{\mathrm{d}}{\mathrm{d}z}\left[\frac{\ln z}{\sqrt{z}(z+a\mathrm{i})^2}\right]_{z=a\mathrm{e}^{\mathrm{i}\pi/2}}\\
&= \left[\frac{1}{z}\cdot\frac{1}{\sqrt{z}(z+a\mathrm{i})^2} - \frac{1}{2z^{3/2}}\cdot\frac{\ln z}{(z+a\mathrm{i})^2} + \frac{\ln z}{\sqrt{z}}\cdot\frac{-2}{(z+a\mathrm{i})^3}\right]_{z=a\mathrm{e}^{\mathrm{i}\pi/2}}\\
&= \frac{1}{4a^{7/2}}\mathrm{e}^{-\mathrm{i}3\pi/4}\left[-1+\frac{3}{2}\left(\ln a + \frac{\mathrm{i}\pi}{2}\right)\right].
\end{aligned}$$

根据留数定理，就有

$$\begin{aligned}
\oint_C \frac{\ln z}{\sqrt{z}(z^2+a^2)^2}\mathrm{d}z &= \int_\delta^R \frac{\ln x}{\sqrt{x}(x^2+a^2)^2}\mathrm{d}x + \int_{C_R}\frac{\ln z}{\sqrt{z}(z^2+a^2)^2}\mathrm{d}z\\
&\quad + \int_R^\delta \frac{\ln x + \mathrm{i}\pi}{\mathrm{i}\sqrt{x}(x^2+a^2)^2}(-\mathrm{d}x) + \int_{C_\delta}\frac{\ln z}{\sqrt{z}(z^2+a^2)^2}\mathrm{d}z\\
&= 2\pi\mathrm{i}\times\frac{1}{4a^{7/2}}\mathrm{e}^{-\mathrm{i}3\pi/4}\left[-1+\frac{3}{2}\left(\ln a+\frac{\mathrm{i}\pi}{2}\right)\right].
\end{aligned}$$

因为

$$\lim_{\delta\to 0}\int_{C_\delta}\frac{\ln z}{\sqrt{z}(z^2+a^2)^2}\mathrm{d}z = 0, \qquad \lim_{R\to\infty}\int_{C_R}\frac{\ln z}{\sqrt{z}(z^2+a^2)^2}\mathrm{d}z = 0,$$

所以，取极限 $\delta\to 0$, $R\to\infty$，就有

$$\int_0^\infty \frac{\ln x + \pi}{\sqrt{x}(x^2+a^2)^2}\mathrm{d}x - \mathrm{i}\int_0^\infty \frac{\ln x}{\sqrt{x}(x^2+a^2)^2}\mathrm{d}x = \frac{\pi}{2a^{7/2}}\mathrm{e}^{-\mathrm{i}\pi/4}\left[-1+\frac{3}{2}\left(\ln a + \frac{\mathrm{i}\pi}{2}\right)\right].$$

比较虚部，即得

$$\int_0^\infty \frac{\ln x}{\sqrt{x}(x^2+a^2)^2}\mathrm{d}x = \frac{\pi}{2\sqrt{2}a^{7/2}}\left(\frac{3}{2}\ln a - 1 - \frac{3\pi}{4}\right). \tag{7.15}$$

若比较实部，又可得到

$$\int_0^\infty \frac{\ln x+\pi}{\sqrt{x}(x^2+a^2)^2}\mathrm{d}x = \frac{\pi}{2\sqrt{2}a^{7/2}}\left(\frac{3}{2}\ln a - 1 + \frac{3\pi}{4}\right).$$

因而还给出

$$\int_0^\infty \frac{1}{\sqrt{x}(x^2+a^2)^2}\mathrm{d}x = \frac{1}{2\sqrt{2}a^{7/2}}\frac{3\pi}{2} = \frac{3\pi}{4\sqrt{2}a^{7/2}}. \tag{7.16}$$

☞ **讨论**　在 (7.16) 式中取 $a=1$，而后再拆成 $(0,1)$ 与 $(1,\infty)$ 的两段积分，即可推出

$$\int_0^1 \frac{x^3+1}{(x^2+1)^2}\frac{\mathrm{d}x}{\sqrt{x}} = \int_1^\infty \frac{x^3+1}{(x^2+1)^2}\frac{\mathrm{d}x}{\sqrt{x}} = \frac{3\pi}{4\sqrt{2}}. \tag{7.17}$$

例 7.10　计算积分 $\displaystyle\int_0^\infty \frac{\ln x}{x^2-1}\mathrm{d}x$.

解　采用积分围道如图 7.9 所示，计算围道积分 $\displaystyle\oint_C \frac{\ln z}{z^2-1}\mathrm{d}z$. 注意 $z=1$ 是可去奇点，故可不必避开. 规定在正实轴上 $\arg z=0$，因而在负实轴上有 $\arg z=\pi$. 于是，由留数定理，有

$$\begin{aligned}&\int_R^{1+\varepsilon} \frac{\ln x+\mathrm{i}\pi}{x^2-1}(-\mathrm{d}x) + \int_{C_\varepsilon}\frac{\ln z}{z^2-1}\mathrm{d}z + \int_{1-\varepsilon}^{\delta}\frac{\ln x+\mathrm{i}\pi}{x^2-1}(-\mathrm{d}x)\\ &\quad + \int_{C_\delta}\frac{\ln z}{z^2-1}\mathrm{d}z + \int_\delta^R \frac{\ln x+\mathrm{i}\pi}{x^2-1}(-\mathrm{d}x) + \int_{C_R}\frac{\ln z}{z^2-1}\mathrm{d}z = 0.\end{aligned}$$

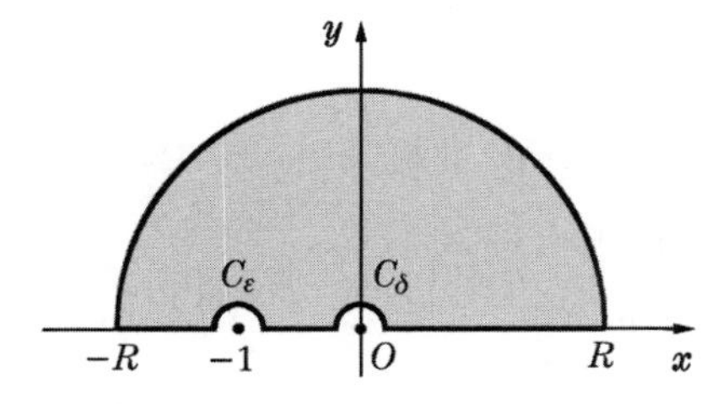

图 7.9　应用于例 7.10 的积分围道

取极限 $\varepsilon\to 0$, $\delta\to 0$, $R\to\infty$，则根据小圆弧引理和大圆弧引理，能够求出

$$\lim_{\varepsilon\to 0}\int_{C_\varepsilon}\frac{\ln z}{z^2-1}\mathrm{d}z = -\mathrm{i}\pi\cdot\left(-\frac{\pi\mathrm{i}}{2}\right) = -\frac{\pi^2}{2},$$

$$\lim_{\delta\to 0}\int_{C_\delta}\frac{\ln z}{z^2-1}\,\mathrm{d}z=0,$$
$$\lim_{R\to\infty}\int_{C_R}\frac{\ln z}{z^2-1}\,\mathrm{d}z=0,$$

由此即可得到

$$\int_0^\infty\left(\frac{\ln x+\mathrm{i}\pi}{x^2-1}+\frac{\ln x}{x^2-1}\right)\mathrm{d}x=\frac{\pi^2}{2}.$$

比较实部，就能求得

$$\int_0^\infty\frac{\ln x}{x^2-1}\,\mathrm{d}x=\frac{\pi^2}{4}. \tag{7.18a}$$

☞ **讨论**

1. 作变换 $x=\mathrm{e}^t$，本题即可化为例 6.16.

2. 由 (7.18a) 式也能导出

$$\int_0^1\frac{\ln x}{x^2-1}\,\mathrm{d}x=\int_1^\infty\frac{\ln x}{x^2-1}\,\mathrm{d}x=\frac{\pi^2}{8}. \tag{7.18b}$$

例 7.11 计算积分 $\displaystyle\int_0^\infty\frac{\cos(\alpha\ln x)}{x^2+1}\,\mathrm{d}x$，其中 $\alpha>0$.

解 按照一般经验，本题可选用被积函数 $\mathrm{e}^{\mathrm{i}\ln z}/(z^2+1)$，积分围道如图 7.3 所示，请读者完成此项计算.

下面介绍一种略为不同的做法 (其实没有本质差别)，即取被积函数 $f(z)=\mathrm{e}^{\mathrm{i}\alpha\ln z}/(z^2-1)$，积分围道如图 7.10 所示，于是有

$$\int_R^\delta\frac{\mathrm{e}^{\mathrm{i}\alpha\ln(x\mathrm{e}^{\mathrm{i}\pi/2})}}{-x^2-1}(\mathrm{i}\mathrm{d}x)+\int_{C_\delta}\frac{\mathrm{e}^{\mathrm{i}\alpha\ln z}}{z^2-1}\,\mathrm{d}z+\int_\delta^R\frac{\mathrm{e}^{\mathrm{i}\alpha\ln(x\mathrm{e}^{-\mathrm{i}\pi/2})}}{-x^2-1}(-\mathrm{i}\mathrm{d}x)+\int_{C_R}\frac{\mathrm{e}^{\mathrm{i}\alpha\ln z}}{z^2-1}\,\mathrm{d}z$$
$$=2\pi\mathrm{i}\times\mathrm{res}\left\{\frac{\mathrm{e}^{\mathrm{i}\alpha\ln z}}{z^2-1}\right\}_{z=1}=\mathrm{i}\pi.$$

注意这里使用了约定 $\arg z\big|_{z=1}=0$. 取极限 $\delta\to 0$, $R\to\infty$，因为 $\left|\dfrac{\mathrm{e}^{\mathrm{i}\alpha\ln z}}{z^2-1}\right|=\dfrac{\mathrm{e}^{-\alpha\arg z}}{|z^2-1|}$，所以根据小圆弧引理及大圆弧引理，就有

$$\lim_{\delta\to 0}\int_{C_\delta}\frac{\mathrm{e}^{\mathrm{i}\alpha\ln z}}{z^2-1}\,\mathrm{d}z=0,\qquad\lim_{R\to\infty}\int_{C_R}\frac{\mathrm{e}^{\mathrm{i}\alpha\ln z}}{z^2-1}\,\mathrm{d}z=0,$$

从而导出

$$\left(\mathrm{e}^{-\pi\alpha/2}+\mathrm{e}^{\pi\alpha/2}\right)\int_0^\infty\frac{\mathrm{e}^{\mathrm{i}\alpha\ln x}}{x^2+1}\,\mathrm{d}x=\pi,\quad 亦即\quad\int_0^\infty\frac{\mathrm{e}^{\mathrm{i}\alpha\ln x}}{x^2+1}\,\mathrm{d}x=\frac{\pi}{2\cosh(\pi\alpha/2)}.$$

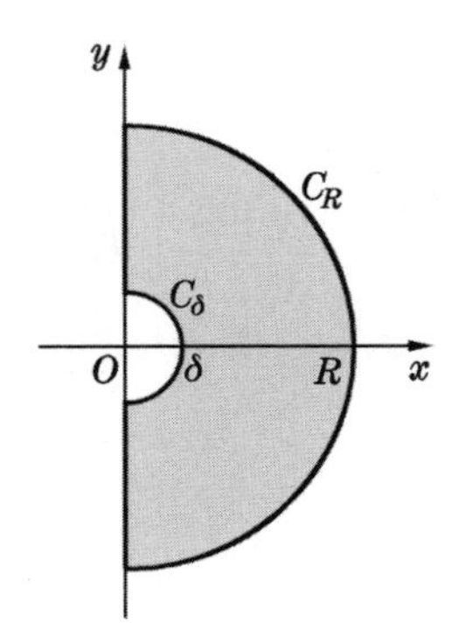

图 7.10　应用于例 7.11 的积分围道

分别比较实部和虚部，即得

$$\int_0^\infty \frac{\cos(\alpha\ln x)}{x^2+1}\,\mathrm{d}x = \frac{\pi}{2\cosh(\pi\alpha/2)}, \tag{7.19a}$$

$$\int_0^\infty \frac{\sin(\alpha\ln x)}{x^2+1}\,\mathrm{d}x = 0. \tag{7.19b}$$

☞ **讨论**

1. 如果作变换 $t=\ln x$，本题就可以化为例 6.12.
2. 由 (7.19a) 式亦可推出

$$\int_0^1 \frac{\cos(\alpha\ln x)}{x^2+1}\,\mathrm{d}x = \int_1^\infty \frac{\cos(\alpha\ln x)}{x^2+1}\,\mathrm{d}x = \frac{\pi}{4\cosh(\pi\alpha/2)}. \tag{7.19c}$$

例 7.12　计算积分 $\displaystyle\int_0^\infty \frac{\sin(\alpha\ln x)}{x^2-1}\,\mathrm{d}x$，其中 $\alpha>0$.

解　本题的计算方法与例 7.8 及例 7.11 相似. 但考虑到复变积分中的被积函数应取为 $f(z)=\mathrm{e}^{\mathrm{i}\alpha\ln z}/(z^2-1)$，相应地，积分围道亦应避开 $z=1$ 点 (该点现在是一阶极点)，如图 7.11 所示. 由留数定理，得

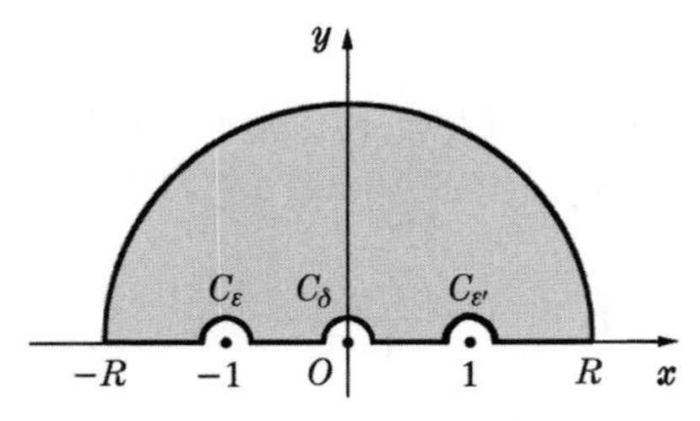

图 7.11　应用于例 7.12 的积分围道

$$\int_R^{1+\varepsilon}\frac{\mathrm{e}^{\mathrm{i}\alpha(\ln x+\mathrm{i}\pi)}}{x^2-1}(-\mathrm{d}x)+\int_{C_\varepsilon}\frac{\mathrm{e}^{\mathrm{i}\alpha\ln z}}{z^2-1}\mathrm{d}z+\int_{1-\varepsilon}^{\delta}\frac{\mathrm{e}^{\mathrm{i}\alpha(\ln x+\mathrm{i}\pi)}}{x^2-1}(-\mathrm{d}x)+\int_{C_\delta}\frac{\mathrm{e}^{\mathrm{i}\alpha\ln z}}{z^2-1}\mathrm{d}z$$
$$+\int_\delta^{1-\varepsilon'}\frac{\mathrm{e}^{\mathrm{i}\alpha\ln x}}{x^2-1}(-\mathrm{d}x)+\int_{C'_\varepsilon}\frac{\mathrm{e}^{\mathrm{i}\alpha\ln z}}{z^2-1}\mathrm{d}z+\int_{1+\varepsilon'}^{R}\frac{\mathrm{e}^{\mathrm{i}\alpha\ln x}}{x^2-1}\mathrm{d}x+\int_{C_R}\frac{\mathrm{e}^{\mathrm{i}\alpha\ln z}}{z^2-1}\mathrm{d}z=0.$$

取极限 $\varepsilon\to0,\ \varepsilon'\to0,\ \delta\to0,\ R\to\infty$，因为

$$\lim_{\varepsilon\to0}\int_{C_\varepsilon}\frac{\mathrm{e}^{\mathrm{i}\alpha\ln z}}{z^2-1}\mathrm{d}z=-\mathrm{i}\pi\cdot\left(-\frac{1}{2}\mathrm{e}^{-\pi\alpha}\right)=\frac{\mathrm{i}\pi}{2}\mathrm{e}^{-\pi\alpha},$$
$$\lim_{\varepsilon'\to0}\int_{C'_\varepsilon}\frac{\mathrm{e}^{\mathrm{i}\alpha\ln z}}{z^2-1}\mathrm{d}z=-\mathrm{i}\pi\cdot\frac{1}{2}=-\frac{\mathrm{i}\pi}{2},$$
$$\lim_{\delta\to0}\int_{C_\delta}\frac{\mathrm{e}^{\mathrm{i}\alpha\ln z}}{z^2-1}\mathrm{d}z=0,$$
$$\lim_{R\to\infty}\int_{C_R}\frac{\mathrm{e}^{\mathrm{i}\alpha\ln z}}{z^2-1}\mathrm{d}z=0,$$

由此可导出

$$(1+\mathrm{e}^{\pi\alpha})\int_0^\infty\frac{\mathrm{e}^{\mathrm{i}\alpha\ln x}}{x^2-1}\mathrm{d}x=\frac{\mathrm{i}\pi}{2}\left(1-\mathrm{e}^{-\pi\alpha}\right).$$

比较虚部，即得

$$\int_0^\infty\frac{\sin(\alpha\ln x)}{x^2-1}\mathrm{d}x=\frac{\pi}{2}\tanh\frac{\pi\alpha}{2}.\tag{7.20a}$$

☞ **讨论**

1. 作变换 $x=\mathrm{e}^t$，本题即可化为例 6.17.
2. 由本题还可导出

$$\int_0^1\frac{\sin(\alpha\ln x)}{x^2-1}\mathrm{d}x=\int_1^\infty\frac{\sin(\alpha\ln x)}{x^2-1}\mathrm{d}x=\frac{\pi}{4}\tanh\frac{\pi\alpha}{2}.\tag{7.20b}$$

例 7.13 计算积分 $\displaystyle\int_0^\pi\ln(1-2r\cos\theta+r^2)\,\mathrm{d}\theta$，其中 $r\neq\pm1$ 为实数.

解 本题的被积函数为 $\ln(1-2r\cos\theta+r^2)$，根据例 7.2 的启发，应当可以考虑半圆形围道，而被积函数中则应含有 $\ln\left[(1+r)^2z^2+(1-r)^2\right]$. 但这样出现一个新问题，即被积函数在上半平面并不解析：它在上、下半平面均有一个枝点①. 为了克服这一困难，正确的做法是沿半圆形围道 (见图 7.8) 计算围道积分

$$\oint_C\ln\frac{(1-r)-\mathrm{i}(1+r)z}{1-\mathrm{i}z}\frac{\mathrm{d}z}{1+z^2}.$$

① 除了这两个枝点外，∞ 点也是枝点.

在 $r^2<1$ 的条件下，被积函数的枝点全都位于负虚轴上．而且，如果规定

$$\left\{\ln\frac{(1-r)-\mathrm{i}(1+r)z}{1-\mathrm{i}z}\right\}_{z=0}=\ln(1-r),\quad 即\quad \left\{\ln\frac{(1-r)-\mathrm{i}(1+r)z}{1-\mathrm{i}z}\right\}_{z=\mathrm{i}}=0,$$

则 $z=\mathrm{i}$ 是被积函数的可去奇点，因此

$$\oint_C\ln\frac{(1-r)-\mathrm{i}(1+r)z}{1-\mathrm{i}z}\,\frac{\mathrm{d}z}{1+z^2}=0,\qquad r^2<1.$$

因为

$$\lim_{R\to\infty}\int_{C_R}\ln\frac{(1-r)-\mathrm{i}(1+r)}{1-\mathrm{i}z}\,\frac{\mathrm{d}z}{1+z^2}=0,$$

所以，在取极限 $R\to\infty$ 后，就得到

$$\int_{-\infty}^{\infty}\ln\frac{(1-r)-\mathrm{i}(1+r)x}{1-\mathrm{i}x}\,\frac{\mathrm{d}x}{1+x^2}=\int_0^{\infty}\ln\frac{(1-r)^2+(1+r)^2x^2}{1+x^2}\,\frac{\mathrm{d}x}{1+x^2}=0.$$

再作变换 $x=\tan\theta$，就得到

$$\int_0^{\pi/2}\ln(1-2r\cos2\theta+r^2)\,\mathrm{d}\theta=0,\qquad r^2<1,$$

亦即

$$\int_0^{\pi}\ln(1-2r\cos\theta+r^2)\,\mathrm{d}\theta=0,\qquad r^2<1.\tag{7.21a}$$

当 $r^2>1$ 时，则应计算围道积分 $\displaystyle\oint_C\ln\frac{(|r|-1)-\mathrm{i}((|r|+1)z}{1-\mathrm{i}z}\,\frac{\mathrm{d}z}{1+z^2}$. 因为这时

$$\operatorname{res}\left\{\ln\frac{(|r|-1)-\mathrm{i}(|r|+1)z}{1-\mathrm{i}z}\,\frac{1}{1+z^2}\right\}_{z=\mathrm{i}}=\ln\frac{(|r|-1)-\mathrm{i}(|r|+1)z}{1-\mathrm{i}z}\,\frac{1}{2z}\bigg|_{z=\mathrm{i}}=\frac{1}{2\mathrm{i}}\ln|r|,$$

所以最后就得到

$$\int_0^{\pi}\ln(1-2r\cos\theta+r^2)\,\mathrm{d}\theta=2\pi\ln|r|,\qquad r^2>1.\tag{7.21b}$$

☞ **讨论**

1. 本题还有另一种做法，即计算沿单位圆的围道积分

$$\oint_{|z|=1}\ln(1-rz)\,\frac{\mathrm{d}z}{z}\qquad 或\qquad \oint_{|z|=1}\ln(|r|-z)\,\frac{\mathrm{d}z}{z},$$

前者适用于 $r^2<1$，后者适用于 $r^2>1$.

2. 将积分围道稍作变化，计算复变积分

$$\oint_C\ln\frac{(1-r)-\mathrm{i}(1+r)z}{1-\mathrm{i}z}\,\frac{\mathrm{d}z}{(1+z^2)^2},$$

则可导出

$$\text{v.p.}\int_0^{\pi}\frac{\ln(1-2r\cos\theta+r^2)}{\cos\theta}\,\mathrm{d}\theta=-2\pi\arctan r,\qquad r^2<1.\tag{7.22}$$

例 7.14 计算积分 $\int_0^{\pi}\ln(1-2r\cos\theta+r^2)\cos n\theta\,\mathrm{d}\theta$，其中 $r\neq\pm1$ 为实数.

解 采用单位圆作围道来计算此积分. 当 $r^2<1$ 时，有

$$\oint_{|z|=1}\ln(1-rz)\frac{\mathrm{d}z}{z^{n+1}}=-\sum_{k=1}^{\infty}\frac{1}{k}r^k\oint_{|z|=1}\frac{\mathrm{d}z}{z^{n-k+1}}=-\frac{2\pi\mathrm{i}}{n}r^n,$$

$$\oint_{|z|=1}\ln(1-rz)\,z^{n-1}\,\mathrm{d}z=0\qquad(\text{因为积分围道内无奇点}).$$

另一方面，又有

$$\begin{aligned}\oint_{|z|=1}\ln(1-rz)\frac{z^n+z^{-n}}{z}\,\mathrm{d}z&=\int_{-\pi}^{\pi}\ln\left(1-r\mathrm{e}^{\mathrm{i}\theta}\right)\left(\mathrm{e}^{\mathrm{i}n\theta}+\mathrm{e}^{-\mathrm{i}n\theta}\right)\mathrm{i}\mathrm{d}\theta\\&=\int_0^{\pi}\left[\ln\left(1-r\mathrm{e}^{\mathrm{i}\theta}\right)+\ln\left(1-r\mathrm{e}^{-\mathrm{i}\theta}\right)\right]\left(\mathrm{e}^{\mathrm{i}n\theta}+\mathrm{e}^{-\mathrm{i}n\theta}\right)\mathrm{i}\mathrm{d}\theta\\&=2\mathrm{i}\int_0^{\pi}\ln(1-2r\cos\theta+r^2)\cos n\theta\,\mathrm{d}\theta.\end{aligned}$$

所以就求得

$$\int_0^{\pi}\ln(1-2r\cos\theta+r^2)\cos n\theta\,\mathrm{d}\theta=-\frac{\pi}{n}r^n,\qquad r^2<1.\tag{7.23a}$$

当 $r^2>1$ 时，则可考虑围道积分

$$\oint_{|z|=1}\ln(r-z)\frac{\mathrm{d}z}{z^{n+1}}\qquad\text{或}\qquad\oint_{|z|=1}\ln(r-z)\,z^{n-1}\,\mathrm{d}z,$$

从而即可计算出

$$\int_0^{\pi}\ln(1-2r\cos\theta+r^2)\cos n\theta\,\mathrm{d}\theta=-\frac{\pi}{n}r^{-n},\qquad r^2>1.\tag{7.23b}$$

☞ **讨论**

1. 如果采用图 7.12 中的围道，计算围道积分 $\oint_C\frac{\ln(1-rz)}{z^2+1}\mathrm{d}z$，则也能得到上一例题中的 (7.22) 式.

2. 本例题和例 7.13 结合起来，就是函数 $\ln(1-2r\cos\theta+r^2)$ 的 Fourier 展开问题，甚至也可以归结为函数 $\ln(1+z)$ 或 $\ln(1+1/z)$ 的 Taylor 展开问题.

对于 $\ln(1+z)$，枝点为 $z=1$ 与 $z=\infty$. 沿负实轴作割线，并规定 $\ln(1+z)\big|_{z=0}=0$，则可将 $\ln(1+z)$ 在单位圆内作 Taylor 展开：

$$\ln(1+z)=\sum_{n=1}^{\infty}\frac{(-1)^{n-1}}{n}z^n.$$

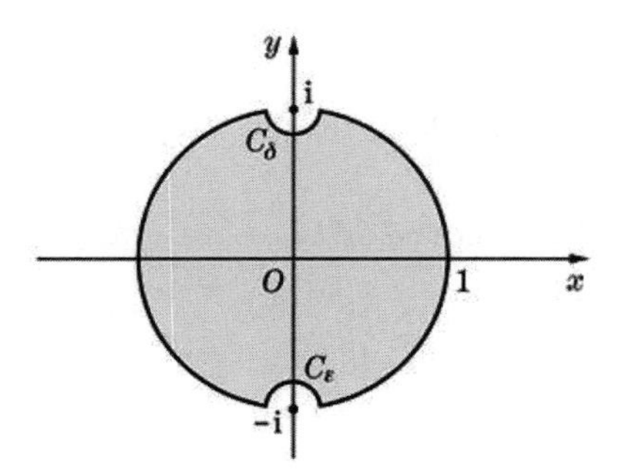

图 7.12　绕过奇点的单位圆

代入 $z = r\mathrm{e}^{\mathrm{i}\theta}$，并分别比较实部与虚部，即得

$$\frac{1}{2}\ln(1+2r\cos\theta+r^2) = \sum_{n=1}^{\infty}\frac{(-1)^{n-1}}{n}r^n\cos n\theta, \tag{7.24a}$$

$$\arctan\frac{r\sin\theta}{1+r\cos\theta} = \sum_{n=1}^{\infty}\frac{(-1)^{n-1}}{n}r^n\sin n\theta. \tag{7.24b}$$

将 (7.24a) 式看成函数 $\ln(1+2r\cos\theta+r^2)$ 所作的 Fourier 展开，因此，根据 Fourier 展开的系数公式，就有

$$\int_0^{\pi}\ln(1+2r\cos\theta+r^2)\mathrm{d}\theta = 0, \qquad 0\leqslant r<1, \tag{7.25a}$$

$$\int_0^{\pi}\ln(1+2r\cos\theta+r^2)\cos n\theta\mathrm{d}\theta = \frac{(-1)^{n-1}}{n}\pi r^n, \qquad 0\leqslant r<1. \tag{7.25b}$$

作变换 $\theta\to\pi-\theta$，就能得到 (7.21a) 与 (7.23a) 两式.

与此同时，还可由 (7.24b) 式导出

$$\int_0^{\pi}\arctan\frac{r\sin\theta}{1+r\cos\theta}\sin n\theta\,\mathrm{d}\theta = \frac{(-1)^{n-1}}{2n}\pi r^n, \qquad 0\leqslant r<1, \tag{7.26a}$$

或者记为

$$\int_0^{\pi}\arctan\frac{r\sin\theta}{1-r\cos\theta}\sin n\theta\,\mathrm{d}\theta = \frac{1}{2n}\pi r^n, \qquad 0\leqslant r<1. \tag{7.26b}$$

同理，将 $\ln(1+1/z)$ 在无穷远点作 Taylor 展开，也能得到

$$\frac{1}{2}\ln(1+2r\cos\theta+r^2)-\ln r = \sum_{n=1}^{\infty}\frac{(-1)^{n-1}}{n}r^{-n}\cos n\theta, \quad r>1, \tag{7.27a}$$

$$\arctan\frac{r\sin\theta}{1+r\cos\theta}-\theta = \sum_{n=1}^{\infty}\frac{(-1)^{n}}{n}r^{-n}\sin n\theta, \qquad r>1. \tag{7.27b}$$

由此亦可导出

$$\int_0^{\pi} \ln(1+2r\cos\theta+r^2)\,\mathrm{d}\theta = 2\pi\ln r, \qquad r>1, \tag{7.28a}$$

$$\int_0^{\pi} \ln(1+2r\cos\theta+r^2)\cos n\theta\,\mathrm{d}\theta = \frac{(-1)^{n-1}}{n}\pi r^{-n}, \qquad r>1 \tag{7.28b}$$

以及

$$\int_0^{\pi} \arctan\frac{r\sin\theta}{1+r\cos\theta}\,\sin n\theta\,\mathrm{d}\theta = \frac{(-1)^n}{2n}\pi\big(r^{-n}-2\big), \qquad r>1, \tag{7.29a}$$

$$\int_0^{\pi} \arctan\frac{r\sin\theta}{1-r\cos\theta}\,\sin n\theta\,\mathrm{d}\theta = -\frac{1}{2n}\pi\big(r^{-n}-2\big), \qquad r>1. \tag{7.29b}$$

也能将 (7.28a) 和 (7.28b) 两式化为 (7.21a) 和 (7.23a) 两式.

3. 由 (7.24b) 式还能推出

$$\begin{aligned}\int_0^{\pi} \arctan\frac{r\sin\theta}{1+r\cos\theta}\frac{\mathrm{d}\theta}{\sin\theta} &= \sum_{n=1}^{\infty}\frac{(-1)^{n-1}}{n}r^n\int_0^{\pi}\frac{\sin n\theta}{\sin\theta}\mathrm{d}\theta \\ &= \sum_{n=0}^{\infty}\frac{\pi}{2n+1}r^{2n+1} = \frac{\pi}{2}\ln\frac{1+r}{1-r}, \qquad 0\leqslant r<1,\end{aligned} \tag{7.30}$$

$$\begin{aligned}\int_0^{\pi} \arctan\frac{r\sin\theta}{1+r\cos\theta}\frac{\mathrm{d}\theta}{\tan\theta} &= \sum_{n=1}^{\infty}\frac{(-1)^{n-1}}{n}r^n\int_0^{\pi}\frac{\sin n\theta\cos\theta}{\sin\theta}\mathrm{d}\theta \\ &= \sum_{n=1}^{\infty}\frac{(-1)^{n-1}}{n}r^n\frac{1}{2}\int_0^{\pi}\frac{\sin(n+1)\theta+\sin(n-1)\theta}{\sin\theta}\mathrm{d}\theta \\ &= -\sum_{n=0}^{\infty}\frac{\pi}{2n}r^{2n} = -\frac{\pi}{2}\ln\frac{1}{1-r^2}, \qquad 0\leqslant r<1.\end{aligned} \tag{7.31}$$

计算中用到了第十章中的结果, 即 (10.49a) 与 (10.49b) 两式.

§7.3 含 $\ln\tan\theta$ 的积分

例 7.15 计算积分 $\displaystyle\int_0^{\pi/2}\frac{1-r\cos 2\theta}{1-2r\cos 2\theta+r^2}\ln\tan\theta\,\mathrm{d}\theta$，其中 $r\neq\pm1$ 为实数.

解 本题的计算仍可从例 7.2 得到启发. 取被积函数为

$$f(z) = \frac{(1+r)z^2+(1-r)}{(1+r)^2z^2+(1-r)^2}\frac{\ln z}{1+z^2},$$

积分围道仍如图 7.3 所示，则有

$$\int_R^{\delta}\frac{(1+r)x^2+(1-r)}{(1+r)^2x^2+(1-r)^2}\frac{\ln x+\mathrm{i}\pi}{1+x^2}(-\mathrm{d}x)+\int_{C_\delta}\frac{(1+r)z^2+(1-r)}{(1+r)^2z^2+(1-r)^2}\frac{\ln z}{1+z^2}\mathrm{d}z$$
$$+\int_{\delta}^{R}\frac{(1+r)x^2+(1-r)}{(1+r)^2x^2+(1-r)^2}\frac{\ln x}{1+x^2}\mathrm{d}x+\int_{C_R}\frac{(1+r)z^2+(1-r)}{(1+r)^2z^2+(1-r)^2}\frac{\ln z}{1+z^2}\mathrm{d}z$$
$$=2\pi\mathrm{i}\sum_{\text{上半平面}}\mathrm{res}\left\{\frac{(1+r)z^2+(1-r)}{(1+r)^2z^2+(1-r)^2}\frac{\ln z}{1+z^2}\right\}.$$

当 $\delta\to 0$, $R\to\infty$ 时，因为

$$\lim_{\delta\to 0}\int_{C_\delta}\frac{(1+r)z^2+(1-r)}{(1+r)^2z^2+(1-r)^2}\frac{\ln z}{1+z^2}\mathrm{d}z=0,$$
$$\lim_{R\to\infty}\int_{C_R}\frac{(1+r)z^2+(1-r)}{(1+r)^2z^2+(1-r)^2}\frac{\ln z}{1+z^2}\mathrm{d}z=0,$$

所以有

$$\int_0^{\infty}\frac{(1+r)x^2+(1-r)}{(1+r)^2x^2+(1-r)^2}\frac{2\ln x+\mathrm{i}\pi}{1+x^2}\mathrm{d}x=2\pi\mathrm{i}\sum_{\text{上半平面}}\mathrm{res}\left\{\frac{(1+r)z^2+(1-r)}{(1+r)^2z^2+(1-r)^2}\frac{\ln z}{1+z^2}\right\}.$$

下面求出相关奇点处的留数：

$$\mathrm{res}\left\{\frac{(1+r)z^2+(1-r)}{(1+r)^2z^2+(1-r)^2}\frac{\ln z}{1+z^2}\right\}_{z=\mathrm{e}^{\mathrm{i}\pi/2}}=\frac{\pi}{8},$$
$$\mathrm{res}\left\{\frac{(1+r)z^2+(1-r)}{(1+r)^2z^2+(1-r)^2}\frac{\ln z}{1+z^2}\right\}_{z=\mathrm{e}^{\mathrm{i}\pi/2}(1-r)/(1+r)}=\frac{\pi}{8}+\frac{1}{4\mathrm{i}}\ln\frac{1-r}{1+r},$$
$$\mathrm{res}\left\{\frac{(1+r)z^2+(1-r)}{(1+r)^2z^2+(1-r)^2}\frac{\ln z}{1+z^2}\right\}_{z=\mathrm{e}^{\mathrm{i}\pi/2}(r-1)/(r+1)}=-\frac{\pi}{8}-\frac{1}{4\mathrm{i}}\ln\frac{r-1}{r+1}.$$

当 $r^2<1$，即 $-1<r<1$ 时，处于上半平面的奇点是 $\mathrm{e}^{\mathrm{i}\pi/2}(1-r)/(1+r)$ 和 $z=\mathrm{e}^{\mathrm{i}\pi/2}$，所以有

$$\sum_{\text{上半平面}}\mathrm{res}\left\{\frac{(1+r)z^2+(1-r)}{(1+r)^2z^2+(1-r)^2}\frac{\ln z}{1+z^2}\right\}=\frac{\pi}{4}+\frac{1}{4\mathrm{i}}\ln\frac{1-r}{1+r}.$$

分别比较实部和虚部，即得

$$\int_0^{\infty}\frac{(1+r)x^2+(1-r)}{(1+r)^2x^2+(1-r)^2}\frac{\ln x}{1+x^2}\mathrm{d}x=\frac{\pi}{4}\ln\frac{1-r}{1+r},\tag{7.32a}$$
$$\int_0^{\infty}\frac{(1+r)x^2+(1-r)}{(1+r)^2x^2+(1-r)^2}\frac{1}{1+x^2}\mathrm{d}x=\frac{\pi}{2}.\tag{7.33a}$$

当 $r^2>1$，即 $r<-1$ 或 $r>1$) 时，处于上半平面的奇点是 $\mathrm{e}^{\mathrm{i}\pi/2}(r-1)/(r+1)$ 和 $z=\mathrm{e}^{\mathrm{i}\pi/2}$，也有

$$\sum_{\text{上半平面}}\mathrm{res}\left\{\frac{(1+r)z^2+(1-r)}{(1+r)^2z^2+(1-r)^2}\frac{\ln z}{1+z^2}\right\}=\frac{\mathrm{i}}{4}\ln\frac{r-1}{r+1}.$$

分别比较实部和虚部，又得到

$$\int_0^\infty \frac{(1+r)x^2+(1-r)}{(1+r)^2x^2+(1-r)^2}\frac{\ln x}{1+x^2}\mathrm{d}x = -\frac{\pi}{4}\ln\frac{r-1}{r+1}, \tag{7.32b}$$

$$\int_0^\infty \frac{(1+r)x^2+(1-r)}{(1+r)^2x^2+(1-r)^2}\frac{1}{1+x^2}\mathrm{d}x = 0. \tag{7.33b}$$

进一步作变换 $x=\tan\theta$，上述结果就可改写为

$$\int_0^{\pi/2}\frac{1-r\cos 2\theta}{1-2r\cos 2\theta+r^2}\ln\tan\theta\,\mathrm{d}\theta = \begin{cases}\dfrac{\pi}{4}\ln\dfrac{1-r}{1+r}, & r^2<1,\\ -\dfrac{\pi}{4}\ln\dfrac{r-1}{r+1}, & r^2>1\end{cases} \tag{7.34}$$

以及

$$\int_0^{\pi/2}\frac{1-r\cos 2\theta}{1-2r\cos 2\theta+r^2}\,\mathrm{d}\theta = \begin{cases}\dfrac{\pi}{2}, & r^2<1,\\ 0, & r^2>1.\end{cases} \tag{7.35}$$

例 7.16　指定被积函数为 $f(z)=\dfrac{2zr}{z^2(1+r)^2+(1-r)^2}\dfrac{\ln(1-\mathrm{i}z)}{1+z^2}$，选择适当的积分围道，计算积分 $\displaystyle\int_0^{\pi/2}\frac{r\sin 2\theta}{1-2r\cos 2\theta+r^2}\,\theta\,\mathrm{d}\theta$，其中 r 为实数，且 $r\neq\pm 1$.

解　本题尽管不含有 $\ln\tan\theta$ 等函数，但与例 7.15 有类似之处，所以也收录在此. 与例 7.15 略有不同的是，$z=0$ 不是被积函数的奇点，故只需要取图 7.8 中的半圆形积分围道，计算复变积分

$$\oint_C f(z)\mathrm{d}z = \oint_C \frac{2zr}{z^2(1+r)^2+(1-r)^2}\frac{\ln(1-\mathrm{i}z)}{1+z^2}\mathrm{d}z$$

即可. 这里规定当 z 取实数值 x 时，

$$\ln(1-\mathrm{i}x) = \ln\sqrt{1+x^2} - \mathrm{i}\arctan x.$$

考虑到在积分围道内有奇点 $z=\mathrm{i}$ 及

$$z = \begin{cases}\mathrm{i}\,\dfrac{1-r}{1+r}, & r^2<1,\\ -\mathrm{i}\,\dfrac{1-r}{1+r}, & r^2>1,\end{cases}$$

于是，当 $r^2<1$ 时，按照留数定理，有

$$
\begin{aligned}
&\oint_C \frac{2zr}{z^2(1+r)^2+(1-r)^2}\frac{\ln(1-\mathrm{i}z)}{1+z^2}\mathrm{d}z \\
&\quad = \int_{-R}^{R} \frac{2zr}{z^2(1+r)^2+(1-r)^2}\frac{\ln(1-\mathrm{i}z)}{1+z^2}\,\mathrm{d}z + \int_{C_R} \frac{2zr}{z^2(1+r)^2+(1-r)^2}\frac{\ln(1-\mathrm{i}z)}{1+z^2}\,\mathrm{d}z \\
&\quad = 2\pi\mathrm{i}\left[\operatorname{res}f(\mathrm{i}) + \operatorname{res}f\left(\mathrm{i}\,\frac{1-r}{1+r}\right)\right],
\end{aligned}
$$

其中

$$
\begin{aligned}
\operatorname{res}f(\mathrm{i}) &= \left.\frac{2zr}{z^2(1+r)^2+(1-r)^2}\frac{\ln(1-\mathrm{i}z)}{2z}\right|_{z=\mathrm{i}} = -\frac{1}{4}\ln 2, \\
\operatorname{res}f\left(\mathrm{i}\,\frac{1-r}{1+r}\right) &= \left.\frac{r}{(1+r)^2}\frac{\ln(1-\mathrm{i}z)}{1+z^2}\right|_{z=\mathrm{i}(1-r)/(1+r)} = \frac{1}{4}\left[\ln 2 - \ln(1+r)\right].
\end{aligned}
$$

考虑到

$$
\lim_{R\to\infty}\int_{C_R} \frac{2zr}{z^2(1+r)^2+(1-r)^2}\frac{\ln(1-\mathrm{i}z)}{1+z^2}\mathrm{d}z = 0,
$$

将上面的围道积分取极限 $R\to\infty$，得

$$
\begin{aligned}
&\int_{-\infty}^{\infty} \frac{2xr}{x^2(1+r)^2+(1-r)^2}\frac{\ln(1-\mathrm{i}x)}{1+x^2}\mathrm{d}x \\
&\quad = \int_{-\infty}^{\infty} \frac{2xr}{x^2(1+r)^2+(1-r)^2}\frac{\ln\sqrt{1+x^2}-\mathrm{i}\arctan x}{1+x^2}\mathrm{d}x \\
&\quad = -2\mathrm{i}\int_0^{\infty} \frac{2xr}{x^2(1+r)^2+(1-r)^2}\frac{\arctan x}{1+x^2}\mathrm{d}x \quad \text{(根据被积函数的奇偶性)} \\
&\quad = -2\mathrm{i}\int_0^{\pi/2} \frac{2r\tan\theta}{(1+r)^2\tan^2\theta+(1-r)^2}\,\theta\,\mathrm{d}\theta \qquad (\text{令 } x=\tan\theta) \\
&\quad = -2\mathrm{i}\int_0^{\pi/2} \frac{r\sin 2\theta}{1-2r\cos 2\theta+r^2}\,\theta\,\mathrm{d}\theta \\
&\quad = 2\pi\mathrm{i}\left\{-\frac{1}{4}\ln 2 + \frac{1}{4}\left[\ln 2 - \ln(1+r)\right]\right\}.
\end{aligned}
$$

所以就能得到

$$
\int_0^{\pi/2} \frac{r\sin 2\theta}{1-2r\cos 2\theta+r^2}\,\theta\,\mathrm{d}\theta = \frac{\pi}{4}\ln(1+r), \qquad r^2<1. \tag{7.36a}
$$

当 $r^2>1$ 时，$\operatorname{res}f(\mathrm{i})$ 的计算结果同前，而

$$
\operatorname{res}f\left(-\mathrm{i}\,\frac{1-r}{1+r}\right) = \frac{1}{4}\ln\left(1-\frac{1-r}{1+r}\right) = \frac{1}{4}\left[\ln 2 - \ln\left(1+\frac{1}{r}\right)\right],
$$

又可得到

$$
\int_0^{\pi/2} \frac{r\sin 2\theta}{1-2r\cos 2\theta+r^2}\,\theta\,\mathrm{d}\theta = \frac{\pi}{4}\ln\left(1+\frac{1}{r}\right), \qquad r^2>1. \tag{7.36b}
$$

例 7.17 计算积分 $\displaystyle\int_0^{\pi/2}\cos[2(2n+1)\theta]\,\ln\tan\theta\,\mathrm{d}\theta,\ n=0,1,2,\cdots.$

解 可考虑复变积分 $\displaystyle\oint_C z^{2n}\ln\frac{1-z}{1+z}\mathrm{d}z$，而积分围道 C 如图 7.13(a) 所示. 按照应用留数定理计算定积分的标准做法，就能计算出所求的积分. 值得注意的是，由于 $z=\pm1$ 都是被积函数的枝点，故需要沿实轴作割线，并规定在割线上岸，

$$\arg(1-z)=-\pi,\qquad \arg(1+z)=0.$$

在这样的单值分支规定下，则对于单位圆上的变点 z，恒有

$$\arg\left\{\ln\frac{1-z}{1+z}\right\}=\begin{cases}-\dfrac{\pi}{2}, & \text{上半圆周},\\ \dfrac{\pi}{2}, & \text{下半圆周}.\end{cases}$$

所以，如果将单位圆上的变点写成 $z=\mathrm{e}^{\pm\mathrm{i}\theta}$, $0<\theta<\pi$，则

$$\ln\frac{1-z}{1+z}\bigg|_{z=\mathrm{e}^{\mathrm{i}\theta}}=\ln\tan\frac{\theta}{2}\mp\frac{\mathrm{i}\pi}{2}.$$

以下计算从略，请读者补足.

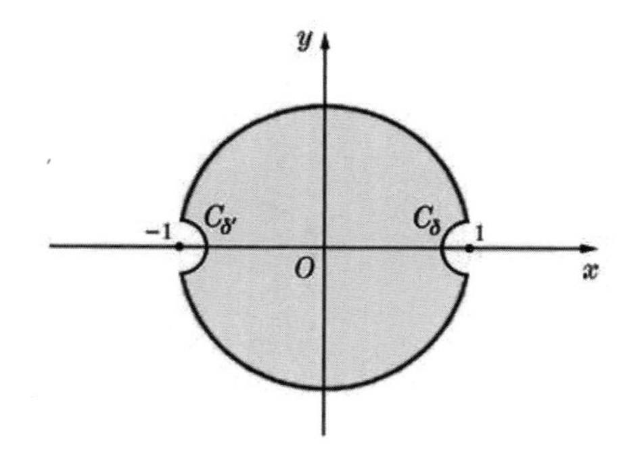

(a) 绕过枝点 $z=\pm1$ 的圆形围道

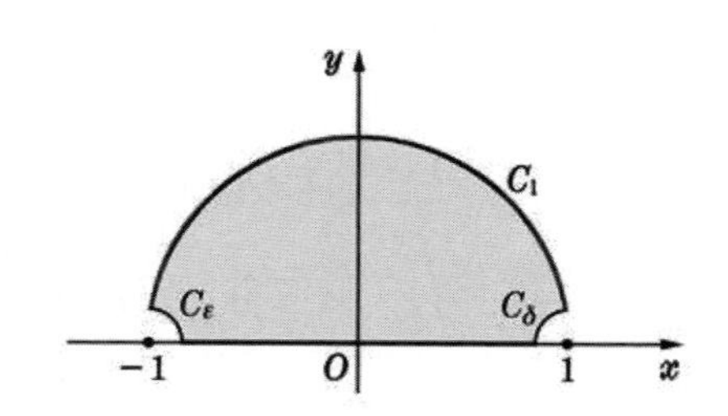

(b) 绕过枝点 $z=\pm1$ 的半圆形围道

图 7.13 应用于例 7.17 的两种积分围道

现在采用图 7.13(b) 中的半圆形围道. 因为被积函数

$$z^{2n}\ln\frac{1-z}{1+z}=-\sum_{k=0}^{\infty}\frac{2}{2k+1}z^{2n+2k+1},\qquad |z|<1$$

为奇函数，所以沿实轴的两段积分互相抵消. 再由于

$$\lim_{\varepsilon\to0}\int_{C_\varepsilon}z^{2n}\ln\frac{1-z}{1+z}\mathrm{d}z=0,\qquad \lim_{\delta\to0}\int_{C_\delta}z^{2n}\ln\frac{1-z}{1+z}\mathrm{d}z=0,$$

因此，取极限 $\delta\to 0,\ \varepsilon\to 0$，就有

$$\int_0^{\pi} \mathrm{e}^{\mathrm{i}2n\theta}\Big(\ln\tan\frac{\theta}{2}-\frac{\mathrm{i}\pi}{2}\Big)\,\mathrm{i}\mathrm{e}^{\mathrm{i}\theta}\,\mathrm{d}\theta=0.$$

分别比较实部与虚部，即得

$$\int_0^{\pi}\cos(2n+1)\theta\,\ln\tan\frac{\theta}{2}\,\mathrm{d}\theta=-\frac{\pi}{2}\int_0^{\pi}\sin(2n+1)\theta\mathrm{d}\theta=-\frac{\pi}{2n+1},\tag{7.37}$$

$$\int_0^{\pi}\sin(2n+1)\theta\,\ln\tan\frac{\theta}{2}\,\mathrm{d}\theta=\frac{\pi}{2}\int_0^{\pi}\cos(2n+1)\theta\mathrm{d}\theta=0,\tag{7.38}$$

或者写为

$$\int_0^{\pi/2}\cos[2(2n+1)\theta]\,\ln\tan\theta\,\mathrm{d}\theta=-\frac{\pi}{2(2n+1)},\tag{7.37$'$}$$

$$\int_0^{\pi/2}\sin[2(2n+1)\theta]\,\ln\tan\theta\,\mathrm{d}\theta=0.\tag{7.38$'$}$$

☞ **讨论**

1. 计算围道积分 $\oint_C z^{2n-1}\ln\dfrac{1-z}{1+z}\,\mathrm{d}z$，可以导出

$$\int_0^{\pi}\mathrm{e}^{\mathrm{i}2n\theta}\Big(\ln\tan\frac{\theta}{2}-\frac{\mathrm{i}\pi}{2}\Big)\,\mathrm{i}\,\mathrm{d}\theta+\int_{-1}^{1}x^{2n-1}\ln\frac{1-x}{1+x}\,\mathrm{d}x=0.$$

因为

$$\begin{aligned}\int_{-1}^{1}x^{2n-1}\ln\frac{1-x}{1+x}\mathrm{d}x&=4\int_0^1\sum_{k=0}^{\infty}\frac{x^{2n+2k}}{2k+1}\mathrm{d}x=4\sum_{k=0}^{\infty}\frac{1}{2k+1}\,\frac{1}{2k+2n+1}\\&=\frac{1}{n}\sum_{k=0}^{\infty}\Big(\frac{1}{k+1/2}-\frac{1}{k+n+1/2}\Big)=\frac{1}{n}\Big[\psi\Big(n+\frac{1}{2}\Big)-\psi\Big(\frac{1}{2}\Big)\Big],\end{aligned}$$

所以，分别比较实部与虚部，即可得到

$$\begin{aligned}\int_0^{\pi}\sin 2n\theta\,\ln\tan\frac{\theta}{2}\,\mathrm{d}\theta&=\frac{\pi}{2}\int_0^{\pi}\cos 2n\theta\mathrm{d}\theta-\int_{-1}^{1}x^{2n-1}\ln\frac{1-x}{1+x}\mathrm{d}x\\&=-\frac{1}{n}\Big[\psi\Big(n+\frac{1}{2}\Big)-\psi\Big(\frac{1}{2}\Big)\Big],\end{aligned}\tag{7.39}$$

$$\int_0^{\pi}\cos 2n\theta\,\ln\tan\frac{\theta}{2}\,\mathrm{d}\theta=-\frac{\pi}{2}\int_0^{\pi}\sin 2n\theta\mathrm{d}\theta=0.\tag{7.40}$$

当然也能直接证明 (7.40) 式，例如:

$$\begin{aligned}\int_0^{\pi}\cos 2n\theta\,\ln\tan\frac{\theta}{2}\,\mathrm{d}\theta&=\int_0^{\pi/2}\cos 2n\theta\,\ln\tan\frac{\theta}{2}\,\mathrm{d}\theta+\int_{\pi/2}^{\pi}\cos 2n\theta\,\ln\tan\frac{\theta}{2}\,\mathrm{d}\theta\\&=\int_0^{\pi/2}\cos 2n\theta\,\ln\tan\frac{\theta}{2}\,\mathrm{d}\theta+\int_0^{\pi/2}\cos 2n\theta\,\ln\cot\frac{\theta}{2}\,\mathrm{d}\theta=0.\end{aligned}$$

2. 在 (7.37) 式逐次代入 $n=0,1,2,\cdots$，即得

$$\int_0^{\pi}\cos\theta\,\ln\tan\frac{\theta}{2}\,\mathrm{d}\theta=-\pi, \tag{7.41a}$$

$$\int_0^{\pi}\cos 3\theta\,\ln\tan\frac{\theta}{2}\,\mathrm{d}\theta=-\frac{\pi}{3}, \tag{7.41b}$$

$$\int_0^{\pi}\cos 5\theta\,\ln\tan\frac{\theta}{2}\,\mathrm{d}\theta=-\frac{\pi}{5}, \tag{7.41c}$$

$$\cdots\cdots\cdots\cdots\cdots\cdots\cdots\cdots.$$

在 (7.39) 式代入 $n=1,2,3,\cdots$，也有

$$\int_0^{\pi}\sin 2\theta\,\ln\tan\frac{\theta}{2}\,\mathrm{d}\theta=-2, \tag{7.42a}$$

$$\int_0^{\pi}\sin 4\theta\,\ln\tan\frac{\theta}{2}\,\mathrm{d}\theta=-\frac{3}{4}, \tag{7.42b}$$

$$\int_0^{\pi}\sin 6\theta\,\ln\tan\frac{\theta}{2}\,\mathrm{d}\theta=-\frac{46}{45}, \tag{7.42c}$$

$$\cdots\cdots\cdots\cdots\cdots\cdots\cdots\cdots.$$

§7.4　含 $\ln\sin\theta$ 或 $\ln\cos\theta$ 的积分

例 7.18　计算积分 $\displaystyle\int_0^{\pi/2}\ln\sin\theta\,\mathrm{d}\theta$.

解　如果说 $\ln\sin(\theta/2)$ 可以来自函数 $\ln(1-z)$，自然 $\ln\sin\theta$ 就应当来自函数 $\ln(1-z^2)$. 若由 $z=\pm1$ 出发，分别沿正负实轴与 $z=\infty$ 相连而作割线，并规定 $\arg(1-z^2)\big|_{z=0}=0$，则对于上半圆周上的变点 $z=\mathrm{e}^{\mathrm{i}\theta}$，$0<\theta<\pi$，有

$$\ln(1-z^2)=\ln(2\sin\theta)+\mathrm{i}\big(\theta-\pi/2\big).$$

仍采用图 7.13(b) 中的围道，计算积分 $\displaystyle\oint_C\ln(1-z^2)\frac{\mathrm{d}z}{z}$，并令 $\delta\to0$, $\varepsilon\to0$，则得到

$$\int_{-1}^{1}\ln(1-x^2)\frac{\mathrm{d}x}{x}+\int_0^{\pi}\left[\ln(2\sin\theta)+\mathrm{i}\Big(\theta-\frac{\pi}{2}\Big)\right]\mathrm{i}\mathrm{d}\theta=0.$$

上式第一项为沿实轴的积分，因为被积函数为奇函数，故必为 0. 这样，比较虚部，就有

$$\int_0^{\pi}\ln(2\sin\theta)\,\mathrm{d}\theta=0. \tag{7.43a}$$

考虑到 $\sin(\pi-\theta)=\sin\theta$，所以进一步有

$$\int_0^{\pi/2}\ln(2\sin\theta)\,\mathrm{d}\theta=\frac{1}{2}\int_0^{\pi}\ln\left(2\sin\frac{\theta}{2}\right)\mathrm{d}\theta=0. \tag{7.43b}$$

另一方面，可将 (7.43a) 式改写为

$$\int_0^{\pi} \ln\sin\theta\,\mathrm{d}\theta = -\ln 2\int_0^{\pi}\mathrm{d}\theta = -\pi\ln 2,$$

由此即得

$$\int_0^{\pi/2} \ln\sin\theta\,\mathrm{d}\theta = -\frac{\pi}{2}\ln 2. \tag{7.44a}$$

☞ **讨论**　通过适当的自变量变换，也可将 (7.44a) 式化为

$$\int_0^{\pi/2} \ln\cos\theta\,\mathrm{d}\theta = -\frac{\pi}{2}\ln 2. \tag{7.44b}$$

如果采用图 7.14 中的积分围道，计算积分 $\oint_C \ln(1+z^2)\,\frac{\mathrm{d}z}{z}$，也能得到这个结果.

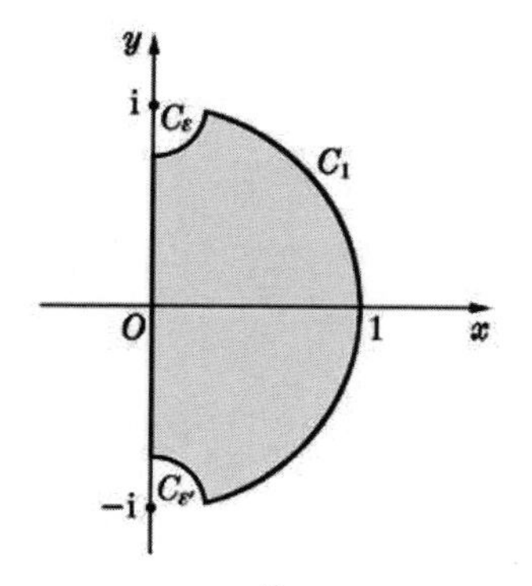

图 7.14　用于计算 $\int_0^{\pi/2}\ln\cos\theta\,\mathrm{d}\theta$ 的积分围道

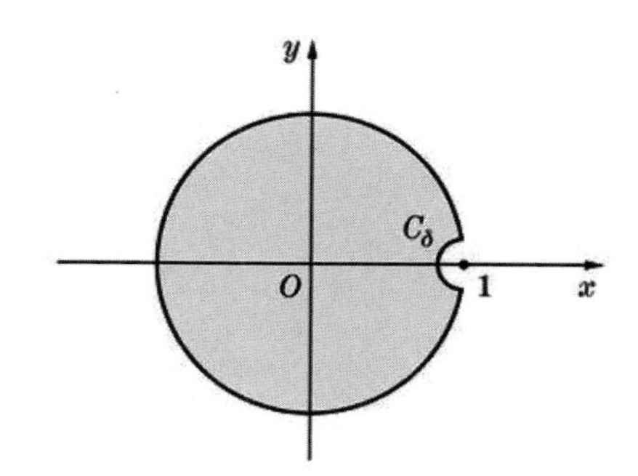

图 7.15　应用于例 7.19 的积分围道

例 7.19　计算积分 $\int_0^{\pi/2}\frac{\ln\sin\theta}{1-2r\cos 2\theta+r^2}\,\mathrm{d}\theta$，$r\neq 1$ 为实数.

解　考虑复变积分 $\oint_C \frac{\ln(1-z)}{(z-r)(1-rz)}\,\mathrm{d}z$，其中的积分围道 C 如图 7.15 所示. 规定 $\arg(1-z)\big|_{z=0}=0$，则对于圆周上的变点 $z=\mathrm{e}^{\mathrm{i}\theta}$，有

$$\ln(1-z)=\begin{cases}\ln\left(2\sin\dfrac{\theta}{2}\right)+\mathrm{i}\dfrac{\theta-\pi}{2}, & 0<\theta<\pi,\\[2mm] \ln\left|2\sin\dfrac{\theta}{2}\right|+\mathrm{i}\dfrac{\theta+\pi}{2}, & -\pi<\theta<0.\end{cases}$$

当 $r^2>1$ 时，围道内有唯一奇点 $z=1/r$，所以

$$\oint_C \frac{\ln(1-z)}{(z-r)(1-rz)}\,\mathrm{d}z = 2\pi\mathrm{i}\cdot\frac{\ln(1-1/r)}{r^2-1}.$$

因为

$$\lim_{\delta\to 0}\int_{C_\delta}\frac{\ln(1-z)}{(z-r)(1-rz)}\mathrm{d}z=0,$$

所以在取极限 $\delta\to 0$ 后，就得到

$$\int_{-\pi}^{0}\frac{\ln|2\sin(\theta/2)|+\mathrm{i}(\theta+\pi)/2}{1-2r\cos\theta+r^2}\mathrm{d}\theta+\int_0^{\pi}\frac{\ln[2\sin(\theta/2)]+\mathrm{i}(\theta-\pi)/2}{1-2r\cos\theta+r^2}\mathrm{d}\theta$$
$$=\frac{2\pi}{r^2-1}\ln\Big(1-\frac{1}{r}\Big).$$

略加化简，即得

$$\int_0^{\pi}\frac{\ln[2\sin(\theta/2)]\,\mathrm{d}\theta}{1-2r\cos\theta+r^2}=\frac{\pi}{r^2-1}\ln\Big(1-\frac{1}{r}\Big),$$

亦即

$$\int_0^{\pi/2}\frac{\ln(2\sin\theta)\,\mathrm{d}\theta}{1-2r\cos 2\theta+r^2}=\frac{\pi}{2(r^2-1)}\ln\Big(1-\frac{1}{r}\Big).$$

又根据 (6.8) 式 (取 $n=0$)，有

$$\int_0^{\pi/2}\frac{\mathrm{d}\theta}{1-2r\cos 2\theta+r^2}=\frac{\pi}{2}\frac{1}{r^2-1},$$

所以最后就得到

$$\int_0^{\pi/2}\frac{\ln\sin\theta\,\mathrm{d}\theta}{1-2r\cos 2\theta+r^2}=\frac{\pi}{2(r^2-1)}\ln\frac{r-1}{2r},\qquad r^2>1. \tag{7.45a}$$

当 $r^2<1$ 时，围道内的奇点变为 $z=r$. 经过类似的计算，同样可以求得

$$\int_0^{\pi/2}\frac{\ln\sin\theta\,\mathrm{d}\theta}{1-2r\cos 2\theta+r^2}=\frac{\pi}{2(1-r^2)}\ln\frac{1-r}{2},\qquad r^2<1. \tag{7.45b}$$

☞ **讨论** 将上面的结果作适当的自变量代换，或是直接采用如图 7.16 所示的围道，计算复变积分 $\displaystyle\oint_C\frac{\ln(1+z)}{(z-r)(1-rz)}\mathrm{d}z$，同样能够得到

$$\int_0^{\pi/2}\frac{\ln\cos\theta\,\mathrm{d}\theta}{1-2r\cos 2\theta+r^2}=\begin{cases}\dfrac{\pi}{2(r^2-1)}\ln\dfrac{r+1}{2r}, & r^2>1,\\[2ex] \dfrac{\pi}{2(1-r^2)}\ln\dfrac{1+r}{2}, & r^2<1.\end{cases} \tag{7.46}$$

在计算中仍规定 $\arg(1+z)\big|_{z=0}=0$.

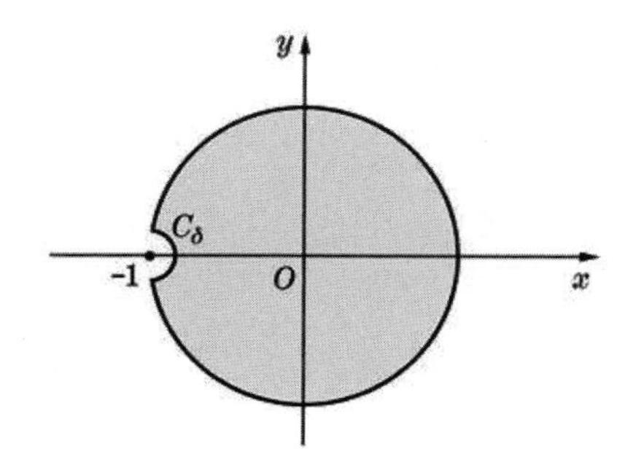

图 7.16 应用于例 7.19 的另一积分围道

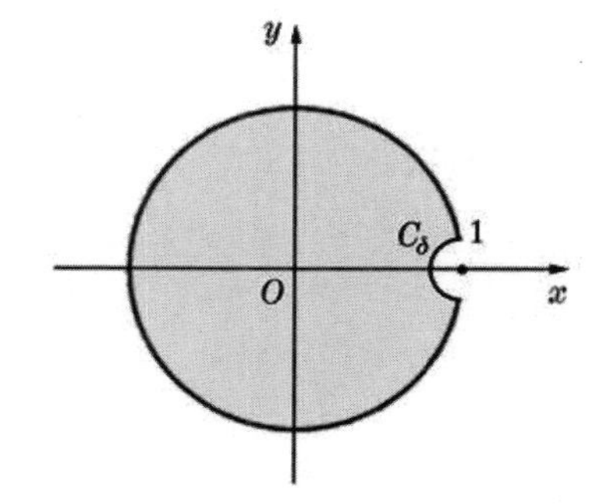

图 7.17 应用于例 7.20 的积分围道

例 7.20 类似于例 7.18，现在应用留数定理计算围道积分

$$\oint_C z^{-n-1}\ln(1-z)\,\mathrm{d}z, \qquad n=1,2,3,\cdots,$$

其中积分围道 C 如图 7.17 所示，并规定在割线上岸 $\arg(1-z)=-\pi$. 在这样的单值分枝规定下，对于单位圆周上的点 $z=\mathrm{e}^{\pm\mathrm{i}\theta}$, $0<\theta<\pi$，有

$$\ln(1-z)\big|_{z=\mathrm{e}^{\pm\mathrm{i}\theta}}=\ln\Big(2\sin\frac{\theta}{2}\Big)\mp\mathrm{i}\frac{\pi-\theta}{2}.$$

因为在积分围道内只有一个奇点 $z=0$，被积函数在该点的留数即为函数 $\ln(1-z)$ 在 $z=0$ 点 Taylor 级数中 z^n 项的系数：

$$\mathrm{res}\Big\{z^{-n-1}\ln(1-z)\Big\}_{z=0}=-\frac{1}{n},$$

于是，根据留数定理，有

$$\oint_C z^{-n-1}\ln(1-z)\,\mathrm{d}z=-\frac{2\pi\mathrm{i}}{n}.$$

因为

$$\lim_{\delta\to 0}\int_{C_\delta} z^{-n-1}\ln(1-z)\,\mathrm{d}z=0,$$

所以就得到

$$\int_\pi^0 \left(\mathrm{e}^{-\mathrm{i}\theta}\right)^{-n-1}\left[\ln\Big(2\sin\frac{\theta}{2}\Big)+\mathrm{i}\,\frac{\pi-\theta}{2}\right]\mathrm{e}^{-\mathrm{i}\theta}(-\mathrm{i})\mathrm{d}\theta \\ +\int_0^\pi \left(\mathrm{e}^{\mathrm{i}\theta}\right)^{-n-1}\left[\ln\Big(2\sin\frac{\theta}{2}\Big)-\mathrm{i}\,\frac{\pi-\theta}{2}\right]\mathrm{e}^{\mathrm{i}\theta}\mathrm{i}\,\mathrm{d}\theta=-\frac{2\pi\mathrm{i}}{n},$$

化简即得

$$\int_0^{\pi}\left[\cos n\theta\,\ln\Big(2\sin\frac{\theta}{2}\Big)-\frac{\pi-\theta}{2}\,\sin n\theta\right]\mathrm{d}\theta=-\frac{\pi}{n}. \tag{7.47}$$

还可以计算积分

$$\oint_C z^{n-1}\,\ln(1-z)\,\mathrm{d}z,\qquad n=0,1,2,\cdots,$$

从而得到

$$\int_0^{\pi}\left[\cos n\theta\,\ln\Big(2\sin\frac{\theta}{2}\Big)+\frac{\pi-\theta}{2}\,\sin n\theta\right]\mathrm{d}\theta=0. \tag{7.48}$$

和 (7.47) 式相加、减，就有

$$\int_0^{\pi}\cos n\theta\,\ln\Big(2\sin\frac{\theta}{2}\Big)\,\mathrm{d}\theta=-\frac{\pi}{2n},\qquad n=1,2,3,\cdots, \tag{7.49}$$

$$\int_0^{\pi}(\pi-\theta)\,\sin n\theta\,\mathrm{d}\theta=\frac{\pi}{n},\qquad n=1,2,3,\cdots. \tag{7.50}$$

进一步区分 n 为奇数或偶数两种情形，还能将 (7.49) 式改写成

$$\int_0^{\pi/2}\cos(2n+1)\theta\,\ln\tan\frac{\theta}{2}\,\mathrm{d}\theta=-\frac{1}{2n+1}\,\frac{\pi}{2}, \tag{7.51}$$

$$\int_0^{\pi/2}\cos 2n\theta\,\ln(2\sin\theta)\,\mathrm{d}\theta=-\frac{\pi}{4n}. \tag{7.52}$$

更进一步，有

$$\int_0^{\pi}\cos(2n+1)\theta\,\ln\tan\frac{\theta}{2}\,\mathrm{d}\theta=-\frac{\pi}{2n+1}, \tag{7.53}$$

$$\int_0^{\pi}\cos 2n\theta\,\ln(2\sin\theta)\,\mathrm{d}\theta=-\frac{\pi}{2n}. \tag{7.54}$$

因为

$$\int_0^{\pi/2}\cos(2n+1)\theta\,\ln\tan\frac{\theta}{2}\,\mathrm{d}\theta=\int_{\pi/2}^{\pi}\cos(2n+1)\theta\,\ln\tan\frac{\theta}{2}\,\mathrm{d}\theta,$$

所以 (7.51) 式与 (7.37) 式可以互化. 至于 (7.50) 式，可以改写为

$$\int_0^{\pi}\theta\,\sin n\theta\,\mathrm{d}\theta=(-1)^{n-1}\frac{\pi}{n},\qquad n=1,2,3,\cdots. \tag{7.50$'$}$$

其实用分部积分，就可以直接计算得到这一结果.

☞ **讨论**

1. 因为 $\int_0^{\pi}\cos n\theta\,\mathrm{d}\theta=0$，所以可以将 (7.49) 式改写为

$$\int_0^{\pi}\cos n\theta\,\ln\Big(\sin\frac{\theta}{2}\Big)\mathrm{d}\theta=-\frac{\pi}{2n},\qquad n=1,2,3,\cdots. \tag{7.49$'$}$$

2. 可以直接证明

$$\int_{\pi}^{2\pi}\cos n\theta\,\ln\Big(2\sin\frac{\theta}{2}\Big)\,\mathrm{d}\theta=\int_{0}^{\pi}\cos n\theta\,\ln\Big(2\sin\frac{\theta}{2}\Big)\,\mathrm{d}\theta,$$

因此

$$\int_{0}^{2\pi}\cos n\theta\,\ln\Big(2\sin\frac{\theta}{2}\Big)\,\mathrm{d}\theta=\int_{0}^{2\pi}\cos n\theta\,\ln\Big(\sin\frac{\theta}{2}\Big)\,\mathrm{d}\theta=-\frac{\pi}{n},\qquad n=1,2,3,\cdots. \tag{7.55}$$

例 7.21 计算积分 $\displaystyle\int_0^{\pi}\ln^2\Big(2\sin\frac{\theta}{2}\Big)\mathrm{d}\theta$.

解 考虑积分 $\displaystyle\oint_C\ln^2(1-z)\frac{\mathrm{d}z}{z}$，其中积分围道 C 仍见图 7.17. 因为被积函数在围道内无奇点，所以

$$\oint_C\ln^2(1-z)\frac{\mathrm{d}z}{z}=0.$$

容易判断

$$\lim_{\delta\to0}\int_{C_\delta}\ln^2(1-z)\frac{\mathrm{d}z}{z}=0,$$

因此有

$$\int_{\pi}^{0}\left[\ln\Big(2\sin\frac{\theta}{2}\Big)+\mathrm{i}\,\frac{\pi-\theta}{2}\right]^2(-\mathrm{i}\mathrm{d}\theta)+\int_0^{\pi}\left[\ln\Big(2\sin\frac{\theta}{2}\Big)-\mathrm{i}\,\frac{\pi-\theta}{2}\right]^2\mathrm{i}\mathrm{d}\theta=0,$$

即

$$2\int_0^{\pi}\left[\ln^2\Big(2\sin\frac{\theta}{2}\Big)-\frac{(\pi-\theta)^2}{4}\right]\mathrm{d}\theta=0.$$

所以

$$\int_0^{\pi}\ln^2\Big(2\sin\frac{\theta}{2}\Big)\mathrm{d}\theta=\int_0^{\pi}\frac{(\pi-\theta)^2}{4}\mathrm{d}\theta=\frac{\pi^3}{12}. \tag{7.56}$$

例 7.22 计算积分 $\displaystyle\int_0^{\pi}\cos\theta\,\ln^2\Big(2\sin\frac{\theta}{2}\Big)\mathrm{d}\theta$.

解 仍取围道 C 如图 7.17 所示，考虑积分 $\displaystyle\oint_C\ln^2(1-z)\,\mathrm{d}z$ 与 $\displaystyle\oint_C\ln^2(1-z)\,\frac{\mathrm{d}z}{z^2}$. 因为被积函数在围道内无奇点，而且考虑到

$$\lim_{\delta\to0}\int_{C_\delta}\ln^2(1-z)\,\mathrm{d}z=0,\qquad \lim_{\delta\to0}\int_{C_\delta}\ln^2(1-z)\,\frac{\mathrm{d}z}{z^2}=0,$$

所以有

$$\int_{\pi}^{0}\mathrm{e}^{-\mathrm{i}\theta}\left[\ln\left(2\sin\frac{\theta}{2}\right)+\mathrm{i}\,\frac{\pi-\theta}{2}\right]^2(-\mathrm{i}\mathrm{d}\theta)+\int_{0}^{\pi}\mathrm{e}^{\mathrm{i}\theta}\left[\ln\left(2\sin\frac{\theta}{2}\right)-\mathrm{i}\,\frac{\pi-\theta}{2}\right]^2\mathrm{i}\mathrm{d}\theta=0,$$

$$\int_{\pi}^{0}\mathrm{e}^{\mathrm{i}\theta}\left[\ln\left(2\sin\frac{\theta}{2}\right)+\mathrm{i}\,\frac{\pi-\theta}{2}\right]^2(-\mathrm{i}\mathrm{d}\theta)+\int_{0}^{\pi}\mathrm{e}^{-\mathrm{i}\theta}\left[\ln\left(2\sin\frac{\theta}{2}\right)-\mathrm{i}\,\frac{\pi-\theta}{2}\right]^2\mathrm{i}\mathrm{d}\theta=0.$$

由此即得

$$\int_{0}^{\pi}\cos\theta\left[\ln^2\left(2\sin\frac{\theta}{2}\right)-\left(\frac{\pi-\theta}{2}\right)^2\right]\mathrm{d}\theta=0,$$

$$\int_{0}^{\pi}(\pi-\theta)\,\sin\theta\,\ln\left(2\sin\frac{\theta}{2}\right)\mathrm{d}\theta=0. \tag{7.57}$$

直接计算可得

$$\int_{0}^{\pi}\left(\frac{\pi-\theta}{2}\right)^2\cos\theta\,\mathrm{d}\theta=\frac{\pi}{2},$$

所以有

$$\int_{0}^{\pi}\cos\theta\ln^2\left(2\sin\frac{\theta}{2}\right)\mathrm{d}\theta=\frac{\pi}{2}. \tag{7.58a}$$

☞ **讨论**

1. 再进一步，有

$$\begin{aligned}\int_{0}^{\pi}\cos\theta\ln^2\left(2\sin\frac{\theta}{2}\right)\mathrm{d}\theta&=\int_{0}^{\pi}\cos\theta\left(\ln 2+\ln\sin\frac{\theta}{2}\right)^2\mathrm{d}\theta\\&=2\ln 2\int_{0}^{\pi}\cos\theta\,\ln\sin\frac{\theta}{2}\,\mathrm{d}\theta+\int_{0}^{\pi}\cos\theta\,\ln^2\sin\frac{\theta}{2}\,\mathrm{d}\theta.\end{aligned}$$

代入 (7.49′) 式的结果 ($n=1$)，就又有

$$\int_{0}^{\pi}\cos\theta\,\ln^2\left(\sin\frac{\theta}{2}\right)\mathrm{d}\theta=\frac{\pi}{2}\big[2\ln 2+1\big]. \tag{7.59a}$$

2. 对 (7.58a) 与 (7.59a) 两式再作变换 $\phi=\pi-\theta$，即可得到

$$\int_{0}^{\pi}\cos\theta\ln^2\left(2\cos\frac{\theta}{2}\right)\mathrm{d}\theta=-\frac{\pi}{2}, \tag{7.58b}$$

$$\int_{0}^{\pi}\cos\theta\,\ln^2\left(\cos\frac{\theta}{2}\right)\mathrm{d}\theta=-\frac{\pi}{2}\big(2\ln 2+1\big). \tag{7.59b}$$

3. 直接计算可得

$$\begin{aligned}\int_{0}^{\pi}\sin\theta\,\ln\left(2\sin\frac{\theta}{2}\right)\mathrm{d}\theta&=(1-\cos\theta)\ln\left(2\sin\frac{\theta}{2}\right)\bigg|_{0}^{\pi}-\frac{1}{2}\int_{0}^{\pi}(1-\cos\theta)\cot\frac{\pi}{2}\,\mathrm{d}\theta\\&=2\ln 2-\frac{1}{2}\int_{0}^{\pi}\sin\theta\,\mathrm{d}\theta=2\ln 2-1.\end{aligned} \tag{7.60a}$$

再根据 (7.57) 式，又能进一步导出

$$\int_0^{\pi}\theta\,\sin\theta\,\ln\left(2\sin\frac{\theta}{2}\right)\mathrm{d}\theta=\pi(2\ln 2-1). \tag{7.60b}$$

例 7.23 计算积分 $\displaystyle\int_0^{\pi}\cos n\theta\,\ln^2\left(2\sin\frac{\theta}{2}\right)\mathrm{d}\theta,\ n=2,3,4,\cdots.$

解 本题与例 7.22 极为类似，故考虑复变积分

$$\oint_C z^{-n-1}\ln^2(1-z)\mathrm{d}z \quad 与 \quad \oint_C z^{n-1}\ln^2(1-z)\mathrm{d}z,$$

其中积分围道 C 不变. 但现在不同的是，被积函数 $z^{-n-1}\ln^2(1-z)$ 在积分围道内有奇点 $z=0$，因此

$$\oint_C z^{-n-1}\ln^2(1-z)\,\mathrm{d}z=2\pi\mathrm{i}\times\mathrm{res}\left\{z^{-n-1}\ln^2(1-z)\right\}_{z=0},$$
$$\oint_C z^{n-1}\ln^2(1-z)\,\mathrm{d}z=0.$$

重复上题的计算，并取极限 $\delta\to 0$，就得到

$$\begin{aligned}\int_0^{\pi}\cos n\theta\left[\ln^2\left(2\sin\frac{\theta}{2}\right)-\left(\frac{\pi-\theta}{2}\right)^2\right]\mathrm{d}\theta&=-\int_0^{\pi}(\pi-\theta)\sin n\theta\,\ln\left(2\sin\frac{\theta}{2}\right)\mathrm{d}\theta\\&=\frac{\pi}{2}\times\mathrm{res}\left\{z^{-n-1}\ln^2(1-z)\right\}_{z=0}.\end{aligned}$$

为了求出 $\mathrm{res}\left\{z^{-n-1}\ln^2(1-z)\right\}_{z=0}$，不妨将 $\ln^2(1-z)$ 在单位圆内作 Taylor 展开：

$$\begin{aligned}\ln^2(1-z)&=\left(\sum_{k=1}^{\infty}\frac{z^k}{k}\right)\left(\sum_{l=1}^{\infty}\frac{z^l}{l}\right)=\sum_{k=1}^{\infty}\sum_{l=1}^{\infty}\frac{1}{kl}z^{k+l}\\&=\sum_{m=2}^{\infty}\left[\sum_{k=1}^{m-1}\frac{1}{k(m-k)}\right]z^m=\sum_{m=2}^{\infty}\frac{1}{m}\left[\sum_{k=1}^{m-1}\left(\frac{1}{k}+\frac{1}{m-k}\right)\right]z^m\\&=\sum_{m=2}^{\infty}\frac{2}{m}\left(\sum_{k=1}^{m-1}\frac{1}{k}\right)z^m=\sum_{m=2}^{\infty}\frac{2}{m}\big[\psi(m)-\psi(1)\big]z^m.\end{aligned} \tag{7.61}$$

这说明

$$\mathrm{res}\left\{z^{-n-1}\ln^2(1-z)\right\}_{z=0}=\frac{2}{n}\big[\psi(n)-\psi(1)\big],$$

所以

$$\int_0^{\pi}\cos n\theta\left[\ln^2\left(2\sin\frac{\theta}{2}\right)-\left(\frac{\pi-\theta}{2}\right)^2\right]\mathrm{d}\theta=\frac{\pi}{n}\big[\psi(n)-\psi(1)\big], \tag{7.62a}$$

$$\int_0^{\pi}(\pi-\theta)\sin n\theta\,\ln\left(2\sin\frac{\theta}{2}\right)\mathrm{d}\theta=-\frac{\pi}{n}\big[\psi(n)-\psi(1)\big]. \tag{7.62b}$$

再应用分部积分可以计算得

$$\int_0^{\pi}\left(\frac{\pi-\theta}{2}\right)^2\cos n\theta\,\mathrm{d}\theta=\frac{\pi}{2n^2},$$

所以，由 (7.62a) 式就能够导出

$$\int_0^{\pi}\cos n\theta\,\ln^2\left(2\sin\frac{\theta}{2}\right)\mathrm{d}\theta=\frac{\pi}{n}\left[\psi(n)-\psi(1)\right]+\frac{\pi}{2n^2}.\tag{7.63a}$$

☞ **讨论** 作变换 $\theta\to\pi-\theta$，也能得到

$$\int_0^{\pi}\cos n\theta\ln^2\left(2\cos\frac{\theta}{2}\right)\mathrm{d}\theta=(-1)^n\left\{\frac{\pi}{n}\left[\psi(n)-\psi(1)\right]+\frac{\pi}{2n^2}\right\}.\tag{7.63b}$$

而且，还能进一步导出

$$\int_0^{\pi}\cos n\theta\,\ln^2\left(\sin\frac{\theta}{2}\right)\mathrm{d}\theta=\frac{\pi}{n}\left[\psi(n)-\psi(1)\right]+\frac{\pi}{2n}\left[2\ln 2+\frac{1}{n}\right],\tag{7.64a}$$

$$\int_0^{\pi}\cos n\theta\,\ln^2\left(\cos\frac{\theta}{2}\right)\mathrm{d}\theta=(-1)^n\left\{\frac{\pi}{n}\left[\psi(n)-\psi(1)\right]+\frac{\pi}{2n}\left[2\ln 2+\frac{1}{n}\right]\right\}.\tag{7.64b}$$

作为本题的额外收获，还能计算得积分

$$\int_0^{\pi}\theta\,\sin n\theta\,\ln\left(2\sin\frac{\theta}{2}\right)\mathrm{d}\theta\qquad\text{与}\qquad\int_0^{\pi}\theta\,\sin n\theta\,\ln\left(2\cos\frac{\theta}{2}\right)\mathrm{d}\theta.$$

首先，对 (7.62b) 式作变换 $\theta\to\pi-\theta$，即得

$$\int_0^{\pi}\theta\,\sin n\theta\,\ln\left(2\cos\frac{\theta}{2}\right)\mathrm{d}\theta=(-1)^n\frac{\pi}{n}\left[\psi(n)-\psi(1)\right].\tag{7.65}$$

另一方面，将 (7.62b) 式与 (7.65) 式相加，有

$$\pi\int_0^{\pi}\sin n\theta\,\ln\left(2\sin\frac{\theta}{2}\right)\mathrm{d}\theta-\int_0^{\pi}\theta\,\sin n\theta\,\ln\tan\frac{\theta}{2}\,\mathrm{d}\theta=\left[-1+(-1)^n\right]\frac{\pi}{n}\left[\psi(n)-\psi(1)\right].$$

可以计算出 (见第九章 (9.105b) 及 (9.87c) 两式)

$$\int_0^{\pi}\theta\,\sin 2k\theta\,\ln\tan\frac{\theta}{2}\,\mathrm{d}\theta=-\frac{\pi}{2k}\left[\psi\left(k+\frac{1}{2}\right)-\psi\left(\frac{1}{2}\right)\right],$$

$$\int_0^{\pi}\theta\,\sin(2k+1)\theta\,\ln\tan\frac{\theta}{2}\,\mathrm{d}\theta=\frac{\pi}{2k+1}\left[\psi(k+1)-\psi\left(\frac{1}{2}\right)\right]-\frac{\pi}{(2k+1)^2},$$

因此就能求得

$$\int_0^{\pi}\sin 2k\theta\,\ln\left(2\sin\frac{\theta}{2}\right)\mathrm{d}\theta=-\frac{1}{2k}\left[\psi\left(k+\frac{1}{2}\right)-\psi\left(\frac{1}{2}\right)\right],\qquad k=1,2,3,\cdots,\tag{7.66a}$$

$$\int_0^{\pi}\sin(2k+1)\theta\,\ln\left(2\sin\frac{\theta}{2}\right)\mathrm{d}\theta$$
$$=-\frac{1}{2k+1}\left[\psi\left(k+\frac{1}{2}\right)-\psi(1)\right]-\frac{1}{(2k+1)^2},\qquad k=0,1,2,\cdots.\quad(7.66b)$$

再代回到 (7.62b) 式中，又有

$$\int_0^{\pi}\theta\,\sin 2k\theta\,\ln\left(2\sin\frac{\theta}{2}\right)\mathrm{d}\theta$$
$$=\frac{\pi}{4k}\left\{\left[\psi(k)-\psi(1)\right]-\left[\psi\left(k+\frac{1}{2}\right)-\psi\left(\frac{1}{2}\right)\right]\right\},\qquad k=1,2,3,\cdots,\quad(7.67a)$$
$$\int_0^{\pi}\theta\,\sin(2k+1)\theta\,\ln\left(2\sin\frac{\theta}{2}\right)\mathrm{d}\theta$$
$$=\frac{\pi}{2(2k+1)}\left\{\left[\psi(k+1)-\psi(1)\right]-\left[\psi\left(k+\frac{1}{2}\right)-\psi\left(\frac{1}{2}\right)\right]\right\}$$
$$-\frac{\pi}{(2k+1)^2}+\frac{2\pi}{2k+1}\ln 2,\qquad k=0,1,2,\cdots.\quad(7.67b)$$

上面在推导 (7.66b) 与 (7.67b) 两式的过程中，本来限定 k 为正整数，但考虑到例 7.22 中的 (7.60a) 与 (7.60b) 两式，故 (7.66b) 与 (7.67b) 式在 $k=0$ 时亦成立.

如果在 (7.66a) 与 (7.66b) 两式中作变换 $\theta\to\pi-\theta$，即得

$$\int_0^{\pi}\sin 2k\theta\,\ln\left(2\cos\frac{\theta}{2}\right)\mathrm{d}\theta=\frac{1}{2k}\left[\psi\left(k+\frac{1}{2}\right)-\psi\left(\frac{1}{2}\right)\right],\qquad k=1,2,3,\cdots,\quad(7.68a)$$
$$\int_0^{\pi}\sin(2k+1)\theta\,\ln\left(2\cos\frac{\theta}{2}\right)\mathrm{d}\theta$$
$$=-\frac{1}{2k+1}\left[\psi\left(k+\frac{1}{2}\right)-\psi(1)\right]-\frac{1}{(2k+1)^2},\qquad k=0,1,2,\cdots.\quad(7.68b)$$

再分别与 (7.66a) 或 (7.66b) 式相加，则又有

$$\int_0^{\pi}\sin 2k\theta\,\ln(2\sin\theta)\mathrm{d}\theta=0,\qquad k=1,2,3,\cdots,\quad(7.69)$$
$$\int_0^{\pi}\sin(2k+1)\theta\,\ln(2\sin\theta)\mathrm{d}\theta$$
$$=-\frac{2}{2k+1}\left[\psi\left(k+\frac{1}{2}\right)-\psi(1)\right]-\frac{2}{(2k+1)^2},\qquad k=0,1,2,\cdots.\quad(7.70)$$

例 7.24 计算积分 $\displaystyle\int_0^{\pi/2}\frac{\theta\,\tan\theta}{\ln^2\cos\theta+\theta^2}\,\mathrm{d}\theta$.

解 本题的关键在于认识到被积函数分母上的 $\ln^2\cos\theta+\theta^2$ 可能来自

$$\ln(1-\mathrm{i}\tan\theta)=-\ln\cos\theta-\mathrm{i}\theta,$$

因此所求积分大体上可以化为

$$\int_0^{\pi/2}\frac{\tan\theta}{\ln(1-\mathrm{i}\tan\theta)}\,\mathrm{d}\theta=\int_0^{\infty}\frac{x}{\ln(1-\mathrm{i}x)}\,\frac{\mathrm{d}x}{1+x^2}.$$

这就提示我们应当考虑复变积分 $\oint_C\frac{z}{\ln(1-\mathrm{i}z)}\,\frac{\mathrm{d}z}{1+z^2}$，而积分围道 C 如图 7.8 所示. 若规定 $\ln(1-\mathrm{i}z)\big|_{z=0}=0$，则对于实轴上的点，有

$$\ln(1-\mathrm{i}z)\big|_{\mathrm{Re}\,z=x,\mathrm{Im}\,z=0}=\frac{1}{2}\ln(1+x^2)-\mathrm{i}\ \arctan x.$$

于是，根据留数定理，就有

$$\int_{-R}^{R}\frac{2x}{\ln(1+x^2)-2\mathrm{i}\ \arctan x}\,\frac{\mathrm{d}x}{1+x^2}+\int_{C_R}\frac{z}{\ln(1-\mathrm{i}z)}\,\frac{1}{1+z^2}$$
$$=\mathrm{res}\left\{\frac{z}{\ln(1-\mathrm{i}z)}\,\frac{\mathrm{d}z}{1+z^2}\right\}_{z=\mathrm{i}}=\frac{\pi\mathrm{i}}{\ln 2}.$$

取极限 $R\to\infty$，注意到

$$\lim_{R\to\infty}\int_{C_R}\frac{z}{\ln(1-\mathrm{i}z)}\,\frac{\mathrm{d}z}{1+z^2}=0,$$

因而有

$$\int_{-\infty}^{\infty}\frac{2x}{\ln(1+x^2)-2\mathrm{i}\ \arctan x}\,\frac{\mathrm{d}x}{1+x^2}=\frac{\pi\mathrm{i}}{\ln 2}.$$

再令 $x=\tan\theta$，于是变为

$$-\int_{-\pi/2}^{\pi/2}\frac{\tan\theta}{\ln\cos\theta+\mathrm{i}\theta}\,\mathrm{d}\theta=\frac{\pi\mathrm{i}}{\ln 2},\quad\text{即}\quad\int_{-\pi/2}^{\pi/2}\frac{\tan\theta\,(\ln\cos\theta-\mathrm{i}\theta)}{\ln^2\cos\theta+\theta^2}\,\mathrm{d}\theta=-\frac{\pi\mathrm{i}}{\ln 2}.$$

比较虚部，就求得

$$\int_{-\pi/2}^{\pi/2}\frac{\theta\ \tan\theta}{\ln^2\cos\theta+\theta^2}\,\mathrm{d}\theta=\frac{\pi}{\ln 2},\quad\text{即}\quad\int_0^{\pi/2}\frac{\theta\ \tan\theta}{\ln^2\cos\theta+\theta^2}\,\mathrm{d}\theta=\frac{\pi}{2\ \ln 2}.\tag{7.71}$$

☞　**讨论**

1. 如果计算围道积分 $\oint_C\frac{1}{\ln(1-\mathrm{i}z)}\,\frac{\mathrm{d}z}{1+z^2}$，就可以导出

$$\int_0^{\pi/2}\frac{\ln\cos\theta}{\ln^2\cos\theta+\theta^2}\,\mathrm{d}\theta=\frac{\pi}{2}\Big(1-\frac{1}{\ln 2}\Big).\tag{7.72}$$

2. 类似地，采用图 7.3 中的围道 C，计算复变积分 $\oint_C\frac{1-\mathrm{e}^{\mathrm{i}az}}{\ln(1-\mathrm{i}z)}\,\frac{\mathrm{d}z}{z}$，则将导致

$$\int_{-\infty}^{\infty}\frac{2(1-\mathrm{e}^{\mathrm{i}ax})}{\ln(1+x^2)-2\mathrm{i}\arctan x}\,\frac{\mathrm{d}x}{x}=\mathrm{i}\pi a.$$

进一步，令 $x=\tan\theta$，并比较虚部，即可得到积分

$$\int_{-\pi/2}^{\pi/2}\frac{\big[1-\cos(a\tan\theta)\big]\theta+\sin(a\tan\theta)\ln(\cos\theta)}{\ln^2(\cos\theta)+\theta^2}\,\frac{\mathrm{d}\theta}{\sin 2\theta}=\frac{\pi a}{2}. \tag{7.73}$$

§7.5　含 arctan x 的积分

例 7.25　应用留数定理计算积分 $\displaystyle\int_{-\infty}^{\infty}\frac{\arctan x}{1-2x\sin\alpha+x^2}\,\mathrm{d}x$，其中 $0<\alpha<\pi/2$.

解　采用半圆形的积分围道 (见图 7.8)，被积函数取为 $f(z)=\dfrac{\ln(1-\mathrm{i}z)}{1-2z\sin\alpha+z^2}$. 因为被积函数在围道内有奇点 $z=\mathrm{i}\mathrm{e}^{-\mathrm{i}\alpha}$，留数为

$$\operatorname{res}\left\{\frac{\ln(1-\mathrm{i}z)}{1-2z\sin\alpha+z^2}\right\}_{z=\mathrm{i}\mathrm{e}^{-\mathrm{i}\alpha}}=\frac{1}{2\mathrm{i}\,\cos\alpha}\left[\ln\!\Big(2\cos\frac{\alpha}{2}\Big)-\frac{\mathrm{i}\alpha}{2}\right],$$

所以

$$\int_{-R}^{R}\frac{\ln(1-\mathrm{i}x)}{1-2x\sin\alpha+x^2}\,\mathrm{d}x+\int_{C_R}\frac{\ln(1-\mathrm{i}z)}{1-2z\sin\alpha+z^2}\,\mathrm{d}z=\frac{\pi}{\cos\alpha}\left[\ln\!\Big(2\cos\frac{\alpha}{2}\Big)-\frac{\mathrm{i}\alpha}{2}\right].$$

又因为

$$\lim_{R\to\infty}\int_{C_R}\frac{\ln(1-\mathrm{i}z)}{1-2z\sin\alpha+z^2}\,\mathrm{d}z=0,$$

所以，取极限 $R\to\infty$，就得到

$$\int_{-\infty}^{\infty}\frac{\ln(1-\mathrm{i}x)}{1-2x\sin\alpha+x^2}\,\mathrm{d}x=\frac{\pi}{\cos\alpha}\left[\ln\!\Big(2\cos\frac{\alpha}{2}\Big)-\frac{\mathrm{i}\alpha}{2}\right].$$

因为

$$\ln(1-\mathrm{i}x)=\ln|1-\mathrm{i}x|-\mathrm{i}\arctan x=\frac{1}{2}\ln(1+x^2)-\mathrm{i}\arctan x,$$

所以比较虚部，即得

$$\int_{-\infty}^{\infty}\frac{\arctan x}{1-2x\sin\alpha+x^2}\,\mathrm{d}x=\frac{\pi\alpha}{2\cos\alpha}. \tag{7.74a}$$

如果比较等式两端的实部，还可以得到

$$\int_{-\infty}^{\infty}\frac{\ln(1+x^2)}{1-2x\sin\alpha+x^2}\,\mathrm{d}x=\frac{2\pi}{\cos\alpha}\ln\!\Big(2\cos\frac{\alpha}{2}\Big). \tag{7.74b}$$

或者将它们进一步化成

$$\int_{0}^{\infty}\frac{x\,\arctan x}{1+2x^2\cos 2\alpha+x^4}\,\mathrm{d}x=\frac{\pi\alpha}{4\sin 2\alpha}, \tag{7.75a}$$

$$\int_{0}^{\infty}\frac{1+x^2}{1+2x^2\cos 2\alpha+x^4}\,\ln(1+x^2)\,\mathrm{d}x=\frac{\pi}{\cos\alpha}\ln\!\Big(2\cos\frac{\alpha}{2}\Big). \tag{7.75b}$$

例 7.26 应用留数定理计算积分 $\displaystyle\int_0^{\infty}\frac{x\ \arctan x}{(1+2x^2)^2}\,\mathrm{d}x$.

解 仍采用图 7.8 中的半圆形积分围道，取被积函数为 $f(z)=\dfrac{z\ \ln(1-\mathrm{i}z)}{(1+2z^2)^2}$. 显然，被积函数在上半平面只有一个奇点 $z=z_0=\mathrm{i}/\sqrt{2}$，留数为

$$\operatorname{res} f(z_0)=\frac{\mathrm{d}}{\mathrm{d}z}\frac{z}{4}\frac{\ln(1-\mathrm{i}z)}{(z+z_0)^2}\bigg|_{z=z_0}=-\frac{\sqrt{2}-1}{8},$$

因此，根据留数定理，有

$$\int_{-\infty}^{\infty}\frac{x\ \ln(1-\mathrm{i}x)}{(1+2x^2)^2}\mathrm{d}x=-\frac{\pi\mathrm{i}}{4}\big(\sqrt{2}-1\big),$$

即

$$\int_{-\infty}^{\infty}\frac{x[\ln\sqrt{1+x^2}-\mathrm{i}\arctan x]}{(1+2x^2)^2}\mathrm{d}x=-\frac{\pi\mathrm{i}}{4}\big(\sqrt{2}-1\big).$$

比较虚部即得

$$\int_0^{\infty}\frac{x\ \arctan x}{(1+2x^2)^2}\,\mathrm{d}x=\frac{\pi}{8}\big(\sqrt{2}-1\big).\tag{7.76}$$

例 7.27 从例 7.26 的计算中还能推出更普遍的结论. 如果函数 $f(z)$ 满足下列条件：

(1) 除了有限个奇点 $z_1,z_2,\cdots,z_n$ 外，$f(z)$ 在上半平面解析，在实轴上无奇点；

(2) 对于实数 x，$f(x)$ 为奇函数：$f(-x)=-f(x)$；

(3) 在 $0\leqslant\arg z\leqslant\pi$ 的范围内，当 $|z|\to\infty$ 时，$z\,f(z)$ 一致地趋于 0，

则不难证明

$$\int_0^{\infty}f(x)\arctan x\,\mathrm{d}x=-\pi\sum_{\text{上半平面}}\operatorname{res}\Big\{f(z)\ln(1-\mathrm{i}z)\Big\}.\tag{7.77}$$

在这个公式中约定了对于实轴上的点 x，有

$$\ln(1+\mathrm{i}x)=\frac{1}{2}\ln\big(1+x^2\big)+\mathrm{i}\ \arctan x,\quad \ln(1-\mathrm{i}x)=\frac{1}{2}\ln\big(1+x^2\big)-\mathrm{i}\ \arctan x,$$

或者说，当 $x=\operatorname{Re}z\to+\infty$ 时，$\arg(1\mp\mathrm{i}z)\to\mp\pi/2$.

例如，为了计算积分 $\displaystyle\int_0^{\infty}\frac{x\ \arctan x}{x^4+1}\,\mathrm{d}x$，就只要求出函数 $\dfrac{z}{z^4+1}\ \ln(1-\mathrm{i}z)$ 在奇点 $z_1=\mathrm{e}^{\mathrm{i}\pi/4}$, $z_2=\mathrm{e}^{\mathrm{i}3\pi/4}$ 处的留数：

$$\operatorname{res}\left\{\frac{z\ \ln(1-\mathrm{i}z)}{z^4+1}\right\}_{z=z_1}=\frac{\ln(1-\mathrm{i}z)}{4z^2}\bigg|_{z=z_1}=\frac{1}{4\mathrm{i}}\ \ln(1-\mathrm{i}z_1),$$

$$\operatorname{res}\left\{\frac{z\ \ln(1-\mathrm{i}z)}{z^4+1}\right\}_{z=z_2}=\left.\frac{\ln(1-\mathrm{i}z)}{4z^2}\right|_{z=z_2}=-\frac{1}{4\mathrm{i}}\ \ln(1-\mathrm{i}z_2).$$

而由于 $1-\mathrm{i}z_1=\left(1+\frac{1}{\sqrt{2}}\right)+\frac{\mathrm{i}}{\sqrt{2}}$，$1-\mathrm{i}z_2=\left(1+\frac{1}{\sqrt{2}}\right)-\frac{\mathrm{i}}{\sqrt{2}}$，所以 $|1-\mathrm{i}z_1|=|1-\mathrm{i}z_2|$，

$$\begin{aligned}\int_0^\infty\frac{x\ \arctan x}{x^4+1}\,\mathrm{d}x&=-\frac{\pi}{4\mathrm{i}}\ln\frac{1-\mathrm{i}z_1}{1-\mathrm{i}z_2}=-\frac{\pi}{4}\big[\arg(1-\mathrm{i}z_1)-\arg(1-\mathrm{i}z_2)\big]\\&=-\frac{\pi}{4}\big[\arg(z_1+\mathrm{i})-\arg(z_2+\mathrm{i})\big].\end{aligned}$$

由图 7.18 可以求出 $\arg(z_1+\mathrm{i})$ 与 $\arg(z_2+\mathrm{i})$，而且更容易直接求出 $\arg(z_1+\mathrm{i})-\arg(z_2+\mathrm{i})$. 由此就得到

$$\int_0^\infty\frac{x\ \arctan x}{x^4+1}\,\mathrm{d}x=\frac{\pi^2}{16}. \tag{7.78}$$

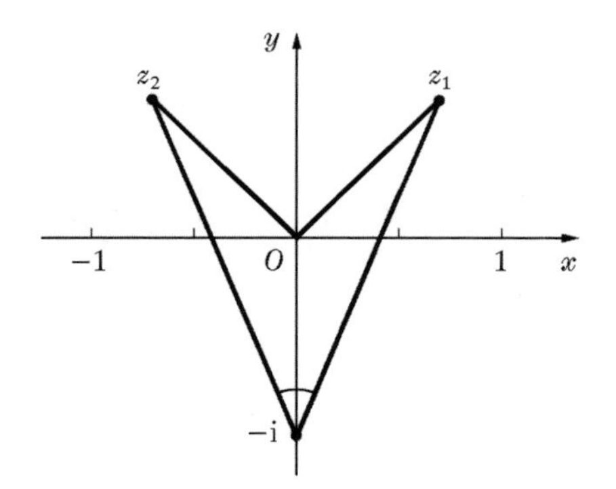

图 7.18　$\arg(z_1+\mathrm{i})-\arg(z_2+\mathrm{i})=-\pi/4$

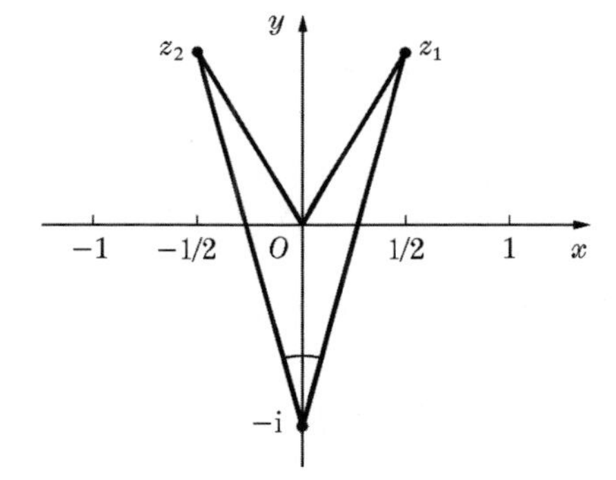

图 7.19　$\arg(z_1+\mathrm{i})-\arg(z_2+\mathrm{i})=-\pi/6$

也可以用同样的办法计算积分 $\displaystyle\int_0^\infty\frac{x\ \arctan x}{x^4+x^2+1}\,\mathrm{d}x$. 这时在上半平面出现的奇点是 $z_1=(1+\mathrm{i}\sqrt{3})/2$ 和 $z_2=(-1+\mathrm{i}\sqrt{3})/2$，留数为

$$\operatorname{res}\left\{\frac{z\ \ln(1-\mathrm{i}z)}{z^4+z^2+1}\right\}_{z=z_1}=\left.\frac{\ln(1-\mathrm{i}z)}{4z^2+2}\right|_{z=z_1}=\frac{1}{2\sqrt{3}\mathrm{i}}\ \ln(1-\mathrm{i}z_1),$$

$$\operatorname{res}\left\{\frac{z\ \ln(1-\mathrm{i}z)}{z^4+z^2+1}\right\}_{z=z_2}=\left.\frac{1}{4z^2+2}\ \ln(1-\mathrm{i}z)\right|_{z=z_2}=-\frac{1}{2\sqrt{3}\mathrm{i}}\ \ln(1-\mathrm{i}z_2).$$

同样能由图 7.19 中求出 $\arg(z_1+\mathrm{i})$ 与 $\arg(z_2+\mathrm{i})$，或者直接算出它们的差，所以

$$\int_0^\infty\frac{x\ \arctan x}{x^4+x^2+1}\,\mathrm{d}x=-\frac{\pi}{2\sqrt{3}\,\mathrm{i}}\ \ln\frac{1-\mathrm{i}z_1}{1-\mathrm{i}z_2}=\frac{\pi^2}{12\sqrt{3}}. \tag{7.79}$$

类似地，也能求得

$$\int_0^\infty \frac{x\arctan x}{(x^2+p^2)^2}\,\mathrm{d}x = \frac{\pi}{4p(1+p)}, \qquad p>0, \tag{7.80}$$

$$\int_0^\infty \frac{x\arctan x}{(x^2+p^2)(x^2+q^2)}\,\mathrm{d}x = \frac{\pi}{p^2-q^2}\ln\frac{1+p}{1+q}, \qquad p>0,\ q>0,\ p\neq q. \tag{7.81}$$

公式 (7.77) 还能推广到 $f(z)$ 在实轴上有奇点 (但仅限于一阶极点) 的情形. 也不难证明

$$\int_0^\infty f(x)\arctan x\,\mathrm{d}x = -\pi\sum_{\text{上半平面}}\mathrm{res}\left\{f(z)\ln(1-\mathrm{i}z)\right\} - \frac{\pi}{2}\sum_{\text{实轴上的奇点}}\mathrm{res}\left\{f(z)\ln(1-\mathrm{i}z)\right\}. \tag{7.82}$$

例如，我们可以求得

$$\int_0^\infty \frac{\arctan x}{x\,(x^2+p^2)}\,\mathrm{d}x = \frac{\pi}{2p^2}\ln(1+p), \qquad p>0, \tag{7.83}$$

$$\mathrm{v.p.}\int_0^\infty \frac{\arctan x}{x\,(x^2-p^2)}\,\mathrm{d}x = -\frac{\pi}{4p^2}\ln(1+p^2), \qquad p>0, \tag{7.84}$$

$$\int_0^\infty \frac{\arctan x}{x\,(x^4+1)}\,\mathrm{d}x = \frac{\pi}{4}\ln(2+\sqrt{2}), \tag{7.85}$$

$$\int_0^\infty \frac{\arctan x}{x\,(x^4+x^2+1)}\,\mathrm{d}x = \frac{\pi}{4}\ln(2+\sqrt{3}) - \frac{\sqrt{3}\,\pi}{6}\arctan\left(2-\sqrt{3}\right). \tag{7.86}$$

将 (7.83) 与 (7.84) 两式相加、减，又能得到

$$\mathrm{v.p.}\int_0^\infty \frac{x\arctan x}{x^4-p^4}\,\mathrm{d}x = \frac{\pi}{8p^2}\ln\frac{(1+p)^2}{1+p^2}, \tag{7.87}$$

$$\mathrm{v.p.}\int_0^\infty \frac{\arctan x}{x(x^4-p^4)}\,\mathrm{d}x = -\frac{\pi}{8p^4}\left[\ln(1+p^2)+2\ln(1+p)\right]. \tag{7.88}$$

作为它们的特殊情形，取 $p=1$，则有

$$\int_0^\infty \frac{\arctan x}{x\,(x^2+1)}\,\mathrm{d}x = \frac{\pi}{2}\ln 2, \tag{7.89}$$

$$\mathrm{v.p.}\int_0^\infty \frac{\arctan x}{x\,(x^2-1)}\,\mathrm{d}x = -\frac{\pi}{4}\ln 2, \tag{7.90}$$

$$\mathrm{v.p.}\int_0^\infty \frac{x\arctan x}{x^4-1}\,\mathrm{d}x = \frac{\pi}{8}\ln 2, \tag{7.91}$$

$$\mathrm{v.p.}\int_0^\infty \frac{\arctan x}{x(x^4-1)}\,\mathrm{d}x = -\frac{3\pi}{8}\ln 2. \tag{7.92}$$

☞ **讨论**　将 (7.85), (7.86) 与 (7.89) 诸式右端分拆为由 0 到 1 及由 1 到 ∞ 的两段积分，而后再对第二段段积分作变换 $t=1/x$，即可导出下列积分:

$$\int_0^1 \frac{1-x^4}{1+x^4}\,\frac{\arctan x}{x}\,\mathrm{d}x = \frac{\pi}{4}\,\ln(\sqrt{2}+1), \tag{7.93}$$

$$\int_0^1 \frac{1-x^4}{1+x^2+x^4}\,\frac{\arctan x}{x}\,\mathrm{d}x = \frac{\pi^2}{48} + \frac{\pi}{4}\,\ln(2+\sqrt{3}) - \frac{\pi}{8}\ln 3 - \frac{\sqrt{3}\,\pi}{6}\,\arctan\left(2-\sqrt{3}\right), \tag{7.94}$$

$$\int_0^1 \frac{1-x^2}{1+x^2}\,\frac{\arctan x}{x}\,\mathrm{d}x = \frac{\pi}{4}\,\ln 2. \tag{7.95}$$

由于一般的幂函数 $z^{\mu} \equiv \mathrm{e}^{\mu \ln z}$, $(\alpha+\beta z)^{\mu} \equiv \mathrm{e}^{\mu \ln(\alpha+\beta z)}$ 等也涉及对数函数，因此由这类函数的围道积分所导出的定积分中就可能出现反三角函数. 见下面的几个例子.

例 7.28　考察围道积分 $\oint_C \dfrac{\mathrm{d}z}{(z^2+a^2)(z+\mathrm{i})^{\mu}}$，其中 $a>0$, $\mu>-1$，积分围道 C 就是最简单的半圆形围道. 因为被积函数的枝点 $z=-\mathrm{i}$ 及 $z=\infty$ 均在围道之外，故不妨沿负虚轴作割线 (见图 7.20)，并规定在割线右岸 $\arg(z+\mathrm{i})=-\pi/2$. 我们看到，在这样的规定下，对于实轴上的点 x，就有 $0<\arg(x+\mathrm{i})<\pi$. 因此

$$\ln(x+\mathrm{i}) = \frac{1}{2}\ln\left(x^2+1\right) + \mathrm{i}\left(\frac{\pi}{2}-\arctan x\right), \tag{7.96a}$$

$$(x+\mathrm{i})^{-\mu} = \mathrm{e}^{-\mu\ln(x+\mathrm{i})} = \left(x^2+1\right)^{-\mu/2}\mathrm{e}^{\mathrm{i}\mu(\arctan x-\pi/2)}. \tag{7.96b}$$

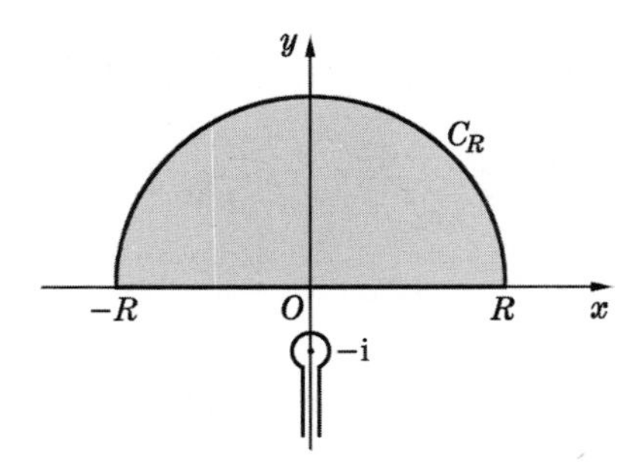

图 7.20　例 7.28 用到的积分围道

这样，按照留数定理，我们有

$$\int_{-R}^{R} \frac{\mathrm{e}^{\mathrm{i}\mu(\arctan x-\pi/2)}}{(x^2+1)^{\mu/2}}\,\frac{\mathrm{d}x}{x^2+a^2} + \int_{C_R} \frac{\mathrm{d}z}{(z^2+a^2)(z+\mathrm{i})^{\mu}} = 2\pi\mathrm{i}\times\operatorname{res}\left\{\frac{1}{(z^2+a^2)(z+\mathrm{i})^{\mu}}\right\}_{z=\mathrm{i}a} = \frac{\pi}{a}\,(1+a)^{-\mu}\,\mathrm{e}^{-\mathrm{i}\pi\mu/2}.$$

因为当 $z\to\infty$ 时，$\left|(z^2+a^2)(z+\mathrm{i})^\mu\right|\sim|z|^{2+\mu}$，所以

$$\lim_{z\to\infty} z\cdot\frac{1}{(z^2+a^2)(z+\mathrm{i})^\mu}=0,\qquad \lim_{R\to\infty}\int_{C_R}\frac{\mathrm{d}z}{(z^2+a^2)(z+\mathrm{i})^\mu}=0,$$

因而有

$$\int_{-\infty}^{\infty}\frac{\mathrm{e}^{\mathrm{i}\mu\arctan x}}{(x^2+a^2)(x^2+1)^{\mu/2}}\,\mathrm{d}x=\frac{\pi}{a}\,(1+a)^{-\mu}.$$

分别比较实部与虚部，就得到

$$\int_{-\infty}^{\infty}\frac{\cos(\mu\arctan x)}{(x^2+1)^{\mu/2}}\,\frac{\mathrm{d}x}{x^2+a^2}=\frac{\pi}{a}\,(1+a)^{-\mu},\tag{7.97a}$$

$$\int_{-\infty}^{\infty}\frac{\sin(\mu\arctan x)}{(x^2+1)^{\mu/2}}\,\frac{\mathrm{d}x}{x^2+a^2}=0.\tag{7.97b}$$

特别地，当 $a=1$ 时，作变换 $t=\arctan x$，则 (7.97a) 式变为

$$\int_{-\pi/2}^{\pi/2}\cos\mu t\,\cos^\mu t\,\mathrm{d}t=\frac{\pi}{2^\mu}.\tag{7.98}$$

例 7.28 的计算过程原则上也适用于 μ 为纯虚数的情形.

例 7.29 采用与例 7.28 相同的单值分枝规定，计算围道积分

$$\oint_C\frac{1}{(z+\mathrm{i})^{\mathrm{i}\nu}}\,\frac{\mathrm{d}z}{z^2+a^2}=\oint_C\frac{\mathrm{e}^{-\mathrm{i}\nu\ln(z+\mathrm{i})}}{z^2+a^2}\,\mathrm{d}z,\qquad a>0,\ \ \nu>0,$$

其中 C 仍为半圆形围道. 重复例 7.28 的计算步骤，我们就能得到

$$\int_{-\infty}^{\infty}\mathrm{e}^{-\mathrm{i}\nu\ln(x+\mathrm{i})}\,\frac{\mathrm{d}x}{x^2+a^2}=\frac{\pi}{a}\,\mathrm{e}^{-\mathrm{i}\nu\ln(1+a)}\,\mathrm{e}^{\pi\nu/2}.$$

根据 (7.96a) 式，上式可化为

$$\int_{-\infty}^{\infty}\frac{\mathrm{e}^{-\nu\arctan x}}{x^2+a^2}\,\mathrm{e}^{-\mathrm{i}[\nu\ln(x^2+1)]/2}\,\mathrm{d}x=\frac{\pi}{a}\,\mathrm{e}^{-\mathrm{i}\nu\ln(1+a)}.$$

分别比较实部和虚部，就能导出

$$\int_{-\infty}^{\infty}\frac{\mathrm{e}^{-\nu\arctan x}}{x^2+a^2}\,\cos\left[\frac{\nu}{2}\ln\left(x^2+1\right)\right]\mathrm{d}x=\frac{\pi}{a}\,\cos[\nu\ln(1+a)],\tag{7.99a}$$

$$\int_{-\infty}^{\infty}\frac{\mathrm{e}^{-\nu\arctan x}}{x^2+a^2}\,\sin\left[\frac{\nu}{2}\ln\left(x^2+1\right)\right]\mathrm{d}x=\frac{\pi}{a}\,\sin[\nu\ln(1+a)].\tag{7.99b}$$

直接作变换 $x\to-x$，又可得到

$$\int_{-\infty}^{\infty} \frac{\mathrm{e}^{\nu \arctan x}}{x^2+a^2} \cos\left[\frac{\nu}{2}\ln\left(x^2+1\right)\right] \mathrm{d}x = \frac{\pi}{a} \cos[\nu \ln(1+a)], \tag{7.100a}$$

$$\int_{-\infty}^{\infty} \frac{\mathrm{e}^{\nu \arctan x}}{x^2+a^2} \sin\left[\frac{\nu}{2}\ln\left(x^2+1\right)\right] \mathrm{d}x = \frac{\pi}{a} \sin[\nu \ln(1+a)]. \tag{7.100b}$$

将 (7.100a)，(7.100b) 两式与 (7.99a)，(7.99b) 两式对应相加，还有

$$\int_{-\infty}^{\infty} \cosh(\nu \arctan x) \cos\left[\frac{\nu}{2}\ln\left(x^2+1\right)\right] \frac{\mathrm{d}x}{x^2+a^2} = \frac{\pi}{a} \cos[\nu \ln(1+a)], \tag{7.101a}$$

$$\int_{-\infty}^{\infty} \cosh(\nu \arctan x) \sin\left[\frac{\nu}{2}\ln\left(x^2+1\right)\right] \frac{\mathrm{d}x}{x^2+a^2} = \frac{\pi}{a} \sin[\nu \ln(1+a)]. \tag{7.101b}$$

在 (7.99) — (7.101) 诸式中取 $a=1$，再作变换 $x=\tan t$，又有

$$\int_{-\pi/2}^{\pi/2} \mathrm{e}^{\pm \nu t} \cos[\nu \ln(\cos t)]\, \mathrm{d}t = \pi \cos(\nu \ln 2), \tag{7.102}$$

$$\int_{-\pi/2}^{\pi/2} \mathrm{e}^{\pm \nu t} \sin[\nu \ln(\cos t)]\, \mathrm{d}t = -\pi \sin(\nu \ln 2), \tag{7.103}$$

$$\int_{-\pi/2}^{\pi/2} \cosh \nu t\, \cos[\nu \ln(\cos t)]\, \mathrm{d}t = \pi \cos(\nu \ln 2), \tag{7.104}$$

$$\int_{-\pi/2}^{\pi/2} \cosh \nu t\, \sin[\nu \ln(\cos t)]\, \mathrm{d}t = -\pi \sin(\nu \ln 2). \tag{7.105}$$

第八章　应用留数定理计算定积分：进一步的例子

本章是前两章的继续，收录了一些 (从应用留数定理计算定积分的角度来说) 形式比较特异的积分；在应用留数定理时，包括复变积分 (围道和被积函数) 的选取，也常常表现出一些“变异”，计算过程中也往往涉及更多的技巧.

§8.1　有限远处出现本性奇点的情形

我们在处理含三角函数的无穷积分时遇到过本性奇点，多数位于无穷远处，而为了处理绕该点的积分 (例如沿半圆弧的积分)，通常要用到 Jordan 引理或者第六章 §6.6 中建立的补充引理. 如果本性奇点出现在有限远处，倘若在积分围道内，只需求出被积函数在该点的留数，计入对积分的贡献即可. 我们关心另一种情形，即本性奇点位于实轴上，积分围道需绕过该点，这时就遇到沿半径趋于 0 的半圆弧的积分. 原则上我们可以将 Jordan 引理或第六章补充引理作适当的变换，以适应此种情形的需要.

引理 8.1　设除了有限个奇点外，$f(z)$ 在全平面解析，并且当 $0\leqslant\arg z\leqslant\pi$，$|z|\to 0$ 时，$z^2Q(z)$ 一致地趋近于 0，则

$$\lim_{\delta\to 0}\int_{C_\delta}\mathrm{e}^{-\mathrm{i}p/z}\,Q(z)\,\mathrm{d}z=0,\qquad p>0,\tag{8.1}$$

其中 C_δ 是位于上半平面的半圆弧：$|z|=\delta$, $0\leqslant\arg z\leqslant\pi$.

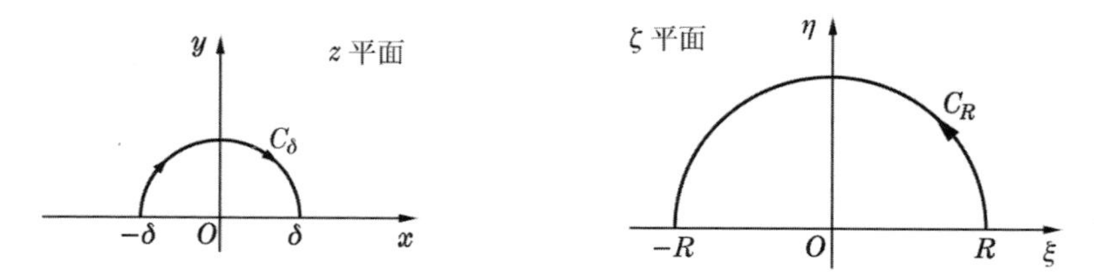

图 8.1　变换 $z=-1/\zeta$：将 z 平面上的 C_δ 变为 ζ 平面上的 C_R

证　这只不过是 Jordan 引理的变形. 如图 8.1 所示，在变换 $z=-1/\zeta$ 下，z 平面上的半圆弧 C_δ 将变为 ζ 平面上的半圆弧 C_R，其中 $R=1/\delta$. 若 z 沿 C_δ 顺时针 (相对于 $z=0$ 点) 运动 ($\arg z$ 由 π 减小到 0)，相应地，ζ 点则将沿 C_R 逆时针 (相对于 $\zeta=0$ 点) 运动 ($\arg\zeta$ 由 0 增大到 π)，即

$$\int_{C_\delta}\mathrm{e}^{-\mathrm{i}p/z}\,Q(z)\,\mathrm{d}z=\int_{C_R}\mathrm{e}^{\mathrm{i}p\zeta}\,Q\Big(\frac{1}{\zeta}\Big)\,\frac{\mathrm{d}\zeta}{\zeta^2}.$$

应用 Jordan 引理于上式右端即可证得所需结论.

☞ **讨论**　注意，此引理成立条件不同于 Jordan 引理.

将留数定理与上述引理 8.1 结合起来，就有下列推论：

推论 8.1　设 C'_δ 为位于下半平面的半圆弧：$|z|=\delta,\ -\pi\leqslant\arg z\leqslant 0$，则在引理 8.1 的条件下，有

$$\lim_{\delta\to 0}\int_{C'_\delta}\mathrm{e}^{-\mathrm{i}p/z}Q(z)\,\mathrm{d}z=2\pi\mathrm{i}\times\operatorname{res}\left\{\mathrm{e}^{-\mathrm{i}p/z}Q(z)\right\}_{z=0}. \tag{8.2}$$

规定积分路径的走向为逆时针方向 (相对于 $z=0$ 点).

还可以将引理 8.1 变换到下半平面：

引理 8.2　设除了有限个奇点外，$f(z)$ 在全平面解析，并且当 $-\pi\leqslant\arg z\leqslant 0$，$|z|\to 0$ 时，$z^2Q(z)$ 一致地趋近于 0，则

$$\lim_{\delta\to 0}\int_{C'_\delta}\mathrm{e}^{\mathrm{i}p/z}Q(z)\,\mathrm{d}z=0,\qquad p>0, \tag{8.3}$$

其中 C'_δ 是位于下半平面的半圆弧：$|z|=\delta,\ -\pi\leqslant\arg z\leqslant 0$.

在此基础上，又可以有推论：

推论 8.2　设 C_δ 为位于上半平面的半圆弧：$|z|=\delta,\ 0\leqslant\arg z\leqslant\pi$，则在引理 8.2 的条件下，有(积分路径的走向仍为逆时针方向)

$$\lim_{\delta\to 0}\int_{C_\delta}\mathrm{e}^{\mathrm{i}p/z}Q(z)\,\mathrm{d}z=2\pi\mathrm{i}\times\operatorname{res}\left\{\mathrm{e}^{\mathrm{i}p/z}Q(z)\right\}_{z=0}. \tag{8.4}$$

运用这两个引理及其推论，就可以方便地处理本性奇点出现在实轴上的情形.

例 8.1　计算积分 $\displaystyle\int_0^\infty\cos\left(ax-\frac{b}{x}\right)\frac{\mathrm{d}x}{1+x^2}$，其中 $a>0,\ b>0$.

解　考虑复变积分 $\displaystyle\oint_C\mathrm{e}^{\mathrm{i}(az-b/z)}\frac{\mathrm{d}z}{1+z^2}$，其中积分围道 C 如图 8.2 所示. 因为在积分围道内只有一个奇点 $z=\mathrm{i}$ (一阶极点)，留数为 $\dfrac{1}{2\mathrm{i}}\mathrm{e}^{-(a+b)}$，所以，根据留数定理，有

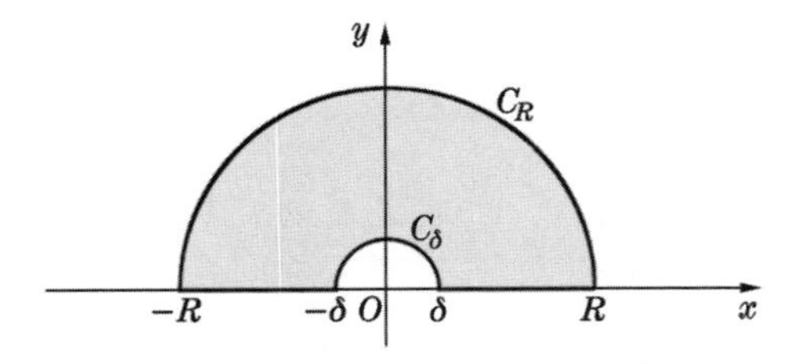

图 8.2　应用于例 8.1 的积分围道

$$\int_{-R}^{-\delta} e^{i(ax-b/x)}\frac{dx}{1+x^2}+\int_{C_\delta} e^{i(az-b/z)}\frac{dz}{1+z^2}$$
$$+\int_{\delta}^{R} e^{i(ax-b/x)}\frac{dx}{1+x^2}+\int_{C_R} e^{i(az-b/z)}\frac{dz}{1+z^2}=\pi e^{-(a+b)}.$$

对于沿 C_R 的积分，按照 Jordan 引理，有

$$\lim_{R\to\infty}\int_{C_R} e^{i(az-b/z)}\frac{dz}{1+z^2}=0.$$

而对于沿 C_δ 的积分，根据引理 8.1 就能推出

$$\lim_{\delta\to 0}\int_{C_\delta} e^{i(az-b/z)}\frac{dz}{1+z^2}=0.$$

因此，取极限 $R\to\infty$, $\delta\to 0$，就有

$$\int_{-\infty}^{\infty} e^{i(ax-b/x)}\frac{dx}{1+x^2}=\pi e^{-(a+b)}.$$

比较实部，即得

$$\int_{-\infty}^{\infty}\cos\left(ax-\frac{b}{x}\right)\frac{dx}{1+x^2}=\pi e^{-(a+b)},\quad a>0,\ b>0, \tag{8.5a}$$

$$\int_{0}^{\infty}\cos\left(ax-\frac{b}{x}\right)\frac{dx}{1+x^2}=\frac{\pi}{2} e^{-(a+b)},\quad a>0,\ b>0. \tag{8.5b}$$

☞ **讨论**

1. 类似的结果有

$$\int_{0}^{\infty}\sin\left(ax-\frac{b}{x}\right)\frac{x\,dx}{1+x^2}=\frac{\pi}{2} e^{-(a+b)},\qquad a>0,\ b>0, \tag{8.6}$$

$$\text{v.p.}\int_{0}^{\infty}\cos\left(ax-\frac{b}{x}\right)\frac{dx}{1-x^2}=\frac{\pi}{2}\sin(a-b),\qquad a>0,\ b>0, \tag{8.7}$$

$$\text{v.p.}\int_{0}^{\infty}\sin\left(ax-\frac{b}{x}\right)\frac{x\,dx}{1-x^2}=-\frac{\pi}{2}\cos(a-b),\quad a>0,\ b>0. \tag{8.8}$$

2. 重复引用 (8.5b) 式的结果，有

$$\int_{0}^{\infty}\left[\cos\left(2\alpha x-\frac{2\beta}{x}\right)\pm\cos\left(2\gamma x-\frac{2\delta}{x}\right)\right]\frac{dx}{1+x^2}=\frac{\pi}{2}\left[e^{-2(\alpha+\beta)}\pm e^{-2(\gamma+\delta)}\right],$$
$$\alpha>0,\ \beta>0,\ \gamma>0,\ \delta>0.$$

利用三角函数中的和差化积公式，并定义新的常数 $a=\alpha+\gamma, b=\beta+\delta, c=\alpha-\gamma, d=\beta-\delta$，于是就能得到

$$\int_{0}^{\infty}\cos\left(ax-\frac{b}{x}\right)\cos\left(cx-\frac{d}{x}\right)\frac{dx}{1+x^2}=\frac{\pi}{2}e^{-(a+b)}\cosh(c+d), \tag{8.9}$$

$$\int_0^\infty \sin\left(ax-\frac{b}{x}\right)\sin\left(cx-\frac{d}{x}\right)\frac{\mathrm{d}x}{1+x^2}=\frac{\pi}{2}\mathrm{e}^{-(a+b)}\sinh(c+d), \tag{8.10}$$

成立条件均为 $a\geqslant c>0,\ b\geqslant d>0$.

类似地，由 (8.6) — (8.8) 诸式也能导出

$$\int_0^\infty \sin\left(ax-\frac{b}{x}\right)\cos\left(cx-\frac{d}{x}\right)\frac{x\,\mathrm{d}x}{1+x^2}=\frac{\pi}{2}\mathrm{e}^{-(a+b)}\cosh(c+d), \tag{8.11}$$

$$\int_0^\infty \cos\left(ax-\frac{b}{x}\right)\sin\left(cx-\frac{d}{x}\right)\frac{x\,\mathrm{d}x}{1+x^2}=-\frac{\pi}{2}\mathrm{e}^{-(a+b)}\sinh(c+d) \tag{8.12}$$

以及

$$\text{v.p.}\int_0^\infty \cos\left(ax-\frac{b}{x}\right)\cos\left(cx-\frac{d}{x}\right)\frac{\mathrm{d}x}{1-x^2}=\frac{\pi}{2}\sin(a-b)\cos(c-d), \tag{8.13}$$

$$\text{v.p.}\int_0^\infty \sin\left(ax-\frac{b}{x}\right)\sin\left(cx-\frac{d}{x}\right)\frac{\mathrm{d}x}{1-x^2}=-\frac{\pi}{2}\cos(a-b)\sin(c-d); \tag{8.14}$$

$$\text{v.p.}\int_0^\infty \sin\left(ax-\frac{b}{x}\right)\cos\left(cx-\frac{d}{x}\right)\frac{x\,\mathrm{d}x}{1-x^2}=-\frac{\pi}{2}\cos(a-b)\cos(c-d), \tag{8.15}$$

$$\text{v.p.}\int_0^\infty \cos\left(ax-\frac{b}{x}\right)\sin\left(cx-\frac{d}{x}\right)\frac{x\,\mathrm{d}x}{1-x^2}=\frac{\pi}{2}\sin(a-b)\sin(c-d). \tag{8.16}$$

成立条件则是 $a>c>0,\ b>d>0$.

例 8.2　计算积分 $\displaystyle\int_0^\infty \sin\left(ax-\frac{b}{x}\right)\frac{\mathrm{d}x}{x}$ 和 $\displaystyle\int_0^\infty \sin\left(ax+\frac{b}{x}\right)\frac{\mathrm{d}x}{x}$，$a>0,\ b>0$.

解　本题和例 8.1 相似，积分围道仍如图 8.2 所示．根据留数定理，可以得到

$$\int_{-R}^{-\delta}\frac{\mathrm{e}^{\mathrm{i}(ax-b/x)}}{x}\mathrm{d}x+\int_{C_\delta}\frac{\mathrm{e}^{\mathrm{i}(az-b/z)}}{z}\mathrm{d}z+\int_\delta^R\frac{\mathrm{e}^{\mathrm{i}(ax-b/x)}}{x}\mathrm{d}x+\int_{C_R}\frac{\mathrm{e}^{\mathrm{i}(az-b/z)}}{z}\mathrm{d}z=0,$$

$$\int_{-R}^{-\delta}\frac{\mathrm{e}^{\mathrm{i}(ax+b/x)}}{x}\mathrm{d}x+\int_{C_\delta}\frac{\mathrm{e}^{\mathrm{i}(az+b/z)}}{z}\mathrm{d}z+\int_\delta^R\frac{\mathrm{e}^{\mathrm{i}(ax+b/x)}}{x}\mathrm{d}x+\int_{C_R}\frac{\mathrm{e}^{\mathrm{i}(az+b/z)}}{z}\mathrm{d}z=0.$$

取极限 $R\to\infty,\ \delta\to0$，就有

$$\int_{-\infty}^{\infty}\frac{\mathrm{e}^{\mathrm{i}(ax-b/x)}}{x}\mathrm{d}x+\lim_{\delta\to0}\int_{C_\delta}\frac{\mathrm{e}^{\mathrm{i}(az-b/z)}}{z}\mathrm{d}z+\lim_{R\to\infty}\int_{C_R}\frac{\mathrm{e}^{\mathrm{i}(az-b/z)}}{z}\mathrm{d}z=0, \tag{8.17a}$$

$$\int_{-\infty}^{\infty}\frac{\mathrm{e}^{\mathrm{i}(ax+b/x)}}{x}\mathrm{d}x+\lim_{\delta\to0}\int_{C_\delta}\frac{\mathrm{e}^{\mathrm{i}(az+b/z)}}{z}\mathrm{d}z+\lim_{R\to\infty}\int_{C_R}\frac{\mathrm{e}^{\mathrm{i}(az+b/z)}}{z}\mathrm{d}z=0. \tag{8.17b}$$

对于沿 C_R 积分的极限值，可以根据 Jordan 引理判断：

$$\lim_{R\to\infty}\int_{C_R}\frac{\mathrm{e}^{\mathrm{i}(az-b/z)}}{z}\mathrm{d}z=0,\qquad \lim_{R\to\infty}\int_{C_R}\frac{\mathrm{e}^{\mathrm{i}(az+b/z)}}{z}\mathrm{d}z=0.$$

而对于沿 C_δ 积分的极限值，则可分别应用上述引理 8.1 与推论 8.2，从而有

$$\lim_{\delta\to 0}\int_{C_\delta}\frac{\mathrm{e}^{\mathrm{i}(az-b/z)}}{z}\,\mathrm{d}z=0,$$

$$\lim_{\delta\to 0}\int_{C_\delta}\frac{\mathrm{e}^{\mathrm{i}(az+b/z)}}{z}\,\mathrm{d}z=-2\pi\mathrm{i}\times\mathrm{res}\left\{\frac{\mathrm{e}^{\mathrm{i}(az+b/z)}}{z}\right\}_{z=0}.$$

这里第二式右端的负号源于积分路径为顺时针方向. 为了求出 $\mathrm{e}^{\mathrm{i}(az+b/z)}/z$ 在 $z=0$ 点的留数，不妨将 $\mathrm{e}^{\mathrm{i}(az+b/z)}/z$ 与 Bessel 函数的生成函数作比较，从而写出 $\mathrm{e}^{\mathrm{i}(az+b/z)}$ 的幂级数展开式：

$$\mathrm{e}^{\mathrm{i}(az+b/z)}=\sum_{k=-\infty}^{\infty}\mathrm{i}^k\,\mathrm{J}_k(2\sqrt{ab})\left(\sqrt{\frac{a}{b}}z\right)^k. \tag{8.18}$$

于是就能得到

$$\mathrm{res}\left\{\frac{\mathrm{e}^{\mathrm{i}(az+b/z)}}{z}\right\}_{z=0}=\mathrm{J}_0(2\sqrt{ab}),$$

亦即

$$\lim_{\delta\to 0}\int_{C_\delta}\frac{\mathrm{e}^{\mathrm{i}(az+b/z)}}{z}\,\mathrm{d}z=-2\pi\mathrm{i}\,\mathrm{J}_0(2\sqrt{ab}).$$

将这些结果代入 (8.17) 式，我们就有

$$\int_{-\infty}^{\infty}\frac{\mathrm{e}^{\mathrm{i}(ax-b/x)}}{x}\,\mathrm{d}x=0,\qquad \int_{-\infty}^{\infty}\frac{\mathrm{e}^{\mathrm{i}(ax+b/x)}}{x}\,\mathrm{d}x=2\pi\mathrm{i}\,\mathrm{J}_0(2\sqrt{ab}).$$

再比较虚部，即可求得最后的结果：

$$\int_0^{\infty}\sin\left(ax-\frac{b}{x}\right)\frac{\mathrm{d}x}{x}=0,\qquad a>0,\ b>0, \tag{8.19}$$

$$\int_0^{\infty}\sin\left(ax+\frac{b}{x}\right)\frac{\mathrm{d}x}{x}=\pi\,\mathrm{J}_0(2\sqrt{ab}),\qquad a>0,\ b>0. \tag{8.20}$$

☞ 讨论

1. 将 (8.19) 与 (8.20) 二式相加、减，还可以得到

$$\int_0^{\infty}\sin ax\,\cos\frac{b}{x}\,\frac{\mathrm{d}x}{x}=\frac{\pi}{2}\,\mathrm{J}_0(2\sqrt{ab}),\qquad a>0,\ b>0, \tag{8.21}$$

$$\int_0^{\infty}\cos ax\,\sin\frac{b}{x}\,\frac{\mathrm{d}x}{x}=\frac{\pi}{2}\,\mathrm{J}_0(2\sqrt{ab}),\qquad a>0,\ b>0. \tag{8.22}$$

2. 模仿例 8.1 中的讨论，也能由 (8.19) 与 (8.20) 两式导出

$$\int_0^{\infty}\sin\left(ax-\frac{b}{x}\right)\cos\left(cx-\frac{d}{x}\right)\frac{\mathrm{d}x}{x}=0, \tag{8.23}$$

$$\int_0^\infty \cos\left(ax-\frac{b}{x}\right)\sin\left(cx-\frac{d}{x}\right)\frac{\mathrm{d}x}{x}=0, \tag{8.24}$$

$$\begin{aligned}&\int_0^\infty \sin\left(ax+\frac{b}{x}\right)\cos\left(cx+\frac{d}{x}\right)\frac{\mathrm{d}x}{x}\\&\quad=\frac{\pi}{2}\Big[\mathrm{J}_0\big(2\sqrt{(a+c)(b+d)}\big)+\mathrm{J}_0\big(2\sqrt{(a-c)(b-d)}\big)\Big],\end{aligned} \tag{8.25}$$

$$\begin{aligned}&\int_0^\infty \cos\left(ax+\frac{b}{x}\right)\sin\left(cx+\frac{d}{x}\right)\frac{\mathrm{d}x}{x}\\&\quad=\frac{\pi}{2}\Big[\mathrm{J}_0\big(2\sqrt{(a+c)(b+d)}\big)-\mathrm{J}_0\big(2\sqrt{(a-c)(b-d)}\big)\Big].\end{aligned} \tag{8.26}$$

它们的成立条件也都是 $a>c>0,\ b>d>0$.

例 8.3 计算积分

$$\int_{-\infty}^\infty \sin\left(px-\frac{q}{x}-\sum_{k=1}^n\frac{b_k}{x-a_k}\right)\frac{\mathrm{d}x}{1+x^2},\quad \int_{-\infty}^\infty \cos\left(px-\frac{q}{x}-\sum_{k=1}^n\frac{b_k}{x-a_k}\right)\frac{\mathrm{d}x}{1+x^2},$$

其中 $p>0$, $q>0$，a_k 均为实数，$b_k>0$.

解 显然应当考虑复变积分 $\oint_C \exp\left\{\mathrm{i}\left(pz-\frac{q}{z}-\sum_{k=1}^n\frac{b_k}{z-a_k}\right)\right\}\frac{\mathrm{d}z}{1+z^2}$，其中积分围道 C 如图 8.3 所示，除绕过奇点 $z=0$ (本性奇点) 外，还需要绕过实轴上的奇点 a_1, a_2, $\cdots$, a_n (也都是本性奇点). 根据留数定理，应当有

$$\begin{aligned}&\oint_C \exp\left\{\mathrm{i}\left[pz-\frac{q}{z}-\sum_{k=1}^n\frac{b_k}{z-a_k}\right]\right\}\frac{\mathrm{d}z}{1+z^2}\\&\quad=2\pi\mathrm{i}\times\mathrm{res}\left\{\exp\left[\mathrm{i}\left(pz-\frac{q}{z}-\sum_{k=1}^n\frac{b_k}{z-a_k}\right)\right]\frac{1}{1+z^2}\right\}_{z=\mathrm{i}}\\&\quad=\pi\exp\left\{-p-q-\sum_{k=1}^n\frac{\mathrm{i}\,b_k}{\mathrm{i}-a_k}\right\}\\&\quad=\pi\exp\left\{-p-q-\sum_{k=1}^n\frac{b_k}{1+a_k^2}\right\}\cdot\exp\left\{\mathrm{i}\sum_{k=1}^n\frac{a_kb_k}{1+a_k^2}\right\}.\end{aligned}$$

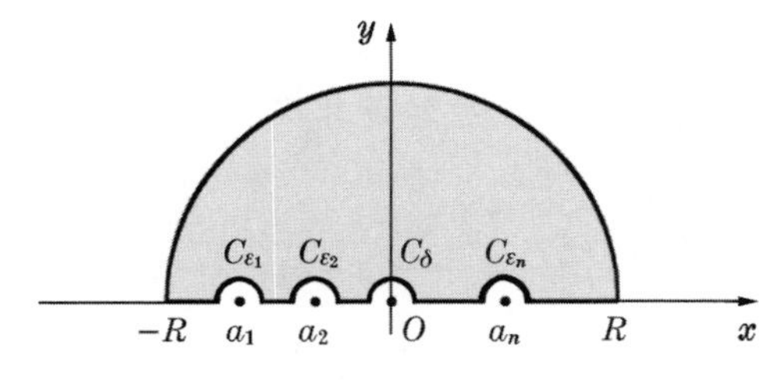

图 8.3 应用于例 8.4 的积分围道

对于沿半圆弧 C_R 的积分，根据 Jordan 引理，有

$$\lim_{R\to\infty}\int_{C_R}\exp\left\{\mathrm{i}\left(pz-\frac{q}{z}-\sum_{k=1}^{n}\frac{b_k}{z-a_k}\right)\right\}\frac{\mathrm{d}z}{1+z^2}=0.$$

对于沿 C_δ 的积分，则根据引理 8.1，也可以证得

$$\lim_{\delta\to 0}\int_{C_\delta}\exp\left\{\mathrm{i}\left(pz-\frac{q}{z}-\sum_{k=1}^{n}\frac{b_k}{z-a_k}\right)\right\}\frac{\mathrm{d}z}{1+z^2}=0.$$

类似地，还能够证明，对于绕奇点 $z=a_i$ 的积分，有

$$\lim_{\varepsilon_i\to 0}\int_{C_{\varepsilon_i}}\exp\left\{\mathrm{i}\left(pz-\frac{q}{z}-\sum_{k=1}^{n}\frac{b_k}{z-a_k}\right)\right\}\frac{\mathrm{d}z}{1+z^2}=0.$$

这样，取极限 $R\to\infty,\ \delta\to 0,\ \varepsilon_i\to 0, i=1,2,\cdots,n$，就有

$$\begin{aligned}&\int_{-\infty}^{\infty}\exp\left\{\mathrm{i}\left(px-\frac{q}{x}-\sum_{k=1}^{n}\frac{b_k}{x-a_k}\right)\right\}\frac{\mathrm{d}x}{1+x^2}\\&\qquad=\pi\exp\left\{-p-q-\sum_{k=1}^{n}\frac{b_k}{1+a_k^2}\right\}\cdot\exp\left\{\mathrm{i}\sum_{k=1}^{n}\frac{a_kb_k}{1+a_k^2}\right\}.\end{aligned}$$

分别比较实部和虚部，就得到所求的积分

$$\begin{aligned}&\int_{-\infty}^{\infty}\cos\left(px-\frac{q}{x}-\sum_{k=1}^{n}\frac{b_k}{x-a_k}\right)\frac{\mathrm{d}x}{1+x^2}\\&\qquad=\pi\exp\left\{-p-q-\sum_{k=1}^{n}\frac{b_k}{1+a_k^2}\right\}\cos\left(\sum_{k=1}^{n}\frac{a_kb_k}{1+a_k^2}\right),\end{aligned}\tag{8.27}$$

$$\begin{aligned}&\int_{-\infty}^{\infty}\sin\left(px-\frac{q}{x}-\sum_{k=1}^{n}\frac{b_k}{x-a_k}\right)\frac{\mathrm{d}x}{1+x^2}\\&\qquad=\pi\exp\left\{-p-q-\sum_{k=1}^{n}\frac{b_k}{1+a_k^2}\right\}\sin\left(\sum_{k=1}^{n}\frac{a_kb_k}{1+a_k^2}\right).\end{aligned}\tag{8.28}$$

☞ **讨论** 采用类似的积分围道，也能计算得

$$\begin{aligned}&\text{v.p.}\int_{-\infty}^{\infty}\cos\left(px-\frac{q}{x}-\sum_{k=1}^{n}\frac{b_k}{x-a_k}\right)\frac{\mathrm{d}x}{1-x^2}\\&\qquad=\pi\sin\left(p-q-\sum_{k=1}^{n}\frac{b_k}{1-a_k^2}\right)\cos\left(\sum_{k=1}^{n}\frac{a_kb_k}{1-a_k^2}\right),\end{aligned}\tag{8.29}$$

$$\text{v.p.}\int_{-\infty}^{\infty}\sin\left(px-\frac{q}{x}-\sum_{k=1}^{n}\frac{b_k}{x-a_k}\right)\frac{\mathrm{d}x}{1-x^2}$$
$$=-\pi\sin\left(p-q-\sum_{k=1}^{n}\frac{b_k}{1-a_k^2}\right)\sin\left(\sum_{k=1}^{n}\frac{a_kb_k}{1-a_k^2}\right). \tag{8.30}$$

例 8.4 计算积分 $\displaystyle\int_0^{\infty}\frac{1}{1-2p\cos(ax-b/x)+p^2}\frac{\mathrm{d}x}{1+x^2}$，其中 $a>0,\ b>0,\ 0<p<1$.

解 取积分围道 C 如图 8.2，由实轴上的线段 $\delta\leqslant|\operatorname{Re}z|\leqslant R$ 以及两个半圆弧 $|z|=R$，$0\leqslant\arg z\leqslant\pi$ 与 $|z|=\delta,\ 0\leqslant\arg z\leqslant\pi$ 组成，计算围道积分

$$\oint_C\frac{1}{1-p\,\mathrm{e}^{\mathrm{i}(az-b/z)}}\frac{\mathrm{d}z}{1+z^2}.$$

不难判断，在积分围道之内，只有一个奇点① $z=\mathrm{i}$，留数为

$$\operatorname{res}\left\{\frac{1}{1-p\,\mathrm{e}^{\mathrm{i}(az-b/z)}}\frac{1}{1+z^2}\right\}_{z=\mathrm{i}}=\frac{1}{2\mathrm{i}}\frac{1}{1-p\,\mathrm{e}^{-(a+b)}}.$$

因此，根据留数定理，有

$$\int_{-R}^{-\delta}\frac{1}{1-p\,\mathrm{e}^{\mathrm{i}(ax-b/x)}}\frac{\mathrm{d}x}{1+x^2}+\int_{C_\delta}\frac{1}{1-p\,\mathrm{e}^{\mathrm{i}(az-b/z)}}\frac{\mathrm{d}z}{1+z^2}$$
$$+\int_{\delta}^{R}\frac{1}{1-p\,\mathrm{e}^{\mathrm{i}(ax-b/x)}}\frac{\mathrm{d}x}{1+x^2}+\int_{C_R}\frac{1}{1-p\,\mathrm{e}^{\mathrm{i}(az-b/z)}}\frac{\mathrm{d}z}{1+z^2}=\frac{\pi}{1-p\,\mathrm{e}^{-(a+b)}}.$$

当 $|z|=R\to\infty,\ 0\leqslant\arg z\leqslant\pi$ 时，因为

$$\left|\mathrm{e}^{\mathrm{i}(az-b/z)}\right|=\mathrm{e}^{-(aR+b/R)\sin\theta}\leqslant 1,\qquad\theta=\arg z,$$

所以

$$\left|\frac{1}{1-p\,\mathrm{e}^{\mathrm{i}(az-b/z)}}\right|\leqslant\frac{1}{1-p},\qquad\lim_{\substack{|z|\to\infty\\0\leqslant\arg z\leqslant\pi}}z\cdot\frac{1}{1-p\,\mathrm{e}^{\mathrm{i}(az-b/z)}}\frac{1}{1+z^2}=0,$$

---

① 被积函数还有两个奇点：$z=z_1$ 和 $z=z_2$，它们都是 $1-p\,\mathrm{e}^{\mathrm{i}(az-b/z)}$ 的零点，因而满足

$$\mathrm{i}\left(az-\frac{b}{z}\right)=-\ln p+2k\pi,\qquad\text{即}\qquad az^2-(\mathrm{i}\ln p+2k\pi)z-b=0.$$

于是，根据 Viète 定理，有

$$z_1+z_2=\frac{2k\pi+\mathrm{i}\ln p}{a},\qquad z_1z_2=-\frac{b}{a},$$

根据题设，$a>0,b>0$，因此可令

$$z_1=r_1\mathrm{e}^{\mathrm{i}\theta}=r_1(\cos\theta+\mathrm{i}\sin\theta),\quad z_2=-r_2\mathrm{e}^{-\mathrm{i}\theta}=r_2(-\cos\theta+\mathrm{i}\sin\theta),\quad r_1>0,\ r_2>0.$$

而

$$(r_1-r_2)\cos\theta=\frac{2k\pi}{a},\qquad(r_1+r_2)\sin\theta=\frac{\ln p}{a},$$

因为 $0<p<1$，$\ln p<0$，所以 z_1 和 z_2 的虚部均为负，即位于下半平面.

因而有

$$\lim_{R\to\infty}\int_{C_R}\frac{1}{1-p\,\mathrm{e}^{\mathrm{i}(az-b/z)}}\frac{\mathrm{d}z}{1+z^2}=0.$$

同样，因为当 $|z|=\delta\to 0,\ 0\leqslant\arg z\leqslant\pi$ 时，有

$$\left|\mathrm{e}^{\mathrm{i}(az-b/z)}\right|=\mathrm{e}^{-(a\delta+b/\delta)\sin\theta}\leqslant 1,$$

因而也能推出

$$\lim_{\delta\to 0}\int_{C_\delta}\frac{1}{1-p\,\mathrm{e}^{\mathrm{i}(az-b/z)}}\frac{\mathrm{d}z}{1+z^2}=0.$$

这样，取极限 $R\to\infty,\ \delta\to 0$，就得到

$$\int_{-\infty}^{\infty}\frac{1}{1-p\,\mathrm{e}^{\mathrm{i}(ax-b/x)}}\frac{\mathrm{d}x}{1+x^2}=\frac{\pi}{1-p\,\mathrm{e}^{-(a+b)}},$$

亦即

$$\int_0^{\infty}\left[\frac{1}{1-p\,\mathrm{e}^{\mathrm{i}(ax-b/x)}}+\frac{1}{1-p\,\mathrm{e}^{-\mathrm{i}(ax-b/x)}}\right]\frac{\mathrm{d}x}{1+x^2}=\frac{\pi}{1-p\,\mathrm{e}^{-(a+b)}},$$

化简即得

$$\int_0^{\infty}\frac{1-p\cos(ax-b/x)}{1-2p\cos(ax-b/x)+p^2}\frac{\mathrm{d}x}{1+x^2}=\frac{\pi}{2}\frac{1}{1-p\,\mathrm{e}^{-(a+b)}}.\tag{8.31}$$

再和积分

$$\int_0^{\infty}\frac{\mathrm{d}x}{1+x^2}=\frac{\pi}{2}$$

相组合，就能得到最后的结果：

$$\int_0^{\infty}\frac{1}{1-2p\cos(ax-b/x)+p^2}\frac{\mathrm{d}x}{1+x^2}=\frac{\pi}{2}\frac{1}{1-p^2}\frac{1+p\,\mathrm{e}^{-(a+b)}}{1-p\,\mathrm{e}^{-(a+b)}},\tag{8.32}$$

$$\int_0^{\infty}\frac{\cos(ax-b/x)}{1-2p\cos(ax-b/x)+p^2}\frac{\mathrm{d}x}{1+x^2}=\frac{\pi}{2}\frac{1}{1-p^2}\frac{p+\mathrm{e}^{-(a+b)}}{1-p\,\mathrm{e}^{-(a+b)}}.\tag{8.33}$$

☞ **讨论**　用类似的方法，也能计算得

$$\text{v.p.}\int_0^{\infty}\frac{1}{1-2p\cos(ax-b/x)+p^2}\frac{\mathrm{d}x}{1-x^2}=\frac{\pi}{1-p^2}\frac{p\ \sin(a-b)}{1-2p\ \cos(a-b)+p^2}.\tag{8.34}$$

例 8.5　采用适当的围道，应用留数定理计算积分 $\displaystyle\int_{-\infty}^{\infty}\frac{\sin(ax-b/x)}{\sin(cx-d/x)}\frac{\mathrm{d}x}{x^2+1}$，其中 a,b,c,d 均为实数，且 $|c|>|a|$，$|d|>|b|$，$ab>0$，$cd>0$。

解　不妨假设 a,b,c,d 均为正数，且 $c>a$，$d>b$.

取复变积分为 $\oint_C \dfrac{\mathrm{e}^{\mathrm{i}(az-b/z)}}{\sin(cz-d/z)}\dfrac{\mathrm{d}z}{z^2+1}$. 围道 C 原则上是由正实轴上的两线段 $[-R,\ -\delta]$ 与 $[\delta,\ R]$ 以及两个半圆弧 $|z|=R,\ 0\leqslant\arg z\leqslant\pi$ 与 $|z|=R,\ 0\leqslant\arg z\leqslant\pi$ 组成，但为了适应留数定理的要求，还需作适当的调整. 为此先要分析一下被积函数的奇点.

被积函数的奇点来自两部分：第一部分是 z^2+1 的奇点，$z=\pm\mathrm{i}$，分别处于上、下半平面；第二部分是 $\sin(cz-d/z)$ 的零点 (有无穷多个)，即

$$cz-d/z=\pm k\pi,\qquad k=0,1,2,\cdots.$$

对应于 $k=0$ 有两个奇点，分别记为

$$z_{0+}=\sqrt{\frac{d}{c}},\qquad z_{0-}=-\sqrt{\frac{d}{c}}.$$

当 $k\neq 0$ 时，对应于每一个 k 值，有四个奇点，分别是

$$z_{k++}=\frac{k\pi+\sqrt{(k\pi)^2+4cd}}{2c},\qquad z_{k+-}=\frac{k\pi-\sqrt{(k\pi)^2+4cd}}{2c},$$
$$z_{k-+}=\frac{-k\pi+\sqrt{(k\pi)^2+4cd}}{2c},\qquad z_{k--}=\frac{-k\pi-\sqrt{(k\pi)^2+4cd}}{2c}.$$

这无穷多个奇点都分布在实轴上，且以 $z=\infty$ 及 $z=0$ 为聚点. 这样就决定了两个半圆弧的半径只能取离散值 δ_n 与 R_n (其数值大小后面再确定)，而且积分围道还要 (以半径为 $\varepsilon_1,\varepsilon_2,\cdots$ 的半圆弧从上方) 绕过位于 $(-R_n,\ -\delta_n)$ 以及 $(\delta_n,\ R_n)$ 间的各个奇点. 在令 $\varepsilon_1\to 0,\ \varepsilon_2\to 0,\ \cdots$ 后，就有

$$\begin{aligned}&\int_{-R}^{-\delta}\frac{\mathrm{e}^{\mathrm{i}(ax-b/x)}}{\sin(cx-d/x)}\frac{\mathrm{d}x}{x^2+1}+\int_{C_{\delta_n}}\frac{\mathrm{e}^{\mathrm{i}(az-b/z)}}{\sin(cz-d/z)}\frac{\mathrm{d}z}{z^2+1}\\&\qquad+\int_{\delta}^{R}\frac{\mathrm{e}^{\mathrm{i}(ax-b/x)}}{\sin(cx-d/x)}\frac{\mathrm{d}x}{x^2+1}+\int_{C_{R_n}}\frac{\mathrm{e}^{\mathrm{i}(az-b/z)}}{\sin(cz-d/z)}\frac{\mathrm{d}z}{z^2+1}\\&\quad=2\pi\mathrm{i}\times\operatorname{res}f(\mathrm{i})+\pi\mathrm{i}\Big[\operatorname{res}f(z_{0+})+\operatorname{res}f(z_{0-})\Big]\\&\qquad+\pi\mathrm{i}\sum_k\Big[\operatorname{res}f(z_{k++})+\operatorname{res}f(z_{k+-})+\operatorname{res}f(z_{k-+}+\operatorname{res}f(z_{k--})\Big].\end{aligned}$$

下面的任务有二：

(1) 证明 $\displaystyle\lim_{n\to\infty}\int_{C_{R_n}}\frac{\mathrm{e}^{\mathrm{i}(az-b/z)}}{\sin(cz-d/z)}\frac{\mathrm{d}z}{z^2+1}=0,\ \lim_{n\to\infty}\int_{C_{\delta_n}}\frac{\mathrm{e}^{\mathrm{i}(az-b/z)}}{\sin(cz-d/z)}\frac{\mathrm{d}z}{z^2+1}=0$;

(2) 计算各奇点处的留数，并求和.

首先证明 $\displaystyle\lim_{n\to\infty}\int_{C_{R_n}}\frac{\mathrm{e}^{\mathrm{i}(az-b/z)}}{\sin(cz-d/z)}\frac{\mathrm{d}z}{z^2+1}=0$. 按照 Jordan 引理的要求，这只要证明在 $0\leqslant\arg z\leqslant\pi$ 的范围内，当 $|z|=R_n\to 0$ 时，$\displaystyle\frac{\mathrm{e}^{-\mathrm{i}b/z}}{\sin(cz-d/z)}\frac{1}{z^2+1}$ 一致地趋于 0 即可. 不难计算，当 $z=R_n\mathrm{e}^{\mathrm{i}\theta}$ 时，有

$$\sin\left(cz-\frac{d}{z}\right)=\sin\left[\left(cR_n-\frac{d}{R_n}\right)\cos\theta+\mathrm{i}\left(cR_n+\frac{d}{R_n}\right)\sin\theta\right],$$

因此

$$\left|\sin\left(cz-\frac{d}{z}\right)\right|^2=\sin^2\left[\left(cR_n-\frac{d}{R_n}\right)\cos\theta\right]+\sinh^2\left[\left(cR_n+\frac{d}{R_n}\right)\cos\theta\right],$$

从而可以证明

$$\left|\sin\left(cR_n-\frac{d}{R_n}\right)\right|\leqslant\left|\sin\left(cz-\frac{d}{z}\right)\right|\leqslant\sinh\left(cR_n+\frac{d}{R_n}\right).$$

这样，只要取 R_n 为

$$c\,R_n-\frac{d}{R_n}=\left(n+\frac{1}{2}\right)\pi,$$

就有

$$\left|\frac{\mathrm{e}^{-\mathrm{i}b/z}}{\sin(cz-d/z)}\frac{1}{z^2+1}\right|\leqslant\frac{1}{R_n^2}\mathrm{e}^{-b/R_n},$$

因而就证明了

$$\lim_{n\to\infty}\int_{C_{R_n}}\frac{\mathrm{e}^{\mathrm{i}(az-b/z)}}{\sin(cz-d/z)}\frac{\mathrm{d}z}{z^2+1}=0.$$

为了证明 $\displaystyle\lim_{n\to\infty}\int_{C_{\delta_n}}\frac{\mathrm{e}^{\mathrm{i}(az-b/z)}}{\sin(cz-d/z)}\frac{\mathrm{d}z}{z^2+1}=0$，不妨作变换 $\zeta=-1/z$，亦即

$$z=\delta_n\mathrm{e}^{\mathrm{i}\theta}\mapsto\zeta=\frac{1}{\delta_n}\mathrm{e}^{\mathrm{i}(\pi-\theta)},\qquad 0\leqslant\theta\leqslant\pi,$$

则

$$\int_{C_{\delta_n}}\frac{\mathrm{e}^{\mathrm{i}(az-b/z)}}{\sin(cz-d/z)}\frac{\mathrm{d}z}{z^2+1}=\int_{C_n'}\frac{\mathrm{e}^{\mathrm{i}(b\zeta-a/\zeta)}}{\sin(d\zeta-c/\zeta)}\frac{\mathrm{d}\zeta}{\zeta^2+1}.$$

于是，我们只要取 $\delta_n=1/R_n$，就能直接引用上面有关沿 C_{R_n} 的结论，从而证得

$$\lim_{n\to\infty}\int_{C_{\delta_n}}\frac{\mathrm{e}^{\mathrm{i}(az-b/z)}}{\sin(cz-d/z)}\frac{\mathrm{d}z}{z^2+1}=0.$$

现在再来计算被积函数在围道内各奇点处的留数. 对于奇点 i，有

$$\mathrm{res}\,f(\mathrm{i})=\frac{\mathrm{e}^{\mathrm{i}(\mathrm{i}a+\mathrm{i}b)}}{\sin(\mathrm{i}c+\mathrm{i}d)}\frac{1}{2\mathrm{i}}=-\frac{1}{2\sinh(c+d)}\,\mathrm{e}^{-(a+b)}.$$

对于奇点 $z_{0+}=\sqrt{d/c}$ 与 $z_{0-}=-\sqrt{d/c}$，有

$$\operatorname{res} f(z_{0+}) = \frac{\mathrm{e}^{\mathrm{i}(az-b/z)}}{c+d/z^2}\,\frac{1}{1+z^2}\bigg|_{z_{0+}} = \frac{1}{2(c+d)}\,\mathrm{e}^{\mathrm{i}(a\sqrt{d/c}-b\sqrt{c/d})},$$

$$\operatorname{res} f(z_{0-}) = \frac{\mathrm{e}^{\mathrm{i}(az-b/z)}}{c+d/z^2}\,\frac{1}{1+z^2}\bigg|_{z_{0-}} = \frac{1}{2(c+d)}\,\mathrm{e}^{-\mathrm{i}(a\sqrt{d/c}-b\sqrt{c/d})},$$

它们的和为

$$\operatorname{res} f(z_{0+}) + \operatorname{res} f(z_{0-}) = \frac{1}{c+d}\cos\left(a\sqrt{\frac{d}{c}} - b\sqrt{\frac{c}{d}}\right).$$

对于满足 $cz-d/z=\pm k\pi$ 的四个奇点 $z_{k++}, z_{k+-}, z_{k-+}, z_{k--}$，有

$$\operatorname{res} f(z) = (-1)^k\frac{\mathrm{e}^{\mathrm{i}(az-b/z)}}{c+d/z^2}\,\frac{1}{1+z^2} = (-1)^k\frac{\mathrm{e}^{\mathrm{i}(az-b/z)}}{c+d+cz^2+d/z^2}.$$

代入 $z=z_{k++}$，因为

$$z_{k++} = \frac{k\pi+\sqrt{(k\pi)^2+4cd}}{2c}, \qquad \frac{1}{z_{k++}} = \frac{-k\pi+\sqrt{(k\pi)^2+4cd}}{2d},$$

经过并不复杂的代数运算，能够得到，当 $z=z_{k++}$ 时，有

$$az-\frac{b}{z} = \left(\frac{a}{2c}+\frac{b}{2d}\right)k\pi + \left(\frac{a}{2c}-\frac{b}{2d}\right)\sqrt{(k\pi)^2+4cd},$$

$$\frac{1}{c+d+cz^2+d/z^2} = \frac{1}{2}\,\frac{1}{\sqrt{(k\pi)^2+4cd}}\,\frac{(c+d)\sqrt{(k\pi)^2+4cd}+(c-d)k\pi}{(k\pi)^2+(c+d)^2}.$$

因此

$$\operatorname{res} f(z_{k++}) = \frac{(-1)^k}{2}\,\frac{(c+d)\sqrt{(k\pi)^2+4cd}+(c-d)k\pi}{\left[(k\pi)^2+(c+d)^2\right]\sqrt{(k\pi)^2+4cd}}\,\mathrm{e}^{\mathrm{i}k\pi\alpha+\mathrm{i}\beta\sqrt{(k\pi)^2+4cd}},$$

其中

$$\alpha = \frac{a}{2c}+\frac{b}{2d}, \qquad \beta = \frac{a}{2c}-\frac{b}{2d}.$$

同理，可以求得

$$\operatorname{res} f(z_{k+-}) = \frac{(-1)^k}{2}\,\frac{(c+d)\sqrt{(k\pi)^2+4cd}-(c-d)k\pi}{\left[(k\pi)^2+(c+d)^2\right]\sqrt{(k\pi)^2+4cd}}\,\mathrm{e}^{\mathrm{i}k\pi\alpha-\mathrm{i}\beta\sqrt{(k\pi)^2+4cd}},$$

$$\operatorname{res} f(z_{k-+}) = \frac{(-1)^k}{2}\,\frac{(c+d)\sqrt{(k\pi)^2+4cd}-(c-d)k\pi}{\left[(k\pi)^2+(c+d)^2\right]\sqrt{(k\pi)^2+4cd}}\,\mathrm{e}^{-\mathrm{i}k\pi\alpha+\mathrm{i}\beta\sqrt{(k\pi)^2+4cd}},$$

$$\operatorname{res} f(z_{k--}) = \frac{(-1)^k}{2}\,\frac{(c+d)\sqrt{(k\pi)^2+4cd}+(c-d)k\pi}{\left[(k\pi)^2+(c+d)^2\right]\sqrt{(k\pi)^2+4cd}}\,\mathrm{e}^{-\mathrm{i}k\pi\alpha-\mathrm{i}\beta\sqrt{(k\pi)^2+4cd}}.$$

这四个奇点处的留数之和为

$$\begin{aligned}&\operatorname{res} f(z_{k++})+\operatorname{res} f(z_{k+-})+\operatorname{res} f(z_{k-+})+\operatorname{res} f(z_{k--})\\&\quad=\frac{(-1)^k}{(k\pi)^2+(c+d)^2}\left[2(c+d)\cos k\pi\alpha\cos\beta\sqrt{(k\pi)^2+4cd}\right.\\&\qquad\left.-\frac{2(c-d)\,k\pi}{\sqrt{(k\pi)^2+4cd}}\sin k\pi\alpha\sin\beta\sqrt{(k\pi)^2+4cd}\right].\end{aligned}$$

综合以上结果，并取极限 $R_n\to\infty$，$\delta_n\to 0$，就有

$$\begin{aligned}&\int_{-\infty}^{\infty}\frac{\mathrm{e}^{\mathrm{i}(ax-b/x)}}{\sin(cx-d/x)}\frac{\mathrm{d}x}{1+x^2}\\&\quad=-\pi\mathrm{i}\frac{\mathrm{e}^{-(a+b)}}{\sinh(c+d)}+\frac{\pi\mathrm{i}}{c+d}\cos\left(a\sqrt{\frac{d}{c}}-b\sqrt{\frac{c}{d}}\right)\\&\qquad+2\pi\mathrm{i}\left[(c+d)\sum_{k=1}^{\infty}\frac{(-1)^k}{(k\pi)^2+(c+d)^2}\cos k\pi\alpha\cos\beta\sqrt{(k\pi)^2+4cd}\right.\\&\qquad\left.-(c-d)\sum_{k=1}^{\infty}\frac{(-1)^k k\pi}{(k\pi)^2+(c+d)^2}\frac{\sin k\pi\alpha}{\sqrt{(k\pi)^2+4cd}}\sin\beta\sqrt{(k\pi)^2+4cd}\right].\end{aligned}$$

再比较虚部，就得到所求的积分

$$\begin{aligned}&\int_{-\infty}^{\infty}\frac{\sin(ax-b/x)}{\sin(cx-d/x)}\frac{\mathrm{d}x}{1+x^2}\\&\quad=-\pi\frac{\mathrm{e}^{-(a+b)}}{\sinh(c+d)}+\frac{\pi}{c+d}\cos\left(a\sqrt{\frac{d}{c}}-b\sqrt{\frac{c}{d}}\right)\\&\qquad+2\pi\left[(c+d)\sum_{k=1}^{\infty}\frac{(-1)^k}{(k\pi)^2+(c+d)^2}\cos k\pi\alpha\cos\beta\sqrt{(k\pi)^2+4cd}\right.\\&\qquad\left.-(c-d)\sum_{k=1}^{\infty}\frac{(-1)^k k\pi}{(k\pi)^2+(c+d)^2}\frac{\sin k\pi\alpha}{\sqrt{(k\pi)^2+4cd}}\sin\beta\sqrt{(k\pi)^2+4cd}\right].\end{aligned}$$

为了求出上面两个无穷级数的和函数，需要用到半纯函数的有理分式展开 (Mittag-Leffler定理) ①：

$$\begin{aligned}&\frac{\cosh\alpha z}{\sinh z}\cosh\beta\sqrt{z^2-\gamma^2}-\frac{\cos\beta\gamma}{z}\\&\quad=\sum_{n=1}^{\infty}(-1)^n\cos n\pi\alpha\cos\beta\sqrt{(n\pi)^2+\gamma^2}\left(\frac{1}{z-n\pi\mathrm{i}}+\frac{1}{n\pi\mathrm{i}}\right)\\&\qquad+\sum_{n=1}^{\infty}(-1)^n\cos n\pi\alpha\cos\beta\sqrt{(n\pi)^2+\gamma^2}\left(\frac{1}{z+n\pi\mathrm{i}}-\frac{1}{n\pi\mathrm{i}}\right)\\&\quad=2z\sum_{n=1}^{\infty}\frac{(-1)^n}{z^2+(n\pi)^2}\cos n\pi\alpha\cos\beta\sqrt{(n\pi)^2+\gamma^2},\end{aligned}\tag{8.35a}$$

---

① 参见文献：王竹溪，郭敦仁．特殊函数概论．北京：北京大学出版社，2000：16 – 19．

$$\begin{aligned}
&\frac{z\,\sinh\alpha z}{\sinh z}\,\frac{\sinh\beta\sqrt{z^2-\gamma^2}}{\sqrt{z^2-\gamma^2}}\\
&\quad=\sum_{n=1}^{\infty}(-1)^{n+1}n\pi\,\sin n\pi\alpha\,\frac{\sin\beta\sqrt{(n\pi)^2+\gamma^2}}{\sqrt{(n\pi)^2+\gamma^2}}\left(\frac{1}{z-n\pi\mathrm{i}}+\frac{1}{n\pi\mathrm{i}}\right)\\
&\qquad+\sum_{n=1}^{\infty}(-1)^{n+1}n\pi\,\sin n\pi\alpha\,\frac{\sin\beta\sqrt{(n\pi)^2+\gamma^2}}{\sqrt{(n\pi)^2+\gamma^2}}\left(\frac{1}{z+n\pi\mathrm{i}}-\frac{1}{n\pi\mathrm{i}}\right)\\
&\quad=2z\sum_{n=1}^{\infty}\frac{(-1)^{n+1}\,n\pi}{z^2+(n\pi)^2}\,\frac{\sin n\pi\alpha\,\sin\beta\sqrt{(n\pi)^2+\gamma^2}}{\sqrt{(n\pi)^2+\gamma^2}}.
\end{aligned}\tag{8.35b}$$

令 $z=c+d,\ \gamma^2=4cd$，因而 $\sqrt{z^2-\gamma^2}=c-d$，就有

$$\begin{aligned}
&\frac{\cosh\alpha(c+d)}{\sinh(c+d)}\,\cosh\beta(c-d)\\
&\quad=\frac{\cos\beta\gamma}{c+d}+2(c+d)\sum_{n=1}^{\infty}\frac{(-1)^n}{(n\pi)^2+(c+d)^2}\,\cos n\pi\alpha\,\cos\beta\sqrt{(n\pi)^2+4cd},
\end{aligned}\tag{8.35c}$$

$$\begin{aligned}
&\frac{\sinh\alpha(c+d)}{\sinh(c+d)}\,\sinh\beta(c-d)\\
&\quad=2(c-d)\sum_{n=1}^{\infty}\frac{(-1)^{n+1}\,n\pi}{(n\pi)^2+(c+d)^2}\,\frac{\sin n\pi\alpha\,\sin\beta\sqrt{(n\pi)^2+4cd}}{\sqrt{(n\pi)^2+4cd}}.
\end{aligned}\tag{8.35d}$$

注意到前面引入的 β，有 $\beta\gamma=a\sqrt{d/c}-b\sqrt{c/d}$，因而就得到最后的简单结果：

$$\begin{aligned}
&\int_{-\infty}^{\infty}\frac{\sin(ax-b/x)}{\sin(cx-d/x)}\,\frac{\mathrm{d}x}{1+x^2}\\
&\qquad=-\frac{\pi\,\mathrm{e}^{-(a+b)}}{\sinh(c+d)}+\frac{\pi}{\sinh(c+d)}\,\cosh\alpha(c+d)\,\cosh\beta(c-d)\\
&\qquad\quad+\frac{\pi}{\sinh(c+d)}\,\sinh\alpha(c+d)\,\sinh\beta(c-d)]\\
&\qquad=\frac{\pi}{\sinh(c+d)}\Big\{-\mathrm{e}^{-(a+b)}+\cosh[\alpha(c+d)+\beta(c-d)]\Big\}\\
&\qquad=\frac{\pi}{\sinh(c+d)}\Big[-\mathrm{e}^{-(a+b)}+\cosh(a+b)\Big]\\
&\qquad=\frac{\pi\,\sinh(a+b)}{\sinh(c+d)}.
\end{aligned}\tag{8.36}$$

☞ **讨论**　重复引用 (8.36) 式，可以得到

$$\begin{aligned}
&\int_0^{\infty}\frac{\sin(2\alpha x-2\beta/x)\pm\sin(2\gamma x-2\delta/x)}{\sin(ax-b/x)}\,\frac{\mathrm{d}x}{1+x^2}\\
&\qquad=\frac{\pi}{2}\,\frac{1}{\sinh(a+b)}\big[\sinh 2(\alpha+\beta)\pm\sinh 2(\gamma+\delta)\big],
\end{aligned}$$

成立条件不妨取为 $a>2\alpha>0,\ b>2\beta>0,\ a>2\gamma>0,\ b>2\delta>0$. 利用三角函数中的和差化积公式，就能化成

$$\int_0^\infty \frac{\sin(cx-d/x)\cos(ex-f/x)}{\sin(ax-b/x)}\frac{\mathrm{d}x}{1+x^2}=\frac{\pi}{2}\frac{\sinh(c+d)}{\sinh(a+b)}\cosh(e+f), \tag{8.37}$$

$$\int_0^\infty \frac{\cos(cx-d/x)\sin(ex-f/x)}{\sin(ax-b/x)}\frac{\mathrm{d}x}{1+x^2}=\frac{\pi}{2}\frac{\sinh(e+f)}{\sinh(a+b)}\cosh(c+d), \tag{8.38}$$

成立条件是 $a>c\pm e>0,\ b>d\pm f>0$.

§8.2　含多值函数的积分

例 8.6　计算积分 $\displaystyle\int_0^{\pi/2}\cos^\alpha\theta\cos\alpha\theta\,\mathrm{d}\theta$，其中 $\alpha>-1$.

解　本题中的积分兼有有理三角函数积分与多值函数积分的两个特点，故可考虑复变积分 $\displaystyle\oint_C(z^2+1)^\alpha\frac{\mathrm{d}z}{z}$，其中积分围道 C 如图 8.4 所示，其基本结构是半圆形的围道，但绕开了 $z=\pm\mathrm{i}$ (被积函数的枝点) 以及 $z=0$ (被积函数的极点). 作为多值函数，规定 $\arg(z^2+1)\big|_{z=0}=0$. 因此，对于圆周上的点 $z=\mathrm{e}^{\mathrm{i}\theta}$，有 $z^2+1=2\mathrm{e}^{\mathrm{i}\theta}\cos\theta,\ \arg\cos\theta=0$；而对于虚轴上的点 $z=\mathrm{i}y,\ -1<y<1$，则有 $\arg(z^2+1)=0$.

在 $\alpha>-1$ 的条件下，容易证明

$$\lim_{\varepsilon\to0}\int_{C_\varepsilon}(z^2+1)^\alpha\frac{\mathrm{d}z}{z}=0,\qquad \lim_{\varepsilon'\to0}\int_{C_{\varepsilon'}}(z^2+1)^\alpha\frac{\mathrm{d}z}{z}=0,$$

于是，按照留数定理，并取极限 $\varepsilon\to0,\ \varepsilon'\to0$ 后，就有

$$\int_{-\pi/2}^{\pi/2}(2\mathrm{e}^{\mathrm{i}\theta}\cos\theta)^\alpha\mathrm{i}\mathrm{d}\theta+\int_1^\delta(1-y^2)^\alpha\frac{\mathrm{d}y}{y}+\int_{C_\delta}(z^2+1)^\alpha\frac{\mathrm{d}z}{z}+\int_\delta^1(1-y^2)^\alpha\frac{\mathrm{d}y}{y}=0.$$

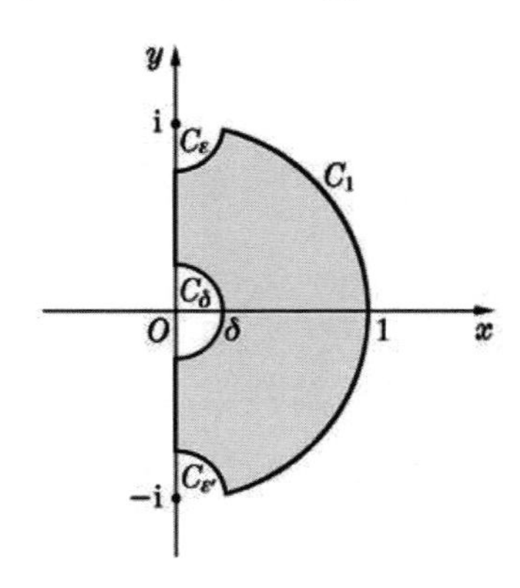

图 8.4　应用于例 8.6 的积分围道

沿虚轴的两段积分正好彼此相消，而对于沿 C_δ 的积分，有

$$\lim_{\delta\to0}\int_{C_\delta}(z^2+1)^\alpha\frac{\mathrm{d}z}{z}=-\mathrm{i}\pi,$$

所以，取极限 $\delta\to0$，就得到

$$2^\alpha\int_{-\pi/2}^{\pi/2}\mathrm{e}^{\mathrm{i}\alpha\theta}\cos^\alpha\theta\mathrm{d}\theta=\pi.$$

比较实部，得

$$2^\alpha\int_{-\pi/2}^{\pi/2}\cos\alpha\theta\,\cos^\alpha\theta\,\mathrm{d}\theta=\pi.$$

所以最后有

$$\int_0^{\pi/2}\cos\alpha\theta\,\cos^\alpha\theta\,\mathrm{d}\theta=\frac{\pi}{2^{\alpha+1}}.\tag{8.39}$$

☞　**讨论**

1.　本题中被积函数为多值函数，不仅 $z=0$ 与 $z=\infty$ 间要作割线，而且当 $\pi/2<|\theta|<\pi$ 时，也不能简单地使用等式 $z^2+1=2\mathrm{e}^{\mathrm{i}\theta}\cos\theta$，必须进一步明确 $\arg\cos\theta$ 的取值.

2.　本题也可看成例 7.5 的特殊情形：$a=1$, $b=\alpha+1$.

例 8.7　类似地，我们可以采用图 8.5 中的积分围道，计算复变积分

$$\int_C\frac{z^2-1}{z^4-2z^2\cosh2p+1}\frac{z\,\mathrm{d}z}{(z^2+1)^\alpha},\quad p>0,\ \alpha<1.$$

这时，在围道内只有一个奇点 $z=\mathrm{e}^{-p}$，留数为

$$\frac{\mathrm{e}^{-2p}-1}{4\mathrm{e}^{-3p}-4\mathrm{e}^{-p}\cosh2p}\frac{\mathrm{e}^{-p}}{(\mathrm{e}^{-2p}+1)^\alpha}=2^{-\alpha-2}\frac{\mathrm{e}^{-p(1-\alpha)}}{\cosh^{\alpha+1}p},$$

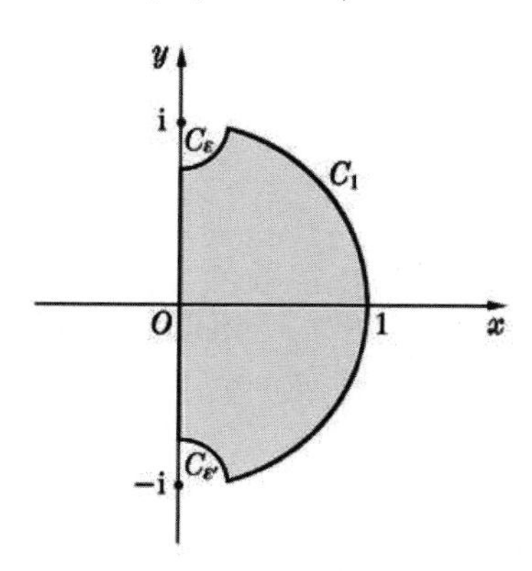

图 8.5　应用于例 8.7 中的积分围道

因此

$$\oint_C \frac{z^2-1}{z^4-2z^2\cosh 2p+1}\,\frac{z\,\mathrm{d}z}{(z^2+1)^\alpha}=\frac{\mathrm{i}\pi}{2^{\alpha+1}}\,\frac{\mathrm{e}^{-p(1-\alpha)}}{\cosh^{\alpha+1}p},$$

亦即

$$\begin{aligned}&\int_{C_1}\frac{z^2-1}{z^4-2z^2\cosh 2p+1}\,\frac{z\,\mathrm{d}z}{(z^2+1)^\alpha}+\int_{C_\varepsilon}\frac{z^2-1}{z^4-2z^2\cosh 2p+1}\,\frac{z\,\mathrm{d}z}{(z^2+1)^\alpha}\\&\quad+\int_{1-\varepsilon}^{-1+\varepsilon'}\frac{y^2+1}{y^4+2y^2\cosh 2p+1}\,\frac{y\,\mathrm{d}y}{(1-y^2)^\alpha}\\&\quad+\int_{C_{\varepsilon'}}\frac{z^2-1}{z^4-2z^2\cosh 2p+1}\,\frac{z\,\mathrm{d}z}{(z^2+1)^\alpha}=\frac{\mathrm{i}\pi}{2^{\alpha+1}}\,\frac{\mathrm{e}^{-p(1-\alpha)}}{\cosh^{\alpha+1}p}.\end{aligned}$$

考虑到在 $\alpha<1$ 的条件下，根据小圆弧引理，有

$$\lim_{\varepsilon\to 0}\int_{C_\varepsilon}\frac{z^2-1}{z^4-2z^2\cosh 2p+1}\,\frac{z\,\mathrm{d}z}{(z^2+1)^\alpha}=0,$$
$$\lim_{\varepsilon'\to 0}\int_{C_{\varepsilon'}}\frac{z^2-1}{z^4-2z^2\cosh 2p+1}\,\frac{z\,\mathrm{d}z}{(z^2+1)^\alpha}=0,$$

同时考虑到被积函数的奇偶性，有

$$\lim_{\substack{\varepsilon\to 0\\ \varepsilon'\to 0}}\int_{1-\varepsilon}^{-1+\varepsilon'}\frac{y^2+1}{y^4+2y^2\cosh 2p+1}\,\frac{y\,\mathrm{d}y}{(1-y^2)^\alpha}=0,$$

所以

$$\lim_{\substack{\varepsilon\to 0\\ \varepsilon'\to 0}}\int_{C_1}\frac{z^2-1}{z^4-2z^2\cosh 2p+1}\,\frac{z\,\mathrm{d}z}{(z^2+1)^\alpha}=\frac{\mathrm{i}\pi}{2^{\alpha+1}}\,\frac{\mathrm{e}^{-p(1-\alpha)}}{\cosh^{\alpha+1}p}.$$

因为在 C_1 上，$z=\mathrm{e}^{\mathrm{i}\theta}$，$\mathrm{d}z=\mathrm{e}^{\mathrm{i}\theta}\mathrm{i}\mathrm{d}\theta$，且

$$z^2+1=2\mathrm{e}^{\mathrm{i}\theta}\cos\theta,\qquad z^2-1=2\mathrm{e}^{\mathrm{i}\theta}\mathrm{i}\sin\theta,$$
$$z^4-2z^2\cosh 2p+1=2\mathrm{e}^{\mathrm{i}2\theta}\big(\cos 2\theta-\cosh 2p\big),$$

所以可将上面的积分化为

$$-\int_{-\pi/2}^{\pi/2}\frac{\mathrm{e}^{\mathrm{i}\theta(1-\alpha)}}{\cos 2\theta-\cosh 2p}\,\frac{\sin\theta}{\cos^\alpha\theta}\,\mathrm{d}\theta=\frac{\mathrm{i}\pi}{2}\,\frac{\mathrm{e}^{-p(1-\alpha)}}{\cosh^{\alpha+1}p}.$$

比较虚部，即得

$$\int_{-\pi/2}^{\pi/2}\frac{\sin(1-\alpha)\theta\,\sin\theta}{\cosh 2p-\cos 2\theta}\,\frac{\mathrm{d}\theta}{\cos^\alpha\theta}=\frac{\pi}{2}\,\frac{\mathrm{e}^{-p(1-\alpha)}}{\cosh^{\alpha+1}p}.\tag{8.40a}$$

因为被积函数为偶函数，所以还可进一步化为

$$\int_0^{\pi/2} \frac{\sin(1-\alpha)\theta \sin\theta}{\cosh 2p - \cos 2\theta} \frac{d\theta}{\cos^\alpha \theta} = \frac{\pi}{4} \frac{e^{-p(1-\alpha)}}{\cosh^{\alpha+1} p}. \tag{8.40b}$$

若采用相同围道计算复变积分 $\int_C \frac{z^2-1}{z^4-2z^2\cosh 2p+1} \frac{z\,dz}{(z^2+1)^\alpha}$，则可导出

$$\int_0^{\pi/2} \frac{\cos(1-\alpha)\theta}{\cosh 2p - \cos 2\theta} \frac{d\theta}{\cos^{\alpha-1} \theta} = \frac{\pi}{4} \frac{e^{-p(1-\alpha)}}{\sinh p \cosh^\alpha p}, \qquad p>0,\ \alpha<2. \tag{8.41}$$

例 8.8 指定积分围道如图 8.6 所示，选择适当的被积函数，计算积分

$$\int_{-\pi/2}^{\pi/2} \frac{\sin(\alpha+1)\theta}{\sin\theta} \cos^\alpha \theta\, d\theta, \qquad \mathrm{Re}\,\alpha > -1.$$

解 本题与例 8.6 相似，故可考虑复变积分

$$\oint_C f(z)dz = \oint_C \frac{(z^2+1)^\alpha}{z^2-1} z\,dz,$$

并且规定 $\arg(z^2+1)\big|_{z=0}=0$. 于是，对于单位圆周 C_1 与 C_1' 上的点 $z=e^{i\theta}$，有

$$z^2+1 = 2e^{i\theta}\cos\theta,$$

即

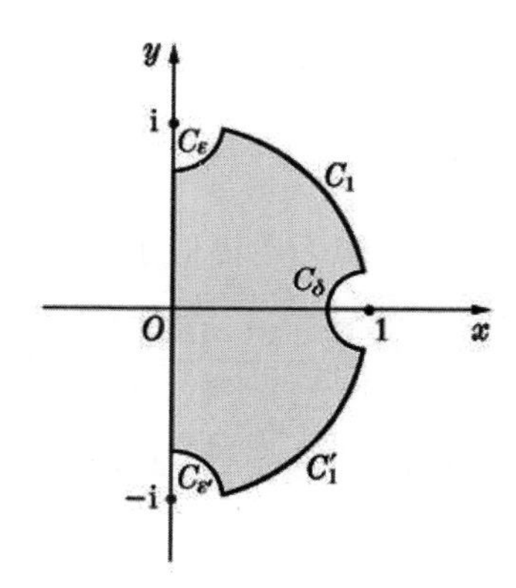

图 8.6 例 8.8 中的积分围道

$$\arg(z^2+1)\big|_{z=e^{i\theta},-\pi/2<\theta<\pi/2} = \theta,$$

同时，对于虚轴上的点 $z=iy$, $-1<y<1$，有

$$\arg(z^2+1)\big|_{z=iy,\ -1<y<1} = 0.$$

另一方面，根据留数定理，可以写出

$$\int_{1-\varepsilon}^{-1+\varepsilon'} \frac{(1-y^2)^\alpha}{1+y^2} y\,dy + \int_{C_{\varepsilon'}} \frac{(z^2+1)^\alpha}{z^2-1} z\,dz + \int_{C_1'} \frac{(z^2+1)^\alpha}{z^2-1} z\,dz$$
$$+ \int_{C_\delta} \frac{(z^2+1)^\alpha}{z^2-1} z\,dz + \int_{C_1} \frac{(z^2+1)^\alpha}{z^2-1} z\,dz + \int_{C_\varepsilon} \frac{(z^2+1)^\alpha}{z^2-1} z\,dz = 0.$$

因为

$$\lim_{\varepsilon\to 0}\int_{C_\varepsilon} \frac{(z^2+1)^\alpha}{z^2-1} z\,dz = 0, \qquad \lim_{\varepsilon'\to 0}\int_{C_{\varepsilon'}} \frac{(z^2+1)^\alpha}{z^2-1} z\,dz = 0,$$

$$\lim_{\delta\to 0}\int_{C_\delta}\frac{(z^2+1)^\alpha}{z^2-1}z\,\mathrm{d}z=-\mathrm{i}\pi\cdot 2^{\alpha-1},$$

$$\lim_{\substack{\varepsilon\to 0\\ \varepsilon'\to 0}}\int_{1-\varepsilon}^{-1+\varepsilon'}\frac{(1-y^2)^\alpha}{1+y^2}\,y\,\mathrm{d}y=0,$$

$$\lim_{\substack{\varepsilon\to 0\\ \delta\to 0}}\int_{C_1}\frac{(z^2+1)^\alpha}{z^2-1}z\,\mathrm{d}z=2^{\alpha-1}\int_0^{\pi/2}\frac{\cos^\alpha\theta}{\sin\theta}\,\mathrm{e}^{\mathrm{i}(\alpha+1)\theta}\,\mathrm{d}\theta,$$

$$\lim_{\substack{\varepsilon'\to 0\\ \delta\to 0}}\int_{C_1'}\frac{(z^2+1)^\alpha}{z^2-1}z\,\mathrm{d}z=2^{\alpha-1}\int_{-\pi/2}^{0}\frac{\cos^\alpha\theta}{\sin\theta}\,\mathrm{e}^{\mathrm{i}(\alpha+1)\theta}\,\mathrm{d}\theta,$$

所以有

$$2^{\alpha-1}\int_{-\pi/2}^{\pi/2}\frac{\cos^\alpha\theta}{\sin\theta}\,\mathrm{e}^{\mathrm{i}(\alpha+1)\theta}\,\mathrm{d}\theta=\mathrm{i}\pi\cdot 2^{\alpha-1}.$$

比较虚部，即得

$$\int_{-\pi/2}^{\pi/2}\frac{\sin(\alpha+1)\theta}{\sin\theta}\,\cos^\alpha\theta\,\mathrm{d}\theta=\pi. \tag{8.42}$$

例 8.9　采用类似于图 8.5 的围道，还可以计算积分

$$\oint_C\frac{z^2-1}{z^4-2z^2\cos 2\gamma+1}\,\frac{z\,\mathrm{d}z}{(z^2+1)^\alpha},\qquad \mathrm{Re}\,\alpha<1,\ 0<\gamma<\pi/2.$$

这时的围道见图 8.7，围道的局部调整是由于要绕开圆周上的两个奇点 $z=\mathrm{e}^{\pm\mathrm{i}\gamma}$（一阶极点）. 因为被积函数在这两个奇点处的留数为

$$\mathrm{res}\left\{\frac{z^2-1}{z^4-2z^2\cos 2\gamma+1}\,\frac{z}{(z^2+1)^\alpha}\right\}_{z=\mathrm{e}^{\pm\mathrm{i}\gamma}}=\frac{1}{2^{\alpha+2}}\,\frac{\mathrm{e}^{\pm\mathrm{i}(1-\alpha)\gamma}}{\cos^{\alpha+1}\gamma},$$

重复上题的计算，就得到

$$\begin{aligned}&\int_{-\pi/2}^{\pi/2}\frac{2\mathrm{i}\mathrm{e}^{\mathrm{i}\theta}\sin\theta}{\mathrm{e}^{4\mathrm{i}\theta}-2\mathrm{e}^{2\mathrm{i}\theta}\cos 2\gamma+1}\,\frac{\mathrm{e}^{2\mathrm{i}\theta}\,\mathrm{i}\mathrm{d}\theta}{(2\mathrm{e}^{\mathrm{i}\theta}\cos\theta)^\alpha}\\ &\quad=-2^{-\alpha}\int_{-\pi/2}^{\pi/2}\frac{\mathrm{e}^{\mathrm{i}(1-\alpha)\theta}}{\cos 2\theta-\cos 2\gamma}\,\frac{\sin\theta}{\cos^\alpha\theta}\,\mathrm{d}\theta\\ &\quad=\pi\mathrm{i}\times\frac{1}{2^{\alpha+2}}\,\frac{1}{\cos^{\alpha+1}\gamma}\left[\mathrm{e}^{\mathrm{i}(1-\alpha)\gamma}+\mathrm{e}^{-\mathrm{i}(1-\alpha)\gamma}\right]\\ &\quad=\frac{\pi\mathrm{i}}{2^{\alpha+1}}\,\frac{\cos(1-\alpha)\gamma}{\cos^{\alpha+1}\gamma}.\end{aligned}$$

因此

$$\int_{-\pi/2}^{\pi/2}\frac{\mathrm{e}^{\mathrm{i}(1-\alpha)\theta}}{\cos 2\theta-\cos 2\gamma}\,\frac{\sin\theta}{\cos^\alpha\theta}\,\mathrm{d}\theta=-\frac{\pi\mathrm{i}}{2}\,\frac{\cos(1-\alpha)\gamma}{\cos^{\alpha+1}\gamma}.$$

再由于

$$\int_{-\pi/2}^{0} \frac{\mathrm{e}^{\mathrm{i}(1-\alpha)\theta}}{\cos 2\theta - \cos 2\gamma} \frac{\sin\theta}{\cos^{\alpha}\theta}\,\mathrm{d}\theta = -\int_{0}^{\pi/2} \frac{\mathrm{e}^{-\mathrm{i}(1-\alpha)\theta}\sin\theta}{\cos 2\theta - \cos 2\gamma}\,\mathrm{d}\theta,$$

所以就求得

$$\text{v.p.}\int_{0}^{\pi/2} \frac{\sin(1-\alpha)\theta}{\cos 2\theta - \cos 2\gamma} \frac{\sin\theta}{\cos^{\alpha}\theta}\,\mathrm{d}\theta = -\frac{\pi}{4}\frac{\cos(1-\alpha)\gamma}{\cos^{\alpha+1}\gamma}. \tag{8.43}$$

类似地，采用同样的积分围道计算 $\oint_C \dfrac{1}{z^4 - 2z^2\cos 2\gamma + 1}\dfrac{z\,\mathrm{d}z}{(z^2+1)^{\alpha}}$，就能导出

$$\text{v.p.}\int_{0}^{\pi/2} \frac{\cos\alpha\theta}{\cos 2\theta - \cos 2\gamma}\frac{\mathrm{d}\theta}{\cos^{\alpha}\theta} = -\frac{\pi}{4}\frac{\sin\alpha\gamma}{\sin\gamma\,\cos^{\alpha+1}\gamma}, \quad \mathrm{Re}\,\alpha<1,\ 0<\gamma<\frac{\pi}{2}. \tag{8.44}$$

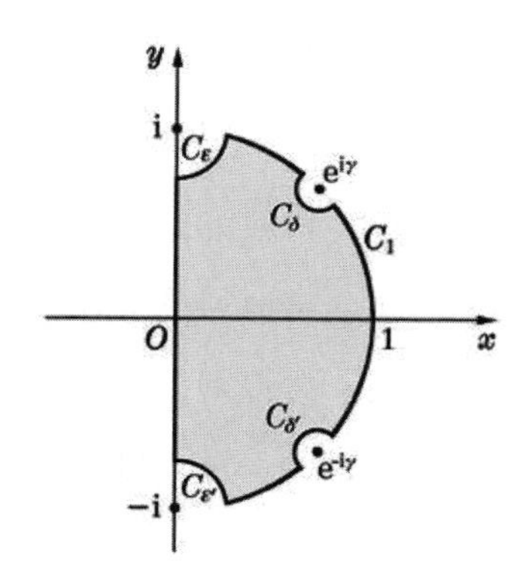

图 8.7 例 8.9 中的积分围道

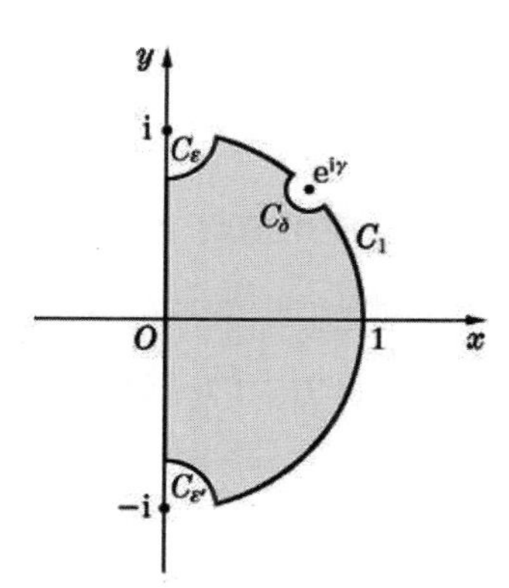

图 8.8 例 8.10 中的积分围道

例 8.10 计算积分 $\displaystyle\int_{-\pi/2}^{\pi/2}\frac{\cos\alpha(\theta-\gamma)}{\cos^{1-\alpha}\theta\,\sin(\theta-\gamma)}\,\mathrm{d}\theta$，其中 $\alpha>0$，$-\dfrac{\pi}{2}<\gamma<\dfrac{\pi}{2}$.

解 选取积分围道如图 8.8 所示，计算围道积分 $\oint_C \dfrac{1}{(z^2+1)^{1-\alpha}}\dfrac{z\,\mathrm{d}z}{z^2-\mathrm{e}^{\mathrm{i}2\gamma}}$，仿照前几题的讨论，即可得到

$$\int_{-\pi/2}^{\pi/2}\frac{1}{(2\mathrm{e}^{\mathrm{i}\theta}\cos\theta)^{1-\alpha}}\frac{\mathrm{e}^{\mathrm{i}2\theta}\,\mathrm{i}\,\mathrm{d}\theta}{\mathrm{e}^{\mathrm{i}2\theta}-\mathrm{e}^{\mathrm{i}2\gamma}} = \frac{\pi\mathrm{i}}{2}\frac{1}{(z^2+1)^{\alpha-1}}\bigg|_{z=\mathrm{e}^{\mathrm{i}\gamma}} = \frac{\pi\mathrm{i}}{2}\frac{1}{(2\mathrm{e}^{\mathrm{i}\gamma}\cos\gamma)^{1-\alpha}},$$

亦即

$$\int_{-\pi/2}^{\pi/2}\frac{\mathrm{e}^{\mathrm{i}\alpha(\theta-\gamma)}}{\cos^{1-\alpha}\theta\,\sin(\theta-\gamma)}\,\mathrm{d}\theta = \frac{\pi\mathrm{i}}{\cos^{1-\alpha}\gamma}. \tag{8.45}$$

比较实部，就求得积分

$$\int_{-\pi/2}^{\pi/2}\frac{\sin\alpha(\theta-\gamma)}{\cos^{1-\alpha}\theta\,\sin(\theta-\gamma)}\,\mathrm{d}\theta = \frac{\pi}{\cos^{1-\alpha}\gamma}. \tag{8.46}$$

与此同时，比较虚部，还能得到

$$\int_{-\pi/2}^{\pi/2} \frac{\cos\alpha(\theta-\gamma)}{\cos^{1-\alpha}\theta\,\sin(\theta-\gamma)}\,\mathrm{d}\theta = 0. \tag{8.47}$$

或者将 (8.45) 式改写成

$$\int_{-\pi/2}^{\pi/2} \frac{\mathrm{e}^{\mathrm{i}\alpha\theta}}{\cos^{1-\alpha}\theta\,\sin(\theta-\gamma)}\,\mathrm{d}\theta = \frac{\pi\mathrm{i}\,\mathrm{e}^{\mathrm{i}\alpha\gamma}}{\cos^{1-\alpha}\gamma}, \tag{8.45$'$}$$

分别比较实部和虚部，又能得到

$$\mathrm{v.p.}\int_{-\pi/2}^{\pi/2} \frac{\cos\alpha\theta}{\cos^{1-\alpha}\theta\,\sin(\theta-\gamma)}\,\mathrm{d}\theta = -\frac{\pi\,\sin\alpha\gamma}{\cos^{1-\alpha}\gamma}, \tag{8.48}$$

$$\mathrm{v.p.}\int_{-\pi/2}^{\pi/2} \frac{\sin\alpha\theta}{\cos^{1-\alpha}\theta\,\sin(\theta-\gamma)}\,\mathrm{d}\theta = \frac{\pi\,\cos\alpha\gamma}{\cos^{1-\alpha}\gamma}. \tag{8.49}$$

例 8.11 应用留数定理计算积分 $\displaystyle\int_0^{\pi/2} \sin^\alpha\theta\,\cos\alpha\Big(\frac{\pi}{2}-\theta\Big)\mathrm{d}\theta$，$\mathrm{Re}\,\alpha > -1$.

解 本题类似于例 8.6，事实上，可以由该处的结果通过简单的变换而导出；也可以采用图 8.9 中的围道计算复变积分 $\displaystyle\oint_C (z^2-1)^\alpha\,\frac{\mathrm{d}z}{z}$ 而得到. 如果我们规定 $\arg(z^2-1)\big|_{z=0}=\pi$，则对于圆周上的变点 $z=\mathrm{e}^{\mathrm{i}\theta}$，有

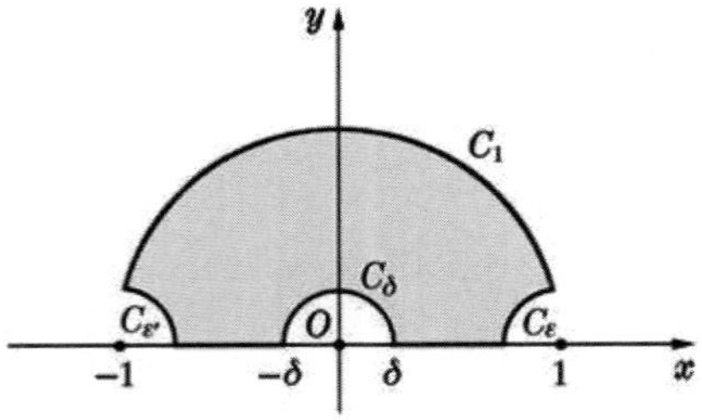

$$(z^2-1)\big|_{z=\mathrm{e}^{\mathrm{i}\theta}} = 2\mathrm{e}^{\mathrm{i}\pi/2}\mathrm{e}^{\mathrm{i}\theta}\sin\theta,$$

其中 $\arg\sin\theta = 0$. 容易证明，在本题所设条件 $\mathrm{Re}\,\alpha > -1$ 下，

$$\lim_{\varepsilon\to0}\int_{C_\varepsilon} (z^2-1)^\alpha\,\frac{\mathrm{d}z}{z} = 0,$$

$$\lim_{\varepsilon\to0}\int_{C_{\varepsilon'}} (z^2-1)^\alpha\,\frac{\mathrm{d}z}{z} = 0.$$

图 8.9 应用于例 8.11 的积分围道

同时，因为

$$\lim_{\delta\to0}\int_{C_\delta} (z^2-1)^\alpha\,\frac{\mathrm{d}z}{z} = -\mathrm{i}\pi\,\mathrm{e}^{\mathrm{i}\pi\alpha},$$

就能得到

$$\int_0^{\pi} \mathrm{e}^{\mathrm{i}\alpha(\theta-\pi/2)}\sin^\alpha\theta\,\mathrm{d}\theta = \frac{\pi}{2^\alpha}. \tag{8.50}$$

因为

$$\int_0^{\pi} \mathrm{e}^{\mathrm{i}\alpha(\theta-\pi/2)} \sin^{\alpha}\theta\,\mathrm{d}\theta = \int_0^{\pi/2} \mathrm{e}^{\mathrm{i}\alpha(\theta-\pi/2)} \sin^{\alpha}\theta\,\mathrm{d}\theta + \int_{\pi/2}^{\pi} \mathrm{e}^{\mathrm{i}\alpha(\theta-\pi/2)} \sin^{\alpha}\theta\,\mathrm{d}\theta$$

$$= \int_0^{\pi/2} \left[\mathrm{e}^{\mathrm{i}\alpha(\theta-\pi/2)} - \mathrm{e}^{-\mathrm{i}\alpha(\theta-\pi/2)}\right] \sin^{\alpha}\theta\,\mathrm{d}\theta = 2\int^{\pi/2} \cos\alpha\left(\frac{\pi}{2}-\theta\right) \sin^{\alpha}\theta\,\mathrm{d}\theta,$$

最后就有

$$\int_0^{\pi/2} \cos\alpha\left(\frac{\pi}{2}-\theta\right) \sin^{\alpha}\theta\,\mathrm{d}\theta = \frac{\pi}{2^{\alpha+1}}. \tag{8.51}$$

若将 (8.50) 式改写为

$$\int_0^{\pi} \mathrm{e}^{\mathrm{i}\alpha\theta} \sin^{\alpha}\theta\,\mathrm{d}\theta = \frac{\pi}{2^{\alpha}}\mathrm{e}^{\mathrm{i}\pi\alpha/2}, \tag{8.50$'$}$$

当 α 为实数，$\alpha > -1$ 时，则可直接比较等式两端的实部与虚部，从而得到

$$\int_0^{\pi} \sin^{\alpha}\theta\,\cos\alpha\theta\,\mathrm{d}\theta = \frac{\pi}{2^{\alpha}}\cos\frac{\pi\alpha}{2}, \qquad \int_0^{\pi} \sin^{\alpha}\theta\,\sin\alpha\theta\,\mathrm{d}\theta = \frac{\pi}{2^{\alpha}}\sin\frac{\pi\alpha}{2}. \tag{8.52}$$

例 8.12 类似于例 8.7，采用图 8.10 中的积分围道，计算复变积分

$$\oint_C \frac{z^2+1}{z^4-2z^2\cosh 2p+1}\,\frac{z\,\mathrm{d}z}{(z^2-1)^{\alpha}}, \qquad p>0,\ \alpha<1,$$

可以导出 (计算过程从略)

$$\int_0^{\pi} \frac{\mathrm{e}^{\mathrm{i}(1-\alpha)\theta}}{\cosh 2p-\cos 2\theta}\,\frac{\cos\theta}{\sin^{\alpha}\theta}\,\mathrm{d}\theta = \frac{\pi}{2}\,\mathrm{e}^{-p(1-\alpha)}\,\frac{\mathrm{e}^{\mathrm{i}\pi\alpha/2}}{\sinh^{\alpha+1}p}.$$

分别比较实部与虚部，即得

$$\int_0^{\pi} \frac{\cos(1-\alpha)\theta}{\cosh 2p-\cos 2\theta}\,\frac{\cos\theta}{\sin^{\alpha}\theta}\,\mathrm{d}\theta = \frac{\pi}{2}\,\frac{\mathrm{e}^{-p(1-\alpha)}}{\sinh^{\alpha+1}p}\cos\frac{\pi\alpha}{2}, \tag{8.53}$$

$$\int_0^{\pi} \frac{\sin(1-\alpha)\theta}{\cosh 2p-\cos 2\theta}\,\frac{\cos\theta}{\sin^{\alpha}\theta}\,\mathrm{d}\theta = -\frac{\pi}{2}\,\frac{\mathrm{e}^{-p(1-\alpha)}}{\sinh^{\alpha+1}p}\sin\frac{\pi\alpha}{2}. \tag{8.54}$$

类似地，计算复变积分

$$\oint_C \frac{z^2-1}{z^4-2z^2\cosh 2p+1}\,\frac{z\,\mathrm{d}z}{(z^2-1)^{\alpha}}, \qquad p>0,\ \alpha<2,$$

也能得到

$$\int_0^{\pi} \frac{\cos(1-\alpha)\theta}{\cosh 2p-\cos 2\theta}\,\frac{1}{\sin^{\alpha-1}\theta}\,\mathrm{d}\theta = \frac{\pi}{2}\,\frac{\mathrm{e}^{-p(1-\alpha)}}{\sinh^{\alpha}p\,\cosh p}\sin\frac{\pi\alpha}{2}, \tag{8.55}$$

$$\int_0^{\pi} \frac{\sin(1-\alpha)\theta}{\cosh 2p-\cos 2\theta}\,\frac{1}{\sin^{\alpha-1}\theta}\,\mathrm{d}\theta = \frac{\pi}{2}\,\frac{\mathrm{e}^{-p(1-\alpha)}}{\sinh^{\alpha}p\,\cosh p}\cos\frac{\pi\alpha}{2}. \tag{8.56}$$

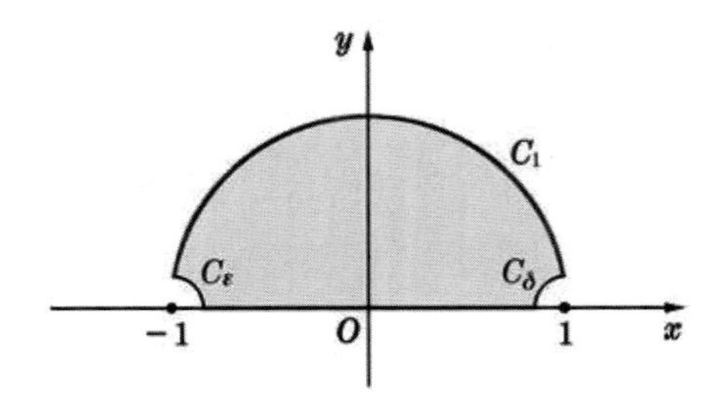

图 8.10　应用于例 8.12 的积分围道

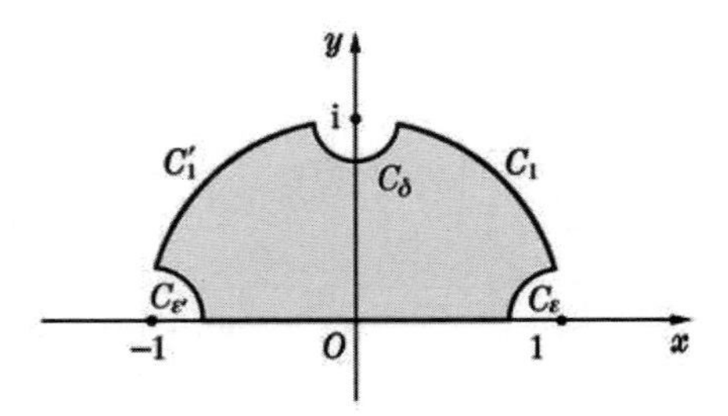

图 8.11　应用于例 8.13 的积分围道

例 8.13　仿照例 8.8，采用图 8.11 中的积分围道，计算 $\oint_C (z^2-1)^\alpha \dfrac{z\,\mathrm{d}z}{z^2+1}$. 在 $\mathrm{Re}\,\alpha > -1$ 的条件下，可以得到

$$\int_0^\pi \sin^\alpha\theta\,\frac{\mathrm{e}^{\mathrm{i}(\alpha+1)\theta}}{\cos\theta}\,\mathrm{d}\theta = \pi\,\mathrm{e}^{\mathrm{i}\pi\alpha/2}.$$

比较实部与虚部，即得

$$\int_0^\pi \sin^\alpha\theta\,\frac{\cos(\alpha+1)\theta}{\cos\theta}\,\mathrm{d}\theta = \pi\cos\frac{\pi\alpha}{2},\quad \int_0^\pi \sin^\alpha\theta\,\frac{\sin(\alpha+1)\theta}{\cos\theta}\,\mathrm{d}\theta = \pi\sin\frac{\pi\alpha}{2}. \tag{8.57}$$

例 8.14　类似于例 8.9，取积分围道如图 8.12 所示，我们再来计算复变积分

$$\oint_C \frac{z^2+1}{(z^2-1)^\alpha}\,\frac{z\,\mathrm{d}z}{z^4-2z^2\cos 2\gamma+1},\qquad \alpha<1,\ 0<\gamma<\pi/2.$$

注意到在圆周上有两个奇点：$z=\mathrm{e}^{\mathrm{i}\gamma}$ 及 $z=\mathrm{e}^{\mathrm{i}(\pi-\gamma)}$，留数分别为

$$\mathrm{res}\left\{\frac{z^2+1}{(z^2-1)^\alpha}\,\frac{z}{z^4-2z^2\cos 2\gamma+1}\right\}_{z=\mathrm{e}^{\mathrm{i}\gamma}} = \frac{1}{\mathrm{i}}\,\frac{\mathrm{e}^{-\mathrm{i}\pi\alpha/2}}{2^{\alpha+2}}\,\frac{\mathrm{e}^{\mathrm{i}(1-\alpha)\gamma}}{\sin^{\alpha+1}\gamma},$$
$$\mathrm{res}\left\{\frac{z^2+1}{(z^2-1)^\alpha}\,\frac{z}{z^4-2z^2\cos 2\gamma+1}\right\}_{z=\mathrm{e}^{\mathrm{i}(\pi-\gamma)}} = \frac{1}{\mathrm{i}}\,\frac{\mathrm{e}^{-\mathrm{i}\pi\alpha/2}}{2^{\alpha+2}}\,\frac{\mathrm{e}^{\mathrm{i}(1-\alpha)(\pi-\gamma)}}{\sin^{\alpha+1}\gamma},$$

所以根据留数定理，并取极限 $\varepsilon\to 0,\ \varepsilon'\to 0,\ \delta\to 0$，即得

$$\int_0^\pi \frac{\mathrm{e}^{\mathrm{i}(1-\alpha)\theta}}{\sin^\alpha\theta}\,\frac{\cos\theta}{\cos 2\theta-\cos 2\gamma}\,\mathrm{d}\theta = \frac{\pi}{4\mathrm{i}}\frac{1}{\sin^{\alpha+1}\gamma}\left[\mathrm{e}^{\mathrm{i}(1-\alpha)\gamma}+\mathrm{e}^{\mathrm{i}(1-\alpha)(\pi-\gamma)}\right]. \tag{8.58}$$

比较实部和虚部，就有

$$\int_0^{\pi} \frac{\cos(1-\alpha)\theta}{\sin^{\alpha}\theta} \frac{\cos\theta}{\cos 2\theta - \cos 2\gamma} \mathrm{d}\theta = \frac{\pi}{4} \frac{1}{\sin^{\alpha+1}\gamma} \Big[\sin(1-\alpha)\gamma + \sin(1-\alpha)(\pi-\gamma)\Big], \tag{8.59}$$

$$\int_0^{\pi} \frac{\sin(1-\alpha)\theta}{\sin^{\alpha}\theta} \frac{\cos\theta}{\cos 2\theta - \cos 2\gamma} \mathrm{d}\theta = -\frac{\pi}{4} \frac{1}{\sin^{\alpha+1}\gamma} \Big[\cos(1-\alpha)\gamma + \cos(1-\alpha)(\pi-\gamma)\Big]. \tag{8.60}$$

或者将 (8.58) 式改写为

$$\int_0^{\pi} \frac{\mathrm{e}^{\mathrm{i}(1-\alpha)(\theta-\pi/2)}}{\sin^{\alpha}\theta} \frac{\cos\theta}{\cos 2\theta - \cos 2\gamma} \mathrm{d}\theta = \frac{\pi}{2\mathrm{i}} \frac{1}{\sin^{\alpha+1}\gamma} \cos(1-\alpha)\Big(\frac{\pi}{2} - \gamma\Big), \tag{8.58$'$}$$

比较实部和虚部，又能得到

$$\int_0^{\pi} \cos(1-\alpha)\Big(\frac{\pi}{2}-\theta\Big) \frac{\cos\theta}{\sin^{\alpha}\theta} \frac{\mathrm{d}\theta}{\cos 2\theta - \cos 2\gamma} = 0, \tag{8.61}$$

$$\int_0^{\pi} \sin(1-\alpha)\Big(\frac{\pi}{2}-\theta\Big) \frac{\cos\theta}{\sin^{\alpha}\theta} \frac{\mathrm{d}\theta}{\cos 2\theta - \cos 2\gamma} = \frac{\pi}{2} \frac{1}{\sin^{\alpha+1}\gamma} \cos(1-\alpha)\Big(\frac{\pi}{2}-\gamma\Big). \tag{8.62}$$

用同样的方法计算

$$\oint_C \frac{1}{(z^2-1)^{\alpha}} \frac{z\,\mathrm{d}z}{z^4 - 2z^2\cos 2\gamma + 1}, \qquad \alpha < 1,\ 0 < \gamma < \pi/2,$$

就可以得到下列积分：

$$\int_0^{\pi} \frac{\cos\alpha\theta}{\sin^{\alpha}\theta} \frac{\mathrm{d}\theta}{\cos 2\theta - \cos 2\gamma} = -\frac{\pi}{4} \frac{1}{\sin^{\alpha+1}\gamma\,\cos\gamma} \Big[\sin\alpha\gamma - \sin\alpha(\pi-\gamma)\Big], \tag{8.63}$$

$$\int_0^{\pi} \frac{\sin\alpha\theta}{\sin^{\alpha}\theta} \frac{\mathrm{d}\theta}{\cos 2\theta - \cos 2\gamma} = \frac{\pi}{4} \frac{1}{\sin^{\alpha+1}\gamma\,\cos\gamma} \Big[\cos\alpha\gamma - \cos\alpha(\pi-\gamma)\Big], \tag{8.64}$$

$$\int_0^{\pi} \frac{1}{\sin^{\alpha}\theta} \cos\alpha\Big(\frac{\pi}{2}-\theta\Big) \frac{\mathrm{d}\theta}{\cos 2\theta - \cos 2\gamma} = \frac{\pi}{2} \frac{1}{\sin^{\alpha+1}\gamma\,\cos\gamma} \sin\alpha\Big(\frac{\pi}{2}-\gamma\Big), \tag{8.65}$$

$$\int_0^{\pi} \frac{1}{\sin^{\alpha}\theta} \sin\alpha\Big(\frac{\pi}{2}-\theta\Big) \frac{\mathrm{d}\theta}{\cos 2\theta - \cos 2\gamma} = 0. \tag{8.66}$$

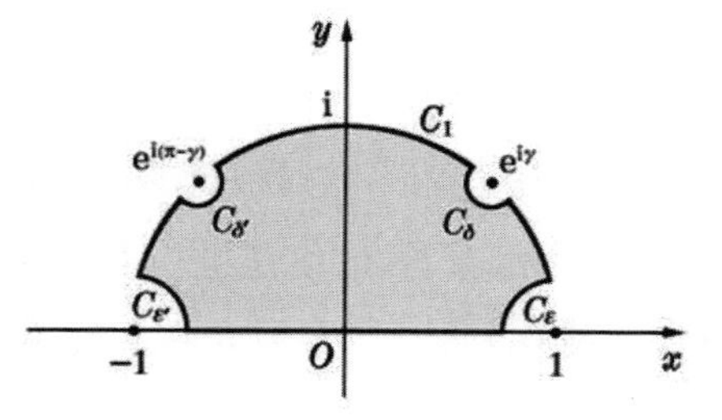

图 8.12　应用于例 8.14 的积分围道

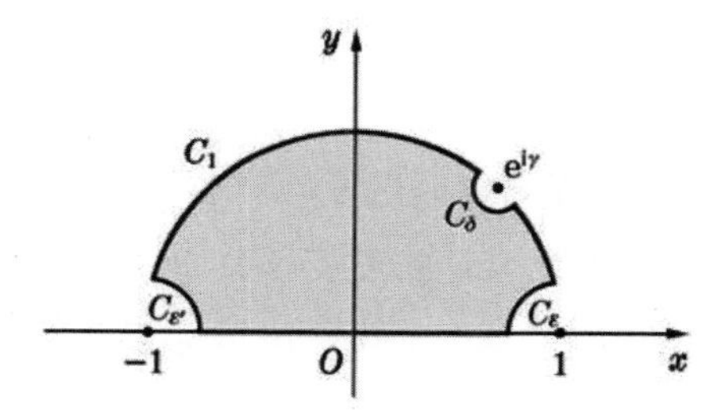

图 8.13　应用于例 8.15 的积分围道

例 8.15　现在再采用图 8.13 中的积分围道，计算复变积分

$$\oint_C \frac{1}{(z^2-1)^\alpha}\frac{z\,\mathrm{d}z}{z^2-\mathrm{e}^{\mathrm{i}2\gamma}}, \qquad a<1,\ 0<\gamma<\pi.$$

注意到对于位于上半圆周上的点 $z=\mathrm{e}^{\mathrm{i}\theta}$ 及 $z=\mathrm{e}^{\mathrm{i}\gamma}$，有

$$\begin{aligned}
(z^2-1)\big|_{z=\mathrm{e}^{\mathrm{i}\theta}} &= 2\mathrm{e}^{\mathrm{i}\pi/2}\,\mathrm{e}^{\mathrm{i}\theta}\sin\theta, &\qquad \arg\sin\theta=0,\\
(z^2-1)\big|_{z=\mathrm{e}^{\mathrm{i}\gamma}} &= 2\mathrm{e}^{\mathrm{i}\pi/2}\,\mathrm{e}^{\mathrm{i}\gamma}\sin\gamma, &\qquad \arg\sin\gamma=0,\\
(z^2-\mathrm{e}^{\mathrm{i}2\gamma})\big|_{z=\mathrm{e}^{\mathrm{i}\theta}} &= \mathrm{e}^{2\mathrm{i}2\gamma}\cdot 2\mathrm{e}^{\mathrm{i}\pi/2}\mathrm{e}^{\mathrm{i}(\theta-\gamma)}\sin(\theta-\gamma),
\end{aligned}$$

根据留数定理，并取极限 $\varepsilon\to0,\ \varepsilon'\to0,\ \delta\to0$，就得到

$$\int_0^\pi \frac{\mathrm{e}^{\mathrm{i}(1-\alpha)(\theta-\gamma)}}{\sin^\alpha\theta\,\sin(\theta-\gamma)}\,\mathrm{d}\theta=\frac{\pi\mathrm{i}}{\sin^\alpha\gamma},\quad 亦即\quad \int_0^\pi \frac{\mathrm{e}^{\mathrm{i}(1-\alpha)\theta}}{\sin^\alpha\theta\,\sin(\theta-\gamma)}\,\mathrm{d}\theta=\frac{\pi\mathrm{i}\,\mathrm{e}^{\mathrm{i}(1-\alpha)\gamma}}{\sin^\alpha\gamma}.$$

分别比较实部与虚部即得

$$\text{v.p.}\int_0^\pi \frac{\cos(1-a)(\gamma-\theta)}{\sin^a\theta\,\sin(\gamma-\theta)}\,\mathrm{d}\theta=0, \tag{8.67}$$

$$\int_0^\pi \frac{\sin(1-a)(\gamma-\theta)}{\sin^a\theta\,\sin(\gamma-\theta)}\,\mathrm{d}\theta=\frac{\pi}{\sin^a\gamma}, \tag{8.68}$$

$$\text{v.p.}\int_0^\pi \frac{\cos(1-a)\theta}{\sin^a\theta\,\sin(\gamma-\theta)}\,\mathrm{d}\theta=\frac{\pi\,\sin(1-a)\gamma}{\sin^a\gamma}, \tag{8.69}$$

$$\text{v.p.}\int_0^\pi \frac{\sin(1-a)\theta}{\sin^a\theta\,\sin(\gamma-\theta)}\,\mathrm{d}\theta=-\frac{\pi\,\cos(1-a)\gamma}{\sin^a\gamma}. \tag{8.70}$$

§8.3　应用留数定理的非常规方式

在应用留数定理计算定积分时，经常用到半圆形的围道. 在多数情况下，当圆弧的半径趋于 ∞ 时，沿半圆弧的积分趋于确定的极限，0 或者非零极限值. 然而，也不排除会出现沿半圆弧的积分极限不存在的情形，见下面的例子.

例 8.16　计算积分 $\displaystyle\int_0^\infty \frac{x}{x^2+a^2}\ln\left|\frac{x+1}{x-1}\right|\mathrm{d}x$，其中 $a>0$.

解　作为无穷积分，这个定积分的存在性毋庸置疑. 我们可以选择图 8.14 中的积分围道 C 来计算复变积分 $\displaystyle\oint_C \frac{z}{z^2+a^2}\ln\frac{z+1}{z-1}\mathrm{d}z$. 由于 $z=\pm1$ 是被积函数的枝点，故可由 $z=-1$ 点直接与 $z=1$ 点相连而沿实轴作割线，并且规定在割线上岸

$$\arg(z-1)=\pi, \qquad \arg(z+1)=0.$$

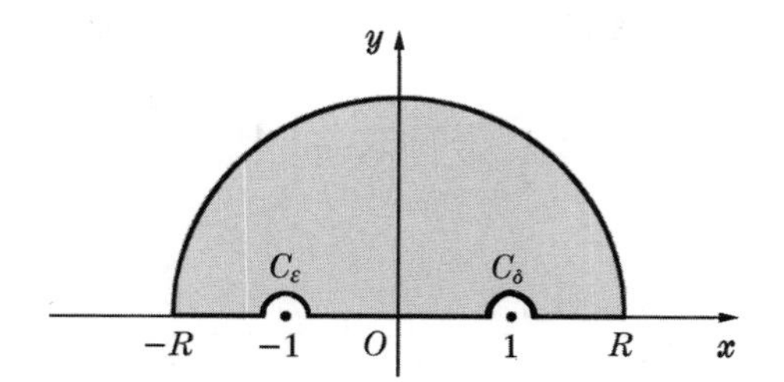

图 8.14　应用于例 8.16 的积分围道

于是，按照留数定理，我们就有

$$\oint_C \frac{z}{z^2+a^2}\ln\frac{z+1}{z-1}\,\mathrm{d}z = 2\pi\mathrm{i}\times\operatorname{res}\left\{\frac{z}{z^2+a^2}\ln\frac{z+1}{z-1}\right\}_{z=\mathrm{i}a}.$$

因为

$$\lim_{z\to\mp 1}(z\pm 1)\cdot\frac{z}{z^2+a^2}\ln\frac{z+1}{z-1}=0,\qquad \lim_{z\to\infty} z\cdot\frac{z}{z^2+a^2}\ln\frac{z+1}{z-1}=0,$$

所以，在取极限 $\varepsilon\to 0$, $\delta\to 0$, $R\to\infty$ 后，就有

$$\begin{aligned}&\int_\infty^1 \frac{-x}{x^2+a^2}\ln\frac{x-1}{x+1}(-\mathrm{d}x)+\int_1^0\frac{-x}{x^2+a^2}\left(\ln\frac{1-x}{x+1}-\mathrm{i}\pi\right)(-\mathrm{d}x)\\ &\qquad+\int_0^1\frac{x}{x^2+a^2}\left(\ln\frac{1+x}{1-x}-\mathrm{i}\pi\right)\mathrm{d}x+\int_1^\infty\frac{x}{x^2+a^2}\ln\frac{x+1}{x-1}\,\mathrm{d}x\\ &\quad=-\pi\left(2\arctan a-\pi\right),\end{aligned}$$

整理即得

$$2\int_0^1\frac{x}{x^2+a^2}\ln\frac{1+x}{1-x}\,\mathrm{d}x+2\int_1^\infty\frac{x}{x^2+a^2}\ln\frac{x+1}{x-1}\,\mathrm{d}x=\pi^2-2\pi\arctan a,$$

亦即

$$\int_0^\infty\frac{x}{x^2+a^2}\ln\left|\frac{x+1}{x-1}\right|\mathrm{d}x=\frac{1}{2}\pi^2-\pi\arctan a=\pi\arctan\frac{1}{a}. \tag{8.71}$$

☞　**讨论**

1. 作变换 $x=1/t$，就能证明

$$\int_1^\infty\frac{x}{x^2+a^2}\ln\left|\frac{x+1}{x-1}\right|\mathrm{d}x=\int_0^1\frac{1}{1+a^2t^2}\ln\left|\frac{t+1}{t-1}\right|\frac{\mathrm{d}x}{t},$$

所以，由 (8.71) 式还可导出

$$\int_0^1\frac{a^2+2x^2+a^2x^4}{(a^2+x^2)(1+a^2x^2)}\ln\frac{1+x}{1-x}\frac{\mathrm{d}x}{x}=\pi\arctan\frac{1}{a}. \tag{8.72}$$

2. 在 (8.71) 式中取 $a=1$，则有

$$\int_0^\infty \frac{x}{x^2+1}\ \ln\left|\frac{x+1}{x-1}\right|\ \mathrm{d}x=\frac{\pi^2}{4}, \tag{8.73}$$

从而也能进一步推出

$$\int_0^1 \ln\frac{1+x}{1-x}\,\frac{\mathrm{d}x}{x}=\int_1^\infty \ln\frac{x+1}{x-1}\,\frac{\mathrm{d}x}{x}=\frac{\pi^2}{4}. \tag{8.74}$$

下面对 $\displaystyle\int_0^\infty f(x)\ln\left|\frac{1+x}{1-x}\right|\mathrm{d}x$ 型积分再作一点普遍讨论．考虑复变积分

$$\oint_C f(z)\ \ln\frac{z+1}{z-1}\mathrm{d}z.$$

只要 $f(z)$ 满足

$$\lim_{z\to\mp1}\left\{(z\pm1)\cdot f(z)\ln\frac{z+1}{z-1}\right\}=0,\qquad \lim_{z\to\infty}\left\{z\cdot f(z)\ln\frac{z+1}{z-1}\right\}=0,$$

并且 $f(z)$ 在上半平面只有有限个奇点，则重复上面的计算过程，即可得到

$$\begin{aligned}\int_1^\infty \big[f(x)-f(-x)\big]\ln\frac{x-1}{x+1}\mathrm{d}x+\int_0^1 \big[f(x)-f(-x)\big]\ln\frac{1-x}{x+1}\,\mathrm{d}x\\ -\mathrm{i}\pi\int_0^1\big[f(x)+f(-x)\big]\mathrm{d}x=2\pi\mathrm{i}\sum_{\text{上半平面}}\mathrm{res}\left\{f(z)\ln\frac{z+1}{z-1}\right\}.\end{aligned}$$

因此，如果 $f(x)$ 是奇函数，即 $f(-x)=-f(x)$，则可以计算出

$$\int_0^\infty f(x)\ln\left|\frac{x-1}{x+1}\right|\ \mathrm{d}x=\pi\mathrm{i}\sum_{\text{上半平面}}\mathrm{res}\left\{f(z)\ln\frac{z+1}{z-1}\right\}. \tag{8.75}$$

而如果 $f(x)$ 是偶函数，即 $f(-x)=f(x)$，就只能算出

$$\int_0^1 f(x)\,\mathrm{d}x=-\sum_{\text{上半平面}}\mathrm{res}\left\{f(z)\ln\frac{z+1}{z-1}\right\}. \tag{8.76}$$

对于 $\displaystyle\int_0^\infty f(x)\ln\left|\frac{1+x}{1-x}\right|\ \mathrm{d}x$ 型的定积分，还可以有另一种计算方法．仍以积分

$$\int_0^\infty \frac{x}{x^2+a^2}\ \ln\left|\frac{x+1}{x-1}\right|\ \mathrm{d}x$$

为例，还可以考虑复变积分 $\displaystyle\oint_C\frac{z\ \ln(z-1)}{z^2+a^2}\,\mathrm{d}z$．这时可以预见到的困难有：

(1) 如何选择积分围道．因为现在被积函数的枝点为 $z=1$ 与 $z=\infty$，故应连接此二点作割线．不妨由 $z=1$ 点向下作割线，连接到 $z=\infty$ 点．相应地，规定在 $z=1$ 点右方的实轴上，$\arg(z-1)=0$．这时的积分围道见图 8.15．

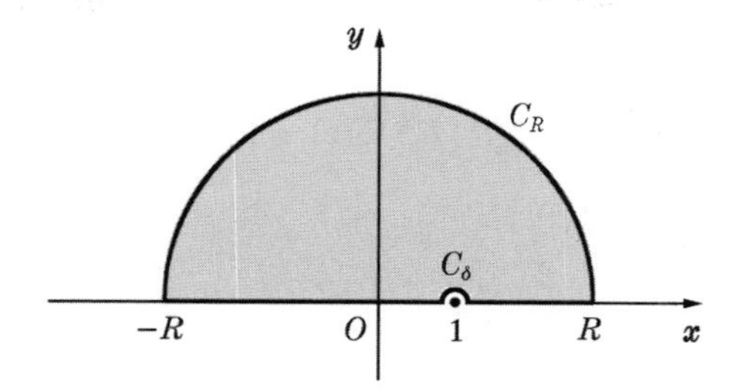

图 8.15 例 8.16 用到的另一种积分围道

(2) 容易证明，这时对于沿半圆弧 C_δ 的积分，仍然有

$$\lim_{\delta\to 0}\int_{C_\delta}\frac{z\ \ln(z-1)}{z^2+a^2}\,\mathrm{d}z=0,$$

但是由于当 $z\to\infty$ 时，

$$z\cdot\frac{z\ \ln(z-1)}{z^2+a^2}\to\ln(z-1)\to\infty,$$

我们并不能得到所希望有的

$$\lim_{R\to\infty}\int_{C_R}\frac{z\ \ln(z-1)}{z^2+a^2}\,\mathrm{d}z=0.$$

因此，如何克服这一困难，正是这一计算方案成败的关键所在.

不妨先取定足够大的正数 R，这时，在取极限 $\delta\to 0$ 后，围道积分中沿实轴的部分就是

$$\begin{aligned}
&\int_R^0\frac{-x}{x^2+a^2}\big[\ln(x+1)+\mathrm{i}\pi\big](-\mathrm{d}x)\\
&\qquad+\int_0^1\frac{x}{x^2+a^2}\big[\ln(1-x)+\mathrm{i}\pi\big]\mathrm{d}x+\int_1^R\frac{x\ \ln(x-1)}{x^2+a^2}\,\mathrm{d}x\\
&\quad=\int_0^1\frac{x}{x^2+a^2}\ln\frac{1-x}{1+x}\,\mathrm{d}x+\int_1^R\frac{x}{x^2+a^2}\ln\frac{x-1}{x+1}\,\mathrm{d}x-\mathrm{i}\pi\int_1^R\frac{x}{x^2+a^2}\,\mathrm{d}x\\
&\quad=\int_0^R\frac{x}{x^2+a^2}\ln\left|\frac{1-x}{1+x}\right|\mathrm{d}x-\mathrm{i}\pi\int_1^R\frac{x}{x^2+a^2}\,\mathrm{d}x\\
&\quad=\int_0^R\frac{x}{x^2+a^2}\ln\left|\frac{1-x}{1+x}\right|\mathrm{d}x-\frac{\mathrm{i}\pi}{2}\Big[\ln\big(R^2+a^2\big)-\ln\big(1+a^2\big)\Big].
\end{aligned}$$

在这个结果中，我们已经分离了实部与虚部，其中实部的极限值 $(R\to\infty)$ 正是所要求的积分；而虚部则是“潜在的”发散项 (当 $R\to\infty$ 时发散). 现在，对于固定

的 R 值，继续计算围道积分，则根据留数定理，就有

$$\int_0^R \frac{x}{x^2+a^2}\ln\left|\frac{1-x}{1+x}\right|\mathrm{d}x - \frac{\mathrm{i}\pi}{2}\Big[\ln\left(R^2+a^2\right)-\ln\left(1+a^2\right)\Big] + \int_{C_R}\frac{z\,\ln(z-1)}{z^2+a^2}\mathrm{d}z$$
$$= 2\pi\mathrm{i}\times\mathrm{res}\left\{\frac{z\,\ln(z-1)}{z^2+a^2}\right\}_{z=\mathrm{i}a} = \pi\Big[-(\pi-\arctan a)+\frac{\mathrm{i}}{2}\ln\left(1+a^2\right)\Big],$$

即

$$\int_0^R \frac{x}{x^2+a^2}\ln\left|\frac{1-x}{1+x}\right|\mathrm{d}x - \frac{\mathrm{i}\pi}{2}\ln\left(R^2+a^2\right) + \int_{C_R}\frac{z\,\ln(z-1)}{z^2+a^2}\mathrm{d}z = -\pi^2+\pi\arctan a.$$

将上式两端比较实部，有

$$\int_0^R \frac{x}{x^2+a^2}\ln\left|\frac{1-x}{1+x}\right|\mathrm{d}x + \mathrm{Re}\left\{\int_{C_R}\frac{z\,\ln(z-1)}{z^2+a^2}\mathrm{d}z\right\} = -\pi^2+\pi\arctan a.$$

取极限 $R\to\infty$，得

$$\int_0^\infty \frac{x}{x^2+a^2}\ln\left|\frac{1-x}{1+x}\right|\mathrm{d}x = -\pi^2+\pi\arctan a - \lim_{R\to\infty}\left\{\mathrm{Re}\int_{C_R}\frac{z\,\ln(z-1)}{z^2+a^2}\mathrm{d}z\right\}.$$

现在就看到了希望所在：尽管沿 C_R 的积分值在 $R\to\infty$ 时发散，但只要它的实部当 $R\to\infty$ 时极限存在，并且能够求出这个极限值，那么我们也就计算出了所要求的积分．事实上，当 $|z|>\max(1,a)$ 时，有

$$\frac{z}{z^2+a^2} = \sum_{n=0}^\infty(-1)^n a^{2n}z^{-2n-1} = \frac{1}{z}\left\{1-\frac{a^2}{z^2}+\frac{a^4}{z^4}-+\cdots\right\},$$
$$\ln(z-1) = \ln z - \sum_{n=1}^\infty\frac{1}{n}\,z^{-n} = \ln z - \frac{1}{z} - \frac{1}{2z^2} - \cdots,$$

所以

$$\frac{z\,\ln(z-1)}{z^2+a^2} = \frac{1}{z}\left\{\ln z + O\left(z^{-1}\right)\right\},\qquad |z|>\max(1,a).$$

这样就能得到

$$\int_{C_R}\frac{z\,\ln(z-1)}{z^2+a^2}\mathrm{d}z = \int_{C_R}\left\{\ln z+O\left(z^{-1}\right)\right\}\frac{\mathrm{d}z}{z} = \int_{C_R}\frac{\ln z}{z}\mathrm{d}z + O\left(R^{-1}\right)$$
$$= \int_0^\pi\left(\ln R+\mathrm{i}\theta\right)\mathrm{i}\,\mathrm{d}\theta + O\left(R^{-1}\right) = \mathrm{i}\pi\,\ln R - \frac{\pi^2}{2} + O\left(R^{-1}\right),$$

亦即

$$\lim_{R\to\infty}\left\{\mathrm{Re}\int_{C_R}\frac{z\,\ln(z-1)}{z^2+a^2}\mathrm{d}z\right\} = -\frac{\pi^2}{2},$$

最后就求得

$$\int_0^{\infty}\frac{x}{x^2+a^2}\ln\left|\frac{1-x}{1+x}\right|\mathrm{d}x=-\frac{\pi^2}{2}+\pi\arctan a=-\pi\arctan\frac{1}{a}.$$

上面这个做法的异常之处在于，在应用留数定理计算围道积分时，一部分路径上积分的极限值并不存在 (反常积分并不收敛)．克服这一困难的办法是不要过早地取极限．在计算过程中，即使一部分路径的积分值会随 $R\to\infty$ 而发散，但只要 R 取固定值，其计算结果的正确性是毋庸置疑的，而涉及发散的因子也会彼此相消，或者说只要先比较实部 (或虚部) 而后再取极限就不会出现任何困难．

☞ **讨论**　总结上面的计算过程，我们甚至可以得出更普遍的结论：

1. 只要

(1) 实函数 $f(x)$ 连续；

(2) $f(x)$ 为奇函数，即 $f(-x)=-f(x)$；

(3) 将 $f(x)$ 解析延拓为 $f(z)$ 后，在上半平面只有有限个奇点；

(4) 在 $0\leqslant\arg z\leqslant\pi$ 的范围内，当 $|z|\to\infty$ 时，存在实数 c 及正数 λ，使得

$$f(z)=\frac{c}{z}+O\left(\frac{1}{z^{1+\lambda}}\right)\qquad\text{或}\qquad f(z)=\frac{c}{z}+o\left(\frac{1}{z\ln z}\right),$$

重复例 8.16 中的计算步骤，我们就能得到

$$\int_0^{\infty}f(x)\ln\left|\frac{x-1}{x+1}\right|\mathrm{d}x=\frac{c}{2}\pi^2-2\pi\times\mathrm{Im}\left\{\sum_{\text{上半平面}}\mathrm{res}\Big[f(z)\ln(z-1)\Big]\right\}.\tag{8.77a}$$

2. 在同样的条件下，当然也可以从围道积分 $\oint_C f(z)\ln(z+1)\,\mathrm{d}z$ 出发 (因此需要对围道 C 作相应调整)，从而得到类似的公式：

$$\int_0^{\infty}f(x)\ln\left|\frac{x+1}{x-1}\right|\mathrm{d}x=\frac{c}{2}\pi^2-2\pi\times\mathrm{Im}\left\{\sum_{\text{上半平面}}\mathrm{res}\Big[f(z)\ln(z+1)\Big]\right\}.\tag{8.77b}$$

3. 重复上面的步骤，读者可以计算得下列积分：

$$\int_0^{\infty}\frac{x(1-x^2)}{(x^2+a^2)^2}\ln\left|\frac{x+1}{x-1}\right|\mathrm{d}x=-\frac{\pi^2}{2}+\pi\arctan a+\frac{\pi}{2a}=\frac{\pi}{2a}-\pi\arctan\frac{1}{a}.\tag{8.78}$$

例 8.17　计算积分 $\displaystyle\int_0^{\infty}\ln\left|\frac{x+1}{x-1}\right|\frac{\mathrm{d}x}{x}$.

解　本题和上题不同之处在于 $z=0$ 为奇点，故当考虑复变积分 $\displaystyle\oint_C\frac{\ln(z-1)}{z}\mathrm{d}z$ 时，积分围道 C (见图 8.16) 需绕过 $z=0$ 点．仍规定在实轴上

$$\arg(z-1)=\begin{cases}0, & \mathrm{Re}\,z>1,\ \mathrm{Im}\,z=0;\\ \pi, & \mathrm{Re}\,z<1,\ \mathrm{Im}\,z=0,\end{cases}$$

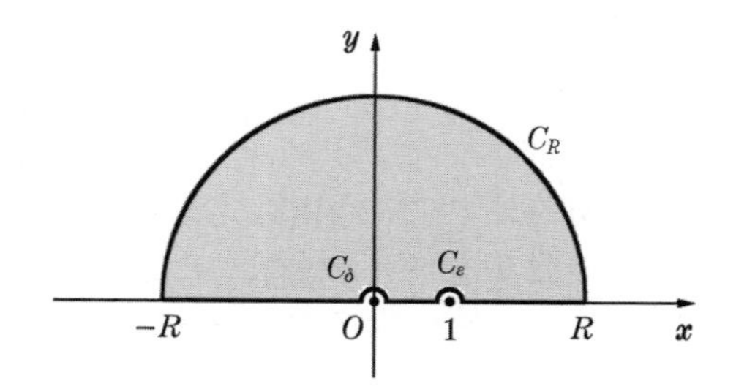

图 8.16 例 8.17 用到的积分围道

于是，由留数定理，有

$$\int_R^\delta \frac{\ln(1+x)+\mathrm{i}\pi}{x}\mathrm{d}x+\int_{C_\delta}\frac{\ln(z-1)}{z}\mathrm{d}z+\int_\delta^{1-\varepsilon}\frac{\ln(1-x)+\mathrm{i}\pi}{x}\mathrm{d}x$$
$$+\int_{C_\varepsilon}\frac{\ln(z-1)}{z}\mathrm{d}z+\int_{1+\varepsilon}^R\frac{\ln(x-1)}{x}\mathrm{d}x+\int_{C_R}\frac{\ln(z-1)}{z}\mathrm{d}z=0.$$

因为

$$\lim_{\delta\to 0}\int_{C_\delta}\frac{\ln(z-1)}{z}\mathrm{d}z=\pi^2,\qquad \lim_{\varepsilon\to 0}\int_{C_\varepsilon}\frac{\ln(z-1)}{z}\mathrm{d}z=0,$$

所以，取极限 $\delta\to 0,\ \varepsilon\to 0$，即得

$$\int_0^R \ln\left|\frac{x+1}{x-1}\right|\frac{\mathrm{d}x}{x}=\pi^2-\mathrm{i}\pi\ln R+\int_{C_R}\frac{\ln(z-1)}{z}\mathrm{d}z.$$

直接计算沿圆弧 C_R 的积分：

$$\begin{aligned}\int_{C_R}\frac{\ln(z-1)}{z}\mathrm{d}z&=\int_{C_R}\frac{\ln z}{z}\mathrm{d}z+\int_{C_R}\ln\frac{z-1}{z}\frac{\mathrm{d}z}{z}\\&=\frac{1}{2}\ln^2 z\Big|_R^{R\mathrm{e}^{\mathrm{i}\pi}}-\int_{C_R}\left[\frac{1}{z^2}+\frac{1}{2}\frac{1}{z^3}+\frac{1}{4}\frac{1}{z^5}+\cdots\right]\mathrm{d}z\\&=\mathrm{i}\pi\ln R-\frac{\pi^2}{2}+O\Big(\frac{1}{R}\Big).\end{aligned}$$

我们看到，发散项 $\mathrm{i}\pi\ln R$ 正好彼此抵消，于是，取极限 $R\to\infty$，就得到

$$\int_0^\infty \ln\left|\frac{x+1}{x-1}\right|\frac{\mathrm{d}x}{x}=\frac{\pi^2}{2}.\tag{8.79a}$$

☞ **讨论** 仍然可以将 (8.79a) 式右端的积分分拆为二，经过简单的计算，就能证明

$$\int_0^1 \ln\frac{1+x}{1-x}\frac{\mathrm{d}x}{x}=\int_1^\infty \ln\frac{x+1}{x-1}\frac{\mathrm{d}x}{x}=\frac{\pi^2}{4}.\tag{8.79b}$$

例 8.16 中也曾得到过这个结果.

例 8.18 计算积分 $\displaystyle\int_0^\infty \ln\left|\frac{x+1}{x-1}\right| \sin px\,\mathrm{d}x$，其中 $p>0$.

解 考虑复变积分 $\displaystyle\oint_C \mathrm{e}^{\mathrm{i}pz}\ln(z-1)\,\mathrm{d}z$，其中积分围道 C 仍如图 8.14 所示. 由留数定理，有

$$\int_R^0 \mathrm{e}^{-\mathrm{i}px}\big[\ln(x+1)+\mathrm{i}\pi\big](-\mathrm{d}x)+\int_0^{1-\delta}\mathrm{e}^{\mathrm{i}px}\big[\ln(1-x)+\mathrm{i}\pi\big]\mathrm{d}x$$
$$+\int_{C_\delta}\mathrm{e}^{\mathrm{i}pz}\ln(z-1)\,\mathrm{d}z+\int_{1+\delta}^R \mathrm{e}^{\mathrm{i}px}\ln(x-1)\,\mathrm{d}x+\int_{C_R}\mathrm{e}^{\mathrm{i}pz}\ln(z-1)\,\mathrm{d}z=0.$$

可先取极限 $\delta\to0$，从而有

$$\int_0^R \mathrm{e}^{-\mathrm{i}px}\ln(x+1)\,\mathrm{d}x+\int_0^R \mathrm{e}^{\mathrm{i}px}\ln|x-1|\,\mathrm{d}x$$
$$+\mathrm{i}\pi\int_0^R \mathrm{e}^{-\mathrm{i}px}\,\mathrm{d}x+\mathrm{i}\pi\int_0^1 \mathrm{e}^{\mathrm{i}px}\,\mathrm{d}x+\int_{C_R}\mathrm{e}^{\mathrm{i}pz}\ln(z-1)\,\mathrm{d}z=0. \tag{8.80}$$

直接计算可得

$$\int_0^R \mathrm{e}^{-\mathrm{i}px}\,\mathrm{d}x=\frac{1-\mathrm{e}^{-\mathrm{i}pR}}{\mathrm{i}p},\qquad \int_0^1 \mathrm{e}^{\mathrm{i}px}\,\mathrm{d}x=-\frac{1-\mathrm{e}^{\mathrm{i}p}}{\mathrm{i}p},$$
$$\int_{C_R}\mathrm{e}^{\mathrm{i}pz}\ln(z-1)\,\mathrm{d}z=\frac{1}{\mathrm{i}p}\mathrm{e}^{\mathrm{i}pz}\ln(z-1)\Big|_R^{R\mathrm{e}^{\mathrm{i}\pi}}-\frac{1}{\mathrm{i}p}\int_{C_R}\frac{\mathrm{e}^{\mathrm{i}pz}}{z-1}\,\mathrm{d}z$$
$$=\frac{1}{\mathrm{i}p}\Big\{\mathrm{e}^{-\mathrm{i}pR}\big[\ln(R+1)+\mathrm{i}\pi\big]-\mathrm{e}^{\mathrm{i}pR}\ln(R-1)\Big\}-\frac{1}{\mathrm{i}p}\int_{C_R}\frac{\mathrm{e}^{\mathrm{i}pz}}{z-1}\,\mathrm{d}z,$$

因此即可将 (8.80) 式化为

$$\int_0^R \mathrm{e}^{-\mathrm{i}px}\ln(x+1)\,\mathrm{d}x+\int_0^R \mathrm{e}^{\mathrm{i}px}\ln|x-1|\,\mathrm{d}x$$
$$=-\frac{\pi}{p}\mathrm{e}^{\mathrm{i}p}-\frac{1}{\mathrm{i}p}\big[\mathrm{e}^{-\mathrm{i}pR}\ln(R+1)-\mathrm{e}^{\mathrm{i}pR}\ln(R-1)\big]+\frac{1}{\mathrm{i}p}\int_{C_R}\frac{\mathrm{e}^{\mathrm{i}pz}}{z-1}\,\mathrm{d}z$$
$$=-\frac{\pi}{p}\mathrm{e}^{\mathrm{i}p}-\frac{1}{p}\Big[\sin pR\cdot\ln(R^2-1)+\mathrm{i}\cos pr\cdot\ln\frac{R+1}{R-1}\Big]+\frac{1}{\mathrm{i}p}\int_{C_R}\frac{\mathrm{e}^{\mathrm{i}pz}}{z-1}\,\mathrm{d}z.$$

注意，根据 Jordan 引理，有

$$\lim_{R\to0}\int_{C_R}\frac{\mathrm{e}^{\mathrm{i}pz}}{z-1}\,\mathrm{d}z=0,$$

所以，比较虚部，而后令 $R\to\infty$，即得

$$\int_0^\infty \sin px\,\ln\left|\frac{x+1}{x-1}\right|\,\mathrm{d}x=\frac{\pi}{p}\sin p. \tag{8.81}$$

☞ **讨论**　也可以采用图 8.14 中的积分围道计算复变积分 $\oint_C e^{ipz}\ln\dfrac{z+1}{z-1}dz$，而且可能更简单一些. 但是，因为 $\ln\dfrac{z+1}{z-1}$ 是多值函数，所以不能采用第六章 §6.6 中提出的办法，直接计算复变积分 $\oint_C \sin pz\ln\dfrac{z+1}{z-1}dz$.

再讨论当 $f(z)$ 为多值函数时，由围道积分 $\oint_C f(z)\ln(z-1)\,dz$ 导出的定积分.

例 8.19　考虑复变积分 $\oint_C \dfrac{\ln(z-1)}{\sqrt[3]{z(z^2-1)}}dz$. 因为 $z=0$ 及 $z=\pm1$ 都是枝点，故应取积分围道 C 如图 8.17 所示. 依惯例，规定当 z 处于实轴上 $z=1$ 点之右，例如 $z=2$ 时，有

$$\arg z\Big|_{z=2}=0,\qquad \arg(z-1)\Big|_{z=2}=0,\qquad \arg(z+1)\Big|_{z=2}=0.$$

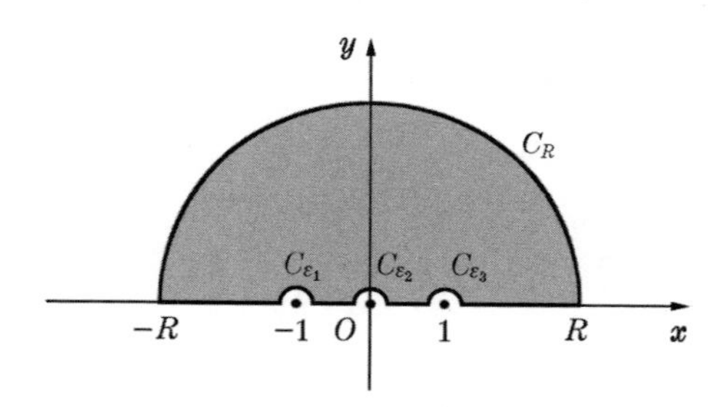

图 8.17　例 8.19 用到的积分围道

相应地，当 z 处于实轴上不同位置时，有关宗量应取的辐角值如下：

$$\begin{aligned}
&-\infty<\mathrm{Re}\,z<-1,\ \mathrm{Im}\,z=0:\quad \arg(z+1)=\pi,\quad \arg z=\pi,\quad \arg(z-1)=\pi;\\
&-1<\mathrm{Re}\,z<0,\quad \mathrm{Im}\,z=0:\quad \arg(z+1)=0,\quad \arg z=\pi,\quad \arg(z-1)=\pi;\\
&0<\mathrm{Re}\,z<1,\quad \mathrm{Im}\,z=0:\quad \arg(z+1)=0,\quad \arg z=0,\quad \arg(z-1)=\pi;\\
&1<\mathrm{Re}\,z<\infty,\ \mathrm{Im}\,z=0:\quad \arg(z+1)=0,\quad \arg z=0,\quad \arg(z-1)=0.
\end{aligned}$$

由留数定理，有

$$\begin{aligned}
&\int_R^{1+\varepsilon_1}\frac{\ln(x+1)+i\pi}{e^{i\pi}\sqrt[3]{x(x^2-1)}}(-dx)+\int_{C_{\varepsilon_1}}\frac{\ln(z-1)}{\sqrt[3]{z(z^2-1)}}dz\\
&\quad+\int_{1-\varepsilon_1}^{\varepsilon_2}\frac{\ln(1+x)}{e^{i2\pi/3}\sqrt[3]{x(1-x^2)}}(-dx)+\int_{C_{\varepsilon_2}}\frac{\ln(z-1)}{\sqrt[3]{z(z^2-1)}}dz\\
&\quad+\int_{\varepsilon_2}^{1-\varepsilon_3}\frac{\ln(1-x)}{e^{i\pi/3}\sqrt[3]{x(1-x^2)}}dx+\int_{C_{\varepsilon_3}}\frac{\ln(z-1)}{\sqrt[3]{z(z^2-1)}}dz
\end{aligned}$$

$$+\int_{1+\varepsilon_3}^{R}\frac{\ln(x-1)}{\sqrt[3]{x(x^2-1)}}\mathrm{d}x+\int_{C_R}\frac{\ln(z-1)}{\sqrt[3]{z(z^2-1)}}\,\mathrm{d}z=0.$$

容易证明

$$\lim_{\varepsilon_1\to 0}\int_{C_{\varepsilon_1}}\frac{\ln(z-1)}{\sqrt[3]{z(z^2-1)}}\,\mathrm{d}z=0,$$
$$\lim_{\varepsilon_2\to 0}\int_{C_{\varepsilon_2}}\frac{\ln(z-1)}{\sqrt[3]{z(z^2-1)}}\,\mathrm{d}z=0,$$
$$\lim_{\varepsilon_3\to 0}\int_{C_{\varepsilon_3}}\frac{\ln(z-1)}{\sqrt[3]{z(z^2-1)}}\,\mathrm{d}z=0,$$

因此，取极限 $\varepsilon_1\to 0,\ \varepsilon_2\to 0,\ \varepsilon_3\to 0$，并略加化简，即得

$$\begin{aligned}&\int_1^R\frac{1}{\sqrt[3]{x(x^2-1)}}\ln\frac{x+1}{x-1}\mathrm{d}x+\mathrm{e}^{\mathrm{i}\pi/3}\int_0^1\frac{\ln(1+x)}{\sqrt[3]{x(1-x^2)}}\mathrm{d}x\\&\quad+\mathrm{e}^{-\mathrm{i}\pi/3}\int_0^1\frac{\ln(1-x)}{\sqrt[3]{x(1-x^2)}}\mathrm{d}x+\mathrm{i}\pi\int_1^R\frac{\mathrm{d}x}{\sqrt[3]{x(1-x^2)}}\\&\quad-2\pi\sin\frac{\pi}{3}\int_0^1\frac{\mathrm{d}x}{\sqrt[3]{x(1-x^2)}}-\int_{C_R}\frac{\ln(z-1)}{\sqrt[3]{z(z^2-1)}}\,\mathrm{d}z=0.\end{aligned}$$

作变换 $t=x^2$，就能直接计算得

$$\int_0^1\frac{\mathrm{d}x}{\sqrt[3]{x(1-x^2)}}=\frac{1}{2}\int_0^1 t^{-2/3}(1-t)^{-1/3}\mathrm{d}t=\frac{1}{2}\,\frac{\pi}{\sin(\pi/3)},$$

所以又能将上面的结果写成

$$\begin{aligned}&\int_1^R\frac{1}{\sqrt[3]{x(x^2-1)}}\ln\frac{x+1}{x-1}\mathrm{d}x+\frac{1}{2}\int_0^1\frac{1}{\sqrt[3]{x(x^2-1)}}\ln\frac{1+x}{1-x}\mathrm{d}x\\&\quad+\frac{\mathrm{i}\sqrt{3}}{2}\int_0^1\frac{\ln(1-x^2)}{\sqrt[3]{x(x^2-1)}}\mathrm{d}x+\mathrm{i}\pi\int_1^R\frac{\mathrm{d}x}{\sqrt[3]{x(1-x^2)}}\\&\quad-\int_{C_R}\frac{\ln(z-1)}{\sqrt[3]{z(z^2-1)}}\,\mathrm{d}z=\pi^2.\end{aligned}$$

上式左端最后的两个积分在 $R\to\infty$ 时都是发散的，所以在取极限 $R\to\infty$ 之前，先要准确计算出它们随 R 变化的形式. 对于沿 C_R 的积分，我们有

$$\int_{C_R}\frac{\ln(z-1)}{\sqrt[3]{z(z^2-1)}}\,\mathrm{d}z=\int_{C_R}\frac{\ln z}{\sqrt[3]{z(z^2-1)}}\,\mathrm{d}z+\int_{C_R}\frac{1}{\sqrt[3]{z(z^2-1)}}\,\ln\Big(1-\frac{1}{z}\Big)\mathrm{d}z,$$

$$\int_{C_R}\frac{\ln z}{\sqrt[3]{z(z^2-1)}}\,\mathrm{d}z=\int_{C_R}\frac{\ln z}{z}\,\mathrm{d}z+\int_{C_R}\left[\frac{1}{\sqrt[3]{z(z^2-1)}}-\frac{1}{z}\right]\ln z\,\mathrm{d}z$$

$$= \frac{1}{2}\ln^2 z\Big|_R^{Re^{i\pi}} + \int_{C_R}\left[\frac{1}{\sqrt[3]{z(z^2-1)}} - \frac{1}{z}\right]\ln z\,dz$$

$$= i\pi\ln R - \frac{1}{2}\pi^2 + \int_{C_R}\left[\frac{1}{\sqrt[3]{z(z^2-1)}} - \frac{1}{z}\right]\ln z\,dz;$$

同时，对于实轴上 $[1,\ R]$ 段的发散积分，可以化成

$$\int_1^R \frac{dx}{\sqrt[3]{x(1-x^2)}} = \int_1^R \frac{dx}{x} + \int_1^R \left[\frac{1}{\sqrt[3]{x(1-x^2)}} - \frac{1}{x}\right]dx$$

$$= \ln R + \int_1^R \left[\frac{1}{\sqrt[3]{x(1-x^2)}} - \frac{1}{x}\right]dx$$

$$= \ln R + \int_1^R \left[\left(1-\frac{1}{x^2}\right)^{-1/3} - 1\right]\frac{dx}{x}$$

$$= \ln R + \frac{1}{2}\int_{1/R^2}^1 \left[(1-t)^{-1/3} - 1\right]\frac{dt}{t},$$

而根据大圆弧引理，又能判断

$$\lim_{R\to\infty}\int_{C_R}\frac{1}{\sqrt[3]{z(z^2-1)}}\ln\left(1-\frac{1}{z}\right)dz = 0,$$

$$\lim_{R\to\infty}\int_{C_R}\left[\frac{1}{\sqrt[3]{z(z^2-1)}} - \frac{1}{z}\right]\ln z\,dz = 0.$$

因此，取极限 $R\to\infty$，我们就有

$$\int_1^\infty \frac{1}{\sqrt[3]{x(x^2-1)}}\ln\frac{x+1}{x-1}dx + \frac{1}{2}\int_0^1 \frac{1}{\sqrt[3]{x(x^2-1)}}\ln\frac{1+x}{1-x}dx$$
$$+ \frac{i\sqrt{3}}{2}\int_0^1 \frac{\ln(1-x^2)}{\sqrt[3]{x(x^2-1)}}dx + \frac{i\pi}{2}\int_0^1\left[(1-t)^{-1/3}-1\right]\frac{dt}{t} = \frac{1}{2}\pi^2.$$

比较实部，即得

$$\int_1^\infty \frac{1}{\sqrt[3]{x(x^2-1)}}\ln\frac{x+1}{x-1}dx + \frac{1}{2}\int_0^1 \frac{1}{\sqrt[3]{x(x^2-1)}}\ln\frac{1+x}{1-x}dx = \frac{1}{2}\pi^2; \tag{8.82}$$

而比较虚部，则有

$$\int_0^1 \frac{\ln(1-x^2)}{\sqrt[3]{x(x^2-1)}}dx = -\frac{\pi}{\sqrt{3}}\int_0^1\left[(1-t)^{-1/3}-1\right]\frac{dt}{t}.$$

为了要算出后一个积分，可以作变换 $(1-t)^{1/3} = x$，于是

$$\int_0^1\left[(1-t)^{-1/3}-1\right]\frac{dt}{t} = 3\int_0^1 \frac{x}{1+x+x^2}\,dx = \frac{3}{2}\ln 3 - \frac{\pi}{2\sqrt{3}}.$$

因此

$$\int_0^1 \frac{\ln(1-x^2)}{\sqrt[3]{x(x^2-1)}}\mathrm{d}x = \frac{1}{6}\pi^2 - \frac{\pi}{2\sqrt{3}}\ln 3. \tag{8.83}$$

在这个例子中，我们通过一个复变函数的围道积分，计算出两个实的定积分.

下面再介绍一个例子 (尽管并不含多值函数)，同样涉及“辅助线”上积分的极限值不存在，但只要先不取极限，这些可能导致发散的因子也都会互相抵消.

例 8.20 证明 Bernoulli 多项式

$$\phi_n(z) = \sum_{k=0}^{n} \frac{n!}{k!\,(n-k)!}\,\phi_k z^{n-k} = \sum_{k=0}^{n} \frac{n!}{k!\,(n-k)!}\,\phi_{n-k} z^k \quad (\phi_k \text{ 为 Bernoulli 数})$$

的积分表达式：

$$\phi_{2n}(z) = (-1)^{n+1}(2n)\int_0^\infty \frac{\cos 2\pi z - \mathrm{e}^{-2\pi t}}{\cosh 2\pi t - \cos 2\pi z}\, t^{2n-1}\,\mathrm{d}t, \qquad 0<\mathrm{Re}\,z<1,\ n=1,2,3,\cdots,$$

$$\phi_{2n+1}(z) = (-1)^{n+1}(2n+1)\int_0^\infty \frac{\sin 2\pi z}{\cosh 2\pi t - \cos 2\pi z}\, t^{2n}\,\mathrm{d}t, \quad 0<\mathrm{Re}\,z<1,\ n=0,1,2,\cdots.$$

证 取图 8.18 中的矩形围道，计算复变积分 $\oint_C \frac{\zeta^m}{\mathrm{e}^{2\pi(\zeta-\mathrm{i}z)}-1}\mathrm{d}\zeta$. 被积函数在此围道内只有一个奇点 $\zeta=\mathrm{i}z$，留数为 $\frac{1}{2\pi}(\mathrm{i}z)^m$. 因此，按照留数定理，有

$$\int_{-R}^{R} \frac{t^m}{\mathrm{e}^{2\pi(t-\mathrm{i}z)}-1}\,\mathrm{d}t + \int_0^1 \frac{(R+\mathrm{i}s)^m}{\mathrm{e}^{2\pi(R+\mathrm{i}s-\mathrm{i}z)}-1}\,\mathrm{i}\,\mathrm{d}s + \int_R^{-R} \frac{(t+\mathrm{i})^m}{\mathrm{e}^{2\pi(t-\mathrm{i}z)}-1}\,\mathrm{d}t$$
$$+ \int_1^0 \frac{(-R+\mathrm{i}s)^m}{\mathrm{e}^{2\pi(-R+\mathrm{i}s-\mathrm{i}z)}-1}\,\mathrm{i}\,\mathrm{d}s = 2\pi\mathrm{i}\cdot\frac{1}{2\pi}(\mathrm{i}z)^m = \mathrm{i}^{m+1}z^m.$$

现在计算上式左端的各段积分. 首先，对于第一段，实轴上 $(-R,R)$ 段的积分，有

$$\int_{-R}^{R} \frac{t^m}{\mathrm{e}^{2\pi(t-\mathrm{i}z)}-1}\,\mathrm{d}t = \int_0^R \left[\frac{t^m}{\mathrm{e}^{2\pi(t-\mathrm{i}z)}-1} + \frac{(-t)^m}{\mathrm{e}^{-2\pi(t+\mathrm{i}z)}-1}\right]\mathrm{d}t$$

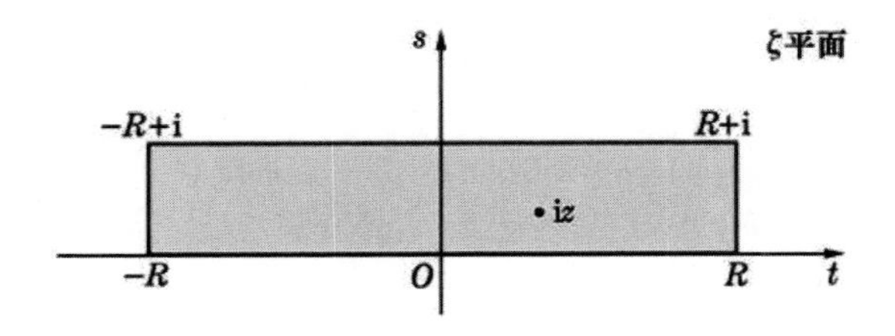

图 8.18 例 8.20 用到的矩形围道

$$= \int_0^R \left[\frac{t^m}{\mathrm{e}^{2\pi(t-\mathrm{i}z)}-1} - \frac{(-t)^m \,\mathrm{e}^{2\pi(t+\mathrm{i}z)}}{\mathrm{e}^{2\pi(t+\mathrm{i}z)}-1} \right] \mathrm{d}t$$

$$= \int_0^R \left[\frac{t^m}{\mathrm{e}^{2\pi(t-\mathrm{i}z)}-1} - \frac{(-t)^m}{\mathrm{e}^{2\pi(t+\mathrm{i}z)}-1} - (-t)^m \right] \mathrm{d}t$$

$$= \int_0^R \left[\frac{t^m}{\mathrm{e}^{2\pi(t-\mathrm{i}z)}-1} - \frac{(-t)^m}{\mathrm{e}^{2\pi(t+\mathrm{i}z)}-1} \right] \mathrm{d}t + \frac{(-R)^{m+1}}{m+1}.$$

对于第二段，正实轴一侧平行于虚轴的线段上的积分，显然有

$$\int_0^1 \frac{(R+\mathrm{i}s)^m}{\mathrm{e}^{2\pi(R+\mathrm{i}s-\mathrm{i}z)}-1}\,\mathrm{i}\,\mathrm{d}s \to 0.$$

同样，对于第三段，平行于实轴的线段上的积分，也有

$$\int_R^{-R} \frac{(t+\mathrm{i})^m}{\mathrm{e}^{2\pi(t-\mathrm{i}z)}-1}\,\mathrm{d}t = -\int_0^R \left[\frac{(t+\mathrm{i})^m}{\mathrm{e}^{2\pi(t-\mathrm{i}z)}-1} + \frac{(-t+\mathrm{i})^m}{\mathrm{e}^{-2\pi(t+\mathrm{i}z)}-1} \right] \mathrm{d}t$$

$$= -\int_0^R \left[\frac{(t+\mathrm{i})^m}{\mathrm{e}^{2\pi(t-\mathrm{i}z)}-1} - \frac{(-t+\mathrm{i})^m}{\mathrm{e}^{2\pi(t+\mathrm{i}z)}-1} - (-t+\mathrm{i})^m \right] \mathrm{d}t$$

$$= -\int_0^R \left[\frac{(t+\mathrm{i})^m}{\mathrm{e}^{2\pi(t-\mathrm{i}z)}-1} - \frac{(-t+\mathrm{i})^m}{\mathrm{e}^{2\pi(t+\mathrm{i}z)}-1} \right] \mathrm{d}t - \frac{(-R+\mathrm{i})^{m+1} - \mathrm{i}^{m+1}}{m+1}.$$

而对于第四段，负实轴一侧平行于虚轴的线段上的积分，则可以拆为两项：

$$\int_1^0 \frac{(-R+\mathrm{i}s)^m}{\mathrm{e}^{2\pi(-R+\mathrm{i}s-\mathrm{i}z)}-1}\,\mathrm{i}\,\mathrm{d}s$$

$$= -\int_0^1 \frac{(-R+\mathrm{i}s)^m \,\mathrm{e}^{2\pi(-R+\mathrm{i}s-\mathrm{i}z)}}{\mathrm{e}^{2\pi(-R+\mathrm{i}s-\mathrm{i}z)}-1}\,\mathrm{i}\,\mathrm{d}s + \int_0^1 (-R+\mathrm{i}s)^m\,\mathrm{i}\,\mathrm{d}s$$

$$= -\int_0^1 \frac{(-R+\mathrm{i}s)^m \,\mathrm{e}^{2\pi(-R+\mathrm{i}s-\mathrm{i}z)}}{\mathrm{e}^{2\pi(-R+\mathrm{i}s-\mathrm{i}z)}-1}\,\mathrm{i}\,\mathrm{d}s + \frac{(-R+\mathrm{i})^{m+1} - (-R)^{m+1}}{m+1}.$$

综合以上结果，我们发现，可能导致发散的几项都正好抵消，因而就有

$$\int_0^R \left[\frac{t^m - (t+\mathrm{i})^m}{\mathrm{e}^{2\pi(t-\mathrm{i}z)}-1} - \frac{(-t)^m - (-t+\mathrm{i})^m}{\mathrm{e}^{2\pi(t+\mathrm{i}z)}-1} \right] \mathrm{d}t + \int_0^1 \frac{(R+\mathrm{i}s)^m}{\mathrm{e}^{2\pi(R+\mathrm{i}s-\mathrm{i}z)}-1}\,\mathrm{i}\,\mathrm{d}s$$
$$- \int_0^1 \frac{(-R+\mathrm{i}s)^m \,\mathrm{e}^{2\pi(-R+\mathrm{i}s-\mathrm{i}z)}}{\mathrm{e}^{2\pi(-R+\mathrm{i}s-\mathrm{i}z)}-1}\,\mathrm{i}\,\mathrm{d}s + \frac{\mathrm{i}^{m+1}}{m+1} = \mathrm{i}^{m+1} z^m.$$

现在因为

$$\lim_{R\to\infty} (R+\mathrm{i}) \cdot \frac{(R+\mathrm{i}s)^m}{\mathrm{e}^{2\pi(R+\mathrm{i}s-\mathrm{i}z)}-1} = 0,$$

$$\lim_{R\to\infty}(-R+\mathrm{i})\cdot\frac{(-R+\mathrm{i}s)^m\,\mathrm{e}^{2\pi(-R+\mathrm{i}s-\mathrm{i}z)}}{\mathrm{e}^{2\pi(-R+\mathrm{i}s-\mathrm{i}z)}-1}=0,$$

所以

$$\lim_{R\to\infty}\int_0^1\frac{(R+\mathrm{i}s)^m}{\mathrm{e}^{2\pi(R+\mathrm{i}s-\mathrm{i}z)}-1}\,\mathrm{i}\,\mathrm{d}s=0,$$

$$\lim_{R\to\infty}\int_0^1\frac{(-R+\mathrm{i}s)^m\,\mathrm{e}^{2\pi(-R+\mathrm{i}s-\mathrm{i}z)}}{\mathrm{e}^{2\pi(-R+\mathrm{i}s-\mathrm{i}z)}-1}\,\mathrm{i}\,\mathrm{d}s=0.$$

因此，取极限 $R\to\infty$，就得到

$$\int_0^\infty\left[\frac{t^m-(t+\mathrm{i})^m}{\mathrm{e}^{2\pi(t-\mathrm{i}z)}-1}-\frac{(-t)^m-(-t+\mathrm{i})^m}{\mathrm{e}^{2\pi(t+\mathrm{i}z)}-1}\right]\mathrm{d}t+\frac{\mathrm{i}^{m+1}}{m+1}=\mathrm{i}^{m+1}\,z^m,$$

或者消去因子 i^{m+1}，得

$$\mathrm{i}\int_0^\infty\left[\frac{(1-\mathrm{i}t)^m-(-\mathrm{i}t)^m}{\mathrm{e}^{2\pi(t-\mathrm{i}z)}-1}-\frac{(1+\mathrm{i}t)^m-(\mathrm{i}t)^m}{\mathrm{e}^{2\pi(t+\mathrm{i}z)}-1}\right]\mathrm{d}t+\frac{1}{m+1}=z^m.$$

等式两端同乘以 $\dfrac{k!}{m!\,(k-m)!}\,\phi_{k-m}$，并对 m 求和，利用题中给出的 Bernoulli 多项式的展开式，即得

$$\begin{aligned}\phi_k(z)=&\,\mathrm{i}\int_0^\infty\left[\frac{\phi_k(1-\mathrm{i}t)-\phi_k(-\mathrm{i}t)}{\mathrm{e}^{2\pi(t-\mathrm{i}z)}-1}-\frac{\phi_k(1+\mathrm{i}t)-\phi_k(\mathrm{i}t)}{\mathrm{e}^{2\pi(t+\mathrm{i}z)}-1}\right]\mathrm{d}t\\&+\sum_{m=0}^k\frac{k!}{m!\,(k-m)!}\,\frac{\phi_{k-m}}{m+1}.\end{aligned}$$

进一步由 Bernoulli 多项式的差分关系①

$$\phi_k(1\pm\mathrm{i}t)-\phi_k(\pm\mathrm{i}t)=k(\pm\mathrm{i}t)^{k-1}$$

---

① 根据 Bernoulli 多项式的生成函数

$$\frac{t\mathrm{e}^{zt}}{\mathrm{e}^t-1}=\sum_{n=0}^\infty\frac{\phi_n(z)}{n!}\,t^n,$$

能够得到

$$\frac{t\mathrm{e}^{(z+1)t}}{\mathrm{e}^t-1}-\frac{t\mathrm{e}^{zt}}{\mathrm{e}^t-1}=t\,\mathrm{e}^{zt}=\sum_{n=0}^\infty\frac{z^n}{n!}\,t^{n+1}=\sum_{n=1}^\infty\frac{z^{n-1}}{(n-1)!}\,t^n=\sum_{n=0}^\infty\frac{\phi_n(z+1)-\phi_n(z)}{n!}\,t^n,$$

所以

$$\phi_0(1+z)=\phi_0(z),\qquad\phi_k(1+z)-\phi_k(z)=kz^{k-1},\qquad n=1,2,3,\cdots.$$

以及①

$$\sum_{m=0}^{k}\frac{k!}{m!\,(k-m)!}\,\frac{\phi_{k-m}}{m+1}=\sum_{m=0}^{k}\frac{k!}{(m+1)!\,(k-m)!}\,\phi_{k-m}$$
$$=\sum_{m=0}^{k}\frac{k!}{m!\,(k-m+1)!}\,\phi_{m}=0,$$

就能够导出

$$\begin{aligned}\phi_k(z)&=\mathrm{i}\int_0^\infty\left[\frac{k(-\mathrm{i}t)^{k-1}}{\mathrm{e}^{2\pi(t-\mathrm{i}z)}-1}-\frac{k(\mathrm{i}t)^{k-1}}{\mathrm{e}^{2\pi(t+\mathrm{i}z)}-1}\right]\mathrm{d}t\\&=\mathrm{i}^k k\int_0^\infty\left[\frac{(-1)^{k-1}}{\mathrm{e}^{2\pi(t-\mathrm{i}z)}-1}-\frac{1}{\mathrm{e}^{2\pi(t+\mathrm{i}z)}-1}\right]t^{k-1}\,\mathrm{d}t\\&=\mathrm{i}^k k\int_0^\infty\frac{t^{k-1}}{\cosh 2\pi t-\cos 2\pi z}\left[-\frac{(-1)^k\mathrm{e}^{2\pi\mathrm{i}z}+\mathrm{e}^{-2\pi\mathrm{i}z}}{2}+\frac{(-1)^k+1}{2}\,\mathrm{e}^{-2\pi t}\right]\mathrm{d}t.\end{aligned}$$

当 k 为偶数 $2n$ 时，即可证得

$$\phi_{2n}(z)=(-1)^{n+1}(2n)\int_0^\infty\frac{\cos 2\pi z-\mathrm{e}^{-2\pi t}}{\cosh 2\pi t-\cos 2\pi z}\,t^{2n-1}\,\mathrm{d}t;\tag{8.84a}$$

而当 n 为奇数 $2n+1$ 时，又有

$$\phi_{2n+1}(z)=(-1)^{n+1}(2n+1)\int_0^\infty\frac{\sin 2\pi z}{\cosh 2\pi t-\cos 2\pi z}\,t^{2n}\,\mathrm{d}t.\tag{8.84b}$$

① 其实这就是 Bernoulli 数的递推关系

$$\sum_{m=0}^{n-1}\frac{1}{m!\,(n-m)!}\,\phi_m=0.$$

第九章　既有积分的进一步演绎

从第六章开始，我们应用留数定理计算了许多定积分，其中有些结果，经过简单的演绎后，可以导出形式更加复杂的定积分；而如果要想直接应用留数定理计算，往往可能会感到相当困难．下面从几个方面举例说明．

§9.1　既有积分的简单演绎

首先讨论关于 $\int_0^\infty Q(x)\frac{\mathrm{d}x}{1+x^2}$ 型的积分．根据变换 $x=\frac{1}{t}$，可以证明

$$\int_0^\infty Q(x)\frac{\mathrm{d}x}{1+x^2}=\int_0^\infty Q\Big(\frac{1}{x}\Big)\frac{\mathrm{d}x}{1+x^2},$$

因而只要能应用留数定理计算出积分 $\int_0^\infty Q(x)\frac{\mathrm{d}x}{1+x^2}$，我们就不单能推出

$$\int_0^\infty Q\Big(\frac{1}{x}\Big)\frac{\mathrm{d}x}{1+x^2}\qquad \text{以及}\qquad \int_0^\infty \Big[Q(x)\pm Q\Big(\frac{1}{x}\Big)\Big]\frac{\mathrm{d}x}{1+x^2},$$

而且，根据 $\int_0^\infty P(x)\frac{\mathrm{d}x}{1+x^2}$ 和 $\int_0^\infty Q(x)\frac{\mathrm{d}x}{1+x^2}$，还能进一步导出

$$\int_0^\infty \Big[P(x)\pm Q\Big(\frac{1}{x}\Big)\Big]\frac{\mathrm{d}x}{1+x^2}\equiv\int_0^\infty \big[P(x)\pm Q(x)\big]\frac{\mathrm{d}x}{1+x^2}.$$

例 9.1　应用留数定理可以直接计算出 (亦见例 7.3 后的讨论)

$$\int_0^\infty \frac{\cos ax}{1+x^2}\,\mathrm{d}x=\pi\,\mathrm{e}^{-a},\qquad a\geqslant 0. \tag{9.1a}$$

根据上面的讨论，就能写出

$$\int_0^\infty \cos\frac{a}{x}\,\frac{\mathrm{d}x}{1+x^2}=\frac{\pi}{2}\mathrm{e}^{-a},\qquad a>0, \tag{9.1b}$$

而且，还能进一步导出

$$\int_0^\infty \Big(\cos ax\pm\cos\frac{b}{x}\Big)\frac{\mathrm{d}x}{1+x^2}=\frac{\pi}{2}\Big(\mathrm{e}^{-a}\pm\mathrm{e}^{-b}\Big),\qquad a>0,\ b>0, \tag{9.2}$$

$$\int_0^\infty \cos\Big(ax+\frac{b}{x}\Big)\cos\Big(ax-\frac{b}{x}\Big)\frac{\mathrm{d}x}{1+x^2}=\frac{\pi}{4}\Big(\mathrm{e}^{-2a}+\mathrm{e}^{-2b}\Big),\qquad a>0,\ b>0, \tag{9.3}$$

$$\int_0^\infty \sin\Big(ax+\frac{b}{x}\Big)\sin\Big(ax-\frac{b}{x}\Big)\frac{\mathrm{d}x}{1+x^2}=-\frac{\pi}{4}\Big(\mathrm{e}^{-2a}-\mathrm{e}^{-2b}\Big),\qquad a>0,\ b>0. \tag{9.4}$$

又根据例 6.8 的结果

$$\int_0^\infty \frac{\cos ax}{\cos bx}\,\frac{\mathrm{d}x}{1+x^2} = \frac{\pi}{2}\frac{\cosh a}{\cosh b}, \qquad 0 \leqslant a < b,$$

也能推出

$$\int_0^\infty \left[\frac{\cos ax}{\cos bx} \pm \frac{\cos(c/x)}{\cos(d/x)}\right]\frac{\mathrm{d}x}{1+x^2} = \frac{\pi}{2}\left(\frac{\cosh a}{\cosh b} \pm \frac{\cosh c}{\cosh d}\right), \qquad 0\leqslant a<b, 0\leqslant c<d, \quad (9.5)$$

$$\int_0^\infty \left[\frac{\sin ax}{\sin bx} \pm \frac{\sin(c/x)}{\sin(d/x)}\right]\frac{\mathrm{d}x}{1+x^2} = \frac{\pi}{2}\left(\frac{\sinh a}{\sinh b} \pm \frac{\sinh c}{\sinh d}\right), \qquad 0\leqslant a<b, 0\leqslant c<d \quad (9.6)$$

以及

$$\int_0^\infty \left[\frac{\sin(a+2n)x}{\sin x} \pm \frac{\sin(b+2n)/x}{\sin(1/x)}\right]\frac{\mathrm{d}x}{1+x^2}$$
$$= \frac{\pi}{2\sinh 1}\left[\left(\cosh a \pm \cosh b\right) - \mathrm{e}^{-2n}\left(\mathrm{e}^{-a} \pm \mathrm{e}^{-b}\right)\right], \quad 0\leqslant a<1,\ 0\leqslant b<1. \quad (9.7)$$

同样，由例 8.1 的结果

$$\int_0^\infty \cos\left(ax - \frac{b}{x}\right)\frac{\mathrm{d}x}{1+x^2} = \frac{\pi}{2}\,\mathrm{e}^{-(a+b)}, \qquad a>0,\ b>0,$$

$$\int_0^\infty \sin\left(ax - \frac{b}{x}\right)\frac{x\,\mathrm{d}x}{1+x^2} = \frac{\pi}{2}\,\mathrm{e}^{-(a+b)}, \qquad a>0,\ b>0,$$

就能够导出

$$\int_0^\infty \left[\cos\left(2ax - \frac{2b}{x}\right) \pm \cos\left(2cx - \frac{2d}{x}\right)\right]\frac{\mathrm{d}x}{1+x^2} = \frac{\pi}{2}\left[\mathrm{e}^{-2(a+b)} \pm \mathrm{e}^{-2(c+d)}\right],$$

$$\int_0^\infty \left[\sin\left(2ax - \frac{2b}{x}\right) \pm \sin\left(2cx - \frac{2d}{x}\right)\right]\frac{x\,\mathrm{d}x}{1+x^2} = \frac{\pi}{2}\left[\mathrm{e}^{-2(a+b)} \pm \mathrm{e}^{-2(c+d)}\right],$$

成立条件为 $a>0$, $b>0$, $c>0$, $d>0$. 利用三角函数的和差化积公式，并且将 $a+c$, $b+d$, $a-c$, $b-d$ 重新写为 a, b, c, d，则有

$$\int_0^\infty \cos\left(ax-\frac{b}{x}\right)\cos\left(cx-\frac{d}{x}\right)\frac{\mathrm{d}x}{1+x^2} = \frac{\pi}{2}\mathrm{e}^{-(a+b)}\cosh(c+d), \quad (9.8)$$

$$\int_0^\infty \sin\left(ax-\frac{b}{x}\right)\sin\left(cx-\frac{d}{x}\right)\frac{\mathrm{d}x}{1+x^2} = \frac{\pi}{2}\mathrm{e}^{-(a+b)}\sinh(c+d), \quad (9.9)$$

$$\int_0^\infty \sin\left(ax-\frac{b}{x}\right)\cos\left(cx-\frac{d}{x}\right)\frac{x\,\mathrm{d}x}{1+x^2} = \frac{\pi}{2}\mathrm{e}^{-(a+b)}\cosh(c+d), \quad (9.10)$$

$$\int_0^\infty \cos\left(ax-\frac{b}{x}\right)\sin\left(cx-\frac{d}{x}\right)\frac{x\,\mathrm{d}x}{1+x^2} = -\frac{\pi}{2}\mathrm{e}^{-(a+b)}\sinh(c+d). \quad (9.11)$$

这些结果在第八章也曾得到过，见 (8.9) — (8.12) 式.

例 9.2　类似地，也可以证明

$$\int_0^\infty Q(x)\frac{1+x^2}{1+x^2+x^4}\,\mathrm{d}x=\int_0^\infty Q\Big(\frac{1}{x}\Big)\frac{1+x^2}{1+x^2+x^4}\,\mathrm{d}x.$$

例如，由例 6.5 的结果

$$\int_0^\infty \frac{(1+x^2)\cos ax}{1+x^2+x^4}\,\mathrm{d}x=\frac{\pi}{\sqrt{3}}\mathrm{e}^{-\sqrt{3}a/2}\cos\frac{a}{2},\qquad a>0,$$

$$\int_0^\infty \frac{x\,\sin ax}{1+x^2+x^4}\,\mathrm{d}x=\frac{\pi}{\sqrt{3}}\mathrm{e}^{-\sqrt{3}a/2}\sin\frac{a}{2},\qquad a>0,$$

在 $a>0,\ b>0$ 的条件下，也能够推出

$$\int_0^\infty \cos\frac{a}{x}\,\frac{1+x^2}{1+x^2+x^4}\,\mathrm{d}x=\frac{\pi}{\sqrt{3}}\mathrm{e}^{-\sqrt{3}a/2}\cos\frac{a}{2},\tag{9.12}$$

$$\int_0^\infty \sin\frac{a}{x}\,\frac{x}{1+x^2+x^4}\,\mathrm{d}x=\frac{\pi}{\sqrt{3}}\mathrm{e}^{-\sqrt{3}a/2}\sin\frac{a}{2}\tag{9.13}$$

以及

$$\int_0^\infty \cos\Big(ax+\frac{b}{x}\Big)\cos\Big(ax-\frac{b}{x}\Big)\frac{(1+x^2)\,\mathrm{d}x}{1+x^2+x^4}=\frac{\pi}{2\sqrt{3}}\Big(\mathrm{e}^{-\sqrt{3}a}\cos a+\mathrm{e}^{-\sqrt{3}b}\cos b\Big),\tag{9.14}$$

$$\int_0^\infty \sin\Big(ax+\frac{b}{x}\Big)\sin\Big(ax-\frac{b}{x}\Big)\frac{(1+x^2)\,\mathrm{d}x}{1+x^2+x^4}=-\frac{\pi}{2\sqrt{3}}\Big(\mathrm{e}^{-\sqrt{3}a}\cos a-\mathrm{e}^{-\sqrt{3}b}\cos b\Big),\tag{9.15}$$

$$\int_0^\infty \sin\Big(ax+\frac{b}{x}\Big)\cos\Big(ax-\frac{b}{x}\Big)\frac{x\,\mathrm{d}x}{1+x^2+x^4}=\frac{\pi}{2\sqrt{3}}\Big(\mathrm{e}^{-\sqrt{3}a}\sin a+\mathrm{e}^{-\sqrt{3}b}\sin b\Big),\tag{9.16}$$

$$\int_0^\infty \cos\Big(ax+\frac{b}{x}\Big)\sin\Big(ax-\frac{b}{x}\Big)\frac{x\,\mathrm{d}x}{1+x^2+x^4}=\frac{\pi}{2\sqrt{3}}\Big(\mathrm{e}^{-\sqrt{3}a}\sin a-\mathrm{e}^{-\sqrt{3}b}\sin b\Big).\tag{9.17}$$

例 9.3　仿照例 9.1 与例 9.2 的做法，也可以证明

$$\int_0^\infty Q(x)\frac{\mathrm{d}x}{1-x^2}=-\int_0^\infty Q\Big(\frac{1}{x}\Big)\frac{\mathrm{d}x}{1-x^2},$$

因而只要能应用留数定理计算出积分 $\displaystyle\int_0^\infty Q(x)\frac{\mathrm{d}x}{1-x^2}$，就能导出

$$Q\Big(\frac{1}{x}\Big)\frac{\mathrm{d}x}{1-x^2}\qquad 及\qquad \int_0^\infty \Big[P(x)\pm Q\Big(\frac{1}{x}\Big)\Big]\frac{\mathrm{d}x}{1-x^2}.$$

例如，根据例 6.19 的结果

$$\mathrm{v.p.}\int_0^\infty \frac{\cos ax}{1-x^2}\,\mathrm{d}x=\frac{\pi}{2}\sin a,\qquad a>0,$$

立即可以推出

$$\mathrm{v.p.}\int_0^\infty \cos\frac{a}{x}\,\frac{\mathrm{d}x}{1-x^2}=-\frac{\pi}{2}\sin a,\qquad a>0\tag{9.18}$$

以及

$$\text{v.p.}\int_0^{\infty}\cos\left(ax+\frac{b}{x}\right)\cos\left(ax-\frac{b}{x}\right)\frac{\mathrm{d}x}{1-x^2}=\frac{\pi}{4}(\sin 2a-\sin 2b),\qquad a>0,\ b>0,\quad (9.19)$$

$$\text{v.p.}\int_0^{\infty}\sin\left(ax+\frac{b}{x}\right)\sin\left(ax-\frac{b}{x}\right)\frac{\mathrm{d}x}{1-x^2}=-\frac{\pi}{4}(\sin 2a+\sin 2b),\qquad a>0,\ b>0.\quad (9.20)$$

类似地，由例 8.1 的结果

$$\text{v.p.}\int_0^{\infty}\cos\left(ax-\frac{b}{x}\right)\frac{\mathrm{d}x}{1-x^2}=\frac{\pi}{2}\sin(a-b),\qquad a>0,\ b>0,$$

$$\text{v.p.}\int_0^{\infty}\sin\left(ax-\frac{b}{x}\right)\frac{x\,\mathrm{d}x}{1-x^2}=-\frac{\pi}{2}\cos(a-b),\qquad a>0,\ b>0,$$

也能导出

$$\text{v.p.}\int_0^{\infty}\cos\left(ax-\frac{b}{x}\right)\cos\left(cx-\frac{d}{x}\right)\frac{\mathrm{d}x}{1-x^2}=\frac{\pi}{2}\sin(a-b)\cos(c-d),\quad (9.21)$$

$$\text{v.p.}\int_0^{\infty}\sin\left(ax-\frac{b}{x}\right)\sin\left(cx-\frac{d}{x}\right)\frac{\mathrm{d}x}{1-x^2}=-\frac{\pi}{2}\cos(a-b)\sin(c-d),\quad (9.22)$$

$$\text{v.p.}\int_0^{\infty}\sin\left(ax-\frac{b}{x}\right)\cos\left(cx-\frac{d}{x}\right)\frac{x\,\mathrm{d}x}{1-x^2}=-\frac{\pi}{2}\cos(a-b)\cos(c-d),\quad (9.23)$$

$$\text{v.p.}\int_0^{\infty}\cos\left(ax-\frac{b}{x}\right)\sin\left(cx-\frac{d}{x}\right)\frac{x\,\mathrm{d}x}{1-x^2}=\frac{\pi}{2}\sin(a-b)\sin(c-d).\quad (9.24)$$

它们的成立条件仍为 $a>0,\ b>0,\ a>c,\ b>d$. 这些结果同样也在第八章得到过，见 (8.13) — (8.16) 式.

例 9.4 在变换 $x=1/t$ 的变换之下，同样可以证明

$$\int_0^{\infty}Q(x)\frac{\mathrm{d}x}{x}=\int_0^{\infty}Q\left(\frac{1}{t}\right)\frac{\mathrm{d}t}{t}.$$

因此，根据积分 $\displaystyle\int_0^{\infty}Q(x)\frac{\mathrm{d}x}{x}$，就能推出 $\displaystyle\int_0^{\infty}Q\left(\frac{1}{x}\right)\frac{\mathrm{d}x}{x}$ 及 $\displaystyle\int_0^{\infty}\left[P(x)\pm Q\left(\frac{1}{x}\right)\right]\frac{\mathrm{d}x}{x}$. 例如，根据我们熟悉的积分

$$\int_0^{\infty}\frac{\sin ax}{x}\,\mathrm{d}x=\frac{\pi}{2},\qquad a>0,$$

就能推得

$$\int_0^{\infty}\sin\frac{a}{x}\frac{\mathrm{d}x}{x}=\frac{\pi}{2},\qquad a>0.\quad (9.25)$$

更进一步，还能有

$$\int_0^{\infty}\sin\left(ax+\frac{b}{x}\right)\cos\left(ax-\frac{b}{x}\right)\frac{\mathrm{d}x}{x}=\frac{\pi}{2},\qquad a>0,\ b>0,\quad (9.26)$$

$$\int_0^{\infty}\cos\left(ax+\frac{b}{x}\right)\sin\left(ax-\frac{b}{x}\right)\frac{\mathrm{d}x}{x}=0,\qquad a>0,\ b>0.\quad (9.27)$$

又如，根据[①]

$$\int_0^\infty \frac{\cos ax - \cos bx}{x}\mathrm{d}x = \ln\frac{b}{a}, \qquad a>0,\ b>0,$$

自然就能写出

$$\int_0^\infty \left(\cos\frac{a}{x} - \cos\frac{b}{x}\right)\frac{\mathrm{d}x}{x} = \ln\frac{b}{a}, \qquad a>0,\ b>0 \tag{9.28}$$

以及

$$\int_0^\infty \left[\cos\left(ax+\frac{c}{x}\right)\cos\left(ax-\frac{c}{x}\right) - \cos\left(bx+\frac{d}{x}\right)\cos\left(bx-\frac{d}{x}\right)\right]\frac{\mathrm{d}x}{x} = \frac{1}{2}\ln\frac{bd}{ac}, \tag{9.29}$$

$$\int_0^\infty \left[\sin\left(ax+\frac{c}{x}\right)\sin\left(ax-\frac{c}{x}\right) - \sin\left(bx+\frac{d}{x}\right)\sin\left(bx-\frac{d}{x}\right)\right]\frac{\mathrm{d}x}{x} = \frac{1}{2}\ln\frac{ad}{bc}. \tag{9.30}$$

后两式的成立条件都是 $a>0,\ b>0,\ c>0,\ d>0$.

§9.2　由既有积分构成无穷级数

前面几章计算的积分中，有些结果相当简单，特别是在某些积分中，被积函数含有 (一个或几个) 参数，而积分值只是参数的简单函数，甚至 (在一定条件下) 与参数值无关. 因此，如果限定参数按照某一序列取值，相应的积分也就构成一个序列，因而有可能将序列求和 (必要时还需乘上适当的系数)，从而导出新的积分. 请见下面的例子.

例 9.5　首先要提到积分

$$\int_0^\infty \frac{\sin nax}{x}\mathrm{d}x = \frac{\pi}{2}, \qquad a>0,\ n=1,2,3,\cdots. \tag{9.31}$$

因此，如果将此式乘上适当的系数 c_n，而后求和，只要能交换求和与积分的次序，我们就可以导出新的积分. 最简单的例子是取 $c_n = p^n/n!$，就能得到

$$\int_0^\infty \mathrm{e}^{p\cos ax}\sin(p\sin ax)\frac{\mathrm{d}x}{x} = \frac{\pi}{2}\left(\mathrm{e}^p - 1\right). \tag{9.32a}$$

类似地，还可以取

$$c_{2n} = \frac{(\pm)^n}{(2n)!}p^{2n}, \quad c_{2n+1}=0 \qquad 或 \qquad c_{2n}=0, \quad c_{2n+1} = \frac{(\pm)^n}{(2n+1)!}p^{2n+1},$$

① 参见：吴崇试. 数学物理方法. 第 2 版. 北京：北京大学出版社，2003: 122.

从而导出

$$\int_0^{\infty} \sinh(p\cos ax)\ \sin(p\sin ax)\frac{\mathrm{d}x}{x} = \frac{\pi}{2}(\cosh p - 1), \tag{9.32b}$$

$$\int_0^{\infty} \cosh(p\cos ax)\ \sin(p\sin ax)\frac{\mathrm{d}x}{x} = \frac{\pi}{2}\sinh p, \tag{9.32c}$$

$$\int_0^{\infty} \sin(p\cos ax)\sinh(p\sin ax)\frac{\mathrm{d}x}{x} = \frac{\pi}{2}(1 - \cos p), \tag{9.32d}$$

$$\int_0^{\infty} \cos(p\cos ax)\sinh(p\sin ax)\frac{\mathrm{d}x}{x} = \frac{\pi}{2}\ \sin p. \tag{9.32e}$$

以上 (9.32a) — (9.32e) 式均适用于 $a>0$ 时，但 p 不限，甚至可以为复数. 在得到这些结果时，用到了下列和式：

$$\sum_{n=1}^{\infty} \frac{p^n}{n!}\sin nx = \mathrm{e}^{p\cos x}\sin(p\sin x), \tag{9.33a}$$

$$\sum_{n=1}^{\infty} \frac{p^{2n}}{(2n)!}\sin 2nx = \sinh(p\cos x)\sin(p\sin x), \tag{9.33b}$$

$$\sum_{n=0}^{\infty} \frac{p^{2n+1}}{(2n+1)!}\sin(2n+1)x = \cosh(p\cos x)\sin(p\sin x), \tag{9.33c}$$

$$\sum_{n=1}^{\infty} \frac{(-1)^n}{(2n)!}p^{2n}\sin 2nx = -\sin(p\cos x)\sinh(p\sin x), \tag{9.33d}$$

$$\sum_{n=0}^{\infty} \frac{(-1)^n}{(2n+1)!}p^{2n+1}\sin(2n+1)x = \cos(p\cos x)\sinh(p\sin x). \tag{9.33e}$$

☞ **讨论** 我们还可以直接计算得

$$\int_0^{\pi} \frac{\sin nx}{\sin x}\,\mathrm{d}x = \begin{cases} 0, & n = 0, 2, 4, \cdots, \\ \pi, & n = 1, 3, 5, \cdots, \end{cases} \tag{9.34a}$$

$$\int_0^{\pi} \frac{\sin nx}{\tan x}\,\mathrm{d}x = \begin{cases} \pi, & n = 2, 4, 6, \cdots, \\ 0, & n = 0 \text{ 或 } n = 1, 3, 5, \cdots. \end{cases} \tag{9.34b}$$

重复上面的做法，则将得到

$$\int_0^{\pi} \mathrm{e}^{p\cos x}\sin(p\sin x)\,\frac{\mathrm{d}x}{\sin x} = \pi\ \sinh p, \tag{9.35a}$$

$$\int_0^{\pi} \cosh(p\cos x)\ \sin(p\sin x)\,\frac{\mathrm{d}x}{\sin x} = \pi\ \sinh p, \tag{9.35b}$$

$$\int_0^{\pi} \sinh(p\cos x)\ \sin(p\sin x)\,\frac{\mathrm{d}x}{\sin x} = 0, \tag{9.35c}$$

$$\int_0^{\pi} \cos(p\cos x)\ \sinh(p\sin x)\ \frac{\mathrm{d}x}{\sin x} = \pi\ \sin p, \tag{9.35d}$$

$$\int_0^{\pi} \sin(p\cos x)\ \sinh(p\sin x)\ \frac{\mathrm{d}x}{\sin x} = 0 \tag{9.35e}$$

以及

$$\int_0^{\pi} \mathrm{e}^{p\cos x} \sin(p\sin x)\ \frac{\mathrm{d}x}{\tan x} = \pi(\cosh p - 1), \tag{9.36a}$$

$$\int_0^{\pi} \sinh(p\cos x)\ \sin(p\sin x)\ \frac{\mathrm{d}x}{\tan x} = \pi(\cosh p - 1), \tag{9.36b}$$

$$\int_0^{\pi} \cosh(p\cos x)\ \sin(p\sin x)\ \frac{\mathrm{d}x}{\tan x} = 0, \tag{9.36c}$$

$$\int_0^{\pi} \sin(p\cos x)\ \sinh(p\sin x)\ \frac{\mathrm{d}x}{\tan x} = \pi(1 - \cos p), \tag{9.36d}$$

$$\int_0^{\pi} \cos(p\cos x)\ \sinh(p\sin x)\ \frac{\mathrm{d}x}{\tan x} = 0. \tag{9.36e}$$

例 9.6　请读者计算 (可参阅例 10.12)

$$\text{v.p.} \int_0^{\pi} \frac{\cos 2nx}{\cos x}\,\mathrm{d}x = 0, \qquad n = 0, 1, 2, \cdots, \tag{9.37a}$$

$$\int_0^{\pi} \frac{\cos(2n+1)x}{\cos x}\,\mathrm{d}x = (-1)^n\pi, \qquad n = 0, 1, 2, \cdots. \tag{9.37b}$$

利用

$$\sum_{n=0}^{\infty} \frac{p^n}{n!} \cos nx = \mathrm{e}^{p\cos x} \cos(p\sin x), \tag{9.38a}$$

$$\sum_{n=0}^{\infty} \frac{p^{2n}}{(2n)!} \cos 2nx = \cosh(p\cos x)\cos(p\sin x), \tag{9.38b}$$

$$\sum_{n=0}^{\infty} \frac{p^{2n+1}}{(2n+1)!} \cos(2n+1)x = \sinh(p\cos x)\cos(p\sin x), \tag{9.38c}$$

$$\sum_{n=0}^{\infty} \frac{(-1)^n}{(2n)!} p^{2n} \cos 2nx = \cos(p\cos x)\cosh(p\sin x), \tag{9.38d}$$

$$\sum_{n=0}^{\infty} \frac{(-1)^n}{2n+1} p^{2n+1} \cos(2n+1)x = \sin(p\cos x)\cosh(p\sin x), \tag{9.38e}$$

于是也可以导出

$$\text{v.p.} \int_0^{\pi} \mathrm{e}^{p\cos x} \cos(p\sin x)\ \frac{\mathrm{d}x}{\cos x} = \pi\ \sin p, \tag{9.39a}$$

$$\int_0^{\pi} \sinh(p\cos x)\ \cos(p\sin x)\ \frac{\mathrm{d}x}{\cos x} = \pi\ \sin p, \tag{9.39b}$$

$$\text{v.p.} \int_0^{\pi} \cosh(p\cos x)\ \cos(p\sin x)\ \frac{\mathrm{d}x}{\cos x} = 0, \tag{9.39c}$$

$$\text{v.p.} \int_0^{\pi} \cos(p\cos x)\ \cosh(p\sin x)\ \frac{\mathrm{d}x}{\cos x} = 0, \tag{9.39d}$$

$$\int_0^{\pi} \sin(p\cos x)\ \cosh(p\sin x)\ \frac{\mathrm{d}x}{\cos x} = \pi\ \sinh p. \tag{9.39e}$$

例 9.7　将 (9.1a) 式改写成

$$\int_0^{\infty} \frac{\cos nax}{1+x^2}\,\mathrm{d}x = \pi\,\mathrm{e}^{-na}, \qquad a \geqslant 0,\ n = 0, 1, 2, \cdots, \tag{9.40}$$

仿照例 9.5 的做法，也能得到

$$\int_0^{\infty} \mathrm{e}^{p\cos ax}\cos(p\sin ax)\,\frac{\mathrm{d}x}{1+x^2} = \frac{\pi}{2}\,\mathrm{e}^{p\,\mathrm{e}^{-a}}, \tag{9.41a}$$

$$\int_0^{\infty} \cosh(p\cos ax)\ \cos(p\sin ax)\,\frac{\mathrm{d}x}{1+x^2} = \frac{\pi}{2}\ \cosh\left(p\,\mathrm{e}^{-a}\right), \tag{9.41b}$$

$$\int_0^{\infty} \sinh(p\cos ax)\ \cos(p\sin ax)\,\frac{\mathrm{d}x}{1+x^2} = \frac{\pi}{2}\ \sinh\left(p\,\mathrm{e}^{-a}\right), \tag{9.41c}$$

$$\int_0^{\infty} \cos(p\cos ax)\cosh(p\sin ax)\frac{\mathrm{d}x}{1+x^2} = \frac{\pi}{2}\cos\left(p\,\mathrm{e}^{-a}\right), \tag{9.41d}$$

$$\int_0^{\infty} \sin(p\cos ax)\cosh(p\sin ax)\frac{\mathrm{d}x}{1+x^2} = \frac{\pi}{2}\sin\left(p\,\mathrm{e}^{-a}\right), \tag{9.41e}$$

成立条件仍然是 $a > 0$. 类似地，从

$$\int_{-\infty}^{\infty} \frac{x\ \sin ax}{1+x^2}\,\mathrm{d}x = \pi\mathrm{e}^{-a}, \qquad a > 0 \tag{9.42}$$

出发，又能得到

$$\int_0^{\infty} \mathrm{e}^{p\cos ax}\sin(p\sin ax)\,\frac{x\,\mathrm{d}x}{1+x^2} = \frac{\pi}{2}\,\mathrm{e}^{p\,\mathrm{e}^{-a}}, \tag{9.43a}$$

$$\int_0^{\infty} \sinh(p\cos ax)\ \sin(p\sin ax)\,\frac{x\,\mathrm{d}x}{1+x^2} = \frac{\pi}{2}\Big[\cosh\left(p\,\mathrm{e}^{-a}\right)-1\Big], \tag{9.43b}$$

$$\int_0^{\infty} \cosh(p\cos ax)\ \sin(p\sin ax)\,\frac{x\,\mathrm{d}x}{1+x^2} = \frac{\pi}{2}\ \sinh\left(p\,\mathrm{e}^{-a}\right), \tag{9.43c}$$

$$\int_0^{\infty} \sin(p\cos ax)\sinh(p\sin ax)\frac{x\,\mathrm{d}x}{1+x^2} = \frac{\pi}{2}\Big[1-\cos\left(p\,\mathrm{e}^{-a}\right)\Big], \tag{9.43d}$$

$$\int_0^{\infty} \cos(p\cos ax)\sinh(p\sin ax)\frac{x\,\mathrm{d}x}{1+x^2} = \frac{\pi}{2}\sin\left(p\,\mathrm{e}^{-a}\right). \tag{9.43e}$$

例 9.8 因为

$$\text{v.p.}\int_{-\infty}^{\infty}\frac{x\ \sin ax}{1-x^2}\mathrm{d}x=-\pi\ \cos a,\qquad a>0,\tag{9.44a}$$

$$\text{v.p.}\int_{-\infty}^{\infty}\frac{1}{1-x^2}\mathrm{d}x=0,\tag{9.44b}$$

$$\text{v.p.}\int_{-\infty}^{\infty}\frac{\cos ax}{1-x^2}\mathrm{d}x=\pi\ \sin a,\qquad a>0,\tag{9.44c}$$

再仿照上一例题的做法，在 $a>0$ 的条件下，也可以得到

$$\text{v.p.}\int_0^{\infty}\mathrm{e}^{p\cos ax}\ \cos(p\sin ax)\frac{\mathrm{d}x}{1-x^2}=\frac{\pi}{2}\mathrm{e}^{p\cos a}\sin(p\sin a),\tag{9.45a}$$

$$\text{v.p.}\int_0^{\infty}\cosh(p\cos ax)\ \cos(p\sin ax)\frac{\mathrm{d}x}{1-x^2}=\frac{\pi}{2}\sinh\big(p\cos a\big)\ \sin(p\sin a),\tag{9.45b}$$

$$\text{v.p.}\int_0^{\infty}\sinh(p\cos ax)\ \cos(p\sin ax)\frac{\mathrm{d}x}{1-x^2}=\frac{\pi}{2}\cosh\big(p\cos a\big)\ \sin(p\sin a),\tag{9.45c}$$

$$\text{v.p.}\int_0^{\infty}\cos(p\cos ax)\cosh(p\sin ax)\frac{\mathrm{d}x}{1-x^2}=-\frac{\pi}{2}\sin(p\cos a)\sinh(p\sin a),\tag{9.45d}$$

$$\text{v.p.}\int_0^{\infty}\sin(p\cos ax)\cosh(p\sin ax)\frac{\mathrm{d}x}{1-x^2}=\frac{\pi}{2}\cos(p\cos a)\sinh(p\sin a);\tag{9.45e}$$

$$\text{v.p.}\int_0^{\infty}\mathrm{e}^{p\cos ax}\ \sin(p\sin ax)\frac{x\,\mathrm{d}x}{1-x^2}=\frac{\pi}{2}\big[1-\mathrm{e}^{p\cos a}\cos(p\sin a)\big],\tag{9.46a}$$

$$\text{v.p.}\int_0^{\infty}\sinh(p\cos ax)\ \sin(p\sin ax)\frac{x\,\mathrm{d}x}{1-x^2}=\frac{\pi}{2}\big[1-\cosh\big(p\cos a\big)\ \cos(p\sin a)\big],\tag{9.46b}$$

$$\text{v.p.}\int_0^{\infty}\cosh(p\cos ax)\ \sin(p\sin ax)\frac{x\,\mathrm{d}x}{1-x^2}=-\frac{\pi}{2}\sinh\big(p\cos a\big)\ \cos(p\sin a),\tag{9.46c}$$

$$\text{v.p.}\int_0^{\infty}\sin(p\cos ax)\sinh(p\sin ax)\frac{x\,\mathrm{d}x}{1-x^2}=\frac{\pi}{2}\big[1-\cos(p\cos a)\cosh(p\sin a)\big],\tag{9.46d}$$

$$\text{v.p.}\int_0^{\infty}\cos(p\cos ax)\sinh(p\sin ax)\frac{x\,\mathrm{d}x}{1-x^2}=-\frac{\pi}{2}\sin(p\cos a)\ \cosh(p\sin a).\tag{9.46e}$$

例 9.9 如果改变例 9.5 — 9.8 中的叠加系数 c_n，而采用下列和式：

$$1+2\sum_{n=1}^{\infty}p^n\cos n\theta=\frac{1-p^2}{1-2p\cos\theta+p^2},\qquad |p|<1,\tag{9.47a}$$

$$\sum_{n=1}^{\infty}p^n\cos n\theta=\frac{p\cos\theta-p^2}{1-2p\cos\theta+p^2},\qquad |p|<1,\tag{9.47b}$$

$$\sum_{n=1}^{\infty}\frac{p^n}{n}\cos n\theta=-\frac{1}{2}\ln(1-2p\cos\theta+p^2),\qquad |p|<1,\tag{9.47c}$$

$$\sum_{n=0}^{\infty}\frac{p^{2n+1}}{2n+1}\cos(2n+1)\theta=\frac{1}{4}\ln\frac{1+2p\cos\theta+p^2}{1-2p\cos\theta+p^2},\qquad |p|<1,\tag{9.47d}$$

$$\sum_{n=0}^{\infty}\frac{(-1)^n}{2n+1}p^{2n+1}\cos(2n+1)\theta=\frac{1}{2}\arctan\frac{2p\cos\theta}{1-p^2},\qquad |p|<1,\tag{9.47e}$$

$$\sum_{n=1}^{\infty}p^n\sin n\theta=\frac{p\sin\theta}{1-2p\cos\theta+p^2},\qquad |p|<1,\tag{9.48a}$$

$$\sum_{n=1}^{\infty}\frac{p^n}{n}\sin n\theta=\arctan\frac{p\sin\theta}{1-p\cos\theta},\qquad |p|<1,\tag{9.48b}$$

$$\sum_{n=0}^{\infty}\frac{p^{2n+1}}{2n+1}\sin(2n+1)\theta=\frac{1}{2}\arctan\frac{2p\sin\theta}{1-p^2},\qquad |p|<1,\tag{9.48c}$$

$$\sum_{n=0}^{\infty}\frac{(-1)^n}{2n+1}p^{2n+1}\sin(2n+1)\theta=\frac{1}{4}\ln\frac{1+2p\sin\theta+p^2}{1-2p\sin\theta+p^2},\qquad |p|<1,\tag{9.48d}$$

重复例 9.5 — 9.8 中的计算，则可得到一系列新的积分. 例如，由 (9.31) 式可得

$$\int_0^{\infty}\frac{\sin x}{1-2p\cos x+p^2}\,\frac{\mathrm{d}x}{x}=\frac{\pi}{2}\frac{1}{1-p},\tag{9.49a}$$

$$\int_0^{\infty}\arctan\frac{p\,\sin x}{1-2p\cos x+p^2}\,\frac{\mathrm{d}x}{x}=-\frac{\pi}{2}\,\ln(1-p),\tag{9.49b}$$

$$\int_0^{\infty}\arctan\frac{2p\,\sin x}{1-p^2}\,\frac{\mathrm{d}x}{x}=\frac{\pi}{2}\,\ln\frac{1+p}{1-p},\tag{9.49c}$$

$$\int_0^{\infty}\ln\frac{1+2p\sin x+p^2}{1-2p\sin x+p^2}\,\frac{\mathrm{d}x}{x}=2\pi\arctan p.\tag{9.49d}$$

同样，由 (9.37) 式则可导出

$$\int_0^{\pi}\frac{\mathrm{d}x}{1-2p\cos 2x+p^2}=\frac{\pi}{1-p^2},\tag{9.50a}$$

$$\int_0^{\pi}\ln\frac{1+2p\cos x+p^2}{1-2p\cos x+p^2}\,\frac{\mathrm{d}x}{\cos x}=4\pi\arctan p,\tag{9.50b}$$

$$\int_0^{\pi}\arctan\frac{2p\,\cos x}{1-p^2}\,\frac{\mathrm{d}x}{\cos x}=\pi\,\ln\frac{1+p}{1-p}.\tag{9.50c}$$

类似地，由积分 (9.40) 与 (9.42) 也可以分别推出

$$\int_0^{\infty}\frac{1}{1-2p\cos ax+p^2}\,\frac{\mathrm{d}x}{1+x^2}=\frac{\pi}{2}\frac{1}{1-p^2}\frac{1+p\,\mathrm{e}^{-a}}{1-p\,\mathrm{e}^{-a}},\tag{9.51a}$$

$$\int_0^{\infty}\ln(1-2p\cos ax+p^2)\frac{\mathrm{d}x}{1+x^2}=\pi\,\ln\left(1-p\,\mathrm{e}^{-a}\right),\tag{9.51b}$$

$$\int_0^{\infty}\ln\frac{1+2p\cos ax+p^2}{1-2p\cos ax+p^2}\,\frac{\mathrm{d}x}{1+x^2}=\pi\ln\frac{1+p\,\mathrm{e}^{-a}}{1-p\,\mathrm{e}^{-a}},\tag{9.51c}$$

$$\int_0^{\infty}\arctan\frac{2p\cos ax}{1-p^2}\,\frac{\mathrm{d}x}{1+x^2}=\pi\arctan(p\,\mathrm{e}^{-a});\tag{9.51d}$$

$$\int_0^\infty \frac{\sin ax}{1-2p\cos ax+p^2}\frac{x\,\mathrm{d}x}{1+x^2} = \frac{\pi}{2}\frac{\mathrm{e}^{-a}}{1-p\,\mathrm{e}^{-a}}, \tag{9.52a}$$

$$\int_0^\infty \arctan\frac{p\sin ax}{1-p\cos ax}\frac{x\,\mathrm{d}x}{1+x^2} = -\frac{\pi}{2}\ln(1-p\,\mathrm{e}^{-a}), \tag{9.52b}$$

$$\int_0^\infty \arctan\frac{2p\sin ax}{1-p^2}\frac{x\,\mathrm{d}x}{1+x^2} = \frac{\pi}{2}\ln\frac{1+p\,\mathrm{e}^{-a}}{1-p\,\mathrm{e}^{-a}}, \tag{9.52c}$$

$$\int_0^\infty \ln\frac{1+2p\sin ax+p^2}{1-2p\sin ax+p^2}\frac{x\,\mathrm{d}x}{1+x^2} = 2\pi\arctan(p\,\mathrm{e}^{-a}). \tag{9.52d}$$

而由积分 (9.44) 则可导出

$$\text{v.p.}\int_0^\infty \frac{1}{1-2p\cos ax+p^2}\frac{\mathrm{d}x}{1-x^2} = \frac{\pi p}{1-p^2}\frac{\sin a}{1-2p\cos a+p^2}, \tag{9.53a}$$

$$\text{v.p.}\int_0^\infty \ln(1-2p\cos ax+p^2)\frac{\mathrm{d}x}{1-x^2} = -\pi\arctan\frac{p\sin a}{1-p\cos a}, \tag{9.53b}$$

$$\text{v.p.}\int_0^\infty \ln\frac{1+2p\cos ax+p^2}{1-2p\cos ax+p^2}\frac{\mathrm{d}x}{1-x^2} = \pi\arctan\frac{2p\sin a}{1-p^2}, \tag{9.53c}$$

$$\text{v.p.}\int_0^\infty \arctan\frac{2p\cos ax}{1-p^2}\frac{\mathrm{d}x}{1-x^2} = \frac{\pi}{4}\ln\frac{1+2p\sin a+p^2}{1-2p\sin a+p^2}; \tag{9.53d}$$

$$\text{v.p.}\int_0^\infty \frac{\sin ax}{1-2p\cos ax+p^2}\frac{x\,\mathrm{d}x}{1-x^2} = -\frac{\pi}{2}\frac{\cos a-p}{1-2p\cos a+p^2}, \tag{9.54a}$$

$$\text{v.p.}\int_0^\infty \arctan\frac{p\sin ax}{1-p\cos ax}\frac{x\,\mathrm{d}x}{1-x^2} = \frac{\pi}{4}\ln(1-2p\cos a+p^2), \tag{9.54b}$$

$$\text{v.p.}\int_0^\infty \arctan\frac{2p\sin ax}{1-p^2}\frac{x\,\mathrm{d}x}{1-x^2} = -\frac{\pi}{4}\ln\frac{1+2p\cos a+p^2}{1-2p\cos a+p^2}, \tag{9.54c}$$

$$\text{v.p.}\int_0^\infty \ln\frac{1+2p\sin ax+p^2}{1-2p\sin ax+p^2}\frac{x\,\mathrm{d}x}{1-x^2} = -\pi\arctan\frac{2p\cos a}{1-p^2}. \tag{9.54d}$$

例 9.10 应用留数定理可以计算出积分

$$\int_{-\infty}^\infty \frac{1+x^2}{1+x^2+x^4}\cos 2ax\,\mathrm{d}x = \frac{2\pi}{\sqrt{3}}\mathrm{e}^{-\sqrt{3}a}\cos a, \tag{9.55}$$

$$\int_{-\infty}^\infty \frac{1-x^2}{1+x^2+x^4}\cos 2ax\,\mathrm{d}x = \frac{2\pi}{\sqrt{3}}\mathrm{e}^{-\sqrt{3}a}\sin a, \tag{9.56}$$

$$\int_{-\infty}^\infty \frac{x}{1+x^2+x^4}\sin 2ax\,\mathrm{d}x = \frac{2\pi}{\sqrt{3}}\mathrm{e}^{-\sqrt{3}a}\sin a, \tag{9.57}$$

$$\int_{-\infty}^\infty \frac{x(1+2x^2)}{1+x^2+x^4}\sin 2ax\,\mathrm{d}x = \frac{2\pi}{\sqrt{3}}\mathrm{e}^{-\sqrt{3}a}\cos a, \tag{9.58}$$

其中的 (9.55) 与 (9.57) 两式已在第六章中 (例 6.5) 讨论过. 仿照例 9.5 — 9.9 中的做法，也能得到

$$\int_0^\infty \frac{1}{1-2p\cos 2ax+p^2}\frac{1+x^2}{1+x^2+x^4}\mathrm{d}x=\frac{\pi}{\sqrt{3}}\frac{1}{1-p^2}\frac{1-p^2\mathrm{e}^{-2\sqrt{3}a}}{1-2p\,\mathrm{e}^{-\sqrt{3}a}\cos a+p^2\mathrm{e}^{-2\sqrt{3}a}},\tag{9.59a}$$

$$\int_0^\infty \ln(1-2p\cos 2ax+p^2)\frac{1+x^2}{1+x^2+x^4}\mathrm{d}x=\frac{\pi}{\sqrt{3}}\ln(1-2p\,\mathrm{e}^{-\sqrt{3}a}\cos a+p^2\mathrm{e}^{-2\sqrt{3}a}),\tag{9.59b}$$

$$\int_0^\infty \ln\frac{1+2p\cos 2ax+p^2}{1-2p\cos 2ax+p^2}\frac{1+x^2}{1+x^2+x^4}\mathrm{d}x=\frac{\pi}{\sqrt{3}}\ln\frac{1+2p\,\mathrm{e}^{-\sqrt{3}a}\cos a+p^2\mathrm{e}^{-2\sqrt{3}a}}{1-2p\,\mathrm{e}^{-\sqrt{3}a}\cos a+p^2\mathrm{e}^{-2\sqrt{3}a}},\tag{9.59c}$$

$$\int_0^\infty \arctan\frac{2p\cos 2ax}{1-p^2}\frac{1+x^2}{1+x^2+x^4}\mathrm{d}x=\frac{\pi}{\sqrt{3}}\arctan\frac{2p\,\mathrm{e}^{-\sqrt{3}a}\cos a}{1-p^2\mathrm{e}^{-2\sqrt{3}a}};\tag{9.59d}$$

$$\int_0^\infty \frac{1}{1-2p\cos 2ax+p^2}\frac{1-x^2}{1+x^2+x^4}\mathrm{d}x=\frac{2\pi}{1-p^2}\frac{p\,\mathrm{e}^{-\sqrt{3}a}\sin a}{1-2p\,\mathrm{e}^{-\sqrt{3}a}\cos a+p^2\mathrm{e}^{-2\sqrt{3}a}},\tag{9.60a}$$

$$\int_0^\infty \ln(1-2p\cos 2ax+p^2)\frac{1-x^2}{1+x^2+x^4}\mathrm{d}x=-2\pi\arctan\frac{p\,\mathrm{e}^{-\sqrt{3}a}\sin a}{1-p\,\mathrm{e}^{-\sqrt{3}a}\cos a},\tag{9.60b}$$

$$\int_0^\infty \ln\frac{1+2p\cos 2ax+p^2}{1-2p\cos 2ax+p^2}\frac{1-x^2}{1+x^2+x^4}\mathrm{d}x=2\pi\arctan\frac{2p\,\mathrm{e}^{-\sqrt{3}a}\sin a}{1-p^2\mathrm{e}^{-2\sqrt{3}a}},\tag{9.60c}$$

$$\int_0^\infty \arctan\frac{2p\cos 2ax}{1-p^2}\frac{1-x^2}{1+x^2+x^4}\mathrm{d}x=\frac{\pi}{2}\ln\frac{1+2p\,\mathrm{e}^{-\sqrt{3}a}\sin a+p^2\mathrm{e}^{-2\sqrt{3}a}}{1-2p\,\mathrm{e}^{-\sqrt{3}a}\sin a+p^2\mathrm{e}^{-2\sqrt{3}a}},\tag{9.60d}$$

$$\int_0^\infty \frac{\sin 2ax}{1-2p\cos 2ax+p^2}\frac{x\,\mathrm{d}x}{1+x^2+x^4}=\frac{\pi}{\sqrt{3}}\frac{\mathrm{e}^{-\sqrt{3}a}\sin a}{1-2p\,\mathrm{e}^{-\sqrt{3}a}\cos a+p^2\mathrm{e}^{-2\sqrt{3}a}},\tag{9.61a}$$

$$\int_0^\infty \arctan\frac{p\sin 2ax}{1-p\cos 2ax}\frac{x\,\mathrm{d}x}{1+x^2+x^4}=\frac{\pi}{\sqrt{3}}\arctan\frac{p\,\mathrm{e}^{-\sqrt{3}a}\sin a}{1-p\,\mathrm{e}^{-\sqrt{3}a}\cos a},\tag{9.61b}$$

$$\int_0^\infty \arctan\frac{2p\sin 2ax}{1-p^2}\frac{x\,\mathrm{d}x}{1+x^2+x^4}=\frac{\pi}{\sqrt{3}}\arctan\frac{2p\,\mathrm{e}^{-\sqrt{3}a}\sin a}{1-p^2\mathrm{e}^{-2\sqrt{3}a}},\tag{9.61c}$$

$$\int_0^\infty \ln\frac{1+2p\sin 2ax+p^2}{1-2p\sin 2ax+p^2}\frac{x\,\mathrm{d}x}{1+x^2+x^4}=\frac{\pi}{\sqrt{3}}\ln\frac{1+2p\,\mathrm{e}^{-\sqrt{3}a}\sin a+p^2\mathrm{e}^{-2\sqrt{3}a}}{1-2p\,\mathrm{e}^{-\sqrt{3}a}\sin a+p^2\mathrm{e}^{-2\sqrt{3}a}},\tag{9.61d}$$

$$\int_0^\infty \frac{\sin 2ax}{1-2p\cos 2ax+p^2}\frac{x(1+2x^2)}{1+x^2+x^4}\mathrm{d}x=\pi\frac{\mathrm{e}^{-\sqrt{3}a}\cos a-p\,\mathrm{e}^{-2\sqrt{3}a}}{1-2p\,\mathrm{e}^{-\sqrt{3}a}\cos a+p^2\mathrm{e}^{-2\sqrt{3}a}},\tag{9.62a}$$

$$\int_0^\infty \arctan\frac{p\sin 2ax}{1-p\cos 2ax}\frac{x(1+2x^2)}{1+x^2+x^4}\mathrm{d}x=-\frac{\pi}{2}\ln(1-2p\,\mathrm{e}^{-\sqrt{3}a}\cos a+p^2\mathrm{e}^{-2\sqrt{3}a}),\tag{9.62b}$$

$$\int_0^\infty \arctan\frac{2p\sin 2ax}{1-p^2}\frac{x(1+2x^2)}{1+x^2+x^4}\,\mathrm{d}x = \frac{\pi}{2}\ln\frac{1+2p\,\mathrm{e}^{-\sqrt{3}a}\cos a+p^2\mathrm{e}^{-2\sqrt{3}a}}{1-2p\,\mathrm{e}^{-\sqrt{3}a}\cos a+p^2\mathrm{e}^{-2\sqrt{3}a}}, \tag{9.62c}$$

$$\int_0^\infty \ln\frac{1+2p\sin 2ax+p^2}{1-2p\sin 2ax+p^2}\frac{x(1+2x^2)}{1+x^2+x^4}\,\mathrm{d}x = 2\pi\arctan\frac{2p\,\mathrm{e}^{-\sqrt{3}a}\cos a}{1-p^2\mathrm{e}^{-2\sqrt{3}a}}. \tag{9.62d}$$

例 9.11 同样，由 (8.5) — (8.8) 式出发，也能得到

$$\int_0^\infty \frac{1}{1-2p\cos(ax-b/x)+p^2}\frac{\mathrm{d}x}{1+x^2} = \frac{\pi}{2}\frac{1}{1-p^2}\frac{1+p\,\mathrm{e}^{-(a+b)}}{1-p\,\mathrm{e}^{-(a+b)}}, \tag{9.63a}$$

$$\int_0^\infty \ln\left[1-2p\cos\left(ax-\frac{b}{x}\right)+p^2\right]\frac{\mathrm{d}x}{1+x^2} = \pi\ln\left[1-p\,\mathrm{e}^{-(a+b)}\right], \tag{9.63b}$$

$$\int_0^\infty \ln\frac{1+2p\cos(ax-b/x)+p^2}{1-2p\cos(ax-b/x)+p^2}\frac{\mathrm{d}x}{1+x^2} = \pi\ln\frac{1+p\,\mathrm{e}^{-(a+b)}}{1-p\,\mathrm{e}^{-(a+b)}}, \tag{9.63c}$$

$$\int_0^\infty \arctan\left[\frac{2p}{1-p^2}\cos\left(ax-\frac{b}{x}\right)\right]\frac{\mathrm{d}x}{1+x^2} = \pi\arctan\left[p\,\mathrm{e}^{-(a+b)}\right]; \tag{9.63d}$$

$$\int_0^\infty \frac{\sin(ax-b/x)}{1-2p\cos(ax-b/x)+p^2}\frac{x\,\mathrm{d}x}{1+x^2} = \frac{\pi}{2}\frac{\mathrm{e}^{-(a+b)}}{1-p\,\mathrm{e}^{-(a+b)}}, \tag{9.64a}$$

$$\int_0^\infty \arctan\frac{p\sin(ax-b/x)}{1-p\cos(ax-b/x)}\frac{x\,\mathrm{d}x}{1+x^2} = -\frac{\pi}{2}\ln\left[1-p\,\mathrm{e}^{-(a+b)}\right], \tag{9.64b}$$

$$\int_0^\infty \arctan\left[\frac{2p}{1-p^2}\sin\left(ax-\frac{b}{x}\right)\right]\frac{x\,\mathrm{d}x}{1+x^2} = \frac{\pi}{2}\ln\frac{1+p\,\mathrm{e}^{-(a+b)}}{1-p\,\mathrm{e}^{-(a+b)}}, \tag{9.64c}$$

$$\int_0^\infty \ln\frac{1+2p\sin(ax-b/x)+p^2}{1-2p\sin(ax-b/x)+p^2}\frac{x\,\mathrm{d}x}{1+x^2} = 2\pi\arctan\left[p\,\mathrm{e}^{-(a+b)}\right]; \tag{9.64d}$$

$$\text{v.p.}\int_0^\infty \frac{1}{1-2p\cos(ax-b/x)+p^2}\frac{\mathrm{d}x}{1-x^2} = \frac{\pi}{1-p^2}\frac{p\sin(a-b)}{1-2p\cos(a-b)+p^2}, \tag{9.65a}$$

$$\text{v.p.}\int_0^\infty \ln\left[1-2p\cos\left(ax-\frac{b}{x}\right)+p^2\right]\frac{\mathrm{d}x}{1-x^2} = -\pi\arctan\frac{p\sin(a-b)}{1-p\cos(a-b)}, \tag{9.65b}$$

$$\text{v.p.}\int_0^\infty \ln\frac{1+2p\cos(ax-b/x)+p^2}{1-2p\cos(ax-b/x)+p^2}\frac{\mathrm{d}x}{1-x^2} = \pi\arctan\frac{2p\sin(a-b)}{1-p^2}, \tag{9.65c}$$

$$\text{v.p.}\int_0^\infty \arctan\left[\frac{2p}{1-p^2}\cos\left(ax-\frac{b}{x}\right)\right]\frac{\mathrm{d}x}{1-x^2} = \frac{\pi}{4}\ln\frac{1+2p\sin(a-b)+p^2}{1-2p\sin(a-b)+p^2}; \tag{9.65d}$$

$$\text{v.p.}\int_0^\infty \frac{\sin(ax-b/x)}{1-2p\cos(ax-b/x)+p^2}\frac{x\,\mathrm{d}x}{1-x^2} = -\frac{\pi}{2}\frac{\cos(a-b)-p}{1-2p\cos(a-b)+p^2}, \tag{9.66a}$$

$$\text{v.p.}\int_0^\infty \arctan\frac{p\sin(ax-b/x)}{1-p\cos(ax-b/x)}\frac{x\,\mathrm{d}x}{1-x^2} = \frac{\pi}{4}\ln(1-2p\cos(a-b)+p^2), \tag{9.66b}$$

$$\text{v.p.}\int_0^\infty \arctan\left[\frac{2p}{1-p^2}\sin\left(ax-\frac{b}{x}\right)\right]\frac{x\,\mathrm{d}x}{1-x^2} = -\frac{\pi}{4}\ln\frac{1+2p\cos(a-b)+p^2}{1-2p\cos(a-b)+p^2}, \tag{9.66c}$$

$$\text{v.p.}\int_0^\infty \ln\frac{1+2p\sin(ax-b/x)+p^2}{1-2p\sin(ax-b/x)+p^2}\frac{x\,\mathrm{d}x}{1-x^2} = -\pi\arctan\frac{2p\cos(a-b)}{1-p^2}. \tag{9.66d}$$

在 (8.5) 与 (8.6) 两式的基础上，我们还曾经组合出 (9.8) — (9.11) 式. 从这四个积分出发，又能进一步导出

$$\int_0^\infty \frac{\cos(ax-b/x)-p}{1-2p\cos(ax-b/x)+p^2}\cos\left(cx-\frac{d}{x}\right)\frac{\mathrm{d}x}{1+x^2}$$
$$=\frac{\pi}{2}\frac{p\,\mathrm{e}^{-(a+b)}}{1-p\,\mathrm{e}^{-(a+b)}}\cosh(c+d), \tag{9.67a}$$

$$\int_0^\infty \ln\left[1-2p\cos\left(ax-\frac{b}{x}\right)+p^2\right]\cos\left(cx-\frac{d}{x}\right)\frac{\mathrm{d}x}{1+x^2}$$
$$=\pi\ln\left[1-p\,\mathrm{e}^{-(a+b)}\right]\cosh(c+d), \tag{9.67b}$$

$$\int_0^\infty \ln\frac{1+2p\cos(ax-b/x)+p^2}{1-2p\cos(ax-b/x)+p^2}\cos\left(cx-\frac{d}{x}\right)\frac{\mathrm{d}x}{1+x^2}$$
$$=\pi\ln\frac{1+p\,\mathrm{e}^{-(a+b)}}{1-p\,\mathrm{e}^{-(a+b)}}\cosh(c+d), \tag{9.67c}$$

$$\int_0^\infty \arctan\left[\frac{2p}{1-p^2}\cos\left(ax-\frac{b}{x}\right)\right]\cos\left(cx-\frac{d}{x}\right)\frac{\mathrm{d}x}{1+x^2}$$
$$=\pi\arctan\left[p\,\mathrm{e}^{-(a+b)}\right]\cosh(c+d); \tag{9.67d}$$

$$\int_0^\infty \frac{\sin(ax-b/x)}{1-2p\cos(ax-b/x)+p^2}\sin\left(cx-\frac{d}{x}\right)\frac{\mathrm{d}x}{1+x^2}$$
$$=\frac{\pi}{2}\frac{\mathrm{e}^{-(a+b)}}{1-p\,\mathrm{e}^{-(a+b)}}\sinh(c+d), \tag{9.68a}$$

$$\int_0^\infty \arctan\frac{p\sin(ax-b/x)}{1-p\cos(ax-b/x)}\sin\left(cx-\frac{d}{x}\right)\frac{\mathrm{d}x}{1+x^2}$$
$$=-\frac{\pi}{2}\ln\left[1-p\,\mathrm{e}^{-(a+b)}\right]\sinh(c+d), \tag{9.68b}$$

$$\int_0^\infty \arctan\left[\frac{2p}{1-p^2}\sin\left(ax-\frac{b}{x}\right)\right]\sin\left(cx-\frac{d}{x}\right)\frac{\mathrm{d}x}{1+x^2}$$
$$=\frac{\pi}{2}\ln\frac{1+p\,\mathrm{e}^{-(a+b)}}{1-p\,\mathrm{e}^{-(a+b)}}\sinh(c+d), \tag{9.68c}$$

$$\int_0^\infty \ln\frac{1+2p\sin(ax-b/x)+p^2}{1-2p\sin(ax-b/x)+p^2}\sin\left(cx-\frac{d}{x}\right)\frac{\mathrm{d}x}{1+x^2}$$
$$=2\pi\arctan\left[p\,\mathrm{e}^{-(a+b)}\right]\sinh(c+d); \tag{9.68d}$$

$$\int_0^\infty \frac{\sin(ax-b/x)}{1-2p\cos(ax-b/x)+p^2}\cos\left(cx-\frac{d}{x}\right)\frac{x\,\mathrm{d}x}{1+x^2}$$
$$=\frac{\pi}{2}\frac{\mathrm{e}^{-(a+b)}}{1-p\,\mathrm{e}^{-(a+b)}}\cosh(c+d), \tag{9.69a}$$

$$\int_0^\infty \arctan\frac{p\sin(ax-b/x)}{1-p\cos(ax-b/x)}\cos\left(cx-\frac{d}{x}\right)\frac{x\,\mathrm{d}x}{1+x^2}$$
$$=-\frac{\pi}{2}\ln\left[1-p\,\mathrm{e}^{-(a+b)}\right]\cosh(c+d), \tag{9.69b}$$

$$\int_0^\infty \arctan\left[\frac{2p}{1-p^2}\sin\left(ax-\frac{b}{x}\right)\right]\cos\left(cx-\frac{d}{x}\right)\frac{x\,\mathrm{d}x}{1+x^2}$$
$$=\frac{\pi}{2}\ln\frac{1+p\,\mathrm{e}^{-(a+b)}}{1-p\,\mathrm{e}^{-(a+b)}}\cosh(c+d), \tag{9.69c}$$

$$\int_0^\infty \ln\frac{1+2p\sin(ax-b/x)+p^2}{1-2p\sin(ax-b/x)+p^2}\cos\left(cx-\frac{d}{x}\right)\frac{x\,\mathrm{d}x}{1+x^2}$$
$$=2\pi\arctan\left[p\,\mathrm{e}^{-(a+b)}\right]\cosh(c+d); \tag{9.69d}$$

$$\int_0^\infty \frac{\cos(ax-b/x)-p}{1-2p\cos(ax-b/x)+p^2}\sin\left(cx-\frac{d}{x}\right)\frac{x\,\mathrm{d}x}{1+x^2}$$
$$=-\frac{\pi}{2}\frac{\mathrm{e}^{-(a+b)}}{1-p\,\mathrm{e}^{-(a+b)}}\sinh(c+d), \tag{9.70a}$$

$$\int_0^\infty \ln\left[1-2p\cos\left(ax-\frac{b}{x}\right)+p^2\right]\sin\left(cx-\frac{d}{x}\right)\frac{x\,\mathrm{d}x}{1+x^2}$$
$$=-\frac{\pi}{2}\ln\left[1-p\,\mathrm{e}^{-(a+b)}\right]\sinh(c+d), \tag{9.70b}$$

$$\int_0^\infty \ln\frac{1+2p\cos(ax-b/x)+p^2}{1-2p\cos(ax-b/x)+p^2}\sin\left(cx-\frac{d}{x}\right)\frac{x\,\mathrm{d}x}{1+x^2}$$
$$=-\pi\ln\frac{1+p\,\mathrm{e}^{-(a+b)}}{1-p\,\mathrm{e}^{-(a+b)}}\sinh(c+d), \tag{9.70c}$$

$$\int_0^\infty \arctan\left[\frac{2p}{1-p^2}\cos\left(ax-\frac{b}{x}\right)\right]\sin\left(cx-\frac{d}{x}\right)\frac{x\,\mathrm{d}x}{1+x^2}$$
$$=-\pi\arctan\left[p\,\mathrm{e}^{-(a+b)}\right]\sinh(c+d). \tag{9.70d}$$

由 (8.7) 与 (8.8) 两式也曾经组合出 (9.21) — (9.24) 式，在此基础上又可导出

$$\text{v.p.}\int_0^\infty \frac{\cos(ax-b/x)-p}{1-2p\cos(ax-b/x)+p^2}\cos\left(cx-\frac{d}{x}\right)\frac{\mathrm{d}x}{1-x^2}$$
$$=\frac{\pi}{2}\frac{\sin(a-b)}{1-2p\cos(a-b)+p^2}\cos(c-d), \tag{9.71a}$$

$$\text{v.p.}\int_0^\infty \ln\left[1-2p\cos\left(ax-\frac{b}{x}\right)+p^2\right]\cos\left(cx-\frac{d}{x}\right)\frac{\mathrm{d}x}{1-x^2}$$
$$=-\pi\arctan\frac{p\sin(a-b)}{1-p\cos(a-b)}\cos(c-d), \tag{9.71b}$$

$$\text{v.p.}\int_0^\infty \ln\frac{1+2p\cos(ax-b/x)+p^2}{1-2p\cos(ax-b/x)+p^2}\cos\left(cx-\frac{d}{x}\right)\frac{\mathrm{d}x}{1-x^2}$$
$$=\pi\arctan\frac{2p\sin(a-b)}{1-p^2}\cos(c-d), \tag{9.71c}$$

$$\text{v.p.}\int_0^\infty \arctan\left[\frac{2p}{1-p^2}\cos\left(ax-\frac{b}{x}\right)\right]\cos\left(cx-\frac{d}{x}\right)\frac{\mathrm{d}x}{1-x^2}$$
$$=\frac{\pi}{4}\ln\frac{1+2p\sin(a-b)+p^2}{1-2p\sin(a-b)+p^2}\cos(c-d); \tag{9.71d}$$

$$\text{v.p.}\int_0^\infty \frac{\sin(ax-b/x)}{1-2p\cos(ax-b/x)+p^2}\sin\left(cx-\frac{d}{x}\right)\frac{\mathrm{d}x}{1-x^2}$$
$$=-\frac{\pi}{2}\frac{\cos(a-b)-p}{1-2p\cos(a-b)+p^2}\sin(c-d), \tag{9.72a}$$

$$\text{v.p.}\int_0^\infty \arctan\frac{p\sin(ax-b/x)}{1-p\cos(ax-b/x)}\sin\left(cx-\frac{d}{x}\right)\frac{\mathrm{d}x}{1-x^2}$$
$$=\frac{\pi}{4}\ln\left[1-2p\cos(a-b)+p^2\right]\sin(c-d), \tag{9.72b}$$

$$\text{v.p.}\int_0^\infty \arctan\left[\frac{2p}{1-p^2}\sin\left(ax-\frac{b}{x}\right)\right]\sin\left(cx-\frac{d}{x}\right)\frac{\mathrm{d}x}{1-x^2}$$
$$=-\frac{\pi}{4}\ln\frac{1+2p\cos(a-b)+p^2}{1-2p\cos(a-b)+p^2}\sin(c-d), \tag{9.72c}$$

$$\text{v.p.}\int_0^\infty \ln\frac{1+2p\sin(ax-b/x)+p^2}{1-2p\sin(ax-b/x)+p^2}\sin\left(cx-\frac{d}{x}\right)\frac{\mathrm{d}x}{1-x^2}$$
$$=-\pi\arctan\frac{2p\cos(a-b)}{1-p^2}\sin(c-d); \tag{9.72d}$$

$$\text{v.p.}\int_0^\infty \frac{\sin(ax-b/x)}{1-2p\cos(ax-b/x)+p^2}\cos\left(cx-\frac{d}{x}\right)\frac{x\,\mathrm{d}x}{1-x^2}$$
$$=-\frac{\pi}{2}\frac{\cos(a-b)-p}{1-2p\cos(a-b)+p^2}\cos(c-d), \tag{9.73a}$$

$$\text{v.p.}\int_0^\infty \arctan\frac{p\sin(ax-b/x)}{1-p\cos(ax-b/x)}\cos\left(cx-\frac{d}{x}\right)\frac{x\,\mathrm{d}x}{1-x^2}$$
$$=\frac{\pi}{4}\ln(1-2p\cos(a-b)+p^2)\cos(c-d), \tag{9.73b}$$

$$\text{v.p.}\int_0^\infty \arctan\left[\frac{2p}{1-p^2}\sin\left(ax-\frac{b}{x}\right)\right]\cos\left(cx-\frac{d}{x}\right)\frac{x\,\mathrm{d}x}{1-x^2}$$
$$=-\frac{\pi}{4}\ln\frac{1+2p\cos(a-b)+p^2}{1-2p\cos(a-b)+p^2}\cos(c-d), \tag{9.73c}$$

$$\text{v.p.}\int_0^\infty \ln\frac{1+2p\cos(ax-b/x)+p^2}{1-2p\cos(ax-b/x)+p^2}\sin\left(cx-\frac{d}{x}\right)\frac{x\,\mathrm{d}x}{1-x^2}$$
$$=-\pi\arctan\frac{2p\cos(a-b)}{1-p^2}\cos(c-d); \tag{9.73d}$$

$$\text{v.p.}\int_0^\infty \frac{\cos(ax-b/x)-p}{1-2p\cos(ax-b/x)+p^2}\sin\left(cx-\frac{d}{x}\right)\frac{x\,\mathrm{d}x}{1-x^2}$$
$$=\frac{\pi}{2}\frac{\sin(a-b)-p}{1-2p\cos(a-b)+p^2}\sin(c-d), \tag{9.74a}$$

$$\text{v.p.}\int_0^\infty \ln\left[1-2p\cos\left(ax-\frac{b}{x}\right)+p^2\right]\sin\left(cx-\frac{d}{x}\right)\frac{x\,\mathrm{d}x}{1-x^2}$$
$$=-\pi\arctan\frac{p\sin(a-b)}{1-2p\cos(a-b)}\sin(c-d), \tag{9.74b}$$

$$\text{v.p.}\int_0^\infty \ln\frac{1+2p\cos\left(ax-\dfrac{b}{x}\right)+p^2}{1-2p\cos\left(ax-\dfrac{b}{x}\right)+p^2}\sin\left(cx-\frac{d}{x}\right)\frac{x\,\mathrm{d}x}{1-x^2}$$
$$=\pi\arctan\frac{2p\sin(a-b)}{1-p^2}\sin(c-d), \tag{9.74c}$$

$$\text{v.p.}\int_0^\infty \arctan\left[\frac{2p}{1-p^2}\cos\left(ax-\frac{b}{x}\right)\right]\sin\left(cx-\frac{d}{x}\right)\frac{x\,\mathrm{d}x}{1-x^2}$$
$$=\frac{\pi}{4}\ln\frac{1+2p\sin(a-b)+p^2}{1-2p\sin(a-b)+p^2}\sin(c-d). \tag{9.74d}$$

§9.3 再讨论含 $\ln\tan\theta$ 的积分

在第七章的例 7.17 中，我们计算了四个积分，它们是

$$\int_0^\pi \cos(2n+1)\theta\,\ln\tan\frac{\theta}{2}\,\mathrm{d}\theta=-\frac{\pi}{2n+1},\qquad n=0,1,2,\cdots, \tag{9.75}$$

$$\int_0^\pi \sin(2n+1)\theta\,\ln\tan\frac{\theta}{2}\,\mathrm{d}\theta=0,\qquad n=0,1,2,\cdots, \tag{9.76}$$

$$\int_0^\pi \cos 2n\theta\,\ln\tan\frac{\theta}{2}\,\mathrm{d}\theta=0,\qquad n=0,1,2,\cdots, \tag{9.77}$$

$$\int_0^\pi \sin 2n\theta\,\ln\tan\frac{\theta}{2}\,\mathrm{d}\theta=-\frac{1}{n}\left[\psi\left(n+\frac{1}{2}\right)-\psi\left(\frac{1}{2}\right)\right],\qquad n=1,2,3,\cdots. \tag{9.78}$$

将这些积分式两端同乘 (除) 以适当的因子，而后求和①，也可以衍生出一系列新的积分.

例 9.12 将 (9.75) 式两端同除以 $2n+1$，并求和：

$$\sum_{n=0}^\infty\int_0^\pi \frac{\cos(2n+1)\theta}{2n+1}\,\ln\tan\frac{\theta}{2}\,\mathrm{d}\theta=-\pi\sum_{n=0}^\infty\frac{1}{(2n+1)^2}.$$

① 这里存在求和与积分交换次序的合法性问题，或者直接说，导出的积分的正确性问题. 对于前一个问题，因为涉及的级数都是在单位圆内收敛的，所以，正确的做法是：先在单位圆内交换求和与积分的次序 (这是合法的)，而后再由单位圆内逼近圆周，其正确性可以有 Abel 第二定理保证. 对于后一个问题，事实上，对于下面导出的积分，都可以直接计算而得到，因此，其正确性也毋庸置疑.

将上式左端的求和与积分交换次序，同时利用[①]

$$\sum_{n=0}^{\infty}\frac{\cos(2n+1)\theta}{2n+1}=\frac{1}{2}\ \ln\cot\frac{\theta}{2}=-\frac{1}{2}\ \ln\tan\frac{\theta}{2} \tag{9.79}$$

以及[②]

$$\sum_{n=0}^{\infty}\frac{1}{(2n+1)^2}=\frac{\pi^2}{8}, \tag{9.80}$$

就得到

$$\int_0^{\pi}\ln^2\tan\frac{\theta}{2}\,\mathrm{d}\theta=\frac{\pi^3}{4}. \tag{9.81}$$

将 (9.75) 式两端同除以 $2n+2$，并求和，亦可得

$$\begin{aligned}\sum_{n=0}^{\infty}\int_0^{\pi}\frac{\cos(2n+1)\theta}{2n+2}\ \ln\tan\frac{\theta}{2}\,\mathrm{d}\theta&=-\pi\sum_{n=0}^{\infty}\frac{1}{(2n+1)(2n+2)}\\&=-\pi\sum_{n=0}^{\infty}\left(\frac{1}{2n+1}-\frac{1}{2n+2}\right)=-\pi\sum_{n=1}^{\infty}\frac{(-1)^{n-1}}{n}=-\pi\ \ln 2.\end{aligned} \tag{9.82a}$$

另一方面，我们有

$$\sum_{n=0}^{\infty}\frac{\cos(2n+1)\theta}{2n+2}=-\frac{1}{2}\left[\cos\theta\ \ln(2\sin\theta)+\left(\theta-\frac{\pi}{2}\right)\sin\theta\right], \tag{9.82b}$$

所以就得到

$$\int_0^{\pi}\left\{\cos\theta\ \ln(2\sin\theta)+\left(\theta-\frac{\pi}{2}\right)\sin\theta\right\}\ln\tan\frac{\theta}{2}\,\mathrm{d}\theta=2\pi\ \ln 2.$$

利用 (7.58a) 及 (7.58b) 两式的结果，可得

$$\int_0^{\pi}\cos\theta\left[\ln^2\left(2\sin\frac{\theta}{2}\right)-\ln^2\left(2\cos\frac{\theta}{2}\right)\right]\mathrm{d}\theta=\int_0^{\pi}\cos\theta\ \ln(2\sin\theta)\ln\tan\frac{\theta}{2}\,\mathrm{d}\theta=\pi, \tag{9.83a}$$

同时考虑到 (9.76) 式，又有

$$\int_0^{\pi}\theta\ \sin\theta\ \ln\tan\frac{\theta}{2}\,\mathrm{d}\theta=-\pi+2\pi\ \ln 2. \tag{9.83b}$$

类似地，如果将 (9.75) 式两端同除以 $2n+3$，并求和，利用

$$\sum_{n=0}^{\infty}\frac{\cos(2n+1)\theta}{2n+3}=-\frac{1}{2}\cos 2\theta\ \ln\tan\frac{\theta}{2}+\frac{\pi}{4}\ \sin 2\theta-\cos\theta, \tag{9.84a}$$

① 例 9.12 — 9.15 中用到的三角级数公式，均可参见第十一章.

② 参见：吴崇试. 数学物理方法. 第 2 版. 北京：北京大学出版社，2003: 96 – 97, 126 – 127.

也能得到

$$\int_0^{\pi}\left(\cos 2\theta\,\ln\tan\frac{\theta}{2}-\frac{\pi}{2}\sin 2\theta+2\cos\theta\right)\ln\tan\frac{\theta}{2}\,\mathrm{d}\theta=\pi.$$

再代入 (9.75) 与 (9.78) 两式的结果 (分别取 $n=0$ 与 $n=1$)，就有

$$\int_0^{\pi}\cos 2\theta\,\ln^2\left(\tan\frac{\theta}{2}\right)\mathrm{d}\theta=2\pi. \tag{9.84b}$$

更一般地，将 (9.75) 式两端同除以 $2n+2k+2$ $(k=1,2,3,\cdots)$，并求和，利用

$$\begin{aligned}\sum_{n=0}^{\infty}\frac{\cos(2n+1)\theta}{2n+2k+2}=&-\frac{1}{2}\left[\cos(2k+1)\theta\ln(2\sin\theta)+\left(\theta-\frac{\pi}{2}\right)\sin(2k+1)\theta\right]\\&-\sum_{n=0}^{k-1}\frac{\cos(2n-2k+1)}{2n+2},\end{aligned} \tag{9.85}$$

亦可得

$$\begin{aligned}&\int_0^{\pi}\left[\cos(2k+1)\theta\,\ln(2\sin\theta)+\left(\theta-\frac{\pi}{2}\right)\sin(2k+1)\theta\right]\ln\tan\frac{\theta}{2}\,\mathrm{d}\theta\\&\quad+\int_0^{\pi}\left[\sum_{n=0}^{k-1}\frac{\cos(2k-2n-1)\theta}{n+1}\right]\ln\tan\frac{\theta}{2}\,\mathrm{d}\theta\\&\quad=2\pi\sum_{n=0}^{\infty}\frac{1}{(2n+1)(2n+2k+2)}=\frac{2\pi}{2k+1}\sum_{n=0}^{\infty}\left(\frac{1}{2n+1}-\frac{1}{2n+2k+2}\right)\\&\quad=\frac{\pi}{2k+1}\left[\psi(k+1)-\psi\left(\frac{1}{2}\right)\right],\qquad k=1,2,3,\cdots.\end{aligned} \tag{9.86}$$

注意到

$$\begin{aligned}&\int_0^{\pi}\left[\sum_{n=0}^{k-1}\frac{\cos(2k-2n-1)\theta}{n+1}\right]\ln\tan\frac{\theta}{2}\,\mathrm{d}\theta\\&\quad=-\pi\sum_{n=0}^{k-1}\frac{1}{(n+1)(2k-2n-1)}=-\frac{\pi}{2k+1}\sum_{n=0}^{k-1}\left(\frac{1}{n+1}+\frac{1}{n+1/2}\right)\\&\quad=-\frac{\pi}{2k+1}\left\{\left[\psi(k+1)-\psi(1)\right]+\left[\psi\left(k+\frac{1}{2}\right)-\psi\left(\frac{1}{2}\right)\right]\right\},\end{aligned}$$

并考虑到 (9.76) 式的结果，即可求得

$$\begin{aligned}&\int_0^{\pi}\left[\cos(2k+1)\theta\,\ln(2\sin\theta)+\theta\,\sin(2k+1)\theta\right]\ln\tan\frac{\theta}{2}\,\mathrm{d}\theta\\&\quad=\frac{\pi}{2k+1}\left[2\psi(k+1)+\psi\left(k+\frac{1}{2}\right)-\psi(1)-2\psi\left(\frac{1}{2}\right)\right],\qquad k=1,2,3,\cdots.\end{aligned}$$

由 (7.63a) 及 (7.63b) 两式可得

$$\int_0^{\pi}\cos(2k+1)\theta\,\ln(2\sin\theta)\ln\tan\frac{\theta}{2}\,\mathrm{d}\theta$$
$$=\int_0^{\pi}\cos(2k+1)\theta\left[\ln^2\left(2\sin\frac{\theta}{2}\right)-\ln^2\left(2\cos\frac{\theta}{2}\right)\right]\mathrm{d}\theta$$
$$=\frac{2\pi}{2k+1}\left[\psi(2k+1)-\psi(1)\right]+\frac{\pi}{(2k+1)^2} \tag{9.87a}$$
$$=\frac{\pi}{2k+1}\left[\psi(k+1)+\psi\left(k+\frac{1}{2}\right)-\psi(1)-\psi\left(\frac{1}{2}\right)\right]+\frac{\pi}{(2k+1)^2},\qquad k=1,2,3,\cdots. \tag{9.87b}$$

所以

$$\int_0^{\pi}\theta\,\sin(2k+1)\theta\,\ln\tan\frac{\theta}{2}\,\mathrm{d}\theta=\frac{\pi}{2k+1}\left[\psi(k+1)-\psi\left(\frac{1}{2}\right)\right]-\frac{\pi}{(2k+1)^2},\quad k=1,2,3,\cdots. \tag{9.87c}$$

类似地，因为

$$\sum_{n=0}^{\infty}\frac{\cos(2n+1)\theta}{2n+2k+1}=-\frac{1}{2}\cos 2k\theta\ln\tan\frac{\theta}{2}+\frac{\pi}{4}\sin 2k\theta-\sum_{n=0}^{k-1}\frac{\cos(2k-2n-1)}{2n+1}, \tag{9.88}$$

因此，将 (9.75) 式两端同除以 $2n+2k+1$，而后求和，亦可得

$$\int_0^{\pi}\left[\cos 2k\theta\,\ln\tan\frac{\theta}{2}-\frac{\pi}{2}\sin 2k\theta+2\sum_{n=0}^{k-1}\frac{\cos(2k-2n-1)\theta}{2n+1}\right]\ln\tan\frac{\theta}{2}\,\mathrm{d}\theta$$
$$=2\pi\sum_{n=0}^{\infty}\frac{1}{(2n+1)(2n+2k+1)}=\frac{\pi}{k}\sum_{n=0}^{\infty}\left(\frac{1}{2n+1}-\frac{1}{2n+2k+1}\right)$$
$$=\frac{\pi}{2k}\left[\psi\left(k+\frac{1}{2}\right)-\psi\left(\frac{1}{2}\right)\right]. \tag{9.89}$$

容易计算

$$\int_0^{\pi}\left[\sum_{n=0}^{k-1}\frac{\cos(2k-2n-1)\theta}{2n+1}\right]\ln\tan\frac{\theta}{2}\,\mathrm{d}\theta$$
$$=-\pi\sum_{n=0}^{k-1}\frac{1}{(2n+1)(2k-2n-1)}=-\frac{\pi}{2k}\sum_{n=0}^{k-1}\left(\frac{1}{2n+1}+\frac{1}{2k-2n-1}\right)$$
$$=-\frac{\pi}{k}\sum_{n=0}^{k-1}\frac{1}{2n+1}=-\frac{\pi}{k}\left[\psi\left(k+\frac{1}{2}\right)-\psi\left(\frac{1}{2}\right)\right], \tag{9.90}$$

再代入 (9.78) 式的结果，即得

$$\int_0^{\pi}\cos 2k\theta\,\ln^2\tan\frac{\theta}{2}\,\mathrm{d}\theta=\frac{\pi}{k}\left[\psi\left(k+\frac{1}{2}\right)-\psi\left(\frac{1}{2}\right)\right],\qquad k=1,2,3,\cdots. \tag{9.91}$$

还可将 (9.75) 式两端同除以 $n+\alpha$ (α 为有理数)，又能得到一系列的结果，不再赘述.

例 9.13 仿照例 9.12，可以对 (9.78) 式作类似的处理. 这时需要用到下列三角级数：

$$\sum_{n=1}^{\infty}\frac{\sin 2n\theta}{2n+1}=\frac{1}{2}\sin\theta\ln\tan\frac{\theta}{2}+\frac{\pi}{4}\cos\theta, \tag{9.92a}$$

$$\sum_{n=1}^{\infty}\frac{\sin 2n\theta}{2n+2}=\frac{1}{2}\sin 2\theta\ln(2\sin\theta)-\frac{1}{2}\left(\theta-\frac{\pi}{2}\right)\cos 2\theta, \tag{9.92b}$$

$$\sum_{n=1}^{\infty}\frac{\sin 2n\theta}{2n+3}=\frac{1}{2}\sin 3\theta\ln\tan\frac{\theta}{2}+\frac{\pi}{4}\cos 3\theta+\sin 2\theta, \tag{9.92c}$$

$$\begin{aligned}\sum_{n=1}^{\infty}\frac{\sin 2n\theta}{2n+2k+1}=&\frac{1}{2}\sin(2k+1)\theta\ln\tan\frac{\theta}{2}+\frac{\pi}{4}\cos(2k+1)\theta\\&+\sum_{n=0}^{k-1}\frac{\sin(2k-2n)\theta}{2n+1},\end{aligned} \tag{9.92d}$$

$$\begin{aligned}\sum_{n=1}^{\infty}\frac{\sin 2n\theta}{2n+2k+2}=&\frac{1}{2}\sin(2k+2)\theta\ln(2\sin\theta)-\frac{1}{2}\left(\theta-\frac{\pi}{2}\right)\cos(2k+2)\theta\\&+\sum_{n=0}^{k-1}\frac{\sin(2k-2n)\theta}{2n+2}.\end{aligned} \tag{9.92e}$$

将 (9.78) 式两端除以 $2n+1$，求和，立刻得到

$$\int_0^{\pi}\left(\sin\theta\ln\tan\frac{\theta}{2}+\frac{\pi}{2}\cos\theta\right)\ln\tan\frac{\theta}{2}\,\mathrm{d}\theta=-\sum_{n=1}^{\infty}\frac{2}{n(2n+1)}\left[\psi\left(n+\frac{1}{2}\right)-\psi\left(\frac{1}{2}\right)\right],$$

利用第十章的 (10.60) 式，可以求出上式右端的级数和为 $\pi^2/3$. 再将 (9.75) 式的结果 $(n=0)$ 代入上式左端，就求得

$$\int_0^{\pi}\sin\theta\,\ln^2\tan\frac{\theta}{2}\,\mathrm{d}\theta=\frac{\pi^2}{2}-\frac{\pi^2}{3}=\frac{\pi^2}{6}. \tag{9.93}$$

将 (9.78) 式两端除以 $2n+2$，求和，并利用 (10.57) 式，又得到

$$\begin{aligned}&\int_0^{\pi}\left[\sin 2\theta\ln(2\sin\theta)-\left(\theta-\frac{\pi}{2}\right)\cos 2\theta\right]\ln\tan\frac{\theta}{2}\,\mathrm{d}\theta\\&\quad=-\sum_{n=1}^{\infty}\frac{1}{n(n+1)}\left[\psi\left(n+\frac{1}{2}\right)-\psi\left(\frac{1}{2}\right)\right]=-2\left[\psi(1)-\psi\left(\frac{1}{2}\right)\right]=-4\ln 2,\end{aligned}$$

亦即

$$\int_0^{\pi}\left[\sin 2\theta\ln(2\sin\theta)-\theta\,\cos 2\theta\right]\ln\tan\frac{\theta}{2}\,\mathrm{d}\theta=-4\ln 2.$$

直接计算可得 (需要用到 (9.78) 式的结果)

$$\begin{aligned}\int_0^\pi \theta \cos 2\theta \ \ln\tan\frac{\theta}{2}\,\mathrm{d}\theta &= \frac{1}{2}\sin 2\theta\cdot\theta\ \ln\tan\frac{\theta}{2}\Big|_0^\pi - \frac{1}{2}\int_0^\pi \sin 2\theta\Big(\ln\tan\frac{\theta}{2}+\frac{\theta}{\sin\theta}\Big)\mathrm{d}\theta \\ &= -\int_0^\pi \sin 2\theta\ \ln\tan\frac{\theta}{2}\,\mathrm{d}\theta - \int_0^\pi \theta\cdot\cos\theta\,\mathrm{d}\theta = 3, \qquad (9.94\mathrm{a})\end{aligned}$$

因此

$$\int_0^\pi \sin 2\theta\ \ln(2\sin\theta)\ \ln\tan\frac{\theta}{2}\,\mathrm{d}\theta = 3-4\ln 2. \qquad (9.94\mathrm{b})$$

类似地，将 (9.78) 式两端除以 $2n+3$，求和，并引用 (10.61) 式的结果，又有

$$\begin{aligned}&\int_0^\pi \left(\sin 3\theta\ln\tan\frac{\theta}{2}+\frac{\pi}{2}\cos 3\theta+2\sin 2\theta\right)\ln\tan\frac{\theta}{2}\,\mathrm{d}\theta \\ &= -\sum_{n=1}^\infty \frac{2}{n(2n+3)}\Big[\psi\Big(n+\frac{1}{2}\Big)-\psi\Big(\frac{1}{2}\Big)\Big] = -\frac{4}{3}-\frac{\pi^2}{9},\end{aligned}$$

代入 (9.75) 与 (9.78) 两式的结果 (均取 $n=1$)，就求得

$$\int_0^\pi \sin 3\theta\ \ln^2\tan\frac{\theta}{2}\,\mathrm{d}\theta = \frac{8}{3}+\frac{\pi^2}{18}. \qquad (9.95)$$

更一般地，将 (9.78) 式两端除以 $2n+2k+1$，求和，从而得到

$$\begin{aligned}&\int_0^\pi \left[\sin(2k+1)\theta\ln\tan\frac{\theta}{2}+\frac{\pi}{2}\cos(2k+1)\theta+2\sum_{n=0}^{k-1}\frac{\sin(2k-2n)\theta}{2n+1}\right]\ln\tan\frac{\theta}{2}\,\mathrm{d}\theta \\ &= -\sum_{n=1}^\infty \frac{2}{n(2n+2k+1)}\Big[\psi\Big(n+\frac{1}{2}\Big)-\psi\Big(\frac{1}{2}\Big)\Big] \\ &= -\frac{2}{2k+1}\left\{\frac{\pi^2}{6}+\sum_{n=1}^{k}\frac{1}{n}\Big[\psi\Big(n+\frac{1}{2}\Big)-\psi\Big(\frac{1}{2}\Big)\Big]\right\},\end{aligned}$$

这里又一次引用了第十章中的结果 (见 (10.62) 式). 再代入 (9.75) 式的结果以及

$$\begin{aligned}&\int_0^\pi \left[\sum_{n=0}^{k-1}\frac{\sin(2k-2n)\theta}{2n+1}\right]\ln\tan\frac{\theta}{2}\,\mathrm{d}\theta = -\sum_{n=0}^{k-1}\frac{1}{(2n+1)(k-n)}\Big[\psi\Big(k-n+\frac{1}{2}\Big)-\psi\Big(\frac{1}{2}\Big)\Big] \\ &= -\frac{1}{2k+1}\sum_{n=0}^{k-1}\Big(\frac{2}{2n+1}+\frac{1}{k-n}\Big)\Big[\psi\Big(k-n+\frac{1}{2}\Big)-\psi\Big(\frac{1}{2}\Big)\Big] \\ &= -\frac{1}{2k+1}\left\{\sum_{n=0}^{k-1}\frac{2}{2n+1}\Big[\psi\Big(k-n+\frac{1}{2}\Big)-\psi\Big(\frac{1}{2}\Big)\Big]+\sum_{n=1}^{k}\frac{1}{n}\Big[\psi\Big(n+\frac{1}{2}\Big)-\psi\Big(\frac{1}{2}\Big)\Big]\right\},\end{aligned}$$

就求得

$$\int_0^{\pi}\sin(2k+1)\theta\,\ln^2\tan\frac{\theta}{2}\,\mathrm{d}\theta=\frac{1}{2k+1}\left\{\frac{\pi^2}{6}+\sum_{n=0}^{k-1}\frac{4}{2n+1}\left[\psi\left(k-n+\frac{1}{2}\right)-\psi\left(\frac{1}{2}\right)\right]\right\}. \tag{9.96a}$$

可以证明 (见第十章 (10.52) 式)

$$\sum_{n=0}^{k-1}\frac{1}{2n+1}\left[\psi\left(k-n+\frac{1}{2}\right)-\psi\left(\frac{1}{2}\right)\right]=\sum_{n=1}^{k}\frac{1}{n}\left[\psi\left(n+\frac{1}{2}\right)-\psi\left(\frac{1}{2}\right)\right],$$

因此上述结果又可改写为

$$\begin{aligned}&\int_0^{\pi}\sin(2k+1)\theta\,\ln^2\tan\frac{\theta}{2}\,\mathrm{d}\theta\\&\quad=\frac{1}{2k+1}\left\{\frac{\pi^2}{6}+\sum_{n=1}^{k}\frac{4}{n}\left[\psi\left(n+\frac{1}{2}\right)-\psi\left(\frac{1}{2}\right)\right]\right\},\qquad k=1,2,3,\cdots.\end{aligned} \tag{9.96b}$$

将 (9.78) 式两端除以 $2n+2k+2$，求和，又可得到

$$\begin{aligned}&\int_0^{\pi}\left\{\sin(2k+2)\theta\ln(2\sin\theta)-\left(\theta-\frac{\pi}{2}\right)\cos(2k+2)\theta+\sum_{n=0}^{k-1}\frac{\sin(2k-2n)\theta}{n+1}\right\}\ln\tan\frac{\theta}{2}\,\mathrm{d}\theta\\&\quad=-\sum_{n=1}^{\infty}\frac{1}{k+n+1}\frac{1}{n}\left[\psi\left(n+\frac{1}{2}\right)-\psi\left(\frac{1}{2}\right)\right]=-\sum_{n=1}^{\infty}\frac{1}{k+n+1}\frac{1}{n}\sum_{l=0}^{n-1}\frac{2}{2l+1}\\&\quad=\sum_{l=0}^{\infty}\frac{2}{2l+1}\sum_{n=l+1}^{\infty}\frac{1}{k+n+1}\frac{1}{n}=-\frac{1}{k+1}\sum_{l=0}^{\infty}\frac{2}{2l+1}\sum_{n=l+1}^{\infty}\left(\frac{1}{n}-\frac{1}{k+n+1}\right)\\&\quad=-\frac{1}{k+1}\sum_{l=0}^{\infty}\frac{2}{2l+1}\left(\frac{1}{l+1}+\frac{1}{l+2}+\cdots+\frac{1}{l+k+1}\right)\\&\quad=-\frac{2}{k+1}\sum_{n=0}^{k}\frac{1}{2n+1}\left[\psi(n+1)-\psi\left(\frac{1}{2}\right)\right].\end{aligned} \tag{9.97}$$

再代入

$$\begin{aligned}&\int_0^{\pi}\left[\sum_{n=0}^{k-1}\frac{\sin(2k-2n)\theta}{n+1}\right]\ln\tan\frac{\theta}{2}\,\mathrm{d}\theta=-\sum_{n=0}^{k-1}\frac{1}{n+1}\frac{1}{k-n}\left[\psi\left(k-n+\frac{1}{2}\right)-\psi\left(\frac{1}{2}\right)\right]\\&\quad=-\sum_{n=1}^{k}\frac{1}{k-n+1}\frac{1}{n}\left[\psi\left(n+\frac{1}{2}\right)-\psi\left(\frac{1}{2}\right)\right]\\&\quad=-\frac{1}{k+1}\sum_{n=1}^{k}\left(\frac{1}{n}+\frac{1}{k-n+1}\right)\left[\psi\left(n+\frac{1}{2}\right)-\psi\left(\frac{1}{2}\right)\right]\end{aligned}$$

以及 (9.77) 式的结果，可将上述结果化成

$$\begin{aligned}&\int_0^{\pi}\left\{\sin(2k+2)\theta\ln(2\sin\theta)-\theta\,\cos(2k+2)\theta\right\}\ln\tan\frac{\theta}{2}\,\mathrm{d}\theta\\&\quad=\frac{1}{k+1}\sum_{n=1}^{k}\Big(\frac{1}{n}+\frac{1}{k-n+1}\Big)\Big[\psi\Big(n+\frac{1}{2}\Big)-\psi\Big(\frac{1}{2}\Big)\Big]\\&\qquad-\frac{2}{k+1}\sum_{n=0}^{k}\frac{1}{2n+1}\Big[\psi(n+1)-\psi\Big(\frac{1}{2}\Big)\Big].\end{aligned}$$

又因为 (见第 10 章 (10.55) 式)

$$\begin{aligned}&\sum_{n=1}^{k}\frac{1}{k-n+1}\Big[\psi\Big(n+\frac{1}{2}\Big)-\psi\Big(\frac{1}{2}\Big)\Big]\\&\quad=\sum_{n=0}^{k}\frac{2}{2n+1}\Big[\psi\Big(n+\frac{1}{2}\Big)+\psi(n+1)-\psi(1)-\psi\Big(\frac{1}{2}\Big)\Big],\end{aligned}$$

所以可以进一步化简为

$$\begin{aligned}&\int_0^{\pi}\left[\sin(2k+2)\theta\ln(2\sin\theta)-\theta\,\cos(2k+2)\theta\right]\ln\tan\frac{\theta}{2}\,\mathrm{d}\theta\\&\quad=\frac{1}{k+1}\sum_{n=1}^{k}\frac{1}{n}\Big[\psi\Big(n+\frac{1}{2}\Big)-\psi\Big(\frac{1}{2}\Big)\Big]+\frac{2}{k+1}\sum_{n=0}^{k}\frac{1}{2n+1}\Big[\psi\Big(n+\frac{1}{2}\Big)-\psi(1)\Big].\end{aligned}$$

此积分中的被积函数有两项，自然可以将此积分分拆为二. 对于由被积函数第二项构成的积分，可以分部积分，得

$$\begin{aligned}&\int_0^{\pi}\theta\,\cos(2k+2)\theta\,\ln\tan\frac{\theta}{2}\,\mathrm{d}\theta\\&\quad=\frac{\sin(2k+2)\theta}{2k+2}\theta\,\ln\tan\frac{\theta}{2}\Big|_0^{\pi}-\frac{1}{2k+2}\int_0^{\pi}\sin(2k+2)\theta\Big(\ln\tan\frac{\theta}{2}-\frac{\theta}{\sin\theta}\Big)\mathrm{d}\theta\\&\quad=\frac{1}{2(k+1)^2}\Big[\psi\Big(k+\frac{3}{2}\Big)-\psi\Big(\frac{1}{2}\Big)\Big]-\frac{1}{2k+2}\int_0^{\pi}\frac{\sin(2k+2)\theta}{\sin\theta}\,\theta\,\mathrm{d}\theta,\end{aligned}$$

而

$$\begin{aligned}\int_0^{\pi}\frac{\sin(2k+2)\theta}{\sin\theta}\,\theta\,\mathrm{d}\theta&=2\int_0^{\pi}\left[\cos(2k+1)\theta+\cos(2k-1)\theta+\cdots+\cos\theta\right]\theta\,\mathrm{d}\theta\\&=-4\Big[\frac{1}{(2k+1)^2}+\frac{1}{(2k-1)^2}+\cdots+\frac{1}{1}\Big],\end{aligned}$$

所以就能计算得积分

$$\int_0^{\pi} \theta\,\cos(2k+2)\theta\,\ln\tan\frac{\theta}{2}\,\mathrm{d}\theta$$
$$=\frac{1}{2(k+1)^2}\Big[\psi\Big(k+\frac{3}{2}\Big)-\psi\Big(\frac{1}{2}\Big)\Big]+\frac{2}{k+1}\sum_{n=0}^{k}\frac{1}{(2n+1)^2},\qquad k=0,1,2,\cdots, \tag{9.98a}$$

进而得到

$$\int_0^{\pi}\sin(2k+2)\theta\,\ln(2\sin\theta)\,\ln\tan\frac{\theta}{2}\,\mathrm{d}\theta$$
$$=\frac{1}{k+1}\sum_{n=1}^{k}\frac{1}{n}\Big[\psi\Big(n+\frac{1}{2}\Big)-\psi\Big(\frac{1}{2}\Big)\Big]+\frac{2}{k+1}\sum_{n=0}^{k}\frac{1}{2n+1}\Big[\psi\Big(n+\frac{1}{2}\Big)-\psi(1)\Big]$$
$$+\frac{1}{2(k+1)^2}\Big[\psi\Big(k+\frac{3}{2}\Big)-\psi\Big(\frac{1}{2}\Big)\Big]+\frac{2}{k+1}\sum_{n=0}^{k}\frac{1}{(2n+1)^2},\qquad k=1,2,3,\cdots. \tag{9.98b}$$

除了上面列出的三角级数以外，还应该补充上

$$\sum_{n=1}^{\infty}\frac{\sin 2n\theta}{2n}=-\frac{1}{2}\Big(\theta-\frac{\pi}{2}\Big),\qquad 0<\theta<\pi. \tag{9.92f}$$

事实上，将此级数两端同乘以 $\ln\tan(\theta/2)$，并积分，也可以得到

$$\int_0^{\pi}\theta\,\ln\tan\frac{\theta}{2}\,\mathrm{d}\theta=\sum_{n=1}^{\infty}\frac{1}{n^2}\Big[\psi\Big(n+\frac{1}{2}\Big)-\psi\Big(\frac{1}{2}\Big)\Big]. \tag{9.99a}$$

但如果要想进一步将右端的级数求和，却会遇到某些困难. 其实我们也可以直接计算上式左端的积分：

$$\int_0^{\pi}\theta\,\ln\tan\frac{\theta}{2}\,\mathrm{d}\theta=4\int_0^{\pi/2}x\,\ln\tan x\,\mathrm{d}x.$$

因为

$$\mathrm{L}(x)=-\int_0^{x}\ln\cos x\,\mathrm{d}x,\qquad -\frac{\pi}{2}\leqslant x\leqslant\frac{\pi}{2},$$

$\mathrm{L}(x)$ 称为 Lobachevskiy 函数，所以

$$\int_0^{\pi/2}x\,\ln\tan x\,\mathrm{d}x=x\Big[\mathrm{L}(x)+\mathrm{L}\Big(\frac{\pi}{2}-x\Big)\Big]_0^{\pi/2}-\int_0^{\pi/2}\Big[\mathrm{L}(x)+\mathrm{L}\Big(\frac{\pi}{2}-x\Big)\Big]\mathrm{d}x$$
$$=\Big(\frac{\pi}{2}\Big)^2\ln 2-2\int_0^{\pi/2}\mathrm{L}(x)\,\mathrm{d}x.$$

再利用

$$\mathrm{L}(x)=x\,\ln 2-\frac{1}{2}\sum_{k=1}^{\infty}\frac{(-1)^{k-1}}{k^2}\sin 2kx,$$

就能计算得

$$\begin{aligned}\int_0^{\pi/2}\mathrm{L}(x)\,\mathrm{d}x &=\frac{1}{2}\Big(\frac{\pi}{2}\Big)^2\ln 2-\frac{1}{2}\sum_{k=1}^{\infty}\frac{(-1)^{k-1}}{k^2}\int_0^{\pi/2}\sin 2kx\,\mathrm{d}x\\ &=\frac{\pi^2}{8}\ln 2-\frac{1}{2}\sum_{k=1}^{\infty}\frac{1}{(2k-1)^3},\end{aligned}$$

所以

$$\begin{aligned}\int_0^{\pi/2}x\,\ln\tan x\,\mathrm{d}x&=\frac{\pi^2}{4}\ln 2-2\Big[\frac{\pi^2}{8}\ln 2-\frac{1}{2}\sum_{k=1}^{\infty}\frac{1}{(2k-1)^3}\Big]\\ &=\sum_{k=1}^{\infty}\frac{1}{(2k-1)^3}=\sum_{k=1}^{\infty}\frac{1}{k^3}-\sum_{k=1}^{\infty}\frac{1}{(2k)^3}=\frac{7}{8}\zeta(3),\end{aligned}\tag{9.99b}$$

亦即

$$\int_0^{\pi}\theta\,\ln\tan\frac{\theta}{2}\,\mathrm{d}\theta=\frac{7}{2}\zeta(3),\tag{9.99c}$$

其中 $\zeta(n)$ 为 Riemann ζ 函数. 这里同时也就给出了和式

$$\sum_{n=1}^{\infty}\frac{1}{n^2}\Big[\psi\Big(n+\frac{1}{2}\Big)-\psi\Big(\frac{1}{2}\Big)\Big]=\frac{7}{2}\zeta(3)\tag{9.99d}$$

或

$$\sum_{n=1}^{\infty}\frac{1}{n^2}\psi\Big(n+\frac{1}{2}\Big)=\frac{7}{2}\zeta(3)-(\gamma+2\ln 2)\frac{\pi^2}{6}.\tag{9.99e}$$

例 9.14　从 (9.77) 式出发，也可以导出一系列新的积分. 涉及的三角级数有：

$$\sum_{n=0}^{\infty}\frac{\cos 2n\theta}{2n+1}=-\frac{1}{2}\Big[\cos\theta\ln\tan\frac{\theta}{2}-\frac{\pi}{2}\sin\theta\Big],\tag{9.100a}$$

$$\begin{aligned}\sum_{n=0}^{\infty}\frac{\cos 2n\theta}{2n+2k+1}=&-\frac{1}{2}\Big[\cos(2k+1)\theta\ln\tan\frac{\theta}{2}-\frac{\pi}{2}\sin(2k+1)\theta\Big]\\ &-\sum_{n=0}^{k-1}\frac{\cos(2k-2n)\theta}{2n+1},\end{aligned}\tag{9.100b}$$

$$\sum_{n=0}^{\infty}\frac{\cos 2n\theta}{2n+2}=-\frac{1}{2}\Big[\cos 2\theta\ln(2\sin\theta)+\Big(\theta-\frac{\pi}{2}\Big)\sin 2\theta\Big],\tag{9.100c}$$

$$\sum_{n=0}^{\infty}\frac{\cos 2n\theta}{2n+4}=-\frac{1}{2}\left[\cos 4\theta\ln(2\sin\theta)+\left(\theta-\frac{\pi}{2}\right)\sin 4\theta+\cos 2\theta\right], \tag{9.100d}$$

$$\begin{aligned}\sum_{n=0}^{\infty}\frac{\cos 2n\theta}{2n+2k+2}=&-\frac{1}{2}\left[\cos(2k+2)\theta\ln(2\sin\theta)+\left(\theta-\frac{\pi}{2}\right)\sin(2k+2)\theta\right]\\&+\frac{1}{2}\sum_{n=0}^{k-1}\frac{\cos(2k-2n)\theta}{n+1}.\end{aligned} \tag{9.100e}$$

将 (9.100a) 式乘以 $\ln\tan(\theta/2)$，再积分，并利用 (9.76) 式的结果，就能立即得到

$$\int_0^{\pi}\cos\theta\ \ln^2\tan\frac{\theta}{2}\,\mathrm{d}\theta=0. \tag{9.101}$$

同样，由 (9.100b) 式也能得到

$$\int_0^{\pi}\cos(2k+1)\theta\ \ln^2\tan\frac{\theta}{2}\,\mathrm{d}\theta=0,\qquad k=1,2,3,\cdots. \tag{9.102}$$

其实，(9.102) 式也可以覆盖 (9.101) 式作为它的特殊情形 ($k=0$).

根据 (9.100c) 式，可以导出积分

$$\int_0^{\pi}\left[\cos 2\theta\ln(2\sin\theta)+\left(\theta-\frac{\pi}{2}\right)\sin 2\theta\right]\ln\tan\frac{\theta}{2}\,\mathrm{d}\theta=0,$$

考虑到 (9.78) 式的结果 (取 $n=1$)，就可以化为

$$\int_0^{\pi}\left[\cos 2\theta\ln(2\sin\theta)+\theta\ \sin 2\theta\right]\ln\tan\frac{\theta}{2}\,\mathrm{d}\theta=-\pi.$$

但因为

$$\begin{aligned}&\int_0^{\pi}\cos 2\theta\ \ln(2\sin\theta)\ \ln\tan\frac{\theta}{2}\,\mathrm{d}\theta\\&\quad=\int_{\pi}^{0}\cos 2(\pi-\phi)\ \ln\big(2\sin(\pi-\phi)\big)\ \ln\tan\frac{\pi-\phi}{2}(-\mathrm{d}\phi)\\&\quad=-\int_0^{\pi}\cos 2\phi\ \ln(2\sin\phi)\ \ln\tan\frac{\phi}{2}\,\mathrm{d}\phi=0,\end{aligned} \tag{9.103a}$$

所以

$$\int_0^{\pi}\theta\ \sin 2\theta\ \ln\tan\frac{\theta}{2}\,\mathrm{d}\theta=-\pi. \tag{9.103b}$$

由 (9.100d) 式，则可导出

$$\int_0^{\pi}\left[\cos 4\theta\ln(2\sin\theta)+\theta\ \sin 4\theta\right]\ln\tan\frac{\theta}{2}\,\mathrm{d}\theta=-\frac{2\pi}{3}.$$

模仿 (9.103a) 式的计算过程，即可证明

$$\int_0^{\pi} \cos 4\theta \, \ln(2\sin\theta) \, \ln\tan\frac{\theta}{2} \, d\theta = 0, \tag{9.104a}$$

所以有

$$\int_0^{\pi} \theta \, \sin 4\theta \, \ln\tan\frac{\theta}{2} \, d\theta = -\frac{2\pi}{3}. \tag{9.104b}$$

更一般地，由 (9.100e) 式能够得到

$$\begin{aligned}
&\int_0^{\pi} \left[\cos(2k+2)\theta \ln(2\sin\theta) + \theta \, \sin(2k+2)\theta\right] \ln\tan\frac{\theta}{2} \, d\theta \\
&\quad = -\frac{\pi}{2}\int_0^{\pi} \sin(2k+2)\theta \, \ln\tan\frac{\theta}{2} \, d\theta \\
&\quad = -\frac{\pi}{2(k+1)}\left[\psi\left(k+\frac{3}{2}\right) - \psi\left(\frac{1}{2}\right)\right], \qquad k = 1, 2, 3, \cdots,
\end{aligned}$$

进而根据

$$\int_0^{\pi} \cos(2k+2)\theta \, \ln(2\sin\theta) \, \ln\tan\frac{\theta}{2} \, d\theta = 0 \tag{9.105a}$$

可导出

$$\int_0^{\pi} \theta \, \sin(2k+2)\theta \, \ln\tan\frac{\theta}{2} \, d\theta = -\frac{\pi}{2(k+1)}\left[\psi\left(k+\frac{3}{2}\right) - \psi\left(\frac{1}{2}\right)\right], \quad k = 1, 2, 3, \cdots. \tag{9.105b}$$

(9.104) 式是 (9.105) 式的特殊情形. 同样，(9.103) 式也能看成 (9.105) 式的特殊情形 ($k = 0$).

还应当补充一个三角级数，即

$$\sum_{n=1}^{\infty} \frac{\cos 2n\theta}{2n} = -\frac{1}{2}\ln(2\sin\theta), \qquad 0 < \theta < \pi. \tag{9.100f}$$

由此式出发，再次利用 (9.77) 式，又可导出

$$\int_0^{\pi} \ln(2\sin\theta) \, \ln\tan\frac{\theta}{2} \, d\theta = 0. \tag{9.106}$$

将 (9.106) 与 (9.81) 两式结合起来，又有

$$\int_0^{\pi} \ln\left(2\sin\frac{\theta}{2}\right) \ln\tan\frac{\theta}{2} \, d\theta = \frac{\pi^3}{8}, \tag{9.107a}$$

$$\int_0^{\pi} \ln\left(2\cos\frac{\theta}{2}\right) \ln\tan\frac{\theta}{2} \, d\theta = -\frac{\pi^3}{8}. \tag{9.107b}$$

例 9.15 类似地，也可以从 (9.76) 式出发，从而导出

$$\int_0^{\pi} \sin 2k\theta \ln^2 \tan\frac{\theta}{2}\,\mathrm{d}\theta = 0, \qquad k = 1, 2, 3, \cdots, \tag{9.108}$$

以及

$$\begin{aligned}
&\int_0^{\pi} \left[\sin\theta \ln(2\sin\theta) - \theta\,\cos\theta\right] \ln\tan\frac{\theta}{2}\,\mathrm{d}\theta = -\frac{\pi}{2}\int_0^{\pi} \cos\theta\,\ln\tan\frac{\theta}{2}\,\mathrm{d}\theta = \frac{\pi^2}{2},\\
&\int_0^{\pi} \left[\sin 3\theta \ln(2\sin\theta) - \theta\,\cos 3\theta\right] \ln\tan\frac{\theta}{2}\,\mathrm{d}\theta = -\frac{\pi}{2}\int_0^{\pi} \cos 3\theta\,\ln\tan\frac{\theta}{2}\,\mathrm{d}\theta = \frac{\pi^2}{6},\\
&\int_0^{\pi} \left[\sin(2k+1)\theta \ln(2\sin\theta) - \theta\,\cos(2k+1)\theta\right] \ln\tan\frac{\theta}{2}\,\mathrm{d}\theta\\
&\quad = -\frac{\pi}{2}\int_0^{\pi} \cos(2k+1)\theta\,\ln\tan\frac{\theta}{2}\,\mathrm{d}\theta = \frac{\pi^2}{2(2k+1)}, \qquad k = 1, 2, 3, \cdots.
\end{aligned}$$

再进一步，因为

$$\begin{aligned}
&\int_0^{\pi} \sin(2n+1)\theta\,\ln(2\sin\theta)\,\ln\tan\frac{\theta}{2}\,\mathrm{d}\theta\\
&\quad = \int_{\pi}^{0} \sin(2n+1)(\pi-\phi)\,\ln\big(2\sin(\pi-\phi)\big)\,\ln\tan\frac{\pi-\phi}{2}\,(-\mathrm{d}\phi)\\
&\quad = -\int_0^{\pi} \sin(2n+1)\phi\,\ln(2\sin\phi)\,\ln\tan\frac{\phi}{2}\,\mathrm{d}\phi = 0, \quad n = 0, 1, 2, \cdots,
\end{aligned} \tag{9.109}$$

所以有

$$\int_0^{\pi} \theta\,\cos\theta\,\ln\tan\frac{\theta}{2}\,\mathrm{d}\theta = -\frac{\pi^2}{2}, \tag{9.110}$$

$$\int_0^{\pi} \theta\,\cos 3\theta\,\ln\tan\frac{\theta}{2}\,\mathrm{d}\theta = -\frac{\pi^2}{6}, \tag{9.111}$$

$$\int_0^{\pi} \theta\,\cos(2k+1)\theta\,\ln\tan\frac{\theta}{2}\,\mathrm{d}\theta = -\frac{\pi^2}{2(2k+1)}, \qquad k = 1, 2, 3, \cdots. \tag{9.112}$$

在以上的计算中，需要用到的三角级数有：

$$\sum_{n=0}^{\infty} \frac{\sin(2n+1)\theta}{2n+1} = \frac{\pi}{4}, \tag{9.113a}$$

$$\sum_{n=0}^{\infty} \frac{\sin(2n+1)\theta}{2n+3} = \frac{1}{2}\sin 2\theta \ln\tan\frac{\theta}{2} + \frac{\pi}{4}\cos 2\theta + \sin\theta, \tag{9.113b}$$

$$\sum_{n=0}^{\infty} \frac{\sin(2n+1)\theta}{2n+2k+1} = \frac{1}{2}\sin 2k\theta \ln\tan\frac{\theta}{2} + \frac{\pi}{4}\cos 2k\theta + \sum_{n=0}^{k-1} \frac{\sin(2k-2n-1)\theta}{2n+1}, \tag{9.113c}$$

$$\sum_{n=0}^{\infty}\frac{\sin(2n+1)\theta}{2n+2}=\frac{1}{2}\sin\theta\ln(2\sin\theta)-\frac{1}{2}\left(\theta-\frac{\pi}{2}\right)\cos\theta, \tag{9.113d}$$

$$\sum_{n=0}^{\infty}\frac{\sin(2n+1)\theta}{2n+4}=\frac{1}{2}\sin3\theta\ln(2\sin\theta)-\frac{1}{2}\left(\theta-\frac{\pi}{2}\right)\cos3\theta+\frac{1}{2}\sin\theta, \tag{9.113e}$$

$$\sum_{n=0}^{\infty}\frac{\sin(2n+1)\theta}{2n+2k+2}=\frac{1}{2}\sin(2k+1)\theta\ln(2\sin\theta)-\frac{1}{2}\left(\theta-\frac{\pi}{2}\right)\cos(2k+1)\theta$$
$$+\sum_{n=0}^{k-1}\frac{\sin(2k-2n-1)\theta}{2n+2}. \tag{9.113f}$$

例 9.16 将例 9.12 — 9.15 中得到的一些结果作简单的组合，又能衍生出一些新形式的积分式. 例如，将 (9.83a) 式与 (9.101) 式相加、减，利用恒等式

$$\ln\tan\frac{\theta}{2}+\ln(2\sin\theta)=2\ln\sin\frac{\theta}{2},\qquad \ln\tan\frac{\theta}{2}-\ln(2\sin\theta)=-2\ln\cos\frac{\theta}{2},$$

则可得到

$$\int_0^{\pi}\cos\theta\,\ln\left(2\sin\frac{\theta}{2}\right)\ln\tan\frac{\theta}{2}\,d\theta=\frac{\pi}{2}, \tag{9.114a}$$

$$\int_0^{\pi}\cos\theta\,\ln\left(2\cos\frac{\theta}{2}\right)\ln\tan\frac{\theta}{2}\,d\theta=\frac{\pi}{2}. \tag{9.114b}$$

将 (9.87a) 式与 (9.102) 式相加、减，又有

$$\int_0^{\pi}\cos(2k+1)\theta\,\ln\left(2\sin\frac{\theta}{2}\right)\ln\tan\frac{\theta}{2}\,d\theta$$
$$=\frac{\pi}{2k+1}\Big[\psi(2k+1)-\psi(1)\Big]+\frac{\pi}{2(2k+1)^2},\qquad k=1,2,3,\cdots, \tag{9.115a}$$

$$\int_0^{\pi}\cos(2k+1)\theta\,\ln\left(2\cos\frac{\theta}{2}\right)\ln\tan\frac{\theta}{2}\,d\theta$$
$$=\frac{\pi}{2k+1}\Big[\psi(2k+1)-\psi(1)\Big]+\frac{\pi}{2(2k+1)^2},\qquad k=1,2,3,\cdots. \tag{9.115b}$$

将 (9.84b) 式与 (9.103a) 式相加、减，则得

$$\int_0^{\pi}\cos2\theta\,\ln\left(2\sin\frac{\theta}{2}\right)\ln\tan\frac{\theta}{2}\,d\theta=\pi, \tag{9.116a}$$

$$\int_0^{\pi}\cos2\theta\,\ln\left(2\cos\frac{\theta}{2}\right)\ln\tan\frac{\theta}{2}\,d\theta=-\pi. \tag{9.116b}$$

将 (9.91) 式与 (9.105a) 式相加、减，又有

$$\int_0^{\pi}\cos2k\theta\,\ln\left(2\sin\frac{\theta}{2}\right)\ln\tan\frac{\theta}{2}\,d\theta=\frac{\pi}{2k}\left[\psi\left(k+\frac{1}{2}\right)-\psi\left(\frac{1}{2}\right)\right],\qquad k=1,2,3,\cdots, \tag{9.117a}$$

$$\int_0^{\pi}\cos 2k\theta\,\ln\left(2\cos\frac{\theta}{2}\right)\ln\tan\frac{\theta}{2}\,\mathrm{d}\theta=-\frac{\pi}{2k}\left[\psi\left(k+\frac{1}{2}\right)-\psi\left(\frac{1}{2}\right)\right],\quad k=1,2,3,\cdots. \tag{9.117b}$$

同样，将 (9.93) 式、(9.95) 式或 (9.96) 式与 (9.109) 式组合，就能得到

$$\int_0^{\pi}\sin\theta\,\ln\left(2\sin\frac{\theta}{2}\right)\ln\tan\frac{\theta}{2}\,\mathrm{d}\theta=\frac{\pi^2}{12}, \tag{9.118a}$$

$$\int_0^{\pi}\sin\theta\,\ln\left(2\cos\frac{\theta}{2}\right)\ln\tan\frac{\theta}{2}\,\mathrm{d}\theta=-\frac{\pi^2}{12}; \tag{9.118b}$$

$$\int_0^{\pi}\sin 3\theta\,\ln\left(2\sin\frac{\theta}{2}\right)\ln\tan\frac{\theta}{2}\,\mathrm{d}\theta=\frac{\pi^2}{36}+\frac{4}{3}, \tag{9.119a}$$

$$\int_0^{\pi}\sin 3\theta\,\ln\left(2\cos\frac{\theta}{2}\right)\ln\tan\frac{\theta}{2}\,\mathrm{d}\theta=-\frac{\pi^2}{36}-\frac{4}{3}; \tag{9.119b}$$

$$\int_0^{\pi}\sin(2k+1)\theta\,\ln\left(2\sin\frac{\theta}{2}\right)\ln\tan\frac{\theta}{2}\,\mathrm{d}\theta$$

$$=\frac{1}{2k+1}\left\{\frac{\pi^2}{12}+\sum_{n=0}^{k-1}\frac{2}{2n+1}\left[\psi\left(k-n+\frac{1}{2}\right)-\psi\left(\frac{1}{2}\right)\right]\right\} \tag{9.120a}$$

$$=\frac{1}{2k+1}\left\{\frac{\pi^2}{12}+\sum_{n=1}^{k}\frac{2}{n}\left[\psi\left(n+\frac{1}{2}\right)-\psi\left(\frac{1}{2}\right)\right]\right\},\qquad k=1,2,3,\cdots, \tag{9.120b}$$

$$\int_0^{\pi}\sin(2k+1)\theta\,\ln\left(2\cos\frac{\theta}{2}\right)\ln\tan\frac{\theta}{2}\,\mathrm{d}\theta$$

$$=-\frac{1}{2k+1}\left\{\frac{\pi^2}{12}+\sum_{n=0}^{k-1}\frac{2}{2n+1}\left[\psi\left(k-n+\frac{1}{2}\right)-\psi\left(\frac{1}{2}\right)\right]\right\} \tag{9.120c}$$

$$=\frac{1}{2k+1}\left\{\frac{\pi^2}{12}+\sum_{n=1}^{k}\frac{2}{n}\left[\psi\left(n+\frac{1}{2}\right)-\psi\left(\frac{1}{2}\right)\right]\right\},\qquad k=1,2,3,\cdots. \tag{9.120d}$$

将 (9.94b) 式或 (9.98b) 式与 (9.108) 式相加、减 (并且将公式中的 $k+1$ 改写为 k，$k=2,3,4,\cdots$)，则将得到

$$\int_0^{\pi}\sin 2\theta\,\ln\left(2\sin\frac{\theta}{2}\right)\ln\tan\frac{\theta}{2}\,\mathrm{d}\theta=\frac{3}{2}-2\ln 2, \tag{9.121a}$$

$$\int_0^{\pi}\sin 2\theta\,\ln\left(2\cos\frac{\theta}{2}\right)\ln\tan\frac{\theta}{2}\,\mathrm{d}\theta=\frac{3}{2}-2\ln 2 \tag{9.121b}$$

以及

$$\int_0^{\pi}\sin 2k\theta\,\ln\left(2\sin\frac{\theta}{2}\right)\ln\tan\frac{\theta}{2}\,\mathrm{d}\theta$$

$$=\frac{1}{2k}\sum_{n=1}^{k-1}\frac{1}{n}\left[\psi\left(n+\frac{1}{2}\right)-\psi\left(\frac{1}{2}\right)\right]+\frac{1}{k}\sum_{n=0}^{k-1}\frac{1}{2n+1}\left[\psi\left(n+\frac{1}{2}\right)-\psi(1)\right]$$

$$+\frac{1}{4k^2}\left[\psi\left(k+\frac{1}{2}\right)-\psi\left(\frac{1}{2}\right)\right]+\frac{1}{k}\sum_{n=0}^{k-1}\frac{1}{(2n-1)^2},\qquad k=2,3,4,\cdots,\tag{9.122a}$$

$$\int_0^{\pi}\sin 2k\theta\,\ln\left(2\cos\frac{\theta}{2}\right)\ln\tan\frac{\theta}{2}\,\mathrm{d}\theta$$
$$=\frac{1}{2k}\sum_{n=1}^{k-1}\frac{1}{n}\left[\psi\left(n+\frac{1}{2}\right)-\psi\left(\frac{1}{2}\right)\right]+\frac{1}{k}\sum_{n=0}^{k-1}\frac{1}{2n+1}\left[\psi\left(n+\frac{1}{2}\right)-\psi(1)\right]$$
$$+\frac{1}{4k^2}\left[\psi\left(k+\frac{1}{2}\right)-\psi\left(\frac{1}{2}\right)\right]+\frac{1}{k}\sum_{n=0}^{k-1}\frac{1}{(2n-1)^2},\qquad k=2,3,4,\cdots.\tag{9.122b}$$

例 9.17　当 $|p|<1$ 时，可将 (9.75) 式与 (9.77) 式分别乘以 p^{2n+1} 与 p^{2n}，而后求和：

$$\sum_{n=0}^{\infty}\int_0^{\pi}p^n\cos n\theta\,\ln\tan\frac{\theta}{2}\,\mathrm{d}\theta=-\pi\sum_{n=0}^{\infty}\frac{p^{2n+1}}{2n+1},$$

$$\frac{1}{2}\int_0^{\pi}\ln\tan\frac{\theta}{2}\,\mathrm{d}\theta+\sum_{n=1}^{\infty}\int_0^{\pi}p^n\cos n\theta\,\ln\tan\frac{\theta}{2}\,\mathrm{d}\theta=-\pi\sum_{n=0}^{\infty}\frac{p^{2n+1}}{2n+1}.$$

利用 (9.49) 式中给出的和式，就能得到

$$\int_0^{\pi}\frac{1-p\cos\theta}{1-2p\cos\theta+p^2}\,\ln\tan\frac{\theta}{2}\,\mathrm{d}\theta=-\frac{\pi}{2}\,\ln\frac{1+p}{1-p},\tag{9.123a}$$

$$\int_0^{\pi}\frac{1-p^2}{1-2p\cos\theta+p^2}\,\ln\tan\frac{\theta}{2}\,\mathrm{d}\theta=-\pi\,\ln\frac{1+p}{1-p}.\tag{9.124a}$$

而当 $|p|>1$ 时，则需要将上面结果中的 p 换成 $1/p$，因此

$$\int_0^{\pi}\frac{p^2-p\cos\theta}{1-2p\cos\theta+p}\,\ln\tan\frac{\theta}{2}\,\mathrm{d}\theta=-\frac{\pi}{2}\,\ln\frac{p+1}{p-1},\tag{9.123b}$$

$$\int_0^{\pi}\frac{p^2-1}{1-2p\cos\theta+p^2}\,\ln\tan\frac{\theta}{2}\,\mathrm{d}\theta=-\pi\,\ln\frac{p+1}{p-1}.\tag{9.124b}$$

两式相减，还有

$$\int_0^{\pi}\frac{1-p\cos\theta}{1-2p\cos\theta+p^2}\,\ln\tan\frac{\theta}{2}\,\mathrm{d}\theta=\frac{\pi}{2}\,\ln\frac{p+1}{p-1}.\tag{9.125}$$

这正是例 7.15 中得到的结果.

令 (9.124a) 式中的 $p=\mathrm{e}^{-t}$, $t>0$，或是令 (9.124b) 式中的 $p=\mathrm{e}^{t}$, $t>0$，则又得到

$$\int_0^{\pi}\frac{\sinh t}{\cosh t-\cos\theta}\,\ln\tan\frac{\theta}{2}\,\mathrm{d}\theta=\pi\,\ln\tanh\frac{t}{2}.\tag{9.126}$$

最后，也还值得提到，如果函数 θ 能够在区间 $[0,\pi]$ 上展开为 Fourier 级数：

$$f(\theta)=\sum_{n=0}^{\infty}a_n\cos n\theta+\sum_{n=1}^{\infty}b_n\sin n\theta,$$

则根据 (9.75) — (9.78) 式，就可以得到积分

$$\int_0^{\pi}f(\theta)\,\ln\tan\frac{\theta}{2}\,\mathrm{d}\theta=-\pi\sum_{n=0}^{\infty}\frac{a_{2n+1}}{2n+1}-\sum_{n=1}^{\infty}\frac{b_{2n}}{n}\left[\psi\left(n+\frac{1}{2}\right)-\psi\left(\frac{1}{2}\right)\right].\tag{9.127}$$

例 9.18　从 (9.112) 式出发，重复例 9.12 中的计算，又能导出一系列新的积分. 下面列出部分结果，计算过程从略：

$$\int_0^{\pi}\theta\,\ln^2\tan\frac{\theta}{2}\,\mathrm{d}\theta=\frac{\pi^4}{8},\tag{9.128}$$

$$\int_0^{\pi}\theta\,\cos 2\theta\,\ln^2\tan\frac{\theta}{2}\,\mathrm{d}\theta=\pi^2,\tag{9.129}$$

$$\int_0^{\pi}\theta\,\cos 2k\theta\,\ln^2\tan\frac{\theta}{2}\,\mathrm{d}\theta=\frac{\pi^2}{2k}\left[\psi\left(k+\frac{1}{2}\right)-\psi\left(\frac{1}{2}\right)\right],\qquad k=2,3,4,\cdots,\tag{9.130}$$

$$\int_0^{\pi}\theta\,\cos\theta\,\ln(2\sin\theta)\,\ln\tan\frac{\theta}{2}\,\mathrm{d}\theta=\frac{\pi^2}{2},\tag{9.131}$$

$$\begin{aligned}&\int_0^{\pi}\theta\,\cos(2k+1)\theta\,\ln(2\sin\theta)\,\ln\tan\frac{\theta}{2}\,\mathrm{d}\theta\\&\qquad=\frac{\pi^2}{2k+1}\big[\psi(2k+1)-\psi(1)\big]+\frac{\pi^2}{2(2k+1)^2},\qquad k=1,2,3,\cdots.\end{aligned}\tag{9.132}$$

在得到上面的结果时需要用到 (这些积分都可以直接计算)：

$$\int_0^{\pi}\theta\,\ln\sin\theta\,\mathrm{d}\theta=-\frac{\pi^2}{2}\ln 2,\tag{9.133}$$

$$\int_0^{\pi}\theta^2\sin\theta\,\ln\tan\frac{\theta}{2}\,\mathrm{d}\theta=\pi^2(2\ln 2-1),\tag{9.134}$$

$$\begin{aligned}&\int_0^{\pi}\theta^2\sin(2k+1)\theta\,\ln\tan\frac{\theta}{2}\,\mathrm{d}\theta\\&\qquad=\frac{\pi^2}{2k+1}\left[\psi(k+1)-\psi\left(\frac{1}{2}\right)\right]-\frac{\pi^2}{(2k+1)^2},\qquad k=1,2,3,\cdots.\end{aligned}\tag{9.135}$$

同样，从 (9.91) 式出发，重复例 9.14 中的计算，能得到

$$\int_0^{\pi}\cos\theta\,\ln^3\tan\frac{\theta}{2}\,\mathrm{d}\theta=-\frac{3}{4}\pi^3,\tag{9.136}$$

$$\begin{aligned}&\int_0^{\pi}\cos(2k+1)\theta\,\ln^3\tan\frac{\theta}{2}\,\mathrm{d}\theta\\&\qquad=-\frac{3}{2k+1}\left\{\frac{\pi^3}{4}+2\pi\sum_{n=1}^{k}\frac{1}{n}\left[\psi\left(n+\frac{1}{2}\right)-\psi\left(\frac{1}{2}\right)\right]\right\},\quad k=1,2,3,\cdots,\end{aligned}\tag{9.137}$$

$$\int_0^{\pi} \ln(2\sin\theta)\,\ln^2\tan\frac{\theta}{2}\,\mathrm{d}\theta = -\frac{7\pi}{2}\zeta(3), \tag{9.138}$$

$$\int_0^{\pi} \cos 2\theta\,\ln(2\sin\theta)\,\ln^2\tan\frac{\theta}{2}\,\mathrm{d}\theta = -\frac{\pi^3}{8} - 3\pi, \tag{9.139}$$

$$\begin{aligned}&\int_0^{\pi} \cos 2k\theta\,\ln(2\sin\theta)\,\ln^2\tan\frac{\theta}{2}\,\mathrm{d}\theta \\ &\quad= -\frac{\pi^3}{8k} - \frac{2\pi}{k}\sum_{n=0}^{k-1}\frac{1}{(2n+1)^2} - \frac{\pi}{2k^2}\left[\psi\left(k+\frac{1}{2}\right) - \psi\left(\frac{1}{2}\right)\right] \\ &\qquad - \frac{4\pi}{k}\sum_{n=1}^{k-1}\frac{1}{2n+1}\left[\psi(2n+1) - \psi(1)\right] \\ &\qquad - \frac{\pi}{k}\sum_{n=1}^{k-1}\frac{1}{n}\left[\psi\left(n+\frac{1}{2}\right) - \psi\left(\frac{1}{2}\right)\right], \qquad k = 2,3,4,\cdots.\end{aligned} \tag{9.140}$$

在得到以上结果时，需要用到

$$\int_0^{\pi} \theta\,\sin 2\theta\,\ln^2\tan\frac{\theta}{2}\,\mathrm{d}\theta = -\frac{\pi^3}{8} + 3\pi - 4\pi\ln 2, \tag{9.141}$$

$$\begin{aligned}&\int_0^{\pi} \theta\,\sin 2k\theta\,\ln^2\tan\frac{\theta}{2}\,\mathrm{d}\theta \\ &\quad= -\frac{\pi^3}{8k} + \frac{\pi}{2k^2}\left[\psi\left(k+\frac{1}{2}\right) - \psi\left(\frac{1}{2}\right)\right] + \frac{2\pi}{k}\sum_{n=0}^{k-1}\frac{1}{(2n+1)^2} \\ &\qquad - \frac{2\pi}{k}\sum_{n=0}^{k-1}\frac{1}{2n+1}\left[\psi(n+1) - \psi\left(\frac{1}{2}\right)\right], \qquad k = 1,2,3,\cdots.\end{aligned} \tag{9.142}$$

类似地，根据 (9.102)和 (9.108) 两式可以推出

$$\int_0^{\pi} \sin(2k+1)\theta\,\ln^3\tan\frac{\theta}{2}\,\mathrm{d}\theta = 0, \tag{9.143}$$

$$\int_0^{\pi} \cos 2k\theta\,\ln^3\tan\frac{\theta}{2}\,\mathrm{d}\theta = 0, \tag{9.144}$$

$$\int_0^{\pi} \theta\,\sin\theta\,\ln^2\tan\frac{\theta}{2}\,\mathrm{d}\theta = \frac{\pi^3}{12}, \tag{9.145}$$

$$\begin{aligned}&\int_0^{\pi} \theta\,\sin(2k+1)\theta\,\ln^2\tan\frac{\theta}{2}\,\mathrm{d}\theta \\ &\quad= \frac{\pi}{2k+1}\left\{\frac{\pi^2}{12} + \sum_{n=1}^{k}\frac{2}{k}\left[\psi\left(n+\frac{1}{2}\right) - \psi\left(\frac{1}{2}\right)\right]\right\}, \qquad k = 1,2,3,\cdots,\end{aligned} \tag{9.146}$$

$$\int_0^{\pi} \theta\,\cos 2\theta\,\ln^2\tan\frac{\theta}{2}\,\mathrm{d}\theta = \pi^2, \tag{9.147}$$

$$\int_0^\pi \theta\cos 2k\theta\,\ln^2\tan\frac{\theta}{2}\,\mathrm{d}\theta = \frac{\pi^2}{2k}\Big[\psi\Big(k+\frac{1}{2}\Big)-\psi\Big(\frac{1}{2}\Big)\Big],\qquad k=2,3,4,\cdots. \tag{9.148}$$

在得到这些结果时，用到了

$$\int_0^\pi \sin 2k\theta\,\ln(2\sin\theta)\,\ln^2\tan\frac{\theta}{2}\,\mathrm{d}\theta = 0, \tag{9.149}$$

$$\int_0^\pi \cos(2k+1)\theta\,\ln(2\sin\theta)\,\ln^2\tan\frac{\theta}{2}\,\mathrm{d}\theta = 0. \tag{9.150}$$

它们都可以直接由三角函数的诱导公式导出.

由 (9.105a) 式也能导出

$$\int_0^\pi \theta\sin 2\theta\,\ln(2\sin\theta)\,\ln\tan\frac{\theta}{2}\,\mathrm{d}\theta = \frac{3\pi}{2}-2\pi\ln 2, \tag{9.151}$$

$$\begin{aligned}&\int_0^\pi \theta\sin 2k\theta\,\ln(2\sin\theta)\,\ln\tan\frac{\theta}{2}\,\mathrm{d}\theta\\ &\quad= \frac{\pi}{2k}\sum_{n=1}^{k-1}\frac{1}{n}\Big[\psi\Big(n+\frac{1}{2}\Big)-\psi\Big(\frac{1}{2}\Big)\Big] + \frac{\pi}{k}\sum_{n=0}^{k-1}\frac{1}{2n+1}\Big[\psi\Big(n+\frac{1}{2}\Big)-\psi(1)\Big]\\ &\qquad+\frac{\pi}{4k^2}\Big[\psi\Big(k+\frac{1}{2}\Big)-\psi\Big(\frac{1}{2}\Big)\Big]+\frac{\pi}{k}\sum_{n=0}^{k-1}\frac{1}{(2n-1)^2},\qquad k=2,3,4,\cdots.\end{aligned} \tag{9.152}$$

另外，对于 (9.96) 式，两端除以 $2k+3$，并求和，就可得到

$$\begin{aligned}&\frac{1}{2}\int_0^\pi\Big(\sin 2\theta\,\ln\tan\frac{\theta}{2}+\frac{\pi}{4}\cos 2\theta+2\sin\theta\Big)\ln^2\tan\frac{\theta}{2}\,\mathrm{d}\theta\\ &\quad=\sum_{k=0}^{\infty}\frac{1}{2k+3}\frac{1}{2k+1}\Big\{\frac{\pi^2}{6}+{\sum_{n=1}^{k}}'\frac{4}{n}\Big[\psi\Big(n+\frac{1}{2}\Big)-\psi\Big(\frac{1}{2}\Big)\Big]\Big\}\\ &\quad=\sum_{k=0}^{\infty}\frac{1}{2k+3}\frac{1}{2k+1}\frac{\pi^2}{6}+\sum_{k=1}^{\infty}\frac{1}{2k+3}\frac{1}{2k+1}\sum_{n=1}^{k}\frac{4}{n}\Big[\psi\Big(n+\frac{1}{2}\Big)-\psi\Big(\frac{1}{2}\Big)\Big]\\ &\quad=\frac{\pi^2}{12}+\sum_{n=1}^{\infty}\frac{4}{n}\Big[\psi\Big(n+\frac{1}{2}\Big)-\psi\Big(\frac{1}{2}\Big)\Big]\sum_{k=n}^{\infty}\frac{1}{2k+3}\frac{1}{2k+1}\\ &\quad=\frac{\pi^2}{12}+\sum_{n=1}^{\infty}\frac{2}{n}\frac{1}{2n+1}\Big[\psi\Big(n+\frac{1}{2}\Big)-\psi\Big(\frac{1}{2}\Big)\Big]=\frac{\pi^2}{12}+\frac{\pi^2}{3}=\frac{5\pi^2}{12},\end{aligned}$$

再代入 (9.84b) 与 (9.93) 两式的结果，即能求得

$$\int_0^\pi \sin 2\theta\,\ln^3\tan\frac{\theta}{2}\,\mathrm{d}\theta = -\frac{\pi^2}{2}. \tag{9.153}$$

如果将 (9.96b) 式两端同除以 $2k+1$ 或 $2k+2n+1$，则计算要比预想的复杂 (见例 9.19).

值得指出，对于本例题中得到的结果，例如 (9.130)，(9.132)，(9.135) 等式，还可以继续重复上述计算，又可以得到一些新的结果，不再赘述.

例 9.19　回顾一下例 9.4 — 9.14 以及例 9.18 (其实也包括例 9.17) 的做法，其基本精神是从某一已知积分 (含有自然数 k 作为参数，因而实际上是无穷多个积分) 出发，乘 (除) 以适当因子，而后求和，于是变换为另一积分式，如果作为积分值的无穷级数能够求和，就求出了这个新积分的值. 但在实际计算中也不乏这样的例子，就是得到的级数难以求和，然而导出的积分却可以用其他方法计算出，或者根本就是已知的积分，这时我们倒可以反过来用这样的办法求出级数的和. 例如，将 (9.96b) 式两端同除以 $2k+1$，再对 k 求和，就得到

$$\begin{aligned}\sum_{k=0}^{\infty}\frac{1}{2k+1}\int_0^{\pi}\sin(2k+1)\theta\,\ln^2\tan\frac{\theta}{2}\,\mathrm{d}\theta &= \frac{\pi}{4}\int_0^{\pi}\ln^2\tan\frac{\theta}{2}\,\mathrm{d}\theta\\ &= \frac{\pi^2}{6}\sum_{k=0}^{\infty}\frac{1}{(2k+1)^2}+\sum_{k=0}^{\infty}\frac{1}{(2k+1)^2}\sum_{n=1}^{k}\frac{4}{n}\Big[\psi\Big(n+\frac{1}{2}\Big)-\psi\Big(\frac{1}{2}\Big)\Big]\\ &= \frac{\pi^4}{48}+\sum_{k=0}^{\infty}\frac{1}{(2k+1)^2}\sum_{n=1}^{k}\frac{4}{n}\Big[\psi\Big(n+\frac{1}{2}\Big)-\psi\Big(\frac{1}{2}\Big)\Big],\end{aligned}$$

而积分 $\int_0^{\pi}\ln^2\tan\frac{\theta}{2}\,\mathrm{d}\theta$ 的值已在 (9.81) 式中给出，因此，我们就能得到

$$\sum_{k=0}^{\infty}\frac{1}{(2k+1)^2}\sum_{n=1}^{k}\frac{1}{n}\Big[\psi\Big(n+\frac{1}{2}\Big)-\psi\Big(\frac{1}{2}\Big)\Big]=\frac{\pi^4}{96}. \tag{9.154}$$

同样，将 (9.87a) 式两端同除以 $2k+1$，而后对 k 求和，即得

$$\begin{aligned}&\sum_{k=0}^{\infty}\frac{1}{2k+1}\int_0^{\pi}\cos(2k+1)\theta\,\ln(2\sin\theta)\,\ln\tan\frac{\theta}{2}\,\mathrm{d}\theta\\ &\qquad=\sum_{k=0}^{\infty}\frac{2\pi}{(2k+1)^2}\Big[\psi(2k+1)-\psi(1)\Big]+\sum_{k=0}^{\infty}\frac{\pi}{(2k+1)^3}\\ &\qquad=\sum_{k=0}^{\infty}\frac{2\pi}{(2k+1)^2}\Big[\psi(2k+1)-\psi(1)\Big]+\frac{7\pi}{8}\zeta(3),\end{aligned}$$

另一方面，将上式左端的积分与求和交换次序，又能得到

$$\sum_{k=0}^{\infty}\frac{1}{2k+1}\int_0^{\pi}\cos(2k+1)\theta\,\ln(2\sin\theta)\,\ln\tan\frac{\theta}{2}\,\mathrm{d}\theta=-\frac{1}{2}\int_0^{\pi}\ln(2\sin\theta)\,\ln^2\tan\frac{\theta}{2}\,\mathrm{d}\theta.$$

上式右端的积分已在 (9.138) 式中给出，所以

$$\sum_{k=0}^{\infty}\frac{2\pi}{(2k+1)^2}\Big[\psi(2k+1)-\psi(1)\Big]+\frac{7\pi}{8}\zeta(3)=\frac{7\pi}{4}\zeta(3),$$

由此即得

$$\sum_{k=0}^{\infty}\frac{1}{(2k+1)^2}\Big[\psi(2k+1)-\psi(1)\Big]=\frac{7}{16}\zeta(3), \tag{9.155a}$$

$$\sum_{k=0}^{\infty}\frac{1}{(2k+1)^2}\psi(2k+1)=\frac{7}{16}\zeta(3)-\frac{\gamma}{8}\pi^2. \tag{9.155b}$$

如果将 (9.87a) 式两端同除以 $2k+3$，并对 k 求和，也可以得到

$$\begin{aligned}&\sum_{k=0}^{\infty}\frac{1}{2k+3}\int_0^{\pi}\cos(2k+1)\theta\ \ln(2\sin\theta)\ \ln\tan\frac{\theta}{2}\,\mathrm{d}\theta\\&\quad=\sum_{k=0}^{\infty}\frac{1}{2k+3}\left\{\frac{2\pi}{2k+1}\big[\psi(2k+1)-\psi(1)\big]+\frac{\pi}{(2k+1)^2}\right\}\\&\quad=2\pi\sum_{k=0}^{\infty}\frac{1}{(2k+1)(2k+3)}\big[\psi(2k+1)-\psi(1)\big]+\sum_{k=0}^{\infty}\frac{\pi}{(2k+1)^2(2k+3)}.\end{aligned}$$

一方面，将上式左端的积分与求和交换次序，并代入 (9.139)，(9.94b) 及 (9.83a) 等式的结果，可以得到

$$\begin{aligned}&\sum_{k=0}^{\infty}\frac{1}{2k+3}\int_0^{\pi}\cos(2k+1)\theta\ \ln(2\sin\theta)\ \ln\tan\frac{\theta}{2}\,\mathrm{d}\theta\\&\quad=-\frac{1}{2}\int_0^{\pi}\cos2\theta\ \ln(2\sin\theta)\ \ln^2\tan\frac{\theta}{2}\,\mathrm{d}\theta+\frac{\pi}{4}\int_0^{\pi}\sin2\theta\ \ln(2\sin\theta)\ \ln\tan\frac{\theta}{2}\,\mathrm{d}\theta\\&\qquad-\int_0^{\pi}\cos\theta\ \ln(2\sin\theta)\ \ln\tan\frac{\theta}{2}\,\mathrm{d}\theta\\&\quad=-\frac{1}{2}\Big(-\frac{\pi^3}{8}-3\pi\Big)+\frac{\pi}{4}(3-4\ln2)-\pi=\frac{\pi^3}{16}+\frac{5}{4}\pi-\pi\ln2;\end{aligned}$$

另一方面，也能求得右端的第二项为

$$\sum_{k=0}^{\infty}\frac{\pi}{(2k+1)^2(2k+3)}=\frac{\pi}{4}\sum_{k=0}^{\infty}\left[\frac{2}{(2k+1)^2}-\Big(\frac{1}{2k+1}-\frac{1}{2k+3}\Big)\right]=\frac{\pi^3}{16}-\frac{\pi}{4},$$

所以由此就可以推得和式

$$\sum_{k=0}^{\infty}\frac{1}{(2k+1)(2k+3)}\big[\psi(2k+1)-\psi(1)\big]=\frac{3}{4}-\frac{1}{2}\ln2, \tag{9.156a}$$

$$\sum_{k=0}^{\infty}\frac{1}{(2k+1)(2k+3)}\psi(2k+1)=\frac{3}{4}-\frac{1}{2}\ln2-\frac{1}{2}\gamma. \tag{9.156b}$$

如果将 (9.87c) 式两端同除以 $2k+1$，并对 k 求和，则又得到

$$\frac{\pi}{4}\int_0^{\pi}\theta\ln\tan\frac{\theta}{2}\,\mathrm{d}\theta=\sum_{k=0}^{\infty}\frac{\pi}{(2k+1)^2}\left[\psi(k+1)-\psi\left(\frac{1}{2}\right)\right]-\sum_{k=0}^{\infty}\frac{\pi}{(2k+1)^3}.$$

上式右端的积分已在 (9.99c) 式中给出，因此

$$\sum_{k=0}^{\infty}\frac{1}{(2k+1)^2}\left[\psi(k+1)-\psi\left(\frac{1}{2}\right)\right]=\frac{7}{4}\zeta(3). \tag{9.157}$$

或者改写成

$$\sum_{k=0}^{\infty}\frac{1}{(2k+1)^2}\left[\psi(k+1)-\psi(1)\right]+\sum_{k=0}^{\infty}\frac{1}{(2k+1)^2}\left[\psi(1)-\psi\left(\frac{1}{2}\right)\right]=\frac{7}{4}\zeta(3),$$

因而有

$$\sum_{k=0}^{\infty}\frac{1}{(2k+1)^2}\left[\psi(k+1)-\psi(1)\right]=\frac{7}{4}\zeta(3)-\frac{\pi^2}{4}\ln 2, \tag{9.158a}$$

进而可以推出

$$\sum_{k=0}^{\infty}\frac{1}{(2k+1)^2}\psi(k+1)=\frac{7}{4}\zeta(3)-\frac{\gamma+2\ln 2}{8}\pi^2. \tag{9.158b}$$

再代入 (9.154) 式，又有

$$\sum_{k=0}^{\infty}\frac{1}{(2k+1)^2}\left[\psi\left(k+\frac{1}{2}\right)-\psi\left(\frac{1}{2}\right)\right]=-\frac{7}{8}\zeta(3)+\frac{\pi^2}{4}\ln 2, \tag{9.159a}$$

$$\sum_{k=0}^{\infty}\frac{1}{(2k+1)^2}\psi\left(k+\frac{1}{2}\right)=-\frac{7}{8}\zeta(3)-\frac{\gamma}{8}\pi^2. \tag{9.159b}$$

下面的例子涉及更长的计算. 如果将 (9.96b) 式中的 k 改写为 n，再将等式两端同除以 $2n+2k+1$，并对 n 求和，则得到

$$\begin{aligned}
&\frac{1}{2}\int_0^{\pi}\left[\sin 2k\theta\,\ln\tan\frac{\theta}{2}+\frac{\pi}{2}\cos 2k\theta+\sum_{n=0}^{k-1}\frac{2}{2n+1}\,\sin(2k-2n-1)\theta\right]\ln^2\tan\frac{\theta}{2}\,\mathrm{d}\theta\\
&\quad=\sum_{n=0}^{\infty}\frac{1}{2n+2k+1}\frac{1}{2n+1}\frac{\pi^2}{6}+\sum_{n=1}^{\infty}\frac{1}{2n+2k+1}\frac{1}{2n+1}\sum_{m=1}^{n}\frac{4}{m}\left[\psi\left(m+\frac{1}{2}\right)-\psi\left(\frac{1}{2}\right)\right]\\
&\quad=\frac{\pi^2}{24k}\left[\psi\left(k+\frac{1}{2}\right)-\psi\left(\frac{1}{2}\right)\right]+\sum_{n=1}^{\infty}\frac{1}{2n+2k+1}\frac{1}{2n+1}\sum_{m=1}^{n}\frac{4}{m}\left[\psi\left(m+\frac{1}{2}\right)-\psi\left(\frac{1}{2}\right)\right]\\
&\quad=\frac{\pi^2}{24k}\left[\psi\left(k+\frac{1}{2}\right)-\psi\left(\frac{1}{2}\right)\right]\\
&\qquad+\sum_{m=1}^{\infty}\frac{4}{m}\left[\psi\left(m+\frac{1}{2}\right)-\psi\left(\frac{1}{2}\right)\right]\sum_{n=m}^{\infty}\frac{1}{2n+2k+1}\frac{1}{2n+1}
\end{aligned}$$

$$\begin{aligned}
&= \frac{\pi^2}{24k}\Big[\psi\Big(k+\frac{1}{2}\Big)-\psi\Big(\frac{1}{2}\Big)\Big] \\
&\quad + \frac{2}{k}\sum_{m=1}^{\infty}\frac{1}{m}\Big[\psi\Big(m+\frac{1}{2}\Big)-\psi\Big(\frac{1}{2}\Big)\Big]\sum_{n=m}^{\infty}\Big(\frac{1}{2n+1}-\frac{1}{2n+2k+1}\Big) \\
&= \frac{\pi^2}{24k}\Big[\psi\Big(k+\frac{1}{2}\Big)-\psi\Big(\frac{1}{2}\Big)\Big]+\frac{2}{k}\sum_{m=1}^{\infty}\frac{1}{m}\Big[\psi\Big(m+\frac{1}{2}\Big)-\psi\Big(\frac{1}{2}\Big)\Big]\sum_{l=0}^{k-1}\frac{1}{2l+2m+1} \\
&= \frac{\pi^2}{24k}\Big[\psi\Big(k+\frac{1}{2}\Big)-\psi\Big(\frac{1}{2}\Big)\Big]+\frac{2}{k}\sum_{l=0}^{k-1}\Big\{\sum_{m=1}^{\infty}\frac{1}{m}\frac{1}{2m+2l+1}\Big[\psi\Big(m+\frac{1}{2}\Big)-\psi\Big(\frac{1}{2}\Big)\Big]\Big\} \\
&= \frac{\pi^2}{24k}\Big[\psi\Big(k+\frac{1}{2}\Big)-\psi\Big(\frac{1}{2}\Big)\Big]+\frac{\pi^2}{6k}\Big[\psi\Big(k+\frac{1}{2}\Big)-\psi\Big(\frac{1}{2}\Big)\Big] \\
&\quad + \frac{2}{k}\sum_{l=1}^{k-1}\frac{1}{2l+1}\sum_{m=1}^{l}\frac{1}{m}\Big[\psi\Big(m+\frac{1}{2}\Big)-\psi\Big(\frac{1}{2}\Big)\Big] \\
&= \frac{5\pi^2}{24k}\Big[\psi\Big(k+\frac{1}{2}\Big)-\psi\Big(\frac{1}{2}\Big)\Big]+\frac{2}{k}\sum_{l=1}^{k-1}\frac{1}{2l+1}\sum_{m=1}^{l}\frac{1}{m}\Big[\psi\Big(m+\frac{1}{2}\Big)-\psi\Big(\frac{1}{2}\Big)\Big],
\end{aligned}$$

其中 $k=1,2,3,\cdots$. 在上面的计算过程中用到了第十章的 (10.62) 式. 另一方面，等式左端的积分可以按照被积函数分拆为三，它们都可以直接计算得. 对于第一个积分，分部积分即得

$$\begin{aligned}
&\int_0^{\pi}\sin 2k\theta\,\ln^3\tan\frac{\theta}{2}\,\mathrm{d}\theta = -\frac{3}{k}\int_0^{\pi}\sin^2 k\theta\,\ln^2\tan\frac{\theta}{2}\,\frac{\mathrm{d}\theta}{\sin\theta} \\
&\quad = -\frac{3}{k}\int_0^{\pi}\Big[\sin\theta+\sin 3\theta+\cdots+\sin(2k-1)\theta\Big]\ln^2\tan\frac{\theta}{2}\,\mathrm{d}\theta \\
&\quad = -\frac{3}{k}\Big\{\sum_{n=0}^{k-1}\frac{1}{2n+1}\frac{\pi^2}{6}+\sum_{n=1}^{k-1}{}'\,\frac{1}{2n+1}\sum_{m=1}^{n}\frac{4}{m}\Big[\psi\Big(m+\frac{1}{2}\Big)-\psi\Big(\frac{1}{2}\Big)\Big]\Big\} \\
&\quad = -\frac{\pi^2}{4k}\Big[\psi\Big(k+\frac{1}{2}\Big)-\psi\Big(\frac{1}{2}\Big)\Big]-\frac{3}{k}\sum_{n=1}^{k-1}{}'\,\frac{1}{2n+1}\sum_{m=1}^{n}\frac{4}{m}\Big[\psi\Big(m+\frac{1}{2}\Big)-\psi\Big(\frac{1}{2}\Big)\Big], \\
&\qquad\qquad k=1,2,3,\cdots, \qquad (9.160)
\end{aligned}$$

约定 $k=1$ 时略去上式右端的第二项有限和；对于第二个积分，可由 (9.91) 式检得；而对于第三个积分，则有

$$\begin{aligned}
&\sum_{n=0}^{k-1}\frac{2}{2n+1}\int_0^{\pi}\sin(2k-2n-1)\theta\,\ln^2\tan\frac{\theta}{2}\,\mathrm{d}\theta \\
&\quad = \sum_{n=0}^{k-1}\frac{2}{2n+1}\frac{1}{2k-2n-1}\Big\{\frac{\pi^2}{6}+\sum_{m=1}^{k-n-1}{}'\,\frac{4}{m}\Big[\psi\Big(m+\frac{1}{2}\Big)-\psi\Big(\frac{1}{2}\Big)\Big]\Big\}
\end{aligned}$$

$$= \frac{\pi^2}{6k}\Big[\psi\Big(k+\frac{1}{2}\Big) - \psi\Big(\frac{1}{2}\Big)\Big] + \sum_{n=0}^{k-1} \frac{2}{2n+1}\frac{1}{2k-2n-1}\sum_{m=1}^{k-n-1}{}' \frac{4}{m}\Big[\psi\Big(m+\frac{1}{2}\Big) - \psi\Big(\frac{1}{2}\Big)\Big].$$

综合以上结果，并略加化简，就可以得到关系式

$$\sum_{n=0}^{k-1} \frac{1}{2n+1}\frac{1}{2k-2n-1}\sum_{m=1}^{k-n-1}{}' \frac{1}{m}\Big[\psi\Big(m+\frac{1}{2}\Big) - \psi\Big(\frac{1}{2}\Big)\Big] = \frac{2}{k}\sum_{n=1}^{k-1}{}' \frac{1}{2n+1}\sum_{m=1}^{n} \frac{1}{m}\Big[\psi\Big(m+\frac{1}{2}\Big) - \psi\Big(\frac{1}{2}\Big)\Big], \qquad k=1,2,3,\cdots. \tag{9.161a}$$

如果将左端的和式进一步化简：

$$\begin{aligned}
&\sum_{n=0}^{k-1} \frac{1}{2n+1}\frac{1}{2k-2n-1}\sum_{m=1}^{k-n-1}{}' \frac{1}{m}\Big[\psi\Big(m+\frac{1}{2}\Big) - \psi\Big(\frac{1}{2}\Big)\Big] \\
&\quad = \frac{1}{2k}\sum_{n=0}^{k-1}\Big(\frac{1}{2n+1} + \frac{1}{2k-2n-1}\Big)\sum_{m=1}^{k-n-1}{}' \frac{1}{m}\Big[\psi\Big(m+\frac{1}{2}\Big) - \psi\Big(\frac{1}{2}\Big)\Big] \\
&\quad = \frac{1}{2k}\sum_{n=0}^{k-1}\frac{1}{2n+1}\sum_{m=1}^{k-n-1}{}' \frac{1}{m}\Big[\psi\Big(m+\frac{1}{2}\Big) - \psi\Big(\frac{1}{2}\Big)\Big] \\
&\qquad + \frac{1}{2k}\sum_{l=1}^{k-1}\frac{1}{2l+1}\sum_{m=1}^{l} \frac{1}{m}\Big[\psi\Big(m+\frac{1}{2}\Big) - \psi\Big(\frac{1}{2}\Big)\Big],
\end{aligned}$$

则可以将关系式 (9.160a)改写为

$$\sum_{n=0}^{k-1} \frac{1}{2n+1}\sum_{m=1}^{k-n-1}{}' \frac{1}{m}\Big[\psi\Big(m+\frac{1}{2}\Big) - \psi\Big(\frac{1}{2}\Big)\Big] = 3\sum_{l=1}^{k-1}{}' \frac{1}{2l+1}\sum_{m=1}^{l} \frac{1}{m}\Big[\psi\Big(m+\frac{1}{2}\Big) - \psi\Big(\frac{1}{2}\Big)\Big], \quad k=1,2,3,\cdots. \tag{9.161b}$$

或者令上式左端的 $k-n=l$，则

$$\sum_{l=1}^{k} \frac{1}{2l-2k+1}\sum_{m=1}^{l-1}{}' \frac{1}{m}\Big[\psi\Big(m+\frac{1}{2}\Big) - \psi\Big(\frac{1}{2}\Big)\Big] = 3\sum_{l=1}^{k-1}{}' \frac{1}{2l+1}\sum_{m=1}^{l} \frac{1}{m}\Big[\psi\Big(m+\frac{1}{2}\Big) - \psi\Big(\frac{1}{2}\Big)\Big], \quad k=1,2,3,\cdots. \tag{9.161c}$$

另一种情形是导出的积分也能用其他方法 (例如直接积分) 求出，但与级数求和得到的表达式不同，因而我们也能得到相关级数的关系式. 例如，如果将 (9.86) 式两端同除以 $2k+2n+1$，而后求和，经过化简后则能得到

$$\sum_{n=0}^{k-1}\frac{1}{2n+1}\Big[\psi(k-n+1)-\psi(1)\Big]=\sum_{n=1}^{k}\frac{2}{2n+1}\Big[\psi(2n+1)-\psi(1)\Big],\quad k=1,2,3,\cdots. \tag{9.162}$$

在计算中需要用到

$$\begin{aligned}\sum_{k=0}^{\infty}\frac{1}{(2k+1)^2}\,\frac{1}{2k+2n+1}&=\frac{1}{4n^2}\sum_{k=0}^{\infty}\left[\frac{2n}{(2k+1)^2}-\left(\frac{1}{2k+1}-\frac{1}{2k+2n+1}\right)\right]\\&=\frac{\pi^2}{16n}-\frac{1}{8n^2}\left[\psi\left(n+\frac{1}{2}\right)-\psi\left(\frac{1}{2}\right)\right].\end{aligned} \tag{9.163}$$

用数学归纳法也能直接证明 (9.162) 式 (见第十章的 (10.56) 式).

§9.4 再讨论含 $\ln\sin\theta$ 的积分

现在采用与上一节相同的方法讨论 $\displaystyle\int_0^{\pi} f(\theta)\ln\left(2\sin\frac{\theta}{2}\right)\mathrm{d}\theta$ 型的积分. 如果作变换 $\theta=2x$，这种类型的积分又能改写成 $\displaystyle\int_0^{\pi/2} g(x)\ln(2\sin x)\,\mathrm{d}x$. 作为讨论的出发点，有下列积分式:

$$\int_0^{\pi}\ln\left(2\sin\frac{\theta}{2}\right)\mathrm{d}\theta=0, \tag{9.164}$$

$$\int_0^{\pi}\cos n\theta\,\ln\left(2\sin\frac{\theta}{2}\right)\mathrm{d}\theta=-\frac{\pi}{2n},\qquad n=1,2,3,\cdots, \tag{9.165}$$

$$\int_0^{\pi}\sin 2n\theta\,\ln\left(2\sin\frac{\theta}{2}\right)\mathrm{d}\theta=-\frac{1}{2n}\left[\psi\left(n+\frac{1}{2}\right)-\psi\left(\frac{1}{2}\right)\right],\qquad n=1,2,3,\cdots, \tag{9.166}$$

$$\begin{aligned}\int_0^{\pi}\sin(2n+1)\theta\,\ln\left(2\sin\frac{\theta}{2}\right)\mathrm{d}\theta=&-\frac{1}{2n+1}\left[\psi\left(n+\frac{1}{2}\right)-\psi\left(\frac{1}{2}\right)\right]-\frac{1}{(2n+1)^2}\\&+\frac{2}{2n+1}\ln 2,\qquad n=1,2,3,\cdots,\end{aligned} \tag{9.167}$$

$$\int_0^{\pi}\ln^2\left(2\sin\frac{\theta}{2}\right)\mathrm{d}\theta=\frac{\pi^3}{12}, \tag{9.168}$$

$$\int_0^{\pi}\cos\theta\,\ln^2\left(2\sin\frac{\theta}{2}\right)\mathrm{d}\theta=\frac{\pi}{2}, \tag{9.169}$$

$$\int_0^{\pi}\cos n\theta\,\ln^2\left(2\sin\frac{\theta}{2}\right)\mathrm{d}\theta=\frac{\pi}{n}\Big[\psi(n)-\psi(1)\Big]+\frac{\pi}{2n^2},\qquad n=2,3,4,\cdots, \tag{9.170}$$

$$\int_0^{\pi}\theta\,\sin\theta\,\ln\left(2\sin\frac{\theta}{2}\right)\mathrm{d}\theta=\pi\,(2\ln 2-1), \tag{9.171}$$

$$\int_0^{\pi} \theta \sin 2n\theta \ln\left(2\sin\frac{\theta}{2}\right)\mathrm{d}\theta = \frac{\pi}{4n}\left\{\left[\psi(n)-\psi(1)\right]-\left[\psi\left(n+\frac{1}{2}\right)-\psi\left(\frac{1}{2}\right)\right]\right\}, \quad n=1,2,3,\cdots, \tag{9.172}$$

$$\begin{aligned}&\int_0^{\pi} \theta \sin(2n+1)\theta \ln\left(2\sin\frac{\theta}{2}\right)\mathrm{d}\theta \\ &\quad = \frac{\pi}{2(2n+1)}\left\{\left[\psi(n+1)-\psi(1)\right]-\left[\psi\left(n+\frac{1}{2}\right)-\psi\left(\frac{1}{2}\right)\right]\right\} \\ &\qquad + \frac{2\pi}{2n+1}\ln 2 - \frac{\pi}{(2n+1)^2}, \qquad n=1,2,3,\cdots.\end{aligned} \tag{9.173}$$

第一个积分见例 7.18，其余的积分也都可以在第七章中直接查到.

作为第一个例子，也作为 (9.167) 式的补充，我们首先将 (9.165) 式两端同除以 $n+1$，并求和，再考虑到 (9.164) 式的结果，就得到

$$\int_0^{\pi} \left[\cos\theta \ln\left(2\sin\frac{\theta}{2}\right) + \frac{\theta-\pi}{2}\sin\theta\right]\ln\left(2\sin\frac{\theta}{2}\right)\mathrm{d}\theta = \sum_{n=1}^{\infty}\frac{1}{n+1}\frac{\pi}{2n} = \frac{\pi}{2}.$$

根据 (9.169) 式，即得

$$\int_0^{\pi} (\theta-\pi)\sin\theta \ln\left(2\sin\frac{\theta}{2}\right)\mathrm{d}\theta = 0.$$

再利用 (9.172) 式的结果，就求得

$$\int_0^{\pi} \sin\theta \ln\left(2\sin\frac{\theta}{2}\right)\mathrm{d}\theta = 2\ln 2 - 1. \tag{9.174}$$

这说明 (9.167) 式也适用于 $n=0$ 的情形.

例 9.20　从上例的有关公式出发，采用类似于推导 (9.174) 式的方法，还可得以下结果:

$$\int_0^{\pi} \sin\theta \ln^2\left(2\sin\frac{\theta}{2}\right)\mathrm{d}\theta = 2\ln^2 2 - 2\ln 2 + 1, \tag{9.175}$$

$$\int_0^{\pi} \sin 2\theta \ln^2\left(2\sin\frac{\theta}{2}\right)\mathrm{d}\theta = \frac{3}{2} - 2\ln 2, \tag{9.176}$$

$$\begin{aligned}&\int_0^{\pi} \sin 2n\theta \ln^2\left(2\sin\frac{\theta}{2}\right)\mathrm{d}\theta \\ &\quad = \frac{\pi^2}{8n} - \frac{1}{n}\left[\psi\left(n+\frac{1}{2}\right)-\psi\left(\frac{1}{2}\right)\right]\ln 2 + \frac{1}{4n^2}\left[\psi\left(n+\frac{1}{2}\right)-\psi\left(\frac{1}{2}\right)\right] \\ &\qquad - \frac{1}{4n}\psi'\left(n+\frac{1}{2}\right) + \frac{1}{n}\sum_{k=1}^{n-1}\frac{1}{2k}\left[\psi\left(k+\frac{1}{2}\right)-\psi\left(\frac{1}{2}\right)\right] \\ &\qquad + \frac{1}{n}\sum_{k=0}^{n-1}\frac{1}{2k+1}\left[\psi\left(k+\frac{1}{2}\right)-\psi\left(\frac{1}{2}\right)\right], \qquad n=2,3,4,\cdots,\end{aligned} \tag{9.177}$$

$$\int_0^\pi \sin(2n+1)\theta\ \ln^2\left(2\sin\frac{\theta}{2}\right)\mathrm{d}\theta$$
$$= \frac{2}{2n+1}\ln^2 2 + \frac{1}{(2n+1)^3} + \frac{1}{2n+1}\frac{\pi^2}{4} - \frac{1}{2(2n+1)}\psi'\left(n+\frac{1}{2}\right)$$
$$- \frac{2}{2n+1}\left[\psi\left(n+\frac{1}{2}\right) - \psi\left(\frac{1}{2}\right)\right]\ln 2 + \frac{1}{(2n+1)^2}\left[\psi\left(n+\frac{1}{2}\right) - \psi(1)\right]$$
$$+ \frac{1}{2n+1}\sum_{k=1}^{n}\frac{1}{k}\left[\psi\left(k+\frac{1}{2}\right) - \psi\left(\frac{1}{2}\right)\right]$$
$$+ \frac{2}{2n+1}\sum_{k=0}^{n-1}\frac{1}{2k+1}\left[\psi\left(k+\frac{1}{2}\right) - \psi\left(\frac{1}{2}\right)\right], \qquad n = 1, 2, 3, \cdots, \tag{9.178}$$

$$\int_0^\pi \sin\theta\ \ln^3\left(2\sin\frac{\theta}{2}\right)\mathrm{d}\theta = 2\ln^3 2 - 3\ln^2 2 + 3\ln 2 - \frac{3}{2}, \tag{9.179}$$

$$\int_0^\pi \sin 2\theta\ \ln^3\left(2\sin\frac{\theta}{2}\right)\mathrm{d}\theta = -3\ln^2 2 + \frac{9}{2}\ln 2 - \frac{21}{8}, \tag{9.180}$$

$$\int_0^\pi \cos\theta\ \ln^3\left(2\sin\frac{\theta}{2}\right)\mathrm{d}\theta = -\frac{\pi^3}{8} - \frac{3}{4}\pi, \tag{9.181}$$

$$\int_0^\pi \cos n\theta\ \ln^3\left(2\sin\frac{\theta}{2}\right)\mathrm{d}\theta$$
$$= -\frac{3\pi^3}{8n} - \frac{3\pi}{4n^3} - \frac{3\pi}{2n^2}\left[\psi(n) - \psi(1)\right] + \frac{3\pi}{2n}\psi'(n)$$
$$- \frac{3\pi}{n}\sum_{k=1}^{n-1}\frac{1}{k}\left[\psi(k) - \psi(1)\right], \qquad n = 2, 3, 4, \cdots, \tag{9.182}$$

$$\int_0^\pi \sin 2\theta\ \ln^2\left(2\sin\frac{\theta}{2}\right)\ln\left(2\cos\frac{\theta}{2}\right)\mathrm{d}\theta = \frac{\pi^2}{12} - \ln^2 2 + \frac{3}{2}\ln 2 - \frac{7}{8}, \tag{9.183}$$

$$\int_0^\pi \theta\ \ln\left(2\sin\frac{\theta}{2}\right)\mathrm{d}\theta = \frac{7}{4}\zeta(3), \tag{9.184}$$

$$\int_0^\pi \theta\ \cos\theta\ \ln\left(2\sin\frac{\theta}{2}\right)\mathrm{d}\theta = 2 - 2\ln 2 - \frac{\pi^2}{4}, \tag{9.185}$$

$$\int_0^\pi \theta\ \cos 2\theta\ \ln\left(2\sin\frac{\theta}{2}\right)\mathrm{d}\theta = \frac{3}{2} - \frac{\pi^2}{8}, \tag{9.186}$$

$$\int_0^\pi \theta\ \cos 2n\theta\ \ln\left(2\sin\frac{\theta}{2}\right)\mathrm{d}\theta$$
$$= \frac{1}{4n^2}\left[\psi\left(n+\frac{1}{2}\right) - \psi\left(\frac{1}{2}\right)\right] - \frac{1}{4n}\psi'\left(n+\frac{1}{2}\right), \quad n = 1, 2, 3, \cdots, \tag{9.187}$$

$$\int_0^{\pi} \theta\, \cos(2n+1)\theta\, \ln\left(2\sin\frac{\theta}{2}\right)\mathrm{d}\theta$$
$$= \frac{2}{(2n+1)^3} - \frac{2}{(2n+1)^2}\ln 2 - \frac{1}{2(2n+1)}\psi'\left(n+\frac{1}{2}\right)$$
$$+ \frac{1}{(2n+1)^2}\left[\psi\left(n+\frac{1}{2}\right) - \psi\left(\frac{1}{2}\right)\right], \qquad n=1,2,3,\cdots, \tag{9.188}$$

$$\int_0^{\pi} \theta\, \ln^2\left(2\sin\frac{\theta}{2}\right)\mathrm{d}\theta$$
$$= \frac{\pi^4}{24} - \frac{1}{4}\sum_{k=1}^{\infty}\frac{1}{k^3}\left[\psi\left(k+\frac{1}{2}\right) - \psi\left(\frac{1}{2}\right)\right] - \sum_{k=1}^{\infty}\frac{1}{k^2}\sum_{l=0}^{k-1}\frac{1}{(2l+1)^2}, \tag{9.189}$$

$$\int_0^{\pi} \theta\, \cos\theta\, \ln^2\left(2\sin\frac{\theta}{2}\right)\mathrm{d}\theta = -\frac{7}{4}\zeta(3) + \frac{\pi^2}{4} - 2\ln^2 2 + 4\ln 2 - 3, \tag{9.190}$$

$$\int_0^{\pi} \theta\, \cos 2\theta\, \ln^2\left(2\sin\frac{\theta}{2}\right)\mathrm{d}\theta = -\frac{7}{8}\zeta(3) + \frac{5\pi^2}{16} + 3\ln 2 - \frac{7}{2}, \tag{9.191}$$

$$\int_0^{\pi} \theta\, \cos 3\theta\, \ln^2\left(2\sin\frac{\theta}{2}\right)\mathrm{d}\theta$$
$$= -\frac{7}{12}\zeta(3) + \frac{5\pi^2}{18} - \frac{2}{9}\ln^2 2 + \frac{52}{27}\ln 2 - \frac{86}{27}, \tag{9.192}$$

$$\int_0^{\pi} \theta\, \sin\theta\, \ln^2\left(2\sin\frac{\theta}{2}\right)\mathrm{d}\theta = -\frac{\pi^3}{12} + \frac{3}{2}\pi + 2\pi\ln^2 2 - 2\pi\ln 2, \tag{9.193}$$

$$\int_0^{\pi} \theta\, \sin 2\theta\, \ln^2\left(2\sin\frac{\theta}{2}\right)\mathrm{d}\theta = -\frac{\pi^3}{24} + \frac{25}{16}\pi - 2\pi\ln 2, \tag{9.194}$$

$$\int_0^{\pi} (\theta-\pi)\, \sin n\theta\, \ln^2\left(2\sin\frac{\theta}{2}\right)\mathrm{d}\theta$$
$$= -\frac{\pi^3}{12n} + \frac{\pi}{2n^3} - \frac{2\pi}{n}\sum_{k=1}^{n-1}\frac{1}{k}\left[\psi(k) - \psi(1)\right], \qquad n=2,3,4,\cdots, \tag{9.195}$$

$$\int_0^{\pi} \theta\, \ln\left(2\sin\frac{\theta}{2}\right)\ln\left(2\cos\frac{\theta}{2}\right)\mathrm{d}\theta = -\frac{\pi^4}{48}, \tag{9.196}$$

$$\int_0^{\pi} \sin\theta\, \ln\left(2\sin\frac{\theta}{2}\right)\ln\left(2\cos\frac{\theta}{2}\right)\mathrm{d}\theta = -\frac{\pi^2}{12} + 2\ln^2 2 - 2\ln 2 + 1, \tag{9.197}$$

$$\int_0^{\pi} \sin 2n\theta\, \ln\left(2\sin\frac{\theta}{2}\right)\ln\left(2\cos\frac{\theta}{2}\right)\mathrm{d}\theta = 0, \qquad n=1,2,3,\cdots. \tag{9.198}$$

上面列出的积分中，有些纯粹是从被积函数形式的完备考虑而列入，它们或许需要直接计算 (或者化为已有的积分) 而得.

第十章　Γ　函　数

§10.1　Γ 函数的幂级数展开

作为后面几个例题的基础，先讨论 ψ 函数的 Taylor 展开.

例 10.1　求 $\psi(1+z)\equiv\Gamma'(1+z)/\Gamma(1+z)$ 在 $z=0$ 处的 Taylor 展开.

解　最直接的办法是从 Γ 函数的 Weierstrass 无穷乘积表示

$$\frac{1}{\Gamma(z)}=z\mathrm{e}^{\gamma z}\prod_{n=1}^{\infty}\left[\left(1+\frac{z}{n}\right)\mathrm{e}^{-z/n}\right],\tag{10.1a}$$

亦即

$$\frac{1}{\Gamma(1+z)}=\mathrm{e}^{\gamma z}\prod_{n=1}^{\infty}\left[\left(1+\frac{z}{n}\right)\mathrm{e}^{-z/n}\right]\tag{10.1b}$$

出发，两端取对数微商，即得

$$\begin{aligned}-\frac{\Gamma'(1+z)}{\Gamma(1+z)}&=\gamma+\sum_{n=1}^{\infty}\left[\frac{\mathrm{d}}{\mathrm{d}z}\ln\left(1+\frac{z}{n}\right)-\frac{1}{n}\right]=\gamma+\sum_{n=1}^{\infty}\frac{1}{n}\left[\frac{1}{1+z/n}-1\right]\\&=\gamma+\sum_{n=1}^{\infty}\frac{1}{n}\left[\sum_{k=1}^{\infty}(-1)^k\left(\frac{z}{n}\right)^k\right]=\gamma+\sum_{k=1}^{\infty}(-1)^k\left[\sum_{n=1}^{\infty}\frac{1}{n^{k+1}}\right]z^k.\end{aligned}$$

因为

$$\psi(z)=\frac{\Gamma'(z)}{\Gamma(z)},\qquad\zeta(k)=\sum_{n=1}^{\infty}\frac{1}{n^k},\quad k=2,3,\cdots,\tag{10.2}$$

所以

$$\psi(1+z)=-\gamma-\sum_{k=1}^{\infty}(-1)^k\zeta(k+1)z^k,\qquad|z|<1.\tag{10.3}$$

这正是 ψ 函数的 Taylor 展开式. 作为这个展开式的意外收获之一，我们还得到了 ψ 函数与 ζ 函数之间的一个关系式

$$\zeta(k+1)=\frac{(-1)^{k-1}}{k!}\psi^{(k)}(1),\qquad k=1,2,3,\cdots\tag{10.4}$$

将 (10.3) 式积分，又可以得到 $\ln\Gamma(1+z)$ 的 Taylor 展开：

$$\ln\Gamma(1+z)=-\gamma z+\sum_{k=2}^{\infty}\frac{(-1)^k}{k}\zeta(k)z^k.\tag{10.5}$$

类似地，可以求得 $\psi(n+z)$ 在 $z=0$ 处的 Taylor 展开 (n 为正整数). 因为

$$\frac{1}{\Gamma(n+z)} = (z+n)\,\mathrm{e}^{\gamma(n+z)} \prod_{k=1}^{\infty} \left\{ \left(1+\frac{n+z}{k}\right) \mathrm{e}^{-(n+z)/k} \right\},$$

取对数微商，得

$$\begin{aligned}
-\psi(n+z) &= \frac{1}{n+z} + \gamma + \sum_{k=1}^{\infty} \left(\frac{1}{k+n+z} - \frac{1}{k} \right) \\
&= \gamma + \frac{1}{n} \sum_{l=0}^{\infty} (-1)^l \left(\frac{z}{n}\right)^l + \sum_{k=1}^{\infty} \left[\frac{1}{k+n} \sum_{l=0}^{\infty} (-1)^l \left(\frac{z}{k+n}\right)^l - \frac{1}{k} \right] \\
&= \gamma + \frac{1}{n} + \sum_{k=1}^{\infty} \left(\frac{1}{k+n} - \frac{1}{k} \right) + \sum_{l=1}^{\infty} (-1)^l \left[\frac{1}{n^{l+1}} + \sum_{k=1}^{\infty} \frac{1}{(k+n)^{l+1}} \right] z^l \\
&= \gamma + \frac{1}{n} + \sum_{k=1}^{\infty} \left(\frac{1}{k+n} - \frac{1}{k} \right) + \sum_{l=1}^{\infty} (-1)^l \left[\sum_{k=0}^{\infty} \frac{1}{(k+n)^{l+1}} \right] z^l \\
&= -\psi(n) + \sum_{l=1}^{\infty} (-1)^l \zeta(l+1,n)\, z^l.
\end{aligned} \tag{10.6}$$

因为 $\psi(n+z)$ 的奇点为 $z=-n, -(n+1), \cdots$, 所以上述级数的收敛区域应为 $|z|<n$. 在得到以上结果时，用到了

$$\sum_{k=1}^{\infty} \left(\frac{1}{k+n} - \frac{1}{k} \right) = \psi(1) - \psi(n+1), \qquad \psi(n+1) = \frac{1}{n} + \psi(n) \tag{10.7}$$

以及广义 Riemann ζ 函数的定义

$$\sum_{k=0}^{\infty} \frac{1}{(k+a)^z} = \zeta(z,a). \tag{10.8}$$

从 (10.8) 式也能得到

$$\zeta(k+1,n) = \frac{(-1)^{k-1}}{k!} \psi^{(k)}(n). \tag{10.9}$$

(10.4) 式其实是它的一个特殊情形 ($n=1$).

将 (10.6) 式积分，又得到

$$\ln \Gamma(n+z) = \ln (n-1)! + \psi(n)\, z + \sum_{l=2}^{\infty} \frac{(-1)^l}{l} \zeta(l,n)\, z^l. \tag{10.10}$$

还能将 (10.6) 式改写成

$$\psi(n-z) = \psi(n) - \sum_{l=1}^{\infty} \zeta(l+1,n)\, z^l, \qquad |z|<n. \tag{10.6$'$}$$

由此又能求出 $\psi(z-n)$ 在 $z=0$ 处的 Laurent 展开. 因为 $z=0$ 是 $\psi(z-n)$ 的一阶极点，函数在该点的留数为 -1，所以

$$\psi(z-n)=-\frac{1}{z}+\sum_{k=0}^{\infty}c_n z^n,\qquad |z|<1. \tag{10.11}$$

事实上，利用 $\psi(z)$ 的性质①

$$\psi(z)-\psi(-z)=-\frac{1}{z}-\pi\cot\pi z, \tag{10.12}$$

我们有

$$\begin{aligned}\psi(z-n)&=\psi(n-z)+\frac{1}{n-z}+\pi\cot\pi(n-z)=\psi(n-z)+\frac{1}{n-z}-\pi\cot\pi z\\&=\psi(n)-\sum_{l=1}^{\infty}\zeta(l+1,n)\,z^l+\sum_{l=0}^{\infty}\frac{1}{n^{l+1}}z^l+\frac{2}{z}\sum_{l=0}^{\infty}\zeta(2l)\,z^{2l}\\&=-\frac{1}{z}+\psi(n+1)-\sum_{l=1}^{\infty}\zeta(l+1,n+1)\,z^l+2\sum_{l=1}^{\infty}\zeta(2l)\,z^{2l-1}.\end{aligned} \tag{10.13}$$

这里用到了 $\pi z\cot\pi z$ 在 $z=0$ 点的 Taylor 展开：

$$\pi z\cot\pi z=-2\sum_{l=0}^{\infty}\zeta(2l)\,z^{2l}. \tag{10.14}$$

当 $n=0$ 时，(10.13) 式仍然成立：

$$\psi(z)=\psi(1+z)-\frac{1}{z}=-\frac{1}{z}-\gamma-\sum_{l=1}^{\infty}(-1)^l\zeta(l+1)\,z^l. \tag{10.15}$$

例 10.2 求 $\Gamma(1+z)$ 及 $1/\Gamma(1+z)$ 在 $z=0$ 处的 Taylor 展开.

解 $\Gamma(1+z)$ 的奇点为 $z=-1,-2,-3,\cdots$，故在单位圆 $|z|<1$ 内可作 Taylor 展开：

$$\Gamma(1+z)=\sum_{n=0}^{\infty}c_n z^n=\sum_{n=0}^{\infty}\frac{1}{n!}\Gamma^{(n)}(1)z^n,\qquad |z|<1. \tag{10.16}$$

直接计算可得

$$\Gamma'(z)=\psi(z)\Gamma(z), \tag{10.17a}$$

$$\Gamma''(z)=\big[\psi(z)\Gamma(z)\big]'=\Big[\psi'(z)+\psi^2(z)\Big]\Gamma(z), \tag{10.17b}$$

① 参见：吴崇试. 数学物理方法. 第 2 版. 北京：北京大学出版社，2003：104.

$$\Gamma'''(z) = \Big\{\big[\psi'(z) + \psi^2(z)\big]\Gamma(z)\Big\}' \tag{10.17c}$$

$$= \Big[\psi''(z) + 3\psi'(z)\psi(z) + \psi^3(z)\Big]\Gamma(z), \tag{10.17d}$$

$$\Gamma^{(4)}(z) = \Big\{\big[\psi''(z) + 3\psi'(z)\psi(z) + \psi^3(z)\big]\Gamma(z)\Big\}' \tag{10.17e}$$

$$= \Big[\psi'''(z) + 4\psi''(z)\psi(z) + 6\psi'(z)\psi^2(z) + 3\psi'^2(z) + \psi^4(z)\Big]\Gamma(z), \tag{10.17f}$$

$$\cdots\cdots\cdots\cdots\cdots\cdots\cdots\cdots\cdots\cdots\cdots\cdots\cdots\cdots\cdots\cdots.$$

因此

$$c_0 = \Gamma(1) = 1, \tag{10.18a}$$

$$c_1 = \Gamma'(1) = -\gamma, \tag{10.18b}$$

$$c_2 = \frac{1}{2!}\Gamma''(1) = \frac{1}{2!}\Big[\psi'(1) + \psi^2(1)\Big], \tag{10.18c}$$

$$c_3 = \frac{1}{3!}\Gamma'''(1) = \frac{1}{3!}\Big[\psi''(1) + 3\psi'(1)\psi(1) + \psi^3(1)\Big], \tag{10.18d}$$

$$c_4 = \frac{1}{4!}\Gamma^{(4)}(1)$$

$$= \frac{1}{4!}\Big[\psi'''(1) + 4\psi''(1)\psi(1) + 6\psi'(1)\psi^2(1) + 3\psi'^2(1) + \psi^4(1)\Big], \tag{10.18e}$$

$$\cdots\cdots\cdots\cdots\cdots\cdots\cdots\cdots\cdots\cdots\cdots\cdots\cdots\cdots\cdots.$$

通过这种办法，原则上可以写出展开系数的普遍公式. 这里将求 $\Gamma^{(n)}(1)$ 的问题转化成求 $\psi(z)$ 及其各阶导数在 $z=1$ 的值，而后者可以从 (10.3) 式直接微商求得:

$$\psi(1) = -\gamma, \qquad \frac{1}{n!}\psi^{(n)}(1) = (-1)^{n+1}\zeta(n+1), \quad n = 1, 2, 3, \cdots. \tag{10.19}$$

另一种做法是根据 (10.3) 式寻找系数 c_n 满足的递推关系. 为了书写的方便，不妨引进记号 s_n $(n = 1, 2, 3, \cdots)$:

$$s_1 = \gamma, \qquad s_{k+1} = \zeta(k+1), \quad k = 1, 2, 3, \cdots. \tag{10.20}$$

于是，将 (10.3) 式改写成

$$\frac{\Gamma'(1+z)}{\Gamma(1+z)} = \sum_{k=0}^{\infty}(-1)^{k+1}s_{k+1}z^k,$$

即

$$\sum_{n=0}^{\infty} c_{n+1}(n+1)z^n = \sum_{l=0}^{\infty} c_l z^l \sum_{k=1}^{\infty}(-1)^{k+1}s_{k+1}z^k = \sum_{l=0}^{\infty}\sum_{k=0}^{\infty}(-1)^{k+1}s_{k+1}c_l z^{k+1}$$

$$= \sum_{n=0}^{\infty}\left[\sum_{k=0}^{n}(-1)^{k+1}s_{k+1}c_{n-k}\right]z^n.$$

比较系数，就得到递推关系

$$c_{n+1}=\frac{1}{n+1}\sum_{k=0}^{n}(-1)^{k+1}s_{k+1}c_{n-k}. \tag{10.21}$$

只要知道 $c_0=1$，就可以逐次求出全部展开系数. 例如，前几个 c_n 是

$$c_1=-s_1c_0=-\gamma, \tag{10.22a}$$

$$c_2=\frac{1}{2}\big(-s_2c_0+s_1c_1\big)=-\frac{1}{2}\big[\zeta(2)+\gamma^2\big], \tag{10.22b}$$

$$c_3=\frac{1}{3}\big(-s_3c_0+s_2c_1-s_1c_2\big). \tag{10.22c}$$

同样可以求出 $1/\Gamma(1+z)$ 的 Taylor 展开式. 因为

$$\frac{\mathrm{d}}{\mathrm{d}z}\ln\frac{1}{\Gamma(1+z)}=-\frac{\mathrm{d}}{\mathrm{d}z}\ln\Gamma(1+z),\quad 即\quad \left[\frac{1}{\Gamma(1+z)}\right]^{-1}\left[\frac{1}{\Gamma(1+z)}\right]'=-\frac{\Gamma'(1+z)}{\Gamma(1+z)},$$

所以，如果设

$$\frac{1}{\Gamma(1+z)}=\sum_{n=0}^{\infty}d_nz^n,\quad d_0=\frac{1}{\Gamma(1)}=1, \tag{10.23}$$

则有

$$\sum_{n=0}^{\infty}d_{n+1}(n+1)z^n=\sum_{l=0}^{\infty}d_lz^l\sum_{k=1}^{\infty}(-1)^ks_{k+1}z^k=\sum_{n=0}^{\infty}\left[\sum_{k=0}^{n}(-1)^ks_{k+1}d_{n-k}\right]z^n.$$

所以递推关系为

$$d_{n+1}=\frac{1}{n+1}\sum_{k=0}^{n}(-1)^ks_{k+1}d_{n-k}. \tag{10.24}$$

例 10.3 求函数 $\Gamma(n+z)$ 在 $z=0$ 处的 Taylor 展开，其中 n 为正整数.

解 因为

$$\Gamma(n+z)=\sum_{k=0}^{\infty}c_kz^k=\sum_{k=0}^{\infty}\frac{1}{k!}\Gamma^{(k)}(n)z^k,\qquad |z|<n, \tag{10.25}$$

由 (10.17) 式的结果，可以求得

$$c_0=\Gamma(n)=(n-1)!, \tag{10.26a}$$

$$c_1=\Gamma'(n)=\psi(n)(n-1)!, \tag{10.26b}$$

$$c_2=\frac{1}{2!}\Gamma''(n)=\frac{(n-1)!}{2!}\Big[\psi'(n)+\psi^2(n)\Big], \tag{10.26c}$$

$$c_3=\frac{1}{3!}\Gamma'''(n)=\frac{(n-1)!}{3!}\Big[\psi''(n)+3\psi'(n)\psi(n)+\psi^3(n)\Big], \tag{10.26d}$$

$$\begin{aligned} c_4 &= \frac{1}{4!}\Gamma^{(4)}(n) \\ &= \frac{(n-1)!}{4!}\Big[\psi'''(n)+4\psi''(n)\psi(n)+6\psi'(n)\psi^2(n)+3\psi'^2(n)+\psi^4(n)\Big], \end{aligned} \tag{10.26e}$$

$$\cdots\cdots\cdots\cdots\cdots\cdots\cdots\cdots\cdots\cdots\cdots\cdots\cdots\cdots\cdots\cdots.$$

利用 $\psi(z)$ 的递推关系

$$\psi(z+n)=\psi(z)+\frac{1}{z}+\frac{1}{z+1}+\cdots+\frac{1}{z+n-1}, \tag{10.27}$$

就可以由 $\psi^{(k)}(1)$ 推出 $\psi^{(k)}(n)$:

$$\psi^{(k)}(n)=\psi^{(k)}(1)+(-1)^k k!\left[1+\frac{1}{2^{k+1}}+\cdots+\frac{1}{(n-1)^{k+1}}\right]. \tag{10.28}$$

例 10.4 求函数 $\Gamma(z-n)$ 在 $z=0$ 处的 Laurent 展开，其中 n 为正整数.

解 考虑到 $z=0$ 是 $\Gamma(z-n)$ 的一阶极点，留数为 $(-1)^n/n!$，故可设

$$\Gamma(z-n)=\frac{(-1)^n}{n!}\left(\frac{1}{z}+\sum_{k=0}^{\infty}\beta_k z^k\right), \qquad |z|<1.$$

另一方面，将 (10.13) 式简写为

$$\psi(z-n)=-\frac{1}{z}+\sum_{k=0}^{\infty}\alpha_k z^k, \tag{10.13$'$}$$

其中

$$\alpha_k=\begin{cases}\psi(n+1), & k=0,\\ -\zeta(2l+1,n+1), & k=2l,\ l=1,2,3,\cdots,\\ 2\zeta(2l)-\zeta(2l,n+1), & k=2l-1,\ l=1,2,3,\cdots.\end{cases}$$

由 (10.13′) 式，可以写出

$$\begin{aligned} \Gamma'(z-n) &= \frac{(-1)^n}{n!}\left[-\frac{1}{z^2}+\sum_{k=0}^{\infty}\beta_{k+1}(k+1)z^k\right] \\ &= \left(-\frac{1}{z}+\sum_{k=0}^{\infty}\alpha_k z^k\right)\cdot\frac{(-1)^n}{n!}\left(\frac{1}{z}+\sum_{l=0}^{\infty}\beta_l z^l\right) \\ &= \frac{(-1)^n}{n!}\left[-\frac{1}{z^2}-\sum_{k=0}^{\infty}\beta_k z^{k-1}+\sum_{k=0}^{\infty}\alpha_k z^{k-1}+\sum_{k=0}^{\infty}\left(\sum_{l=0}^{k}\alpha_l\beta_{k-l}\right)z^k\right], \end{aligned}$$

所以就求出了

$$\beta_0 = \alpha_0 = \psi(n+1) \tag{10.29}$$

以及递推关系

$$\beta_k = \frac{1}{k+1}\left(\alpha_k + \sum_{l=0}^{k-1}\alpha_l\beta_{k-l-1}\right), \qquad k = 1, 2, 3, \cdots. \tag{10.30}$$

原则上就能逐次求出所有的系数 β_k. 例如:

$$\beta_1 = \frac{1}{2}\Big[\psi^2(n+1) - \psi'(n+1)\Big] + \zeta(2), \tag{10.31a}$$

$$\beta_2 = \frac{1}{6}\Big[\psi''(n+1) - 3\psi'(n+1)\psi(n+1) + \psi^3(n+1)\Big] + \psi(n+1)\zeta(2). \tag{10.31b}$$

另一种做法是利用 Γ 函数的互余宗量定理

$$\Gamma(z-n)\,\Gamma(n-z+1) = \frac{\pi}{\sin \pi n - z} = (-1)^{n-1}\frac{\pi}{\sin \pi z}$$

以及

$$\frac{\pi z}{\sin \pi z} = 1 + 2\sum_{k=1}^{\infty}\left[\sum_{l=1}^{\infty}\frac{(-1)^{l-1}}{l^{2k}}\right]z^{2k} = 2\sum_{k=0}^{\infty}\left(1 - 2^{1-2k}\right)\zeta(2k)\,z^{2k},$$

再根据例 10.3 中关于 $\Gamma(n+z)$ 的结果写出 $\Gamma(n-z+1)$ 的 Taylor 展开式

$$\Gamma(n-z+1) = \sum_{k=0}^{\infty}\frac{(-1)^k}{k!}\Gamma^{(k)}(n+1)z^k,$$

所以

$$\frac{(-1)^n}{n!}\left(\frac{1}{z} + \sum_{k=0}^{\infty}\beta_k z^k\right)\left[\sum_{l=0}^{\infty}\frac{(-1)^l}{l!}\Gamma^{(l)}(n+1)z^l\right]$$
$$= 2(-1)^{n-1}\sum_{k=0}^{\infty}\left(1 - 2^{1-2k}\right)\zeta(2k)z^{2k-1},$$

进一步化成

$$\sum_{k=0}^{\infty}\frac{(-1)^k}{(k+1)!}\Gamma^{(k+1)}(n+1)\,z^k - \sum_{k=0}^{\infty}(-1)^k\left[\sum_{l=0}^{k}\frac{(-1)^l}{(k-l)!}\beta_l\,\Gamma^{(k-l)}(n+1)\right]z^k$$
$$= n!\sum_{k=0}^{\infty}\left(2 - 2^{-2k}\right)\zeta(2k+2)z^{2k+1}.$$

也可以得出递推关系

$$\sum_{l=0}^{2k}\frac{(-1)^l}{(2k-l)!}\beta_l\,\Gamma^{(2k-l)}(n+1)-\frac{1}{(2k+1)!}\Gamma^{(2k+1)}(n+1)=0, \tag{10.32}$$

$$\sum_{l=0}^{2k+1}\frac{(-1)^l}{(2k-l+1)!}\beta_l\,\Gamma^{(2k-l+1)}(n+1)-\frac{1}{(2k+2)!}\Gamma^{(2k+2)}(n+1)$$
$$=n!\left(2-2^{-2k}\right)\zeta(2k+2). \tag{10.33}$$

§10.2 导致 Γ 函数或 B 函数的积分

例 10.5 计算积分 $\int_0^\infty \cos x^{2\alpha}\,\mathrm{d}x$ 与 $\int_0^\infty \sin x^{2\alpha}\,\mathrm{d}x$，其中 $\alpha>1/2$.

解 本题所要算的积分其实就是 $\int_0^\infty \mathrm{e}^{\mathrm{i}x^{2\alpha}}\mathrm{d}x$. 而且，进一步作变换 $\xi=x^{2\alpha}$，则有

$$\int_0^\infty \mathrm{e}^{\mathrm{i}x^{2\alpha}}\mathrm{d}x=\frac{1}{2\alpha}\int_0^\infty \mathrm{e}^{\mathrm{i}\xi}\xi^{1/(2\alpha)-1}\mathrm{d}\xi.$$

因此，如果我们在 ζ 平面上取积分围道 C 如图 10.1 所示，则按照留数定理，有

$$\oint_C \mathrm{e}^{\mathrm{i}\zeta}\zeta^{1/(2\alpha)-1}\mathrm{d}\zeta=0.$$

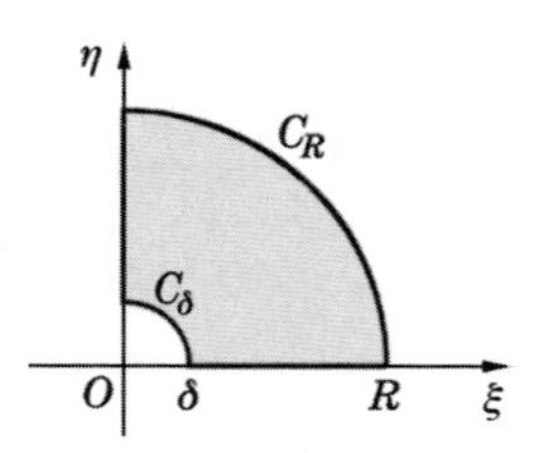

图 10.1 ζ 平面上的积分围道

显然，因为 $\alpha>1/2$，所以，根据 Jordan 引理和小圆弧引理，分别有

$$\lim_{R\to\infty}\int_{C_R}\mathrm{e}^{\mathrm{i}\zeta}\zeta^{1/(2\alpha)-1}\mathrm{d}\zeta=0,\qquad \lim_{\delta\to 0}\int_{C_\delta}\mathrm{e}^{\mathrm{i}\zeta}\zeta^{1/(2\alpha)-1}\mathrm{d}\zeta=0.$$

这样，在取极限 $R\to\infty$, $\delta\to 0$ 后，就得到

$$\int_0^\infty \mathrm{e}^{\mathrm{i}\xi}\xi^{1/(2\alpha)-1}\mathrm{d}\xi=\int_0^\infty \mathrm{e}^{-\eta}\left(\eta\mathrm{e}^{\mathrm{i}\pi/2}\right)^{1/(2\alpha)-1}\mathrm{e}^{\mathrm{i}\pi/2}\mathrm{d}\eta$$
$$=\mathrm{e}^{\mathrm{i}\pi\alpha/4}\int_0^\infty \mathrm{e}^{-\eta}\eta^{1/(2\alpha)-1}\mathrm{d}\eta=\mathrm{e}^{\mathrm{i}\pi/(4\alpha)}\Gamma\Big(\frac{1}{2\alpha}\Big),$$

亦即

$$\int_0^\infty \mathrm{e}^{\mathrm{i}x^{2\alpha}}\mathrm{d}x=\frac{1}{2\alpha}\mathrm{e}^{\mathrm{i}\pi/(4\alpha)}\Gamma\Big(\frac{1}{2\alpha}\Big).$$

分别比较实部和虚部，即得

$$\int_0^\infty \cos\left(x^{2\alpha}\right)\mathrm{d}x=\frac{1}{2\alpha}\Gamma\Big(\frac{1}{2\alpha}\Big)\cos\frac{\pi}{4\alpha}, \tag{10.34a}$$

$$\int_0^\infty \sin\left(x^{2\alpha}\right)\mathrm{d}x=\frac{1}{2\alpha}\Gamma\Big(\frac{1}{2\alpha}\Big)\sin\frac{\pi}{4\alpha}. \tag{10.34b}$$

☞ **讨论**

1. 也可采用围道积分 $\oint_C \mathrm{e}^{-\zeta}\zeta^{1/(2\alpha)-1}\mathrm{d}\zeta$，积分围道 C 仍如图 10.1 所示.

2. 如果采用围道积分 $\oint_C \mathrm{e}^{-\zeta}\zeta^{1/(2\alpha)-1}\mathrm{d}\zeta$，但积分围道改为图 10.2 中的扇形围道，其中 $0<t\leqslant\pi/2$，则有

$$\int_0^\infty \mathrm{e}^{-\rho(\cos t+\mathrm{i}\sin t)}\rho^{1/(2\alpha)-1}\mathrm{d}\rho=\mathrm{e}^{\mathrm{i}t/2\alpha}\Gamma\Big(\frac{1}{2\alpha}\Big).$$

再令 $\rho=x^{2\alpha}$，就能得到

$$\int_0^\infty \mathrm{e}^{-x^{2\alpha}\cos t}\cos\left(x^{2\alpha}\sin t\right)\mathrm{d}x=\frac{1}{2\alpha}\Gamma\Big(\frac{1}{2\alpha}\Big)\cos\frac{t}{2\alpha}, \tag{10.35}$$

$$\int_0^\infty \mathrm{e}^{-x^{2\alpha}\cos t}\sin\left(x^{2\alpha}\sin t\right)\mathrm{d}x=\frac{1}{2\alpha}\Gamma\Big(\frac{1}{2\alpha}\Big)\sin\frac{t}{2\alpha}. \tag{10.36}$$

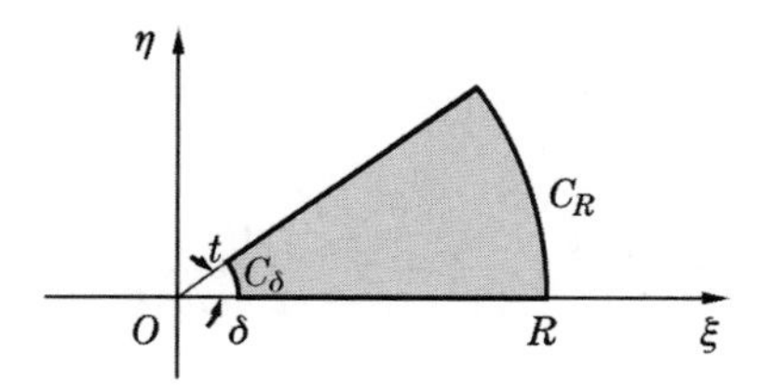

图 10.2　ζ 平面上的扇形围道

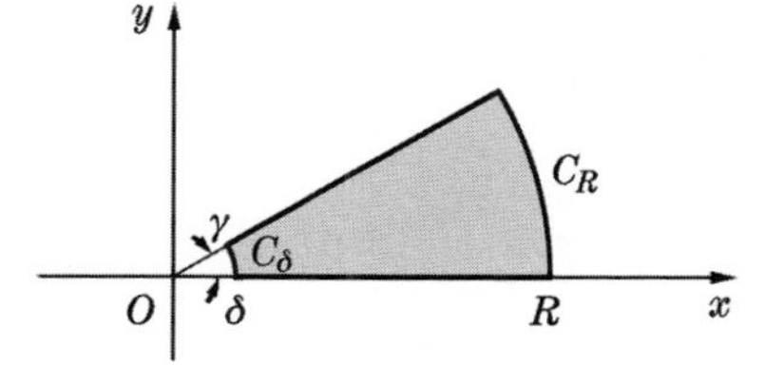

图 10.3　z 平面上的扇形围道

例 10.6 计算积分 $\int_0^\infty x^{\alpha-1}\mathrm{e}^{-\kappa x}\cos\lambda x\,\mathrm{d}x$ 与 $\int_0^\infty x^{\alpha-1}\mathrm{e}^{-\kappa x}\sin\lambda x\,\mathrm{d}x$，其中 $0<\alpha<1$，$\kappa\geqslant 0$，λ 为实数.

解 设 $r=\sqrt{\kappa^2+\lambda^2}$，$\gamma=\arctan(\lambda/\kappa)$，即 $\kappa+\mathrm{i}\lambda=r\mathrm{e}^{\mathrm{i}\gamma}$，$-\pi/2<\gamma<\pi/2$，考虑复变积分 $\oint_C z^{\alpha-1}\mathrm{e}^{-rz}\mathrm{d}z$，其中 C 为扇形围道，如图 10.3 所示，其形状与图 10.2 相似，只不过是处于 z 平面上. 于是

$$\oint_C z^{\alpha-1}\mathrm{e}^{-rz}\mathrm{d}z=\int_\delta^R x^{\alpha-1}\mathrm{e}^{-rx}\mathrm{d}x+\int_{C_R}z^{\alpha-1}\mathrm{e}^{-rz}\mathrm{d}z$$
$$+\int_R^\delta\left(\rho\mathrm{e}^{\mathrm{i}\gamma}\right)^{\alpha-1}\mathrm{e}^{-r\rho\mathrm{e}^{\mathrm{i}\gamma}}\mathrm{e}^{\mathrm{i}\gamma}\mathrm{d}\rho+\int_{C_\delta}z^{\alpha-1}\mathrm{e}^{-rz}\mathrm{d}z=0.$$

根据小圆弧引理和大圆弧引理，可以判断

$$\lim_{\delta\to0}\int_{C_\delta}z^{\alpha-1}\mathrm{e}^{-rz}\mathrm{d}z=0,\qquad \lim_{R\to0}\int_{C_R}z^{\alpha-1}\mathrm{e}^{-rz}\mathrm{d}z=0,$$

因此

$$\int_0^\infty x^{\alpha-1}\mathrm{e}^{-rx}\mathrm{d}x=\mathrm{e}^{\mathrm{i}\gamma\alpha}\int_0^\infty x^{\alpha-1}\mathrm{e}^{-rx\mathrm{e}^{\mathrm{i}\gamma}}\mathrm{d}x,$$

亦即

$$\int_0^\infty x^{\alpha-1}\mathrm{e}^{-rx\mathrm{e}^{\mathrm{i}\gamma}}\mathrm{d}x=\mathrm{e}^{\mathrm{i}\gamma\alpha}\frac{\Gamma(\alpha)}{r^\alpha}.$$

分别比较实部与虚部，就得到

$$\int_0^\infty x^{\alpha-1}\mathrm{e}^{-\kappa x}\cos\lambda x\,\mathrm{d}x=\frac{\Gamma(\alpha)}{\left(\kappa^2+\lambda^2\right)^{\alpha/2}}\cos\left(\alpha\arctan\frac{\lambda}{\kappa}\right),\tag{10.37}$$

$$\int_0^\infty x^{\alpha-1}\mathrm{e}^{-\kappa x}\sin\lambda x\,\mathrm{d}x=\frac{\Gamma(\alpha)}{\left(\kappa^2+\lambda^2\right)^{\alpha/2}}\sin\left(\alpha\arctan\frac{\lambda}{\kappa}\right).\tag{10.38}$$

例 10.7 计算积分 $\int_0^\infty x^\alpha\ln(1-\mathrm{e}^{-x})\,\mathrm{d}x$，其中 $\mathrm{Re}\,\alpha>-1$.

解 将被积函数中的 $\ln(1-\mathrm{e}^{-x})$ 作展开，而后逐项积分即可：

$$\begin{aligned}\int_0^\infty x^\alpha\ln(1-\mathrm{e}^{-x})\,\mathrm{d}x&=-\int_0^\infty x^\alpha\left(\sum_{n=1}^\infty\frac{1}{n}\mathrm{e}^{-nx}\right)\mathrm{d}x\\&=-\sum_{n=1}^\infty\frac{1}{n}\int_0^\infty x^\alpha\mathrm{e}^{-nx}\mathrm{d}x=-\sum_{n=1}^\infty\frac{1}{n}\frac{\Gamma(\alpha+1)}{n^{\alpha+1}}\\&=-\Gamma(\alpha+1)\ \zeta(\alpha+2),\qquad \mathrm{Re}\,\alpha>-1.\end{aligned}\tag{10.39}$$

☞ **讨论**　类似地，还可计算

$$\begin{aligned}\int_0^\infty\frac{x^\alpha}{\mathrm{e}^x-1}\,\mathrm{d}x&=\sum_{n-1}^\infty\int_0^\infty x^\alpha\mathrm{e}^{-nx}\,\mathrm{d}x=\sum_{n=1}^\infty\frac{\Gamma(\alpha+1)}{n^{\alpha+1}}\\&=\Gamma(\alpha+1)\ \zeta(\alpha+1),\qquad \mathrm{Re}\,\alpha>0,\end{aligned}\tag{10.40}$$

$$\begin{aligned}\int_0^\infty \frac{x^\alpha}{4\sinh^2(x/2)}\,\mathrm{d}x &\equiv \int_0^\infty \frac{x^\alpha}{\mathrm{e}^x(1-\mathrm{e}^{-x})^2}\,\mathrm{d}x \\ &= \sum_{n=1}^\infty n\int_0^\infty x^\alpha \mathrm{e}^{-nx} = \sum_{n=1}^\infty \frac{\Gamma(\alpha+1)}{n^\alpha} \\ &= \Gamma(\alpha+1)\ \zeta(\alpha), \qquad \mathrm{Re}\,\alpha > 1. \end{aligned} \tag{10.41}$$

例 10.8 计算积分 $\displaystyle\int_{-1}^1 (1-x^2)^{\nu-1/2}(t-x)^{-2\nu-1}\mathrm{d}x,\quad t>1$，其中 $\mathrm{Re}\,\nu > -1/2$.

解 *解法一* 将 $(t-x)^{-2\nu-1}$ 展开为幂级数：

$$(t-x)^{-2\nu-1} = t^{-2\nu-1}\sum_{n=0}^\infty \frac{\Gamma(n+2\nu+1)}{n!\,\Gamma(2\nu+1)}\left(\frac{x}{t}\right)^n.$$

代入，逐项积分，即得

$$\begin{aligned}&\int_{-1}^1 (1-x^2)^{\nu-1/2}(t-x)^{-2\nu-1}\mathrm{d}x \\ &= t^{-2\nu-1}\sum_{n=0}^\infty \frac{\Gamma(n+2\nu+1)}{n!\,\Gamma(2\nu+1)}t^{-n}\int_{-1}^1 (1-x^2)^{\nu-1/2}x^n\,\mathrm{d}x \\ &= t^{-2\nu-1}\sum_{n=0}^\infty \frac{\Gamma(2n+2\nu+1)}{(2n)!\,\Gamma(2\nu+1)}t^{-2n}\int_{-1}^1 (1-x^2)^{\nu-1/2}x^{2n}\,\mathrm{d}x \\ &= t^{-2\nu-1}\sum_{n=0}^\infty \frac{\Gamma(2n+2\nu+1)}{(2n)!\,\Gamma(2\nu+1)}t^{-2n}\int_0^1 (1-\xi)^{\nu-1/2}\xi^{n-1/2}\,\mathrm{d}\xi \\ &= t^{-2\nu-1}\sum_{n=0}^\infty \frac{\Gamma(2n+2\nu+1)}{(2n)!\,\Gamma(2\nu+1)}\frac{\Gamma(\nu+1/2)\ \Gamma(n+1/2)}{\Gamma(n+\nu+1)}t^{-2n}.\end{aligned}$$

再利用 Γ 函数的倍乘公式加以化简，即可将上面的级数求和：

$$\begin{aligned}\int_{-1}^1 (1-x^2)^{\nu-1/2}(t-x)^{-2\nu-1}\mathrm{d}x &= t^{-2\nu-1}\sum_{n=0}^\infty \frac{\sqrt{\pi}\,\Gamma(n+\nu+1/2)}{n!\,\Gamma(\nu+1)}t^{-2n} \\ &= \frac{\sqrt{\pi}\,\Gamma(\nu+1/2)}{\Gamma(\nu+1)}(t^2-1)^{-\nu-1/2},\end{aligned} \tag{10.42}$$

这里再一次应用了二项式展开公式.

解法二 直接作变换

$$\frac{1-x}{t-x} = \frac{1-u}{t+1}, \qquad \text{即} \qquad \frac{1+x}{t-x} = \frac{1+u}{t-1},$$

因此

$$x = \frac{1+ut}{u+t}, \qquad u = \frac{1-ut}{x-t}, \qquad \frac{\mathrm{d}x}{1-x^2} = \frac{\mathrm{d}u}{1-u^2}.$$

代入即得

$$\int_{-1}^{1}\left(1-x^2\right)^{\nu-1/2}(t-x)^{-2\nu-1}\,\mathrm{d}x=\int_{-1}^{1}\left(\frac{1-x}{t-x}\right)^{\nu+1/2}\left(\frac{1+x}{t-x}\right)^{\nu+1/2}\frac{\mathrm{d}x}{1-x^2}$$

$$=\int_{-1}^{1}\left(\frac{1-u}{t+1}\right)^{\nu+1/2}\left(\frac{1+u}{t-1}\right)^{\nu+1/2}\frac{\mathrm{d}u}{1-u^2}=\left(t^2-1\right)^{-\nu-1/2}\int_{-1}^{1}\left(1-x^2\right)^{\nu-1/2}\mathrm{d}x.$$

再作变换 $1+x=2s,\ 1-x=2(1-s)$，就可算出

$$\int_{-1}^{1}\left(1-x^2\right)^{\nu-1/2}(t-x)^{-2\nu-1}\,\mathrm{d}x=\left(t^2-1\right)^{-\nu-1/2}\int_{0}^{1}2^{2\nu}s^{\nu-1/2}(1-s)^{\nu-1/2}\mathrm{d}s$$

$$=\left(t^2-1\right)^{-\nu-1/2}2^{2\nu}\frac{\Gamma(\nu+1/2)\,\Gamma(\nu+1/2)}{\Gamma(2\nu+1)}.\tag{10.42$'$}$$

利用 Γ 函数的倍乘公式，就能将此结果化为 (10.42) 式的形式.

例 10.9 计算积分 $\displaystyle\int_{-1}^{1}\left(1-u^2\right)^{\nu-1/2}|x-u|^{-2\nu-1}\mathrm{sgn}\,(x-u)\mathrm{d}u,\ -\frac{1}{2}<\mathrm{Re}\,\nu<0.$

解 此结果显然应当是 x 的奇函数，故只需讨论 $x\geqslant 0$ 的情形.

当 $x>1$ 时，$\mathrm{sgn}\,(x-u)=1$，故

$$\int_{-1}^{1}\left(1-u^2\right)^{\nu-1/2}|x-u|^{-2\nu-1}\mathrm{sgn}\,(x-u)\mathrm{d}u=\int_{-1}^{1}\left(1-u^2\right)^{\nu-1/2}(x-u)^{-2\nu-1}\mathrm{d}u.$$

此积分已在例 10.8 中计算出，因此

$$\int_{-1}^{1}\left(1-u^2\right)^{\nu-1/2}(x-u)^{-2\nu-1}\,\mathrm{d}u=\frac{2^{2\nu}}{\left(x^2-1\right)^{\nu+1/2}}\frac{\Gamma(\nu+1/2)\,\Gamma(\nu+1/2)}{\Gamma(2\nu+1)}$$

$$=\frac{\sqrt{\pi}\,\Gamma(\nu+1/2)}{\Gamma(\nu+1)}\left(x^2-1\right)^{-\nu-1/2}.\tag{10.43}$$

当 $0\leqslant x<1$ 时，有

$$\int_{-1}^{1}\left(1-u^2\right)^{\nu-1/2}|x-u|^{-2\nu-1}\mathrm{sgn}\,(x-u)\mathrm{d}u$$

$$=\int_{-1}^{x}\left(1-u^2\right)^{\nu-1/2}(x-u)^{-2\nu-1}\mathrm{d}u-\int_{x}^{1}\left(1-u^2\right)^{\nu-1/2}(u-x)^{-2\nu-1}\mathrm{d}u.$$

下面就应用留数定理计算后一种情形下的积分. 取积分围道 C 如图 10.4 所示. 因为在围道内无奇点，故围道积分

$$\oint_C\left(1-w^2\right)^{\nu-1/2}(x-w)^{-2\nu-1}\mathrm{d}w=0.$$

被积函数 $\left(1-w^2\right)^{\nu-1/2}(x-w)^{-2\nu-1}$ 共有四个枝点：$w=\pm1$ 和 $w=x,\infty$. 如果规定在割线上岸的 $-1<u<x$ 段，

$$\arg(1+w)=0,\qquad \arg(1-w)=0,\qquad \arg(x-w)=0,$$

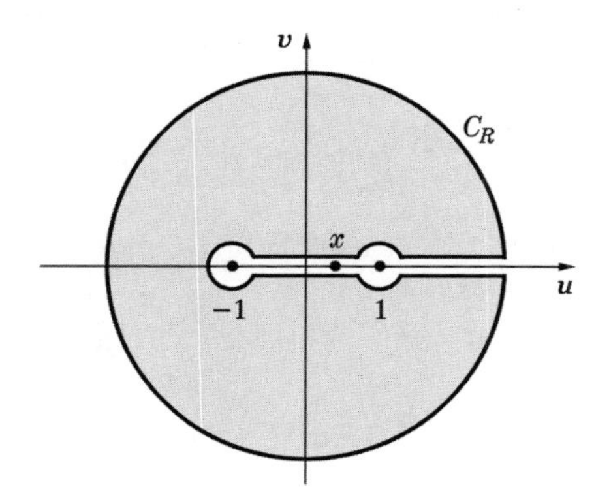

图 10.4 积分围道 (割线连接枝点 $z=\pm1$, x 和 ∞)

则

$$\begin{aligned}
&\text{在割线上岸 } x<u<1 \text{ 段，} && \arg(1+w)=0, && \arg(1-w)=0, && \arg(x-w)=-\pi,\\
&\text{在割线上岸 } 1<u<\infty \text{ 段，} && \arg(1+w)=0, && \arg(1-w)=-\pi, && \arg(x-w)=-\pi,\\
&\text{在割线下岸 } 1<u<\infty \text{ 段，} && \arg(1+w)=2\pi, && \arg(1-w)=\pi, && \arg(x-w)=\pi,\\
&\text{在割线下岸 } x<u<1 \text{ 段，} && \arg(1+w)=2\pi, && \arg(1-w)=0, && \arg(x-w)=\pi,\\
&\text{在割线下岸 } -1<u<x \text{ 段，} && \arg(1+w)=2\pi, && \arg(1-w)=0, && \arg(x-w)=0.
\end{aligned}$$

因为

$$\lim_{R\to\infty}\int_{C_R}\left(1-w^2\right)^{\nu-1/2}(x-w)^{-2\nu-1}\mathrm{d}w=0,$$

并且在 $-1/2<\operatorname{Re}\nu<0$ 的条件下，沿 $w=\pm1$ 及 $w=x$ 处各小圆弧的积分值亦均趋于 0，所以围道积分即化为下列六个积分之和：

$$\int_{-1}^{x}(1+u)^{\nu-1/2}(1-u)^{\nu-1/2}(x-u)^{-2\nu-1}\mathrm{d}u$$
$$=\int_{-1}^{x}\left(1-u^2\right)^{\nu-1/2}(x-u)^{-2\nu-1}\mathrm{d}u,$$

$$\int_{x}^{1}(1+u)^{\nu-1/2}(1-u)^{\nu-1/2}\left[(u-x)\mathrm{e}^{-\mathrm{i}\pi}\right]^{-2\nu-1}\mathrm{d}u$$
$$=\mathrm{e}^{\mathrm{i}\pi(2\nu+1)}\int_{x}^{1}\left(1-u^2\right)^{\nu-1/2}(u-x)^{-2\nu-1}\mathrm{d}u,$$

$$\int_{1}^{\infty}(1+u)^{\nu-1/2}\left[(u-1)\mathrm{e}^{-\mathrm{i}\pi}\right]^{\nu-1/2}\left[(u-x)\mathrm{e}^{-\mathrm{i}\pi}\right]^{-2\nu-1}\mathrm{d}u$$
$$=\mathrm{e}^{\mathrm{i}\pi(\nu+3/2)}\int_{1}^{\infty}\left(u^2-1\right)^{\nu-1/2}(u-x)^{-2\nu-1}\mathrm{d}u,$$

$$\int_{\infty}^{1}\left[(1+u)\mathrm{e}^{\mathrm{i}2\pi}\right]^{\nu-1/2}\left[(u-1)\mathrm{e}^{\mathrm{i}\pi}\right]^{\nu-1/2}\left[(u-x)\mathrm{e}^{\mathrm{i}\pi}\right]^{-2\nu-1}\mathrm{d}u$$
$$=\mathrm{e}^{\mathrm{i}\pi(\nu-1/2)}\int_{\infty}^{1}\left(u^2-1\right)^{\nu-1/2}(u-x)^{-2\nu-1}\mathrm{d}u,$$
$$\int_{1}^{x}\left[(1+u)\mathrm{e}^{\mathrm{i}2\pi}\right]^{\nu-1/2}(1-u)^{\nu-1/2}\left[(u-x)\mathrm{e}^{\mathrm{i}\pi}\right]^{-2\nu-1}\mathrm{d}u$$
$$=\int_{1}^{x}\left(1-u^2\right)^{\nu-1/2}(u-x)^{-2\nu-1}\mathrm{d}u,$$
$$\int_{x}^{-1}\left[(1+u)\mathrm{e}^{\mathrm{i}2\pi}\right]^{\nu-1/2}(1-u)^{\nu-1/2}(x-u)^{-2\nu-1}\mathrm{d}u$$
$$=\mathrm{e}^{\mathrm{i}\pi(2\nu+1)}\int_{x}^{-1}\left(1-u^2\right)^{\nu-1/2}(x-u)^{-2\nu-1}\mathrm{d}u.$$

容易看出，第三个积分与第四个积分正好互相抵消，剩下的四个积分即可合并成

$$\left(1+\mathrm{e}^{\mathrm{i}2\pi\nu}\right)\left[\int_{-1}^{x}\left(1-u^2\right)^{\nu-1/2}(x-u)^{-2\nu-1}\mathrm{d}u-\int_{x}^{1}\left(1-u^2\right)^{\nu-1/2}(u-x)^{-2\nu-1}\mathrm{d}u\right]=0,$$

于是就得到

$$\int_{-1}^{x}\left(1-u^2\right)^{\nu-1/2}(x-u)^{-2\nu-1}\mathrm{d}u-\int_{x}^{1}\left(1-u^2\right)^{\nu-1/2}(u-x)^{-2\nu-1}\mathrm{d}u=0.$$

将 $x>1$ 及 $0\leqslant x<1$ 两种情形的结果合并，本题的最后答案便是

$$\int_{-1}^{1}\left(1-u^2\right)^{\nu-1/2}|x-u|^{-2\nu-1}\mathrm{sgn}\,(x-u)\mathrm{d}u$$
$$=\frac{\sqrt{\pi}\,\Gamma\,(\nu+1/2)}{\Gamma\,(\nu+1)}\left(x^2-1\right)^{-\nu-1/2}\eta(x-1). \tag{10.44}$$

例 10.10 计算积分 $\displaystyle\int_{0}^{1}\frac{x^{\nu-1/2}}{(a^2x+1)(1-x)^{\nu+1/2}}\mathrm{d}x$，其中 $a>0$, $-\dfrac{1}{2}<\mathrm{Re}\,\nu<\dfrac{1}{2}$.

解 类似于例 10.8，作变换

$$\frac{x}{a^2x+1}=\frac{t}{a^2+1},\quad 即\quad x=\frac{t}{1+a^2-a^2t},$$

因此

$$1-x=\frac{1+a^2}{1+a^2-a^2t}(1-t),\quad a^2x+1=\frac{1+a^2}{1+a^2-a^2t},\quad \mathrm{d}x=\frac{1+a^2}{\left(1+a^2-a^2t\right)^2}\mathrm{d}t,$$

即可将原积分化为

$$\int_0^1 \frac{x^{\nu-1/2}}{(a^2x+1)(1-x)^{\nu+1/2}}\mathrm{d}x = \frac{1}{\left(1+a^2\right)^{\nu+1/2}}\int_0^1 t^{\nu-1/2}(1-t)^{-\nu-1/2}\mathrm{d}t$$

$$= \frac{\Gamma(\nu+1/2)\,\Gamma(-\nu+1/2)}{\left(1+a^2\right)^{\nu+1/2}} = \frac{1}{\left(1+a^2\right)^{\nu+1/2}}\frac{\pi}{\cos\pi\nu}. \tag{10.45}$$

在 $0<a<1$ 的条件下，也可以将 $1/(1+a^2x)$ 作 Taylor 展开：

$$\frac{1}{1+a^2x} = \sum_{n=0}^{\infty}(-1)^n a^{2n}x^n,$$

所以

$$\int_0^1 \frac{x^{\nu-1/2}}{(a^2x+1)(1-x)^{\nu+1/2}}\mathrm{d}x = \sum_{n=0}^{\infty}(-1)^n a^{2n}\int_0^1 x^{n+\nu-1/2}(1-x)^{-\nu-1/2}\mathrm{d}x$$

$$= \sum_{n=0}^{\infty}(-1)^n a^{2n}\frac{\Gamma(n+\nu+1/2)\,\Gamma(-\nu+1/2)}{\Gamma(n+1)}$$

$$= \frac{\pi}{\cos\pi\nu}\sum_{n=0}^{\infty}\frac{(-1)^n\Gamma(n+\nu+1/2)}{n!\,\Gamma(\nu+1/2)}a^{2n} = \frac{\pi}{\cos\pi\nu}\left(1+a^2\right)^{-\nu-1/2}.$$

此结果显然在 $|a|<1$ 的条件下也成立，而后更可以进一步作解析延拓.

例 10.11　计算积分 $\displaystyle\int_0^1 \frac{\sqrt[4]{x(1-x)^3}}{(1+x)^3}\mathrm{d}x$.

解　此积分可用留数定理计算 (见例 7.4). 现在选择作特定的自变量变换而化为 B 函数. 为此，令

$$t=\frac{2x}{1+x},\qquad 1-t=\frac{1-x}{1+x},\qquad \mathrm{d}t=\frac{2\,\mathrm{d}x}{(1+x)^2},$$

于是直接计算得

$$\int_0^1 \frac{\sqrt[4]{x(1-x)^3}}{(1+x)^3}\mathrm{d}x = \int_0^1 \left(\frac{x}{1+x}\right)^{1/4}\left(\frac{1-x}{1+x}\right)^{3/4}\frac{\mathrm{d}x}{(1+x)^2}$$

$$= 2^{-5/4}\int_0^1 t^{1/4}(1-t)^{3/4}\mathrm{d}t = \frac{2^{-5/4}}{\Gamma(3)}\Gamma\left(\frac{5}{4}\right)\Gamma\left(\frac{7}{4}\right)$$

$$= 2^{-9/4}\cdot\frac{1}{4}\cdot\frac{3}{4}\cdot\frac{\pi}{\sin(\pi/4)} = \frac{3\sqrt[4]{2}}{64}\pi. \tag{10.46}$$

☞　**讨论**　类似地，可以求得

$$\int_0^1 \frac{1}{\sqrt[3]{x(1-x)}}\frac{\mathrm{d}x}{1+x} = \frac{\pi\sqrt[3]{2}}{\sqrt{3}}, \tag{10.47a}$$

$$\int_0^1 \frac{\sqrt[3]{x(1-x)}}{(1+x)^3}\mathrm{d}x = \frac{\pi}{18}\frac{\sqrt[3]{4}}{\sqrt{3}}. \tag{10.47b}$$

再讨论一个导致 ψ 函数的积分.

例 10.12 计算积分 $\displaystyle\int_0^{\pi}\frac{\sin^2 n\theta}{\sin\theta}\,\mathrm{d}\theta$.

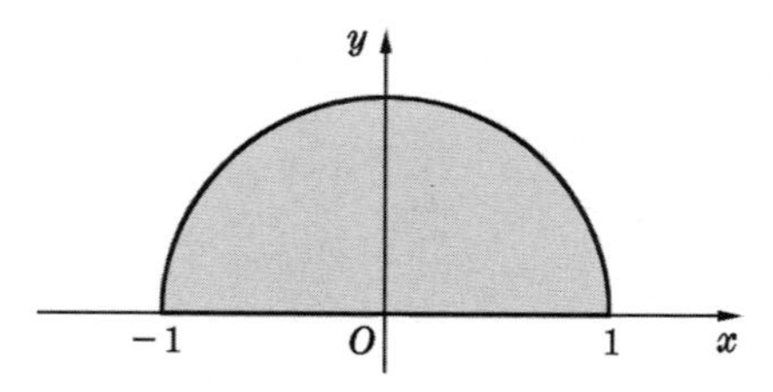

图 10.5 半径为 1 的半圆形围道

解 取半径为 1 的半圆形围道，如图 10.5 所示，于是，根据留数定理，有

$$\oint\frac{z^{2n}-1}{z^2-1}\,\mathrm{d}z=\int_0^{\pi}\frac{\mathrm{e}^{\mathrm{i}2n\theta}-1}{\mathrm{e}^{\mathrm{i}2\theta}-1}\,\mathrm{e}^{\mathrm{i}\theta}\mathrm{i}\mathrm{d}\theta+\int_{-1}^{1}\frac{x^{2n}-1}{x^2-1}\,\mathrm{d}x=0.$$

因为

$$\begin{aligned}\int_0^{\pi}\frac{\mathrm{e}^{\mathrm{i}2n\theta}-1}{\mathrm{e}^{\mathrm{i}2\theta}-1}\,\mathrm{e}^{\mathrm{i}\theta}\mathrm{i}\mathrm{d}\theta &=\int_0^{\pi}\frac{\cos 2n\theta-1+\mathrm{i}\sin 2n\theta}{2\mathrm{i}\sin\theta}\,\mathrm{i}\mathrm{d}\theta\\ &=-\int_0^{\pi}\frac{\sin^2 n\theta}{\sin\theta}\,\mathrm{d}\theta+\frac{\mathrm{i}}{2}\int_0^{\pi}\frac{\sin 2n\theta}{\sin\theta}\,\mathrm{d}\theta\end{aligned}$$

以及

$$\begin{aligned}\int_{-1}^{1}\frac{x^{2n}-1}{x^2-1}\,\mathrm{d}x &=2\int_0^1\left(x^{2n-2}+x^{2n-4}+\cdots+1\right)\mathrm{d}x\\ &=2\left(\frac{1}{2n-1}+\frac{1}{2n-3}+\cdots+\frac{1}{3}+1\right)\\ &=\psi\left(n+\frac{1}{2}\right)-\psi\left(\frac{1}{2}\right),\end{aligned}$$

所以

$$-\int_0^{\pi}\frac{\sin^2 n\theta}{\sin\theta}\,\mathrm{d}\theta+\frac{\mathrm{i}}{2}\int_0^{\pi}\frac{\sin 2n\theta}{\sin\theta}\,\mathrm{d}\theta+\psi\left(n+\frac{1}{2}\right)-\psi\left(\frac{1}{2}\right)=0.$$

比较实部，即得

$$\int_0^{\pi}\frac{\sin^2 n\theta}{\sin\theta}\,\mathrm{d}\theta=\psi\left(n+\frac{1}{2}\right)-\psi\left(\frac{1}{2}\right).\tag{10.48}$$

与此同时，比较虚部，还能得到

$$\int_0^{\pi}\frac{\sin 2n\theta}{\sin\theta}\,\mathrm{d}\theta=0.\tag{10.49a}$$

☞ **讨论**

1. 根据本题结果，还可以计算得

$$\int_0^\pi \sin 2n\theta \ln\tan\frac{\theta}{2}\,\mathrm{d}\theta = \frac{1}{n}\sin^2 n\theta \ln\tan\frac{\theta}{2}\Big|_0^\pi - \frac{1}{n}\int_0^\pi \sin^2 n\theta \frac{\mathrm{d}\theta}{\sin\theta}$$
$$= -\frac{1}{n}\Big[\psi\Big(n+\frac{1}{2}\Big) - \psi\Big(\frac{1}{2}\Big)\Big]. \tag{10.50}$$

在第七章中也曾得到这个结果 (见例 7.17, (7.39) 式).

2. 这里还可以计算类似于 (10.49a) 的积分

$$\int_0^\pi \frac{\sin(2n+1)\theta}{\sin\theta}\,\mathrm{d}\theta = \int_0^\pi \frac{\mathrm{e}^{\mathrm{i}(2n+1)\theta} - \mathrm{e}^{-\mathrm{i}(2n+1)\theta}}{\mathrm{e}^{\mathrm{i}\theta} - \mathrm{e}^{-\mathrm{i}\theta}}\,\mathrm{d}\theta$$
$$= \int_0^\pi \Big[\mathrm{e}^{\mathrm{i}2n\theta} + \mathrm{e}^{\mathrm{i}(2n-2)\theta} + \cdots + \mathrm{e}^{-\mathrm{i}(2n-2)\theta} + \mathrm{e}^{-\mathrm{i}2n\theta}\Big]\mathrm{d}\theta,$$

上式右端 $2n+1$ 项中只有一项对积分有贡献，因此

$$\int_0^\pi \frac{\sin(2n+1)\theta}{\sin\theta}\,\mathrm{d}\theta = \int_0^\pi 1\cdot\mathrm{d}\theta = \pi, \qquad n=0,1,2,\cdots. \tag{10.49b}$$

§10.3　含 ψ 函数的级数

本节介绍几个含 ψ 函数的关系式与无穷级数，第九章中已经引用过这些结果.

例 10.13　证明：

$$\sum_{n=2}^{k}\frac{1}{k-n+1}\big[\psi(n)-\psi(1)\big] = \sum_{n=2}^{k}\frac{2}{n}\big[\psi(n)-\psi(1)\big], \qquad k=2,3,4,\cdots. \tag{10.51}$$

证　用数学归纳法. 设

$$S_k = \sum_{n=2}^{k}\frac{1}{k-n+1}\big[\psi(n)-\psi(1)\big], \qquad T_k = \sum_{n=2}^{k}\frac{2}{n}\big[\psi(n)-\psi(1)\big].$$

$k=2$ 时显然有 $S_2=T_2=1$.

假设 $k=l$ 时亦成立，即 $S_l=T_l$，则对于 $k=l+1$，有

$$S_{l+1}-S_l = \sum_{n=2}^{l+1}\frac{1}{l-n+2}\big[\psi(n)-\psi(1)\big] - \sum_{n=2}^{l}\frac{1}{l-n+1}\big[\psi(n)-\psi(1)\big]$$
$$= \sum_{m=1}^{l}\frac{1}{l-m+1}\big[\psi(m+1)-\psi(1)\big] - \sum_{n=2}^{l}\frac{1}{l-n+1}\big[\psi(n)-\psi(1)\big]$$

$$
\begin{aligned}
&= \frac{1}{l} + \sum_{n=2}^{l} \frac{1}{l-n+1}\left[\psi(n+1) - \psi(n)\right] \\
&= \frac{1}{l} + \sum_{n=2}^{l} \frac{1}{l-n+1}\frac{1}{n} = \frac{1}{l} + \frac{1}{l+1}\sum_{n=2}^{l}\left(\frac{1}{l-n+1} + \frac{1}{n}\right) \\
&= \frac{1}{l} + \frac{1}{l+1}\Big\{\big[\psi(l+1) - \psi(2)\big] + \big[\psi(l) - \psi(1)\big]\Big\} \\
&= \frac{1}{l} + \frac{2}{l+1}\left[\psi(l+1) - \psi(1)\right] - \frac{1}{l+1}\left(\frac{1}{l} + 1\right) \\
&= \frac{2}{l+1}\left[\psi(l+1) - \psi(1)\right] = T_{l+1} - T_l.
\end{aligned}
$$

因此命题得证. □

例 10.14 证明:

$$
\sum_{n=1}^{k} \frac{1}{n}\left[\psi\left(n+\frac{1}{2}\right) - \psi\left(\frac{1}{2}\right)\right] = \sum_{n=0}^{k-1} \frac{1}{2n+1}\left[\psi\left(k-n+\frac{1}{2}\right) - \psi\left(\frac{1}{2}\right)\right]. \tag{10.52}
$$

证 仍用数学归纳法. 令

$$
S_k = \sum_{n=1}^{k} \frac{1}{n}\left[\psi\left(n+\frac{1}{2}\right) - \psi\left(\frac{1}{2}\right)\right], \quad T_k = \sum_{n=0}^{k-1} \frac{1}{2n+1}\left[\psi\left(k-n+\frac{1}{2}\right) - \psi\left(\frac{1}{2}\right)\right].
$$

当 $k=1$ 时，显然有 $S_1 = T_1$.

假设 $k=l$ 时亦成立，即 $S_l = T_l$，则对于 $k=l+1$，有

$$
S_{l+1} - S_l = \frac{1}{l+1}\left[\psi\left(l+\frac{3}{2}\right) - \psi\left(\frac{1}{2}\right)\right],
$$

$$
\begin{aligned}
T_{l+1} - T_l &= \sum_{n=1}^{l} \frac{1}{2n+1}\left[\psi\left(l-n+\frac{3}{2}\right) - \psi\left(\frac{1}{2}\right)\right] - \sum_{n=1}^{l-1} \frac{1}{2n+1}\left[\psi\left(l-n+\frac{1}{2}\right) - \psi\left(\frac{1}{2}\right)\right] \\
&= \frac{1}{2l+1}\left[\psi\left(\frac{3}{2}\right) - \psi\left(\frac{1}{2}\right)\right] + \sum_{n=0}^{l-1} \frac{1}{2n+1}\left[\psi\left(l-n+\frac{3}{2}\right) - \psi\left(l-n+\frac{1}{2}\right)\right] \\
&= \frac{2}{2l+1} + \sum_{n=0}^{l-1} \frac{1}{2n+1}\frac{1}{l-n+1/2} \\
&= \frac{2}{2l+1} + \frac{1}{2(l+1)}\sum_{n=0}^{l-1}\left(\frac{1}{n+1/2} + \frac{1}{l-n+1/2}\right) \\
&= \frac{2}{2l+1} + \frac{1}{2(l+1)}\left(\sum_{n=0}^{l-1}\frac{1}{n+1/2} + \sum_{m=1}^{l}\frac{1}{m+1/2}\right) \\
&= \frac{1}{l+1}\left(\frac{2l+2}{2l+1} + 1 + \sum_{n=1}^{l-1}\frac{1}{n+1/2} + \frac{1}{2l+1}\right) \\
&= \frac{1}{l+1}\left(2 + \sum_{n=1}^{l-1}\frac{1}{n+1/2} + \frac{2}{2l+1}\right) = \frac{1}{l+1}\left[\psi\left(l+\frac{3}{2}\right) - \psi\left(\frac{1}{2}\right)\right].
\end{aligned}
$$

所以两级数相等. 证毕. □

例 10.15 证明:

$$\sum_{n=1}^{k}\frac{4}{2n+1}\big[\psi(2n+1)-\psi(1)\big]=\sum_{n=1}^{k}\frac{1}{k-n+1}\Big[\psi\Big(n+\frac{1}{2}\Big)-\psi\Big(\frac{1}{2}\Big)\Big]. \tag{10.53}$$

证 同上两题，令

$$S_k=\sum_{n=1}^{k}\frac{4}{2n+1}\big[\psi(2n+1)-\psi(1)\big],\qquad T_k=\sum_{n=1}^{k}\frac{1}{k-n+1}\Big[\psi\Big(n+\frac{1}{2}\Big)-\psi\Big(\frac{1}{2}\Big)\Big].$$

当 $k=1$ 时，有

$$S_1=\frac{4}{3}\big[\psi(3)-\psi(1)\big]=2,\qquad T_1=\psi\Big(\frac{3}{2}\Big)-\psi\Big(\frac{1}{2}\Big)=2,$$

所以 $S_1=T_1$.

假设 $k=l$ 时两级数相等，即 $S_l=T_l$，于是，当 $k=l+1$ 时，有

$$\begin{aligned}
S_{l+1}-S_l&=\frac{4}{2l+3}\big[\psi(2l+3)-\psi(1)\big],\\
T_{l+1}-T_1&=\sum_{n=1}^{l+1}\frac{1}{l-n+2}\Big[\psi\Big(n+\frac{1}{2}\Big)-\psi\Big(\frac{1}{2}\Big)\Big]-\sum_{n=1}^{l}\frac{1}{k-n+1}\Big[\psi\Big(n+\frac{1}{2}\Big)-\psi\Big(\frac{1}{2}\Big)\Big]\\
&=\frac{2}{l+1}+\sum_{n=2}^{l+1}\frac{1}{l-n+2}\Big[\psi\Big(n+\frac{1}{2}\Big)-\psi\Big(\frac{1}{2}\Big)\Big]\\
&\quad-\sum_{n=1}^{l}\frac{1}{k-n+1}\Big[\psi\Big(n+\frac{1}{2}\Big)-\psi\Big(\frac{1}{2}\Big)\Big]\\
&=\frac{2}{l+1}+\sum_{n=1}^{l}\frac{1}{l-n+1}\Big[\psi\Big(n+\frac{3}{2}\Big)-\psi\Big(n+\frac{1}{2}\Big)\Big]\\
&=\frac{2}{l+1}+\sum_{n=1}^{l}\frac{1}{l-n+1}\frac{1}{n+1/2}=\frac{2}{l+1}+\frac{2}{2l+3}\sum_{n=1}^{l}\Big(\frac{1}{l-n+1}+\frac{1}{n+1/2}\Big)\\
&=\frac{2}{l+1}+\frac{2}{2l+3}\Big[\psi\Big(l+\frac{3}{2}\Big)-\psi\Big(\frac{3}{2}\Big)+\psi(l+1)-\psi(1)\Big]\\
&=\frac{2}{2l+3}\Big[\frac{1}{l+1}+\psi\Big(l+\frac{3}{2}\Big)-\psi\Big(\frac{1}{2}\Big)+\psi(l+1)-\psi(1)\Big]\\
&=\frac{2}{2l+3}\Big[\psi\Big(l+\frac{3}{2}\Big)-\psi\Big(\frac{1}{2}\Big)+\psi(l+2)-\psi(1)\Big]\\
&=\frac{4}{2l+3}\Big[\psi(2l+3)-\psi(1)\Big]=S_{l+1}-S_l,
\end{aligned}$$

因此有 $S_k = T_k$. 证毕. □

在以上证明中用到了恒等式

$$2\psi(2z) = \psi(z) + \psi\left(z+\frac{1}{2}\right) + 2\ln 2. \tag{10.54}$$

它可以由 Γ 函数的倍乘公式求对数微商而得.

☞ **讨论** 还可以将 (10.51) 式改写为

$$\sum_{n=0}^{k} \frac{2}{2n+1}\left[\psi(n+1) + \psi\left(n+\frac{1}{2}\right) - \psi(1) - \psi\left(\frac{1}{2}\right)\right] = \sum_{n=1}^{k} \frac{1}{k-n+1}\left[\psi\left(n+\frac{1}{2}\right) - \psi\left(\frac{1}{2}\right)\right],$$

亦即

$$\begin{aligned}\sum_{n=1}^{k} \frac{1}{k-n+1}\left[\psi\left(n+\frac{1}{2}\right) - \psi\left(\frac{1}{2}\right)\right] - \sum_{n=0}^{k} \frac{2}{2n+1}\left[\psi(n+1) - \psi\left(\frac{1}{2}\right)\right] \\ = \sum_{n=0}^{k} \frac{2}{2n+1}\left[\psi\left(n+\frac{1}{2}\right) - \psi(1)\right]. \end{aligned} \tag{10.55}$$

第八章中也曾经用到这个结果.

例 10.16 证明:

$$\sum_{n=1}^{k} \frac{2}{2n+1}\left[\psi(2n+1) - \psi(1)\right] = \sum_{n=0}^{k-1} \frac{1}{2n+1}\left[\psi(k-n+1) - \psi(1)\right]. \tag{10.56}$$

证 第九章中已经得到过此式 (见 (9.162) 式). 现在改用数学归纳法证明.

首先, 当 $k=1$ 时, 此式两端均为 1, 故等式成立.

其次, 假设 $k=l$ 时等式仍成立, 于是, 当 $k=l+1$ 时, 有

$$\begin{aligned}\text{左端增加值} &= \sum_{n=1}^{l+1} \frac{2}{2n+1}\left[\psi(2n+1) - \psi(1)\right] - \sum_{n=1}^{l} \frac{2}{2n+1}\left[\psi(2n+1) - \psi(1)\right] \\ &= \frac{2}{2l+3}\left[\psi(2l+3) - \psi(1)\right] = \frac{2}{2l+3}\left(1 + \frac{1}{2} + \frac{1}{3} + \cdots + \frac{1}{2l+2}\right), \\ \text{右端增加值} &= \sum_{n=0}^{l} \frac{1}{2n+1}\left[\psi(l-n+2) - \psi(1)\right] - \sum_{n=0}^{l-1} \frac{1}{2n+1}\left[\psi(l-n+1) - \psi(1)\right] \\ &= \sum_{n=0}^{l-1} \frac{1}{2n+1}\left[\psi(l-n+2) - \psi(l-n+1)\right] + \frac{1}{2l+1} \\ &= \sum_{n=0}^{l-1} \frac{1}{2n+1}\,\frac{1}{l-n+1} + \frac{1}{2l+1}\end{aligned}$$

$$= \frac{2}{2l+3}\sum_{n=0}^{l-1}\left(\frac{1}{2n+1}+\frac{1}{2l-2n+2}\right)+\frac{2l+3}{(2l+1)(2l+3)}$$

$$= \frac{2}{2l+3}\sum_{n=0}^{l-1}\frac{1}{2n+1}+\frac{2}{2l+3}\sum_{n=1}^{l}\frac{1}{2n+2}+\frac{2}{(2l+1)(2l+3)}+\frac{1}{2l+3}$$

$$= \frac{2}{2l+3}\sum_{n=0}^{l}\frac{1}{2n+1}+\frac{2}{2l+3}\sum_{n=0}^{l}\frac{1}{2n+2},$$

此二值亦相等，故等式成立．由此即证得 (10.56) 式为真．　□

例 10.17　求级数 $\displaystyle\sum_{n=1}^{\infty}\frac{1}{2n+2}\frac{1}{n}\left[\psi\left(n+\frac{1}{2}\right)-\psi\left(\frac{1}{2}\right)\right]$ 之和．

解　由

$$\sum_{n=1}^{\infty}\frac{1}{2n+2}\frac{1}{n}\left[\psi\left(n+\frac{1}{2}\right)-\psi\left(\frac{1}{2}\right)\right]=\sum_{n=1}^{\infty}\frac{1}{2n+2}\frac{1}{n}\sum_{l=0}^{n-1}\frac{1}{l+1/2}$$

交换求和次序，即得

$$\sum_{n=1}^{\infty}\frac{1}{2n+2}\frac{1}{n}\left[\psi\left(n+\frac{1}{2}\right)-\psi\left(\frac{1}{2}\right)\right]=\sum_{l=0}^{\infty}\frac{1}{2l+1}\sum_{n=l+1}^{\infty}\frac{1}{n}\frac{1}{n+1}$$

$$=\sum_{l=0}^{\infty}\frac{1}{2l+1}\frac{1}{l+1}=\sum_{l=0}^{\infty}\left(\frac{2}{2l+1}-\frac{1}{l+1}\right)$$

$$=\psi(1)-\psi\left(\frac{1}{2}\right)=2\ln 2. \tag{10.57}$$

☞ **讨论**　用同样方法可以求得

$$\sum_{n=1}^{\infty}\frac{1}{2n+4}\frac{1}{n}\left[\psi\left(n+\frac{1}{2}\right)-\psi\left(\frac{1}{2}\right)\right]=\sum_{n=1}^{\infty}\frac{1}{2n+4}\frac{1}{n}\sum_{l=0}^{n-1}\frac{1}{l+1/2}$$

$$=\sum_{l=0}^{\infty}\frac{1}{2l+1}\sum_{n=l+1}^{\infty}\frac{1}{n}\frac{1}{n+2}=\sum_{l=0}^{\infty}\frac{1}{2l+1}\cdot\frac{1}{2}\left(\frac{1}{l+1}+\frac{1}{l+2}\right)$$

$$=\frac{1}{2}\left[\sum_{l=0}^{\infty}\left(\frac{2}{2l+1}-\frac{1}{l+1}\right)+\frac{1}{3}\sum_{l=0}^{\infty}\left(\frac{2}{2l+1}-\frac{1}{l+2}\right)\right]$$

$$=\frac{1}{6}\left[\psi(2)+3\psi(1)-4\psi\left(\frac{1}{2}\right)\right]. \tag{10.58}$$

更一般地，有

$$\sum_{n=1}^{\infty}\frac{1}{2n+2k+2}\frac{1}{n}\left[\psi\left(n+\frac{1}{2}\right)-\psi\left(\frac{1}{2}\right)\right]=\sum_{l=0}^{\infty}\frac{1}{2l+1}\sum_{n=l+1}^{\infty}\frac{1}{n}\frac{1}{n+k+1}$$

$$
\begin{aligned}
&= \sum_{l=0}^{\infty} \frac{1}{2l+1}\frac{1}{k+1}\sum_{n=l+1}^{\infty}\left(\frac{1}{n}-\frac{1}{n+k+1}\right) \\
&= \frac{1}{k+1}\sum_{l=0}^{\infty}\frac{1}{2l+1}\left(\frac{1}{l+1}+\frac{1}{l+2}+\cdots+\frac{1}{l+k+1}\right) \\
&= \frac{1}{k+1}\left\{\left[\psi(1)-\psi\left(\frac{1}{2}\right)\right]+\frac{1}{3}\left[\psi(2)-\psi\left(\frac{1}{2}\right)\right]+\cdots\right. \\
&\quad \left.+\frac{1}{2k+1}\left[\psi(k+1)-\psi\left(\frac{1}{2}\right)\right]\right\}, \qquad k=1,2,3,\cdots. \qquad (10.59)
\end{aligned}
$$

例 10.18 求级数 $\displaystyle\sum_{n=1}^{\infty}\frac{1}{2n+1}\frac{1}{n}\left[\psi\left(n+\frac{1}{2}\right)-\psi\left(\frac{1}{2}\right)\right]$ 之和.

解 仿照上题的做法，可以将原级数改写成

$$
\begin{aligned}
&\sum_{n=1}^{\infty}\frac{1}{2n+1}\frac{1}{n}\left[\psi\left(n+\frac{1}{2}\right)-\psi\left(\frac{1}{2}\right)\right] \\
&\quad=\sum_{n=1}^{\infty}\frac{1}{2n+1}\frac{1}{n}\sum_{l=0}^{n-1}\frac{1}{l+1}=\sum_{l=0}^{\infty}\frac{1}{2l+1}\sum_{n=l+1}^{\infty}\frac{1}{n}\frac{1}{n+1/2} \\
&\quad=\sum_{l=0}^{\infty}\frac{2}{2l+1}\sum_{n=l+1}^{\infty}\left(\frac{1}{n}-\frac{1}{n+1/2}\right)=\sum_{l=0}^{\infty}\frac{2}{2l+1}\left[\psi\left(l+\frac{3}{2}\right)-\psi(l+1)\right].
\end{aligned}
$$

为了计算后一形式的级数和，可以利用 ψ 函数的积分表达式

$$
\psi(z)=-\int_0^1\left(\frac{1}{\ln t}+\frac{t^{z-1}}{1-t}\right)\mathrm{d}t=\int_0^1\frac{t^{z-1}-1}{t-1}\mathrm{d}t+\gamma,
$$

因此有

$$
\psi\left(l+\frac{3}{2}\right)-\psi(l+1)=\int_0^1\frac{t^{l+1/2}-t^l}{t-1}\mathrm{d}t.
$$

作变换 $t=\tau^2$，即得

$$
\psi\left(l+\frac{3}{2}\right)-\psi(l+1)=2\int_0^1\frac{\tau^{2l+1}-\tau^{2l}}{\tau^2-1}\tau\mathrm{d}\tau=2\int_0^1\frac{\tau^{2l+1}}{\tau+1}\mathrm{d}\tau.
$$

这样原级数就化为

$$
\begin{aligned}
\sum_{n=1}^{\infty}\frac{1}{2n+1}\frac{1}{n}\left[\psi\left(n+\frac{1}{2}\right)-\psi\left(\frac{1}{2}\right)\right]&=\sum_{l=0}^{\infty}\frac{4}{2l+1}\int_0^1\frac{\tau^{2l+1}}{\tau+1}\mathrm{d}\tau \\
&=\int_0^1\sum_{l=0}^{\infty}\frac{4\tau^{2l+1}}{2l+1}\frac{\mathrm{d}\tau}{1+\tau}=\int_0^1\frac{2}{1+\tau}\ln\frac{1+\tau}{1-\tau}\mathrm{d}\tau.
\end{aligned}
$$

再作变换

$$
x=\ln\frac{1+\tau}{1-\tau}, \qquad 即 \qquad \tau=\frac{\mathrm{e}^x-1}{\mathrm{e}^x+1},
$$

即可求得

$$\begin{aligned}\sum_{n=1}^{\infty}\frac{1}{2n+1}\frac{1}{n}\Big[\psi\Big(n+\frac{1}{2}\Big)-\psi\Big(\frac{1}{2}\Big)\Big]&=2\int_0^{\infty}\frac{x}{\mathrm{e}^x+1}\mathrm{d}x\\&=2\sum_{n=0}^{\infty}(-1)^n\int_0^{\infty}\mathrm{e}^{-(n+1)x}x\,\mathrm{d}x=2\sum_{n=0}^{\infty}\frac{(-1)^n}{(n+1)^2}=\frac{\pi^2}{6}.\end{aligned}\tag{10.60}$$

☞ **讨论** 在此基础上，还能求得

$$\begin{aligned}&\sum_{n=1}^{\infty}\frac{1}{2n+3}\frac{1}{n}\Big[\psi\Big(n+\frac{1}{2}\Big)-\psi\Big(\frac{1}{2}\Big)\Big]\\&\quad=\frac{1}{3}\sum_{l=0}^{\infty}\frac{2}{2l+1}\Big[\psi\Big(l+\frac{5}{2}\Big)-\psi(l+1)\Big]\\&\quad=\frac{1}{3}\sum_{l=0}^{\infty}\frac{2}{2l+1}\Big[\frac{1}{l+3/2}+\psi\Big(l+\frac{3}{2}\Big)-\psi(l+1)\Big]\\&\quad=\frac{1}{3}\Big\{\sum_{l=0}^{\infty}\frac{1}{l+1/2}\frac{1}{l+3/2}+\sum_{l=0}^{\infty}\frac{2}{2l+1}\Big[\psi\Big(l+\frac{3}{2}\Big)-\psi(l+1)\Big]\Big\}\\&\quad=\frac{1}{3}\Big(2+\frac{\pi^2}{6}\Big).\end{aligned}\tag{10.61}$$

更一般地，有

$$\begin{aligned}&\sum_{n=1}^{\infty}\frac{1}{2n+2k+1}\frac{1}{n}\Big[\psi\Big(n+\frac{1}{2}\Big)-\psi\Big(\frac{1}{2}\Big)\Big]\\&\quad=\frac{1}{2k+1}\sum_{l=0}^{\infty}\frac{2}{2l+1}\Big[\psi\Big(l+k+\frac{3}{2}\Big)-\psi(l+1)\Big]\\&\quad=\frac{1}{2k+1}\sum_{l=0}^{\infty}\frac{2}{2l+1}\Big\{\Big(\frac{1}{l+k+1/2}+\frac{1}{l+k-1/2}+\cdots+\frac{1}{l+3/2}\Big)\\&\qquad+\Big[\psi\Big(l+\frac{3}{2}\Big)-\psi(l+1)\Big]\Big\}\\&\quad=\frac{1}{2k+1}\Big\{\Big[\psi\Big(\frac{3}{2}\Big)-\psi\Big(\frac{1}{2}\Big)\Big]+\frac{1}{2}\Big[\psi\Big(\frac{5}{2}\Big)-\psi\Big(\frac{1}{2}\Big)\Big]+\cdots\\&\qquad+\frac{1}{k}\Big[\psi\Big(k+\frac{1}{2}\Big)-\psi\Big(\frac{1}{2}\Big)\Big]+\frac{\pi^2}{6}\Big\},\qquad k=1,2,3,\cdots.\end{aligned}\tag{10.62}$$

例 10.19 证明：

$$\sum_{m=0}^{n-1}\frac{(-1)^m}{n-m}\frac{\Gamma(\nu+1)}{m!\,\Gamma(\nu+n-m+1)}=\frac{(-1)^n}{n!}\big[\psi(\nu+1)-\psi(\nu+n+1)\big],\quad \nu>-1.\tag{10.63}$$

证 不妨从右端出发，直接计算即可证得：

$$
\begin{aligned}
&\frac{(-1)^n}{n!}\big[\psi(\nu+1)-\psi(\nu+n+1)\big]\\
&\quad=\frac{(-1)^{n-1}}{n!}\left(\frac{1}{\nu+n}+\frac{1}{\nu+n-1}+\cdots+\frac{1}{\nu+1}\right)\\
&\quad=\frac{(-1)^{n-1}}{n!}\int_0^1\left(x^{\nu+n-1}+x^{\nu+n-2}+\cdots+x^{\nu}\right)\mathrm{d}x\\
&\quad=\frac{(-1)^{n-1}}{n!}\int_0^1 x^{\nu}\frac{1-x^n}{1-x}\mathrm{d}x\\
&\quad=\frac{(-1)^{n-1}}{n!}\int_0^1(1-t)^{\nu}\big[1-(1-t)^n\big]\frac{\mathrm{d}t}{t}\\
&\quad=\sum_{m=0}^{n-1}\frac{(-1)^m}{m!\,(n-m)!}\int_0^1(1-t)^{\nu}t^{n-m-1}\mathrm{d}t\\
&\quad=\sum_{m=0}^{n-1}\frac{(-1)^m}{m!\,(n-m)!}\frac{(n-m-1)!\,\Gamma(\nu+1)}{\Gamma(\nu+\nu-m+1)}\\
&\quad=\sum_{m=0}^{n-1}\frac{(-1)^m}{n-m}\frac{1}{m!}\frac{\Gamma(\nu+1)}{\Gamma(\nu+n-m+1)}.
\end{aligned}
$$

☞ **讨论**

1. 还可以将 (10.63) 式两端对 ν 求导，从而进一步得到

$$
\begin{aligned}
&\frac{(-1)^n}{n!}\big[\psi'(\nu+1)-\psi'(n+\nu+1)\big]\\
&\quad=\sum_{m=0}^{n-1}\frac{(-1)^m}{n-m}\frac{1}{m!}\frac{\Gamma(\nu+1)}{\Gamma(n+\nu-m+1)}\big[\psi(\nu+1)-\psi(n+\nu-m+1)\big].
\end{aligned}
\tag{10.64}
$$

2. 在 $\nu>k$ 的条件下，也可以得到

$$
\begin{aligned}
\sum_{m=0}^{k}\frac{(-1)^m}{\nu-m}\frac{1}{m!\,(k-m)!}&=\sum_{m=0}^{k}\frac{(-1)^m}{m!\,(k-m)!}\int_0^1 x^{\nu-m-1}\mathrm{d}x\\
&=\int_0^1\frac{x^{\nu-1}}{k!}\left(1-\frac{1}{x}\right)^k\mathrm{d}x=\frac{(-1)^k}{k!}\int_0^1 x^{\nu-k-1}(1-x)^k\mathrm{d}x\\
&=\frac{(-1)^k}{k!}\mathrm{B}(\nu-k,k+1)=(-1)^k\frac{\Gamma(\nu-k)}{\Gamma(\nu+1)}.
\end{aligned}
\tag{10.65}
$$

3. 进一步将 (10.65) 式两端对 ν 求导，又能得到

$$
\sum_{m=0}^{k}\frac{(-1)^m}{(\nu-m)^2}\frac{1}{m!\,(k-m)!}=(-1)^k\frac{\Gamma(\nu-k)}{\Gamma(\nu+1)}\big[\psi(\nu+1)-\psi(\nu-k)\big].
\tag{10.66}
$$

例 10.20　计算 $\displaystyle\sum_{m=0}^{k}\frac{(-1)^m}{\nu-m}\frac{\psi(\nu-m+1)}{m!\,(k-m)!}$，其中 $\nu>k$.

解　因为

$$\psi(\nu-m+1)-\psi(1)=\int_0^1\frac{1-x^{\nu-m}}{1-x}\mathrm{d}x,$$

所以

$$\begin{aligned}&\sum_{m=0}^{k}\frac{(-1)^m}{\nu-m}\frac{\psi(\nu-m+1)-\psi(1)}{m!\,(k-m)!}\\&\quad=\int_0^1\frac{\mathrm{d}x}{1-x}\Big[\sum_{m=0}^{k}\frac{(-1)^m}{\nu-m}\frac{1}{m!\,(k-m)!}-\sum_{m=0}^{k}\frac{(-1)^m}{m!\,(k-m)!}\int_0^x t^{\nu-m-1}\,\mathrm{d}t\Big],\end{aligned}$$

利用 (10.65) 式的结果，并交换积分次序，就有

$$\begin{aligned}\sum_{m=0}^{k}\frac{(-1)^m}{\nu-m}\frac{\psi(\nu-m+1)-\psi(1)}{m!\,(k-m)!}&=\frac{(-1)^k}{k!}\int_0^{1-\varepsilon}\frac{\mathrm{d}x}{1-x}\int_x^{1-\varepsilon}t^{\nu-k-1}(1-t)^k\mathrm{d}t\\&=\frac{(-1)^k}{k!}\int_0^1 t^{\nu-k-1}(1-t)^k\mathrm{d}t\int_0^t\frac{\mathrm{d}x}{1-x}\\&=\frac{(-1)^{k-1}}{k!}\int_0^1 t^{\nu-k-1}(1-t)^k\ln(1-t)\,\mathrm{d}t.\end{aligned}$$

根据

$$\mathrm{B}(p,q)=\int_0^1 t^{p-1}(1-t)^{q-1}\mathrm{d}t=\frac{\Gamma(p)\,\Gamma(q)}{\Gamma(p+q)},$$

对 q 求导，即得

$$\int_0^1 t^{p-1}(1-t)^{q-1}\ln(1-t)\,\mathrm{d}t=\frac{\Gamma(p)\,\Gamma(q)}{\Gamma(p+q)}\big[\psi(q)-\psi(p+q)\big],\tag{10.67}$$

所以就得到

$$\sum_{m=0}^{k}\frac{(-1)^m}{\nu-m}\frac{\psi(\nu-m+1)-\psi(1)}{m!\,(k-m)!}=(-1)^k\frac{\Gamma(\nu-k)}{\Gamma(\nu+1)}\big[\psi(\nu+1)-\psi(k+1)\big],\tag{10.68a}$$

亦即

$$\sum_{m=0}^{k}\frac{(-1)^m}{\nu-m}\frac{\psi(\nu-m+1)}{m!\,(k-m)!}=(-1)^k\frac{\Gamma(\nu-k)}{\Gamma(\nu+1)}\big[\psi(\nu+1)-\psi(k+1)+\psi(1)\big].\tag{10.68b}$$

☞ **讨论**　结合 (10.66) 式的结果，还可以写出

$$\sum_{m=0}^{k}\frac{(-1)^m}{\nu-m}\frac{\psi(\nu-m)}{m!\,(k-m)!}=(-1)^k\frac{\Gamma(\nu-k)}{\Gamma(\nu+1)}\big[\psi(\nu-k)-\psi(k+1)+\psi(1)\big].\tag{10.69}$$

第十一章　Fourier 级 数

§11.1　Fourier 级 数

级数

$$\frac{a_0}{2}+\sum_{k=1}^{\infty}(a_k\cos kx+b_k\sin kx) \tag{11.1}$$

称为三角级数. 如果它的全部系数 (可以是复数) a_m, b_m 都能表示为某个函数 $f(x)$ 的积分:

$$a_m=\frac{1}{\pi}\int_{-\pi}^{\pi}f(x)\cos mx\,\mathrm{d}x,\qquad m=0,\pm1,\pm2,\cdots, \tag{11.2a}$$

$$b_m=\frac{1}{\pi}\int_{-\pi}^{\pi}f(x)\sin mx\,\mathrm{d}x,\qquad m=\pm1,\pm2,\pm3,\cdots, \tag{11.2b}$$

则称之为 Fourier 级数, 或者说, 它是函数 $f(x)$ 在区间 $(-\pi,\pi)$ 上的 Fourier 展开.

取系数 c_k 为

$$c_0=\frac{1}{2}a_0,\quad c_k=\frac{1}{2}\big(a_k-\mathrm{i}b_k\big),\quad c_{-k}=\frac{1}{2}\big(a_k+\mathrm{i}b_k\big)\quad(\forall\,k\neq0), \tag{11.3}$$

则可导出复指数级数:

$$\sum_{k=-\infty}^{\infty}c_k\mathrm{e}^{\mathrm{i}kx}, \tag{11.4}$$

它完全等价于级数 (11.1). 类似地, 如果级数 (11.4) 的系数 c_m 能表示为某个可积函数 f 的积分

$$c_m=\frac{1}{2\pi}\int_{-\pi}^{\pi}f(x)\mathrm{e}^{-\mathrm{i}mx}\mathrm{d}x,\qquad m=0,\pm1,\pm2,\cdots, \tag{11.5}$$

则称级数 (11.4) 为复数形式的 Fourier 级数. 复指数级数 (11.4) 的部分和序列 $\{s_n(x)\}$ 定义为

$$s_n(x)=\sum_{k=-n}^{n}c_k\mathrm{e}^{\mathrm{i}kx}. \tag{11.6}$$

采用复数形式的 Fourier 级数 (11.4), 比 (11.1) 式更方便些.

☞ **评述**

1. (11.1) 式中的三角函数都具有周期 2π, 所以级数 (如果收敛的话) 也有周期 2π. 因此只要在基本周期 $(-\pi,\pi)$ 或在单位圆上研究级数 (11.1) 即可.

2. 如果 $f(x)$ 只定义在区间 $-\pi \leqslant x < \pi$ 上，我们总能按照 $f(x+2\pi)=f(x)$ 作周期延拓. 当然这种延拓可能引进额外的间断性. 例如，从 $-\pi \leqslant x < \pi$ 内的函数 $f(x)=x$ 出发，周期延拓就将在 $(2n+1)\pi$ 处形成锯齿形的间断. 取代研究 $(-\infty,\infty)$ 上的周期函数 f，也可以把区间 $(-\pi,\pi)$ 看成是绕单位圆 S 一周 (周长就是 2π)，其端点 $-\pi,\pi$ 是单位圆上的一个点. 对于 $-\pi \leqslant x < \pi$ 上的函数 x，由此构造出的 S 上的函数就只有单独的一个间断点.

§11.2 Fourier 级数的收敛性

为了讨论 Fourier 级数的收敛性，总需要将函数类 $\{f(x)\}$ 加以某种限制. 作为第一步，我们将许可函数 $f(x)$ 是实变量 x 的复值函数，而且可以在区间内 (的某些点上) 无界，但仍限于下列两种情形：

(1) 函数 $f(x) \in \mathscr{L}_1(-\pi,\pi)$，即 $f(x)$ 在 $(-\pi,\pi)$ 上绝对可积：

$$\int_{-\pi}^{\pi} |f(x)|\,\mathrm{d}x < \infty;$$

(2) 函数 $f(x) \in \mathscr{L}_2(-\pi,\pi)$，即 $f(x)$ 平方可积：

$$\int_{-\pi}^{\pi} |f(x)|^2\,\mathrm{d}x < \infty.$$

显然 $\mathscr{L}_2(-\pi,\pi)$ 是 $\mathscr{L}_1(-\pi,\pi)$ 的子集.

11.2.1 Fourier 级数的部分和

为了研究 Fourier 级数的收敛性质，首先需要分析一下它的部分和

$$\begin{aligned} s_n(x) &= \sum_{k=-n}^{n} c_k \mathrm{e}^{\mathrm{i}kx} = \frac{1}{2\pi}\int_{-\pi}^{\pi} f(t)\left[\sum_{k=-n}^{n} \mathrm{e}^{\mathrm{i}k(x-t)}\right]\mathrm{d}t \\ &= \int_{-\pi}^{\pi} f(t)D_n(x-t)\,\mathrm{d}t = \int_{-\pi}^{\pi} f(x-t)D_n(t)\,\mathrm{d}t, \end{aligned} \tag{11.7}$$

其中最后一步用到了 $f(x)$ 和 $D_n(x)$ 的周期性. 上式中的

$$D_n(x) \equiv \frac{1}{2\pi}\sum_{k=-n}^{n} \mathrm{e}^{\mathrm{i}kx} = \frac{1}{2\pi}\sum_{k=-n}^{n} \mathrm{e}^{-\mathrm{i}kx} = \frac{1}{2\pi}\frac{\sin(n+1/2)x}{\sin(x/2)} \tag{11.8}$$

称为 Dirchlet 核. Fourier 级数的部分和就是该函数与 Dirichlet 核的卷积，而 Fourier 级数的收敛性问题就转化为卷积积分 (11.7) 的收敛性问题. Dirichlet 核 $D_n(x)$ 的性质之一是

$$\int_{-\pi}^{\pi} D_n(x)\,\mathrm{d}x = 1. \tag{11.9}$$

它可以由 (11.8) 式直接积分而得. Dirichlet 核 $D_n(x)$ 的另一个性质是 $\int_{-\pi}^{\pi} |D_n(x)|\,\mathrm{d}x$ 的发散性. 事实上，仔细地计算可得

$$\int_{-\pi}^{\pi} |D_n(x)|\,\mathrm{d}x = \frac{4}{\pi}\ln(n+1) + o(1), \tag{11.10}$$

或者说，$\int_{-\pi}^{\pi} |D_n(x)|\,\mathrm{d}x \to \infty$ 的方式不会比 $C\ln n$ (C 为常数) 还快.

还可以引进另一个核：

$$E_n(x) = \frac{1}{\alpha_n}\cos^{2n}\frac{x}{2}, \qquad \alpha_n = \int_{-\pi}^{\pi}\cos^{2n}\frac{x}{2}\,\mathrm{d}x = \frac{2\pi}{2^{2n}}\,\frac{(2n)!}{n!\,n!}, \tag{11.11}$$

显然

$$\int_{-\pi}^{\pi} E_n(x)\,\mathrm{d}x = 1.$$

$E_n(x)$ 只不过是由 $0, \cos x, \cos 2x, \cdots, \cos nx$ 构成的多项式 (称为三角多项式). 利用二项式展开能够得到

$$E_n(x) = \frac{1}{2\pi}\left[1 + 2\sum_{k=1}^{n}\frac{n!\,n!}{(n-k)!\,(n+k)!}\,\cos kx\right].$$

定义

$$T_n(x) \equiv \int_{-\pi}^{\pi} f(x-t)E_n(t)\,\mathrm{d}t = \frac{1}{\alpha_n}\int_{-\pi}^{\pi} f(x-t)\cos^{2n}\frac{t}{2}\,\mathrm{d}t. \tag{11.12}$$

类似于 Fourier 级数的部分和就是该函数与 Dirichlet 核的卷积，这里的 $T_n(x)$ 就是 $f(x)$ 与核 $E_n(x)$ 的卷积，或者也可以看成 Fourier 级数的某种“加权”部分和. 下面证明，只要 $f(x)$ 满足所谓 Lipschitz 条件，即存在正数 K，使得

$$|f(x') - f(x'')| \leqslant K\,|x' - x''|, \qquad \forall x', x'' \in S,$$

则也有 $T_n(x) \to f(x)$：

$$\begin{aligned}
|f(x) - T_n(x)| &= \left|\frac{1}{\alpha_n}\int_{-\pi}^{\pi}\big[f(x) - f(x-t)\big]\cos^{2n}\frac{t}{2}\mathrm{d}t\right| \\
&\leqslant \frac{1}{\alpha_n}\int_{-\pi}^{\pi}|f(x) - f(x-t)|\,\cos^{2n}\frac{t}{2}\,\mathrm{d}t \\
&\leqslant \frac{K}{\alpha_n}\int_{-\pi}^{\pi}|t|\,\cos^{2n}\frac{t}{2}\,\mathrm{d}t = \frac{2K}{\alpha_n}\int_0^{\pi} t\,\cos^{2n}\frac{t}{2}\,\mathrm{d}t \\
&= \frac{8K}{\alpha_n}\int_0^{\pi/2} t\,\cos^{2n}t\,\mathrm{d}t \leqslant \frac{4K\pi}{\alpha_n}\int_0^{\pi/2}\sin t\,\cos^{2n}t\,\mathrm{d}t \\
&= \frac{4K\pi}{\alpha_n}\frac{1}{2n+1} = K\,\frac{2^{n+1}n!}{(2n+1)!!} \sim K\sqrt{\frac{\pi}{n}},
\end{aligned} \tag{11.13}$$

其中最后一步用到了 Γ 函数的渐近展开. 也可以有更宽松的估计:

$$|f(x) - T_n(x)| \leqslant \frac{K\pi}{\sqrt{n}}. \tag{11.13'}$$

11.2.2 Fourier 级数的基本引理

我们注意，只要 $f \in \mathscr{L}_1(\pi, \pi)$，则可以确定其 Fourier 系数的积分 (11.5) 收敛. Fourier 级数理论的基本问题就是: f 的 Fourier 级数 (11.4) 是否收敛到 f? 或者说，对于什么样的函数 f，其 Fourier 级数就代表了 f? 并且在什么意义下代表了 f? 由 (11.5) 式可以看出，若 f_1 和 f_2 几乎处处相等 (即二者相差零函数，例如，除有限点外，$f_1 = f_2$)，它们就确定了同样的 $\{c_m\}$，因而就有相同的 Fourier 级数. 所以我们一般不能指望有逐点收敛性. Fourier 级数的基本引理告诉我们，对于 $\mathscr{L}_2(-\pi, \pi)$ 内的每一个 f，由 (11.2) 式或 (11.5) 式确定的 Fourier 级数总是在 $\mathscr{L}_2$ 的意义下收敛到 f，即

$$\lim_{n\to\infty}\int_{-\pi}^{\pi}\left|f(x) - \sum_{k=-n}^{n} c_k \mathrm{e}^{\mathrm{i}kx}\right|^2 \mathrm{d}x = 0. \tag{11.14}$$

为了研究具体 Fourier 级数的收敛性，首先需要介绍下列基本引理:

引理 11.1 令 $f \in \mathscr{L}_1(-\pi, \pi)$ 及 $c_k = \dfrac{1}{2\pi}\displaystyle\int_{-\pi}^{\pi} f(x)\,\mathrm{e}^{-\mathrm{i}kx}\mathrm{d}x$，则有

(1) $\displaystyle\lim_{k\to\pm\infty} c_k = 0$; (11.15)

(2) Bessel 不等式: $\displaystyle\sum_{k=-\infty}^{\infty} |c_k|^2 \leqslant \frac{1}{2\pi}\int_{-\pi}^{\pi} |f(x)|^2\,\mathrm{d}x$; (11.16)

(3) $\displaystyle\sum_{k=-\infty}^{\infty} |c_k|^2$ 收敛. (11.17)

证明从略.

☞ **评述**

1. 只要 f 在区间 $[a, b]$ 上分段连续，则有 Riemann-Lebesque 引理:

$$\lim_{k\to\infty}\int_a^b f(x)\cos kx\,\mathrm{d}x = 0, \qquad \lim_{k\to\infty}\int_a^b f(x)\sin kx\,\mathrm{d}x = 0, \tag{11.18a}$$

或者写成复数形式:

$$\lim_{k\to\pm\infty}\int_a^b f(x)\mathrm{e}^{\mathrm{i}kx}\,\mathrm{d}x = 0. \tag{11.18b}$$

(11.15) 式只是 Riemann-Lebesque 引理的特殊形式.

2. 由此又可进一步推出，对于 $f \in \mathscr{L}_1(a, b)$，不论是有界区间或无界区间，当 $k \to \infty$ 时 (k 也不限于整数)，

$$\int_a^b f(x)\,\mathrm{e}^{\pm\mathrm{i}kx}\,\mathrm{d}x, \qquad \int_a^b f(x)\,\cos kx\,\mathrm{d}x, \qquad \int_a^b f(x)\,\sin kx\,\mathrm{d}x$$

全都趋于 0.

3. 下面将证明 (见 (11.21) 式): 对于 $f \in \mathscr{L}_2(-\pi, \pi)$, Bessel 不等式 (11.16) 中的等号成立, 即

$$\sum_{k=-\infty}^{\infty} |c_k|^2 = \frac{1}{2\pi} \int_{-\pi}^{\pi} |f(x)|^2 \, dx. \tag{11.16'}$$

此式称为 Parseval 恒等式.

4. (11.17) 式是 Bessel 不等式 (11.16) 的必然结果. 因为 $\sum\limits_{k=-\infty}^{\infty} |c_k|^2$ 是正项级数, 而 (11.16) 式表明了它有上界, 因此一定收敛.

在此引理的基础上，就可以讨论函数的连续性 (光滑性) 与 Fourier 系数变化趋势的关系. 结果表明，函数 f (作为单位圆 S 上的函数) 越光滑，Fourier 系数越快地趋于 0，从而直接决定了 Fourier 级数的收敛状况.

11.2.3 函数的光滑性与 Fourier 级数的收敛性

如果函数 f 在单位圆上连续，并且具有直至 (含) k 阶连续导数，则称函数属于 $\mathscr{C}^k(S)$ 类. $\mathscr{C}^0(S) = \mathscr{C}(S)$ 是周期为 2π 的连续函数类.

如果函数 f 在单位圆上分段连续，并且能将 S 划分为有限个子区间，使得 f 在每个子区间内都有连续导数，在每个子区间的端点有单侧导数，则称函数 f 属于 $\mathscr{D}(S)$ 类[①].

定理 11.1 若 $f \in \mathscr{C}^p(S)$ ，则它的 Fourier 系数 $\{c_m\}$ 满足

$$\lim_{m\to\infty} c_m m^p = 0.$$

证 分部积分 p 次给出

$$c_m = \frac{1}{2\pi} \int_{-\pi}^{\pi} f(x) \, e^{-imx} dx = \frac{1}{2\pi} \frac{1}{(im)^p} \int_{-\pi}^{\pi} f^{(p)}(x) \, e^{-imx} dx,$$

因为周期性，分部积分出的项彼此相消. 又因为 $f^{(p)}(x)$ 连续，当 $m \to \infty$ 时，它的 Fourier 系数趋于 0. 因此，当 $m \to \infty$ 时，$c_m m^p \to 0$. □

定理 11.2 若 $f(x) \in \mathscr{C}^{p-1}(S)$，且 $f^{(p)}(x) \in \mathscr{D}(S)$，则对于 $\forall m$，它的 Fourier 系数 $\{c_m\}$ 满足

$$\left| c_m m^{p+1} \right| \leqslant M.$$

证 先设 $p=0$，即 $f \in \mathscr{D}$，并且不妨假设 f 只有一个 (第一类) 间断点，比如说 ξ，则

$$c_m = \frac{1}{2\pi} \int_{-\pi}^{\xi} f(x) \, e^{-imx} dx + \frac{1}{2\pi} \int_{\xi}^{\pi} f(x) \, e^{-imx} dx.$$

---

① 与 $\mathscr{C}$ 类函数相比，$\mathscr{D}$ 函数可以“更好”，也可以“更差”：它包括某些不连续但是比较简单的函数，然而不包括处处不可导的连续函数.

因为 f 在每个子区间中都可导，所以许可作分部积分．这样得到

$$2\pi i\, m\, c_m = \int_{-\pi}^{\xi} f'(x)\, e^{-imx} dx + \int_{\xi}^{\pi} f'(x)\, e^{-imx} dx + e^{-im\xi}[f(\xi+) - f(\xi-)].$$

上式右端两积分项之和，正比于 $\mathscr{L}_2$ 函数的第 m 个 Fourier 系数，$m \to \infty$ 时肯定趋于 0，而右端另一项的模与 m 无关．这样，当 $m \to \infty$ 时，$m\, c_m$ 保持有界，同时对于 $\varepsilon > 0$，$m^{1+\varepsilon} c_m$ 无界． □

$p > 0$ 时可同样证明．

例 11.1　令 $-\pi \leqslant x < \pi$ 中 $f(x) = x$，且 $f(x + 2\pi) = f(x)$．这是奇函数，显然一定有 $a_m = 0$, $b_m = \dfrac{2}{\pi}\displaystyle\int_0^{\pi} f(x) \sin mx\, dx = (-1)^{m+1} 2/m$，$m$ 大时该函数具有 $\mathscr{D}$ 类间断函数所预期的行为．

例 11.2　令 $-\pi \leqslant x < \pi$ 中 $f(x) = |x|$，且 $f(x + 2\pi) = f(x)$．这是偶函数，所以 $b_m = 0$, $a_m = \dfrac{2}{\pi}\displaystyle\int_0^{\pi} f(x) \cos mx\, dx$．我们求得 $a_0 = \pi$，

$$a_m = -\frac{2}{\pi}\frac{1 - (-1)^m}{m^2} = \begin{cases} 0, & m \text{ 为偶数}, \\ -\dfrac{4}{\pi m^2}, & m \text{ 为奇数}. \end{cases}$$

当 m 大时系数 $a_m = O(1/m^2)$，与 $f' \in \mathscr{D}$ 的可微函数所预期的行为一致．

例 11.3　给定实数 α．令 $-\pi \leqslant x < \pi$ 中 $f(x) = \cos \alpha x$，且 $f(x + 2\pi) = f(x)$．若 α 不为整数，则函数 f 连续，但其导数在 π 的奇数倍处不连续．直接计算给出

$$a_m = (-1)^m \frac{2\alpha}{\pi} \frac{\sin \alpha\pi}{m^2 - \alpha^2}, \qquad m = 0, 1, 2, \cdots,$$

所以，当 $m \to \infty$ 时，$m^2 a_m$ 有界．

如果 α 为整数，计算结果更简单：$a_m = \delta_{m\alpha}$．这时 $\cos \alpha x$ 的 Fourier 级数就只有一项．注意，在这种情形下，$f(x)$ 无穷次可微，所以对于 $\forall p$，$m^p a_m$ 应当随 $m \to \infty$ 而趋于 0；这个条件肯定能够满足，因为除了 $m = \alpha$ 的一项外，其余系数恒为 0．

然而，对于一般的以 2π 为周期的无穷次可微函数，其 Fourier 系数中并不会只有某一个或有限几个不为 0．例如，对于无穷杆上的热传导问题，如果杆上的初始温度就是例 11.1 中的周期函数，则在 t 时刻的温度 $u(x, t)$ 为

$$2 \sum_{m=1}^{\infty} \frac{(-1)^{m+1}}{m} e^{-m^2 t} \sin mx, \qquad -\infty < x < \infty.$$

当 $m \to \infty$ 时，其系数指数地趋于 0，所以定理 11.1 对于 $\forall p$ 均满足．这意味着 $u(x, t)$ 是以 2π 为周期的无穷次可微的函数．

定理 11.3 设函数 $f(x) \in \mathscr{D}(S)$，x_0 为 S 上的固定一点，在该点的左、右极限 $f(x_0+)$ 与 $f(x_0-)$ 均存在，且单侧导数也存在，则 f 的 Fourier 级数 (11.4) 在 x_0 点 (平均) 收敛到 $\frac{1}{2}\big[f(x_0+)+f(x_0-)\big]$.

证 不妨假设 $f(x)$ 在 $(-\pi,\pi)$ 上只有一个间断点 x_0. 我们需要证明的是

$$\lim_{n\to\infty} s_n(x_0) = \lim_{n\to\infty}\int_{-\pi}^{\pi} f(x_0-t)D_n(t)\,\mathrm{d}t = \frac{1}{2}\big[f(x_0+)+f(x_0-)\big], \tag{11.19}$$

其中 $D_n(x)$ 是 Dirichlet 核，见 (11.8) 式. 又注意到 (11.9) 式，有

$$f(x_0\pm) = \int_{-\pi}^{\pi} f(x_0\pm)D_n(t)\,\mathrm{d}t,$$

因此

$$\begin{aligned}
s_n(x_0) - \frac{1}{2}\big[f(x_0+)+f(x_0-)\big] &= \frac{1}{2}\int_{-\pi}^{\pi}\big[2f(x_0-t)-f(x_0+)-f(x_0-)\big]D_n(t)\,\mathrm{d}t \\
&= \frac{1}{2}\int_{-\pi}^{\pi}\big[2f(x_0+t)-f(x_0+)-f(x_0-)\big]D_n(t)\,\mathrm{d}t \qquad (\text{因为 } D_n(-t)=D_n(t)) \\
&= \frac{1}{2}\int_{-\pi}^{\pi}\big[f(x_0-t)+f(x_0+t)-f(x_0+)-f(x_0-)\big]D_n(t)\,\mathrm{d}t \\
&= \int_{0}^{\pi}\big[f(x_0-t)+f(x_0+t)-f(x_0+)-f(x_0-)\big]D_n(t)\,\mathrm{d}t \\
&\qquad\qquad (\text{因为被积函数为偶函数}) \\
&= \int_{0}^{\pi}\big[f(x_0+t)-f(x_0+)\big]D_n(t)\,\mathrm{d}t + \int_{0}^{\pi}\big[f(x_0-t)-f(x_0-)\big]D_n(t)\,\mathrm{d}t.
\end{aligned}$$

下面证明上式右端的两项在 $n\to\infty$ 时的极限均为 0. 先考察第一项：

$$\begin{aligned}
&\int_{0}^{\pi}\big[f(x_0+t)-f(x_0+)\big]D_n(t)\,\mathrm{d}t \\
&\qquad = \frac{1}{2\pi}\int_{0}^{\pi}\frac{f(x_0+t)-f(x_0+)}{t}\,\frac{t}{\sin(t/2)}\,\sin\Big(n+\frac{1}{2}\Big)t\,\mathrm{d}t.
\end{aligned}$$

按照假设，f 在 x_0 点的右侧导数存在，所以第一个因子在 $t\to 0$ 时的极限存在，因此 $\big[f(x_0+t)-f(x_0+)\big]/t$ 属于 $\mathscr{L}_1(0,\pi)$. 第二个因子 $t/\sin(t/2)$ 在 $(0,\pi)$ 上有界，所以乘积

$$\frac{f(x_0+t)-f(x_0+)}{t}\,\frac{t}{\sin(t/2)}$$

也属于 $\mathscr{L}_1(0,\pi)$. 由 Riemann-Lebesgue 引理 (11.18) 即得

$$\lim_{n\to\infty}\int_{0}^{\pi}\big[f(x_0+t)-f(x_0+)\big]D_n(t)\,\mathrm{d}t = 0.$$

对于第二项可作同样的讨论，因而 (11.19) 式得证. □

☞ **评述**

1. 此定理表明，f 在 x_0 点的局部行为，就决定了 Fourier 级数在 x_0 点的收敛性，即使它的系数是由整个区间上的公式 (11.5) 给出的.

2. 如果 $f(x) \in \mathscr{D}(S)$，则定理的条件在圆上的每一点 x_0 (或者等价地，对于周期函数，在实轴上的每一点) 均满足. 特别地，如果 $f \in \mathscr{D}(S)$，且 $f \in \mathscr{C}(S)$，则 Fourier 级数在每一点都收敛到 f. 如果 $f \in \mathscr{D}(S)$，并且是间断的，我们可以在间断点按照规则 $f(x) = \big[f(x+) + f(x-)\big]/2$ 重新定义 f (当然，在孤立点重新定义 f，并不改变它的 Fourier 系数，因为积分与被积函数在孤立点的数值无关)，使得 Fourier 级数在每一点都收敛到这个重新定义的 f.

3. 此定理也适用于端点 $\pm\pi$.

定理 11.4 若 $f(x) \in \mathscr{C}^1(S)$，则它的 Fourier 级数一致收敛.

证 令 $\{c_m\}$ 是 f 的 Fourier 系数，$\{d_m\}$ 是 f' 的 Fourier 系数. 对于 d_m，由 (11.5) 式出发，分部积分即得：当 $m \neq 0$ 时，$d_m = \mathrm{i}mc_m$ 或 $c_m = d_m/(\mathrm{i}m)$. 根据 Schwartz 不等式，我们得到

$$\sum_{m=-\infty}^{\infty} |c_m| = |c_0| + \sum_{m\neq 0} \frac{|d_m|}{|m|} \leqslant |c_0| + \left(\sum_{m\neq 0} \frac{1}{m^2}\right)^{1/2} \left(\sum_{m\neq 0} |d_m|^2\right)^{1/2}.$$

因为 f' 连续，它属于 $\mathscr{L}_2$，所以 $\sum |d_m|^2 < \infty$；当然 $\sum(1/m^2) < \infty$. 因之 $\sum |c_m| < \infty$. 由 Weierstrass $M-$ 检验法知，$\sum c_m \mathrm{e}^{\mathrm{i}mx}$ 一致收敛到某个函数，按照定理 11.3，它一定是 f. □

推论 11.1 若 $f(x) \in \mathscr{C}^1(S)$，则它的 Fourier 级数在 $\mathscr{L}_2$ 的意义下收敛到 f.

证 我们有

$$\int_{-\pi}^{\pi} |f|^2 \,\mathrm{d}x - 2\pi \sum_{k=-m}^{m} |c_k|^2 = \int_{-\pi}^{\pi} \left| f(x) - \sum_{k=-m}^{m} c_k \mathrm{e}^{\mathrm{i}kx} \right|^2 \mathrm{d}x. \tag{11.20}$$

由于 Fourier 级数一致收敛到 f，我们能够挑选足够大的 M，使得

$$\left| f(x) - \sum_{k=-m}^{m} c_k \mathrm{e}^{\mathrm{i}kx} \right|^2 < \varepsilon, \qquad m > M.$$

因此当 $m \to \infty$ 时，(11.20) 式右端趋于 0，Parseval 恒等式对 $f \in \mathscr{C}^1(S)$ 成立. □

现在只要用函数 $g \in \mathscr{C}^1(S)$ 在 $\mathscr{L}_2$ 的意义下逼近函数 f，就能证明 Parseval 恒等式对于任意 $\mathscr{L}_2$ 函数 f 也成立. 这样，如果 $f \in \mathscr{L}_2(-\pi, \pi)$，我们有

$$\sum_{m=-\infty}^{\infty} |c_m|^2 = \frac{1}{2\pi} \int_{-\pi}^{\pi} |f|^2 \,\mathrm{d}x \quad (\text{Parseval 恒等式}), \tag{11.21}$$

其中

$$c_m = \frac{1}{2\pi}\int_{-\pi}^{\pi} f(x)\,\mathrm{e}^{-\mathrm{i}mx}\mathrm{d}x.$$

定理 11.5 若 $f(x)\in\mathscr{C}(S)$，且满足 Lipschitz 条件 $|f(x')-f(x'')|\leqslant K\,|x'-x''|$，则它的 Fourier 级数一致收敛到 $f(x)$.

证 任取函数 $g(x)\in\mathscr{C}(S)$，一定存在正数 M，使得对于 $\forall x\in S$，有

$$|g(x)|<M.$$

令 $S_n(x)$ 为 $g(x)$ 的 Fourier 级数的部分和，则根据 (11.10) 式，只要 $n>2$，就有

$$\begin{aligned}|S_n(x)| &= \left|\int_{-\pi}^{\pi} g(x-t)D_n(t)\,\mathrm{d}t\right| \leqslant \int_{-\pi}^{\pi}|g(x-t)|\cdot|D_n(t)|\,\mathrm{d}t\\ &\leqslant M\int_{-\pi}^{\pi}|D_n(t)|\,\mathrm{d}t \leqslant MC\ln n.\end{aligned}$$

因此

$$\begin{aligned}|S_n(x)-g(x)| &\leqslant |S_n(x)|+|g(x)| \leqslant M+MC\ln n\\ &\leqslant M\Big(\frac{\ln n}{\ln 2}+C\ln n\Big)=MD\ln n,\end{aligned}$$

其中 D 为与 n 及 x 均无关的常数.

现在回到函数 $f(x)$，它满足定理所设条件. 将 $f(x)$ 作 Fourier 展开，令其部分和为 $s_n(x)$. 再任取三角多项式 $T_n(x)$. $T_n(x)$ 作为多项式，其 Fourier 级数就是它本身，而和函数 (有限项之和) 一定属于 $\mathscr{C}(S)$. 函数 $f(x)-T_n(x)$ 与 $f(x)$ 的差别表现在它们的 Fourier 级数只在于前面的有限项可能不同. 将 $f(x)-T_n(x)$ 看成上面的 $g(x)$，其 Fourier 级数的部分和为 $S_n(x)\equiv s_n(x)-T_n(x)$，因此

$$|f(x)-T_n(x)-S_n(x)|\leqslant DM\ln n, \qquad 即 \qquad |f(x)-s_n(x)|\leqslant DM\ln n,$$

其中 M 是函数 $f(x)-T_n(x)$ 的上界，即 $|f(x)-T_n(x)|\leqslant M$.

到目前为止，我们只要求 $T_n(x)$ 是三角多项式而无其他限制. 现在如果取 (见 (11.12) 式)

$$T_n(x)=\frac{1}{\alpha_n}\int_{-\pi}^{\pi} f(x-t)\cos^{2n}\frac{t}{2}\,\mathrm{d}t,$$

其中的 α_n 见 (11.11) 式，则按照 (11.13′) 式，有

$$|f(x)-T_n(x)|\leqslant\frac{K\pi}{\sqrt{n}}, \qquad 即 \qquad M=\frac{K\pi}{\sqrt{n}}.$$

因此

$$|f(x)-s_n(x)|\leqslant\frac{DK\pi\ln n}{\sqrt{n}},$$

即证得 $s_n(x)$ 一致收敛到 $f(x)$. □

11.2.4　Gibbs 现象

因为连续函数的一致收敛级数仍然一致收敛，所以间断函数的 Fourier 级数在包含间断点在内的区间上不可能一致收敛. 让我们通过一个简单的例子来更仔细地检验不一致收敛性的细节. 设周期函数 $f(x+2\pi)=f(x)$ 在 $-\pi\leqslant x<\pi$ 内为 $f(x)=\operatorname{sgn}x=2\eta(x)-1$. 它的 Fourier 级数是正弦级数，$b_n=2\big[1-(-1)^n\big]/(n\pi)$. 这样我们能写出部分和

$$\begin{aligned}s_{2n+1}(x)&=\frac{4}{\pi}\sum_{k=0}^{n}\frac{\sin(2k+1)x}{2k+1}=\frac{4}{\pi}\sum_{k=0}^{n}\int_0^x\cos(2k+1)y\,\mathrm{d}y\\&=\frac{2}{\pi}\int_0^x\left[\sum_{k=0}^{n}\mathrm{e}^{\mathrm{i}(2k+1)y}+\sum_{k=0}^{n}\mathrm{e}^{-\mathrm{i}(2k+1)y}\right]\mathrm{d}y\\&=\frac{2}{\pi}\int_0^x\left[\frac{1-\mathrm{e}^{\mathrm{i}2(n+1)y}}{-2\mathrm{i}\sin y}+\frac{1-\mathrm{e}^{-\mathrm{i}2(n+1)y}}{2\mathrm{i}\sin y}\right]\mathrm{d}y\\&=\frac{2}{\pi}\int_0^x\frac{\sin 2(n+1)y}{\sin y}\mathrm{d}y=\frac{2}{\pi}\int_0^x\frac{\sin 2(n+1)y}{y}\,\frac{y}{\sin y}\,\mathrm{d}y.\end{aligned}$$

现在来研究间断点 $(x=0)$ 附近的行为. 取小正数 x，则 $y/\sin y$ 在由 0 到 x 的整个区间内都接近于 1，所以 $s_{2n+1}(x)$ 非常接近于

$$\frac{2}{\pi}\int_0^x\frac{\sin 2(n+1)y}{y}\,\mathrm{d}y=\frac{2}{\pi}\int_0^{2(n+1)x}\frac{\sin u}{u}\,\mathrm{d}u=\frac{2}{\pi}\mathrm{Si}\,[2(n+1)x].$$

考虑到 $\sin u/u$ 的数值呈正、负交错的变化趋势，可以预料 $s_{2n+1}(x)$ 或 $\mathrm{Si}\,[2(n+1)x]$ 会表现出衰减振荡的特征. 因为 $(2/\pi)\,\mathrm{Si}\,(\infty)=1$，容易看出 $(2/\pi)\,\mathrm{Si}\,(\pi)$ 的数值一定超过 1 (数值为 $1.179\cdots$). 因此，对于大的 n，在 $x=0$ 附近一定存在一个数值 x_0 $(\approx\pi/(2n+2))$，使部分和 s_{2n+1} 为$1.179\cdots$. 这并不与 Fourier 级数在 $0<x<\pi$ 内逐点收敛到 1 这一事实矛盾，然而它清楚地表明此级数在含有 $x=0$ (无论是在区间内部或是作为区间的端点) 在内的区间内不一致收敛. 在第一类间断点处，随着 n 值增大，部分和可以超出跃度的 9%. 这就是所谓的 Gibbs 现象 (见图 11.1). $\mathscr{D}$ 内的任何具有第一类间断点的函数都有这个现象. 这类函数总能写成为 $\mathscr{D}$ 内的连

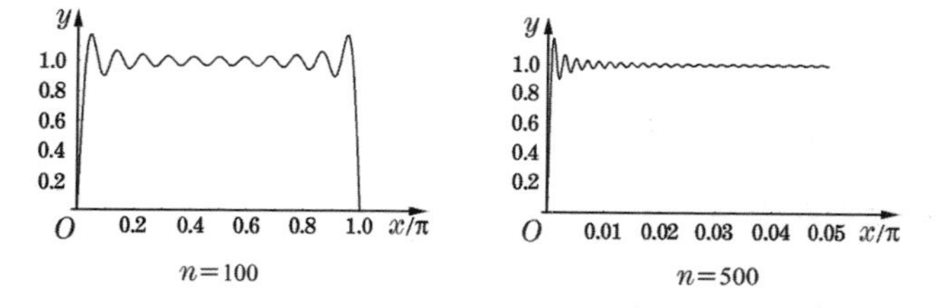

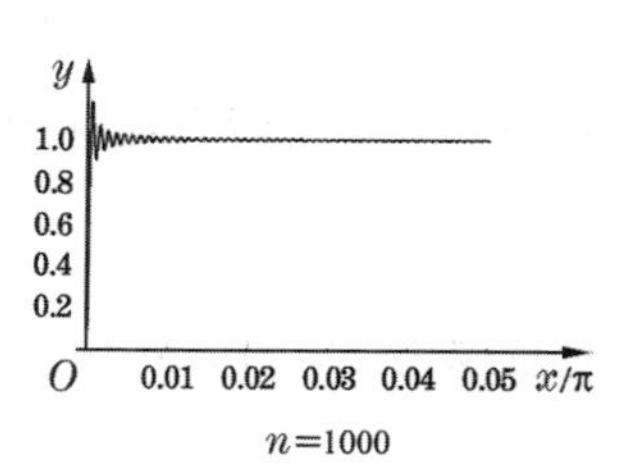

图 11.1　Gibbs 现象：方形波的 Fourier 展开，前 n 项的部分和

续函数及 $J_k\,\eta(x-x_k)$ 形式的各项之和，其中 x_k 是间断点，J_k 是相应的跃度. 因为 $2\eta(x-x_k)=\operatorname{sgn}(x-x_k)+1$，上面的分析几乎可以直接应用到 $J_k\,\eta(x-x_k)$ 项上. 如果 $f(x)$ 是有界变差函数，且没有可去间断点，则其 Fourier 级数的部分和序列在 f 的每一个间断点、也仅仅这些间断点处出现 Gibbs 现象.

§11.3　Fourier 级数的 Cesàro 和与 Abel 和

可以将 Cesàro 求和法 (见第二章) 应用于 Fourier 级数 (11.1) 或 (11.4). 如果把 $a_k\cos kx+b_k\sin kx$ 或 $c_k\mathrm{e}^{\mathrm{i}kx}+c_{-k}\mathrm{e}^{-\mathrm{i}kx}$ 看成一项，利用 (11.7) 式，就可以求出此 Fourier 级数的 n 次算术平均

$$\begin{aligned}\sigma_n &=\frac{1}{n}\big(s_0+s_1+s_2+\cdots+s_{n-1}\big)\\ &=\frac{1}{n}\int_{-\pi}^{\pi}f(t)\big[D_0(x-t)+D_1(x-t)+D_2(x-t)+\cdots+D_{n-1}(x-t)\big]\,\mathrm{d}t \quad (11.22\mathrm{a})\\ &=\frac{1}{n}\int_{-\pi}^{\pi}f(x-t)\big[D_0(t)+D_1(t)+D_2(t)+\cdots+D_{n-1}(t)\big]\,\mathrm{d}t. \quad (11.22\mathrm{b})\end{aligned}$$

定义 Fejer 核

$$\begin{aligned}F_n(x) &=\frac{1}{n}\big[D_0(x)+D_1(x)+D_2(x)+\cdots+D_{n-1}(x)\big]\\ &=\frac{1}{2n\pi}\sum_{k=0}^{n-1}\frac{\sin[(k+1/2)x]}{\sin(x/2)}=\frac{1}{2n\pi}\,\frac{1}{\sin^2(x/2)}\sum_{k=0}^{n-1}\sin\Big(k+\frac{1}{2}\Big)x\,\sin\frac{x}{2}\\ &=\frac{1}{2n\pi}\,\frac{1}{\sin^2(x/2)}\sum_{k=0}^{n-1}\frac{\cos kx-\cos(k+1)x}{2}\\ &=\frac{1}{2n\pi}\,\frac{1}{\sin^2(x/2)}\,\frac{1-\cos nx}{2}=\frac{1}{2n\pi}\,\frac{\sin^2(nx/2)}{\sin^2(x/2)}, \quad (11.23)\end{aligned}$$

则可将 $\sigma_n(x)$ 写成 $f(x)$ 与 Fejer 核的卷积形式：

$$\sigma_n=\int_{-\pi}^{\pi}f(t)F_n(x-t)\,\mathrm{d}t=\int_{-\pi}^{\pi}f(x-t)F_n(t)\,\mathrm{d}t. \quad (11.22')$$

由 (11.9) 式就能直接导出

$$\int_{-\pi}^{\pi}F_n(t)\,\mathrm{d}t=1, \quad (11.24\mathrm{a})$$

而且因为 $F_n(x)\geqslant 0$，所以这就意味着有

$$\int_{-\pi}^{\pi}|F_n(t)|\,\mathrm{d}t=1. \quad (11.24\mathrm{b})$$

由 (11.24) 式就能证明：只要 $f(x)$ 在 S 上分段连续，则其部分和的算术平均有界．这是因为 f 分段连续，所以一定存在正数 M，使得对 $\forall x \in S$，

$$|f(x)| < M$$

成立，因此有

$$\begin{aligned} |\sigma_n| &= \left|\int_{-\pi}^{\pi} f(x-t)F_n(t)\,\mathrm{d}t\right| \leqslant \int_{-\pi}^{\pi} |f(x-t)|\cdot|F_n(t)|\,\mathrm{d}t \\ &\leqslant M\int_{-\pi}^{\pi} |F_n(t)|\,\mathrm{d}t = M. \end{aligned} \tag{11.25}$$

下面不加证明地列出有关 Fourier 级数的 Cesàro 和的几个定理，相关证明可查阅关于 Fourier 级数的专著．

定理 11.6　若 $f(x) \in \mathscr{C}(S)$，则其 Fourier 级数的 Cesàro 和在每一点都存在，且等于 f 在该点的函数值；其部分和的算术平均序列一致收敛到 $f(x)$．

定理 11.7 (Fejer 定理)　若函数 $f(x) \in \mathscr{D}(S)$，只要 $f(x\pm)$ 存在，则其 Fourier 级数在该点的 Cesàro 和为 $[f(x+)+f(x-)]/2$．特别是，若 f 在 x 点连续，则级数在该点的 Cesàro 和为$f(x)$．

定理 11.8　若函数 f 在 S 上分段连续，则其 Fourier 级数可以不收敛；但只要收敛，就一定收敛到 $[f(x+)+f(x-)]/2$．特别是，如果函数 $f(x) \in \mathscr{C}(S)$，其 Fourier 级数在某点收敛，则在该点一定收敛到 $f(x)$．

为了将 Abel 求和法应用于 Fourier 级数 (11.1) 或 (11.4)，需要构造幂级数

$$f_r(x) = \frac{a_0}{2} + \sum_{k=1}^{\infty} r^k\big(a_k\cos kx + b_k\sin kx\big), \qquad 0 \leqslant r < 1.$$

对于每一个给定的正数 $r<1$，级数一致收敛，因而定义了连续函数 $f_r(x)$．仿照导出卷积公式 (11.7) 的办法，写出部分和

$$\begin{aligned} &\frac{a_0}{2} + \sum_{k=1}^{n} r^k\big(a_k\cos kx + b_k\sin kx\big) \\ &= \frac{1}{2\pi}\int_{-\pi}^{\pi} f(t)\,\mathrm{d}t + \frac{1}{\pi}\sum_{k=1}^{n}\left[\int_{-\pi}^{\pi} f(t)\cos kt\,\mathrm{d}t\right]r^k\cos kx \\ &\quad + \frac{1}{\pi}\sum_{k=1}^{n}\left[\int_{-\pi}^{\pi} f(t)\,\sin kt\,\mathrm{d}t\right]r^k\sin kx \\ &= \frac{1}{2\pi}\int_{-\pi}^{\pi} f(t)\,\mathrm{d}t + \frac{1}{\pi}\sum_{k=1}^{n}\int_{-\pi}^{\pi} f(t)\,r^k\cos k(x-t)\,\mathrm{d}t \\ &= \int_{-\pi}^{\pi} f(t)\left[\frac{1}{2\pi} + \frac{1}{\pi}\sum_{k=1}^{n} r^k\cos k(x-t)\right]\mathrm{d}t. \end{aligned} \tag{11.26}$$

定义 Poisson 核

$$\delta_r(x)=\frac{1}{2\pi}\left[1+2\sum_{k=1}^{\infty}r^k\cos kx\right]=\frac{1}{2\pi}\frac{1-r^2}{1-2r\cos x+r^2},\qquad 0\leqslant r<1. \tag{11.27}$$

将 (11.26) 式求极限，即得

$$f_r(x)=\int_{-\pi}^{\pi}f(t)\,\delta_r(x-t)\,\mathrm{d}t=\int_{-\pi}^{\pi}f(x-t)\,\delta_r(t)\,\mathrm{d}t, \tag{11.28}$$

这正是熟悉的 Poisson 公式，它也可以看成是 $f(x)$ 与 Poisson 核 $\delta_r(x)$ 的卷积.

若 $f(x)\equiv 1$，因而 $f_r(x)\equiv 1$，则由 (11.28) 式可得

$$\int_{-\pi}^{\pi}|\delta_r(x)|\,\mathrm{d}x=\int_{-\pi}^{\pi}\delta_r(x)\,\mathrm{d}x=1. \tag{11.29}$$

这里还用到一个事实：当 $0\leqslant r<1$ 时 $\delta_r(x)>0$.

下面同样不加证明地列出有关 Fourier 级数的 Abel 和的几个定理.

定理 11.9 若函数 $f(x)\in\mathscr{D}(S)$，只要 $f(x\pm)$ 存在，则其 Fourier 级数的 Abel 和为 $[f(x+)+f(x-)]/2$.

定理 11.10 若函数 $f\in\mathscr{C}(S)$，则其 Fourier 级数的 Abel 和一致收敛.

下面的例 11.4，原则上与 Abel 求和法有关，或者说，需要用到 Abel 第二定理. 这些级数并不复杂，容易求出它们的和函数. 这里之所以要讨论这些级数和，原因是第九章曾经用到过它们.

例 11.4 求下列级数之和：

(1) $\displaystyle\sum_{n=1}^{\infty}\frac{\cos n\theta}{n}$ 与 $\displaystyle\sum_{n=1}^{\infty}\frac{\sin n\theta}{n}$, $\qquad 0<\theta<2\pi$;

(2) $\displaystyle\sum_{n=1}^{\infty}\frac{\cos 2n\theta}{2n+1}$ 与 $\displaystyle\sum_{n=0}^{\infty}\frac{\sin 2n\theta}{2n+1}$, $\quad 0<\theta<\pi$.

解 (1) 因为级数

$$\sum_{n=1}^{\infty}\frac{1}{n}z^n\equiv z+\frac{1}{2}z^2+\frac{1}{3}z^3+\frac{1}{4}z^4+\cdots=-\ln(1-z)$$

的收敛圆为 $|z|<1$，而且在收敛圆周上除 $z=1$ 点外亦收敛，故根据 Abel 第二定理，可令 $z=\mathrm{e}^{\mathrm{i}\theta}$ 而得

$$\begin{aligned}\mathrm{e}^{\mathrm{i}\theta}+\frac{1}{2}\mathrm{e}^{\mathrm{i}2\theta}+\frac{1}{3}\mathrm{e}^{\mathrm{i}3\theta}+\frac{1}{4}\mathrm{e}^{\mathrm{i}4\theta}+\cdots&=-\ln\left(1-\mathrm{e}^{\mathrm{i}\theta}\right)=-\ln\left(1-\cos\theta-\mathrm{i}\sin\theta\right)\\&=-\ln\left(2\sin\frac{\theta}{2}\right)-\ln\left(\sin\frac{\theta}{2}-\mathrm{i}\cos\frac{\theta}{2}\right)=-\ln\left(2\sin\frac{\theta}{2}\right)+\mathrm{i}\frac{\pi-\theta}{2}.\end{aligned}$$

因此就得到

$$\sum_{n=1}^{\infty}\frac{\cos n\theta}{n}=\cos\theta+\frac{\cos 2\theta}{2}+\frac{\cos 3\theta}{3}+\frac{\cos 4\theta}{4}+\cdots=-\ln\Big(2\sin\frac{\theta}{2}\Big),\tag{11.30a}$$

$$\sum_{n=1}^{\infty}\frac{\sin n\theta}{n}=\sin\theta+\frac{\sin 2\theta}{2}+\frac{\sin 3\theta}{3}+\frac{\sin 4\theta}{4}+\cdots=\frac{1}{2}(\pi-\theta).\tag{11.30b}$$

☞ **讨论** 可以将 (11.30a) 与 (11.30b) 两式改写为

$$\sum_{n=1}^{\infty}\frac{\cos 2n\theta}{n}=-\ln(2\sin\theta),\qquad 0<\theta<\pi,$$

$$\sum_{n=1}^{\infty}\frac{\sin 2n\theta}{n}=\frac{\pi}{2}-\theta,\qquad 0<\theta<\pi,$$

于是就能求得

$$\begin{aligned}\sum_{n=0}^{\infty}\frac{\cos(2n+1)\theta}{2n+1}&=\sum_{n=1}^{\infty}\frac{\cos n\theta}{n}-\sum_{n=1}^{\infty}\frac{\cos 2n\theta}{2n}\\&=-\ln\Big(2\sin\frac{\theta}{2}\Big)+\frac{1}{2}\ln(2\sin\theta)\\&=\frac{1}{2}\ln\cot\frac{\theta}{2},\qquad 0<\theta<\pi,\end{aligned}\tag{11.31a}$$

$$\begin{aligned}\sum_{n=0}^{\infty}\frac{\sin(2n+1)\theta}{2n+1}&=\sum_{n=1}^{\infty}\frac{\sin n\theta}{n}-\sum_{n=1}^{\infty}\frac{\sin 2n\theta}{2n}\\&=\frac{\pi-\theta}{2}-\frac{1}{2}\Big(\frac{\pi}{2}-\theta\Big)=\frac{\pi}{4},\qquad 0<\theta<\pi.\end{aligned}\tag{11.31b}$$

(2) 因为

$$\cos 2n\theta=\cos(2n+1)\theta\cos\theta+\sin 2n\theta\sin\theta,$$

$$\sin 2n\theta=\sin(2n+1)\theta\cos\theta-\cos 2n\theta\sin\theta,$$

所以，利用 (11.31a) 与 (11.31b) 两式的结果，就能求出

$$\begin{aligned}\sum_{n=0}^{\infty}\frac{\cos 2n\theta}{2n+1}&=\cos\theta\cdot\sum_{n=1}^{\infty}\frac{\cos(2n+1)\theta}{2n+1}+\sin\theta\cdot\sum_{n=1}^{\infty}\frac{\sin(2n+1)\theta}{2n+1}\\&=-\frac{1}{2}\cos\theta\ln\tan\frac{\theta}{2}+\frac{\pi}{4}\sin\theta,\qquad 0<\theta<\pi,\end{aligned}\tag{11.32}$$

$$\begin{aligned}\sum_{n=1}^{\infty}\frac{\sin 2n\theta}{2n+1}&=\cos\theta\cdot\sum_{n=1}^{\infty}\frac{\sin(2n+1)\theta}{2n+1}-\sin\theta\cdot\sum_{n=1}^{\infty}\frac{\cos(2n+1)\theta}{2n+1}\\&=\frac{\pi}{4}\cos\theta+\frac{1}{2}\sin\theta\ln\tan\frac{\theta}{2},\qquad 0<\theta<\pi.\end{aligned}\tag{11.33}$$

☞ **讨论**

1. 类似地，还可以得到

$$\begin{aligned}\sum_{n=0}^{\infty}\frac{\cos 2n\theta}{2n+2}&=\cos 2\theta\cdot\sum_{n=0}^{\infty}\frac{\cos(2n+2)\theta}{2n+2}+\sin 2\theta\cdot\sum_{n=0}^{\infty}\frac{\sin(2n+2)\theta}{2n+2}\\&=\cos 2\theta\cdot\sum_{n=1}^{\infty}\frac{\cos 2n\theta}{2n}+\sin 2\theta\cdot\sum_{n=1}^{\infty}\frac{\sin 2n\theta}{2n}\\&=-\frac{1}{2}\cos 2\theta\ln(2\sin\theta)+\frac{1}{2}\sin 2\theta\Big(\frac{\pi}{2}-\theta\Big),\end{aligned}\tag{11.34}$$

$$\begin{aligned}\sum_{n=1}^{\infty}\frac{\sin 2n\theta}{2n+2}&=\cos 2\theta\cdot\sum_{n=0}^{\infty}\frac{\sin(2n+2)\theta}{2n+2}-\sin 2\theta\cdot\sum_{n=0}^{\infty}\frac{\cos(2n+2)\theta}{2n+2}\\&=\cos 2\theta\cdot\sum_{n=1}^{\infty}\frac{\sin 2n\theta}{2n}-\sin 2\theta\cdot\sum_{n=1}^{\infty}\frac{\cos 2n\theta}{2n}\\&=\frac{1}{2}\cos 2\theta\Big(\frac{\pi}{2}-\theta\Big)+\frac{1}{2}\sin 2\theta\ln(2\sin\theta);\end{aligned}\tag{11.35}$$

$$\begin{aligned}\sum_{n=0}^{\infty}\frac{\cos 2n\theta}{2n+3}&=\cos 3\theta\cdot\sum_{n=1}^{\infty}\frac{\cos(2n+1)\theta}{2n+1}+\sin 3\theta\cdot\sum_{n=1}^{\infty}\frac{\sin(2n+1)\theta}{2n+1}\\&=-\frac{1}{2}\cos 3\theta\ln\tan\frac{\theta}{2}+\frac{\pi}{4}\sin 3\theta-\cos 2\theta,\end{aligned}\tag{11.36}$$

$$\begin{aligned}\sum_{n=1}^{\infty}\frac{\sin 2n\theta}{2n+3}&=\cos 3\theta\cdot\sum_{n=1}^{\infty}\frac{\sin(2n+1)\theta}{2n+1}-\sin 3\theta\cdot\sum_{n=1}^{\infty}\frac{\cos(2n+1)\theta}{2n+1}\\&=\frac{\pi}{4}\cos 3\theta+\frac{1}{2}\sin 3\theta\ln\tan\frac{\theta}{2}+\sin 2\theta;\end{aligned}\tag{11.37}$$

$$\begin{aligned}\sum_{n=0}^{\infty}\frac{\cos 2n\theta}{2n+4}&=\cos 4\theta\cdot\sum_{n=2}^{\infty}\frac{\cos 2n\theta}{2n}+\sin 4\theta\cdot\sum_{n=2}^{\infty}\frac{\sin 2n\theta}{2n}\\&=-\frac{1}{2}\cos 4\theta\ln(2\sin\theta)+\frac{1}{2}\sin 4\theta\Big(\frac{\pi}{2}-\theta\Big)-\frac{1}{2}\cos 2\theta,\end{aligned}\tag{11.38}$$

$$\begin{aligned}\sum_{n=1}^{\infty}\frac{\sin 2n\theta}{2n+4}&=\cos 4\theta\cdot\sum_{n=2}^{\infty}\frac{\sin 2n\theta}{2n}-\sin 4\theta\cdot\sum_{n=2}^{\infty}\frac{\cos 2n\theta}{2n}\\&=\frac{1}{2}\cos 4\theta\Big(\frac{\pi}{2}-\theta\Big)+\frac{1}{2}\sin 4\theta\ln(2\sin\theta)+\frac{1}{2}\sin 2\theta.\end{aligned}\tag{11.39}$$

以上公式都是在区间 $0<\theta<\pi$ 内成立.

2. 还可以有更普遍的结果:

$$\begin{aligned}\sum_{n=1}^{\infty}\frac{\sin 2n\theta}{2n+2k+1}=&\frac{1}{2}\Big[\sin(2k+1)\theta\ln\tan\frac{\theta}{2}+\frac{\pi}{2}\cos(2k+1)\theta\Big]\\&+\sum_{n=0}^{k-1}\frac{\sin(2k-2n)\theta}{2n+1},\end{aligned}\tag{11.40}$$

$$\sum_{n=0}^{\infty}\frac{\cos 2n\theta}{2n+2k+1} = -\frac{1}{2}\left[\cos(2k+1)\theta\ln\tan\frac{\theta}{2}-\frac{\pi}{2}\sin(2k+1)\theta\right] - \sum_{n=0}^{k-1}\frac{\cos(2k-2n)\theta}{2n+1}, \tag{11.41}$$

$$\sum_{n=1}^{\infty}\frac{\sin 2n\theta}{2n+2k+2} = \frac{1}{2}\left[\sin(2k+2)\theta\ln(2\sin\theta)-\left(\theta-\frac{\pi}{2}\right)\cos(2k+2)\theta\right] + \frac{1}{2}\sum_{n=0}^{k-1}\frac{\sin(2k-2n)\theta}{n+1}, \tag{11.42}$$

$$\sum_{n=0}^{\infty}\frac{\cos 2n\theta}{2n+2k+2} = -\frac{1}{2}\left[\cos(2k+2)\theta\ln(2\sin\theta)+\left(\theta-\frac{\pi}{2}\right)\sin(2k+2)\theta - \frac{1}{2}\sum_{n=0}^{k-1}\frac{\cos(2k-2n)\theta}{n+1}\right]. \tag{11.43}$$

3. 用同样方法也能得到

$$\sum_{n=0}^{\infty}\frac{\sin(2n+1)\theta}{2n+2} = \frac{1}{2}\left[\sin\theta\ln(2\sin\theta)-\left(\theta-\frac{\pi}{2}\right)\cos\theta\right], \tag{11.44}$$

$$\sum_{n=0}^{\infty}\frac{\sin(2n+1)\theta}{2n+3} = \frac{1}{2}\left[\sin 2\theta\ln\tan\frac{\theta}{2}+\frac{\pi}{2}\cos 2\theta\right]+\sin\theta, \tag{11.45}$$

$$\sum_{n=0}^{\infty}\frac{\sin(2n+1)\theta}{2n+4} = \frac{1}{2}\left[\sin 3\theta\ln(2\sin\theta)-\left(\theta-\frac{\pi}{2}\right)\cos 3\theta+\sin\theta\right], \tag{11.46}$$

$$\sum_{n=0}^{\infty}\frac{\sin(2n+1)\theta}{2n+2k+1} = \frac{1}{2}\left[\sin 2k\theta\ln\tan\frac{\theta}{2}+\frac{\pi}{2}\cos 2k\theta\right]+\sum_{n=0}^{k-1}\frac{\sin(2k-2n-1)\theta}{2n+1}, \tag{11.47}$$

$$\sum_{n=0}^{\infty}\frac{\sin(2n+1)\theta}{2n+2k+2} = \frac{1}{2}\left[\sin(2k+1)\theta\ln(2\sin\theta)-\left(\theta-\frac{\pi}{2}\right)\cos(2k+1)\theta + \sum_{n=0}^{k-1}\frac{\sin(2k-2n-1)\theta}{n+1}\right], \tag{11.48}$$

$$\sum_{n=0}^{\infty}\frac{\cos(2n+1)\theta}{2n+2} = -\frac{1}{2}\left[\cos\theta\ \ln(2\sin\theta)+\left(\theta-\frac{\pi}{2}\right)\sin\theta\right], \tag{11.49}$$

$$\sum_{n=0}^{\infty}\frac{\cos(2n+1)\theta}{2n+3} = -\frac{1}{2}\cos 2\theta\ \ln\tan\frac{\theta}{2}+\frac{\pi}{4}\sin 2\theta-\cos\theta, \tag{11.50}$$

$$\sum_{n=0}^{\infty}\frac{\cos(2n+1)\theta}{2n+4} = -\frac{1}{2}\left[\cos 3\theta\ \ln(2\sin\theta)+\left(\theta-\frac{\pi}{2}\right)\sin 3\theta+\cos\theta\right], \tag{11.51}$$

$$\sum_{n=0}^{\infty}\frac{\cos(2n+1)\theta}{2n+2k+1}=-\frac{1}{2}\cos 2k\theta\ln\tan\frac{\theta}{2}+\frac{\pi}{4}\sin 2k\theta-\sum_{n=0}^{k-1}\frac{\cos(2k-2n-1)}{2n+1},\tag{11.52}$$

$$\begin{aligned}\sum_{n=0}^{\infty}\frac{\cos(2n+1)\theta}{2n+2k+2}=&-\frac{1}{2}\left[\cos(2k+1)\theta\ln(2\sin\theta)+\left(\theta-\frac{\pi}{2}\right)\sin(2k+1)\theta\right.\\&\left.-\sum_{n=0}^{k-1}\frac{\cos(2n-2k+1)}{n+1}\right].\end{aligned}\tag{11.53}$$

例 11.5 求下列级数之和:

(1) $\displaystyle\sum_{n=0}^{\infty}\frac{(-1)^n}{(2n+1)^2}\sin(2n+1)\theta,\qquad -\frac{\pi}{2}\leqslant\theta\leqslant\frac{\pi}{2};$

(2) $\displaystyle\cos\theta-\frac{\cos 5\theta}{5}+\frac{\cos 7\theta}{7}-\frac{\cos 11\theta}{11}+\cdots,\qquad -\frac{\pi}{3}<\theta<\frac{\pi}{3}.$

解 (1) 设

$$f(\theta)=\sum_{n=0}^{\infty}\frac{(-1)^n}{(2n+1)^2}\sin(2n+1)\theta\equiv\sin\theta-\frac{\sin 3\theta}{3^2}+\frac{\sin 5\theta}{5^2}-\frac{\sin 7\theta}{7^2}+\cdots,$$

逐项微商，有

$$f'(\theta)=\cos\theta-\frac{\cos 3\theta}{3}+\frac{\cos 5\theta}{5}-\frac{\cos 7\theta}{7}+\cdots=\mathrm{Re}\left\{\arctan\left(\mathrm{e}^{\mathrm{i}\theta}\right)\right\}.$$

因为

$$\begin{aligned}\arctan\left(\mathrm{e}^{\mathrm{i}\theta}\right)&=\frac{1}{2\mathrm{i}}\ln\frac{1+\mathrm{i}\mathrm{e}^{\mathrm{i}\theta}}{1-\mathrm{i}\mathrm{e}^{\mathrm{i}\theta}}=\frac{1}{2\mathrm{i}}\ln\frac{(1+\mathrm{i}\mathrm{e}^{\mathrm{i}\theta})(1+\mathrm{i}\mathrm{e}^{-\mathrm{i}\theta})}{(1-\mathrm{i}\mathrm{e}^{\mathrm{i}\theta})(1+\mathrm{i}\mathrm{e}^{-\mathrm{i}\theta})}\\&=\frac{1}{2\mathrm{i}}\ln\frac{\mathrm{i}\cos\theta}{1+\sin\theta}=\frac{1}{2\mathrm{i}}\left(\ln\frac{\cos\theta}{1+\sin\theta}+\frac{\pi\mathrm{i}}{2}\right)\\&=\frac{\pi}{4}-\frac{\mathrm{i}}{2}\ln\frac{\cos\theta}{1+\sin\theta},\end{aligned}$$

所以 $f'(\theta)=\pi/4$. 又 $f(0)=0$，故积分即得

$$\sum_{n=0}^{\infty}\frac{(-1)^n}{(2n+1)^2}\sin(2n+1)\theta\equiv\sin\theta-\frac{\sin 3\theta}{3^2}+\frac{\sin 5\theta}{5^2}-\frac{\sin 7\theta}{7^2}+\cdots=\frac{\pi}{4}\theta.\tag{11.54}$$

(2) 因为

$$\begin{aligned}&1-z^4+z^6-z^{10}+z^{12}-z^{16}+\cdots\\&\quad=\left(1-z^4\right)+z^6\left(1-z^4\right)+z^{12}\left(1-z^4\right)+\cdots\\&\quad=\frac{1-z^4}{1-z^6}=\frac{1+z^2}{1+z^2+z^4}=\frac{1}{2}\left(\frac{1}{1+z+z^2}+\frac{1}{1-z+z^2}\right),\end{aligned}$$

两端积分，有

$$\begin{aligned}
& z-\frac{1}{5}z^5+\frac{1}{7}z^7-\frac{1}{11}z^{11}+\cdots \\
&= \frac{1}{\sqrt{3}}\left(\arctan\frac{1+2z}{\sqrt{3}}-\arctan\frac{1-2z}{\sqrt{3}}\right) \\
&= \frac{1}{2\sqrt{3}\mathrm{i}}\left(\ln\frac{1+\mathrm{i}\dfrac{1+2z}{\sqrt{3}}}{1-\mathrm{i}\dfrac{1+2z}{\sqrt{3}}}-\ln\frac{1+\mathrm{i}\dfrac{1-2z}{\sqrt{3}}}{1-\mathrm{i}\dfrac{1-2z}{\sqrt{3}}}\right) \\
&= \frac{1}{2\sqrt{3}\mathrm{i}}\left[\ln\frac{\sqrt{3}+\mathrm{i}(1+2z)}{\sqrt{3}-\mathrm{i}(1+2z)}-\ln\frac{\sqrt{3}+\mathrm{i}(1-2z)}{\sqrt{3}-\mathrm{i}(1-2z)}\right].
\end{aligned}$$

令 $z=\mathrm{e}^{\mathrm{i}\theta}$，即得

$$\begin{aligned}
& \mathrm{e}^{\mathrm{i}\theta}-\frac{1}{5}\mathrm{e}^{\mathrm{i}5\theta}+\frac{1}{7}\mathrm{e}^{\mathrm{i}7\theta}-\frac{1}{11}\mathrm{e}^{\mathrm{i}11\theta}+\cdots \\
&= \frac{1}{2\sqrt{3}\mathrm{i}}\left(\ln\frac{\sqrt{3}+\mathrm{i}+2\mathrm{i}\mathrm{e}^{\mathrm{i}\theta}}{\sqrt{3}-\mathrm{i}-2\mathrm{i}\mathrm{e}^{\mathrm{i}\theta}}-\ln\frac{\sqrt{3}+\mathrm{i}-2\mathrm{i}\mathrm{e}^{\mathrm{i}\theta}}{\sqrt{3}-\mathrm{i}+2\mathrm{i}\mathrm{e}^{\mathrm{i}\theta}}\right) \\
&= \frac{1}{2\sqrt{3}\mathrm{i}}\ln\left(\frac{\sqrt{3}+\mathrm{i}+2\mathrm{i}\mathrm{e}^{\mathrm{i}\theta}}{\sqrt{3}+\mathrm{i}-2\mathrm{i}\mathrm{e}^{\mathrm{i}\theta}}\,\frac{\sqrt{3}-\mathrm{i}+2\mathrm{i}\mathrm{e}^{\mathrm{i}\theta}}{\sqrt{3}-\mathrm{i}-2\mathrm{i}\mathrm{e}^{\mathrm{i}\theta}}\right) \\
&= \frac{1}{2\sqrt{3}\mathrm{i}}\ln\left(\frac{\mathrm{e}^{-\mathrm{i}\pi/3}+\mathrm{e}^{\mathrm{i}\theta}}{\mathrm{e}^{-\mathrm{i}\pi/3}-\mathrm{e}^{\mathrm{i}\theta}}\,\frac{\mathrm{e}^{\mathrm{i}\pi/3}-\mathrm{e}^{\mathrm{i}\theta}}{\mathrm{e}^{\mathrm{i}\pi/3}+\mathrm{e}^{\mathrm{i}\theta}}\right) \\
&= \frac{1}{2\sqrt{3}\mathrm{i}}\ln\left[\frac{1+\mathrm{e}^{\mathrm{i}(\theta+\pi/3)}}{1-\mathrm{e}^{\mathrm{i}(\theta+\pi/3)}}\,\frac{1-\mathrm{e}^{\mathrm{i}(\theta-\pi/3)}}{1+\mathrm{e}^{\mathrm{i}(\theta-\pi/3)}}\right].
\end{aligned}$$

因为

$$\frac{1+\mathrm{e}^{\mathrm{i}2\alpha}}{1-\mathrm{e}^{\mathrm{i}2\alpha}}=-\frac{\mathrm{e}^{\mathrm{i}\alpha}+\mathrm{e}^{-\mathrm{i}\alpha}}{\mathrm{e}^{\mathrm{i}\alpha}-\mathrm{e}^{-\mathrm{i}\alpha}}=\mathrm{i}\cot\alpha,$$

所以

$$\begin{aligned}
& \mathrm{e}^{\mathrm{i}\theta}-\frac{1}{5}\mathrm{e}^{\mathrm{i}5\theta}+\frac{1}{7}\mathrm{e}^{\mathrm{i}7\theta}-\frac{1}{11}\mathrm{e}^{\mathrm{i}11\theta}+\cdots \\
&= \frac{1}{2\sqrt{3}\mathrm{i}}\left[\ln\cot\left(\frac{\theta}{2}+\frac{\pi}{6}\right)-\ln\cot\left(\frac{\theta}{2}-\frac{\pi}{6}\right)\right] \\
&= \frac{1}{2\sqrt{3}\mathrm{i}}\left[\ln\tan\left(\frac{\pi}{6}-\frac{\theta}{2}\right)-\ln\tan\left(\frac{\pi}{6}+\frac{\theta}{2}\right)+\pi\mathrm{i}\right].
\end{aligned}$$

比较实部，即得

$$\begin{aligned}
& \sum_{n=0}^{\infty}\left[\frac{\cos(6n+1)\theta}{6n+1}-\frac{\cos(6n+5)\theta}{6n+5}\right] \\
&\equiv \cos\theta-\frac{\cos 5\theta}{5}+\frac{\cos 7\theta}{7}-\frac{\cos 11\theta}{11}+\cdots=\frac{\pi}{2\sqrt{3}}. \qquad (11.55\mathrm{a})
\end{aligned}$$

同时比较虚部，还能得到

$$\begin{aligned}
&\sum_{n=0}^{\infty}\left[\frac{\sin(6n+1)\theta}{6n+1}-\frac{\sin(6n+5)\theta}{6n+5}\right]\\
&=\sin\theta-\frac{\sin 5\theta}{5}+\frac{\sin 7\theta}{7}-\frac{\sin 11\theta}{11}+\cdots\\
&=\frac{1}{2\sqrt{3}}\left[\ln\tan\left(\frac{\pi}{6}+\frac{\theta}{2}\right)-\ln\tan\left(\frac{\pi}{6}-\frac{\theta}{2}\right)\right]\\
&=\frac{1}{2\sqrt{3}}\ln\left(\frac{\dfrac{1}{\sqrt{3}}+\tan\dfrac{\theta}{2}}{1-\dfrac{1}{\sqrt{3}}\tan\dfrac{\theta}{2}}\,\frac{1+\dfrac{1}{\sqrt{3}}\tan\dfrac{\theta}{2}}{\dfrac{1}{\sqrt{3}}-\tan\dfrac{\theta}{2}}\right)\\
&=\frac{1}{2\sqrt{3}}\ln\frac{\sqrt{3}\left(1+\tan^2\dfrac{\theta}{2}\right)+4\tan\dfrac{\theta}{2}}{\sqrt{3}\left(1+\tan^2\dfrac{\theta}{2}\right)-4\tan\dfrac{\theta}{2}}\\
&=\frac{1}{2\sqrt{3}}\ln\frac{\sqrt{3}+2\sin\theta}{\sqrt{3}-2\sin\theta}. \qquad (11.55\text{b})
\end{aligned}$$

第十二章　Fourier 积分与 Fourier 变换

§12.1　Fourier 积分

12.1.1　由 Fourier 级数到 Fourier 积分

令函数 $f(x)$ 当 $|x| \to \infty$ 时足够快地趋于 0，且 $f_T(x)$ 是以 T 为周期的周期函数，在 $-T/2 \leqslant x < T/2$ 的区间上与 f 重合. 如果 f_T 满足 Dirichlet 条件，则对于任意 x，有

$$f_T(x) = \sum_{k=-\infty}^{\infty} c_k \mathrm{e}^{2\pi \mathrm{i} kx/T}, \qquad c_k = \frac{1}{T}\int_{-T/2}^{T/2} f(\xi)\mathrm{e}^{-2\pi \mathrm{i} k\xi/T}\mathrm{d}\xi.$$

所以，对于 $|x| < T/2$，有

$$f(x) = \frac{1}{2\pi}\sum_{k=-\infty}^{\infty}\left[\frac{2\pi}{T}\int_{-T/2}^{T/2} f(\xi)\mathrm{e}^{2\pi \mathrm{i} k(x-\xi)/T}\mathrm{d}\xi\right]. \tag{12.1}$$

令 $\omega_k = 2k\pi/T$, $\Delta\omega = 2\pi/T$ 以及

$$g(\omega, x, T) = \frac{1}{\sqrt{2\pi}}\int_{-T/2}^{T/2} f(\xi)\mathrm{e}^{\mathrm{i}\omega(x-\xi)}\mathrm{d}\xi,$$

则 (12.1) 式就变为

$$f(x) = \frac{1}{\sqrt{2\pi}}\sum_{k=-\infty}^{\infty} g(\omega_k, x, T)\Delta\omega, \qquad |x| < T/2, \tag{12.2}$$

对于大的 T，可以把此式看成将区间 $(-\pi, \pi)$ 作等间隔划分时的 Riemann 和. 因此 (12.2) 式中的和本质上就是 ω 由 $-\infty$ 到 ∞ 的积分. 同时，因为 $T \to \infty$，g 的表达式也变成 ξ 由 $-\infty$ 到 ∞ 的积分 (假设积分存在). 这样，就得到函数 $f(x)$ 的 Fourier 的积分表达式

$$f(x) = \frac{1}{\sqrt{2\pi}}\int_{-\infty}^{\infty} F(\omega)\mathrm{e}^{\mathrm{i}\omega x}\mathrm{d}\omega, \tag{12.3}$$

其中

$$F(\omega) = \frac{1}{\sqrt{2\pi}}\int_{-\infty}^{\infty} f(\xi)\mathrm{e}^{-\mathrm{i}\omega\xi}\mathrm{d}\xi. \tag{12.4}$$

公式 (12.4) 定义了 F 为 f 的 Fourier 变换，而 (12.3) 式则指出了如何求 Fourier 变换的反演，即如何由连续谱 $F(\omega)$ 重构 $f(x)$：

$$F(\omega) = \mathscr{F}\{f(x)\} = \widetilde{f}(\omega), \qquad f(x) = \mathscr{F}^{-1}\{F(\omega)\}.$$

为了证明 (12.3) 式，我们需要注意，该式中的积分必须理解为

$$\lim_{R\to\infty}\int_{-R}^{R}F(\omega)\mathrm{e}^{\mathrm{i}\omega x}\mathrm{d}\omega. \tag{12.5}$$

假设 $f\in\mathscr{L}_1(-\infty,\infty)$，故 F 存在. 将 F 的定义代入，并交换积分次序，我们得到

$$\begin{aligned}\frac{1}{\sqrt{2\pi}}\int_{-R}^{R}F(\omega)\mathrm{e}^{\mathrm{i}\omega x}\mathrm{d}\omega &= \frac{1}{2\pi}\int_{-\infty}^{\infty}f(\xi)\,\mathrm{d}\xi\int_{-R}^{R}\mathrm{e}^{-\mathrm{i}\omega(\xi-x)}\mathrm{d}\omega\\ &= \int_{-\infty}^{\infty}f(\xi)\frac{\sin R(\xi-x)}{\pi(\xi-x)}\mathrm{d}\xi = \int_{-\infty}^{\infty}f(x+y)\frac{\sin Ry}{\pi y}\mathrm{d}y.\end{aligned}$$

因为 $\sin Ry/(\pi y)$ 是 $R\to\infty$ 时的 δ 型函数族[①]，$\lim\limits_{R\to\infty}\left[\sin Ry/(\pi y)\right]=\delta(y)$，所以对于很大一类函数这个极限是 $f(x)$.

当函数 $f(x)$ 具有奇偶性时，Fourier 变换又具有特殊性. 例如，若 $f(x)$ 为偶函数，即 $f(-x)=f(x)$，则根据 (12.4) 式，有

$$F(\omega)=\frac{1}{\sqrt{2\pi}}\int_{-\infty}^{\infty}f(\xi)\Big(\cos\omega\xi-\mathrm{i}\sin\omega\xi\Big)\mathrm{d}\xi=\sqrt{\frac{2}{\pi}}\int_0^{\infty}f(\xi)\cos\omega\xi\,\mathrm{d}\xi.$$

显然有 $F(-\omega)=F(\omega)$，因此由 (12.3) 式又有

$$f(x)=\sqrt{\frac{2}{\pi}}\int_0^{\infty}F(\omega)\cos\omega x\,\mathrm{d}\omega.$$

这时我们便将 $F(\omega)$ 称为 $f(x)$ 的 Fourier 余弦变换，记为 $F_c(\omega)$，即

$$F_c(\omega)=\mathscr{F}_c\{f(x)\}=\sqrt{\frac{2}{\pi}}\int_0^{\infty}f(\xi)\cos\omega\xi\,\mathrm{d}\xi, \tag{12.6}$$

$$f(x)=\mathscr{F}_c^{-1}\{F(\omega)\}=\sqrt{\frac{2}{\pi}}\int_0^{\infty}F(\omega)\cos\omega x\,\mathrm{d}\omega. \tag{12.7}$$

同样，如果 $f(x)$ 是奇函数，即 $f(-x)=-f(x)$，则有 $F(-\omega)=-F(\omega)$，从而

$$F(\omega)=-\sqrt{\frac{2}{\pi}}\,\mathrm{i}\int_0^{\infty}f(\xi)\sin\omega\xi\,\mathrm{d}\xi,\qquad f(x)=\sqrt{\frac{2}{\pi}}\,\mathrm{i}\int_0^{\infty}F(\omega)\sin\omega x\,\mathrm{d}\omega.$$

令 $\mathrm{i}F(\omega)=F_s(\omega)$，则

$$F_s(\omega)=\mathscr{F}_s\{f(x)\}=\sqrt{\frac{2}{\pi}}\int_0^{\infty}f(\xi)\sin\omega\xi\,\mathrm{d}\xi, \tag{12.8}$$

$$f(x)=\mathscr{F}_s^{-1}\{F(\omega)\}=\sqrt{\frac{2}{\pi}}\int_0^{\infty}F(\omega)\sin\omega x\,\mathrm{d}\omega, \tag{12.9}$$

$F_s(\omega)$ 称为 $f(x)$ 的 Fourier 正弦变换，

表 12.1 和表 12.2 中分别给出了部分初等函数的 Fourier 余弦变换和 Fourier 正弦变换.

---

① $\sin Ry/(\pi y)$ 称为 Dirichlet 核，可以参见《数学物理方法专题 —— 数理方程与特殊函数》的第六章.

表 12.1 部分初等函数的 Fourier 余弦变换

$f(x), x\geqslant 0$	$F_c(\omega)$	成立条件
$\eta(a-x)$	$\sqrt{\frac{2}{\pi}}\frac{\sin a\omega}{\omega}$	$a>0$
$\cos x\,\eta(a-x)$	$\frac{1}{\sqrt{2\pi}}\left[\frac{\sin a(1-\omega)}{1-\omega}+\frac{\sin a(1+\omega)}{1+\omega}\right]$	$a>0$
$\sin x\,\eta(a-x)$	$\frac{1}{\sqrt{2\pi}}\left[\frac{\cos a(1-\omega)}{1-\omega}+\frac{\cos a(1+\omega)}{1+\omega}\right]$	$a>0$
e^{-x}	$\sqrt{\frac{2}{\pi}}\frac{1}{1+\omega^2}$	
$\frac{1}{1+x^4}$	$\sqrt{\frac{\pi}{2}}e^{-\omega/\sqrt{2}}\sin\left(\frac{\omega}{\sqrt{2}}+\frac{\pi}{4}\right)$	
$\frac{1}{\cosh \pi x}$	$\frac{1}{\sqrt{2\pi}}\cosh\frac{\omega}{2}$	
$e^{-x^2/2}$	$e^{-\omega^2/2}$	
$\sin\frac{x^2}{2}$	$\frac{1}{\sqrt{2}}\left(\cos\frac{\omega^2}{2}-\sin\frac{\omega^2}{2}\right)$	
$\cos\frac{x^2}{2}$	$\frac{1}{\sqrt{2}}\left(\cos\frac{\omega^2}{2}+\sin\frac{\omega^2}{2}\right)$	
$(1-x^2)^{\nu-1/2}\eta(1-x)$	$2^{\nu-1/2}\Gamma\left(\nu+\frac{1}{2}\right)\omega^{-\nu}J_\nu(\omega)$	$\mathrm{Re}\,\nu>-\frac{1}{2}$
$\cos^{\nu-1}x\,\eta\left(\frac{\pi}{2}-x\right)$	$\sqrt{\frac{\pi}{2}}\frac{\Gamma(\nu)}{2^{\nu-1}}\left[\Gamma\left(\frac{\nu-\omega+1}{2}\right)\Gamma\left(\frac{\nu+\omega+1}{2}\right)\right]^{-1}$	$\nu>0$

例 12.1 求函数

$$f(x)=\operatorname{arccot} px \qquad 与 \qquad g(x)=\operatorname{arccot} px^2$$

的 Fourier 变换，其中参数 $p>0$.

解 因为 $f(x)=\operatorname{arccot} px$ 是奇函数，所以

$$\begin{aligned}F(\omega) &\equiv \frac{1}{\sqrt{2\pi}}\int_{-\infty}^{\infty}e^{-i\omega x}\operatorname{arccot} px\,dx=-i\sqrt{\frac{2}{\pi}}\int_0^\infty \sin\omega x\operatorname{arccot} px\,dx\\ &=-i\sqrt{\frac{2}{\pi}}\left(-\frac{1}{\omega}\cos\omega x\operatorname{arccot} px\Big|_0^\infty-\frac{p}{\omega}\int_0^\infty\frac{\cos\omega x}{1+p^2x^2}dx\right)\\ &=-i\sqrt{\frac{\pi}{2}}\frac{1}{\omega}\left(1-e^{-|\omega|/p}\right).\end{aligned}\tag{12.10}$$

表 12.2 部分初等函数的 Fourier 正弦变换

$f(x), x\geqslant 0$	$F_s(\omega)$	成立条件
e^{-x}	$\sqrt{\frac{2}{\pi}}\frac{\omega}{1+\omega^2}$	
$\frac{1}{e^{x\sqrt{2\pi}}-1}-\frac{1}{x\sqrt{2\pi}}$	$\frac{1}{e^{\omega\sqrt{2\pi}}-1}-\frac{1}{\omega\sqrt{2\pi}}$	
$\frac{1}{\sinh(x\sqrt{\pi/2})}-\frac{1}{x\sqrt{\pi/2}}$	$\tanh\left(\omega\sqrt{\frac{\pi}{2}}\right)-1$	
$xe^{-x^2/2}$	$\omega e^{-\omega^2/2}$	
$\frac{\sin ax}{x}$	$\frac{1}{\sqrt{2\pi}}\ln\left\lvert\frac{a+\omega}{a-\omega}\right\rvert$	$a>0$
$x\left(1-x^2\right)^{\nu-1/2}\eta(1-x)$	$2^{\nu-3/2}\Gamma\left(\nu-\frac{1}{2}\right)\omega^{1-\nu}J_\nu(\omega)$	$\operatorname{Re}\nu>-1/2$

最后的积分可以用留数定理计算，例如见 (7.5b) 式.

上述结果也可以看成 $f(x)$ 的 Fourier 正弦变换：

$$F_s(\omega)=iF(\omega)=\sqrt{\frac{\pi}{2}}\frac{1}{\omega}\left(1-e^{-\omega/p}\right). \tag{12.10'}$$

这里去掉了指数函数中的绝对值符号，是因为在正弦变换中已经限定 $\omega\geqslant 0$.

同样，因为 $g(x)=\operatorname{arccot} px^2$ 是偶函数，所以

$$\begin{aligned}G(\omega)&=\frac{1}{\sqrt{2\pi}}\int_{-\infty}^{\infty}e^{-i\omega x}\operatorname{arccot} px^2\,dx=\sqrt{\frac{2}{\pi}}\int_0^{\infty}\cos\omega x\operatorname{arccot} px^2\,dx\\&=\sqrt{\frac{2}{\pi}}\left(\frac{1}{\omega}\sin\omega x\operatorname{arccot} px^2\Big|_0^{\infty}+\frac{2p}{\omega}\int_0^{\infty}\frac{x\sin\omega x}{1+p^2x^4}dx\right)\\&=\frac{\sqrt{2\pi}}{\omega}e^{-|\omega|/\sqrt{2p}}\sin\frac{\omega}{\sqrt{2p}}.\end{aligned} \tag{12.11}$$

这也能看成 $g(x)$ 的 Fourier 余弦变换，即

$$G_c(\omega)=G(\omega)=\frac{\sqrt{2\pi}}{\omega}e^{-\omega/\sqrt{2p}}\sin\frac{\omega}{\sqrt{2p}}. \tag{12.11'}$$

例 12.2 已知正弦积分

$$\operatorname{si}(x)=-\int_x^{\infty}\frac{\sin t}{t}dt,$$

试计算

$$\mathscr{F}_s\{\mathrm{si}\,(px)\} = \sqrt{\frac{2}{\pi}}\int_0^{\infty} \sin\omega x\,\mathrm{si}\,(px)\,\mathrm{d}x,$$

$$\mathscr{F}_c\{\mathrm{si}\,(px)\} = \sqrt{\frac{2}{\pi}}\int_0^{\infty} \cos\omega x\,\mathrm{si}\,(px)\,\mathrm{d}x,$$

其中 $p>0$.

解 因为

$$\mathrm{si}\,(px) = -\int_{px}^{\infty}\frac{\sin t}{t}\,\mathrm{d}t = -\int_x^{\infty}\frac{\sin pt}{t}\,\mathrm{d}t,$$

所以有

$$\begin{aligned}
\mathscr{F}_s\{\mathrm{si}\,(px)\} &= \sqrt{\frac{2}{\pi}}\int_0^{\infty} \sin\omega x\,\mathrm{si}\,(px)\,\mathrm{d}x \\
&= \sqrt{\frac{2}{\pi}}\left(-\frac{1}{\omega}\cos\omega x\,\mathrm{si}\,(px)\Big|_0^{\infty} + \frac{1}{\omega}\int_0^{\infty}\cos\omega x\,\frac{\sin px}{x}\,\mathrm{d}x\right) \\
&= \frac{1}{\omega}\sqrt{\frac{2}{\pi}}\left[-\frac{\pi}{2} + \frac{1}{2}\int_0^{\infty}\frac{\sin(p+\omega)x + \sin(p-\omega)x}{x}\,\mathrm{d}x\right] \\
&= \begin{cases}
-\dfrac{1}{\omega}\sqrt{\dfrac{\pi}{2}}, & \omega > p, \\
-\dfrac{1}{2p}\sqrt{\dfrac{\pi}{2}}, & \omega = p, \\
0, & \omega < p,
\end{cases}
\end{aligned} \tag{12.12}$$

$$\begin{aligned}
\mathscr{F}_c\{\mathrm{si}\,(px)\} &= \sqrt{\frac{2}{\pi}}\int_0^{\infty} \cos\omega x\,\mathrm{si}\,(px)\,\mathrm{d}x = -\sqrt{\frac{2}{\pi}}\int_0^{\infty}\cos\omega x\int_x^{\infty}\frac{\sin pt}{t}\,\mathrm{d}t\mathrm{d}x \\
&= -\sqrt{\frac{2}{\pi}}\left(\frac{1}{\omega}\sin\omega x\,\mathrm{si}\,(px)\Big|_0^{\infty} + \frac{1}{\omega}\int_0^{\infty}\sin\omega x\,\frac{\sin px}{x}\,\mathrm{d}x\right) \\
&= -\frac{1}{2\omega}\sqrt{\frac{2}{\pi}}\int_0^{\infty}\frac{\cos(p-\omega)x - \cos(p+\omega)x}{x}\,\mathrm{d}x \\
&= \begin{cases}
-\dfrac{1}{2\omega}\sqrt{\dfrac{2}{\pi}}\ln\dfrac{p+\omega}{|p-\omega|}, & p \neq \omega > 0, \\
-\infty\quad(\text{对数发散}), & p = \omega > 0.
\end{cases}
\end{aligned} \tag{12.13a}$$

当 $\omega=0$ 时，需要到 $\mathrm{si}\,(x)$ 的另一个表达式

$$\mathrm{si}\,(x) = -\int_0^{\pi/2}\mathrm{e}^{-x\cos t}\cos(x\sin t)\,\mathrm{d}t,$$

因而就能直接计算得

$$\begin{aligned}\mathscr{F}_c\{\mathrm{si}\,(px)\}\big|_{\omega=0} &= \sqrt{\frac{2}{\pi}}\int_0^\infty \mathrm{si}\,(px)\,\mathrm{d}x = \sqrt{\frac{2}{\pi}}\,\frac{1}{p}\int_0^\infty \mathrm{si}\,x\,\mathrm{d}x \\ &= -\sqrt{\frac{2}{\pi}}\,\frac{1}{p}\int_0^\infty\int_0^{\pi/2} \mathrm{e}^{-x\cos t}\cos(x\sin t)\,\mathrm{d}t\,\mathrm{d}x \\ &= -\sqrt{\frac{2}{\pi}}\,\frac{1}{p}\int_0^{\pi/2}\int_0^\infty \mathrm{e}^{-x\cos t}\cos(x\sin t)\,\mathrm{d}x\,\mathrm{d}t \\ &= -\sqrt{\frac{2}{\pi}}\,\frac{1}{p}\int_0^{\pi/2}\cos t\,\mathrm{d}t = -\sqrt{\frac{2}{\pi}}\,\frac{1}{p}. \end{aligned} \tag{12.13b}$$

例 12.3　已知余弦积分

$$\mathrm{ci}\,(x) = -\int_x^\infty \frac{\cos t}{t}\,\mathrm{d}t, \qquad x > 0,$$

试计算

$$\mathscr{F}_s\{\mathrm{ci}\,(px)\} = \sqrt{\frac{2}{\pi}}\int_0^\infty \sin\omega x\,\mathrm{si}\,(px)\,\mathrm{d}x,$$

$$\mathscr{F}_c\{\mathrm{ci}\,(px)\} = \sqrt{\frac{2}{\pi}}\int_0^\infty \cos\omega x\,\mathrm{ci}\,(px)\,\mathrm{d}x,$$

其中 $p > 0$.

解　因为

$$\mathrm{ci}\,(px) = -\int_{px}^\infty \frac{\cos t}{t}\,\mathrm{d}t = -\int_x^\infty \frac{\cos pt}{t}\,\mathrm{d}t,$$

所以

$$\begin{aligned}\mathscr{F}_s\{\mathrm{ci}\,(px)\} &= \sqrt{\frac{2}{\pi}}\int_0^\infty \sin\omega x\,\mathrm{ci}\,(px)\,\mathrm{d}x = -\sqrt{\frac{2}{\pi}}\int_0^\infty \sin\omega x\left(\int_x^\infty \frac{\cos pt}{t}\,\mathrm{d}t\right)\mathrm{d}x \\ &= -\sqrt{\frac{2}{\pi}}\int_0^\infty \frac{\cos pt}{t}\left(\int_0^t \sin\omega x\,\mathrm{d}x\right)\mathrm{d}t \\ &= -\frac{1}{\omega}\sqrt{\frac{2}{\pi}}\int_0^\infty \frac{\cos pt}{t}(1-\cos\omega t)\,\mathrm{d}x \\ &= -\frac{1}{2\omega}\sqrt{\frac{2}{\pi}}\int_0^\infty \left[\frac{\cos pt-\cos(p+\omega)t}{t} + \frac{\cos pt-\cos(p-\omega)t}{t}\right]\mathrm{d}t \\ &= \begin{cases} -\dfrac{1}{2\omega}\sqrt{\dfrac{2}{\pi}}\left(\ln\dfrac{|p-\omega|}{p} + \ln\dfrac{p+\omega}{p}\right), & p \neq \omega > 0, \\ \infty \quad (\text{对数发散}), & p = \omega, \\ 0, & \omega = 0, \end{cases}\end{aligned} \tag{12.14}$$

$$\begin{aligned}\mathscr{F}_c\{\mathrm{ci}\,(px)\} &= \sqrt{\frac{2}{\pi}}\int_0^{\infty}\cos\omega x\,\mathrm{ci}\,(px)\,\mathrm{d}x = -\sqrt{\frac{2}{\pi}}\int_0^{\infty}\cos\omega x\left(\int_x^{\infty}\frac{\cos pt}{t}\,\mathrm{d}t\right)\mathrm{d}x\\ &= -\sqrt{\frac{2}{\pi}}\int_0^{\infty}\frac{\cos pt}{t}\left(\int_0^{t}\cos\omega x\,\mathrm{d}x\right)\mathrm{d}t\\ &= -\frac{1}{\omega}\sqrt{\frac{2}{\pi}}\int_0^{\infty}\frac{\cos pt}{t}\,\sin\omega t\,\mathrm{d}x\\ &= -\frac{1}{2\omega}\sqrt{\frac{2}{\pi}}\int_0^{\infty}\left[\frac{\sin(p+\omega)t}{t}+\frac{\sin(\omega-p)t}{t}\right]\mathrm{d}t\\ &= \begin{cases}-\dfrac{1}{\omega}\sqrt{\dfrac{\pi}{2}}, & \omega>p,\\ -\dfrac{1}{2p}\sqrt{\dfrac{\pi}{2}}, & \omega=p,\\ 0, & \omega<p.\end{cases}\end{aligned} \tag{12.15}$$

12.1.2 有关 Fourier 积分的几个重要定理

下面不加证明地介绍有关 Fourier 积分的几个重要定理. 尽管后面的计算中不见得需要直接引用这些定理，但了解这些定理，对于理解 Fourier 积分和 Fourier 变换，肯定是有帮助的.

Riemann-Lebesgue 定理 设函数 $f(x)\in\mathscr{L}_1(-\infty,\infty)$，则

$$\lim_{\lambda\to\infty}\int_{-\infty}^{\infty}f(x)\mathrm{e}^{-\mathrm{i}\lambda x}\mathrm{d}x=0. \tag{12.16}$$

Fourier 积分收敛性定理 I 若函数 $f(x)\in\mathscr{L}_1(-\infty,\infty)$，则

$$\frac{1}{\pi}\int_0^{\infty}\mathrm{d}\lambda\int_{-\infty}^{\infty}f(t)\cos\lambda(x-t)\,\mathrm{d}t=a$$

的充分必要条件是对于任意给定的 δ，有

$$\lim_{\lambda\to\infty}\int_0^{\delta}\left[f(x+y)+f(x-y)-2a\right]\frac{\sin\lambda y}{y}\mathrm{d}y=0.$$

Fourier 积分收敛性定理 II 若 $f(x)\in\mathscr{L}_1(-\infty,\infty)$ 是在含有 x 点在内的某区间内的有限变差函数，则

$$\frac{1}{2}\big[f(x+)+f(x-)\big]=\frac{1}{\pi}\int_0^{\infty}\mathrm{d}\lambda\int_{-\infty}^{\infty}f(t)\,\cos\lambda(x-t)\,\mathrm{d}t. \tag{12.17a}$$

若 $f(x)$ 在区间 (a,b) 内连续且有限变差，则

$$f(x)=\frac{1}{\pi}\int_0^{\infty}\mathrm{d}\lambda\int_{-\infty}^{\infty}f(t)\,\cos\lambda(x-t)\,\mathrm{d}t, \tag{12.17b}$$

且积分在 (a,b) 内的任意区间上一致收敛.

Fourier 积分收敛性定理 III 设 $f(x)\in\mathscr{L}_1(-\infty,\infty)$，如果对于某个正数 δ，积分

$$\int_0^\delta |f(x+y)+f(x-y)-2f(x)|\,\frac{\mathrm{d}y}{y}$$

存在 (特别是，如果 $f(x)$ 在 x 点可微)，则 (12.17b) 式为真.

Fourier 积分收敛性定理 IV 设 $f(t)/(1+|t|)\in\mathscr{L}_1(-\infty,\infty)$，令

$$a_1(x)=\frac{1}{\pi}\int_{-\infty}^{\infty} f(y)\,\frac{\sin xy}{y}\,\mathrm{d}y,$$

$$b_1(x)=\frac{1}{\pi}\int_{-1}^{1} f(y)\frac{1-\cos xy}{y}\,\mathrm{d}y-\frac{1}{\pi}\int_{-\infty}^{-1} f(y)\,\frac{\cos xy}{y}\,\mathrm{d}y-\frac{1}{\pi}\int_{1}^{\infty} f(y)\,\frac{\cos xy}{y}\,\mathrm{d}y$$

在任意一个区间 $0<\delta\leqslant x\leqslant\Delta$ 上绝对连续，它们的导数分别为 $a(x)$ 与 $b(x)$. 若 $f(t)$ 在 $t=x$ 点的邻域内满足定理 12.2 或定理 12.3 的条件，则

$$\frac{1}{2}\big[f(x+)+f(x-)\big]=\int_0^\infty \big[a(u)\cos xu+b(u)\sin xu\big]\,\mathrm{d}u.$$

§12.2 Fourier 变换的 Parseval 公式

假设函数 $f(x)$ 与 $g(x)$ 的 Fourier 变换均存在，即

$$F(\omega)=\mathscr{F}\{f\}(\omega)=\frac{1}{\sqrt{2\pi}}\int_{-\infty}^{\infty} f(\xi)\mathrm{e}^{-\mathrm{i}\omega\xi}\mathrm{d}\xi, \tag{12.18a}$$

$$G(\omega)=\mathscr{F}\{g\}(\omega)=\frac{1}{\sqrt{2\pi}}\int_{-\infty}^{\infty} g(\xi)\mathrm{e}^{-\mathrm{i}\omega\xi}\mathrm{d}\xi, \tag{12.18b}$$

同时，它们的反演是

$$f(x)=\mathscr{F}^{-1}\{F\}(x)=\frac{1}{\sqrt{2\pi}}\int_{-\infty}^{\infty} F(\omega)\mathrm{e}^{\mathrm{i}\omega x}\mathrm{d}\omega, \tag{12.18c}$$

$$g(x)=\mathscr{F}^{-1}\{G\}(x)=\frac{1}{\sqrt{2\pi}}\int_{-\infty}^{\infty} G(\omega)\mathrm{e}^{\mathrm{i}\omega x}\mathrm{d}\omega, \tag{12.18d}$$

于是

$$\begin{aligned}\int_{-\infty}^{\infty} f(x)g(x)\mathrm{d}x &= \frac{1}{2\pi}\int_{-\infty}^{\infty}\mathrm{d}x\int_{-\infty}^{\infty} F(\omega)\mathrm{e}^{\mathrm{i}\omega x}\mathrm{d}\omega\int_{-\infty}^{\infty} G(\sigma)\mathrm{e}^{\mathrm{i}\sigma x}\mathrm{d}\sigma\\ &=\int_{-\infty}^{\infty} F(\omega)\mathrm{d}\omega\int_{-\infty}^{\infty} G(\sigma)\mathrm{d}\sigma\left[\frac{1}{2\pi}\int_{-\infty}^{\infty}\mathrm{e}^{\mathrm{i}(\omega+\sigma)x}\mathrm{d}x\right]\\ &=\int_{-\infty}^{\infty} F(\omega)\mathrm{d}\omega\int_{-\infty}^{\infty} G(\sigma)\delta(\omega+\sigma)\mathrm{d}\sigma\\ &=\int_{-\infty}^{\infty} F(\omega)G(-\omega)\mathrm{d}\omega, \end{aligned}\tag{12.19}$$

$$\begin{aligned}\int_{-\infty}^{\infty} F(\omega)G(\omega)\mathrm{d}\omega &= \frac{1}{2\pi}\int_{-\infty}^{\infty}\mathrm{d}\omega\int_{-\infty}^{\infty} f(x)\mathrm{e}^{-\mathrm{i}\omega x}\mathrm{d}x\int_{-\infty}^{\infty} g(y)\mathrm{e}^{-\mathrm{i}\omega y}\mathrm{d}y\\ &= \int_{-\infty}^{\infty} f(x)\mathrm{d}x\int_{-\infty}^{\infty} g(y)\mathrm{d}y\left[\frac{1}{2\pi}\int_{-\infty}^{\infty}\mathrm{e}^{-\mathrm{i}\omega(x+y)}\mathrm{d}\omega\right.\\ &= \int_{-\infty}^{\infty} f(x)\mathrm{d}x\int_{-\infty}^{\infty} g(y)\delta(x+y)\mathrm{d}y\\ &= \int_{-\infty}^{\infty} f(x)g(-x)\mathrm{d}x.\end{aligned}\tag{12.20}$$

类似的关系式还有

$$\begin{aligned}\int_{-\infty}^{\infty} f(x)g^*(x)\mathrm{d}x &= \frac{1}{2\pi}\int_{-\infty}^{\infty}\mathrm{d}x\int_{-\infty}^{\infty} F(\omega)\mathrm{e}^{\mathrm{i}\omega x}\mathrm{d}\omega\left[\int_{-\infty}^{\infty} G(\sigma)\mathrm{e}^{\mathrm{i}\sigma x}\mathrm{d}\sigma\right]^*\\ &= \frac{1}{2\pi}\int_{-\infty}^{\infty}\mathrm{d}x\int_{-\infty}^{\infty} F(\omega)\mathrm{e}^{\mathrm{i}\omega x}\mathrm{d}\omega\int_{-\infty}^{\infty} G^*(\sigma)\mathrm{e}^{-\mathrm{i}\sigma x}\mathrm{d}\sigma\\ &= \int_{-\infty}^{\infty} F(\omega)\mathrm{d}\omega\int_{-\infty}^{\infty} G^*(\sigma)\mathrm{d}\sigma\left[\frac{1}{2\pi}\int_{-\infty}^{\infty}\mathrm{e}^{\mathrm{i}(\omega-\sigma)x}\mathrm{d}x\right]\\ &= \int_{-\infty}^{\infty} F(\omega)\mathrm{d}\omega\int_{-\infty}^{\infty} G^*(\sigma)\delta(\omega-\sigma)\mathrm{d}\sigma\\ &= \int_{-\infty}^{\infty} F(\omega)G^*(\omega)\mathrm{d}\omega.\end{aligned}\tag{12.21}$$

特别是，取 $f(x)=g(x)$，就得到

$$\int_{-\infty}^{\infty}|f(x)|^2\,\mathrm{d}x=\int_{-\infty}^{\infty}|F(\omega)|^2\,\mathrm{d}\omega.\tag{12.22}$$

另外，还能得到

$$\begin{aligned}\int_{-\infty}^{\infty} f(x)G(x)\mathrm{d}x &= \frac{1}{2\pi}\int_{-\infty}^{\infty}\mathrm{d}x\int_{-\infty}^{\infty} F(\omega)\mathrm{e}^{\mathrm{i}\omega x}\mathrm{d}\omega\int_{-\infty}^{\infty} g(\xi)\mathrm{e}^{\mathrm{i}\xi x}\mathrm{d}\xi\\ &= \int_{-\infty}^{\infty} F(\omega)\mathrm{d}\omega\int_{-\infty}^{\infty} g(\xi)\mathrm{d}\xi\left[\frac{1}{2\pi}\int_{-\infty}^{\infty}\mathrm{e}^{\mathrm{i}(\omega-\xi)x}\mathrm{d}x\right]\\ &= \int_{-\infty}^{\infty} F(\omega)\mathrm{d}\omega\int_{-\infty}^{\infty} g(\xi)\delta(\omega-\xi)\mathrm{d}\xi\\ &= \int_{-\infty}^{\infty} F(\omega)g(\omega)\mathrm{d}\omega.\end{aligned}\tag{12.23}$$

注意这里的 $g(\omega)$ 应理解为将函数 $g(x)$ 中的自变量 x 改写成 ω，相应地，$G(x)$ 则是将 $G(\omega)$ 中的自变量 ω 改写成 x，就是将 (12.18b) 和 (12.18d) 两式改写成

$$G(x)=\mathscr{F}\{g\}(x)=\frac{1}{\sqrt{2\pi}}\int_{-\infty}^{\infty} g(\xi)\mathrm{e}^{-\mathrm{i}x\xi}\mathrm{d}\xi,\tag{12.18b$'$}$$

$$g(\omega)=\mathscr{F}^{-1}\{G\}(\omega)=\frac{1}{\sqrt{2\pi}}\int_{-\infty}^{\infty} G(x)\mathrm{e}^{\mathrm{i}\omega x}\mathrm{d}x.\tag{12.18d$'$}$$

(12.19) — (12.23) 式均称为 Fourier 变换的 Parseval 公式. 在推导这些公式时, 都用到了交换积分次序, 因而都要求函数 $f(x)$, $g(x)$ (相应地, 函数 $F(\omega)$, $G(\omega)$) 满足一定的条件. 这里不做仔细的讨论. 但笼统地说, 如果函数 $f(x)$ 与 $g(x)$ 都是 (在区间 $(-\infty,\infty)$ 上) 平方可积的, 则上述诸式均成立. 而如果从广义函数的角度来看, 这些等式自然在广义函数的意义下都成立.

类似地, 对于 Fourier 正弦变换, 也能证明

$$\int_0^\infty f(x)g^*(x)\mathrm{d}x = \int_0^\infty F_s(\omega)G_s^*(\omega)\mathrm{d}\omega, \tag{12.24}$$

$$\int_0^\infty |f(x)|^2\,\mathrm{d}x = \int_{-\infty}^\infty |F_s(\omega)|^2\,\mathrm{d}\omega, \tag{12.25}$$

$$\int_0^\infty f(x)G_s(x)\mathrm{d}x = \int_0^\infty F_s(\omega)g(\omega)\mathrm{d}\omega. \tag{12.26}$$

对于 Fourier 余弦变换, 也有

$$\int_0^\infty f(x)g^*(x)\mathrm{d}x = \int_0^\infty F_c(\omega)G_c^*(\omega)\mathrm{d}\omega, \tag{12.27}$$

$$\int_0^\infty |f(x)|^2\,\mathrm{d}x = \int_{-\infty}^\infty |F_c(\omega)|^2\,\mathrm{d}\omega, \tag{12.28}$$

$$\int_0^\infty f(x)G_c(x)\mathrm{d}x = \int_0^\infty F_c(\omega)g(\omega)\mathrm{d}\omega. \tag{12.29}$$

援用上述 Parseval 公式, 可以计算某些特定形式的积分.

例 12.4　作为应用 Parseval 公式的最简单的例子, 取 $f(x)=\eta(a-|x|)$, $g(x)=\eta(b-|x|)$, 则

$$F(\omega)=\frac{1}{\sqrt{2\pi}}\int_{-a}^a \mathrm{e}^{-\mathrm{i}\omega x}\,\mathrm{d}x=\sqrt{\frac{2}{\pi}}\,\frac{\sin a\omega}{\omega},$$

$G(\omega)$ 也有类似的表达式, 于是应用 (12.19) 式或 (12.21) 式, 即得

$$\frac{2}{\pi}\int_{-\infty}^\infty \frac{\sin a\omega}{\omega}\,\frac{\sin b\omega}{\omega}\,\mathrm{d}\omega=\int_{-\min(a,b)}^{\min(a,b)}\mathrm{d}x=2\min(a,b),$$

或者直接写成

$$\int_{-\infty}^\infty \frac{\sin ax\,\sin bx}{x^2}\,\mathrm{d}x=\pi\min(a,b). \tag{12.30}$$

例 12.5　计算积分 $\displaystyle\int_0^\infty \ln\left|\frac{a+x}{a-x}\right|\,\ln\left|\frac{b+x}{b-x}\right|\,\mathrm{d}x$, 其中 $a>0$, $b>0$.

解　因为(见表 12.2)

$$\mathscr{F}_s\left\{\frac{\sin ax}{x}\right\}=\frac{1}{2\pi}\ln\left|\frac{a+\omega}{a-\omega}\right|,\qquad \mathscr{F}_s\left\{\frac{\sin bx}{x}\right\}=\frac{1}{2\pi}\ln\left|\frac{b+\omega}{b-\omega}\right|,$$

所以，根据 (12.24) 式，有

$$\int_0^\infty \ln\left|\frac{a+x}{a-x}\right| \ln\left|\frac{b+x}{b-x}\right| \mathrm{d}x = 2\pi \int_0^\infty \frac{\sin ax}{x}\frac{\sin bx}{x}\,\mathrm{d}x = \pi^2 \min(a,b). \tag{12.31}$$

例 12.6 计算积分 $\displaystyle\int_0^\infty \operatorname{arccot} px \operatorname{arccot} qx\,\mathrm{d}x$，其中 $p>0,\ q>0$.

解 上面的例 12.1 中已经计算过 $\operatorname{arccot} px$ 的 Fourier 正弦变换，因此，根据 (12.24) 式，就能求得

$$\begin{aligned}\int_0^\infty \operatorname{arccot} px \operatorname{arccot} qx\,\mathrm{d}x &= \frac{\pi}{2}\int_0^\infty \frac{1-\mathrm{e}^{-\omega/p}}{\omega}\frac{1-\mathrm{e}^{-\omega/q}}{\omega}\,\mathrm{d}\omega \\ &= \frac{\pi}{2}\left\{-\frac{\left(1-\mathrm{e}^{-\omega/p}\right)\left(1-\mathrm{e}^{-\omega/q}\right)}{\omega}\Bigg|_0^\infty + \int_{-\infty}^\infty \left[\left(1-\mathrm{e}^{-\omega/p}\right)\left(1-\mathrm{e}^{-\omega/q}\right)\right]'\frac{\mathrm{d}\omega}{\omega}\right\} \\ &= \frac{\pi}{2}\int_{-\infty}^\infty \left[\frac{1}{p}\mathrm{e}^{-\omega/p}\left(1-\mathrm{e}^{-\omega/q}\right) + \frac{1}{q}\mathrm{e}^{-\omega/q}\left(1-\mathrm{e}^{-\omega/p}\right)\right]\frac{\mathrm{d}\omega}{\omega} \\ &= \frac{\pi}{2}\left[\frac{1}{p}\ln\left(1+\frac{p}{q}\right) + \frac{1}{q}\ln\left(1+\frac{q}{p}\right)\right].\end{aligned} \tag{12.32}$$

例 12.7 计算积分 $\displaystyle\int_0^\infty \operatorname{arccot}\frac{x^2}{2p^2}\operatorname{arccot}\frac{x^2}{2q^2}\,\mathrm{d}x$，其中 $p>0,\ q>0$.

解 上面的例 12.1 中也已经计算过 $\operatorname{arccot} px^2$ 的 Fourier 变换，因此有

$$\mathscr{F}_c\left\{\operatorname{arccot}\frac{x^2}{2p^2}\right\} = \frac{\sqrt{2\pi}}{\omega}\,\mathrm{e}^{-\omega p}\sin\omega p,$$

根据 (12.27) 式，就有

$$\begin{aligned}\int_0^\infty \operatorname{arccot}\frac{x^2}{2p^2}\operatorname{arccot}\frac{x^2}{2q^2}\,\mathrm{d}x &= 2\pi\int_0^\infty \frac{\sin(\omega p)}{\omega}\frac{\sin(\omega q)}{\omega}\,\mathrm{e}^{-\omega(p+q)}\,\mathrm{d}\omega \\ &= -\frac{\pi}{2}\int_0^\infty \frac{\mathrm{e}^{\mathrm{i}\omega p}-\mathrm{e}^{-\mathrm{i}\omega p}}{\omega}\frac{\mathrm{e}^{\mathrm{i}\omega q}-\mathrm{e}^{-\mathrm{i}\omega q}}{\omega}\,\mathrm{e}^{-\omega(p+q)}\,\mathrm{d}\omega.\end{aligned}$$

我们可以计算出积分

$$\begin{aligned}&\int_0^\infty \frac{\mathrm{e}^{-\alpha x}-\mathrm{e}^{-\beta x}}{x}\frac{\mathrm{e}^{-\gamma x}-\mathrm{e}^{-\delta x}}{x}\,\mathrm{d}x = \int_0^\infty \frac{\left[(\mathrm{e}^{-\alpha x}-\mathrm{e}^{-\beta x})(\mathrm{e}^{-\gamma x}-\mathrm{e}^{-\delta x})\right]'}{x}\,\mathrm{d}x \\ &= \int_0^\infty \left(-\alpha\mathrm{e}^{-\alpha x}+\beta\mathrm{e}^{-\beta x}\right)\frac{\mathrm{e}^{-\gamma x}-\mathrm{e}^{-\delta x}}{x}\,\mathrm{d}x \\ &\quad + \int_0^\infty \left(-\gamma\mathrm{e}^{-\gamma x}+\delta\mathrm{e}^{-\delta x}\right)\frac{\mathrm{e}^{-\alpha x}-\mathrm{e}^{-\beta x}}{x}\,\mathrm{d}x \\ &= (\alpha+\gamma)\ln(\alpha+\gamma) - (\alpha+\delta)\ln(\alpha+\delta) - (\beta+\gamma)\ln(\beta+\gamma) + (\beta+\delta)\ln(\beta+\delta).\end{aligned} \tag{12.33}$$

在其中代入

$$\alpha = p\,(1-\mathrm{i}),\quad \beta = p\,(1+\mathrm{i}),\quad \gamma = q\,(1-\mathrm{i}),\quad \delta = q\,(1+\mathrm{i}),$$

就能得到

$$\begin{aligned}(\alpha+\gamma)\ln(\alpha+\gamma) &= (p+q)(1-\mathrm{i})\left[\ln(p+q)+\frac{1}{2}\ln 2-\frac{\mathrm{i}\pi}{4}\right]\\ &= (p+q)\left[\ln(p+q)+\frac{1}{2}\ln 2-\frac{\pi}{4}\right]-\mathrm{i}(p+q)\left[\ln(p+q)+\frac{1}{2}\ln 2+\frac{\pi}{4}\right],\\ (\beta+\delta)\ln(\beta+\delta) &= (p+q)(1+\mathrm{i})\left[\ln(p+q)+\frac{1}{2}\ln 2+\frac{\mathrm{i}\pi}{4}\right]\\ &= (p+q)\left[\ln(p+q)+\frac{1}{2}\ln 2-\frac{\pi}{4}\right]+\mathrm{i}(p+q)\left[\ln(p+q)+\frac{1}{2}\ln 2+\frac{\pi}{4}\right],\\ (\alpha+\delta)\ln(\alpha+\delta) &= \big[(p+q)-\mathrm{i}(p-q)\big]\left[\frac{1}{2}\ln(p^2+q^2)+\frac{1}{2}\ln 2-\mathrm{i}\arctan\frac{p-q}{p+q}\right]\\ &= \frac{p+q}{2}\ln(p^2+q^2)+\frac{p+q}{2}\ln 2-(p-q)\arctan\frac{p-q}{p+q}\\ &\quad -\mathrm{i}\left[\frac{p-q}{2}\ln(p^2+q^2)+\frac{p-q}{2}\ln 2+(p+q)\arctan\frac{p-q}{p+q}\right],\\ (\beta+\gamma)\ln(\beta+\gamma) &= \big[(p+q)+\mathrm{i}(p-q)\big]\left[\frac{1}{2}\ln(p^2+q^2)+\frac{1}{2}\ln 2+\mathrm{i}\arctan\frac{p-q}{p+q}\right]\\ &= \frac{p+q}{2}\ln(p^2+q^2)+\frac{p+q}{2}\ln 2-(p-q)\arctan\frac{p-q}{p+q}\\ &\quad +\mathrm{i}\left[\frac{p-q}{2}\ln(p^2+q^2)+\frac{p-q}{2}\ln 2+(p+q)\arctan\frac{p-q}{p+q}\right].\end{aligned}$$

综合以上结果，我们就求得

$$\begin{aligned}&\int_0^\infty \operatorname{arccot}\frac{x^2}{2p^2}\operatorname{arccot}\frac{x^2}{2q^2}\,\mathrm{d}x\\ &\quad=\frac{\pi}{2}\left[(p+q)\ln\frac{p^2+q^2}{(p+q)^2}+\frac{(p+q)\pi}{2}-2(p-q)\arctan\frac{p-q}{p+q}\right].\end{aligned}\tag{12.34}$$

例 12.8 计算积分 $\int_0^\infty \mathrm{si}\,(px)\ \mathrm{si}\,(qx)\,\mathrm{d}x$ 与 $\int_0^\infty \mathrm{ci}\,(px)\ \mathrm{ci}\,(qx)\,\mathrm{d}x$，其中 $p>0$，$q>0$.

解 关于 $\mathrm{si}\,(px)$ 的 Fourier 正弦变换已在例 12.2 中给出，所以，根据公式 (12.24) 有

$$\int_0^\infty \mathrm{si}\,(px)\,\mathrm{si}\,(qx)\,\mathrm{d}x=\frac{\pi}{2}\int_{\max(p,q)}^\infty\frac{\mathrm{d}\omega}{\omega^2}=\frac{\pi}{2}\frac{1}{\max(p,q)}.\tag{12.35}$$

同样，$\mathrm{ci}\,(px)$ 的 Fourier 余弦变换见例 12.3，故亦有

$$\int_0^\infty \mathrm{ci}\,(px)\,\mathrm{ci}\,(qx)\,\mathrm{d}x=\frac{\pi}{2}\int_{\max(p,q)}^\infty\frac{\mathrm{d}\omega}{\omega^2}=\frac{\pi}{2}\frac{1}{\max(p,q)}.\tag{12.36}$$

再利用 $\mathrm{si}\,(px)$ 的 Fourier 余弦变换 (见例 12.2) 与 $\mathrm{ci}\,(px)$ 的 Fourier 正弦变换 (见例 12.3)，又能进一步推出

$$\int_0^\infty \ln\frac{p+\omega}{|p-\omega|}\ln\frac{q+\omega}{|q-\omega|}\frac{\mathrm{d}\omega}{\omega^2}=\frac{\pi^2}{\max(p,q)}, \tag{12.37}$$

$$\int_0^\infty \ln\frac{|p^2-\omega^2|}{p^2}\ln\frac{|q^2-\omega^2|}{q^2}\frac{\mathrm{d}\omega}{\omega^2}=\frac{\pi^2}{\max(p,q)}. \tag{12.38}$$

我们还能计算 $\displaystyle\int_0^\infty \mathrm{si}\,(px)\,\mathrm{ci}\,(qx)\,\mathrm{d}x$. 不妨先假设 $p\geqslant q$，这时根据 $\mathrm{si}\,(px)$ 与 $\mathrm{ci}\,(qx)$ 的 Fourier 正弦变换，有

$$\begin{aligned}\int_0^\infty \mathrm{si}\,(px)\,\mathrm{ci}\,(qx)\,\mathrm{d}x&=\frac{1}{2}\int_p^\infty \ln\frac{\omega^2-q^2}{q^2}\frac{\mathrm{d}\omega}{\omega^2}\\&=-\frac{1}{2\omega}\ln\frac{\omega^2-q^2}{q^2}\bigg|_p^\infty+\int_p^\infty\frac{1}{\omega^2-q^2}\mathrm{d}\omega\\&=\frac{1}{2p}\ln\frac{p^2-q^2}{q^2}+\frac{1}{2q}\ln\frac{p+q}{p-q}.\end{aligned} \tag{12.39a}$$

当 $p=q$ 时，可按 l'Hôpital 法则求极限：

$$\begin{aligned}&\int_0^\infty \mathrm{si}\,(qx)\,\mathrm{ci}\,(qx)\,\mathrm{d}x\\&\quad=\lim_{p\to q}\left(\frac{1}{2p}\ln\frac{p^2-q^2}{q^2}+\frac{1}{2q}\ln\frac{p+q}{p-q}\right)=\frac{1}{q}\ln 2.\end{aligned} \tag{12.39b}$$

如果 $p<q$，则可利用 $\mathrm{si}\,(px)$ 与 $\mathrm{ci}\,(qx)$ 的 Fourier 余弦变换，从而求得

$$\begin{aligned}\int_0^\infty \mathrm{si}\,(px)\,\mathrm{ci}\,(qx)\,\mathrm{d}x&=\frac{1}{2}\int_q^\infty \ln\frac{\omega+p}{\omega-p}\frac{\mathrm{d}\omega}{\omega^2}\\&=-\frac{1}{2\omega}\ln\frac{\omega+p}{\omega-p}\bigg|_q^\infty+\frac{1}{2}\int_q^\infty\frac{1}{\omega}\left(\frac{1}{\omega+p}-\frac{1}{\omega-p}\right)\mathrm{d}\omega\\&=\frac{1}{2q}\ln\frac{p+q}{q-p}+\frac{1}{2p}\ln\frac{q^2-p^2}{q^2}.\end{aligned} \tag{12.39c}$$

还可以把这几种情形合并起来，写成

$$\int_0^\infty \mathrm{si}\,(px)\,\mathrm{ci}\,(qx)\,\mathrm{d}x=\begin{cases}\dfrac{1}{2p}\ln\dfrac{|p^2-q^2|}{q^2}+\dfrac{1}{2q}\ln\dfrac{p+q}{|p-q|}, & p\neq q,\\[2ex] \dfrac{1}{q}\ln 2, & p=q.\end{cases} \tag{12.39$'$}$$

§12.3 Fourier 变换的卷积公式

类似于 Parseval 公式的推导，还能导出 Fourier 变换的卷积公式：

$$\begin{aligned}\int_{-\infty}^{\infty} f(\xi)\, g(x-\xi)\,\mathrm{d}\xi &= \frac{1}{2\pi}\int_{-\infty}^{\infty}\mathrm{d}\xi\int_{-\infty}^{\infty} F(\omega)\mathrm{e}^{\mathrm{i}\omega\xi}\,\mathrm{d}\omega\int_{-\infty}^{\infty} G(\sigma)\mathrm{e}^{\mathrm{i}\sigma(x-\xi)}\,\mathrm{d}\sigma\\ &= \frac{1}{2\pi}\int_{-\infty}^{\infty} F(\omega)\,\mathrm{d}\omega\int_{-\infty}^{\infty} G(\sigma)\,\mathrm{e}^{\mathrm{i}\sigma x}\,\mathrm{d}\sigma\int_{-\infty}^{\infty}\mathrm{e}^{\mathrm{i}(\omega-\sigma)\xi}\,\mathrm{d}\xi\\ &= \int_{-\infty}^{\infty} F(\omega)\,\mathrm{d}\omega\int_{-\infty}^{\infty} G(\sigma)\,\mathrm{e}^{\mathrm{i}\sigma x}\,\delta(\omega-\sigma)\,\mathrm{d}\sigma\\ &= \int_{-\infty}^{\infty} F(\omega)\,G(\omega)\,\mathrm{e}^{\mathrm{i}\omega x}\,\mathrm{d}\omega,\end{aligned} \tag{12.40}$$

$$\begin{aligned}\int_{-\infty}^{\infty} F(\sigma)\,G(\omega-\sigma)\,\mathrm{d}\sigma &= \frac{1}{2\pi}\int_{-\infty}^{\infty}\mathrm{d}\sigma\int_{-\infty}^{\infty} f(x)\,\mathrm{e}^{-\mathrm{i}\sigma x}\,\mathrm{d}x\int_{-\infty}^{\infty} g(y)\,\mathrm{e}^{-\mathrm{i}(\omega-\sigma)y}\,\mathrm{d}y\\ &= \frac{1}{2\pi}\int_{-\infty}^{\infty} f(x)\,\mathrm{d}x\int_{-\infty}^{\infty} g(y)\mathrm{e}^{-\mathrm{i}\omega y}\,\mathrm{d}y\int_{-\infty}^{\infty}\mathrm{e}^{-\mathrm{i}\sigma(x-y)}\,\mathrm{d}\sigma\\ &= \int_{-\infty}^{\infty} f(x)\,\mathrm{d}x\int_{-\infty}^{\infty} g(y)\mathrm{e}^{-\mathrm{i}\omega y}\,\delta(x-y)\,\mathrm{d}y\\ &= \int_{-\infty}^{\infty} f(x)\,g(x)\,\mathrm{e}^{-\mathrm{i}\omega x}\,\mathrm{d}x.\end{aligned} \tag{12.41}$$

作为它们的特殊情形，还可以在 (12.40) 式中代入 $x=0$，或是在 (12.41) 式中代入 $\omega=0$，得

$$\int_{-\infty}^{\infty} f(\xi)\,g(-\xi)\,\mathrm{d}\xi = \int_{-\infty}^{\infty} F(\omega)\,G(\omega)\,\mathrm{d}\omega, \tag{12.42}$$

$$\int_{-\infty}^{\infty} F(\sigma)\,G(-\sigma)\,\mathrm{d}\sigma = \int_{-\infty}^{\infty} f(x)\,g(x)\,\mathrm{d}x. \tag{12.43}$$

它们就是 Fourier 变换的 Parseval 公式，见前面的 (12.19) 和 (12.20) 二式.

例 12.9 计算积分 $f(x)=\displaystyle\int_{-\infty}^{\infty}\frac{\mathrm{e}^{-\mathrm{i}\pi\xi^2}}{\cosh\pi\xi}\,\mathrm{e}^{-\mathrm{i}2\pi x\xi}\mathrm{d}\xi$.

解 这个积分可以看成 $\displaystyle\int_{-\infty}^{\infty}\phi(x)\,\psi(x)\,\mathrm{e}^{-\mathrm{i}\omega x}\,\mathrm{d}x$ 型的积分，因而有可能应用卷积定理而计算出.

取 $\phi(x)=\mathrm{e}^{-\mathrm{i}\pi x^2}$，$\psi(x)=1/\cosh\pi x$，由表 12.1 可以检索得①

$$\mathscr{F}\left\{\mathrm{e}^{-\mathrm{i}\pi x^2}\right\}=\frac{1}{\sqrt{2\pi}}\,\mathrm{e}^{\mathrm{i}\omega^2/(4\pi)}\,\mathrm{e}^{-\mathrm{i}\pi/4},\qquad \mathscr{F}\left\{\frac{1}{\cosh\pi x}\right\}=\frac{1}{\sqrt{2\pi}}\,\frac{1}{\cosh(\omega/2)},$$

① 因为这两个函数都是偶函数，它们的 Fourier 变换与 Fourier 余弦变换相同. 而 $1/\cosh\pi x$ 的 Fourier 变换可应用留数定理计算，见第六章的例 6.6；$\mathrm{e}^{-\mathrm{i}\pi x^2}$ 的 Fourier 变换，亦可通过自变量的变换化为 Γ 函数而求得.

所以，按照 (12.41) 式，有

$$\int_{-\infty}^{\infty} \frac{e^{-i\pi\xi^2}}{\cosh \pi\xi} e^{-i\omega\xi} d\xi = \frac{1}{2\pi} \int_{-\infty}^{\infty} \frac{e^{i(\omega-\sigma)^2/(4\pi)}}{\cosh(\sigma/2)} e^{-i\pi/4} d\sigma.$$

作代换 $\omega = 2\pi x$, $\sigma = 2\pi t$，即得

$$\begin{aligned} f(x) \equiv \int_{-\infty}^{\infty} \frac{e^{-i\pi\xi^2}}{\cosh \pi\xi} e^{-i2\pi x\xi} d\xi &= e^{-i\pi/4} \int_{-\infty}^{\infty} \frac{e^{i\pi(x-t)^2}}{\cosh \pi t} dt \\ &= e^{i\pi x^2} e^{-i\pi/4} \int_{-\infty}^{\infty} \frac{e^{i\pi t^2}}{\cosh \pi t} e^{-i2\pi x t} dt, \end{aligned}$$

即

$$e^{-i\pi x^2} f(x) = e^{-i\pi/4} \int_{-\infty}^{\infty} \frac{e^{i\pi t^2}}{\cosh \pi t} e^{-i2\pi x t} dt. \tag{12.44}$$

再将 x 改写为 $x \pm i/2$，又有

$$\begin{aligned} e^{-i\pi(x+i/2)^2} f(x+i/2) &= e^{-i\pi/4} \int_{-\infty}^{\infty} \frac{e^{i\pi t^2}}{\cosh \pi t} e^{-i2\pi x t} e^{\pi t} dt, \\ e^{-i\pi(x-i/2)^2} f(x-i/2) &= e^{-i\pi/4} \int_{-\infty}^{\infty} \frac{e^{i\pi t^2}}{\cosh \pi t} e^{-i2\pi x t} e^{-\pi t} dt. \end{aligned}$$

两式相加，得

$$\begin{aligned} & e^{-i\pi(x+i/2)^2} f(x+i/2) + e^{-i\pi(x-i/2)^2} f(x-i/2) \\ &= 2 e^{-i\pi/4} \int_{-\infty}^{\infty} e^{i\pi(t^2-2xt)} dt = 2 e^{-i\pi/4} e^{-i\pi x^2} \int_{-\infty}^{\infty} e^{i\pi(t-x)^2} dt \\ &= 2 e^{-i\pi/4} e^{-i\pi x^2} \int_{-\infty}^{\infty} e^{i\pi t^2} dt = 2 e^{-i\pi x^2}, \end{aligned}$$

即

$$e^{\pi x} f(x+i/2) + e^{-\pi x} f(x-i/2) = 2 e^{-i\pi/4}. \tag{12.45}$$

在上面的计算中用到了

$$\int_{-\infty}^{\infty} \sin \pi x^2 dx = \int_{-\infty}^{\infty} \cos \pi x^2 dx = \frac{1}{\sqrt{2}}. \tag{12.46}$$

另一方面，由 $f(x)$ 的原始表达式又能直接写出

$$f(x+i/2) + f(x-i/2) = 2 \int_{-\infty}^{\infty} e^{-i\pi\xi^2 - i2\pi x\xi} d\xi = 2 e^{i\pi x^2} e^{-i\pi/4}. \tag{12.47}$$

这样就得到了关于 $f(x\pm\mathrm{i}/2)$ 的一对代数方程，消去 $f(x-\mathrm{i}/2)$即得

$$\left(\mathrm{e}^{\pi x}-\mathrm{e}^{-\pi x}\right)f(x+\mathrm{i}/2)=2\,\mathrm{e}^{-\mathrm{i}\pi/4}\left(1-\mathrm{e}^{\mathrm{i}\pi x^2}\,\mathrm{e}^{-\pi x}\right).$$

将上式中的 x 改写成 $x-\mathrm{i}/2$，略加整理就得到所要求的积分

$$f(x)\equiv\int_{-\infty}^{\infty}\frac{\mathrm{e}^{-\mathrm{i}\pi\xi^2}}{\cosh\pi\xi}\,\mathrm{e}^{-\mathrm{i}2\pi x\xi}\mathrm{d}\xi=\frac{1}{\cosh\pi x}\left(\mathrm{e}^{\mathrm{i}\pi/4}-\mathrm{i}\,\mathrm{e}^{\mathrm{i}\pi x^2}\right).\tag{12.48a}$$

分别比较实部和虚部，还有

$$\int_{-\infty}^{\infty}\frac{\cos\pi\xi^2\,\cos2\pi x\xi}{\cosh\pi\xi}\,\mathrm{d}\xi=\frac{1}{\cosh\pi x}\left(\sin\pi x^2+\frac{1}{\sqrt{2}}\right),\tag{12.48b}$$

$$\int_{-\infty}^{\infty}\frac{\sin\pi\xi^2\,\cos2\pi x\xi}{\cosh\pi\xi}\,\mathrm{d}\xi=\frac{1}{\cosh\pi x}\left(\cos\pi x^2-\frac{1}{\sqrt{2}}\right).\tag{12.48c}$$

☞ **讨论** 由 (12.48a) 式可以导出 $f(x\pm\mathrm{i}/2)$，即

$$f(x+\mathrm{i}/2)=\int_{-\infty}^{\infty}\frac{\mathrm{e}^{\pi\xi}}{\cosh\pi\xi}\,\mathrm{e}^{-\mathrm{i}\pi\xi^2}\,\mathrm{e}^{-\mathrm{i}2\pi x\xi}\,\mathrm{d}\xi=\frac{\mathrm{e}^{-\mathrm{i}\pi/4}}{\sinh\pi x}\left(1-\mathrm{e}^{-\pi x}\,\mathrm{e}^{\mathrm{i}\pi x^2}\right),\tag{12.49}$$

$$f(x-\mathrm{i}/2)=\int_{-\infty}^{\infty}\frac{\mathrm{e}^{-\pi\xi}}{\cosh\pi\xi}\,\mathrm{e}^{-\mathrm{i}\pi\xi^2}\,\mathrm{e}^{-\mathrm{i}2\pi x\xi}\,\mathrm{d}\xi=-\frac{\mathrm{e}^{-\mathrm{i}\pi/4}}{\sinh\pi x}\left(1-\mathrm{e}^{\pi x}\,\mathrm{e}^{\mathrm{i}\pi x^2}\right).\tag{12.50}$$

或者分别比较实部与虚部，得

$$\begin{aligned}&\int_{-\infty}^{\infty}\frac{\mathrm{e}^{\pi\xi}}{\cosh\pi\xi}\left(\cos\pi\xi^2\,\cos2\pi x\xi-\sin\pi\xi^2\,\sin2\pi x\xi\right)\mathrm{d}\xi\\&\qquad=\frac{1}{\sqrt{2}\,\sinh\pi x}\left[1-\mathrm{e}^{-\pi x}\left(\cos\pi x^2+\sin\pi x^2\right)\right],\end{aligned}\tag{12.51}$$

$$\begin{aligned}&\int_{-\infty}^{\infty}\frac{\mathrm{e}^{\pi\xi}}{\cosh\pi\xi}\left(\cos\pi\xi^2\,\sin2\pi x\xi+\sin\pi\xi^2\,\cos2\pi x\xi\right)\mathrm{d}\xi\\&\qquad=\frac{1}{\sqrt{2}\,\sinh\pi x}\left[1-\mathrm{e}^{-\pi x}\left(\cos\pi x^2-\sin\pi x^2\right)\right],\end{aligned}\tag{12.52}$$

$$\begin{aligned}&\int_{-\infty}^{\infty}\frac{\mathrm{e}^{-\pi\xi}}{\cosh\pi\xi}\left(\cos\pi\xi^2\,\cos2\pi x\xi-\sin\pi\xi^2\,\sin2\pi x\xi\right)\mathrm{d}\xi\\&\qquad=-\frac{1}{\sqrt{2}\,\sinh\pi x}\left[1-\mathrm{e}^{\pi x}\left(\cos\pi x^2+\sin\pi x^2\right)\right],\end{aligned}\tag{12.53}$$

$$\begin{aligned}&\int_{-\infty}^{\infty}\frac{\mathrm{e}^{-\pi\xi}}{\cosh\pi\xi}\left(\cos\pi\xi^2\,\sin2\pi x\xi+\sin\pi\xi^2\,\cos2\pi x\xi\right)\mathrm{d}\xi\\&\qquad=-\frac{1}{\sqrt{2}\,\sinh\pi x}\left[1-\mathrm{e}^{\pi x}\left(\cos\pi x^2-\sin\pi x^2\right)\right].\end{aligned}\tag{12.54}$$

将 (12.51) — (12.54) 式中的 x 换成 $-x$，而后对应相加、减，又能得到

$$\int_{-\infty}^{\infty}\frac{\mathrm{e}^{\pi\xi}}{\cosh\pi\xi}\,\cos\pi\xi^2\,\cos2\pi x\xi\,\mathrm{d}\xi=\frac{1}{\sqrt{2}}\left(\cos\pi x^2+\sin\pi x^2\right),\tag{12.55}$$

$$\int_{-\infty}^{\infty} \frac{e^{\pi\xi}}{\cosh \pi\xi} \sin \pi\xi^2 \sin 2\pi x\xi \, d\xi$$
$$= -\frac{1}{\sqrt{2} \sinh \pi x} \Big[1 - \cosh \pi x \big(\cos \pi x^2 + \sin \pi x^2\big)\Big], \tag{12.56}$$

$$\int_{-\infty}^{\infty} \frac{e^{\pi\xi}}{\cosh \pi\xi} \sin \pi\xi^2 \cos 2\pi x\xi \, d\xi = \frac{1}{\sqrt{2}} \big(\cos \pi x^2 - \sin \pi x^2\big), \tag{12.57}$$

$$\int_{-\infty}^{\infty} \frac{e^{\pi\xi}}{\cosh \pi\xi} \cos \pi\xi^2 \sin 2\pi x\xi \, d\xi$$
$$= \frac{1}{\sqrt{2} \sinh \pi x} \Big[1 - \cosh \pi x \big(\cos \pi x^2 - \sin \pi x^2\big)\Big], \tag{12.58}$$

$$\int_{-\infty}^{\infty} \frac{e^{-\pi\xi}}{\cosh \pi\xi} \cos \pi\xi^2 \cos 2\pi x\xi \, d\xi = \frac{1}{\sqrt{2}} \big(\cos \pi x^2 + \sin \pi x^2\big), \tag{12.59}$$

$$\int_{-\infty}^{\infty} \frac{e^{-\pi\xi}}{\cosh \pi\xi} \sin \pi\xi^2 \sin 2\pi x\xi \, d\xi$$
$$= \frac{1}{\sqrt{2} \sinh \pi x} \Big[1 - \cosh \pi x \big(\cos \pi x^2 + \sin \pi x^2\big)\Big], \tag{12.60}$$

$$\int_{-\infty}^{\infty} \frac{e^{-\pi\xi}}{\cosh \pi\xi} \sin \pi\xi^2 \cos 2\pi x\xi \, d\xi = \frac{1}{\sqrt{2}} \big(\cos \pi x^2 - \sin \pi x^2\big), \tag{12.61}$$

$$\int_{-\infty}^{\infty} \frac{e^{-\pi\xi}}{\cosh \pi\xi} \cos \pi\xi^2 \sin 2\pi x\xi \, d\xi$$
$$= -\frac{1}{\sqrt{2} \sinh \pi x} \Big[1 - \cosh \pi x \big(\cos \pi x^2 - \sin \pi x^2\big)\Big]. \tag{12.62}$$

例 12.10 计算积分 $g(x) = \displaystyle\int_{-\infty}^{\infty} \frac{e^{-i\pi\xi^2}}{\sinh \pi\xi} e^{-i2\pi x\xi} d\xi$.

解 显然有

$$g(x) = -i \int_{-\infty}^{\infty} \frac{\sin 2\pi x\xi}{\sinh \pi\xi} e^{-i\pi\xi^2} d\xi = -2i \int_{0}^{\infty} \frac{\sin 2\pi x\xi}{\sinh \pi\xi} e^{-i\pi\xi^2} d\xi.$$

这个积分可由例 12.9 中已有的结果推出.

首先注意到例 12.9 中的 $f(x + i/2)$，有

$$\begin{aligned} f(x + i/2) &= \int_{-\infty}^{\infty} e^{-i\pi(\xi^2 + 2x\xi)} \frac{e^{\pi\xi}}{\cosh \pi\xi} d\xi \\ &= \int_{-\infty}^{\infty} e^{-i\pi(\xi^2 + 2x\xi)} (1 + \tanh \pi\xi) \, d\xi \\ &= e^{-i\pi/4} e^{i\pi x^2} - 2i \int_{0}^{\infty} e^{-i\pi\xi^2} \sin 2\pi x\xi \tanh \pi\xi \, d\xi, \end{aligned}$$

利用 (12.49) 式已经算出的积分值，因而就有

$$\int_0^{\infty} \mathrm{e}^{-\mathrm{i}\pi\xi^2} \sin 2\pi x\xi \tanh \pi\xi \,\mathrm{d}\xi = \frac{\mathrm{e}^{\mathrm{i}\pi/4}}{2}\left(\frac{1-\mathrm{e}^{\mathrm{i}\pi x^2}\mathrm{e}^{-\pi x}}{\sinh \pi x} - \mathrm{e}^{\mathrm{i}\pi x^2}\right)$$
$$= \frac{\mathrm{e}^{\mathrm{i}\pi/4}}{2\sinh \pi x}\left(1-\mathrm{e}^{\mathrm{i}\pi x^2}\cosh \pi x\right). \tag{12.63}$$

另一方面，注意到 (见第六章例 6.17 的 (6.62) 式)

$$\tanh \pi\xi = \frac{1}{\pi}\int_0^{\infty} \frac{\sin \xi t}{\sinh t/2}\,\mathrm{d}t = 2\int_0^{\infty} \frac{\sin 2\pi\xi t}{\sinh \pi t}\,\mathrm{d}t,$$

于是，又能将 (12.63) 式右端的积分改写为

$$\int_0^{\infty} \mathrm{e}^{-\mathrm{i}\pi\xi^2} \sin 2\pi x\xi \tanh \pi\xi \,\mathrm{d}\xi = 2\int_0^{\infty} \mathrm{e}^{-\mathrm{i}\pi\xi^2} \sin 2\pi x\xi \,\mathrm{d}\xi \int_0^{\infty} \frac{\sin 2\pi\xi t}{\sinh \pi t}\,\mathrm{d}t$$
$$= 2\int_0^{\infty} \frac{\mathrm{d}t}{\sinh \pi t}\int_0^{\infty} \mathrm{e}^{-\mathrm{i}\pi\xi^2} \sin 2\pi t\xi \sin 2\pi x\xi \,\mathrm{d}\xi. \tag{12.64}$$

但因为

$$2\int_0^{\infty} \mathrm{e}^{-\mathrm{i}\pi\xi^2} \sin 2\pi t\xi \sin 2\pi x\xi \,\mathrm{d}\xi$$
$$= \int_0^{\infty} \mathrm{e}^{-\mathrm{i}\pi\xi^2}\left[\cos 2\pi(x-t)\xi - \cos 2\pi(x+t)\xi\right]\mathrm{d}\xi$$
$$= \frac{1}{2}\int_{-\infty}^{\infty} \mathrm{e}^{-\mathrm{i}\pi\xi^2}\left[\cos 2\pi(x-t)\xi - \cos 2\pi(x+t)\xi\right]\mathrm{d}\xi$$
$$= \frac{1}{2}\int_{-\infty}^{\infty} \mathrm{e}^{-\mathrm{i}\pi\xi^2}\left[\mathrm{e}^{-2\pi(x-t)\xi} - \mathrm{e}^{-2\pi(x+t)\xi}\right]\mathrm{d}\xi$$
$$= \frac{\mathrm{e}^{-\mathrm{i}\pi/4}}{2}\mathrm{e}^{\mathrm{i}\pi x^2}\mathrm{e}^{\mathrm{i}\pi t^2}\left(\mathrm{e}^{-\mathrm{i}2\pi xt} - \mathrm{e}^{\mathrm{i}2\pi xt}\right)$$
$$= -\mathrm{e}^{\mathrm{i}\pi/4}\mathrm{e}^{\mathrm{i}\pi x^2}\mathrm{e}^{\mathrm{i}\pi t^2}\sin 2\pi xt, \tag{12.65}$$

综合 (12.65) 与 (12.63) 两式的结果，就能将 (12.64) 式化为

$$-\mathrm{e}^{\mathrm{i}\pi/4}\mathrm{e}^{\mathrm{i}\pi x^2}\int_0^{\infty} \frac{\mathrm{e}^{\mathrm{i}\pi t^2}}{\sinh \pi t}\sin 2\pi xt\,\mathrm{d}t = \frac{\mathrm{e}^{\mathrm{i}\pi/4}}{2\sinh \pi x}\left(1-\mathrm{e}^{\mathrm{i}\pi x^2}\cosh \pi x\right),$$

即

$$\int_0^{\infty} \frac{\mathrm{e}^{\mathrm{i}\pi t^2}}{\sinh \pi t}\sin 2\pi xt\,\mathrm{d}t = \frac{1}{2\sinh \pi x}\left(\cosh \pi x - \mathrm{e}^{-\mathrm{i}\pi x^2}\right).$$

比较实部和虚部，即得

$$\int_0^{\infty} \frac{\cos \pi t^2}{\sinh \pi t}\sin 2\pi xt\,\mathrm{d}t = \frac{\cosh \pi x - \cos \pi x^2}{2\sinh \pi x}, \tag{12.66}$$
$$\int_0^{\infty} \frac{\sin \pi t^2}{\sinh \pi t}\sin 2\pi xt\,\mathrm{d}t = \frac{\sin \pi x^2}{2\sinh \pi x}. \tag{12.67}$$

这正是所要计算的积分

$$
\begin{aligned}
g(x) &= \int_{-\infty}^{\infty} \frac{\mathrm{e}^{-\mathrm{i}\pi\xi^2}}{\sinh \pi\xi}\, \mathrm{e}^{-\mathrm{i}2\pi x\xi}\, \mathrm{d}\xi = -\mathrm{i}\int_{-\infty}^{\infty} \frac{\mathrm{e}^{-\mathrm{i}\pi\xi^2}}{\sinh \pi\xi} \sin 2\pi x\xi\, \mathrm{d}\xi \\
&= -\mathrm{i}\int_{-\infty}^{\infty} \frac{\cos \pi\xi^2 - \mathrm{i}\sin \pi\xi^2}{\sinh \pi\xi} \sin 2\pi x\xi\, \mathrm{d}\xi \\
&= -\frac{\mathrm{i}}{\sinh \pi x}\Big[\big(\cosh \pi x - \cos \pi x^2\big) - \mathrm{i}\, \sin \pi x^2\Big] \\
&= -\frac{\mathrm{i}}{\sinh \pi x}\Big(\cosh \pi x - \mathrm{e}^{\mathrm{i}\pi x^2}\Big).
\end{aligned} \tag{12.68}
$$

☞ **讨论** 仿照例 12.9 的做法，也能得到

$$
\begin{aligned}
\text{v.p.}\int_{-\infty}^{\infty} \frac{\mathrm{e}^{\pi\xi}}{\sinh \pi\xi}\Big(\cos \pi\xi^2\, \cos 2\pi x\xi - \sin \pi\xi^2\, \sin 2\pi x\xi\Big)\, \mathrm{d}\xi \\
= \frac{1}{\cosh \pi x}\, \frac{\mathrm{e}^{-\pi x}}{\sqrt{2}}\, \big(\cos \pi x^2 + \sin \pi x^2\big),
\end{aligned} \tag{12.69}
$$

$$
\begin{aligned}
\int_{-\infty}^{\infty} \frac{\mathrm{e}^{\pi\xi}}{\sinh \pi\xi}\Big(\cos \pi\xi^2\, \sin 2\pi x\xi + \sin \pi\xi^2\, \cos 2\pi x\xi\Big)\, \mathrm{d}\xi \\
= \frac{1}{\cosh \pi x}\left[\sinh \pi x + \frac{\mathrm{e}^{-\pi x}}{\sqrt{2}}\big(\cos \pi x^2 - \sin \pi x^2\big)\right],
\end{aligned} \tag{12.70}
$$

$$
\begin{aligned}
\text{v.p.}\int_{-\infty}^{\infty} \frac{\mathrm{e}^{-\pi\xi}}{\sinh \pi\xi}\Big(\cos \pi\xi^2\, \cos 2\pi x\xi - \sin \pi\xi^2\, \sin 2\pi x\xi\Big)\, \mathrm{d}\xi \\
= -\frac{1}{\cosh \pi x}\, \frac{\mathrm{e}^{\pi x}}{\sqrt{2}}\, \big(\cos \pi x^2 + \sin \pi x^2\big),
\end{aligned} \tag{12.71}
$$

$$
\begin{aligned}
\int_{-\infty}^{\infty} \frac{\mathrm{e}^{-\pi\xi}}{\sinh \pi\xi}\Big(\cos \pi\xi^2\, \sin 2\pi x\xi + \sin \pi\xi^2\, \cos 2\pi x\xi\Big)\, \mathrm{d}\xi \\
= \frac{1}{\cosh \pi x}\left[\sinh \pi x - \frac{\mathrm{e}^{\pi x}}{\sqrt{2}}\big(\cos \pi x^2 - \sin \pi x^2\big)\right]
\end{aligned} \tag{12.72}
$$

以及

$$
\text{v.p.}\int_{-\infty}^{\infty} \frac{\mathrm{e}^{\pi\xi}}{\sinh \pi\xi} \cos \pi\xi^2\, \cos 2\pi x\xi\, \mathrm{d}\xi = \frac{1}{\sqrt{2}}\big(\cos \pi x^2 + \sin \pi x^2\big), \tag{12.73}
$$

$$
\int_{-\infty}^{\infty} \frac{\mathrm{e}^{\pi\xi}}{\sinh \pi\xi} \sin \pi\xi^2\, \sin 2\pi x\xi\, \mathrm{d}\xi = \frac{\tanh \pi x}{\sqrt{2}}\big(\cos \pi x^2 + \sin \pi x^2\big), \tag{12.74}
$$

$$
\int_{-\infty}^{\infty} \frac{\mathrm{e}^{\pi\xi}}{\sinh \pi\xi} \sin \pi\xi^2\, \cos 2\pi x\xi\, \mathrm{d}\xi = \frac{1}{\sqrt{2}}\big(\cos \pi x^2 - \sin \pi x^2\big), \tag{12.75}
$$

$$
\int_{-\infty}^{\infty} \frac{\mathrm{e}^{\pi\xi}}{\sinh \pi\xi} \cos \pi\xi^2\, \sin 2\pi x\xi\, \mathrm{d}\xi = \tanh \pi x\left[1 - \frac{1}{\sqrt{2}}\big(\cos \pi x^2 - \sin \pi x^2\big)\right], \tag{12.76}
$$

$$\text{v.p.}\int_{-\infty}^{\infty}\frac{\mathrm{e}^{-\pi\xi}}{\sinh\pi\xi}\cos\pi\xi^2\,\cos 2\pi x\xi\,\mathrm{d}\xi=\frac{1}{\sqrt{2}}\left(\cos\pi x^2+\sin\pi x^2\right),\tag{12.77}$$

$$\int_{-\infty}^{\infty}\frac{\mathrm{e}^{-\pi\xi}}{\sinh\pi\xi}\sin\pi\xi^2\,\sin 2\pi x\xi\,\mathrm{d}\xi=\frac{\tanh\pi x}{\sqrt{2}}\left(\cos\pi x^2+\sin\pi x^2\right),\tag{12.78}$$

$$\int_{-\infty}^{\infty}\frac{\mathrm{e}^{-\pi\xi}}{\sinh\pi\xi}\sin\pi\xi^2\,\cos 2\pi x\xi\,\mathrm{d}\xi=-\frac{1}{\sqrt{2}}\left(\cos\pi x^2-\sin\pi x^2\right),\tag{12.79}$$

$$\int_{-\infty}^{\infty}\frac{\mathrm{e}^{-\pi\xi}}{\sinh\pi\xi}\cos\pi\xi^2\,\sin 2\pi x\xi\,\mathrm{d}\xi=\tanh\pi x\left[1-\frac{1}{\sqrt{2}}\left(\cos\pi x^2-\sin\pi x^2\right)\right].\tag{12.80}$$

§12.4 Γ 函数的 Fourier 变换

作为本节讨论的出发点，需要用到积分

$$\int_{-\pi/2}^{\pi/2}\cos^{p-2}\theta\,\mathrm{e}^{\mathrm{i}x\theta}\,\mathrm{d}\theta=2^{2-p}\frac{\pi\,\Gamma(p-1)}{\Gamma((p-x)/2)\,\Gamma((p+x)/2)},\qquad \operatorname{Re}p>1.\tag{12.81}$$

这个积分实际上在例 7.5 中已经计算过，不再重复，只是需要明确一下公式成立的准确条件是 $\operatorname{Re}p>1$. 各种不同解法过程中，可能还出现了其他限制，例如要求 $\operatorname{Re}(x-p)>-2$，但容易看出，根据解析延拓理论，这个限制可以去掉.

例 12.11 可以从 Fourier 变换的角度重新考察积分 (12.81). 它可以看成函数 $\cos^{p-2}\theta\cdot\eta\left(\dfrac{\pi}{2}-|\theta|\right)$ 的 Fourier 逆变换：

$$\frac{1}{\sqrt{2\pi}}\int_{-\pi/2}^{\pi/2}\cos^{p-2}\theta\,\mathrm{e}^{\mathrm{i}x\theta}\,\mathrm{d}\theta=2^{2-p}\sqrt{\frac{\pi}{2}}\,\frac{\Gamma(p-1)}{\Gamma((p-x)/2)\,\Gamma((p+x)/2)}.\tag{12.82a}$$

因此，作为 Fourier 变换本身，我们就有

$$\int_{-\infty}^{\infty}\frac{\mathrm{e}^{-\mathrm{i}x\theta}}{\Gamma((p-x)/2)\,\Gamma((p+x)/2)}\,\mathrm{d}x=\frac{2^{p-1}}{\Gamma(p-1)}\cos^{p-2}\theta\,\eta\left(\frac{\pi}{2}-|\theta|\right).\tag{12.82b}$$

或者令 $p=\alpha+\beta$, $x=2\xi+\alpha-\beta$，于是在 $\operatorname{Re}(\alpha+\beta)>1$ 的条件下，上式变为

$$\int_{-\infty}^{\infty}\frac{\mathrm{e}^{-\mathrm{i}2\xi\theta}}{\Gamma(\alpha+\xi)\,\Gamma(\beta-\xi)}\,\mathrm{d}\xi=\frac{2^{\alpha+\beta-2}}{\Gamma(\alpha+\beta-1)}\,\mathrm{e}^{\mathrm{i}(\alpha-\beta)\theta}\,\cos^{\alpha+\beta-2}\theta\,\eta\left(\frac{\pi}{2}-|\theta|\right),\tag{12.83}$$

特别是，当 $\theta=0$ 时，有

$$\int_{-\infty}^{\infty} \frac{1}{\Gamma(\alpha+\xi)\Gamma(\beta-\xi)}\,\mathrm{d}\xi = \frac{2^{\alpha+\beta-2}}{\Gamma(\alpha+\beta-1)}. \tag{12.84}$$

上述二式也可改写为

$$\int_{-\infty}^{\infty} \frac{\mathrm{e}^{-\mathrm{i}\xi\theta}}{\Gamma(\alpha+\mu+\xi)\Gamma(\alpha-\mu-\xi)}\,\mathrm{d}\xi = \frac{2^{2\alpha-2}}{\Gamma(2\alpha-1)}\mathrm{e}^{\mathrm{i}\mu\theta}\left(\cos\frac{\theta}{2}\right)^{2\alpha-2}\eta(\pi-|\theta|), \tag{12.83$'$}$$

$$\int_{-\infty}^{\infty} \frac{1}{\Gamma(\alpha+\mu+\xi)\Gamma(\alpha-\mu-\xi)}\,\mathrm{d}\xi = \frac{2^{2\alpha-2}}{\Gamma(2\alpha-1)}. \tag{12.84$'$}$$

相应地，成立条件则为 $\mathrm{Re}\,\alpha > 1/2$. 当 $\mu = 0$ 时，更有

$$\int_{0}^{\infty} \frac{1}{\Gamma(\alpha+\xi)\Gamma(\alpha-\xi)}\,\mathrm{d}\xi = \frac{2^{2\alpha-3}}{\Gamma(2\alpha-1)}. \tag{12.85}$$

☞ **讨论** 还可以将 (12.83′) 式进一步改写为

$$\int_{-\infty}^{\infty} \frac{\mathrm{e}^{-\mathrm{i}(x+\mu)t}}{\Gamma(\alpha+k\mu+kx)\Gamma(\alpha-k\mu-kx)}\,\mathrm{d}x = \frac{1}{k}\frac{2^{2\alpha-2}}{\Gamma(2\alpha-1)}\left(\cos\frac{t}{2k}\right)^{2\alpha-2}\eta(k\pi-|t|), \tag{12.86}$$

其中 $k>0$. 例如，当 $k=2$ 时，有

$$\int_{-\infty}^{\infty} \frac{\mathrm{e}^{-\mathrm{i}(x+\mu)t}}{\Gamma(\alpha+2\mu+2x)\Gamma(\alpha-2\mu-2x)}\,\mathrm{d}x = \frac{2^{2\alpha-3}}{\Gamma(2\alpha-1)}\left(\cos\frac{t}{4}\right)^{2\alpha-2}\eta(2\pi-|t|); \tag{12.87}$$

而当 $k=3$ 时，则有

$$\int_{-\infty}^{\infty} \frac{\mathrm{e}^{-\mathrm{i}(x+\mu)t}}{\Gamma(\alpha+3\mu+3x)\Gamma(\alpha-3\mu-3x)}\,\mathrm{d}x = \frac{1}{3}\frac{2^{2\alpha-2}}{\Gamma(2\alpha-1)}\left(\cos\frac{t}{6}\right)^{2\alpha-2}\eta(3\pi-|t|). \tag{12.88}$$

例 12.12 从 (12.83′) 式出发，还可以计算

$$\int_{-\infty}^{\infty} \frac{\sin(2n+1)\pi\xi}{\sin\pi\xi}\frac{\mathrm{d}\xi}{\Gamma(\alpha+\mu+\xi)\,\Gamma(\alpha-\mu-\xi)},$$
$$\int_{-\infty}^{\infty} \frac{\sin 2n\pi\xi}{\sin\pi\xi}\frac{\mathrm{d}\xi}{\Gamma(\alpha+\mu+\xi)\,\Gamma(\alpha-\mu-\xi)}$$

等类型的积分. 注意到

$$\begin{aligned}\frac{\sin(2n+1)\pi\xi}{\sin\pi\xi} &= \mathrm{e}^{\mathrm{i}2n\pi\xi} + \mathrm{e}^{\mathrm{i}2(n-1)\pi\xi} + \cdots + \mathrm{e}^{\mathrm{i}2\pi\xi} + 1 \\ &\quad + \mathrm{e}^{-\mathrm{i}2\pi\xi} + \cdots + \mathrm{e}^{-\mathrm{i}2(n-1)\pi\xi} + \mathrm{e}^{-\mathrm{i}2n\pi\xi},\end{aligned} \tag{12.89a}$$

$$\begin{aligned}\frac{\sin 2n\pi\xi}{\sin\pi\xi} &= \mathrm{e}^{\mathrm{i}(2n-1)\pi\xi} + \mathrm{e}^{\mathrm{i}(2n-3)\pi\xi} + \cdots + \mathrm{e}^{\mathrm{i}\pi\xi} \\ &\quad + \mathrm{e}^{-\mathrm{i}\pi\xi} + \cdots + \mathrm{e}^{-\mathrm{i}(2n-3)\pi\xi} + \mathrm{e}^{-\mathrm{i}(2n-1)\pi\xi},\end{aligned} \tag{12.89b}$$

所以根据 (12.83′) 式，就能得到

$$\int_{-\infty}^{\infty}\frac{\sin(2n+1)\pi\xi}{\sin\pi\xi}\frac{\mathrm{d}\xi}{\Gamma(\alpha+\mu+\xi)\,\Gamma(\alpha-\mu-\xi)}$$

$$=\int_{-\infty}^{\infty}\frac{\mathrm{d}\xi}{\Gamma(\alpha+\mu+\xi)\,\Gamma(\alpha-\mu-\xi)}=\frac{2^{2\alpha-2}}{\Gamma(2\alpha-1)},\tag{12.90}$$

$$\int_{-\infty}^{\infty}\frac{\sin 2n\pi\xi}{\sin\pi\xi}\frac{\mathrm{d}\xi}{\Gamma(\alpha+\mu+\xi)\,\Gamma(\alpha-\mu-\xi)}=0.\tag{12.91}$$

同理，因为

$$\frac{\cos(2n+1)\pi\xi}{\cos\pi\xi}=\mathrm{e}^{\mathrm{i}2n\pi\xi}-\mathrm{e}^{\mathrm{i}(2n-2)\pi\xi}+\cdots+(-1)^n+\cdots+\mathrm{e}^{-\mathrm{i}(2n-2)\pi\xi}-\mathrm{e}^{-\mathrm{i}2n\pi\xi},\tag{12.92a}$$

$$\frac{\sin 2n\pi\xi}{\cos\pi\xi}=\frac{1}{\mathrm{i}}\left[\mathrm{e}^{\mathrm{i}(2n-1)\pi\xi}-\mathrm{e}^{\mathrm{i}(2n-3)\pi\xi}+\cdots+\mathrm{e}^{-\mathrm{i}(2n-3)\pi\xi}-\mathrm{e}^{-\mathrm{i}(2n-1)\pi\xi}\right],\tag{12.92b}$$

所以也有

$$\int_{-\infty}^{\infty}\frac{\cos(2n+1)\pi\xi}{\cos\pi\xi}\frac{\mathrm{d}\xi}{\Gamma(\alpha+\mu+\xi)\,\Gamma(\alpha-\mu-\xi)}=(-1)^n\frac{2^{2\alpha-2}}{\Gamma(2\alpha-1)},\tag{12.93}$$

$$\int_{-\infty}^{\infty}\frac{\sin 2n\pi\xi}{\cos\pi\xi}\frac{\mathrm{d}\xi}{\Gamma(\alpha+\mu+\xi)\,\Gamma(\alpha-\mu-\xi)}=0.\tag{12.94}$$

将 (12.89a) 及 (12.89b) 式中的 ξ 改为 $\xi/2$，又能得到

$$\int_{-\infty}^{\infty}\frac{\sin(n+1/2)\pi\xi}{\sin(\pi\xi/2)}\frac{\mathrm{d}\xi}{\Gamma(\alpha+\mu+\xi)\,\Gamma(\alpha-\mu-\xi)}=\frac{2^{2\alpha-2}}{\Gamma(2\alpha-1)},\tag{12.95}$$

$$\int_{-\infty}^{\infty}\frac{\sin n\pi\xi}{\sin(\pi\xi/2)}\frac{\mathrm{d}\xi}{\Gamma(\alpha+\mu+\xi)\,\Gamma(\alpha-\mu-\xi)}$$

$$=\frac{2^{2\alpha-2}}{\Gamma(2\alpha-1)}\left(\frac{1}{\sqrt{2}}\right)^{2\alpha-2}\left(\mathrm{e}^{\mathrm{i}\mu\pi/2}+\mathrm{e}^{-\mathrm{i}\mu\pi/2}\right)=\frac{2^{\alpha}}{\Gamma(2\alpha-1)}\cos\frac{\mu\pi}{2}.\tag{12.96}$$

将 (12.92a) 及 (12.92b) 两式中的 ξ 改为 $\xi/2$，也有

$$\frac{\cos(n+1/2)\pi\xi}{\cos\pi\xi/2}=\mathrm{e}^{\mathrm{i}n\pi\xi}-\mathrm{e}^{\mathrm{i}(n-1)\pi\xi}+\cdots+(-1)^n+\cdots$$

$$+\mathrm{e}^{-\mathrm{i}(n-1)\pi\xi}-\mathrm{e}^{-\mathrm{i}n\pi\xi},\tag{12.92a′}$$

$$\frac{\sin n\pi\xi}{\cos(\pi\xi/2)}=\frac{1}{\mathrm{i}}\Big[\mathrm{e}^{\mathrm{i}(n-1/2)\pi\xi}-\mathrm{e}^{\mathrm{i}(n-3/2)\pi\xi}+\cdots+(-1)^{n-1}\mathrm{e}^{\mathrm{i}\pi/2}$$

$$+(-1)^n\mathrm{e}^{-\mathrm{i}\pi/2}+\cdots+\mathrm{e}^{-\mathrm{i}(n-3/2)\pi\xi}-\mathrm{e}^{-\mathrm{i}(n-1/2)\pi\xi}\Big],\tag{12.92b′}$$

于是也能得到

$$\int_{-\infty}^{\infty}\frac{\cos(n+1/2)\pi\xi}{\cos(\pi\xi/2)}\frac{\mathrm{d}\xi}{\Gamma(\alpha+\mu+\xi)\,\Gamma(\alpha-\mu-\xi)}=(-1)^n\frac{2^{2\alpha-2}}{\Gamma(2\alpha-1)}\tag{12.97}$$

以及

$$\begin{aligned}&\int_{-\infty}^{\infty}\frac{\sin n\pi\xi}{\cos(\pi\xi/2)}\frac{\mathrm{d}\xi}{\Gamma(\alpha+\mu+\xi)\,\Gamma(\alpha-\mu-\xi)}\\&\quad=\frac{2^{2\alpha-2}}{\Gamma(2\alpha-1)}\left(\frac{1}{\sqrt{2}}\right)^{2\alpha-2}\frac{(-1)^n}{\mathrm{i}}\left(\mathrm{e}^{\mathrm{i}\mu\pi/2}-\mathrm{e}^{-\mathrm{i}\mu\pi/2}\right)\\&\quad=(-1)^n\frac{2^{\alpha}}{\Gamma(2\alpha-1)}\sin\frac{\mu\pi}{2}.\end{aligned}\tag{12.98}$$

可以预料，如果将 (12.89) 及 (12.92) 两式中的 ξ 改写成 $\xi/3, \xi/4, \cdots$，还能得到一系列新的结果.

例 12.13 如果取

$$f(x)=\frac{1}{\Gamma(\alpha+\mu+x)\,\Gamma(\alpha-\mu-x)},\qquad g(x)=\frac{1}{\Gamma(\beta+\nu+x)\,\Gamma(\beta-\nu-x)},$$

于是，由 Fourier 变换的 Parseval 公式 (12.19)，则有

$$\begin{aligned}&\int_{-\infty}^{\infty}\frac{\mathrm{d}x}{\Gamma(\alpha+\mu+x)\,\Gamma(\alpha-\mu-x)\,\Gamma(\beta+\nu+x)\,\Gamma(\beta-\nu-x)}\\&\quad=\frac{2^{2\alpha+2\beta-4}}{\Gamma(2\alpha-1)\,\Gamma(2\beta-1)}\frac{1}{2\pi}\int_{-\infty}^{\infty}\left(\cos\frac{t}{2}\right)^{2\alpha+2\beta-4}\mathrm{e}^{\mathrm{i}\mu t}\mathrm{e}^{-\mathrm{i}\nu t}\eta(\pi-|t|)\,\mathrm{d}t\\&\quad=\frac{2^{2\alpha+2\beta-4}}{\Gamma(2\alpha-1)\,\Gamma(2\beta-1)}\frac{1}{2\pi}\int_{-\pi}^{\pi}\left(\cos\frac{t}{2}\right)^{2\alpha+2\beta-4}\mathrm{e}^{\mathrm{i}(\mu-\nu)t}\,\mathrm{d}t.\end{aligned}$$

令 $\theta=t/2$，并利用 (12.81) 式的结果，在 $\mathrm{Re}\,(\alpha+\beta)>3/2$ 的条件下，就得到

$$\begin{aligned}&\int_{-\infty}^{\infty}\frac{\mathrm{d}x}{\Gamma(\alpha+\mu+x)\,\Gamma(\alpha-\mu-x)\,\Gamma(\beta+\nu+x)\,\Gamma(\beta-\nu-x)}\\&\quad=\frac{\Gamma(2\alpha+2\beta-3)}{\Gamma(2\alpha-1)\,\Gamma(2\beta-1)\,\Gamma(\alpha+\beta+\mu-\nu-1)\,\Gamma(\alpha+\beta-\mu+\nu-1)}.\end{aligned}\tag{12.99}$$

例 12.14 取与例 12.13 相同的 $f(x)$ 与 $g(x)$，利用 Fourier 变换的卷积公式 (12.41)，则又有

$$\begin{aligned}&\int_{-\infty}^{\infty}\frac{\mathrm{e}^{-\mathrm{i}xt}}{\Gamma(\alpha+\mu+x)\,\Gamma(\alpha-\mu-x)\,\Gamma(\beta+\nu+x)\,\Gamma(\beta-\nu-x)}\mathrm{d}x\\&\quad=\frac{2^{2\alpha+2\beta-4}}{\Gamma(2\alpha-1)\,\Gamma(2\beta-1)}\frac{1}{2\pi}\\&\qquad\times\int_{-\pi}^{\pi}\left(\cos\frac{\tau}{2}\right)^{2\alpha-2}\left(\cos\frac{t-\tau}{2}\right)^{2\beta-2}\mathrm{e}^{\mathrm{i}\mu\tau}\mathrm{e}^{\mathrm{i}\nu(t-\tau)}\eta(\pi-|t-\tau|)\,\mathrm{d}\tau,\end{aligned}\tag{12.100a}$$

亦即

$$\begin{aligned}&\int_{-\infty}^{\infty}\frac{\mathrm{e}^{-\mathrm{i}(x+\nu)t}}{\Gamma(\alpha+\mu+x)\,\Gamma(\alpha-\mu-x)\,\Gamma(\beta+\nu+x)\,\Gamma(\beta-\nu-x)}\,\mathrm{d}x\\&\quad=\frac{2^{2\alpha+2\beta-5}}{\Gamma(2\alpha-1)\,\Gamma(2\beta-1)}\,\frac{1}{\pi}\\&\qquad\times\int_{-\pi}^{\pi}\left(\cos\frac{\tau}{2}\right)^{2\alpha-2}\left(\cos\frac{t-\tau}{2}\right)^{2\beta-2}\mathrm{e}^{\mathrm{i}(\mu-\nu)\tau}\,\eta(\pi-|t-\tau|)\,\mathrm{d}\tau.\end{aligned}\tag{12.100b}$$

若令 $t=0$，就可以得到 (12.99) 式. 而如果 $t=\pm\pi$，则有

$$\begin{aligned}&\int_{-\infty}^{\infty}\frac{\mathrm{e}^{\mp\mathrm{i}(x+\nu)\pi}}{\Gamma(\alpha+\mu+x)\,\Gamma(\alpha-\mu-x)\,\Gamma(\beta+\nu+x)\,\Gamma(\beta-\nu-x)}\,\mathrm{d}x\\&\quad=\frac{2^{2\alpha+2\beta-4}}{\Gamma(2\alpha-1)\,\Gamma(2\beta-1)}\,\frac{1}{\pi}\int_0^{\pi/2}\cos^{2\alpha-2}\theta\,\sin^{2\beta-2}\theta\,\mathrm{e}^{\pm2\mathrm{i}(\mu-\nu)\theta}\mathrm{d}\theta.\end{aligned}$$

因此

$$\begin{aligned}&\int_{-\infty}^{\infty}\frac{\cos(x+\nu)\pi}{\Gamma(\alpha+\mu+x)\,\Gamma(\alpha-\mu-x)\,\Gamma(\beta+\nu+x)\,\Gamma(\beta-\nu-x)}\,\mathrm{d}x\\&\quad=\frac{2^{2\alpha+2\beta-4}}{\Gamma(2\alpha-1)\,\Gamma(2\beta-1)}\,\frac{1}{\pi}\int_0^{\pi/2}\cos^{2\alpha-2}\theta\,\sin^{2\beta-2}\theta\,\cos2(\mu-\nu)\theta\,\mathrm{d}\theta,\end{aligned}\tag{12.101a}$$

$$\begin{aligned}&\int_{-\infty}^{\infty}\frac{\sin(x+\nu)\pi}{\Gamma(\alpha+\mu+x)\,\Gamma(\alpha-\mu-x)\,\Gamma(\beta+\nu+x)\,\Gamma(\beta-\nu-x)}\,\mathrm{d}x\\&\quad=-\frac{2^{2\alpha+2\beta-4}}{\Gamma(2\alpha-1)\,\Gamma(2\beta-1)}\,\frac{1}{\pi}\int_0^{\pi/2}\cos^{2\alpha-2}\theta\,\sin^{2\beta-2}\theta\,\sin2(\mu-\nu)\theta\,\mathrm{d}\theta.\end{aligned}\tag{12.101b}$$

当 $2(\mu-\nu)$ 为整数时，即可计算出右端的积分. 例如，当 $\mu=\nu$ 时，有

$$\begin{aligned}&\int_{-\infty}^{\infty}\frac{\mathrm{e}^{\mp\mathrm{i}(x+\mu)\pi}}{\Gamma(\alpha+\mu+x)\,\Gamma(\alpha-\mu-x)\,\Gamma(\beta+\mu+x)\,\Gamma(\beta-\mu-x)}\,\mathrm{d}x\\&\quad=\frac{2^{2\alpha+2\beta-4}}{\Gamma(2\alpha-1)\,\Gamma(2\beta-1)}\,\frac{1}{\pi}\int_0^{\pi/2}\cos^{2\alpha-2}\theta\,\sin^{2\beta-2}\theta\,\mathrm{d}\theta\\&\quad=\frac{1}{2\,\Gamma(\alpha)\,\Gamma(\beta)\,\Gamma(\alpha+\beta-1)},\end{aligned}\tag{12.102}$$

$$\begin{aligned}&\int_{-\infty}^{\infty}\frac{\cos(x+\mu)\pi}{\Gamma(\alpha+\mu+x)\,\Gamma(\alpha-\mu-x)\,\Gamma(\beta+\mu+x)\,\Gamma(\beta-\mu-x)}\,\mathrm{d}x\\&\quad=\frac{1}{2\,\Gamma(\alpha)\,\Gamma(\beta)\,\Gamma(\alpha+\beta-1)},\end{aligned}\tag{12.103}$$

$$\int_{-\infty}^{\infty}\frac{\sin(x+\mu)\pi}{\Gamma(\alpha+\mu+x)\,\Gamma(\alpha-\mu-x)\,\Gamma(\beta+\mu+x)\,\Gamma(\beta-\mu-x)}\,\mathrm{d}x=0,\tag{12.104}$$

或者写成

$$\int_{-\infty}^{\infty}\frac{\mathrm{e}^{\mp\mathrm{i}\pi x}\,\mathrm{d}x}{\Gamma(\alpha+\mu+x)\,\Gamma(\alpha-\mu-x)\,\Gamma(\beta+\mu+x)\,\Gamma(\beta-\mu-x)}=\frac{\mathrm{e}^{\pm\mathrm{i}\mu\pi}}{2\,\Gamma(\alpha)\,\Gamma(\beta)\,\Gamma(\alpha+\beta-1)},\tag{12.105}$$

$$\int_{-\infty}^{\infty}\frac{\cos\pi x\,\mathrm{d}x}{\Gamma(\alpha+\mu+x)\,\Gamma(\alpha-\mu-x)\,\Gamma(\beta+\mu+x)\,\Gamma(\beta-\mu-x)}=\frac{\cos\mu\pi}{2\,\Gamma(\alpha)\,\Gamma(\beta)\,\Gamma(\alpha+\beta-1)},\tag{12.106}$$

$$\int_{-\infty}^{\infty}\frac{\sin\pi x\,\mathrm{d}x}{\Gamma(\alpha+\mu+x)\,\Gamma(\alpha-\mu-x)\,\Gamma(\beta+\mu+x)\,\Gamma(\beta-\mu-x)}=-\frac{\sin\mu\pi}{2\,\Gamma(\alpha)\,\Gamma(\beta)\,\Gamma(\alpha+\beta-1)}.\tag{12.107}$$

如果 $\mu-\nu=\pm1/2$，(12.101) 式变为

$$\begin{aligned}&\int_{-\infty}^{\infty}\frac{\cos(x+\mu)\pi}{\Gamma(\alpha+\mu+x)\,\Gamma(\alpha-\mu-x)\,\Gamma(\beta+\mu+x\mp1/2)\,\Gamma(\beta-\mu-x\pm1/2)}\,\mathrm{d}x\\&\quad=\pm\frac{2^{2\alpha+2\beta-4}}{\Gamma(2\alpha-1)\,\Gamma(2\beta-1)}\,\frac{1}{\pi}\int_0^{\pi/2}\cos^{2\alpha-2}\theta\,\sin^{2\beta-1}\theta\,\mathrm{d}\theta\\&\quad=\pm\frac{1}{2\,\Gamma(\alpha)\,\Gamma(\beta-1/2)\,\Gamma(\alpha+\beta-1/2)},\end{aligned}\tag{12.108}$$

$$\begin{aligned}&\int_{-\infty}^{\infty}\frac{\sin(x+\mu)\pi}{\Gamma(\alpha+\mu+x)\,\Gamma(\alpha-\mu-x)\,\Gamma(\beta+\mu+x\mp1/2)\,\Gamma(\beta-\mu-x\pm1/2)}\,\mathrm{d}x\\&\quad=-\frac{2^{2\alpha+2\beta-4}}{\Gamma(2\alpha-1)\,\Gamma(2\beta-1)}\,\frac{1}{\pi}\int_0^{\pi/2}\cos^{2\alpha-1}\theta\,\sin^{2\beta-2}\theta\,\mathrm{d}\theta\\&\quad=\frac{1}{2\,\Gamma(\alpha-1/2)\,\Gamma(\beta)\,\Gamma(\alpha+\beta-1/2)}.\end{aligned}\tag{12.109}$$

如果 $\mu-\nu=\pm1$，则

$$\begin{aligned}&\int_{-\infty}^{\infty}\frac{\cos(x+\mu)\pi}{\Gamma(\alpha+\mu+x)\,\Gamma(\alpha-\mu-x)\,\Gamma(\beta+\mu+x\mp1)\,\Gamma(\beta-\mu-x\pm1)}\,\mathrm{d}x\\&\quad=-\frac{2^{2\alpha+2\beta-4}}{\Gamma(2\alpha-1)\,\Gamma(2\beta-1)}\,\frac{1}{\pi}\int_0^{\pi/2}\cos^{2\alpha-1}\theta\,\sin^{2\beta-1}\theta\,\cos2\theta\,\mathrm{d}\theta\\&\quad=-\frac{\alpha-\beta}{2\,\Gamma(\alpha)\,\Gamma(\beta)\,\Gamma(\alpha+\beta)},\end{aligned}\tag{12.110}$$

$$\begin{aligned}&\int_{-\infty}^{\infty}\frac{\sin(x+\mu)\pi}{\Gamma(\alpha+\mu+x)\,\Gamma(\alpha-\mu-x)\,\Gamma(\beta+\mu+x\mp1)\,\Gamma(\beta-\mu-x\pm1)}\,\mathrm{d}x\\&\quad=\pm\frac{2^{2\alpha+2\beta-4}}{\Gamma(2\alpha-1)\,\Gamma(2\beta-1)}\,\frac{1}{\pi}\int_0^{\pi/2}\cos^{2\alpha-1}\theta\,\sin^{2\beta-1}\theta\,\sin2\theta\,\mathrm{d}\theta\\&\quad=\pm\frac{1}{\Gamma(\alpha-1/2)\,\Gamma(\beta-1/2)\,\Gamma(\alpha+\beta)}.\end{aligned}\tag{12.111}$$

特别是当 $\mu=0$ 时，有

$$\int_{-\infty}^{\infty}\frac{\cos\pi x}{\Gamma(\alpha+x)\Gamma(\alpha-x)\Gamma(\beta+x)\Gamma(\beta-x)}\mathrm{d}x=\frac{1}{2\Gamma(\alpha)\Gamma(\beta)\Gamma(\alpha+\beta-1)},\tag{12.112}$$

$$\int_{-\infty}^{\infty}\frac{\sin\pi x}{\Gamma(\alpha+x)\Gamma(\alpha-x)\Gamma(\beta+x)\Gamma(\beta-x)}\mathrm{d}x=0;\tag{12.113}$$

$$\int_{-\infty}^{\infty}\frac{\cos\pi x}{\Gamma(\alpha+x)\Gamma(\alpha-x)\Gamma(\beta+x\mp1/2)\Gamma(\beta-x\pm1/2)}\mathrm{d}x=\pm\frac{1}{2\Gamma(\alpha)\Gamma(\beta-1/2)\Gamma(\alpha+\beta-1/2)},\tag{12.114}$$

$$\int_{-\infty}^{\infty}\frac{\sin\pi x}{\Gamma(\alpha+x)\Gamma(\alpha-x)\Gamma(\beta+x\mp1/2)\Gamma(\beta-x\pm1/2)}\mathrm{d}x=\frac{1}{2\Gamma(\alpha-1/2)\Gamma(\beta)\Gamma(\alpha+\beta-1/2)};\tag{12.115}$$

$$\int_{-\infty}^{\infty}\frac{\cos\pi x}{\Gamma(\alpha+x)\Gamma(\alpha-x)\Gamma(\beta+x\mp1)\Gamma(\beta-x\pm1)}\mathrm{d}x=-\frac{\alpha-\beta}{2\Gamma(\alpha)\Gamma(\beta)\Gamma(\alpha+\beta)},\tag{12.116}$$

$$\int_{-\infty}^{\infty}\frac{\sin\pi x}{\Gamma(\alpha+x)\Gamma(\alpha-x)\Gamma(\beta+x\mp1)\Gamma(\beta-x\pm1)}\mathrm{d}x=\pm\frac{1}{\Gamma(\alpha-1/2)\Gamma(\beta-1/2)\Gamma(\alpha+\beta)}.\tag{12.117}$$

由 (12.100a) 式还可看出，当 t 为整数 $k=2,3,4,\cdots$ 时，有

$$\int_{-\infty}^{\infty}\frac{\mathrm{e}^{\mp\mathrm{i}k\pi x}}{\Gamma(\alpha+\mu+x)\Gamma(\alpha-\mu-x)\Gamma(\beta+\nu+x)\Gamma(\beta-\nu-x)}\mathrm{d}x=0.\tag{12.118}$$

当 $\beta=1,2,3,\cdots$ 时，也能直接计算出 (12.101a) 式右端的积分. 例如，当 $\beta=1$ 时，(12.101a) 式变为

$$\begin{aligned}&\int_{-\infty}^{\infty}\frac{\cos(x+\nu)\pi}{\Gamma(\alpha+\mu+x)\Gamma(\alpha-\mu-x)\Gamma(1+\nu+x)\Gamma(1-\nu-x)}\mathrm{d}x\\&=\frac{1}{2\pi}\int_{-\infty}^{\infty}\frac{\sin2(x+\nu)\pi}{\Gamma(\alpha+\mu+x)\Gamma(\alpha-\mu-x)}\frac{\mathrm{d}x}{x+\nu}\\&=\frac{2^{2\alpha-2}}{\Gamma(2\alpha-1)}\frac{1}{\pi}\int_0^{\pi/2}\cos^{2\alpha-2}\theta\,\cos2(\mu-\nu)\theta\,\mathrm{d}\theta,\end{aligned}$$

因此，援引 (12.81) 式的结果就可得到

$$\int_{-\infty}^{\infty}\frac{\sin2(x+\nu)\pi}{\Gamma(\alpha+\mu+x)\Gamma(\alpha-\mu-x)}\frac{\Gamma(x+\nu)}{\Gamma(x+\nu+1)}\mathrm{d}x=\frac{\pi}{2\Gamma(\alpha+\mu-\nu)\Gamma(\alpha-\mu+\nu)}.\tag{12.119}$$

类似地，当 $\beta=2$ 时，也有

$$\begin{aligned}&\int_{-\infty}^{\infty}\frac{\sin 2(x+\nu)\pi}{\Gamma(\alpha+\mu+x)\,\Gamma(\alpha-\mu-x)}\,\frac{\Gamma(x+\nu-1)}{\Gamma(x+\nu+2)}\,\mathrm{d}x\\&\quad=-2\pi\int_{-\infty}^{\infty}\frac{\cos(x+\nu)\pi}{\Gamma(\alpha+\mu+x)\,\Gamma(\alpha-\mu-x)\,\Gamma(2+\nu+x)\,\Gamma(2-\nu-x)}\,\mathrm{d}x\\&\quad=-\frac{2^{2\alpha}}{\Gamma(2\alpha-1)}\int_0^{\pi/2}\cos^{2\alpha-2}\theta\,\sin^2\theta\,\cos 2(\mu-\nu)\theta\,\mathrm{d}\theta\\&\quad=\frac{\pi\left[2(\mu-\nu)^2-\alpha\right]}{\Gamma(\alpha+\mu-\nu+1)\,\Gamma(\alpha-\mu+\nu+1)}.\end{aligned}\tag{12.120}$$

例 12.15　仿照例 12.14 的做法，取

$$f(x)=\frac{1}{\Gamma(\alpha+\mu+x)\,\Gamma(\alpha-\mu-x)},\qquad g(x)=\frac{1}{\Gamma(\beta+2\nu+2x)\,\Gamma(\beta-2\nu-2x)},$$

也能写出

$$\begin{aligned}&\int_{-\infty}^{\infty}\frac{\mathrm{e}^{-\mathrm{i}xt}}{\Gamma(\alpha+\mu+x)\,\Gamma(\alpha-\mu-x)\,\Gamma(\beta+2\nu+2x)\,\Gamma(\beta-2\nu-2x)}\,\mathrm{d}x\\&\quad=\frac{1}{2\pi}\,\frac{2^{2\alpha+2\beta-5}}{\Gamma(2\alpha-1)\,\Gamma(2\beta-1)}\int_{-2\pi}^{2\pi}\left(\cos\frac{t-\tau}{2}\right)^{2\alpha-2}\left(\cos\frac{\tau}{4}\right)^{2\beta-2}\\&\qquad\times\mathrm{e}^{\mathrm{i}\mu(t-\tau)}\mathrm{e}^{\mathrm{i}\nu\tau}\,\eta(\pi-|t-\tau|)\,\mathrm{d}\tau.\end{aligned}\tag{12.121}$$

若 $t=\pm\pi$，则由 (12.121) 式可得

$$\begin{aligned}&\int_{-\infty}^{\infty}\frac{\mathrm{e}^{-\mathrm{i}(x+\mu)\pi}}{\Gamma(\alpha+\mu+x)\,\Gamma(\alpha-\mu-x)\,\Gamma(\beta+2\nu+2x)\,\Gamma(\beta-2\nu-2x)}\,\mathrm{d}x\\&\quad=\frac{1}{\pi}\,\frac{2^{2\alpha+2\beta-6}}{\Gamma(2\alpha-1)\,\Gamma(2\beta-1)}\int_0^{2\pi}\left(\cos\frac{t-\tau}{2}\right)^{2\alpha-2}\left(\cos\frac{\tau}{4}\right)^{2\beta-2}\mathrm{e}^{-\mathrm{i}(\mu-\nu)\tau}\,\mathrm{d}\tau\\&\quad=\frac{1}{\pi}\,\frac{2^{4\alpha+2\beta-6}}{\Gamma(2\alpha-1)\,\Gamma(2\beta-1)}\int_0^{\pi/2}\sin^{2\alpha-2}\theta\,\cos^{2\alpha+2\beta-4}\theta\,\mathrm{e}^{-4\mathrm{i}(\mu-\nu)\theta}\,\mathrm{d}\theta,\end{aligned}$$

$$\begin{aligned}&\int_{-\infty}^{\infty}\frac{\mathrm{e}^{\mathrm{i}(x+\mu)\pi}}{\Gamma(\alpha+\mu+x)\,\Gamma(\alpha-\mu-x)\,\Gamma(\beta+2\nu+2x)\,\Gamma(\beta-2\nu-2x)}\,\mathrm{d}x\\&\quad=\frac{1}{\pi}\,\frac{2^{4\alpha+2\beta-6}}{\Gamma(2\alpha-1)\,\Gamma(2\beta-1)}\int_0^{\pi/2}\sin^{2\alpha-2}\theta\,\cos^{2\alpha+2\beta-4}\theta\,\mathrm{e}^{4\mathrm{i}(\mu-\nu)\theta}\,\mathrm{d}\theta.\end{aligned}$$

因此

$$\begin{aligned}&\int_{-\infty}^{\infty}\frac{\cos(x+\mu)\pi}{\Gamma(\alpha+\mu+x)\,\Gamma(\alpha-\mu-x)\,\Gamma(\beta+2\nu+2x)\,\Gamma(\beta-2\nu-2x)}\,\mathrm{d}x\\&\quad=\frac{1}{\pi}\,\frac{2^{4\alpha+2\beta-6}}{\Gamma(2\alpha-1)\,\Gamma(2\beta-1)}\int_0^{\pi/2}\sin^{2\alpha-2}\theta\,\cos^{2\alpha+2\beta-4}\theta\,\cos 4(\mu-\nu)\theta\,\mathrm{d}\theta,\end{aligned}\tag{12.122a}$$

$$\int_{-\infty}^{\infty}\frac{\sin(x+\mu)\pi}{\Gamma(\alpha+\mu+x)\,\Gamma(\alpha-\mu-x)\,\Gamma(\beta+2\nu+2x)\,\Gamma(\beta-2\nu-2x)}\,\mathrm{d}x$$
$$=\frac{1}{\pi}\frac{2^{4\alpha+2\beta-6}}{\Gamma(2\alpha-1)\,\Gamma(2\beta-1)}\int_0^{\pi/2}\sin^{2\alpha-2}\theta\,\cos^{2\alpha+2\beta-4}\theta\,\sin 4(\mu-\nu)\theta\,\mathrm{d}\theta. \tag{12.122b}$$

当 $4(\mu-\nu)$ 为整数时，即可计算出上述二式右端的积分. 例如，当 $\mu=\nu$ 时，即有

$$\int_{-\infty}^{\infty}\frac{\cos(x+\mu)\pi}{\Gamma(\alpha+\mu+x)\,\Gamma(\alpha-\mu-x)\,\Gamma(\beta+2\mu+2x)\,\Gamma(\beta-2\mu-2x)}\,\mathrm{d}x$$
$$=\frac{2^{2\alpha+2\beta-5}}{\sqrt{\pi}}\frac{\Gamma(\alpha+\beta-3/2)}{\Gamma(\alpha)\,\Gamma(2\beta-1)\,\Gamma(2\alpha+\beta-2)}, \tag{12.123}$$

$$\int_{-\infty}^{\infty}\frac{\sin(x+\mu)\pi}{\Gamma(\alpha+\mu+x)\,\Gamma(\alpha-\mu-x)\,\Gamma(\beta+2\mu+2x)\,\Gamma(\beta-2\mu-2x)}\,\mathrm{d}x=0. \tag{12.124}$$

如果 $\mu=\nu+1/4$ 或 $\mu=\nu+1/2$，则可得

$$\int_{-\infty}^{\infty}\frac{\cos(x+\mu)\pi}{\Gamma(\alpha+\mu+x)\,\Gamma(\alpha-\mu-x)\,\Gamma(\beta+2\mu+2x-1/2)\,\Gamma(\beta-2\mu-2x+1/2)}\,\mathrm{d}x$$
$$=\frac{2^{2\alpha+2\beta-5}}{\sqrt{\pi}}\frac{\Gamma(\alpha+\beta-1)}{\Gamma(\alpha)\,\Gamma(2\beta-1)\,\Gamma(2\alpha+\beta-3/2)}, \tag{12.125}$$

$$\int_{-\infty}^{\infty}\frac{\sin(x+\mu)\pi}{\Gamma(\alpha+\mu+x)\,\Gamma(\alpha-\mu-x)\,\Gamma(\beta+2\mu+2x-1/2)\,\Gamma(\beta-2\mu-2x+1/2)}\,\mathrm{d}x$$
$$=\frac{2^{2\alpha+2\beta-5}}{\sqrt{\pi}}\frac{\Gamma(\alpha+\beta-3/2)}{\Gamma(\alpha-1/2)\,\Gamma(2\beta-1)\,\Gamma(2\alpha+\beta-3/2)}; \tag{12.126}$$

$$\int_{-\infty}^{\infty}\frac{\cos(x+\mu)\pi}{\Gamma(\alpha+\mu+x)\,\Gamma(\alpha-\mu-x)\,\Gamma(\beta+2\mu+2x-1)\,\Gamma(\beta-2\mu-2x+1)}\,\mathrm{d}x$$
$$=\frac{2^{2\alpha+2\beta-5}}{\sqrt{\pi}}\frac{(\beta-1)\,\Gamma(\alpha+\beta-3/2)}{\Gamma(\alpha)\,\Gamma(2\beta-1)\,\Gamma(2\alpha+\beta-1)}, \tag{12.127}$$

$$\int_{-\infty}^{\infty}\frac{\sin(x+\mu)\pi}{\Gamma(\alpha+\mu+x)\,\Gamma(\alpha-\mu-x)\,\Gamma(\beta+2\mu+2x-1)\,\Gamma(\beta-2\mu-2x+1)}\,\mathrm{d}x$$
$$=\frac{2^{2\alpha+2\beta-4}}{\sqrt{\pi}}\frac{\Gamma(\alpha+\beta-1)}{\Gamma(\alpha-1/2)\,\Gamma(2\beta-1)\,\Gamma(2\alpha+\beta-1)}. \tag{12.128}$$

当 $\alpha=1,2,3,\cdots$ 时，也能求出 (12.122a) 式右端的积分. 例如，当 $\alpha=1$ 时，有

$$\int_{-\infty}^{\infty}\frac{\cos(x+\mu)\pi}{\Gamma(1+\mu+x)\,\Gamma(1-\mu-x)\,\Gamma(\beta+2\nu+2x)\,\Gamma(\beta-2\nu-2x)}\,\mathrm{d}x$$
$$=\frac{1}{2\pi}\int_{-\infty}^{\infty}\frac{\sin 2(x+\mu)x}{\Gamma(\beta+2\nu+2x)\,\Gamma(\beta-2\nu-2x)}\frac{\mathrm{d}x}{x+\mu}$$
$$=\frac{1}{\pi}\frac{2^{2\beta-2}}{\Gamma(2\beta-1)}\int_0^{\pi/2}\cos^{2\beta-2}\theta\,\cos 4(\mu-\nu)\theta\,\mathrm{d}\theta,$$

因此

$$\int_{-\infty}^{\infty} \frac{\sin 2(x+\mu)x}{\Gamma(\beta+2\nu+2x)\,\Gamma(\beta-2\nu-2x)}\,\frac{\mathrm{d}x}{x+\mu} = \frac{\pi}{\Gamma(\beta+2\mu-2\nu)\,\Gamma(\beta-2\mu+2\nu)}. \tag{12.129}$$

同样，如果 $\alpha=2$，则有

$$\begin{aligned}&\int_{-\infty}^{\infty} \frac{\sin 2(x+\mu)x}{\Gamma(\beta+2\nu+2x)\,\Gamma(\beta-2\nu-2x)}\,\frac{\Gamma(x+\mu-1)}{\Gamma(x+\mu+2)}\,\mathrm{d}x\\ &\quad= \frac{\pi\cdot 2\beta(2\beta-1)\big[8(\mu-\nu)^2+3\beta+1\big]}{\Gamma(\beta+2\mu-2\nu)\,\Gamma(\beta-2\mu+2\nu)}.\end{aligned} \tag{12.130}$$

如果在 (12.121) 式中代入 $t=\pm 2\pi$，我们将得到

$$\begin{aligned}&\int_{-\infty}^{\infty} \frac{\mathrm{e}^{-2\mathrm{i}(x+\mu)\pi}}{\Gamma(\alpha+\mu+x)\,\Gamma(\alpha-\mu-x)\,\Gamma(\beta+2\nu+2x)\,\Gamma(\beta-2\nu-2x)}\,\mathrm{d}x\\ &\quad= \frac{1}{\pi}\,\frac{2^{2\alpha+2\beta-6}}{\Gamma(2\alpha-1)\,\Gamma(2\beta-1)}\int_{\pi}^{2\pi}\left(\cos\frac{2\pi-\tau}{2}\right)^{2\alpha-2}\left(\cos\frac{\tau}{4}\right)^{2\beta-2}\mathrm{e}^{-\mathrm{i}(\mu-\nu)\tau}\,\mathrm{d}\tau\\ &\quad= \frac{1}{\pi}\,\frac{2^{2\alpha+2\beta-5}}{\Gamma(2\alpha-1)\,\Gamma(2\beta-1)}\,\mathrm{e}^{-2\mathrm{i}(\mu-\nu)\pi}\int_0^{\pi/2}\cos^{2\alpha-2}\theta\left(\sin\frac{\theta}{2}\right)^{2\beta-2}\mathrm{e}^{2\mathrm{i}(\mu-\nu)\theta}\,\mathrm{d}\theta,\end{aligned}$$

$$\begin{aligned}&\int_{-\infty}^{\infty} \frac{\mathrm{e}^{2\mathrm{i}(x+\mu)\pi}}{\Gamma(\alpha+\mu+x)\,\Gamma(\alpha-\mu-x)\,\Gamma(\beta+2\nu+2x)\,\Gamma(\beta-2\nu-2x)}\,\mathrm{d}x\\ &\quad= \frac{1}{\pi}\,\frac{2^{2\alpha+2\beta-6}}{\Gamma(2\alpha-1)\,\Gamma(2\beta-1)}\int_{-2\pi}^{-\pi}\left(\cos\frac{-2\pi-\tau}{2}\right)^{2\alpha-2}\left(\cos\frac{\tau}{4}\right)^{2\beta-2}\mathrm{e}^{-\mathrm{i}(\mu-\nu)\tau}\,\mathrm{d}\tau\\ &\quad= \frac{1}{\pi}\,\frac{2^{2\alpha+2\beta-5}}{\Gamma(2\alpha-1)\,\Gamma(2\beta-1)}\,\mathrm{e}^{2\mathrm{i}(\mu-\nu)\pi}\int_0^{\pi/2}\cos^{2\alpha-2}\theta\left(\sin\frac{\theta}{2}\right)^{2\beta-2}\mathrm{e}^{-2\mathrm{i}(\mu-\nu)\theta}\,\mathrm{d}\theta.\end{aligned}$$

因此

$$\begin{aligned}&\int_{-\infty}^{\infty} \frac{\cos 2(x+\nu)\pi}{\Gamma(\alpha+\mu+x)\,\Gamma(\alpha-\mu-x)\,\Gamma(\beta+2\nu+2x)\,\Gamma(\beta-2\nu-2x)}\,\mathrm{d}x\\ &\quad= \frac{1}{\pi}\,\frac{2^{2\alpha+2\beta-5}}{\Gamma(2\alpha-1)\,\Gamma(2\beta-1)}\int_0^{\pi/2}\cos^{2\alpha-2}\theta\left(\sin\frac{\theta}{2}\right)^{2\beta-2}\cos 2(\mu-\nu)\theta\,\mathrm{d}\theta,\end{aligned} \tag{12.131}$$

$$\begin{aligned}&\int_{-\infty}^{\infty} \frac{\sin 2(x+\nu)\pi}{\Gamma(\alpha+\mu+x)\,\Gamma(\alpha-\mu-x)\,\Gamma(\beta+2\nu+2x)\,\Gamma(\beta-2\nu-2x)}\,\mathrm{d}x\\ &\quad= -\frac{1}{\pi}\,\frac{2^{2\alpha+2\beta-5}}{\Gamma(2\alpha-1)\,\Gamma(2\beta-1)}\int_0^{\pi/2}\cos^{2\alpha-2}\theta\left(\sin\frac{\theta}{2}\right)^{2\beta-2}\sin 2(\mu-\nu)\theta\,\mathrm{d}\theta.\end{aligned} \tag{12.132}$$

如果 $\mu=\nu$，由 (12.132) 式立即就能看出

$$\int_{-\infty}^{\infty} \frac{\sin 2(x+\nu)\pi}{\Gamma(\alpha+\mu+x)\,\Gamma(\alpha-\mu-x)\,\Gamma(\beta+2\mu+2x)\,\Gamma(\beta-2\mu-2x)}\,\mathrm{d}x = 0. \tag{12.133}$$

如果 $\mu-\nu=1/4$，则可根据 (12.131) 式得到

$$\int_{-\infty}^{\infty}\frac{\sin 2(x+\mu)\pi}{\Gamma(\alpha+\mu+x)\,\Gamma(\alpha-\mu-x)\,\Gamma(\beta+2\mu+2x-1/2)\,\Gamma(\beta-2\mu-2x+1/2)}\,\mathrm{d}x$$
$$=\frac{1}{\sqrt{\pi}}\frac{2^{2\alpha-\beta-5/2}}{\Gamma(\beta)\,\Gamma(2\alpha+\beta-3/2)}.\tag{12.134}$$

若 $\mu-\nu=1/2$，则又可由 (12.132) 式导出

$$\int_{-\infty}^{\infty}\frac{\sin 2(x+\mu)\pi}{\Gamma(\alpha+\mu+x)\,\Gamma(\alpha-\mu-x)\,\Gamma(\beta+2\mu+2x-1)\,\Gamma(\beta-2\mu-2x+1)}\,\mathrm{d}x$$
$$=\frac{1}{\sqrt{\pi}}\frac{2^{2\alpha-\beta-2}}{\Gamma(\beta-1/2)\,\Gamma(2\alpha+\beta-1)}.\tag{12.135}$$

在 (12.131) 式中也可代入 $\beta=1,2,3,\cdots$. 例如，令 $\beta=1$，有

$$\begin{aligned}&\int_{-\infty}^{\infty}\frac{\cos 2(x+\nu)\pi}{\Gamma(\alpha+\mu+x)\,\Gamma(\alpha-\mu-x)\,\Gamma(1+2\nu+2x)\,\Gamma(1-2\nu-2x)}\,\mathrm{d}x\\&\quad=\frac{1}{4\pi}\int_{-\infty}^{\infty}\frac{\sin 4(x+\nu)\pi}{\Gamma(\alpha+\mu+x)\,\Gamma(\alpha-\mu-x)}\,\frac{\mathrm{d}x}{x+\nu}\\&\quad=\frac{1}{\pi}\frac{2^{2\alpha-3}}{\Gamma(2\alpha-1)}\int_0^{\pi/2}\cos^{2\alpha-2}\cos 2(\mu-\nu)\theta,\end{aligned}$$

由此即可计算出

$$\int_{-\infty}^{\infty}\frac{\sin 4(x+\nu)\pi}{\Gamma(\alpha+\mu+x)\,\Gamma(\alpha-\mu-x)}\,\frac{\mathrm{d}x}{x+\nu}=\frac{\pi}{\Gamma(\alpha+\mu-\nu)\,\Gamma(\alpha-\mu+\nu)}.\tag{12.136}$$

若取 $\beta=2$，则有

$$\int_{-\infty}^{\infty}\frac{\sin 4(x+\nu)\pi}{\Gamma(\alpha+\mu+x)\,\Gamma(\alpha-\mu-x)}\,\frac{\Gamma(2\nu+2x-1)}{\Gamma(2\nu+2x+2)}\,\mathrm{d}x$$
$$=\frac{\pi}{2}\left[\frac{\alpha}{\Gamma(\alpha+\mu-\nu+1/2)\,\Gamma(\alpha-\mu+\nu+1/2)}-\frac{1}{\Gamma(\alpha+\mu-\nu)\,\Gamma(\alpha-\mu+\nu)}\right].\tag{12.137}$$

由 (12.121) 式也能看出，当 $k=3,4,5,\cdots$ 时，有

$$\int_{-\infty}^{\infty}\frac{\mathrm{e}^{\mp\mathrm{i}k\pi x}}{\Gamma(\alpha+\mu+x)\,\Gamma(\alpha-\mu-x)\,\Gamma(\beta+2\nu+2x)\,\Gamma(\beta-2\nu-2x)}\,\mathrm{d}x=0.\tag{12.138}$$

例 12.16　在例 12.14 与例 12.15 中，已经出现了被积函数的分子、分母同时含有 Γ 函数的情形. 类似的例子还有

$$\int_{-\infty}^{\infty}\frac{\Gamma(\alpha+x)}{\Gamma(\beta+x)}\,\mathrm{e}^{-\mathrm{i}xt}\,\mathrm{d}x,\qquad \mathrm{Im}\,\alpha<0,\ \ \mathrm{Re}\,(\beta-\alpha)>0.$$

利用 Γ 函数的互余宗量定理可以将积分化为

$$\int_{-\infty}^{\infty}\frac{\Gamma(\alpha+x)}{\Gamma(\beta+x)}\,\mathrm{e}^{-\mathrm{i}xt}\,\mathrm{d}x=\int_{-\infty}^{\infty}\frac{\mathrm{e}^{-\mathrm{i}xt}}{\Gamma(\beta+x)\,\Gamma(1-\alpha-x)}\,\frac{\pi}{\sin\pi(\alpha+x)}\,\mathrm{d}x.$$

在 $\mathrm{Im}\,\alpha<0$ 的条件下，有

$$\frac{1}{\sin\pi(\alpha+x)}=2\mathrm{i}\,\mathrm{e}^{-\mathrm{i}\pi(\alpha+x)}\left[1-\mathrm{e}^{-\mathrm{i}2\pi(\alpha+x)}\right]^{-1}=2\mathrm{i}\sum_{n=0}^{\infty}\mathrm{e}^{-\mathrm{i}\pi(2n+1)(\alpha+x)}.$$

因此

$$\int_{-\infty}^{\infty}\frac{\Gamma(\alpha+x)}{\Gamma(\beta+x)}\,\mathrm{e}^{-\mathrm{i}xt}\,\mathrm{d}x=2\pi\mathrm{i}\sum_{n=0}^{\infty}\int_{-\infty}^{\infty}\frac{\mathrm{e}^{-\mathrm{i}xt-\mathrm{i}\pi(2n+1)(\alpha+x)}}{\Gamma(\beta+x)\,\Gamma(1-\alpha-x)}\,\mathrm{d}x.$$

级数中的每一项都是 (12.83) 式型的积分．由该式可以断定，此级数中只有 $n=k$ 的一项才不为 0，该 k 值应当由不等式 $-\pi<t+(2k+1)\pi<\pi$ 决定．所以

$$\begin{aligned}&\int_{-\infty}^{\infty}\frac{\Gamma(\alpha+x)}{\Gamma(\beta+x)}\,\mathrm{e}^{-\mathrm{i}xt}\,\mathrm{d}x\\&\quad=\frac{2\pi\mathrm{i}\,\mathrm{e}^{-\mathrm{i}(2k+1)\pi\alpha}}{\Gamma(\beta-\alpha)}\,\mathrm{e}^{\mathrm{i}(\alpha+\beta-1)\tau/2}\left(2\cos\frac{\tau}{2}\right)^{\beta-\alpha-1}\eta(\pi-|\tau|),\end{aligned}\tag{12.139}$$

其中 $\tau=t+(2k+1)\pi$．读者可以完全类似地讨论 $\mathrm{Im}\,\alpha>0$ 的情形．

在此基础上，还能计算

$$\int_{-\infty}^{\infty}\Gamma(\alpha+x)\,\Gamma(\beta-x)\,\mathrm{e}^{-\mathrm{i}xt}\,\mathrm{d}x=\pi\int_{-\infty}^{\infty}\frac{\Gamma(\alpha+x)}{\Gamma(1-\beta+x)}\,\frac{\mathrm{e}^{-\mathrm{i}xt}}{\sin(\beta-x)}\,\mathrm{d}x.$$

在 $\mathrm{Im}\,\beta\neq0$ 的条件下，将函数 $1/\sin(\beta-x)$ 展开，就可化为 (12.139) 形式的积分．

例 12.17　作为这类积分计算的一个发展，还能计算某些对于 Bessel 函数的阶的积分．例如：

$$\begin{aligned}&\int_{-\infty}^{\infty}\frac{\mathrm{J}_{\alpha+\mu+x}(a)}{a^{\alpha+\mu+x}}\,\frac{\mathrm{J}_{\alpha-\mu-x}(b)}{b^{\alpha-\mu-x}}\,\mathrm{d}x\\&\quad=\sum_{k=0}^{\infty}\sum_{l=0}^{\infty}\frac{(-1)^{k+l}}{k!\;l!}\left(\frac{a}{2}\right)^{2k}\left(\frac{b}{2}\right)^{2l}\frac{1}{2^{2\alpha}}\int_{-\infty}^{\infty}\frac{\mathrm{d}x}{\Gamma(\alpha+\mu+x+k+1)\,\Gamma(\alpha-\mu-x+l+1)}\\&\quad=\sum_{k=0}^{\infty}\sum_{l=0}^{\infty}\frac{(-1)^{k+l}}{k!\;l!}\left(\frac{a}{2}\right)^{2k}\left(\frac{b}{2}\right)^{2l}\frac{2^{k+l}}{\Gamma(2\alpha+k+l+1)}\\&\quad=\sum_{n=0}^{\infty}\frac{(-1)^n}{2^n\;n!\,\Gamma(2\alpha+n+1)}\sum_{l=0}^{n}\frac{n!}{l!\;(n-l)!}a^{2l}b^{2n-2l}\\&\quad=\sum_{n=0}^{\infty}\frac{(-1)^n}{n!\,\Gamma(2\alpha+n+1)}\left(\frac{a^2+b^2}{2}\right)^n=\left(\frac{a^2+b^2}{2}\right)^{-\alpha}\mathrm{J}_{2\alpha}(\sqrt{2a^2+2b^2}).\end{aligned}\tag{12.140}$$

特别是，当 $a=b$ 时，有

$$\int_{-\infty}^{\infty} \mathrm{J}_{\alpha+\mu+x}(a)\,\mathrm{J}_{\alpha-\mu-x}(a)\,\mathrm{d}x = \mathrm{J}_{2\alpha}(2a). \tag{12.141}$$

完全类似地，还可以有

$$\begin{aligned}\int_{-\infty}^{\infty} &\frac{\mathrm{J}_{\alpha+\mu+x}(a)}{a^{\alpha+\mu+x}}\,\frac{\mathrm{J}_{\alpha-\mu-x}(b)}{b^{\alpha-\mu-x}}\,\mathrm{e}^{-\mathrm{i}2xt}\,\mathrm{d}x\\ &=\sum_{k=0}^{\infty}\sum_{l=0}^{\infty}\frac{(-1)^{k+l}}{k!\,l!}\left(\frac{a}{2}\right)^{2k}\left(\frac{b}{2}\right)^{2l}\frac{1}{2^{2\alpha}}\\ &\quad\times\int_{-\infty}^{\infty}\frac{\mathrm{e}^{-\mathrm{i}2xt}}{\Gamma(\alpha+\mu+x+k+1)\,\Gamma(\alpha-\mu-x+l+1)}\,\mathrm{d}x.\end{aligned}$$

当 $\mathrm{Re}\,\alpha>1/2$ 时，可代入 (12.82b) 式的结果，即得①

$$\begin{aligned}\int_{-\infty}^{\infty} &\frac{\mathrm{J}_{\alpha+\mu+x}(a)}{a^{\alpha+\mu+x}}\,\frac{\mathrm{J}_{\alpha-\mu-x}(b)}{b^{\alpha-\mu-x}}\,\mathrm{e}^{-\mathrm{i}2xt}\,\mathrm{d}x\\ &=\mathrm{e}^{\mathrm{i}\mu t}\eta\left(\frac{\pi}{2}-|t|\right)\sum_{k=0}^{\infty}\sum_{l=0}^{\infty}\left[\frac{(-1)^{k+l}}{k!\,l!}\left(\frac{a}{2}\right)^{2k}\left(\frac{b}{2}\right)^{2l}\right.\\ &\quad\left.\times\frac{2^{k+l}}{\Gamma(2\alpha+k+l+1)}\,\mathrm{e}^{\mathrm{i}(2\mu+k-l)t}\,\cos^{2\alpha+k+l}t\right]\\ &=\mathrm{e}^{\mathrm{i}2\mu t}\cos^{2\alpha}t\sum_{n=0}^{\infty}\left[\frac{(-1)^n}{n!\,\Gamma(2\alpha+n+1)}\left(\frac{\cos t}{2}\right)^n\mathrm{e}^{-\mathrm{i}nt}\right.\\ &\quad\left.\times\sum_{l=0}^{n}\frac{n!}{l!\,(n-l)!}a^{2l}b^{2n-2l}\mathrm{e}^{\mathrm{i}2(n-l)t}\right]\eta\left(\frac{\pi}{2}-|t|\right)\\ &=\mathrm{e}^{\mathrm{i}2\mu t}\cos^{2\alpha}t\sum_{n=0}^{\infty}\left[\frac{(-1)^n}{n!\,\Gamma(2\alpha+n+1)}\left(\frac{\cos t}{2}\right)^n\left(a^2\mathrm{e}^{-\mathrm{i}t}+b^2\mathrm{e}^{\mathrm{i}t}\right)^n\right]\eta\left(\frac{\pi}{2}-|t|\right)\\ &=\mathrm{e}^{\mathrm{i}2\mu t}\cos^{\alpha}t\left(\frac{a^2\mathrm{e}^{-\mathrm{i}t}+b^2\mathrm{e}^{\mathrm{i}t}}{2}\right)^{-\alpha}\mathrm{J}_{2\alpha}\left(\sqrt{2\left(a^2\mathrm{e}^{-\mathrm{i}t}+b^2\mathrm{e}^{-\mathrm{i}t}\right)\cos t}\right)\eta\left(\frac{\pi}{2}-|t|\right).\end{aligned} \tag{12.142}$$

特别地，当 $a=b$ 时，有

$$\int_{-\infty}^{\infty} \mathrm{J}_{\alpha+\mu+x}(a)\,\mathrm{J}_{\alpha-\mu-x}(a)\,\mathrm{e}^{-\mathrm{i}2xt}\,\mathrm{d}x = \mathrm{e}^{\mathrm{i}2\mu t}\mathrm{J}_{2\alpha}(2a\cos t)\,\eta\left(\frac{\pi}{2}-|t|\right). \tag{12.143}$$

因此

① 在 Y. L. Luke 的 *Integrals of Bessel Functions* (McFraw-Hill, New York, 1962) 中，此积分的结果中出现因子 $\eta(\pi-|t|)$，明显有误.

$$\int_{-\infty}^{\infty} \mathrm{J}_{\alpha+\mu+x}(a)\,\mathrm{J}_{\alpha-\mu-x}(a)\,\cos 2xt\,\mathrm{d}x = \cos 2\mu t\,\mathrm{J}_{2\alpha}(2a\cos t)\,\eta\Big(\frac{\pi}{2}-|t|\Big), \quad (12.144\mathrm{a})$$

$$\int_{-\infty}^{\infty} \mathrm{J}_{\alpha+\mu+x}(a)\,\mathrm{J}_{\alpha-\mu-x}(a)\,\sin 2xt\,\mathrm{d}x = -\sin 2\mu t\,\mathrm{J}_{2\alpha}(2a\cos t)\,\eta\Big(\frac{\pi}{2}-|t|\Big). \quad (12.144\mathrm{b})$$

§12.5 复平面上的 Fourier 变换

12.5.1 复平面上的 Fourier 变换

在一定程度上，可以将公式 (12.3) 和 (12.4) 的变换变量 ω 推广为取复数值. 令 $\omega=\sigma+\mathrm{i}\tau$ (σ 和 τ 为实数)，我们得到

$$F(\omega)=F(\sigma+\mathrm{i}\tau)=\frac{1}{\sqrt{2\pi}}\int_{-\infty}^{\infty}\mathrm{e}^{-\mathrm{i}\omega x}f(x)\,\mathrm{d}x=\frac{1}{\sqrt{2\pi}}\int_{-\infty}^{\infty}\mathrm{e}^{-\mathrm{i}\sigma x}\mathrm{e}^{\tau x}f(x)\,\mathrm{d}x. \quad (12.145)$$

对于 (12.145) 式可以有两种解读，既可以把 $F(\omega)$ 看成 $f(x)$ 的 Fourier 变换，ω 为复数，也可以看成函数 $\mathrm{e}^{\tau x}f(x)$ 的“旧”的 Fourier 变换，变换的变量为 σ. 引进虚部 τ 的好处是，可以选择 τ，使得 $\mathrm{e}^{\tau x}f(x)$ 属于 $\mathscr{L}_1(-\infty,\infty)$，保证 Fourier 变换 (12.145) 式存在. 我们可以由 (12.145) 式导出

$$\mathrm{e}^{\tau x}f(x)=\lim_{R\to\infty}\frac{1}{\sqrt{2\pi}}\int_{-R}^{R}F(\sigma+\mathrm{i}\tau)\mathrm{e}^{\mathrm{i}\sigma x}\,\mathrm{d}\sigma.$$

后一个积分可理解为复 ω 平面上沿平行于实轴的直线的积分. 事实上，我们有

$$f(x)=\lim_{R\to\infty}\frac{1}{\sqrt{2\pi}}\int_{\mathrm{i}\tau-R}^{\mathrm{i}\tau+R}F(\omega)\,\mathrm{e}^{\mathrm{i}\omega x}\mathrm{d}\omega,$$

或者直接就写成

$$f(x)=\frac{1}{\sqrt{2\pi}}\int_{\mathrm{i}\tau-\infty}^{\mathrm{i}\tau+\infty}F(\omega)\,\mathrm{e}^{\mathrm{i}\omega x}\mathrm{d}\omega, \quad (12.146)$$

其中 τ 是任意实数，使得

$$\int_{-\infty}^{\infty}|\mathrm{e}^{\tau x}f(x)|\,\mathrm{d}x<\infty. \quad (12.147)$$

如果不等式在整个带形区域 $\tau_1<\tau<\tau_2$ 内成立，则 $F(\omega)$ 就是该带内的解析函数.

例 12.18 设 $f(x)=\mathrm{e}^{-|x|}$，则对于 $-1<\tau<1$ 内的所有 τ 值，$f(x)\,\mathrm{e}^{\tau x}$ 属于 $\mathscr{L}_1(-\infty,\infty)$. 我们有

$$\begin{aligned}F(\omega)&=\frac{1}{\sqrt{2\pi}}\int_{-\infty}^{0}\mathrm{e}^{-\mathrm{i}\omega x}\mathrm{e}^{x}\mathrm{d}x+\frac{1}{\sqrt{2\pi}}\int_{0}^{\infty}\mathrm{e}^{-\mathrm{i}\omega x}\mathrm{e}^{-x}\mathrm{d}x\\&=\frac{1}{\sqrt{2\pi}}\left(\frac{1}{1-\mathrm{i}\omega}+\frac{1}{1+\mathrm{i}\omega}\right)=\frac{1}{\sqrt{2\pi}}\frac{2}{1+\omega^2}, \qquad -1<\tau<1.\end{aligned}$$

现在我们示范，用 $\tau=0$，如何能用 (12.146) 式通过围道积分由 $F(\omega)$ 求出 $f(x)$. 对于 $x>0$，考虑由以 R 为半径的上半圆及实轴上的直径组成的积分围道 C (见图 12.1a)，则由留数定理，有

$$\lim_{R\to\infty}\oint_C \frac{2}{1+\omega^2}\mathrm{e}^{\mathrm{i}\omega x}\mathrm{d}\omega = 2\pi\mathrm{i}\times\left\{\frac{2}{1+\omega^2}\mathrm{e}^{\mathrm{i}\omega x}\ \text{在 } C \text{ 内的留数和}\right\} = 2\pi\,\mathrm{e}^{-x}.$$

当 $R\to\infty$ 时，根据 Jordan 引理可以判断，沿半圆弧 C_R 的贡献趋于 0. 这样围道积分中就只剩下沿实轴的积分的贡献，于是就得到

$$\frac{1}{2\pi}\int_{-\infty}^{\infty}\frac{2}{1+\omega^2}\mathrm{e}^{\mathrm{i}\omega x}\mathrm{d}\omega = \mathrm{e}^{-x}, \qquad x>0.$$

类似地，考虑在下半平面内的围道积分 (见图 12.1b)，就能够得到 $x<0$ 时的逆变换积分值为 e^{x}.

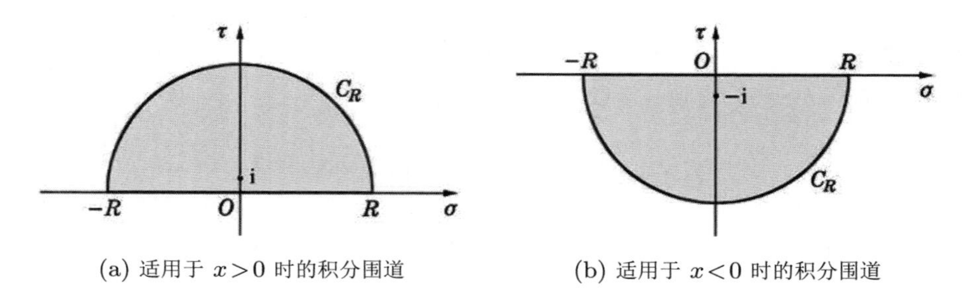

(a) 适用于 $x>0$ 时的积分围道　　(b) 适用于 $x<0$ 时的积分围道

图 12.1　例 12.18 中求反演时用到的积分围道

例 12.19　设 $f(x)=-2\eta(x)\sinh x$，其中 $\eta(x)$ 是 Heaviside 函数，即

$$f(x)=\begin{cases}-2\sinh x, & x>0,\\ 0, & x<0.\end{cases}$$

因为 $2\sinh x=\mathrm{e}^{x}-\mathrm{e}^{-x}$，我们看到：当 $\tau<-1$ 时，$\mathrm{e}^{\tau x}\sinh x$ 属于 $\mathscr{L}_1(0,\infty)$，所以当 $\tau<-1$ 时，$\mathrm{e}^{\tau x}f(x)$ 属于 $\mathscr{L}_1(-\infty,\infty)$. 简单的计算给出

$$F(\omega)=\frac{1}{\sqrt{2\pi}}\int_0^{\infty}(\mathrm{e}^{-x}-\mathrm{e}^{x})\,\mathrm{e}^{-\mathrm{i}\omega x}\mathrm{d}x=\frac{1}{\sqrt{2\pi}}\frac{2}{1+\omega^2},\quad \tau<-1.$$

和例 12.18 相比较，第一印象是不可思议：两个不同的函数居然有相同的 Fourier 变换！回答是，不同的函数的 Fourier 变换的确可以有相同的函数形式，它们各自在 ω 平面上互不相重叠的不同区域内有效. 我们仍旧可以用逆变换公式 (12.146) 去求出本例题中的 $f(x)$，只是这时应取 $\tau<-1$. 当 $x<0$ 时，(采用图 12.2(a) 的

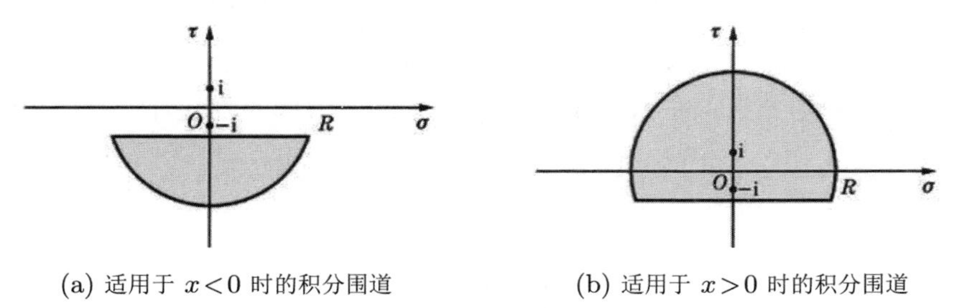

(a) 适用于 $x<0$ 时的积分围道 (b) 适用于 $x>0$ 时的积分围道

图 12.2 例 12.19 中求反演时用到的积分围道

积分围道) 计算出 $f=0$. 对于 $x>0$，又可以采用图 12.2(b) 的积分围道，它包含了被积函数的两个极点：$\omega=\pm\mathrm{i}$，这样又得到 $f=-2\sinh x$.

例 12.20 设 $f(x)=\mathrm{e}^{-x^2}$，这时对于任何实的 τ，$f\mathrm{e}^{\tau x}$ 都属于 $\mathscr{L}_1(-\infty,\infty)$，所以 $F(\omega)$ 是整个 ω 平面上的解析函数. 对于 $\omega=\mathrm{i}\tau$，有

$$F(\mathrm{i}\tau)=\frac{1}{\sqrt{2\pi}}\int_{-\infty}^{\infty}\mathrm{e}^{\tau x}\mathrm{e}^{-x^2}\mathrm{d}x=\frac{1}{\sqrt{2\pi}}\mathrm{e}^{\tau^2/4}\int_{-\infty}^{\infty}\mathrm{e}^{-(x-\tau/2)^2}\mathrm{d}x=\frac{1}{\sqrt{2}}\mathrm{e}^{\tau^2/4}.$$

所以，由解析延拓，可知

$$F(\omega)=\frac{1}{\sqrt{2}}\mathrm{e}^{-\omega^2/4}.$$

最后，必须指出，就一般函数 $f(x)$ 而言，出现在 (12.145) 式中的因子 $\mathrm{e}^{\tau x}$ 具有两面性：当 $\tau>0$ 时，它改善了在下限的收敛性，但却破坏了在上限的收敛性；而当 $\tau<0$ 时则相反. 即使 $f(x)=1$，也不存在 τ 值，使得 (12.145) 式成立，所以我们的方案必须加以修改.

12.5.2 单侧函数

$x<0$ 时恒为 0 的函数称为右侧函数，记为 $f_+(x)$；$x>0$ 时恒为 0 的函数称为左侧函数，记为 $f_-(x)$.

考虑右侧函数 $f_+(x)$，假设它在 $x\to\infty$ 时为 $O(\mathrm{e}^{\alpha x})$，即存在常数 C，使得

$$|f_+(x)|<C\mathrm{e}^{\alpha x}\qquad \text{对于足够大的 } x,$$

则 $f_+(x)\,\mathrm{e}^{\tau x}$ 在 $\tau<-\alpha$ 时属于 $\mathscr{L}_1(-\infty,\infty)$. 因此 $f_+(x)$ 的 Fourier 变换 $F_+(\omega)$ 在下半平面 $\tau<-\alpha$ 解析. 公式 (12.145) 和 (12.146) 分别变为

$$F_+(\omega)=\frac{1}{\sqrt{2\pi}}\int_0^{\infty}f_+(x)\mathrm{e}^{-\mathrm{i}\omega x}\mathrm{d}x,\qquad \tau<-\alpha,\tag{12.148}$$

$$f_+(x)=\frac{1}{\sqrt{2\pi}}\int_{\mathrm{i}\tau-\infty}^{\mathrm{i}\tau+\infty}F_+(\omega)\mathrm{e}^{\mathrm{i}\omega x}\mathrm{d}\omega,\qquad \tau<-\alpha.\tag{12.149}$$

特别是，当 $\tau \to -\infty$ 时，应当有 $F_+(\omega) \to 0$.

对于 $x \to -\infty$ 时为 $O(\mathrm{e}^{\beta x})$ 的左侧函数 $f_-(x)$，它在 $\tau > -\beta$ 时属于 $\mathscr{L}_1(-\infty, \infty)$，因而 Fourier 级数 $F_-(\omega)$ 在 $\tau > -\beta$ 的上半平面解析. 因此我们有

$$F_-(\omega) = \frac{1}{\sqrt{2\pi}} \int_{-\infty}^{0} f_-(x)\mathrm{e}^{-\mathrm{i}\omega x}\mathrm{d}x, \qquad \tau > -\beta, \tag{12.150}$$

$$f_-(x) = \frac{1}{\sqrt{2\pi}} \int_{\mathrm{i}\tau-\infty}^{\mathrm{i}\tau+\infty} F_-(\omega)\mathrm{e}^{\mathrm{i}\omega x}\mathrm{d}\omega, \qquad \tau > -\beta. \tag{12.151}$$

同样，当 $\tau \to \infty$ 时，$F_-(\omega) \to 0$.

如果 $f(x)$ 是实轴上的任意函数，我们总能写成 $f(x) = f_+(x) + f_-(x)$，其中

$$f_+(x) = \begin{cases} f(x), & x > 0, \\ 0, & x < 0, \end{cases} \qquad f_-(x) = \begin{cases} 0, & x > 0, \\ f(x), & x < 0. \end{cases}$$

如果 $f(x)$ 在 $x \to +\infty$ 和 $x \to -\infty$ 时分别为 $O(\mathrm{e}^{\alpha x})$ 和 $O(\mathrm{e}^{\beta x})$，我们可以把前面的结果组合起来而得到

$$F_+(\omega) = \frac{1}{\sqrt{2\pi}} \int_{0}^{\infty} f(x)\mathrm{e}^{-\mathrm{i}\omega x}\mathrm{d}x, \qquad \tau < -\alpha, \tag{12.152}$$

$$F_-(\omega) = \frac{1}{\sqrt{2\pi}} \int_{-\infty}^{0} f(x)\mathrm{e}^{-\mathrm{i}\omega x}\mathrm{d}x, \qquad \tau > -\beta, \tag{12.153}$$

$$f(x) = \frac{1}{\sqrt{2\pi}} \int_{\mathrm{i}a-\infty}^{\mathrm{i}a+\infty} F_+(\omega)\mathrm{e}^{\mathrm{i}\omega x}\mathrm{d}\omega + \frac{1}{\sqrt{2\pi}} \int_{\mathrm{i}b-\infty}^{\mathrm{i}b+\infty} F_-(\omega)\mathrm{e}^{\mathrm{i}\omega x}\mathrm{d}\omega, \tag{12.154}$$

其中 $a<-\alpha$, $b>-\beta$. 这些公式有效地推广了 (12.145) 与 (12.146) 两式. 若 $\beta>\alpha$，则 $-\beta<\tau<-\alpha$ 时 Fourier 变换存在，我们能在此带形区域内取 $a = b$ 而将 (12.154) 式化为 (12.146) 式.

例 12.21 求 $f(x) = 1/\sinh \pi x$ 的 Fourier 变换.

解 例 12.10 已经用到过这个 Fourier 变换，当时援引了第六章中的计算结果.

本题的特殊之处在于 $f(x) = 1/\sinh \pi x$ 显然不是平方可积函数，因此，从原则上说，它的 Fourier 变换问题也应该从广义函数的角度加以审视. 但因为 $f(x)$ 是奇函数，故其 Fourier 变换的实部 (在积分主值的意义下) 为 0，而虚部恰恰又是一个收敛性很好的积分，甚至无须涉及广义函数的概念.

下面采用围道积分的办法计算函数 $1/\sinh \pi x$ 的 Fourier 变换. 为此取积分围道 C 如图 12.3 所示，考虑复变积分 $\displaystyle\oint_C \frac{\mathrm{e}^{-\mathrm{i}\omega z}}{\sinh \pi z}\mathrm{d}z$. 因为积分围道内无奇点，所以此围道积分为 0. 易证

$$\lim_{\mathrm{Re}\, z \to \pm\infty} z \cdot \frac{\mathrm{e}^{-\mathrm{i}\omega z}}{\sinh \pi z} = 0,$$

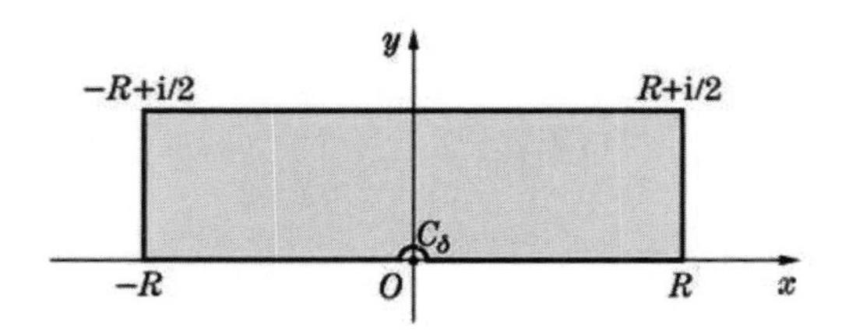

图 12.3　例 12.21 中的积分围道

因此

$$\int_{-\infty}^{-\delta}\frac{\mathrm{e}^{-\mathrm{i}\omega x}}{\sinh\pi x}\,\mathrm{d}x+\int_{C_\delta}\frac{\mathrm{e}^{-\mathrm{i}\omega z}}{\sinh\pi z}\,\mathrm{d}z+\int_{\delta}^{\infty}\frac{\mathrm{e}^{-\mathrm{i}\omega x}}{\sinh\pi x}\,\mathrm{d}x=\int_{-\infty}^{\infty}\frac{\mathrm{e}^{-\mathrm{i}\omega(x+\mathrm{i}/2)}}{\sinh\pi(x+\mathrm{i}/2)}\,\mathrm{d}x.$$

又因为

$$\lim_{z\to 0} z\cdot\frac{\mathrm{e}^{-\mathrm{i}\omega z}}{\sinh\pi z}=\frac{1}{\pi},$$

所以，取极限 $\delta\to 0$，就得到

$$\begin{aligned}\int_{-\infty}^{\infty}\frac{\mathrm{e}^{-\mathrm{i}\omega x}}{\sinh\pi x}\,\mathrm{d}x &=\mathrm{i}+\int_{-\infty}^{\infty}\frac{\mathrm{e}^{-\mathrm{i}\omega(x+\mathrm{i}/2)}}{\sinh\pi(x+\mathrm{i}/2)}\,\mathrm{d}x=\mathrm{i}-\mathrm{i}\,\mathrm{e}^{\omega/2}\int_{-\infty}^{\infty}\frac{\mathrm{e}^{-\mathrm{i}\omega x}}{\cosh\pi x}\,\mathrm{d}x\\ &=\mathrm{i}\Big[1-\frac{\mathrm{e}^{\omega/2}}{\cosh(\omega/2)}\Big]=-\mathrm{i}\,\tanh\frac{\omega}{2},\end{aligned}$$

亦即

$$\mathscr{F}\Big\{\frac{1}{\sinh\pi x}\Big\}=-\frac{\mathrm{i}}{\sqrt{2\pi}}\tanh\frac{\omega}{2}.$$

§12.6　用 Fourier 变换方法解积分方程

Fourier 变换的适用范围是 $-\infty<x<\infty$，所以我们不妨研究

$$\phi(x)=\int_{-\infty}^{\infty}w(x|\xi)\,\psi(\xi)\,\mathrm{d}\xi \tag{12.155}$$

型的积分方程，其中 $\phi(x)$ 和 $w(x|\xi)$ 均为已知函数，$w(x|\xi)$ 称为积分方程的核，而 $\phi(x)$ 则是方程的非齐次项. 现在将方程两端作 Fourier 变换. 设 $\phi(x)$ 的 Fourier 变换已知，因此

$$\varPhi(k)\equiv\mathscr{F}\{\phi(x)\}=\frac{1}{\sqrt{2\pi}}\int_{-\infty}^{\infty}\phi(x)\,\mathrm{e}^{-\mathrm{i}kx}\mathrm{d}x, \tag{12.156a}$$

$$\phi(x)\equiv\mathscr{F}^{-1}\{\varPhi(k)\}=\frac{1}{\sqrt{2\pi}}\int_{-\infty}^{\infty}\varPhi(k)\,\mathrm{e}^{\mathrm{i}kx}\mathrm{d}k; \tag{12.156b}$$

同时假设 $\psi(x)$ 的 Fourier 变换也存在，即

$$\Psi(k) \equiv \mathscr{F}\{\psi(x)\} = \frac{1}{\sqrt{2\pi}} \int_{-\infty}^{\infty} \psi(x)\, \mathrm{e}^{-\mathrm{i}kx} \mathrm{d}x, \tag{12.157a}$$

$$\psi(x) \equiv \mathscr{F}^{-1}\{\Psi(k)\} = \frac{1}{\sqrt{2\pi}} \int_{-\infty}^{\infty} \Psi(k)\, \mathrm{e}^{\mathrm{i}kx} \mathrm{d}k. \tag{12.157b}$$

容易计算得

$$\begin{aligned} \mathscr{F}\left\{ \int_{-\infty}^{\infty} w(x|\xi)\, \psi(\xi)\, \mathrm{d}\xi \right\} &= \frac{1}{\sqrt{2\pi}} \int_{-\infty}^{\infty} \left\{ \int_{-\infty}^{\infty} w(x|\xi)\, \psi(\xi)\, \mathrm{d}\xi \right\} \mathrm{e}^{-\mathrm{i}kx} \mathrm{d}x \\ &= \frac{1}{2\pi} \int_{-\infty}^{\infty} \left\{ \int_{-\infty}^{\infty} w(x|\xi) \left[\int_{-\infty}^{\infty} \Psi(k')\, \mathrm{e}^{\mathrm{i}k'\xi} \mathrm{d}k' \right] \mathrm{d}\xi \right\} \mathrm{e}^{-\mathrm{i}kx} \mathrm{d}x \\ &= \int_{-\infty}^{\infty} W(k|k')\, \Psi(k')\, \mathrm{d}k', \end{aligned} \tag{12.158}$$

其中

$$W(k|k') = \frac{1}{2\pi} \int_{-\infty}^{\infty} \mathrm{e}^{\mathrm{i}k'\xi} \mathrm{d}\xi \int_{-\infty}^{\infty} w(x|\xi)\, \mathrm{e}^{-\mathrm{i}kx} \mathrm{d}x. \tag{12.159}$$

这样，方程 (12.155) 就变为新的积分方程

$$\Phi(k) = \int_{-\infty}^{\infty} W(k|k')\, \Psi(k')\, \mathrm{d}k'. \tag{12.160}$$

显然，只有新的积分方程的核 $W(k|k')$ 比原来的核 $w(x|\xi)$ 简单，更易于求解，这样的变换才是有意义的.

最简单的情形是

$$W(k|k') = \sqrt{2\pi} V(k) \delta(k-k'). \tag{12.161}$$

代入 (12.160) 式，就得到代数方程 $\Phi(k) = \sqrt{2\pi}\, V(k)\, \Psi(k)$，因此

$$\Psi(k) = \frac{\Phi(k)}{\sqrt{2\pi} V(k)}. \tag{12.162}$$

应用 Fourier 变换的反演公式，就能求出 $\psi(x)$.

现在先找出 (12.161) 式的成立条件. 因为 $W(k|k')$ 是 $w(x|\xi)$ 的二重 Fourier 变换，故其反演为

$$\begin{aligned} w(x|\xi) &= \frac{1}{2\pi} \int_{-\infty}^{\infty} \mathrm{e}^{-\mathrm{i}k'\xi} \mathrm{d}k' \int_{-\infty}^{\infty} W(k|k')\, \mathrm{e}^{\mathrm{i}kx} \mathrm{d}k \\ &= \frac{1}{\sqrt{2\pi}} \int_{-\infty}^{\infty} \mathrm{e}^{-\mathrm{i}k'\xi} \mathrm{d}k' \int_{-\infty}^{\infty} V(k) \delta(k-k')\, \mathrm{e}^{\mathrm{i}kx} \mathrm{d}k \\ &= \frac{1}{\sqrt{2\pi}} \int_{-\infty}^{\infty} \left[\int_{-\infty}^{\infty} \mathrm{e}^{-\mathrm{i}k'\xi} \delta(k-k')\, \mathrm{d}k' \right] V(k)\, \mathrm{e}^{\mathrm{i}kx} \mathrm{d}k \\ &= \frac{1}{\sqrt{2\pi}} \int_{-\infty}^{\infty} V(k)\, \mathrm{e}^{\mathrm{i}k(x-\xi)} \mathrm{d}k = v(x-\xi). \end{aligned} \tag{12.163}$$

换言之，Fourier 变换可用于求解核为 $v(x-\xi)$ 型的积分方程

$$\phi(x)=\int_{-\infty}^{\infty}v(x-\xi)\,\psi(\xi)\,\mathrm{d}\xi. \tag{12.164}$$

这类积分方程中，未知函数只出现在积分号下，称为第一类 Fredholm 型积分方程.

例 12.22 由长螺线管轴线上磁场反求线圈匝数的问题.

取 z 轴与螺线管的轴线重合. 设螺线管的半径为 a，单位长度上螺线管的匝数为 $n(z)$，线圈中的电流强度为 I，则在螺线管上长度为 $\mathrm{d}\zeta$ 的线圈中的电流元为 $\mathrm{d}i=I\,n(\zeta)\mathrm{d}\zeta$，它在轴线上 z 处的磁场强度为

$$\mathrm{d}H=\frac{2\pi a}{a^2+(z-\zeta)^2}\frac{a}{\sqrt{a^2+(z-\zeta)^2}}\mathrm{d}i=\frac{2\pi a^2 I}{[a^2+(z-\zeta)^2]^{3/2}}n(\zeta)\mathrm{d}\zeta.$$

将螺线管近似地看成是无穷长，则总磁场强度为

$$H(z)=2\pi a^2 I\int_{-\infty}^{\infty}\frac{n(\zeta)}{[a^2+(z-\zeta)^2]^{3/2}}\mathrm{d}\zeta. \tag{12.165}$$

现在要由 $H(z)$ 反求线圈的匝数 $n(z)$. 其实，这就是第一类 Fredholm 型积分方程，且方程的核满足 (12.163) 式的形式. 于是可用 Fourier 变换方法求解. 设

$$\widetilde{H}(k)=\frac{1}{\sqrt{2\pi}}\int_{-\infty}^{\infty}H(z)\,\mathrm{e}^{-\mathrm{i}kz}\mathrm{d}z, \tag{12.166a}$$

$$N(k)=\frac{1}{\sqrt{2\pi}}\int_{-\infty}^{\infty}n(z)\,\mathrm{e}^{-\mathrm{i}kz}\mathrm{d}z, \tag{12.166b}$$

$$V(k)=\frac{1}{\sqrt{2\pi}}\int_{-\infty}^{\infty}\frac{\mathrm{e}^{-\mathrm{i}kz}}{(a^2+z^2)^{3/2}}\,\mathrm{d}z=\frac{1}{\sqrt{2\pi}}\frac{2\,|k|}{a}\mathrm{K}_1(|k|\,a), \tag{12.166c}$$

其中最后一步用到了虚宗量 Bessel 函数的积分表示

$$\begin{aligned}\mathrm{K}_1(x)&=-\frac{\mathrm{d}}{\mathrm{d}x}\mathrm{K}_0(x)=-\frac{1}{2}\frac{\mathrm{d}}{\mathrm{d}x}\int_{-\infty}^{\infty}\frac{\mathrm{e}^{\pm\mathrm{i}z}}{\sqrt{x^2+z^2}}\,\mathrm{d}z\\&=\frac{x}{2}\int_{-\infty}^{\infty}\frac{\mathrm{e}^{\pm\mathrm{i}z}}{(x^2+z^2)^{3/2}}\,\mathrm{d}z.\end{aligned}$$

这样，由积分方程 (12.165) 式就导出

$$\begin{aligned}\widetilde{H}(k)&=2\pi a^2 I\int_{-\infty}^{\infty}n(\zeta)\,\mathrm{e}^{-\mathrm{i}k\zeta}\mathrm{d}\zeta\left[\frac{1}{\sqrt{2\pi}}\int_{-\infty}^{\infty}\frac{\mathrm{e}^{-\mathrm{i}k(z-\zeta)}}{[a^2+(z-\zeta)^2]^{3/2}}\,\mathrm{d}z\right]\\&=2\pi a^2 I\int_{-\infty}^{\infty}n(\zeta)\,\mathrm{e}^{-\mathrm{i}k\zeta}\mathrm{d}\zeta\cdot\frac{1}{\sqrt{2\pi}}\int_{-\infty}^{\infty}\frac{\mathrm{e}^{-\mathrm{i}kz}}{(a^2+z^2)^{3/2}}\,\mathrm{d}z\\&=2\pi a^2 I\cdot\sqrt{2\pi}N(k)\cdot\frac{1}{\sqrt{2\pi}}\frac{2\,|k|}{a}\mathrm{K}_1(|k|\,a)=4\pi Ia\;|k|\,N(k)\mathrm{K}_1(|k|\,a),\end{aligned}$$

所以

$$N(k)=\frac{1}{4\pi Ia}\frac{\widetilde{H}(k)}{|k|\ \mathrm{K}_1(|k|\,a)}. \tag{12.167}$$

求反演即得

$$n(z)=\frac{1}{(2\pi)^{3/2}}\frac{1}{2Ia}\int_{-\infty}^{\infty}\mathrm{e}^{\mathrm{i}kz}\frac{\widetilde{H}(k)}{\mathrm{K}_1(|k|\,a)}\frac{\mathrm{d}k}{|k|}. \tag{12.168}$$

另外，还有第二类 Fredholm 型积分方程

$$\psi(x)=\phi(x)+\lambda\int_{-\infty}^{\infty}w(x|\xi)\,\psi(\xi)\,\mathrm{d}\xi. \tag{12.169}$$

在这类积分方程中，未知函数不只出现在积分号下. 重复上面的变换步骤，就能得到积分方程

$$\Psi(k)=\Phi(k)+\lambda\int_{-\infty}^{\infty}W(k|k')\,\Psi(k')\,\mathrm{d}k', \tag{12.170}$$

于是在

$$W(k|k')=\sqrt{2\pi}V(k)\delta(k-k') \tag{12.171}$$

的条件下，就得到代数方程

$$\Psi(k)=\Phi(k)+\sqrt{2\pi}\lambda\,V(k)\,\Psi(k). \tag{12.170$'$}$$

因此

$$\Psi(k)=\frac{\Phi(k)}{1-\sqrt{2\pi}\lambda V(k)}. \tag{12.172}$$

应用 Fourier 变换的反演公式，也能求出 $\psi(x)$.

第十三章 Laplace 变换

§13.1 Laplace 积分

可以有多种方法引入 Laplace 积分. 大家比较熟悉的是由 Fourier 积分导入的办法. 另一种做法是由 Taylor 级数推广而得①. 为了简单起见，设有 Taylor 级数

$$f(z) = \sum_{n=0}^{\infty} c_n z^n, \qquad |z| < R. \tag{13.1}$$

作变换 $z = \mathrm{e}^{-p}$，并且将展开系数 c_n 改写为 $c(n)$，则上式右端即变为

$$\sum_{n=0}^{\infty} c(n)\mathrm{e}^{-np}.$$

再将离散变量 n 过渡为连续变量 t，也就是将级数过渡为积分，即

$$\sum_{n=0}^{\infty} c(n)\mathrm{e}^{-np} \to \int_0^{\infty} c(t)\mathrm{e}^{-pt}\mathrm{d}t,$$

称为 Laplace 积分. 这个积分属于反常积分，它至少作为无穷积分，应该理解为

$$\int^{\infty} c(t)\mathrm{e}^{-pt}\mathrm{d}t = \lim_{T\to\infty}\int^{T} c(t)\mathrm{e}^{-pt}\mathrm{d}t;$$

而且，在积分区间 $[0,T]$ 上，函数 $c(t)$ 还可以不连续，从而使得积分又兼具瑕积分的身份. 在积分收敛的条件下，Laplace 积分就定义了一个函数 $F(p)$:

$$F(p) = \int_0^{\infty} f(t)\mathrm{e}^{-pt}\mathrm{d}t. \tag{13.2}$$

这里同时将 $c(t)$ 改写为 $f(t)$，通常约定 $f(t)$ 为实函数，且当 $t \geqslant 0$ 时有定义，或者说，约定 $t < 0$ 时 $f(t) = 0$. 作为复变量 z 的替代而引入的变量 p，也应当是复变量. 原来 Taylor 级数的收敛圆，则相应地变换为对 p 的限制条件，即保证 Laplace 积分收敛的限制条件. 下一节将看到，Laplace 积分的收敛区域是 (p 平面上的) 半平面.

对于给定的 p 值，(13.2) 式 (如果收敛的话) 定义了相应的 Laplace 积分值. 如果对于某一区域 G 内任意 p 值，Laplace 积分均收敛，则 (13.2) 式就定义了区域

---

① 也可以从 Laurent 级数出发，而推广为双边 (biliteral) Laplace 变换.

G 内的函数 $F(p)$，这样也就建立了 (定义在 $0 \leqslant t < \infty$ 上的) 函数 $f(t)$ 与 (定义在区域 G 内的) 函数 $F(p)$ 之间的对应关系. 换言之，(13.2) 式就建立了原函数 $f(t)$ 与像函数 $F(p)$ 之间的一个变换：Laplace 变换，记为

$$\mathscr{L}\{f(t)\} \equiv F(p) \equiv \int_0^\infty f(t)\mathrm{e}^{-pt}\mathrm{d}t. \tag{13.2$'$}$$

§13.2　Laplace 积分的收敛半平面

定理 13.1　若 Laplace 积分在 p 平面上某一点 p_0 处绝对收敛，则在半闭平面 $\mathrm{Re}\,p \geqslant \mathrm{Re}\,p_0$ 上亦绝对收敛.

证　在一定意义上，这相当于幂级数中的 Abel 定理，证明思路也基本相同.

令 $p = s + \mathrm{i}\sigma$, $p_0 = s_0 + \mathrm{i}\sigma_0$，当 $\mathrm{Re}\,p \geqslant \mathrm{Re}\,p_0$，即 $s \geqslant s_0$ 时，我们有

$$\int_{T_1}^{T_2} \left|f(t)\mathrm{e}^{-pt}\right| \mathrm{d}t = \int_{T_1}^{T_2} |f(t)|\, \mathrm{e}^{-st}\mathrm{d}t \leqslant \int_{T_1}^{T_2} |f(t)|\, \mathrm{e}^{-s_0 t}\mathrm{d}t.$$

因为积分 $\displaystyle\int_0^\infty |f(t)\mathrm{e}^{-p_0 t}|\, \mathrm{d}t = \int_0^\infty |f(t)|\, \mathrm{e}^{-s_0 t}\mathrm{d}t$ 收敛，所以按照反常积分收敛的 Cauchy 充分必要条件，对于任意 $\varepsilon > 0$，一定存在 $T > 0$，使当 $T_2 > T_1 > T$ 时，有

$$\int_{T_1}^{T_2} |f(t)|\, \mathrm{e}^{-s_0 t}\mathrm{d}t < \varepsilon.$$

因此

$$\int_{T_1}^{T_2} \left|f(t)\mathrm{e}^{-pt}\right| \mathrm{d}t < \varepsilon, \qquad T_2 > T_1 > T,$$

由此即证得 Laplace 积分在半闭平面 $\mathrm{Re}\,p \geqslant \mathrm{Re}\,p_0$ 上亦绝对收敛. □

思考题 1　以上证明中，为何未考虑 Laplace 积分可能是瑕积分？

思考题 2　请读者证明：在定理 13.1 的条件下，$F(p)$ 有界.

根据定理 13.1，我们就能推断出：

定理 13.2　Laplace 积分的绝对收敛区域要么是开的半平面 $\mathrm{Re}\,p > \alpha$，要么是闭的半平面 $\mathrm{Re}\,p \geqslant \alpha$. 作为它们的极端情形，这里的 α 也可以是 $\pm\infty$.

证　我们不妨从 p 为实数 (因此 Laplace 积分为实积分) 的情形出发讨论，这时不外乎会面临下列三种情形之一：

(1) 积分对于一切实数 p 均绝对收敛，因此，根据定理 13.1，Laplace 积分也必然对一切 (复数) p 均绝对收敛. 这就是 $\alpha = -\infty$ 的情形.

(2) 积分对于一切实数 p 均不绝对收敛，因此，根据定理 13.1，Laplace 积分也必然对一切 (复数) p 均不绝对收敛. 这就是 $\alpha = \infty$ 的情形.

(3) 至少存在一个实数 $p_1 = s_1$，使得积分绝对收敛；同时存在另一个实数 $p_2 = s_2$，使积分不绝对收敛．我们肯定应当有 $s_2 < s_1$ (为什么？)．因此，对于 $\operatorname{Re} p \geqslant s_1$ 的一切复数 p，积分均绝对收敛；而对于 $\operatorname{Re} p \leqslant s_2$ 的一切复数 p，积分均不绝对收敛．现在就出现了一个中间地带 $s_2 < \operatorname{Re} p < s_1$，需要判断积分是否绝对收敛．为此可在 (s_2, s_1) 中再任取一实数 s_3，它必然要么使积分绝对收敛，要么使积分不绝对收敛，二者必居其一．如此继续划分，我们必然能得到一个有限实数值 α，使得对于满足 $\operatorname{Re} p > \alpha$ 的一切 p 值，积分均绝对收敛；同时使得对于满足 $\operatorname{Re} p < \alpha$ 的一切 p 值，积分均不绝对收敛．至于在分界线 $\operatorname{Re} p = \alpha$ 上，我们只要判断 $p = \alpha$ 时积分是否绝对收敛即可：若 $p = \alpha$ 时积分绝对收敛，则对于直线 $\operatorname{Re} p = \alpha$ 上的一切 p 值，积分均绝对收敛，于是 Laplace 积分就在闭的半平面 $\operatorname{Re} p \geqslant \alpha$ 上绝对收敛；反之，若 $p = \alpha$ 时积分不绝对收敛，则对于直线 $\operatorname{Re} p = \alpha$ 上的一切 p 值，积分均不绝对收敛，于是 Laplace 积分就在开的半平面 $\operatorname{Re} p > \alpha$ 上绝对收敛．□

☞ **评述**　容易举出分属于上述三种情形的例子．$f(t) = \mathrm{e}^{\pm t^2}$ 就分别属于 $\alpha = \pm\infty$ 的情形．对于有限的 α 值，可以举出 $f(t) = 1/(1+t)$ 和 $f(t) = 1/(1+t^2)$，前者的绝对收敛区域是 $\operatorname{Re} p > 0$，后者的绝对收敛区域为 $\operatorname{Re} p \geqslant 0$．

定义 13.1　Laplace 积分绝对收敛的区域 $\operatorname{Re} p > \alpha$ 或 $\operatorname{Re} p \geqslant \alpha$ 称为 Laplace 积分的**绝对收敛半平面**，相应的实数值 α 称为 Laplace 积分的**绝对收敛横标**．

定理 13.3　若 Laplace 积分 $\displaystyle\int_0^\infty f(t)\mathrm{e}^{-pt}\mathrm{d}t$ 在 $p = p_0$ 处收敛，则它在半开平面 $\operatorname{Re} p > \operatorname{Re} p_0$ 上亦收敛，且在此半平面上等于绝对收敛积分

$$(p-p_0)\int_0^\infty g(t;p_0)\mathrm{e}^{-(p-p_0)t}\mathrm{d}t,$$

其中

$$g(t;p_0) = \int_0^t f(\tau)\mathrm{e}^{-p_0\tau}\mathrm{d}\tau.$$

证　因为 $\mathrm{d}g(t;p_0)/\mathrm{d}t = f(t)\mathrm{e}^{-p_0 t}$，所以

$$\begin{aligned}\int_0^T f(t)\mathrm{e}^{-pt}\mathrm{d}t &= \int_0^T \frac{\mathrm{d}g(t;p_0)}{\mathrm{d}t}\,\mathrm{e}^{-(p-p_0)t}\mathrm{d}t \\ &= g(t;p_0)\mathrm{e}^{-(p-p_0)t}\Big|_0^T + (p-p_0)\int_0^T g(t;p_0)\mathrm{e}^{-(p-p_0)t}\mathrm{d}t \\ &= g(T;p_0)\mathrm{e}^{-(p-p_0)T} + (p-p_0)\int_0^T g(t;p_0)\mathrm{e}^{-(p-p_0)t}\mathrm{d}t. \end{aligned}\tag{13.3}$$

已知积分 $\displaystyle\int_0^\infty f(t)\mathrm{e}^{-p_0 t}\mathrm{d}t$ 收敛，这意味着

$$\lim_{T\to\infty}\int_0^T f(t)\mathrm{e}^{-p_0 t}\mathrm{d}t = \lim_{T\to\infty} g(T;p_0)$$

存在，亦即 $g(t;p_0)$ 有界：$|g(t;p_0)| \leqslant M$，故将 (13.3) 式取极限 $T \to \infty$ 后，即证得积分

$$\int_0^{\infty} f(t)\mathrm{e}^{-pt}\mathrm{d}t = (p-p_0)\int_0^{\infty} g(t;p_0)\mathrm{e}^{-(p-p_0)t}\mathrm{d}t \tag{13.4}$$

收敛. 而对于上式右端的积分，因为被积函数

$$\left|g(t;p_0)\mathrm{e}^{-(p-p_0)t}\right| \leqslant M\mathrm{e}^{-(s-s_0)t} \leqslant M\mathrm{e}^{-\delta t}, \qquad \delta = \min(s-s_0) > 0,$$

而 $\mathrm{e}^{-\delta t}$ 可积，由此即证得 (13.4) 式右端的积分绝对收敛. □

根据定理 13.3，运用与定理 13.2 同样的证明方法，就能够证明：

定理 13.4 Laplace 积分的收敛区域是半平面 $\mathrm{Re}\,p > \beta$，而对于直线 $\mathrm{Re}\,p = \beta$ 上的点，可能 Laplace 积分全都收敛，可能全都发散，也有可能在一部分点上收敛，而在另一部分点上发散. 作为极端情形，这里的 β 也可以是 $\pm\infty$.

定义 13.2 Laplace 积分的收敛区域 $\mathrm{Re}\,p > \beta$ 称为 Laplace 积分的**收敛半平面**，相应的实数值 β 称为 Laplace 积分的**收敛横标**.

容易以为，Laplace 积分的收敛横标 β 与绝对收敛横标 α 相等，或者说，Laplace 积分的收敛区域与绝对收敛区域最多只是在边界上可能有差异，就像我们熟悉的幂级数中遇见的情形那样. 这种想法其实大谬不然. 我们所能得出的结论只是 $\alpha \geqslant \beta$. 甚至存在这样的 Laplace 积分，它在全平面处处收敛，却处处不绝对收敛. 函数

$$f(t) = \begin{cases} 0, & 0 \leqslant t < \ln\ln 3, \\ (-1)^n \mathrm{e}^{\lambda \mathrm{e}^t}, & \ln\ln n \leqslant t < \ln\ln(n+1),\ n = 3, 4, \cdots \end{cases}$$

的 Laplace 积分就是这样的例子. 事实上，这时

$$\int_0^{\infty} f(t)\mathrm{e}^{-pt}\mathrm{d}t = \sum_{n=3}^{\infty}(-1)^n \int_{\ln\ln n}^{\ln\ln(n+1)} \mathrm{e}^{\lambda \mathrm{e}^t}\mathrm{e}^{-pt}\mathrm{d}t,$$

作变换 $t = \ln\ln x$，得

$$\int_0^{\infty} f(t)\mathrm{e}^{-pt}\mathrm{d}t = \sum_{n=3}^{\infty}(-1)^n \int_n^{n+1} \frac{\ln^{-p-1} x}{x^{1-\lambda}}\mathrm{d}x.$$

容易看出，只要 $\lambda < 1$，则对于任意实数 p 值，至少 n 足够大时，$\displaystyle\int_n^{n+1} \frac{\ln^{-p-1} x}{x^{1/2}}\mathrm{d}x$ 单调地趋于 0，因此级数 (作为交错级数) 收敛，即原 Laplace 积分收敛；但当 $0 < \lambda < 1$ 时，无论 p 取何值，均有

$$\int_0^{\infty} \left|f(t)\mathrm{e}^{-pt}\right| \mathrm{d}t = \int_{\ln\ln 3}^{\infty} \mathrm{e}^{\lambda \mathrm{e}^t - st}\mathrm{d}t$$

总不收敛，亦即原 Laplace 积分不绝对收敛.

§13.3 Laplace 积分的解析性

作为含参量的积分，可以讨论 Laplace 积分的解析性.

定理 13.5 Laplace 积分在其收敛半平面 $\mathrm{Re}\, p > \beta$ 内解析 (β 为 Laplace 积分的收敛横标)，其各阶导数可以由积分号下求导而得:

$$F^{(n)}(p) = \int_0^\infty (-t)^n f(t)\mathrm{e}^{-pt}\mathrm{d}t. \tag{13.5}$$

证 按照解析函数的定义，只需证明 $F(p)$ 在收敛半平面内处处可导，而且只需证明

$$F'(p) = \int_0^\infty (-t)f(t)\mathrm{e}^{-pt}\mathrm{d}t$$

在收敛半平面内处处成立即可. 这一证明的困难之处在于 Laplace 积分只是收敛而非绝对收敛 (因而直接在积分号下求导的运算不合法)，而克服这一困难的办法恰恰也就是应用定理 13.3 将收敛的 Laplace 积分改写成绝对收敛的 Laplace 积分:

$$F(p) = (p-p_0)\int_0^\infty g(t;p_0)\,\mathrm{e}^{-(p-p_0)t}\mathrm{d}t, \qquad \mathrm{Re}\, p > \mathrm{Re}\, p_0, \tag{13.6a}$$

其中 p_0 应当处于 Laplace 积分的收敛半平面内，而

$$g(t;p_0) = \int_0^t f(\tau)\,\mathrm{e}^{-p_0\tau}\mathrm{d}\tau. \tag{13.6b}$$

令 $\mathrm{Re}\, p = s$，$\mathrm{Re}\, p_0 = s_0$，取 $s = \beta + 3\xi$，$s_0 = \beta + \xi$，其中 $\xi > 0$，因而满足 $\mathrm{Re}\,(p-p_0) > 0$ 的要求. 作为第一步，我们先要证明，$F'(p)$ 可通过对 (13.6a) 式求导 (包括积分号下求导) 而求得，即

$$\lim_{h\to\infty}\frac{F(p+h)-F(p)}{h} = \int_0^\infty g(t;p_0)\mathrm{e}^{-(p-p_0)t}\mathrm{d}t - (p-p_0)\int_0^\infty tg(t;p_0)\mathrm{e}^{-(p-p_0)t}\mathrm{d}t.$$

将右端记为 $\varPhi(p)$，于是

$$\begin{aligned}
&\frac{F(p+h)-F(p)}{h} - \varPhi(p)\\
&\quad= \frac{1}{h}\left[(p-p_0+h)\int_0^\infty g(t;p_0)\mathrm{e}^{-(p-p_0+h)t}\mathrm{d}t - (p-p_0)\int_0^\infty g(t;p_0)\mathrm{e}^{-(p-p_0)t}\mathrm{d}t\right]\\
&\qquad - \int_0^\infty g(t;p_0)\mathrm{e}^{-(p-p_0)t}\mathrm{d}t + (p-p_0)\int_0^\infty tg(t;p_0)\mathrm{e}^{-(p-p_0)t}\mathrm{d}t\\
&\quad= \int_0^\infty g(t;p_0)\mathrm{e}^{-(p-p_0)t}\left(\mathrm{e}^{-ht}-1\right)\mathrm{d}t\\
&\qquad + (p-p_0)\int_0^\infty g(t;p_0)\mathrm{e}^{-(p-p_0)t}\left(\frac{\mathrm{e}^{-ht}-1}{h}+t\right)\mathrm{d}t.
\end{aligned}$$

只要取 h 足够小，例如 $|h|<\xi$，则有

$$\begin{aligned}\left|\mathrm{e}^{-ht}-1\right| &= \left|-\frac{ht}{1!}+\frac{(ht)^2}{2!}-\frac{(ht)^3}{3!}+\cdots\right| \\ &\leqslant |h|\,t\left(1+\frac{|h|\,t}{1!}+\frac{|h|^2\,t^2}{2!}+\cdots\right)=|h|\,t\mathrm{e}^{|h|t}\leqslant |h|\,t\mathrm{e}^{\xi t}, \\ \left|\frac{\mathrm{e}^{-ht}-1}{h}+t\right| &= \left|\frac{ht^2}{2!}-\frac{h^2t^3}{3!}+\frac{h^3t^4}{4!}-\cdots\right| \\ &\leqslant |h|\,t^2\left(1+\frac{|h|\,t}{1!}+\frac{|h|^2\,t^2}{2!}+\cdots\right)=|h|\,t^2\mathrm{e}^{|h|t}\leqslant |h|\,t^2\mathrm{e}^{\xi t}.\end{aligned}$$

因为当 $t\geqslant 0$ 时，$g(t;p_0)$ 连续，且 $\lim\limits_{t\to\infty}g(t;p_0)=F(p_0)$，故 $|g(t;p_0)|\leqslant M$. 综合以上结果，并注意到 $\mathrm{Re}\,(p-p_0)=2\xi$，就得到

$$\begin{aligned}&\left|\frac{1}{h}\big[F(p+h)-F(p)\big]-\varPhi(p)\right| \\ &\leqslant |h|\,M\left(\int_0^\infty t\mathrm{e}^{\xi t}\mathrm{e}^{-2\xi t}\mathrm{d}t+|p-p_0|\int_0^\infty t^2\mathrm{e}^{\xi t}\mathrm{e}^{-2\xi t}\mathrm{d}t\right) \\ &= |h|\,M\left(\int_0^\infty t\,\mathrm{e}^{-\xi t}\mathrm{d}t+|p-p_0|\int_0^\infty t^2\,\mathrm{e}^{-\xi t}\mathrm{d}t\right) \\ &= |h|\,M\left(\frac{1}{\xi^2}+\frac{2}{\xi^3}\,|p-p_0|\right)\to 0,\end{aligned}$$

因而即证得

$$F'(p)=\int_0^\infty g(t;p_0)\mathrm{e}^{-(p-p_0)t}\mathrm{d}t-(p-p_0)\int_0^\infty tg(t;p_0)\mathrm{e}^{-(p-p_0)t}\mathrm{d}t.$$

再继续化简，将上式右端第二项分部积分，得

$$\begin{aligned}&-(p-p_0)\int_0^\infty tg(t;p_0)\mathrm{e}^{-(p-p_0)t}\mathrm{d}t \\ &\quad= tg(t;p_0)\mathrm{e}^{-(p-p_0)t}\Big|_0^\infty-\int_0^\infty\frac{\mathrm{d}[tg(t;p_0)]}{\mathrm{d}t}\mathrm{e}^{-(p-p_0)t}\mathrm{d}t \\ &\quad= -\int_0^\infty\left[g(t;p_0)+t\frac{\mathrm{d}g(t;p_0)}{\mathrm{d}t}\right]\mathrm{e}^{-(p-p_0)t}\mathrm{d}t,\end{aligned}$$

因此

$$F'(p)=-\int_0^\infty t\frac{\mathrm{d}g(t;p_0)}{\mathrm{d}t}\mathrm{e}^{-(p-p_0)t}\mathrm{d}t.$$

再注意到 $\mathrm{d}g(t;p_0)/\mathrm{d}t=f(t)\,\mathrm{e}^{-p_0t}$，所以最后就证得所要求的结果

$$F'(p)=\int_0^\infty(-t)f(t)\,\mathrm{e}^{-pt}\mathrm{d}t. \qquad \square$$

需要区分“Laplace 积分 (13.2) 的解析性”与“$F(p)$ 的解析性”这两种说法. 二者有联系，但又有区别. 定理 13.5 告诉我们，就 Laplace 积分而言，其解析区域是半平面 $\operatorname{Re} p > \beta$，我们绝不应奢望积分的解析区域能超出收敛区域. 但是切不可以为，函数 $F(p)$ 作为复变量 p 的函数，它的解析区域也就只是半平面 $\operatorname{Re} p > \beta$. 函数 $F(p)$，不仅不必在直线 $\operatorname{Re} p = \beta$ 上有奇点，而且可以越过这条直线而向左延拓到更大区域，甚至延拓到整个 p 平面. 例如，对于

$$f(t) = -\pi e^t \sin\left(\pi e^t\right) = \frac{d}{dt}\cos\left(\pi e^t\right),$$

毋庸置疑，它的 Laplace 积分在 $\operatorname{Re} p > 1$ 的半平面上收敛，然而

$$\begin{aligned}\int_0^\infty f(t)e^{-pt}dt &= -\int_0^\infty \pi e^t \sin\left(\pi e^t\right)e^{-pt}dt \\ &= \cos\left(\pi e^t\right)e^{-pt}\Big|_0^\infty + p\int_0^\infty \cos\left(\pi e^t\right)e^{-pt}dt \\ &= 1 + \frac{p}{\pi}\int_0^\infty \pi e^t \cos\left(\pi e^t\right)e^{-(p+1)t}dt \\ &= 1 + \frac{p}{\pi}\sin\left(\pi e^t\right)e^{-(p+1)t}\Big|_0^\infty + \frac{p(p+1)}{\pi}\int_0^\infty \sin\left(\pi e^t\right)e^{-(p+1)t}dt \\ &= 1 + \frac{p(p+1)}{\pi^2}\int_0^\infty \pi e^t \sin\left(\pi e^t\right)e^{-(p+2)t}dt,\end{aligned}$$

即

$$F(p) = 1 - \frac{p(p+1)}{\pi^2}F(p+2),$$

因此可以利用这个关系将 $F(p)$ 解析延拓到半平面 $\operatorname{Re} p > -1$ 而不产生任何奇点，而后又可逐次延拓到 $\operatorname{Re} p > -3$, $\operatorname{Re} p > -5$, $\cdots$, 最终延拓到整个 p 平面.

定义 13.3 $F(p)$ 的解析区域 $\operatorname{Re} p > \gamma$ 称为该 Laplace 变换的**正则半平面**，相应的实数值 γ 称为 $F(p) = \mathscr{L}\{f(t)\}$ 的**正则横标**.

显然，$\beta \geqslant \gamma$.

§13.4 Laplace 变换举例

例 13.1 求 $\mathscr{L}\{\ln t\}$.

解 可以从 $\int_0^\infty t^{z-1}\, e^{-pt}\, dt$ 出发来计算 $\mathscr{L}\{\ln t\} = \int_0^\infty \ln t\, e^{-pt}\, dt$. 因为

$$\int_0^\infty t^{z-1}\, e^{-pt}\, dt = \frac{\Gamma(z)}{p^z}, \qquad \operatorname{Re} p > 0,\ \operatorname{Re} z > 0, \tag{13.7}$$

两端对 z 求导 (合法性?)，得

$$\int_0^\infty t^{z-1}\ln t\,\mathrm{e}^{-pt}\,\mathrm{d}t=\frac{\Gamma(z)}{p^z}\big[\psi(z)-\ln p\big],\qquad \mathrm{Re}\,p>0,\ \mathrm{Re}\,z>0. \tag{13.8}$$

代入 $z=1$，即可求出

$$\int_0^\infty \ln t\,\mathrm{e}^{-pt}\,\mathrm{d}t=\frac{1}{p}\big[\psi(1)-\ln p\big]=-\frac{1}{p}\big(\gamma+\ln p\big),\qquad \mathrm{Re}\,p>0. \tag{13.9a}$$

类似地，还可以代入 $z=1/2$，从而得到

$$\begin{aligned}\int_0^\infty \frac{\ln t}{\sqrt{t}}\,\mathrm{e}^{-pt}\,\mathrm{d}t&=\frac{\Gamma(1/2)}{\sqrt{p}}\Big[\psi\Big(\frac{1}{2}\Big)-\ln p\Big]\\&=-\sqrt{\frac{\pi}{p}}\big(\gamma+2\ln 2+\ln p\big),\qquad \mathrm{Re}\,p>0.\end{aligned} \tag{13.9b}$$

读者也可以代入 $z=3/2$ 或 $z=2$ 等数值，又可得到一系列函数的 Laplace 变换.

例 13.2　计算 $I_n=\int_0^\infty \mathrm{e}^{-pt}\sin^n t\,\mathrm{d}t$，其中 n为正整数.

解　$n=0$ 与 $n=1$ 时的结果已知，即

$$\int_0^\infty \mathrm{e}^{-pt}\,\mathrm{d}t=\frac{1}{p},\qquad \mathrm{Re}\,p>0, \tag{13.10a}$$

$$\int_0^\infty \mathrm{e}^{-pt}\sin t\,\mathrm{d}t=\frac{1}{p^2+1},\qquad \mathrm{Re}\,p>0. \tag{13.10b}$$

所以下面只需讨论 $n>1$ 的情形. 此时可分部积分两次，得

$$\begin{aligned}I_n&=\int_0^\infty \mathrm{e}^{-pt}\sin^n t\,\mathrm{d}t=-\frac{1}{p}\mathrm{e}^{-pt}\sin^n t\Big|_0^\infty+\frac{n}{p}\int_0^\infty \mathrm{e}^{-pt}\sin^{n-1}t\,\cos t\,\mathrm{d}t\\&=\frac{n}{p}\int_0^\infty \mathrm{e}^{-pt}\sin^{n-1}t\,\cos t\,\mathrm{d}t=\frac{n}{p^2}\int_0^\infty \mathrm{e}^{-pt}\big(\sin^{n-1}t\,\cos t\big)'\mathrm{d}t\\&=\frac{n}{p^2}\int_0^\infty \mathrm{e}^{-pt}\big[(n-1)\sin^{n-2}t\cos^2 t-\sin^n t\big]\mathrm{d}t\\&=\frac{n}{p^2}\int_0^\infty \mathrm{e}^{-pt}\Big[(n-1)\sin^{n-2}t\,\big(1-\sin^2 t\big)-\sin^n t\Big]\mathrm{d}t,\end{aligned}$$

因此得到递推关系

$$I_n=\frac{n(n-1)}{p^2+n^2}I_{n-2}.$$

可以预见，当 n 为偶数或奇数时，反复利用这个递推关系，将会推至 I_0 或 I_1，即

$$\begin{aligned}I_{2n}&=\frac{2n(2n-1)}{p^2+(2n)^2}I_{2n-2}=\frac{2n(2n-1)}{p^2+(2n)^2}\,\frac{(2n-2)(2n-3)}{p^2+(2n-2)^2}I_{2n-4}\\&=\cdots=\frac{(2n)!}{\big[p^2+(2n)^2\big]\big[p^2+(2n-2)^2\big]\cdots\big[p^2+2^2\big]}\,\frac{1}{p},\qquad \mathrm{Re}\,p>0;\end{aligned} \tag{13.11a}$$

$$\begin{aligned}I_{2n+1} &= \frac{(2n+1)(2n)}{p^2+(2n+1)^2}I_{2n-1} = \frac{(2n+1)(2n)}{p^2+(2n+1)^2}\,\frac{(2n-1)(2n-2)}{p^2+(2n-1)^2}I_{2n-3}\\ &= \cdots = \frac{(2n+1)!}{\left[p^2+(2n+1)^2\right]\left[p^2+(2n-1)^2\right]\cdots\left[p^2+3^2\right]\left[p^2+1^2\right]},\quad \mathrm{Re}\,p>0.\end{aligned} \tag{13.11b}$$

例 13.3 计算 $J_n = \int_0^\infty \mathrm{e}^{-pt}\cos^n t\,\mathrm{d}t$，其中 n 为正整数.

解 与上题相似，可以分部积分两次而得到

$$\begin{aligned}J_n &= \int_0^\infty \mathrm{e}^{-pt}\cos^n t\,\mathrm{d}t\\ &= -\frac{1}{p}\mathrm{e}^{-pt}\cos^n t\Big|_0^\infty - \frac{n}{p}\int_0^\infty \mathrm{e}^{-pt}\cos^{n-1}t\,\sin t\,\mathrm{d}t\\ &= \frac{1}{p}-\frac{n}{p}\int_0^\infty \mathrm{e}^{-pt}\cos^{n-1}t\,\sin t\,\mathrm{d}t = \frac{1}{p}-\frac{n}{p^2}\int_0^\infty \mathrm{e}^{-pt}\big[\cos^{n-1}t\,\sin t\big]'\mathrm{d}t\\ &= \frac{1}{p}-\frac{n}{p^2}\int_0^\infty \mathrm{e}^{-pt}\big[-(n-1)\cos^{n-2}t\sin^2 t+\cos^n t\big]\mathrm{d}t\\ &= \frac{1}{p}-\frac{n}{p^2}\int_0^\infty \mathrm{e}^{-pt}\Big[-(n-1)\cos^{n-2}t\,\big(1-\cos^2 t\big)+\cos^n t\Big]\mathrm{d}t,\end{aligned}$$

因而有“非齐次的”递推关系

$$J_n = \frac{n(n-1)}{p^2+n^2}\left[J_{n-2}+\frac{p}{n(n-1)}\right].$$

非齐次项的出现，给下面的计算带来了一定的麻烦：

$$\begin{aligned}J_{2n} &= \frac{2n(2n-1)}{p^2+(2n)^2}\left[J_{2n-2}+\frac{p}{2n(2n-1)}\right]\\ &= \frac{2n(2n-1)}{p^2+(2n)^2}\left\{\frac{(2n-2)(2n-3)}{p^2+(2n-2)^2}\left[J_{2n-4}+\frac{p}{(2n-2)(2n-3)}\right]+\frac{p}{2n(2n-1)}\right\}\\ &= \frac{2n(2n-1)}{p^2+(2n)^2}\,\frac{(2n-2)(2n-3)}{p^2+(2n-2)^2}\\ &\quad\times\left[J_{2n-4}+\frac{p}{(2n-2)(2n-3)}+\frac{p}{2n(2n-1)}\,\frac{p^2+(2n-2)^2}{(2n-2)(2n-3)}\right]\\ &= \frac{2n(2n-1)}{p^2+(2n)^2}\,\frac{(2n-2)(2n-3)}{p^2+(2n-2)^2}\left\{\frac{(2n-4)(2n-5)}{p^2+(2n-4)^2}\left[J_{2n-6}+\frac{p}{(2n-4)(2n-5)}\right]\right.\\ &\quad\left.+\frac{p}{(2n-2)(2n-3)}+\frac{p}{2n(2n-1)}\,\frac{p^2+(2n-2)^2}{(2n-2)(2n-3)}\right\}\\ &= \frac{2n(2n-1)}{p^2+(2n)^2}\,\frac{(2n-2)(2n-3)}{p^2+(2n-2)^2}\,\frac{(2n-4)(2n-5)}{p^2+(2n-4)^2}\\ &\quad\times\left[J_{2n-6}+\frac{p}{(2n-4)(2n-5)}+\frac{p}{(2n-2)(2n-3)}\,\frac{p^2+(2n-4)^2}{(2n-4)(2n-5)}\right.\end{aligned}$$

$$
\begin{aligned}
&\quad + \frac{p}{2n(2n-1)}\frac{p^2+(2n-2)^2}{(2n-2)(2n-3)}\frac{p^2+(2n-4)^2}{(2n-4)(2n-5)}\Bigg]\\
&= \cdots\\
&= \frac{2n(2n-1)}{p^2+(2n)^2}\frac{(2n-2)(2n-3)}{p^2+(2n-2)^2}\frac{(2n-4)(2n-5)}{p^2+(2n-4)^2}\cdots\frac{2\cdot 1}{p^2+2^2}\\
&\quad \times\Bigg[J_0+\frac{p}{2\cdot 1}+\frac{p}{4\cdot 3}\frac{p^2+2^2}{2\cdot 1}+\frac{p}{6\cdot 5}\frac{p^2+4^2}{4\cdot 3}\frac{p^2+2^2}{2\cdot 1}+\cdots\\
&\quad + \frac{p}{2n(2n-1)}\frac{p^2+(2n-2)^2}{(2n-2)(2n-3)}\frac{p^2+(2n-4)^2}{(2n-4)(2n-5)}\cdots\frac{p^2+2^2}{2\cdot 1}\Bigg].
\end{aligned}
$$

代入

$$
J_0=\int_0^\infty \mathrm{e}^{-pt}\mathrm{d}t=\frac{1}{p}, \tag{13.12a}
$$

就得到

$$
\begin{aligned}
&\int_0^\infty \mathrm{e}^{-pt}\cos^{2n}t\,\mathrm{d}t\\
&= \frac{(2n)!}{\left[p^2+(2n)^2\right]\left[p^2+(2n-2)^2\right]\left[p^2+(2n-4)^2\right]\cdots\left(p^2+2^2\right)}\\
&\quad \times\frac{1}{p}\Bigg\{1+\frac{p^2}{2!}+\frac{p^2\left(p^2+2^2\right)}{4!}+\frac{p^2\left(p^2+2^2\right)\left(p^2+4^2\right)}{6!}\\
&\quad +\cdots+\frac{p^2\left(p^2+2^2\right)\left(p^2+4^2\right)\cdots\left[p^2+(2n-2)^2\right]}{(2n)!}\Bigg\}, \qquad \mathrm{Re}\,p>0.
\end{aligned} \tag{13.13a}
$$

类似地，有

$$
\begin{aligned}
J_{2n+1} &= \frac{(2n+1)(2n)}{p^2+(2n+1)^2}\left[J_{2n-1}+\frac{p}{(2n+1)(2n)}\right]\\
&= \frac{(2n+1)(2n)}{p^2+(2n+1)^2}\frac{(2n-1)(2n-2)}{p^2+(2n-1)^2}\\
&\quad \times\left[J_{2n-3}+\frac{p}{(2n-1)(2n-2)}+\frac{p}{(2n+1)(2n)}\frac{p^2+(2n-1)^2}{(2n-1)(2n-2)}\right]\\
&= \frac{(2n+1)(2n)}{p^2+(2n+1)^2}\frac{(2n-1)(2n-2)}{p^2+(2n-1)^2}\frac{(2n-3)(2n-4)}{p^2+(2n-3)^2}\\
&\quad \times\Bigg[J_{2n-5}+\frac{p}{(2n-3)(2n-4)}+\frac{p}{(2n-1)(2n-2)}\frac{p^2+(2n-3)^2}{(2n-3)(2n-4)}\\
&\quad +\frac{p}{(2n+1)(2n)}\frac{p^2+(2n-1)^2}{(2n-1)(2n-2)}\frac{p^2+(2n-3)^2}{(2n-3)(2n-4)}\Bigg]\\
&= \cdots
\end{aligned}
$$

$$= \frac{(2n+1)(2n)}{p^2+(2n+1)^2}\frac{(2n-1)(2n-2)}{p^2+(2n-1)^2}\frac{(2n-3)(2n-4)}{p^2+(2n-3)^2}\cdots\frac{3\cdot 2}{p^2+3^2}$$
$$\times\left[J_1+\frac{p}{3\cdot 2}+\frac{p}{5\cdot 4}\frac{p^2+3^2}{3\cdot 2}+\frac{p}{7\cdot 6}\frac{p^2+5^2}{5\cdot 4}\frac{p^2+3^2}{3\cdot 2}+\cdots\right.$$
$$\left.+\frac{p}{(2n+1)(2n)}\frac{p^2+(2n-1)^2}{(2n-1)(2n-2)}\frac{p^2+(2n-3)^2}{(2n-3)(2n-4)}\cdots\frac{p^2+3^2}{3\cdot 2}\right].$$

代入

$$J_1=\int_0^\infty \mathrm{e}^{-pt}\cos t\,\mathrm{d}t=\frac{p}{p^2+1}, \tag{13.12b}$$

即得

$$\int_0^\infty \mathrm{e}^{-pt}\cos^{2n+1}t\,\mathrm{d}t$$
$$=\frac{(2n+1)!}{\left[p^2+(2n+1)^2\right]\left[p^2+(2n-1)^2\right]\left[p^2+(2n-3)^2\right]\cdots\left(p^2+3^2\right)\left(p^2+1\right)}$$
$$\times p\left\{1+\frac{p^2+1}{3!}+\frac{\left(p^2+1\right)\left(p^2+3^2\right)}{5!}+\frac{\left(p^2+1\right)\left(p^2+3^2\right)\left(p^2+5^2\right)}{7!}\right.$$
$$\left.+\cdots+\frac{\left(p^2+1\right)\left(p^2+3^2\right)\left(p^2+5^2\right)\cdots\left[p^2+(2n-1)^2\right]}{(2n+1)!}\right\},\qquad \mathrm{Re}\,p>0. \tag{13.13b}$$

☞ **评述**　上一节关于 Laplace 积分解析性的讨论，有助于简化 Laplace 积分的计算. 因为 Laplace 积分在它的收敛半平面内一定解析，所以我们只需在 p 为实数的条件下计算积分，而后一定可以延拓到收敛半平面上. 唯一可能需要额外说明的只是区域的边界，需要讨论 Laplace 积分在直线 $\mathrm{Re}\,p=\beta$ (收敛横标) 上是否收敛，但这也只要判断直线上的任意一点 (例如 $p=\beta$) 即可.

例 13.4　求 $\mathscr{L}\left\{\dfrac{1}{\sqrt{t}}\mathrm{e}^{-1/t}\right\}$.

解　因为

$$\mathscr{L}\left\{\frac{1}{\sqrt{t}}\mathrm{e}^{-1/t}\right\}=\int_0^\infty \frac{1}{\sqrt{t}}\mathrm{e}^{-1/t}\mathrm{e}^{-pt}\,\mathrm{d}t,$$

作变换 $t=x^2$, $p=\alpha^4$，得

$$\mathscr{L}\left\{\frac{1}{\sqrt{t}}\mathrm{e}^{-1/t}\right\}=2\int_0^\infty \mathrm{e}^{-x^{-2}-\alpha^4x^2}\mathrm{d}x.$$

再令 $y=\alpha x$，就有

$$\begin{aligned}
\mathscr{L}\left\{\frac{1}{\sqrt{t}}\mathrm{e}^{-1/t}\right\} &= \frac{2}{\alpha}\int_0^\infty \mathrm{e}^{-\alpha^2(y^{-2}+y^2)}\mathrm{d}y = \frac{2}{\alpha}\int_0^\infty \mathrm{e}^{-\alpha^2(y^2+y^{-2})}\frac{\mathrm{d}y}{y^2} \\
&= \frac{1}{\alpha}\int_0^\infty \mathrm{e}^{-\alpha^2(y^2+y^{-2})}\left(1+\frac{1}{y^2}\right)\mathrm{d}y \\
&= \frac{1}{\alpha}\mathrm{e}^{-2\alpha^2}\int_{-\infty}^\infty \mathrm{e}^{-\alpha^2\xi^2}\mathrm{d}\xi \qquad (\text{因为 } \xi = y - 1/y) \\
&= \frac{1}{\alpha}\mathrm{e}^{-2\alpha^2}\cdot\frac{\sqrt{\pi}}{\alpha} = \sqrt{\frac{\pi}{p}}\mathrm{e}^{-2\sqrt{p}}, \qquad \operatorname{Re} p > 0.
\end{aligned} \tag{13.14}$$

在以上的计算过程中，可以先假定 p 为实数 (例如，在作变换 $p=\alpha^4$ 时，可以规定 $\alpha>0$)，在得到最后结果后，再延拓到收敛半平面 $\operatorname{Re} p>0$.

例 13.5 求正弦积分

$$\operatorname{Si}(t) = \int_0^t \frac{\sin\xi}{\xi}\mathrm{d}\xi$$

与余弦积分

$$\operatorname{ci}(t) = -\int_t^\infty \frac{\cos\xi}{\xi}\mathrm{d}\xi$$

的 Laplace 变换.

解 因为

$$\mathscr{L}\{\operatorname{Si}(t)\} = \int_0^\infty \mathrm{e}^{-pt}\left(\int_0^t \frac{\sin\xi}{\xi}\mathrm{d}\xi\right)\mathrm{d}t,$$

交换积分次序，得

$$\mathscr{L}\{\operatorname{Si}(t)\} = \int_0^\infty \frac{\sin\xi}{\xi}\left(\int_\xi^\infty \mathrm{e}^{-pt}\mathrm{d}t\right)\mathrm{d}\xi = \frac{1}{p}\int_0^\infty \frac{\sin\xi}{\xi}\,\mathrm{e}^{-p\xi}\mathrm{d}\xi,$$

利用①

$$\int_0^\infty \frac{f(t)}{t}\mathrm{e}^{-pt}\mathrm{d}t = \int_p^\infty F(q)\mathrm{d}q, \qquad \text{其中 } F(p) = \int_0^\infty f(t)\,\mathrm{e}^{-pt}\mathrm{d}t, \tag{13.15}$$

即得

$$\mathscr{L}\{\operatorname{Si}(t)\} = \frac{1}{p}\int_p^\infty \frac{\mathrm{d}q}{1+q^2} = \frac{1}{p}\left(\frac{\pi}{2} - \arctan p\right), \qquad \operatorname{Re} p > 0. \tag{13.16}$$

又因为

$$\begin{aligned}
\mathscr{L}\{\operatorname{ci}(t)\} &= -\int_0^\infty \mathrm{e}^{-pt}\left(\int_t^\infty \frac{\cos\xi}{\xi}\mathrm{d}\xi\right)\mathrm{d}t = -\int_0^\infty \frac{\cos\xi}{\xi}\left(\int_0^\xi \mathrm{e}^{-pt}\mathrm{d}t\right)\mathrm{d}\xi \\
&= -\int_0^\infty \frac{\cos\xi}{\xi}\left(1 - \mathrm{e}^{-p\xi}\right)\mathrm{d}\xi,
\end{aligned}$$

① 参见：吴崇试. 数学物理方法. 第 2 版. 北京：北京大学出版社，2003：121.

由 (13.15) 式可直接导出

$$\int_0^\infty \frac{f(t)}{t}\left(\mathrm{e}^{-pt}-\mathrm{e}^{-qt}\right)\mathrm{d}t=\int_p^q F(\xi)\mathrm{d}\xi,$$

因此有

$$\mathscr{L}\{\mathrm{ci}(t)\}=-\frac{1}{p}\int_0^p \frac{q}{1+q^2}\mathrm{d}q=-\frac{1}{2p}\ln(1+p^2),\qquad \mathrm{Re}\,p>0. \tag{13.17}$$

例 13.6 求 n 次 Laguerre 多项式

$$\mathrm{L}_n(t)=\frac{1}{n!}\,\mathrm{e}^t\,\frac{\mathrm{d}^n\left(\mathrm{e}^{-t}t^n\right)}{\mathrm{d}t^n}=\sum_{k=0}^{n}\frac{(-1)^k}{k!}\binom{n}{k}t^k$$

的 Laplace 变换.

解

$$\begin{aligned}\mathscr{L}\{\mathrm{L}_n(t)\}&=\frac{1}{n!}\int_0^\infty \mathrm{e}^{-(p-1)t}\frac{\mathrm{d}^n\left(\mathrm{e}^{-t}t^n\right)}{\mathrm{d}t^n}\mathrm{d}t\\&=\frac{1}{n!}\left[\mathrm{e}^{-(p-1)t}\frac{\mathrm{d}^{n-1}\left(\mathrm{e}^{-t}t^n\right)}{\mathrm{d}t^{n-1}}\bigg|_0^\infty\right.\\&\qquad\left.+(p-1)\int_0^\infty \mathrm{e}^{-(p-1)t}\frac{\mathrm{d}^{n-1}\left(\mathrm{e}^{-t}t^n\right)}{\mathrm{d}t^{n-1}}\mathrm{d}t\right]\\&=\frac{p-1}{n!}\int_0^\infty \mathrm{e}^{-(p-1)t}\frac{\mathrm{d}^{n-1}\left(\mathrm{e}^{-t}t^n\right)}{\mathrm{d}t^{n-1}}\mathrm{d}t=\cdots\\&=\frac{(p-1)^n}{n!}\int_0^\infty \mathrm{e}^{-(p-1)t}\,\mathrm{e}^{-t}t^n\,\mathrm{d}t=\frac{(p-1)^n}{n!}\int_0^\infty \mathrm{e}^{-pt}\,t^n\,\mathrm{d}t\\&=\frac{(p-1)^n}{n!}\,\frac{n!}{p^{n+1}}=\frac{(p-1)^n}{p^{n+1}}.\end{aligned} \tag{13.18}$$

容易判断，收敛半平面为 $\mathrm{Re}\,p>0$.

例 13.7 计算积分 $\displaystyle\int_0^\infty \frac{\sin t}{\sqrt{t}}\mathrm{e}^{-pt}\mathrm{d}t$ 与 $\displaystyle\int_0^\infty \frac{\cos t}{\sqrt{t}}\mathrm{e}^{-pt}\mathrm{d}t$.

解 显然这两个积分在 $\mathrm{Re}\,p\geqslant 0$ 时均收敛. 下面先计算

$$\begin{aligned}\int_0^\infty \frac{1}{\sqrt{t}}\mathrm{e}^{\mathrm{i}t}\mathrm{e}^{-pt}\mathrm{d}t&=\int_0^\infty \frac{1}{\sqrt{t}}\mathrm{e}^{-(p-\mathrm{i})t}\mathrm{d}t=\frac{\Gamma(1/2)}{(p-\mathrm{i})^{1/2}}\\&=\sqrt{\frac{\pi}{2}}\frac{1}{\sqrt{p^2+1}}\left(\sqrt{\sqrt{p^2+1}+p}+\mathrm{i}\sqrt{\sqrt{p^2+1}-p}\right).\end{aligned}$$

这里的计算仍然应当限制在 p 为实数的条件下进行，因而就允许直接比较上式两端的实部和虚部，从而得到

$$\int_0^\infty \frac{\cos t}{\sqrt{t}}\mathrm{e}^{-pt}\mathrm{d}t=\sqrt{\frac{\pi}{2}}\sqrt{\frac{1}{\sqrt{p^2+1}}+\frac{p}{p^2+1}}, \tag{13.19}$$

$$\int_0^\infty \frac{\sin t}{\sqrt{t}} \mathrm{e}^{-pt}\mathrm{d}t = \sqrt{\frac{\pi}{2}}\sqrt{\frac{1}{\sqrt{p^2+1}} - \frac{p}{p^2+1}}. \tag{13.20}$$

现在就能再延拓到 $\mathrm{Re}\, p \geqslant 0$. 这里出现的多值函数都应该理解为：规定在正实轴上

$$\arg\left(p^2+1\right) = 0, \qquad \arg\left(\sqrt{p^2+1} \pm p\right) = 0.$$

还可以将这两个积分用于计算 Fresnel 积分[①] 的 Laplace 变换：

$$\begin{aligned}\mathscr{L}\left\{\mathrm{S}(\sqrt{t})\right\} &= \frac{1}{\sqrt{2\pi}}\int_0^\infty \mathrm{e}^{-pt}\left[\int_0^t \frac{\sin u}{\sqrt{u}}\mathrm{d}u\right]\mathrm{d}t = \frac{1}{\sqrt{2\pi}}\int_0^\infty \left[\int_u^\infty \mathrm{e}^{-pt}\mathrm{d}t\right]\frac{\sin u}{\sqrt{u}}\mathrm{d}u \\ &= \frac{1}{\sqrt{2\pi}}\frac{1}{p}\int_0^\infty \frac{\sin u}{\sqrt{u}}\mathrm{e}^{-pu}\mathrm{d}u = \frac{1}{2p}\sqrt{\frac{1}{\sqrt{p^2+1}} - \frac{p}{p^2+1}}, \end{aligned} \tag{13.21}$$

$$\begin{aligned}\mathscr{L}\left\{\mathrm{C}(\sqrt{t})\right\} &= \frac{1}{\sqrt{2\pi}}\int_0^\infty \mathrm{e}^{-pt}\left[\int_0^t \frac{\cos u}{\sqrt{u}}\mathrm{d}u\right]\mathrm{d}t = \frac{1}{\sqrt{2\pi}}\int_0^\infty \left[\int_u^\infty \mathrm{e}^{-pt}\mathrm{d}t\right]\frac{\cos u}{\sqrt{u}}\mathrm{d}u \\ &= \frac{1}{\sqrt{2\pi}}\frac{1}{p}\int_0^\infty \frac{\cos u}{\sqrt{u}}\mathrm{e}^{-pu}\mathrm{d}u = \frac{1}{2p}\sqrt{\frac{1}{\sqrt{p^2+1}} + \frac{p}{p^2+1}}. \end{aligned} \tag{13.22}$$

另一方面，将上面的结果改写为

$$\mathscr{L}\left\{\mathrm{S}(\sqrt{t})\right\} = \frac{1}{2p}\sqrt{\frac{1}{\sqrt{p^2+1}} - \frac{p}{p^2+1}} = \frac{\mathrm{i}}{2\sqrt{2}p}\left(\frac{1}{\sqrt{p+\mathrm{i}}} - \frac{1}{\sqrt{p-\mathrm{i}}}\right), \tag{13.23a}$$

$$\mathscr{L}\left\{\mathrm{C}(\sqrt{t})\right\} = \frac{1}{2p}\sqrt{\frac{1}{\sqrt{p^2+1}} + \frac{p}{p^2+1}} = \frac{1}{2\sqrt{2}p}\left(\frac{1}{\sqrt{p+\mathrm{i}}} + \frac{1}{\sqrt{p-\mathrm{i}}}\right). \tag{13.23b}$$

---

① 这里采用的是 I. S. Gradshteyn 和 I. M. Ryzhik 的 *Table of Integrals, Series, and Products* 一书中的定义：

$$\mathrm{S}(x) = \sqrt{\frac{2}{\pi}}\int_0^x \sin t^2\mathrm{d}t = \frac{1}{\sqrt{2\pi}}\int_0^{x^2} \frac{\sin u}{\sqrt{u}}\,\mathrm{d}u \quad 和 \quad \mathrm{C}(x) = \sqrt{\frac{2}{\pi}}\int_0^x \cos t^2\mathrm{d}t = \frac{1}{\sqrt{2\pi}}\int_0^{x^2} \frac{\cos u}{\sqrt{u}}\,\mathrm{d}u.$$

除此之外，Fresnel 函数还有其他定义，例如 A. Erdélyi 等人在 *Higher Transcendental Functions* 一书中定义为

$$\mathrm{S}(x) = \frac{1}{\sqrt{2\pi}}\int_0^x \frac{\sin u}{\sqrt{u}}\,\mathrm{d}u \quad 和 \quad \mathrm{C}(x) = \frac{1}{\sqrt{2\pi}}\int_0^x \frac{\cos u}{\sqrt{u}}\,\mathrm{d}u;$$

M. Abramouwitz 和 I. A. Stegun 的 *Handbook of Mathematical Functions with Formulas, Graphs, and Mathematical Tables* 一书中的定义是

$$\mathrm{S}(x) = \int_0^x \sin\frac{\pi t^2}{2}\,\mathrm{d}t \quad 和 \quad \mathrm{C}(x) = \sqrt{\frac{2}{\pi}}\int_0^x \cos\frac{\pi t^2}{2}\,\mathrm{d}t;$$

在 http://en.wikipedia.org/wiki/Fresnel_integral 中的定义则为

$$\mathrm{S}(x) = \int_0^x \sin t^2\,\mathrm{d}t \quad 和 \quad \mathrm{C}(x) = \sqrt{\frac{2}{\pi}}\int_0^x \cos t^2\,\mathrm{d}t.$$

为了与关于 $\arg(\sqrt{p^2+1}\pm p)$ 的规定一致，这里需规定，当 p 处于正实轴上时，

$$-\frac{\pi}{2}\leqslant\arg(p-\mathrm{i})<0,\qquad 0<\arg(p+\mathrm{i})\leqslant\frac{\pi}{2}.$$

因此

$$\mathscr{L}\Big\{\mathrm{S}\big(\sqrt{t}\big)\,\mathrm{e}^{\mathrm{i}t}\Big\}=\frac{\mathrm{i}}{2\sqrt{2}}\,\frac{1}{p-\mathrm{i}}\Big(\frac{1}{\sqrt{p}}-\frac{1}{\sqrt{p-2\mathrm{i}}}\Big),\tag{13.24a}$$

$$\mathscr{L}\Big\{\mathrm{S}\big(\sqrt{t}\big)\,\mathrm{e}^{-\mathrm{i}t}\Big\}=\frac{\mathrm{i}}{2\sqrt{2}}\,\frac{1}{p+\mathrm{i}}\Big(\frac{1}{\sqrt{p+2\mathrm{i}}}-\frac{1}{\sqrt{p}}\Big),\tag{13.24b}$$

$$\mathscr{L}\Big\{\mathrm{C}\big(\sqrt{t}\big)\,\mathrm{e}^{\mathrm{i}t}\Big\}=\frac{1}{2\sqrt{2}}\,\frac{1}{p-\mathrm{i}}\Big(\frac{1}{\sqrt{p}}+\frac{1}{\sqrt{p-2\mathrm{i}}}\Big),\tag{13.24c}$$

$$\mathscr{L}\Big\{\mathrm{C}\big(\sqrt{t}\big)\,\mathrm{e}^{-\mathrm{i}t}\Big\}=\frac{1}{2\sqrt{2}}\,\frac{1}{p+\mathrm{i}}\Big(\frac{1}{\sqrt{p+2\mathrm{i}}}+\frac{1}{\sqrt{p}}\Big).\tag{13.24d}$$

将它们组合起来，就得到

$$\begin{aligned}\mathscr{L}\Big\{\mathrm{C}\big(\sqrt{t}\big)\,\sin t\Big\}=&\frac{1}{2\sqrt{2}}\,\frac{1}{\sqrt{p}}\,\frac{1}{p^2+1}\\&+\frac{1}{2\mathrm{i}}\,\frac{1}{2\sqrt{2}}\Big(\frac{1}{p-\mathrm{i}}\frac{1}{\sqrt{p-2\mathrm{i}}}-\frac{1}{p+\mathrm{i}}\frac{1}{\sqrt{p+2\mathrm{i}}}\Big),\end{aligned}\tag{13.25a}$$

$$\begin{aligned}\mathscr{L}\Big\{\mathrm{S}\big(\sqrt{t}\big)\,\cos t\Big\}=&-\frac{1}{2\sqrt{2}}\,\frac{1}{\sqrt{p}}\,\frac{1}{p^2+1}\\&-\frac{\mathrm{i}}{2}\,\frac{1}{2\sqrt{2}}\Big(\frac{1}{p-\mathrm{i}}\frac{1}{\sqrt{p-2\mathrm{i}}}-\frac{1}{p+\mathrm{i}}\frac{1}{\sqrt{p+2\mathrm{i}}}\Big);\end{aligned}\tag{13.25b}$$

$$\begin{aligned}\mathscr{L}\Big\{\mathrm{S}\big(\sqrt{t}\big)\,\sin t\Big\}=&\frac{1}{2\sqrt{2}}\,\frac{\sqrt{p}}{p^2+1}\\&-\frac{1}{2}\,\frac{1}{2\sqrt{2}}\Big(\frac{1}{p-\mathrm{i}}\frac{1}{\sqrt{p-2\mathrm{i}}}+\frac{1}{p+\mathrm{i}}\frac{1}{\sqrt{p+2\mathrm{i}}}\Big),\end{aligned}\tag{13.25c}$$

$$\begin{aligned}\mathscr{L}\Big\{\mathrm{C}\big(\sqrt{t}\big)\,\cos t\Big\}=&\frac{1}{2\sqrt{2}}\,\frac{\sqrt{p}}{p^2+1}\\&+\frac{1}{2}\,\frac{1}{2\sqrt{2}}\Big(\frac{1}{p-\mathrm{i}}\frac{1}{\sqrt{p-2\mathrm{i}}}+\frac{1}{p+\mathrm{i}}\frac{1}{\sqrt{p+2\mathrm{i}}}\Big).\end{aligned}\tag{13.25d}$$

重新组合，又可得到

$$\mathscr{L}\Big\{\mathrm{C}\big(\sqrt{t}\big)\,\sin t-\mathrm{S}\big(\sqrt{t}\big)\,\cos t\Big\}=\frac{1}{\sqrt{2p}}\,\frac{1}{p^2+1},\tag{13.26a}$$

$$\mathscr{L}\Big\{\mathrm{S}\big(\sqrt{t}\big)\,\sin t+\mathrm{C}\big(\sqrt{t}\big)\,\cos t\Big\}=\frac{1}{p^2+1}\sqrt{\frac{p}{2}}.\tag{13.26b}$$

例 13.8 计算积分 $\displaystyle\int_0^\infty t^{\nu/2}\mathrm{J}_\nu(\sqrt{t}\,)\,\mathrm{e}^{-pt}\,\mathrm{d}t$，其中 $\nu\geqslant 0$.

解 容易判断，此积分的收敛半平面为 $\operatorname{Re} p > 0$.

$$\begin{aligned}\int_0^{\infty} t^{\nu/2}\mathrm{J}_\nu(\sqrt{t}\,)\,\mathrm{e}^{-pt}\,\mathrm{d}t &= \int_0^{\infty}\sum_{n=0}^{\infty}\frac{(-1)^n}{n!\,\Gamma(n+\nu+1)}\,\frac{1}{2^{2n+\nu}}\,t^{n+\nu}\mathrm{e}^{-pt}\mathrm{d}t \\ &= \sum_{n=0}^{\infty}\frac{(-1)^n}{n!\,\Gamma(n+\nu+1)}\,\frac{1}{2^{2n+\nu}}\int_0^{\infty} t^{n+\nu}\mathrm{e}^{-pt}\mathrm{d}t \\ &= \sum_{n=0}^{\infty}\frac{(-1)^n}{n!\,\Gamma(n+\nu+1)}\,\frac{1}{2^{2n+\nu}}\cdot\frac{\Gamma(n+\nu+1)}{p^{n+\nu+1}} \\ &= 2^{-\nu}p^{-\nu-1}\sum_{n=0}^{\infty}\frac{(-1)^n}{n!}\left(\frac{1}{4p}\right)^n \\ &= 2^{-\nu}p^{-\nu-1}\mathrm{e}^{-1/4p}, \qquad \operatorname{Re} p > 0. \end{aligned} \tag{13.27}$$

§13.5 Laplace 变换的反演

在讨论 Laplace 变换的反演公式时，需要区分 Laplace 积分

$$\mathscr{L}\{f(t)\} = \int_0^{\infty} f(t)\,\mathrm{e}^{-pt}\mathrm{d}t$$

绝对收敛或收敛而不绝对收敛的两种情形.

13.5.1 Laplace 积分绝对收敛时的反演公式

定理 13.6 设 $\mathscr{L}\{f(t)\} = F(p)$ 对于实数 $p\,(= s_0)$ 绝对收敛，即

$$\int_0^{\infty} |f(t)|\,\mathrm{e}^{-s_0 t}\mathrm{d}t < \infty,$$

因而对 $\operatorname{Re} p \geqslant s_0$ 也绝对收敛.

(1) 在 $t > 0$ 处，只要函数 $f(t)$ 在该点邻域上为有限变差函数，则有反演公式

$$\frac{1}{2}\big[f(t+) + f(t-)\big] = \text{v.p.}\left\{\frac{1}{2\pi\mathrm{i}}\int_{s-\mathrm{i}\infty}^{s+\mathrm{i}\infty}\mathrm{e}^{pt}F(p)\mathrm{d}p\right\} \quad (s = \operatorname{Re} p \geqslant s_0); \tag{13.28a}$$

(2) 若 $f(t)$ 在区间 (ε, δ) 上为有限变差函数 $(\varepsilon \to 0,\ \delta > 0)$，则

$$\frac{1}{2}f(0+) = \text{v.p.}\left\{\frac{1}{2\pi\mathrm{i}}\int_{s-\mathrm{i}\infty}^{s+\mathrm{i}\infty}\mathrm{e}^{pt}F(p)\mathrm{d}p\right\} \quad (s = \operatorname{Re} p \geqslant s_0); \tag{13.28b}$$

(3) 对于 $t < 0$，恒有

$$\text{v.p.}\left\{\frac{1}{2\pi\mathrm{i}}\int_{s-\mathrm{i}\infty}^{s+\mathrm{i}\infty}\mathrm{e}^{pt}F(p)\mathrm{d}p\right\} = 0 \qquad (s = \operatorname{Re} p \geqslant s_0). \tag{13.28c}$$

此定理可以从 Fourier 变换的反演公式推出，而定理的内容也是我们所熟悉的，此处不再赘述.

13.5.2 Laplace 积分收敛而不绝对收敛时的反演公式

当 Laplace 积分不绝对收敛时，定理 13.6 不再适用. 为了导出这种条件下的反演公式，需要用到下面的定理 (原函数的积分定理).

定理 13.7 设

$$g(t)=\int_0^t f(\tau)\mathrm{d}\tau.$$

若 $\mathscr{L}\{f(t)\}=F(p)$ 对于正实数 $p=s_0>0$ 收敛，则 $\mathscr{L}\{g(t)\}=G(p)$ 对于该实数 $p=s_0$ 也收敛，且

$$G(p)=\frac{1}{p}F(p),\qquad \text{当 } p \text{ 为实数 } s_0 \text{ 或 } \operatorname{Re}p>s_0;$$

并且当 $t\to\infty$ 时，$g(t)=o\big(\mathrm{e}^{s_0 t}\big)$，即

$$\lim_{t\to\infty}\mathrm{e}^{-s_0 t}g(t)=0,$$

因而当 $\operatorname{Re}p>s_0$ 时 $\mathscr{L}\{g(t)\}=G(p)$ 绝对收敛.

证 再定义函数

$$\phi(t)=\mathrm{e}^{s_0 t},\qquad \psi(t)=\mathrm{e}^{s_0 t}\int_0^t \mathrm{e}^{-s_0\tau}g(\tau)\mathrm{d}\tau,$$

则按照 l'Hôpital 法则，可以求得极限

$$\begin{aligned}\lim_{t\to\infty}\frac{\psi(t)}{\phi(t)}&=\lim_{t\to\infty}\frac{\psi'(t)}{\phi'(t)}=\lim_{t\to\infty}\left[\frac{1}{s_0}\mathrm{e}^{-s_0 t}g(t)+\int_0^t \mathrm{e}^{-s_0\tau}g(\tau)\mathrm{d}\tau\right] \qquad (13.29\text{a})\\&=\lim_{t\to\infty}\left[\frac{1}{s_0}\mathrm{e}^{-s_0 t}g(t)-\frac{1}{s_0}\mathrm{e}^{-s_0\tau}g(\tau)\Big|_0^t+\frac{1}{s_0}\int_0^t \mathrm{e}^{-s_0\tau}g'(\tau)\mathrm{d}\tau\right]\\&=\frac{1}{s_0}\int_0^\infty \mathrm{e}^{-s_0\tau}g'(\tau)\mathrm{d}\tau.\end{aligned}$$

但 $g'(\tau)=f(\tau)$，所以有

$$\lim_{t\to\infty}\frac{\psi(t)}{\phi(t)}=\frac{1}{s_0}F(s_0).$$

这样就证明了极限

$$\lim_{t\to\infty}\frac{\psi(t)}{\phi(t)}=\lim_{t\to\infty}\int_0^t \mathrm{e}^{-s_0\tau}g(\tau)\mathrm{d}\tau=\int_0^\infty \mathrm{e}^{-s_0\tau}g(\tau)\mathrm{d}\tau \qquad (13.29\text{b})$$

存在，亦即 $\mathscr{L}\{g(t)\}$ 对于该实数 $p=s_0$ 也收敛 (记为 $G(s_0)$)，且

$$G(s_0)=\frac{1}{s_0}F(s_0).$$

按照定理 13.3，又可知 $\mathscr{L}\{g(t)\}$ 对于 $\operatorname{Re} p > s_0$ 也收敛 (记为 $G(p)$).特别是，对于实轴上满足 $s \geqslant s_0$ 的所有点均收敛，且

$$G(s) = \frac{1}{s}F(s).$$

因为 $G(p)$ 在收敛半平面 $\operatorname{Re} p > s_0$ 内一定解析 (定理 13.5)，所以就能将上面的等式延拓为

$$G(p) = \frac{1}{p}F(p), \qquad \operatorname{Re} p > s_0.$$

而上述证明过程中得到的 (13.28a) 和 (13.28b) 二式，意味着

$$\lim_{t\to\infty}\left[\frac{1}{s_0}\mathrm{e}^{-s_0t}g(t) + \int_0^t \mathrm{e}^{-s_0\tau}g(\tau)\mathrm{d}\tau\right] = \int_0^\infty \mathrm{e}^{-s_0\tau}g(\tau)\mathrm{d}\tau,$$

自然也就是证明了

$$\lim_{t\to\infty}\mathrm{e}^{-s_0t}g(t) = 0.$$

这样也就不难证明当 $\operatorname{Re} p > s_0$ 时 $\mathscr{L}\{g(t)\} = G(p)$ 绝对收敛. □

☞ **评述**　这个定理提醒我们，即使 $f(t)$ 的 Laplace 积分不绝对收敛，但 $g(t) = \int_0^t f(\tau)\mathrm{d}\tau$ 的 Laplace 积分绝对收敛，因而我们可以由定理 13.6 给出的反演公式先求出 $g(t)$，而后求导即可求得 $f(t)$. 按照 Lebesgue 理论，积分 $\int_0^t f(\tau)\mathrm{d}\tau$ 几乎处处可微，且其导数几乎处处等于 $f(t)$，换言之，其导数与 $f(t)$ 之差为零函数.

定理 13.8　若 $\mathscr{L}\{f(t)\} = F(p)$ 对于实的 $p = s_0 \geqslant 0$ 收敛，则

$$\text{v.p.}\left\{\frac{1}{2\pi\mathrm{i}}\int_{s-\mathrm{i}\infty}^{s+\mathrm{i}\infty}\frac{F(p)}{p}\mathrm{e}^{pt}\mathrm{d}p = \eta(t)\int_0^t f(\tau)\mathrm{d}\tau, \quad s = \operatorname{Re} p > s_0 \geqslant 0, \right. \tag{13.30}$$

其中 $\eta(t)$ 为 Heaviside 函数.

13.5.3　一个特殊的反演公式

现在变换一下求反演的思路. 如果我们现在能够令

$$f(t) = \sum_{n=0}^{\infty} a_n t^n, \tag{13.31}$$

这相当于将定义在 $t \geqslant 0$ 的 $f(t)$ 作延拓，放弃 $f(t<0) = 0$ 的要求而使之成为整函数，尽管这时仍定义 $f(t)$ 的 Laplace 变换为

$$F(p) = \int_0^\infty f(t)\mathrm{e}^{-pt}\mathrm{d}t. \tag{13.32}$$

将 (13.31) 式代入 (13.32) 式，假定能够逐项积分，则有

$$F(p)=\sum_{n=0}^{\infty}a_n\int_0^{\infty}t^n\mathrm{e}^{-pt}\mathrm{d}t=\sum_{n=0}^{\infty}\frac{n!\,a_n}{p^{n+1}}. \tag{13.33}$$

如果能再对 $f(t)$ 进一步加以适当限制，$F(p)$ 就能是 $p=\infty$ 点邻域内的解析函数；而且，取 C 为围绕原点 $p=0$ 而又离原点足够远的围道，则容易计算出

$$\frac{1}{2\pi\mathrm{i}}\oint_C F(p)\mathrm{e}^{pt}\mathrm{d}p=\frac{1}{2\pi\mathrm{i}}\sum_{n=0}^{\infty}n!\,a_n\oint_C\frac{\mathrm{e}^{pt}}{p^{n+1}}\mathrm{d}p=\sum_{n=0}^{\infty}a_nt^n=f(t). \tag{13.34}$$

这就是在这种特殊条件下的反演公式.

使得 (13.34) 式成立的最简单情形就是：

定理 13.9 使

$$f(z)=\frac{1}{2\pi\mathrm{i}}\oint_C F(p)\mathrm{e}^{pz}\mathrm{d}p,\qquad C\ \text{为围绕}\ p=0\ \text{的闭合围道} \tag{13.35}$$

成立的充分必要条件是 $f(z)$ 为指数型整函数，即 $f(z)=\mathrm{e}^{s|\mathrm{Re}\,z|}$，$s$ 为实常数.

正如我们知道的，这时 (13.32) 式只在 $\mathrm{Re}\,p>s$ 的条件下成立.

在重新定义 $f(t)$ 之后，仍然必须保证 Laplace 变换及其反演的唯一性. 这就要求当且仅当 $F(p)\equiv 0$ 时才有 $f(t)\equiv 0$. 然而，只要 $F(p)$ 在 $\overline{C}$ 内解析，(13.34) 式中的围道积分就一定恒为 0，而并不必要求 $F(p)\equiv 0$. 这说明，给定函数 $f(z)$ 以及积分围道 C，并不能唯一地确定 $F(p)$，除非进一步对 $F(p)$ 加以适当的限制.

定理 13.10 设 $\phi(p)$ 在 $|p|$ 足够大时解析，但 $p=\infty$ 点例外，它是 $\phi(p)$ 的 n 阶极点. 若对于 $\forall t$，有

$$\oint_C\phi(p)\mathrm{e}^{pt}\mathrm{d}p=0, \tag{13.36}$$

其中 C 为围绕原点的闭合围道，则 $\phi(p)$ 必为 n 次多项式.

证 按照题设，$\phi(p)$ 在 $|p|$ 足够大时解析，且以 $p=\infty$ 为 n 阶极点，所以一定可以在 $p=\infty$ 点的邻域内作 Laurent 展开：

$$\phi(p)=\psi(p)+a_1p+\cdots+a_np^n,$$

其中 $a_1p+\cdots+a_np^n$ 与 $\psi(p)=a_0+\sum\limits_{k=1}^{\infty}b_kp^{-k}$ 分别是 $\phi(p)$ 的主要部分与正则部分. 直接计算可得

$$\begin{aligned}\oint_C\psi(p)\mathrm{e}^{pt}\mathrm{d}p&=\oint_C\Big[\phi(p)-\big(a_1p+\cdots+a_np^n\big)\Big]\mathrm{e}^{pt}\mathrm{d}p\\&=\oint_C\phi(p)\mathrm{e}^{pt}\mathrm{d}p=0.\end{aligned}$$

另一方面，将被积函数作幂级数展开，并逐项积分，又应当有

$$\begin{aligned}\frac{1}{2\pi i}\oint_C \psi(p)e^{pt}dp &= \frac{1}{2\pi i}\oint_C \left[\psi(p)-a_0\right]e^{pt}dp \\ &= \frac{1}{2\pi i}\sum_{l=0}^{\infty}\sum_{k=1}^{\infty}\frac{b_k}{l!}t^l\oint_C p^{l-k}dp = \sum_{l=0}^{\infty}\frac{b_{l+1}}{l!}t^l = 0.\end{aligned}$$

按照 Taylor 展开的唯一性，就能定出

$$b_1 = b_2 = \cdots = 0, \qquad \text{即} \qquad \psi(p) = a_0.$$

由此即证得 $\phi(p)$ 一定为多项式：

$$\phi(p) = a_0 + a_1 p + \cdots + a_n p^n. \qquad \square$$

读者可能会质疑上述做法的必要性. Laplace 变换，应用于处理随时间 t 演化的过程，根据描写演化过程的微分方程以及初始状态 (通常将初始时刻取为 $t=0$，因而方程在 $t>0$ 时成立)，可以推断出以后 $(t>0)$ 任一时刻的状况，无须追溯 $t<0$ 时方程是否成立或体系处于何种状态. 而与其说是事先约定 $t<0$ 时函数值恒为 0，还不如说是为了适应反演公式 (13.28) 的既成事实. 这样做的后果之一，就是无法将 $f(t)$ 作解析延拓，或者说无法将 $f(t)$ 在 $t=0$ 点作 Taylor 展开.

放弃原函数 $f(t)=0\ (t<0)$ 的约定，或者说放弃原函数为 $f(t)\eta(t)$ 的约定，其现实意义就是已知定义在区间 $-\infty<t<\infty$ 上的微分方程 (常微分方程或偏微分方程)，我们是否仍然能够应用 Laplace 变换的方法求解？从这一点来看，假设 $f(t)$ 满足解析性的要求，假设 $f(t)$ 能作 Taylor 展开，相应地，寻找不同于 (13.28) 式的反演公式，实在也就是自然之举. 这样一来，我们也就不必或明或暗地要求 t 具有时间变量的特征.

例 13.9　应用 Laplace 变换方法求解 Bessel 方程

$$\frac{1}{x}\frac{d}{dx}\left(x\frac{dy}{dx}\right) + \left(1-\frac{\nu^2}{x^2}\right)y = 0, \quad \nu>0.$$

解　这是我们熟悉的方程. 对于一般的 ν，它的两个线性无关解是

$$J_{\pm\nu}(x) = \sum_{n=0}^{\infty}\frac{(-1)^n}{n!\,\Gamma(n\pm\nu+1)}\left(\frac{x}{2}\right)^{2n\pm\nu}.$$

它们都不是 x 的整函数. 为了能应用上面描述的 Laplace 变换求得指数型整函数的解，需要先作变换

$$w(x) = x^{-\nu}y(x). \tag{13.37}$$

可以预料，这时将会得到解 $x^{-\nu}\mathrm{J}_\nu(x)$.

$w(x)$ 满足的微分方程是

$$\frac{\mathrm{d}^2w}{\mathrm{d}x^2}+\frac{2\nu+1}{x}\frac{\mathrm{d}w}{\mathrm{d}x}+w=0. \tag{13.38a}$$

令

$$w(x)=\frac{1}{2\pi\mathrm{i}}\oint_C u(\zeta)\mathrm{e}^{x\zeta}\mathrm{d}\zeta, \tag{13.39}$$

则

$$\begin{aligned}
xw&=-\frac{1}{2\pi\mathrm{i}}\oint_C u'(\zeta)\mathrm{e}^{x\zeta}\mathrm{d}\zeta,\\
\frac{\mathrm{d}w}{\mathrm{d}x}&=\frac{1}{2\pi\mathrm{i}}\oint_C u(\zeta)\zeta\mathrm{e}^{x\zeta}\mathrm{d}\zeta,\\
x\frac{\mathrm{d}^2w}{\mathrm{d}x^2}&=-\frac{1}{2\pi\mathrm{i}}\oint_C\left[2\zeta u(\zeta)+\zeta^2u'(\zeta)\right]\mathrm{e}^{x\zeta}\mathrm{d}\zeta.
\end{aligned}$$

因此，方程 (13.38a) 就转化为

$$\oint_C\left[(1+\zeta^2)u'(\zeta)-(2\nu-1)\zeta u(\zeta)\right]\mathrm{e}^{x\zeta}\mathrm{d}\zeta=0. \tag{13.38b}$$

在上式的被积函数中，括号内的表达式最多以 $\zeta=\infty$ 为其一阶极点，因此，按照定理 13.10，有

$$(1+\zeta^2)u'(\zeta)-(2\nu-1)\zeta u(\zeta)=a_0+a_1\zeta.$$

解之得

$$u(\zeta)=a_0(1+\zeta^2)^{\nu-1/2}\int_{\zeta_0}^{\zeta}\frac{\mathrm{d}t}{(1+t^2)^{\nu+1/2}}-\frac{a_1}{2\nu-1}.$$

因为 $u(\zeta)$ 在 $\zeta=\infty$ 点解析，必须取 $\zeta_0=\infty$，则

$$u(\zeta)=a_0(1+\zeta^2)^{\nu-1/2}\int_{\infty}^{\zeta}\frac{\mathrm{d}t}{(1+t^2)^{\nu+1/2}}-\frac{a_1}{2\nu-1}.$$

代回到 (13.39) 式中，注意到 a_1 项对积分无贡献，因此有

$$w(x)=\frac{a_0}{2\pi\mathrm{i}}\oint_C(1+\zeta^2)^{\nu-1/2}\mathrm{e}^{x\zeta}\mathrm{d}\zeta\int_{\infty}^{\zeta}\frac{\mathrm{d}t}{(1+t^2)^{\nu+1/2}}. \tag{13.40}$$

这里出现了多值因子 $(1+\zeta^2)^{\nu-1/2}$ 及 $(1+t^2)^{\nu+1/2}$，均约定在各自的复平面上沿虚轴由 $-\mathrm{i}$ 到 i 作割线，并规定函数在正实轴上取实数值.

代回 (13.38) 式，并适当选择 a_0，就可以得到 Bessel 函数 $\mathrm{J}_\nu(x)$；而如果再将 ν 换成 $-\nu$，则就可以得到 $\mathrm{J}_{-\nu}(x)$.

在 $\mathrm{Re}\,\nu > -1/2$ 的条件下，还可以将 (13.40) 式化成更简单的形式，因为这时能够将积分围道 C 收缩为沿割线的哑铃型围道. 注意到在割线右岸，$\zeta = \mathrm{i}\tau$，则有

$$\arg(1+\zeta^2) = \arg(1-\tau^2) = 0;$$

而在割线左岸，仍令 $\zeta = \mathrm{i}\tau$，则有

$$\arg(1+\zeta^2) = \arg(1-\tau^2) = 2\pi.$$

于是就能将 (13.40) 式改写成

$$w(x) = \frac{a_0}{2\pi}\int_{-1}^{1}(1-\tau^2)^{\nu-1/2}\mathrm{e}^{\mathrm{i}x\tau}\mathrm{d}\tau\left[\int_{\mathrm{I}}\frac{\mathrm{d}t}{(1+t^2)^{\nu+1/2}} - \mathrm{e}^{\mathrm{i}\pi(2\nu-1)}\int_{\mathrm{II}}\frac{\mathrm{d}t}{(1+t^2)^{\nu+1/2}}\right],$$

其中的积分路径 I 与 II 分别由无穷远点到达割线右岸和左岸的 $\mathrm{i}\tau$ 处. 为方便起见，不妨将起点 (无穷远点) 分别取为 $-\mathrm{i}\infty$ 与 $+\mathrm{i}\infty$. 这样，对于位于左半平面的第二个积分，

$$\mathrm{e}^{\mathrm{i}\pi(2\nu-1)}\int_{\mathrm{II}}\frac{\mathrm{d}t}{(1+t^2)^{\nu+1/2}} = \int_{\mathrm{II}}\frac{\mathrm{d}t}{\mathrm{e}^{-\mathrm{i}\pi(2\nu+1)}(1+t^2)^{\nu+1/2}},$$

可以将 $\mathrm{e}^{-\mathrm{i}\pi(2\nu+1)}(1+t^2)^{\nu+1/2} = \left[\mathrm{e}^{-\mathrm{i}2\pi}(1+t^2)\right]^{\nu+1/2}$ 理解为绕枝点 $t = \mathrm{i}$ 转动 -2π，因而变换到右半平面，于是就有

$$\int_{\mathrm{I}}\frac{\mathrm{d}t}{(1+t^2)^{\nu+1/2}} - \mathrm{e}^{\mathrm{i}\pi(2\nu-1)}\int_{\mathrm{II}}\frac{\mathrm{d}t}{(1+t^2)^{\nu+1/2}} = \int_{\mathrm{III}}\frac{\mathrm{d}t}{(1+t^2)^{\nu+1/2}},$$

这里的积分路径 III 便是由 $-\mathrm{i}\infty$ 出发，经割线右侧，到达 $+\mathrm{i}\infty$ 的无穷直线，因此积分值必为 (可以与 ν 有关的) 常数，记为 A，故有

$$w(x) = \frac{a_0 A}{2\pi}\int_{-1}^{1}(1-\tau^2)^{\nu-1/2}\mathrm{e}^{\mathrm{i}x\tau}\mathrm{d}\tau.$$

如果令

$$w(0) = \frac{1}{\Gamma(\nu+1)}\left(\frac{1}{2}\right)^{\nu},$$

就可以定出

$$\frac{a_0 A}{2\pi} = \frac{1}{\Gamma(\nu+1)}\left(\frac{1}{2}\right)^{\nu}\left[\int_{-1}^{1}(1-\tau^2)^{\nu-1/2}\mathrm{d}\tau\right]^{-1} = \frac{1}{\sqrt{\pi}\,\Gamma(\nu+1/2)}\left(\frac{1}{2}\right)^{\nu},$$

这样就得到 Bessel 函数的积分表示

$$\mathrm{J}_\nu(x) = \frac{1}{\sqrt{\pi}\,\Gamma(\nu+1/2)}\left(\frac{x}{2}\right)^{\nu}\int_{-1}^{1}(1-\tau^2)^{\nu-1/2}\mathrm{e}^{\mathrm{i}x\tau}\mathrm{d}\tau \tag{13.41a}$$

$$= \frac{2}{\sqrt{\pi}\,\Gamma(\nu+1/2)}\left(\frac{x}{2}\right)^{\nu}\int_{0}^{1}(1-\tau^2)^{\nu-1/2}\cos x\tau\,\mathrm{d}\tau. \tag{13.41b}$$

§13.6 Laplace 变换像函数的必要条件

我们知道，并不是复变量 p 任何函数都能充当 Laplace 变换的像函数[①]. 作为 Laplace 变换的像函数，必要条件是必须在 $\mathrm{Re}\,p > s_0$ 的半平面上解析 (见 §13.3). 我们还可以举出其他一些必要条件，例如见下面的几个定理.

定理 13.11 若 p_0 是 $\int_0^\infty f(t)\,\mathrm{e}^{-pt}\,\mathrm{d}t$ 的收敛点，则此积分在任意一个角形区域 $|\arg(p-p_0)| \leqslant \psi < \pi/2$ 上均一致收敛.

证 由定理 13.3 可知，积分 $\int_0^\infty f(t)\,\mathrm{e}^{-pt}\,\mathrm{d}t$ 在 $\mathrm{Re}\,p > \mathrm{Re}\,p_0$ 的半平面上也一定收敛. 令

$$F(p) = \int_0^\infty f(t)\,\mathrm{e}^{-pt}\,\mathrm{d}t, \qquad \mathrm{Re}\,p > \mathrm{Re}\,p_0,$$

并定义函数

$$g(\tau; p_0) = \int_0^\tau f(t)\mathrm{e}^{-p_0 t}\mathrm{d}t,$$

则按照 (13.3) 式，有

$$\int_0^\tau f(t)\,\mathrm{e}^{-pt}\,\mathrm{d}t = g(\tau; p_0)\,\mathrm{e}^{(p-p_0)\tau} + (p-p_0)\int_0^\tau g(t; p_0)\,\mathrm{e}^{-(p-p_0)t}\,\mathrm{d}t. \tag{13.42}$$

另一方面，由恒等式

$$(p-p_0)\int_0^\tau \mathrm{e}^{-(p-p_0)t}\,\mathrm{d}t = 1 - \mathrm{e}^{-(p-p_0)\tau},$$

因而

$$F(p_0) - F(p_0)\,\mathrm{e}^{-(p-p_0)\tau} - (p-p_0)\int_0^\tau F(p_0)\,\mathrm{e}^{-(p-p_0)t}\,\mathrm{d}t = 0.$$

与 (13.42) 式相加，即得

$$\int_0^\tau f(t)\,\mathrm{e}^{-pt}\,\mathrm{d}t = F(p_0) + \big[g(\tau; p_0) - F(p_0)\big]\mathrm{e}^{-(p-p_0)\tau} + (p-p_0)\int_0^\tau \big[g(t; p_0) - F(p_0)\big]\,\mathrm{e}^{-(p-p_0)t}\,\mathrm{d}t,$$

因此

$$\int_{\tau_1}^{\tau_2} f(t)\,\mathrm{e}^{-pt}\,\mathrm{d}t = \big[g(\tau_2; p_0) - F(p_0)\big]\mathrm{e}^{-(p-p_0)\tau_2} - \big[g(\tau_1; p_0) - F(p_0)\big]\mathrm{e}^{-(p-p_0)\tau_1} + (p-p_0)\int_{\tau_1}^{\tau_2} \big[g(t; p_0) - F(p_0)\big]\,\mathrm{e}^{-(p-p_0)t}\,\mathrm{d}t.$$

① 这里我们不考虑广义函数的 Laplace 变换.

由于

$$\lim_{t\to\infty} g(t;p_0) = F(p_0),$$

故若给定 $\varepsilon > 0$，则一定存在 T，使当 $t > T$ 时，有

$$|g(t;p_0) - F(p_0)| < \varepsilon.$$

因此，只要 $\tau_2 > \tau_1 > T$，且 $\mathrm{Re}\,p > \mathrm{Re}\,p_0$，就有

$$\begin{aligned}\left|\int_{\tau_1}^{\tau_2} f(t)\,\mathrm{e}^{-pt}\,\mathrm{d}t\right| &\leqslant 2\varepsilon + \varepsilon\,|p-p_0|\int_{\tau_1}^{\tau_2}\mathrm{e}^{-(s-s_0)t}\mathrm{d}t\\ &< 2\varepsilon + \varepsilon\,|p-p_0|\int_0^{\infty}\mathrm{e}^{-(s-s_0)t}\mathrm{d}t = \varepsilon\left(2+\frac{|p-p_0|}{s-s_0}\right),\end{aligned}$$

其中 $s=\mathrm{Re}\,p$, $s_0=\mathrm{Re}\,p_0$. 但在角形区域 (以下简称角域) $|\arg(p-p_0)| \leqslant \psi < \pi/2$ 上 ($p=p_0$ 点除外)，有

$$\frac{s-s_0}{|p-p_0|} = \frac{\mathrm{Re}\,(p-p_0)}{|p-p_0|} = \cos[\arg(p-p_0)] \geqslant \cos\psi,$$

最后就证得

$$\left|\int_{\tau_1}^{\tau_2} f(t)\,\mathrm{e}^{-pt}\,\mathrm{d}t\right| < \varepsilon\left(2+\frac{1}{\cos\psi}\right),$$

而且包括在 $p = p_0$ 点此式仍然成立. 这样就证明了积分 $\int_0^{\infty} f(t)\,\mathrm{e}^{-pt}\,\mathrm{d}t$ 在角域 $|\arg(p-p_0)| \leqslant \psi < \pi/2$ 上一致收敛. □

定理 13.12 若 p_0 是 $F(p) = \mathscr{L}\{f(t)\}$ 的收敛点，则当 p 在角域 $|\arg(p-p_0)| \leqslant \psi < \pi/2$ 上 趋于 ∞ 时 $F(p)$ 一致地趋于 0.

证 因为

$$\begin{aligned}F(p) &= \int_0^{\infty} f(t)\,\mathrm{e}^{-pt}\,\mathrm{d}t\\ &= \int_0^{T_1} f(t)\,\mathrm{e}^{-pt}\,\mathrm{d}t + \int_{T_1}^{T_2} f(t)\,\mathrm{e}^{-pt}\,\mathrm{d}t + \int_{T_2}^{\infty} f(t)\,\mathrm{e}^{-pt}\,\mathrm{d}t,\end{aligned}$$

任给 $\varepsilon > 0$，可取足够小的 T_1，使得

$$\left|\int_0^{T_1} f(t)\,\mathrm{e}^{-pt}\,\mathrm{d}t\right| \leqslant \int_0^{T_1} |f(t)|\,\mathrm{d}t < \frac{\varepsilon}{3}, \qquad \mathrm{Re}\,p \geqslant 0.$$

根据定理 13.11，又可取足够大的 T_2，使得对于角域上的一切 p，有

$$\left|\int_{T_2}^{\infty} f(t)\,\mathrm{e}^{-pt}\,\mathrm{d}t\right| \leqslant \frac{\varepsilon}{3}.$$

如此选定 T_1, T_2 后，又可取足够大的 s_0，使当 $\operatorname{Re} p > s_0$ 时，有

$$\left|\int_{T_1}^{T_2} f(t)\,\mathrm{e}^{-pt}\,\mathrm{d}t\right| \leqslant \mathrm{e}^{-s_0T_1}\int_{T_1}^{T_2} |f(t)|\,\mathrm{d}t < \frac{\varepsilon}{3}.$$

把这三部分合起来，即证得：对于角域上满足 $\operatorname{Re} p > s_0$ 的一切 p，均有

$$|F(p)| < \varepsilon. \qquad \square$$

定理 13.12 可用作为判断任意一个 $F(p)$ 是否能作为 Laplace 变换像函数的判据. 例如，我们就可以断定当 $\alpha > 1$ 时的函数 e^{-p^α} 就不可能是 Laplace 变换的像函数，因为

$$\left|\mathrm{e}^{-p^\alpha}\right| = \mathrm{e}^{-\rho^\alpha\cos\alpha\phi}, \qquad 其中\ p = \rho\,\mathrm{e}^{\mathrm{i}\phi},$$

当 $\alpha\phi$ 位于第 Ⅱ 或第 Ⅲ 象限 (尽管 $|\phi| < \pi/2$) 时，$\cos\alpha\phi \leqslant 0$，因而不满足 $F(p)$ 在右半平面上一致地趋于 0 的要求.

∞ 点可以是 Laplace 变换像函数 $F(p)$ 的解析点，也可以是 $F(p)$ 的奇点. 特别是，可以是 $F(p)$ 的本性奇点：当 p 以不同方式趋近 ∞ 时，可以逼近不同的数值. 但无论哪种情形，定理 13.12 告诉我们，当 p 在角域 $|\arg(p-p_0)| \leqslant \psi < \pi/2$ 内趋于 ∞ 时，$F(p)$ 一定一致地趋于 0.

定理 13.12 还能推广到 p_0 为 p 平面上任意一点的情形，因为就以 p_0 为顶点的角域 $|\arg(p-p_0)| \leqslant \psi < \pi/2$ 而言，其 $\operatorname{Re} p$ 足够大的部分总可以包含在另一个以收敛点为顶点而张角更大的角域内.

还可以讨论 $F(p) = F(s+\mathrm{i}\sigma)$ 在 $\sigma \to \pm\infty$ 时的行为. 下面不加证明地介绍有关的两个结论：

(1) 若 $F(p) = \mathscr{L}\{f(t)\}$ 对于 $p=$ 实数值 s_0 绝对收敛 (因而对 $\operatorname{Re} p \geqslant s_0$ 绝对收敛)，则当 $\sigma \to \pm\infty$ 时，$F(p) = F(s+\mathrm{i}\sigma)$ 在直线 $\operatorname{Re} p = s_0$ 上一致地趋于 0；

(2) 若 β 为 $F(p) = \mathscr{L}\{f(t)\}$ 的收敛横标，则在任意一个半平面 $\operatorname{Re} p \geqslant \beta + \varepsilon$ ($\varepsilon > 0$ 可任意小) 上，当 $\sigma \to \pm\infty$ 时，(对 $s = \operatorname{Re} p$) 一致地有 $F(s+\mathrm{i}\sigma) = o(\sigma)$.

定理 13.13 Laplace 变换的像函数不可能是周期函数，除非该函数恒为 0.

证 设 Laplace 变换像函数 $F(p)$ 具有 (实的或复的) 周期 ρ: $F(p) = F(p+\rho)$，这说明

$$\int_0^\infty f(t)\,\mathrm{e}^{-pt}\,\mathrm{d}t = \int_0^\infty f(t)\,\mathrm{e}^{-(p+\rho)t}\,\mathrm{d}t,$$

即

$$\int_0^\infty f(t)\,\mathrm{e}^{-pt}\,\mathrm{d}t - \int_0^\infty f(t)\,\mathrm{e}^{-(p+\rho)t}\,\mathrm{d}t = \int_0^\infty f(t)\big(1-\mathrm{e}^{-\rho t}\big)\mathrm{e}^{-pt}\,\mathrm{d}t = 0,$$

因此，$f(t)\big[1-\mathrm{e}^{-\rho t}\big]$ 为零函数，于是，

$$\int_0^t f(\tau)\mathrm{d}\tau = \int_0^t f(\tau)\,\mathrm{e}^{-\rho\tau}\,\mathrm{d}\tau, \qquad t \geqslant 0.$$

令 $\phi(t)=\int_0^t f(\tau)\mathrm{d}\tau$ (因此 $\phi(t)$ 连续)，则将上式右端分部积分后即可得到

$$\phi(t) = \int_0^t f(\tau)\,\mathrm{e}^{-\rho\tau}\,\mathrm{d}\tau = \mathrm{e}^{-\rho t}\,\phi(t) + \rho\int_0^t \mathrm{e}^{-\rho\tau}\,\phi(\tau)\,\mathrm{d}\tau.$$

于是就有

$$\big[1-\mathrm{e}^{-\rho t}\big]\phi(t) = \rho\int_0^t \mathrm{e}^{-\rho\tau}\,\phi(\tau)\,\mathrm{d}\tau, \qquad \text{即} \qquad \phi(t) = \frac{\rho}{1-\mathrm{e}^{-\rho t}}\int_0^t \mathrm{e}^{-\rho\tau}\,\phi(\tau)\,\mathrm{d}\tau.$$

因为上式右端积分中的被积函数连续，所以积分可微，因而左端的函数 $\phi(t)$ 可微 ($1-\mathrm{e}^{-\rho t}$ 的零点可能例外). 这样就能将上式两端求导，因而得到

$$\rho\,\mathrm{e}^{-\rho t}\phi(t) + \big(1-\mathrm{e}^{-\rho t}\big)\phi'(t) = \rho\,\mathrm{e}^{-\rho t}\phi(t), \qquad \text{即} \qquad \big(1-\mathrm{e}^{-\rho t}\big)\phi'(t) = 0.$$

所以

$$\phi'(t) = 0,$$

$1-\mathrm{e}^{-\rho t}$ 的零点可能例外. 由于$f(t)$与 $\phi'(t)$ 最多只相差一个零函数，所以这就说明 $f(t)$ 是零函数，因而一定有 $F(p)\equiv 0$. □

根据定理 13.11 就可以断定，函数 $\mathrm{e}^{-\alpha p}$ 不可能是 Laplace 变换的像函数，因为函数 $\mathrm{e}^{-\alpha p}$ 是周期函数 (周期为 $2\pi\mathrm{i}/\alpha$)，尽管它在全平面都解析.

最后需要说明，以上的讨论均限于原函数为普通函数的情形，并不适用于广义函数. 例如，在广义函数的范围内，$\mathrm{e}^{-\alpha p}$ 可以有原函数 $\delta(t-\alpha)$，而且，并不违反 $(1-\mathrm{e}^{\rho t})\delta(t-\alpha)=0$ 的要求，只要周期 $\rho=2\pi\mathrm{i}/\alpha$.

§13.7 Laplace 变换像函数的充分条件

所谓 $F(p)$ 是 Laplace 变换像函数与否的问题，也就是，是否存在 $f(t)$，使得

$$F(p) = \int_0^\infty f(t)\,\mathrm{e}^{-pt}\,\mathrm{d}t$$

成立. 这里涉及两个问题：一是 $f(t)$ 的存在性；二是如何求出 $f(t)$，亦即 $F(p)$ 的反演问题. 现在的状况是：我们无法给出 $F(p)$ 作为像函数所需满足的充分必要条件. 我们只能列举出 $F(p)$ 作为像函数所必须具有的若干必要条件，例如见 §13.5；

或者可以在一定的限制条件下给出由 $F(p)$ 求 $f(t)$ 的反演公式 (例如见定理 13.6 与定理 13.8). 但作为特定的反演公式，自然只能是 $F(p)$ 作为 Laplace 变换像函数的充分条件 (而非充分必要条件).

定理 13.6 的成立条件是针对原函数 $f(t)$ 提出的，这在实用上有一定的缺憾，因为作为反演公式，已知的是像函数 $F(p)$，待求的是原函数 $f(t)$，因而我们事先难以知道 $f(t)$ 是否满足定理的要求. 我们希望能列出对 $F(p)$ 的要求，使得能运用定理 13.7 中的反演公式求出 $f(t)$. 本着这样的思路，我们就来分析积分

$$\text{v.p.}\left\{\frac{1}{2\pi\mathrm{i}}\int_{s-\mathrm{i}\infty}^{s+\mathrm{i}\infty}\mathrm{e}^{pt}F(p)\mathrm{d}p\right\}=\text{v.p.}\left\{\frac{\mathrm{e}^{st}}{2\pi}\int_{-\infty}^{\infty}\mathrm{e}^{\mathrm{i}\sigma t}F(s+\mathrm{i}\sigma)\mathrm{d}\sigma\right\},\quad s>s_0 \tag{13.43}$$

能用作为反演公式所必须具有的下列内涵：

(1) 积分 (13.43) 存在. 作为充分条件，$F(p)$ 绝对可积

$$\int_{-\infty}^{\infty}|F(s+\mathrm{i}\sigma)|\,\mathrm{d}\sigma<\infty$$

就可以保证满足这一要求.

(2) 当 $t>0$ 时积分 (13.43) 应与 s 无关. 为此，可考虑图 13.1 中的矩形积分围道 C，由于被积函数在围道内解析，因此

$$\begin{aligned}\oint_C F(p)\,\mathrm{e}^{pt}\mathrm{d}p &= \int_{s_1-\mathrm{i}\sigma}^{s_1+\mathrm{i}\sigma}F(p)\,\mathrm{e}^{pt}\mathrm{d}p+\int_{s_1+\mathrm{i}\sigma}^{s_2+\mathrm{i}\sigma}F(p)\,\mathrm{e}^{pt}\mathrm{d}p\\ &\quad+\int_{s_2+\mathrm{i}\sigma}^{s_2-\mathrm{i}\sigma}F(p)\,\mathrm{e}^{pt}\mathrm{d}p+\int_{s_2-\mathrm{i}\sigma}^{s_1-\mathrm{i}\sigma}F(p)\,\mathrm{e}^{pt}\mathrm{d}p=0.\end{aligned}$$

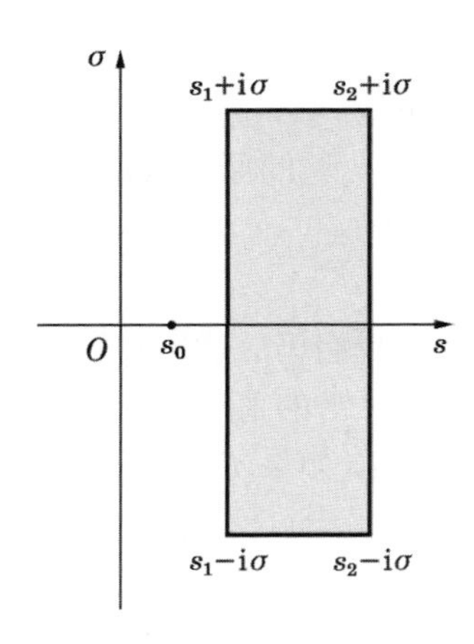

图 13.1 矩形积分围道

令 $\sigma\to\infty$，我们就能看出，如果对于任意 $s_2>s_1>s_0$，有

$$\lim_{\sigma\to\pm\infty}\int_{s_1+\mathrm{i}\sigma}^{s_2+\mathrm{i}\sigma}F(p)\,\mathrm{e}^{pt}\mathrm{d}p=0, \tag{13.44}$$

则一定有

$$\int_{s_1-\mathrm{i}\infty}^{s_1+\mathrm{i}\infty}F(p)\,\mathrm{e}^{pt}\mathrm{d}p=\int_{s_2-\mathrm{i}\infty}^{s_2+\mathrm{i}\infty}F(p)\,\mathrm{e}^{pt}\mathrm{d}p,$$

即积分 (13.43) 应与 s 无关. 而要使得 (13.44) 式成立，充分条件是

$$F(p)\rightrightarrows 0,\qquad \mathrm{Re}\,p>s_0,\ \mathrm{Im}\,p\to\pm\infty.$$

(3) 当 $t<0$ 时，积分 (13.43) 一定为 0. 换言之，即应当有

$$\lim_{R\to\infty}\int_{C_R}F(p)\,\mathrm{e}^{pt}\mathrm{d}p=0,\qquad \mathrm{Re}\,p>s_0.$$

Jordan 引理告诉我们，只要

$$F(p)\rightrightarrows 0,\qquad \mathrm{Re}\,p>s_0,\ |p|\to\infty,$$

就能满足这个要求. 应该说，定理 13.12 的内容颇为接近，但也尚不能完全满足这一要求 (差别在于区域略有差异).

总结以上的分析，我们就得到下列定理:

定理 13.14 设 $F(p)=F(s+\mathrm{i}\sigma)$ 在半平面 $s>s_0$ 上解析，$\int_{-\infty}^{\infty}|F(s+\mathrm{i}\sigma)|\,\mathrm{d}\sigma<\infty$，且在该半平面上当 $p\to\infty$ 时，$F(p)$ 一致地趋于 0，则 $F(p)$ 是函数

$$f(t)=\frac{1}{2\pi\mathrm{i}}\int_{s-\mathrm{i}\infty}^{s+\mathrm{i}\infty}F(p)\,\mathrm{e}^{pt}\mathrm{d}p$$

的 Laplace 变换像函数.

再强调一次，定理 13.14 只是充分条件. 如果 $F(p)$ 不满足定理的条件，并不能肯定它就不是 Laplace 变换的像函数. 例如 $F(p)=p^{-\alpha}$，当 $0<\alpha<1$ 时并不满足绝对可积的要求，但我们知道，$p^{-\alpha}$ 的原函数确实存在:

$$\frac{\Gamma(\alpha)}{p^{\alpha}}\risingdotseq t^{\alpha-1}\eta(t).$$

事实上，因为积分 (13.43) 收敛，我们仍然能用它求出 $p^{-\alpha}$ 的原函数.

这一结论也适用于 $0<\mathrm{Re}\,\alpha<1$ 的情形.

基于这一认识，我们就能看出，如果 $F(p)$ 在半平面 $\mathrm{Re}\,p>s_1>0$ 上解析，则

$$F(p)=\sum_{k=1}^{n}c_kp^{-\alpha_k}+\frac{G(p)}{p^{\lambda}},\quad 其中\ c_k\ 为常数,\ 0<\mathrm{Re}\,\alpha_k<1,\ \mathrm{Re}\,\lambda>1,$$

而 $G(p)$ 在半平面 $\mathrm{Re}\,p>s_1+\delta>s_1$ 上有界，故 $F(p)$ 一定是 Laplace 变换的像函数.

§13.8 Laplace 变换卷积定理的应用

Laplace 变换的卷积定理解决的是 Laplace 变换像函数乘积的反演问题：设有 $\mathscr{L}\{f(t)\}=F(p)$，$\mathscr{L}\{g(t)\}=G(p)$，则

$$F(p)\,G(p) \risingdotseq \int_0^t f(\tau)g(t-\tau)\mathrm{e}\tau.$$

作为它的用途之一，这个公式可以用来计算上式右端这种特定形式的积分，如果 $F(p)G(p)$ 的原函数可以更容易地用其他方法求得的话．例如，将 $\mathscr{L}\left\{\mathrm{S}\left(\sqrt{t}\right)\right\}$ 和 $\mathscr{L}\left\{\mathrm{C}\left(\sqrt{t}\right)\right\}$ (见例 13.7，(13.23) 式) 相乘：

$$\mathscr{L}\left\{\mathrm{S}\left(\sqrt{t}\right)\right\}\mathscr{L}\left\{\mathrm{C}\left(\sqrt{t}\right)\right\}=\frac{1}{4}\frac{1}{p^2}\frac{1}{p^2+1}=\frac{1}{4}\left(\frac{1}{p^2}-\frac{1}{p^2+1}\right),$$

我们可以直接求出上式右端的反演，从而得到

$$\int_0^t \mathrm{S}\left(\sqrt{\tau}\right)\mathrm{C}\left(\sqrt{t-\tau}\right)\mathrm{d}\tau=\int_0^t \mathrm{C}\left(\sqrt{\tau}\right)\mathrm{S}\left(\sqrt{t-\tau}\right)\mathrm{d}\tau=\frac{1}{4}(t-\sin t),\quad t>0. \tag{13.45}$$

同样，根据

$$\begin{aligned}&\mathscr{L}\left\{\mathrm{C}\left(\sqrt{t}\right)\right\}\mathscr{L}\left\{\mathrm{C}\left(\sqrt{t}\right)\right\}-\mathscr{L}\left\{\mathrm{S}\left(\sqrt{t}\right)\right\}\mathscr{L}\left\{\mathrm{S}\left(\sqrt{t}\right)\right\}\\&\quad=\frac{1}{2p}\frac{1}{1+p^2}=\frac{1}{2}\left(\frac{1}{p}-\frac{p}{1+p^2}\right),\end{aligned}$$

也能求得

$$\int_0^t \left[\mathrm{C}\left(\sqrt{\tau}\right)\mathrm{C}\left(\sqrt{t-\tau}\right)-\mathrm{S}\left(\sqrt{\tau}\right)\mathrm{S}\left(\sqrt{t-\tau}\right)\right]\mathrm{d}\tau=\frac{1}{2}(1-\cos t),\quad t>0. \tag{13.46}$$

类似地，由 (13.27) 式，可以有

$$\mathscr{L}\left\{t^{\mu/2}\mathrm{J}_\mu\left(a\sqrt{t}\right)\right\}\mathscr{L}\left\{t^{\nu/2}\mathrm{J}_\nu\left(b\sqrt{t}\right)\right\}=\left(\frac{a}{2}\right)^\mu\left(\frac{b}{2}\right)^\nu\frac{1}{p^{\mu+\nu+2}}\mathrm{e}^{-(a^2+b^2)/4p}.$$

仍可根据 (13.27) 式求出上式右端的原函数，故

$$\begin{aligned}&\int_0^t \tau^{\mu/2}\mathrm{J}_\mu\left(a\sqrt{\tau}\right)(t-\tau)^{\nu/2}\mathrm{J}_\nu\left(b\sqrt{t-\tau}\right)\mathrm{d}\tau\\&\quad=\int_0^t (t-\tau)^{\mu/2}\mathrm{J}_\mu\left(a\sqrt{t-\tau}\right)\tau^{\nu/2}\mathrm{J}_\nu\left(b\sqrt{\tau}\right)\mathrm{d}\tau\\&\quad=\frac{2a^\mu b^\nu}{\left(a^2+b^2\right)^{-(\mu+\mu+1)/2}}t^{(\mu+\nu+1)/2}\mathrm{J}_{\mu+\nu+1}\left(\sqrt{(a^2+b^2)t}\right).\end{aligned} \tag{13.47}$$

而如果将 (13.27) 式与 (13.7) 式结合起来，我们则有

$$\mathscr{L}\left\{t^{\alpha-1}\right\}\mathscr{L}\left\{t^{\nu/2}\mathrm{J}_\nu\big(b\sqrt{t}\big)\right\}=\frac{\Gamma(\alpha)}{p^\alpha}\left(\frac{b}{2}\right)^\nu\frac{1}{p^{\nu+1}}\mathrm{e}^{-b^2/4p},$$

同样能求得

$$\begin{aligned}\int_0^t\tau^{\alpha-1}(t-\tau)^{\nu/2}\mathrm{J}_\nu\big(b\sqrt{t-\tau}\big)\,\mathrm{d}\tau&=\int_0^t(t-\tau)^{\alpha-1}\tau^{\nu/2}\mathrm{J}_\nu\big(b\sqrt{\tau}\big)\,\mathrm{d}\tau\\&=\Gamma(\alpha)\left(\frac{b}{2}\right)^{-\alpha}t^{(\alpha+\nu)/2}\mathrm{J}_{\alpha+\nu}\big(b\sqrt{t}\big).\end{aligned}\tag{13.48}$$

在《数学物理方法专题 —— 数理方程与特殊函数》一书的第十四章中还给出了一些涉及 Bessel 函数的 Laplace 变换式，例如①

$$\mathscr{L}\left\{\frac{1}{t}\mathrm{J}_\nu(t)\right\}=\frac{1}{\nu}\left(\sqrt{1+p^2}-p\right)^\nu,\tag{13.49}$$

$$\mathscr{L}\left\{\mathrm{J}_\nu(t)\right\}=\frac{1}{\sqrt{1+p^2}}\left(\sqrt{1+p^2}-p\right)^\nu,\tag{13.50}$$

$$\mathscr{L}\left\{t^\nu\mathrm{J}_\nu(t)\right\}=\frac{2^\nu\Gamma(\nu+1/2)}{\sqrt{\pi}}\frac{1}{\big(1+p^2\big)^{\nu+1/2}},\tag{13.51}$$

$$\mathscr{L}\left\{t^{\nu+1}\mathrm{J}_\nu(t)\right\}=\frac{2^{\nu+1}\Gamma(\nu+3/2)}{\sqrt{\pi}}\frac{p}{\big(1+p^2\big)^{\nu+3/2}}.\tag{13.52}$$

特别是，当 $\nu=0$ 时，有

$$\mathscr{L}\left\{\mathrm{J}_0(t)\right\}=\frac{1}{\sqrt{1+p^2}},\tag{13.53}$$

$$\mathscr{L}\left\{t\mathrm{J}_0(t)\right\}=\frac{p}{\big(1+p^2\big)^{3/2}}.\tag{13.54}$$

根据这些换式，我们就能得到

$$\int_0^t\frac{\mathrm{J}_\mu(\tau)}{\tau}\frac{\mathrm{J}_\nu(t-\tau)}{t-\tau}\,\mathrm{d}\tau=\frac{\mu+\nu}{\mu\nu}\frac{\mathrm{J}_{\mu+\nu}(t)}{t},\tag{13.55}$$

$$\int_0^t\frac{\mathrm{J}_\mu(\tau)}{\tau}\mathrm{J}_\nu(t-\tau)\,\mathrm{d}\tau=\int_0^t\frac{\mathrm{J}_\mu(t-\tau)}{t-\tau}\mathrm{J}_\nu(\tau)\,\mathrm{d}\tau=\frac{1}{\mu}\mathrm{J}_{\mu+\nu}(t),\tag{13.56}$$

$$\int_0^t\frac{\mathrm{J}_\mu(\tau)}{\tau}\mathrm{J}_0(t-\tau)\,\mathrm{d}\tau=\int_0^t\frac{\mathrm{J}_\mu(t-\tau)}{t-\tau}\mathrm{J}_0(\tau)\,\mathrm{d}\tau=\frac{1}{\mu}\mathrm{J}_\mu(t),\tag{13.57}$$

① 参见吴崇试编著的《数学物理方法专题 —— 数理方程与特殊函数》(北京大学出版社)，第十四章，§14.2.

$$\int_0^t \mathrm{J}_0(\tau)\,\mathrm{J}_0(t-\tau)\,\mathrm{d}\tau = \sin t, \tag{13.58}$$

$$\int_0^t \mathrm{J}_\nu(\tau)\,\mathrm{J}_{-\nu}(t-\tau)\,\mathrm{d}\tau = \sin t, \tag{13.59}$$

$$\begin{aligned}&\int_0^t \tau^\mu(t-\tau)^\nu\,\mathrm{J}_\mu(\tau)\,\mathrm{J}_\nu(t-\tau)\,\mathrm{d}\tau \\ &\quad= \frac{1}{\sqrt{2\pi}}\frac{\Gamma(\mu+1/2)\,\Gamma(\nu+1/2)}{\Gamma(\mu+\nu+1)}\,t^{\mu+\nu+1/2}\mathrm{J}_{\mu+\nu+1/2}(t),\end{aligned} \tag{13.60}$$

$$\begin{aligned}&\int_0^t \tau^\mu(t-\tau)^{\nu+1}\,\mathrm{J}_\mu(\tau)\,\mathrm{J}_\nu(t-\tau)\,\mathrm{d}\tau = \int_0^t (t-\tau)^\mu\tau^{\nu+1}\,\mathrm{J}_\mu(t-\tau)\,\mathrm{J}_\nu(\tau)\,\mathrm{d}\tau \\ &\quad= \frac{1}{\sqrt{2\pi}}\frac{\Gamma(\mu+1/2)\,\Gamma(\nu+3/2)}{\Gamma(\mu+\nu+2)}\,t^{\mu+\nu+3/2}\mathrm{J}_{\mu+\nu+1/2}(t),\end{aligned} \tag{13.61}$$

$$\begin{aligned}&\int_0^t \tau^{\mu+1}(t-\tau)^{\nu+1}\,\mathrm{J}_\mu(\tau)\,\mathrm{J}_\nu(t-\tau)\,\mathrm{d}\tau \\ &\quad= \sqrt{\frac{2}{\pi}}\frac{\Gamma(\mu+3/2)\,\Gamma(\nu+3/2)}{\Gamma(\mu+\nu+2)}\,t^{\mu+\nu+3/2}\mathrm{J}_{\mu+\nu+3/2}(t) \\ &\qquad - \frac{1}{\sqrt{2\pi}}\frac{\Gamma(\mu+3/2)\,\Gamma(\nu+3/2)}{\Gamma(\mu+\nu+3)}\,t^{\mu+\nu+5/2}\mathrm{J}_{\mu+\nu+5/2}(t),\end{aligned} \tag{13.62}$$

$$\begin{aligned}&\int_0^t \tau^{\mu+1}\mathrm{J}_\mu(\tau)\,\mathrm{J}_0(t-\tau)\,\mathrm{d}\tau = \int_0^t (t-\tau)^{\mu+1}\mathrm{J}_\mu(t-\tau)\,\mathrm{J}_0(\tau)\,\mathrm{d}\tau \\ &\quad= \frac{\Gamma(\mu+3/2)}{\sqrt{2}\,\Gamma(\mu+2)}\,t^{\mu+3/2}\mathrm{J}_{\mu+1/2}(t),\end{aligned} \tag{13.63}$$

$$\begin{aligned}&\int_0^t \tau^\mu(t-\tau)\,\mathrm{J}_\mu(\tau)\,\mathrm{J}_0(t-\tau)\,\mathrm{d}\tau = \int_0^t (t-\tau)^\mu\tau\,\mathrm{J}_\mu(t-\tau)\,\mathrm{J}_0(\tau)\,\mathrm{d}\tau \\ &\quad= \frac{\Gamma(\mu+1/2)}{2^{3/2}\,\Gamma(\mu+2)}\,t^{\mu+3/2}\mathrm{J}_{\mu+1/2}(t),\end{aligned} \tag{13.64}$$

$$\int_0^t (t-\tau)\,\mathrm{J}_0(\tau)\,\mathrm{J}_0(t-\tau)\,\mathrm{d}\tau = \int_0^t \tau\,\mathrm{J}_0(t-\tau)\,\mathrm{J}_0(\tau)\,\mathrm{d}\tau = \frac{t}{2}\sin t, \tag{13.65}$$

$$\begin{aligned}&\int_0^t \tau(t-\tau)\,\mathrm{J}_0(\tau)\,\mathrm{J}_0(t-\tau)\,\mathrm{d}\tau = \frac{1}{8}\sqrt{\frac{\pi}{2}}\left[4t^{3/2}\mathrm{J}_{3/2}(t) - t^{5/2}\mathrm{J}_{5/2}(t)\right] \\ &\quad= \frac{1}{8}\Big[\big(1+t^2\big)\sin t - t\cos t\Big].\end{aligned} \tag{13.66}$$

还可以计算 $\displaystyle\int_0^t \mathrm{J}_\mu(\tau)\,\mathrm{J}_\nu(t-\tau)\,\mathrm{d}\tau$. 因为

$$\mathscr{L}\Big\{\mathrm{J}_\mu(t)\Big\}\,\mathscr{L}\Big\{\mathrm{J}_\nu(t)\Big\} = \frac{1}{1+p^2}\left(\sqrt{1+p^2}-p\right)^{\mu+\nu},$$

又，直接计算可以证明恒等式

$$\frac{1}{\sqrt{1+p^2}}=\frac{2\left(\sqrt{1+p^2}-p\right)}{1+\left(\sqrt{1+p^2}-p\right)^2},$$

所以

$$\begin{aligned}\mathscr{L}\left\{\mathrm{J}_\mu(t)\right\}\mathscr{L}\left\{\mathrm{J}_\nu(t)\right\}&=\frac{2}{\sqrt{1+p^2}}\left(\sqrt{1+p^2}-p\right)^{\mu+\nu}\frac{\sqrt{1+p^2}-p}{1+\left(\sqrt{1+p^2}-p\right)^2}\\&=\frac{2}{\sqrt{1+p^2}}\left(\sqrt{1+p^2}-p\right)^{\mu+\nu+1}\\&\quad\times\left[1-\left(\sqrt{1+p^2}-p\right)^2+\left(\sqrt{1+p^2}-p\right)^4-\cdots\right].\end{aligned}$$

这样就又能导出

$$\int_0^t \mathrm{J}_\mu(\tau)\,\mathrm{J}_\nu(t-\tau)\,\mathrm{d}\tau=2\left[\mathrm{J}_{\mu+\nu+1}(t)-\mathrm{J}_{\mu+\nu+3}(t)+\mathrm{J}_{\mu+\nu+5}(t)-\cdots\right].\tag{13.67}$$

将 $\sin t$, $\cos t$ 的 Laplace 换式 (见 (13.10b) 和 (13.12b) 两式) 与 (13.51) – (13.54) 式集合起来，还可以得到

$$\int_0^t \sin\tau\cdot(t-\tau)^\nu\mathrm{J}_\nu(t-\tau)\,\mathrm{d}\tau=\int_0^t\sin(t-\tau)\cdot\tau^\nu\mathrm{J}_\nu(\tau)\,\mathrm{d}\tau=\frac{t^{\nu+1}}{2\nu+1}\mathrm{J}_{\nu+1}(t),\tag{13.68}$$

$$\int_0^t \sin\tau\cdot(t-\tau)^{\nu+1}\mathrm{J}_\nu(t-\tau)\,\mathrm{d}\tau=\int_0^t\sin(t-\tau)\cdot\tau^{\nu+1}\mathrm{J}_\nu(\tau)\,\mathrm{d}\tau=\frac{t^{\nu+2}}{2\nu+3}\mathrm{J}_{\nu+1}(t),\tag{13.69}$$

$$\int_0^t \sin\tau\cdot\mathrm{J}_0(t-\tau)\,\mathrm{d}\tau=\int_0^t\sin(t-\tau)\cdot\mathrm{J}_0(\tau)\,\mathrm{d}\tau=t\mathrm{J}_1(t),\tag{13.70}$$

$$\int_0^t (t-\tau)\sin\tau\cdot\mathrm{J}_0(t-\tau)\,\mathrm{d}\tau=\int_0^t\tau\sin(t-\tau)\cdot\mathrm{J}_0(\tau)\,\mathrm{d}\tau=\frac{t^2}{3}\mathrm{J}_1(t),\tag{13.71}$$

$$\int_0^t \cos\tau\cdot(t-\tau)^\nu\mathrm{J}_\nu(t-\tau)\,\mathrm{d}\tau=\int_0^t\cos(t-\tau)\cdot\tau^\nu\mathrm{J}_\nu(\tau)\,\mathrm{d}\tau=\frac{t^{\nu+1}}{2\nu+1}\mathrm{J}_\nu(t),\tag{13.72}$$

$$\begin{aligned}\int_0^t \cos\tau\cdot(t-\tau)^{\nu+1}\mathrm{J}_\nu(t-\tau)\,\mathrm{d}\tau&=\int_0^t\cos(t-\tau)\cdot\tau^{\nu+1}\mathrm{J}_\nu(\tau)\,\mathrm{d}\tau\\&=t^{\nu+1}\mathrm{J}_{\nu+1}(t)-\frac{1}{2\nu+3}t^{\nu+2}\mathrm{J}_{\nu+2}(t),\end{aligned}\tag{13.73}$$

$$\int_0^t \cos\tau\cdot\mathrm{J}_0(t-\tau)\,\mathrm{d}\tau=\int_0^t\cos(t-\tau)\cdot\mathrm{J}_0(\tau)\,\mathrm{d}\tau=t\mathrm{J}_0(t),\tag{13.74}$$

$$\int_0^t (t-\tau)\cos\tau\cdot\mathrm{J}_0(t-\tau)\,\mathrm{d}\tau=\int_0^t\tau\cos(t-\tau)\cdot\mathrm{J}_0(\tau)\,\mathrm{d}\tau=t\mathrm{J}_1(t)-\frac{t^2}{3}\mathrm{J}_2(t).\tag{13.75}$$

本节中得到的这些积分，大部分在《数学物理方法专题 —— 数理方程与特殊函数》的第十四章中也有讨论，但使用方法不同.

第十四章　Mellin 变 换

§14.1　Mellin 变换的定义

Mellin 变换可以看成 Fourier 变换

$$g(t) = \frac{1}{\sqrt{2\pi}} \int_{-\infty}^{\infty} G(\omega) \mathrm{e}^{\mathrm{i}\omega t} \,\mathrm{d}\omega,$$
$$G(\omega) = \frac{1}{\sqrt{2\pi}} \int_{-\infty}^{\infty} g(t) \mathrm{e}^{-\mathrm{i}\omega t} \,\mathrm{d}t$$

的一种变型. 若对于一定范围内的 σ 值，$\mathrm{e}^{-\sigma t} g(t)$ 可积，又定义变量 $\nu = \sigma - \mathrm{i}\omega$, $x = \mathrm{e}^t > 0$，且令

$$f(x) = \frac{1}{\sqrt{2\pi}} \mathrm{e}^{-\sigma t} g(t), \qquad F(\nu) = G(\omega),$$

则可得到 Mellin 变换

$$f(x) \triangleq \mathscr{M}^{-1}\{F(\nu)\} = \frac{1}{2\pi\mathrm{i}} \int_{\sigma-\mathrm{i}\infty}^{\sigma+\mathrm{i}\infty} F(\nu)\, x^{-\nu} \,\mathrm{d}\nu, \qquad \sigma > \sigma_0, \tag{14.1}$$

$$F(\nu) \triangleq \mathscr{M}\{f(x)\} = \int_0^{\infty} f(x)\, x^{\nu-1} \,\mathrm{d}x. \tag{14.2}$$

在此变换中，x 是实变量，$0 < x < \infty$；ν 是复变量，以后将写成 $\nu = \sigma + \mathrm{i}\,\tau$. 为了方便，以后我们有时还把 $f(x)$ 的 Mellin 变换 (即 $F(\nu)$) 写成 $(\mathscr{M} f)(\nu)$. σ_0 类似于 Laplace 变换中的收敛横标 s_0，不妨称为 Mellin 变换的收敛横标.

定理 14.1　如果 $x^{\sigma-1} f(x) \in \mathscr{L}(0,\infty)$，且 $f(y)$ 在 $y = x$ 的邻域内具有有限变差①，令

$$F(\nu) = \int_0^{\infty} f(x)\, x^{\nu-1} \,\mathrm{d}x, \qquad \nu = \sigma + \mathrm{i}\tau,$$

则

$$\lim_{\tau\to\infty} \left\{ \frac{1}{2\pi\mathrm{i}} \int_{\sigma-\mathrm{i}\tau}^{\sigma+\mathrm{i}\tau} F(\nu)\, x^{-\nu} \,\mathrm{d}\nu \right\} = \frac{1}{2}\big[f(x-\mathrm{i}0) + f(x+\mathrm{i}0)\big]. \tag{14.3}$$

判断 Mellin 变换存在的常用条件是积分 $\displaystyle\int_0^{\infty} |f(x)|^2\, x^{-2\sigma-1} \,\mathrm{d}x$ 收敛.

例 14.1　求 Poisson 分布函数

$$f_{n,-\lambda}(x) = x^n \mathrm{e}^{-\lambda x}, \qquad n \in \mathbb{N},\ \mathrm{Re}\,\lambda > 0,\ x > 0 \tag{14.4}$$

---

① 定义见本书第 11 页注释 2.

的 Mellin 变换.

解 根据 (14.2) 式，$f_{n,-\lambda}(x)$ 的 Mellin 变换为

$$F_{n,-\lambda}(\nu) = \int_0^\infty \mathrm{e}^{-\lambda x} x^{\nu+n-1}\,\mathrm{d}x = \lambda^{-(\nu+n)}\Gamma(\nu+n), \qquad \mathrm{Re}(\nu+n) > 0. \tag{14.5}$$

上面遇到的积分，其形式与 Laplace 变换

$$t^{\nu+n-1} \risingdotseq \int_0^\infty t^{\nu+n-1}\mathrm{e}^{-pt}\mathrm{d}t = \frac{\Gamma(\nu+n)}{p^{\nu+n}}$$

相同. Mellin 变换存在的条件亦即 $\sigma + n > 0$.

下面再验证一下 $F_{n,-\lambda}(\nu)$ 的 Mellin 逆变换

$$\begin{aligned}\mathscr{M}^{-1}\{\lambda^{-(\nu+n)}\Gamma(\nu+n)\} &\equiv \frac{1}{2\pi\mathrm{i}}\int_{\sigma-\mathrm{i}\infty}^{\sigma+\mathrm{i}\infty} \lambda^{-(\nu+n)}\Gamma(\nu+n)\,x^{-\nu}\,\mathrm{d}\nu \\ &= \frac{x^n}{2\pi\mathrm{i}}\int_{\sigma+n-\mathrm{i}\infty}^{\sigma+n+\mathrm{i}\infty} \Gamma(\nu)\,(\lambda x)^{-\nu}\,\mathrm{d}\nu.\end{aligned}$$

其积分路线如图 14.1 所示. 可以用留数定理计算此积分. 当 $x > 0$ 时，应当在复 ν 平面上补上半径 R 无穷大的左半圆，因为当 $R \to \infty$ 时 (实际上，R 应当跳跃式地趋于 ∞，例如 $R = n + 1/2 \to \infty$)，沿此半圆的积分值趋于 0 (证明从略)，故上述积分即等于被积函数在奇点 $\nu = 0, -1, -2, \cdots$ 处的留数和：

$$\begin{aligned}\mathscr{M}^{-1}\{\lambda^{-(\nu+n)}\Gamma(\nu+n)\} &= \frac{x^n}{2\pi\mathrm{i}}\sum_{k=0}^\infty \mathrm{res}\,\Gamma(z)\Big|_{z=-k}(\lambda x)^k \\ &= x^n \sum_{k=0}^\infty \frac{(-1)^k}{k!}(\lambda x)^k = x^n\mathrm{e}^{-\lambda x},\end{aligned} \tag{14.6}$$

正是原来的 $f_{n,-\lambda}(x)$.

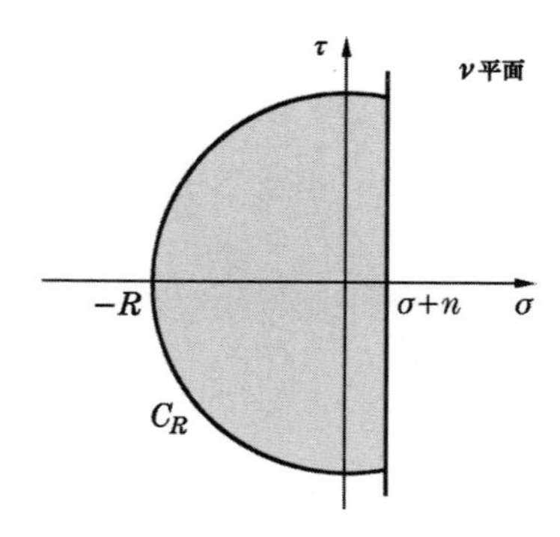

图 14.1 ν 平面上的积分围道

直接计算就能导出 Mellin 变换的基本性质. 例如

$$\mathscr{M}\{xf(x)\}(\nu) \equiv \int_0^\infty f(x)x^\nu \,\mathrm{d}x = (\mathscr{M}f)(\nu+1), \tag{14.7}$$

若 $\mathscr{M}\{f'(x)\}(\nu)$ 存在，则又有

$$\begin{aligned}\mathscr{M}\{f'(x)\}(\nu) &\equiv \int_0^\infty f'(x)x^{\nu-1}\,\mathrm{d}x = x^{\nu-1}f(x)\Big|_0^\infty - (\nu-1)\int_0^\infty f(x)x^{\nu-2}\,\mathrm{d}x \\ &= -(\nu-1)(\mathscr{M}f)(\nu-1),\end{aligned} \tag{14.8}$$

这里要求 $\lim\limits_{x\to 0} x^{\nu-1}f(x)=0$. 把这两个结果组合起来，又得到

$$\mathscr{M}\{xf'(x)\}(\nu) \equiv \int_0^\infty f'(x)x^\nu\,\mathrm{d}x = -\nu(\mathscr{M}f)(\nu), \tag{14.9a}$$

$$\mathscr{M}\{x^2f''(x)\}(\nu) \equiv \int_0^\infty f''(x)x^{\nu+1}\,\mathrm{d}x = (\nu+1)\nu(\mathscr{M}f)(\nu), \tag{14.9b}$$

$$\cdots\cdots\cdots\cdots\cdots\cdots\cdots\cdots\cdots\cdots\cdots\cdots\cdots\cdots$$

$$\mathscr{M}\{x^nf^{(n)}(x)\}(\nu) \equiv \int_0^\infty f^{(n)}(x)x^{\nu+n-1}\,\mathrm{d}x = \cdots = (-1)^n\frac{\Gamma(\nu+n)}{\Gamma(\nu)}(\mathscr{M}f)(\nu). \tag{14.9c}$$

在得到 (14.9) 诸式时均要求

$$\lim_{x\to 0} x^\nu f(x) = \lim_{x\to 0} x^{\nu+1}f'(x) = \cdots = \lim_{x\to 0} x^{\nu+n-1}f^{(n-1)}(x) = 0.$$

表 14.1 和表 14.2 分别列出了 Mellin 变换的基本变换性质及部分初等函数的 Mellin 变换. 这些结果都可以直接由定义 (14.2) 求得.

表 14.1　Mellin 变换的基本性质

$g(x)$	$G(\nu)\equiv\mathscr{M}\{g\}(\nu)$
$\lambda f(x)$	$\lambda F(\nu)$
$f(ax),\ a>0$	$a^{-\nu}F(\nu)$
$x^\alpha f(x)$	$F(\nu+\alpha)$
$\dfrac{\mathrm{d}}{\mathrm{d}x}f(x)$	$-(\nu-1)F(\nu-1)$
$f(x)\ln x$	$\dfrac{\mathrm{d}}{\mathrm{d}\nu}F(\nu)$
$f(x^\alpha),\ \alpha>0$	$\dfrac{1}{\alpha}F(\nu/\alpha)$

表 14.2 部分初等函数的 Mellin 变换

$f(x)$	$F(\nu)$	成立条件
$\delta(x-a)$	$a^{\nu-1}$	
$\eta(x-a)$	$-\frac{1}{\nu}a^{\nu}$	
$\eta(a-x)$	$\frac{1}{\nu}a^{\nu}$	
$x^n\,\eta(x-a)$	$-\frac{1}{\nu+n}a^{\nu+n}$	
$x^n\,\eta(a-x)$	$\frac{1}{\nu+n}a^{\nu+n}$	$\mathrm{Re}\,\nu>0$
$\ln\frac{a}{x}\,\eta(a-x)$	$\frac{1}{\nu^2}a^{\nu}$	$\mathrm{Re}\,\nu>0$
e^{-ax}	$a^{-\nu}\Gamma(\nu)$	$\mathrm{Re}\,a>0,\ \mathrm{Re}\,\nu>0$
$\sin x$	$\Gamma(\nu)\sin\frac{\pi\nu}{2}$	$-1<\mathrm{Re}\,\nu<1$
$\cos x$	$\Gamma(\nu)\cos\frac{\pi\nu}{2}$	$0<\mathrm{Re}\,\nu<1$
$\frac{1}{1+x}$	$\frac{\pi}{\sin\pi\nu}$	$0<\mathrm{Re}\,\nu<1$
$\frac{1}{1-x}$	$\pi\cot\pi\nu$	$0<\mathrm{Re}\,\nu<1$
$\frac{1}{(1+x)^a}$	$\frac{\Gamma(\nu)\Gamma(a-\nu)}{\Gamma(a)}$	$0<\mathrm{Re}\,\nu<\mathrm{Re}\,a$
$\frac{1}{1+x^2}$	$\frac{\pi}{2}\frac{1}{\sin(\pi\nu/2)}$	$\mathrm{Re}\,\nu>0$
$(1-x)^{a-1}\eta(1-x)$	$\frac{\Gamma(\nu)\Gamma(a)}{\Gamma(\nu+a)}$	$\mathrm{Re}\,a>0$
$(b^2-x^2)^{\mu}\eta(b-x)$	$\frac{1}{2}\frac{\Gamma(\mu+1)\Gamma(\nu/2)}{\Gamma(\mu+1+\nu/2)}b^{2\mu+\nu}$	
$(x-1)^{-a}\eta(x-1)$	$\frac{\Gamma(a-\nu)\Gamma(1-a)}{\Gamma(1-\nu)}$	$0<\mathrm{Re}\,a<1$
$(x-b)^{\mu}\eta(x-b)$	$\frac{\Gamma(\mu+1)\Gamma(-\nu-\mu)}{\Gamma(1-\nu)}b^{\nu+\mu}$	
$(x^2-1)^{\mu}\eta(x-1)$	$\frac{1}{2}\frac{\Gamma(\mu+1)\Gamma(-\mu-\nu/2)}{\Gamma(1-\nu/2)}$	
$[x(1-x)]^{\mu}\eta(1-x)$	$\frac{\Gamma(\nu+\mu)\Gamma(\mu+1)}{\Gamma(\nu+2\mu+1)}$	

(续表)

$f(x)$	$F(\nu)$	成立条件
$\dfrac{1}{x}\ln(1+x)$	$\dfrac{\pi}{1-\nu}\dfrac{1}{\sin\pi\nu}$	$0<\mathrm{Re}\,\nu<1$
$\ln(1+x^2)$	$\dfrac{\pi}{\nu}\dfrac{1}{\sin(\pi\nu/2)}$	$-2<\mathrm{Re}\,\nu<0$
$\ln\left\|\dfrac{1+x}{1-x}\right\|$	$\dfrac{\pi}{\nu}\tan\dfrac{\nu\pi}{2}$	$-1<\mathrm{Re}\,\nu<1$
$\dfrac{1}{2}\pi-\arctan x$	$\dfrac{\pi}{2\nu}\dfrac{1}{\cos(\pi\nu/2)}$	$\mathrm{Re}\,\nu>0$

例 14.2 设有平面角形区域 (即三维空间中的无穷长楔形体) $-\alpha<\theta<\alpha, r>0$. 两边上 $r<a$ 的线段内温度为 1，其余部分温度为 0. 求角形区域内的稳定温度分布.

解 设角形区域内 (r,θ) 处的温度为 $u(r,\theta)$，它满足的定解问题为

$$\frac{1}{r}\frac{\partial}{\partial r}\left(r\frac{\partial u}{\partial r}\right)+\frac{1}{r^2}\frac{\partial^2 u}{\partial\theta^2}=0,\qquad r>0,\ -\alpha<\theta<\alpha, \tag{14.10a}$$

$$u\Big|_{r=0}\text{有界},\qquad u\Big|_{r\to\infty}\to 0,\qquad -\alpha\leqslant\theta\leqslant\alpha, \tag{14.10b}$$

$$u\Big|_{\theta=\pm\alpha}=\eta(a-r),\qquad 0\leqslant r<\infty, \tag{14.10c}$$

其中 $\eta(x)$ 是 Heaviside 函数. 设 $u(r,\theta)$ 的 Mellin 变换存在，即

$$U_{\mathrm{M}}(\nu,\theta)=\int_0^\infty u(r,\theta)r^{\nu-1}\,\mathrm{d}r, \tag{14.11}$$

并且将方程改写成

$$r\frac{\partial}{\partial r}\left(r\frac{\partial u}{\partial r}\right)+\frac{\partial^2 u}{\partial\theta^2}=0, \tag{14.10a$'$}$$

则根据定解问题 (14.10)，即可求得 U_{M} 满足的方程

$$\frac{\partial^2 U_{\mathrm{M}}}{\partial\theta^2}+\nu^2 U_{\mathrm{M}}=0. \tag{14.12a}$$

相应地，由于

$$\int_0^\infty \eta(a-r)r^{\nu-1}\,\mathrm{d}r=\int_0^a r^{\nu-1}\mathrm{d}r=\frac{1}{\nu}a^\nu,$$

故 U_{M} 应满足边界条件

$$U_{\mathrm{M}}\big|_{\theta=\pm\alpha}=\frac{1}{\nu}a^{\nu}. \tag{14.12b}$$

由此即可求出

$$U_{\mathrm{M}}=\frac{1}{\nu}\frac{\cos\nu\theta}{\cos\nu\alpha}a^{\nu}.$$

求反演，即得

$$u(r,\theta)=\frac{1}{2\pi\mathrm{i}}\int_{\sigma-\mathrm{i}\infty}^{\sigma+\mathrm{i}\infty}\frac{U_{\mathrm{M}}(\nu,\theta)}{r^{\nu}}\mathrm{d}\nu=\frac{1}{2\pi\mathrm{i}}\int_{\sigma-\mathrm{i}\infty}^{\sigma+\mathrm{i}\infty}\frac{1}{\nu}\frac{\cos\nu\theta}{\cos\nu\alpha}\left(\frac{a}{r}\right)^{\nu}\mathrm{d}\nu, \tag{14.13}$$

其中 $0<\sigma<\pi/(2\alpha)$. 仍然采用留数定理来计算这个积分. 当 $r>a$ 时，应补上 (半径为 ∞ 的) 右半圆. 积分围道内的奇点即为 $\cos\nu\alpha$ 的零点，$\nu_n=(2n+1)\pi/(2\alpha)$, $n=0,1,2,\cdots$. 求出被积函数在这些奇点处的留数，即得

$$\begin{aligned}u(r,\theta)&=\frac{2}{\pi}\sum_{n=0}^{\infty}\frac{(-1)^n}{2n+1}\left(\frac{a}{r}\right)^{(2n+1)\pi/2\alpha}\cos\frac{2n+1}{2\alpha}\pi\theta\\&=\mathrm{Re}\left[\frac{2}{\pi}\arctan\left(\frac{a}{r}\mathrm{e}^{\mathrm{i}\theta}\right)^{\pi/2\alpha}\right]\\&=\frac{1}{\pi}\arctan\left[\frac{2(ar)^{\pi/2\alpha}}{r^{\pi/\alpha}-a^{\pi/\alpha}}\cos\frac{\pi\theta}{2\alpha}\right].\end{aligned} \tag{14.14a}$$

当 $r<a$ 时，应补上 (半径为 ∞ 的) 左半圆，此时在积分围道内的奇点，除了 $\cos\nu\alpha$ 的零点

$$\nu_n=-\frac{2n+1}{2\alpha}\pi,\qquad n=0,1,2,\cdots$$

外，还有 $\nu=0$ 也是一阶极点. 求出被积函数在这些奇点处的留数，又可得到

$$\begin{aligned}u(r,\theta)&=1-\frac{2}{\pi}\sum_{n=0}^{\infty}\frac{(-1)^n}{2n+1}\left(\frac{r}{a}\right)^{(2n+1)\pi/2\alpha}\cos\frac{2n+1}{2\alpha}\pi\theta\\&=1-\frac{1}{\pi}\arctan\left[\frac{2(ar)^{\pi/2\alpha}}{a^{\pi/\alpha}-r^{\pi/\alpha}}\cos\frac{\pi\theta}{2\alpha}\right].\end{aligned} \tag{14.14b}$$

§14.2 Mellin 变换举例

本节再给出一些初等函数的 Mellin 变换. 部分结果也可以当成 B 函数的习题. 例 14.6 也可以作为留数定理的习题.

例 14.3 定义

$$\Lambda(x)=\begin{cases}1-|x|, & |x|<1,\\ 0 & |x|>1,\end{cases}$$

求 $\Lambda(x-1)$ 的 Mellin 变换.

解 因为

$$\Lambda(x-1)=\begin{cases}0, & x<0,\\ x, & 0<x<1,\\ 2-x, & 1<x<2,\\ 0, & x>2,\end{cases}$$

故有

$$\begin{aligned}\mathscr{M}\{\Lambda(x-1)\} &\equiv \int_0^\infty \Lambda(x-1)\,x^{\nu-1}\,\mathrm{d}x=\int_0^1 x^\nu\,\mathrm{d}x+\int_1^2(2-x)x^{\nu-1}\,\mathrm{d}x\\ &=\frac{2(2^\nu-1)}{\nu(\nu+1)},\qquad \mathrm{Re}\,\nu>-1,\ \nu\neq 0.\end{aligned}\tag{14.15a}$$

当 $\nu=0$ 时，可以直接计算得

$$\mathscr{M}\{\Lambda(x-1)\}\big|_{\nu=0}=\int_0^\infty \Lambda(x-1)\,x^{-1}\,\mathrm{d}x=\int_0^1\mathrm{d}x+\int_1^2\frac{2-x}{x}\,\mathrm{d}x=2\ln 2.\tag{14.15b}$$

由 (14.15a) 式按 l'Hôpital 法则求极限也得到相同的结果.

例 14.4 求 $\dfrac{\left\{\sqrt{x^2+1}-x\right\}^a}{\sqrt{x^2+1}}$ 的 Mellin 变换.

解 根据定义，有

$$\mathscr{M}\left\{\frac{\left\{\sqrt{x^2+1}-x\right\}^a}{\sqrt{x^2+1}}\right\}\equiv\int_0^\infty\frac{\{\sqrt{x^2+1}-x\}^a}{\sqrt{x^2+1}}x^{\nu-1}\,\mathrm{d}x.$$

作变换 $\sqrt{x^2+1}-x=t$，则

$$x=\frac{1-t^2}{2t},\qquad \sqrt{x^2+1}=\frac{1+t^2}{2t}.\qquad \mathrm{d}x=-\frac{1+t^2}{2t^2},$$

容易看出，当 $x=0$ 时，$t=1$；当 $x\to\infty$ 时，

$$t=\sqrt{x^2+1}-x=\frac{1}{\sqrt{x^2+1}+x}\to 0.$$

所以

$$\begin{aligned}\mathscr{M}\left\{\frac{\left\{\sqrt{x^2+1}-x\right\}^a}{\sqrt{x^2+1}}\right\}&=2^{1-\nu}\int_0^1 t^{a-\nu}(1-t^2)^{\nu-1}\,\mathrm{d}t=2^{-\nu}\Gamma(\nu)\,\frac{\Gamma((1+a-\nu)/2)}{\Gamma((1+a+\nu)/2)}\\ &=\frac{2^{-\nu}}{\pi}\Gamma\left(\frac{1+a-\nu}{2}\right)\Gamma\left(\frac{1-a-\nu}{2}\right)\sin\frac{1-a-\nu}{2}\pi.\end{aligned}\tag{14.16}$$

此结果的成立条件是 $\mathrm{Re}\,\nu>0$, $\mathrm{Re}\,(a-\nu)>-1$，亦即 $0<\mathrm{Re}\,\nu<1+\mathrm{Re}\,a$.

例 14.5　求 $f(x)=\dfrac{\left\{x-\sqrt{x^2-1}\right\}^a+\left\{x-\sqrt{x^2-1}\right\}^{-a}}{\sqrt{x^2-1}}\eta(x-1)$ 的 Mellin 变换.

解

$$F(\nu)\equiv\mathscr{M}\left\{\frac{\left\{x-\sqrt{x^2-1}\right\}^a+\left\{x-\sqrt{x^2-1}\right\}^{-a}}{\sqrt{x^2-1}}\eta(x-1)\right\}$$

$$=\int_1^\infty\frac{\left\{x-\sqrt{x^2-1}\right\}^a+\left\{x-\sqrt{x^2-1}\right\}^{-a}}{\sqrt{x^2-1}}x^{\nu-1}\,\mathrm{d}x.$$

作变换 $x-\sqrt{x^2-1}=t$，则

$$x=\frac{1+t^2}{2t},\qquad\sqrt{x^2-1}=\frac{1-t^2}{2t},\qquad\mathrm{d}x=-\frac{1-t^2}{2t^2}.$$

同时，当 $x\to\infty$ 时，有

$$t=x-\sqrt{x^2-1}=\frac{1}{x+\sqrt{x^2-1}}\to 0.$$

所以

$$F(\nu)=2^{1-\nu}\int_0^1\left(t^a+t^{-a}\right)\left(1+t^2\right)^{\nu-1}t^{-\nu}\,\mathrm{d}t.$$

再令 $t=\tan\theta$，则有

$$\begin{aligned}F(\nu)&=2^{1-\nu}\int_0^{\pi/4}\left(\tan^a\theta+\tan^{-a}\theta\right)\tan^{-\nu}\theta\,\cos^{-2\nu}\theta\,\mathrm{d}\theta\\&=2^{1-\nu}\int_0^{\pi/4}\left(\sin^{a-\nu}\theta\,\cos^{-a-\nu}\theta+\sin^{-a-\nu}\theta\,\cos^{a-\nu}\right)\mathrm{d}\theta\\&=2^{1-\nu}\int_0^{\pi/2}\sin^{a-\nu}\theta\,\cos^{-a-\nu}\theta\,\mathrm{d}\theta.\end{aligned}$$

利用

$$\mathrm{B}(p,q)=2\int_0^{\pi/2}\sin^{2p-1}\theta\,\cos^{2q-1}\theta\,\mathrm{d}\theta,\qquad\mathrm{Re}\,p>0,\ \mathrm{Re}\,q>0,$$

即可求得

$$\begin{aligned}\mathscr{M}\left\{\frac{\left\{x-\sqrt{x^2-1}\right\}^a+\left\{x-\sqrt{x^2-1}\right\}^{-a}}{\sqrt{x^2-1}}\eta(x-1)\right\}&=2^{-\nu}\mathrm{B}\left(\frac{1+a-\nu}{2},\frac{1-a-\nu}{2}\right)\\&=\frac{2^{-\nu}}{\Gamma(1-\nu)}\Gamma\left(\frac{1+a-\nu}{2}\right)\Gamma\left(\frac{1-a-\nu}{2}\right).\end{aligned}\tag{14.17}$$

此结果的成立条件是 $\mathrm{Re}\,(1+a-\nu)>0$, $\mathrm{Re}\,(1-a-\nu)>0$，亦即 $\mathrm{Re}\,\nu<1-|\mathrm{Re}\,a|$.

例 14.6　求 $\dfrac{1}{1+2x\cos\phi+x^2}$ 的 Mellin 变换

$$\mathscr{M}\left\{\frac{1}{1+2x\cos\phi+x^2}\right\}\equiv\int_0^\infty\frac{x^{\nu-1}}{1+2x\cos\phi+x^2}\,\mathrm{d}x,$$

其中 $0<\phi<\pi$.

解 可以用留数定理计算这个积分. 为此计算围道积分 $\oint_C \dfrac{z^{\nu-1}}{1+2z\cos\phi+z^2}\,\mathrm{d}z$, 积分围道 C 如图 14.2 所示. 在积分围道内, 被积函数有两个奇点 $z=\mathrm{e}^{\mathrm{i}(\pi\pm\phi)}$, 留数分别为

$$\mp(1/2\mathrm{i}\sin\phi)\mathrm{e}^{\mathrm{i}(\nu-1)(\pi\pm\phi)}.$$

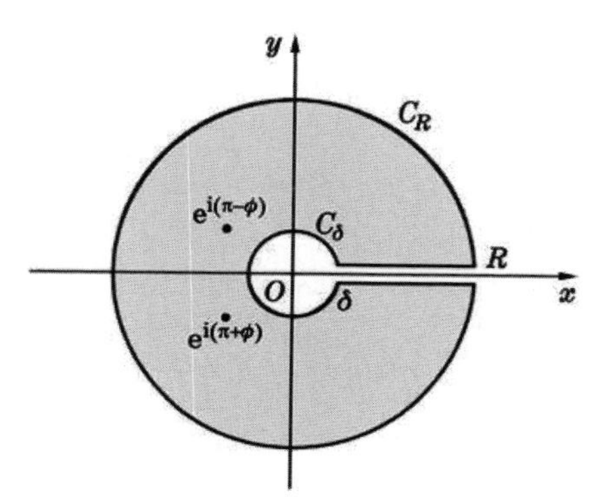

图 14.2 例 14.6 所用的积分围道

又因为当 $0<\mathrm{Re}\,\nu<2$ 时, 有

$$\lim_{|z|\to 0} z\cdot\frac{z^{\nu-1}}{1+2z\cos\phi+z^2}=0, \qquad \lim_{|z|\to\infty} z\cdot\frac{z^{\nu-1}}{1+2z\cos\phi+z^2}=0,$$

于是, 根据留数定理, 可以写出

$$\left(1-\mathrm{e}^{\mathrm{i}2\pi\nu}\right)\int_0^\infty \frac{x^{\nu-1}}{1+2x\cos\phi+x^2}\,\mathrm{d}x=\frac{\pi}{\sin\phi}\mathrm{e}^{\mathrm{i}(\nu-1)\pi}\left[-\mathrm{e}^{\mathrm{i}(\nu-1)\phi}+\mathrm{e}^{-\mathrm{i}(\nu-1)\phi}\right],$$

化简即得

$$\mathscr{M}\left\{\frac{1}{1+2x\cos\phi+x^2}\right\}\equiv\int_0^\infty \frac{x^{\nu-1}}{1+2x\cos\phi+x^2}\,\mathrm{d}x=\frac{\pi}{\sin\phi}\frac{\sin(\nu-1)\phi}{\sin(\nu-1)\pi},$$
$$0<\phi<\pi,\ 0<\mathrm{Re}\,\nu<2. \tag{14.18}$$

☞ **讨论**

1. 从以上计算过程可以看出, (14.18) 式在 $\phi=0$ 或 π 时不成立.

2. 由 (14.18) 式立即可以导出[①]

$$\mathscr{M}\left\{\frac{1+x\cos\phi}{1+2x\cos\phi+x^2}\right\}\equiv\int_0^\infty \frac{1+x\cos\phi}{1+2x\cos\phi+x^2}x^{\nu-1}\,\mathrm{d}x=\frac{\pi\cos\nu\phi}{\sin\nu\pi},$$
$$0<\phi<\pi,\ 0<\mathrm{Re}\,\nu<1, \tag{14.19a}$$

---

① 在 Kurt Bernardo Wolf 的 *Integral Transforms in Science and Engineering* (Plenum Press, New York, 1979) 一书中, 收录的公式有误.

$$\mathscr{M}\left\{\frac{x\sin\phi}{1+2x\cos\phi+x^2}\right\}\equiv\int_0^\infty\frac{x\sin\phi}{1+2x\cos\phi+x^2}x^{\nu-1}\,\mathrm{d}x=\frac{\pi\sin\nu\phi}{\sin\nu\pi},$$

$$0<\phi<\pi,\ -1<\mathrm{Re}\,\nu<1. \tag{14.19b}$$

例 14.7 求 $\dfrac{1}{(x^2+1)^{\mu+1}}$ 的 Mellin 变换.

解 因为对于实数 α，有

$$\begin{aligned}\mathscr{M}\{f(x^\alpha)\}(\nu)&=\int_0^\infty f(x^\alpha)x^{\nu-1}\,\mathrm{d}x\\&=\frac{1}{|\alpha|}\int_0^\infty f(y)y^{(\nu/\alpha)-1}\,\mathrm{d}y=\frac{1}{|\alpha|}\,\mathscr{M}\{f(x)\}\Big(\frac{\nu}{\alpha}\Big),\end{aligned}\tag{14.20}$$

所以，当 $0<\mathrm{Re}\,\nu<\mathrm{Re}\,(2\mu+2)$ 时，可以求得

$$\begin{aligned}\mathscr{M}\left\{\frac{1}{(x^2+1)^{\mu+1}}\right\}(\nu)&=\frac{1}{2}\mathscr{M}\left\{\frac{1}{(x+1)^{\mu+1}}\right\}(\nu/2)\\&=\frac{1}{2}\frac{\Gamma(\nu/2)\,\Gamma(\mu+1-\nu/2)}{\Gamma(\mu+1)}.\end{aligned}\tag{14.21a}$$

在此基础上还能进一步计算出

$$\mathscr{M}\left\{\frac{1}{(x^2+k^2)^{\mu+1}}\right\}(\nu)=\frac{k^{\nu-2\mu-2}}{2}\frac{\Gamma(\nu/2)\,\Gamma(\mu+1-\nu/2)}{\Gamma(\mu+1)}.\tag{14.21b}$$

例 14.8 求 $f(x)=\ln\left|\dfrac{1+x}{1-x}\right|$ 的 Mellin 变换.

解 因为

$$\ln\left|\frac{1+x}{1-x}\right|=\begin{cases}\ln\dfrac{1+x}{1-x}, & 0<x<1,\\[2mm]\ln\dfrac{x+1}{x-1}, & x>1,\end{cases}$$

所以

$$F(\nu)\equiv\mathscr{M}\left\{\ln\left|\frac{1+x}{1-x}\right|\right\}=\int_0^1\ln\frac{1+x}{1-x}\,x^{\nu-1}\,\mathrm{d}x+\int_1^\infty\ln\frac{x+1}{x-1}\,x^{\nu-1}\,\mathrm{d}x.$$

分别计算出上式中的两个积分. 对于第一个积分，可将函数 $\ln\dfrac{1+x}{1-x}$ 在 $|x|<1$ 内作展开，而后逐项积分得

$$\begin{aligned}\int_0^1\ln\frac{1+x}{1-x}\,x^{\nu-1}\,\mathrm{d}x&=2\sum_{n=0}^\infty\frac{1}{2n+1}\int_0^1 x^{2n+\nu}\,\mathrm{d}x=2\sum_{n=0}^\infty\frac{1}{(2n+1)(2n+\nu+1)}\\&=\frac{2}{\nu}\sum_{n=0}^\infty\left(\frac{1}{2n+1}-\frac{1}{2n+\nu+1}\right)=-\frac{1}{\nu}\left[\psi\left(\frac{1}{2}\right)-\psi\left(\frac{1+\nu}{2}\right)\right],\quad \mathrm{Re}\,\nu>-1,\end{aligned}\tag{14.22}$$

最后一步用到了公式①

$$\sum_{n=0}^{\infty}\left\{\sum_{k=1}^{m}\frac{a_k}{n+\alpha_k}\right\}=-\sum_{k=1}^{m}a_k\,\psi(\alpha_k).$$

同样，有

$$\begin{aligned}\int_1^{\infty}\ln\frac{x+1}{x-1}\,x^{\nu-1}\,\mathrm{d}x&=\int_0^1\ln\frac{1+t}{1-t}\,t^{-\nu-1}\,\mathrm{d}t\\&=\frac{1}{\nu}\left[\psi\left(\frac{1}{2}\right)-\psi\left(\frac{1-\nu}{2}\right)\right],\qquad \mathrm{Re}\,\nu<1.\end{aligned}\tag{14.23}$$

将二式合并，即得

$$\begin{aligned}\int_0^{\infty}\ln\left|\frac{x+1}{x-1}\right|\,x^{\nu-1}\,\mathrm{d}x&=\frac{1}{\nu}\left[\psi\left(\frac{1+\nu}{2}\right)-\psi\left(\frac{1-\nu}{2}\right)\right]\\&=\frac{\pi}{\nu}\cot\frac{\pi(1-\nu)}{2}=\frac{\pi}{\nu}\tan\frac{\pi\nu}{2},\qquad -1<\mathrm{Re}\,\nu<1.\end{aligned}\tag{14.24}$$

§14.3 特殊函数的 Mellin 变换

例 14.9 求余误差函数 $\mathrm{erfc}\,x$ 的 Mellin 变换.

解 $\mathscr{M}\{\mathrm{erfc}\,x\}\equiv\int_0^{\infty}(\mathrm{erfc}\,x)\,x^{\nu-1}\,\mathrm{d}x=\int_0^{\infty}\left(\frac{2}{\sqrt{\pi}}\int_x^{\infty}\mathrm{e}^{-t^2}\,\mathrm{d}t\right)x^{\nu-1}\,\mathrm{d}x.$

交换积分次序，即得

$$\begin{aligned}\mathscr{M}\{\mathrm{erfc}\,x\}&=\frac{2}{\sqrt{\pi}}\int_0^{\infty}\mathrm{e}^{-t^2}\left(\int_0^{t}x^{\nu-1}\,\mathrm{d}x\right)\mathrm{d}t=\frac{2}{\sqrt{\pi}}\frac{1}{\nu}\int_0^{\infty}\mathrm{e}^{-t^2}t^{\nu}\,\mathrm{d}t\\&=\frac{1}{\sqrt{\pi}}\frac{1}{\nu}\Gamma\left(\frac{1+\nu}{2}\right),\qquad \mathrm{Re}\,\nu>-1.\end{aligned}\tag{14.25}$$

例 14.10 求正弦积分 $\mathrm{Si}\,(x)=\int_0^{x}\frac{\sin t}{t}\,\mathrm{d}t$ 的 Mellin 变换.

解
$$\begin{aligned}\mathscr{M}\{\mathrm{Si}\,(x)\}&\equiv\int_0^{\infty}\mathrm{Si}\,(x)\,x^{\nu-1}\,\mathrm{d}x=\int_0^{\infty}\left(\int_0^{x}\frac{\sin t}{t}\,\mathrm{d}t\right)x^{\nu-1}\,\mathrm{d}x\\&=\int_0^{\infty}\frac{\sin t}{t}\left(\int_t^{\infty}x^{\nu-1}\,\mathrm{d}x\right)\mathrm{d}t=-\frac{1}{\nu}\int_0^{\infty}\sin t\cdot t^{\nu-1}\,\mathrm{d}t\\&=-\frac{1}{\nu}\Gamma\,(\nu)\sin\frac{\pi\nu}{2},\qquad -1<\mathrm{Re}\,\nu<0.\end{aligned}\tag{14.26}$$

例 14.11 求 $\dfrac{1}{(1+x)^m}\mathrm{P}_{\mu}\left(\dfrac{1-x}{1+x}\right)$ 的 Mellin 变换，其中 m 为正整数，$\mathrm{P}_{\mu}(x)$ 是 Legendre 函数，$\mu\geqslant 0$.

① 参见：吴崇试. 数学物理方法. 第 2 版. 北京：北京大学出版社，2003：105.

解 根据 Legendre 函数的定义知

$$\mathrm{P}_\mu(x)=\sum_{n=0}^{\infty}\frac{1}{(n!)^2}\frac{\Gamma(\mu+n+1)}{\Gamma(\mu-n+1)}\left(\frac{x-1}{2}\right)^n,$$

即可求得

$$\begin{aligned}\mathscr{M}\left\{\frac{1}{(1+x)^m}\mathrm{P}_\mu\left(\frac{1-x}{1+x}\right)\right\}&\equiv\int_0^\infty\frac{1}{(1+x)^m}\mathrm{P}_\mu\left(\frac{1-x}{1+x}\right)x^{\nu-1}\,\mathrm{d}x\\&=\sum_{n=0}^{\infty}\frac{(-1)^n}{(n!)^2}\frac{\Gamma(\mu+n+1)}{\Gamma(\mu-n+1)}\int_0^\infty\frac{1}{(1+x)^m}\left(\frac{x}{1+x}\right)^n x^{\nu-1}\,\mathrm{d}x\\&=\sum_{n=0}^{\infty}\frac{(-1)^n}{(n!)^2}\frac{\Gamma(\mu+n+1)}{\Gamma(\mu-n+1)}\int_0^\infty\frac{x^{n+\nu-1}}{(1+x)^{m+n}}\,\mathrm{d}x\\&=\sum_{n=0}^{\infty}\frac{(-1)^n}{(n!)^2}\frac{\Gamma(\mu+n+1)}{\Gamma(\mu-n+1)}\frac{(-1)^{m+n-1}}{(m+n-1)!}\frac{\Gamma(n+\nu)}{\Gamma(\nu-m+1)}\frac{\pi}{\sin\pi(n+\nu)}\\&=\frac{\pi}{\sin\pi\nu}\frac{1}{\Gamma(\nu-m+1)}\sum_{n=0}^{\infty}\frac{1}{(n!)^2}\frac{(-1)^{m+n-1}}{(m+n-1)!}\frac{\Gamma(\mu+n+1)\Gamma(n+\nu)}{\Gamma(\mu-n+1)}.\end{aligned}$$

再利用 Γ 函数的互余宗量定理，即

$$\Gamma(\mu-n+1)\Gamma(n-\mu)=\frac{\pi}{\sin\pi(n-\mu)}=(-1)^{n+1}\frac{\pi}{\sin\pi\mu},$$

上式即可化为

$$\begin{aligned}\mathscr{M}\left\{\frac{1}{(1+x)^m}\mathrm{P}_\mu\left(\frac{1-x}{1+x}\right)\right\}&\equiv\int_0^\infty\frac{1}{(1+x)^m}\mathrm{P}_\mu\left(\frac{1-x}{1+x}\right)x^{\nu-1}\,\mathrm{d}x\\&=(-1)^m\frac{\sin\pi\mu}{\sin\pi\nu}\frac{1}{\Gamma(\nu-m+1)}\sum_{n=0}^{\infty}\frac{\Gamma(\mu+n+1)\Gamma(n-\mu)\Gamma(n+\nu)}{n!\,n!\,(m+n-1)!}\\&=(-1)^m\frac{\sin\pi\mu}{\sin\pi\nu}\frac{1}{\Gamma(\nu-m+1)}\frac{\Gamma(\mu+1)\Gamma(-\mu)\Gamma(\nu)}{\Gamma(m)}\,{}_3\mathrm{F}_2(\mu+1,-\mu,\nu;1,m;1)\\&=\frac{\Gamma(m-\nu)\Gamma(\nu)}{\Gamma(m)}\,{}_3\mathrm{F}_2(\mu+1,-\mu,\nu;1,m;1),\end{aligned}\tag{14.27}$$

其中 ${}_3\mathrm{F}_2(\alpha_1,\alpha_2,\alpha_3;\beta_1,\beta_2;x)$ 是广义超几何函数：

$$\begin{aligned}&{}_3\mathrm{F}_2(\alpha_1,\alpha_2,\alpha_3;\beta_1,\beta_2;x)\\&\quad=\sum_{n=0}^{\infty}\frac{1}{n!}\frac{\Gamma(\alpha_1+n)}{\Gamma(\alpha_1)}\frac{\Gamma(\alpha_2+n)}{\Gamma(\alpha_2)}\frac{\Gamma(\alpha_3+n)}{\Gamma(\alpha_3)}\frac{\Gamma(\beta_1)}{\Gamma(\beta_1+n)}\frac{\Gamma(\beta_2)}{\Gamma(\beta_2+n)}x^n.\end{aligned}$$

(14.27) 式的成立条件是 $0<\mathrm{Re}\,\nu<m$.

例 14.12 作为例 14.11 的特殊情形，当 $\mu=m-1$ 时，广义超几何函数即退化为普通的超几何函数，于是有

$$\begin{aligned}\mathscr{M}\left\{\frac{1}{(1+x)^m}\mathrm{P}_{m-1}\left(\frac{1-x}{1+x}\right)\right\} &= \frac{\Gamma(m-\nu)\Gamma(\nu)}{\Gamma(m)}\,\mathrm{F}(1-m,\nu;1;1)\\ &= \left[\frac{\Gamma(m-\nu)}{\Gamma(m)}\right]^2\frac{\Gamma(\nu)}{\Gamma(1-\nu)}, \qquad 0<\mathrm{Re}\,\nu<m. \end{aligned}\tag{14.28}$$

以上用到了超几何函数的特殊值

$$\mathrm{F}(\alpha,\beta;\gamma;1)=\frac{\Gamma(\gamma)\Gamma(\gamma-\alpha-\beta)}{\Gamma(\gamma-\alpha)\Gamma(\gamma-\beta)}, \qquad \mathrm{Re}(\gamma-\alpha-\beta)>0.$$

例 14.13 求超几何函数 $\mathrm{F}(\alpha,\beta;\gamma;-x)$ 的 Mellin 变换

$$\mathscr{M}\{\mathrm{F}(\alpha,\beta;\gamma;-x)\}\equiv\int_0^\infty \mathrm{F}(\alpha,\beta;\gamma;-x)x^{\nu-1}\,\mathrm{d}x, \quad 0<\mathrm{Re}\,\nu<\min(\mathrm{Re}\,\alpha,\ \mathrm{Re}\,\beta).$$

解 本题的关键在于正确选用超几何函数的表达式. 考虑到积分限的要求，最方便的做法是采用超几何函数的积分表达式

$$\mathrm{F}(\alpha,\beta;\gamma;-x)=\frac{\Gamma(\gamma)}{\Gamma(\beta)\Gamma(\gamma-\beta)}\int_0^1 t^{\beta-1}(1-t)^{\gamma-\beta-1}(1+xt)^{-\alpha}\,\mathrm{d}t.$$

代入，并交换积分次序，即得

$$\begin{aligned}\mathscr{M}\{\mathrm{F}(\alpha,\beta;\gamma;-x)\} &= \frac{\Gamma(\gamma)}{\Gamma(\beta)\Gamma(\gamma-\beta)}\int_0^1 t^{\beta-1}(1-t)^{\gamma-\beta-1}\left[\int_0^\infty\frac{x^{\nu-1}}{(1+xt)^\alpha}\,\mathrm{d}x\right]\mathrm{d}t\\ &= \frac{\Gamma(\gamma)}{\Gamma(\beta)\Gamma(\gamma-\beta)}\int_0^1 t^{\beta-\nu-1}(1-t)^{\gamma-\beta-1}\left[\int_0^\infty\frac{\zeta^{\nu-1}}{(1+\zeta)^\alpha}\,\mathrm{d}\zeta\right]\mathrm{d}\zeta\\ &= \frac{\Gamma(\gamma)}{\Gamma(\beta)\Gamma(\gamma-\beta)}\frac{\Gamma(\nu)\Gamma(\alpha-\nu)}{\Gamma(\alpha)}\int_0^1 t^{\beta-\nu-1}(1-t)^{\gamma-\beta-1}\,\mathrm{d}t\\ &= \frac{\Gamma(\gamma)}{\Gamma(\alpha)\Gamma(\beta)}\frac{\Gamma(\nu)\Gamma(\alpha-\nu)\Gamma(\beta-\nu)}{\Gamma(\gamma-\nu)}. \end{aligned}\tag{14.29}$$

在计算过程中，还要求 $\mathrm{Re}(\gamma-\beta)>0$，但这个限制可通过解析延拓的手段去掉.

例 14.14 求合流超几何函数 $\mathrm{F}(\alpha;\gamma;-x)$ 的 Mellin 变换，其中

$$\mathrm{F}(\alpha;\gamma;x)=\sum_{n=0}^\infty\frac{1}{n!}\frac{\Gamma(\alpha+n)}{\Gamma(\alpha)}\frac{\Gamma(\gamma+n)}{\Gamma(\gamma)}x^n, \qquad |x|<\infty.$$

解 上面给出的合流超几何函数的幂级数展开，尽管在全平面收敛，但不适合于逐项积分. 为了克服这一困难，需要用到合流超几何函数的第一 Kummer 公式

$$\mathrm{F}(\alpha;\gamma;x)=\mathrm{e}^x\,\mathrm{F}(\gamma-\alpha;\gamma;-x), \qquad 即 \qquad \mathrm{F}(\alpha;\gamma;-x)=\mathrm{e}^{-x}\,\mathrm{F}(\gamma-\alpha;\gamma;x).$$

因此

$$\begin{aligned}\mathscr{M}\left\{\mathrm{F}(\alpha;\gamma;-x)\right\} &\equiv \int_0^\infty \mathrm{F}(\alpha;\gamma;-x)\,x^{\nu-1}\,\mathrm{d}x = \int_0^\infty \mathrm{e}^{-x}\,\mathrm{F}(\gamma-\alpha;\gamma;x)\,x^{\nu-1}\,\mathrm{d}x \\ &= \sum_{n=0}^{\infty}\frac{1}{n!}\frac{\Gamma(\gamma-\alpha+n)}{\Gamma(\gamma-\alpha)}\frac{\Gamma(\gamma+n)}{\Gamma(\gamma)}\int_0^\infty \mathrm{e}^{-x}x^{\nu+n-1}\,\mathrm{d}x \\ &= \sum_{n=0}^{\infty}\frac{1}{n!}\frac{\Gamma(\gamma-\alpha+n)}{\Gamma(\gamma-\alpha)}\frac{\Gamma(\gamma+n)}{\Gamma(\gamma)}\Gamma(\nu+n) = \Gamma(\nu)\,\mathrm{F}(\nu,\gamma-\alpha;\gamma;1) \\ &= \frac{\Gamma(\nu)\,\Gamma(\gamma)\,\Gamma(\alpha-\nu)}{\Gamma(\gamma-\nu)\,\Gamma(\alpha)}. \end{aligned} \tag{14.30}$$

由上述计算过程可以看出，此结果的成立条件是 $0<\mathrm{Re}\,\nu<\mathrm{Re}\,\alpha$.

有关柱函数的 Mellin 变换，可参见下一章.

§14.4 Mellin 变换的卷积公式

可以直接由 Mellin 变换的定义导出 Mellin 变换的一个卷积公式

$$\begin{aligned}\int_0^\infty u(x)v(x)x^{\nu-1}\,\mathrm{d}x &= \int_0^\infty\left[\frac{1}{2\pi\mathrm{i}}\int_{\sigma-\mathrm{i}\infty}^{\sigma+\mathrm{i}\infty}U(\mu)x^{-\mu}\,\mathrm{d}\mu\right]v(x)x^{\nu-1}\,\mathrm{d}x \\ &= \frac{1}{2\pi\mathrm{i}}\int_{\sigma-\mathrm{i}\infty}^{\sigma+\mathrm{i}\infty}U(\mu)\left[\int_0^\infty v(x)x^{\nu-\mu-1}\,\mathrm{d}x\right]\mathrm{d}\mu \\ &= \frac{1}{2\pi\mathrm{i}}\int_{\sigma-\mathrm{i}\infty}^{\sigma+\mathrm{i}\infty}U(\mu)V(\nu-\mu)\,\mathrm{d}\mu, \end{aligned} \tag{14.31a}$$

其中

$$U(\nu) = \mathscr{M}\left\{u(x)\right\} = \int_0^\infty u(x)x^{\nu-1}\,\mathrm{d}x, \tag{14.31b}$$

$$V(\nu) = \mathscr{M}\left\{v(x)\right\} = \int_0^\infty v(x)x^{\nu-1}\,\mathrm{d}x. \tag{14.31c}$$

由 Fourier 变换的卷积公式

$$\mathscr{F}\left\{\frac{1}{\sqrt{2\pi}}\int_{-\infty}^{\infty}f(y)g(x-y)\,\mathrm{d}y\right\} = F(k)G(k), \tag{14.32}$$

$$F(k)=\mathscr{F}\big\{f(x)\big\}, \qquad G(k)=\mathscr{F}\big\{g(x)\big\},$$

还能导出 Mellin 变换的另一个卷积公式

$$\mathscr{M}\left\{\int_0^\infty u(y)v\left(\frac{x}{y}\right)\frac{\mathrm{d}y}{y}\right\} = U(\nu)V(\nu) \tag{14.33a}$$

或

$$\mathscr{M}^{-1}\{U(\nu)V(\nu)\}=\int_0^{\infty}u(y)v\left(\frac{x}{y}\right)\frac{\mathrm{d}y}{y}. \tag{14.33b}$$

需要简要讨论一下卷积公式的成立条件．以公式 (14.31a) 为例．如果该式左端积分的收敛条件 (即乘积 $u(x)v(x)$ 的 Mellin 变换存在的条件) 是 $\alpha<\mathrm{Re}\,\nu<\beta$，而 (14.31b) 和 (14.31c) 两式的成立条件 (即函数 $u(x)$ 和 $v(x)$ 的 Mellin 变换单独存在的条件) 分别为 $\alpha_1<\mathrm{Re}\,\nu<\beta_1$ 和 $\alpha_2<\mathrm{Re}\,\nu<\beta_2$，则 (14.31a) 式右端的积分路径应该满足

$$\alpha_1<\mathrm{Re}\,\mu<\beta_1,\qquad \alpha_2<\mathrm{Re}\,(\nu-\mu)<\beta_2.$$

卷积公式用于计算两函数乘积的 Mellin 变换或反演．

例 14.15　已知 $U(\nu)=\mathscr{M}\{u(x)\}$，$V(\nu)=\mathscr{M}\{v(x)\}$，求 $\mathscr{M}\left\{u(x)v\left(\dfrac{1}{x}\right)\right\}$.

解　作为 (14.20) 式的特殊情形 ($\alpha=-1$)，应当有

$$\mathscr{M}\left\{v\left(\frac{1}{x}\right)\right\}=\int_0^{\infty}v\left(\frac{1}{x}\right)x^{\nu-1}\,\mathrm{d}x=V(-\nu),$$

所以，由卷积公式 (14.31a)，立即可以推得

$$\mathscr{M}\left\{u(x)v\left(\frac{1}{x}\right)\right\}=\frac{1}{2\pi\mathrm{i}}\int_{\sigma-\mathrm{i}\infty}^{\sigma+\mathrm{i}\infty}U(\mu+\nu)V(\mu)\,\mathrm{d}\mu. \tag{14.34}$$

除了用于计算两函数乘积的 Mellin 变换或反演外，Mellin 变换的卷积公式也还可以用于计算区间 $[0,\infty)$ 上的某些积分．例如，如果容易求得乘积 $U(\nu)V(\nu)$ 的反演，则可以根据 (14.33a) 式计算出左端的积分 $\displaystyle\int_0^{\infty}u(y)v\left(\frac{x}{y}\right)\frac{\mathrm{d}y}{y}$.

例 14.16　若取

$$u(x)=\frac{1}{1+x^2},\qquad v(x)=\ln\left|\frac{1+x}{1-x}\right|,$$

由 (14.21a) 及 (14.24) 两式，则有

$$U(\nu)=\frac{\pi}{2}\frac{1}{\sin(\nu\pi/2)},\qquad V(\nu)=\frac{\pi}{\nu}\tan\frac{\nu\pi}{2}.$$

此时就可以计算 (14.33a) 式左端的积分

$$\int_0^{\infty}u(y)v\left(\frac{x}{y}\right)\frac{\mathrm{d}y}{y}=\int_0^{\infty}\frac{1}{1+y^2}\ln\left|\frac{y+x}{y-x}\right|\frac{\mathrm{d}y}{y}.$$

另一方面，因为

$$U(\nu)V(\nu)=\frac{\pi^2}{2\nu}\frac{1}{\cos(\nu\pi/2)}=\pi\mathscr{M}\left\{\frac{\pi}{2}-\arctan x\right\},$$

所以就能计算得积分

$$\int_0^\infty \frac{1}{1+y^2}\ln\left|\frac{y+x}{y-x}\right|\frac{\mathrm{d}y}{y}=\pi\left(\frac{\pi}{2}-\arctan x\right),\quad x>0. \tag{14.35a}$$

如果将上面的 $u(x)$, $v(x)$ 对调，或者将 (14.35a) 左端的积分作代换 $y=x/t$，则有

$$\int_0^\infty \ln\left|\frac{1+t}{1-t}\right|\frac{t}{t^2+x^2}\,\mathrm{d}t=\pi\left(\frac{\pi}{2}-\arctan x\right),\quad x>0. \tag{14.35b}$$

这正是第八章中得到的 (8.71) 式.

例 14.17 仿照例 14.16，取

$$\begin{aligned}
u(x)&=\ln\left|\frac{1+x}{1-x}\right|, & U(\nu)&=\frac{\pi}{\nu}\tan\frac{\nu\pi}{2},\\
v(x)&=x\sin x, & V(\nu)&=\Gamma(\nu+1)\cos\frac{\nu\pi}{2},
\end{aligned}$$

于是，根据 (14.33) 式，可以求得积分

$$\begin{aligned}
\int_0^\infty \ln\left|\frac{1+y}{1-y}\right|\frac{x}{y}\sin\frac{x}{y}\frac{\mathrm{d}y}{y}&=x\int_0^\infty \ln\left|\frac{1+y}{1-y}\right|\sin\frac{x}{y}\frac{\mathrm{d}y}{y^2}\\
&=\mathscr{M}^{-1}\left\{\frac{\pi}{\nu}\tan\frac{\nu\pi}{2}\cdot\Gamma(\nu+1)\cos\frac{\nu\pi}{2}\right\}\\
&=\mathscr{M}^{-1}\left\{\pi\Gamma(\nu)\sin\frac{\nu\pi}{2}\right\}=\pi\sin x,
\end{aligned}$$

亦即

$$\int_0^\infty \ln\left|\frac{1+y}{1-y}\right|\sin\frac{x}{y}\frac{\mathrm{d}y}{y^2}=\frac{\pi}{x}\sin x. \tag{14.36a}$$

或者令 $y=1/t$，即得

$$\int_0^\infty \ln\left|\frac{1+t}{1-t}\right|\sin xt\,\mathrm{d}t=\frac{\pi}{x}\sin x. \tag{14.36b}$$

此结果在第八章中也曾得到过，见 (8.81) 式.

还可以在 (14.31) 式或 (14.34) 式中代入特定的 ν 值，从而给出相应的定积分. 例如，在此二式中取 $\nu=1$，即可得到

$$\int_0^\infty u(x)v(x)\,\mathrm{d}x=\frac{1}{2\pi\mathrm{i}}\int_{\sigma-\mathrm{i}\infty}^{\sigma+\mathrm{i}\infty}U(\mu)V(1-\mu)\,\mathrm{d}\mu, \tag{14.37}$$

$$\int_0^\infty u(x)v\left(\frac{1}{x}\right)\mathrm{d}x=\frac{1}{2\pi\mathrm{i}}\int_{\sigma-\mathrm{i}\infty}^{\sigma+\mathrm{i}\infty}U(\mu)V(1+\mu)\,\mathrm{d}\mu, \tag{14.38}$$

或者在 (14.34) 式中代入 $\nu=0$，得

$$\int_0^\infty u(x)v\left(\frac{1}{x}\right)\frac{\mathrm{d}x}{x}=\frac{1}{2\pi\mathrm{i}}\int_{\sigma-\mathrm{i}\infty}^{\sigma+\mathrm{i}\infty}U(\mu)V(\mu)\,\mathrm{d}\mu. \tag{14.39}$$

这些公式将两个函数乘积的积分转化为它们的 Mellin 换式乘积在复平面上的积分，而后采用 Mellin 变换的反演 (在多数情形下就是与已知函数的 Mellin 变换式比对) 计算出积分值.

例 14.18 计算积分 $\int_0^\infty \sin x^2 \cos ax\,\mathrm{d}x$ 与 $\int_0^\infty \cos x^2 \cos ax\,\mathrm{d}x$，其中 $a>0$.

解 因为

$$\mathscr{M}\left\{\sin x^2\right\}=\frac{1}{2}\Gamma\left(\frac{\nu}{2}\right)\sin\frac{\nu\pi}{4},\qquad \mathscr{M}\left\{\cos x^2\right\}=\frac{1}{2}\Gamma\left(\frac{\nu}{2}\right)\cos\frac{\nu\pi}{4}$$

以及

$$\mathscr{M}\left\{\cos ax\right\}=a^{-\nu}\Gamma(\nu)\cos\frac{\nu\pi}{2},$$

所以，根据 (14.37) 式，可知

$$\begin{aligned}
\int_0^\infty \sin x^2\cdot\cos ax\,\mathrm{d}x &= \frac{1}{2\pi\mathrm{i}}\frac{1}{2}\int_{\sigma-\mathrm{i}\infty}^{\sigma+\mathrm{i}\infty} a^{-\nu}\Gamma(\nu)\cos\frac{\nu\pi}{2}\cdot\Gamma\left(\frac{1-\nu}{2}\right)\sin\frac{1-\nu}{4}\pi\,\mathrm{d}\nu\\
&= \frac{\sqrt{\pi}}{2\pi\mathrm{i}}\int_{\sigma-\mathrm{i}\infty}^{\sigma+\mathrm{i}\infty} 2^{\nu-2}\Gamma\left(\frac{\nu}{2}\right)\sin\frac{1-\nu}{4}\pi\,\frac{\mathrm{d}\nu}{a^\nu}\\
&= \frac{1}{2\pi\mathrm{i}}\sqrt{\frac{\pi}{2}}\int_{\sigma-\mathrm{i}\infty}^{\sigma+\mathrm{i}\infty} 2^{\nu-2}\Gamma\left(\frac{\nu}{2}\right)\left(\cos\frac{\nu\pi}{4}-\sin\frac{\nu\pi}{4}\right)\frac{\mathrm{d}\nu}{a^\nu}\\
&= \frac{1}{2}\sqrt{\frac{\pi}{2}}\left(\cos\frac{a^2}{4}-\sin\frac{a^2}{4}\right)=\frac{\sqrt{\pi}}{2}\sin\frac{\pi-a^2}{4},
\end{aligned}\tag{14.40}$$

$$\begin{aligned}
\int_0^\infty \cos x^2\cdot\cos ax\,\mathrm{d}x &= \frac{1}{2\pi\mathrm{i}}\frac{1}{2}\int_{\sigma-\mathrm{i}\infty}^{\sigma+\mathrm{i}\infty} a^{-\nu}\Gamma(\nu)\cos\frac{\nu\pi}{2}\cdot\Gamma\left(\frac{1-\nu}{2}\right)\cos\frac{1-\nu}{4}\pi\,\mathrm{d}\nu\\
&= \frac{\sqrt{\pi}}{2\pi\mathrm{i}}\int_{\sigma-\mathrm{i}\infty}^{\sigma+\mathrm{i}\infty} 2^{\nu-2}\Gamma\left(\frac{\nu}{2}\right)\cos\frac{1-\nu}{4}\pi\,\frac{\mathrm{d}\nu}{a^\nu}\\
&= \frac{1}{2\pi\mathrm{i}}\sqrt{\frac{\pi}{2}}\int_{\sigma-\mathrm{i}\infty}^{\sigma+\mathrm{i}\infty} 2^{\nu-2}\Gamma\left(\frac{\nu}{2}\right)\left(\cos\frac{\nu\pi}{4}+\sin\frac{\nu\pi}{4}\right)\frac{\mathrm{d}\nu}{a^\nu}\\
&= \frac{1}{2}\sqrt{\frac{\pi}{2}}\left(\cos\frac{a^2}{4}+\sin\frac{a^2}{4}\right)=\frac{\sqrt{\pi}}{2}\sin\frac{\pi+a^2}{4}.
\end{aligned}\tag{14.41}$$

例 14.19 运用公式 (14.20)，可以得到

$$\mathscr{M}\left\{\mathrm{e}^{-p^2x^2}\right\}=\frac{1}{2}\Gamma\left(\frac{\nu}{2}\right)p^{-\nu},$$

$$\mathscr{M}\left\{x\mathrm{e}^{\mathrm{i}(2a^2x^2)}\right\}=\frac{1}{2}\Gamma\left(\frac{\nu+1}{2}\right)a^{-(\nu+1)}(1-\mathrm{i})^{-(\nu+1)}.$$

由此就能计算出

$$\begin{aligned}
&\int_0^\infty \mathrm{e}^{-p^2/x^2}\mathrm{e}^{\mathrm{i}(2a^2x^2)}\,\mathrm{d}x\\
&\quad=\frac{1}{8\pi\mathrm{i}}\int_{\sigma-\mathrm{i}\infty}^{\sigma+\mathrm{i}\infty}\Gamma\left(\frac{\nu}{2}\right)p^{-\nu}\Gamma\left(\frac{\nu+1}{2}\right)a^{-(\nu+1)}(1-\mathrm{i})^{-(\nu+1)}\,\mathrm{d}\nu\\
&\quad=\frac{1}{4\pi\mathrm{i}}\frac{\sqrt{\pi}}{a(1-\mathrm{i})}\int_{\sigma-\mathrm{i}\infty}^{\sigma+\mathrm{i}\infty}\Gamma(\nu)\frac{1}{(1-\mathrm{i})^\nu}\frac{\mathrm{d}\nu}{(2ap)^\nu}\\
&\quad=\frac{\sqrt{\pi}}{2a(1-\mathrm{i})}\mathrm{e}^{-2ap(1-\mathrm{i})}=\frac{\sqrt{\pi}}{4a}(1+\mathrm{i})\mathrm{e}^{-2ap}\big(\cos 2ap+\mathrm{i}\sin 2ap\big).
\end{aligned}\tag{14.42}$$

分别比较等式两端的实部和虚部，就得到

$$\int_0^\infty \mathrm{e}^{-p^2/x^2}\cos\left(2a^2x^2\right)\mathrm{d}x=\frac{\sqrt{\pi}}{4a}\mathrm{e}^{-2ap}\big(\cos 2ap-\sin 2ap\big),\tag{14.43}$$

$$\int_0^\infty \mathrm{e}^{-p^2/x^2}\sin\left(2a^2x^2\right)\mathrm{d}x=\frac{\sqrt{\pi}}{4a}\mathrm{e}^{-2ap}\big(\cos 2ap+\sin 2ap\big).\tag{14.44}$$

例 14.20　类似于例 14.19，并且根据

$$\mathscr{M}\left\{\frac{1}{x}\sin(2a^2x^2)\right\}=\frac{1}{2}\big(\sqrt{2}a\big)^{-\nu+1}\Gamma\left(\frac{\nu-1}{2}\right)\sin\frac{\nu-1}{4}\pi,$$
$$\mathscr{M}\left\{\frac{1}{x}\cos(2a^2x^2)\right\}=\frac{1}{2}\big(\sqrt{2}a\big)^{-\nu+1}\Gamma\left(\frac{\nu-1}{2}\right)\cos\frac{\nu-1}{4}\pi,$$

也能推出

$$\begin{aligned}
&\int_0^\infty \mathrm{e}^{-p^2/x^2}\sin(2a^2x^2)\frac{\mathrm{d}x}{x^2}\\
&\quad=\frac{1}{8\pi\mathrm{i}}\int_{\sigma-\mathrm{i}\infty}^{\sigma+\mathrm{i}\infty}\Gamma\left(\frac{\nu}{2}\right)p^{-\nu}\Gamma\left(\frac{\nu-1}{2}\right)\big(\sqrt{2}a\big)^{-\nu+1}\sin\frac{\nu-1}{4}\pi\,\mathrm{d}\nu\\
&\quad=\frac{\sqrt{2\pi}a}{2\pi\mathrm{i}}\int_{\sigma-\mathrm{i}\infty}^{\sigma+\mathrm{i}\infty}2^{-\nu}\Gamma(\nu-1)\sin\frac{\nu-1}{4}\pi\,\frac{\mathrm{d}\nu}{\big(\sqrt{2}ap\big)^\nu},\\
&\int_0^\infty \mathrm{e}^{-p^2/x^2}\cos(2a^2x^2)\frac{\mathrm{d}x}{x^2}\\
&\quad=\frac{1}{8\pi\mathrm{i}}\int_{\sigma-\mathrm{i}\infty}^{\sigma+\mathrm{i}\infty}\Gamma\left(\frac{\nu}{2}\right)p^{-\nu}\Gamma\left(\frac{\nu-1}{2}\right)\big(\sqrt{2}a\big)^{-\nu+1}\cos\frac{\nu-1}{4}\pi\,\mathrm{d}\nu\\
&\quad=\frac{\sqrt{2\pi}a}{2\pi\mathrm{i}}\int_{\sigma-\mathrm{i}\infty}^{\sigma+\mathrm{i}\infty}2^{-\nu}\Gamma(\nu-1)\cos\frac{\nu-1}{4}\pi\,\frac{\mathrm{d}\nu}{\big(\sqrt{2}ap\big)^\nu}.
\end{aligned}$$

作变换 $\nu-1=\nu'$，就得到

$$\int_0^{\infty} \mathrm{e}^{-p^2/x^2} \sin(2a^2x^2)\frac{\mathrm{d}x}{x^2} = \frac{1}{\pi\mathrm{i}}\int_{\sigma'-\mathrm{i}\infty}^{\sigma'+\mathrm{i}\infty} \frac{\sqrt{\pi}}{4p\mathrm{i}}\Gamma(\nu')\left(\mathrm{e}^{\mathrm{i}\nu'\pi/4}-\mathrm{e}^{-\mathrm{i}\nu'\pi/4}\right)\frac{\mathrm{d}\nu'}{\left(2\sqrt{2}ap\right)^{\nu'}}$$

$$= \frac{\sqrt{\pi}}{2p}\frac{1}{2\mathrm{i}}\left[\mathrm{e}^{-2ap(1-\mathrm{i})}-\mathrm{e}^{-2ap(1+\mathrm{i})}\right]$$

$$= \frac{\sqrt{\pi}}{2p}\mathrm{e}^{-2ap}\sin(2ap), \tag{14.45}$$

$$\int_0^{\infty} \mathrm{e}^{-p^2/x^2} \cos(2a^2x^2)\frac{\mathrm{d}x}{x^2} = \frac{1}{\pi\mathrm{i}}\int_{\sigma'-\mathrm{i}\infty}^{\sigma'+\mathrm{i}\infty} \frac{\sqrt{\pi}}{4p}\Gamma(\nu')\left(\mathrm{e}^{\mathrm{i}\nu'\pi/4}+\mathrm{e}^{-\mathrm{i}\nu'\pi/4}\right)\frac{\mathrm{d}\nu'}{\left(2\sqrt{2}ap\right)^{\nu'}}$$

$$= \frac{\sqrt{\pi}}{2p}\frac{1}{2}\left[\mathrm{e}^{-2ap(1-\mathrm{i})}+\mathrm{e}^{-2ap(1+\mathrm{i})}\right]$$

$$= \frac{\sqrt{\pi}}{2p}\mathrm{e}^{-2ap}\cos(2ap). \tag{14.46}$$

下面介绍几个 Γ 函数在复平面的无穷积分. 其计算思路正和例 14.18 — 14.20 相反：这时是将复平面上的无穷线积分转化为实积分. 由于指数函数的 Mellin 变换是 Γ 函数，所以导出的实积分是含有指数函数的积分，较易计算.《数学物理方法专题 —— 数理方程与特殊函数》一书中还要用这里得到的结果.

例 14.21 在 (14.37) 式中，令 $u(x)=x^a\mathrm{e}^{-x}$, $v(x)=\mathrm{e}^{-x}$，于是

$$U(\nu)=\Gamma(a+\nu), \qquad V(\nu)=\Gamma(\nu).$$

此时可取 $\sigma=0$，即得

$$\int_0^{\infty}\left(x^a\mathrm{e}^{-x}\right)\left(\mathrm{e}^{-x}\right)x^{\nu-1}\,\mathrm{d}x=\frac{1}{2\pi\mathrm{i}}\int_{-\mathrm{i}\infty}^{\mathrm{i}\infty}\Gamma(a+\mu)\Gamma(\nu-\mu)\,\mathrm{d}\mu,$$

亦即

$$\frac{1}{2\pi\mathrm{i}}\int_{-\mathrm{i}\infty}^{\mathrm{i}\infty}\Gamma(a+\mu)\Gamma(\nu-\mu)\,\mathrm{d}\mu=\frac{\Gamma(a+\nu)}{2^{a+\nu}}. \tag{14.47a}$$

令 $\mu=\mathrm{i}\tau$，即得

$$\frac{1}{2\pi}\int_{-\infty}^{\infty}\Gamma(a+\mathrm{i}\tau)\Gamma(\nu-\mathrm{i}\tau)\,\mathrm{d}\tau=\frac{\Gamma(a+\nu)}{2^{a+\nu}}. \tag{14.47b}$$

特别是 $a=\nu$ 时，有

$$\frac{1}{\pi}\int_0^{\infty}\Gamma(a+\mathrm{i}\tau)\Gamma(a-\mathrm{i}\tau)\,\mathrm{d}\tau=\frac{1}{\pi}\int_0^{\infty}\left|\Gamma(a+\mathrm{i}\tau)\right|^2\mathrm{d}\tau=\frac{\Gamma(2a)}{2^{2a}}. \tag{14.48}$$

例 14.22 在 (14.37) 式中取 $u(x)=\dfrac{x^b}{(1+x)^a}$, $v(x)=\dfrac{x^d}{(1+x)^c}$，因此

$$U(\nu)=\frac{\Gamma(b+\nu)\Gamma(a-b-\nu)}{\Gamma(a)}, \qquad V(\nu)=\frac{\Gamma(d+\nu)\Gamma(c-d-\nu)}{\Gamma(c)}.$$

由此即得

$$\int_0^\infty \frac{x^{b+d}}{(1+x)^{a+c}}\,\mathrm{d}x$$
$$= \frac{1}{2\pi\mathrm{i}}\int_{\sigma-\mathrm{i}\infty}^{\sigma+\mathrm{i}\infty} \frac{\Gamma(b+\nu)\,\Gamma(a-b-\nu)\,\Gamma(d+1-\nu)\,\Gamma(c-d-1+\nu)}{\Gamma(a)\,\Gamma(c)}\,\mathrm{d}\nu,$$

亦即

$$\frac{1}{2\pi\mathrm{i}}\int_{\sigma-\mathrm{i}\infty}^{\sigma+\mathrm{i}\infty} \Gamma(b+\nu)\,\Gamma(a-b-\nu)\,\Gamma(d+1-\nu)\,\Gamma(c-d-1+\nu)\,\mathrm{d}\nu$$
$$= \frac{\Gamma(a)\,\Gamma(c)}{\Gamma(a+c)}\Gamma(b+d+1)\,\Gamma(a+c-b-d-1), \tag{14.49a}$$

其中 σ 应使右端被积函数中 Γ 函数的宗量均为正，即

$$a-b-\sigma>0, \qquad b+\sigma>0, \qquad 1+d-\sigma>0, \qquad c-d-1+k>0.$$

或者令 $c-d-1=\alpha$, $b=\beta$, $1+d=\gamma$, $a-b=\delta$，则有

$$\frac{1}{2\pi\mathrm{i}}\int_{\sigma-\mathrm{i}\infty}^{\sigma+\mathrm{i}\infty} \Gamma(\alpha+\nu)\,\Gamma(\beta+\nu)\,\Gamma(\gamma-\nu)\,\Gamma(\delta-\nu)\,\mathrm{d}\nu$$
$$= \frac{\Gamma(\alpha+\gamma)\,\Gamma(\alpha+\delta)\,\Gamma(\beta+\gamma)\,\Gamma(\beta+\delta)}{\Gamma(\alpha+\beta+\gamma+\delta)}, \tag{14.49b}$$

其中 $\alpha+\sigma>0$, $\beta+\sigma>0$, $\gamma-\sigma>0$, $\delta-\sigma>0$.

更可以将 $\alpha+\sigma$, $\beta+\sigma$ 和 $\gamma-\sigma$, $\delta-\sigma$ 直接写成 α, β 和 γ, δ，从而有

$$\frac{1}{2\pi}\int_{-\infty}^{\infty} \Gamma(\alpha+\mathrm{i}\tau)\,\Gamma(\beta+\mathrm{i}\tau)\,\Gamma(\gamma-\mathrm{i}\tau)\,\Gamma(\delta-\mathrm{i}\tau)\,\mathrm{d}\tau$$
$$= \frac{\Gamma(\alpha+\gamma)\,\Gamma(\alpha+\delta)\,\Gamma(\beta+\gamma)\,\Gamma(\beta+\delta)}{\Gamma(\alpha+\beta+\gamma+\delta)}, \tag{14.49c}$$

其中 $\alpha>0$, $\beta>0$, $\gamma>0$, $\delta>0$.

例 14.23 如果在 (14.37) 式中取

$$u(x)=x^b(1-x)^{a-1}\eta(1-x), \qquad v(x)=x^d(1-x)^{c-1}\eta(1-x),$$

其中 $\eta(x)$ 是 Heaviside 函数，则

$$U(\nu)=\frac{\Gamma(a)\,\Gamma(b+\nu)}{\Gamma(a+b+\nu)}, \qquad V(\nu)=\frac{\Gamma(c)\,\Gamma(d+\nu)}{\Gamma(c+d+\nu)}.$$

于是又有

$$\int_0^1 x^{b+d}(1-x)^{a+c-2}\,\mathrm{d}x = \frac{1}{2\pi\mathrm{i}}\int_{\sigma-\mathrm{i}\infty}^{\sigma+\mathrm{i}\infty} \frac{\Gamma(a)\,\Gamma(b+\nu)\,\Gamma(c)\,\Gamma(d+\nu)}{\Gamma(a+b+\nu)\,\Gamma(c+d+\nu)}\,\mathrm{d}\nu$$
$$= \frac{\Gamma(b+d+1)\,\Gamma(a+c-1)}{\Gamma(a+b+c+d)}. \tag{14.50a}$$

或者令 $b=\alpha'$, $a+b=\beta'$, $1+d=\gamma'$, $1+c+d=\delta'$，则

$$\frac{1}{2\pi\mathrm{i}}\int_{\sigma-\mathrm{i}\infty}^{\sigma+\mathrm{i}\infty}\frac{\Gamma(\alpha'+\nu)\Gamma(\gamma'-\nu)}{\Gamma(\beta'+\nu)\Gamma(\delta'-\nu)}\mathrm{d}\nu$$
$$=\frac{\Gamma(\alpha'+\gamma')\Gamma(\beta'+\delta'-\alpha'-\gamma')}{\Gamma(\beta'-\alpha')\Gamma(\delta'-\gamma')\Gamma(\beta'+\delta'-1)},\tag{14.50b}$$

其中 $\alpha'+\sigma>0$, $\beta'+\sigma>0$, $\gamma'-\sigma>0$, $\delta'-\sigma>0$.

也可以引进 $\alpha=\alpha'+\sigma$, $\beta=\beta'+\sigma$, $\gamma=\gamma'-\sigma$, $\delta=\delta'-\sigma$，从而将 (14.50b) 式改写成

$$\frac{1}{2\pi}\int_{-\infty}^{\infty}\frac{\Gamma(\alpha+\mathrm{i}\tau)\Gamma(\gamma-\mathrm{i}\tau)}{\Gamma(\beta+\mathrm{i}\tau)\Gamma(\delta-\mathrm{i}\tau)}\mathrm{d}\tau$$
$$=\frac{\Gamma(\alpha+\gamma)\Gamma(\beta+\delta-\alpha-\gamma)}{\Gamma(\beta-\alpha)\Gamma(\delta-\gamma)\Gamma(\beta+\delta-1)},\tag{14.50c}$$

其中 $\alpha>0$, $\beta>0$, $\gamma>0$, $\delta>0$.

例 14.24　若取 $u(x)=x^b(1-x)^{a-1}\eta(1-x)$, $v(x)=\dfrac{x^d}{(1+x)^c}$，相应地，有

$$U(\nu)=\frac{\Gamma(a)\Gamma(b+\nu)}{\Gamma(a+b+\nu)},\qquad V(\nu)=\frac{\Gamma(d+\nu)\Gamma(c-d-\nu)}{\Gamma(c)},$$

则根据 (14.37) 式，可以写出

$$\frac{1}{2\pi\mathrm{i}}\int_{\sigma-\mathrm{i}\infty}^{\sigma+\mathrm{i}\infty}\frac{\Gamma(a)\Gamma(b+\nu)\Gamma(d+1-\nu)\Gamma(c-d-1+\nu)}{\Gamma(a+b+\nu)\Gamma(c)}\mathrm{d}\nu$$
$$=\int_0^1\frac{x^{b+d}(1-x)^{a-1}}{(1+x)^c}\mathrm{d}x.\tag{14.51}$$

当 c 取某些特殊值时，可以方便地求得 (14.51) 式右端积分的有限形式. 例如，当 $c=1-a$ 时，(14.51) 式右端可化为

$$\int_0^1 x^{b+d}(1-x^2)^{a-1}\mathrm{d}x=\frac{1}{2}\frac{\Gamma((b+d+1)/2)\Gamma(a)}{\Gamma(a+(b+d+1)/2)}.$$

因此，如果令 $b=\alpha$, $a+d=-\beta$, $d+1=\gamma$，则有

$$\frac{1}{2\pi\mathrm{i}}\int_{\sigma-\mathrm{i}\infty}^{\sigma+\mathrm{i}\infty}\frac{\Gamma(\alpha+\nu)\Gamma(\beta+\nu)\Gamma(\gamma-\nu)}{\Gamma(1+\alpha-\beta-\gamma+\nu)}\mathrm{d}\nu$$
$$=\frac{1}{2}\frac{\Gamma((\alpha+\gamma)/2)\Gamma(\beta+\gamma)}{\Gamma(1-\beta+(\alpha-\gamma)/2)},\tag{14.52a}$$

其中

$$\alpha+\sigma>0,\quad \beta+\sigma>0,\quad \gamma-\sigma>0,\quad 1+\alpha-\beta-\gamma+\sigma>0.$$

仿照例 14.22 和例 14.23 的办法，也能将 (14.52a) 式改写成

$$\begin{aligned}&\frac{1}{2\pi}\int_{-\infty}^{\infty}\frac{\Gamma(\alpha+\mathrm{i}\tau)\,\Gamma(\beta+\mathrm{i}\tau)\,\Gamma(\gamma-\mathrm{i}\tau)}{\Gamma(1+\alpha-\beta-\gamma+\mathrm{i}\tau)}\,\mathrm{d}\tau\\&\quad=\frac{1}{2}\frac{\Gamma((\alpha+\gamma)/2)\,\Gamma(\beta+\gamma)}{\Gamma(1-\beta+(\alpha-\gamma)/2)},\end{aligned}\tag{14.52b}$$

其中 $\alpha>0,\ \beta>0,\ \gamma>0$，且 $1+\alpha-\beta-\gamma>0$.

另一方面，如果作变换

$$t=\frac{1-x}{1+x},\qquad 即\qquad x=\frac{1-t}{1+t},$$

则 (14.51) 式右端又可化为

$$\int_0^1\frac{x^{b+d}(1-x)^{a-1}}{(1+x)^c}\,\mathrm{d}x=2^{a-c}\int_0^1 t^{a-1}(1-t)^{b+d}(1+t)^{c-a-b-d-1}\,\mathrm{d}t.$$

因此当 $c-a-b-d$ 为正整数时，又可计算出积分值．特别是，当 $c=a+b+d+1$ 时，又将得到 (14.51) 式的结果．

第十五章　柱函数的 Mellin 变换

作为上一章的继续，本章集中讨论涉及柱函数的 Mellin 变换，包括原函数或像函数中含有柱函数的两种情形.

§15.1　柱函数的 Mellin 变换

例 15.1　求函数 $x^{-\mu}\mathrm{J}_\mu(ax)$ 的 Mellin 变换

$$\mathscr{M}\{x^{-\mu}\mathrm{J}_\mu(ax)\} \equiv \int_0^\infty x^{-\mu}\mathrm{J}_\mu(ax)\,x^{\nu-1}\,\mathrm{d}x, \qquad a>0,\ 0<\mathrm{Re}\,\nu<1.$$

解　本题的关键在于正确选用 Bessel 函数的表达式. 考虑到积分收敛性的要求，应采用 Bessel 函数的积分表达式

$$\mathrm{J}_\mu(z) = \frac{2}{\Gamma(\mu+1/2)\,\Gamma(1/2)}\left(\frac{z}{2}\right)^\mu \int_0^1 (1-\zeta^2)^{\mu-1/2}\,\cos z\zeta\,\mathrm{d}\zeta$$

代入，并交换积分次序，即得

$$\begin{aligned}
&\mathscr{M}\{x^{-\mu}\mathrm{J}_\mu(ax)\}\\
&\quad= \frac{2}{\Gamma(\mu+1/2)\,\Gamma(1/2)}\left(\frac{a}{2}\right)^\mu \int_0^1 (1-\zeta^2)^{\mu-1/2}\left[\int_0^\infty x^{\nu-1}\cos(ax\zeta)\,\mathrm{d}x\right]\mathrm{d}\zeta\\
&\quad= \frac{2}{\Gamma(\mu+1/2)\,\Gamma(1/2)}\frac{a^{\mu-\nu}}{2^\mu}\Gamma(\nu)\cos\frac{\pi\nu}{2}\int_0^1 (1-\zeta^2)^{\mu-1/2}\zeta^{-\nu}\,\mathrm{d}\zeta\\
&\quad= \frac{a^{\mu-\nu}}{2^\mu}\frac{\Gamma(\nu)\,\Gamma((1-\nu)/2)}{\Gamma(1/2)\,\Gamma(\mu+1-\nu/2)}\cos\frac{\pi\nu}{2} \qquad (15.1\mathrm{a})\\
&\quad= \frac{1}{2}\left(\frac{a}{2}\right)^{\mu-\nu}\frac{\Gamma(\nu/2)}{\Gamma(\mu+1-\nu/2)} \qquad (15.1\mathrm{b})\\
&\quad= \frac{1}{2\pi}\left(\frac{a}{2}\right)^{\mu-\nu}\Gamma\left(\frac{\nu}{2}\right)\Gamma\left(\frac{\nu}{2}-\mu\right)\sin\left(\frac{\nu}{2}-\mu\right)\pi. \qquad (15.1\mathrm{c})
\end{aligned}$$

在化简到最后结果时用到了 Γ 函数的互余宗量定理及倍乘公式

$$\Gamma\left(\frac{1}{2}-\frac{\nu}{2}\right)\Gamma\left(\frac{1}{2}+\frac{\nu}{2}\right) = \frac{\pi}{\sin\pi(1-\nu)/2} = \frac{\pi}{\cos\pi\nu/2},$$

$$\Gamma\left(\frac{\nu}{2}\right)\Gamma\left(\frac{\nu}{2}+\frac{1}{2}\right) = 2^{1-\nu}\Gamma(\nu)\,\Gamma(1/2).$$

从 (15.1) 式出发，结合 Mellin 变换的基本性质 (见表 14.1)，就可以导出各类柱函数以及柱函数与幂函数乘积的 Mellin 变换.

例 15.2 令 (15.1) 式中 $a=1$，得

$$\begin{aligned}\mathscr{M}\{x^{-\mu}\mathrm{J}_\mu(x)\} &= \int_0^\infty x^{-\mu}\mathrm{J}_\mu(x)x^{\nu-1}\,\mathrm{d}x\\ &= \frac{2^{\nu-\mu-1}}{\pi}\Gamma\left(\frac{\nu}{2}\right)\Gamma\left(\frac{\nu}{2}-\mu\right)\sin\left(\frac{\nu}{2}-\mu\right)\pi \qquad (15.2\text{a})\\ &= 2^{\nu-\mu-1}\frac{\Gamma(\nu/2)}{\Gamma(\mu+1-\nu/2)}, \qquad 0<\operatorname{Re}\nu<\mu+\frac{3}{2}. \qquad (15.2\text{b})\end{aligned}$$

同时，根据 Mellin 变换的基本性质 (见表 14.1)，就可以直接推出

$$\begin{aligned}\mathscr{M}\{\mathrm{J}_\mu(x)\} &= \frac{2^{\nu-1}}{\pi}\Gamma\left(\frac{\nu+\mu}{2}\right)\Gamma\left(\frac{\nu-\mu}{2}\right)\sin\left(\frac{\nu-\mu}{2}\right)\pi \qquad (15.3\text{a})\\ &= 2^{\nu-1}\frac{\Gamma((\mu+\nu)/2)}{\Gamma(1+(\mu-\nu)/2)}, \qquad -\mu<\operatorname{Re}\nu<\frac{3}{2} \qquad (15.3\text{b})\end{aligned}$$

以及

$$\begin{aligned}\mathscr{M}\{x^{\mu}\mathrm{J}_\mu(x)\} &= \frac{2^{\nu+\mu-1}}{\pi}\Gamma\left(\frac{\nu}{2}\right)\Gamma\left(\frac{\nu}{2}+\mu\right)\sin\frac{\nu\pi}{2} \qquad (15.4\text{a})\\ &= 2^{\nu+\mu-1}\frac{\Gamma(\mu+\nu/2)}{\Gamma(1-\nu/2)}, \qquad -2\mu<\operatorname{Re}\nu<-\mu+\frac{3}{2}. \qquad (15.4\text{b})\end{aligned}$$

或者更一般地，有

$$\begin{aligned}\mathscr{M}\{x^{\lambda}\mathrm{J}_\mu(x)\} &= \frac{2^{\nu+\lambda-1}}{\pi}\Gamma\left(\frac{\nu+\lambda+\mu}{2}\right)\Gamma\left(\frac{\nu+\lambda-\mu}{2}\right)\sin\frac{\nu+\lambda-\mu}{2}\pi \qquad (15.5\text{a})\\ &= 2^{\nu+\lambda-1}\frac{\Gamma((\nu+\lambda+\mu)/2)}{\Gamma(1+(\mu-\lambda-\nu)/2)}, \quad -\lambda-\mu<\operatorname{Re}\nu<-\lambda+\frac{3}{2}. \quad (15.5\text{b})\end{aligned}$$

特别是，当 $\lambda=-1/2$ 时，就有

$$\begin{aligned}\mathscr{M}\left\{x^{-1/2}\mathrm{J}_\mu(x)\right\} &= \frac{2^{\nu-3/2}}{\pi}\Gamma\left(\frac{\nu+\mu}{2}-\frac{1}{4}\right)\Gamma\left(\frac{\nu-\mu}{2}-\frac{1}{4}\right)\sin\left(\frac{\nu-\mu}{2}-\frac{1}{4}\right)\pi \quad (15.6\text{a})\\ &= 2^{\nu-3/2}\frac{\Gamma((\nu+\mu)/2-1/4)}{\Gamma((\mu-\nu)/2+5/4)}, \qquad -\mu+1/2<\operatorname{Re}\nu<2 \quad (15.6\text{b})\end{aligned}$$

以及

$$\begin{aligned}\mathscr{M}\{\mathrm{j}_\mu(x)\} &= \frac{2^{\nu-2}}{\sqrt{\pi}}\Gamma\left(\frac{\mu+\nu}{2}\right)\Gamma\left(\frac{\nu-\mu}{2}-\frac{1}{2}\right)\cos\frac{\nu-\mu}{2}\pi \qquad (15.7\text{a})\\ &= 2^{\nu-2}\frac{\sqrt{\pi}\,\Gamma((\nu+\mu)/2)}{\Gamma((\mu-\nu)/2+3/2)} \qquad -\mu+1/2<\operatorname{Re}\nu<2. \qquad (15.7\text{b})\end{aligned}$$

由 (15.3b) 式还能导出

$$\begin{aligned}\mathscr{M}\{\mathrm{J}_\mu(x)+\mathrm{J}_{-\mu}(x)\} &= \frac{2^{\nu-1}}{\pi}\Gamma\left(\frac{\nu+\mu}{2}\right)\Gamma\left(\frac{\nu-\mu}{2}\right)\left[\sin\left(\frac{\nu-\mu}{2}\right)\pi+\sin\left(\frac{\nu+\mu}{2}\right)\pi\right]\\ &= \frac{2^{\nu}}{\pi}\Gamma\left(\frac{\nu+\mu}{2}\right)\Gamma\left(\frac{\nu-\mu}{2}\right)\sin\frac{\nu\pi}{2}\cos\frac{\mu\pi}{2},\quad |\mu|<\mathrm{Re}\,\nu<\frac{3}{2},\end{aligned}\tag{15.8a}$$

$$\begin{aligned}\mathscr{M}\{\mathrm{J}_\mu(x)-\mathrm{J}_{-\mu}(x)\} &= \frac{2^{\nu-1}}{\pi}\Gamma\left(\frac{\nu+\mu}{2}\right)\Gamma\left(\frac{\nu-\mu}{2}\right)\left[\sin\left(\frac{\nu-\mu}{2}\right)\pi-\sin\left(\frac{\nu+\mu}{2}\right)\pi\right]\\ &= -\frac{2^{\nu}}{\pi}\Gamma\left(\frac{\nu+\mu}{2}\right)\Gamma\left(\frac{\nu-\mu}{2}\right)\cos\frac{\nu\pi}{2}\sin\frac{\mu\pi}{2},\quad |\mu|<\mathrm{Re}\,\nu<\frac{3}{2}.\end{aligned}\tag{15.8b}$$

例 15.3　对于 Neumann 函数，有

$$\begin{aligned}\mathscr{M}\{\mathrm{N}_\mu(x)\} &= \frac{\cos\mu\pi}{\sin\mu\pi}\mathscr{M}\{\mathrm{J}_\mu(x)\}-\frac{1}{\sin\mu\pi}\mathscr{M}\{\mathrm{J}_{-\mu}(x)\}\\ &= -\frac{2^{\nu-1}}{\pi}\Gamma\left(\frac{\nu+\mu}{2}\right)\Gamma\left(\frac{\nu-\mu}{2}\right)\cos\frac{\nu-\mu}{2}\pi,\quad |\mu|<\mathrm{Re}\,\nu<\frac{3}{2}.\end{aligned}\tag{15.9}$$

再利用表 14.1 中给出的基本性质，得

$$\mathscr{M}\{x^{\mu}\mathrm{N}_\mu(x)\} = -\frac{2^{\nu+\mu-1}}{\pi}\Gamma\left(\frac{\nu}{2}\right)\Gamma\left(\frac{\nu}{2}+\mu\right)\cos\frac{\nu\pi}{2},\qquad |\mu|-\mu<\mathrm{Re}\,\nu<\frac{3}{2}-\mu,\tag{15.10a}$$

$$\mathscr{M}\left\{x^{-\mu}\mathrm{N}_\mu(x)\right\} = -\frac{2^{\nu-\mu-1}}{\pi}\Gamma\left(\frac{\nu}{2}\right)\Gamma\left(\frac{\nu}{2}-\mu\right)\cos\left(\frac{\nu}{2}-\mu\right)\pi,\quad |\mu|+\mu<\mathrm{Re}\,\nu<\mu+\frac{3}{2}.\tag{15.10b}$$

例 15.4　将 (15.3) 与 (15.9) 两式组合，又能得到 Hankel 函数

$$\mathrm{H}_\mu^{(1)}(x)=\mathrm{J}_\mu(x)+\mathrm{i}\mathrm{N}_\mu(x)\quad 及\quad \mathrm{H}_\mu^{(2)}(x)=\mathrm{J}_\mu(x)-\mathrm{i}\mathrm{N}_\mu(x)$$

的 Mellin 变换：

$$\begin{aligned}\mathscr{M}\left\{\mathrm{H}_\mu^{(1)}(x)\right\} &= \frac{2^{\nu-1}}{\pi}\Gamma\left(\frac{\nu+\mu}{2}\right)\Gamma\left(\frac{\nu-\mu}{2}\right)\left(\sin\frac{\nu-\mu}{2}\pi-\mathrm{i}\cos\frac{\nu-\mu}{2}\pi\right)\\ &= \frac{2^{\nu-1}}{\pi\mathrm{i}}\Gamma\left(\frac{\nu+\mu}{2}\right)\Gamma\left(\frac{\nu-\mu}{2}\right)\mathrm{e}^{\mathrm{i}(\nu-\mu)\pi/2},\qquad |\mu|<\mathrm{Re}\,\nu<\frac{3}{2},\end{aligned}\tag{15.11}$$

$$\begin{aligned}\mathscr{M}\left\{\mathrm{H}_\mu^{(2)}(x)\right\} &= \frac{2^{\nu-1}}{\pi}\Gamma\left(\frac{\nu+\mu}{2}\right)\Gamma\left(\frac{\nu-\mu}{2}\right)\left(\sin\frac{\nu-\mu}{2}\pi+\mathrm{i}\cos\frac{\nu-\mu}{2}\pi\right)\\ &= -\frac{2^{\nu-1}}{\pi\mathrm{i}}\Gamma\left(\frac{\nu+\mu}{2}\right)\Gamma\left(\frac{\nu-\mu}{2}\right)\mathrm{e}^{-\mathrm{i}(\nu-\mu)\pi/2},\quad |\mu|<\mathrm{Re}\,\nu<\frac{3}{2}.\end{aligned}\tag{15.12}$$

将 (15.2) 与 (15.10b) 两式组合，或者直接由 (15.11) 和 (15.12) 两式，又可推出

$$\mathscr{M}\left\{x^{-\mu}\mathrm{H}_{\mu}^{(1)}(x)\right\}=\frac{1}{\pi\mathrm{i}}2^{\nu-\mu-1}\Gamma\left(\frac{\nu}{2}\right)\Gamma\left(\frac{\nu}{2}-\mu\right)\mathrm{e}^{-\mathrm{i}\pi(\mu-\nu/2)},\quad |\mu|+\mu<\mathrm{Re}\,\nu<\mu+\frac{3}{2},\tag{15.13}$$

$$\mathscr{M}\left\{x^{-\mu}\mathrm{H}_{\mu}^{(2)}(x)\right\}=-\frac{1}{\pi\mathrm{i}}2^{\nu-\mu-1}\Gamma\left(\frac{\nu}{2}\right)\Gamma\left(\frac{\nu}{2}-\mu\right)\mathrm{e}^{\mathrm{i}\pi(\mu-\nu/2)},\quad |\mu|+\mu<\mathrm{Re}\,\nu<\mu+\frac{3}{2}.\tag{15.14}$$

在以上的计算中均取 x 为实变数．当然相关的计算结果，不排除对一定辐角范围内的 x 也成立．特别是，通过解析延拓的办法，可以将实变数 x 延拓为纯虚数 $x\mathrm{e}^{\mathrm{i}\pi/2}$ (x 仍为实数)，从而又可得到一些新的性质．

以下我们纯粹形式地作解析延拓，关键性的有关积分解析性的证明从略．解析延拓的办法即是直接将 x 换成 $x\mathrm{e}^{\mathrm{i}\pi/2}$，即相当于假设沿正实轴的积分和沿正虚轴的积分相等，亦即

$$\int_0^{\infty}f\left(x\mathrm{e}^{\mathrm{i}\pi/2}\right)\left(x\mathrm{e}^{\mathrm{i}\pi/2}\right)^{\nu-1}\mathrm{e}^{\mathrm{i}\pi/2}\,\mathrm{d}x=\int_0^{\infty}f(x)\,x^{\nu-1}\,\mathrm{d}x,$$

因此

$$\mathscr{M}\{f\left(x\mathrm{e}^{\mathrm{i}\pi/2}\right)\}=\mathrm{e}^{-\mathrm{i}\pi\nu/2}\mathscr{M}\{f(x)\}.\tag{15.15}$$

当然，也可以由 Mellin 变换的逆变换作解析延拓．

例 15.5　按照这样的做法，我们就可以将 (15.13) 式作解析延拓：

$$\mathscr{M}\left\{\left(x\mathrm{e}^{\mathrm{i}\pi/2}\right)^{-\mu}\mathrm{H}_{\mu}^{(1)}\left(x\mathrm{e}^{\mathrm{i}\pi/2}\right)\right\}=\mathrm{e}^{-\mathrm{i}\pi\nu/2}\left[-\frac{\mathrm{i}}{\pi}2^{\nu-\mu-1}\Gamma\left(\frac{\nu}{2}\right)\Gamma\left(\frac{\nu}{2}-\mu\right)\mathrm{e}^{-\mathrm{i}\pi(\mu-\nu/2)}\right].$$

但对于实变量 x，有

$$\frac{\pi\mathrm{i}}{2}\mathrm{e}^{\mathrm{i}\pi\mu/2}\mathrm{H}_{\mu}^{(1)}\left(x\mathrm{e}^{\mathrm{i}\pi/2}\right)=\mathrm{K}_{\mu}(x),\tag{15.16}$$

其中 $\mathrm{K}_{\mu}(x)$为第二类虚宗量 Bessel 函数，所以这正好给出了 $\mathrm{K}_{\mu}(x)$ 的 Mellin 变换：

$$\mathscr{M}\left\{x^{-\mu}\mathrm{K}_{\mu}(x)\right\}=2^{\nu-\mu-2}\Gamma\left(\frac{\nu}{2}\right)\Gamma\left(\frac{\nu}{2}-\mu\right),\qquad \mathrm{Re}\,\nu>\max(0,2\mu).\tag{15.17}$$

由 $\mathrm{K}_{\mu}(x)$ 和第一类虚宗量 Bessel 函数

$$\mathrm{I}_{\mu}(x)\equiv\mathrm{e}^{-\mathrm{i}\mu\pi/2}\mathrm{J}_{\mu}\left(x\mathrm{e}^{\mathrm{i}\pi/2}\right)\tag{15.18}$$

的关系

$$\mathrm{K}_{\mu}(x)=\frac{\pi}{2\sin\mu\pi}\Big[\mathrm{I}_{-\mu}(x)-\mathrm{I}_{\mu}(x)\Big],\tag{15.19}$$

能够看出 $\mathrm{K}_{\mu}(x)$ 是 ν 的偶函数，所以又有

$$\mathscr{M}\{x^{\mu}\mathrm{K}_{\mu}(x)\}=2^{\nu+\mu-2}\Gamma\left(\frac{\nu}{2}\right)\Gamma\left(\frac{\nu}{2}+\mu\right),\qquad \mathrm{Re}\,\nu>\max(0,-2\mu).\tag{15.20}$$

由 (15.17) 式或 (15.20) 式还可以导出

$$\mathscr{M}\{\mathrm{K}_\mu(x)\} = 2^{\nu-2}\Gamma\left(\frac{\nu+\mu}{2}\right)\Gamma\left(\frac{\nu-\mu}{2}\right). \tag{15.21}$$

§15.2　柱函数乘积的 Mellin 变换

例 15.6　从例 15.2 中的 (15.2) 式出发，利用卷积公式 (14.31a)，就可以得到

$$\begin{aligned}\mathscr{M}\left\{\frac{\mathrm{J}_\lambda(x)}{x^\lambda}\frac{\mathrm{J}_\mu(x)}{x^\mu}\right\} &= \frac{2^{\nu-\lambda-\mu-2}}{2\pi\mathrm{i}}\int_{\sigma-\mathrm{i}\infty}^{\sigma+\mathrm{i}\infty}\frac{\Gamma(w/2)}{\Gamma(1+\lambda-w/2)}\frac{\Gamma((\nu-w)/2)}{\Gamma(1+\mu-(\nu-w)/2)}\,\mathrm{d}w\\ &= \frac{2^{\nu-\lambda-\mu-1}}{2\pi\mathrm{i}}\int_{2\sigma-\mathrm{i}\infty}^{2\sigma+\mathrm{i}\infty}\frac{\Gamma(w)}{\Gamma(1+\lambda-w)}\frac{\Gamma((\nu/2)-w)}{\Gamma(1+\mu+w-\nu/2)}\,\mathrm{d}w.\end{aligned}$$

计算出上式右端的积分 (见第十四章中的例 14.23，(14.50b) 式)，就得到

$$\mathscr{M}\left\{\frac{\mathrm{J}_\lambda(x)}{x^\lambda}\frac{\mathrm{J}_\mu(x)}{x^\mu}\right\} = \frac{2^{\nu-\lambda-\mu-1}\,\Gamma\left(\dfrac{\nu}{2}\right)\Gamma(1+\lambda+\mu-\nu)}{\Gamma\left(1+\lambda-\dfrac{\nu}{2}\right)\Gamma\left(1+\mu-\dfrac{\nu}{2}\right)\Gamma\left(1+\lambda+\mu-\dfrac{\nu}{2}\right)} \tag{15.22a}$$

$$\begin{aligned}&= \frac{2^{\nu-\lambda-\mu-1}}{\pi^3}\Gamma\left(\frac{\nu}{2}\right)\Gamma\left(\frac{\nu}{2}-\lambda\right)\Gamma\left(\frac{\nu}{2}-\mu\right)\Gamma\left(\frac{\nu}{2}-\lambda-\mu\right)\Gamma(1+\lambda+\mu-\nu)\\ &\quad\times\sin\left(\frac{\nu}{2}-\lambda\right)\pi\,\sin\left(\frac{\nu}{2}-\mu\right)\pi\,\sin\left(\frac{\nu}{2}-\lambda-\mu\right)\pi.\end{aligned} \tag{15.22b}$$

特别是取 $\nu=1$，得

$$\int_0^\infty \frac{\mathrm{J}_\lambda(x)}{x^\lambda}\frac{\mathrm{J}_\mu(x)}{x^\mu}\,\mathrm{d}x = \frac{\sqrt{\pi}}{2^{\lambda+\mu}}\frac{\Gamma(\lambda+\mu)}{\Gamma\left(\lambda+\dfrac{1}{2}\right)\Gamma\left(\mu+\dfrac{1}{2}\right)\Gamma\left(\lambda+\mu+\dfrac{1}{2}\right)}. \tag{15.22c}$$

又当 $\nu=2$ 时，有

$$\int_0^\infty \frac{\mathrm{J}_\lambda(x)}{x^\lambda}\frac{\mathrm{J}_\mu(x)}{x^\mu}x\,\mathrm{d}x = \frac{1}{2^{\lambda+\mu-1}}\frac{\Gamma(\lambda+\mu-1)}{\Gamma(\lambda)\Gamma(\mu)\Gamma(\lambda+\mu)}. \tag{15.22d}$$

例 15.7　由 (15.27) 式可以导出

$$\mathscr{M}\{\mathrm{J}_\lambda(x)\,\mathrm{J}_\mu(x)\} = \frac{2^{\nu-1}\,\Gamma\left(\dfrac{\nu+\lambda+\mu}{2}\right)\Gamma(1-\nu)}{\Gamma\left(1-\dfrac{\lambda-\mu+\nu}{2}\right)\Gamma\left(1-\dfrac{\mu-\lambda+\nu}{2}\right)\Gamma\left(1+\dfrac{\lambda+\mu-\nu}{2}\right)} \tag{15.23a}$$

$$\begin{aligned}&= \frac{2^{\nu-1}}{\pi^3}\Gamma(1-\nu)\Gamma\left(\frac{\nu+\lambda-\nu}{2}\right)\Gamma\left(\frac{\nu-\lambda+\nu}{2}\right)\Gamma\left(\frac{\nu-\lambda-\nu}{2}\right)\Gamma\left(\frac{\nu+\lambda+\nu}{2}\right)\\ &\quad\times\sin\frac{\nu+\lambda-\nu}{2}\pi\,\sin\frac{\nu-\lambda+\nu}{2}\pi\,\sin\frac{\nu-\lambda-\nu}{2}\pi.\end{aligned} \tag{15.23b}$$

特别是，当 $\lambda=\pm\mu$ 时，有

$$\mathscr{M}\{\mathrm{J}_\mu(x)\,\mathrm{J}_\mu(x)\}=\frac{1}{2\sqrt{\pi}}\frac{\Gamma\left(\dfrac{1-\nu}{2}\right)\Gamma\left(\mu+\dfrac{\nu}{2}\right)}{\Gamma\left(1-\dfrac{\nu}{2}\right)\Gamma\left(1+\mu-\dfrac{\nu}{2}\right)} \tag{15.24a}$$

$$=\frac{1}{2\pi^{5/2}}\Gamma\left(\frac{\nu}{2}\right)\Gamma\left(\frac{1-\nu}{2}\right)\Gamma\left(\frac{\nu}{2}+\mu\right)\Gamma\left(\frac{\nu}{2}-\mu\right)\sin\left(\frac{\nu}{2}-\mu\right)\pi\,\sin\frac{\nu\pi}{2}, \tag{15.24b}$$

$$\mathscr{M}\{\mathrm{J}_\mu(x)\,\mathrm{J}_{-\mu}(x)\}=\frac{1}{2\sqrt{\pi}}\frac{\Gamma\left(\dfrac{\nu}{2}\right)\Gamma\left(\dfrac{1-\nu}{2}\right)}{\Gamma\left(1+\mu-\dfrac{\nu}{2}\right)\Gamma\left(1-\mu-\dfrac{\nu}{2}\right)} \tag{15.25a}$$

$$=\frac{1}{2\pi^{5/2}}\Gamma\left(\frac{\nu}{2}\right)\Gamma\left(\frac{1-\nu}{2}\right)\Gamma\left(\frac{\nu}{2}+\mu\right)\Gamma\left(\frac{\nu}{2}-\mu\right)\sin\left(\frac{\nu}{2}+\mu\right)\pi\,\sin\left(\frac{\nu}{2}-\mu\right)\pi. \tag{15.25b}$$

在以上化简过程中，需要用到 Γ 函数的互余宗量定理以及倍乘公式.

例 15.8　由 (15.24) 与 (15.25) 两式又能推出

$$\mathscr{M}\{\mathrm{J}_\mu(x)\,\mathrm{N}_\mu(x)\}=\frac{\cos\mu\pi}{\sin\mu\pi}\mathscr{M}\{\mathrm{J}_\mu(x)\,\mathrm{J}_\mu(x)\}-\frac{1}{\sin\mu\pi}\mathscr{M}\{\mathrm{J}_\mu(x)\,\mathrm{J}_{-\mu}(x)\}$$

$$=-\frac{1}{2\pi^{5/2}}\Gamma\left(\frac{\nu}{2}\right)\Gamma\left(\frac{1-\nu}{2}\right)\Gamma\left(\frac{\nu}{2}+\mu\right)\Gamma\left(\frac{\nu}{2}-\mu\right)\sin\left(\frac{\nu}{2}-\mu\right)\pi\,\cos\frac{\nu\pi}{2}, \tag{15.26}$$

$$\mathscr{M}\{\mathrm{J}_{-\mu}(x)\,\mathrm{N}_\mu(x)\}=\frac{\cos\mu\pi}{\sin\mu\pi}\mathscr{M}\{\mathrm{J}_{-\mu}(x)\,\mathrm{J}_\mu(x)\}-\frac{1}{\sin\mu\pi}\mathscr{M}\{\mathrm{J}_{-\mu}(x)\,\mathrm{J}_{-\mu}(x)\}$$

$$=-\frac{1}{2\pi^{5/2}}\Gamma\left(\frac{\nu}{2}\right)\Gamma\left(\frac{1-\nu}{2}\right)\Gamma\left(\frac{\nu}{2}+\mu\right)\Gamma\left(\frac{\nu}{2}-\mu\right)\sin\left(\frac{\nu}{2}+\mu\right)\pi\,\cos\left(\frac{\nu}{2}-\mu\right)\pi, \tag{15.27}$$

因此

$$\mathscr{M}\{\mathrm{N}_\mu(x)\,\mathrm{N}_\mu(x)\}=\frac{\cos\mu\pi}{\sin\mu\pi}\mathscr{M}\{\mathrm{J}_\mu(x)\,\mathrm{N}_\mu(x)\}-\frac{1}{\sin\mu\pi}\mathscr{M}\{\mathrm{J}_{-\mu}(x)\,\mathrm{N}_\mu(x)\}$$

$$=\frac{1}{\pi^{5/2}}\Gamma\left(\frac{\nu}{2}\right)\Gamma\left(\frac{1-\nu}{2}\right)\Gamma\left(\frac{\nu}{2}+\mu\right)\Gamma\left(\frac{\nu}{2}-\mu\right)\left[\cos\mu\pi-\frac{1}{2}\sin\left(\frac{\nu}{2}-\mu\right)\pi\,\sin\frac{\nu\pi}{2}\right]. \tag{15.28}$$

例 15.9　结合 (15.24b) 和 (15.26) 两式，即得

$$\mathscr{M}\left\{\mathrm{J}_\mu(x)\mathrm{H}_\mu^{(1)}(x)\right\}=-\frac{\mathrm{i}\,\mathrm{e}^{\mathrm{i}\pi\nu/2}}{2\,\pi^{5/2}}\Gamma\left(\frac{\nu}{2}\right)\Gamma\left(\frac{1-\nu}{2}\right)\Gamma\left(\frac{\nu}{2}+\mu\right)\Gamma\left(\frac{\nu}{2}-\mu\right)\sin\left(\frac{\nu}{2}-\mu\right)\pi. \tag{15.29}$$

将 (15.24b) 和 (15.28) 两式相加、减，又能得出

$$\mathscr{M}\left\{\mathrm{H}_\mu^{(1)}(x)\,\mathrm{H}_\mu^{(2)}(x)\right\}\equiv\mathscr{M}\{\mathrm{J}_\mu(x)\mathrm{J}_\mu(x)+\mathrm{N}_\mu(x)\mathrm{N}_\mu(x)\}$$

$$= \frac{1}{\pi^{5/2}}\Gamma\left(\frac{\nu}{2}\right)\Gamma\left(\frac{1-\nu}{2}\right)\Gamma\left(\frac{\nu}{2}+\mu\right)\Gamma\left(\frac{\nu}{2}-\mu\right)\cos\mu\pi, \tag{15.30}$$

$$\mathscr{M}\{\mathrm{J}_\mu(x)\mathrm{J}_\mu(x)-\mathrm{N}_\mu(x)\mathrm{N}_\mu(x)\}$$

$$= -\frac{1}{\pi^{5/2}}\Gamma\left(\frac{\nu}{2}\right)\Gamma\left(\frac{1-\nu}{2}\right)\Gamma\left(\frac{\nu}{2}+\mu\right)\Gamma\left(\frac{\nu}{2}-\mu\right)\left[\cos\mu\pi-\sin\left(\frac{\nu}{2}-\mu\right)\pi\ \sin\frac{\nu\pi}{2}\right] \tag{15.31a}$$

$$= -\frac{1}{\pi^{5/2}}\Gamma\left(\frac{\nu}{2}\right)\Gamma\left(\frac{1-\nu}{2}\right)\Gamma\left(\frac{\nu}{2}+\mu\right)\Gamma\left(\frac{\nu}{2}-\mu\right)\cos\left(\frac{\nu}{2}-\mu\right)\pi\ \cos\frac{\nu\pi}{2}. \tag{15.31b}$$

例 15.10　考虑到

$$\sin x = \sqrt{\frac{\pi x}{2}}\mathrm{J}_{1/2}(x), \qquad \cos x = \sqrt{\frac{\pi x}{2}}\mathrm{J}_{-1/2}(x),$$

所以，在 (15.22) 式中分别令 $\lambda = \pm 1/2$，则有

$$\mathscr{M}\left\{\frac{\mathrm{J}_{1/2}(x)}{x^{1/2}}\frac{\mathrm{J}_\mu(x)}{x^\mu}\right\} = 2^{\nu-\mu-3/2}\frac{\Gamma(\nu/2)\Gamma(\mu-\nu+3/2)}{\Gamma((3-\nu)/2)\Gamma(1+\mu-\nu/2)\Gamma(\mu+(3-\nu)/2)},$$

$$\mathscr{M}\left\{\frac{\mathrm{J}_{-1/2}(x)}{x^{-1/2}}\frac{\mathrm{J}_\mu(x)}{x^\mu}\right\} = 2^{\nu-\mu-1/2}\frac{\Gamma(\nu/2)\Gamma(\mu-\nu+1/2)}{\Gamma((1-\nu)/2)\Gamma(1+\mu-\nu/2)\Gamma(\mu+(1-\nu)/2)},$$

从而就可以推出

$$\mathscr{M}\{\sin x\,\mathrm{J}_\mu(x)\} = 2^{\nu-1}\frac{\sqrt{\pi}\,\Gamma\left(\dfrac{\mu+\nu+1}{2}\right)\Gamma\left(-\nu+\dfrac{1}{2}\right)}{\Gamma\left(1-\dfrac{\mu+\nu}{2}\right)\Gamma\left(\dfrac{1+\mu-\nu}{2}\right)\Gamma\left(1+\dfrac{\mu-\nu}{2}\right)} \tag{15.32a}$$

$$= \frac{2^{-\nu}}{\sqrt{\pi}}\frac{\Gamma(\mu+\nu)\Gamma(-\nu+1/2)}{\Gamma(1+\mu-\nu)}\sin\frac{\mu+\nu}{2}\pi \tag{15.32b}$$

$$= \frac{2^{-\nu}}{\pi^{3/2}}\Gamma\left(\frac{1}{2}-\nu\right)\Gamma(\nu+\mu)\Gamma(\nu-\mu)\sin\frac{\mu+\nu}{2}\pi\ \sin(\nu-\mu)\pi, \tag{15.32c}$$

$$\mathscr{M}\{\cos x\,\mathrm{J}_\mu(x)\} = 2^{\nu-1}\frac{\sqrt{\pi}\,\Gamma\left(\dfrac{\mu+\nu}{2}\right)\Gamma\left(-\nu+\dfrac{1}{2}\right)}{\Gamma\left(\dfrac{1-\mu-\nu}{2}\right)\Gamma\left(1+\dfrac{\mu-\nu}{2}\right)\Gamma\left(\dfrac{1+\mu-\nu}{2}\right)} \tag{15.33a}$$

$$= \frac{2^{-\nu}}{\sqrt{\pi}}\frac{\Gamma(\mu+\nu)\Gamma(-\nu+1/2)}{\Gamma(1+\mu-\nu)}\cos\frac{\mu+\nu}{2}\pi \tag{15.33b}$$

$$= \frac{2^{-\nu}}{\pi^{3/2}}\Gamma\left(\frac{1}{2}-\nu\right)\Gamma(\nu+\mu)\Gamma(\nu-\mu)\cos\frac{\mu+\nu}{2}\pi\ \sin(\nu-\mu)\pi. \tag{15.33c}$$

进一步作线性组合，即得

$$\mathscr{M}\{\mathrm{e}^{\mathrm{i}x}\,\mathrm{J}_\mu(x)\} = \frac{2^{-\nu}}{\sqrt{\pi}}\frac{\Gamma(\mu+\nu)\Gamma(-\nu+1/2)}{\Gamma(1+\mu-\nu)}\mathrm{e}^{\mathrm{i}(\mu+\nu)\pi/2} \tag{15.34a}$$

$$= \frac{2^{-\nu}}{\pi^{3/2}}\Gamma\left(\frac{1}{2}-\nu\right)\Gamma(\nu+\mu)\Gamma(\nu-\mu)\,\mathrm{e}^{\mathrm{i}(\mu+\nu)\pi/2}\sin(\nu-\mu)\pi. \tag{15.34b}$$

类似地，可以求得

$$\begin{aligned}\mathscr{M}\{\sin x\,\mathrm{N}_\mu(x)\} &= \frac{\cos\mu\pi}{\sin\mu\pi}\mathscr{M}\{\sin x\,\mathrm{J}_\mu(x)\} - \frac{1}{\sin\mu\pi}\mathscr{M}\{\sin x\,\mathrm{J}_{-\mu}(x)\}\\ &= \frac{2^{-\nu}}{\pi^{3/2}}\Gamma\left(\frac{1}{2}-\nu\right)\Gamma(\nu+\mu)\Gamma(\nu-\mu)\sin^2\frac{\nu-\mu}{2}\pi\,\sin\frac{\nu+\mu}{2}\pi,\end{aligned} \tag{15.35}$$

$$\begin{aligned}\mathscr{M}\{\cos x\,\mathrm{N}_\mu(x)\} &= \frac{\cos\mu\pi}{\cos\mu\pi}\mathscr{M}\{\cos x\,\mathrm{J}_\mu(x)\} - \frac{1}{\sin\mu\pi}\mathscr{M}\{\sin x\,\mathrm{J}_{-\mu}(x)\}\\ &= -\frac{2^{-\nu}}{\pi^{3/2}}\Gamma\left(\frac{1}{2}-\nu\right)\Gamma(\nu+\mu)\Gamma(\nu-\mu)\cos^2\frac{\nu-\mu}{2}\pi\,\cos\frac{\nu+\mu}{2}\pi.\end{aligned} \tag{15.36}$$

在此基础上又可以推出

$$\begin{aligned}&\mathscr{M}\{\sin x\,\mathrm{J}_\mu(x) + \cos x\,\mathrm{N}_\mu(x)\}\\ &\quad= -\frac{2^{1-\nu}}{\pi^{3/2}}\Gamma\left(\frac{1}{2}-\nu\right)\Gamma(\nu+\mu)\Gamma(\nu-\mu)\cos\nu\pi\,\cos\frac{\nu-\mu}{2}\pi,\end{aligned} \tag{15.37}$$

$$\begin{aligned}&\mathscr{M}\{\sin x\,\mathrm{J}_\mu(x) - \cos x\,\mathrm{N}_\mu(x)\}\\ &\quad= \frac{2^{1-\nu}}{\pi^{3/2}}\Gamma\left(\frac{1}{2}-\nu\right)\Gamma(\nu+\mu)\Gamma(\nu-\mu)\cos\mu\pi\,\cos\frac{\nu-\mu}{2}\pi,\end{aligned} \tag{15.38}$$

$$\begin{aligned}&\mathscr{M}\{\sin x\,\mathrm{N}_\mu(x) + \cos x\,\mathrm{J}_\mu(x)\}\\ &\quad= \frac{2^{1-\nu}}{\pi^{3/2}}\Gamma\left(\frac{1}{2}-\nu\right)\Gamma(\nu+\mu)\Gamma(\nu-\mu)\cos\mu\pi\,\sin\frac{\nu-\mu}{2}\pi,\end{aligned} \tag{15.39}$$

$$\begin{aligned}&\mathscr{M}\{\sin x\,\mathrm{N}_\mu(x) - \cos x\,\mathrm{J}_\mu(x)\}\\ &\quad= -\frac{2^{1-\nu}}{\pi^{3/2}}\Gamma\left(\frac{1}{2}-\nu\right)\Gamma(\nu+\mu)\Gamma(\nu-\mu)\cos\nu\pi\,\sin\frac{\nu-\mu}{2}\pi.\end{aligned} \tag{15.40}$$

例 15.11 由 (15.32b) 和 (15.33b) 两式，有

$$\begin{aligned}\mathscr{M}\left\{\mathrm{e}^{-\mathrm{i}x}\mathrm{J}_\mu(x)\right\} &= \frac{2^{-\nu}}{\sqrt{\pi}}\frac{\Gamma(-\nu+1/2)\Gamma(\nu+\mu)}{\Gamma(1-\nu+\mu)}\mathrm{e}^{-\mathrm{i}(\nu+\mu)\pi/2}\\ &= \frac{2^{-\nu}}{\pi^{3/2}}\Gamma(-\nu+1/2)\Gamma(\nu+\mu)\Gamma(\nu-\mu)\,\mathrm{e}^{-\mathrm{i}(\nu+\mu)\pi/2}\sin(\nu-\mu)\pi,\end{aligned} \tag{15.41}$$

$$\begin{aligned}\mathscr{M}\left\{\mathrm{e}^{-\mathrm{i}x}\mathrm{J}_{-\mu}(x)\right\} &= \frac{2^{-\nu}}{\sqrt{\pi}}\frac{\Gamma(-\nu+1/2)\,\Gamma(\nu-\mu)}{\Gamma(1-\nu-\mu)}\mathrm{e}^{-\mathrm{i}(\nu-\mu)\pi/2}\\ &= \frac{2^{-\nu}}{\pi^{3/2}}\Gamma(-\nu+1/2)\,\Gamma(\nu+\mu)\,\Gamma(\nu-\mu)\,\mathrm{e}^{-\mathrm{i}(\nu-\mu)\pi/2}\sin(\nu+\mu)\pi. \qquad (15.42)\end{aligned}$$

再由

$$\mathrm{H}_\mu^{(1)}(x) = \mathrm{J}_\mu(x) + \mathrm{i}\,\frac{\cos\mu\pi\mathrm{J}_\mu(x) - \mathrm{J}_{-\mu}(x)}{\sin\mu\pi} = \frac{\mathrm{i}}{\sin\mu\pi}\left[\mathrm{e}^{-\mathrm{i}\mu\pi}\mathrm{J}_\mu(x) - \mathrm{J}_{-\mu}(x)\right],$$

所以

$$\begin{aligned}\mathscr{M}\left\{\mathrm{e}^{-\mathrm{i}x}\mathrm{H}_\mu^{(1)}(x)\right\} &= \frac{\mathrm{i}}{\sin\mu\pi}\frac{2^{-\nu}}{\pi^{3/2}}\Gamma(-\nu+1/2)\,\Gamma(\nu+\mu)\,\Gamma(\nu-\mu)\\ &\quad\times\left[\mathrm{e}^{-\mathrm{i}\mu\pi}\mathrm{e}^{-\mathrm{i}(\nu+\mu)\pi/2}\sin(\nu-\mu)\pi - \mathrm{e}^{-\mathrm{i}(\nu-\mu)\pi/2}\sin(\nu+\mu)\pi\right]\\ &= \frac{\mathrm{i}}{\sin\mu\pi}\frac{2^{-\nu}}{\pi^{3/2}}\mathrm{e}^{\mathrm{i}(\nu-\mu)\pi/2}\Gamma(-\nu+1/2)\,\Gamma(\nu+\mu)\,\Gamma(\nu-\mu)\\ &\quad\times\left[\mathrm{e}^{-\mathrm{i}(\nu+\mu)\pi}\sin(\nu-\mu)\pi - \mathrm{e}^{-\mathrm{i}(\nu-\mu)\pi}\sin(\nu+\mu)\pi\right]\\ &= -\frac{\mathrm{i}\,2^{1-\nu}}{\pi^{3/2}}\mathrm{e}^{\mathrm{i}(\nu-\mu)\pi/2}\Gamma\left(\frac{1}{2}-\nu\right)\Gamma(\nu+\mu)\,\Gamma(\nu-\mu)\cos\mu\pi. \qquad (15.43)\end{aligned}$$

例 15.12 更进一步，根据 Mellin 变换的卷积公式，由 (15.17) 式还可得到

$$\begin{aligned}&\mathscr{M}\left\{\frac{\mathrm{K}_\lambda(x)}{x^\lambda}\frac{\mathrm{K}_\mu(x)}{x^\mu}\right\}\\ &\quad= \frac{2^{\nu-\lambda-\mu-4}}{2\pi\mathrm{i}}\int_{\sigma-\mathrm{i}\infty}^{\sigma+\mathrm{i}\infty}\Gamma\left(\frac{w}{2}\right)\Gamma\left(-\lambda+\frac{w}{2}\right)\Gamma\left(\frac{\nu-w}{2}\right)\Gamma\left(-\mu+\frac{\nu-w}{2}\right)\mathrm{d}w\\ &\quad= \frac{2^{\nu-\lambda-\mu-3}}{2\pi\mathrm{i}}\int_{2\sigma-\mathrm{i}\infty}^{2\sigma+\mathrm{i}\infty}\Gamma(w)\,\Gamma(-\lambda+w)\,\Gamma\left(\frac{\nu}{2}-w\right)\Gamma\left(\frac{\nu}{2}-\mu-w\right)\mathrm{d}w.\end{aligned}$$

计算出上式右端的积分 (见第十四章例 14.22 中的 (14.49b) 式)，即得

$$\begin{aligned}\mathscr{M}\left\{\frac{\mathrm{K}_\lambda(x)}{x^\lambda}\frac{\mathrm{K}_\mu(x)}{x^\mu}\right\} &= \frac{2^{\nu-\lambda-\mu-3}}{\pi}\Gamma\left(\frac{\nu}{2}\right)\Gamma\left(\frac{\nu}{2}-\lambda\right)\Gamma\left(\frac{\nu}{2}-\mu\right)\Gamma\left(\frac{\nu}{2}-\lambda-\mu\right)\\ &\quad\times\Gamma(1-\nu+\lambda+\mu)\sin(\nu-\lambda-\mu)\pi. \qquad (15.44)\end{aligned}$$

由此式还能进一步推出

$$\mathscr{M}\{\mathrm{K}_\lambda(x)\mathrm{K}_\mu(x)\} = \frac{2^{\nu-3}}{\Gamma(\nu)}\Gamma\left(\frac{\nu+\lambda+\mu}{2}\right)\Gamma\left(\frac{\nu-\lambda+\mu}{2}\right)\Gamma\left(\frac{\nu+\lambda-\mu}{2}\right)\Gamma\left(\frac{\nu-\lambda-\mu}{2}\right), \qquad (15.45)$$

$$\mathscr{M}\{\mathrm{K}_\mu(x)\mathrm{K}_\mu(x)\} = \frac{2^{\nu-3}}{\Gamma(\nu)}\Gamma\left(\frac{\nu}{2}+\mu\right)\Gamma\left(\frac{\nu}{2}\right)\Gamma\left(\frac{\nu}{2}\right)\Gamma\left(\frac{\nu}{2}-\mu\right) \qquad (15.46a)$$

$$= \frac{1}{4\sqrt{\pi}}\,\Gamma\left(\frac{\nu}{2}\right)\Gamma\left(\frac{1-\nu}{2}\right)\Gamma\left(\frac{\nu}{2}+\mu\right)\Gamma\left(\frac{\nu}{2}-\mu\right)\cos\frac{\nu\pi}{2}. \tag{15.46b}$$

在 (15.44) — (15.46) 式中特别可以取 $\nu=1$，从而得到积分

$$\int_0^\infty \frac{\mathrm{K}_\lambda(x)}{x^\lambda}\frac{\mathrm{K}_\mu(x)}{x^\mu}\,\mathrm{d}x = 2^{-(\lambda+\mu+2)}\sqrt{\pi}\,\frac{\Gamma(-\lambda+1/2)\,\Gamma(-\mu+1/2)\,\Gamma(-\lambda-\mu+1/2)}{\Gamma(1-\lambda-\mu)}, \tag{15.47}$$

$$\int_0^\infty \mathrm{K}_\lambda(x)\,\mathrm{K}_\mu(x)\,\mathrm{d}x = \frac{\pi^2}{4}\,\frac{1}{\cos(\lambda+\mu)\pi/2\ \cos(\lambda-\mu)\pi/2}, \tag{15.48}$$

$$\int_0^\infty \mathrm{K}_\mu(x)\,\mathrm{K}_\mu(x)\,\mathrm{d}x = \frac{\pi^2}{4}\,\frac{1}{\cos\mu\pi}. \tag{15.49}$$

例 15.13 同样，由 (15.2a) 和 (15.17) 两式，又可以得到

$$\begin{aligned}\mathscr{M}\left\{\frac{\mathrm{J}_\mu(x)}{x^\mu}\frac{\mathrm{K}_\mu(x)}{x^\mu}\right\} &= \frac{2^{\nu-2\mu-3}}{2\pi\mathrm{i}}\int_{\sigma-\mathrm{i}\infty}^{\sigma+\mathrm{i}\infty}\Gamma\left(\frac{w}{2}\right)\Gamma\left(\frac{w}{2}-\mu\right)\frac{\Gamma((\nu-w)/2)}{\Gamma(1+\mu-(\nu-w)/2)}\,\mathrm{d}w \\ &= \frac{2^{\nu-2\mu-2}}{2\pi\mathrm{i}}\int_{2\sigma-\mathrm{i}\infty}^{2\sigma+\mathrm{i}\infty}\frac{\Gamma(w)\,\Gamma(w-\mu)\,\Gamma((\nu/2)-w)}{\Gamma(1+\mu-(\nu/2)+w)}\,\mathrm{d}w \\ &= 2^{\nu-2\mu-3}\frac{\Gamma(\nu/4)\,\Gamma(-\mu+\nu/2)}{\Gamma(1+\mu-\nu/4)} \qquad (15.50\text{a}) \\ &= \frac{2^{\nu-2\mu-3}}{\pi}\Gamma\left(\frac{\nu}{4}\right)\Gamma\left(\frac{\nu}{4}-\mu\right)\Gamma\left(\frac{\nu}{2}-\mu\right)\sin\left(\frac{\nu}{4}-\mu\right)\pi. \qquad (15.50\text{b})\end{aligned}$$

在上面的计算中，用到了上一章的 (14.52) 式.

由 (15.50) 式可以得到

$$\begin{aligned}\mathscr{M}\{\mathrm{J}_\mu(x)\mathrm{K}_\mu(x)\} &= 2^{\nu-3}\frac{\Gamma((\nu+2\mu)/4)\,\Gamma(\nu/2)}{\Gamma(1-(\nu-2\mu)/4)} \qquad (15.51\text{a}) \\ &= \frac{2^{\nu-3}}{\pi}\Gamma\left(\frac{\nu}{2}\right)\Gamma\left(\frac{\nu}{4}+\frac{\mu}{2}\right)\Gamma\left(\frac{\nu}{4}-\frac{\mu}{2}\right)\sin\left(\frac{\nu}{4}-\frac{\mu}{2}\right)\pi \qquad (15.51\text{b})\end{aligned}$$

以及

$$\begin{aligned}\mathscr{M}\{x^\mu\mathrm{J}_\mu(x)\cdot x^\mu\mathrm{K}_\mu(x)\} &= 2^{\nu+2\mu-3}\frac{\Gamma(\mu+\nu/4)\,\Gamma(\mu+\nu/2)}{\Gamma(1-\nu/4)} \qquad (15.52\text{a}) \\ &= \frac{2^{\nu+2\mu-3}}{\pi}\Gamma\left(\frac{\nu}{4}\right)\Gamma\left(\frac{\nu}{2}+\mu\right)\Gamma\left(\frac{\nu}{4}+\mu\right)\sin\frac{\nu\pi}{4}. \qquad (15.52\text{b})\end{aligned}$$

由此式出发，又能导出

$$\begin{aligned}
&\mathscr{M}\{x^\mu \mathrm{N}_\mu(x)\cdot x^\mu \mathrm{K}_\mu(x)\}\\
&=\frac{\cos\mu\pi}{\sin\mu\pi}\mathscr{M}\{x^\mu \mathrm{J}_\mu(x)\cdot x^\mu \mathrm{K}_\mu(x)\}-\frac{1}{\sin\mu\pi}\mathscr{M}\{x^\mu \mathrm{J}_{-\mu}(x)\cdot x^\mu \mathrm{K}_\mu(x)\}\\
&=\frac{\cos\mu\pi}{\sin\mu\pi}\mathscr{M}\{x^\mu \mathrm{J}_\mu(x)\cdot x^\mu \mathrm{K}_\mu(x)\}-\frac{1}{\sin\mu\pi}\mathscr{M}\{x^\mu \mathrm{J}_{-\mu}(x)\cdot x^\mu \mathrm{K}_{-\mu}(x)\}\\
&=\frac{\cos\mu\pi}{\sin\mu\pi}\mathscr{M}\{x^\mu \mathrm{J}_\mu(x)\cdot x^\mu \mathrm{K}_\mu(x)\}-\frac{1}{\sin\mu\pi}\mathscr{M}\left\{\frac{\mathrm{J}_{-\mu}(x)}{x^{-\mu}}\frac{\mathrm{K}_{-\mu}(x)}{x^{-\mu}}\right\}\\
&=-\frac{2^{\nu+2\mu-3}}{\pi}\Gamma\left(\frac{\nu}{2}+\mu\right)\Gamma\left(\frac{\nu}{4}\right)\Gamma\left(\frac{\nu}{4}+\mu\right)\cos\frac{\nu\pi}{4}. \qquad (15.53)
\end{aligned}$$

更进一步，还能推出

$$\mathscr{M}\{\mathrm{N}_\mu(x)\mathrm{K}_\mu(x)\}=-\frac{2^{\nu-3}}{\pi}\Gamma\left(\frac{\nu}{2}\right)\Gamma\left(\frac{\nu}{4}+\frac{\mu}{2}\right)\Gamma\left(\frac{\nu}{4}-\frac{\mu}{2}\right)\cos\left(\frac{\nu}{4}-\frac{\mu}{2}\right)\pi, \qquad (15.54)$$

$$\mathscr{M}\left\{\frac{\mathrm{N}_\mu(x)}{x^\mu}\frac{\mathrm{K}_\mu(x)}{x^\mu}\right\}=-\frac{2^{\nu-2\mu-3}}{\pi}\Gamma\left(\frac{\nu}{2}-\mu\right)\Gamma\left(\frac{\nu}{4}\right)\Gamma\left(\frac{\nu}{4}-\mu\right)\cos\left(\frac{\nu}{4}-\mu\right)\pi. \qquad (15.55)$$

将 (15.51b) 和 (15.54) 两式组合，又给出

$$\mathscr{M}\left\{\mathrm{H}_\mu^{(1)}(x)\mathrm{K}_\mu(x)\right\}=\frac{2^{\nu-3}}{\pi\mathrm{i}}\Gamma\left(\frac{\nu}{2}\right)\Gamma\left(\frac{\nu}{4}+\frac{\mu}{2}\right)\Gamma\left(\frac{\nu}{4}-\frac{\mu}{2}\right)\mathrm{e}^{\mathrm{i}\nu\pi/4}\mathrm{e}^{-\mathrm{i}\mu\pi/2}. \qquad (15.56)$$

例 15.14 也可将 (15.34) 式作解析延拓，

$$\mathscr{M}\left\{\mathrm{e}^{-x}\,\mathrm{J}_\mu\left(x\mathrm{e}^{\mathrm{i}\pi/2}\right)\right\}=\mathrm{e}^{-\mathrm{i}\pi\nu/2}\left[\frac{2^{-\nu}}{\sqrt{\pi}}\frac{\Gamma(\mu+\nu)\,\Gamma(-\nu+1/2)}{\Gamma(1+\mu-\nu)}\mathrm{e}^{\mathrm{i}(\mu+\nu)\pi/2}\right].$$

利用 (15.18) 式，就得到 $\mathrm{e}^{-x}\,\mathrm{I}_\mu(x)$ 的 Mellin 变换，

$$\mathscr{M}\{\mathrm{e}^{-x}\,\mathrm{I}_\mu(x)\}=\frac{2^{-\nu}}{\pi^{3/2}}\Gamma\left(\frac{1}{2}-\nu\right)\Gamma(\nu+\mu)\,\Gamma(\nu-\mu)\sin(\nu-\mu)\pi. \qquad (15.57)$$

再对 (15.29) 式作解析延拓，

$$\begin{aligned}
&\mathscr{M}\left\{\mathrm{J}_\mu\left(x\mathrm{e}^{\mathrm{i}\pi/2}\right)\mathrm{H}_\mu^{(1)}\left(x\mathrm{e}^{\mathrm{i}\pi/2}\right)\right\}\\
&\quad=\mathrm{e}^{-\mathrm{i}\pi\nu/2}\left[-\frac{\mathrm{i}}{2\pi^{3/2}}\mathrm{e}^{\mathrm{i}\pi\nu/2}\frac{\Gamma(\mu+\nu/2)\,\Gamma(\nu/2)\,\Gamma((1-\nu)/2)}{\Gamma(1+\mu-\nu/2)}\right].
\end{aligned}$$

根据 (15.16) 及 (15.18) 两式，就可以将此结果改写为 $\mathrm{I}_\mu(x)\mathrm{K}_\mu(x)$ 的 Mellin 变换

$$\begin{aligned}
\mathscr{M}\{\mathrm{I}_\mu(x)\mathrm{K}_\mu(x)\}&=\frac{1}{4\sqrt{\pi}}\frac{\Gamma(\mu+\nu/2)\,\Gamma(\nu/2)\,\Gamma((1-\nu)/2)}{\Gamma(1+\mu-\nu/2)} \qquad (15.58\text{a})\\
&=\frac{1}{4\pi^{3/2}}\Gamma\left(\frac{\nu}{2}\right)\Gamma\left(\frac{1-\nu}{2}\right)\Gamma\left(\frac{\nu}{2}+\mu\right)\Gamma\left(\frac{\nu}{2}-\mu\right)\sin\left(\frac{\nu}{2}-\mu\right)\pi. \qquad (15.58\text{b})
\end{aligned}$$

还可以对 (15.43) 式作解析延拓，即

$$\mathscr{M}\left\{\mathrm{e}^{x}\mathrm{H}_{\mu}^{(1)}\left(x\mathrm{e}^{\mathrm{i}\pi/2}\right)\right\}$$
$$=\mathrm{e}^{-\mathrm{i}\pi\nu/2}\left[-\frac{\mathrm{i}\cos\mu\pi}{\pi^{3/2}}2^{1-\nu}\,\mathrm{e}^{\mathrm{i}(\nu-\mu)\pi/2}\Gamma\left(\frac{1}{2}-\nu\right)\Gamma\left(\nu+\mu\right)\Gamma\left(\nu-\mu\right)\right].$$

利用 (15.16) 式即可化为 $\mathrm{e}^{x}\mathrm{K}_{\mu}(x)$ 的 Mellin 变换

$$\mathscr{M}\{\mathrm{e}^{x}\mathrm{K}_{\mu}(x)\}=\frac{2^{-\nu}}{\sqrt{\pi}}\Gamma\left(\frac{1}{2}-\nu\right)\Gamma\left(\nu+\mu\right)\Gamma\left(\nu-\mu\right)\cos\mu\pi. \tag{15.59}$$

例 15.15 也可对 (15.56) 式作解析延拓，得

$$\mathscr{M}\left\{\mathrm{K}_{\mu}\left(x\mathrm{e}^{\mathrm{i}\pi/4}\right)\mathrm{H}_{\mu}^{(1)}\left(x\mathrm{e}^{\mathrm{i}\pi/4}\right)\right\}=\frac{2^{\nu-3}}{\pi\mathrm{i}}\Gamma\left(\frac{\nu}{2}\right)\Gamma\left(\frac{\nu}{4}+\frac{\mu}{2}\right)\Gamma\left(\frac{\nu}{4}-\frac{\mu}{2}\right)\mathrm{e}^{-\mathrm{i}\mu\pi/2}. \tag{15.60}$$

又因为

$$\mathrm{K}_{\mu}\left(x\mathrm{e}^{-\mathrm{i}\pi/4}\right)=\frac{\pi\mathrm{i}}{2}\mathrm{e}^{\mathrm{i}\mu\pi/2}\mathrm{H}_{\mu}^{(1)}\left(x\mathrm{e}^{\mathrm{i}\pi/4}\right),$$

所以

$$\begin{aligned}\mathscr{M}\left\{\mathrm{K}_{\mu}\left(x\mathrm{e}^{\mathrm{i}\pi/4}\right)\mathrm{K}_{\mu}\left(x\mathrm{e}^{-\mathrm{i}\pi/4}\right)\right\}&=\frac{\pi\mathrm{i}}{2}\mathrm{e}^{\mathrm{i}\mu\pi/2}\mathscr{M}\left\{\mathrm{K}_{\mu}\left(x\mathrm{e}^{\mathrm{i}\pi/4}\right)\mathrm{H}_{\mu}^{(1)}\left(x\mathrm{e}^{\mathrm{i}\pi/4}\right)\right\}\\&=2^{\nu-4}\Gamma\left(\frac{\nu}{2}\right)\Gamma\left(\frac{\nu}{4}+\frac{\mu}{2}\right)\Gamma\left(\frac{\nu}{4}-\frac{\mu}{2}\right).\end{aligned} \tag{15.61}$$

再介绍两个涉及柱函数的积分，它们实际上也是给出了相应的 Mellin 变换.

例 15.16 计算积分 $I=\displaystyle\int_{0}^{\infty}\frac{\mathrm{J}_{\mu}\left(\alpha\sqrt{x^{2}+z^{2}}\right)}{\left(x^{2}+z^{2}\right)^{\mu/2}}\,x^{2\lambda+1}\,\mathrm{d}x.$

解 令 $x^{2}+z^{2}=t^{2}$，则原积分化为

$$I=\int_{z}^{\infty}\frac{\mathrm{J}_{\mu}(\alpha t)}{t^{\mu}}\left(t^{2}-z^{2}\right)^{\lambda}t\,\mathrm{d}t=z^{2\lambda+2-\mu}\int_{1}^{\infty}x^{1-\mu}\,\mathrm{J}_{\mu}(\alpha zx)\left(x^{2}-1\right)^{\lambda}\mathrm{d}x.$$

在表 14.2 中可以查得

$$\mathscr{M}\left\{\left(x^{2}-1\right)^{\lambda}\eta(x-1)\right\}=\frac{1}{2\pi}\Gamma\left(\lambda+1\right)\Gamma\left(\frac{\nu}{2}\right)\Gamma\left(-\frac{\nu}{2}-\lambda\right)\sin\frac{\nu\pi}{2}.$$

另一方面，由 (15.1c) 式，结合 Mellin 变换的基本性质 (见表 14.1)，又能求得

$$\mathscr{M}\left\{x^{1-\mu}\mathrm{J}_{\mu}(\alpha zx)\right\}=(\alpha z)^{\mu-\nu-1}\frac{2^{\nu-\mu}}{\pi}\Gamma\left(\frac{\nu+1}{2}\right)\Gamma\left(\frac{\nu+1}{2}-\mu\right)\sin\left(\frac{\nu+1}{2}-\mu\right)\pi,$$

所以有

$$I=\frac{z^{2\lambda+2-\mu}}{2\pi\mathrm{i}}\frac{\Gamma\left(\lambda+1\right)}{2\pi}\int_{\sigma-\mathrm{i}\infty}^{\sigma+\mathrm{i}\infty}\Gamma\left(-\frac{1-\nu}{2}-\lambda\right)\Gamma\left(\frac{1-\nu}{2}\right)\sin\frac{1-\nu}{2}\pi$$

$$\times (\alpha z)^{\mu-\nu-1}\frac{2^{\nu-\mu}}{\pi}\Gamma\left(\frac{\nu+1}{2}\right)\Gamma\left(\frac{\nu+1}{2}-\mu\right)\sin\left(\frac{\nu+1}{2}-\mu\right)\pi\,\mathrm{d}\nu$$

$$=\Gamma(\lambda+1)\,\frac{z^{2\lambda+2-\mu}}{2\pi\mathrm{i}}\int_{\sigma-\mathrm{i}\infty}^{\sigma+\mathrm{i}\infty}\frac{2^{\nu-\mu-1}}{\pi}\Gamma\left(\frac{\nu-1}{2}-\lambda\right)\Gamma\left(\frac{\nu+1}{2}-\mu\right)$$

$$\times\sin\left(\frac{\nu+1}{2}-\mu\right)\pi\,\frac{\mathrm{d}\nu}{(\alpha z)^{\nu+1-\mu}}.$$

作代换 $\nu'=\nu+1-\mu$，即得

$$I=\Gamma(\lambda+1)\,\frac{z^{2\lambda+2-\mu}}{2\pi\mathrm{i}}\int_{\sigma'-\mathrm{i}\infty}^{\sigma'+\mathrm{i}\infty}\frac{2^{\nu'-2}}{\pi}\Gamma\left(\frac{\nu'+\mu}{2}-\lambda-1\right)\Gamma\left(\frac{\nu'-\mu}{2}\right)\sin\frac{\nu'-\mu}{2}\pi\,\frac{\mathrm{d}\nu'}{(\alpha z)^{\nu'}}$$

$$=2^{\lambda}\Gamma(\lambda+1)\,z^{2\lambda+2-\mu}(\alpha z)^{-\lambda-1}\mathrm{J}_{\mu-\lambda-1}(\alpha z).\tag{15.62}$$

可以将这个积分看成函数 $\dfrac{\mathrm{J}_{\mu}\left(\alpha\sqrt{x^2+z^2}\right)}{\left(x^2+z^2\right)^{\mu/2}}$ 的 Mellin 变换：

$$\mathscr{M}\left\{\frac{\mathrm{J}_{\mu}\left(\alpha\sqrt{x^2+z^2}\right)}{\left(x^2+z^2\right)^{\mu/2}}\right\}=\Gamma\left(\frac{\nu}{2}\right)\frac{z^{-\mu}}{2}\left(\frac{2z}{\alpha}\right)^{\nu/2}\mathrm{J}_{\mu-\nu/2}(\alpha z).\tag{15.63}$$

例 15.17 计算积分 $I=\displaystyle\int_0^{\infty}\frac{\mathrm{K}_{\mu}\left(\alpha\sqrt{x^2+z^2}\right)}{\left(x^2+z^2\right)^{\mu/2}}\,x^{2\lambda+1}\,\mathrm{d}x.$

解 完全类似于例 15.16，可将原积分化为

$$I=z^{2\mu+2-\lambda}\int_1^{\infty}x^{1-\mu}\,\mathrm{K}_{\mu}(\alpha zx)\left(x^2-1\right)^{\lambda}\mathrm{d}x$$

$$=\frac{z^{2\lambda+2-\mu}}{2\pi\mathrm{i}}\,\frac{\Gamma(\lambda+1)}{2\pi}\int_{\sigma-\mathrm{i}\infty}^{\sigma+\mathrm{i}\infty}\Gamma\left(-\frac{1-\nu}{2}-\lambda\right)\Gamma\left(\frac{1-\nu}{2}\right)\sin\frac{1-\nu}{2}\pi$$

$$\times(\alpha z)^{\mu-\nu-1}2^{\nu-\mu-1}\Gamma\left(\frac{\nu+1}{2}\right)\Gamma\left(\frac{\nu+1}{2}-\mu\right)\mathrm{d}\nu$$

$$=\Gamma(\lambda+1)\,\frac{z^{2\lambda+2-\mu}}{2\pi\mathrm{i}}\int_{\sigma-\mathrm{i}\infty}^{\sigma+\mathrm{i}\infty}2^{\nu-\mu-2}\Gamma\left(\frac{\nu-1}{2}-\lambda\right)\Gamma\left(\frac{\nu+1}{2}-\mu\right)\frac{\mathrm{d}\nu}{(\alpha z)^{\nu+1-\mu}}.$$

作代换 $\nu'=\nu+1-\mu$，即得

$$I=\Gamma(\lambda+1)\,\frac{z^{2\lambda+2-\mu}}{2\pi\mathrm{i}}\int_{\sigma'-\mathrm{i}\infty}^{\sigma'+\mathrm{i}\infty}2^{\nu'-3}\Gamma\left(\frac{\nu'+\mu}{2}-\lambda-1\right)\Gamma\left(\frac{\nu'-\mu}{2}\right)\frac{\mathrm{d}\nu'}{(\alpha z)^{\nu'}}$$

$$=2^{\lambda}\Gamma(\lambda+1)\,z^{2\lambda+2-\mu}(\alpha z)^{-\lambda-1}\mathrm{K}_{\mu-\lambda-1}(\alpha z).\tag{15.64}$$

在以上计算中用到了

$$\mathscr{M}\left\{x^{1-\mu}\mathrm{K}_{\mu}(\alpha zx)\right\}=(\alpha z)^{\mu-\nu-1}2^{\nu-\mu-1}\Gamma\left(\frac{\nu+1}{2}\right)\Gamma\left(\frac{\nu+1}{2}-\mu\right).$$

同样可以将 (15.64) 式看成是函数 $\dfrac{\mathrm{K}_\mu\left(\alpha\sqrt{x^2+z^2}\right)}{\left(x^2+z^2\right)^{\mu/2}}$ 的 Mellin 变换：

$$\mathscr{M}\left\{\frac{\mathrm{K}_\mu\left(\alpha\sqrt{x^2+z^2}\right)}{\left(x^2+z^2\right)^{\mu/2}}\right\}=\frac{z^{-\mu}\,\Gamma\left(\nu/2\right)}{2}\left(\frac{2z}{\alpha}\right)^{\nu/2}\mathrm{K}_{\mu-\nu/2}(\alpha z). \tag{15.65}$$

再计算一个同时含有 Legendre 多项式及 Bessel 函数的积分.

例 15.18　计算积分 $\displaystyle\int_0^\infty \frac{x}{\left(1+x^2\right)^n}\,\mathrm{P}_{n-1}\left(\frac{1-x^2}{1+x^2}\right)\mathrm{J}_0(ax)\,\mathrm{d}x$.

解　利用 (15.3a) 式以及上一章的 (14.28) 式，再结合表 14.1 中给出的 Mellin 变换基本性质，即可写出

$$\mathscr{M}\{x\,\mathrm{J}_0(ax)\}=2^\nu a^{-\nu-1}\frac{\Gamma\left((1+\nu)/2\right)}{\Gamma\left((1-\nu)/2\right)},$$

$$\mathscr{M}\left\{\frac{1}{\left(1+x^2\right)^n}\,\mathrm{P}_{n-1}\left(\frac{1-x^2}{1+x^2}\right)\right\}=\frac{1}{2}\left[\frac{\Gamma\left(n-\nu/2\right)}{\Gamma\left(n\right)}\right]^2\frac{\Gamma\left(\nu/2\right)}{\Gamma\left(1-\nu/2\right)},$$

所以

$$\begin{aligned}&\int_0^\infty \frac{x}{\left(1+x^2\right)^n}\,\mathrm{P}_{n-1}\left(\frac{1-x^2}{1+x^2}\right)\mathrm{J}_0(ax)\,\mathrm{d}x\\&\quad=\frac{1}{2\pi\mathrm{i}}\left[\frac{1}{\Gamma\left(n\right)}\right]^2\int_{\sigma-\mathrm{i}\infty}^{\sigma+\mathrm{i}\infty}2^{\nu-1}a^{-\nu-1}\Gamma\left(n-\frac{1-\nu}{2}\right)\Gamma\left(n-\frac{1-\nu}{2}\right)\mathrm{d}\nu.\end{aligned}$$

作变换 $\nu+2n-1=\nu'$，就能得到

$$\begin{aligned}&\int_0^\infty \frac{x}{\left(1+x^2\right)^n}\,\mathrm{P}_{n-1}\left(\frac{1-x^2}{1+x^2}\right)\mathrm{J}_0(ax)\,\mathrm{d}x\\&\quad=\frac{1}{2\pi\mathrm{i}}\left[\frac{1}{\Gamma\left(n\right)}\right]^2\int_{\sigma'-\mathrm{i}\infty}^{\sigma'+\mathrm{i}\infty}2^{\nu'-n}a^{2n-2}\Gamma\left(\frac{\nu'}{2}\right)\Gamma\left(\frac{\nu'}{2}\right)\frac{\mathrm{d}\nu'}{a^{\nu'}}\\&\quad=\left[\frac{1}{\Gamma\left(n\right)}\right]^2\left(\frac{a}{2}\right)^{2n-2}\mathrm{K}_0(a).\end{aligned} \tag{15.66}$$

§15.3　导致柱函数的初等函数 Mellin 变换

例 15.19　求 $\mathscr{M}\left\{\mathrm{e}^{-b^2x}\mathrm{e}^{-a^2/x}\right\}$.

解　由表 14.2 可以检得 $\mathscr{M}\left\{\mathrm{e}^{-b^2x}\right\}=b^{-2\nu}\Gamma\left(\nu\right)$，所以，根据 (14.34) 式，有

$$\mathscr{M}\left\{\mathrm{e}^{-b^2x}\mathrm{e}^{-a^2/x}\right\}=\frac{1}{2\pi\mathrm{i}}\int_{\sigma-\mathrm{i}\infty}^{\sigma+\mathrm{i}\infty}a^{-2\mu}\Gamma\left(\mu\right)\cdot b^{-2\mu-2\nu}\Gamma\left(\mu+\nu\right)\mathrm{d}\mu.$$

作变换 $2\mu=\mu'-\nu$，即可得到

$$\begin{aligned}\mathscr{M}\left\{\mathrm{e}^{-b^2x}\mathrm{e}^{-a^2/x}\right\}&=\frac{1}{2\pi\mathrm{i}}\left(\frac{a}{b}\right)^{\nu}\frac{1}{2}\int_{\sigma'-\mathrm{i}\infty}^{\sigma'+\mathrm{i}\infty}\Gamma\left(\frac{\mu'-\nu}{2}\right)\Gamma\left(\frac{\mu'+\nu}{2}\right)\frac{\mathrm{d}\mu'}{(ab)^{\mu'}}\\&=2\left(\frac{a}{b}\right)^{\nu}\mathrm{K}_{\nu}(2ab).\end{aligned}\tag{15.67}$$

例 15.20 求 $\mathscr{M}\left\{\mathrm{e}^{\mathrm{i}b^2x}\mathrm{e}^{\pm\mathrm{i}a^2/x}\right\}$.

解 因为$\mathscr{M}\left\{\mathrm{e}^{\pm\mathrm{i}b^2x}\right\}=b^{-2\nu}\Gamma(\nu)\,\mathrm{e}^{\pm\mathrm{i}\nu\pi/2}$，所以仿照例 15.19 的做法，就能求得

$$\begin{aligned}\mathscr{M}\left\{\mathrm{e}^{\mathrm{i}b^2x}\mathrm{e}^{\mathrm{i}a^2/x}\right\}&=\frac{1}{2\pi\mathrm{i}}\int_{\sigma-\mathrm{i}\infty}^{\sigma+\mathrm{i}\infty}a^{-2\mu}\Gamma(\mu)\,\mathrm{e}^{\mathrm{i}\mu\pi/2}\cdot b^{-2\mu-2\nu}\Gamma(\mu+\nu)\,\mathrm{e}^{\mathrm{i}(\mu+\nu)\pi/2}\,\mathrm{d}\mu\\&=\frac{1}{2\pi\mathrm{i}}\left(\frac{a}{b}\right)^{\nu}\frac{1}{2}\int_{\sigma'-\mathrm{i}\infty}^{\sigma'+\mathrm{i}\infty}\Gamma\left(\frac{\mu'-\nu}{2}\right)\Gamma\left(\frac{\mu'+\nu}{2}\right)\mathrm{e}^{\mathrm{i}\mu'\pi/2}\frac{\mathrm{d}\mu'}{(ab)^{\mu'}}\\&=\pi\mathrm{i}\left(\frac{a}{b}\right)^{\nu}\mathrm{e}^{\mathrm{i}\nu\pi/2}\mathrm{H}_{\nu}^{(1)}(2ab),\end{aligned}\tag{15.68}$$

$$\begin{aligned}\mathscr{M}\left\{\mathrm{e}^{\mathrm{i}b^2x}\mathrm{e}^{-\mathrm{i}a^2/x}\right\}&=\frac{1}{2\pi\mathrm{i}}\int_{\sigma-\mathrm{i}\infty}^{\sigma+\mathrm{i}\infty}a^{-2\mu}\Gamma(\mu)\,\mathrm{e}^{\mathrm{i}\mu\pi/2}\cdot b^{-2\mu-2\nu}\Gamma(\mu+\nu)\,\mathrm{e}^{-\mathrm{i}(\mu+\nu)\pi/2}\,\mathrm{d}\mu\\&=\frac{1}{2\pi\mathrm{i}}\left(\frac{a}{b}\right)^{\nu}\frac{1}{2}\int_{\sigma'-\mathrm{i}\infty}^{\sigma'+\mathrm{i}\infty}\Gamma\left(\frac{\mu'-\nu}{2}\right)\Gamma\left(\frac{\mu'+\nu}{2}\right)\mathrm{e}^{-\mathrm{i}\nu\pi/2}\frac{\mathrm{d}\mu'}{(ab)^{\mu'}}\\&=2\left(\frac{a}{b}\right)^{\nu}\mathrm{e}^{-\mathrm{i}\nu\pi/2}\mathrm{K}_{\nu}(2ab).\end{aligned}\tag{15.69}$$

例 15.21 在作 Mellin 变换时，当然可以先将 ν 看成实变量，计算出积分后再作解析延拓. 按照这一做法，我们就能根据例 15.20 的结果导出

$$\mathscr{M}\left\{\sin\left(\frac{a^2}{x}+b^2x\right)\right\}=\pi\left(\frac{a}{b}\right)^{\nu}\left[\mathrm{J}_{\nu}(2ab)\cos\frac{\nu\pi}{2}-\mathrm{N}_{\nu}(2ab)\sin\frac{\nu\pi}{2}\right],\tag{15.70}$$

$$\mathscr{M}\left\{\sin\left(\frac{a^2}{x}-b^2x\right)\right\}=-2\left(\frac{a}{b}\right)^{\nu}\mathrm{K}_{\nu}(2ab)\sin\frac{\nu\pi}{2},\tag{15.71}$$

$$\mathscr{M}\left\{\cos\left(\frac{a^2}{x}+b^2x\right)\right\}=-\pi\left(\frac{a}{b}\right)^{\nu}\left[\mathrm{J}_{\nu}(2ab)\sin\frac{\nu\pi}{2}+\mathrm{N}_{\nu}(2ab)\cos\frac{\nu\pi}{2}\right],\tag{15.72}$$

$$\mathscr{M}\left\{\cos\left(\frac{a^2}{x}-b^2x\right)\right\}=2\left(\frac{a}{b}\right)^{\nu}\mathrm{K}_{\nu}(2ab)\cos\frac{\nu\pi}{2}.\tag{15.73}$$

由此还可以进一步得到

$$\begin{aligned}&\mathscr{M}\left\{\sin\frac{a^2}{x}\sin b^2x\right\}\\&\quad=\left(\frac{a}{b}\right)^{\nu}\left\{\mathrm{K}_{\nu}(2ab)\cos\frac{\nu\pi}{2}+\frac{\pi}{2}\left[\mathrm{J}_{\nu}(2ab)\sin\frac{\nu\pi}{2}+\mathrm{N}_{\nu}(2ab)\cos\frac{\nu\pi}{2}\right]\right\},\end{aligned}\tag{15.74}$$

$$\mathscr{M}\left\{\sin\frac{a^2}{x}\cos b^2x\right\}$$
$$=\left(\frac{a}{b}\right)^{\nu}\left\{\mathrm{K}_{\nu}(2ab)\sin\frac{\nu\pi}{2}+\frac{\pi}{2}\left[\mathrm{J}_{\nu}(2ab)\cos\frac{\nu\pi}{2}-\mathrm{N}_{\nu}(2ab)\sin\frac{\nu\pi}{2}\right]\right\}, \tag{15.75}$$

$$\mathscr{M}\left\{\cos\frac{a^2}{x}\sin b^2x\right\}$$
$$=\left(\frac{a}{b}\right)^{\nu}\left\{-\mathrm{K}_{\nu}(2ab)\sin\frac{\nu\pi}{2}+\frac{\pi}{2}\left[\mathrm{J}_{\nu}(2ab)\cos\frac{\nu\pi}{2}-\mathrm{N}_{\nu}(2ab)\sin\frac{\nu\pi}{2}\right]\right\}, \tag{15.76}$$

$$\mathscr{M}\left\{\cos\frac{a^2}{x}\cos b^2x\right\}$$
$$=\left(\frac{a}{b}\right)^{\nu}\left\{\mathrm{K}_{\nu}(2ab)\cos\frac{\nu\pi}{2}-\frac{\pi}{2}\left[\mathrm{J}_{\nu}(2ab)\sin\frac{\nu\pi}{2}+\mathrm{N}_{\nu}(2ab)\cos\frac{\nu\pi}{2}\right]\right\}. \tag{15.77}$$

☞ **讨论** 在 (15.70) — (15.77) 式中代入一些特殊的 ν 值，还可以得到一些有意思的积分. 例如，令 $\nu=1$，就能得到

$$\int_0^{\infty}\sin\left(\frac{a^2}{x}+b^2x\right)\mathrm{d}x=-\pi\left(\frac{a}{b}\right)\mathrm{N}_1(2ab), \tag{15.78}$$

$$\int_0^{\infty}\sin\left(\frac{a^2}{x}-b^2x\right)\mathrm{d}x=-2\left(\frac{a}{b}\right)\mathrm{K}_1(2ab), \tag{15.79}$$

$$\int_0^{\infty}\cos\left(\frac{a^2}{x}+b^2x\right)\mathrm{d}x=-\pi\left(\frac{a}{b}\right)\mathrm{J}_1(2ab), \tag{15.80}$$

$$\int_0^{\infty}\cos\left(\frac{a^2}{x}-b^2x\right)\mathrm{d}x=0; \tag{15.81}$$

$$\int_0^{\infty}\sin\frac{a^2}{x}\,\sin b^2x\,\mathrm{d}x=\frac{\pi}{2}\frac{a}{b}\mathrm{J}_1(2ab), \tag{15.82}$$

$$\int_0^{\infty}\cos\frac{a^2}{x}\,\cos b^2x\,\mathrm{d}x=-\frac{\pi}{2}\frac{a}{b}\mathrm{J}_1(2ab), \tag{15.83}$$

$$\int_0^{\infty}\sin\frac{a^2}{x}\,\cos b^2x\,\mathrm{d}x=-\frac{a}{b}\left[\mathrm{K}_1(2ab)+\frac{\pi}{2}\mathrm{N}_1(2ab)\right], \tag{15.84}$$

$$\int_0^{\infty}\cos\frac{a^2}{x}\,\sin b^2x\,\mathrm{d}x=\frac{a}{b}\left[\mathrm{K}_1(2ab)-\frac{\pi}{2}\mathrm{N}_1(2ab)\right]. \tag{15.85}$$

或者令 $\nu=0$，则有

$$\int_0^{\infty}\sin\left(\frac{a^2}{x}+b^2x\right)\frac{\mathrm{d}x}{x}=\pi\mathrm{J}_0(2ab), \tag{15.86}$$

$$\int_0^{\infty}\sin\left(\frac{a^2}{x}-b^2x\right)\frac{\mathrm{d}x}{x}=0, \tag{15.87}$$

$$\int_0^{\infty}\cos\left(\frac{a^2}{x}+b^2x\right)\frac{\mathrm{d}x}{x}=-\pi\mathrm{N}_0(2ab), \tag{15.88}$$

$$\int_0^{\infty}\cos\left(\frac{a^2}{x}-b^2x\right)\frac{\mathrm{d}x}{x}=2\mathrm{K}_0(2ab); \tag{15.89}$$

$$\int_0^\infty \sin\frac{a^2}{x}\,\sin b^2x\,\frac{\mathrm{d}x}{x} = \mathrm{K}_0(2ab) + \frac{\pi}{2}\mathrm{N}_0(2ab), \tag{15.90}$$

$$\int_0^\infty \sin\frac{a^2}{x}\,\cos b^2x\,\frac{\mathrm{d}x}{x} = \frac{\pi}{2}\mathrm{J}_0(2ab), \tag{15.91}$$

$$\int_0^\infty \cos\frac{a^2}{x}\,\sin b^2x\,\frac{\mathrm{d}x}{x} = \frac{\pi}{2}\mathrm{J}_0(2ab), \tag{15.92}$$

$$\int_0^\infty \cos\frac{a^2}{x}\,\cos b^2x\,\frac{\mathrm{d}x}{x} = \mathrm{K}_0(2ab) - \frac{\pi}{2}\mathrm{N}_0(2ab). \tag{15.93}$$

例 15.22　从 (15.70) — (15.73) 式出发，应用 Mellin 变换的基本性质 (见表 14.1)，又可导出

$$\mathscr{M}\left\{\sin\left(\frac{a^2}{x^\alpha}+b^2x^\alpha\right)\right\} = \frac{\pi}{\alpha}\left(\frac{a}{b}\right)^{\nu/\alpha}\left[\mathrm{J}_{\nu/\alpha}(2ab)\cos\frac{\nu\pi}{2\alpha} - \mathrm{N}_{\nu/\alpha}(2ab)\sin\frac{\nu\pi}{2\alpha}\right], \tag{15.94}$$

$$\mathscr{M}\left\{\sin\left(\frac{a^2}{x^\alpha}-b^2x^\alpha\right)\right\} = -\frac{2}{\alpha}\left(\frac{a}{b}\right)^{\nu/\alpha}\mathrm{K}_{\nu/\alpha}(2ab)\sin\frac{\nu\pi}{2\alpha}, \tag{15.95}$$

$$\mathscr{M}\left\{\cos\left(\frac{a^2}{x^\alpha}+b^2x^\alpha\right)\right\} = -\frac{\pi}{\alpha}\left(\frac{a}{b}\right)^{\nu/\alpha}\left[\mathrm{J}_{\nu/\alpha}(2ab)\sin\frac{\nu\pi}{2\alpha} + \mathrm{N}_{\nu/\alpha}(2ab)\cos\frac{\nu\pi}{2\alpha}\right], \tag{15.96}$$

$$\mathscr{M}\left\{\cos\left(\frac{a^2}{x^\alpha}-b^2x^\alpha\right)\right\} = \frac{2}{\alpha}\left(\frac{a}{b}\right)^{\nu/\alpha}\mathrm{K}_{\nu/\alpha}(2ab)\cos\frac{\nu\pi}{2\alpha}. \tag{15.97}$$

同样，由 (15.74) — (15.77) 式也可得到

$$\begin{aligned}\mathscr{M}\left\{\sin\frac{a^2}{x^\alpha}\sin b^2x^\alpha\right\} &= \frac{1}{\alpha}\left(\frac{a}{b}\right)^{\nu/\alpha}\left\{\mathrm{K}_{\nu/\alpha}(2ab)\cos\frac{\nu\pi}{2\alpha}\right.\\ &\qquad\left.+\frac{\pi}{2}\left[\mathrm{J}_{\nu/\alpha}2ab)\sin\frac{\nu\pi}{2\alpha} + \mathrm{N}_{\nu/\alpha}(2ab)\cos\frac{\nu\pi}{2\alpha}\right]\right\},\end{aligned} \tag{15.98}$$

$$\begin{aligned}\mathscr{M}\left\{\sin\frac{a^2}{x^\alpha}\cos b^2x^\alpha\right\} &= \frac{1}{\alpha}\left(\frac{a}{b}\right)^{\nu/\alpha}\left\{\mathrm{K}_{\nu/\alpha}(2ab)\sin\frac{\nu\pi}{2\alpha}\right.\\ &\qquad\left.+\frac{\pi}{2}\left[\mathrm{J}_{\nu/\alpha}(2ab)\cos\frac{\nu\pi}{2\alpha} - \mathrm{N}_{\nu/\alpha}(2ab)\sin\frac{\nu\pi}{2\alpha}\right]\right\},\end{aligned} \tag{15.99}$$

$$\begin{aligned}\mathscr{M}\left\{\cos\frac{a^2}{x^\alpha}\sin b^2x^\alpha\right\} &= \frac{1}{\alpha}\left(\frac{a}{b}\right)^{\nu/\alpha}\left\{-\mathrm{K}_{\nu/\alpha}(2ab)\sin\frac{\nu\pi}{2\alpha}\right.\\ &\qquad\left.+\frac{\pi}{2}\left[\mathrm{J}_{\nu/\alpha}(2ab)\cos\frac{\nu\pi}{2\alpha} - \mathrm{N}_{\nu/\alpha}(2ab)\sin\frac{\nu\pi}{2\alpha}\right]\right\},\end{aligned} \tag{15.100}$$

$$\begin{aligned}\mathscr{M}\left\{\cos\frac{a^2}{x^\alpha}\cos b^2x^\alpha\right\} &= \frac{1}{\alpha}\left(\frac{a}{b}\right)^{\nu/\alpha}\left\{\mathrm{K}_{\nu/\alpha}(2ab)\cos\frac{\nu\pi}{2\alpha}\right.\\ &\qquad\left.-\frac{\pi}{2}\left[\mathrm{J}_{\nu/\alpha}(2ab)\sin\frac{\nu\pi}{2\alpha} + \mathrm{N}_{\nu/\alpha}(2ab)\cos\frac{\nu\pi}{2\alpha}\right]\right\}.\end{aligned} \tag{15.101}$$

这些结果也可由 (15.94) — (15.97) 式相加、减而得.

在 (15.94) — (15.101) 式中还可以代入特殊的 α 值. 例如，令 $\alpha=2$，就得到

$$\mathscr{M}\left\{\sin\left(\frac{a^2}{x^2}+b^2x^2\right)\right\}=\frac{\pi}{2}\left(\frac{a}{b}\right)^{\nu/2}\left[\mathrm{J}_{\nu/2}(2ab)\cos\frac{\nu\pi}{4}-\mathrm{N}_{\nu/2}(2ab)\sin\frac{\nu\pi}{4}\right], \tag{15.102}$$

$$\mathscr{M}\left\{\sin\left(\frac{a^2}{x^2}-b^2x^2\right)\right\}=-\left(\frac{a}{b}\right)^{\nu/2}\mathrm{K}_{\nu/2}(2ab)\sin\frac{\nu\pi}{4}, \tag{15.103}$$

$$\mathscr{M}\left\{\cos\left(\frac{a^2}{x^2}+b^2x^2\right)\right\}=-\frac{\pi}{2}\left(\frac{a}{b}\right)^{\nu/2}\left[\mathrm{J}_{\nu/2}(2ab)\sin\frac{\nu\pi}{4}+\mathrm{N}_{\nu/2}(2ab)\cos\frac{\nu\pi}{4}\right], \tag{15.104}$$

$$\mathscr{M}\left\{\cos\left(\frac{a^2}{x^2}-b^2x^2\right)\right\}=\left(\frac{a}{b}\right)^{\nu/2}\mathrm{K}_{\nu/2}(2ab)\cos\frac{\nu\pi}{4}; \tag{15.105}$$

$$\begin{aligned}\mathscr{M}\left\{\sin\frac{a^2}{x^2}\,\sin b^2x^2\right\}=&\frac{1}{2}\left(\frac{a}{b}\right)^{\nu/2}\left\{\mathrm{K}_{\nu/2}(2ab)\cos\frac{\nu\pi}{4}\right.\\&\left.+\frac{\pi}{2}\left[\mathrm{J}_{\nu/2}(2ab)\sin\frac{\nu\pi}{4}+\mathrm{N}_{\nu/2}(2ab)\cos\frac{\nu\pi}{4}\right]\right\},\end{aligned} \tag{15.106}$$

$$\begin{aligned}\mathscr{M}\left\{\sin\frac{a^2}{x^2}\,\cos b^2x^2\right\}=&\frac{1}{2}\left(\frac{a}{b}\right)^{\nu/2}\left\{\mathrm{K}_{\nu/2}(2ab)\sin\frac{\nu\pi}{4}\right.\\&\left.+\frac{\pi}{2}\left[\mathrm{J}_{\nu/2}(2ab)\cos\frac{\nu\pi}{4}-\mathrm{N}_{\nu/2}(2ab)\sin\frac{\nu\pi}{4}\right]\right\},\end{aligned} \tag{15.107}$$

$$\begin{aligned}\mathscr{M}\left\{\cos\frac{a^2}{x^2}\,\sin b^2x^2\right\}=&\frac{1}{2}\left(\frac{a}{b}\right)^{\nu/2}\left\{-\mathrm{K}_{\nu/2}(2ab)\sin\frac{\nu\pi}{4}\right.\\&\left.+\frac{\pi}{2}\left[\mathrm{J}_{\nu/2}(2ab)\cos\frac{\nu\pi}{4}-\mathrm{N}_{\nu/2}(2ab)\sin\frac{\nu\pi}{4}\right]\right\},\end{aligned} \tag{15.108}$$

$$\begin{aligned}\mathscr{M}\left\{\cos\frac{a^2}{x^2}\,\cos b^2x^2\right\}=&\frac{1}{2}\left(\frac{a}{b}\right)^{\nu/2}\left\{\mathrm{K}_{\nu/2}(2ab)\cos\frac{\nu\pi}{4}\right.\\&\left.-\frac{\pi}{2}\left[\mathrm{J}_{\nu/2}(2ab)\sin\frac{\nu\pi}{4}+\mathrm{N}_{\nu/2}(2ab)\cos\frac{\nu\pi}{4}\right]\right\}.\end{aligned} \tag{15.109}$$

☞ **讨论** 在 (15.102) — (15.109) 式中代入 $\nu=0$，就能得到

$$\int_0^\infty\sin\left(\frac{a^2}{x^2}+b^2x^2\right)\frac{\mathrm{d}x}{x}=\frac{\pi}{2}\mathrm{J}_0(2ab), \tag{15.110}$$

$$\int_0^\infty\sin\left(\frac{a^2}{x^2}-b^2x^2\right)\frac{\mathrm{d}x}{x}=0, \tag{15.111}$$

$$\int_0^\infty\cos\left(\frac{a^2}{x^2}+b^2x^2\right)\frac{\mathrm{d}x}{x}=-\frac{\pi}{2}\mathrm{N}_0(2ab), \tag{15.112}$$

$$\int_0^\infty\cos\left(\frac{a^2}{x^2}-b^2x^2\right)\frac{\mathrm{d}x}{x}=\mathrm{K}_0(2ab); \tag{15.113}$$

$$\int_0^\infty\sin\frac{a^2}{x^2}\,\sin b^2x^2\,\frac{\mathrm{d}x}{x}=\frac{1}{2}\mathrm{K}_0(2ab)+\frac{\pi}{4}\mathrm{N}_0(2ab), \tag{15.114}$$

$$\int_0^\infty \sin\frac{a^2}{x^2}\cos b^2x^2\,\frac{\mathrm{d}x}{x}=\frac{\pi}{4}\,\mathrm{J}_0(2ab),\tag{15.115}$$

$$\int_0^\infty \cos\frac{a^2}{x^2}\sin b^2x^2\,\frac{\mathrm{d}x}{x}=\frac{\pi}{4}\,\mathrm{J}_0(2ab),\tag{15.116}$$

$$\int_0^\infty \cos\frac{a^2}{x^2}\cos b^2x^2\,\frac{\mathrm{d}x}{x}=\frac{1}{2}\,\mathrm{K}_0(2ab)-\frac{\pi}{4}\,\mathrm{N}_0(2ab).\tag{15.117}$$

例 15.23 在 (15.102) — (15.109) 式中代入 $\nu=1$，得到的结果中将出现 $\pm 1/2$ 阶柱函数及虚宗量柱函数，且均为初等函数：

$$\int_0^\infty \sin\left(a^2x^2+\frac{b^2}{x^2}\right)\mathrm{d}x=\frac{\sqrt{2\pi}}{4a}\big(\cos 2ab+\sin 2ab\big),\tag{15.118}$$

$$\int_0^\infty \cos\left(a^2x^2+\frac{b^2}{x^2}\right)\mathrm{d}x=\frac{\sqrt{2\pi}}{4a}\big(\cos 2ab-\sin 2ab\big),\tag{15.119}$$

$$\int_0^\infty \sin\left(a^2x^2-\frac{b^2}{x^2}\right)\mathrm{d}x=\frac{\sqrt{2\pi}}{4a}\mathrm{e}^{-2ab},\tag{15.120}$$

$$\int_0^\infty \cos\left(a^2x^2-\frac{b^2}{x^2}\right)\mathrm{d}x=\frac{\sqrt{2\pi}}{4a}\mathrm{e}^{-2ab};\tag{15.121}$$

$$\int_0^\infty \sin\frac{a^2}{x^2}\sin b^2x^2\,\mathrm{d}x=\frac{1}{4b}\sqrt{\frac{\pi}{2}}\left(\sin 2ab-\cos 2ab+\mathrm{e}^{-2ab}\right),\tag{15.122}$$

$$\int_0^\infty \sin\frac{a^2}{x^2}\cos b^2x^2\,\mathrm{d}x=\frac{1}{4b}\sqrt{\frac{\pi}{2}}\left(\sin 2ab+\cos 2ab-\mathrm{e}^{-2ab}\right),\tag{15.123}$$

$$\int_0^\infty \cos\frac{a^2}{x^2}\sin b^2x^2\,\mathrm{d}x=\frac{1}{4b}\sqrt{\frac{\pi}{2}}\left(\sin 2ab+\cos 2ab+\mathrm{e}^{-2ab}\right),\tag{15.124}$$

$$\int_0^\infty \cos\frac{a^2}{x^2}\cos b^2x^2\,\mathrm{d}x=\frac{1}{4b}\sqrt{\frac{\pi}{2}}\left(\cos 2ab-\sin 2ab+\mathrm{e}^{-2ab}\right).\tag{15.125}$$

将 (15.122) — (15.125) 式加以组合，又可以给出一些新的积分公式：

$$\int_0^\infty \sin\left(a^2x^2-2ab+\frac{b^2}{x^2}\right)\mathrm{d}x=\frac{\sqrt{2\pi}}{4a},\tag{15.126}$$

$$\int_0^\infty \cos\left(a^2x^2-2ab+\frac{b^2}{x^2}\right)\mathrm{d}x=\frac{\sqrt{2\pi}}{4a},\tag{15.127}$$

$$\int_0^\infty \sin\left(a^2x^2+2ab+\frac{b^2}{x^2}\right)\mathrm{d}x=\frac{\sqrt{2\pi}}{4a}\big[\cos 4ab+\sin 4ab\big],\tag{15.128}$$

$$\int_0^\infty \cos\left(a^2x^2+2ab+\frac{b^2}{x^2}\right)\mathrm{d}x=\frac{\sqrt{2\pi}}{4a}\big[\cos 4ab-\sin 4ab\big].\tag{15.129}$$

例 15.24 将例 15.23 中的结果作变量变换 $x=1/t$，同时将 a 和 b 对换，或

者在 (15.94) — (15.101) 诸式中代入 $\nu=-1$，就得到下列诸式：

$$\int_0^\infty \sin\left(\frac{a^2}{x^2}+b^2x^2\right)\frac{\mathrm{d}x}{x^2}=\frac{1}{2a}\sqrt{\frac{\pi}{2}}\left(\sin 2ab+\cos 2ab\right), \tag{15.130}$$

$$\int_0^\infty \cos\left(\frac{a^2}{x^2}+b^2x^2\right)\frac{\mathrm{d}x}{x^2}=\frac{1}{2a}\sqrt{\frac{\pi}{2}}\left(\cos 2ab-\sin 2ab\right), \tag{15.131}$$

$$\int_0^\infty \sin\left(\frac{a^2}{x^2}-b^2x^2\right)\frac{\mathrm{d}x}{x^2}=-\frac{1}{2a}\sqrt{\frac{\pi}{2}}\mathrm{e}^{-2ab}, \tag{15.132}$$

$$\int_0^\infty \cos\left(\frac{a^2}{x^2}-b^2x^2\right)\frac{\mathrm{d}x}{x^2}=\frac{1}{2a}\sqrt{\frac{\pi}{2}}\mathrm{e}^{-2ab}; \tag{15.133}$$

$$\int_0^\infty \sin\frac{a^2}{x^2}\,\sin b^2x^2\frac{\mathrm{d}x}{x^2}=\frac{1}{4a}\sqrt{\frac{\pi}{2}}\left(\sin 2ab-\cos 2ab+\mathrm{e}^{-2ab}\right), \tag{15.134}$$

$$\int_0^\infty \cos\frac{a^2}{x^2}\,\cos b^2x^2\frac{\mathrm{d}x}{x^2}=\frac{1}{4a}\sqrt{\frac{\pi}{2}}\left(\cos 2ab-\sin 2ab+\mathrm{e}^{-2ab}\right), \tag{15.135}$$

$$\int_0^\infty \sin\frac{a^2}{x^2}\,\cos b^2x^2\frac{\mathrm{d}x}{x^2}=\frac{1}{4a}\sqrt{\frac{\pi}{2}}\left(\sin 2ab+\cos 2ab-\mathrm{e}^{-2ab}\right), \tag{15.136}$$

$$\int_0^\infty \cos\frac{a^2}{x^2}\,\sin b^2x^2\frac{\mathrm{d}x}{x^2}=\frac{1}{4a}\sqrt{\frac{\pi}{2}}\left(\sin 2ab+\cos 2ab+\mathrm{e}^{-2ab}\right), \tag{15.137}$$

$$\int_0^\infty \sin\left(\frac{a^2}{x^2}-2ab+b^2x^2\right)\frac{\mathrm{d}x}{x^2}=\frac{1}{2a}\sqrt{\frac{\pi}{2}}, \tag{15.138}$$

$$\int_0^\infty \cos\left(\frac{a^2}{x^2}-2ab+b^2x^2\right)\frac{\mathrm{d}x}{x^2}=\frac{1}{2a}\sqrt{\frac{\pi}{2}}, \tag{15.139}$$

$$\int_0^\infty \sin\left(\frac{a^2}{x^2}+2ab+b^2x^2\right)\frac{\mathrm{d}x}{x^2}=\frac{1}{2a}\sqrt{\frac{\pi}{2}}\left(\sin 4ab+\cos 4ab\right), \tag{15.140}$$

$$\int_0^\infty \cos\left(\frac{a^2}{x^2}+2ab+b^2x^2\right)\frac{\mathrm{d}x}{x^2}=\frac{1}{2a}\sqrt{\frac{\pi}{2}}\left(\cos 4ab-\sin 4ab\right). \tag{15.141}$$

§15.4 导致柱函数的初等函数积分

Mellin 变换，原则上当然就是定积分计算．但也不排除有这样的情况，对于给定的函数 $f(x)$，其 Mellin 变换

$$F(\nu)=\int_0^\infty f(x)\,x^{\nu-1}\mathrm{d}x$$

不易求出，但对于取某些特定的 ν 值，上述积分却可以简单地计算出．例如，我们可以重复上一章中例 14.18 — 例 14.20 的做法，来计算两个函数乘积的积分．

例 15.25 计算积分

$$\int_0^1 \left[x(1-x)\right]^{\mu-1/2}\sin 2\alpha x\,\mathrm{d}x \quad 和 \quad \int_0^1 \left[x(1-x)\right]^{\mu-1/2}\cos 2\alpha x\,\mathrm{d}x.$$

解 已知 $\sin 2\alpha x$ 和 $\cos 2\alpha x$ 的 Mellin 变换 (见表 14.2) 为

$$\mathscr{M}\{\sin 2\alpha x\}=\frac{\Gamma(\nu)}{(2\alpha)^{\nu}}\sin\frac{\nu\pi}{2},\qquad \mathscr{M}\{\cos 2\alpha x\}=\frac{\Gamma(\nu)}{(2\alpha)^{\nu}}\cos\frac{\nu\pi}{2},$$

直接计算又可以求得

$$\begin{aligned}\mathscr{M}\left\{\left[x(1-x)\right]^{\mu-1/2}\eta(1-x)\right\}&=\int_0^1 x^{\nu+\mu-3/2}(1-t)^{\mu-1/2}\,\mathrm{d}x\\&=\frac{\Gamma(\nu+\mu-1/2)\,\Gamma(\mu+1/2)}{\Gamma(\nu+2\mu)},\end{aligned}$$

所以，根据 (14.37) 式就能得到

$$\begin{aligned}&\int_0^1\left[x(1-x)\right]^{\mu-1/2}\sin 2\alpha x\,\mathrm{d}x\\&\quad=\frac{1}{2\pi\mathrm{i}}\int_{\sigma-\mathrm{i}\infty}^{\sigma+\mathrm{i}\infty}\frac{\Gamma(-\nu+\mu+1/2)\,\Gamma(\mu+1/2)}{\Gamma(1-\nu+2\mu)}\Gamma(\nu)\sin\frac{\nu\pi}{2}\frac{\mathrm{d}\nu}{(2\alpha)^{\nu}},\\&\int_0^1\left[x(1-x)\right]^{\mu-1/2}\cos 2\alpha x\,\mathrm{d}x\\&\quad=\frac{1}{2\pi\mathrm{i}}\int_{\sigma-\mathrm{i}\infty}^{\sigma+\mathrm{i}\infty}\frac{\Gamma(-\nu+\mu+1/2)\,\Gamma(\mu+1/2)}{\Gamma(1-\nu+2\mu)}\Gamma(\nu)\cos\frac{\nu\pi}{2}\frac{\mathrm{d}\nu}{(2\alpha)^{\nu}}.\end{aligned}$$

作变量变换 $\nu=\nu'+\mu$，并对照公式 (15.32b) 及 (15.33b)，就计算得积分

$$\begin{aligned}&\int_0^1\left[x(1-x)\right]^{\mu-1/2}\sin 2\alpha x\,\mathrm{d}x\\&\quad=\frac{1}{2\pi\mathrm{i}}\frac{\Gamma(\mu+1/2)}{(2\alpha)^{\mu}}\int_{\sigma-\mathrm{i}\infty}^{\sigma+\mathrm{i}\infty}2^{-\nu'}\frac{\Gamma(-\nu'+1/2)\,\Gamma(\nu'+\mu)}{\Gamma(1-\nu'+\mu)}\sin\frac{\nu'+\mu}{2}\pi\frac{\mathrm{d}\nu'}{(2\alpha)^{\nu'}}\\&\quad=\frac{\sqrt{\pi}}{(2\alpha)^{\mu}}\Gamma\left(\mu+\frac{1}{2}\right)\mathrm{J}_{\mu}(\alpha)\sin\alpha,\end{aligned}\tag{15.142}$$

$$\begin{aligned}&\int_0^1\left[x(1-x)\right]^{\mu-1/2}\cos 2\alpha x\,\mathrm{d}x\\&\quad=\frac{1}{2\pi\mathrm{i}}\frac{\Gamma(\mu+1/2)}{(2\alpha)^{\mu}}\int_{\sigma-\mathrm{i}\infty}^{\sigma+\mathrm{i}\infty}2^{-\nu'}\frac{\Gamma(-\nu'+1/2)\,\Gamma(\nu'+\mu)}{\Gamma(1-\nu'+\mu)}\cos\frac{\nu'+\mu}{2}\pi\frac{\mathrm{d}\nu'}{(2\alpha)^{\nu'}}\\&\quad=\frac{\sqrt{\pi}}{(2\alpha)^{\mu}}\Gamma\left(\mu+\frac{1}{2}\right)\mathrm{J}_{\mu}(\alpha)\cos\alpha.\end{aligned}\tag{15.143}$$

例 15.26 计算积分 $\displaystyle\int_0^{\infty}\frac{\cos x}{(x^2+\alpha^2)^{\mu+1}}\mathrm{d}x$，其中 $\alpha>0$, $\mu>-1$.

解 由表 14.2 可以检得 $\mathscr{M}\{\cos x\}$，同时，由

$$\mathscr{M}\left\{\frac{1}{(1+x)^{\mu+1}}\right\}=\frac{\Gamma(\nu)\;\Gamma(\mu-\nu+1)}{\Gamma(\mu+1)},\qquad 0<\mathrm{Re}\,\nu<\mathrm{Re}\,(\mu+1),$$

结合 Mellin 变换的基本性质 (见表 14.1)，能够写出

$$\mathscr{M}\left\{\frac{1}{(x^2+\alpha^2)^{\mu+1}}\right\}=\frac{\alpha^{\nu-2\mu-2}}{2\,\Gamma(\mu+1)}\Gamma\left(\frac{\nu}{2}\right)\Gamma\left(\mu+1-\frac{\nu}{2}\right), \tag{15.144}$$

所以，根据 (14.37) 式，有

$$\begin{aligned}&\int_0^{\infty}\frac{\cos x}{(x^2+\alpha^2)^{\mu+1}}\,\mathrm{d}x\\&\quad=\frac{1}{2\pi\mathrm{i}}\int_{\sigma-\mathrm{i}\infty}^{\sigma+\mathrm{i}\infty}2^{\nu-1}\frac{\sqrt{\pi}\,\Gamma(\nu/2)}{\Gamma((1-\nu)/2)}\frac{\alpha^{-\nu-2\mu-1}}{2\,\Gamma(\mu+1)}\Gamma\left(\frac{1-\nu}{2}\right)\Gamma\left(\mu+1-\frac{1-\nu}{2}\right)\mathrm{d}\nu\\&\quad=\frac{1}{2\pi\mathrm{i}}\frac{\sqrt{\pi}\,\alpha^{-2\mu-1}}{\Gamma(\mu+1)}\int_{\sigma-\mathrm{i}\infty}^{\sigma+\mathrm{i}\infty}2^{\nu-2}\Gamma\left(\frac{\nu}{2}\right)\Gamma\left(\frac{\nu}{2}+\mu+\frac{1}{2}\right)\frac{\mathrm{d}\nu}{\alpha^{\nu}}.\end{aligned}$$

和 (15.20) 式相比较，即得

$$\int_0^{\infty}\frac{\cos x}{(x^2+\alpha^2)^{\mu+1}}\,\mathrm{d}x=\frac{\sqrt{\pi}}{\Gamma(\mu+1)}(2\alpha)^{-\mu-1/2}\mathrm{K}_{\mu+1/2}(\alpha). \tag{15.145}$$

作为它的特殊情形：$\mu=\mp 1/2$，有

$$\int_0^{\infty}\frac{\cos x}{(x^2+\alpha^2)^{1/2}}\,\mathrm{d}x=\mathrm{K}_0(\alpha), \tag{15.146}$$

$$\int_0^{\infty}\frac{\cos x}{(x^2+\alpha^2)^{3/2}}\,\mathrm{d}x=\frac{1}{\alpha}\mathrm{K}_1(\alpha). \tag{15.147}$$

类似地，由

$$\mathscr{M}\{x\sin x\}=\Gamma(\nu+1)\sin\frac{\nu+1}{2}\pi=2^{\nu}\frac{\sqrt{\pi}\,\Gamma(1+\nu/2)}{\Gamma((1-\nu)/2)},$$

还能得到

$$\begin{aligned}\int_0^{\infty}\frac{x\sin x}{(x^2+\alpha^2)^{\mu+1}}\,\mathrm{d}x&=\frac{1}{2\pi\mathrm{i}}\int_{\sigma-\mathrm{i}\infty}^{\sigma+\mathrm{i}\infty}2^{\nu}\frac{\sqrt{\pi}\,\Gamma(1+\nu/2)}{\Gamma((1-\nu)/2)}\\&\qquad\times\frac{1}{2}\alpha^{-\nu-2\mu-1}\frac{\Gamma((1-\nu)/2)\,\Gamma(\mu+1-(1-\nu)/2)}{\Gamma(\mu+1)}\,\mathrm{d}\nu\\&=\frac{1}{2\pi\mathrm{i}}\frac{\sqrt{\pi}\,\alpha^{-2\mu-1}}{\Gamma(\mu+1)}\int_{\sigma-\mathrm{i}\infty}^{\sigma+\mathrm{i}\infty}2^{\nu-1}\Gamma\left(\frac{\nu}{2}+1\right)\Gamma\left(\frac{\nu}{2}+\mu+\frac{1}{2}\right)\frac{\mathrm{d}\nu}{\alpha^{\nu}}.\end{aligned}$$

令 $\nu'=\nu+2$，就计算得

$$\begin{aligned}\int_0^{\infty}\frac{x\sin x}{(x^2+\alpha^2)^{\mu+1}}\,\mathrm{d}x&=\frac{1}{2\pi\mathrm{i}}\frac{\sqrt{\pi}\,\alpha^{-2\mu+1}}{\Gamma(\mu+1)}\int_{\sigma'-\mathrm{i}\infty}^{\sigma'+\mathrm{i}\infty}2^{\nu'-3}\Gamma\left(\frac{\nu'}{2}\right)\Gamma\left(\frac{\nu'}{2}+\mu-\frac{1}{2}\right)\frac{\mathrm{d}\nu'}{\alpha^{\nu'}}\\&=\frac{\sqrt{\pi}}{\Gamma(\mu+1)}2^{-\mu-1/2}\alpha^{-\mu+1/2}\mathrm{K}_{\mu-1/2}(\alpha).\end{aligned} \tag{15.148}$$

作为它的特例：$\mu = 1/2$，也有

$$\int_0^{\infty} \frac{x \sin x}{(x^2+\alpha^2)^{3/2}}\,\mathrm{d}x = \mathrm{K}_0(\alpha). \tag{15.149}$$

例 15.27 计算积分 $\displaystyle\int_1^{\infty} \mathrm{e}^{-\alpha x}\big(x^2-1\big)^{\mu-1/2}\,\mathrm{d}x$，其中 $\mathrm{Re}\,\mu > -1/2$.

解 考虑到

$$\begin{aligned}\mathscr{M}\Big\{\big(x^2-1\big)^{\mu-1/2}\,\eta(x-1)\Big\} &= \int_1^{\infty}\big(x^2-1\big)^{\mu-1/2}x^{\nu-1}\,\mathrm{d}x \qquad (\text{作变换 } x = 1/t)\\ &= \int_0^1 \big(1-t^2\big)^{-\mu-1/2}t^{-2\mu-\nu}\,\mathrm{d}\nu\\ &= \frac{1}{2}\frac{\Gamma(\mu+1/2)\,\Gamma(-\mu+(1-\nu)/2)}{\Gamma(1-\nu/2)},\end{aligned}$$

同时，由表 14.2 可知 $\mathscr{M}\{\mathrm{e}^{\alpha x}\} = \alpha^{-\nu}\Gamma(\nu)$，因此可得

$$\begin{aligned}\int_1^{\infty}\mathrm{e}^{-\alpha x}\big(x^2-1\big)^{\mu-1/2}\,\mathrm{d}x &= \frac{1}{2\pi\mathrm{i}}\frac{\Gamma(\mu+1/2)}{2}\int_{\sigma-\mathrm{i}\infty}^{\sigma+\mathrm{i}\infty}\frac{\Gamma(-\mu+\nu/2)\,\Gamma(\nu)}{\Gamma((1+\nu)/2)}\frac{\mathrm{d}\nu}{\alpha^{\nu}}\\ &= \frac{1}{2\pi\mathrm{i}}\frac{\Gamma(\mu+1/2)}{\sqrt{\pi}}\int_{\sigma-\mathrm{i}\infty}^{\sigma+\mathrm{i}\infty}2^{\nu-2}\Gamma\Big(\frac{\nu}{2}\Big)\Gamma\Big(\frac{\nu}{2}-\mu\Big)\frac{\mathrm{d}\nu}{\alpha^{\nu}}\\ &= \frac{\Gamma(\mu+1/2)}{\sqrt{\pi}}\Big(\frac{2}{\alpha}\Big)^{\mu}\mathrm{K}_{\mu}(\alpha).\end{aligned} \tag{15.150}$$

以上计算原则上只适用于 $\mathrm{Re}\,\mu < 0$. 在 $\mathrm{Re}\,\mu \geqslant 0$ 的 条件下，$\mathscr{M}\Big\{\big(x^2-1\big)^{\mu-1/2}\Big\}$ 并不存在，但不妨采用公式 (14.39)，其中

$$\begin{aligned}u(x) &= x^{2\mu}\,\mathrm{e}^{-\alpha x}, & U(\nu) &= \alpha^{-\nu-2\mu}\,\Gamma(\nu+2\mu),\\ v(x) &= \big(1-x^2\big)^{\mu-1/2}\eta(1-x), & V(\nu) &= \frac{1}{2}\frac{\Gamma(\mu+1/2)\,\Gamma(\nu/2)}{\Gamma(\mu+(\nu+1)/2)}.\end{aligned}$$

容易看出

$$v(1/x) = x^{1-2\mu}\,\big(x^2-1\big)^{\mu-1/2}\,\eta(x-1),$$

因此也能得到

$$\begin{aligned}\int_0^{\infty}u(x)v\Big(\frac{1}{x}\Big)\frac{\mathrm{d}x}{x} &= \int_1^{\infty}\mathrm{e}^{-\alpha x}\big(x^2-1\big)^{\mu-1/2}\,\mathrm{d}x\\ &= \frac{1}{2\pi\mathrm{i}}\frac{\Gamma(\mu+1/2)}{2}\int_{\sigma-\mathrm{i}\infty}^{\sigma+\mathrm{i}\infty}\alpha^{-\nu-2\mu}\,\Gamma(\nu+2\mu)\;\frac{\Gamma(\nu/2)}{\Gamma(\mu+(\nu+1)/2)}\\ &= \frac{1}{2\pi\mathrm{i}}\frac{\Gamma(\mu+1/2)}{\sqrt{\pi}}\int_{\sigma-\mathrm{i}\infty}^{\sigma+\mathrm{i}\infty}2^{\nu+2\mu-2}\,\alpha^{-\nu-2\mu}\Gamma\Big(\frac{\nu}{2}\Big)\Gamma\Big(\frac{\nu}{2}+\mu\Big)\,\mathrm{d}\nu\\ &= \frac{\Gamma(\mu+1/2)}{\sqrt{\pi}}\Big(\frac{2}{\alpha}\Big)^{\mu}\mathrm{K}_{\mu}(\alpha).\end{aligned}$$

例 15.28 计算积分 $\displaystyle\int_1^\infty \frac{\sin\alpha x}{\left(x^2-1\right)^{\mu+1/2}}\,\mathrm{d}x$ 和 $\displaystyle\int_1^\infty \frac{\cos\alpha x}{\left(x^2-1\right)^{\mu+1/2}}\,\mathrm{d}x$.

解 $\mathscr{M}\left\{\left(x^2-1\right)^{\mu-1/2}\right\}$ 可由例 15.27 得到 (需将该处的 μ 换为 $-\mu$)，同时由表 14.2 可以检得 $\sin\alpha x$ 和 $\cos\alpha x$ 的 Mellin 变换，因此，根据 (14.37) 式，有

$$\begin{aligned}\int_1^\infty \frac{\sin\alpha x}{\left(x^2-1\right)^{\mu+1/2}}\,\mathrm{d}x &= \frac{1}{2\pi\mathrm{i}}\int_{\sigma-\mathrm{i}\infty}^{\sigma+\mathrm{i}\infty}\Gamma(\nu)\,\frac{\Gamma(-\mu+1/2)\,\Gamma(\mu+\nu/2)}{2\,\Gamma((1+\nu)/2)}\,\sin\frac{\nu\pi}{2}\,\frac{\mathrm{d}\nu}{a^\nu}\\ &= \frac{1}{2\pi\mathrm{i}}\int_{\sigma-\mathrm{i}\infty}^{\sigma+\mathrm{i}\infty}\frac{2^{\nu-2}}{\sqrt{\pi}}\Gamma\left(-\mu+\frac{1}{2}\right)\Gamma\left(\frac{\nu}{2}\right)\Gamma\left(\frac{\nu}{2}+\mu\right)\sin\frac{\nu\pi}{2}\,\frac{\mathrm{d}\nu}{a^\nu},\end{aligned}$$

对照 (15.3a) 式，就求得

$$\int_1^\infty \frac{\sin\alpha x}{\left(x^2-1\right)^{\mu+1/2}}\,\mathrm{d}x = \frac{\sqrt{\pi}}{2^{\mu+1}}\,\Gamma\left(\frac{1}{2}-\mu\right)a^\mu\,\mathrm{J}_\mu(a). \tag{15.151}$$

类似地，还可得到

$$\begin{aligned}\int_1^\infty \frac{\cos\alpha x}{\left(x^2-1\right)^{\mu+1/2}}\,\mathrm{d}x &= \frac{1}{2\pi\mathrm{i}}\int_{\sigma-\mathrm{i}\infty}^{\sigma+\mathrm{i}\infty}\Gamma(\nu)\,\frac{\Gamma(-\mu+1/2)\,\Gamma(\mu+\nu/2)}{2\,\Gamma((1+\nu)/2)}\,\cos\frac{\nu\pi}{2}\,\frac{\mathrm{d}\nu}{a^\nu}\\ &= \frac{1}{2\pi\mathrm{i}}\int_{\sigma-\mathrm{i}\infty}^{\sigma+\mathrm{i}\infty}\frac{2^{\nu-2}}{\sqrt{\pi}}\Gamma\left(-\mu+\frac{1}{2}\right)\Gamma\left(\frac{\nu}{2}\right)\Gamma\left(\frac{\nu}{2}+\mu\right)\cos\frac{\nu\pi}{2}\,\frac{\mathrm{d}\nu}{a^\nu}\\ &= -\frac{\sqrt{\pi}}{2^{\mu+1}}\,\Gamma\left(\frac{1}{2}-\mu\right)a^\mu\,\mathrm{N}_\mu(a). \end{aligned}\tag{15.152}$$

这里需要用到 (15.10a) 式的结果.

将 (15.151) 及 (15.152) 两式组合起来，又可得到

$$\int_1^\infty \frac{\mathrm{e}^{\mathrm{i}\alpha x}}{\left(x^2-1\right)^{\mu+1/2}}\,\mathrm{d}x = \frac{\mathrm{i}\sqrt{\pi}}{2^{\mu+1}}\,\Gamma\left(\frac{1}{2}-\mu\right)a^\mu\,\mathrm{H}_\mu^{(1)}(a), \tag{15.153}$$

$$\int_1^\infty \frac{\mathrm{e}^{-\mathrm{i}\alpha x}}{\left(x^2-1\right)^{\mu+1/2}}\,\mathrm{d}x = -\frac{\mathrm{i}\sqrt{\pi}}{2^{\mu+1}}\,\Gamma\left(\frac{1}{2}-\mu\right)a^\mu\,\mathrm{H}_\mu^{(2)}(a). \tag{15.154}$$

例 15.29 计算积分

$$\int_0^\infty \sin x^4\sin ax^2\,\mathrm{d}x,\qquad \int_0^\infty \cos x^4\sin ax^2\,\mathrm{d}x,$$
$$\int_0^\infty \sin x^4\cos ax^2\,\mathrm{d}x,\qquad \int_0^\infty \cos x^4\cos ax^2\,\mathrm{d}x.$$

解 由表 14.2 可以检得 $\mathscr{M}\{\sin x\}$ 与 $\mathscr{M}\{\cos x\}$，结合 Mellin 变换的基本性质 (见表 14.1)，就能得到

$$\mathscr{M}\{\sin x^4\} = \frac{1}{4}\Gamma\left(\frac{\nu}{4}\right)\sin\frac{\nu\pi}{8},\qquad \mathscr{M}\{\sin ax^2\} = \frac{a^{-\nu/2}}{2}\Gamma\left(\frac{\nu}{2}\right)\sin\frac{\nu\pi}{4},$$

$$\mathscr{M}\{\cos x^4\}=\frac{1}{4}\Gamma\left(\frac{\nu}{4}\right)\cos\frac{\nu\pi}{8},\qquad \mathscr{M}\{\cos ax^2\}=\frac{a^{-\nu/2}}{2}\Gamma\left(\frac{\nu}{2}\right)\cos\frac{\nu\pi}{4},$$

所以，根据 (14.37) 式，有

$$\int_0^\infty \sin x^4\sin ax^2\,\mathrm{d}x=\frac{1}{2\pi\mathrm{i}}\frac{1}{8}\int_{\sigma-\mathrm{i}\infty}^{\sigma+\mathrm{i}\infty}\Gamma\left(\frac{\nu}{2}\right)\sin\frac{\nu\pi}{4}\Gamma\left(\frac{1-\nu}{4}\right)\sin\frac{1-\nu}{8}\pi\,\frac{\mathrm{d}\nu}{a^{\nu/2}},$$

$$\int_0^\infty \cos x^4\sin ax^2\,\mathrm{d}x=\frac{1}{2\pi\mathrm{i}}\frac{1}{8}\int_{\sigma-\mathrm{i}\infty}^{\sigma+\mathrm{i}\infty}\Gamma\left(\frac{\nu}{2}\right)\sin\frac{\nu\pi}{4}\Gamma\left(\frac{1-\nu}{4}\right)\cos\frac{1-\nu}{8}\pi\,\frac{\mathrm{d}\nu}{a^{\nu/2}},$$

$$\int_0^\infty \sin x^4\cos ax^2\,\mathrm{d}x=\frac{1}{2\pi\mathrm{i}}\frac{1}{8}\int_{\sigma-\mathrm{i}\infty}^{\sigma+\mathrm{i}\infty}\Gamma\left(\frac{\nu}{2}\right)\cos\frac{\nu\pi}{4}\Gamma\left(\frac{1-\nu}{4}\right)\sin\frac{1-\nu}{8}\pi\,\frac{\mathrm{d}\nu}{a^{\nu/2}},$$

$$\int_0^\infty \cos x^4\cos ax^2\,\mathrm{d}x=\frac{1}{2\pi\mathrm{i}}\frac{1}{8}\int_{\sigma-\mathrm{i}\infty}^{\sigma+\mathrm{i}\infty}\Gamma\left(\frac{\nu}{2}\right)\cos\frac{\nu\pi}{4}\Gamma\left(\frac{1-\nu}{4}\right)\cos\frac{1-\nu}{8}\pi\,\frac{\mathrm{d}\nu}{a^{\nu/2}}.$$

作变换 $\nu=4\nu'-1$，并且应用公式

$$\Gamma\left(2\nu'-\frac{1}{2}\right)=\frac{2^{2\nu'-3/2}}{\sqrt{\pi}}\Gamma\left(\nu'-\frac{1}{4}\right)\Gamma\left(\nu'+\frac{1}{4}\right),$$

则可得到

$$\begin{aligned}
&\int_0^\infty \sin x^4\sin ax^2\,\mathrm{d}x\\
&=\frac{1}{2\pi\mathrm{i}}\frac{1}{4}\sqrt{\frac{a}{2\pi}}\int_{\sigma'-\mathrm{i}\infty}^{\sigma'+\mathrm{i}\infty}\left(\frac{a^2}{4}\right)^{-\nu'}\Gamma\left(\nu'-\frac{1}{4}\right)\Gamma\left(\nu'+\frac{1}{4}\right)\Gamma\left(\frac{1}{2}-\nu'\right)\\
&\quad\times\sin\left(\nu'-\frac{1}{4}\right)\pi\cos\left(\nu'+\frac{1}{2}\right)\frac{\pi}{2}\,\mathrm{d}\nu'\\
&=\frac{1}{2\pi\mathrm{i}}\frac{1}{4}\sqrt{\frac{a}{2\pi}}\int_{\sigma'-\mathrm{i}\infty}^{\sigma'+\mathrm{i}\infty}\left(\frac{a^2}{4}\right)^{-\nu'}\Gamma\left(\nu'-\frac{1}{4}\right)\Gamma\left(\nu'+\frac{1}{4}\right)\Gamma\left(\frac{1}{2}-\nu'\right)\sin\left(\nu'-\frac{1}{4}\right)\pi\\
&\quad\times\left[\cos\frac{\pi}{8}\cos\left(\nu'+\frac{1}{4}\right)\frac{\pi}{2}-\sin\frac{\pi}{8}\sin\left(\nu'+\frac{1}{4}\right)\frac{\pi}{2}\right]\mathrm{d}\nu',
\end{aligned}$$

$$\begin{aligned}
&\int_0^\infty \cos x^4\sin ax^2\,\mathrm{d}x\\
&=\frac{1}{2\pi\mathrm{i}}\frac{1}{4}\sqrt{\frac{a}{2\pi}}\int_{\sigma'-\mathrm{i}\infty}^{\sigma'+\mathrm{i}\infty}\left(\frac{a^2}{4}\right)^{-\nu'}\Gamma\left(\nu'-\frac{1}{4}\right)\Gamma\left(\nu'+\frac{1}{4}\right)\Gamma\left(\frac{1}{2}-\nu'\right)\\
&\quad\times\sin\left(\nu'-\frac{1}{4}\right)\pi\sin\left(\nu'+\frac{1}{2}\right)\frac{\pi}{2}\,\mathrm{d}\nu'\\
&=\frac{1}{2\pi\mathrm{i}}\frac{1}{4}\sqrt{\frac{a}{2\pi}}\int_{\sigma'-\mathrm{i}\infty}^{\sigma'+\mathrm{i}\infty}\left(\frac{a^2}{4}\right)^{-\nu'}\Gamma\left(\nu'-\frac{1}{4}\right)\Gamma\left(\nu'+\frac{1}{4}\right)\Gamma\left(\frac{1}{2}-\nu'\right)\sin\left(\nu'-\frac{1}{4}\right)\pi\\
&\quad\times\left[\sin\frac{\pi}{8}\cos\left(\nu'+\frac{1}{4}\right)\frac{\pi}{2}+\cos\frac{\pi}{8}\sin\left(\nu'+\frac{1}{4}\right)\frac{\pi}{2}\right]\mathrm{d}\nu',
\end{aligned}$$

$$\int_0^\infty \cos x^4 \cos ax^2 \,\mathrm{d}x$$
$$= \frac{1}{2\pi\mathrm{i}}\frac{1}{4}\sqrt{\frac{a}{2\pi}}\int_{\sigma'-\mathrm{i}\infty}^{\sigma'+\mathrm{i}\infty}\left(\frac{a^2}{4}\right)^{-\nu'}\Gamma\left(\nu'-\frac{1}{4}\right)\Gamma\left(\nu'+\frac{1}{4}\right)\Gamma\left(\frac{1}{2}-\nu'\right)$$
$$\times \sin\left(\nu'+\frac{1}{4}\right)\pi \cos\left(\nu'-\frac{1}{2}\right)\frac{\pi}{2}\,\mathrm{d}\nu'$$
$$= \frac{1}{2\pi\mathrm{i}}\frac{1}{4}\sqrt{\frac{a}{2\pi}}\int_{\sigma'-\mathrm{i}\infty}^{\sigma'+\mathrm{i}\infty}\left(\frac{a^2}{4}\right)^{-\nu'}\Gamma\left(\nu'-\frac{1}{4}\right)\Gamma\left(\nu'+\frac{1}{4}\right)\Gamma\left(\frac{1}{2}-\nu'\right)\sin\left(\nu'+\frac{1}{4}\right)\pi$$
$$\times\left[\cos\frac{\pi}{8}\cos\left(\nu'-\frac{1}{4}\right)\frac{\pi}{2}+\sin\frac{\pi}{8}\sin\left(\nu'-\frac{1}{4}\right)\frac{\pi}{2}\right]\mathrm{d}\nu',$$

$$\int_0^\infty \sin x^4 \cos ax^2 \,\mathrm{d}x$$
$$= \frac{1}{2\pi\mathrm{i}}\frac{1}{4}\sqrt{\frac{a}{2\pi}}\int_{\sigma'-\mathrm{i}\infty}^{\sigma'+\mathrm{i}\infty}\left(\frac{a^2}{4}\right)^{-\nu'}\Gamma\left(\nu'-\frac{1}{4}\right)\Gamma\left(\nu'+\frac{1}{4}\right)\Gamma\left(\frac{1}{2}-\nu'\right)$$
$$\times \sin\left(\nu'+\frac{1}{4}\right)\pi \cos\left(\nu'+\frac{1}{2}\right)\frac{\pi}{2}\,\mathrm{d}\nu'$$
$$= \frac{1}{2\pi\mathrm{i}}\frac{1}{4}\sqrt{\frac{a}{2\pi}}\int_{\sigma'-\mathrm{i}\infty}^{\sigma'+\mathrm{i}\infty}\left(\frac{a^2}{4}\right)^{-\nu'}\Gamma\left(\nu'-\frac{1}{4}\right)\Gamma\left(\nu'+\frac{1}{4}\right)\Gamma\left(\frac{1}{2}-\nu'\right)\sin\left(\nu'+\frac{1}{4}\right)\pi$$
$$\times\left[\sin\frac{\pi}{8}\cos\left(\nu'-\frac{1}{4}\right)\frac{\pi}{2}-\cos\frac{\pi}{8}\sin\left(\nu'-\frac{1}{4}\right)\frac{\pi}{2}\right]\mathrm{d}\nu'.$$

这里出现的积分正相当于 (15.32) 和 (15.33) 两式 $\mu=\pm 1/4$ 的情形，于是就计算得

$$\int_0^\infty \sin x^4 \sin ax^2\,\mathrm{d}x = \frac{\pi}{4}\sqrt{\frac{a}{2}}\cos\left(\frac{\pi}{8}+\frac{a^2}{8}\right)\mathrm{J}_{1/4}\left(\frac{a^2}{8}\right), \tag{15.155}$$
$$\int_0^\infty \cos x^4 \sin ax^2\,\mathrm{d}x = \frac{\pi}{4}\sqrt{\frac{a}{2}}\sin\left(\frac{\pi}{8}+\frac{a^2}{8}\right)\mathrm{J}_{1/4}\left(\frac{a^2}{8}\right), \tag{15.156}$$
$$\int_0^\infty \cos x^4 \cos ax^2\,\mathrm{d}x = \frac{\pi}{4}\sqrt{\frac{a}{2}}\cos\left(\frac{\pi}{8}-\frac{a^2}{8}\right)\mathrm{J}_{-1/4}\left(\frac{a^2}{8}\right), \tag{15.157}$$
$$\int_0^\infty \sin x^4 \cos ax^2\,\mathrm{d}x = \frac{\pi}{4}\sqrt{\frac{a}{2}}\sin\left(\frac{\pi}{8}-\frac{a^2}{8}\right)\mathrm{J}_{-1/4}\left(\frac{a^2}{8}\right). \tag{15.158}$$

将这几个积分重新组合，还能写成

$$\int_0^\infty \sin\left(x^4+\alpha\right)\sin ax^2\,\mathrm{d}x = \frac{\pi}{4}\sqrt{\frac{a}{2}}\cos\left(\frac{\pi}{8}+\frac{a^2}{8}-\alpha\right)\mathrm{J}_{1/4}\left(\frac{a^2}{8}\right), \tag{15.159}$$
$$\int_0^\infty \cos\left(x^4+\alpha\right)\sin ax^2\,\mathrm{d}x = \frac{\pi}{4}\sqrt{\frac{a}{2}}\sin\left(\frac{\pi}{8}+\frac{a^2}{8}-\alpha\right)\mathrm{J}_{1/4}\left(\frac{a^2}{8}\right), \tag{15.160}$$
$$\int_0^\infty \cos\left(x^4+\alpha\right)\cos ax^2\,\mathrm{d}x = \frac{\pi}{4}\sqrt{\frac{a}{2}}\cos\left(\frac{\pi}{8}-\frac{a^2}{8}+\alpha\right)\mathrm{J}_{-1/4}\left(\frac{a^2}{8}\right), \tag{15.161}$$
$$\int_0^\infty \sin\left(x^4+\alpha\right)\cos ax^2\,\mathrm{d}x = \frac{\pi}{4}\sqrt{\frac{a}{2}}\sin\left(\frac{\pi}{8}-\frac{a^2}{8}+\alpha\right)\mathrm{J}_{-1/4}\left(\frac{a^2}{8}\right). \tag{15.162}$$

我们更可以代入 α 的某些特殊值，例如，取 $\alpha=\pm\pi/8$，有

$$\int_0^\infty \sin\left(x^4+\frac{\pi}{8}\right)\sin ax^2\,\mathrm{d}x=\frac{\pi}{4}\sqrt{\frac{a}{2}}\cos\frac{a^2}{8}\,\mathrm{J}_{1/4}\Big(\frac{a^2}{8}\Big), \tag{15.163}$$

$$\int_0^\infty \cos\left(x^4+\frac{\pi}{8}\right)\sin ax^2\,\mathrm{d}x=\frac{\pi}{4}\sqrt{\frac{a}{2}}\sin\frac{a^2}{8}\,\mathrm{J}_{1/4}\Big(\frac{a^2}{8}\Big), \tag{15.164}$$

$$\int_0^\infty \cos\left(x^4-\frac{\pi}{8}\right)\cos ax^2\,\mathrm{d}x=\frac{\pi}{4}\sqrt{\frac{a}{2}}\cos\frac{a^2}{8}\,\mathrm{J}_{-1/4}\Big(\frac{a^2}{8}\Big), \tag{15.165}$$

$$\int_0^\infty \sin\left(x^4-\frac{\pi}{8}\right)\cos ax^2\,\mathrm{d}x=-\frac{\pi}{4}\sqrt{\frac{a}{2}}\sin\frac{a^2}{8}\,\mathrm{J}_{-1/4}\Big(\frac{a^2}{8}\Big). \tag{15.166}$$

类似的结果还有

$$\int_0^\infty \sin\left(x^4+\frac{a^2}{8}\right)\sin ax^2\mathrm{d}x=\frac{\pi}{4}\sqrt{\frac{a}{2}}\cos\frac{\pi}{8}\,\mathrm{J}_{1/4}\Big(\frac{a^2}{8}\Big), \tag{15.167}$$

$$\int_0^\infty \cos\left(x^4+\frac{a^2}{8}\right)\sin ax^2\mathrm{d}x=\frac{\pi}{4}\sqrt{\frac{a}{2}}\sin\frac{\pi}{8}\,\mathrm{J}_{1/4}\Big(\frac{a^2}{8}\Big), \tag{15.168}$$

$$\int_0^\infty \cos\left(x^4+\frac{a^2}{8}\right)\cos ax^2\mathrm{d}x=\frac{\pi}{4}\sqrt{\frac{a}{2}}\cos\frac{\pi}{8}\,\mathrm{J}_{-1/4}\Big(\frac{a^2}{8}\Big), \tag{15.169}$$

$$\int_0^\infty \sin\left(x^4+\frac{a^2}{8}\right)\cos ax^2\mathrm{d}x=\frac{\pi}{4}\sqrt{\frac{a}{2}}\sin\frac{\pi}{8}\,\mathrm{J}_{-1/4}\Big(\frac{a^2}{8}\Big), \tag{15.170}$$

$$\int_0^\infty \sin\left(x^4+\frac{\pi}{8}+\frac{a^2}{8}\right)\sin ax^2\,\mathrm{d}x=\frac{\pi}{4}\sqrt{\frac{a}{2}}\mathrm{J}_{1/4}\Big(\frac{a^2}{8}\Big), \tag{15.171}$$

$$\int_0^\infty \cos\left(x^4+\frac{\pi}{8}+\frac{a^2}{8}\right)\sin ax^2\,\mathrm{d}x=0, \tag{15.172}$$

$$\int_0^\infty \cos\left(x^4+\frac{a^2}{8}-\frac{\pi}{8}\right)\cos ax^2\,\mathrm{d}x=\frac{\pi}{4}\sqrt{\frac{a}{2}}\mathrm{J}_{-1/4}\Big(\frac{a^2}{8}\Big), \tag{15.173}$$

$$\int_0^\infty \sin\left(x^4+\frac{a^2}{8}-\frac{\pi}{8}\right)\cos ax^2\,\mathrm{d}x=0. \tag{15.174}$$

例 15.30 计算积分

$$\int_0^\infty \sin x^3\ \cos 3b^2x\,\mathrm{d}x \quad 与 \quad \int_0^\infty \cos x^3\ \sin 3b^2x\,\mathrm{d}x,$$

其中 $a>0$.

解 因为

$$\mathscr{M}\left\{\sin x^3\right\}=\frac{1}{3}\Gamma\left(\frac{\nu}{3}\right)\sin\frac{\nu\pi}{6},\qquad \mathscr{M}\left\{\cos x^3\right\}=\frac{1}{3}\Gamma\left(\frac{\nu}{3}\right)\cos\frac{\nu\pi}{6}$$

以及

$$\mathscr{M}\{\cos ax\}=a^{-\nu}\Gamma(\nu)\cos\frac{\nu\pi}{2},$$

所以，根据 (14.37) 式，有

$$\int_0^\infty \sin x^3\ \sin 3b^2x\,\mathrm{d}x = \frac{1}{2\pi\mathrm{i}}\frac{1}{3}\int_{\sigma-\mathrm{i}\infty}^{\sigma+\mathrm{i}\infty}\Gamma(\nu)\sin\frac{\nu\pi}{2}\cdot\Gamma\left(\frac{1-\nu}{3}\right)\sin\frac{1-\nu}{6}\pi\,\frac{\mathrm{d}\nu}{(3b^2)^\nu},$$

$$\int_0^\infty \cos x^3\ \cos 3b^2x\,\mathrm{d}x = \frac{1}{2\pi\mathrm{i}}\frac{1}{3}\int_{\sigma-\mathrm{i}\infty}^{\sigma+\mathrm{i}\infty}\Gamma(\nu)\cos\frac{\nu\pi}{2}\cdot\Gamma\left(\frac{1-\nu}{3}\right)\cos\frac{1-\nu}{6}\pi\,\frac{\mathrm{d}\nu}{(3b^2)^\nu}.$$

利用 Γ 函数的乘积公式①

$$\Gamma(3z) = \frac{3^{3z-1/2}}{2\pi}\Gamma(z)\,\Gamma\left(z+\frac{1}{3}\right)\Gamma\left(z+\frac{2}{3}\right)$$

及互余宗量定理，即可将上面的积分化为

$$\begin{aligned}
&\int_0^\infty \sin x^3\ \sin 3b^2x\,\mathrm{d}x\\
&= \frac{1}{2\pi\mathrm{i}}\frac{1}{6\sqrt{3}\pi}\int_{\sigma-\mathrm{i}\infty}^{\sigma+\mathrm{i}\infty}\Gamma\left(\frac{\nu}{3}\right)\Gamma\left(\frac{\nu+1}{3}\right)\Gamma\left(\frac{\nu+2}{3}\right)\Gamma\left(\frac{1-\nu}{3}\right)\\
&\quad\times\sin\frac{\nu\pi}{2}\ \sin\frac{1-\nu}{6}\pi\,\frac{\mathrm{d}\nu}{b^{2\nu}}\\
&= \frac{1}{2\pi\mathrm{i}}\frac{1}{12\sqrt{3}}\int_{\sigma-\mathrm{i}\infty}^{\sigma+\mathrm{i}\infty}\Gamma\left(\frac{\nu}{3}\right)\Gamma\left(\frac{\nu+1}{3}\right)\csc\frac{1-\nu}{3}\pi\\
&\quad\times\left[\sin\frac{2}{3}(1-\nu)\pi-\sin\frac{1-\nu}{3}\pi\right]\frac{\mathrm{d}\nu}{b^{2\nu}}\\
&= \frac{1}{2\pi\mathrm{i}}\frac{1}{12\sqrt{3}}\int_{\sigma-\mathrm{i}\infty}^{\sigma+\mathrm{i}\infty}\Gamma\left(\frac{\nu}{3}\right)\Gamma\left(\frac{\nu+1}{3}\right)\left[2\cos\frac{1-\nu}{3}\pi-1\right]\frac{\mathrm{d}\nu}{b^{2\nu}},
\end{aligned}$$

$$\begin{aligned}
&\int_0^\infty \cos x^3\ \cos 3b^2x\,\mathrm{d}x\\
&= \frac{1}{2\pi\mathrm{i}}\frac{1}{6\sqrt{3}\pi}\int_{\sigma-\mathrm{i}\infty}^{\sigma+\mathrm{i}\infty}\Gamma\left(\frac{\nu}{3}\right)\Gamma\left(\frac{\nu+1}{3}\right)\Gamma\left(\frac{\nu+2}{3}\right)\Gamma\left(\frac{1-\nu}{3}\right)\\
&\quad\times\cos\frac{\nu\pi}{2}\ \cos\frac{1-\nu}{6}\pi\,\frac{\mathrm{d}\nu}{b^{2\nu}}\\
&= \frac{1}{2\pi\mathrm{i}}\frac{1}{12\sqrt{3}}\int_{\sigma-\mathrm{i}\infty}^{\sigma+\mathrm{i}\infty}\Gamma\left(\frac{\nu}{3}\right)\Gamma\left(\frac{\nu+1}{3}\right)\csc\frac{1-\nu}{3}\pi\\
&\quad\times\left[\sin\frac{2}{3}(1-\nu)\pi+\sin\frac{1-\nu}{3}\pi\right]\frac{\mathrm{d}\nu}{b^{2\nu}}\\
&= \frac{1}{2\pi\mathrm{i}}\frac{1}{12\sqrt{3}}\int_{\sigma-\mathrm{i}\infty}^{\sigma+\mathrm{i}\infty}\Gamma\left(\frac{\nu}{3}\right)\Gamma\left(\frac{\nu+1}{3}\right)\left(2\cos\frac{1-\nu}{3}\pi+1\right)\frac{\mathrm{d}\nu}{b^{2\nu}}.
\end{aligned}$$

① 参见文献：王竹溪，郭敦仁．特殊函数概论．北京：北京大学出版社，2000：96．

作代换 $\nu=(3\nu'-1)/2$，对照 (15.8a) 式，即可计算出

$$\begin{aligned}&\int_{\sigma-\mathrm{i}\infty}^{\sigma+\mathrm{i}\infty}\Gamma\left(\frac{\nu}{3}\right)\Gamma\left(\frac{\nu+1}{3}\right)\cos\frac{1-\nu}{3}\pi\,\frac{\mathrm{d}\nu}{b^{2\nu}}\\&\quad=\frac{1}{2\pi\mathrm{i}}\frac{3b}{2}\int_{\sigma'-\mathrm{i}\infty}^{\sigma'+\mathrm{i}\infty}\Gamma\left(\frac{\nu'}{2}-\frac{1}{6}\right)\Gamma\left(\frac{\nu'}{2}+\frac{1}{6}\right)\cos\frac{1-\nu'}{2}\pi\,\frac{\mathrm{d}\nu'}{b^{3\nu'}}\\&\quad=\frac{1}{2\pi\mathrm{i}}\frac{3b}{2}\int_{\sigma'-\mathrm{i}\infty}^{\sigma'+\mathrm{i}\infty}\Gamma\left(\frac{\nu'}{2}-\frac{1}{6}\right)\Gamma\left(\frac{\nu'}{2}+\frac{1}{6}\right)\sin\frac{\nu'\pi}{2}\,\frac{\mathrm{d}\nu'}{b^{3\nu'}}\\&\quad=\sqrt{3}\pi b\Big[\mathrm{J}_{1/3}(2b^3)+\mathrm{J}_{-1/3}(2b^3)\Big].\end{aligned}$$

而作代换 $\nu=3\nu'/2$，对照 (15.20) 式，又可计算出

$$\begin{aligned}\int_{\sigma-\mathrm{i}\infty}^{\sigma+\mathrm{i}\infty}\Gamma\left(\frac{\nu}{3}\right)\Gamma\left(\frac{\nu+1}{3}\right)\frac{\mathrm{d}\nu}{b^{2\nu}}&=\frac{1}{2\pi\mathrm{i}}\frac{3}{2}\int_{\sigma'-\mathrm{i}\infty}^{\sigma'+\mathrm{i}\infty}\Gamma\left(\frac{\nu'}{2}\right)\Gamma\left(\frac{\nu'}{2}+\frac{1}{3}\right)\frac{\mathrm{d}\nu'}{b^{3\nu'}}\\&=\frac{3}{2}\cdot 2^{5/3}(2b^3)^{1/3}\mathrm{K}_{1/3}(2b^3)=6b\,\mathrm{K}_{1/3}(2b^3).\end{aligned}$$

综合以上结果，最后就得到

$$\int_0^\infty\sin x^3\,\sin 3b^2x\,\mathrm{d}x=\frac{\pi b}{6}\Big[\mathrm{J}_{1/3}(2b^3)+\mathrm{J}_{-1/3}(2b^3)\Big]-\frac{\sqrt{3}b}{6}\mathrm{K}_{1/3}(2b^3),\tag{15.175}$$

$$\int_0^\infty\cos x^3\,\cos 3b^2x\,\mathrm{d}x=\frac{\pi b}{6}\Big[\mathrm{J}_{1/3}(2b^3)+\mathrm{J}_{-1/3}(2b^3)\Big]+\frac{\sqrt{3}b}{6}\mathrm{K}_{1/3}(2b^3).\tag{15.176}$$

由此还可以进一步导出 Airy 积分

$$\int_0^\infty\cos(x^3-3b^2x)\,\mathrm{d}x=\frac{\pi b}{3}\Big[\mathrm{J}_{1/3}(2b^3)+\mathrm{J}_{-1/3}(2b^3)\Big],\tag{15.177}$$

$$\int_0^\infty\cos(x^3+3b^2x)\,\mathrm{d}x=\frac{b}{\sqrt{3}}\mathrm{K}_{1/3}(2b^3).\tag{15.178}$$

例 15.31 类似地，由

$$\begin{aligned}&\mathscr{M}\Big\{\mathrm{e}^{-p^2x}\Big\}=\Gamma(\nu)\,p^{-2\nu},\\&\mathscr{M}\big\{x^\mu\sin a^2x\big\}=a^{-2\nu-2\mu}\Gamma(\nu+\mu)\sin\frac{\nu+\mu}{2}\pi,\\&\mathscr{M}\big\{x^\mu\cos a^2x\big\}=a^{-2\nu-2\mu}\Gamma(\nu+\mu)\cos\frac{\nu+\mu}{2}\pi,\end{aligned}$$

根据 (14.39) 式也能导出

$$\int_0^\infty x^{\mu-1}\mathrm{e}^{-p^2/x}\sin a^2x\,\mathrm{d}x=\frac{1}{2\pi\mathrm{i}}\int_{\sigma-\mathrm{i}\infty}^{\sigma+\mathrm{i}\infty}\Gamma(\nu)\Gamma(\nu+\mu)\sin\frac{\nu+\mu}{2}\pi\cdot a^{-2\mu}\frac{\mathrm{d}\nu}{(ap)^{2\nu}},$$

$$\int_0^\infty x^{\mu-1}\mathrm{e}^{-p^2/x}\cos a^2x\,\mathrm{d}x = \frac{1}{2\pi\mathrm{i}}\int_{\sigma-\mathrm{i}\infty}^{\sigma+\mathrm{i}\infty}\Gamma(\nu)\,\Gamma(\nu+\mu)\cos\frac{\nu+\mu}{2}\pi\cdot a^{-2\mu}\frac{\mathrm{d}\nu}{(ap)^{2\nu}}.$$

作变换 $2\nu+\mu=\nu'$，即可得出

$$\begin{aligned}
&\int_0^\infty x^{\mu-1}\mathrm{e}^{-p^2/x}\sin a^2x\,\mathrm{d}x\\
&\quad=\frac{1}{4\pi\mathrm{i}}\int_{\sigma'-\mathrm{i}\infty}^{\sigma'+\mathrm{i}\infty}\Gamma\left(\frac{\nu'-\mu}{2}\right)\Gamma\left(\frac{\nu'+\mu}{2}\right)\sin\frac{\nu'+\mu}{4}\pi\left(\frac{p}{a}\right)^{\mu}\frac{\mathrm{d}\nu'}{(ap)^{\nu'}}\\
&\quad=\frac{1}{2\pi\mathrm{i}}\frac{1}{2\mathrm{i}}\int_{\sigma'-\mathrm{i}\infty}^{\sigma'+\mathrm{i}\infty}\Gamma\left(\frac{\nu'-\mu}{2}\right)\Gamma\left(\frac{\nu'+\mu}{2}\right)\left[\mathrm{e}^{\mathrm{i}(\nu'+\mu)\pi/4}-\mathrm{e}^{-\mathrm{i}(\nu'+\mu)\pi/4}\right]\left(\frac{p}{a}\right)^{\mu}\frac{\mathrm{d}\nu'}{(ap)^{\nu'}}\\
&\quad=\frac{1}{\mathrm{i}}\left(\frac{p}{a}\right)^{\mu}\left[\mathrm{e}^{\mathrm{i}\mu\pi/4}\mathrm{K}_\mu\left(ap\mathrm{e}^{-\mathrm{i}\pi/4}\right)-\mathrm{e}^{-\mathrm{i}\mu\pi/4}\mathrm{K}_\mu\left(ap\mathrm{e}^{\mathrm{i}\pi/4}\right)\right],
\end{aligned}\tag{15.179}$$

$$\begin{aligned}
&\int_0^\infty x^{\mu-1}\mathrm{e}^{-p^2/x}\cos a^2x\,\mathrm{d}x\\
&\quad=\frac{1}{4\pi\mathrm{i}}\int_{\sigma'-\mathrm{i}\infty}^{\sigma'+\mathrm{i}\infty}\Gamma\left(\frac{\nu'-\mu}{2}\right)\Gamma\left(\frac{\nu'+\mu}{2}\right)\cos\frac{\nu'+\mu}{4}\pi\left(\frac{p}{a}\right)^{\mu}\frac{\mathrm{d}\nu'}{(ap)^{\nu'}}\\
&\quad=\frac{1}{2\pi\mathrm{i}}\frac{1}{2}\int_{\sigma'-\mathrm{i}\infty}^{\sigma'+\mathrm{i}\infty}\Gamma\left(\frac{\nu'-\mu}{2}\right)\Gamma\left(\frac{\nu'+\mu}{2}\right)\left[\mathrm{e}^{\mathrm{i}(\nu'+\mu)\pi/4}+\mathrm{e}^{-\mathrm{i}(\nu'+\mu)\pi/4}\right]\left(\frac{p}{a}\right)^{\mu}\frac{\mathrm{d}\nu'}{(ap)^{\nu'}}\\
&\quad=\left(\frac{p}{a}\right)^{\mu}\left[\mathrm{e}^{\mathrm{i}\mu\pi/4}\mathrm{K}_\mu\left(ap\mathrm{e}^{-\mathrm{i}\pi/4}\right)+\mathrm{e}^{-\mathrm{i}\mu\pi/4}\mathrm{K}_\mu\left(ap\mathrm{e}^{\mathrm{i}\pi/4}\right)\right].
\end{aligned}\tag{15.180}$$

此二式也可看成函数 $\mathrm{e}^{-p^2/x}\sin a^2x$ 和 $\mathrm{e}^{-p^2/x}\cos a^2x$ 的 Mellin 变换.

例 15.32 因为

$$\begin{aligned}
\mathscr{M}\left\{\left(b^2-x^2\right)^{\mu-1/2}\eta(b-x)\right\}&=\int_0^b\left(b^2-x^2\right)^{\mu-1/2}x^{\nu-1}\,\mathrm{d}x\\
&=b^{2\mu+\nu-1}\int_0^1\left(1-x^2\right)x^{\nu-1}\,\mathrm{d}x=\frac{1}{2}\frac{\Gamma(\mu+1/2)\,\Gamma(\nu/2)}{\Gamma(\mu+(\nu+1)/2)}b^{2\mu+\nu-1},
\end{aligned}$$

所以，根据 (14.39) 式，有

$$\begin{aligned}
&\int_0^b x^{-2\mu-1}\left(b^2-x^2\right)^{\mu-1/2}\sin\frac{a}{x}\,\mathrm{d}x\\
&\quad=\frac{1}{4\pi\mathrm{i}}\int_{\sigma-\mathrm{i}\infty}^{\sigma+\mathrm{i}\infty}\frac{\Gamma(\mu+1/2)\,\Gamma(\nu/2)}{\Gamma(\mu+(\nu+1)/2)}\Gamma(\nu+2\mu)\sin\frac{\nu+2\mu}{2}\pi\left(\frac{b}{a}\right)^{\nu+2\mu}\frac{\mathrm{d}\nu}{b}\\
&\quad=\frac{1}{2\pi\mathrm{i}}\frac{1}{\sqrt{\pi}}\int_{\sigma-\mathrm{i}\infty}^{\sigma+\mathrm{i}\infty}\Gamma\left(\mu+\frac{1}{2}\right)\Gamma\left(\frac{\nu}{2}\right)\Gamma\left(\mu+\frac{\nu+1}{2}\right)\sin\frac{\nu+2\mu}{2}\pi\left(\frac{b}{a}\right)^{\nu+2\mu}\frac{\mathrm{d}\nu}{b},
\end{aligned}$$

$$\begin{aligned}
&\int_0^b x^{-2\mu-1}\left(b^2-x^2\right)^{\mu-1/2}\cos\frac{a}{x}\,\mathrm{d}x\\
&\quad=\frac{1}{4\pi\mathrm{i}}\int_{\sigma-\mathrm{i}\infty}^{\sigma+\mathrm{i}\infty}\frac{\Gamma(\mu+1/2)\,\Gamma(\nu/2)}{\Gamma(\mu+(\nu+1)/2)}\Gamma(\nu+2\mu)\cos\frac{\nu+2\mu}{2}\pi\left(\frac{b}{a}\right)^{\nu+2\mu}\frac{\mathrm{d}\nu}{b}
\end{aligned}$$

$$=\frac{1}{2\pi\mathrm{i}}\frac{1}{\sqrt{\pi}}\int_{\sigma-\mathrm{i}\infty}^{\sigma+\mathrm{i}\infty}\Gamma\left(\mu+\frac{1}{2}\right)\Gamma\left(\frac{\nu}{2}\right)\Gamma\left(\mu+\frac{\nu+1}{2}\right)\cos\frac{\nu+2\mu}{2}\pi\left(\frac{b}{a}\right)^{\nu+2\mu}\frac{\mathrm{d}\nu}{b}.$$

作变量变换 $\nu+\mu=\nu'$，分别对照 (15.3a) 与 (15.9) 两式，则可以求得

$$\begin{aligned}
&\int_0^b x^{-2\mu-1}\left(b^2-x^2\right)^{\mu-1/2}\sin\frac{a}{x}\,\mathrm{d}x\\
&\quad=\frac{1}{2\pi\mathrm{i}}\frac{\Gamma\left(\mu+1/2\right)}{\sqrt{\pi}}\frac{1}{b}\\
&\qquad\times\int_{\sigma'-\mathrm{i}\infty}^{\sigma'+\mathrm{i}\infty}2^{\nu'+\mu-2}\Gamma\left(\frac{\nu'-\mu}{2}\right)\Gamma\left(\frac{\nu'+\mu}{2}\right)\left(\frac{b}{a}\right)^{\nu'+\mu}\sin\frac{\nu'+\mu}{2}\pi\,\mathrm{d}\nu'\\
&\quad=\frac{\sqrt{\pi}}{2b}\left(\frac{2b}{a}\right)^{\mu}\Gamma\left(\mu+\frac{1}{2}\right)\mathrm{J}_{-\mu}\left(\frac{a}{b}\right),
\end{aligned}\tag{15.181}$$

$$\begin{aligned}
&\int_0^b x^{-2\mu-1}\left(b^2-x^2\right)^{\mu-1/2}\cos\frac{a}{x}\,\mathrm{d}x\\
&\quad=\frac{1}{2\pi\mathrm{i}}\frac{\Gamma\left(\mu+1/2\right)}{\sqrt{\pi}}\frac{1}{b}\\
&\qquad\times\int_{\sigma'-\mathrm{i}\infty}^{\sigma'+\mathrm{i}\infty}2^{\nu'+\mu-2}\Gamma\left(\frac{\nu'-\mu}{2}\right)\Gamma\left(\frac{\nu'+\mu}{2}\right)\left(\frac{b}{a}\right)^{\nu'+\mu}\cos\frac{\nu'+\mu}{2}\pi\,\mathrm{d}\nu'\\
&\quad=-\frac{\sqrt{\pi}}{2b}\left(\frac{2b}{a}\right)^{\mu}\Gamma\left(\mu+\frac{1}{2}\right)\mathrm{N}_{-\mu}\left(\frac{a}{b}\right).
\end{aligned}\tag{15.182}$$

事实上，如果作变换 $x=b/t$，则还能将 (15.181) 及 (15.182) 二式改写为

$$\int_1^\infty\left(t^2-1\right)^{\mu-1/2}\sin\frac{at}{b}\,\mathrm{d}t=\frac{\sqrt{\pi}}{2}\left(\frac{2b}{a}\right)^{\mu}\Gamma\left(\mu+\frac{1}{2}\right)\mathrm{J}_{-\mu}\left(\frac{a}{b}\right),\tag{15.181$'$}$$

$$\int_1^\infty\left(t^2-1\right)^{\mu-1/2}\cos\frac{at}{b}\,\mathrm{d}t=-\frac{\sqrt{\pi}}{2}\left(\frac{2b}{a}\right)^{\mu}\Gamma\left(\mu+\frac{1}{2}\right)\mathrm{N}_{-\mu}\left(\frac{a}{b}\right).\tag{15.182$'$}$$

这正是例 15.28 中得到的结果.

例 15.33 和例 15.32 类似的积分还有

$$\int_b^\infty x^{-2\mu-1}(x-b)^{\mu-1/2}\sin\frac{2a}{x}\,\mathrm{d}x\quad 和\quad\int_b^\infty x^{-2\mu-1}(x-b)^{\mu-1/2}\cos\frac{2a}{x}\,\mathrm{d}x.$$

因为

$$\begin{aligned}
\mathscr{M}\left\{(x-b)^{\mu-1/2}\eta(x-b)\right\}&=\int_b^\infty(x-b)^{\mu-1/2}x^{\nu-1}\,\mathrm{d}x\\
&=\frac{\Gamma\left(\mu+1/2\right)\Gamma\left(-\nu-\mu+1/2\right)}{\Gamma\left(1-\nu\right)}b^{\mu+\nu-1/2},
\end{aligned}$$

所以

$$\int_b^\infty x^{-2\mu-1}(x-b)^{\mu-1/2}\sin\frac{2a}{x}\,\mathrm{d}x=\frac{1}{2\pi\mathrm{i}}\frac{1}{\sqrt{b}}\frac{1}{a^\mu}$$
$$\times\int_{\sigma-\mathrm{i}\infty}^{\sigma+\mathrm{i}\infty}\frac{\Gamma(\mu+1/2)\,\Gamma(-\nu-\mu+1/2)}{\Gamma(1-\nu)}\Gamma(\nu+2\mu)\sin\frac{\nu+2\mu}{2}\pi\left(\frac{b}{2a}\right)^{\nu+\mu}\mathrm{d}\nu,$$
$$\int_b^\infty x^{-2\mu-1}(x-b)^{\mu-1/2}\cos\frac{2a}{x}\,\mathrm{d}x=\frac{1}{2\pi\mathrm{i}}\frac{1}{\sqrt{b}}\frac{1}{a^\mu}$$
$$\times\int_{\sigma-\mathrm{i}\infty}^{\sigma+\mathrm{i}\infty}\frac{\Gamma(\mu+1/2)\,\Gamma(-\nu-\mu+1/2)}{\Gamma(1-\nu)}\Gamma(\nu+2\mu)\cos\frac{\nu+2\mu}{2}\pi\left(\frac{b}{2a}\right)^{\nu+\mu}\mathrm{d}\nu.$$

作变换 $\nu'=\nu+\mu$，分别对照 (15.32b) 与 (15.33b) 两式，则有

$$\begin{aligned}&\int_b^\infty x^{-2\mu-1}(x-b)^{\mu-1/2}\sin\frac{2a}{x}\,\mathrm{d}x\\&\quad=\frac{1}{2\pi\mathrm{i}}\frac{1}{\sqrt{b}}\frac{1}{(2a)^\mu}\\&\quad\quad\times\int_{\sigma'-\mathrm{i}\infty}^{\sigma'+\mathrm{i}\infty}\Gamma\left(\mu+\frac{1}{2}\right)\frac{\Gamma(-\nu'+1/2)\,\Gamma(\nu'+\mu)}{\Gamma(1+\mu-\nu')}\sin\frac{\nu'+\mu}{2}\pi\left(\frac{b}{2a}\right)^{\nu'}\mathrm{d}\nu'\\&\quad=\sqrt{\frac{\pi}{b}}\,\frac{1}{(2a)^\mu}\,\Gamma\left(\mu+\frac{1}{2}\right)\sin\left(\frac{a}{b}\right)\mathrm{J}_\mu\left(\frac{a}{b}\right),\end{aligned}\tag{15.183}$$

$$\begin{aligned}&\int_b^\infty x^{-2\mu-1}(x-b)^{\mu-1/2}\cos\frac{2a}{x}\,\mathrm{d}x\\&\quad=\frac{1}{2\pi\mathrm{i}}\frac{1}{\sqrt{b}}\frac{1}{(2a)^\mu}\\&\quad\quad\times\int_{\sigma'-\mathrm{i}\infty}^{\sigma'+\mathrm{i}\infty}\Gamma\left(\mu+\frac{1}{2}\right)\frac{\Gamma(-\nu'+1/2)\,\Gamma(\nu'+\mu)}{\Gamma(1+\mu-\nu')}\cos\frac{\nu'+\mu}{2}\pi\left(\frac{b}{2a}\right)^{\nu'}\mathrm{d}\nu'\\&\quad=\sqrt{\frac{\pi}{b}}\,\frac{1}{(2a)^\mu}\,\Gamma\left(\mu+\frac{1}{2}\right)\cos\left(\frac{a}{b}\right)\mathrm{J}_\mu\left(\frac{a}{b}\right).\end{aligned}\tag{15.184}$$

第十六章　应用 Mellin 变换计算含柱函数的定积分

现在继续上一章的讨论，利用 Mellin 变换的方法计算含柱函数的定积分. 在被积函数可以分拆为两个更简单函数之积时，需要使用 Mellin 变换的卷积公式在 ν 取特定值的特殊形式 (14.37) 和 (14.39) 两式. 计算中还要用到柱函数的 Mellin 变换，它们在上一章中也都可以找到.

§16.1　柱函数与初等函数乘积的积分

本节首先讨论 $\int_0^\infty f(x)g(x)\,\mathrm{d}x$ 型的积分，需要用到公式 (14.37).

例 16.1　由 (15.4a) 式以及表 14.2 中列出的 $\mathscr{M}\{\mathrm{e}^{-\alpha x}\}$，就可以得到

$$\begin{aligned}\int_0^\infty \mathrm{e}^{-\alpha x}x^\mu \mathrm{J}_\mu(x)\,\mathrm{d}x &= \frac{1}{2\pi\mathrm{i}}\int_{\sigma-\mathrm{i}\infty}^{\sigma+\mathrm{i}\infty} 2^{\mu-\nu}\Gamma(\nu)\frac{\Gamma(\mu+(1-\nu)/2)}{\Gamma((1+\nu)/2)}\frac{\mathrm{d}\nu}{\alpha^\nu}\\ &= \frac{1}{2\pi\mathrm{i}}\int_{\sigma-\mathrm{i}\infty}^{\sigma+\mathrm{i}\infty}\frac{2^{\mu-1}}{\sqrt{\pi}}\Gamma\left(\frac{\nu}{2}\right)\Gamma\left(\mu+\frac{1-\nu}{2}\right)\frac{\mathrm{d}\nu}{\alpha^\nu}\\ &= \frac{2^\mu}{\sqrt{\pi}}\Gamma\left(\mu+\frac{1}{2}\right)\left(1+\alpha^2\right)^{-\mu-1/2}. \end{aligned}\tag{16.1}$$

类似地，也有

$$\begin{aligned}\int_0^\infty \mathrm{e}^{-\alpha x}\mathrm{J}_\mu(x)\,\mathrm{d}x &= \frac{1}{2\pi\mathrm{i}}\int_{\sigma-\mathrm{i}\infty}^{\sigma+\mathrm{i}\infty} 2^{-\nu}\Gamma(\nu)\frac{\Gamma((\mu-\nu+1)/2)}{\Gamma((\mu+\nu+1)/2)}\frac{\mathrm{d}\nu}{\alpha^\nu}\\ &= \frac{1}{\sqrt{1+\alpha^2}}\left(\sqrt{1+\alpha^2}-\alpha\right)^\mu. \end{aligned}\tag{16.2}$$

(16.1) 与 (16.2) 两式也可以分别看成 $x^\mu\mathrm{J}_\mu(x)$ 与 $\mathrm{J}_\mu(x)$ 的 Laplace 变换.

例 16.2　指数函数 e^{-bx^2} 与 Bessel 函数乘积的积分.

将 Mellin 变换的基本性质 (见表 14.1) 应用于 $\mathscr{M}\{\mathrm{e}^{-\alpha x}\}$，从而有

$$\mathscr{M}\left\{\mathrm{e}^{-bx^2}\right\} = \frac{1}{2}\Gamma\left(\frac{\nu}{2}\right)b^{-\nu/2}.$$

再利用 (15.4b) 式写出 $\mathscr{M}\left\{x^{\mu+1}\mathrm{J}_\mu(2ax)\right\}$，根据公式 (14.37)，就得到

$$\int_0^\infty \mathrm{e}^{-bx^2}x^{\mu+1}\mathrm{J}_\mu(2ax)\,\mathrm{d}x = \frac{1}{2\pi\mathrm{i}}\int_{\sigma-\mathrm{i}\infty}^{\sigma+\mathrm{i}\infty}\frac{1}{a^{\nu+\mu-1}}\Gamma\left(\mu+\frac{1+\nu}{2}\right)b^{(\nu-1)/2}\,\mathrm{d}\nu.$$

令 $\nu' = \mu+(\nu+1)/2$，即得

$$\begin{aligned}\int_0^\infty \mathrm{e}^{-bx^2} x^{\mu+1} \mathrm{J}_\mu(2ax)\,\mathrm{d}x &= \frac{1}{2\pi\mathrm{i}}\frac{1}{2b}\left(\frac{a}{b}\right)^\mu \int_{\sigma'-\mathrm{i}\infty}^{\sigma'+\mathrm{i}\infty} \Gamma(\nu')\left(\frac{a^2}{b}\right)^{-\nu'} \mathrm{d}\nu' \\ &= \frac{1}{2b}\left(\frac{a}{b}\right)^\mu \mathrm{e}^{-a^2/b}. \end{aligned} \tag{16.3}$$

同样

$$\int_0^\infty \mathrm{e}^{-bx^2} \mathrm{J}_{2\mu}(ax)\,\mathrm{d}x = \frac{1}{8\pi\mathrm{i}}\int_{\sigma-\mathrm{i}\infty}^{\sigma+\mathrm{i}\infty} \frac{\Gamma(\mu+\nu/2)}{\Gamma(1+\mu-\nu/2)}\Gamma\left(\frac{1-\nu}{2}\right)\left(\frac{a}{2}\right)^{-\nu} b^{(\nu-1)/2}\,\mathrm{d}\nu.$$

作变换 $\nu = 2\nu'$，则可得

$$\begin{aligned}\int_0^\infty \mathrm{e}^{-bx^2} \mathrm{J}_{2\mu}(ax)\,\mathrm{d}x &= \frac{1}{2\pi\mathrm{i}}\frac{1}{2\sqrt{b}}\int_{\sigma'-\mathrm{i}\infty}^{\sigma'+\mathrm{i}\infty} 2^{-\nu'}\frac{\Gamma(\mu+\nu')\Gamma(-\nu'+1/2)}{\Gamma(1+\mu-\nu')}\left(\frac{a^2}{8b}\right)^{-\nu'} \mathrm{d}\nu' \\ &= \frac{1}{2}\sqrt{\frac{\pi}{b}}\mathrm{e}^{-a^2/8b}\,\mathrm{I}_\mu\left(\frac{a^2}{8b}\right). \end{aligned} \tag{16.4}$$

如果说例 16.1 与例 16.2 中的一些积分还可以用其他方法计算，例如直接代入 Bessel 函数的级数表达式再逐项积分 (尽管可能略显麻烦)，那么至少对于下面例 16.3 — 例 16.12 中的积分，采用 Mellin 变换的方法可能就是比较方便的选择.

例 16.3 由例 15.27 以及 (15.3a) 和 (15.9) 两式，可以得到

$$\begin{aligned}\mathscr{M}\left\{\frac{\eta(1-x)}{\sqrt{1-x^2}}\right\} &= \frac{1}{2}\frac{\Gamma(1/2)\Gamma(\nu/2)}{\Gamma((\nu+1)/2)}, \\ \mathscr{M}\{\mathrm{J}_{2\mu}(2\alpha x)\} &= \frac{\alpha^{-\nu}}{2\pi}\Gamma\left(\frac{\nu}{2}+\mu\right)\Gamma\left(\frac{\nu}{2}-\mu\right)\sin\left(\frac{\nu}{2}-\mu\right)\pi, \\ \mathscr{M}\{\mathrm{N}_0(2\alpha x)\} &= -\frac{\alpha^{-\nu}}{2\pi}\Gamma\left(\frac{\nu}{2}\right)\Gamma\left(\frac{\nu}{2}\right)\cos\frac{\nu\pi}{2}, \end{aligned}$$

因此就能求得

$$\begin{aligned}\int_0^1 \frac{\mathrm{J}_{2\mu}(2\alpha x)}{\sqrt{1-x^2}}\mathrm{d}x &= \frac{1}{2\pi\mathrm{i}}\frac{1}{4\pi^{3/2}}\int_{\sigma-\mathrm{i}\infty}^{\sigma+\mathrm{i}\infty}\Gamma\left(\frac{\nu}{2}+\mu\right)\Gamma\left(\frac{\nu}{2}-\mu\right)\sin\left(\frac{\nu}{2}-\mu\right)\pi\frac{\Gamma((1-\nu)/2)}{\Gamma(1-\nu/2)}\frac{\mathrm{d}\nu}{\alpha^\nu} \\ &= \frac{1}{2\pi\mathrm{i}}\frac{1}{4\pi^{3/2}}\int_{\sigma-\mathrm{i}\infty}^{\sigma+\mathrm{i}\infty}\Gamma\left(\frac{\nu}{2}\right)\Gamma\left(\frac{1-\nu}{2}\right)\Gamma\left(\frac{\nu}{2}+\mu\right)\Gamma\left(\frac{\nu}{2}-\mu\right)\sin\left(\frac{\nu}{2}-\mu\right)\pi\sin\frac{\nu\pi}{2}\frac{\mathrm{d}\nu}{\alpha^\nu} \\ &= \frac{\pi}{2}\mathrm{J}_\mu^2(\alpha), \end{aligned} \tag{16.5}$$

$$\begin{aligned}\int_0^1 \frac{\mathrm{N}_0(2\alpha x)}{\sqrt{1-x^2}}\,\mathrm{d}x &= -\frac{1}{2\pi\mathrm{i}}\frac{1}{4\pi^{3/2}}\int_{\sigma-\mathrm{i}\infty}^{\sigma+\mathrm{i}\infty}\Gamma\left(\frac{\nu}{2}\right)\Gamma\left(\frac{\nu}{2}\right)\cos\frac{\nu\pi}{2}\frac{\Gamma((1-\nu)/2)}{\Gamma(1-\nu/2)}\frac{\mathrm{d}\nu}{\alpha^\nu} \\ &= -\frac{1}{2\pi\mathrm{i}}\frac{1}{4\pi^{3/2}}\int_{\sigma-\mathrm{i}\infty}^{\sigma+\mathrm{i}\infty}\Gamma\left(\frac{\nu}{2}\right)\Gamma\left(\frac{\nu}{2}\right)\Gamma\left(\frac{\nu}{2}\right)\Gamma\left(\frac{1-\nu}{2}\right)\cos\frac{\nu\pi}{2}\sin\frac{\nu\pi}{2}\frac{\mathrm{d}\nu}{\alpha^\nu} \\ &= \frac{\pi}{2}\mathrm{J}_0(\alpha)\mathrm{N}_0(\alpha). \end{aligned} \tag{16.6}$$

例 16.4 类似于例 16.3，并利用

$$\mathscr{M}\left\{\frac{\eta(x-1)}{\sqrt{x^2-1}}\right\} = \frac{1}{2}\Gamma\left(\frac{1}{2}\right)\Gamma\left(\frac{\nu}{2}\right)\Gamma\left(\frac{1-\nu}{2}\right)\sin\frac{\nu\pi}{2},$$

$$\mathscr{M}\left\{\mathrm{N}_{2\mu}(2\alpha x)\right\} = -\frac{\alpha^{-\nu}}{2\pi}\Gamma\left(\frac{\nu}{2}+\mu\right)\Gamma\left(\frac{\nu}{2}-\mu\right)\cos\left(\frac{\nu}{2}-\mu\right)\pi,$$

又能求得

$$\begin{aligned}
\int_1^\infty \frac{\mathrm{J}_{2\mu}(2\alpha x)}{\sqrt{x^2-1}}\,\mathrm{d}x &= \frac{1}{2\pi\mathrm{i}}\frac{1}{4\pi^{3/2}}\int_{\sigma-\mathrm{i}\infty}^{\sigma+\mathrm{i}\infty}\Gamma\left(\frac{\nu}{2}+\mu\right)\Gamma\left(\frac{\nu}{2}-\mu\right)\sin\left(\frac{\nu}{2}-\mu\right)\pi \\
&\quad\times\Gamma\left(\frac{1-\nu}{2}\right)\Gamma\left(\frac{\nu}{2}\right)\sin\frac{1-\nu}{2}\pi\frac{\mathrm{d}\nu}{\alpha^\nu} \\
&= \frac{1}{2\pi\mathrm{i}}\frac{1}{4\pi^{3/2}}\int_{\sigma-\mathrm{i}\infty}^{\sigma+\mathrm{i}\infty}\Gamma\left(\frac{\nu}{2}\right)\Gamma\left(\frac{1-\nu}{2}\right)\Gamma\left(\frac{\nu}{2}+\mu\right)\Gamma\left(\frac{\nu}{2}-\mu\right) \\
&\quad\times\sin\left(\frac{\nu}{2}-\mu\right)\pi\cos\frac{\nu\pi}{2}\frac{\mathrm{d}\nu}{\alpha^\nu} \\
&= -\frac{\pi}{2}\mathrm{J}_\mu(\alpha)\mathrm{N}_\mu(\alpha),
\end{aligned} \tag{16.7}$$

$$\begin{aligned}
\int_1^\infty \frac{\mathrm{N}_{2\mu}(2\alpha x)}{\sqrt{x^2-1}}\,\mathrm{d}x &= -\frac{1}{2\pi\mathrm{i}}\frac{1}{4\pi^{3/2}}\int_{\sigma-\mathrm{i}\infty}^{\sigma+\mathrm{i}\infty}\Gamma\left(\frac{\nu}{2}+\mu\right)\Gamma\left(\frac{\nu}{2}-\mu\right)\cos\left(\frac{\nu}{2}-\mu\right)\pi\Gamma\left(\frac{1-\nu}{2}\right) \\
&\quad\times\Gamma\left(\frac{\nu}{2}\right)\sin\frac{1-\nu}{2}\pi\frac{\mathrm{d}\nu}{\alpha^\nu} \\
&= -\frac{1}{2\pi\mathrm{i}}\frac{1}{4\pi^{3/2}}\int_{\sigma-\mathrm{i}\infty}^{\sigma+\mathrm{i}\infty}\Gamma\left(\frac{\nu}{2}\right)\Gamma\left(\frac{1-\nu}{2}\right)\Gamma\left(\frac{\nu}{2}+\mu\right)\Gamma\left(\frac{\nu}{2}-\mu\right) \\
&\quad\times\cos\left(\frac{\nu}{2}-\mu\right)\pi\cos\frac{\nu\pi}{2}\frac{\mathrm{d}\nu}{\alpha^\nu} \\
&= \frac{\pi}{4}\left[\mathrm{J}_\mu^2(\alpha)-\mathrm{N}_\mu^2(\alpha)\right].
\end{aligned} \tag{16.8}$$

作变换 $t=\sqrt{x^2-1}$，还能将 (16.7) 和 (16.8) 两式化为

$$\int_0^\infty \frac{\mathrm{J}_{2\mu}(2\alpha\sqrt{x^2+1})}{\sqrt{x^2+1}}\,\mathrm{d}x = -\frac{\pi}{2}\mathrm{J}_\mu(\alpha)\mathrm{N}_\mu(\alpha), \tag{16.7$'$}$$

$$\int_0^\infty \frac{\mathrm{N}_{2\mu}(2\alpha\sqrt{x^2+1})}{\sqrt{x^2+1}}\,\mathrm{d}x = \frac{\pi}{4}\left[\mathrm{J}_\mu^2(\alpha)-\mathrm{N}_\mu^2(\alpha)\right]. \tag{16.8$'$}$$

例 16.5 由 (15.5b) 式和 (15.144) 式，就能有

$$\begin{aligned}
&\int_0^\infty \frac{x^{\lambda+1}\mathrm{J}_\lambda(\alpha x)}{(1+x^2)^{\mu+1}}\,\mathrm{d}x \\
&= \frac{1}{2\pi\mathrm{i}}\frac{1}{\Gamma(\mu+1)}\int_{\sigma-\mathrm{i}\infty}^{\sigma+\mathrm{i}\infty}2^{\nu+\lambda-1}\Gamma\left(\lambda+\frac{\nu+1}{2}\right)\Gamma\left(\mu+\frac{\nu+1}{2}\right)\frac{\mathrm{d}\nu}{\alpha^{\nu+\lambda+1}}.
\end{aligned}$$

作变换 $\nu+2\lambda+1=\nu'$，即得

$$\int_0^\infty \frac{x^{\lambda+1}\mathrm{J}_\lambda(\alpha x)}{\left(1+x^2\right)^{\mu+1}}\,\mathrm{d}x = \frac{1}{2\pi\mathrm{i}}\frac{1}{\Gamma(\mu+1)}\int_{\sigma'-\mathrm{i}\infty}^{\sigma'+\mathrm{i}\infty} 2^{\nu'-\lambda-2}\alpha^\lambda\Gamma\left(\frac{\nu}{2}\right)\Gamma\left(\frac{\nu}{2}-\lambda+\mu\right)\frac{\mathrm{d}\nu'}{\alpha^{\nu'}}$$
$$= \frac{1}{\Gamma(\mu+1)}\left(\frac{\alpha}{2}\right)^\mu \mathrm{K}_{\mu-\lambda}(\alpha). \tag{16.9}$$

例 16.6　利用例 15.26 中给出的 $\mathscr{M}\left\{\frac{1}{\sqrt{x^2+a^2}}\right\}$ (见 (15.144) 式，取 $\mu=-1/2$) 以及例 16.3 中给出的 $\mathscr{M}\{\mathrm{J}_{2\mu}(2bx)\}$，还可以计算出

$$\int_0^\infty \frac{\mathrm{J}_{2\mu}(2bx)}{\sqrt{x^2+a^2}}\mathrm{d}x = \frac{1}{2\pi\mathrm{i}}\frac{1}{4\pi^{3/2}}\int_{\sigma-\mathrm{i}\infty}^{\sigma+\mathrm{i}\infty}\Gamma\left(\frac{\nu}{2}\right)\Gamma\left(\frac{1-\nu}{2}\right)\Gamma\left(\frac{\nu}{2}+\mu\right)\Gamma\left(\frac{\nu}{2}-\mu\right)\frac{\mathrm{d}\nu}{(ab)^\nu}$$
$$= \mathrm{I}_\mu(ab)\mathrm{K}_\mu(ab). \tag{16.10}$$

在此基础上，又能导出

$$\begin{aligned}\int_0^\infty \frac{\mathrm{N}_{2\mu}(2bx)}{\sqrt{x^2+a^2}}\mathrm{d}x &= \int_0^\infty \frac{\cos 2\mu\pi\,\mathrm{J}_{2\mu}(2bx)-\mathrm{J}_{-2\mu}(2bx)}{\sin 2\mu\pi}\frac{\mathrm{d}x}{\sqrt{x^2+a^2}}\\ &= \frac{\cos 2\mu\pi\,\mathrm{I}_\mu(ab)\mathrm{K}_\mu(ab)-\mathrm{I}_{-\mu}(ab)\mathrm{K}_{-\mu}(ab)}{\sin 2\mu\pi}\\ &= \frac{\mathrm{K}_\mu(ab)}{\sin 2\mu\pi}\left[\cos 2\mu\pi\,\mathrm{I}_\mu(ab)-\mathrm{I}_{-\mu}(ab)\right]\\ &= -\frac{\mathrm{K}_\mu(ab)}{\sin\mu\pi}\left[\sin\mu\pi\,\mathrm{I}_\mu(ab)+\frac{1}{\pi}\mathrm{K}_\mu(ab)\right].\end{aligned} \tag{16.11}$$

再由

$$\mathscr{M}\{\mathrm{K}_{2\mu}(2bx)\} = \frac{b^{-\nu}}{4}\Gamma\left(\frac{\nu}{2}+\mu\right)\Gamma\left(\frac{\nu}{2}-\mu\right),$$

又可以计算出

$$\int_0^\infty \frac{\mathrm{K}_{2\mu}(2bx)}{\sqrt{x^2+a^2}}\mathrm{d}x = \frac{1}{2\pi\mathrm{i}}\frac{1}{8\sqrt{\pi}}\int_{\sigma'-\mathrm{i}\infty}^{\sigma'+\mathrm{i}\infty}\Gamma\left(\frac{\nu}{2}\right)\Gamma\left(\frac{1-\nu}{2}\right)\Gamma\left(\frac{\nu}{2}+\mu\right)\Gamma\left(\frac{\nu}{2}-\mu\right)\frac{\mathrm{d}\nu}{(ab)^\nu}$$
$$= \frac{\pi^2}{8\cos\mu\pi}\left[\mathrm{J}_\mu^2(ab)+\mathrm{N}_\mu^2(ab)\right]. \tag{16.12}$$

例 16.7　根据 $\mathscr{M}\left\{\frac{1}{x^2+k^2}\right\}$ (见 (15.144) 式，取 $\mu=0$) 以及 $\mathscr{M}\{\mathrm{N}_0(ax)\}$ (见例 16.3)，也可求得

$$\begin{aligned}&\int_0^\infty \frac{\mathrm{N}_0(ax)}{x^2+k^2}\,\mathrm{d}x\\ &= -\frac{1}{2\pi\mathrm{i}}\int_{\sigma-\mathrm{i}\infty}^{\sigma+\mathrm{i}\infty}\frac{2^{\nu-1}}{\pi}\Gamma\left(\frac{\nu}{2}\right)\Gamma\left(\frac{\nu}{2}\right)\cos\frac{\nu\pi}{2}\cdot\frac{1}{2k}\Gamma\left(\frac{1-\nu}{2}\right)\Gamma\left(\frac{1+\nu}{2}\right)\frac{\mathrm{d}\nu}{(ka)^\nu}\\ &= -\frac{1}{2\pi\mathrm{i}}\frac{1}{k}\int_{\sigma-\mathrm{i}\infty}^{\sigma+\mathrm{i}\infty}2^{\nu-2}\Gamma\left(\frac{\nu}{2}\right)\Gamma\left(\frac{\nu}{2}\right)\frac{\mathrm{d}\nu}{(ka)^\nu} = -\frac{1}{k}\mathrm{K}_0(ka).\end{aligned} \tag{16.13}$$

类似地，还有

$$\begin{aligned}
&\int_0^\infty \frac{x\mathrm{J}_0(ax)}{x^2+k^2}\,\mathrm{d}x\\
&=\frac{1}{2\pi\mathrm{i}}\int_{\sigma-\mathrm{i}\infty}^{\sigma+\mathrm{i}\infty}\frac{2^\nu}{\pi}\Gamma\left(\frac{1+\nu}{2}\right)\Gamma\left(\frac{1+\nu}{2}\right)\sin\frac{1+\nu}{2}\pi\cdot\frac{1}{2}\Gamma\left(\frac{1-\nu}{2}\right)\Gamma\left(\frac{1+\nu}{2}\right)\frac{\mathrm{d}\nu}{(ka)^{\nu+1}}\\
&=\frac{1}{2\pi\mathrm{i}}\int_{\sigma-\mathrm{i}\infty}^{\sigma+\mathrm{i}\infty}2^{\nu-1}\Gamma\left(\frac{1+\nu}{2}\right)\Gamma\left(\frac{1+\nu}{2}\right)\frac{\mathrm{d}\nu}{(ka)^{\nu+1}}=\mathrm{K}_0(ka).
\end{aligned}\tag{16.14}$$

例 16.8　由 $\mathscr{M}\left\{\frac{1}{1-x}\right\}$ (见表 14.2) 及 Mellin 变换的基本性质 (见表 14.1)，有

$$\mathscr{M}\left\{\frac{1}{x^2-k^2}\right\}=-\frac{k^{\nu-2}}{2}\pi\cot\frac{\nu\pi}{2},$$

因此

$$\begin{aligned}
&\int_0^\infty \frac{x\mathrm{J}_0(ax)}{x^2-k^2}\,\mathrm{d}x\\
&=-\frac{1}{2\pi\mathrm{i}}\int_{\sigma-\mathrm{i}\infty}^{\sigma+\mathrm{i}\infty}\frac{2^{\nu-1}}{\pi}\Gamma\left(\frac{1+\nu}{2}\right)\Gamma\left(\frac{1+\nu}{2}\right)\sin\frac{1+\nu}{2}\pi\cdot\cot\frac{1-\nu}{2}\pi\,\frac{\mathrm{d}\nu}{(ka)^{\nu+1}}\\
&=\frac{1}{2\pi\mathrm{i}}\int_{\sigma-\mathrm{i}\infty}^{\sigma+\mathrm{i}\infty}2^{\nu-1}\Gamma\left(\frac{1+\nu}{2}\right)\Gamma\left(\frac{1+\nu}{2}\right)\cos\frac{1+\nu}{2}\pi\,\frac{\mathrm{d}\nu}{(ka)^{\nu+1}}\\
&=-\frac{\pi}{2}\mathrm{N}_0(ka).
\end{aligned}\tag{16.15}$$

将上式和 (16.14) 式相加、减，又能得到

$$\begin{aligned}
\int_0^\infty \frac{x\,\mathrm{J}_0(ax)}{x^4-k^4}\,\mathrm{d}x&=\frac{1}{2k^2}\left[\int_0^\infty\frac{x\,\mathrm{J}_0(ax)}{x^2-k^2}\,\mathrm{d}x-\int_0^\infty\frac{x\,\mathrm{J}_0(ax)}{x^2+k^2}\,\mathrm{d}x\right]\\
&=-\frac{1}{2k^2}\left[\mathrm{K}_0(ka)+\frac{\pi}{2}\mathrm{N}_0(ka)\right],
\end{aligned}\tag{16.16}$$

$$\begin{aligned}
\int_0^\infty \frac{x^3\,\mathrm{J}_0(ax)}{x^4-k^4}\,\mathrm{d}x&=\frac{1}{2}\left[\int_0^\infty\frac{x\,\mathrm{J}_0(ax)}{x^2-k^2}\,\mathrm{d}x-\int_0^\infty\frac{x\,\mathrm{J}_0(ax)}{x^2+k^2}\,\mathrm{d}x\right]\\
&=\frac{1}{2}\left[\mathrm{K}_0(ka)-\frac{\pi}{2}\mathrm{N}_0(ka)\right].
\end{aligned}\tag{16.17}$$

例 16.9　应用 Mellin 变换的基本性质 (见表 14.1)，即可由 $\mathscr{M}\{1/(x+1)\}$ 导出

$$\mathscr{M}\left\{\frac{x}{x^4+a^4}\right\}=\frac{a^{\nu-3}}{4}\Gamma\left(\frac{1+\nu}{4}\right)\Gamma\left(\frac{3-\nu}{4}\right),$$
$$\mathscr{M}\left\{\frac{x^3}{x^4+a^4}\right\}=\frac{a^{\nu-1}}{4}\Gamma\left(\frac{1-\nu}{4}\right)\Gamma\left(\frac{3+\nu}{4}\right),$$

也能够求得

$$\begin{aligned}&\int_0^\infty \frac{x\,\mathrm{J}_0(ax)}{x^4+a^4}\,\mathrm{d}x\\&=\frac{1}{2\pi\mathrm{i}}\frac{1}{a^2}\int_{\sigma-\mathrm{i}\infty}^{\sigma+\mathrm{i}\infty}\frac{2^{\nu-3}}{\pi}\Gamma\left(\frac{\nu}{2}\right)\Gamma\left(\frac{\nu}{2}\right)\sin\frac{\nu\pi}{2}\cdot\Gamma\left(\frac{1}{2}+\frac{\nu}{4}\right)\Gamma\left(\frac{1}{2}-\frac{\nu}{4}\right)\frac{\mathrm{d}\nu}{a^\nu}\\&=\frac{1}{2\pi\mathrm{i}}\frac{1}{a^2}\int_{\sigma-\mathrm{i}\infty}^{\sigma+\mathrm{i}\infty}2^{\nu-2}\Gamma\left(\frac{\nu}{2}\right)\Gamma\left(\frac{\nu}{2}\right)\sin\frac{\nu\pi}{4}\frac{\mathrm{d}\nu}{a^\nu}\\&=\frac{\mathrm{i}}{2a^2}\left[\mathrm{K}_0(a\mathrm{e}^{\mathrm{i}\pi/4})-\mathrm{K}_0(a\mathrm{e}^{-\mathrm{i}\pi/4})\right],\end{aligned}\tag{16.18}$$

$$\begin{aligned}&\int_0^\infty \frac{x^3\,\mathrm{J}_0(ax)}{x^4+a^4}\,\mathrm{d}x\\&=\frac{1}{2\pi\mathrm{i}}\int_{\sigma-\mathrm{i}\infty}^{\sigma+\mathrm{i}\infty}\frac{2^{\nu-3}}{\pi}\Gamma\left(\frac{\nu}{2}\right)\Gamma\left(\frac{\nu}{2}\right)\sin\frac{\nu\pi}{2}\cdot\Gamma\left(\frac{\nu}{4}\right)\Gamma\left(1-\frac{\nu}{4}\right)\frac{\mathrm{d}\nu}{a^\nu}\\&=\frac{1}{2\pi\mathrm{i}}\int_{\sigma-\mathrm{i}\infty}^{\sigma+\mathrm{i}\infty}2^{\nu-2}\Gamma\left(\frac{\nu}{2}\right)\Gamma\left(\frac{\nu}{2}\right)\cos\frac{\nu\pi}{4}\frac{\mathrm{d}\nu}{a^\nu}\\&=\frac{1}{2}\left[\mathrm{K}_0(a\mathrm{e}^{\mathrm{i}\pi/4})+\mathrm{K}_0(a\mathrm{e}^{-\mathrm{i}\pi/4})\right].\end{aligned}\tag{16.19}$$

例 16.10　模仿例 16.9 的做法，可以写出

$$\mathscr{M}\left\{\frac{x}{x^2+a^2}\right\}=\frac{a^{\nu-1}}{2}\frac{\pi}{\cos(\nu\pi/2)},$$

同时引用 (15.24b) 式的结果，就能计算出

$$\begin{aligned}&\int_0^\infty \frac{x}{x^2+a^2}\mathrm{J}_\mu^2(x)\,\mathrm{d}x\\&=\frac{1}{2\pi\mathrm{i}}\frac{1}{4\pi^{3/2}}\int_{\sigma-\mathrm{i}\infty}^{\sigma+\mathrm{i}\infty}\Gamma\left(\frac{\nu}{2}\right)\Gamma\left(\frac{1-\nu}{2}\right)\Gamma\left(\frac{\nu}{2}+\mu\right)\Gamma\left(\frac{\nu}{2}-\mu\right)\\&\qquad\times\sin\left(\frac{\nu}{2}-\mu\right)\pi\,\sin\frac{\nu\pi}{2}\cdot\frac{1}{\cos(1-\nu)\pi/2}\frac{\mathrm{d}\nu}{a^\nu}\\&=\frac{1}{2\pi\mathrm{i}}\frac{1}{4\pi^{3/2}}\int_{\sigma-\mathrm{i}\infty}^{\sigma+\mathrm{i}\infty}\Gamma\left(\frac{\nu}{2}\right)\Gamma\left(\frac{1-\nu}{2}\right)\Gamma\left(\frac{\nu}{2}+\mu\right)\Gamma\left(\frac{\nu}{2}-\mu\right)\sin\left(\frac{\nu}{2}-\mu\right)\pi\frac{\mathrm{d}\nu}{a^\nu}\\&=\mathrm{I}_\mu(a)\mathrm{K}_\mu(a).\end{aligned}\tag{16.20}$$

例 16.11　类似地，还可以计算积分 $\displaystyle\int_0^\infty\frac{x^{\mu+1}}{(x^4+4)^{\mu+1/2}}\,\mathrm{J}_\mu(ax)\,\mathrm{d}x$. 这时首先要模仿例 16.9 的做法计算出

$$\mathscr{M}\left\{\frac{1}{(x^4+4)^{\mu+1/2}}\right\}=\frac{2^{(\nu/2)-2\mu-2}}{\Gamma(\mu+1/2)}\Gamma\left(\frac{\nu}{4}\right)\Gamma\left(\mu+\frac{1}{2}-\frac{\nu}{4}\right).$$

因此

$$\begin{aligned}&\int_0^\infty \frac{x^{\mu+1}}{\left(x^4+4\right)^{\mu+1/2}}\,\mathrm{J}_\mu(ax)\,\mathrm{d}x\\&=\frac{1}{2\pi\mathrm{i}}\frac{1}{\Gamma(\mu+1/2)}\int_{\sigma-\mathrm{i}\infty}^{\sigma+\mathrm{i}\infty}2^{-\mu+(\nu-5)/2}\frac{\Gamma(\mu+(\nu+1)/2)}{\Gamma((1-\nu)/2)}\\&\quad\times\Gamma\left(\frac{1-\nu}{4}\right)\Gamma\left(\mu+\frac{\nu+1}{4}\right)\frac{\mathrm{d}\nu}{a^{\nu+\mu+1}}\\&=\frac{1}{2\pi\mathrm{i}}\frac{\sqrt{\pi}}{\Gamma(\mu+1/2)}\int_{\sigma-\mathrm{i}\infty}^{\sigma+\mathrm{i}\infty}2^{\nu-\mu-2}\frac{\Gamma(\mu+(\nu+1)/2)}{\Gamma((3-\nu)/4)}\Gamma\left(\mu+\frac{\nu+1}{4}\right)\frac{\mathrm{d}\nu}{a^{\nu+\mu+1}}.\end{aligned}$$

作平移 $\nu'=\nu+1$，即得

$$\begin{aligned}&\int_0^\infty \frac{x^{\mu+1}}{\left(x^4+4\right)^{\mu+1/2}}\,\mathrm{J}_\mu(ax)\,\mathrm{d}x\\&=\frac{1}{2\pi\mathrm{i}}\frac{\sqrt{\pi}}{\Gamma(\mu+1/2)}\int_{\sigma'-\mathrm{i}\infty}^{\sigma'+\mathrm{i}\infty}2^{\nu'-\mu-3}\frac{\Gamma(\mu+\nu'/2)}{\Gamma(1-\nu'/4)}\Gamma\left(\mu+\frac{\nu'}{4}\right)\frac{\mathrm{d}\nu'}{a^{\nu'+\mu}}\\&=\frac{\sqrt{\pi}}{\Gamma(\mu+1/2)}\left(\frac{a}{8}\right)^\mu\mathrm{J}_\mu(a)\,\mathrm{K}_\mu(a).\end{aligned}\tag{16.21}$$

下面讨论 $\displaystyle\int_0^\infty f(x)g\Big(\frac{1}{x}\Big)\frac{\mathrm{d}x}{x}$ 型的积分，这时需要用到关系式 (14.39).

例 16.12　由表 14.2 及 (15.3) 式可以查得 $\mathscr{M}\{\mathrm{e}^{-a^2x}\}$ 与 $\mathscr{M}\{\mathrm{J}_\mu(2x)\}$，所以

$$\int_0^\infty \mathrm{e}^{-a^2x}\mathrm{J}_\mu\left(\frac{2}{x}\right)\frac{\mathrm{d}x}{x}=\frac{1}{2\pi\mathrm{i}}\frac{1}{2\pi}\int_{\sigma-\mathrm{i}\infty}^{\sigma+\mathrm{i}\infty}\Gamma(\nu)\,\Gamma\left(\frac{\nu+\mu}{2}\right)\Gamma\left(\frac{\nu-\mu}{2}\right)\sin\frac{\nu+\mu}{2}\pi\,\frac{\mathrm{d}\nu}{a^{2\nu}}.$$

作变换 $\nu=\nu'/2$，即得①

$$\begin{aligned}&\int_0^\infty \mathrm{e}^{-a^2x}\mathrm{J}_\mu\left(\frac{2}{x}\right)\frac{\mathrm{d}x}{x}\\&=\frac{1}{2\pi\mathrm{i}}\frac{1}{4\pi}\int_{\sigma'-\mathrm{i}\infty}^{\sigma'+\mathrm{i}\infty}\Gamma\left(\frac{\nu'}{2}\right)\Gamma\left(\frac{\nu'}{4}+\frac{\mu}{2}\right)\Gamma\left(\frac{\nu'}{4}-\frac{\mu}{2}\right)\sin\Big(\frac{\nu}{4}+\frac{\mu}{2}\Big)\pi\,\frac{\mathrm{d}\nu'}{a^{\nu'}}\\&=2\mathrm{J}_\mu(2a)\,\mathrm{K}_\mu(2a).\end{aligned}\tag{16.22}$$

---

① 本书得到的 (16.22) 式，与《运算微积手册》(科学出版社，1958) 中 219 页上所载结果

$$\int_0^\infty \mathrm{e}^{-pt}\mathrm{J}_\mu\left(\frac{1}{t}\right)\frac{\mathrm{d}t}{t}=2\,\mathrm{J}_\mu(2\sqrt{p})\,\mathrm{K}_\mu(2\sqrt{p})$$

不一致.

类似地，还有①

$$\int_0^\infty \mathrm{e}^{-a^2x}\mathrm{N}_\mu\left(\frac{2}{x}\right)\frac{\mathrm{d}x}{x}=\frac{1}{2\pi\mathrm{i}}\frac{1}{2\pi}\int_{\sigma-\mathrm{i}\infty}^{\sigma+\mathrm{i}\infty}\Gamma(\nu)\,\Gamma\left(\frac{\nu+\mu}{2}\right)\Gamma\left(\frac{\nu-\mu}{2}\right)\cos\frac{\nu+\mu}{2}\pi\,\frac{\mathrm{d}\nu}{a^{2\nu}}$$

$$=\frac{1}{2\pi\mathrm{i}}\frac{1}{4\pi}\int_{\sigma'-\mathrm{i}\infty}^{\sigma'+\mathrm{i}\infty}\Gamma\left(\frac{\nu'}{2}\right)\Gamma\left(\frac{\nu'}{4}+\frac{\mu}{2}\right)\Gamma\left(\frac{\nu'}{4}-\frac{\mu}{2}\right)\cos\left(\frac{\nu}{4}+\frac{\mu}{2}\right)\pi\,\frac{\mathrm{d}\nu'}{a^{\nu'}}$$

$$=2\,\mathrm{N}_\mu(2a)\,\mathrm{K}_\mu(2a),\tag{16.23}$$

$$\int_0^\infty \mathrm{e}^{-a^2x}\mathrm{H}_\mu^{(1,2)}\left(\frac{2}{x}\right)\frac{\mathrm{d}x}{x}\equiv\int_0^\infty \mathrm{e}^{-a^2x}\left[\mathrm{J}_\mu\left(\frac{2}{x}\right)\pm\mathrm{i}\,\mathrm{N}_\mu\left(\frac{2}{x}\right)\right]\frac{\mathrm{d}x}{x}$$

$$=2\,\mathrm{H}_\mu^{(1,2)}(2a)\,\mathrm{K}_\mu(2a).\tag{16.24}$$

例 16.13　计算积分 $\displaystyle\int_0^\infty \mathrm{e}^{-b^2x}\mathrm{e}^{-a^2/8x}\mathrm{K}_\mu\left(\frac{a^2}{8x}\right)\frac{\mathrm{d}x}{\sqrt{x}}$.

解　根据 (15.57) 式以及 $\mathrm{K}_\mu(x)$ 的定义 (15.19)，有

$$\mathscr{M}\left\{\mathrm{e}^{-x}\,\mathrm{K}_\mu(x)\right\}=\frac{2^{-\nu}}{\sqrt{\pi}}\Gamma\left(\frac{1}{2}-\nu\right)\Gamma(\nu+\mu)\,\Gamma(\nu-\mu)\,\frac{\sin(\nu+\mu)\pi-\sin(\nu-\mu)\pi}{2\sin\mu\pi}$$

$$=\frac{2^{-\nu}}{\sqrt{\pi}}\Gamma\left(\frac{1}{2}-\nu\right)\Gamma(\nu+\mu)\,\Gamma(\nu-\mu)\cos\nu\pi.\tag{16.25}$$

由此即可导出

$$\int_0^\infty \mathrm{e}^{-b^2x}\mathrm{e}^{-a^2/8x}\,\mathrm{K}_\mu\left(\frac{a^2}{8x}\right)\frac{\mathrm{d}x}{\sqrt{x}}=\int_0^\infty \sqrt{x}\mathrm{e}^{-b^2x}\mathrm{e}^{-a^2/8x}\,\mathrm{K}_\mu\left(\frac{a^2}{8x}\right)\frac{\mathrm{d}x}{x}$$

$$=\frac{1}{2\pi\mathrm{i}}\frac{1}{b\sqrt{\pi}}\int_{\sigma-\mathrm{i}\infty}^{\sigma+\mathrm{i}\infty}\Gamma\left(\nu+\frac{1}{2}\right)\Gamma\left(\frac{1}{2}-\nu\right)\Gamma(\nu+\mu)\,\Gamma(\nu-\mu)\cos\nu\pi\cdot\left(\frac{ab}{2}\right)^{-2\nu}\mathrm{d}\nu$$

$$=\frac{1}{2\pi\mathrm{i}}\frac{\sqrt{\pi}}{b}\int_{\sigma-\mathrm{i}\infty}^{\sigma+\mathrm{i}\infty}2^{2\nu}\Gamma(\nu+\mu)\,\Gamma(\nu-\mu)\,\frac{\mathrm{d}\nu}{(ab)^{2\nu}}.$$

作变换 $\nu=\nu'/2$，即得

$$\int_0^\infty \mathrm{e}^{-b^2x}\mathrm{e}^{-a^2/8x}\,\mathrm{K}_\mu\left(\frac{a^2}{8x}\right)\frac{\mathrm{d}x}{\sqrt{x}}$$

$$=\frac{1}{2\pi\mathrm{i}}\frac{\sqrt{\pi}}{b}\int_{\sigma'-\mathrm{i}\infty}^{\sigma'+\mathrm{i}\infty}2^{\nu'-1}\Gamma\left(\frac{\nu'}{2}+\mu\right)\Gamma\left(\frac{\nu'}{2}-\mu\right)\frac{\mathrm{d}\nu'}{(ab)^{\nu'}}$$

$$=\frac{2}{b}\mathrm{K}_{2\mu}(ab).\tag{16.26}$$

---

① 此处的 (16.23) 式与 I. S. Gradshteyn & I. M. Ryzhik 的 *Table of Integrals, Series, and Products* 一致，在该书 (第 7 版) 709 页上为公式 6.642　1. 但 (16.24) 式与该书的公式 6.642　2 不同. 公式 6.642　2 与公式　6.642　1 存在明显矛盾.

同样，也可以求出

$$\begin{aligned}&\int_0^{\infty} \mathrm{e}^{-b^2x}\mathrm{e}^{-a^2/2x}\mathrm{K}_{\mu}\left(\frac{a^2}{2x}\right)\frac{\mathrm{d}x}{x}\\&=\frac{1}{2\pi\mathrm{i}}\frac{1}{\sqrt{\pi}}\int_{\sigma-\mathrm{i}\infty}^{\sigma+\mathrm{i}\infty}\Gamma(\nu)\Gamma\left(\frac{1}{2}-\nu\right)\Gamma(\nu+\mu)\Gamma(\nu-\mu)\cos\nu\pi\frac{\mathrm{d}\nu}{(ab)^{2\nu}}\\&=\frac{1}{2\pi\mathrm{i}}\frac{1}{2\sqrt{\pi}}\int_{\sigma'-\mathrm{i}\infty}^{\sigma'+\mathrm{i}\infty}\Gamma\left(\frac{\nu'}{2}\right)\Gamma\left(\frac{1-\nu'}{2}\right)\Gamma\left(\frac{\nu'}{2}+\mu\right)\Gamma\left(\frac{\nu'}{2}-\mu\right)\cos\frac{\nu'\pi}{2}\frac{\mathrm{d}\nu'}{(ab)^{\nu'}}\\&=2\big[\mathrm{K}_{\mu}(ab)\big]^2.\end{aligned}\tag{16.27}$$

例 16.14 根据 (15.37) 式以及例 15.20 给出的 $\mathscr{M}\{\mathrm{e}^{\pm\mathrm{i}b^2x}\}$，并应用 Γ 函数的互余宗量定理，可以导出

$$\begin{aligned}&\int_0^{\infty}\big[\sin x\,\mathrm{J}_0(x)+\cos x\,\mathrm{N}_0(x)\big]\sin\frac{a^2}{2x}\frac{\mathrm{d}x}{x}\\&=-\frac{1}{2\pi\mathrm{i}}\int_{\sigma-\mathrm{i}\infty}^{\sigma+\mathrm{i}\infty}\Gamma(\nu)\sin\frac{\nu\pi}{2}\cdot\frac{2^{1-\nu}}{\pi^{3/2}}\Gamma\left(\frac{1}{2}-\nu\right)\Gamma(\nu)\Gamma(\nu)\\&\qquad\times\cos\nu\pi\cos\frac{\nu\pi}{2}\cdot\left(\frac{a^2}{2}\right)^{-\nu}\mathrm{d}\nu\\&=-\frac{1}{2\pi\mathrm{i}}\frac{1}{\pi^{3/2}}\int_{\sigma-\mathrm{i}\infty}^{\sigma+\mathrm{i}\infty}\Gamma\left(\frac{1}{2}-\nu\right)\Gamma(\nu)\Gamma(\nu)\Gamma(\nu)\cos\nu\pi\sin\nu\pi\frac{\mathrm{d}\nu}{a^{2\nu}},\end{aligned}$$

作变换 $\nu=\nu'/2$ 后与 (15.26) 式作比较，就能求得

$$\int_0^{\infty}\big[\sin x\,\mathrm{J}_0(x)+\cos x\,\mathrm{N}_0(x)\big]\sin\frac{a^2}{2x}\frac{\mathrm{d}x}{x}=\pi\,\mathrm{J}_0(a)\,\mathrm{N}_0(a).\tag{16.28a}$$

类似地，根据 (15.40) 式，也能导出

$$\begin{aligned}&\int_0^{\infty}\big[\sin x\,\mathrm{N}_0(x)-\cos x\,\mathrm{J}_0(x)\big]\cos\frac{a^2}{2x}\frac{\mathrm{d}x}{x}\\&=-\frac{1}{2\pi\mathrm{i}}\int_{\sigma-\mathrm{i}\infty}^{\sigma+\mathrm{i}\infty}\Gamma(\nu)\cos\frac{\nu\pi}{2}\cdot\frac{2^{1-\nu}}{\pi^{3/2}}\Gamma\left(\frac{1}{2}-\nu\right)\\&\qquad\times\Gamma(\nu)\Gamma(\nu)\cos\nu\pi\sin\frac{\nu\pi}{2}\cdot\left(\frac{a^2}{2}\right)^{-\nu}\mathrm{d}\nu,\end{aligned}$$

与上面的结果完全相同，所以也有

$$\int_0^{\infty}\big[\sin x\,\mathrm{N}_0(x)-\cos x\,\mathrm{J}_0(x)\big]\cos\frac{a^2}{2x}\frac{\mathrm{d}x}{x}=\pi\,\mathrm{J}_0(a)\,\mathrm{N}_0(a).\tag{16.28b}$$

将 (16.28a) 与 (16.28b) 两式相加、减，又能得到

$$\int_0^{\infty}\left[\mathrm{J}_0(x)\cos\left(\frac{a^2}{2x}+x\right)-\mathrm{N}_0(x)\sin\left(\frac{a^2}{2x}+x\right)\right]\frac{\mathrm{d}x}{x}=-2\pi\,\mathrm{J}_0(a)\,\mathrm{N}_0(a),\tag{16.29a}$$

$$\int_0^\infty \left[\mathrm{J}_0(x)\cos\left(\frac{a^2}{2x}-x\right)+\mathrm{N}_0(x)\sin\left(\frac{a^2}{2x}-x\right)\right]\frac{\mathrm{d}x}{x}=0. \tag{16.29b}$$

例 16.15　由 (15.21) 式可以推出

$$\mathscr{M}\left\{x^2\mathrm{K}_0(x)\right\}=2^\nu\Gamma\left(1+\frac{\nu}{2}\right)\Gamma\left(1+\frac{\nu}{2}\right),$$

所以

$$\int_0^\infty x\,\mathrm{K}_0(x)\,\sin\frac{a^2}{2x}\,\mathrm{d}x=\frac{1}{2\pi\mathrm{i}}\int_{\sigma-\mathrm{i}\infty}^{\sigma+\mathrm{i}\infty}2^{2\nu}\Gamma(\nu)\,\Gamma\left(1+\frac{\nu}{2}\right)\Gamma\left(1+\frac{\nu}{2}\right)\sin\frac{\nu\pi}{2}\frac{\mathrm{d}\nu}{a^{2\nu}}.$$

但因为

$$\Gamma(\nu)\,\Gamma\left(1+\frac{\nu}{2}\right)=\frac{\nu}{2}\Gamma(\nu)\,\Gamma\left(\frac{\nu}{2}\right)=\frac{1}{2}\Gamma(1+\nu)\,\Gamma\left(\frac{\nu}{2}\right),$$

所以又有

$$\int_0^\infty x\,\mathrm{K}_0(x)\,\sin\frac{a^2}{2x}\,\mathrm{d}x=\frac{1}{2\pi\mathrm{i}}\int_{\sigma-\mathrm{i}\infty}^{\sigma+\mathrm{i}\infty}2^{2\nu-1}\Gamma(1+\nu)\,\Gamma\left(\frac{\nu}{2}\right)\Gamma\left(1+\frac{\nu}{2}\right)\sin\frac{\nu\pi}{2}\frac{\mathrm{d}\nu}{a^{2\nu}}.$$

作变量变换 $\nu=(\nu'/2)-1$，并与 (15.52b) 式相比较，即得

$$\int_0^\infty x\,\mathrm{K}_0(x)\,\sin\frac{a^2}{2x}\,\mathrm{d}x=\frac{\pi a^2}{2}\mathrm{J}_1(a)\mathrm{K}_1(a). \tag{16.30}$$

类似地，还可以得到

$$\begin{aligned}\int_0^\infty x\,\mathrm{K}_0(x)\,\cos\frac{a^2}{2x}\,\mathrm{d}x&=\frac{1}{2\pi\mathrm{i}}\int_{\sigma-\mathrm{i}\infty}^{\sigma+\mathrm{i}\infty}2^{2\nu}\Gamma(\nu)\,\Gamma\left(1+\frac{\nu}{2}\right)\Gamma\left(1+\frac{\nu}{2}\right)\cos\frac{\nu\pi}{2}\frac{\mathrm{d}\nu}{a^{2\nu}}\\&=\frac{1}{2\pi\mathrm{i}}\int_{\sigma-\mathrm{i}\infty}^{\sigma+\mathrm{i}\infty}2^{2\nu-1}\Gamma(1+\nu)\,\Gamma\left(\frac{\nu}{2}\right)\Gamma\left(1+\frac{\nu}{2}\right)\cos\frac{\nu\pi}{2}\frac{\mathrm{d}\nu}{a^{2\nu}}\\&=\frac{1}{2\pi\mathrm{i}}\int_{\sigma'-\mathrm{i}\infty}^{\sigma'+\mathrm{i}\infty}2^{\nu'-2}\Gamma\left(1+\frac{\nu'}{2}\right)\Gamma\left(\frac{\nu'}{4}\right)\Gamma\left(1+\frac{\nu'}{4}\right)\cos\frac{\nu'\pi}{4}\frac{\mathrm{d}\nu'}{a^{\nu'}}.\end{aligned}$$

与 (15.53) 式相比较，也可以得到

$$\int_0^\infty x\,\mathrm{K}_0(x)\,\cos\frac{a^2}{2x}\,\mathrm{d}x=-\frac{\pi a^2}{2}\mathrm{N}_1(a)\mathrm{K}_1(a). \tag{16.31}$$

§16.2　两个柱函数乘积的积分

也还是先计算 $\int_0^\infty f(x)g(x)\,\mathrm{d}x$ 型的积分.

例 16.16　根据 (15.3) — (15.5) 式的结果，并应用 Mellin 变换的基本性质 (见表 14.1)，我们有

$$\begin{aligned}
&\int_0^\infty x^{\lambda+\mu+1}\mathrm{J}_\lambda(ax)\,\mathrm{J}_\mu(bx)\,\mathrm{d}x\\
&\quad=\frac{1}{2\pi\mathrm{i}}\int_{\sigma-\mathrm{i}\infty}^{\sigma+\mathrm{i}\infty}2^{\lambda+\mu-1}\Gamma\left(\lambda+\frac{\nu}{2}\right)\Gamma\left(\mu+1-\frac{\nu}{2}\right)a^{-\lambda-\nu}b^{\nu-\mu-2}\,\mathrm{d}\nu.
\end{aligned}$$

作变换 $\nu+2\lambda=\nu'$，则有

$$\begin{aligned}
&\int_0^\infty x^{\lambda+\mu+1}\mathrm{J}_\lambda(ax)\,\mathrm{J}_\mu(bx)\,\mathrm{d}x\\
&=\frac{1}{2\pi\mathrm{i}}2^{\lambda+\mu-1}a^{\lambda}b^{-2\lambda-\mu-2}\int_{\sigma'-\mathrm{i}\infty}^{\sigma'+\mathrm{i}\infty}\Gamma\left(\frac{\nu'}{2}\right)\Gamma\left(\lambda+\mu+1-\frac{\nu'}{2}\right)\left(\frac{a}{b}\right)^{\nu'}\mathrm{d}\nu'\\
&=2^{\lambda+\mu-1}a^{\lambda}b^{-2\lambda-\mu-2}\frac{\Gamma(\lambda+\mu+1)}{\left(1+a^2/b^2\right)^{\lambda+\mu+1}}\\
&=2^{\lambda+\mu-1}\Gamma(\lambda+\mu+1)\frac{a^{\lambda}b^{\mu}}{\left(a^2+b^2\right)^{\lambda+\mu+1}}.
\end{aligned}\tag{16.32}$$

例 16.17 由 (15.3) 式以及 Mellin 变换的基本性质 (见表 14.1)，可以得出

$$\begin{aligned}
&\mathscr{M}\left\{x\,\mathrm{J}_{2\mu}(2ax)\right\}=\frac{a^{-\nu-1}}{2\pi}\Gamma\left(\frac{1+\nu}{2}+\mu\right)\Gamma\left(\frac{1+\nu}{2}-\mu\right)\sin\left(\frac{1+\nu}{2}-\mu\right)\pi,\\
&\mathscr{M}\left\{\mathrm{J}_\mu(x^2)\right\}=\frac{2^{\nu/2}}{4\pi}\Gamma\left(\frac{\nu}{4}+\frac{\mu}{2}\right)\Gamma\left(\frac{\nu}{4}-\frac{\mu}{2}\right)\sin\left(\frac{\nu}{4}-\frac{\mu}{2}\right)\pi,
\end{aligned}$$

所以

$$\begin{aligned}
&\int_0^\infty x\,\mathrm{J}_{2\mu}(2ax)\,\mathrm{J}_\mu(x^2)\,\mathrm{d}x\\
&=\frac{1}{2\pi\mathrm{i}}\frac{1}{8\pi^2}\int_{\sigma-\mathrm{i}\infty}^{\sigma+\mathrm{i}\infty}\Gamma\left(\frac{1+\nu}{2}+\mu\right)\Gamma\left(\frac{1+\nu}{2}-\mu\right)\sin\left(\frac{1+\nu}{2}-\mu\right)\pi\\
&\quad\times 2^{(1-\nu)/2}\Gamma\left(\frac{1-\nu}{4}+\frac{\mu}{2}\right)\Gamma\left(\frac{1-\nu}{4}-\frac{\mu}{2}\right)\sin\left(\frac{1-\nu}{4}-\frac{\mu}{2}\right)\pi\,\frac{\mathrm{d}\nu}{a^{\nu+1}}\\
&=\frac{1}{2\pi\mathrm{i}}\frac{1}{8\pi}\int_{\sigma-\mathrm{i}\infty}^{\sigma+\mathrm{i}\infty}2^{(\nu+1)/2}\Gamma\left(\frac{1+\nu}{4}+\frac{\mu}{2}\right)\Gamma\left(\frac{1+\nu}{4}-\frac{\mu}{2}\right)\sin\left(\frac{1+\nu}{4}-\frac{\mu}{2}\right)\pi\,\frac{\mathrm{d}\nu}{a^{\nu+1}}.
\end{aligned}$$

在得到上面的结果时用到了 Γ 函数的倍乘公式. 令 $\nu+1=2\nu'$，则得

$$\begin{aligned}
&\int_0^\infty x\,\mathrm{J}_{2\mu}(2ax)\mathrm{J}_\mu(x^2)\,\mathrm{d}x\\
&\quad=\frac{1}{2\pi\mathrm{i}}\int_{\sigma'-\mathrm{i}\infty}^{\sigma'+\mathrm{i}\infty}\frac{2^{\nu'-2}}{\pi}\Gamma\left(\frac{\nu'+\mu}{2}\right)\Gamma\left(\frac{\nu'-\mu}{2}\right)\sin\frac{\nu'-\mu}{2}\pi\,\frac{\mathrm{d}\nu'}{a^{2\nu'}}\\
&\quad=\frac{1}{2}\mathrm{J}_\mu(a^2).
\end{aligned}\tag{16.33}$$

例 16.18　类似于例 16.17，由

$$\begin{aligned}\mathscr{M}\left\{\mathrm{J}_{2\mu+1}(2ax)\right\} &= \frac{a^{-\nu}}{2\pi}\Gamma\left(\frac{\nu+2\mu+1}{2}\right)\Gamma\left(\frac{\nu-2\mu-1}{2}\right)\sin\frac{\nu-2\mu-1}{2}\pi,\\ \mathscr{M}\left\{x^2\,\mathrm{J}_{\mu+1}(x^2)\right\} &= \frac{2^{\nu/2}}{2\pi}\Gamma\left(1+\frac{\nu}{4}+\frac{\mu}{2}\right)\Gamma\left(\frac{\nu}{4}-\frac{\mu}{2}\right)\sin\left(\frac{\nu}{4}-\frac{\mu}{2}\right)\pi,\end{aligned}$$

出发，我们能有

$$\begin{aligned}&\int_0^\infty x^2\mathrm{J}_{2\mu+1}(2ax)\mathrm{J}_{\mu+1}(x^2)\,\mathrm{d}x\\ &\quad= \frac{1}{2\pi\mathrm{i}}\frac{1}{4\pi^2}\int_{\sigma-\mathrm{i}\infty}^{\sigma+\mathrm{i}\infty}\Gamma\left(\frac{\nu+2\mu+1}{2}\right)\Gamma\left(\frac{\nu-2\mu-1}{2}\right)\sin\frac{\nu-2\mu-1}{2}\pi\\ &\qquad\times 2^{(1-\nu)/2}\Gamma\left(1+\frac{1-\nu}{4}+\frac{\mu}{2}\right)\Gamma\left(\frac{1-\nu}{4}-\frac{\mu}{2}\right)\sin\left(\frac{1-\nu}{4}-\frac{\mu}{2}\right)\pi\,\frac{\mathrm{d}\nu}{a^\nu}\\ &\quad= \frac{1}{2\pi\mathrm{i}}\frac{1}{4\pi}\int_{\sigma-\mathrm{i}\infty}^{\sigma+\mathrm{i}\infty}2^{(\nu-1)/2}\Gamma\left(\frac{1+\nu}{4}+\frac{\mu}{2}\right)\Gamma\left(\frac{1+\nu}{4}-\frac{\mu}{2}\right)\sin\left(\frac{1+\nu}{4}-\frac{\mu}{2}\right)\pi\,\frac{\mathrm{d}\nu}{a^\nu}.\end{aligned}$$

同样作变换 $\nu+1=2\nu'$，又得到

$$\begin{aligned}&\int_0^\infty x^2\mathrm{J}_{2\mu+1}(2ax)\mathrm{J}_{\mu+1}(x^2)\mathrm{d}x\\ &\qquad= \frac{1}{2\pi\mathrm{i}}\frac{a}{4\pi}\int_{\sigma'-\mathrm{i}\infty}^{\sigma'+\mathrm{i}\infty}2^{\nu'}\Gamma\left(\frac{\nu'+\mu}{2}\right)\Gamma\left(\frac{\nu'-\mu}{2}\right)\sin\frac{\nu'-\mu}{2}\pi\,\frac{\mathrm{d}\nu}{a^{2\nu'}}\\ &\qquad= \frac{a}{2}\mathrm{J}_\mu(a^2).\end{aligned}\tag{16.34}$$

例 16.19　类似于例 16.18，也能得到

$$\begin{aligned}&\int_0^\infty x^2\mathrm{J}_{2\mu+1}(2ax)\mathrm{J}_{\mu}(x^2)\,\mathrm{d}x\\ &\quad= \frac{1}{2\pi\mathrm{i}}\frac{1}{4\pi^2}\int_{\sigma-\mathrm{i}\infty}^{\sigma+\mathrm{i}\infty}\Gamma\left(\frac{\nu+2\mu+1}{2}\right)\Gamma\left(\frac{\nu-2\mu-1}{2}\right)\sin\frac{\nu-2\mu-1}{2}\pi\\ &\qquad\times 2^{(1-\nu)/2}\Gamma\left(\frac{1-\nu}{4}+\frac{1+\mu}{2}\right)\Gamma\left(\frac{1-\nu}{4}+\frac{1-\mu}{2}\right)\sin\left(\frac{1-\nu}{4}+\frac{1-\mu}{2}\right)\pi\,\frac{\mathrm{d}\nu}{a^\nu}\\ &\quad= \frac{1}{2\pi\mathrm{i}}\frac{1}{4\pi}\int_{\sigma-\mathrm{i}\infty}^{\sigma+\mathrm{i}\infty}2^{(\nu-1)/2}\Gamma\left(\frac{1+\nu}{4}+\frac{\mu+1}{2}\right)\Gamma\left(\frac{1+\nu}{4}-\frac{\mu+1}{2}\right)\\ &\qquad\times\sin\left(\frac{1+\nu}{4}-\frac{\mu+1}{2}\right)\pi\,\frac{\mathrm{d}\nu}{a^\nu}\\ &\quad= \frac{1}{2\pi\mathrm{i}}\frac{a}{4\pi}\int_{\sigma'-\mathrm{i}\infty}^{\sigma'+\mathrm{i}\infty}2^{\nu'}\Gamma\left(\frac{\nu'+\mu+1}{2}\right)\Gamma\left(\frac{\nu'-\mu-1}{2}\right)\sin\frac{\nu'-\mu-1}{2}\pi\,\frac{\mathrm{d}\nu}{a^{2\nu'}}\\ &\quad= \frac{a}{2}\mathrm{J}_{\mu+1}(a^2).\end{aligned}\tag{16.35}$$

再来计算 $\displaystyle\int_0^\infty f(x)g\Big(\frac{1}{x}\Big)\frac{\mathrm{d}x}{x}$ 型的积分.

例 16.20 根据 (15.3) 式以及 Mellin 变换的基本性质 (见表 14.1)，可以写出

$$\begin{aligned}\mathscr{M}\left\{x\,\mathrm{J}_\mu(a^2x)\right\} &= \frac{2^\nu}{\pi}a^{-2\nu-2}\Gamma\left(\frac{\nu+1+\mu}{2}\right)\Gamma\left(\frac{\nu+1-\mu}{2}\right)\sin\frac{\nu+1-\mu}{2}\pi\\ &= \frac{2^\nu}{\pi}a^{-2\nu-2}\Gamma\left(\frac{\nu+1+\mu}{2}\right)\Gamma\left(\frac{\nu+1-\mu}{2}\right)\cos\frac{\nu-\mu}{2}\pi,\\ \mathscr{M}\left\{\mathrm{J}_\mu(b^2x)\right\} &= \frac{2^{\nu-1}}{\pi}b^{-2\nu}\Gamma\left(\frac{\nu+\mu}{2}\right)\Gamma\left(\frac{\nu-\mu}{2}\right)\sin\frac{\nu-\mu}{2}\pi,\end{aligned}$$

所以

$$\begin{aligned}\int_0^\infty \mathrm{J}_\mu\left(\frac{a^2}{x}\right)\mathrm{J}_\mu(b^2x)\frac{\mathrm{d}x}{x^2} &= \frac{1}{2\pi\mathrm{i}}\frac{1}{\pi^2a^2}\int_{\sigma-\mathrm{i}\infty}^{\sigma+\mathrm{i}\infty}2^{2\nu-1}\Gamma\left(\frac{\nu+1+\mu}{2}\right)\Gamma\left(\frac{\nu+1-\mu}{2}\right)\\ &\quad\times\Gamma\left(\frac{\nu+\mu}{2}\right)\Gamma\left(\frac{\nu-\mu}{2}\right)\sin\frac{\nu-\mu}{2}\pi\,\cos\frac{\nu-\mu}{2}\pi\,\frac{\mathrm{d}\nu}{(ab)^{2\nu}}\\ &= \frac{1}{2\pi\mathrm{i}}\frac{1}{a^2}\int_{\sigma-\mathrm{i}\infty}^{\sigma+\mathrm{i}\infty}\Gamma\left(\nu+\mu\right)\Gamma\left(\nu-\mu\right)\sin(\nu-\mu)\pi\,\frac{\mathrm{d}\nu}{(ab)^{2\nu}}.\end{aligned}$$

作变换 $2\nu=\nu'$，即得

$$\begin{aligned}\int_0^\infty \mathrm{J}_\mu\left(\frac{a^2}{x}\right)\mathrm{J}_\mu(b^2x)\frac{\mathrm{d}x}{x^2} &= \frac{1}{2\pi\mathrm{i}}\frac{1}{2a^2}\int_{\sigma'-\mathrm{i}\infty}^{\sigma'+\mathrm{i}\infty}\Gamma\Big(\frac{\nu'}{2}+\mu\Big)\Gamma\Big(\frac{\nu'}{2}-\mu\Big)\sin\Big(\frac{\nu'}{2}-\mu\Big)\pi\,\frac{\mathrm{d}\nu'}{(ab)^{\nu'}}\\ &= \frac{1}{a^2}\mathrm{J}_{2\mu}(2ab).\end{aligned}\tag{16.36}$$

例 16.21 同样，由

$$\begin{aligned}\mathscr{M}\left\{\mathrm{N}_\mu(a^2x)\right\} &= -\frac{2^{\nu-1}\,a^{-2\nu}}{\pi}\Gamma\left(\frac{\nu+\mu}{2}\right)\Gamma\left(\frac{\nu-\mu}{2}\right)\cos\frac{\nu-\mu}{2}\pi,\\ \mathscr{M}\left\{\frac{1}{x}\mathrm{N}_\mu(b^2x)\right\} &= -\frac{2^{\nu-2}\,b^{-2\nu+2}}{\pi}\Gamma\left(\frac{\nu+\mu-1}{2}\right)\Gamma\left(\frac{\nu-\mu-1}{2}\right)\cos\frac{\nu-\mu-1}{2}\pi\\ &= -\frac{2^{\nu-2}\,b^{-2\nu+2}}{\pi}\Gamma\left(\frac{\nu+\mu-1}{2}\right)\Gamma\left(\frac{\nu-\mu-1}{2}\right)\sin\frac{\nu-\mu}{2}\pi,\end{aligned}$$

也可以求出

$$\begin{aligned}&\int_0^\infty \mathrm{J}_\mu\left(\frac{a^2}{x}\right)\mathrm{N}_\mu(b^2x)\frac{\mathrm{d}x}{x^2}\\ &\quad= -\frac{1}{2\pi\mathrm{i}}\frac{1}{\pi^2a^2}\int_{\sigma-\mathrm{i}\infty}^{\sigma+\mathrm{i}\infty}\frac{2^{2\nu-1}}{\pi^2a^2}\Gamma\left(\frac{\nu+\mu}{2}\right)\Gamma\left(\frac{\nu-\mu}{2}\right)\Gamma\left(\frac{\nu+\mu-1}{2}\right)\\ &\quad\quad\times\Gamma\left(\frac{\nu-\mu-1}{2}\right)\cos^2\frac{\nu-\mu}{2}\pi\frac{\mathrm{d}\nu}{(ab)^{2\nu}}\end{aligned}$$

$$
\begin{aligned}
&= -\frac{1}{2\pi\mathrm{i}}\frac{2}{\pi a^2}\int_{\sigma-\mathrm{i}\infty}^{\sigma+\mathrm{i}\infty}\Gamma(\nu+\mu)\,\Gamma(\nu-\mu)\cos^2\frac{\nu-\mu}{2}\pi\,\frac{\mathrm{d}\nu}{(ab)^{2\nu}}\\
&= -\frac{1}{2\pi\mathrm{i}}\frac{1}{2\pi a^2}\int_{\sigma'-\mathrm{i}\infty}^{\sigma'+\mathrm{i}\infty}\Gamma\left(\frac{\nu'}{2}+\mu\right)\Gamma\left(\frac{\nu'}{2}-\mu\right)\left[1+\cos\left(\frac{\nu'}{2}-\mu\right)\pi\right]\frac{\mathrm{d}\nu'}{(ab)^{\nu'}}\\
&= \frac{1}{a^2}\left[\mathrm{N}_{2\mu}(2ab)-\frac{2}{\pi}\mathrm{K}_{2\mu}(2ab)\right], \qquad (16.37)
\end{aligned}
$$

$$
\begin{aligned}
&\int_0^\infty \mathrm{N}_\mu\left(\frac{a^2}{x}\right)\mathrm{J}_\mu(b^2x)\frac{\mathrm{d}x}{x^2}\\
&= -\frac{1}{2\pi\mathrm{i}}\frac{1}{\pi^2a^2}\int_{\sigma-\mathrm{i}\infty}^{\sigma+\mathrm{i}\infty}2^{2\nu-1}\Gamma\left(\frac{\nu+1+\mu}{2}\right)\Gamma\left(\frac{\nu+1-\mu}{2}\right)\\
&\quad\times\Gamma\left(\frac{\nu+\mu}{2}\right)\Gamma\left(\frac{\nu-\mu}{2}\right)\sin^2\frac{\nu-\mu}{2}\pi\,\frac{\mathrm{d}\nu}{(ab)^{2\nu}}\\
&= -\frac{1}{2\pi\mathrm{i}}\frac{2}{\pi a^2}\int_{\sigma-\mathrm{i}\infty}^{\sigma+\mathrm{i}\infty}\Gamma(\nu+\mu)\,\Gamma(\nu-\mu)\sin^2\frac{\nu-\mu}{2}\pi\frac{\mathrm{d}\nu}{(ab)^{2\nu}}\\
&= \frac{1}{2\pi\mathrm{i}}\frac{1}{2\pi a^2}\int_{\sigma'-\mathrm{i}\infty}^{\sigma'+\mathrm{i}\infty}\Gamma\left(\frac{\nu'}{2}+\mu\right)\Gamma\left(\frac{\nu'}{2}-\mu\right)\left[1-\cos\left(\frac{\nu'}{2}-\mu\right)\pi\right]\frac{\mathrm{d}\nu'}{(ab)^{\nu'}}\\
&= \frac{1}{a^2}\left[\mathrm{N}_{2\mu}(2ab)+\frac{2}{\pi}\mathrm{K}_{2\mu}(2ab)\right], \qquad (16.38)
\end{aligned}
$$

$$
\begin{aligned}
&\int_0^\infty \mathrm{N}_\mu\left(\frac{a^2}{x}\right)\mathrm{N}_\mu(b^2x)\frac{\mathrm{d}x}{x^2}\\
&= -\frac{1}{2\pi\mathrm{i}}\frac{1}{\pi^2a^2}\int_{\sigma-\mathrm{i}\infty}^{\sigma+\mathrm{i}\infty}\frac{2^{2\nu-1}b^2}{\pi}\Gamma\left(\frac{\nu+\mu}{2}\right)\Gamma\left(\frac{\nu-\mu}{2}\right)\Gamma\left(\frac{1+\nu+\mu}{2}\right)\\
&\quad\times\Gamma\left(\frac{1+\nu-\mu}{2}\right)\cos\frac{1+\nu-\mu}{2}\pi\cos\frac{\nu-\mu}{2}\pi\,\frac{\mathrm{d}\nu}{(ab)^{2\nu}}\\
&= -\frac{1}{2\pi\mathrm{i}}\frac{1}{\pi a^2}\int_{\sigma-\mathrm{i}\infty}^{\sigma+\mathrm{i}\infty}\Gamma(\nu+\mu)\,\Gamma(\nu-\mu)\sin(\nu-\mu)\pi\,\frac{\mathrm{d}\nu}{(ab)^{2\nu}}\\
&= -\frac{1}{2\pi\mathrm{i}}\frac{1}{\pi a^2}\int_{\sigma'-\mathrm{i}\infty}^{\sigma'+\mathrm{i}\infty}\Gamma\left(\frac{\nu'}{2}+\mu\right)\Gamma\left(\frac{\nu'}{2}-\mu\right)\sin\left(\frac{\nu'}{2}-\mu\right)\pi\,\frac{\mathrm{d}\nu'}{(ab)^{\nu'}}\\
&= -\frac{1}{a^2}\mathrm{J}_{2\mu}(2ab). \qquad (16.39)
\end{aligned}
$$

例 16.22　根据 (15.21) 式以及 Mellin 变换的基本性质 (见表 14.1)，可以写出

$$
\mathscr{M}\left\{x\,\mathrm{K}_\mu(a^2x)\right\} = 2^{\nu-1}a^{-2\nu-2}\Gamma\left(\frac{\nu+1+\mu}{2}\right)\Gamma\left(\frac{\nu+1-\mu}{2}\right),
$$

$$
\mathscr{M}\left\{\mathrm{K}_\mu(b^2x)\right\} = 2^{\nu-2}b^{-2\nu}\Gamma\left(\frac{\nu+\mu}{2}\right)\Gamma\left(\frac{\nu-\mu}{2}\right),
$$

所以，

$$\begin{aligned}\int_0^\infty \mathrm{K}_\mu\left(\frac{a^2}{x}\right)\mathrm{K}_\mu(b^2x)\frac{\mathrm{d}x}{x^2} &= \frac{1}{2\pi\mathrm{i}}\frac{1}{a^2}\int_{\sigma-\mathrm{i}\infty}^{\sigma+\mathrm{i}\infty} 2^{2\nu-3}\Gamma\left(\frac{\nu+1+\mu}{2}\right)\Gamma\left(\frac{\nu+1-\mu}{2}\right)\\ &\quad\times\Gamma\left(\frac{\nu+\mu}{2}\right)\Gamma\left(\frac{\nu-\mu}{2}\right)\frac{\mathrm{d}\nu}{(ab)^{2\nu}}\\ &= \frac{1}{2\pi\mathrm{i}}\frac{\pi}{2a^2}\int_{\sigma-\mathrm{i}\infty}^{\sigma+\mathrm{i}\infty}\Gamma(\nu+\mu)\Gamma(\nu-\mu)\frac{\mathrm{d}\nu}{(ab)^{2\nu}}\\ &= \frac{1}{2\pi\mathrm{i}}\frac{\pi}{4a^2}\int_{\sigma'-\mathrm{i}\infty}^{\sigma'+\mathrm{i}\infty}\Gamma\left(\frac{\nu'}{2}+\mu\right)\Gamma\left(\frac{\nu'}{2}-\mu\right)\frac{\mathrm{d}\nu'}{(ab)^{\nu'}}\\ &= \frac{\pi}{a^2}\mathrm{K}_{2\mu}(2ab).\end{aligned}\tag{16.40}$$

例 16.23 由例 16.22 及例 16.20 中给出的 $\mathscr{M}\left\{x\,\mathrm{K}_\mu(a^2x)\right\}$ 与 $\mathscr{M}\left\{\mathrm{J}_\mu(b^2x)\right\}$，可得

$$\begin{aligned}\int_0^\infty \mathrm{K}_\mu\left(\frac{a^2}{x}\right)\mathrm{J}_\mu(b^2x)\frac{\mathrm{d}x}{x^2} &= \frac{1}{2\pi\mathrm{i}}\frac{1}{\pi a^2}\int_{\sigma-\mathrm{i}\infty}^{\sigma+\mathrm{i}\infty} 2^{2\nu-2}\Gamma\left(\frac{\nu+1+\mu}{2}\right)\Gamma\left(\frac{\nu+1-\mu}{2}\right)\\ &\quad\times\Gamma\left(\frac{\nu+\mu}{2}\right)\Gamma\left(\frac{\nu-\mu}{2}\right)\sin\frac{\nu-\mu}{2}\pi\,\frac{\mathrm{d}\nu}{(ab)^{2\nu}}\\ &= \frac{1}{2\pi\mathrm{i}}\frac{1}{a^2}\int_{\sigma-\mathrm{i}\infty}^{\sigma+\mathrm{i}\infty}\Gamma(\nu+\mu)\Gamma(\nu-\mu)\sin\frac{\nu-\mu}{2}\pi\,\frac{\mathrm{d}\nu}{(ab)^{2\nu}}\\ &= \frac{1}{2\pi\mathrm{i}}\frac{1}{2a^2}\int_{\sigma'-\mathrm{i}\infty}^{\sigma'+\mathrm{i}\infty}\Gamma\left(\frac{\nu'}{2}+\mu\right)\Gamma\left(\frac{\nu'}{2}-\mu\right)\sin\frac{\nu'-2\mu}{4}\pi\,\frac{\mathrm{d}\nu'}{(ab)^{\nu'}}\\ &= \frac{\mathrm{i}}{a^2}\left[\mathrm{e}^{\mathrm{i}\mu\pi/2}\mathrm{K}_{2\mu}(2ab\,\mathrm{e}^{\mathrm{i}\pi/4})-\mathrm{e}^{-\mathrm{i}\mu\pi/2}\mathrm{K}_{2\mu}(2ab\,\mathrm{e}^{-\mathrm{i}\pi/4})\right].\end{aligned}\tag{16.41}$$

同样，根据此二例题中给出的 $\mathscr{M}\left\{x\,\mathrm{J}_\mu(a^2x)\right\}$ 及 $\mathscr{M}\left\{\mathrm{K}_\mu(b^2x)\right\}$，也可以求出

$$\begin{aligned}&\int_0^\infty \mathrm{J}_\mu\left(\frac{a^2}{x}\right)\mathrm{K}_\mu(b^2x)\frac{\mathrm{d}x}{x^2}\\ &= \frac{1}{2\pi\mathrm{i}}\frac{1}{\pi a^2}\int_{\sigma-\mathrm{i}\infty}^{\sigma+\mathrm{i}\infty} 2^{2\nu-2}\Gamma\left(\frac{\nu+1+\mu}{2}\right)\Gamma\left(\frac{\nu+1-\mu}{2}\right)\\ &\quad\times\Gamma\left(\frac{\nu+\mu}{2}\right)\Gamma\left(\frac{\nu-\mu}{2}\right)\cos\frac{\nu-\mu}{2}\pi\,\frac{\mathrm{d}\nu}{(ab)^{2\nu}}\\ &= \frac{1}{2\pi\mathrm{i}}\frac{1}{a^2}\int_{\sigma-\mathrm{i}\infty}^{\sigma+\mathrm{i}\infty}\Gamma(\nu+\mu)\Gamma(\nu-\mu)\cos\frac{\nu-\mu}{2}\pi\,\frac{\mathrm{d}\nu}{(ab)^{2\nu}}\\ &= \frac{1}{2\pi\mathrm{i}}\frac{1}{2a^2}\int_{\sigma'-\mathrm{i}\infty}^{\sigma'+\mathrm{i}\infty}\Gamma\left(\frac{\nu'}{2}+\mu\right)\Gamma\left(\frac{\nu'}{2}-\mu\right)\cos\frac{\nu'-2\mu}{4}\pi\,\frac{\mathrm{d}\nu'}{(ab)^{\nu'}}\\ &= \frac{1}{a^2}\left[\mathrm{e}^{\mathrm{i}\mu\pi/2}\mathrm{K}_{2\mu}(2ab\,\mathrm{e}^{\mathrm{i}\pi/4})+\mathrm{e}^{-\mathrm{i}\mu\pi/2}\mathrm{K}_{2\mu}(2ab\,\mathrm{e}^{-\mathrm{i}\pi/4})\right].\end{aligned}\tag{16.42}$$

例 16.24　由例 16.20 及例 16.21 给出的 $\mathscr{M}\left\{\mathrm{K}_\mu(b^2x)\right\}$ 及 $\mathscr{M}\left\{x\,\mathrm{N}_\mu(a^2x)\right\}$，还可求出

$$\begin{aligned}\int_0^\infty \mathrm{N}_\mu\left(\frac{a^2}{x}\right)\mathrm{K}_\mu(b^2x)\frac{\mathrm{d}x}{x^2} &= \frac{1}{2\pi\mathrm{i}}\frac{1}{\pi a^2}\int_{\sigma-\mathrm{i}\infty}^{\sigma+\mathrm{i}\infty} 2^{2\nu-2}\Gamma\left(\frac{\nu+\mu}{2}\right)\Gamma\left(\frac{\nu-\mu}{2}\right)\\ &\quad\times\Gamma\left(\frac{\nu+\mu-1}{2}\right)\Gamma\left(\frac{\nu-\mu-1}{2}\right)\sin\frac{\nu-\mu}{2}\pi\,\frac{\mathrm{d}\nu}{(ab)^{2\nu}}\\ &= \frac{1}{2\pi\mathrm{i}}\frac{1}{a^2}\int_{\sigma-\mathrm{i}\infty}^{\sigma+\mathrm{i}\infty}\Gamma(\nu+\mu)\,\Gamma(\nu-\mu)\sin\frac{\nu-\mu}{2}\pi\,\frac{\mathrm{d}\nu}{(ab)^{2\nu}}\\ &= \frac{1}{2\pi\mathrm{i}}\frac{1}{2a^2}\int_{\sigma'-\mathrm{i}\infty}^{\sigma'+\mathrm{i}\infty}\Gamma\Big(\frac{\nu'}{2}+\mu\Big)\Gamma\Big(\frac{\nu'}{2}-\mu\Big)\sin\frac{\nu'-2\mu}{4}\pi\,\frac{\mathrm{d}\nu'}{(ab)^{\nu'}}\\ &= \frac{\mathrm{i}}{a^2}\left[\mathrm{e}^{\mathrm{i}\mu\pi/2}\mathrm{K}_{2\mu}(2ab\,\mathrm{e}^{\mathrm{i}\pi/4})-\mathrm{e}^{-\mathrm{i}\mu\pi/2}\mathrm{K}_{2\mu}(2ab\,\mathrm{e}^{-\mathrm{i}\pi/4})\right].\end{aligned}\tag{16.43}$$

同样，由 $\mathscr{M}\left\{x\,\mathrm{K}_\mu(a^2x)\right\}$ 及 $\mathscr{M}\left\{\mathrm{N}_\mu(b^2x)\right\}$，也可求出

$$\begin{aligned}\int_0^\infty \mathrm{K}_\mu\left(\frac{a^2}{x}\right)\mathrm{N}_\mu(b^2x)\frac{\mathrm{d}x}{x^2} &= -\frac{1}{2\pi\mathrm{i}}\frac{1}{\pi a^2}\int_{\sigma-\mathrm{i}\infty}^{\sigma+\mathrm{i}\infty} 2^{2\nu-2}\Gamma\left(\frac{\nu+1+\mu}{2}\right)\Gamma\left(\frac{\nu+1-\mu}{2}\right)\\ &\quad\times\Gamma\left(\frac{\nu+\mu}{2}\right)\Gamma\left(\frac{\nu-\mu}{2}\right)\cos\frac{\nu-\mu}{2}\pi\,\frac{\mathrm{d}\nu}{(ab)^{2\nu}}\\ &= -\frac{1}{2\pi\mathrm{i}}\frac{1}{a^2}\int_{\sigma-\mathrm{i}\infty}^{\sigma+\mathrm{i}\infty}\Gamma(\nu+\mu)\,\Gamma(\nu-\mu)\cos\frac{\nu-\mu}{2}\pi\,\frac{\mathrm{d}\nu}{(ab)^{2\nu}}\\ &= -\frac{1}{2\pi\mathrm{i}}\frac{1}{2a^2}\int_{\sigma'-\mathrm{i}\infty}^{\sigma'+\mathrm{i}\infty}\Gamma\Big(\frac{\nu'}{2}+\mu\Big)\Gamma\Big(\frac{\nu'}{2}-\mu\Big)\cos\frac{\nu'-2\mu}{4}\pi\,\frac{\mathrm{d}\nu'}{(ab)^{\nu'}}\\ &= -\frac{1}{a^2}\left[\mathrm{e}^{\mathrm{i}\mu\pi/2}\mathrm{K}_{2\mu}(2ab\,\mathrm{e}^{\mathrm{i}\pi/4})+\mathrm{e}^{-\mathrm{i}\mu\pi/2}\mathrm{K}_{2\mu}(2ab\,\mathrm{e}^{-\mathrm{i}\pi/4})\right].\end{aligned}\tag{16.44}$$

例 16.25　将例 16.20 — 16.24 中的积分作代换 $x=1/t$，又可以得到一系列新的结果：

$$\int_0^\infty \mathrm{J}_\mu\left(\frac{a^2}{x}\right)\mathrm{J}_\mu(b^2x)\,\mathrm{d}x=\frac{1}{b^2}\mathrm{J}_{2\mu}(2ab),\tag{16.45}$$

$$\int_0^\infty \mathrm{N}_\mu\left(\frac{a^2}{x}\right)\mathrm{J}_\mu(b^2x)\,\mathrm{d}x=\frac{1}{b^2}\left[\mathrm{N}_{2\mu}(2ab)-\frac{2}{\pi}\mathrm{K}_{2\mu}(2ab)\right],\tag{16.46}$$

$$\int_0^\infty \mathrm{J}_\mu\left(\frac{a^2}{x}\right)\mathrm{N}_\mu(b^2x)\,\mathrm{d}x=\frac{1}{b^2}\left[\mathrm{N}_{2\mu}(2ab)+\frac{2}{\pi}\mathrm{K}_{2\mu}(2ab)\right],\tag{16.47}$$

$$\int_0^\infty \mathrm{N}_\mu\left(\frac{a^2}{x}\right)\mathrm{N}_\mu(b^2x)\,\mathrm{d}x=-\frac{1}{b^2}\mathrm{J}_{2\mu}(2ab),\tag{16.48}$$

$$\int_0^\infty \mathrm{K}_\mu\left(\frac{a^2}{x}\right)\mathrm{K}_\mu(b^2x)\,\mathrm{d}x=\frac{\pi}{b^2}\mathrm{K}_{2\mu}(2ab), \tag{16.49}$$

$$\begin{aligned}&\int_0^\infty \mathrm{J}_\mu\left(\frac{a^2}{x}\right)\mathrm{K}_\mu(b^2x)\,\mathrm{d}x\\&\quad=\frac{\mathrm{i}}{b^2}\left[\mathrm{e}^{\mathrm{i}\mu\pi/2}\mathrm{K}_{2\mu}(2ab\,\mathrm{e}^{\mathrm{i}\pi/4})-\mathrm{e}^{-\mathrm{i}\mu\pi/2}\mathrm{K}_{2\mu}(2ab\,\mathrm{e}^{-\mathrm{i}\pi/4})\right],\end{aligned} \tag{16.50}$$

$$\begin{aligned}&\int_0^\infty \mathrm{K}_\mu\left(\frac{a^2}{x}\right)\mathrm{J}_\mu(b^2x)\,\mathrm{d}x\\&\quad=\frac{1}{b^2}\left[\mathrm{e}^{\mathrm{i}\mu\pi/2}\mathrm{K}_{2\mu}(2ab\,\mathrm{e}^{\mathrm{i}\pi/4})+\mathrm{e}^{-\mathrm{i}\mu\pi/2}\mathrm{K}_{2\mu}(2ab\,\mathrm{e}^{-\mathrm{i}\pi/4})\right],\end{aligned} \tag{16.51}$$

$$\begin{aligned}&\int_0^\infty \mathrm{K}_\mu\left(\frac{a^2}{x}\right)\mathrm{N}_\mu(b^2x)\,\mathrm{d}x\\&\quad=\frac{\mathrm{i}}{b^2}\left[\mathrm{e}^{\mathrm{i}\mu\pi/2}\mathrm{K}_{2\mu}(2ab\,\mathrm{e}^{\mathrm{i}\pi/4})-\mathrm{e}^{-\mathrm{i}\mu\pi/2}\mathrm{K}_{2\mu}(2ab\,\mathrm{e}^{-\mathrm{i}\pi/4})\right],\end{aligned} \tag{16.52}$$

$$\begin{aligned}&\int_0^\infty \mathrm{N}_\mu\left(\frac{a^2}{x}\right)\mathrm{K}_\mu(b^2x)\,\mathrm{d}x\\&\quad=-\frac{1}{b^2}\left[\mathrm{e}^{\mathrm{i}\mu\pi/2}\mathrm{K}_{2\mu}(2ab\,\mathrm{e}^{\mathrm{i}\pi/4})+\mathrm{e}^{-\mathrm{i}\mu\pi/2}\mathrm{K}_{2\mu}(2ab\,\mathrm{e}^{-\mathrm{i}\pi/4})\right].\end{aligned} \tag{16.53}$$

例 16.26　由 (15.21) 式及 Mellin 变换的基本性质 (见表 14.1)，可以写出

$$\mathscr{M}\left\{x^{\mu+1}\mathrm{K}_\mu(2b^2x)\right\}=\frac{1}{4}b^{-2\nu-2\mu-2}\Gamma\left(\frac{\nu+1}{2}\right)\Gamma\left(\frac{\nu+1}{2}+\mu\right),$$

同时根据 (15.2) 式，有

$$\begin{aligned}&\mathscr{M}\left\{x^{-\mu-1/2}\mathrm{J}_{\mu+1/2}(a^2x)\right\}\\&\quad=\frac{2^{\nu-\mu-3/2}}{\pi}a^{-2\nu+2\mu+1}\Gamma\left(\frac{\nu}{2}\right)\Gamma\left(\frac{\nu-1}{2}-\mu\right)\sin\left(\frac{\nu-1}{2}-\mu\right)\pi,\end{aligned}$$

所以

$$\begin{aligned}&\int_0^\infty x^{2\mu+1/2}\mathrm{J}_{\mu+1/2}\left(\frac{a^2}{x}\right)\mathrm{K}_\mu(2b^2x)\,\mathrm{d}x\\&\quad=\frac{1}{2\pi\mathrm{i}}\frac{1}{\pi b}\left(\frac{a}{b}\right)^{2\mu+1}\int_{\sigma-\mathrm{i}\infty}^{\sigma+\mathrm{i}\infty}2^{\nu-\mu-7/2}\Gamma\left(\frac{\nu+1}{2}\right)\Gamma\left(\frac{\nu+1}{2}+\mu\right)\\&\qquad\times\Gamma\left(\frac{\nu}{2}\right)\Gamma\left(\frac{\nu-1}{2}-\mu\right)\sin\left(\frac{\nu-1}{2}-\mu\right)\pi\,\frac{\mathrm{d}\nu}{(ab)^{2\nu}}\\&\quad=\frac{1}{2\pi\mathrm{i}}\frac{2^{-\mu-5/2}}{\sqrt{\pi}b}\left(\frac{a}{b}\right)^{2\mu+1}\int_{\sigma-\mathrm{i}\infty}^{\sigma+\mathrm{i}\infty}\Gamma(\nu)\Gamma\left(\frac{\nu+1}{2}+\mu\right)\Gamma\left(\frac{\nu-1}{2}-\mu\right)\\&\qquad\times\sin\left(\frac{\nu-1}{2}-\mu\right)\pi\,\frac{\mathrm{d}\nu}{(ab)^{2\nu}}.\end{aligned}$$

作变量变换 $\nu=\nu'/2$，则可导出

$$\int_0^\infty x^{2\mu+1/2}\mathrm{J}_{\mu+1/2}\left(\frac{a^2}{x}\right)\mathrm{K}_\mu(2b^2x)\,\mathrm{d}x$$
$$=\frac{1}{2\pi\mathrm{i}}\frac{2^{-\mu-7/2}}{\sqrt{\pi}\,b}\left(\frac{a}{b}\right)^{2\mu+1}\int_{\sigma'-\mathrm{i}\infty}^{\sigma'+\mathrm{i}\infty}\Gamma\left(\frac{\nu'}{2}\right)\Gamma\left(\frac{\nu'}{4}+\mu+\frac{1}{2}\right)\Gamma\left(\frac{\nu'}{4}-\mu-\frac{1}{2}\right)$$
$$\times\sin\left(\frac{\nu'}{4}-\mu-\frac{1}{2}\right)\pi\,\frac{\mathrm{d}\nu'}{(ab)^{\nu'}}$$
$$=\frac{\sqrt{\pi}}{b}\left(\frac{a}{b}\right)^{2\mu+1}2^{-\mu-1/2}\mathrm{J}_{2\mu+1}(2ab)\,\mathrm{K}_{2\mu+1}(2ab). \tag{16.54}$$

例 16.27　同样，由 (15.10) 式给出的 $\mathscr{M}\left\{x^{-\mu-1/2}\mathrm{N}_{\mu+1/2}(a^2x)\right\}$ 以及上例中给出的 $\mathscr{M}\left\{x^{\mu+1}\mathrm{K}_\mu(2b^2x)\right\}$，可以推出

$$\int_0^\infty x^{2\mu+1/2}\mathrm{N}_{\mu+1/2}\left(\frac{a^2}{x}\right)\mathrm{K}_\mu(2b^2x)\,\mathrm{d}x$$
$$=-\frac{1}{2\pi\mathrm{i}}\frac{1}{b}\left(\frac{a}{b}\right)^{2\mu+1}\int_{\sigma-\mathrm{i}\infty}^{\sigma+\mathrm{i}\infty}\frac{2^{\nu-\mu-7/2}}{\pi}\Gamma\left(\frac{\nu}{2}\right)\Gamma\left(\frac{\nu-2\mu-1}{2}\right)$$
$$\times\Gamma\left(\frac{\nu+1}{2}\right)\Gamma\left(\frac{\nu+2\mu+1}{2}\right)\cos\frac{\nu-2\mu-1}{2}\pi\,\frac{\mathrm{d}\nu}{(ab)^{2\nu}}$$
$$=-\frac{1}{2\pi\mathrm{i}}\frac{2^{-\mu-5/2}}{\sqrt{\pi}b}\left(\frac{a}{b}\right)^{2\mu+1}\int_{\sigma-\mathrm{i}\infty}^{\sigma+\mathrm{i}\infty}\Gamma(\nu)\,\Gamma\left(\frac{\nu-2\mu-1}{2}\right)$$
$$\times\Gamma\left(\frac{\nu+2\mu+1}{2}\right)\cos\frac{\nu-2\mu-1}{2}\pi\,\frac{\mathrm{d}\nu}{(ab)^{2\nu}}$$
$$=-\frac{1}{2\pi\mathrm{i}}\frac{2^{\mu-7/2}}{\sqrt{\pi}b}\left(\frac{a}{b}\right)^{2\mu+1}\int_{\sigma'-\mathrm{i}\infty}^{\sigma'+\mathrm{i}\infty}\Gamma\left(\frac{\nu'}{2}\right)\Gamma\left(\frac{\nu'}{4}+\frac{2\mu+1}{2}\right)$$
$$\times\Gamma\left(\frac{\nu'}{4}-\frac{2\mu+1}{2}\right)\cos\left(\frac{\nu'}{4}-\frac{2\mu+1}{2}\right)\pi\,\frac{\mathrm{d}\nu'}{(ab)^{\nu'/2}}$$
$$=\frac{2^{-\mu}}{b}\sqrt{\frac{\pi}{2}}\left(\frac{a}{b}\right)^{2\mu+1}\mathrm{N}_{2\mu+1}(2ab)\,\mathrm{K}_{2\mu+1}(2ab). \tag{16.55}$$

利用 (15.17) 式给出的

$$\mathscr{M}\left\{x^{-\mu-1/2}\mathrm{K}_{\mu+1/2}(a^2x)\right\}=2^{\nu-\mu-5/2}a^{-2\nu+2\mu+1}\Gamma\left(\frac{\nu}{2}\right)\Gamma\left(\frac{\nu-2\mu-1}{2}\right),$$

也能求得

$$\int_0^\infty x^{2\mu+1/2}\mathrm{K}_{\mu+1/2}\left(\frac{a}{x}\right)\mathrm{K}_\mu(bx)\,\mathrm{d}x$$
$$=\frac{1}{2\pi\mathrm{i}}\frac{1}{b}\left(\frac{a}{b}\right)^{2\mu+1}\int_{\sigma-\mathrm{i}\infty}^{\sigma+\mathrm{i}\infty}2^{\nu-\mu-9/2}\Gamma\left(\frac{\nu}{2}\right)\Gamma\left(\frac{\nu-1}{2}-\mu\right)$$
$$\times\Gamma\left(\frac{\nu+1}{2}\right)\Gamma\left(\frac{\nu+1}{2}+\mu\right)\frac{\mathrm{d}\nu}{(ab)^{2\nu}}$$

$$= \frac{2^{-\mu-7/2}}{2\pi\mathrm{i}}\frac{\sqrt{\pi}}{b}\left(\frac{a}{b}\right)^{2\mu+1}\int_{\sigma-\mathrm{i}\infty}^{\sigma+\mathrm{i}\infty}\Gamma(\nu)\,\Gamma\left(\frac{\nu-1}{2}-\mu\right)\Gamma\left(\frac{\nu+1}{2}+\mu\right)\frac{\mathrm{d}\nu}{(ab)^{2\nu}}$$

$$= \frac{2^{-\mu-9/2}}{2\pi\mathrm{i}}\frac{\sqrt{\pi}}{b}\left(\frac{a}{b}\right)^{2\mu+1}\int_{\sigma'-\mathrm{i}\infty}^{\sigma'+\mathrm{i}\infty}\Gamma\left(\frac{\nu'}{2}\right)\Gamma\left(\frac{\nu'}{4}+\frac{2\mu+1}{2}\right)\Gamma\left(\frac{\nu'}{4}-\frac{2\mu+1}{2}\right)\frac{\mathrm{d}\nu}{(ab)^{\nu'}}$$

$$= \frac{\sqrt{\pi}}{b}\left(\frac{a}{b}\right)^{2\mu+1}2^{-\mu-1/2}\mathrm{K}_{2\mu+1}(2ab\,\mathrm{e}^{\mathrm{i}\pi/4})\,\mathrm{K}_{2\mu+1}(2ab\,\mathrm{e}^{-\mathrm{i}\pi/4}). \tag{16.56}$$

例 16.28 类似于例 16.26 和例 16.27，还可以计算得积分

$$\int_0^\infty x^{-2\mu+1/2}\mathrm{J}_{\mu-1/2}\!\left(\frac{a^2}{x}\right)\mathrm{K}_\mu(2b^2x)\,\mathrm{d}x = \int_0^\infty\left[x^{-\mu+1/2}\mathrm{J}_{\mu-1/2}\!\left(\frac{a^2}{x}\right)\right]\left[x^{-\mu+1}\mathrm{K}_\mu(2b^2x)\right]\frac{\mathrm{d}x}{x},$$

$$\int_0^\infty x^{-2\mu+1/2}\mathrm{N}_{\mu-1/2}\!\left(\frac{a^2}{x}\right)\mathrm{K}_\mu(2b^2x)\,\mathrm{d}x = \int_0^\infty\left[x^{-\mu+1/2}\mathrm{N}_{\mu-1/2}\!\left(\frac{a^2}{x}\right)\right]\left[x^{-\mu+1}\mathrm{K}_\mu(2b^2x)\right]\frac{\mathrm{d}x}{x},$$

$$\int_0^\infty x^{-2\mu+1/2}\mathrm{K}_{\mu-1/2}\!\left(\frac{a^2}{x}\right)\mathrm{N}_\mu(2b^2x)\,\mathrm{d}x = \int_0^\infty\left[x^{-\mu+1/2}\mathrm{K}_{\mu-1/2}\!\left(\frac{a^2}{x}\right)\right]\left[x^{-\mu+1}\mathrm{N}_\mu(2b^2x)\right]\frac{\mathrm{d}x}{x}.$$

这时需要用到

$$\mathscr{M}\left\{x^{\mu-1/2}\mathrm{J}_{\mu-1/2}(a^2x)\right\} = \frac{2^{\nu+\mu-3/2}a^{-2\nu-2\mu+1}}{\pi}\Gamma\left(\frac{\nu}{2}\right)\Gamma\left(\frac{\nu-1}{2}+\mu\right)\sin\frac{\nu\pi}{2},$$

$$\mathscr{M}\left\{x^{\mu-1/2}\mathrm{N}_{\mu-1/2}(a^2x)\right\} = -\frac{2^{\nu+\mu-3/2}a^{-2\nu-2\mu+1}}{\pi}\Gamma\left(\frac{\nu}{2}\right)\Gamma\left(\frac{\nu-1}{2}+\mu\right)\cos\frac{\nu\pi}{2},$$

$$\mathscr{M}\left\{x^{\mu-1/2}\mathrm{K}_{\mu-1/2}(a^2x)\right\} = 2^{\nu+\mu-5/2}a^{-2\nu-2\mu+1}\Gamma\left(\frac{\nu}{2}\right)\Gamma\left(\frac{\nu-1}{2}+\mu\right),$$

$$\mathscr{M}\left\{x^{-\mu+1}\mathrm{K}_\mu(2b^2x)\right\} = \frac{b^{-2\nu+2\mu-2}}{4}\Gamma\left(\frac{\nu+1}{2}\right)\Gamma\left(\frac{\nu+1}{2}-\mu\right),$$

$$\mathscr{M}\left\{x^{-\mu+1}\mathrm{N}_\mu(2b^2x)\right\} = -\frac{b^{-2\nu+2\mu-2}}{4\pi}\Gamma\left(\frac{\nu+1}{2}\right)\Gamma\left(\frac{\nu+1}{2}-\mu\right)\cos\left(\frac{\nu+1}{2}-\mu\right)\pi.$$

这样，根据 (14.39) 式，并应用 Γ 函数的倍乘公式略加化简，就能推出

$$\int_0^\infty x^{-2\mu+1/2}\mathrm{J}_{\mu-1/2}\left(\frac{a^2}{x}\right)\mathrm{K}_\mu(2b^2x)\,\mathrm{d}x$$

$$= \frac{1}{2\pi\mathrm{i}}\frac{2^{\mu-5/2}}{\sqrt{\pi}b}\left(\frac{b}{a}\right)^{2\mu-1}\int_{\sigma-\mathrm{i}\infty}^{\sigma+\mathrm{i}\infty}\Gamma(\nu)\,\Gamma\left(\frac{\nu-1}{2}+\mu\right)\Gamma\left(\frac{\nu+1}{2}-\mu\right)\sin\frac{\nu\pi}{2}\frac{\mathrm{d}\nu}{(ab)^{2\nu}},$$

$$\int_0^\infty x^{-2\mu+1/2}\mathrm{N}_{\mu-1/2}\left(\frac{a^2}{x}\right)\mathrm{K}_\mu(2b'x)\,\mathrm{d}x$$
$$=-\frac{1}{2\pi\mathrm{i}}\frac{2^{\mu-5/2}}{\sqrt{\pi}b}\left(\frac{b}{a}\right)^{2\mu-1}\int_{\sigma-\mathrm{i}\infty}^{\sigma+\mathrm{i}\infty}\Gamma(\nu)\Gamma\left(\frac{\nu-1}{2}+\mu\right)\Gamma\left(\frac{\nu+1}{2}-\mu\right)\cos\frac{\nu\pi}{2}\frac{\mathrm{d}\nu}{(ab)^{2\nu}},$$

$$\int_0^\infty x^{-2\mu+1/2}\mathrm{K}_{\mu-1/2}\left(\frac{a^2}{x}\right)\mathrm{N}_\mu(2b'x)\,\mathrm{d}x$$
$$=-\frac{1}{2\pi\mathrm{i}}\left(\frac{b}{a}\right)^{2\mu-1}\frac{2^{\mu-7/2}}{\sqrt{\pi}b}$$
$$\times\int_{\sigma-\mathrm{i}\infty}^{\sigma+\mathrm{i}\infty}\Gamma(\nu)\Gamma\left(\frac{\nu-1}{2}+\mu\right)\Gamma\left(\frac{\nu+1}{2}-\mu\right)\cos\frac{\nu-2\mu+1}{2}\pi\,\frac{\mathrm{d}\nu}{(ab)^{2\nu}}.$$

再作变换 $\nu=\nu'/2$，并且把 ν' 重新记为 ν，就得到

$$\int_0^\infty x^{-2\mu+1/2}\mathrm{J}_{\mu-1/2}\left(\frac{a^2}{x}\right)\mathrm{K}_\mu(2b^2x)\,\mathrm{d}x$$
$$=\frac{1}{2\pi\mathrm{i}}\left(\frac{b}{a}\right)^{2\mu-1}\frac{2^{\mu-7/2}}{\sqrt{\pi}b}$$
$$\times\int_{\sigma-\mathrm{i}\infty}^{\sigma+\mathrm{i}\infty}\Gamma\left(\frac{\nu}{2}\right)\Gamma\left(\frac{\nu}{4}-\frac{2\mu-1}{2}\right)\Gamma\left(\frac{\nu}{4}+\frac{2\mu-1}{2}\right)\sin\frac{\nu\pi}{4}\frac{\mathrm{d}\nu}{(ab)^\nu}$$
$$=\frac{1}{2\pi\mathrm{i}}\left(\frac{b}{a}\right)^{2\mu-1}\frac{2^{\mu-7/2}}{\sqrt{\pi}b}\int_{\sigma-\mathrm{i}\infty}^{\sigma+\mathrm{i}\infty}\Gamma\left(\frac{\nu}{2}\right)\Gamma\left(\frac{\nu}{4}-\frac{2\mu-1}{2}\right)\Gamma\left(\frac{\nu}{4}+\frac{2\mu-1}{2}\right)$$
$$\times\left[\cos\frac{2\mu-1}{2}\pi\sin\left(\frac{\nu}{4}-\frac{2\mu-1}{2}\right)\pi+\sin\frac{2\mu-1}{2}\pi\cos\left(\frac{\nu}{4}-\frac{2\mu-1}{2}\right)\pi\right]\frac{\mathrm{d}\nu}{(ab)^\nu}$$
$$=\frac{\sqrt{\pi}}{b}\left(\frac{b}{a}\right)^{2\mu-1}2^{\mu-1/2}\Big[\sin\mu\pi\,\mathrm{J}_{2\mu-1}(2ab)+\cos\mu\pi\,\mathrm{N}_{2\mu-1}(2ab)\Big]\mathrm{K}_{2\mu-1}(2ab),\tag{16.57}$$

$$\int_0^\infty x^{-2\mu+1/2}\mathrm{N}_{\mu-1/2}\left(\frac{a^2}{x}\right)\mathrm{K}_\mu(2b^2x)\,\mathrm{d}x$$
$$=-\frac{1}{2\pi\mathrm{i}}\left(\frac{b}{a}\right)^{2\mu-1}\frac{2^{\mu-7/2}}{\sqrt{\pi}b}\int_{\sigma-\mathrm{i}\infty}^{\sigma+\mathrm{i}\infty}\Gamma\left(\frac{\nu}{2}\right)\Gamma\left(\frac{\nu}{4}-\frac{2\mu-1}{2}\right)\Gamma\left(\frac{\nu}{4}+\frac{2\mu-1}{2}\right)$$
$$\times\left[\cos\frac{2\mu-1}{2}\pi\cos\left(\frac{\nu}{4}-\frac{2\mu-1}{2}\right)\pi-\sin\frac{2\mu-1}{2}\pi\sin\left(\frac{\nu}{4}-\frac{2\mu-1}{2}\right)\pi\right]\frac{\mathrm{d}\nu}{(ab)^\nu}$$
$$=2^{\mu-1/2}\frac{\sqrt{\pi}}{b}\left(\frac{b}{a}\right)^{2\mu-1}\Big[\sin\mu\pi\,\mathrm{N}_{2\mu-1}(2ab)-\cos\mu\pi\,\mathrm{J}_{2\mu-1}(2ab)\Big]\mathrm{K}_{2\mu-1}(2ab),\tag{16.58}$$

$$\begin{aligned}&\int_0^\infty x^{-2\mu+1/2}\mathrm{K}_{\mu-1/2}\left(\frac{a^2}{x}\right)\mathrm{N}_\mu(2b^2x)\,\mathrm{d}x\\&=-\frac{1}{2\pi\mathrm{i}}\frac{2^{\mu-9/2}}{\sqrt{\pi}b}\left(\frac{b}{a}\right)^{2\mu-1}\\&\quad\times\int_{\sigma-\mathrm{i}\infty}^{\sigma+\mathrm{i}\infty}\Gamma\left(\frac{\nu}{2}\right)\Gamma\left(\frac{\nu}{4}-\frac{2\mu-1}{2}\right)\Gamma\left(\frac{\nu}{4}+\frac{2\mu-1}{2}\right)\cos\left(\frac{\nu}{4}-\frac{2\mu-1}{2}\right)\pi\,\frac{\mathrm{d}\nu}{(ab)^\nu}\\&=2^{\mu-3/2}\frac{\sqrt{\pi}}{b}\left(\frac{b}{a}\right)^{2\mu-1}\mathrm{N}_{2\mu-1}(2ab)\,\mathrm{K}_{2\mu-1}(2ab).\end{aligned}\tag{16.59}$$

例 16.29　和例 16.28 类似的积分还有

$$\begin{aligned}&\int_0^\infty x^{-2\mu+1/2}\mathrm{J}_{-\mu+1/2}\left(\frac{a^2}{x}\right)\mathrm{J}_\mu(2b^2x)\,\mathrm{d}x\\&=\int_0^\infty\left[x^{-\mu+1/2}\mathrm{J}_{-\mu+1/2}\left(\frac{a^2}{x}\right)\right]\left[x^{-\mu+1}\mathrm{J}_\mu(2b^2x)\right]\frac{\mathrm{d}x}{x}.\end{aligned}$$

由 (15.5a) 式 及 (15.2a) 式，有

$$\begin{aligned}&\mathscr{M}\left\{x^{1-\mu}\mathrm{J}_\mu(2b^2x)\right\}=\frac{b^{-2\nu+2\mu-2}}{2\pi}\Gamma\left(\frac{\nu+1}{2}\right)\Gamma\left(\frac{\nu+1}{2}-\mu\right)\sin\left(\frac{\nu+1}{2}-\mu\right)\pi,\\&\mathscr{M}\left\{x^{\mu-1/2}\mathrm{J}_{-\mu+1/2}(a^2x)\right\}\\&\quad=\frac{2^{\nu+\mu-3/2}}{\pi}a^{-2\nu-2\mu+1}\Gamma\left(\frac{\nu}{2}\right)\Gamma\left(\frac{\nu-1}{2}+\mu\right)\sin\left(\frac{\nu-1}{2}+\mu\right)\pi,\end{aligned}$$

所以

$$\begin{aligned}&\int_0^\infty x^{-2\mu+1/2}\mathrm{J}_{-\mu+1/2}\left(\frac{a^2}{x}\right)\mathrm{J}_\mu(2b^2x)\,\mathrm{d}x\\&\quad=\frac{1}{2\pi\mathrm{i}}\left(\frac{b}{a}\right)^{2\mu-1}\frac{1}{b}\int_{\sigma-\mathrm{i}\infty}^{\sigma+\mathrm{i}\infty}\frac{2^{\nu+\mu-5/2}}{\pi^2}\Gamma\left(\frac{\nu}{2}\right)\Gamma\left(\frac{\nu+1}{2}\right)\Gamma\left(\frac{\nu-1}{2}+\mu\right)\\&\qquad\times\Gamma\left(\frac{\nu+1}{2}-\mu\right)\sin\left(\frac{\nu-1}{2}+\mu\right)\pi\,\sin\left(\frac{\nu+1}{2}-\mu\right)\pi\,\frac{\mathrm{d}\nu}{(ab)^{2\nu}}\\&\quad=\frac{1}{2\pi\mathrm{i}}\left(\frac{b}{a}\right)^{2\mu-1}\frac{2^{\mu-5/2}}{\pi^{3/2}b}\int_{\sigma-\mathrm{i}\infty}^{\sigma+\mathrm{i}\infty}\Gamma(\nu)\,\Gamma\left(\frac{\nu-1}{2}+\mu\right)\Gamma\left(\frac{\nu+1}{2}-\mu\right)\\&\qquad\times\left[\cos(2\mu-1)\pi-\cos\nu\pi\right]\frac{\mathrm{d}\nu}{(ab)^{2\nu}}\\&\quad=-\frac{1}{2\pi\mathrm{i}}\left(\frac{b}{a}\right)^{2\mu-1}\frac{2^{\mu-7/2}}{\pi^{3/2}b}\int_{\sigma'-\mathrm{i}\infty}^{\sigma'+\mathrm{i}\infty}\Gamma\left(\frac{\nu'}{2}\right)\Gamma\left(\frac{\nu'}{4}+\frac{2\mu-1}{2}\right)\Gamma\left(\frac{\nu'}{4}-\frac{2\mu-1}{2}\right)\\&\qquad\times\left(\cos2\mu\pi+\cos\frac{\nu'\pi}{2}\right)\frac{\mathrm{d}\nu'}{(ab)^{\nu'}}.\end{aligned}$$

再应用 Mellin 变换公式①

$$\mathscr{M}\left\{\mathrm{e}^{-\mathrm{i}\mu\pi}\mathrm{J}_{2\mu-1}\left(x\mathrm{e}^{\mathrm{i}\pi/4}\right)\mathrm{K}_{2\mu-1}\left(x\mathrm{e}^{\mathrm{i}\pi/4}\right)+\mathrm{e}^{\mathrm{i}\mu\pi}\mathrm{J}_{2\mu-1}\left(x\mathrm{e}^{-\mathrm{i}\pi/4}\right)\mathrm{K}_{2\mu-1}\left(x\mathrm{e}^{-\mathrm{i}\pi/4}\right)\right\}$$
$$=\frac{2^{\nu-3}}{\pi}\Gamma\left(\frac{\nu}{2}\right)\Gamma\left(\frac{\nu}{4}+\frac{2\mu-1}{2}\right)\Gamma\left(\frac{\nu}{4}-\frac{2\mu-1}{2}\right)\left(\cos 2\mu\pi+\cos\frac{\nu\pi}{2}\right),\qquad(16.60)$$

就计算出②

$$\int_0^\infty x^{-2\mu+1/2}\mathrm{J}_{-\mu+1/2}\left(\frac{a^2}{x}\right)\mathrm{J}_\mu(2b^2x)\,\mathrm{d}x$$
$$=-\frac{2^{\mu-1/2}}{\sqrt{\pi}\,b}\left(\frac{b}{a}\right)^{2\mu-1}\left[\mathrm{e}^{-\mathrm{i}\mu\pi}\,\mathrm{J}_{2\mu-1}\left(2ab\,\mathrm{e}^{\mathrm{i}\pi/4}\right)\mathrm{K}_{2\mu-1}\left(2ab\,\mathrm{e}^{\mathrm{i}\pi/4}\right)\right.$$
$$\left.+\,\mathrm{e}^{\mathrm{i}\mu\pi}\,\mathrm{J}_{2\mu-1}\left(2ab\,\mathrm{e}^{-\mathrm{i}\pi/4}\right)\mathrm{K}_{2\mu-1}\left(2ab\,\mathrm{e}^{-\mathrm{i}\pi/4}\right)\right]\qquad(16.61\mathrm{a})$$
$$=\frac{2^{\mu-3/2}\sqrt{\pi}}{b}\left(\frac{b}{a}\right)^{2\mu-1}\frac{1}{\mathrm{i}\,\sin 2\mu\pi}\left[\mathrm{e}^{\mathrm{i}2\mu\pi}\,\mathrm{J}_{1-2\mu}\left(2ab\,\mathrm{e}^{\mathrm{i}\pi/4}\right)\mathrm{J}_{2\mu-1}\left(2ab\,\mathrm{e}^{-\mathrm{i}\pi/4}\right)\right.$$
$$\left.-\,\mathrm{e}^{-\mathrm{i}2\mu\pi}\,\mathrm{J}_{1-2\mu}\left(2ab\,\mathrm{e}^{-\mathrm{i}\pi/4}\right)\mathrm{J}_{2\mu-1}\left(2ab\,\mathrm{e}^{\mathrm{i}\pi/4}\right)\right].\qquad(16.61\mathrm{b})$$

§16.3　三个柱函数乘积的积分

例 16.30　根据 (15.51a) 式及 Mellin 变换的基本性质 (见表 14.1)，有

$$\mathscr{M}\left\{x^3\mathrm{J}_\mu(2ax)\mathrm{K}_\mu(2ax)\right\}$$
$$=\frac{a^{-\nu-3}}{8\pi}\Gamma\left(\frac{\nu+3}{2}\right)\Gamma\left(\frac{\nu+3}{4}+\frac{\mu}{2}\right)\Gamma\left(\frac{\nu+3}{4}-\frac{\mu}{2}\right)\sin\left(\frac{\nu+3}{4}-\frac{\mu}{2}\right)\pi,$$

---

① (16.60) 式的证明如下：由 (15.51b) 式，有

$$\mathscr{M}\left\{\mathrm{J}_{2\mu-1}(x)\,\mathrm{K}_{2\mu-1}(x)\right\}=\frac{2^{\nu-3}}{\pi}\Gamma\left(\frac{\nu}{2}\right)\Gamma\left(\frac{\nu}{4}+\frac{2\mu-1}{2}\right)\Gamma\left(\frac{\nu}{4}-\frac{2\mu-1}{2}\right)\cos\left(\frac{\nu}{4}-\mu\right)\pi.$$

再应用 §15.1 中 (见 448 页) 介绍的延拓方法，就得到

$$\mathscr{M}\left\{\mathrm{J}_{2\mu-1}\left(x\mathrm{e}^{\mathrm{i}\pi/4}\right)\mathrm{K}_{2\mu-1}\left(x\mathrm{e}^{\mathrm{i}\pi/4}\right)\right\}$$
$$=\frac{2^{\nu-3}}{\pi}\Gamma\left(\frac{\nu}{2}\right)\Gamma\left(\frac{\nu}{4}+\frac{2\mu-1}{2}\right)\Gamma\left(\frac{\nu}{4}-\frac{2\mu-1}{2}\right)\mathrm{e}^{-\mathrm{i}\pi\nu/4}\cos\left(\frac{\nu}{4}-\mu\right)\pi,$$
$$\mathscr{M}\left\{\mathrm{J}_{2\mu-1}\left(x\mathrm{e}^{-\mathrm{i}\pi/4}\right)\mathrm{K}_{2\mu-1}\left(x\mathrm{e}^{-\mathrm{i}\pi/4}\right)\right\}$$
$$=\frac{2^{\nu-3}}{\pi}\Gamma\left(\frac{\nu}{2}\right)\Gamma\left(\frac{\nu}{4}+\frac{2\mu-1}{2}\right)\Gamma\left(\frac{\nu}{4}-\frac{2\mu-1}{2}\right)\mathrm{e}^{\mathrm{i}\pi\nu/4}\cos\left(\frac{\nu}{4}-\mu\right)\pi.$$

将此二式分别乘以 $\mathrm{e}^{-\mathrm{i}\mu\pi}$ 和 $\mathrm{e}^{\mathrm{i}\mu\pi}$，再相加，即可证得 (16.60) 式.

② 这个结果也与 I. S. Gradshteyn 和 I. M. Ryzhik 在 *Table of Integrals, Series, and Products* 一书中收录的结果 (见该书 689 页公式 6.591 6) 不一致. 作为 (16.61b) 式的特殊情形：$\mu=1/4$，其结果与 (16.45) 式一致. 这或许可作为此结果正确性的佐证.

又根据 (15.3a) 式及 Mellin 变换的基本性质，得

$$\mathscr{M}\left\{\mathrm{J}_\mu(x^2)\right\}=\frac{2^{\nu/2}}{4\pi}\Gamma\left(\frac{\nu}{4}+\frac{\mu}{2}\right)\Gamma\left(\frac{\nu}{4}-\frac{\mu}{2}\right)\sin\left(\frac{\nu}{4}-\frac{\mu}{2}\right)\pi,$$

所以就能够得到

$$\begin{aligned}&\int_0^\infty x^3\mathrm{J}_\mu(2ax)\mathrm{K}_\mu(2ax)\mathrm{J}_\mu(x^2)\,\mathrm{d}x\\&=\frac{1}{2\pi\mathrm{i}}\frac{1}{32\pi^2}\int_{\sigma-\mathrm{i}\infty}^{\sigma+\mathrm{i}\infty}2^{(1-\nu)/2}a^{-(\nu+3)}\Gamma\left(\frac{\nu+3}{2}\right)\Gamma\left(\frac{\nu+3}{4}+\frac{\mu}{2}\right)\Gamma\left(\frac{\nu+3}{4}-\frac{\mu}{2}\right)\\&\quad\times\sin\left(\frac{\nu+3}{4}-\frac{\mu}{2}\right)\pi\cdot\Gamma\left(\frac{1-\nu}{4}+\frac{\mu}{2}\right)\Gamma\left(\frac{1-\nu}{4}-\frac{\mu}{2}\right)\sin\left(\frac{1-\nu}{4}-\frac{\mu}{2}\right)\pi\,\mathrm{d}\nu\\&=\frac{1}{2\pi\mathrm{i}}\frac{1}{32}\int_{\sigma-\mathrm{i}\infty}^{\sigma+\mathrm{i}\infty}2^{(1-\nu)/2}a^{-(\nu+3)}\Gamma\left(\frac{\nu+3}{2}\right)\,\mathrm{d}\nu.\end{aligned}$$

令 $\nu+3=2\nu'$，则会计算得

$$\int_0^\infty x^3\mathrm{J}_\mu(2ax)\mathrm{K}_\mu(2ax)\mathrm{J}_\mu(x^2)\,\mathrm{d}x=\frac{1}{2\pi\mathrm{i}}\frac{1}{4}\int_{\sigma'-\mathrm{i}\infty}^{\sigma'+\mathrm{i}\infty}\Gamma(\nu')(2a^2)^{-\nu'}\,\mathrm{d}\nu'=\frac{1}{4}\mathrm{e}^{-2a^2}.\tag{16.62}$$

例 16.31 根据 (15.3a) 式及 (15.58b) 式，并应用表 14.1 中给出的 Mellin 变换的基本性质，可以写出

$$\mathscr{M}\left\{x\mathrm{J}_{4\mu}(4bx)\right\}=\frac{2^{-\nu-2}}{\pi}b^{-\nu-1}\Gamma\left(\frac{\nu+1}{2}+2\mu\right)\Gamma\left(\frac{\nu+1}{2}-2\mu\right)\sin\left(\frac{\nu+1}{2}-2\mu\right)\pi,$$

$$\mathscr{M}\left\{\mathrm{K}_\mu(x^2)\mathrm{I}_\mu(x^2)\right\}=\frac{1}{8\pi^{3/2}}\Gamma\left(\frac{\nu}{4}\right)\Gamma\left(\frac{1}{2}-\frac{\nu}{4}\right)\Gamma\left(\frac{\nu}{4}+\mu\right)\Gamma\left(\frac{\nu}{4}-\mu\right)\sin\left(\frac{\nu}{4}-\mu\right)\pi,$$

于是就能得到

$$\begin{aligned}&\int_0^\infty x\mathrm{K}_\mu(x^2)\mathrm{I}_\mu(x^2)\mathrm{J}_{4\mu}(4bx)\,\mathrm{d}x\\&=\frac{1}{2\pi\mathrm{i}}\frac{1}{32\pi^{5/2}}\int_{\sigma-\mathrm{i}\infty}^{\sigma+\mathrm{i}\infty}2^{-\nu}b^{-\nu-1}\Gamma\left(\frac{\nu+1}{2}+2\mu\right)\Gamma\left(\frac{\nu+1}{2}-2\mu\right)\sin\left(\frac{\nu+1}{2}-2\mu\right)\pi\\&\quad\times\Gamma\left(\frac{1-\nu}{4}\right)\Gamma\left(\frac{1}{2}-\frac{1-\nu}{4}\right)\Gamma\left(\frac{1-\nu}{4}+\mu\right)\Gamma\left(\frac{1-\nu}{4}-\mu\right)\sin\left(\frac{1-\nu}{4}-\mu\right)\pi\,\mathrm{d}\nu.\end{aligned}$$

利用 Γ 函数的倍乘公式及互余宗量定理，还可以将上式化为

$$\begin{aligned}&\int_0^\infty x\mathrm{K}_\mu(x^2)\mathrm{I}_\mu(x^2)\mathrm{J}_{4\mu}(4bx)\,\mathrm{d}x\\&=\frac{1}{2\pi\mathrm{i}}\frac{1}{32\pi^{3/2}}\int_{\sigma-\mathrm{i}\infty}^{\sigma+\mathrm{i}\infty}\Gamma\left(\frac{1+\nu}{4}\right)\Gamma\left(\frac{1-\nu}{4}\right)\Gamma\left(\frac{\nu+1}{4}+\mu\right)\\&\quad\times\Gamma\left(\frac{\nu+1}{4}-\mu\right)\sin\left(\frac{\nu+1}{4}-\mu\right)\pi\,\frac{\mathrm{d}\nu}{b^{\nu+1}}.\end{aligned}$$

作变换 $\nu+1=2\nu'$，即得

$$
\begin{aligned}
&\int_0^\infty x\mathrm{K}_\mu(x^2)\mathrm{I}_\mu(x^2)\mathrm{J}_{4\mu}(4bx)\,\mathrm{d}x\\
&\quad=\frac{1}{2\pi\mathrm{i}}\frac{1}{16\pi^{3/2}}\int_{\sigma'-\mathrm{i}\infty}^{\sigma'+\mathrm{i}\infty}\Gamma\left(\frac{\nu'}{2}\right)\Gamma\left(\frac{1-\nu'}{2}\right)\Gamma\left(\frac{\nu'}{2}+\mu\right)\\
&\qquad\times\Gamma\left(\frac{\nu'}{2}-\mu\right)\sin\left(\frac{\nu'}{2}-\mu\right)\pi\,\frac{\mathrm{d}\nu'}{b^{2\nu'}}\\
&\quad=\frac{1}{4}\mathrm{K}_\mu(b^2)\mathrm{I}_\mu(b^2).
\end{aligned}
\tag{16.63}
$$

例 16.32　根据 (15.26) 及 (15.21) 两式以及 Mellin 变换的基本性质 (见表 14.1)，有

$$
\begin{aligned}
&\mathscr{M}\left\{\mathrm{J}_\mu(a^2x)\,\mathrm{N}_\mu(a^2x)\right\}=-\frac{a^{-2\nu}}{2\sqrt{\pi}}\frac{\Gamma(\nu/2)\,\Gamma(\mu+\nu/2)}{\Gamma((1+\nu)/2)\,\Gamma(1+\mu-\nu/2)},\\
&\mathscr{M}\left\{x\,\mathrm{K}_0(b^2x)\right\}=2^{\nu-1}b^{-2\nu-2}\Gamma\left(\frac{\nu+1}{2}\right)\Gamma\left(\frac{\nu+1}{2}\right),
\end{aligned}
$$

所以

$$
\begin{aligned}
&\int_0^\infty \mathrm{J}_\mu\!\left(\frac{a^2}{x}\right)\mathrm{N}_\mu\!\left(\frac{a^2}{x}\right)\mathrm{K}_0(b^2x)\,\mathrm{d}x\\
&\quad=-\frac{1}{2\pi\mathrm{i}}\frac{1}{\sqrt{\pi}b^2}\int_{\sigma-\mathrm{i}\infty}^{\sigma+\mathrm{i}\infty}2^{\nu-2}\frac{\Gamma(\nu/2)\,\Gamma(\mu+\nu/2)}{\Gamma(1+\mu-\nu/2)}\Gamma\!\left(\frac{\nu+1}{2}\right)\frac{\mathrm{d}\nu}{(ab)^{2\nu}}\\
&\quad=-\frac{1}{2\pi\mathrm{i}}\frac{1}{2\pi b^2}\int_{\sigma-\mathrm{i}\infty}^{\sigma+\mathrm{i}\infty}\Gamma(\nu)\,\Gamma\left(\frac{\nu}{2}+\mu\right)\Gamma\left(\frac{\nu}{2}-\mu\right)\sin\!\left(\frac{\nu}{2}-\mu\right)\pi\,\frac{\mathrm{d}\nu}{(ab)^{2\nu}}\\
&\quad=-\frac{2}{b}^2\,\mathrm{J}_{2\mu}(2ab)\,\mathrm{K}_{2\mu}(2ab).
\end{aligned}
\tag{16.64}
$$

类似的结果还有

$$
\begin{aligned}
&\int_0^\infty\left[\mathrm{K}_\mu\left(\frac{a^2}{x}\right)\right]^2\mathrm{K}_0(b^2x)\,\mathrm{d}x\\
&\quad=-\frac{1}{2\pi\mathrm{i}}\frac{1}{b^2}\int_{\sigma-\mathrm{i}\infty}^{\sigma+\mathrm{i}\infty}\frac{2^{2\nu-4}}{\Gamma(\nu)}\Gamma\left(\frac{\nu}{2}\right)\Gamma\left(\frac{\nu}{2}\right)\Gamma\left(\frac{\nu}{2}+\mu\right)\\
&\qquad\times\Gamma\left(\frac{\nu}{2}-\mu\right)\Gamma\left(\frac{\nu+1}{2}\right)\Gamma\left(\frac{\nu+1}{2}\right)\frac{\mathrm{d}\nu}{(ab)^{2\nu}}\\
&\quad=\frac{1}{2\pi\mathrm{i}}\frac{\pi}{4b^2}\int_{\sigma-\mathrm{i}\infty}^{\sigma+\mathrm{i}\infty}\Gamma(\nu)\,\Gamma\left(\frac{\nu}{2}+\mu\right)\Gamma\left(\frac{\nu}{2}-\mu\right)\,\frac{\mathrm{d}\nu}{(ab)^{2\nu}}\\
&\quad=\frac{2\pi}{b^2}\,\mathrm{K}_{2\mu}\big(2ab\,\mathrm{e}^{\mathrm{i}\pi/4}\big)\,\mathrm{K}_{2\mu}\big(2ab\,\mathrm{e}^{-\mathrm{i}\pi/4}\big).
\end{aligned}
\tag{16.65}
$$

最后一步用到了 (15.61) 式.

例 16.33 用与例 16.32 相同的方法还可计算积分

$$\int_0^\infty \mathrm{H}_\mu^{(1)}\left(\frac{a^2}{x}\right)\mathrm{H}_\mu^{(2)}\left(\frac{a^2}{x}\right)\mathrm{J}_0(b^2x)\,\mathrm{d}x.$$

根据 (15.30) 式以及由 (15.5a) 导出的 $\mathscr{M}\left\{x\mathrm{J}_0(b^2x)\right\}$，就能计算得

$$\begin{aligned}
&\int_0^\infty \mathrm{H}_\mu^{(1)}\left(\frac{a^2}{x}\right)\mathrm{H}_\mu^{(2)}\left(\frac{a^2}{x}\right)\mathrm{J}_0(b^2x)\,\mathrm{d}x \\
&\quad= \frac{1}{2\pi\mathrm{i}}\frac{\cos\mu\pi}{\pi^{7/2}b^2}\int_{\sigma-\mathrm{i}\infty}^{\sigma+\mathrm{i}\infty} 2^{\nu-1}\Gamma\left(\frac{\nu}{2}\right)\Gamma\left(\frac{1-\nu}{2}\right)\Gamma\left(\frac{\nu}{2}+\mu\right)\Gamma\left(\frac{\nu}{2}-\mu\right) \\
&\qquad\times\Gamma\left(\frac{\nu+1}{2}\right)\Gamma\left(\frac{\nu+1}{2}\right)\sin\frac{\nu+1}{2}\pi\,\frac{\mathrm{d}\nu}{(ab)^{2\nu}} \\
&\quad= \frac{1}{2\pi\mathrm{i}}\frac{\cos\mu\pi}{\pi^2b^2}\int_{\sigma-\mathrm{i}\infty}^{\sigma+\mathrm{i}\infty}\Gamma(\nu)\,\Gamma\left(\frac{\nu}{2}+\mu\right)\Gamma\left(\frac{\nu}{2}-\mu\right)\frac{\mathrm{d}\nu}{(ab)^{2\nu}} \\
&\quad= \frac{16}{\pi^2}\frac{\cos\mu\pi}{b^2}\mathrm{K}_{2\mu}\big(2ab\,\mathrm{e}^{\mathrm{i}\pi/4}\big)\,\mathrm{K}_{2\mu}\big(2ab\,\mathrm{e}^{-\mathrm{i}\pi/4}\big).
\end{aligned} \tag{16.66}$$

§16.4 积分值不连续的情形

例 16.34 利用 (15.3b) 式的结果，根据 (14.37) 式，可以写出

$$\begin{aligned}
&\int_0^\infty \mathrm{J}_\mu(ax)\,\mathrm{J}_{\mu+1}(x)\,\mathrm{d}x \\
&\quad= \frac{1}{2\pi\mathrm{i}}\int_{\sigma'-\mathrm{i}\infty}^{\sigma'+\mathrm{i}\infty} 2^{\nu-1}\frac{\Gamma\left((\mu+\nu)/2\right)}{\Gamma\left(1+(\mu-\nu)/2\right)}\cdot 2^{-\nu}\frac{\Gamma\left(1+(\mu-\nu)/2\right)}{\Gamma\left(1+(\mu+\nu)/2\right)}\,\frac{\mathrm{d}\nu}{a^\nu} \\
&\quad= \frac{1}{2\pi\mathrm{i}}\int_{\sigma'-\mathrm{i}\infty}^{\sigma'+\mathrm{i}\infty}\frac{1}{\mu+\nu}\,\frac{\mathrm{d}\nu}{a^\nu}.
\end{aligned}$$

这里的积分路径应满足 $\sigma' > -\mu$. 为了计算出这个积分值，需要补上辅助路径以构成闭合围道而应用留数定理. 若 $a>1$，应补上右半圆，这时被积函数在围道内无奇点，且当半圆弧的半径趋于 ∞时，沿半圆弧的积分值趋于 0，故上述积分值为 0；若$0<a<1$，则应补上左半圆，这时当半圆弧的半径趋于 ∞ 时，沿半圆弧的积分值仍趋于 0，但被积函数在围道内有一个奇点 (一阶极点$\nu=-\mu$)，故上述积分值 $=a^\mu$；当 $a=1$ 时，则应取左、右极限的平均值 1/2. 因此，最后结果就是

$$\int_0^\infty \mathrm{J}_\mu(ax)\,\mathrm{J}_{\mu+1}(x)\,\mathrm{d}x = \begin{cases} a^\mu, & 0<a<1, \\ \dfrac{1}{2}, & a=1, \\ 0, & a>1. \end{cases} \tag{16.67}$$

例 16.35 计算积分 $\displaystyle\int_0^\infty [1-\mathrm{J}_0(ax)]\mathrm{J}_0(bx)\frac{\mathrm{d}x}{x}$.

解 首先要求出 $U(\nu,a)\equiv \mathscr{M}\left\{\dfrac{1-\mathrm{J}_0(ax)}{x}\right\}$. 容易看出

$$\frac{\mathrm{d}U(\nu,a)}{\mathrm{d}a}=\mathscr{M}\left\{\mathrm{J}_1(ax)\right\}=\frac{2^{\nu-1}}{\pi}a^{-\nu}\Gamma\left(\frac{\nu+1}{2}\right)\Gamma\left(\frac{\nu-1}{2}\right)\sin\frac{\nu-1}{2}\pi,$$

所以

$$\begin{aligned}\mathscr{M}\left\{\frac{1-\mathrm{J}_0(ax)}{x}\right\}&=\frac{2^{\nu-1}}{\pi}\Gamma\left(\frac{\nu+1}{2}\right)\Gamma\left(\frac{\nu-1}{2}\right)\sin\frac{\nu-1}{2}\pi\int_0^a\alpha^{-\nu}\,\mathrm{d}\alpha\\&=\frac{2^{\nu-1}}{\pi}\frac{a^{1-\nu}}{1-\nu}\Gamma\left(\frac{\nu+1}{2}\right)\Gamma\left(\frac{\nu-1}{2}\right)\sin\frac{\nu-1}{2}\pi,\quad -1<\mathrm{Re}\,\nu<1.\end{aligned}\tag{16.68}$$

根据 (14.37) 式，我们现在就有

$$\begin{aligned}&\int_0^\infty[1-\mathrm{J}_0(ax)]\mathrm{J}_0(bx)\frac{\mathrm{d}x}{x}\\&=\frac{1}{2\pi\mathrm{i}}\frac{1}{2\pi^2}\int_{\sigma-\mathrm{i}\infty}^{\sigma+\mathrm{i}\infty}\frac{a^{1-\nu}}{1-\nu}\Gamma\left(\frac{\nu+1}{2}\right)\Gamma\left(\frac{\nu-1}{2}\right)\sin\frac{\nu-1}{2}\pi\\&\qquad\times b^{\nu-1}\Gamma\left(\frac{1-\nu}{2}\right)\Gamma\left(\frac{1-\nu}{2}\right)\sin\frac{1-\nu}{2}\pi\,\mathrm{d}\nu\\&=\frac{1}{2\pi\mathrm{i}}\frac{1}{2\pi}\int_{\sigma-\mathrm{i}\infty}^{\sigma+\mathrm{i}\infty}\frac{1}{1-\nu}\left(\frac{a}{b}\right)^{1-\nu}\Gamma\left(\frac{\nu-1}{2}\right)\Gamma\left(\frac{1-\nu}{2}\right)\sin\frac{\nu-1}{2}\pi\,\mathrm{d}\nu\\&=\frac{1}{2\pi\mathrm{i}}\int_{\sigma-\mathrm{i}\infty}^{\sigma+\mathrm{i}\infty}\frac{1}{(1-\nu)^2}\left(\frac{a}{b}\right)^{1-\nu}\,\mathrm{d}\nu.\end{aligned}$$

考虑到 $\mathscr{M}\left\{\mathrm{J}_0(bx)\right\}$ 的成立条件是 $0<\mathrm{Re}\,\nu<3/2$，因此上述积分的积分路径应位于 $-1<\mathrm{Re}\,\nu<1$ 与 $0<\mathrm{Re}\,(1-\nu)<3/2$ 的公共区域 (即 $-1/2<\mathrm{Re}\,\nu<1$) 内. 可以用留数定理计算出这个积分. 当 $a/b>1$ 时，应补上右半圆，考虑到围道为顺时针方向，故此积分值即为被积函数在奇点 $\nu=1$ (二阶极点) 处留数的负值，即

$$\int_0^\infty[1-\mathrm{J}_0(ax)]\mathrm{J}_0(bx)\frac{\mathrm{d}x}{x}=-\frac{\mathrm{d}}{\mathrm{d}\nu}\left(\frac{a}{b}\right)^{1-\nu}\bigg|_{\nu=1}=\ln\frac{a}{b},\qquad\frac{a}{b}>1;\tag{16.69a}$$

当 $(a/b)<1$ 时，应补上左半圆，而被积函数在右半平面无奇点，故

$$\int_0^\infty[1-\mathrm{J}_0(ax)]\mathrm{J}_0(bx)\frac{\mathrm{d}x}{x}=0,\qquad\frac{a}{b}<1.\tag{16.69b}$$

例 16.36 同样可以计算积分 $\displaystyle\int_0^\infty[1-\mathrm{J}_0(ax)]\mathrm{J}_1(bx)\frac{\mathrm{d}x}{x^2}$.

$$\begin{aligned}
\int_0^\infty [1-\mathrm{J}_0(ax)]\mathrm{J}_1(bx)\frac{\mathrm{d}x}{x^2} &= \int_0^\infty \frac{1-\mathrm{J}_0(ax)}{x}\,\frac{\mathrm{J}_1(bx)}{x}\,\mathrm{d}x \\
&= -\frac{1}{2\pi\mathrm{i}}\frac{1}{4\pi^2}\int_{\sigma-\mathrm{i}\infty}^{\sigma+\mathrm{i}\infty}\frac{a^{1-\nu}}{1-\nu}\Gamma\left(\frac{\nu+1}{2}\right)\Gamma\left(\frac{\nu-1}{2}\right)\sin\frac{\nu-1}{2}\pi \\
&\quad\times b^\nu\Gamma\left(\frac{1-\nu}{2}\right)\Gamma\left(-\frac{1+\nu}{2}\right)\sin\frac{1+\nu}{2}\pi\,\mathrm{d}\nu \\
&= \frac{1}{2\pi\mathrm{i}}\frac{a}{4\pi}\int_{\sigma-\mathrm{i}\infty}^{\sigma+\mathrm{i}\infty}\frac{1}{1-\nu}\Gamma\left(\frac{\nu-1}{2}\right)\Gamma\left(-\frac{1+\nu}{2}\right)\sin\frac{1+\nu}{2}\pi\left(\frac{b}{a}\right)^\nu\mathrm{d}\nu \\
&= \frac{1}{2\pi\mathrm{i}}\int_{\sigma-\mathrm{i}\infty}^{\sigma+\mathrm{i}\infty}\frac{a}{(\nu-1)^2(\nu+1)}\left(\frac{b}{a}\right)^\nu\mathrm{d}\nu.
\end{aligned}$$

仿照例 16.35，可以决定此积分路径应位于区域 $-1<\mathrm{Re}\,\nu<1$ 内. 仍然可以采用用留数定理计算此积分. 当 $b/a>1$ 时，应补上左半圆，于是积分值即为围道内奇点 $\nu=-1$ (一阶极点) 处的留数，即

$$\int_0^\infty [1-\mathrm{J}_0(ax)]\mathrm{J}_1(bx)\frac{\mathrm{d}x}{x^2} = \frac{a}{4}\left(\frac{b}{a}\right)^{-1} = \frac{1}{4}\frac{a^2}{b}, \qquad \frac{b}{a}>1; \tag{16.70a}$$

当 $b/a<1$ 时，应补上右半圆，积分围道内有唯一奇点 $\nu=1$ (二阶极点)，因此积分值即为该点处留数的负值，即

$$\begin{aligned}
\int_0^\infty [1-\mathrm{J}_0(ax)]\mathrm{J}_1(bx)\frac{\mathrm{d}x}{x^2} &= -\frac{\mathrm{d}}{\mathrm{d}\nu}\frac{a}{1+\nu}\left(\frac{b}{a}\right)^\nu\Bigg|_{\nu=1} \\
&= \frac{b}{4}\left(1+2\ln\frac{a}{b}\right), \qquad \frac{b}{a}<1.
\end{aligned} \tag{16.70b}$$

例 16.37 计算积分 $\displaystyle\int_0^\infty \mathrm{J}_0^2(ax)\mathrm{J}_1(bx)\,\mathrm{d}x$，其中 $a>0,\ b>0$.

根据 (15.24b) 及 (15.3a) 两式，有

$$\begin{aligned}
\mathscr{M}\left\{\mathrm{J}_0^2(ax)\right\} &= \frac{a^{-\nu}}{2\pi^{5/2}}\Gamma\left(\frac{\nu}{2}\right)\Gamma\left(\frac{1-\nu}{2}\right)\Gamma\left(\frac{\nu}{2}\right)\Gamma\left(\frac{\nu}{2}\right)\sin^2\frac{\nu\pi}{2}, \qquad 0<\mathrm{Re}\,\nu<1, \\
\mathscr{M}\left\{\mathrm{J}_1(bx)\right\} &= \frac{2^{\nu-1}b^{-\nu}}{\pi}\Gamma\left(\frac{\nu+1}{2}\right)\Gamma\left(\frac{\nu-1}{2}\right)\sin\frac{\nu-1}{2}\pi, \qquad -1<\mathrm{Re}\,\nu<3/2,
\end{aligned}$$

因此有

$$\begin{aligned}
&\int_0^\infty \mathrm{J}_0^2(ax)\mathrm{J}_1(bx)\,\mathrm{d}x \\
&\quad= -\frac{1}{4\pi\mathrm{i}}\frac{1}{\pi^{5/2}\,b}\int_{\sigma-\mathrm{i}\infty}^{\sigma+\mathrm{i}\infty}\Gamma\left(\frac{\nu}{2}\right)\Gamma\left(\frac{\nu}{2}\right)\Gamma\left(-\frac{\nu}{2}\right)\Gamma\left(\frac{1-\nu}{2}\right)\sin^2\frac{\nu\pi}{2}\left(\frac{b}{2a}\right)^\nu\mathrm{d}\nu \\
&\quad= \frac{1}{2\pi\mathrm{i}}\frac{1}{\sqrt{\pi}\,b}\int_{\sigma-\mathrm{i}\infty}^{\sigma+\mathrm{i}\infty}\frac{1}{\nu}\,\frac{\Gamma\left((1-\nu)/2\right)}{\Gamma\left(1-\nu/2\right)}\left(\frac{b}{2a}\right)^\nu\mathrm{d}\nu,
\end{aligned}$$

这里的积分路径应该在 $0<\sigma<1$ 及 $-1<1-\sigma<3/2$ 的公共区域内，即 $0<\sigma<1$ 内．应用留数定理计算此积分．当 $b/(2a)>1$ 时，应补上左半圆，被积函数在围道内只有一个奇点 $\nu=0$，所以

$$\int_0^\infty \mathrm{J}_0^2(ax)\mathrm{J}_1(bx)\,\mathrm{d}x=\frac{1}{b},\qquad b>2a. \tag{16.71a}$$

当 $b/(2a)<1$ 时，应补上右半圆，这时在围道内有奇点 $\nu=2n+1, n=0,1,2,\cdots$，故

$$\begin{aligned}\int_0^\infty \mathrm{J}_0^2(ax)\mathrm{J}_1(bx)\,\mathrm{d}x &=-\sum_{n=0}^\infty \operatorname{res}\left\{\frac{1}{\sqrt{\pi}\,b}\frac{1}{\nu}\frac{\Gamma\left((1-\nu)/2\right)}{\Gamma\left(1-\nu/2\right)}\left(\frac{b}{2a}\right)^\nu\right\}_{\nu=2n+1}\\ &=-\frac{1}{\sqrt{\pi}\,b}\,\frac{1}{2n+1}\,\frac{1}{\Gamma\left(-n+1/2\right)}\,\frac{(-1)^{n+1}2}{n!}\left(\frac{b}{2a}\right)^{2n+1}\\ &=\frac{1}{\sqrt{\pi}}\frac{2}{\pi b}\sum_{n=0}^\infty\frac{\Gamma\left(n+1/2\right)}{n!}\,\frac{1}{2n+1}\left(\frac{b}{2a}\right)^{2n+1}\\ &=\frac{2}{\pi b}\,\arcsin\frac{b}{2a},\qquad b<2a.\end{aligned} \tag{16.71b}$$

例 16.38 对于积分 $\displaystyle\int_0^\infty x\mathrm{J}_0(ax)\mathrm{N}_0(ax)\mathrm{J}_0(bx)\,\mathrm{d}x$，因为根据 (15.26) 和 (15.5a) 二式，有

$$\mathscr{M}\left\{\mathrm{J}_0(ax)\mathrm{N}_0(ax)\right\}=-\frac{a^{-\nu}}{2\pi^{5/2}}\Gamma\left(\frac{\nu}{2}\right)\Gamma\left(\frac{\nu}{2}\right)\Gamma\left(\frac{\nu}{2}\right)\Gamma\left(\frac{1-\nu}{2}\right)\sin\frac{\nu\pi}{2}\sin\frac{1-\nu}{2}\pi,$$

$$\mathscr{M}\left\{x\,\mathrm{J}_0(bx)\right\}=\frac{2^\nu}{\pi}b^{-\nu-1}\Gamma\left(\frac{1+\nu}{2}\right)\Gamma\left(\frac{1+\nu}{2}\right)\sin\frac{1+\nu}{2}\pi,$$

所以

$$\begin{aligned}&\int_0^\infty x\mathrm{J}_0(ax)\mathrm{N}_0(ax)\mathrm{J}_0(bx)\mathrm{d}x\\ &\quad=-\frac{1}{2\pi\mathrm{i}}\frac{1}{\pi^{7/2}b^2}\int_{\sigma-\mathrm{i}\infty}^{\sigma+\mathrm{i}\infty}\Gamma\left(\frac{\nu}{2}\right)\Gamma\left(\frac{\nu}{2}\right)\Gamma\left(\frac{\nu}{2}\right)\Gamma\left(\frac{1-\nu}{2}\right)\sin\frac{\nu\pi}{2}\\ &\qquad\times\sin\frac{1-\nu}{2}\pi\,\Gamma\left(1-\frac{\nu}{2}\right)\Gamma\left(1-\frac{\nu}{2}\right)\sin\left(1-\frac{\nu}{2}\right)\pi\left(\frac{b}{2a}\right)^\nu\mathrm{d}\nu\\ &\quad=-\frac{1}{2\pi\mathrm{i}}\frac{1}{\pi^{3/2}b^2}\int_{\sigma-\mathrm{i}\infty}^{\sigma+\mathrm{i}\infty}\Gamma\left(\frac{\nu}{2}\right)\Gamma\left(\frac{1-\nu}{2}\right)\cos\frac{\nu\pi}{2}\left(\frac{b}{2a}\right)^\nu\mathrm{d}\nu,\end{aligned}$$

其中 $1/2<\operatorname{Re}\nu<2$．为了计算在复平面上的这个积分[①]，当 $b/(2a)>1$ 时，应补上左半圆，这时被积函数在围道内有奇点 $\nu=-2n,\ n=0,1,2\cdots$，留数为

$$\frac{2}{n!}\Gamma\left(n+\frac{1}{2}\right)\left(\frac{2a}{b}\right)^{2n},$$

① 直接与例 15.27 或例 16.3 中已经给出的 $\mathscr{M}\left\{\dfrac{\eta(1-x)}{\sqrt{1-x^2}}\right\}$ 相比较，当然也会得到同样结果．

因此

$$\int_0^\infty x\mathrm{J}_0(ax)\mathrm{N}_0(ax)\mathrm{J}_0(bx)\mathrm{d}x=-\frac{2}{\pi^{3/2}b^2}\sum_{n=0}^\infty\frac{\Gamma(n+1/2)}{n!}\left(\frac{2a}{b}\right)^{2n}$$

$$=-\frac{2}{\pi b^2}\left[1-\left(\frac{2a}{b}\right)^2\right]^{-1/2}=-\frac{2}{\pi b}\frac{1}{\sqrt{b^2-4a^2}},\qquad\frac{b}{2a}>1;\tag{16.72a}$$

当 $b/(2a)<1$ 时，应补上右半圆，此时被积函数在围道内解析 ($\nu=2n+1$ 为可去奇点)，所以又有

$$\int_0^\infty x\mathrm{J}_0(ax)\mathrm{N}_0(ax)\mathrm{J}_0(bx)\,\mathrm{d}x=0,\qquad\frac{b}{2a}<1.\tag{16.72b}$$

例 16.39　根据 (15.58) 及 (15.5a) 两式，有

$$\mathscr{M}\{\mathrm{I}_\mu(ax)\mathrm{K}_\mu(ax)\}=\frac{a^{-\nu}}{4\pi^{3/2}}\Gamma\left(\frac{\nu}{2}\right)\Gamma\left(\frac{1-\nu}{2}\right)\Gamma\left(\frac{\nu}{2}+\mu\right)\Gamma\left(\frac{\nu}{2}-\mu\right)\sin\left(\frac{\nu}{2}-\mu\right)\pi,$$

$$\mathscr{M}\{x\,\mathrm{J}_{2\mu}(bx)\}=\frac{2^\nu}{\pi}b^{-\nu-1}\Gamma\left(\frac{1+\nu}{2}+\mu\right)\Gamma\left(\frac{1+\nu}{2}-\mu\right)\sin\left(\frac{1+\nu}{2}-\mu\right)\pi,$$

所以

$$\int_0^\infty x\,\mathrm{I}_\mu(ax)\mathrm{K}_\mu(ax)\mathrm{J}_{2\mu}(bx)\,\mathrm{d}x$$

$$=\frac{1}{2\pi\mathrm{i}}\frac{1}{2\pi^{5/2}b^2}\int_{\sigma-\mathrm{i}\infty}^{\sigma+\mathrm{i}\infty}\Gamma\left(\frac{\nu}{2}\right)\Gamma\left(\frac{1-\nu}{2}\right)\Gamma\left(\frac{\nu}{2}+\mu\right)\Gamma\left(\frac{\nu}{2}-\mu\right)\sin\left(\frac{\nu}{2}-\mu\right)\pi$$

$$\times\Gamma\left(1-\frac{\nu}{2}+\mu\right)\Gamma\left(1-\frac{\nu}{2}-\mu\right)\sin\left(1-\frac{\nu}{2}-\mu\right)\pi\left(\frac{b}{2a}\right)^\nu\mathrm{d}\nu$$

$$=\frac{1}{2\pi^{1/2}b^2}\int_{\sigma-\mathrm{i}\infty}^{\sigma+\mathrm{i}\infty}\Gamma\left(\frac{\nu}{2}\right)\Gamma\left(\frac{1-\nu}{2}\right)\left(\frac{b}{2a}\right)^\nu\mathrm{d}\nu,$$

这里的积分路径应满足 $1/2<\mathrm{Re}\,\nu<1$. 同样根据留数定理可知①，当 $b/(2a)>1$ 时，此积分值应等于积分路径左方诸奇点处的留数和，此时奇点为 $\nu=-2n$, $n=0,1,2,\cdots$ (均为一阶极点)，留数为 $\dfrac{(-1)^n\,2}{n!}\Gamma\left(n+\dfrac{1}{2}\right)\left(\dfrac{b}{2a}\right)^{-2n}$，因此

$$\int_0^\infty x\,\mathrm{I}_\mu(ax)\mathrm{K}_\mu(ax)\mathrm{J}_{2\mu}(bx)\,\mathrm{d}x=\frac{1}{\pi^{1/2}b^2}\sum_{n=0}^\infty\frac{(-1)^n}{n!}\Gamma\left(n+\frac{1}{2}\right)\left(\frac{b}{2a}\right)^{-2n}$$

$$=\frac{1}{b^2}\left[1+\left(\frac{2a}{b}\right)^2\right]^{1/2}=\frac{1}{b}\frac{1}{\sqrt{b^2+4a^2}},\qquad\frac{b}{2a}>1.\tag{16.73a}$$

① 当然也可直接援引本书第十四章中例 14.7 的结果，从而写出最后结果.

当 $b/(2a)<1$ 时，此积分值则应等于积分路径右方诸奇点处留数和的负值，此时奇点为 $\nu=2n+1,\ n=0,1,2,\cdots$ (亦均为一阶极点)，留数为

$$-\frac{(-1)^n\,2}{n!}\Gamma\left(n+\frac{1}{2}\right)\left(\frac{b}{2a}\right)^{2n+1},$$

因此又可求得

$$\begin{aligned}\int_0^\infty x\,\mathrm{I}_\mu(ax)\mathrm{K}_\mu(ax)\mathrm{J}_{2\mu}(bx)\,\mathrm{d}x &= \frac{1}{\pi^{1/2}b^2}\sum_{n=0}^\infty\frac{(-1)^n}{n!}\Gamma\left(n+\frac{1}{2}\right)\left(\frac{b}{2a}\right)^{2n+1}\\ &=\frac{1}{b^2}\frac{b}{2a}\left[1+\left(\frac{b}{2a}\right)^2\right]^{1/2}=\frac{1}{b}\frac{1}{\sqrt{b^2+4a^2}},\qquad \frac{b}{2a}<1.\end{aligned}\tag{16.73b}$$

和前几个例子不同的是，尽管在计算积分时需要分别考虑 $b/(2a)>1$ 及 $b/(2a<1$ 这两种情形，但所得的积分值却完全相同.

参 考 文 献

1. 王竹溪，郭敦仁．特殊函数概论．北京：科学出版社，1965.
2. Whittaker E T, Watson G N. *A Course of Modern Analysis.* Cambridge: Cambridge Univ. Press, 1927.
3. Erdélyi A, et al. *Higher Transcendental Functions.* New York: McGraw-Hill, 1953.
   爱尔台里．高级超越函数．张致中，译．上海：科学技术出版社，1957.
4. Bromwich T J I'A. *An Introduction to the Theory of Infnite Series.* London: Macmillan, 1931.
5. Knopp K. *Theory and Application of Infinite Series.* New York: Dover, 1989.
6. Macrobert T M. *Functions of a Complex Variable.* London: Macmillan, 1954.
7. Titchmarsh E C. *The Theory of Functions.* Oxford: Oxford Univ. Press, 1962.
   梯其玛希．函数论．吴锦，译．北京：科学出版社，1964.
8. Courant R, Hilbert D. *Methods of Methematical Physics.* Vol. I. New York: Interscience Publishers, 1962.
   柯朗，希尔伯特．数学物理方法．第一卷．钱敏，郭敦仁，译．北京：科学出版社，1958.
9. Courant R, Hilbert D. *Methods of Methematical Physics.* Vol. Ⅱ. New York: Interscience Publishers, 1962.
   柯朗，希尔伯特．数学物理方法．第二卷．振翔，杨应辰，译．北京：科学出版社，1977.
10. Morse P M, Feshbach H. *Methods of Theoretical Physics.* New York: McGraw-Hill, 1953.
11. Titchmarsh E C. *Introduction to the Theory of Fourier Integrals.* Oxford: Clarendon Press, 1948.
12. Churchill R V. *Operational Mathematics.* New York: McGraw-Hill, 1958.
13. Erdélyi A. *Tables of Integral Transforms.* New York: McGraw-Hill, 1954.
14. Churchill R V. *Fourier Series and Boundary Value Problems.* New York: McGraw-Hill, 1941.
15. Hobson E W. *The Theory of Spherical and Ellipsoidal Harmonics.* Cambridge: Cambridge Univ. Press, 1931.

16. Watson G N. *A Treatise on the Theory of Bessel Functions.* Cambridge: Cambridge Univ. Press, 1944.

17. Abramowitz M, Stegun I A. *Handbook of Mathematical Functions with Formulas, Graphs, and Mathematical Tables.* Washington, D C: U. S. National Bureau of Standards, 1965.

18. Gradshteyn I S, Ryzhik I M. *Table of Integrals, Series, and Products.* Singapore: Elsvier, 2007.

19. 普里瓦洛夫. 复变函数引论. 北京大学数学力学系数学分析教研组，译. 北京：商务印书馆，1953.

20. 沙巴特，拉甫伦捷夫. 复变函数论方法. 施祥林，夏定中，译. 北京：人民教育出版社，1956.

索　引

E

F

G

H

J

L

M

N

P

Q

R

S

T